수험생의 단기학습 완성을 위한

건축설비 기사 필기

과년도 문제해설

2025
최신기출문제수록

이상화 지음

Engineer Building Facilities

핵심내용 요약 · 최신 출제경향 대비

머리말

 현대 건축은 지능화, 자동화, 초고층화의 경향을 보이며 급격히 발전하고 있습니다. 이러한 혁신적 발전은 바로 건축설비 기술의 동반 성장이 있기에 가능한 것입니다. 따라서 건축설비 분야의 기술인력 역시 높은 지식과 능숙한 현장 업무를 갖춰나가야 합니다. 그리하여 저자는 본 교재를 건축설비기사 필기시험의 세부 과목인 건축일반, 위생설비, 공기조화설비, 전기설비, 건축설비관계법규 기출문제의 학습을 효율적으로 할 수 있는 지침서가 되도록 구성하고자 하였습니다.

이 책의 특징은 다음과 같습니다.

- 본문 이론 내용은 시험 출제빈도가 높은 꼭 필요 사항 위주로 요약 정리했습니다. 따라서 단기간에 이론 내용을 학습하고 기출문제 풀이와 해설에 수록된 내용을 학습하는 방향으로 합격 확률을 높이고자 하였습니다.

- 최근 과년도 기출 문제를 정리하여 최신 개정법규와 출제경향에 대비할 수 있도록 정리하였습니다.

 저자는 본 교재를 통해서 건축설비기사를 준비하는 수험생들 모두 좋은 결과를 얻길 기원하며, 아울러 향후 건축설비 분야의 우수한 인재로 거듭나시기를 진심으로 바라는 바입니다.
 끝으로 이 책의 출간을 위해 물심양면으로 도와주신 엔플북스 김주성 대표님과 실무 관계자 여러분께 감사의 말씀 전하고자 합니다.

저자 이상화 드림

목 차

Part 1 핵심이론 • 1

제1편 건축일반 ··· 3
1. 건축구조 ··· 3
2. 건축계획 ··· 51
3. 건축환경 ··· 75

제2편 위생설비 ·· 94
1. 물의 일반적 사항 ··· 94
2. 위생기구 및 배관재료 ·· 98
3. 급수설비 ··· 101
4. 급탕설비 ··· 110
5. 배수 및 통기설비 ··· 118
6. 기타 설비 ··· 125

제3편 공기조화설비 ·· 127
1. 공기의 일반사항 ··· 127
2. 공기조화 부하계산 ··· 133
3. 공기조화설비 ·· 139
4. 덕트 및 환기·배연 설비 ·· 167

제4편 소방 및 전기설비 ··· 175
1. 전기 기본사항 ·· 175
2. 건축 전기설비 ·· 187

목 차

   3. 자동제어 및 소방설비 ·· 215

제5편 건축설비 관계법규 ·· **231**
   1. 건축법 총칙 및 건축물의 구조·재료, 건축설비 ············ 231
   2. 에너지 절약 및 냉방설비 ·· 270
   3. 화재예방 및 소방시설 설치유지·안전관리 ······················ 281

Part 2. 과년도 출제문제 • 303

Part 3. 과년도 해설 및 정답 • 591

memo

① 핵심 이론

1편 건축일반

1. 건축구조

1.1 구조 총론

1. 건축구조의 분류

(1) 구성 형식에 의한 분류

조적식 구조	• 벽돌, 돌, 블록 등을 교착제로 붙여 쌓아올리는 구조 • 벽돌구조, 돌구조, 블록구조 등(습식)
가구식 구조	• 나무나 철재처럼 가늘고 긴 재료를 조립하여 구성한 구조 • 목구조, 철골구조(건식)
일체식 구조	• 전 구조체를 일체로 만든 구조 • 철근콘크리트구조, 철골철근콘크리트구조(습식)

(2) 시공 과정에 의한 분류

건식 구조	• 물을 사용하지 않고 규격화된 기성재를 짜맞추는 구조 • 시공 간편, 공기 단축, 대량생산 • 접합부 강성화가 미흡
습식 구조	• 콘크리트, 모르타르 등 물을 사용하는 공정을 가진 구조 • 긴밀한 구조체 • 긴 공기, 복잡한 시공

2. 기초 및 지정

(1) 기초

① 기초판 형식별 분류
  ㉠ 줄기초 : 조적식 구조에서 주로 사용. 연약한 지반에 유리하다.
  ㉡ 독립기초 : 각 기둥마다 독립된 기초판을 가지는 형식
  ㉢ 온통기초 : 지내력이 약한 경우 건물 바닥면 전체를 기초판으로 하는 형식
  ㉣ 복합기초 : 2개 이상의 기둥을 한 개의 기초로 지지하는 형식
  ㉤ 말뚝기초 : 깊은 곳의 튼튼한 지반까지 말뚝으로 지지할 수 있게 한 형식
  ㉥ 특수기초 : 피어 기초, 개방잠함 기초, 공기잠함 기초 등

② 구조체 형식별 분류 : 주춧돌 기초, 장대돌 기초, 벽돌 기초, 철근콘크리트 기초, 말뚝 기초 등

③ 지반조사 및 시험
  ㉠ 지반조사 : 사전조사 → 예비조사 → 본조사 → 추가조사 순으로 진행하며 지반조사는 시험파보기, 짚어보기, 보링, 표준관입시험 등이 있다.
  ㉡ 지내력 시험 : 기초에 대한 내력을 측정하는 시험

> **핵심 포인트**
>
> ⓐ 부동침하 : 구조물이 불균등하게 가라앉는 현상으로 부등침하(不等沈下)라고도 한다. 건축물이 전체적으로 균등하게 침하되면 큰 문제가 없으나, 부동침하가 일어나면 경사지거나 변형되어 균열이 생기기 쉽다.
> ⓑ 부동침하의 원인 : 연약층, 경사지반, 지하수위 변경, 이질지층, 지하구멍, 무리한 증축, 이질지정 및 일부지정 등
> ⓒ 대책
>   • 경질 지반에 기초판이나 말뚝을 지지시킬 것
>   • 마찰 말뚝을 사용하고, 지하실을 설치할 것
>   • 동일 건물의 기초에 이질지정을 두지 말 것
>   • 건물을 경량화하고 강성을 높일 것
>   • 평면길이를 짧게 하고, 건물의 중량분배를 고려할 것
>   • 이웃 건물과의 인동간격을 멀리 할 것

(2) 지정

기초파기를 한 바닥판을 다져 치밀하게 지반을 만드는 작업을 지정이라 한다.

① 모래지정 : 비교적 안정된 지반에 직접기초를 할 때 밑자리가 흐트러지는 것을 방지하기 위해 두께 10cm 정도로 설치한다.

② 자갈지정 : 자갈, 깬자갈 등을 다지는 지정으로 6~12cm의 두께로 설치한다.

③ 잡석지정 : 연약한 지반, 수분이 비교적 많은 진흙지반에 사용하는 지정이다.

④ 말뚝지정 : 지반의 지내력이 약할 때 말뚝을 통해 깊은 곳의 단단한 지반의 지내력을 얻기 위해 설치하는 형식의 지정이다.

(3) 말뚝

① 기성콘크리트 말뚝 : 원심력을 이용하여 만든 중공 원주형의 말뚝을 사용하며 말뚝머리의 중심 간격을 지름의 2.5배 이상 혹은 75cm 이상으로 한다.

② 철재말뚝 : 깊은 지지층까지 도달시킬 수 있으며 해안 매립지 및 경질 지반이 깊을 때 사용한다. 중심 간격은 지름의 2.5배 이상 혹은 90cm 이상으로 한다.

③ 나무말뚝 : 소나무, 미송, 낙엽송, 삼나무 등을 사용하고 갈라짐이나 썩음이 없고 습기에 견디는 곧고 긴 생나무를 사용한다. 부식을 방지하기 위해 상수면 아래로 위치하도록 박으며 말뚝 끝에는 쇠신을 씌운다. 중심 간격은 지름의 2.5배 이상으로 보통 4배 이상 이격시키며 60cm 이상으로 한다.

④ 제자리 콘크리트 말뚝 : 현장에서 직접 땅속에 구멍을 뚫거나 굵고 긴 철관을 지하의 굳은 지층까지 박고 내부에 철근을 조립하여 콘크리트를 부어 넣어 말뚝을 형성한다.

건축설비기사 과년도 문제해설

1.2 목구조

1. 일반사항

(1) 장·단점

장점	단점
• 외관이 수려하고 건물 자중이 가볍다. • 가공성이 좋아서 공사기간이 짧다. • 열전도율이 낮아 보온 및 방서효과가 좋다.	• 재질이 불균등하고 변형 및 부패가 잘 발생한다. • 내화성 및 내구성이 낮다. • 접합부의 강성이 약하다.

(2) 목재의 강도

목재는 섬유방향의 강도가 섬유직각방향의 강도보다 크다.

- 인장강도 > 휨강도 > 압축강도 > 전단강도
- 섬유방향 > 섬유직각방향

2. 목재의 접합

(1) 개요

① 접합의 종류
   ㉠ 이음 : 2개 이상의 목재를 재축방향(수평)으로 하나로 연결하는 방법
   ㉡ 맞춤 : 두 목재를 직각 또는 경사지게 마주댈 때 맞추는 방법
   ㉢ 쪽매 : 목재판이나 널을 옆으로 붙여 끼워대는 방법

② 접합 시 유의사항
   ㉠ 목재는 될 수 있는 한 적게 깎아낼 것
   ㉡ 응력이 작은 곳에서 접합할 것
   ㉢ 공작은 되도록 간단하게 하고 모양에 치중하지 말 것
   ㉣ 이음, 맞춤의 단면은 응력 방향에 직각으로 할 것
   ㉤ 접합부는 정확하게 가공하여 빈틈이 없게 할 것
   ㉥ 접합부는 가급적 철물로 보강하여 강성을 최대로 확보할 것

(2) 이음

① 맞댄이음
    ㉠ 두 부재를 맞대고 덧판을 대어 큰못 또는 볼트로 조임
    ㉡ 덧판은 목재, 철판을 쓰고 산지나 듀벨을 써서 보강한다.
    ㉢ 맞댄 자리는 평, -자, +자형의 턱솔맞댐을 함
    ㉣ 평보의 이음에 쓰인다.

② 겹친이음
    ㉠ 두 부재를 겹쳐서 산지, 큰못, 볼트 등으로 보강한 이음
    ㉡ 듀벨, 볼트 등을 쓰면 큰 간사이도 가능함
    ㉢ 간단한 구조, 비계통나무이음에 쓰인다.

③ 따낸이음
    두 부재를 서로 물려지도록 따내어 맞추어지게 한 것으로 큰못, 산지, 볼트 등으로 보강한 이음

주먹장 이음	• 한 재의 끝을 주먹모양으로 만들어 다른 재에 이음한 것 • 매우 튼튼하고 가장 널리 쓰임 　- 주먹장이음 　- 두겁주먹장이음 　- 턱걸이주먹장이음 • 토대, 멍에, 중도리 이음에 사용(힘을 많이 받는 부위에는 사용 불가)
메뚜기장 이음	• 주먹장보다 더욱 튼튼함 　- 메뚜기장이음　- 긴촉이음　　- 자촉이음 • 토대, 멍에, 중도리 이음에 사용(공작이 까다롭다.)
엇걸이 이음	• 이음부위에 비녀(산지) 등을 박아 더욱 튼튼하게 한 이음 • 평보, 중도리, 기둥, 토대, 처마도리 등 중요한 가로재의 내이음에 사용한다.
빗걸이 이음	• 이음재의 밑에 보나 기둥, 도리 등의 받침이 있는 부재의 이음 • 빗걸이 턱을 2단으로 하며 산지, 볼트 등으로 보강한다.

④ 기타 이음

빗이음	서까래, 띠장, 장선의 이음
엇빗이음	부재의 반을 갈라서 서로 반대 경사로 빗이음한 것. 반자틀, 반자살대 등의 이음
반턱이음	두 부재를 반씩 턱을 내어 겹치고 못, 산지 등으로 이음한 것. 장선 등의 이음
턱솔이음	일(—)자형, 십(+)자형, ㄱ자형, T자형, ㄷ자형 등의 턱솔을 만들어 이음한 것 걸레받이, 난간두겁대 등의 이음
은장이음	동일한 나무 또는 참나무로 나비형 은장을 만들어 끼워 이음한 것 못이나 볼트를 사용한 이음보다 뒤틀림에 강하다.

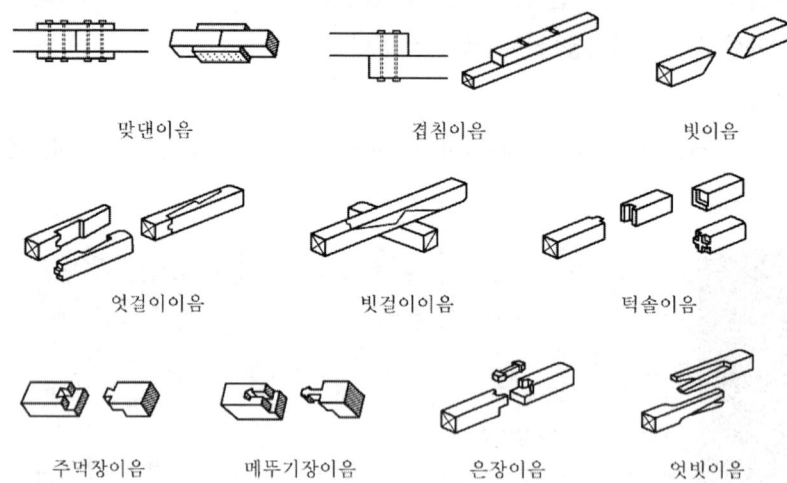

맞댄이음   겹침이음   빗이음

엇걸이이음   빗걸이이음   턱솔이음

주먹장이음   메뚜기장이음   은장이음   엇빗이음

(3) 맞춤

① 장부맞춤 : 목재 마구리 부분에 장부를 만들고 이것을 다른 편의 구멍에 꽂은 맞춤으로, 어떤 맞춤에도 사용되고 가장 튼튼한 맞춤 방법이다.

짧은 장부	장부길이가 맞추어질 부재 춤의 1/3~1/2 정도 되는 것 왕대공과 평보의 맞춤
내다지장부	맞추어질 부재 춤보다 긴 장부를 쓴 것 나온 부분에 메뚜기, 쐐기 등을 박아 되빠짐 방지 기둥의 상하 맞춤
평장부	장부 단면이 —자형으로 된 것 장부 중 가장 많이 쓰임

1. 핵/심/이/론

턱장부	평장부 한편에 턱이 있는 것 턱장부에 턱솔이 딸린 것을 턱솔턱장부라 함 토대, 창호 등의 모서리 맞춤
쌍턱장부	평장부 양편에 턱을 낸 것 기둥의 윗부분에서 도리와 보 두 부재가 걸쳐질 때 사용
주먹장부	주먹모양 장부에 끼워 빠지지 않게 한 것으로 가공이 간단한 편이다. 토대의 T형 부분, 토대와 멍에, 달대공의 맞춤 등에 널리 쓰임
부채장부	단면이 사다리꼴 형태. 모서리 기둥과 토대와의 맞춤
지옥장부	벌림쐐기를 미리 꽂아 장부구멍에 넣고 위에서 때림 창호나 치장을 요하는 부분에 사용
턱솔장부	솔기에 짧은 촉을 낸 것
빗장부	경사진 장부 형태, 중도리와 박공널의 맞춤
가름장장부	마구리 중간을 따서 두 갈래로 한 것 양식 지붕틀의 왕대공과 마룻대의 맞춤

② 장부 이외 맞춤

통맞춤	큰 부재 구멍에 작은 부재를 통째로 끼워넣는 맞춤
가름장맞춤	큰 부재 중간을 따서 두 갈래로 작은 부재에 끼워넣는 맞춤
빗턱장부 맞춤	부재를 경사지게 따낸 자리에 짧은 장부를 내서 맞춘 것 왕대공과 ㅅ자보 맞춤
빗걸침턱 맞춤	접합면을 같은 경사로 깎아 맞댄 것. 상하 교차 부재에 씀 멍에와 토대의 맞춤
걸침턱 맞춤	상하 부재가 직각으로 교차될 때 접합면을 서로 따서 물리게 한다. 평보와 깔도리 맞춤
반턱맞춤	부재춤을 반씩 따서 직각으로 교차하여 맞춘 것 도리 등의 직각부분 맞춤
안장맞춤	빗잘라 중간을 따서 두 갈래로 된 것을 양 옆을 경사지게 딴 자리에 끼워서 맞춤. 평보와 ㅅ자보 맞춤
갈퀴맞춤	널끝의 밑면에 경사진 단을 내어 구멍 속에 밀어넣고 위에 쐐기를 박음
연귀맞춤	접합재의 마구리를 감추기 위해 45°로 잘라 맞춘 것 나무 마구리 맞춤

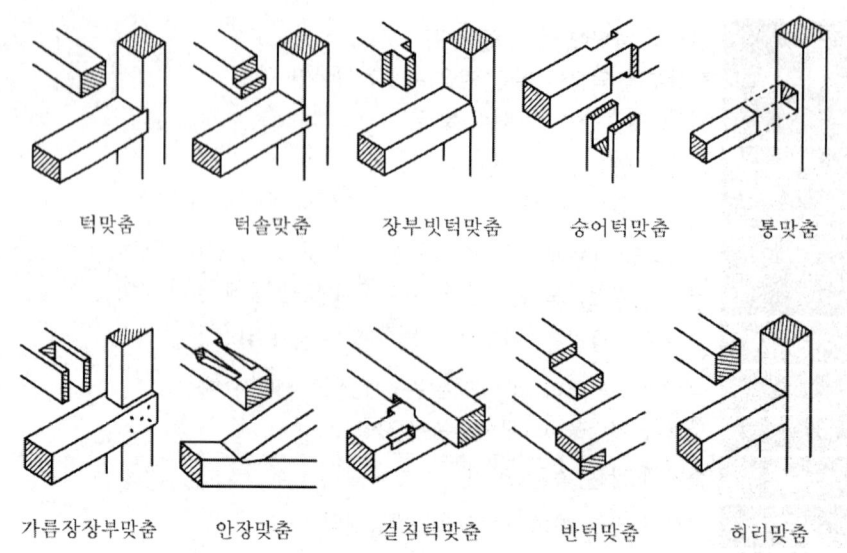

턱맞춤　　턱솔맞춤　　장부빗턱맞춤　　숭어턱맞춤　　통맞춤

가름장장부맞춤　　안장맞춤　　걸침턱맞춤　　반턱맞춤　　허리맞춤

(4) 쪽매

① 목재판이나 널을 나란히 옆으로 붙여 끼워나가는 방법
② 종류
　　㉠ 맞댄쪽매 : 경미한 구조에 이용
　　㉡ 반턱쪽매 : 거푸집, 두께 15mm 미만 널에 사용
　　㉢ 빗쪽매 : 반자널, 지붕널에 사용
　　㉣ 제혀쪽매 : 보행진동에 대한 저항성이 커서 가장 널리 사용. 마루널 깔기에 사용
　　㉤ 오늬쪽매 : 흙막이 널말뚝에 사용
　　㉥ 딴혀쪽매 : 마루널 깔기에 사용
　　㉦ 틈막이대쪽매 : 징두리판벽, 천장 등에 사용

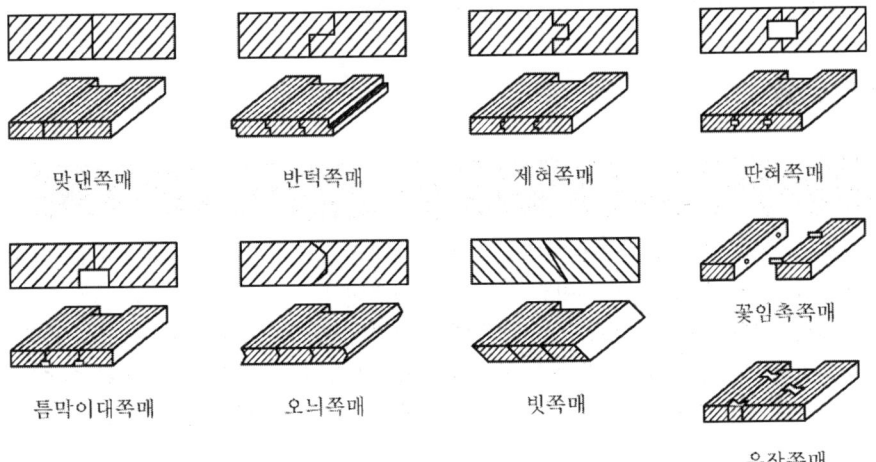

(5) 보강철물

① 못
   ㉠ 못은 재의 섬유방향에 대하여 엇갈리게 박는다.
   ㉡ 경미한 곳 외에는 1개소에 4개 이상 박는 것을 원칙으로 한다.
   ㉢ 못의 길이 : 박는 나무두께의 2.5~3배(마구리는 3~3.5배)
   ㉣ 부재 두께는 못 지름의 6배 이상
   ㉤ 못 배치 간격 : 가력방향 10d(가장자리 12d), 반대방향 5d 이상

② 볼트
   ㉠ 보통 볼트, 양나사 볼트, 갈고리 볼트, 주걱 볼트 등이 있다.
   ㉡ 인장력을 받을 때 사용한다.
   ㉢ 지름 9mm 이상, 구조용은 지름 12mm 이상을 사용한다.

③ 듀벨
   ㉠ 접합재 사이에 끼워 넣고 볼트로 죄어 부재 상호간의 미끄럼을 막는다.
   ㉡ 볼트와 병행 사용하며 듀벨은 전단력에 저항한다.
   ㉢ 배치는 동일 섬유방향에 엇갈리게 배치한다.

④ 감잡이쇠 : 왕대공과 평보 맞춤 시 보강철물

⑤ 띠쇠 : ㅅ자보와 왕대공의 맞춤, 기둥과 층도리의 맞춤 시 보강철물

⑥ 안장쇠 : 큰보와 작은보의 연결 시에 사용함

3. 목조 벽체

심벽식	평벽식
• 전통목조와 같이 뼈대 사이에 벽을 만들어 뼈대가 보이도록 만든 구조이다. • 가새의 단면이 평벽에 비해 작기 때문에 구조적으로는 다소 약하지만 목재 고유의 아름다움을 표현할 수 있다.	• 뼈대를 감싸고 마감재를 대어 뼈대를 감춘 구조이다. • 단면이 큰 가새를 배치하고 철물로 보강할 수 있어 내진성, 내풍성을 높일 수 있다. • 실내 기밀성, 방한, 방습 효과가 크다.

(1) 벽체 구성

① 토대
- ㉠ 기초 위에 가로놓아 상부에서 오는 하중을 기초에 전달하는 부재이다.
- ㉡ 기둥과 기둥을 고정하고 벽을 설치하는 뼈대가 된다.
- ㉢ 단면크기는 기둥과 같거나 약간 크게 한다.(단층 105mm각, 2층 120mm각 정도)
- ㉣ 이음부는 턱걸이주먹장·이음턱걸이메뚜기장이음·엇걸이산지이음 등을 사용하고, 연귀장부맞춤, 턱솔장부맞춤으로 모서리와 접합부를 맞춘다.
- ㉤ 토대의 모서리·구석·기타 접합부에 귀잡이토대를 설치하여 횡력에 저항하게 한다.

② 기둥
- ㉠ 통재기둥
    - ⓐ 1층과 2층을 한 개의 부재로 연결하는 기둥
    - ⓑ 건물의 모서리에 배치하며, 길이가 긴 벽은 중간에도 배치한다.
    - ⓒ 2층 이상 목조건물의 모서리기둥은 통재기둥으로 해야 한다.
- ㉡ 평기둥
    - ⓐ 층도리를 사이에 두고 한 층씩 세워지는 기둥이다.
    - ⓑ 배치 간격은 2m 전후로 한다.
- ㉢ 샛기둥
    - ⓐ 평기둥 사이에 세워서 벽체 구성 및 가새의 옆휨을 막는 역할을 한다.

ⓑ 배치 간격은 45cm 내외로 하고, 상하 가로재에 짧은 장부맞춤으로 한다.
ⓒ 가새와 접합 시에는 반드시 샛기둥 쪽을 따내 접합한다.

본기둥

구조물의 뼈대가 되는 기둥(통재기둥+평기둥)

③ 층도리
  ㉠ 상, 하층 사이의 가로재로서 기둥을 연결하고 위층 바닥 하중을 받아 기둥에 전달시키는 역할을 한다.(샛기둥과 바닥보를 받음)
    ⓐ 크기
      • 너비는 기둥과 같은 폭으로 한다.
      • 춤은 너비의 1~2배 정도로 한다.
    ⓑ 이음, 맞춤
      • 이음은 엇걸이산지이음이나 턱걸이주먹장이음으로 한다.
      • 맞춤은 층도리와 통재기둥과는 빗턱통을 넣고 짧은 장부맞춤으로 하며 안팎에 띠쇠를 대고 볼트 또는 가시못 죔으로 한다.

④ 도리
  ㉠ 깔도리 : 기둥 맨 위 처마부분에 수평으로 대어 지붕틀의 하중을 기둥에 전달한다.
  ㉡ 처마도리 : 지붕틀 평보 위에 깔도리와 같은 방향으로 걸친다.

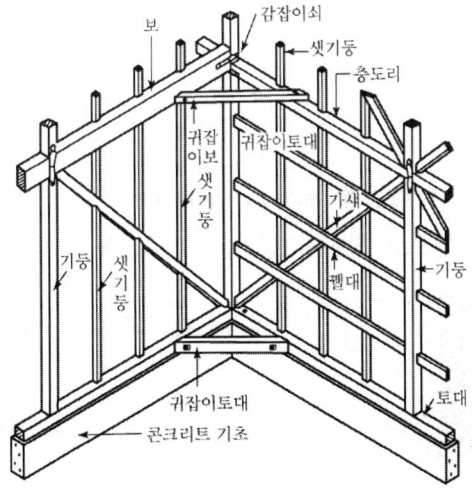

⑤ 가새
　㉠ 가새의 크기

인장가새	기둥 단면적 1/5 이상의 목재나 지름 9mm 이상 철근을 사용한다.
압축가새	기둥 단면적 1/3 이상의 목재를 사용한다.

　㉡ 가새의 설치 원칙
　　ⓐ 기둥이나 보의 중간에 설치하지 말아야 한다.
　　ⓑ 기둥이나 보의 대칭되게 설치한다.(좌우대칭구조)
　　ⓒ 인장응력과 압축응력을 받을 수 있도록 X, V자형으로 배치한다.
　　ⓓ 설치 각도는 45°가 유리하다.
　　ⓔ 상부보다 하부에 많이 배치한다.
⑥ 버팀대
　㉠ 절점(기둥과 깔도리, 층도리, 보 등이 접합되어 있는 부분)부분의 수평력에 의한 변형을 막기 위해 설치하는 부재이다.
　㉡ 수평력에 대해 가새보다는 약하지만 가새를 댈 수 없는 곳에 유리하다.
⑦ 귀잡이
　가로재(토대, 보, 도리 등)가 서로 수평으로 맞추어지는 귀부분을 보강하기 위해 대는 빗재를 말한다.

4. 마루

(1) 1층 마루

① 동바리 마루
　마루 밑부분에 동바리돌을 놓고 그 위에 동바리를 세운다. 동바리 위에 멍에를 걸고 그 위에 직각방향으로 장선을 걸치고 마루널을 깐다.

동바리	멍에와 같은 크기(10cm각 내외)로 하고 간격은 멍에와 동일하게 설치한다.
멍에	단면은 10cm각 내외로 하고, 간격은 0.9~1.8m 정도로 한다.

장선	크기 6cm각(멍에 간격 1m 이내일 때), 간격 45cm 내외(멍에 간격의 절반 정도)
마루널	두께 18~24mm의 널재를 제혀쪽매로 연결한다.(밑바탕널은 12~18mm 합판 사용)

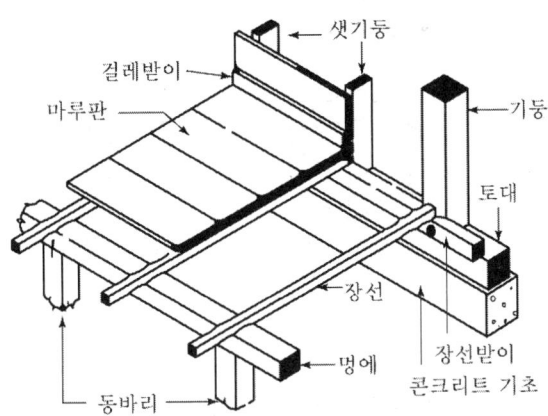

② 납작마루

동바리를 쓰지 않고 호박돌 위에 멍에, 장선을 대고 마루널을 깔거나, 콘크리트 바닥에 멍에, 장선을 깔고 마루널을 깐다.

(2) 2층 마루

홑마루 (장선마루)	간사이가 작을 때(2.4m 미만) 사용 보를 쓰지 않고 층도리 등에 장선을 걸치고 마루널을 깐다.
보마루	간사이 2.4~6.4m 미만에 사용 보를 걸어 장선을 받고 마루널을 깐 것(보 간격 약 1.8m)
짠마루	간사이 6.4m 이상 큰보 위에 작은보를 걸고 장선과 마루널을 깐 것

5. 지붕 및 지붕틀

(1) 지붕의 종류

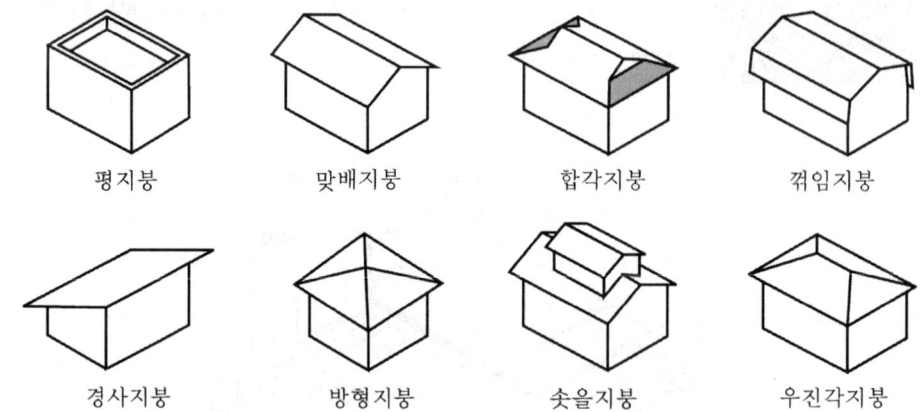

평지붕　맞배지붕　합각지붕　꺾임지붕

경사지붕　방형지붕　솟을지붕　우진각지붕

(2) 지붕물매

① 물매 : 빗물이 잘 흘러 내리도록 지붕면을 경사지게 한 것이다.
② 물매표시방법 : 수평거리(10cm)에 대한 직각삼각형의 수직높이로 표시한다.
③ 경사각이 45°인 것을 되물매, 그 이상인 것을 된물매라 한다.

(3) 절충식 지붕틀

① 처마도리 위에 지붕보를 걸쳐대고 그 위에 동자기둥과 대공을 세우면서 중도리와 마루대를 걸쳐대어 서까래를 받게 한 지붕틀
② 공작이 간단하며 간사이가 작거나(6m 이내) 간벽이 많은 건물에 사용
③ 사용부재

지붕보	크기 : 끝마구리 지름 120mm 정도(간사이 3m일 때)
대공, 동자기둥	크기 : 100×100mm 정도 간격 : 0.9m 정도
서까래	크기 : 50mm 각재 간격 : 0.45m 정도
지붕널	두께 : 12mm~18mm 정도

1. 핵/심/이/론

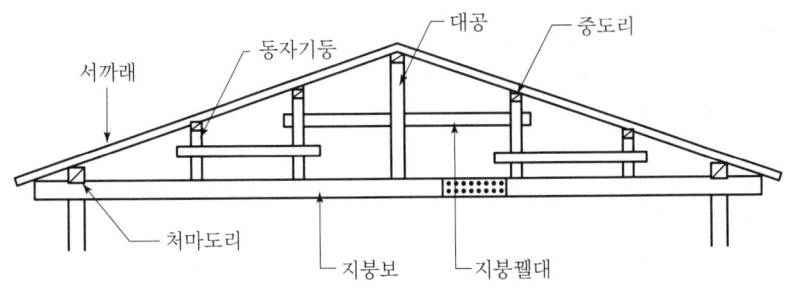

> **핵심 포인트**
>
> 양식 구조에서는 처마도리와 깔도리를 구분해서 사용하고, 절충식 구조에서는 처마도리가 깔도리를 겸하고 있다.

(4) 왕대공 지붕틀

① 양식 지붕틀 중 가장 많이 쓰이는 지붕틀로 여러 부재를 삼각형으로 짜서 역학적으로 외력에 튼튼한 구조이다.
② 간사이가 큰 구조물에 쓰인다. (최대 20m 가능)
③ 평보 간격(지붕틀 간격)은 2~3m 정도이다.
④ 평보 이음은 왕대공 근처에서 맞댄 덧판이음을 하고 산지를 끼워 볼트를 조인다.

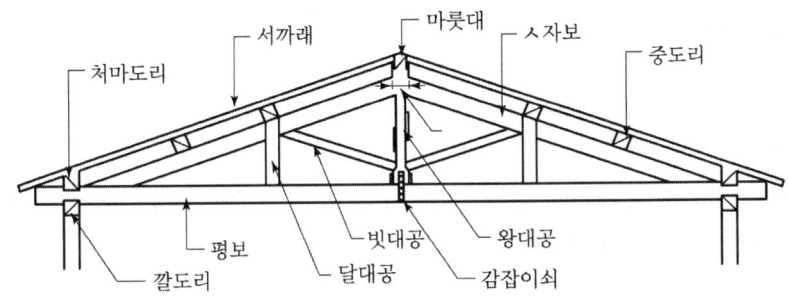

⑤ 부재의 응력부담

압축재	ㅅ자보, 빗대공 – 빗재
인장재	왕대공, 평보, 달대공 – 수직, 수평재

1편. 건축일반

- ㅅ자보 : 휨모멘트와 압축력을 동시에 받음
- 평보 : 인장력과 휨모멘트를 동시에 받음

(5) 쌍대공 지붕틀

간사이가 10m 이상이거나 꺾임지붕으로 할 때 또는 보꾹방(다락방)으로 이용할 때 쓰인다.

 한국 전통건축의 부재

- 우미량 : 모임지붕 등의 지붕귀에 중도리, 마룻대를 받치는 동자기둥이나 대공을 세우기 위해 도리에 걸쳐대는 부재
- 추녀 : 추녀마루를 받치고 있는 일종의 마룻대로 모임지붕의 귀에 대각선 방향으로 걸어 귀서까래를 받는다.
- 마룻대 : 지붕마루에 수평으로 걸어 좌우 지붕면 상연의 위 끝을 받는 도리, 용마루 밑에서 서까래가 걸린다.
- 종보 : 지붕이 높을 경우 다락방 등으로 이용하기 위해 걸치는 또 하나의 보로, 그 위에 동자기둥을 세운다.

1.3 조적식 구조

1. 벽돌구조

건물의 기초나 벽체 등을 벽돌과 모르타르로 쌓아 만든 것으로서 블록구조, 돌구조 등과 같이 조적구조의 기본이 된다.

장점	단점
• 내화, 내구, 방한, 방서적이다. • 시공이 비교적 간단하다. • 외관이 아름답고 장중하다. • 질감이 다양하고 주위환경과 잘 어울린다.	• 수평력(풍압, 지진력)에 약하므로 고층이나 대형건물에는 적합하지 않다. • 벽체가 두꺼워 면적이 줄어든다. • 습기가 차기 쉽다.

1. 핵/심/이/론

(1) 벽돌의 규격 및 품질

① 규격
  ㉠ 기존형(구형) : 210×100×60(단위 : mm)
  ㉡ 표준형(신형) : 190×90×57

② 품질
  ㉠ 1종 벽돌 : 압축강도 24.50N/mm^2 이상, 흡수율 10% 이하
  ㉡ 2종 벽돌 : 압축강도 14.70N/mm^2 이상, 흡수율 15% 이하

(2) 벽돌의 종류

① 보통벽돌
  ㉠ 시멘트 벽돌 : 시멘트+모래를 혼합하여 만든다.
  ㉡ 보통벽돌(점토벽돌) : 점토+석회+모래를 혼합하여 구워 만든다.
    ⓐ 붉은 벽돌 : 완전 연소로 구운 것
    ⓑ 회색·검정벽돌 : 불완전 연소로 구운 것

② 특수벽돌
  ㉠ 이형벽돌 : 특별한 모양으로 만든 것으로 개구부 주위에 장식적으로 사용한다.
  ㉡ 경량벽돌
    ⓐ 경량벽돌 : 경량이며, 열 차단성이 큼
    ⓑ 중공벽돌 : 벽돌 내에 구멍이 있는 것으로 장식 벽체에 사용된다.
  ㉢ 포도용 벽돌 : 바닥 포장용 벽돌로 흡수율이 작고 내마모성과 강도가 크다.
  ㉣ 오지벽돌 : 벽돌면에 오지(유약)를 올린 치장벽돌이다.
  ㉤ 내화벽돌 : 내화점토를 이용하여 소성한 것으로 굴뚝, 용광로 등에 사용한다.

(3) 모르타르

① 시멘트+모래+물을 혼합하여 만든 벽돌 상호 접착제이다.
② 물을 넣은 후 1시간부터 응결이 시작해서 10시간이면 응결이 끝나므로 1시간 이내에 사용해야 한다.
③ 배합비
  ㉠ 쌓기용 1 : 3~1 : 5(시멘트 : 모래)

ⓛ 아치용 1 : 2

ⓒ 치장용 1 : 1

(4) 벽돌의 마름질(Cutting)과 줄눈

① 마름질

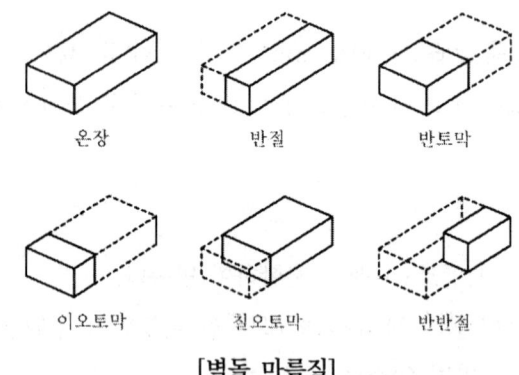

[벽돌 마름질]

② 줄눈

벽돌과 벽돌 사이의 모르타르 부분을 말한다.

㉠ 수직줄눈

ⓐ 막힌줄눈 : 벽돌을 지그재그로 쌓아서 위아래가 막힌 줄눈으로, 하중을 골고루 분산시키므로 내력벽에 사용한다.

ⓑ 통줄눈 : 하중을 분산시킬 수 없어서 치장용으로만 사용한다.

㉡ 치장줄눈 : 벽돌벽면을 제물치장할 때, 벽면에서 8~10mm 줄눈파기하고 1 : 1로 배합한 모르타르 줄눈을 채워 마무리한다.

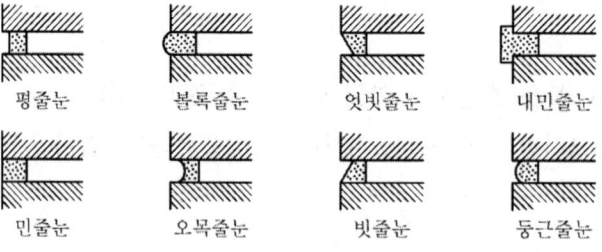

(5) 벽돌쌓기

① 원칙

　㉠ 쌓기 전 충분한 물축임을 한다.

　㉡ 하루쌓기 높이는 1.2~1.5m(17~20켜) 이내로 한다.

　㉢ 막힌줄눈을 원칙으로 한다.

　㉣ 벽면의 목재 등으로 수장할 때는 나무벽돌을 묻어 쌓는다.

② 벽돌쌓기법

　㉠ 영식 쌓기

　　ⓐ 길이쌓기와 마구리쌓기를 한 켜씩 번갈아 쌓는다.

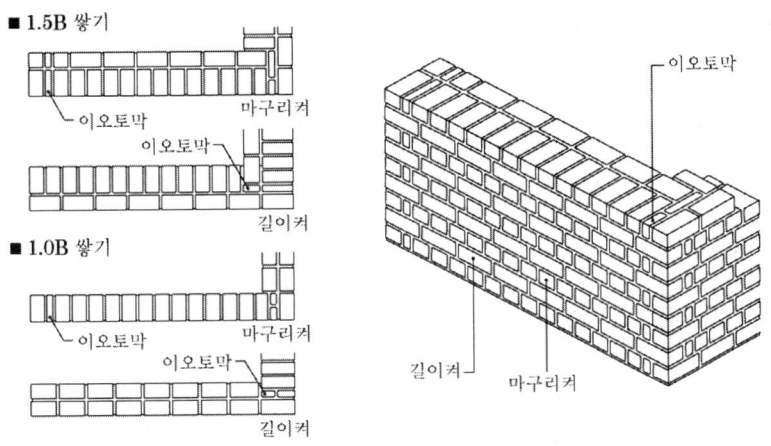

　　ⓑ 벽의 끝이나 모서리에 반절 또는 이오토막을 사용하여 통줄눈을 막는다.

　　ⓒ 가장 튼튼한 방식이며 널리 사용된다.

　㉡ 화란(네덜란드)식 쌓기

　　ⓐ 영식 쌓기처럼 길이켜, 마구리켜를 번갈아 쌓는다.

　　ⓑ 벽 끝이나 모서리에는 칠오토막을 사용한다.

　　ⓒ 시공이 용이하고, 모서리가 견고해서 많이 쓰이나 잔여 이오토막이 생긴다.

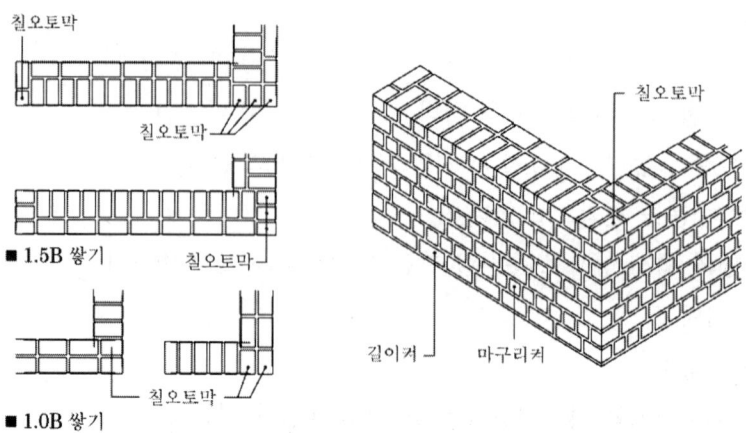

ⓒ 불식(프랑스식) 쌓기

    ⓐ 한 켜에서 길이와 마구리가 번갈아 나온다.

    ⓑ 내부에 통줄눈이 생겨 내력벽으로는 부적합하다.

    ⓒ 외관이 좋아서 장식 벽체로 사용한다.

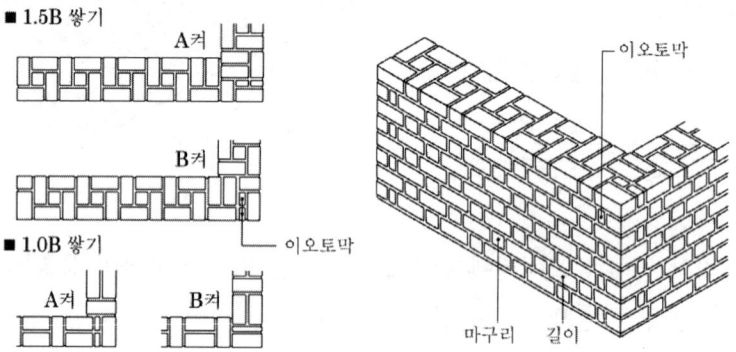

ⓔ 미식 쌓기

    ⓐ 앞면은 5켜를 길이쌓기로 치장벽돌을 쌓고 5~6켜마다 한 켜씩 마구리쌓기를 한다.

    ⓑ 뒷면은 영식 쌓기로 하여 통줄눈을 막는다.

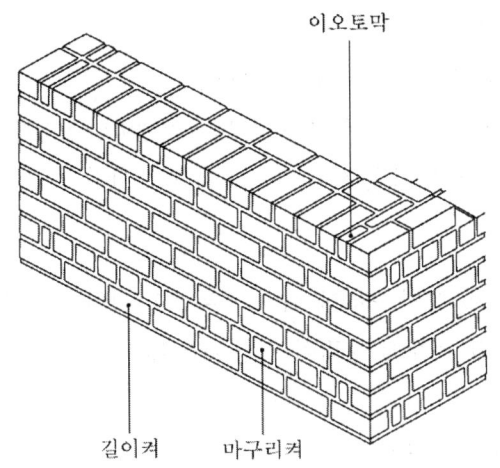

ⓜ 특수 쌓기

    ⓐ 세워쌓기 : 벽돌을 마구리면이나 길이면이 세워지도록 쌓는 방식

    ⓑ 영롱쌓기 : 벽면에 구멍이 나도록 쌓는 방식

    ⓒ 엇모쌓기 : 45° 각도로 쌓아서 모서리가 면에 나오는 방식

    ⓓ 들여쌓기 및 떼어쌓기 : 쌓기를 중단할 경우 중앙부는 떼어쌓기, 모서리는 들여쌓기로 마무리한다.

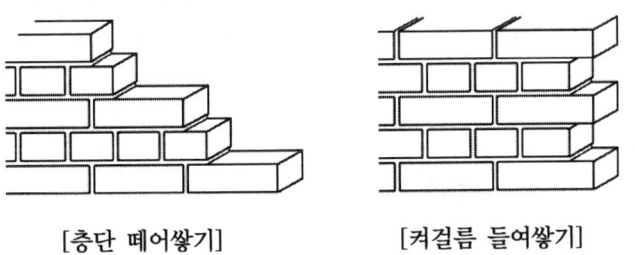

[층단 떼어쌓기]　　　　　[켜걸름 들여쌓기]

③ 기타 쌓기

  ㉠ 내쌓기

    ⓐ 벽돌을 벽면에서 부분적으로 내쌓는 방식

    ⓑ 내미는 길이-한 켜씩 쌓기 : 1/8B, 두 켜씩 쌓기 : 1/4B

    ⓒ 내미는 최대한도 : 2.0B

  ㉡ 공간쌓기

    ⓐ 음, 열, 공기, 습기 등의 차단을 목적으로 벽을 이중으로 하고 중간에 공간을

두고 쌓는 방법

ⓑ 공간은 보통 30~60mm(표준 50mm)

ⓒ 연결철물(벽 상호간)은 벽면적 0.4m² 이내마다 1개씩 사용하고, 철물의 수직 거리 45cm 이내, 수평거리 90cm 이내로 한다.

(6) 아치(Arch)

상부에 작용하는 하중이 아치 축선에 따라 좌우로 나뉘어 밑으로 직압력만 전달하게 한 것으로서, 개구부 등의 부재에 응력이 작용하지 않게 한 구조

① 원칙

  ㉠ 작은 개구부라도 반드시 상부에 아치를 설치한다.
  ㉡ 개구부 너비가 1.2m 이하일 경우는 평아치로 할 수 있다.
  ㉢ 개구부 너비가 1.8m 이상일 때는 아치 대신 철근콘크리트 인방보를 설치한다.
  ㉣ 아치 줄눈의 방향은 원호 중심에 모이게 한다.

② 아치쌓기 종류

  ㉠ 본 아치 : 아치벽돌을 사용하여 쌓는 것
  ㉡ 막만든 아치 : 보통벽돌을 아치벽돌처럼 다듬어 쌓는 것
  ㉢ 거친 아치 : 보통벽돌을 그대로 사용하여 줄눈을 쐐기모양으로 하여 쌓는 것
  ㉣ 층두리 아치 : 아치의 폭이 클 때 층을 지어 겹쳐 쌓은 아치

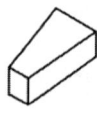
[본 아치]

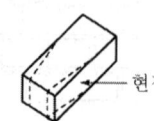
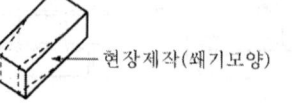
[막만든 아치]

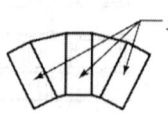
[거친 아치]

(7) 벽돌 벽체

① 벽체의 분류

  ㉠ 내력벽 : 상부하중을 받아 기초에 전달하는 주된 벽체
  ㉡ 장막벽 : 상부하중은 받지 않고 자체 하중만 지지하는 벽

② 내력벽의 길이 및 면적

  ㉠ 길이 : 내력벽 길이는 10m 이하로 한다.(초과 시 붙임기둥, 부축벽으로 보강)

ⓒ 면적 : 내력벽 중심선으로 둘러싸인 부분의 바닥면적은 80m² 이하로 한다.
③ 내력벽 두께 및 높이
  ㉠ 두께
    ⓐ 두께 산정 시에는 마감재를 포함하지 않는다.
    ⓑ 내력벽 두께는 바로 위층보다 크거나 같아야 한다.
    ⓒ 구조 유형별 두께

유형	벽돌벽	블록벽	돌과 다른 구조 병용
내력벽 두께(T)	$\frac{H}{20}$	$\frac{H}{16}$	$\frac{H}{15}$

※ H=벽높이

    ⓓ 벽 길이, 높이, 층수에 따른 두께(mm)

구분	5m 이하		5~11m		11m 이상		바닥면적>60m²		
	5m 이하	8m 이상	8m 이하	8m 이상	8m 이하~8m 이상		1층	2층	3층
1층	150	190	190	290	290	390	190	290	390
2층	−	−	190	190	190	290	−	190	290
3층	−	−	190	190	190	190	−	−	190

  ㉡ 높이
    ⓐ 최상층 내력벽의 높이는 4m 이하로 한다.
    ⓑ 토압을 받는 부분의 내력벽은 조적조로 할 수 없다. 단, 토압을 받는 높이가 2.5m 이하인 경우 벽돌벽으로 쌓을 수 있다.
④ 테두리보
  ㉠ 각 층 내력벽 위에 둘러댄 철근콘크리트보를 말한다.
  ㉡ 건물 전체 강성을 높이고 지붕이나 바닥판을 받쳐 하중을 균등하게 벽체에 전달하는 역할을 한다.
    ⓐ 테두리보 춤 : 벽 두께의 1.5배 이상
    ⓑ 목조테두리보 : 1층 건물로서 벽 두께가 벽 높이의 1/16 이상이거나 벽의 길이가 5m 이하인 경우에는 나무 테두리보를 설치할 수 있다.

⑤ 개구부 및 주위 구조
  ㉠ 개구부의 너비 합계(대린벽으로 구획된 벽에서) : 그 벽길이의 1/2 이하
  ㉡ 개구부와 바로 위 개구부와의 수직거리 : 60cm 이상
  ㉢ 개구부 상호간 또는 벽 중심과 개구부와의 수평거리 : 그 벽두께의 2배 이상
  ㉣ 문골 너비가 1.8m 이상 : 철근콘크리트 웃인방을 설치하고 인방은 양쪽 벽에 20cm 이상 물린다.
  ㉤ 벽돌벽 홈파기
    ⓐ 세로홈이 그 층높이의 3/4 이상일 때 홈깊이 : 벽두께의 1/3 이하
    ⓑ 가로홈 : 길이 3m 이하, 깊이 벽두께의 1/3 이하
⑥ 벽돌벽의 균열

계획, 설계상 결함	시공상 결함
• 기초의 부동침하 • 건물의 평면, 입면의 불균형 • 불균형 하중 • 벽돌 벽체의 강도 부족 • 불합리한 개구부 크기 및 배치의 불균형	• 벽돌 및 모르타르 강도 부족 • 재료의 신축성 • 모르타르 바름의 들뜨기 현상 • 다져 넣기의 부족 • 이질재와의 접합부

⑦ 백화현상
  벽체의 표면에 흰가루가 생기는 현상

원인	• 재료 및 시공의 불량 • 모르타르 채워 넣기 부족으로 빗물침투에 의한 화학반응 (빗물+소석회+탄산가스)
대책	• 소성이 잘된 벽돌을 사용한다. • 벽돌표면에 파라핀 도료를 발라서 염류 유출을 방지한다. • 줄눈에 방수제를 발라 밀실 시공한다. • 비막이를 설치하여 물과의 접촉을 최소화시킨다.

2. 블록구조

(1) 분류

① 조적식 블록조
  ㉠ 단순히 모르타르로 접착하여 쌓는 구조이다.
  ㉡ 소규모 건물(2층 이하)에 적합하다.
② 블록 장막벽 : 건축물의 칸막이벽으로 사용한다.(비내력벽)
③ 보강블록조
  ㉠ 블록의 빈 공간에 철근과 콘크리트로 보강한 구조이다.
  ㉡ 4~5층까지 가능하다.
④ 거푸집 블록조 : 속이 빈 ㄴ, ㅁ, ㄷ, T자형 등의 블록을 거푸집으로 사용한다.

(2) 블록 쌓기

① 블록의 규격
  ㉠ 치수

형상	치수 (mm)			허용오차(mm)
	길이	높이	두께	
기본형	390	190	100, 150, 190	길이, 두께 ±2
표준형	290	190	100, 150, 190	높이 ±3

  ㉡ 강도에 따른 분류

구분	기건비중	압축강도	흡수율	비고
A종 블록	1.7 미만	4MPa 이상	–	경량골재를 사용한 경량 블록
B종 블록	1.9 미만	6MPa 이상	–	
C종 블록	–	8MPa 이상	10% 이하 (방수 블록)	보통골재 사용

② 블록의 형상
  ㉠ 인방블록 : 창문틀의 위에 쌓아서 철근과 콘크리트를 보강하여 다져넣는 U자형 블록

ⓒ 창대블록 : 창문틀의 아래에 설치하는 블록
ⓒ 창쌤블록 : 창문틀의 옆에 설치하는 블록
ⓔ 가로근용 블록 : 가로철근을 집어넣고 콘크리트를 다져넣을 수 있는 블록

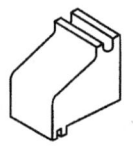
[창대블록]

[인방블록]
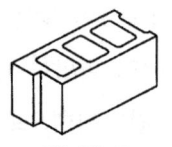
[창쌤블록]
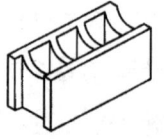
[가로근용 블록]

③ 블록 쌓기
  ㉠ 하루 쌓는 높이는 1.2~1.5m(6~7켜) 이내로 한다.
  ㉡ 보통은 막힌줄눈 쌓기를 하되, 보강블록조는 통줄눈으로 쌓는다.
  ㉢ 조적용 모르타르 배합비는 1 : 3~1 : 5로 한다.
  ㉣ 블록의 살 두께가 두꺼운 쪽이 위로 가게 쌓고, 모르타르 접촉면만 물축임한다.
  ㉤ 줄눈의 너비는 10mm를 원칙으로 한다.

④ 블록조 벽체의 구조
  ㉠ 길이, 높이
    ⓐ 벽길이는 10m 이하, 높이는 4m 이하로 한다.
    ⓑ 벽길이가 10m 이상일 때는 부축벽, 붙임벽, 붙임기둥을 설치하며 부축벽, 붙임벽 등의 길이는 벽높이의 1/3로 한다.
    ⓒ 평면상의 내력벽 길이는 55cm 이상으로 하고, 양측에 개구부가 있을 경우 두 개구부 높이의 평균보다 30% 정도 길게 한다.
    ⓓ 부분벽 길이의 합계는 그 벽길이의 1/2 이상이어야 하며 총 벽길이의 2/3 이상이어야 한다.
  ㉡ 면적 : 80m² 이하(내력벽으로 둘러싸여 있는 면적)
  ㉢ 두께 : 벽의 두께는 15cm 이상으로 하고 내력벽 두께는 주요 지점 간 수평거리의 1/50 이상으로 한다.

벽량(cm/m^2)

내력벽 길이의 총합계를 그 층의 건물면적으로 나눈 값
① 벽량이 증가할수록 횡력에 저항하는 힘이 커진다.
② 보강블록조 내력벽량은 $15cm/m^2$ 이상으로 한다.

3. 돌구조

장점	단점
• 내구, 내화, 내마멸성이고 풍화가 적다. • 외관이 장중, 미려하고 재료가 풍부하다. • 방한, 방서적이다.	• 지진 등 횡력에 약하다. • 가공이 어렵고 고가이다. • 시공이 까다롭고 공사기간이 길다.

(1) 석재의 가공

① 석재의 표면마감

  ㉠ 혹두기(메다듬) : 망치로 돌의 면을 대강 다듬는 것

  ㉡ 정다듬 : 혹두기면을 정으로 곱게 쪼아 평활하게 하는 것

  ㉢ 도드락다듬 : 거친 정다듬면을 도드락 망치로 더욱 평탄하게 다듬는 것

  ㉣ 잔다듬

    ⓐ 양날망치로 정다듬한 면을 평행방향으로 치밀하게 깎은 것이다.

    ⓑ 여러 번 하면 평활한 면이 된다.

  ㉤ 물갈기

    ⓐ 숫돌 등으로 물갈기하여 광내기한다.

    ⓑ 화강암, 대리석 등의 최종마감작업(손갈기, 기계갈기)

② 돌쌓기 방식

  ㉠ 다듬돌쌓기 : 각귀와 모서리 등을 다듬어 줄눈을 일정하게 쌓는 것으로, 구조적으로 가장 튼튼하며 쌓기 쉽다.

    ⓐ 바른층쌓기 : 켜높이를 일직선으로 일치시키는 방식

    ⓑ 허튼층쌓기 : 줄눈을 부분적으로 일치시키는 방식

  ㉡ 거친돌쌓기 : 자연석을 그대로 쓰거나 적당한 크기로 쪼갠 돌을 정으로 다듬어

불규칙하게 쌓은 것, 자연미를 살릴 수 있지만 벽이 두껍고 내진상 불리하다.
ⓐ 거친돌 층지어쌓기 : 허튼층으로 쌓으며 3켜 정도마다 줄눈을 일치시키는 방식
ⓑ 거친돌 막쌓기 : 줄눈을 불규칙하게 쌓는 방식

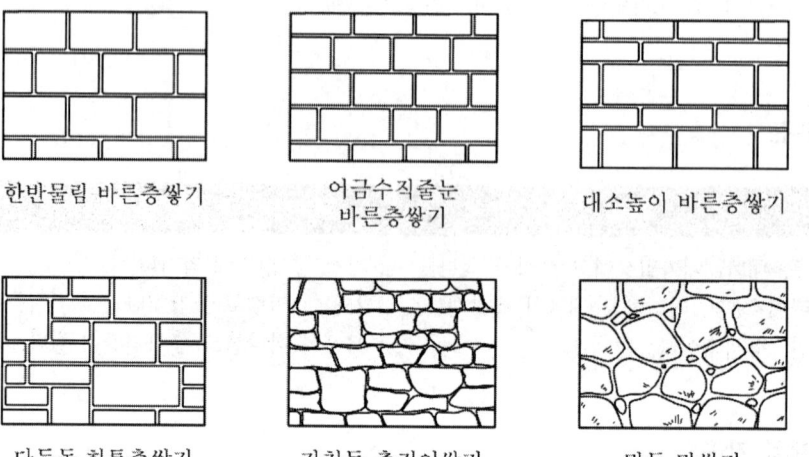

③ 접합

㉠ 꽂임촉 : 맞댐면 양쪽에 구멍을 따고 철재의 촉을 꽂은 다음 모르타르, 납 등을 채워 고정한다.

㉡ 꺾쇠, 은장 : 이음 장소에 꺾쇠나 은장을 묻어 넣을 수 있게 파고 모르타르나 납을 채워넣는다.

돌구조 용어

① 인방 : 창문이나 출입문 위에 걸쳐대서 상부의 하중을 받는 수평재이다.
② 창대돌 : 창 밑에 설치해서 창을 받치고 빗물을 흘러내리게 하는 장치돌이다.
③ 문지방돌 : 출입문의 밑에 대는 돌로서 화강암이나 경질 석재를 잔다듬 또는 물갈기하여 사용한다.
④ 쌤돌 : 창문, 출입문 등의 양쪽에 대는 돌로서 벽돌조에도 쓰인다.
⑤ 두겁돌 : 담, 난간 등의 꼭대기에 덮어씌우는 것으로 물흘림과 물끊기를 둔다.

1.4 철근콘크리트구조

철근(인장력)과 콘크리트(압축력) 두 재료를 일체화하여 장점과 단점을 서로 보완한 합성구조이다.

1. 성질

(1) 철근콘크리트 구조의 원리

부착력	상호 간의 부착력이 크며 콘크리트 속에서 철근의 좌굴이 방지되므로 철근은 압축력에도 유효하다.
온도변화	두 재료의 열팽창계수가 거의 동일하여 온도변화에도 안정적이다.
보호	알칼리성인 콘크리트가 철근의 부식을 방지하고 외부의 화열도 차단한다.

부착력의 특징

ⓐ 철근의 주장(길이)에 비례한다.
ⓑ 원형철근보다 이형철근이 크다.
ⓒ 가는 철근을 많이 넣는 것이 굵은 철근을 적게 넣는 것보다 크다.
ⓓ 콘크리트 압축강도가 높을수록 크다.

(2) 장·단점

장점	단점
• 내구, 내화, 내풍, 내진적이다.	• 건물의 자중이 크다.
• 건물의 유지 및 관리가 용이하다.	• 시공의 정밀도가 요구된다.
• 자유로운 설계가 가능하다.	• 공기가 길고(습식), 균열발생이 쉽다.
• 공사비, 건물 유지비가 저렴하다.	• 철거가 곤란하다.

2. 철근 간격 및 피복 두께

(1) 철근 간격

① 철근 지름의 1.5배 이상

② 굵은 골재 최대치수의 1.25배 이상(자갈의 통과 공간 확보)

③ 2.5cm 이상

(2) 철근 피복 두께

철근을 감싸고 있는 콘크리트의 두께를 말하며, 콘크리트 표면에서 가장 가까운 철근의 측면까지를 말한다.

① 목적
  ㉠ 철근의 내화성, 내구성 유지 및 부착력 증대
  ㉡ 콘크리트 타설 시 유동성 유지

② 철근에 대한 콘크리트 피복두께 최솟값
  ㉠ 수중에서 타설하는 콘크리트 : 100mm
  ㉡ 흙에 접하여 콘크리트를 타설한 후 영구히 흙에 묻혀 있는 콘크리트 : 80mm
  ㉢ 흙에 접하여 옥외의 공기에 직접 노출되는 경우
    ⓐ D29 이상 철근 : 60mm
    ⓑ D25 이하 철근 : 50mm
  ㉣ 옥외의 공기나 흙에 직접 접하지 않는 콘크리트
    ⓐ 슬래브, 벽체, 장선
      • D35 초과 철근 : 40mm
      • D35 이하 철근 : 20mm
    ⓑ 보, 기둥 : 40mm

각종 철물

- 스페이서(spacer) : 철근 콘크리트의 기둥·보 등의 철근에 대한 콘크리트의 피복두께를 정확하게 유지하기 위한 받침
- 컬럼 밴드(column band) : 띠철근기둥의 거푸집이 벌어지지 않게 테두리에 감아주는 철물
- 세퍼레이터(separator) : 간격을 유지하기 위해 거푸집 사이에 넣어 오므려지지 않게 하는 철물
- 폼타이(form tie) : 강재 거푸집의 조임 기구로 세퍼레이터의 역할도 겸한다.

(3) 철근의 이음 및 정착

① 이음 및 정착길이(보통 콘크리트 기준)
  ㉠ 압축력, 작은 인장력을 받는 부분 : 25d 이상
  ㉡ 인장력을 받는 부분 : 40d 이상

② 철근의 이음
  ㉠ 인장력이 적은 곳에서 이음을 하고, 같은 자리에서 철근 수의 반 이상을 이어서는 안된다.
  ㉡ D29(φ28) 이상 철근은 겹친 이음을 하지 않는다.
  ㉢ 두 철근의 지름이 다를 땐 작은 철근을 기준으로 한다.
  ㉣ 보 철근 이음 시 상부근은 중앙, 하부근은 단부에서 한다.

③ 철근의 정착
  ㉠ 기둥 주근은 기초에 정착시킨다.
  ㉡ 보의 주근은 기둥 중심선을 지나 외측에 정착시킨다.
  ㉢ 작은보의 주근은 큰보에 정착시킨다.
  ㉣ 벽 철근은 기둥, 보, 바닥판에 정착시킨다.
  ㉤ 바닥 철근은 보(중심선을 지나 외측에 정착)나 벽체에 정착한다.

3. 각 부 구조

(1) 보(beam)

① 보의 형태와 크기
  ㉠ 보의 단면은 보통 장방형이지만 바닥판과 일체가 되어 양쪽 바닥판의 일정범위를 보의 일부로 취급하여 T형보 등으로 나눈다.
  ㉡ 인장측에만 배근하는 단근보와 인장, 압축측 양측에 배근하는 복근보가 있다.
    ⓐ 유효춤(D) : 간사이의 1/10~1/15 범위(표준 1/12)
    ⓑ 너비(d) : 유효춤의 1/2~2/3 범위

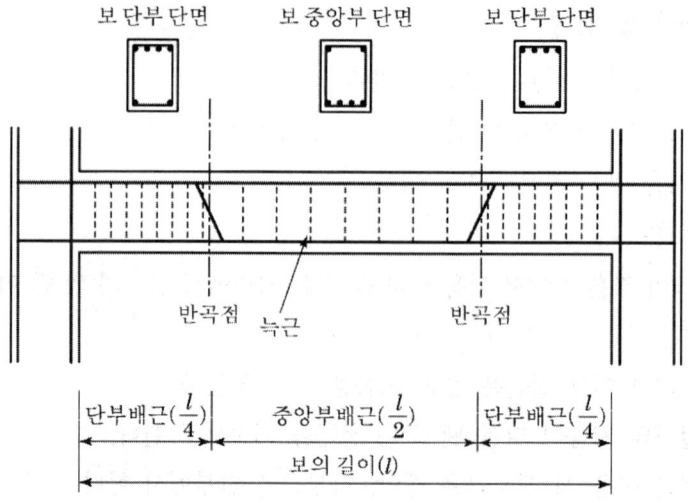

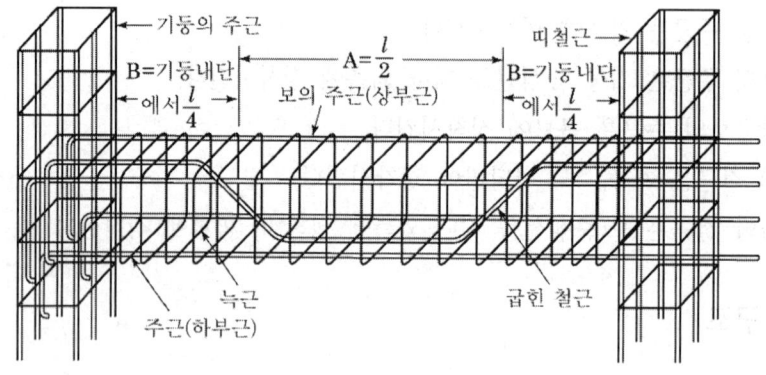

② 주근
　㉠ 인장력이 작용하는 부위에는 반드시 철근을 배치한다. 즉 중앙에서는 아래쪽, 단부에서는 위쪽에 집중 배치한다.
　㉡ 보 간사이의 1/4되는 곳(반곡점)에서 철근을 휘어 단부 상부 인장철근과 중앙부 하부 인장철근을 겸하여 사용한다. 이때 굽힌철근을 'bent up bar'라 한다.
　㉢ 주근은 D13(ϕ12) 이상이고, 2단 이하로 배근한다.
③ 늑근
　㉠ 보의 전단력 보강근으로 주근의 직각방향으로 배근한다.
　㉡ 전단력은 단부로 갈수록 커지므로 단부에서는 늑근 간격을 좁게 배근한다.

ⓒ 늑근의 말단은 135° 이상의 갈고리를 만든다.
ⓓ 철근은 φ6 이상을 사용한다.
ⓔ 간격 : 보 춤의 3/4 이하 또는 45cm 이하로 한다.

(2) 기둥(column)

① 기둥의 형태
　ⓐ 형태는 보통 정사각형, 직사각형, 원형 등이 많고 벽의 일부를 기둥으로 취급하는 L형, T형 및 부정형 등이 있다.
　ⓑ 단면 크기

최소단면치수	20cm 이상 또는 기둥 간사이의 1/15 이상
최소단면적	600cm² 이상

② 주근
　ⓐ 기둥의 축방향 철근으로 기둥 바깥둘레에 중심축의 대칭으로 배근한다.
　ⓑ D13(φ12) 이상을 사용하고, 장방형 기둥에서는 4개 이상 배근한다.(원형, 다각형 기둥은 6개 이상)
　ⓒ 이음 위치 : 기둥 순높이의 2/3 이하, 바닥 위 50cm 범위에서 이음한다.

③ 띠철근
　ⓐ 기둥의 전단력에 의해 발생하는 좌굴을 방지한다.
　ⓑ 주근 위치를 고정시키는 역할을 하며, 기둥 양단부에 많이 배근한다.
　ⓒ 철근은 6mm 이상(보통 φ9, D10)을 사용한다.
　ⓓ 배근 간격은 다음 중 가장 작은 값으로 한다.
　　ⓐ 주근 지름의 16배 이하
　　ⓑ 띠철근 지름의 48배 이하
　　ⓒ 단면 최소치수 이하
　　ⓓ 30cm 이하

④ 나선 철근 : 나선 철근은 직경 6mm 이상 철근을 쓰며, 순간격 25mm 이상, 75mm 이하로 한다. 나선 철근의 정착길이로서 이음과 기둥 단부에서는 1.5회를 여분으로 감는다.

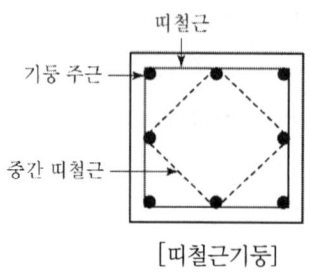
[띠철근기둥]

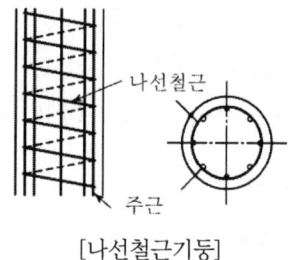
[나선철근기둥]

(3) 바닥판(slab)

적재하중을 지지하는 수평판이며 동시에 수평력을 보와 기둥에 분배하는 역할을 한다.

① 장방형 슬래브
  ㉠ 1방향 슬래브
    ⓐ 장변의 길이가 단변의 2배 이상인 슬래브
    ⓑ 단변에는 주근을 배근하고 장변에는 온도철근을 배근한다.
    ⓒ 슬래브의 두께는 최소 10cm 이상으로 한다.
  ㉡ 2방향 슬래브
    ⓐ 장변의 길이가 단변의 2배 이하인 슬래브
    ⓑ 슬래브의 두께는 최소 8cm 이상으로 한다.(보통 12cm 이상)
    ⓒ 단변방향으로 주근, 장변방향으로 배력근을 배근하며 D10 이상 철근을 사용한다.
    ⓓ 주근과 배력근의 굽힘철근은 모두 단변길이의 1/4지점에서 굽힌다.

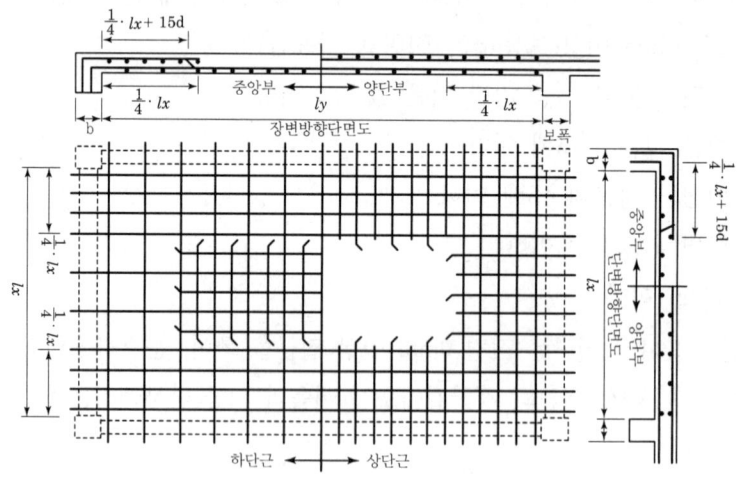

② 플랫 슬래브(flat slab : 무량판 슬래브)
    ㉠ 바닥에 보가 전혀 없이 바닥판만으로 구성하여, 하중을 직접 기둥에 전달하는 평판 슬래브 구조이다.
    ㉡ 슬래브 두께는 15cm 이상
    ㉢ 장점
        ⓐ 구조가 간단하고, 공사비가 저렴하다.
        ⓑ 실내를 크게 이용 가능하고, 전체 층고를 낮게 할 수 있다.
    ㉣ 단점
        ⓐ 주두의 철근배근이 복잡하고 바닥판이 무거운 결점이 있다.
        ⓑ 고정하중이 커지고 뼈대의 강성에 난점이 있다.
③ 장선 슬래브
    ㉠ 등간격으로 분할된 장선과 슬래브가 일체로 된 구조로 그 양단은 보 또는 벽체로 지지된다.
    ㉡ 장선의 너비는 10cm 이상, 좁은 너비의 3.5배 이내, 배치 간격은 90cm 이내
④ 워플 플랫 슬래브(waffle flat slab) : 우물 반자 형태로 된 두 방향 장선 슬래브 구조이고 작은 돔형의 거푸집이 사용된다.

(4) 벽체(wall)

① 벽두께는 15cm 이상으로 하며, 내력벽의 두께가 25cm 이상인 경우 복배근을 해야 한다.
② 철근은 D10(ϕ9) 이상 사용하고 배근 간격은 45cm 이하로 한다.
③ 배근방법은 2방향 배근법(가로, 세로 철근 배치)과 4방향 배근법(대각선 방향 배치)이 있는데 4방향 배근법이 매우 견고한 내진력을 가진다.
④ 개구부는 없는 것이 좋으나 있을 경우는 D13 이상의 철근으로 주위를 보강한다.

1.5 철골구조

건물의 뼈대를 형강, 강관 등의 철강재로 구성한 구조(강구조)

장점	단점
• 큰 간사이 구조가 가능하다. • 내구, 내진적이며 횡력에 강하다. • 시공이 용이하여 공기가 단축된다. • 철근콘크리트에 비해 중량이 가볍다. • 균질도가 높아 신뢰성이 있다.	• 부재에 좌굴이 생기기 쉽다. • 열에 약하며 고온에서는 강도가 저하되고 변형하기 쉽다. • 접합부에 주의를 요한다. • 다른 구조체보다 고가이다.

(1) 강판(steel plate)

① 박강판 : 두께 3mm 이하

② 후강판 : 두께 3mm 이상

③ 평강(flat bar) : 강판을 필요한 너비로 잘라 띠처럼 만든 것

(2) 형강(shape steel)

① 단일재나 조립재로 사용하는 데 적합한 형태로 만든 것을 형강이라 하며 모양과 크기에 따라 여러 종류가 있다.

② L형강, H형강, I형강, ㄷ형강 등이 주로 쓰이며 T형강, Z형강 등도 쓰인다.

(3) 봉강(steel bar)

원형, 사각, 6각 등이 있으며 원형강(철근)이 많이 쓰인다.

2. 접합

접합에는 리벳 접합, 볼트 접합, 용접 접합, 핀 접합 등이 있다.

(1) 리벳 접합

① 리벳 접합의 특징 및 종류

　㉠ 특징

　　ⓐ 2장 이상의 강재에 구멍을 뚫어 800~1000℃ 정도로 가열된 리벳을 박고 보통

은 압축공기로 타격하는 형식의 리베터로 머리를 만든다.
- ⓑ 시공 시 최소 3인 이상의 숙련공(가열, 해머, 받침)이 필요하다.
- ⓒ 리벳 구멍으로 인한 부재의 단면이 결손된다.
- ⓓ 시공이 불가능한 곳도 있고 시공 시 큰 소음 등으로 현재는 거의 사용하지 않는다.

ⓒ 리벳 종류
- ⓐ 리벳 지름 : 13, 16, 19, 22, 25, 28, 32mm 등의 리벳이 쓰이며, 보통은 16~22mm를 사용한다.
- ⓑ 형상별 종류

② 리벳의 배치
- ㉠ 정렬배치와 엇모배치가 있고 정렬배치가 많이 쓰인다.
- ㉡ 응력방향으로 한 줄에는 최고 8개 이상 배열하지 않는다.
- ㉢ 동일 건물에 쓰이는 리벳의 종류는 2~3종류 이내가 적당하다.
- ㉣ 용어
  - ⓐ 게이지 라인(gauge line) : 리벳 배치의 중심선
  - ⓑ 게이지(gauge) : 각 게이지 라인 간의 거리
  - ⓒ 피치(pitch) : 게이지 라인상의 리벳 중심 간격
    - 최소간격 : 리벳 지름의 2.5배 이상(2.5d 이상)
    - 표준간격 : 리벳 지름의 4배 이상(4d 이상)
  - ⓓ 클리어런스(clearance) : 리벳 중심과 수직재면과의 거리(리벳치기 여유거리)
  - ⓔ 그립(grip) : 리벳으로 접합되는 재의 총 두께
    - 리벳 지름의 5배 이하(5d 이하)
  - ⓕ 연단거리 : 리벳 구멍, 볼트 구멍 중심에서 부재 끝단까지의 거리

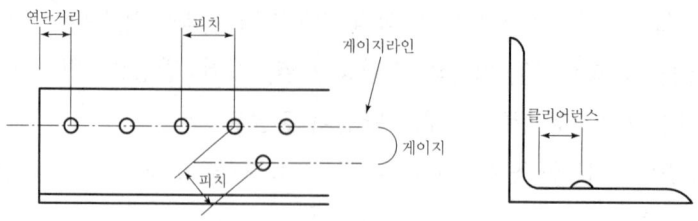

③ 리벳 구멍 지름

리벳지름(d)	리벳구멍지름(D)
16mm 이하	d+1mm
19~28mm	d+1.5mm
32mm 이상	d+2mm

(2) 볼트 접합

① 보통 볼트 접합

　㉠ 리벳 접합과 같이 강재에 구멍을 뚫고 볼트로 접합하는 시공법이다.

　㉡ 볼트 구멍을 일치시키기가 어렵고, 볼트 지름보다 구멍 지름이 지나치게 여유가 있으면 접합부가 미끄러지고, 점점 변형되어 구조물 변형의 원인이 된다.

　㉢ 볼트 구멍의 지름은 볼트의 지름보다 0.5mm 한도 내에서 크게 뚫을 수 있다.

　㉣ 진동, 충격, 반복응력을 받는 접합부에는 사용하지 못한다.

　㉤ 처마높이 9m 이상, 스팬 13m를 초과하는 강구조 건물의 구조 내력상 주요부분에는 사용하지 못한다.

② 고력 볼트 접합

　㉠ 고장력강으로 만들어진 고력 볼트(항복점 $7t/cm^2$, 인장 강도 $9t/cm^2$ 이상)을 사용하는 접합이다.

　㉡ 강하게 조일 수 있어 접합부의 강성이 높아지며, 피로 강도가 높다.

　㉢ 반복 하중에 대한 이음부의 강도가 크며, 리벳접합과 같은 소음이 없다.

　㉣ 접촉면의 상태나 볼트 재질, 긴결작업 등을 주의하여야 한다.

　㉤ 토크 렌치나 임팩트 렌치 등으로 접합할 강재를 강력하게 연결해야 한다.

ⓑ 종류

    ⓐ 마찰접합 : 볼트를 강하게 조여서 부재 간에 발생하는 마찰력에 의해 응력을 전달하는 형식으로, 응력의 흐름이 원활하며 접합부의 강성이 높다. 부재의 접합면에서 응력이 전달되므로 국부적 응력집중현상이 생길 우려가 적다.

    ⓑ 지압접합(전단접합) : 부재 간에 발생하는 마찰력과 고력볼트 축의 전단력 및 부재 지압력을 동시에 발생시켜 응력을 부담하는 방법이다. 볼트 자체의 높은 강도를 유효하게 이용하는 방법이다.

    ⓒ 인장접합 : 고력볼트를 조일 때의 부재 간 압축력을 이용해서 응력을 전달시키나, 마찰이 관여하지 않는 점에서 마찰접합과 다르다. 접합부의 변형은 작고 강성이 커서 조립시공에 용이하다.

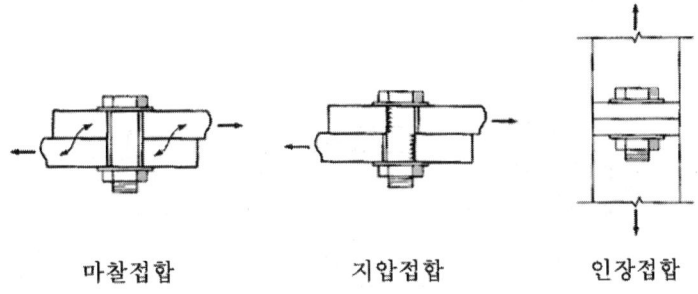

마찰접합   지압접합   인장접합

(3) 용접 접합

① 특징

장점	단점
• 리벳 접합에 비해 부재단면 결손이 없고 경량이 된다. • 접합부의 연속성, 강성이 확보된다. • 소음 발생이 없는 이점이 있다.	• 시공불량에 의한 결함이 우려되고 시공검사가 불편하다. • 용접열에 의한 변위나 응력발생의 결점이 있다. • 용접부의 양부 판단이 곤란하다.

② 용접법

  ㉠ 맞댐용접

    ⓐ 주로 접합재를 같은 평면에 나란히 놓은 상태에서 용접한다.(T형으로 놓고 용접할 경우도 있음)

ⓑ 접합재 끝에는 적당한 홈(groove)을 내며, 홈 모양에는 V형, U형 등 여러 종류가 있다.

ⓒ 6mm 이하는 접합재 사이를 띄우고 바로 용접하는 I형이 쓰인다.

ⓛ 모살용접

ⓐ 겹친이음과 L형, T형, +형으로 강판을 접합하려고 할 때 앞벌림 가공을 하지 않고 강판을 맞대어 구석을 45° 내외의 각도로 용접을 한다.

ⓑ 구분 : 용접부 연속성에 따라 연속용접, 단속용접이 있고, 양면에 단속용접을 할 때는 병렬단속용접과 엇모단속용접이 있다.

ⓒ 모살구멍용접 : 접합재의 구멍을 뚫어 겹쳐대고 구멍 주위를 모살용접한 것이다.

ⓔ 플러그용접, 슬롯용접 : 접합재의 구멍을 뚫어 겹쳐대고 용착금속으로 구멍 속을 전부 채운 것 중에서 원형 구멍을 플러그용접이라 하고 타원형 구멍은 슬롯용접이라 한다.

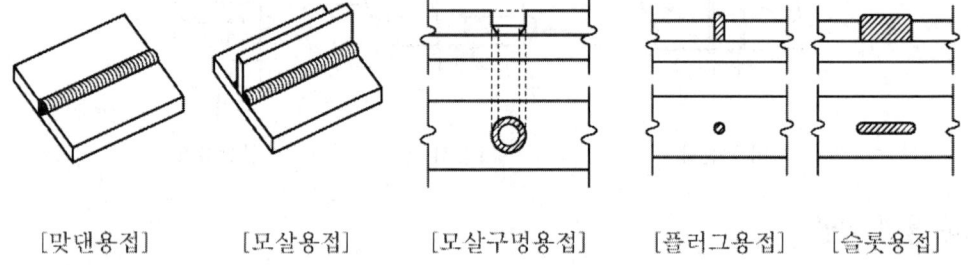

[맞댄용접]   [모살용접]   [모살구멍용접]   [플러그용접]   [슬롯용접]

ⓜ 부분용입용접 : 이음의 일부에 용착되지 않는 부분을 남기는 것으로 가조립하는 데 쓰인다.

③ 용접 결함

㉠ 슬래그(slag) 감싸들기 : 용접 시 슬래그가 용착금속 안에 출입되는 현상이다.

㉡ 오버랩(overlap) : 용착금속이 모재에 융합되지 않고 들떠 있는 상태를 말한다.

㉢ 언더컷(under cut) : 용접선 끝에 용착금속이 채워지지 않아 생긴 작은 홈이다.

㉣ 블로 홀(blow hole) : 용접부에 생긴 작은 기포이다.

㉤ 크랙(crack) : 용접 후 냉각 시 갈라지는 것을 말한다.

㉥ 피시 아이(fish eye) : 용접에서 용착 금속의 파단면에 나타나는 은백색을 띤 어안 모양의 결함 부분을 말한다.

각종 접합 병용 시 응력 부담

ⓐ 리벳+고력볼트=각각 허용응력 부담
ⓑ 리벳+볼트=리벳만 응력 부담
ⓒ 리벳+용접=용접만 응력 부담
ⓓ 용접+고력볼트=용접만 응력 부담
(용접 〉 고력볼트=리벳 〉 볼트)

3. 각 부 구조

(1) 보

① 형강보
  ㉠ 단일형강보는 주로 I형강, H형강을 쓴다.(작은보로 사용)
  ㉡ 보의 춤 : 처짐을 고려하여 간사이의 1/30~1/15 정도
  ㉢ 보강법 : 단일 형강보로 내력이 부족할 때 플랜지(flange)에 커버 플레이트(cover plate)를 대서 보강하고, 하중이 더 크면 두 형강 사이에 끼움판(filler)이나 세퍼레이터(separator)로 연결한 복합형강보를 쓴다.

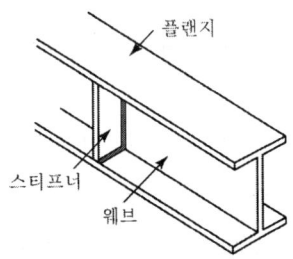

② 플레이트 보(판보)
  ㉠ L형강과 강판을 리벳접합이나 용접으로 I형 모양으로 조립한 보
  ㉡ 하중이 클 때 쓰는 보로서 크기를 자유로이 조정할 수 있는 이점이 있다.
  ㉢ 설계 제작이 용이하고 전단력이나 충격, 진동에도 강하여 큰 하중이나 간사이가 큰 구조물에 많이 쓰인다.
  ㉣ 보의 춤 : 간사이의 1/15~1/18 정도

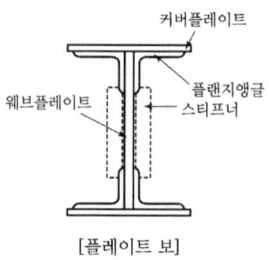

[플레이트 보]

ⓜ 구성

ⓐ 플랜지(flange) : 플랜지의 크기는 휨모멘트에 따라 결정되며 휨모멘트의 변화에 따라 매수를 조정하여 4장 이하로 제한한다.

ⓑ 커버 플레이트(cover plate)
- 플랜지에 덧댄 플레이트로, 재료의 인장 및 휨을 보강한다.
- 플랜지와 커버 플레이트 수는 4장 이하로 겹쳐대고, 플랜지 앵글 두께보다 얇은 것을 써야 한다.
- 플랜지 전단면적의 70% 이하로 해야 한다.

ⓒ 웨브(web) : 웨브는 전단력의 크기에 따라 결정되며 두께는 6mm 이상, 보통 9mm 이상으로 한다.

ⓓ 스티프너(stiffener) : 웨브의 좌굴방지를 위한 보강재(L형강이나 평강을 사용)
- 하중점 스티프너 : 보의 지지점, 헌치의 끝 또는 보 위에 기둥을 세우는 등 큰 하중이 걸리는 자리에 댄 것
- 중간 스티프너 : 같은 간격으로 직각으로 배치한 것
- 수평 스티프너 : 재축에 나란하게 배치한 것

③ 띠판보(사다리보)

㉠ 플랜지 사이에 평강 또는 강판을 자른 웨브재를 수직으로 끼우고 리벳을 치거나 맞대어 용접으로 조립한다.

㉡ 전단력에 취약해 순수 철골조보다 철골철근콘크리트조에 이용했었으나, 근래에는 거의 쓰지 않는다.

④ 래티스보

㉠ 플랜지 사이에 ㄱ자 형강을 쓰고 웨브재를 45°, 60° 등의 일정한 각도로 접합한

　　조립보이다.

　　ⓛ 규모가 작거나 철근콘크리트로 피복할 때 사용한다.

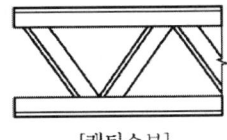
[래티스보]

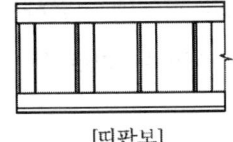
[띠판보]

⑤ 트러스보

　　㉠ 플랜지 사이의 웨브재인 수직재와 경사재를 거싯 플레이트(gusset plate)로 접합한 보이다.

　　ⓛ 간사이가 15m를 넘거나 보 춤이 1m를 넘을 때 사용한다.

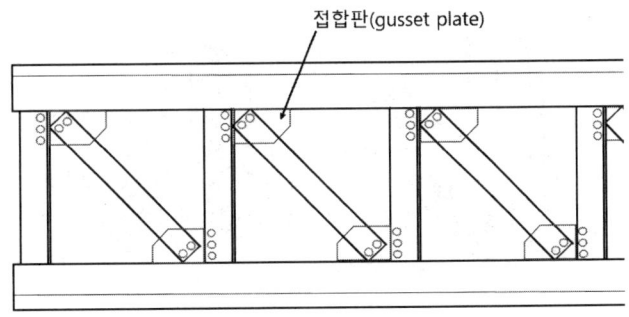

(2) 기둥

보나 지붕틀을 받아 그 하중을 기초에 전달시키는 역할을 하는 것으로 기둥의 간격은 5~6m가 적절하다.

① 기둥의 종류

　　㉠ 형강기둥 : H형강, I형강 등을 단독으로 사용한다.

　　ⓛ 플레이트기둥 : 플랜지 부분에는 L형강, 웨브 부분에는 강판을 사용하여 I자로 만들어 사용한다.

　　㉢ 래티스기둥 : 웨브 부분에 형강이나 평강 등 래티스를 사용한다.

　　㉣ 사다리기둥 : 전단력에 약하므로 철골철근콘크리트 구조물에 주로 쓰인다.

ⓜ 트러스기둥 : 큰 구조물에 주로 쓰인다.

(3) 주각

① 기둥이 받는 응력을 기초에 전달하는 부분이다.
② 철골(기둥부분)과 철근콘크리트 구조(기초부분)를 결합시킨다.
  ㉠ 구성부재
    ⓐ 베이스 플레이트 : 기둥의 응력을 분산시켜 기초에 전달한다. 두께 15~30mm
    ⓑ 앵커 볼트(철근콘크리트와 베이스 플레이트의 접합)는 지름 16~32mm를 사용한다.
    ⓒ 리브 플레이트 : 베이스 플레이트의 변형을 막고 기둥과 베이스 플레이트의 접합을 튼튼하게 하기 위해 사용하는 부재이다.
    ⓓ 윙 플레이트, 사이드 앵글, 클립 앵글 : 기둥과 베이스 플레이트를 결합시킨다.

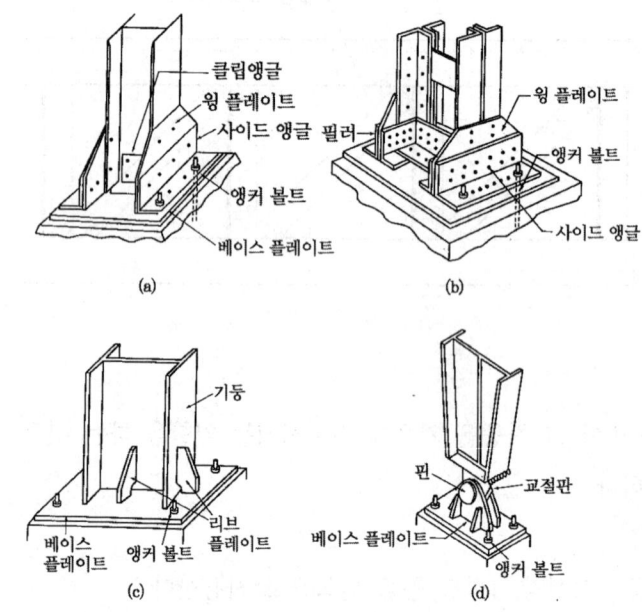

[철골주각부의 명칭]

1.6 기타 구조

1. 특수 구조

(1) 철골 철근콘크리트 구조(Steel framed Reinforced Concrete structure)

① SRC 또는 합성 구조라고도 한다.

② 철골 뼈대 주위에 철근을 배치하고 콘크리트를 타설한 부재를 주요 구조부로 구성한 구조. 강구조와 철근 콘크리트 구조가 협력하여 작용하는 것으로 본다.

③ 특징

　㉠ 장점

　　ⓐ RC 구조는 콘크리트의 전단파괴나 압축파괴로 인해 취성파괴가 생기지만, SRC는 철골의 존재에 의하여 인성이 보충된다.

　　ⓑ 동일 단면 속에 많은 양의 강재를 무리 없이 거둬들일 수가 있다. 초고층 건축물의 하층부 기둥부재에는 축방향력이 크게 작용하며, 이것을 RC 구조로 할 경우 기둥의 단면을 지나치게 크게 해야 하지만 SRC 구조로는 단면을 크게 하지 않고 내력과 변형 능력에 여유를 갖게 할 수 있다.

　　ⓒ 시공 시 철골만으로 큰 연직하중을 지지하도록 설계할 수 있다. 수평하중은 양쪽이 같이 부담한다.

　　ⓓ 내화 피복제인 콘크리트가 구조재도 겸하므로 경제적인 방식이다.

　　ⓔ 강성이 커서 작용외력에 의한 변형이 적다.

　　ⓕ 철골의 좌굴이 콘크리트에 의해 방지된다. 국부좌굴, 현재나 래티스의 휨 좌굴, 보의 횡 좌굴이 방지되며 구조의 세부설계가 적절할 경우 변형 능력이 큰 구조체를 구성할 수 있다.

　　ⓖ 구조물에 발생하는 진동을 감쇠시킬 수 있다.

　　ⓗ 거푸집을 사용하여 다양한 형태의 구조물을 만들 수 있다.

　㉡ 단점

　　ⓐ 철골과 철근이 공존하므로 콘크리트 타설이 다소 난해하다.

　　ⓑ 철골의 단가가 높으므로 건설비가 높게 된다.

　　ⓒ 시공이 복잡한 편이며 콘크리트에 의해 자중이 커진다.

(2) 조립식 구조

공장에서 부재를 생산하여 현장에서 조립하는 구조체이다.

① 가구 조립식 구조 : 기둥과 보를 조립하여 뼈대를 만들고 벽과 바닥판 등을 붙여 완성한다.

② 패널 조립식 구조 : 벽과 기둥, 바닥과 보 등을 한 장의 패널로 형성하여 조립한다.

③ 상자 조립식 구조 : 벽, 슬래브가 일체로 된 유닛상자를 제조하여 조립과정을 최소화한 것이다.

장점	• 시공이 효율적이고 간편하여 공기가 단축된다. • 정밀도가 높고 경량화·표준화·대량생산이 가능해져서 비용이 절감된다.
단점	• 외관이 단순해지고 디자인의 창조성이 결여되기 쉽다. • 접합부의 일체화가 어려워진다.

(3) 막구조

① 구조체가 휨 강성을 갖지 않거나 무시할 수 있는 부재로 구성되고, 외부 하중에 대하여 막 재료의 면 내 인장압축 및 전단력으로만 평형하고 있는 구조를 말한다.

② 가볍고 투과성이 있는 재료를 사용할 수 있어 대공간 지붕구조로 적합하다.

③ 종류
  ㉠ 현수막 구조 : 미리 인장력을 가한 케이블에 피막을 씌운 형식
  ㉡ 공기막 구조 : 밀폐된 공간의 내부에 공기를 불어넣어 지붕 등을 형성한다.
  ㉢ 단막구조 : 막 내부의 기압을 조절하여 낙하산과 같은 원리로 형태를 유지하는 형식
  ㉣ 이중막구조 : 풍선과 같이 막 안에 공기를 불어넣어 만든 형식

(4) 프리스트레스트 콘크리트

① 철근 대신 고강도 PC 강재를 사용하여 인장강도를 증가시키고 특수 시공에 의해 프리스트레스를 콘크리트에 가하는 것이다.

② 콘크리트의 인장응력 발생 부위에 미리 압축력을 주어 콘크리트의 휨 저항을 증대시킨다.

③ 내구성이 커지며 균열이 방지되고 보 춤이 같은 경우 휨이 1/3 정도로 긴 스팬에 유리하여 넓은 공간의 건축물이나 고층건축물에 사용된다.
④ 제작이 까다롭고 콘크리트를 양질 제품으로 사용해야 하며 비용이 많이 든다.
⑤ 부재의 두께가 얇아지므로 진동에는 다소 취약해진다.
⑥ 프리텐션 공법
    ㉠ 먼저 PC 강재를 인장시켜 설치한 후 콘크리트를 타설하여 경화가 된 후에 인장력을 제거하여 콘크리트에 압축 프리스트레스를 받게 한다.
    ㉡ 소규모 건축부품(벽판, 디딤판), T slab 등을 만들 때 사용한다.
⑦ 포스트텐션 공법
    ㉠ 콘크리트 타설 전에 관을 집어넣고 경화 후에 관 속으로 PC 강재를 집어넣어 한쪽 끝을 정착하고 다른 쪽을 유압, 잭 등을 써서 긴장시켜 압축력이 주어지면 나사 등으로 정착시키거나 모르타르를 주입하는 방법으로 시공한다.
    ㉡ 큰보, 교량, 터널 등 주로 대규모 구조물에 사용한다.

(5) 기타 특수 구조

① 커튼 월(curtain wall) 구조
    원래 의미는 비내력벽을 의미하지만 현재는 생산상의 의미를 포함하여 프리패브(prefavrication) 생산 방식으로 구성하고 마무리된 외벽을 지칭한다.
② 경량 철골 구조
    ㉠ 두께 2.3~4.5mm의 박강판을 냉간 성형한 경량형강으로 뼈대를 조립한 건축물이다.
    ㉡ 가벼우면서 뼈대가 강하기 때문에 운반이나 조립이 용이하고 재료 및 공사비가 절약된다.
    ㉢ 보통 형강에 비해 비틀림이 생기기 쉬우므로 적절한 보강을 해야 한다.
③ 강관 구조
    ㉠ 주요 구조부를 강관으로 구성한 것이다.
    ㉡ 보통 형강에 비해 압축, 전단, 비틀림 등에 대하여 역학적으로 유리하며, 뼈대의 입체구성을 하는 데 적합하다.
    ㉢ 리벳, 볼트에 의한 접합이 곤란하고 가공에 고도의 기술이 필요하며 형강에 비하

여 고가이다.
④ 셸 구조
   ㉠ 두께가 얇은 곡면형태의 판으로 형성된 구조형식으로 시드니 오페라 하우스와 같은 큰 건물의 지붕구조 등으로 쓰이는 구조체이다.
   ㉡ 얇고 가벼운 부재로 큰 힘을 받을 수 있어 넓은 공간을 덮는 지붕 부재로 널리 사용한다.
   ㉢ 상부에 작용하는 압축력이나 하부에 작용하는 인장력을 서로 보완한다.
   ㉣ 주로 철근콘크리트를 많이 사용하나 금속재를 이용하기도 한다.

2. 구조 시스템

(1) 라멘 구조
① 기둥과 보가 그 접합부에서 강접합으로 연결되어 있는 구조 시스템을 말한다.
② 모든 하중에 큰 저항력을 가지며 부재가 서로 강하게 연결되어 있어 힘이 분산된다.
③ 하중은 기둥 및 보에 집중되므로 벽체는 비교적 설계 및 변경이 자유롭다.
④ 철근콘크리트 구조나 용접된 철골구조 등이 해당된다.

(2) 벽식 구조
① 보나 기둥이 없이, 슬래브와 내력벽을 일체로 연결하여 구조체로 구성한 형식이다.
② 단면이 두꺼운 구조체가 없어 실내유효면적이 넓고 전체적으로 강성이 높다.
③ 벽체가 하중을 지지하므로 구조 변경이 어렵고 실내공간이 획일화되기 쉽다.

(3) 스페이스 프레임
① 트러스나 라멘 등의 평면골조를 병립시켜 서로 연결하는 방법을 채택하지 않고, 처음부터 구조 부재의 3차원적 배열을 계획한 구조이다.
② 실내 체육시설이나 집회공간과 같이 내부 공간이 넓은 건축물에서는 건물의 목적과 기능상 기둥의 수나 위치에 많은 제약을 받으므로, 시설의 주변부에 기둥이나 벽을 조립하고 이를 바탕으로 하여 경간이 넓은 지붕을 받치기 위한 입체구조가 많이 활용되고 있다.
③ 넓은 경간에 선재를 걸쳐놓으면 그 부재에 큰 휨모멘트가 작용하여 단면 설계를 하기

어렵기 때문에 곡면구조 등의 입체구조를 채택하는 경우가 많다.
④ 넓은 실내공간을 구성할 수 있고 공간의 표현이 자유로운 편이다.
⑤ 동일 부재를 반복, 조립하므로 작업이 용이하고 공기를 단축시킬 수 있다.

2. 건축계획

2.1 계획 총론

1. 계획 및 설계

(1) 설계 프로세스

① 건축의 과정 : 기획 → 설계 → 시공
② 기획 : 건설의 목적과 방향을 정하여 설계와 시공 과정에 대한 계획을 수립
③ 계획 및 설계 : 설계자가 기획단계에서 결정된 것을 분석, 종합하여 구체적인 기본 형태를 정하고 시공에 필요한 도면을 완성하는 단계
④ 시공 : 설계된 도면에 의해 정확하게 건축물을 완성하는 단계

(2) 계획 및 설계

① 계획 : 대지조건, 요구조건, 분석 → 형태 및 규모 구상, 대안 제시
② 설계 : 형태 및 규모 구상, 대안 제시 → 세부결정, 도면 작성

기획	계획 및 설계			시공
	← 건축계획 →			
건설 의도 및 목적 건축주 요구사항	대지분석 요구사항 분석 조건분석	형태 및 규모결정 대안 제시	세부결정 도면작성	시공 및 감리
		← 건축설계 →		

(3) 모듈

① 개념

　　㉠ 일종의 치수 특정단위로서 건축 및 실내 공간의 디자인에 있어 종류와 규모에 따라 계획자가 정하는 상대적·구체적인 기준의 단위이다.

　　㉡ 기본 모듈은 1M(10cm)의 배수가 되도록 하고 건물의 높이는 2M(20cm) 배수가 되도록 한다. 또한 건물의 평면상의 길이는 3M(30cm)의 배수가 되도록 한다.

② 모듈러 플래닝

　　㉠ 모듈을 기본 척도로 하여 그리드 플래닝(grid planning)을 적용하면 사전에 변경을 예측할 수가 있다.

　　㉡ 모듈을 설정하여 계획을 전개시키면 설계 작업이 단순화되어 용이하고 건축구성재의 대량 생산이 가능해져 재료의 생산 비용이 저렴해진다.

　　㉢ 가구류나 내부벽체도 가구의 변경, 이동 설치가 쉽고 융통성 있는 평면 계획이 가능해진다.

③ 모듈러 코디네이션(modular coordination : M.C)

건축의 재료부품에서 설계 시공에 이르기까지 건축 생산 전반에 쓰이는 재료를 규격화하는 것. 치수상의 유기적 연계성을 만들어내며 설계와 시공을 연결해주는 치수시스템으로 건축 외에 실내나 가구 분야에까지 확장, 적용될 수 있다.

　　㉠ 장점

　　　ⓐ 설계 작업이 간소화된다.

　　　ⓑ 대량생산이 용이하여 생산비용이 절감된다.

　　　ⓒ 현장 작업의 단순화로 공기가 단축된다.

　　　ⓓ 제품의 표준화 및 규격화로 인해 호환성이 증대된다.

　　㉡ 단점

　　　ⓐ 건축물이나 디자인의 개성 및 창의성이 결여되기 쉽다.

　　　ⓑ 동일 형태가 집단을 이루는 경향이 있다.

2.2 주거건축

1. 생활양식 및 구거계획 기본

(1) 생활양식

① 생활요소
  ㉠ 주거공간에서의 생활요소는 생활행위와 생활시간, 생활공간으로 나뉜다.
  ㉡ 생활시간 : 가족구성원의 생활을 시간적 측면으로 본 것(출퇴근, 등하교, 가사 등)
  ㉢ 생활공간 : 생활에 필요한 여러 종류의 장소(거실, 식당, 가사실, 서재, 침실 등)
  ㉣ 생활행위 : 공간과 시간을 근간으로 이루어지는 행위(취침, 휴식, 식사, 노동 등)

② 생활양식
  ㉠ 가족의 구성, 사회적 계층, 기후 조건, 문화 등에 따라 다르게 나타나는 주생활의 전통, 관습화된 양식을 주생활 양식이라 한다.
  ㉡ 한식과 양식의 주생활 양식 비교

요소	한식 주생활 양식	양식 주생활 양식
평면적 차이	• 각 실의 조합 • 위치별 실의 구분 • 각 실의 다기능	• 각 실의 분화 • 기능별 구분 • 실의 용도 단일
구조적 차이	• 목조 가구식 • 바닥이 높고 개구부가 큼	• 벽돌 조적식 • 바닥이 낮고 개구부가 작다.
관습적 차이	• 주로 좌식생활	• 주로 입식생활
용도적 차이	• 방의 기능 혼용	• 방의 단일적 기능
가구의 차이	• 부수적인 요소	• 중요한 내용물

(2) 주거계획 기본 사항

① 배치계획
  ㉠ 대지조건 : 햇빛, 공기, 습도 등 자연조건과 교통 및 주변시설 등의 사회조건
  ㉡ 방위 및 지형 : 남향이 좋으며 경사지는 1/10 이하가 좋다.
  ㉢ 도로 : 주변도로 상황과 주택의 배치는 밀접한 관계가 있다.

㉣ 인동간격 : 동지 기준 최소 4시간 이상 일조를 확보할 수 있어야 한다.

인동간격 결정 요소

위도, 대지의 경사도, 태양의 고도 및 방위각, 지면에서 개구부 하단부까지의 높이, 남측면 건물의 높이, 통풍, 시각적 개방감과 프라이버시, 소음

② 평면계획
  ㉠ 생활공간 구성 : 공동공간, 개인공간, 작업공간, 위생공간, 연결공간
  ㉡ 생활공간 규모 : 각 실의 기능에 따른 행위와 동작에 맞는 규모를 산정한다.
  ㉢ 블록 : 유사한 공간끼리 그룹화하여 배치
  ㉣ 계획방침 : 각 실의 환경, 상호관계를 고려하고 구조 및 설비를 고려하여 계획

2. 단위공간계획

(1) 거실(living room)

① 기능의 기능

거실은 각 실을 연결하는 동선의 분기점으로 가족의 단란, 휴식, 안락, 여가, 접객, 사교, 가사, 육아, 대화, 독서, 음악감상, TV 시청, 취미, 식사 등의 장소로 사용되는 다목적 다기능공간이다.

② 거실의 위치
  ㉠ 일조와 전망이 가장 좋은 여름에는 시원하고 겨울에는 따뜻한 남향 또는 남동향, 남서향에 위치하며 현관, 복도, 계단 등과 근접하고 독립성, 안전성을 유지하여야 한다.
  ㉡ 창을 통해 옥외의 전망이 보이는 곳이 적당하며 창을 최대한 넓혀 시각적 개방감을 갖도록 한다.
  ㉢ 거실과 연결되는 테라스는 거실 공간의 연장으로 거실과 테라스의 유지관리상 10~12cm 정도의 바닥차를 준다.

③ 거실의 규모와 형태
  ㉠ 연면적의 30% 정도로 하되 20평 이하에서는 20~25% 내외로 한다.
  ㉡ 5인 가족이 식당과 겸할 경우 최소 16.5m²의 면적이 필요하며 권장기준인 18~24

m²가 적당하다.

(2) 식당(dining room)

① 식당의 기능
  ㉠ 가족실로서 자연채광이 풍부하고 청결하여야 한다.
  ㉡ 연속된 가사작업의 흐름을 위해 식당, 주방, 가사실과 연결되는 것이 좋다.

② 식당의 규모와 유형
  ㉠ 규모
    ⓐ 손님의 접대 빈도가 높거나 주택의 규모가 클 경우에는 독립적인 공간으로 마련한다.
    ⓑ 4~5인을 기준으로 9m² 정도이며, 1인당 1.7~2.3m²의 면적이 필요하다.
  ㉡ 유형
    ⓐ 다이닝 룸(D) : 식당이 부엌을 비롯한 다른 실과 완전히 독립된 형태. 식사분위기는 가장 좋지만 동선은 가장 불편한 구성이 된다. 대규모 주택이나 별장 등에 적합하다.
    ⓑ 다이닝 키친(DK) : 가장 전형적인 형태로 주방의 한 부분에 식탁을 설치하는 형식. 가사동선상 가장 편리한 형태이며 주방의 조리공간과 근접해 있으므로 식사분위기는 좋지 못하다.
    ⓒ 리빙 다이닝(LD) : 거실의 일부를 식사실로 구성한 형식. 거실이 접하고 있는 외부 조망이나 일조, 환기 등을 공유하는 형태로서 식사 분위기는 좋은 편이다. 단, 주방과의 동선이 길어질 수 있으며 거실의 기능을 방해할 수 있으므로 설계 시 이에 대한 고려가 선결되어야 한다.
    ⓓ 리빙 다이닝 키친(LDK) : 거실, 식당, 부엌이 한 공간에 설치되는 형태로 원룸이나 독신자 아파트 등 소규모 주택에 적합하다.
    ⓔ 다이닝 포치(DP) : 옥외 테라스나 마당 등에 마련되는 옥외의 식사공간을 뜻한다.

> **다이닝 앨코브**
> 리빙 다이닝의 일종으로 거실의 일부 공간을 돌출되거나 오목한 앨코브 형태로 만들어 식사실을 배치한 형태를 뜻한다.

(3) 부엌(kitchen)

과거에는 식생활만을 해결하기 위한 공간으로 취급되었다가 작업대의 입식화와 더불어 주방공간도 쾌적하게 변화되었다.

① 기본사항 및 위치
  ㉠ 거실에서 식당, 부엌으로까지 자연스럽게 연결되도록 한다.
  ㉡ 각 가정의 식생활 패턴에 적합하게 계획하며 환기와 통풍이 용이해야 한다.

② 주방의 유형
  ㉠ 독립형 : 부엌이 일실로 독립된 형태이다. 주방의 기능성과 청결감이 크지만 공간 점유율도 커진다.
  ㉡ 반독립형 : 부엌이 인접한 거실이나 식사공간과 겸하는 LDK, DK, LD 형식이 해당된다. 작업동선이 짧으며 좁은 공간을 넓게 활용할 수 있다. 칸막이나 해치 도어, 커튼 등으로 공간을 구분하며 환기에 유의한다.
  ㉢ 오픈키친 : 반독립형 부엌과 같으나 칸막이 구획이 없이 완전히 개방된 형식이다. 부엌과 인접한 공간과는 오픈 플래닝으로 처리하되 낮은 수납장, 식탁과 별도로 마련된 카운터로 영역을 구분한다. 여러 기능이 한 곳에 모아지므로 환기, 통풍, 난방, 부엌의 설비에 유의한다. 주로 원룸시스템에서 많이 적용한다.
  ㉣ 아일랜드키친 : 취사용 작업대가 하나의 섬처럼 실내에 설치되어 있다.
  ㉤ 키친네트 : 작업대의 길이가 2000mm 내 정도인 간이 부엌이다. 사무실이나 독신용 아파트에 많이 설치된다.

③ 주방의 동선과 규모
  ㉠ 식사공간과 가까이 하며 서비스 야드 성격의 마당이나 다용도실, 가사실과 직접 연결한다.
  ㉡ 주방 면적은 연면적의 8~10%가 적당하다.

④ 주방 작업대 배치 순서 : 준비대 → 개수대(싱크) → 조리대 → 가열대(렌지, 오븐) → 배선대로 연결된다.

> **주방의 작업삼각형(Work Triangle)**
>
> 개수대, 가열대, 냉장고의 중심을 정점으로 하는 작업 길이를 최소화할 수 있는 선을 연결하여 삼각형 형태를 만든 것을 말한다. 이 삼각형의 각 변 길이의 합계는 5m 내외가 적합하다.

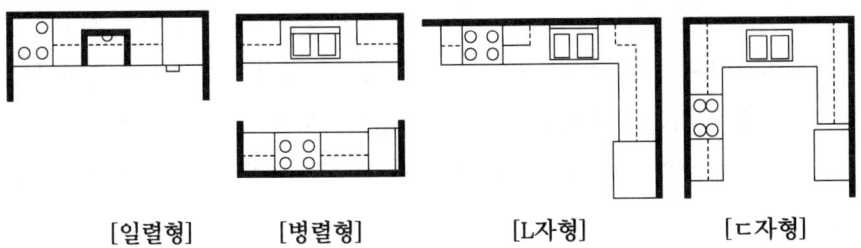

[일렬형]   [병렬형]   [L자형]   [ㄷ자형]

(4) 기타

① 욕실
  ㉠ 규모 : 욕조, 세면기, 변기를 한 공간에 둘 경우 4m² 이상, 세탁 공간을 포함하여 5m² 이상으로 한다.
  ㉡ 유형 : 입욕, 배설, 세면의 기능 배치에 따라 1실형, 2실형, 3실형으로 구분된다.

② 현관
  ㉠ 현관의 위치는 주택의 위치조건, 도로와의 관계, 대지의 형태에 의해 결정된다.
  ㉡ 현관의 규모는 가족 구성원, 방문객 수, 주택의 규모 등에 따라 달라지나 최소한 1200mm×900mm는 되어야 한다.
  ㉢ 현관과 거실의 바닥차이를 계단 한 단 정도인 150~210mm로 해서 신발 착용 및 청소의 용이성을 부여한다.

3. 공동주택

(1) 연립주택(Row House)

① 특징
  ㉠ 장점
    ⓐ 토지 이용률을 높일 수 있고, 경사지나 소규모 택지의 이용이 가능하다.
    ⓑ 대지의 형태나 지형에 맞춰 계획할 수 있다.
  ㉡ 단점
    ⓐ 프라이버시에 불리하고, 일조 및 통풍 등으로 계획에 제한을 받는다.
    ⓑ 공간과 외형이 단조로워질 수 있다.

② 연립주택의 형식
  ㉠ 타운 하우스(Town House) : 2~3층의 주택을 나란히 지어 벽을 공유하는 주택형식

ⓒ 파티오 하우스(Patio House) : 가운데 중정을 두고 둘러싼 형태의 주택
ⓒ 테라스 하우스(Terrace House) : 각 세대가 테라스를 가지며 경사지를 이용하여 아랫집의 지붕을 윗집의 테라스로 쓰는 주택형식
ⓔ 2호 연립주택(semi-detached house) : 2호의 주택이 서로 벽체를 공유하는 형식

(2) 아파트

① 아파트 평면 형식의 분류

ⓐ 홀(계단실)형
  ⓐ 계단실, 엘리베이터 홀에서 마주보는 두 세대가 바로 연결되는 형식이다.
  ⓑ 단위주거의 두 벽면이 외벽에 면하기 때문에 채광, 통풍에 유리하다.
  ⓒ 출입이 편리하고 독립성이 크며 통로면적이 절약되지만 엘리베이터 이용률이 낮다.

ⓒ 갓(편)복도형
  ⓐ 건물 한쪽에 접한 긴 복도에 단위주거가 면하는 형식이다.
  ⓑ 엘리베이터 1대당 이용 단위주거 수가 많아서 고층화에 유리하다.
  ⓒ 단위주거의 독립성이 좋지 않다.
  ⓓ 복도가 개방되어 있어 채광, 통풍 등이 어느 정도는 수월하다.(계단실형에 비해선 떨어진다.)

ⓒ 중복도형
  ⓐ 건물의 중앙에 있는 복도 양쪽에 단위주거가 배치되어 고밀도화에 좋은 형식이다.
  ⓑ 단위주거의 평면상 배치계획이 어렵고 채광, 통풍 등의 실내 환경이 불균등하다.
  ⓒ 각 세대의 독립성도 나쁘며 화재 시 방연 및 대피도 까다롭다.
  ⓓ 주로 도시형 1인 주택 및 독신자 아파트에 적용된다.

ⓔ 집중형
  ⓐ 중앙에 엘리베이터와 계단홀을 배치하고 주위에 많은 단위주거를 집중 배치한 형식이다.
  ⓑ 단위주거의 조건에 따라 일조 조건이 나빠지므로 평면계획에 특별한 고려가 필요하다.

② 단면 형식별 분류
　㉠ 플랫(단층)형
　　ⓐ 단위주거가 1층씩 구성되어 있는 형태로 가장 보편적인 아파트의 형식이다.
　　ⓑ 같은 평면이 수직으로 중첩되어 구조가 단순하다.
　㉡ 메조넷(복층)형
　　ⓐ 1개의 단위주거가 2개 층 이상에 걸쳐 있는 형태로서 편복도형에서 많이 쓰인다.
　　ⓑ 공공통로의 면적을 줄이고 엘리베이터의 정지 층을 감소시킨다.
　　ⓒ 단위주거의 평면계획에 변화를 줄 수 있으며 거주성, 프라이버시, 일조, 통풍 등의 실내 환경이 좋아진다.
　　ⓓ 각 층 평면이 다르므로 구조 및 설비계획과 피난계획이 다소 어려워진다.
　　ⓔ 하나의 주거가 2개 층으로 구성되면 듀플렉스, 3개 층으로 구성되면 트리플렉스라 한다.
　㉢ 스킵 플로어형
　　ⓐ 건물 각 층 바닥 높이를 일반적인 건물처럼 1층씩 높이지 않고, 계단의 각 층계참마다 반 층 높이로 올라간다.
　　ⓑ 한 층씩 걸러서 복도를 설치하고 그 밖의 층은 복도가 없이 계단실에서 단위주거로 들어가는 형식이다.
　　ⓒ 엘리베이터는 복도가 있는 층만 정지한다.
　　ⓓ 프라이버시가 좋고 두 벽의 외면이 가능한 홀형의 장점과 엘리베이터 이용률이 높은 편복도형의 장점을 접목한 것이다. 단위주거와 엘리베이터 홀과의 동선이 길어지는 단점이 있다.

2.3 업무시설

1. 일반 계획

(1) 수용인원 및 면적

① 렌터블 비(유효율, rentable ratio)
　㉠ 연면적에 대한 임대(대실)면적의 비율

    ⓒ 기준층에서는 80%, 전체에서 70~75% 정도가 적합하다.
  ② 사무실 크기
    ㉠ 연면적 기준 : 8~11m²/인
    ⓒ 대실면적 기준 : 5~8m²/인

2. 평면계획

(1) 실 단위 유형

① 싱글 오피스(개실 시스템)
  ㉠ 복도를 중심으로 작은 공간의 실로 구획되는 유형으로 편복도·중복도식으로 분류된다.
  ⓒ 1~2인용 세포형 오피스와 여러 명을 위한 집단형 오피스로 구분된다.
  ⓒ 업무의 독립성과 쾌적한 환경이 보장되며 소음차단에 유리하다.
  ㉢ 공사비가 높고 공간의 깊이에 변화를 줄 수 없어 효율성이 낮으며 융통성이 떨어진다.

② 오픈 오피스(개방형)
  ㉠ 단일공간에 경영관리, 직급에 따라 업무별로 분할해서 배치하는 형식
  ⓒ 가구와 비품이 이동하기 쉽고 부서 간에 벽과 문이 없어 시설비, 관리비가 적게 든다.
  ⓒ 그리드 플래닝을 적용하여 복도, 통로면적이 최소화로 절약되고 공간낭비가 없어 사용 가능 면적이 커진다.
  ㉢ 소음과 프라이버시의 미확보, 산만한 분위기로 인한 능률저하의 단점이 있다.

③ 오피스 랜드스케이프(office landscape)
  ㉠ 오픈 오피스의 단점을 보완한 개방 사무 공간의 형식
  ⓒ 직급 서열 등에 의한 획일적 배치에서 벗어나, 업무의 흐름이나 방식에 따라 유기적인 공간 구성을 하는 방법이다.
  ⓒ 변화하는 작업의 패턴에 따라 공간의 조절이 가능하며 신속하고 경제적으로 대처할 수 있다.
  ㉢ 개실형 사무공간에 비해서는 소음 발생이 쉽고 독립성이 결여된다.

(2) 코어(core)

① 개요
  ㉠ 건물의 설비부분이나 특수한 부분을 핵 모양으로 집중시킨 부분
  ㉡ 설비를 집중배치하기 때문에 배관배선이 절약된다.
  ㉢ 사람의 움직임이 집약되므로 동선이 절약되고 면적 효율이 높은 평면구성이 가능해진다.
  ㉣ 코어 외곽을 내진벽으로 둘러싸서 건물 전체를 견고하게 한다.
  ㉤ 주거건물의 경우 화장실·세면장·욕실·주방 등의 설비를, 사무용 건물일 때는 보일러설비·화장실 외에 기계실이나 배관 등의 공간과 엘리베이터·계단 등을 모아서 배치한다.

② 유형
  ㉠ 독립코어형 : 별도의 동으로 코어를 처리하는 형태. 분할 및 개방이 용이하며 공간을 코어에 구애받지 않고 계획할 수 있다. 그러나 방재상 불리하며 내진구조 구성이 까다롭다. 또한, 덕트·배관 등이 길어지고 설치에 제약도 많아진다.
  ㉡ 중앙코어형 : 각 층의 평면이 매우 넓은 고층 건물에 적용된다. 주로 튜브구조의 형식을 띤다.
  ㉢ 편심코어형 : 각 층 평면이 크지 않고 길이도 짧은 형태의 건물에 적용된다.
  ㉣ 양단코어형 : 비교적 평면이 긴 형태의 중·대규모 사무용 건물에 적합하다. 건축법규 상 내부에서 직통계단까지의 피난거리 제한에 따라 2방향 피난이 가능하게 만든 형태이다.
  ㉤ 분산코어형 : 편심코어의 발전형으로 메인코어 이외에 피난 및 설비샤프트 등 서브코어가 있는 형식이다.

3. 기타 계획

(1) 단면계획

① 층고
  ㉠ 1층 : 소규모 건물은 4m 정도가 적합하며, 은행이나 상점은 4.5~5.0m가 적당하다.
  ㉡ 기준층 : 3.3~4.0m 정도. 덕트 매립 시 30cm 정도를 추가한다.

ⓒ 최상층 : 기준층보다 30cm 정도 높게 한다.
② 낮은 층고의 장점
  ㉠ 건축비 절감 및 많은 층수 확보
  ㉡ 공조설비의 효과가 증대되고, 경제성이 높아진다.

(2) 화장실 계획

① 각 사무실과의 동선을 짧게 하고, 계단 및 엘리베이터에 근접시킨다.
② 각 층마다 같은 위치에 두고, 1개 또는 2개소에 배치한다.
③ 위생 상 외기에 접하거나 충분한 환기설비를 갖춘다.

(3) 엘리베이터

① 기본 계획
  ㉠ 동선이 짧고 간단하도록 하며, 외부인이 쉽게 찾을 수 있도록 한다.
  ㉡ 되도록 1개소에 집중 배치한다.
  ㉢ 4대 이하는 직선 배치하고 5대는 알코브형 또는 대면 배치하는 것이 좋다.
② 대수 산정
  ㉠ 피크 타임인 출근 시간 5분 정도를 기준으로 대수를 산정한다.
  ㉡ 평균 운전간격(대기시간)은 60초 이하가 좋다.
  ㉢ 1인이 승강에 필요한 시간은 문의 개폐를 포함해 6초 정도로 한다.
  ㉣ 대실면적 2000m^2당 1대, 연면적 3000m^2당 1대 정도로 약식 계산한다.

> **아트리움(atrium)**
>
> 건축물 내부에 전면 유리 등으로 마련된 내부정원 형태의 공간. 원래 의미는 중세 기독교 건축의 앞마당을 일컫는 것으로, 현대건축에서는 오피스빌딩 등의 대형 건축물 전면부 등에 실내공간을 유리지붕 또는 오픈된 중층 공간의 전면을 유리창으로 처리하여 실내에 자연 채광을 유입시키는 형태의 공간을 뜻한다. 아트리움을 설치함으로써 실내공간에서도 햇빛과 같은 자연환경 요소를 느낄 수 있고, 휴식공간을 조성할 수 있어서 쾌적한 내부 환경 조성을 가능하게 한다.

2.4 상업시설

1. 개요

(1) 개요

① 고객의 구매를 충동시키는 구매심리 5단계(AIDMA)
- ㉠ 주의를 끌 것 : Attention
- ㉡ 고객의 흥미를 끌 것 : Interest
- ㉢ 구매 욕구를 일으킬 것 : Desire
- ㉣ 구매의사를 기억하게 할 것 : Memory
- ㉤ 구매결정을 유발할 것 : Action

② 매장판매 형식
- ㉠ 대면판매 : 쇼케이스를 가운데 두고 점원이 고객을 마주보며 판매하는 형식. 상품 설명이 용이하고 점원의 위치가 고정된다. 진열면적이 작은 고가, 소형 상품 매장에 적합하며 쇼케이스가 넓어지면 상점 분위기가 부드럽지 못하게 된다.
- ㉡ 측면판매 : 점원과 고객이 진열상품을 같은 방향으로 보며 판매하는 형식. 상품을 쉽게 만질 수 있어서 충동적 구매 및 선택이 용이하다. 진열 면적이 넓은 상점에 적합하며 점원의 위치 고정이 어렵고 상품의 설명 및 포장은 다소 불편하다.

(2) 상점의 대지 조건

① 사람의 통행이 많고 번화한 곳이 좋다.
② 교통이 편리하고 눈에 잘 띄는 곳으로 한다.
③ 도로에 면한 곳으로 하며 가급적 2면 이상 도로에 접하도록 한다.

2. 계획

(1) 동선계획

① 고객동선 : 가능한 한 길게 하여 상품 구매기회를 증가시킨다.
② 점원동선 : 가능한 한 짧게 하여 효율을 높이고 피로발생을 감소시킨다.
③ 상품동선 : 반입, 포장, 보관, 발송 등이 원활하도록 계획한다.

(2) 평면배치

① 진열대 배치

　㉠ 굴절 배열형 : 진열대와 고객동선이 굴절 또는 곡선으로 구성되는 형태. 대면판매와 측면판매방식이 조합된 형식이다. 안경점, 문방구점 등 주로 소형 상품일 때 적용된다.

　㉡ 직렬 배열형 : 진열대가 직선으로 구성되어 간단하고 경제적인 형식이다. 고객의 흐름이 빠르며 부분별 상품진열이 용이하고 대량 판매 형식에 적합하다. 고객이 직접 선택하기에 용이한 침구, 가전제품, 식기, 서적 등 비교적 상품의 크기가 큰 측면판매업종에서 많이 볼 수 있다. 매장이 단조롭고 인기상품 코너에서는 고객이 몰려 혼잡해질 수 있다.

　㉢ 환상배열형 : 평면의 중앙에 쇼케이스, 진열스테이지 등이 직선이나 곡선에 의한 고리모양 부분을 설치하는 형식으로 포장이나 계산을 배열된 진열대 안에서 행하는 형태. 수예품, 민예품과 같은 업종에 많이 적용된다.

　㉣ 복합 배열형 : 평면의 크기, 형태, 상품에 따라 여러 방법들을 적절히 혼합하는 형식

3. 백화점 및 쇼핑센터

(1) 백화점의 영역

① 고객권 : 고객용 출입구, 통로, 계단, 휴게실 등의 서비스 시설 부분. 대부분 판매권과 결합되어 종업원권과 가까워지게 된다.

② 종업원권 : 직원 휴게실, 갱의실, 사무실 등 직원을 위한 공간. 고객권과 거리상 가깝더라도 공간은 독립되어야 한다.

③ 상품권 : 상품 반입, 보관, 배달, 발송 등을 위한 공간. 판매권과는 가깝되, 고객과는 분리시킨다.

④ 판매권 : 상품 전시가 되는 매장과 같은 공간. 고객의 구매욕구를 고취시키고, 종업원의 업무도 능률을 높일 수 있는 환경 조성에 힘써야 한다.

(2) 계획

① 면적 구성

　㉠ 매장 면적은 연면적 대비 60~70% 정도로 한다.

ⓒ 순 매장 면적은 연면적 대비 50% 정도로 한다.
ⓒ 종업원 수는 100m²당 4명 내외가 적합하다.
ⓔ 1일 고객 수는 매장 면적 100m²당 180~200명 정도로 계획한다.

② 매장 배치
㉠ 직각배치법 : 가장 일반적 배치방법으로 판매장의 유효면적을 최대로 할 수 있고 설치 및 유지비용이 저렴하다. 그러나 전체적으로 단조롭고 국부적 혼란이 발생하기 쉽다.
㉡ 사선 배치 : 매장을 약 45도 사선으로 배치하여 동선상의 변화감을 주는 방식으로, 구석구석까지 구매고객이 도달할 수 있지만 많은 이형 진열장이 요구된다.
㉢ 자유곡선 배치 : 유기적인 자유 곡선형으로 매장을 배치하는 방식으로 공간에 유연성을 줄 수 있는 반면, 동선 이용상 혼란이 있을 수 있으며 진열대 제작비가 상승한다.
㉣ 방사배치법 : 에스컬레이터나 엘리베이터 홀을 중심으로 방사 형태를 이루는 것으로 일반적인 적용은 어려우며 건축설계 단계에서부터 계획되어야 가능하다.

(3) 쇼핑센터

① 구성 요소
㉠ 핵상점(magnet store) : 쇼핑센터의 핵으로써 고객을 끌어들이는 역할을 한다.
㉡ 전문점(retail store) : 단일 종류의 상품을 전문적으로 취급하는 상점과 음식점 등의 서비스점으로 구성된다.
㉢ 몰(mall)
  ⓐ 쇼핑센터 내 주요 보행동선으로, 고객을 각 상점으로 고르게 유도하는 경로이자 고객의 휴식공간 기능도 담당한다.
  ⓑ 전문점과 핵상점은 몰에 면하도록 한다.
㉣ 코트(court) : 고객이 머무를 수 있는 넓은 공간으로, 몰의 곳곳에 배치하여 휴식 및 행사 공간으로 활용한다.
㉤ 주차장 : 다른 교통수단이나 도로 상황을 감안하여 계획한다.

② 면적 구성
㉠ 핵상점 : 전체 면적의 약 50%

　　ⓒ 전문점 : 전체 면적의 약 25%

　　ⓒ 몰, 코트 : 전체 면적의 10% 내외

　　ⓔ 관리공간, 기계실 등 부속공간 : 15% 내외

 교육시설

1. 기본 및 평면계획

(1) 배치계획

① 배치 유형

형식	특징
폐쇄형	• 운동장을 남쪽에 두고 부지 북쪽에서 짓기 시작하여 ㄴ, ㄷ, ㅁ형으로 완결짓는 종래의 형식 • 대지의 효율적 이용이 가능하다. • 화재, 재난 발생 시 불리하다. • 운동장 소음이 교실에 영향을 준다. • 교사 주변에 미활용 공간이 많다.
분산병렬형	• 일종의 핑거플랜 형식 • 각 동 사이에 정원, 놀이시설 등을 둘 수 있다. • 구조계획이 간단하고 화재나 재난 발생 시 피난에 유리하다. • 일조 및 통풍 등의 교실환경이 균등해진다. • 넓은 부지가 필요하며, 복도면적이 길어질 수 있다.
집합형	• 부지 한쪽에서 교사를 집합시키는 방식 • 교육 구조에 따른 유기적 구성이 가능하다. • 물리적 환경이 양호하다. • 시설물을 지역 사회에서 이용할 수 있는 다목적 계획이 가능하다.
클러스터형	• 다수의 교실을 소단위별로 그룹 배치하는 방식 • 교실단위의 독립성이 크고, 수업의 순수율이 높다. • 각 교실이 외부와 많은 면적을 접하게 할 수 있다. • 마스터 플랜의 융통성이 커서 시각적으로 보기 좋다. • 넓은 부지를 필요로 하며, 관리부와의 동선이 길어진다. • 운영비용이 많이 들고, 개별 교실의 증축이 곤란하다.

② 면적

구분	학생 1인당 점유면적
초등학교	3.3~4.0m²
중학교	5.5~7.0m²
고등학교	7.0~8.0m²
대학교	16.0m² 이상

학교 부지 면적은 교사 면적의 2.0~2.5배가 필요하다.

(2) 평면계획

① 운영방식

   ㉠ 종합교실형(U형)

      ⓐ 교실 수가 학급 수와 일치하며, 각 교실 내에서 학급의 모든 교과수업이 진행된다.

      ⓑ 학생의 이동이 필요 없고 교실의 이용률이 높다.

      ⓒ 고학년 이상의 수업 진행에는 무리가 있어 저학년 교과에만 적합하다.

   ㉡ 일반교실+특별교실형(U+V형)

      ⓐ 일반교실이 학급별로 배당되고 기타 특별교실을 가진다.

      ⓑ 전용교실이 있어 안정적인 반면, 특별교실이 늘수록 일반교실 이용률이 낮아진다.

      ⓒ 우리나라에서 많이 채용하고 있다.

   ㉢ 교과교실형(V형)

      ⓐ 모든 교실이 특정 과목을 위해 설치되며 일반교실은 없다.

      ⓑ 각 교실은 교과목에 최적화되어 시설 활용도가 높다.

      ⓒ 학생의 이동이 잦고, 이용률이 100%에는 이르지 못한다.

      ⓓ 소지품 보관 공간이 필요하며, 동선에 대한 고려도 주의를 요한다.

   ㉣ E형 교실

      ⓐ U+V형과 V형의 중간 개념 교실. 일반교실의 수가 학급 수보다 적다.

　　　ⓑ 교실 이용률을 높일 수 있어 경제적이다.
　　　ⓒ 학생의 이동이 비교적 많아 동선 및 소유물 처리를 충분히 고려한다.
　　　ⓓ 동선에 혼란이 올 수 있고, 학생들의 안정감이 다소 낮아질 수 있다.
　　㉤ 달톤형(D형)
　　　ⓐ 학생 및 학급의 구분이 없이 각자의 능력에 맞게 교과를 선택하고, 일정 과정이 끝나면 수료한다.
　　　ⓑ 한 교과에 출석하는 학생 수가 각각 달라서 교실의 형태나 면적이 동일한 것은 부적합하다.
　　　ⓒ 학원, 직업학교 등에서 채택되고 있다.
　　㉥ 플래툰형(P형)
　　　ⓐ 전 학급을 2분단으로 하고, 한쪽이 일반교실을 쓸 때 다른 분단이 특별교실을 쓴다.
　　　ⓑ 교과담임제와 학급담임제가 병용된다.
　　　ⓒ 적정한 교사 수와 시설이 반드시 필요하며 시간 배분에 주의를 기울여야 한다.
② 오픈 플랜형 스쿨
　㉠ 기존의 학습형태에서 벗어나서 교실을 학년제 형태로 개방하는 형식
　㉡ 2인 이상의 교사가 협력하여 수업하고, 다수의 학급을 일괄적으로 담당한다.
　㉢ 교실은 개방적이고 대형화되며, 칸막이·칠판·스크린 등을 이동이 가능한 것으로 사용한다.
　㉣ 인공조명과 공조설비가 요구된다.
③ 교실의 유니트 플랜
　㉠ 기본형태 : 편복도형, 중복도형
　㉡ 특수형태
　　ⓐ 클러스터(cluster)형 배치
　　　• 다수의 교실을 소단위별로 그룹 배치하는 방식
　　　• 교실단위의 독립성이 크고, 수업의 순수율이 높다.
　　　• 각 교실이 외부와 많은 면적을 접하게 할 수 있다.
　　　• 마스터 플랜의 융통성이 커서 시각적으로 보기 좋다.
　　　• 넓은 부지를 필요로 하며, 관리부와의 동선이 길어진다.

- 운영비용이 많이 들고, 개별 교실의 증축이 곤란하다.

ⓑ 엘보 엑세스(elbow access) 배치
- 복도가 교실에서 떨어져 있는 형태
- 연결통로를 거쳐 ㄱ자로 꺾어서 교실에 접근한다.

> **배터리(battery)형 교실**
> 클러스터 시스템의 일종. 하나의 벽을 공유하는 두 개의 교실을 맞물려 놓고 각각의 복도에서만 진입하는 형태

2. 도서관 계획

(1) 기본 계획

① 출납형식

㉠ 자유개가식
  ⓐ 자유롭게 이용자가 책을 고르고 읽을 수 있다.
  ⓑ 정리 작업이 많아지고, 책의 마모와 망실이 많아진다.

㉡ 안전개가식 : 이용자가 책을 찾아 검열을 받은 후 대출기록을 남기고 열람할 수 있다.

㉢ 반개가식
  ⓐ 열람자가 서가에 꽂힌 책의 표지 정도는 볼 수 있지만, 내용은 직원에게 요청하여 기록을 남긴 후에 열람할 수 있는 형식
  ⓑ 신간 서적 열람에 적합하며, 다량의 도서를 취급하는 곳에서는 부적합하다.

㉣ 폐가식
  ⓐ 열람자가 책의 목록을 확인 후 기록을 제출하여 대출받는 형식
  ⓑ 서고와 열람실이 분리되어 있다.
  ⓒ 희소가치가 있는 책 또는 고서(古書)를 위한 독립서고 등에 용이하다.
  ⓓ 도서의 유지관리가 용이하고 감시가 필요 없다.
  ⓔ 책 내용을 충분히 확인할 수 없고 대출절차가 복잡하여 업무량이 증가한다.

② 모듈계획
  ㉠ 건물 치수가 기둥 간격의 배수가 되도록 계획하는 것을 말한다.
  ㉡ 기둥 간격에 의해 설정된 그리드마다 균질한 구조 계획과 설비 계획이 되도록 한다.
  ㉢ 독서실과 서고의 융합이 가능하다.

(2) 세부계획

① 열람실
  ㉠ 일반인과 학생의 이용률은 약 7 : 3 정도이며, 가급적 열람실을 분리하여 수용한다.
  ㉡ 아동 열람실은 성인과 구분하여 설치하며, 가급적 1층에 배치한다.
  ㉢ 참고실 : 일반 열람실과 별도로, 출납실 가까이에 둔다. 실내에서는 참고 서적을 두고 안내석을 배치한다.
  ㉣ 캐럴 : 열람인이 도서 가까이 있어야 할 때, 서고 내부에서 연구활동을 하도록 구성하는 열람실이다.
  ㉤ 정기 간행물실 : 신문, 잡지 이용을 위한 공간. 출입이 용이한 현관이나 로비 주변에 배치하며 일반 열람실과는 멀리 둔다.

② 서고
  ㉠ 도서 보존을 위해 방습·방화·유해 가스 제거에 중점을 두며 공조설비를 갖춘다.
  ㉡ 도서 증가에 대비해서 장래 확장을 고려한다.
  ㉢ 건물 후부의 독립된 공간에 설치하며, 면적은 $1m^2$당 도서 150~200권 정도로 계획한다.
  ㉣ 모듈러 플래닝에 의해 계획하며, 위치를 고정하지 않도록 한다.
  ㉤ 도서 보관 시 유의사항
    ⓐ 도서 보존 상 어두운 것이 좋으며, 인공조명과 기계환기를 통해 보온·방습 및 세균 번식을 막는다.
    ⓑ 소독이나 제본 등을 통해서 자료 자체가 내구성을 갖추도록 한다.
    ⓒ 서고 내부는 온도 15℃, 습도 63% 이하로 계획한다.

2.6 호텔 및 병원

1. 병원

(1) 건축 형식

형식	특징
분관식	• 평면이 분산되는 형식으로, 3층 이하 건물에 적용된다. • 외래부, 병동부, 진료부를 각각의 병동으로 하고 복도로 연결한다. • 병실의 일조 및 통풍이 좋지만 넓은 부지가 필요하고 동선이 길어진다.
집중식	• 외래부, 부속진료시설, 병동이 한 건물에 집약되고 병동은 고층에 두어 환자를 엘리베이터로 운송한다. • 좁은 부지로도 가능해서 도시에 적합하다. • 병실 환경 조건이 불균일해진다.
다익형	• 분관식과 유사하지만 중앙 설비를 중심으로 증축을 고려하여 배치된 형식이다. • 각 부문 간의 연계성을 유지하고, 자유로운 계획을 할 수 있다. • 변화 및 증축에 유리하다.

(2) 세부계획

① 병원의 구성

구분	특징
외래 진료부	• 진료환자 편의를 위해 주로 1~2층에 배치되며 부속 진료시설과 인접시킨다. • 내과계열은 소진료실을 다수 설치하고, 외과계열은 1실에 여러 환자를 돌보도록 한다.
부속 진료부	• 병동부와 외래진료부의 연계를 감안하여 위치를 정한다. • 서로 다른 동선이 교차되지 않도록 한다. • 약국, 주사실, X선실, 응급실, 각종 검사실 등이 해당된다. • 수술실은 각종 검사실의 협조가 용이하되 독립된 곳에 배치하고, 소음이나 먼지 등의 영향이 없어야 한다.
병동부	• 병실, 의원실, 간호부, 면회실 등으로 구성된다. • 1개의 간호사 대기소에서 관리할 수 있는 병상 수는 30~40개 이하로 하며, 보행거리가 24m를 넘지 않도록 한다. • 병실은 환자가 누워 있는 시간이 많아 천장에 시선이 오래 닿으므로, 조도와 반사율이 적은 마감재를 쓴다.

② 병동부 면적 구성 비율
  ㉠ 종합병원 : 연면적의 1/3 내외
  ㉡ 결핵병원 : 연면적의 1/2 내외
  ㉢ 정신병원 : 연면적의 2/3 내외
③ 병실 계획 시 유의사항
  ㉠ 출입문은 침대 통과가 가능하도록 최소 너비 1.15m 이상으로 한다. 또한 열리는 형태는 밖여닫이나 미닫이로 하며 문턱이 없어야 한다.
  ㉡ 병실 천장은 환자의 시선이 오래 닿으므로, 조도와 반사율이 높은 마감재료는 피한다.
  ㉢ 창 면적은 바닥 면적의 1/3~1/4 정도로 하고, 창대 높이는 90cm 이하로 하여 환자가 외부를 편히 볼 수 있게 한다.

큐비클 시스템

천장에 닿지 않는 칸막이나 커튼을 써서 총 실을 몇 개의 큐비클로 나누어 bed를 배치하는 방식
- 간호 및 급식 서비스가 용이하다.
- 공간 활용이 좋아진다.
- 독립성이 떨어지며, 면회자로 인해 소음 및 실내공기 오염이 높아진다.

④ 중앙진료부
  ㉠ 구성 : 수술실, 약국, 주사실, 응급부, X선실 및 각종 검사부 등
  ㉡ 특징
    ⓐ 병동부와 외래진료부 관계를 감안하여 위치를 정한다.
    ⓑ 환자와 각종 물자의 동선은 분리시킨다.
    ⓒ 환자 동선은 이동이 편한 저층에 설치한다.
    ⓓ 수술실, 물리치료실, 분만실 등은 통과 교통이 되지 않도록 한다.
    ⓔ 병원 전체 면적에서 15~20% 정도를 점유한다.
⑤ 외래진료부의 운영방식
  ㉠ 오픈 시스템 : 종합병원에 등록되어 근접한 곳에 위치한 일반 개업의사가 자기 환자를 종합병원 진찰실에서 예약된 시간 및 장소에서 볼 수 있고 입원시킬 수 있는 방식

ⓛ 클로즈드 시스템 : 대규모의 각종 과를 필요로 하는 우리나라 종합병원의 대표적 외래진료 방식
   ⓐ 부속 진료시설을 인접하게 하여 이용이 편리하게 한다.
   ⓑ 환자의 이용이 편리하도록 1층 또는 2층 이하에 둔다.
   ⓒ 내과계통은 진료에 시간이 소요되므로 소진료실을 여러 개 설치한다.
   ⓓ 실내환경에 대한 배려로서 환자의 심리고통을 덜어줄 수 있는 환경심리적 요인을 반영시킨다.

2. 호텔

(1) 분류

① 시티 호텔(city hotel)

도심에 세워지는 호텔의 총칭. 커머셜 호텔, 레지덴셜 호텔, 다운타운 호텔, 서버번(suburban) 호텔, 터미널 호텔, 스테이션 호텔 등으로 분류된다.

　㉠ 입지 조건
　　ⓐ 상업시설 이용이 원활하고 교통이 편리한 곳
　　ⓑ 주차공간이 충분한 곳
　　ⓒ 소음 및 공해가 적은 곳
　㉡ 주요 유형의 특징

구분	특징
커머셜 호텔	• 상업적, 업무적인 목적의 체류자를 위한 호텔 • 도심 내 교통 중심지에 위치한다. • 보통 주차장·연회장·레스토랑·카페를 갖추고 있다.
레지던셜 호텔	• 상업상·사업상의 여행자, 관광객 • 단기체재자 등의 일반여행자를 대상으로 한다. • 스위트룸과 부대시설, 호화로운 설비를 갖춘다.
아파트먼트 호텔	• 장기 체류에 적합한 호텔 • 주방과 셀프서비스 시설을 갖춘다.
터미널 호텔	• 터미널, 대형 환승역, 종착역에 위치한 호텔
다운타운 호텔	• 도심 중심이나 쇼핑센터 등의 중심가에 존재하는 호텔 • 도시의 사교 중심지로서 각종 연회, 집회, 회의, 결혼식, 전시, 발표회 등이 이루어진다.

② 리조트 호텔
　㉠ 특징
　　ⓐ 피서·피한·여행을 목적으로 하는 관광객 및 휴양객에게 많이 이용되는 호텔
　　ⓑ 휴양지와 관광지에 건설되며 규모나 형식이 다양하다.
　　ⓒ 해변호텔, 산장호텔, 온천호텔, 스포츠호텔, 클럽하우스 등으로 분류된다.
　㉡ 입지 조건
　　ⓐ 경관과 조망이 좋은 곳
　　ⓑ 관광지나 휴양지 이용이 효율적인 곳
　　ⓒ 식품과 린넨류의 구입이 원활한 곳
　　ⓓ 수질이 좋고 풍부한 수량의 수원이 있는 곳
　　ⓔ 자연재해 위험이 없고 기상 및 기후가 좋은 곳

③ 기타
　㉠ 모텔 : 자동차 여행자를 위한 숙박시설. 현재는 단시간 휴식 목적으로도 이용되고 있다.
　㉡ 유스호스텔 : 출신이나 성장환경이 다른 청소년이 우호적으로 지내도록 고안된 저렴한 가격의 숙박시설

(2) 계획

① 요소별 특징

구분	특징
숙박부분	• 객실과 부수적인 공동화장실, 보이실, 메이드실, 린넨실, 트렁크실 등으로 구성된다. • 호텔의 가장 중요 부분으로, 호텔 형태의 결정요소이다.
공공부분	• 현관, 홀, 로비, 라운지, 식당, 연회장, 클럽, 카페 등 공공 및 사교 부분의 공간 • 호텔 전체의 매개 공간 역할을 한다.
관리부분	• 프런트 오피스, 클록 룸, 지배인실, 사무실, 교환실, 창고 등으로 구성된다. • 경영 및 서비스의 핵심으로, 각 부분의 상황을 즉각 파악하고 조절할 수 있어야 한다.
기타	• 요리부 : 주방, 팬트리, 식품창고, 냉장고 등 • 설비부 : 보일러실, 공조실, 기계식, 세탁실 등 • 대실부 : 상점, 창고, 임대사무소 등

② 면적 구성비

구분	리조트 호텔	시티 호텔	아파트먼트 호텔
객실 1개 대비 전체 규모	40~91m²	28~50m²	70~100m²
연면적 대비 숙박부 면적	40~56%	50~72%	32~48%
연면적 대비 공공부분 면적	20~40%	10~30%	35~60%
객실 1개 대비 로비 면적	3.0~6.2m²	2.0~3.2m²	5.0~8.5m²

3. 건축환경

3.1 열환경 및 습공기

1. 열환경 및 전열

(1) 열환경 쾌적요소

① 인체의 열손실 비율 : 복사 45%, 대류 30%, 증발 25%

② 열손실 요소 : 피부 확산, 땀 분비, 호흡, 대류 등에 의한 열손실

③ 인체의 열평형 : 몸 전체온도가 31~34℃일 때 쾌적함을 느끼며 생산열량과 피부의 방열량이 평형을 이루도록 유지된다.

④ 열 쾌적 변수(물리적 4요소)

　㉠ 기온(DBT)

　　ⓐ 인체의 쾌적에 가장 큰 영향을 미친다.

　　ⓑ 건구온도의 쾌적 범위는 16~28℃이며, 우리나라의 권장 실내온도는 겨울철 18℃, 여름철 26℃ 정도이다.

　㉡ 습도(상대습도 RH)

　　ⓐ 저온에서는 낮은 습도에서 더 춥게, 고온에서는 높은 습도에서 더 덥게 느낀다.

　　ⓑ 쾌적온도 범위 내에서 쾌적습도의 범위는 40~70%이다.

ⓒ 기류
  ⓐ 공기의 흐름을 뜻하며 건축계획의 열환경에서는 주로 실내 기류를 다룬다.
  ⓑ 기온이 높은 상태(여름)에서는 1m/s 정도가 쾌적하며 1.5m/s까지가 허용범위이다.
  ⓒ 기온이 낮은 상태(겨울)에서는 0.2m/s 이하가 적당하다.
  ⓓ 공기조화를 하는 실내의 기류는 0.5m/s 이하를 권장하고 있다.
ⓔ 복사열
  ⓐ 기온 다음으로 온열감각에 큰 영향을 준다.
  ⓑ 차가운 유리창 부근에 있으면 체온을 빼앗겨서 찬바람이 들어오는 것으로 착각을 일으킨다.
  ⓒ 복사열이 기온보다 2℃ 정도 높을 때 가장 쾌적하다.
② 주관적 쾌적 변수 : 착의상태, 인체활동, 연령, 성별, 건강상태 등

(2) 쾌적환경지표

① 유효온도(ET, Effective Temperture)
  ㉠ 기온, 습도, 풍속(기류)의 3요소가 체감에 미치는 종합 효과를 나타낸 쾌적 지표이다.
  ㉡ 실험대상자가 아래와 같은 두 방을 왕복하게 하여 A실의 상태와 같은 온열감을 주는 B실의 기온을 유효온도로 표시하는 것이다.
  ㉢ A실의 조건은 습도 100%, 풍속 0m/sec, 기온은 임의 조정할 수 있도록 하고, B실은 기온, 습도, 기류를 모두 조정할 수 있게 만든다.
  ㉣ 복사열이 고려되지 않았으며 습도의 영향이 저온에서는 크고 고온에서는 작아서 한계가 있다.

② 수정유효온도(CET, corrected effective temperature)
  ㉠ 글로브 온도를 건구 온도 대신에 사용한 쾌적 지표이다.
  ㉡ 유효온도의 지표인 기온, 습도, 기류 3가지에 복사열의 영향까지 함께 고려하였다.
  ㉢ 글로브 온도계
    ⓐ 기온과 복사의 종합 효과를 측정하는 것을 목적으로 만든 온도계로 1930년 버논(H.M. Vernon)에 의해 고안되었다.

ⓑ 외부 표면을 흑색 무광택으로 처리한 직경 15cm의 속이 빈 밀폐 구리공 중심에 온도계의 구부(球部)가 위치한다.

ⓒ 풍속이 작을 때는 기온과 복사의 종합 효과를 잘 나타내므로 이용해도 되나, 풍속이 큰 곳에서는 활용도가 낮아서 풍속 1m/sec 이하에서 적용한다.

③ 불쾌지수

㉠ 기상상태로 인해 인간이 느끼는 불쾌감을 기온과 습도를 이용하여 나타낸 쾌적지표이다.

㉡ 온습도지수(THI)라고도 하며 유효온도를 간략화한 것이다.

④ 기타 : 신유효온도, 작용온도, 등가온도, 등온감각온도 등

2. 전열 및 습공기

(1) 전열

열의 전달 또는 열의 이동현상을 말한다.

① 열전도

㉠ 건축에서는 벽체의 고온측에서 저온측으로 열이 이동하는 현상을 말한다.

㉡ 두께 1m의 재료 양쪽 표면 온도차가 1℃일 때 단위표면적(1m²)을 단위 시간에 흐르는 열량으로 나타내며, 열전도율의 단위는 W/m·K를 사용한다.

㉢ 공극이 많은 재료일수록 열전도율은 일반적으로 작고, 공극의 지름이 커지면 열전도율은 커진다.

㉣ 전도열량 계산(Q_c)

계산	비고
$Q_c = \dfrac{\lambda}{d} \cdot A \cdot \Delta t (W)$	λ : 열전도율[W/m·K] d : 재료의 두께[m] A : 재료의 표면적[m²] Δt : 온도차[℃]

② 열전달

㉠ 고체인 건축물 벽체와 이에 접하는 공기층과의 전열현상을 말한다.

㉡ 벽체와 공기층 사이의 전열과정은 대류뿐만 아니라 복사와 전도를 동반한 복잡한 전열현상이며, 이들 전열과정을 일괄하여 열전달이라 한다.

㉢ 벽 표면적 1m², 벽과 공기의 온도차 1℃일 때 단위시간 동안에 흐르는 열량이다.

ⓔ 전달열량(Q_v)

계산	비고
$Q_v = a \cdot A \cdot \Delta t \,(\text{W})$	a : 열전달률[W/m²·K] A : 벽체와 공기접촉면적[m²] Δt : 온도차[℃]

③ 열관류

　㉠ 벽체로 격리된 공간의 한쪽에서 다른 한쪽으로의 전열현상

　㉡ 건축에서는 난방에 의해 높아진 실내의 열이 벽체를 통해 외부로 빠져나가는 것을 뜻한다.(여름에는 반대)

　㉢ 벽의 양측 유체온도가 다를 때, 열은 고온측에서 저온측으로 흘러 전달 → 전도 → 전달의 과정을 거쳐 두 유체 간의 전열이 진행되고, 이 전 과정에 의한 전열을 종합하여 열관류라 한다.

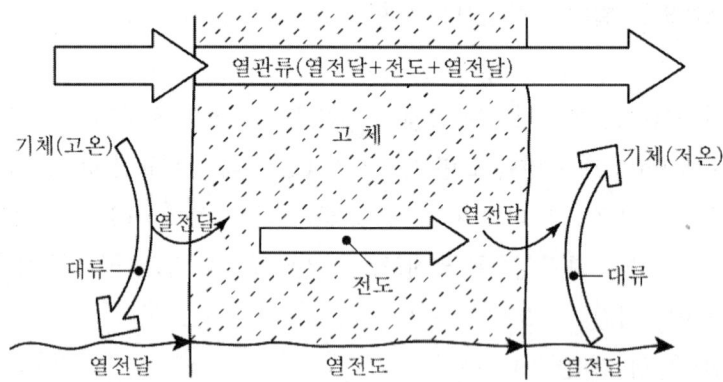

　ⓔ 열관류율

계산	비고
$k = \dfrac{1}{\dfrac{1}{a_0} + \sum \dfrac{d}{\lambda} + \dfrac{1}{a_1}} \,(\text{W/m}^2 \cdot \text{K})$	a_1, a_0 : 실내외 열전달률[W/m²·K] d : 벽체의 두께[m] λ : 벽체 열전도율[W/m·K]

1. 핵/심/이/론

◎ 열관류량

계산	비고
$Q = k \cdot A \cdot \Delta t (W)$	k : 열관류율[W/m²·K] A : 면적[m²] Δt : 실내외 온도차[℃]

- 열관류저항, 열전도저항, 열전달저항은 각각 열관류율, 열전도율, 열전달률의 역수이다.
- 열관류저항 : 1/k
- 열전도저항 : d/λ
- 열전달저항 : 1/a

④ 온도구배 : 외벽의 내·외부에 온도차가 있을 때 각 점의 온도를 선으로 이으면 기울기가 있는 직선으로 나타나는데 이것을 온도구배라고 한다. 온도구배는 동일한 두께일 경우 온도차가 클수록 커진다. 온도구배가 크다는 것은 고온측의 열이 저온측으로 잘 전달되지 않는다는 뜻이므로 단열이 잘 되어 있다는 의미가 된다.

(2) 단열

건축물 외피와 주위 환경과의 열류를 차단하는 것을 말한다.

① 단열형태의 분류

    ㉠ 저항형 단열(기포형) : 기포 단열재는 단열재 내부에서 공기를 정지시켜 대류가 생기지 않으므로 단열효과가 좋다.

    ㉡ 반사형 단열 : 복사의 형태로 열 이동이 이루어지는 공기층에 유효한 방식으로, 중공벽 내의 저온측면에 흡수율이 낮은 광택성 금속박판을 설치하여 열류를 차단한다.

    ㉢ 용량형 단열 : 건축물 외피의 축열용량을 이용한 단열방식으로, 건축물 외표면에 작용하는 복사열에 의한 온도변화와 건축물 내표면에 작용하는 온도변화의 시간지연(Time Lag)을 이용한 단열이다. 벽의 열용량은 단위 면적당 질량과 재료의 비열의 곱으로 표시한다.

② 단열계획

    ㉠ 최적 단열 두께 산정

　　　ⓛ 경제성 검토

　　　ⓒ 난방방식에 따른 단열 계획

　　　ⓔ 시간지연(Time Lag) 이용

③ 외단열과 내단열

　㉠ 내단열

　　ⓐ 단시간 간헐난방(강당, 집회장) - 실온변동이 크고 시간지연(Time Lag)이 짧다.

　　ⓑ 시공이 간단하여 소규모 건축물의 단열에 사용된다.

　　ⓒ 내부결로 발생의 우려가 크고 열교현상에 의한 국부적 열손실이 발생한다.

　　ⓓ 고온측에 방습층을 설치한다.

　㉡ 외단열

　　ⓐ 장시간 연속난방 - 실온변동이 작고 시간지연(Time Lag)이 길다.

　　ⓑ 내부결로 위험이 적은 편이다.

　　ⓒ 일체화된 시공으로 열교현상은 잘 발생하지 않는다.

　　ⓓ 시공은 까다롭지만 열에너지 효율상 유리하다.

(3) 습공기

① 습기 : 공기 또는 재료가 기체(수증기) 및 액체(물)의 형으로 함유하는 수분을 습기라 한다.

건조공기	수증기를 전혀 함유하고 있지 않으며, 질소나 산소 등과 같이 상온 가까이에서는 액화, 증발을 하지 않는 분자만으로 구성된 공기
습공기	수증기를 갖는 보통의 공기
포화공기	공기 속의 수분이 수증기의 형태로만 존재할 수 없는 상태의 공기. 상대습도 100%

② 습공기의 특성

　㉠ 절대습도(AH, Absolute Humidity) : 단위중량(1kg)의 건조 공기 중에 포함되어 있는 수증기의 양(kg)을 말한다. 절대습도는 급격한 기상변화가 없는 한, 하루 중 거의 일정하다.

　㉡ 상대습도(RH, Relative Humidity) : 습공기의 수증기압과 같은 온도의 포화 수증

기압과의 비를 뜻한다. 공기를 가열하면 상대습도는 낮아지고 냉각하면 상대습도는 높아진다. 즉, 상대습도는 기온의 변화에 반비례한다.
- ⓒ 노점온도 : 습공기가 포화상태일 때의 온도를 말한다. 즉, 냉각된 공기 속의 수분이 수증기의 형태로만 존재할 수 없어 이슬로 맺히는 온도를 의미한다. 노점온도 이하로 냉각되면 공기 속의 일부 수증기는 응축하여 이슬로 맺히거나 안개, 구름이 된다.
- ㉣ 습구온도 : 증발에 의한 냉각을 고려한 온도를 말한다. 습구온도는 항상 건구온도보다 낮으며, 상대습도 100%일 때만 건구온도와 같아진다.

③ 습도변화
- ㉠ 쾌적감에는 절대습도가 아니라 상대습도가 큰 영향을 미친다.
- ㉡ 하루 동안의 상대습도는 기온의 변화와 반대의 형태로 나타난다.
- ㉢ 공기 중 수증기량, 즉 절대습도는 급격한 기상변화가 없으면 하루 동안 거의 일정하다.

④ 결로 : 습공기의 냉각으로 벽체나 유리창 등에 이슬이 맺히는 현상을 말한다.
- ㉠ 원인 : 실내·실외의 온도차, 실내 습기 과다 발생, 환기 부족, 시공 불량, 시공 직후 건조 상태 미흡
- ㉡ 방지 : 환기, 난방에 의한 건물 내부의 표면온도 증가, 단열조치 등
- ㉢ 결로의 종류
    - ⓐ 표면 결로 : 건물의 표면온도가 접촉하고 있는 공기의 노점온도가 낮을 때 표면에 발생하며 단열효과를 높여 벽 표면온도를 높이거나 실내 수증기 발생을 억제하여 방지한다.
    - ⓑ 내부 결로 : 실내 습도가 높은 상태에서 벽체가 투수성을 가질 경우 벽체 내부에서 발생하는 결로를 말한다. 이를 방지하기 위해서는 벽체 내부 온도를 높게 하거나 가급적 단열재를 벽체 외부에 설치한다. 또한 방습층을 벽의 내부에 설치하는 것도 결로 방지에 유용하다.

3.2 공기 빛 음환경

1. 실내공기환경

(1) 공기오염

① 공기오염 : O_2의 감소, CO_2의 증가

② 실내오염 물질의 배출원
  ㉠ 연소 : 취사 및 급탕에 의한 가스와 석유 등의 불완전연소로 인한 유해가스 발생
  ㉡ 흡연 : 담배연기는 부유분진, 타르, 니코틴 등을 배출한다.
  ㉢ 건축재료 : 석면, 라돈, 폼알데히드 등

> 이산화탄소는 호흡에 의해 가장 많이 발생하는 실내공기오염원이며, 다른 유해기체의 농도와도 비례하므로 실내공기오염의 종합지표로 사용된다.

(2) 환기

① 자연환기
  ㉠ 풍력환기 : 자연풍이 건물에 부딪치는 기류에 의한 환기를 말한다. 바람의 압력차가 커지면 환기량은 증가하며 창문이 닫혀 있는 경우에도 극간풍에 의한 환기가 일어나기도 한다.
  ㉡ 중력환기 : 실내와 실외의 온도 차이에 의해 공기밀도가 달라서 발생하는 환기이다. 실내에서는 천장부분의 차가운 공기의 밀도가 작고 바닥부분의 따뜻한 공기의 밀도가 커서 대류가 일어난다.

② 인공환기

방식	급기	배기	환기량	비고
제1종 환기	기계	기계	임의, 일정	병원, 공연장
제2종 환기	기계	자연	임의, 일정	반도체 공장, 무균실, 수술실
제3종 환기	자연	기계	임의, 일정	주방, 화장실 등 열·냄새가 있는 곳
제4종 환기	자연환기		한정, 부정	필요 환기량이 적은 경우

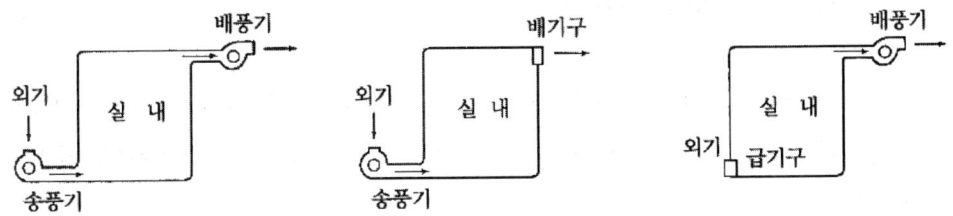

[1종 환기 : 실내압력 조정] [2종 환기 : 실내압력 정압(+)] [3종 환기 : 실내압력 부압(-)]

③ 환기량
  ㉠ 별도의 환기장치가 없는 거실 바닥 면적의 1/20 이상의 환기에 유효한 개구부 면적을 확보하도록 건축법으로 규정하고 있다.
  ㉡ 창이 없는 거실 및 집회실의 경우 1인당 20m³/h 이상의 환기량을 요구한다.
  ㉢ 환기횟수

  $$N = \frac{Q}{V} [회/h]$$

  Q : 환기량[m³/sec] V : 실의 용적[m³]

2. 빛 환경

(1) 일조와 빛 환경

① 태양광선의 분류
  ㉠ 가시광선 : 380~780nm 범위의 파장으로 눈에 보이는 광선
  ㉡ 적외선 : 가시광선보다 파장이 긴 전자기파(780~2500nm 이상). 열적 효과를 가지며 기후에 영향을 준다.
  ㉢ 자외선 : 가시광선보다 파장이 짧은 전자기파(200~380nm). 생육작용과 살균작용

② 태양 남중고도의 계산(북반구 기준)
  태양고도 $R = 90° - \phi + \theta$
  (ϕ=위도, θ=태양적위{춘분·추분=0°, 하지=23.5°, 동지=-23.5°})

(2) 빛의 성질과 단위

① 빛의 성질
  ㉠ 투과 : 빛은 같은 매질 속에서 3×10^8m/s의 속도로 직진하며 반투명체는 빛의

직진을 교란·확산시킨다.
ⓛ 반사
ⓐ 경면반사 : 빛의 방향을 한 방향으로만 변화시키는 반사(입사각=반사각)
ⓑ 확산반사 : 빛의 반사광선이 여러 방향으로 확산되는 반사(무광택면 반사)
ⓒ 굴절
ⓐ 빛이 하나의 투명매체에서 다른 매체로 들어갈 때 빛의 방향이 바뀌는 것이다.
ⓑ 입사각과 굴절각은 매질의 종류에 따라 빛의 속도에 차이가 생겨 굴절된다.(스넬의 법칙)

② 빛의 단위
㉠ 광속 : 광원에서 발산되는 빛의 양. 기호는 F, 단위는 lm(lumen)을 쓴다.
㉡ 광도
ⓐ 광원으로부터 단위거리만큼 떨어진 곳에서 빛의 방향에 수직으로 놓인 단위면적을 단위시간에 통과하는 빛의 양
ⓑ 1cd는 점광원을 중심으로 $1m^2$의 면적을 관통해 나오는 광속이 1lumen일 때 그 방향의 광도이다.
㉢ 조도
ⓐ 어떤 물체나 표면에 도달하는 빛의 단위면적당 밀도를 말한다. 기호는 E, 단위는 lx(lux)
ⓑ 빛이 수직으로 입사할 경우, 조도 $E=\dfrac{I}{d^2}$
ⓒ 입사하는 빛의 각도가 θ°로 기울어진 경우, 조도 $E=\dfrac{I}{d^2}\cos\theta$

I : 광도[cd] d : 거리[m]

㉣ 휘도
ⓐ 단위면적당 표면에서 반사 혹은 방출되는 빛의 양. 기호는 L, 단위는 cd/m^2
ⓑ 자체가 발광하고 있는 광원뿐만 아니라 조명되어 빛나는 2차적인 광원에 대해서도 밝기를 나타낸다.
㉤ 광속발산도
ⓐ 면의 단위면적에서 발산하는 광속. 기호는 M, 단위는 lm/m^2

ⓑ 광속발산도와 휘도 모두 빛을 발산하는 면에 관한 측광량이지만 광속발산도는 면적당 면에서 나오는 모든 광속을 차지하고 있으며 휘도는 어느 특정 방향에 대하여 정의하는 것이다.

(3) 빛의 분포

① 휘도 분포
   ㉠ 실내의 인공 광원이나 창문의 휘도가 너무 크면 눈부심(현휘현상, glare)을 느끼거나 또는 사물을 보기 어렵다. 또한 휘도의 높은 부분에 신경이 쓰여 작업성이 저하하거나 피로의 원인이 된다.
   ㉡ 작업면과 배경의 휘도비는 학교 및 일반 사무공간의 경우 3 : 1 정도, 주택의 경우 10 : 1 정도가 적당하다.
   ㉢ 주광조명하에서는 창의 휘도가 다른 부분에 비해 현저히 높아지므로 블라인드, 커튼, 루버 등으로 창의 휘도를 낮게 하는 것이 적합하다.

② 조도 분포
   ㉠ 실내에서 천장이나 벽, 바닥 등의 실내 마감면이나, 가구, 집기 등의 표면은 대부분 반사하므로, 조도의 분포는 물론 휘도의 분포에 주의하여야 한다.
   ㉡ 실내의 최대, 최저 조도비는 주광조명일 경우 10 : 1 이하, 인공조명일 경우 3 : 1 이하가 바람직하다. 병용조명의 경우는 6 : 1 정도가 적당하다.

③ 균제도
   ㉠ 휘도나 조도, 주광률 등의 분포를 나타내는 지표
   ㉡ 균제도 U는 휘도나 조도, 주광률 등의 최대치에 대한 최소치의 비이다.

$$U = \frac{(휘도, 조도, 주광률의) 최소치}{(휘도, 조도, 주광률의) 최대치}$$

(4) 글레어와 눈의 피로

① 글레어(glare)
   ㉠ 시야 내에 휘도가 높은 광원, 반사물체 등이 있어 이들로부터 빛이 눈에 들어와 대상을 보기 어렵게 하거나 눈부심으로 불쾌감을 느끼거나 하는 상태를 말한다.
   ㉡ 글레어에 대한 시각 반응은 망막 위의 광속의 분배에 의해 일어나며, 시야 내의 비균등 휘도는 망막의 흥분을 일으키고 행동을 저지하게 된다.

ⓒ 글레어는 시선에서 30° 이내의 시야 내에서 생기기 쉬우며, 이 범위를 글레어 존(glare zone)이라고 부른다.

② 글레어(현휘, 눈부심)의 발생 원인
  ㉠ 주위가 어둡고 눈이 순응되어 있는 휘도가 낮은 경우
  ㉡ 광원의 휘도가 높은 경우
  ㉢ 광원이 시선에 가까운 경우
  ㉣ 광원의 겉보기 면적이 큰 경우와 광원의 수가 많은 경우

③ 글레어(현휘, 눈부심)를 방지하기 위한 방법
  ㉠ 광원에 대한 방지
    ⓐ 광원의 휘도를 감소시키고 광원 수를 늘린다.
    ⓑ 시선에서 광원을 멀게 하고 휘광원 주위를 밝게 하여 휘도비를 감소시킨다.
    ⓒ 광원에 가리개, 갓, 차양 등을 설치한다.
  ㉡ 자연채광에 대한 방지
    ⓐ 창문을 높게 설치하고 창문의 상부에 차양을 설치한다.
    ⓑ 블라인드나 커튼 등을 설치한다.
  ㉢ 반사휘광에 대한 방지
    ⓐ 발광체의 휘도를 감소시키고 간접조명 수준을 높인다.
    ⓑ 반사광이 눈에 직접 비치지 않게 하고 무광택 도료 등의 마감을 한다.

④ 글레어의 종류
  ㉠ 불능 글레어(disability glare) : 잘 보이지 않게 되는 눈부심
  ㉡ 불쾌 글레어(discomfort glare) : 신경이 쓰이거나 불쾌감을 느끼게 하는 눈부심
  ㉢ 반사 글레어(reflection glare) : 인쇄물 등의 표면에서 반사한 빛이 눈에 들어와 인쇄물이 잘 보이지 않거나 광막 반사(대비의 저하에 따라 보는 것을 방해)로 인해 쇼윈도 내부가 잘 보이지 않는 현상 등을 말한다.

⑤ 눈의 피로 발생 원인
  ㉠ 조도가 부적합하거나, 작업면과 배경 사이의 휘도대비가 너무 클 때
  ㉡ 불쾌감을 주는 글레어가 발생할 때(예 : 형광등의 깜박거림)
  ㉢ 작업 중 머리 위에 잘못 설치된 광원으로 인한 반사가 생길 때

ⓔ 조명의 연색성이 적당하지 않아서 색을 보는 것에 불편함을 줄 때

ⓜ 개인의 심리적인 인자 : 환경의 특징, 조명 또는 마감 및 가구의 색채, 창의 유무 등

(5) 자연채광

① 주광

직사일광과 천공광을 합친 것, 즉 낮 동안의 빛을 뜻한다.

㉠ 직사일광 : 태양이 직접 노출되어 비추는 빛. 변동이 심해 광원으로서 직접 이용하기가 까다롭다.

㉡ 천공광 : 대기와 구름에 산란, 반사되어 비추는 빛

② 주광률

㉠ 실내 조도를 자연채광에 의해 얻을 경우 야외조도는 매순간 변화하므로 실내의 조도도 변화한다. 채광 설계에서 이와 같은 변화의 기준을 정하기는 어려우므로 주광률을 적용한다.

㉡ 주광률 $DF = \dfrac{\text{실내 작업면 조도}(E)}{\text{실외 수평면 조도}(E_S)} \times 100\%$

㉢ 주광 계획 시 주의사항

ⓐ 실내 작업면은 가급적 직사광선을 직접 받지 않게 한다.

ⓑ 주광은 확산 및 분산시키고 다른 조명 요소들과 조합하여 계획한다.

ⓒ 천창, 고창 등 가급적 높은 곳에서 주광을 도입하고 측창의 경우는 양측 채광을 한다.

ⓓ 작업 위치는 창과 평행하게 하고 가능한 한 창을 근접시킨다.

㉣ 창의 위치

ⓐ 측창 : 실내 측면의 수직 창에서 빛이 들어오는 형태이다. 이 형식은 공간의 조도 분포가 불균일하고 조도가 작지만 반사로 인한 눈부심이 적으며 입체감이 좋다.

ⓑ 천창 : 건물의 지붕이나 천장면에 채광 목적으로 수평면이나 약간 경사진 면에 위치한 창으로, 조도가 균일하고 같은 면적의 측창보다 3배 정도 밝다. 개폐, 환기, 청소가 곤란하며 개방감도 낮다.

ⓒ 정측창 : 창턱 높이가 눈높이보다 높아야 하고 창의 상부가 천장선과 같거나

그 아래에 위치한 창으로 미술관, 박물관, 공장 등 시선을 분산시키지 않고 채광을 해야 할 공간에 적용된다.

[측창채광] [천창채광] [정측창채광]

(6) 인공조명

① 배광방식별 분류

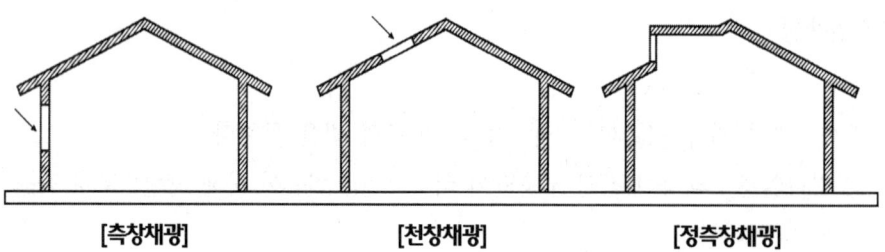

㉠ 직접 조명

ⓐ 하향광속이 90~100%인 조명으로 광원이 노출되어 있다.

ⓑ 조명률이 좋고 먼지에 의한 감광이 적다.

ⓒ 벽, 천장 등의 반사율의 영향이 적다.

ⓓ 글로브를 사용하지 않으면 조명이 초라한 느낌을 줄 수 있다.

ⓔ 눈부심이 크고 조도의 불균일함이 크다.

㉡ 간접 조명

ⓐ 상향광속이 90~100%인 조명으로, 광원을 숨기는 형태의 조명이다.

ⓑ 음영이 적고 조도가 균일하여 부드러운 느낌을 준다.

ⓒ 조명 효율이 낮고 경제성이 떨어진다.

ⓓ 먼지에 의한 감광이 크고 다소 음산한 느낌이 든다.

㉢ 전반 확산 조명

ⓐ 직접 조명과 간접 조명의 혼합형태

ⓑ 옥외의 장식조명이나 브래킷 조명 등으로 사용된다.

② 설치 형태에 따른 분류
   ㉠ 매입형(down light, 다운라이트) : 조명기구는 천장에 매입되고 빛이 수직으로 하향, 직사된다.
   ㉡ 직부형(ceiling light, 실링라이트) : 천장등이라고도 한다. 배광이 효과적이며 광원이 직접 노출되므로 매입형보다 눈부심이 많지만 조명효율은 좋다.
   ㉢ 벽부형(bracket, 브래킷) : 벽체에 부착하는 조명의 통칭으로 장식성이 좋다.
   ㉣ 펜던트 : 와이어, 파이프 등으로 천장에 매단 조명을 의미한다.
   ㉤ 이동형 조명 : 테이블 스탠드, 플로어 스탠드

③ 건축화 조명
   천장, 벽, 기둥 등 건축 부분을 이용하여 조명하는 방식이다. 건축화 조명은 눈부심이 적고 명랑한 느낌을 주며 현대적인 감각을 느끼게 하나 설치 비용도 직접 조명에 비해 많이 들고 유지비용 역시 높기 때문에 경제적 효율성은 떨어진다.
   ㉠ 코브 조명 : 일반적으로 천장 주위를 둘러 설치된 홈 안에 광원이 가려져 있다. 높이에 대한 느낌을 표현할 수 있는 장점이 있다. 부드럽고 균등하며 눈부심이 없는 빛을 제공하여 보조 조명으로 중요하게 쓰인다.
   ㉡ 코니스 조명 : 천장 또는 천장 가까이에 장착되고 옆면을 가려 빛은 아래를 향해서만 떨어진다. 재질감 있는 벽면의 드라마틱한 특성을 강조해 주거나 재미있는 조명효과를 준다.
   ㉢ 밸런스 조명 : 코브와 코니스를 혼합한 형태로 천장 방향과 바닥 방향 양쪽으로 빛을 비춘다.
   ㉣ 광천장 조명 : 천장에 조명기구를 설치하고 그 밑에 창호지나 반투명 아크릴과 같은 확산성 재료를 이용해서 마감 처리하여 마치 넓은 천장 표면 자체가 조명인 것처럼 연출한다.

3. 음 환경

(1) 음의 성질

① 음파(sound wave)
   ㉠ 음파는 관성과 탄성을 가진 매질을 전파하는 압력의 변동으로서 매질입자가 전파

방향과 같은 방향으로 운동하는 종파이다.
ⓛ 주파수(진동수) : 음은 전파될 때 파동현상을 나타내는데 이때 1초간의 왕복운동 수를 말한다.
　ⓐ 단위 : Hz(c/s)
　ⓑ 가청주파수 : 20~20000Hz, 청력손실은 4000Hz 전후에서 나타난다.
　ⓒ 초음파 : 초저주파수음(20Hz 미만), 초고주파수음(20000Hz 이상)
　ⓓ 표준음 : 63, 125, 250, 500, 1000, 2000, 4000, 8000Hz의 순음

② 음속
　㉠ 음파가 전달되는 속도는 기온 15℃의 공기에서 약 340m/s이며 기온 1℃의 증가에 따라 0.6m/s씩 증가한다.
　㉡ 음속은 주파수의 영향을 받지 않고 통과하는 물질의 성질에 영향을 받는다.

③ 음의 3요소
　㉠ 강도(크기)
　　ⓐ 음의 크기는 감각량이며 음파의 진행방향에 수직인 단위면적을 통하여 단위시간에 운반되는 진동에너지의 양이다.
　　ⓑ 사람이 듣는 음의 주파수가 같다면 면적이 크고 진폭이 클수록 큰 음이 된다.
　㉡ 높이
　　ⓐ 주파수가 큰 음은 높고, 작은 음은 낮게 느낀다. 그러나 음의 크기나 파형의 영향도 받으므로 매우 복잡하다. 또 음의 지속 시간이 짧으면 높이의 감각이 없어진다.
　　ⓑ 피아노의 낮은 '도'에서 높은 '도'를 1옥타브라고 한다. 즉, 1옥타브 위의 음은 기본 주파수에 대해 2배, 2옥타브 위의 음은 4배만큼 높은 주파수의 음을 의미한다.
　㉢ 음색
　　ⓐ 음파를 구성하는 배음구조에 따라 다르게 느껴지는 것을 말한다.
　　ⓑ 외형상으로 비슷한 악기라 해도 음의 배열과 크기가 다르면 음색이 달라진다.

④ 기타 용어와 성질
　㉠ 회절 : 음의 진행 중에 장애물이 있으면 파동이 직진하지 않고 그 뒤쪽으로 돌아가는 현상으로 칸막이벽 뒤의 소리가 들리는 것은 회절현상 때문이다.

ⓒ 간섭 : 양쪽에서 나온 음이 어떤 점에 도달하면 서로 강하게 하거나 약화시키거나 하는 현상이다.
ⓒ 울림(에코) : 진동수가 조금 다른 두 음의 간섭에 의해 생기는 현상
ⓔ 공명 : 음을 발생하는 하나의 물체로부터 나오는 음에너지를 다른 물체가 흡수하여 같이 소리를 내기 시작하는 현상. 실내에서 공명이 발생하면 균등한 음의 분포를 얻기가 힘들다.
ⓜ 확산 : 음파가 구부러진 표면에 부딪쳐 여러 개의 작은 파형으로 나뉘는 것
ⓗ 반사 : 음파가 경계면에 부딪혀 일부 파동이 진행방향을 바꿔 되돌아오는 현상. 반듯한 면에서는 정반사가 일어나고 울퉁불퉁한 면에서는 난반사가 일어나며, 굴절되는 빛이 전혀 없이 모두 반사되는 것은 전반사라고 한다.

(2) 음압과 음의 세기 레벨

① 데시벨(dB)
  ㉠ 소리의 상대적인 크기를 나타내는 단위
  ㉡ 소리의 전파에 있어 매체 속을 진행하는 에너지는 음압의 제곱에 비례한다. 최대 가청범위로부터 최소 가청범위까지의 비례 범위를 취급하는 데에 벨(bel)을 쓴다. 두 음의 강도 차는 이 비의 상용대수를 따서 벨이라고 하고, 보통 이 벨을 10으로 나눈 데시벨(dB)을 쓰고 있다.
  ㉢ 데시벨은 소리의 강도(E)의 비례대수의 10배, 또는 음압(P)의 비례대수의 20배가 된다. 에코나 정재파 등과 같은 반사나 바람, 굴절에 의한 방해가 없는 한 소리의 크기는 거리의 제곱에 반비례한다.

② 음압(P)
  ㉠ 음파에 의해 공기 진동으로 생기는 대기 중의 변동으로 단위 면적에 작용하는 힘
  ㉡ 단위 : $dyne/cm^2(mbar)$, $N/m^2(PA)$
  ㉢ dB 수준= $20\log\left(\dfrac{P_1}{P_0}\right)$ [P_0 : 기준음압, P_1 : 주어진 비교음의 음압]

③ 음의 세기 레벨
  ㉠ 어떤 음의 세기가 기준치의 몇 배인가를 나타내는 것
  ㉡ 기준치 : $10^{-12} W/m^2 = 10^{-16} W/cm^2$

(건강한 귀로 들을 수 있는 1000Hz의 순음의 세기)

ⓒ dB 수준 IL= $10\log\left(\dfrac{I_1}{I_0}\right)$ [I_0 : 기준음의 세기, I_1 : 측정음의 세기]

④ 감각량

  ㉠ 음의 대소를 나타내는 감각량의 단위로는 sone을 쓴다.
  ㉡ 1000Hz, 40dB의 음압레벨을 가진 순음의 크기를 1sone으로 한다.

⑤ 주관적 레벨

  ㉠ 귀의 감각적 변화를 고려한 주관적 척도를 폰(phon)이라 한다.
  ㉡ 1sone은 40phon에 해당되며 sone값을 2배로 하면 10phon씩 증가한다.
    (1sone=40phon, 2sone=50phon, 4sone=60phon)

(3) 흡음 및 차음

벽체 등에 입사한 음파의 반사율을 가능한 한 낮춰 실내의 음에너지를 최대한 소멸시키는 작용을 흡음이라 한다.

① 다공질형 흡음재

  글라스울, 암면 등의 광물, 식물섬유류처럼 모세관이나 연속기포로 되어 있는 재료에 음이 입사하면 음파는 그 세공 속으로 전파하여 주벽과의 마찰이나 점성저항 및 재료소섬유의 진동 등으로 음에너지의 일부가 열에너지로 소비된다.

  ㉠ 고주파음의 흡음률이 높고 재료의 두께나 공기층 두께를 증가시킴으로써 저주파수의 흡음률을 증가시킬 수 있다.
  ㉡ 다공질 재료의 표면이 다른 재료에 의하여 피복되어 통기성이 저해되면 중·고주파수에서의 흡음률이 저하된다.
  ㉢ 재료 표면의 공극을 막는 마감을 하지 말고 부착법과 배후공기층 관리를 철저히 해야 한다.

② 판(막)진동형 흡음재

  얇은 합판, 석고보드 등의 기밀한 재료에 음파가 오면 표면의 진동에 의해 음에너지의 일부가 마찰로 소비된다.

  ㉠ 저음역의 공진주파수에서 볼 수 있고 흡음률은 크지 않다.
  ㉡ 흡음률은 저음역에서는 0.2~0.5이고, 고음역에서는 0.1 내외이므로 반사판 구실

을 한다.
- ⓒ 판류는 진동하기 쉬운 것이거나 얇은 것일수록 크다. 또 같은 판이라도 풀로 붙인 것보다는 못으로 고정한 것이 진동하기 쉽고 흡음률이 크다.
- ⓐ 흡음률의 피크는 대체로 200~300Hz 이하에 있으며 재료의 중량이 클수록, 판의 배후 공기층이 클수록 저음역으로 옮겨간다.

③ 구멍판 흡음재

합판, 석고보드 등의 경질판에 다수의 구멍을 관통시킨 것으로 구멍과 배후공기층으로 구성된다.
- ㉠ 중저음역 흡음률이 크며 판의 두께나 구멍크기와 간격에 따라 특성이 달라진다.
- ㉡ 배후공기층을 크게 하면 흡음주파수역이 넓어지며 흡음재를 추가로 넣어 흡음률을 높일 수도 있다.

④ 차음

외부와의 음의 교류를 차단하는 것을 차음이라 하며, 음원이 재료나 구조물에 부딪치고 흡수되어 얼마나 감소하였는지의 정도를 투과손실이라 한다. 차음력은 음의 투과율이 작을수록 커지며, 벽체의 두께와 질량에 비례한다.

(4) 잔향

① 잔향시간
- ㉠ 실내음의 발생을 중지시킨 후 소음레벨이 60dB(음의 세기로는 $1/10^6$, 음압으로는 1/1000) 감소될 때까지 걸리는 시간을 뜻한다.
- ㉡ 흡음력과 잔향시간은 반비례 관계이며 청중의 다소와 관계가 있다.
- ㉢ 잔향시간은 실용적에 비례하며 실의 표면적에 반비례한다.
- ㉣ 적정 잔향시간보다 길어지면 명료성이 저하된다.

② 실내 음향계획
- ㉠ 명료도가 요구되는 강연은 짧은 편이 좋고, 풍부한 반향이 요구되는 음악에는 저음역이 다소 긴 편이 좋다.
- ㉡ 저음역은 판재료, 저·중음역은 공동 흡수에 의해, 고음역은 다공질 재료의 사용에 의해 흡음 처리를 한다.
- ㉢ 무대 쪽은 반사성 재료를, 반대쪽 벽은 흡음성 재료를 사용한다.

2편 위생설비

1. 물의 일반적 사항

1.1 물의 성질 및 수원·수질

1. 물의 성질

(1) 밀도 및 팽창

① 밀도

물의 밀도 $\rho = \dfrac{\gamma}{g} [\text{kg} \cdot \sec^2/\text{m}^4]$

γ : 비중량 $[1\text{g}/\text{cm}^3 = 1\text{kg}/l = 1{,}000\text{kgf}/\text{m}^3]$

g : 중력가속도 $[9.8\text{m}/\sec^2]$

② 팽창

온수의 팽창량 $\Delta v = \left(\dfrac{1}{\rho_2} - \dfrac{1}{\rho_1}\right) \times v$

ρ_1 : 급수 밀도

ρ_2 : 급탕 밀도

V : 장치 내부의 전수량

③ 물의 상태변화

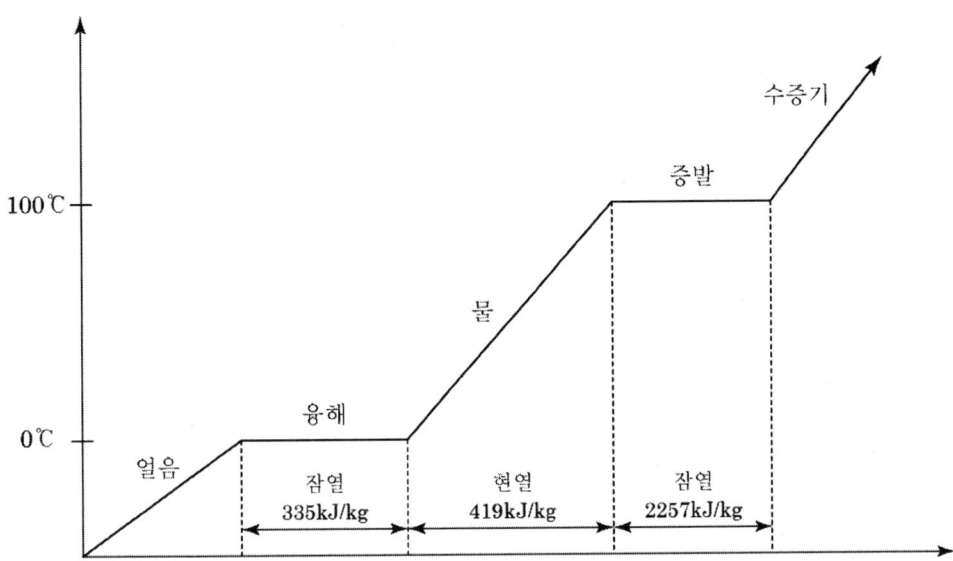

100℃의 물 1kg을 100℃ 수증기로 만들려면 2257kJ의 증발열이 흡수된다. 물 1kg의 보유열량은 419kJ이므로, 100℃ 수증기 1kg의 보유열량은 2676kJ이다.

(2) 유체역학

① 수압

  ㉠ $1\text{MPa} ≒ 10\text{kg/cm}^2 ≒ 100\text{mAq}$

  ㉡ $1\text{mmAq} = 9.8\text{Pa} ≒ 10\text{Pa}$

② 유량 및 유속

  ㉠ 관경이 $d[\text{m}]$일 때, 관의 단면적 $A[\text{m}^2] = \dfrac{\pi d^2}{4}$

  ㉡ 유량 $Q = Av$

  ㉢ 유속 $v = \dfrac{Q}{A} = \dfrac{Q}{\dfrac{\pi d^2}{4}}$

> **핵심 포인트**
>
> 내경이 50mm인 급수배관에 물이 1.5m/sec의 속도로 흐르고 있을 때, 체적유량은?
> [2022년 3월 출제]
>
> [풀이] 유량 $Q = Av$ 이고 관경 d(m)일 때 관의 단면적 $A(m^2) = \dfrac{\pi d^2}{4}$
>
> $\therefore Q = \dfrac{\pi \times 0.05^2 \times 1.5 \text{m/s} \times 60 \text{sec}}{4} = 0.176 \text{m}^3/\text{min}$

③ 배관의 마찰손실

㉠ 배관의 마찰손실수두 $H_f = \lambda \cdot \dfrac{\ell}{d} \cdot \dfrac{v^2}{2g}$ [mAq]

㉡ 배관의 마찰손실압력 $P_f = \lambda \cdot \dfrac{\ell}{d} \cdot \rho \dfrac{v^2}{2}$ [Pa]

　　λ : 관 마찰계수,　　l : 직관 길이[m]
　　d : 배관 내경[m],　　g : 중력가속도(9.8m/sec^2)
　　v : 관내 유속[m/s]　　ρ : 물의 밀도($1,000\text{kg/m}^3$)

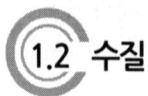 수질

(1) 급수처리의 일반적 과정

취수 → 침사지 → 응집조 → 침전지 → 여과조 → 소독조 → 공급

(2) 수질

① 경도(hardness of water) : 물속에 녹아 있는 칼슘, 마그네슘 등의 양에 대응하는 탄산칼슘($CaCO_3$)의 100만분율(ppm)로 환산하여 표시한 것이다.

분류	탄산칼슘($CaCO_3$) 함유량	비고
극연수(極軟水)	15ppm 이하	증류수, 멸균수. 연관이나 황동을 침식시킨다.
연수(軟水)	90ppm 이하	세탁, 염색, 보일러용에 적합하다.

분류	탄산칼슘($CaCO_3$) 함유량	비고
적수(適水)	90~110ppm	음용수에 적합하다.
경수(硬水)	110ppm 이상	세탁, 표백, 염색 등에 부적합하다.

② 먹는 물의 수질기준 및 검사 등에 관한 주요 규칙 환경부령
  ㉠ 미생물에 관한 기준
    ⓐ 일반세균 : 1mL 중 100CFU(Colony Forming Unit)를 넘지 않을 것
    ⓑ 대장균군 : 100mL(샘물·먹는 샘물 등에서는 250mL)에서 검출되지 않을 것
  ㉡ 건강상 유해영향 무기물
    ⓐ 납 : 0.01mg/L를 넘지 않을 것
    ⓑ 불소 : 1.5mg/L(샘물·먹는 샘물 및 염지하수·먹는 염지하수의 경우에는 2.0mg/L)를 넘지 않을 것
    ⓒ 수은 : 0.001mg/L를 넘지 않을 것
  ㉢ 건강상 유해 영향 유기물
    ⓐ 페놀 : 0.005mg/L를 넘지 않을 것
    ⓑ 벤젠 : 0.01mg/L를 넘지 않을 것
    ⓒ 에틸벤젠 : 0.3mg/L를 넘지 않을 것
  ㉣ 심미적 영향 물질에 관한 기준
    ⓐ 경도(硬度) : 1000mg/L(수돗물 300mg/L, 먹는 염지하수 및 먹는 해양심층수 1200mg/L)를 넘지 않을 것
    ⓑ 소독으로 인한 냄새와 맛 이외의 냄새와 맛이 있어서는 아니될 것
    ⓒ 동 : 1mg/L를 넘지 않을 것
    ⓓ 수소이온 농도 : pH 5.8 이상 pH 8.5 이하이어야 할 것
      (※ 샘물, 먹는 샘물 및 먹는 물 공동시설의 물의 경우 pH 4.5 이상 pH 9.5 이하)
    ⓔ 아연 : 3mg/L를 넘지 않을 것

2. 위생기구 및 배관재료

2.1 기본 사항

1. 개요

(1) 위생기구의 구비 조건

① 흡수성이 적어야 한다.
② 청결 유지가 용이해야 한다.
③ 내마모성과 내식성이 커야 한다.
④ 제작 및 설치가 용이해야 한다.

(2) 유닛(Unit)화된 위생설비의 장점

① 현장공기 단축 및 공정의 단순·합리화
② 시공 정밀도 향상
③ 재료 및 인건비 절감

 위생도기의 시험방법

침투시험, 급랭시험, 관입시험, 세정시험, 누수시험, 외관검사 등

2. 위생기구

(1) 대변기 세정방식

① 하이 탱크식
   ㉠ 높은 곳에 세정탱크를 설치하여 핸들 또는 레버의 조작에 의해 낙차에 의한 수압으로 세정하는 방식이다.
   ㉡ 설치면적이 작지만 낙차에 의한 소음이 발생되고 설치나 보수작업이 다소 곤란하다.
   ㉢ 보조수관이 없어서 사이펀식이나 사이펀 제트식은 사용이 곤란하다.

② 로우 탱크식
- ㉠ 하이탱크식보다 물의 사용량은 많으며 소음은 적다.
- ㉡ 탱크가 낮아 고장 시 수리가 용이하며 단수 시 물을 공급하기가 좋다.
- ㉢ 탱크에 물을 채우는 시간이 필요하므로 연속 사용은 다소 곤란하다.

③ 세정 밸브식
- ㉠ 급수관에서 플러시 밸브를 거쳐 변기 급수구에 직결되고 플러시 밸브의 핸들을 작동함으로써 일정량의 물이 사출되어 변기를 세정한다.
- ㉡ 급수관이 최소 25mm를 필요로 하므로 일반 주택보다는 학교, 사무실, 호텔 등에 적합한 방식이다.

④ 세락식 : 오물을 직접 트랩 유수부에 낙하시켜 물의 낙차에 의하여 오물을 배출하는 방식이다.

2.2 배관재료

1. 배관 및 밸브

(1) 배관의 종류

① 동관
- ㉠ 내식성이 크고 가공성 및 전연성이 좋으며 열전도율이 높다.
- ㉡ 열교환기, 냉난방용, 급수관, 급탕관 등에 널리 사용된다.
- ㉢ 두께에 따라 K형 > L형 > M형으로 구분(KS 규정 기준)

② 주철관
- ㉠ 가격이 저렴하고 내구성, 내압성, 내식성이 크다.
- ㉡ 충격 및 인장강도는 다소 약하다.
- ㉢ 위생배관, 가스배관, 화학공업용 배관 등에 많이 쓰인다.

③ 강관
- ㉠ 연관, 주철관보다 경량이며 굴곡 및 접합성이 좋고 인장강도가 크다.
- ㉡ 부식으로 인해 내구연한은 짧은 편이다.

④ 연관
   ㉠ 납이 주원료인 관으로, 유연성이 좋고 가공이 쉽다.
   ㉡ 과거부터 많이 사용되어 왔으나 납의 용출문제로 인하여 사용이 제한적이다.
   ㉢ 알칼리 이외에는 내식성이 크고 절연성이 좋다.
   ㉣ 중량이 크고 고가이며 외력에 의해 파손이 쉬운 것이 단점이다.
   ㉤ 굴곡이 많은 수도 인입관, 기구 배수관, 가스 배관, 화학 공업 배관 등에 쓰인다.

⑤ STS관
   ㉠ KS D3706 등에서 규정한 스테인리스 규격 배관
   ㉡ 부식에 강하고 인장강도가 높으며 마찰손실이 적다.
   ㉢ 급수 및 급탕배관으로 최근 널리 쓰이는 추세

⑥ PVC관
   ㉠ 열팽창률은 크지만, 마찰손실이 적고 경량이며 부식성이 좋다.
   ㉡ 급배수관이나 통기관 등에 널리 쓰이지만 급탕이나 증기배관으로는 부적당하다.

(2) 밸브 및 이음쇠

① 밸브의 종류
   ㉠ 앵글 밸브 : 유체의 흐름방향을 90° 전환시키는 밸브
   ㉡ 체크 밸브 : 유체를 일정 방향으로 흐르게 하고, 역류를 방지하기 위한 밸브
      ⓐ 풋형 : 펌프 흡입관 선단의 여과기와 체크 밸브를 조합한 것. 개방식 배관의 펌프 흡입관 선단에 부착하여, 펌프 운전 중은 물론이며 정지 시에도 흡입관 내부를 만수상태로 유지시킨다.
      ⓑ 리프트형 : 글로브 밸브와 같은 밸브 시트의 구조로서 유체 압력에 의해 밸브가 수직으로 올라가도록 되어 있다.
      ⓒ 스윙형 : 시트의 고정핀을 축으로 회전하여 개폐된다. 유수에 대한 마찰저항이 적으며 수평 및 수직배관 모두에 쓰인다.
   ㉢ 게이트(슬루스) 밸브 : 밸브를 완전히 열면 유체 흐름의 단면적 변화가 없기 때문에 마찰 저항이 적어서 흐름의 단속용으로 사용되는 밸브. 유량 조절용으로는 사용이 곤란하다.
   ㉣ 글로브 밸브 : 유량 조절용 밸브. 밸브를 완전히 열면 단면적 변화가 커서 마찰저

1. 핵/심/이/론

항이 크다.

② 이음쇠의 종류

㉠ 배관 굴곡부(방향 전환) : 엘보우, 벤드

㉡ 직선배관의 접합(동일 관경) : 소켓, 플랜지, 유니언

㉢ 분기관 연결 : T, 크로스, Y

㉣ 관경이 다른 배관 접합 : 리듀서, 부싱, 이경 소켓, 이경 엘보, 이경 T

㉤ 배관 말단부 : 플러그, 캡

3. 급수설비

3.1 급수방식

1. 수도직결방식

(1) 개요

① 수도 본관에서 수도관을 이끌어 건축물 내의 소요 개소에 직접 급수하는 방식

② 정전 중에도 급수가 가능하지만, 단수 시에는 저수조가 없어 급수가 불가능하다.

③ 설비비 및 유지관리비가 저렴하고, 급수오염의 가능성이 가장 낮다.

④ 보통 상향 급수방식이므로 소규모 건물에 적합하다.

(2) 수도본관의 설계

수도본관 최저필요압력 $P_0 \geq P + P_f + \dfrac{H}{100}$

P : 수전 필요압력[MPa]

P_f : 관 마찰손실수두[MPa]

H : 수전 높이[m]

2. 고가수조방식(옥상탱크 방식)

(1) 개요

① 양수펌프로 고가 탱크까지 양수하여 낙차에 의한 수압으로 각 층에 수급하는 방식이다.

② 안정적인 수압으로 급수할 수 있고 배관 부속품의 파손이 적다.

③ 저수량이 확보되므로 단수 후에도 일정시간 동안 급수가 가능하다.

④ 대규모 급수설비에 적합하다.

⑤ 저수조 안에서 물이 오염될 가능성이 있어 저수시간이 길어지면 수질이 나빠지기 쉽다.

⑥ 설비비, 경상비가 높고 구조설계가 까다롭다.

(2) 고가수조의 설계

① 고가수조 높이 $H \geq 100(P + P_f) + h$

P : 수전 필요압력[MPa]

P_f : 관 마찰손실수두[MPa]

H : 수전 높이[m]

② 고가수조 용량 $V_h = Q_M = Q_h \times (1.5 \sim 2h)[l]$

Q_M : 시간 최대 예상 급수량[l/h]

Q_h : 시간 평균 예상 급수량[l/h]

3. 압력탱크방식

(1) 개요

① 수도 본관으로부터 최초 수조까지는 고가수조방식과 동일하지만 펌프로 압력탱크에 압입하여 이 압력으로 급수전까지 압송하는 방식이다.

② 높은 곳에 탱크를 설치할 필요가 없으므로 건축구조를 강화할 필요가 없고 탱크의 설치 위치에 제한을 받지 않는다.

③ 고가시설이 필요하지 않으므로 건축물의 구조를 강화할 필요가 없다.

④ 급수압이 일정하지 않아 배관 파손의 우려가 크다.
⑤ 펌프의 양정이 길어서 시설비가 많이 든다.
⑥ 저수량이 적어서 정전 시나 고장 시 급수가 중단된다.
⑦ 에어 컴프레서를 설치해서 때때로 공기를 공급해야 한다.

(2) 압력탱크의 설계

최저 필요압력 : $P \geq p_1 + p_2 + p_3$ [MPa]

p_1 : 최고층 수전 수압[MPa]

p_2 : 기구별 소요압력[MPa]

p_3 : 관내 마찰손실수두[m]

4. 펌프직송방식(tankless booster system)

(1) 개요

수도 본관으로부터 인입관 등에 의해 물을 저수탱크에 저수하여 급수 펌프만으로 건물 내의 소요 개소에 급수하는 방식으로 정속방식과 변속방식이 있다. 설비 비용이 높고 자동제어 시스템을 채택하여 고장 시 수리가 까다롭다.

(2) 구분

① 정속방식 : 여러 대의 펌프를 병렬로 설치하고 1대의 펌프를 항상 가동시켜 토출관의 압력변화 시 다른 펌프를 시동 또는 정지시킨다.

② 변속방식 : 정속전동기와 변속장치를 조합하거나 또는 변속전동기를 사용하여 토출관의 압력변화를 감지하고 펌프의 회전수를 변화시킴으로써 양수량을 조절하는 방식이다.

3.2 급수배관

1. 급수배관법

(1) 배관법의 비교

구분	상향 배관법	하향 배관법
해당 유형	수도직결식, 압력탱크식	고가탱크식
배관노출	노출배관(보수관리 용이)	은폐배관(보수관리 불편)

(2) 초고층 건물의 급수배관법

① 압력 문제를 해결하기 위해 초고층 건축물은 급수설비 조닝을 한다.
② 목적 : 소음 및 진동방지, 배관의 수압유지, 기구 부속품의 파손 방지
③ 방식
    ㉠ 층별 조닝(세퍼레이트 방식)
    ㉡ 중계식(부스터 방식)
    ㉢ 압력탱크식
    ㉣ 압력조정 펌프식
        ⓐ 상층 존은 그대로 두고 하층은 감압밸브를 적용하여 급수
        ⓑ 설비비는 저렴하지만, 하중에 대한 구조적 고려가 필요하다.
④ 급수압의 한계
    ㉠ 아파트, 호텔, 병원 : 0.3~0.4MPa(30~40mAq)
    ㉡ 사무용 건물 : 0.4~0.5MPa(40~50mAq)

2. 급수량 산정

(1) 사용인원에 따른 산정

1일 급수량 Q_d = 사용인원 × 1인당 하루 사용수량

(2) 면적에 의한 산정

1일 급수량 $Q_d = A \times k \times n \times q$

    A : 건물 연면적 k : 연면적 대비 유효면적비율[%]
    n : 유효면적당 인원[인/m^2]
    q : 1인당 하루 사용수량[l/d]

(3) 사용기구에 의한 산정

1일 급수량 Q_d=기구 사용수량×기구 수×기구의 동시사용률

3. 관경

(1) 균등표에 의한 관경 결정

① 관 균등표

동일 마찰 손실일 경우 굵은 관의 유량이 가는 관 유량의 몇 배인지, 다시 말해서 가는 관 몇 개가 굵은 관 하나와 동일한 지를 나타내는 표이다.

② 관 균등표에 의한 관경 결정

㉠ 각 기구의 접속 관경을 균등표에서 구한다.

㉡ 각 접속 관경을 균등표를 이용하여 15mm관 상당 개수로 환산한다.

㉢ 기구 말단부터 각 구간마다 15mm관 상당 개수를 누계한 후, 각각에 기구 동시사용률을 곱해서 기구 수를 구한다.

기구의 동시사용률(%)

기구수	2	4	5	10	15	20	30
동시사용률(%)	100	75	70	53	48	44	40

③ 마찰저항선도(유량선도)에 의한 결정

급수 배관을 흐르는 수량과 허용마찰로 관경을 구하는 방법

㉠ 동시사용 유수량 계산 : 기구급수부하단위를 산정하여 동시사용유수량을 계산한다.

㉡ 허용마찰손실수두 계산 $R = \dfrac{H_1 - H_2}{l(1+k)} \times 1{,}000$

R : 허용마찰손실수두[mmAq/m]

H_1 : 고가탱크에서 각 층 기구까지의 높이[m]

H_2 : 각 층 급수기구의 최저 필요압력 상당수두[m]

l : 고가탱크에서 가장 먼 거리에 있는 급수기구까지의 거리[m]

　　　　　k : 직관에 대한 연결부속품 국부저항 비율[0.3~0.4]
　　　ⓒ 관경 결정 : 동시 사용 유수량과 허용마찰손실수두를 이용하여 관경을 구한다.
　　④ 기구 연결관 관경에 의한 결정
　　　기구 수전이 필요 압력을 겨우 충족시킬 만큼 급수압이 낮거나 주관에서 분기한 지관 길이가 길 때 표를 이용하여 결정한다.

4. 펌프

(1) 구분

① 터보형
　ⓐ 원심식 펌프
　　ⓐ 고속 운전에 적합하고 양수량 조절이 용이하다.
　　ⓑ 양수량이 많으며 고양정일 때 사용한다.
　　ⓒ 장치가 간단하고 진동이 적다.
　　ⓓ 종류 : 볼류트(양정 20m 이하), 터빈(양정 20m 이상), 보어홀 펌프
　ⓑ 사류식 펌프 : 상하수도, 냉각수 순환, 공업 용수용
　ⓒ 축류식 펌프 : 양정이 낮고 송출량이 많을 때 사용한다.
② 용적형
　ⓐ 왕복식 펌프
　　ⓐ 구조가 간단하고, 취급이 용이하나, 수량조절은 어렵다.
　　ⓑ 양수량이 적고, 저양정인 경우에 쓰인다.
　　ⓒ 종류 : 플런저(고압), 워싱턴(보일러 급수), 피스톤(공장 급수) 펌프
　ⓑ 회전식(기어) 펌프
③ 특수형 : 와류 펌프, 수봉식 진공펌프

(2) 설계

① 흡입양정
　ⓐ 표준대기압에서 펌프 흡입양정은 이론상 10.33m이지만 실제로는 6~7m 정도에 불과하다. 이는 실제 대기압이나 유체 온도 등의 영향을 받기 때문이다.

1. 핵/심/이/론

　　ⓒ 펌프 전양정=실양정(흡입양정+토출양정)+관내마찰손실수두+속도수두($\frac{v^2}{2 \times g}$)

　　　　v : 유속　　　　　g : 중력가속도[9.8m/sec^2]

핵심 포인트

문제에서 속도수두를 언급하지 않을 경우에는 무시하고 계산한다.

핵심 포인트

펌프의 흡입양정이 10m이고, 20m 높이에 있는 옥상탱크에 양수할 때 전양정은 얼마인가? (단, 관로의 전손실수두는 100kPa이다.) [2015년 5월 출제]

[풀이] 전양정 H=실양정+관내마찰손실수두+속도수두

$$\therefore H = 18 + (60 \times 0.03) + \frac{1.4^2}{2 \times 9.8} = 19.9m$$

② 펌프의 구경 $d = \sqrt{\frac{4Q}{V\pi}}$

　　Q : 양수량[m^3/min]　　V : 유속[m/s]

③ 축동력과 축마력

　　㉠ 펌프의 축동력=$\frac{WQH}{6120E}$[kW]

　　ⓒ 펌프의 축마력=$\frac{WQH}{4500E}$[PS]

　　　　W : 물 1m^{3}의 중량[1000kg/m^3]　　Q : 양수량[m^3/min]
　　　　H : 전양정[m]　　　　　　　　　　E : 효율[%]

핵심 포인트

양수량이 600L/min, 양정이 36m인 양수펌프의 축동력은? (펌프 효율은 70%) [2020년 9월 출제]

[풀이] 축동력 $L_s = \frac{1000kg/m^3 \times 0.6m^3/min \times 36m}{6120 \times 0.7} = 5.04kW$

　　※ 600L=0.6m^3

(3) 펌프의 특성곡선(pump characteristic curve)

가로축에 토출량, 세로축에 펌프효율·전양정·축동력 등을 나타낸 곡선으로 일정 회전수 하에서의 펌프 성능을 나타내는 것을 말한다. 특성곡선의 형태는 비속도(펌프의 최고 효율점에서 수치로 계산되는 값)에 의해 대략적으로 정해지므로, 펌프 선정은 이 비속도에 따른 펌프특성의 변화를 주의해야 한다.

(4) 펌프의 상사법칙

① 유량은 회전수 변화에 비례한다. $\dfrac{Q'}{Q} = \left(\dfrac{N'}{N}\right)$

② 양정은 회전수 변화의 제곱에 비례한다. $\dfrac{H'}{H} = \left(\dfrac{N'}{N}\right)^2$

③ 축동력은 회전수 변화의 세제곱에 비례한다. $\dfrac{L'}{L} = \left(\dfrac{N'}{N}\right)^3$

5. 배관 시공

(1) 급수설비의 수질오염 원인

① 저수탱크 유해물질 침입
  ㉠ 방지대책
    ⓐ 지표면의 유출수가 유입되지 않도록 지면으로부터 격리 설치한다.
    ⓑ 고가수조는 햇빛과 빗물의 유입을 차단해야 한다.
    ⓒ 부식 및 강도저하를 방지할 수 있는 재질의 탱크를 사용한다.
② 배수설비에서 급수설비로의 역류
  ㉠ 단수 시 급수관 내에 일시적 부압이 형성될 때
  ㉡ 변기 세정 밸브에 진공방지기가 설치되어 있지 않을 때
③ 크로스 커넥션 : 수돗물 이외의 물질이 혼입되어 오염되는 현상
④ 배관의 부식

(2) 배관 시공

① 배관 구배
  ㉠ 급수관은 보수 및 관리를 위해 관 속 물을 배제하거나 공기가 정체되지 않도록

일정한 구배를 두어 배관해야 한다.

　　　ⓒ 배관의 구배는 모두 선단 하향 구배로 한다. 단, 고가수조식 급수배관의 경우 하향 배관은 횡주관을 선하향 구배로, 각 층 횡주관은 선상향 구배로 한다.

　② 밸브

　　　㉠ 공기빼기 밸브(air vent valve) : 굴곡을 만들어 공기를 차게 한 후 이를 제거하여 물의 흐름을 원활하게 한다.

　　　ⓒ 배니 밸브(부유물 제거) : 배관 말단부의 청소구에 설치하여 침전물, 부유물 등을 제거한다.

　　　ⓒ 지수 밸브 : 국부적 단수로 급수 계통의 수량 및 수압을 조정한다. 수평주관에서 각 수직관의 분기점, 각 수평주관의 분기점, 집단기구로의 분기점 등에 설치한다.

　　　㉣ 사용 밸브는 게이트(슬루스) 밸브로 한다.

　③ 유니언(50cm 이하 배관) 및 플랜지(50cm 이상 배관) : 관 교체 및 펌프 수리 시 사용한다.

　④ 수격 작용(water hammer) : 관내 유속의 급격한 변화로 인해 상승한 압력이 배관 내에 충격과 마찰을 일으키는 현상

　　　㉠ 발생 요인

　　　　　ⓐ 유속이 빠를수록, 관경이 작을수록, 굴곡 개소가 많을수록 잘 발생한다.

　　　　　ⓑ 밸브 수전을 급히 잠글 때, 플러시 밸브나 콕을 사용할 때 발생할 수 있다.

　　　　　ⓒ 20m 이상의 고양정일 경우 수격작용의 우려가 크다.

　　　ⓒ 방지대책

　　　　　ⓐ 가능 한도 내에서 관경은 크게, 유속은 느리게 한다.

　　　　　ⓑ 폐수전의 폐쇄시간을 느리게 한다.

　　　　　ⓒ 기구류 가까이에 에어 체임버(air chamber)를 설치한다.

　　　　　ⓓ 굴곡 배관을 억제하고 되도록 직선배관이 되도록 한다.

　　　　　ⓔ 감수압이 0.4MPa를 초과하는 계통에는 감압 밸브를 설치하고, 발생 요인이 되는 밸브 근처에 수격작용 방지기를 설치한다.

　⑤ 슬리브 배관 : 배관이 바닥이나 벽 등 구조체를 관통할 때, 콘크리트 타설 전 미리 슬리브를 넣고 그 속으로 배관을 통과시킨다. 관의 신축 및 팽창을 흡수하며 보수 및

교체에도 유리하다.

4. 급탕설비

4.1 기초 사항

1. 온수의 특성

(1) 팽창 및 수축

① 온수의 팽창량 $\Delta v = (\dfrac{1}{\rho_2} - \dfrac{1}{\rho_1}) \times v$

　　ρ_1 : 급수 밀도　　ρ_2 : 급탕 밀도　　V : 장치 내부의 전수량

② 온도와 팽창

　㉠ 4℃의 물은 100℃가 되면 체적이 약 4.3% 증가한다.

　㉡ 물이 0℃에서 얼 때 약 9%의 체적팽창을 한다.

　㉢ 100℃의 물이 증기로 변화하면 체적은 1,700배로 팽창한다.

(2) 열량과 비열

① 열량 $Q = m \cdot C \cdot \Delta t$

　　m : 질량　　C : 비열　　Δt : 온도차

- 비열의 단위가 [kcal/kg·℃], 온도차의 단위가 [℃]일 때 열량의 단위는 [kcal]
- 비열의 단위가 [kJ/kg·K], 온도차의 단위가 [K]일 때 열량의 단위는 [kJ]
- 1kcal≒4.2kJ
- 1W=1J/s=3.6kJ/h≒860kcal/h

② 비열

　㉠ 얼음 : 0.5[kcal/kg·℃]=2.1[kJ/kg·K]

© 물 : 1[kcal/kg·℃]=4.2[kJ/kg·K]
© 공기 : 0.24[kcal/kg·℃]=1[kJ/kg·K]

4.2 급탕방법

1. 개별식

(1) 특징

① 배관 중의 열손실이 적은 편이며 비교적 시설비가 싸다.
② 수시로 용이하게 급탕할 수 있고, 난방 겸용 온수보일러를 쓸 수 있다.
③ 주택, 소규모 숙박시설, 작은 사무실 등에 적합한 방식이다.
④ 급탕규모가 크면 가열기가 필요하므로 유지관리가 힘들다.
⑤ 급탕개소마다 가열기 설치 장소가 필요하며 값싼 연료를 쓰기가 곤란하다.

(2) 종류

① 순간 가열 방식(순간 온수기)
  ㉠ 급탕관의 일부를 가스나 전기로 가열시켜 직접 온수를 받는 방법이다.
  ㉡ 배관길이는 9m 이하로 하며 장시간 연속 사용하는 경우 30m까지도 가능하다.
  ㉢ 항상 적은 양의 온수를 필요로 하는 곳에 적합하다.(주택, 미용실 등)
② 저탕식
  ㉠ 온수를 일시적으로 탱크 내에 저장했다가 필요 시 사용하는 방식이다.
  ㉡ 일정량의 온수가 저장되어 있어 열손실이 발생한다.
  ㉢ 온수의 공급량 및 범위 또는 공급개소가 비교적 많은 경우에 적합하다.
  ㉣ 특정시간에 다량의 온수를 필요로 하는 대규모 주방, 고급주택, 체육관, 공장, 기숙사 등의 샤워장에서 사용된다.
  ㉤ 배관에 의해 공급하는 경우 순환배관도 가능하므로, 순간 온수기보다 규모가 큰 설비에 적합하다.
③ 기수 혼합식
  ㉠ 증기와 물을 혼합해서 온수를 만든다.

ⓒ 증기를 직접 불어넣어 물을 가열하는 사일렌서 방식과, 기수 혼합 밸브에 의해 증기와 물을 혼합하여 온수를 얻는 방식이 있다.
ⓒ 설치가 간단하고 설비비가 저렴한 편이며 증기의 전 열량을 물에 직접 전달하므로 열효율이 높다.
ⓔ 보일러에 항상 새 용수를 공급해야 하므로 보일러 본체에 응력이 따르고 스케일이 생긴다.
ⓜ 상당히 높은 증기압($1 \sim 4 kg/cm^2$)을 필요로 하고, 물을 혼합할 때 소음이 발생되므로 설치 장소에 제한을 받는다.
ⓗ 증기가 열원이므로 증기를 쉽게 얻을 수 있는 공장, 병원, 기숙사, 군부대 등에서 주로 사용된다.

2. 중앙식

(1) 특징

① 대규모 급탕방식으로 건물 전체에 걸쳐 온수를 공급하는 경우에 사용된다.
② 기계실에 가열장치, 온수탱크, 순환펌프 등을 설치하고, 상향 또는 하향 등의 순환배관에 의해 필요한 장소에 온수를 공급하는 방식이다.
③ 저렴한 원료(석탄, 등유, 중유, 증기 등)를 열원으로 사용할 수 있다.
④ 열효율이 좋고 총 열량을 적게 할 수 있으며 관리가 용이하고 배관에 의해 어느 곳에서든 급탕할 수 있다.
⑤ 초기 설치 비용이 크고 전문기술자가 필요하며 시공 후 기구증설로 인한 배관공사가 어렵다.
⑥ 입지 조건이나 이용자의 경향 등에 의해 극단적으로 동시 사용률이 높아지는 시기가 있어서 주의해야 한다.
⑦ 정기적으로 저탕조나 배관을 70℃ 이상의 온수로 고온 살균하여 레지오넬라균 방지 대책을 고려해야 한다.

(2) 종류

① 직접 가열식
  ㉠ 온수보일러에서 저탕조를 거쳐 가열시킨 온수를 직접 각 층에 공급하는 방식이다.

㉡ 온수 공급은 반탕관의 말단부에 순환펌프를 설치하여 순환시킨다.
㉢ 팽창관은 장치 안에서 발생하는 증기나 공기를 배출하여 물의 팽창에 의한 위험을 방지한다.
㉣ 보일러에 새로운 물이 계속 보급되므로 불균일한 신축을 수반하며, 수질에 따라서는 보일러 내부에 스케일이 부착되어 열효율이 감소되고 보일러 부식에 의한 수명 단축과 파열의 위험이 있으므로 방식처리가 필요하다.
㉤ 중압 또는 고압보일러가 사용되며, 보일러로의 급수는 중력탱크에 의한다. 중력탱크의 높이는 최상층의 수도꼭지에 충분한 수압을 주는 높이(5m 이상)로 한다.

② 간접 가열식
㉠ 고온수나 증기를 이용하여 저탕조 내에 통과시켜 물을 간접 가열하는 방식이다.
㉡ 증기나 고온수가 반복 순환하므로 보일러 내부의 스케일 발생이 적고 전열효율이 높다.
㉢ 건물높이에 관계없이 저압보일러를 사용한다.(가열코일 증기압 : $0.3 \sim 1 \text{kg/cm}^2$)
㉣ 공조 설비와 병용이므로 열원단가가 낮아지고 시설비가 절약되며 유지관리상 편리하며, 난방과 급탕 보일러를 개별 설치할 필요가 없다.
㉤ 호텔, 사무소, 병원, 아파트 등 대규모 건물에 쓰인다.

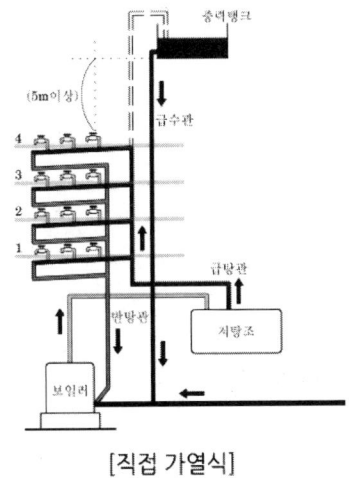

[직접 가열식]

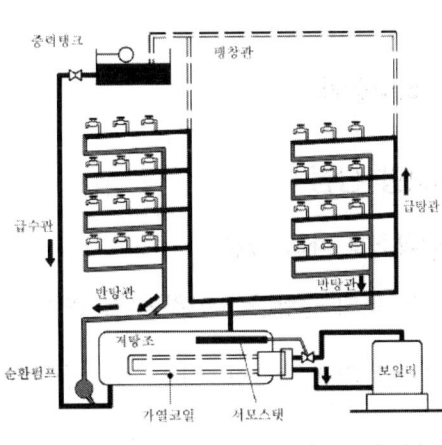

[간접 가열식]

(3) 급탕방식의 비교

	직접 가열식	간접 가열식
보일러	급탕용과 난방용 개별 설치	난방 및 급탕 겸용
내부 스케일	많이 생긴다.	거의 없다.
보일러 압력	고압 보일러	저압 보일러
가열코일	필요 없다.	필요하다.
열효율	높다.	직접식보다 낮다.
규모	소규모 건축물	대규모 건축물

스케일(scale)

보일러 내부의 물 속 용해 고형물이 고온의 보일러 내에서 점차 농축, 축적되어 여러 화학적 또는 물리적 작용을 받아 결정을 석출하고, 이것이 전열면의 보일러 내면에 부착하여 굳어진 것을 말한다. 보일러의 열효율을 떨어뜨리고 부품의 수명을 단축시킨다.

4.3 급탕설계

1. 급탕량 산정

(1) 인원수에 따른 산정

① 1일 최대 급탕량 : 인원×1일 1인당 급탕량

② 1시간 최대 급탕량 : 1일 최대 급탕량 $\times \dfrac{1}{소비시간}[l/h]$

(2) 가열기 능력

$H = Q_d \times r \times \Delta t$

Q_d : 1일 최대 급탕량

r : 1일 사용량에 대한 가열능력 비율

Δt : 급탕온도와 급수온도의 차

2. 순환펌프, 팽창관 및 팽창탱크

(1) 온수 순환펌프

① 온수 순환펌프의 수량

$$W = \frac{Q}{C \cdot \Delta t}[l/h]$$

Q : 배관, 펌프 등의 손실열량[kJ/h]

C : 물의 비열[4.19kJ/kg·K]

Δt : 급탕과 반탕의 온도차

② 전양정(H)

$$H = 0.01\left(\frac{L_h}{2} + L_r\right)$$

L_h : 급탕관의 전연장[m] L_r : 반탕관의 전연장[m]

(2) 팽창관 및 팽창탱크

① 팽창관

㉠ 온수배관에 이상 압력 발생 시, 해당 압력을 흡수하기 위해 증기나 공기를 배출하는 장치

㉡ 팽창관 도중에는 밸브류를 달아서는 안 되며, 배수는 간접배수로 한다.

㉢ 팽창관은 급탕관에서 수직으로 연장시켜 팽창탱크나 고가수조로 통하게 한다.

㉣ 설치높이(H)

$$H > h\left(\frac{\rho}{\rho'} - 1\right)$$

h : 고가탱크에서의 정수두[m]

ρ : 물의 밀도[kg/l] ρ' : 탕의 밀도[kg/l]

② 팽창탱크 : 온수난방 시 체적팽창에 대한 여유를 만들기 위해 설치하는 탱크

㉠ 개방식 팽창탱크

ⓐ 일반 온수난방에 쓰인다. 온수 팽창량의 2~2.5배

ⓑ 방열기보다 높게 설치한다.

ⓒ 배관 최고부에서 팽창탱크까지의 높이는 1m 이상으로 한다.

ⓛ 밀폐식 팽창탱크

ⓐ 압력탱크 급수방식, 펌프직송방식에 쓰인다.

ⓑ 안전밸브를 달아서 보일러 내부가 제한 압력 이상이 되면 자동으로 밸브를 열어 과잉수를 배출한다.

ⓒ 용량(V_e)

$$V_e = (\frac{1}{\rho_2} - \frac{1}{\rho_1}) \times V$$

ρ_1 : 급수 밀도 ρ_2 : 급탕 밀도 V : 장치 내부의 전체 수량

ⓓ 신축과 팽창량(L)

$$L = 1,000 \times \alpha \times l \times \Delta t \text{[mm]}$$

α : 관의 선팽창계수 l : 온도 변화 전 관의 길이[m]

Δt : 온도 변화[℃]

1000은 m를 mm로 환산하기 위해 곱하며, 구하고자 하는 팽창량이 m일 경우 1000을 곱하지 않는다.

4.4 급탕배관

1. 배관방식

(1) 단관식

탕비기에서 수전에 이르기까지 공급관만 있는 방식. 개별식 급탕에 이용된다.

(2) 복관식

저탕조를 중심으로 순환배관을 형성하는 방식

(3) 헤더방식

① 혼합수전과 헤더를 1대 1 배관으로 연결하는 방식. PIP(pipe in pipe)라고도 한다.

② 각 기구별로 단독 배관되므로 동시에 기구를 사용해도 유량변화가 적다.
③ 배관 중간에 연결부가 없어서 누설 우려가 적고, 연결 작업이 적어서 시공 효율이 좋다.
④ 슬리브 공법을 채용하면 보수 및 교체가 용이하다.
⑤ 한 계통마다 관로의 보유수량이 적어 급탕 대기시간을 단축할 수 있다.
⑥ 지관을 소구경의 배관으로 할 수 있다.

(4) 관경 결정

급탕관경(mm)	25	32	40	50	65	75	100
반탕관경(mm)	20	20	25	32	40	40	50

2. 시공

(1) 배관 구배

① 상향 공급 : 급탕관은 선상향 구배, 반탕관은 선하향 구배로 한다.
② 하향 공급 : 급탕관, 반탕관 모두 하향 구배로 한다.
③ 구배 : 중력 순환식은 1/150, 강제 순환식은 1/200로 한다.

(2) 배관 신축

① 온도에 의한 관의 신축을 흡수하기 위한 조치를 취한다.
② 동관은 20m마다, 강관은 30m마다 설치한다.
③ 종류
　㉠ 신축곡관(루프형) : 신축을 흡수하는 1개의 길이는 길지만 고장이 적다. 대구경, 고압 옥외 배관에 많이 쓰인다.
　㉡ 슬리브형 : 온도 변화에 따라 생기는 관의 신축을 슬리브의 미끄럼으로 흡수한다. 주로 소구경인 저압 증기배관 및 온수배관의 신축이음쇠로 쓰인다.
　㉢ 스위블 조인트 : 2개 이상의 엘보우를 사용하고 나사회전을 이용하여 신축을 흡수한다. 신축이 과다할 경우 파손되므로 누수의 원인이 될 수 있다. 방열기 주위 배관에 쓰인다.
　㉣ 벨로즈형 : 온도 변화에 의한 신축을 벨로즈의 변형으로 흡수한다.

(3) 보온 및 기타

① 급탕설비의 저탕조와 배관은 열손실을 막기 위해 보온처리를 한다.

② 규조토, 암면, 펠트류 등을 3~5cm 두께로 피복한다.

③ 배관은 부식에 의한 수리, 교체를 위해 노출배관으로 한다.

5. 배수 및 통기설비

5.1 배수계통

1. 배수계통

(1) 목적에 따른 분류

① 오수 : 대·소변기의 배수

② 잡배수 : 주방, 세면대, 욕실 배수

③ 우수 : 지붕, 발코니 등의 루프 드레인에서 받는 빗물

④ 특수 배수 : 공장, 병원, 방사선 시설의 배수. 유해 물질을 포함하므로 특수한 처리·방류를 해야 한다.

(2) 직접 배수와 간접 배수

① 직접 배수 : 위생기구와 배수관이 직접 연결된 일반 위생기구 배수

② 간접 배수

ㄱ) 식료품·음료수·소독물 등을 저장하거나 취급하는 기기에서 배수관이 일반배수관에 직결되어 있으면, 배수관 내 흐름이 나빠지거나 막히게 되는 경우 오물이나 유해가스가 역류하여 이들 기기를 오염시킬 우려가 있다.

ㄴ) 이를 방지하기 위해 배수관을 일반배수계통에 직결하지 않고, 일단 대기 중에 적절한 공간을 띄우고 물받이용기(hopper)에 배수를 받은 다음 일반배수관에 접속하는데 이를 간접 배수(indirect waste)라 하며, 그 공간을 배수구 공간(drain outlet)이라 한다.

1. 핵/심/이/론

ⓒ 제빙기, 냉장고, 세탁기, 음료기, 식기세척기, 공기정화기 등에 쓰인다.

2. 중수

(1) 중수시스템

물의 수요가 클 때 부족현상을 대비하기 위한 대책으로, 비교적 오염이 적은 1차 사용수를 모아 수처리하여 재사용한다.

(2) 용도

수세식 변소, 에어컨, 각종 냉각수, 청소, 세차, 청소, 살수, 조경, 소방용수 등에 활용된다.

5.2 트랩

1. 개요

(1) 트랩

① 사용 목적 : 배수 계통 중 일부분에 물을 저수하여 물은 통하지만 공기나 가스를 제한함과 동시에 악취, 벌레 등이 실내로 침투하지 못하게 한다.

② 트랩의 종류

　㉠ S트랩

　　ⓐ 세면기, 대·소변기에 부착하여 바닥 밑의 배수 수평지관에 접속하여 사용한다.

　　ⓑ 사이펀 작용을 일으키기 쉬운 형태로 봉수가 쉽게 파괴된다.

　㉡ P트랩

　　ⓐ 배수 수직지관에 접속하고 위생기구에 가장 많이 사용하며 봉수가 S트랩보다 안전하다.

　㉢ U트랩

　　ⓐ 가옥 배수, 메인 트랩이라고도 한다.

　　ⓑ 배수 횡주관 도중에 설치하여 공공하수관의 하수 가스 역류 방지용으로 사용한다.

ⓒ 수평배수관 도중에 설치할 경우 유속을 저해하는 단점이 있다.

㉣ 기타

ⓐ 드럼 트랩 : 주방 싱크의 배수용 트랩으로 봉수가 잘 파괴되지 않으며 청소가 용이하다.

ⓑ 벨 트랩 : 욕실 등의 바닥 배수용 트랩

ⓒ 그리스 트랩 : 호텔이나 대규모 식당의 주방과 같이 기름기가 많이 발생하는 배수에서 기름기를 제거한다.

ⓓ 가솔린 트랩 : 정비소, 세차장 등에서 사용한다.

ⓔ 플라스터 트랩 : 치과 기공실, 정형외과 깁스실에서 사용한다.

ⓕ 헤어 트랩 : 미용실, 이발소에서 머리카락을 걸러낸다.

ⓖ 개리지 트랩 : 차고 내의 바닥 배수용

(2) 봉수

① 목적 : 하수관으로부터의 악취와 유독가스 및 해충의 침입을 막는다.

② 봉수깊이 : 50~100mm

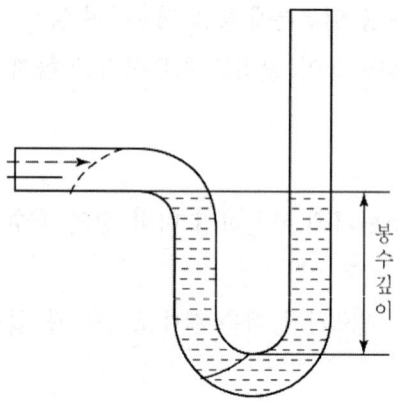

③ 봉수의 파괴 원인

㉠ 자기사이펀 작용 : 배수가 관 속을 가득 채워서 흐를 때 트랩 내 봉수가 모두 배수관 쪽으로 흡인되어 배출하는 현상으로 S트랩에서 특히 많이 발생한다.

㉡ 유인사이펀 작용 : 상층 배수입관에서 다량의 물이 일시에 낙하할 때 상층 기구의 봉수가 함께 딸려가는 현상

ⓒ 분출작용 : 수평지관 또는 수지관 내를 일시에 다량의 배수가 흘러내리는 경우 그 물 덩어리가 일종의 피스톤 작용을 일으켜 공기의 압력에 의해 배수관 저층부의 기구에서 역으로 실내 쪽으로 역류시키는 현상을 말한다.
ⓔ 모세관 현상 : 트랩의 오버플로관 부분에 머리카락, 걸레의 실 등이 걸려 아래로 늘어뜨려져 있으면 모세관 작용으로 봉수가 서서히 흘러내려 말라버리는 현상이다. 불순물을 정기적으로 제거하여 이를 방지한다.
ⓜ 증발 : 위생기구를 장시간 사용하지 않아서 봉수가 증발하는 것을 말한다. 장기간 건물을 비우거나 청소를 오랫동안 하지 않은 곳에서 주로 발생한다. 기름을 조금 떨어뜨려 놓으면 방지된다.
ⓗ 운동량에 의한 관성 : 위생기구의 물을 갑자기 배수하는 경우 또는 강풍 등의 원인으로 배관 중에 급격한 압력변화가 일어났을 때 봉수가 배출되는 현상이다. 격자쇠를 설치하여 이를 방지한다.

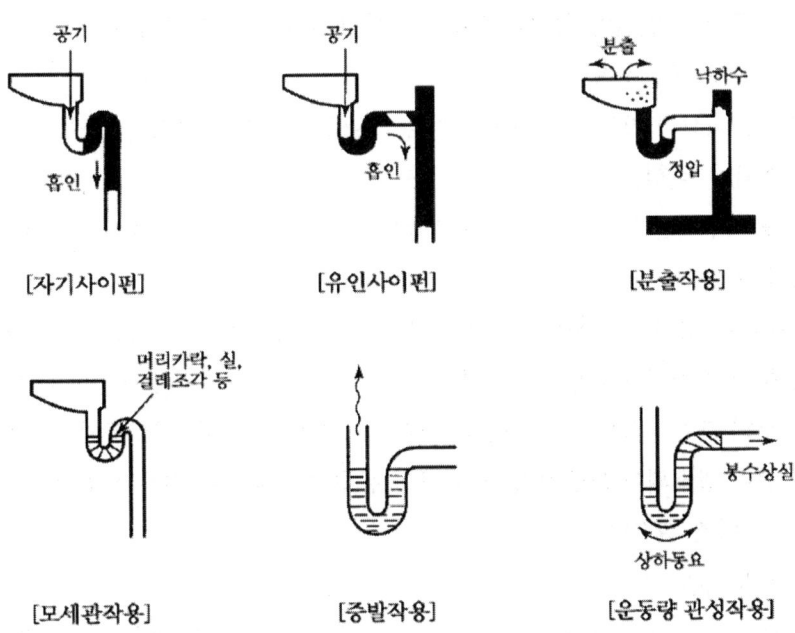

5.3 배수관 및 통기배관

1. 통기관

(1) 사용 목적

① 트랩 내 봉수의 보호
② 배수관 내 원활한 배수의 흐름
③ 배수관의 환기

(2) 통기관의 종류

① 각개 통기관
  ㉠ 각 위생기구마다 하나씩 통기관을 설치하는 가장 이상적 통기방식
  ㉡ 자기사이펀은 각개 통기방식 외에는 방지가 어렵다.
  ㉢ 기구마다 일일이 설치되므로 경제성이 낮고 시공이 어렵다.

② 루프(환상, 회로) 통기관
  ㉠ 2개 이상의 기구 트랩에 하나의 통기관을 설치하는 방식. 감당하는 수기구는 8개 이내로 한다.
  ㉡ 통기수직관에서 최상류 기구까지의 통기관 연장길이는 7.5m 이내로 한다.

③ 도피 통기관
  ㉠ 배수수평지관 최하류 위 기구 배수관 접속점 바로 밑 하류에 설치한다.
  ㉡ 동일 수평지관에 연결된 2개 이상의 기구에서 동시 배수가 일어나거나 상층으로부터 배수수직관을 흘러내리는 물이 서로 마주칠 때 루프 통기관에 의해 공기 순환이 방해되어 트랩이 압력을 받아 봉수가 파괴되는 경우가 있어서, 이를 방지하기 위해 설치한다.

④ 결합 통기관
  ㉠ 배수 수직관 내 압력변화를 방지 및 완화시키기 위해, 배수 수직관과 통기 수직관을 접속하는 통기관
  ㉡ 주로 고층 건물에서 5개 층마다 설치하여 배수 수직주관의 통기를 촉진한다.

⑤ 신정 통기관 : 배수 수직관 끝을 연장하여 대기 중에 개방하는 통기관. 가장 단순하고

경제적이다.
⑥ 습윤(습식) 통기관 : 최상류 기구의 환상통기에 연결하여 통기와 배수의 기능을 겸한다.
⑦ 공용 통기관 : 나란히 설치되거나 등을 맞대고 설치된 양 쪽 위생기구의 트랩봉수를 보호할 목적으로 설치한다.

(3) 특수 통기

① 섹스티아 시스템(sextia system) : 섹스티아 이음쇠와 벤트관을 사용하여 유수에 선회력을 줌으로써, 공기 코어를 유지시켜 하나의 관으로 배수와 통기를 겸한다. 신정 통기관만 사용하여 계통이 간단해지고, 배수관경을 작게 할 수 있으며 소음이 줄어든다.
② 소벤트 시스템(sovent system) : 통기관을 따로 두지 않고, 하나의 배수수직관으로 배수 및 통기를 겸하는 방식. 공기혼합과 공기분리용 두 가지의 이음쇠가 사용된다.

2. 관경 결정

(1) 옥내 배수관 관경

① 기구배수부하단위(fixture unit rating)
세면기(미국 기준 32mm 트랩) 배수량의 배수 단위(28.5L/분)를 1로 하고, 이것과 비교해서, 다른 위생 기구의 배수 단위를 정한 것을 말한다. 기구 배수 관경 계산에 이용된다.

트랩관경(mm)	32	40	50	65	70	100
부하 단위	1	2	3	4	5	6

② 옥내 배수관 최소 구배
  ㉠ 구경 75mm 이하 배관 : 1/50 이상
  ㉡ 구경 100mm 이하 배관 : 1/100 이상

옥외 배수관 최소구배 : 1/150 내외

(2) 각종 통기관의 관경

분류	관경
각개 통기관	최소 32mm 이상, 접속 배수관 관경의 1/2 이상
루프 통기관	최소 40mm 이상, 접속 배수관 관경의 1/2 이상
도피 통기관	최소 32mm 이상, 접속 배수관 관경의 1/2 이상
결합 통기관	최소 50mm 이상, 통기 수직관과 동일 관경 이상
신정 통기관	최소 75mm 이상, 배수 수직관과 동일 관경 이상

(3) 배관 시공

① 수직주관

㉠ 배수 및 통기 수직관은 되도록 파이프 샤프트 내에서 배관한다.

㉡ 변기 배수는 수직관 가까이에 설치한다.

② 청소구(clean out) 설치 위치 : 각종 오물찌꺼기가 쌓일 수 있는 곳에 배수 흐름과 반대 또는 직각방향으로 열 수 있도록 설치한다.

㉠ 수평지관 상단부, 긴 배관의 중간부분

㉡ 배관이 45° 이상 구부러진 곳

㉢ 가옥 배수관과 부지 하수관의 접속부

㉣ 각종 트랩 및 배관상 필요한 곳

㉤ 수평관 관경이 100mm 이하일 경우 직선거리 15m 이내, 관경 100mm 이상일 경우 직선거리 30m 이내마다 설치한다.

6. 기타 설비

6.1 오수 설비

1. 용어

(1) 생화학적 산소요구량(BOD, Biochemical Oxygen Demand)

① 개요
  ㉠ 호기성 미생물이 일정 기간 동안 물 속 유기물을 분해할 때 사용하는 산소의 양을 말한다.
  ㉡ 일반적으로 BOD로 부르며, 생물분해가 가능한 유기물질의 강도를 뜻한다. 하천·해역 등의 자연수역에 도시폐수나 공장폐수가 방류되면 그 중 산화되기 쉬운 유기물질이 있어 수질이 오염된다. 이러한 유기물질은 수중의 호기성 세균에 의해 산화되며, 이에 소요되는 용존산소의 양을 mg/L 또는 ppm으로 나타낸 것이 생화학적 산소요구량이다. 수질규제 항목 중 가장 일반적으로 쓰인다.

② BOD 제거율 $= \dfrac{\text{유입수 BOD} - \text{유출수 BOD}}{\text{유입수 BOD}} \times 100(\%)$

※ 이 값이 크면 정화조의 성능이 높다는 뜻이다.

(2) 기타 용어

① SS(Suspended Soilds) : 물 속에 현탁되어 있는 모든 불용성 물질 또는 입자. 높을수록 탁도가 크다.

② COD(Chemical Oxygen Demand) : 유기물 등의 오염물질을 산화제로 산화·분해시켜 정화하는 데 소비되는 산소량

③ DO(Dissolved Oxygen) : 물 속에 용해되어 있는 산소량을 부피나 무게로 나타낸 것이다. 깨끗한 물일수록 높아서 수질오염지표로 쓰이지만, 환원성 물질(유화물, 아유산)이나 암모니아 유기물의 산화, 수중 동물의 탄소동화작용이 일어나도 높아진다. 수중의 용존 산소는 식물이나 조류의 광합성 작용과 대기로부터 유입으로 인해 공급이 되며 오염물질 분해나 생물의 호흡에 의해 소비가 된다.

2. 정화조

(1) 정화 순서

오물 유입 → 부패조 → 여과조 → 산화조 → 소독조 → 방류

(2) 분뇨 정화조의 구성

① 부패조
  ㉠ 혐기성균이 소화 작용과 침전 작용을 일으켜 오물을 소화시킨다.
  ㉡ 부패조는 뚜껑으로 밀폐시킨다.(맨홀지름 60cm 이상)
  ㉢ 수심은 1~3m로 하며, 부패조의 유효용량은 유입 오수량의 2일분으로 한다.

② 여과조
  ㉠ 내부 아래쪽에 철근이 들어 있는 콘크리트 봉을 3cm 간격으로 설치한다.
  ㉡ 부유물 및 잡물을 제거하여 산화조의 통기성을 향상시킨다.

③ 산화조
  ㉠ 호기성균에 의해 산화 처리시킨다.
  ㉡ 쇄석층의 용적은 산화조의 1/2 이상, 깊이는 90cm~2m로 한다.
  ㉢ 쇄석받이 밑면과 정화조 바닥과의 간격은 10cm 이상으로 한다.
  ㉣ 산화조의 밑면은 소독조를 향하고, 구배는 1/100 이상으로 한다.

④ 소독조
  ㉠ 소독액은 염소산나트륨, 염소산소다를 사용하며, 약액조의 용량은 25L 이상(10일분 이상)으로 한다.
  ㉡ 산화조에서 나오는 각종 세균(대장균)을 멸균한다.

(3) 오수처리공법

① 호기성균 처리방법
  ㉠ 활성오니법 : 표준 활성오니방식, 장기간폭기방식, 접촉안전방법
  ㉡ 생물막법(고정미생물 방식) : 접촉산화방식, 살수여상방식, 회전원판 접촉방식

② 임호프 탱크(Imhoff tank, 물리적 처리법)
  ㉠ 하수를 혐기적으로 처리하는 물탱크 형태의 소화조
  ㉡ 1906년 독일의 임호프 박사가 만든 것으로 하나의 조를 칸막이로 분리하여 상부에서는 침전 처리, 하부에서는 슬러지 소화 처리를 한다.

3편 공기조화설비

1. 공기의 일반사항

1.1 쾌적지표와 습공기의 성질

1. 열환경 평가 및 쾌적지표

(1) 유효온도(Effective Tmperature : ET)

① 기온, 실내 기류, 상대습도를 조합한 감각 지표로서 실효온도 또는 체감온도라고도 한다.
② 1923년 미국에서 처음 창안되어 주로 덕트 방식 공기조화 평가에 널리 사용되었다.
③ 기온, 실내 기류, 상대습도의 3요소의 조합에 의한 체감과 전적으로 같은 체감을 주는 습도 100%, 풍속 0m/sec인 때의 기온으로 나타낸다.
④ 복사열은 고려되지 않으며, 습도가 과다하게 평가되어 있다.

(2) 수정유효온도(Corrected Effective Temperature : CET)

① 기온, 기류, 습도에 복사열의 영향을 동시에 고려하는 지표이다.
② 건구 온도 대신 글로브 온도를 이용하여 복사열에 대한 영향을 고려하였다.
③ 글로브 온도계
   ㉠ 기온과 복사의 종합 효과를 측정하는 것을 목적으로 만든 온도계
   ㉡ 외부 표면을 흑색 무광택으로 처리한 직경 15cm의 속이 빈 밀폐 구리공 중심에

온도계의 구부(球部)가 위치한다.
ⓒ 풍속이 작을 때는 기온과 복사의 종합 효과를 잘 나타내므로 이용해도 되나, 풍속이 큰 곳에서의 측정은 적절하지 못하다.(1m/sec 이하 사용)

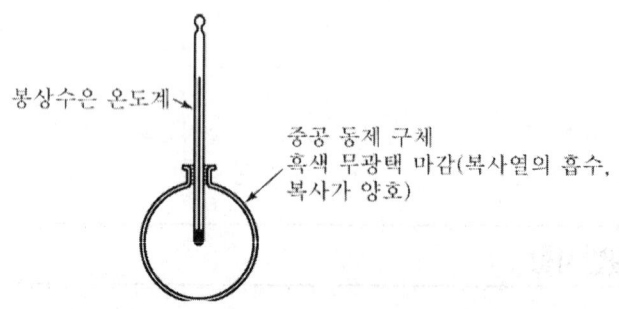

(3) 불쾌지수

① 기상상태로 인해 인간이 느끼는 불쾌감의 정도. 기온과 습도를 통해 산정한다.
② 계산식
ㄱ 무풍일 때 : $dI = 0.72(t+t') + 40.6$
ㄴ 풍속 v일 때 : $dI = 0.72(t+t') - 7.2\sqrt{v} + 21.6G + 40.6$
  t : 건구온도[℃] t' : 습구온도[℃]
  v : 풍속[m/s] G : 일사량[kcal/cm² · min]

(4) 기타

① 신유효온도(ET') : 유효온도의 습도에 대한 과대평가를 보완하여 상대습도 100% 대신 50%선과 건구온도의 교차로 표시한 쾌적지표
② 표준유효온도(SET) : 상대습도 50%, 풍속 0.125m/s, 활동량 1met, 착의량 0.6clo의 동일한 표준환경에서 환경변수를 조합한 쾌적지표로서 활동량, 착의량 및 환경 조건에 따라 달라지는 온열감, 불쾌감 및 생리적 영향을 비교할 때 유용하다.
③ 작용온도(OT) : 기온, 주벽의 복사열, 기류의 영향을 조합시킨 쾌적지표로서 습도의 영향이 고려되지 않는다.
④ 등가온도(Eqt) : 기온, 평균복사온도, 풍속을 조합한 지표

2. 습공기

(1) 습공기의 조성

	질소	산소	아르곤	이산화탄소
부피	78.09%	20.95%	0.93%	0.03%
중량	75.53%	23.14%	1.28%	0.05%

(2) 습도 표시

① 절대습도
  ㉠ 1kg의 건조 공기 중에 포함되어 있는 수증기의 양(kg)
  ㉡ 급격한 기상변화가 없는 한, 절대습도는 하루 중 거의 일정한 편이다.

② 상대습도
  ㉠ 습공기의 수증기압과 같은 온도의 포화 수증기압과의 백분율을 뜻한다.
  ㉡ 공기를 가열하면 상대습도는 낮아지고, 냉각하면 상대습도는 높아진다.
  ㉢ 상대습도는 기온의 변화에 반비례한다.

(3) 엔탈피

① 0℃의 건조공기와 0℃의 물을 기준으로 하여 측정한 습공기가 갖는 전열량을 말한다.

② 공기의 온도나 습도가 증가하면 엔탈피도 함께 증가한다.

③ 습공기의 엔탈피

$$i = C_{pa} \cdot t + (\gamma_0 + C_{pw} \cdot t) \cdot x$$

$$= 1.01t + (2501 + 1.85t)x$$

  t : 건구온도[℃]

  x : 절대습도[kg/kg′]

  C_{pa} : 건공기의 정압비열[1.01kJ/kg·K]

  C_{pw} : 수증기의 정압비열[1.85kJ/kg·K]

  γ_0 : 0℃ 포화수의 증발잠열[2501kJ/kg]

1.2 습공기선도

1. 구성

(1) 습공기선도의 구성 요소

건구온도, 습구온도, 노점온도, 절대습도, 상대습도, 수증기분압, 엔탈피, 현열비, 비용적 등

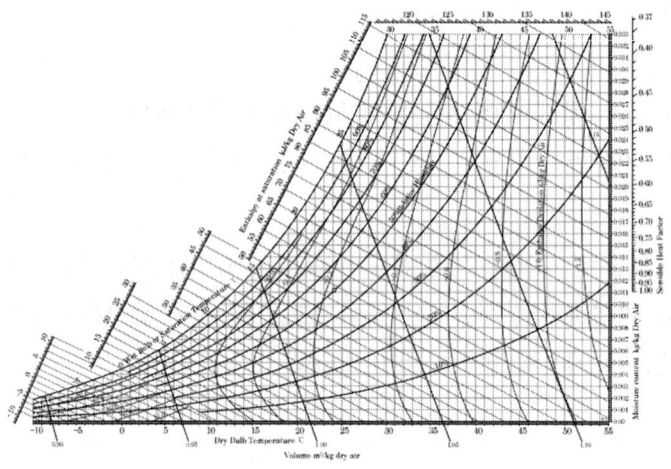

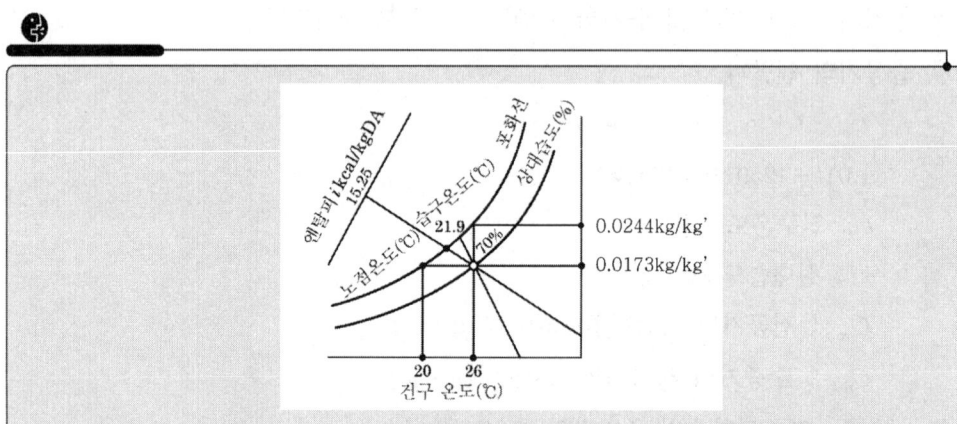

- 26℃ 공기 속 수증기량이 0.0147kg/kg'이면, 같은 온도의 포화수증기량은 0.0244kg/kg'이므로 상대습도는 70%이다.
- 이 공기를 냉각시켜 이슬이 맺히기 시작하는 노점온도는 20℃이다.

(2) 특징

① 선도의 구성 요소 중 2가지를 알면 나머지 요소를 알 수 있다.

② 공기를 냉각 또는 가열해도 절대습도는 변화가 없다.

③ 습구온도는 건구온도보다 항상 낮고, 포화상태에서만 일치한다.

(3) 공기조화의 각 과정

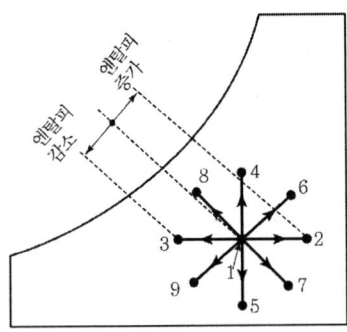

1 → 2 : 현열 가열(sensible heating)
1 → 3 : 현열 냉각(sensible cooling)
1 → 4 : 가습(humidification)
1 → 5 : 감습(dehumidification)
1 → 6 : 가열 가습(heating and humidifying)
1 → 7 : 가열 감습(heating and dehumidifying)
1 → 8 : 냉각 가습(cooling and humidifying)
1 → 9 : 냉각 감습(cooling and dehumidifying)

2. 계산

(1) 송풍량과 실의 현열부하

현열부하 $q_s = \gamma \cdot Q \cdot C \cdot \Delta t$ [kJ/h]

γ : 공기 비중량[1.2 kg/m^3]

Q : 송풍량[m^3/h]

C : 공기의 정압비열[1.01kJ/kg·K]

Δt : 실내공기와 송풍공기의 온도차[℃]

> 현열부하 계산식은 가열량 또는 냉각량 계산으로도 활용할 수 있다.

(2) 단열혼합

G : 공기량, t : 건구온도, X : 절대습도, i : 엔탈피

① 혼합공기온도 $t_m = \dfrac{G_1 t_1 + G_2 t_2}{G_1 + G_2}$ [℃]

② 혼합공기 절대습도 $X_m = \dfrac{G_1 x_1 + G_2 x_2}{G_1 + G_2}$ [kg/kg′]

③ 혼합공기 엔탈피 $i_m = \dfrac{G_1 i_1 + G_2 i_2}{G_1 + G_2}$ [kJ/kg]

(3) 열수분비(enthalpy-humidity difference ratio)

기온 또는 습도가 변할 때 절대온도의 단위증가량 Δx에 대한 엔탈피의 증가량 Δi의 비율이다. 공기를 가열하거나 가습하는 경우, 그 공기는 열수분비에 따라 변화한다.

열수분비 $\mu = \dfrac{\Delta i}{\Delta x}$

현열비 = $\dfrac{\text{현열량}}{\text{현열량} + \text{잠열량}}$

전열 변화량에 대한 현열 변화량의 비

(4) 바이패스 팩터(BF)

① 바이패스 팩터(BF) : 냉각코일이나 가열코일과 접촉하지 않고 그대로 통과하는 공기의 비율

② 콘택트 팩터(CF) : 코일과 완전히 접촉하는 공기의 비율

※ BF=1-CF, CF+BF=1

1. 핵/심/이/론

2. 공기조화 부하계산

2.1 난방부하

1. 종류

부하 발생 요인	현열	잠열
지붕, 벽, 창유리, 바닥으로부터의 취득열량	○	
극간풍에 의한 취득열량	○	○
덕트로부터의 취득열량	○	
외기 도입에 의한 취득열량	○	○

난방부하 계산에서는 간헐적이고 부하의 경감요인이 되므로 일사, 인체, 조명기구 등에 의한 열량을 무시한다. 그러나 냉방부하 계산에서는 일사, 인체, 조명 등의 현열량과 호흡 및 땀에 의한 잠열량이 온도와 습도를 올리는 요인이 되므로 모두 적용하여 계산한다.

2. 부하계산

(1) 열관류에 의한 손실열량

$H = K \cdot A \cdot \Delta t$ [W]

K : 열관류율[W/m² · K]

A : 구조체 표면적[m²]

Δt : 실내외 온도차[℃]

(2) 환기에 의한 손실열량

$H = \gamma \cdot n \cdot V \cdot C \cdot \Delta t$ [W]

γ : 공기 비중량[1.2kg/m³]

n : 환기횟수[회/h]

V : 실용적[m³]

C : 공기의 정압비열(1.01kJ/kg·K)

Δt : 실내외 온도차[℃]

(3) 외기부하에 의한 손실열량=현열부하+잠열부하

① 현열부하 $q_s = \gamma \cdot Q \cdot C \cdot \Delta t [kJ/h] = 0.34Q \cdot \Delta t [W]$

γ : 공기 비중량[1.2kg/m³]

Q : 공기 체적량[m³/h]

C : 공기의 정압비열(1.01kJ/kg·K)

Δt : 실내외 온도차[℃]

② 잠열부하 $q_L = \gamma \cdot Q \cdot L \cdot \Delta t [kJ/h] = 834Q \cdot \Delta t [W]$

γ : 공기 비중량[1.2kg/m³]

Q : 공기 체적량[m³/h]

L : 0℃에서 물의 증발잠열(2,501kJ/kg)

Δt : 실내외 온도차[℃]

- 0.34 : 공기 비열 단위 환산계수

$$\frac{1.01kJ/kg \cdot K \times 1.2kg/m^3 \times 1000[J/kJ]}{3600[s/h]} \fallingdotseq 0.34W \cdot h/m^3 \cdot K$$

- 834 : 물의 증발잠열 단위 환산계수

$$\frac{1.2kg/m^3 \times 2501kJ/kg \times 1000[J/kJ]}{3600[s/h]} \fallingdotseq 834W \cdot h/m^3$$

---

3. 난방방식

(1) 증기난방

① 특징

㉠ 수증기의 잠열로 난방하는 방식으로, 열의 운반능력이 크고 예열시간이 짧다.

㉡ 방열면적이 작은 반면 설비 및 유지비용이 저렴해서 경제적이다.

1. 핵/심/이/론

ⓒ 난방 쾌감도가 낮고 방열량 조절이 곤란하다.
ⓔ 소음이 발생하며 보일러 취급에 기술을 요한다.
ⓜ 학교, 사무실, 공장 등 대규모 공간에 사용한다.

② 응축수 환수방식
 ㉠ 중력 환수식 : 방열기를 보일러보다 높게 한다.
 ㉡ 진공 환수식 : 진공펌프를 사용하여 응축수와 증기 순환이 가장 빠르다.
 ㉢ 기계 환수식 : 보일러와 환수관 사이에 순환펌프를 설치한다.

(2) 온수난방

① 특징
 ㉠ 온수의 현열을 이용한 난방으로, 단관 혹은 복관 배관을 통하여 방열기에 온수를 공급한다.
 ㉡ 온도 및 수량 조절이 용이하고 방열기 표면온도가 낮으며, 보일러 취급이 용이하고 안전한 편이다.
 ㉢ 증기난방보다 예열시간이 길어 간헐운전에 불리하고, 방열면적과 배관이 커서 설비 비용이 크다.
 ㉣ 한랭지에서는 운전정지 중 동결 우려가 크며 온수 순환시간이 길다.

② 분류
 ㉠ 저온수식 : 온수 온도 100℃ 미만이며 개방식 팽창탱크를 사용한다. 일반 난방용
 ㉡ 고온수식 : 100℃ 이상 온수, 밀폐식 팽창탱크를 사용한다. 지역난방에 적용되며 고압 기기가 필요하다.

증기난방과 온수난방의 비교

열매	표준방열량 [W/m²]	표준상태 열매[℃]	표준상태 실내[℃]	고유설비
증기	756	102	18.5	증기트랩
온수	523	80		팽창탱크

(3) 복사난방

① 벽이나 바닥 등의 구조체에 동관, 강관 등으로 코일을 배관하여 가열면을 형성하여 난방하는 방식이다.
② 온도분포가 균등하고 먼지상승을 억제하여 쾌감도가 높아서 천장이 높거나 외기에 자주 개방되는 공간에 적합하다.
③ 방열기가 필요 없고 바닥면의 이용도가 높다.
④ 표면 균열 및 매설배관 이상 시 수리 등의 변경이 곤란하고, 특수 시공을 해야 한다.
⑤ 열손실을 막기 위한 단열층이 필요하다.

(4) 온풍난방

① 가열한 공기를 직접 실내로 송풍하는 방식이다.
② 설비 비용이 낮고 설비면적이 작으며 열용량이 작고 예열시간이 짧다.
③ 설치가 쉽고 보수관리가 용이하며 자동 운전이 가능하다.
④ 소음이 크고 쾌감도가 나쁜 편이며 온도 분포가 고르지 않다.

(5) 지역난방

열병합발전소나 쓰레기 처리장과 같은 시설에서 생산된 열을 배관을 통해 각 건물의 기계실까지 100℃ 이상의 중온수로 공급하여 열교환기를 통한 급탕을 하는 방식이다.

① 장점
  ㉠ 관리가 용이하고 열효율이 높다.
  ㉡ 연료비와 인건비가 절감된다.
  ㉢ 각 건물에서 위험물 취급을 하지 않으므로 화재 위험이 적다.
  ㉣ 건물 내 유효면적이 증대된다.
  ㉤ 설비의 고도화에 따라 도시의 대기오염 방지에 도움이 된다.

② 단점
  ㉠ 초기 시설비가 높고 배관에서의 열손실이 크다.
  ㉡ 열원기기의 용량제어가 곤란하며, 저부하시 조절이 곤란하다.
  ㉢ 숙련된 기술자가 필요하다.
  ㉣ 사용요금의 분배가 어렵다.

ⓜ 도시계획상의 사전계획이 필요하다.

2.2 냉방부하

1. 냉방부하의 종류와 발생 요인

부하 발생 요인	비고
벽체로부터의 취득열량	현열만
유리로부터의 취득열량	
송풍기에 의한 취득열량	
덕트로부터의 취득열량	
조명에 의한 취득열량	
극간풍에 의한 취득열량	현열 및 잠열
인체의 발생열량	
기구로부터의 발생열량	
외기 도입에 의한 취득열량	

2. 부하 계산

(1) 벽체로부터의 취득열량

① 일사의 영향 무시

$q_w = K \cdot A \cdot \Delta t$

② 일사의 영향 고려

$q_w = K \cdot A \cdot ETD$

K : 구조체의 열관류율[W/m² · K]

A : 구조체 면적[m²]

Δt : 인접실과의 온도차[℃]

ETD : 상당외기 온도차

> **상당 외기 온도(Equivalent Temperature)**
>
> 햇빛을 받는 외벽이나 지붕과 같이 열용량이 있는 구조체를 통과하는 열량 산출을 위해 외기 온도와 일사량을 고려하여 정한 값을 상당 외기 온도라 하며, 상당 외기 온도와 실제 외기 온도의 차를 상당 외기 온도차라 한다.

(2) 유리로부터의 취득열량

① 유리로부터의 취득열량=일사에 의한 취득열량(Q_{gr})+관류에 의한 취득열량(Q_{gt})

② 일사에 의한 취득열량(Q_{gr})= $I \times A \times k$ [W]

    I : 유리를 통해 투과 및 흡수되는 표준 일사취득열량[W/m² · K]

    A : 유리창의 면적[m²]

    K : 차폐계수

③ 관류에 의한 취득열량(Q_{gt})= $K \cdot A \cdot \Delta t$ [W]

    K : 유리의 열관류율[W/m² · K]

    A : 유리창의 면적[m²]

    Δt : 실내외 온도차[℃]

(3) 외기부하에 의한 손실열량=현열부하+잠열부하

① 현열부하 $q_s = \gamma \cdot Q \cdot C \cdot \Delta t$ [kJ/h]= $0.34 Q \cdot \Delta t$ [W]

    γ : 공기 비중량[1.2kg/m³]

    Q : 공기 체적량[m³/h]

    C : 공기의 정압비열(1.01kJ/kg · K)

    Δt : 실내외 온도차[℃]

② 잠열부하 $q_L = \gamma \cdot Q \cdot L \cdot \Delta t$ [kJ/h]= $834 Q \cdot \Delta t$ [W]

    γ : 공기 비중량[1.2kg/m³]

    Q : 공기 체적량[m³/h]

    L : 0℃에서 물의 증발잠열(2,501kJ/kg)

    Δt : 실내외 온도차[℃]

3. 공기조화설비

3.1 공조계획

1. 개요

(1) 공조설비의 조닝

① 유사조건의 구역별로 건물의 구획하고 공기조화를 하는 것을 말한다.
② 부하별, 용도별, 시간별, 방위별 조닝 등이 있다.
③ 에너지 절약에 유리하고, 운전을 효율적으로 할 수 있다.
④ 부하변동에 대응이 쉽고 실내 환경조절이 용이하다.
⑤ 구역의 세분화로 인해 설비 비용은 다소 증가한다.

> **공조설비의 에너지절약 방안**
> ① 공조설비의 조닝
> ② 가변풍량 제어방식(VAV, variable air volume system)
> ③ 열회수 장비 : Heat Pipe, 전열교환기 등
> ④ 외기냉방 : 중간기에는 환기만으로 냉방한다.

(2) 분류

구분	열운반	장점	단점	종류
중앙	전공기식	• 실내 유효면적이 증가한다. • 실내공기 오염이 적다. • 외기냉방이 가능하다. • 수배관에 의한 누수, 동결이 없다.	• 덕트 공간이 크게 소용된다. • 공조실이 커진다. • 팬의 동력이 크다.	단일덕트방식 이중덕트방식 멀티존 유닛방식 각층 유닛방식
	수공기식	• 각 실 개별제어와 조닝이 용이하다. • 덕트 공간, 열운반동력은 전공기식보다 작다.	• 전공식보다 공기오염이 크다. • 배관의 누수 및 동결 우려가 있다. • 실내 유닛이 공간을 차지한다.	각층 유닛방식 유인 유닛방식

구분	열운반	장점	단점	종류
중앙	전수식	• 덕트 공간이 필요없다. • 각 실 개별제어가 용이하다. • 열운반동력이 작다.	• 실내공기오염이 가장 심하다. • 배관의 누수 및 동결 우려가 있다. • 실내 유닛이 공간을 차지하며, 소음과 진동이 발생한다.	팬코일 유닛방식 복사 냉난방식
개별	냉매식	• 현장 설치가 간단하다. • 설비비가 저렴하다.	• 소음이 크다. • 대규모 공간에 부적합하다.	패키지형 공조설비

세부 설비에 따라 각층 유닛방식은 전공기식으로, 팬코일 유닛과 복사 냉난방식은 수공기식으로 분류될 수도 있다.

2. 공기조화설비의 특징

(1) 단일덕트 방식

① 냉난방 시 필요한 전 송풍량을 1개의 덕트로 분배한다.

② 설치비가 저렴하고, 관리 및 보수가 용이하다.

③ 종류

　㉠ 정풍량 제어방식

　　ⓐ 조절장치가 없이 공기 조화기에서 만들어진 공기를 같은 양으로 분배하는 방식

　　ⓑ 송풍량이 일정하고 열 부하에 따라서 송풍 온습도를 변화시켜 온습도를 조절한다.

　　ⓒ 외기의 취입이나 중간기의 환기에 적합하다.

　　ⓓ 천장 속 덕트 공간이 많이 소요되며 개별조절이 곤란하다.

　　ⓔ 바닥 면적이 넓고 천장이 높은 극장, 공장 등의 중·소규모 건물에 적합하다.

　㉡ 가변풍량 제어방식(VAV, variable air volume system)

　　ⓐ 부하 변동에 따라 온도 변화 없이 취출공기량을 변화시키는 방식

　　ⓑ 개별제어가 가능하지만 추가되는 기계장치로 인해 비용이 커진다.

1. 핵/심/이/론

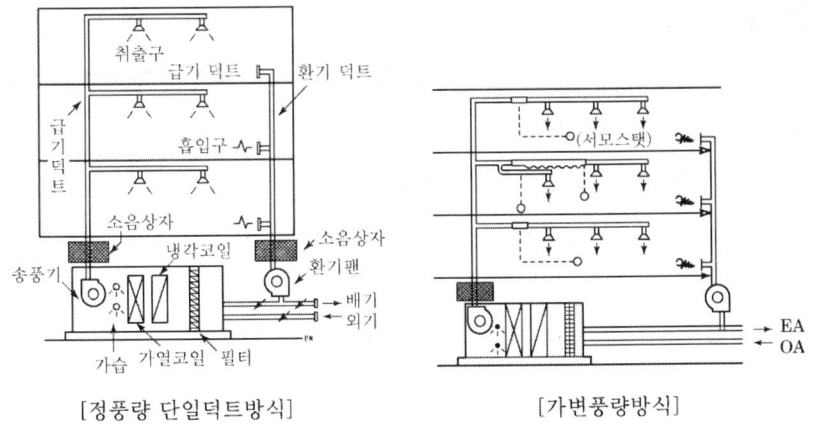

[정풍량 단일덕트방식]　　　[가변풍량방식]

(2) 이중 덕트 방식

① 온·냉풍을 각각 별개의 덕트로 보내고 각 실의 분출구에 설치된 혼합박스로 조절하여 배출하는 방식이다.
② 개별 조절이 가능하므로 온도 변화에 대응이 빠르다.
③ 냉난방이 동시에 가능하여 계절마다 전환이 필요하지 않다.
④ 설비, 운전비가 비싸며 에너지 소비가 매우 큰 방식이다.
⑤ 혼합 상자에서 소음과 진동이 생기며, 덕트가 2중이므로 공간을 더 크게 차지한다.
⑥ 부하분포가 복잡하고 개별제어가 필요한 건물에 적합하다.

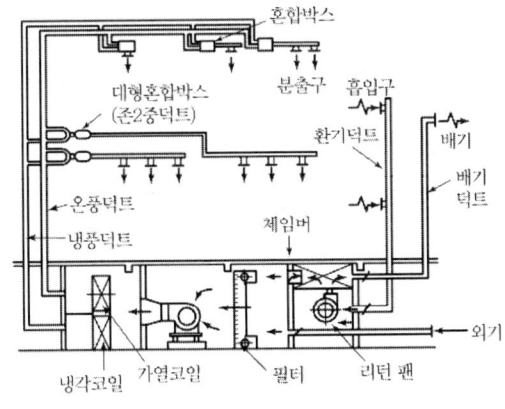

[2중 덕트방식]

(3) 멀티존 유닛방식

① 공조기 내에 가열·냉각 코일을 병렬로 설치하여 냉·온풍을 댐퍼별로 혼합한 후 각각의 덕트에 보내는 방식
② 배관 조절장치를 한 곳에 집중하며 여름과 겨울의 냉난방 시 에너지 혼합 손실이 적다.
③ 다른 방식에 비해 냉동부하가 증가하며 중간기에는 혼합 손실이 생겨 에너지손실이 크다.
④ 소규모 건물, 공조 면적이 작게 나뉘는 공간에 적합하다.

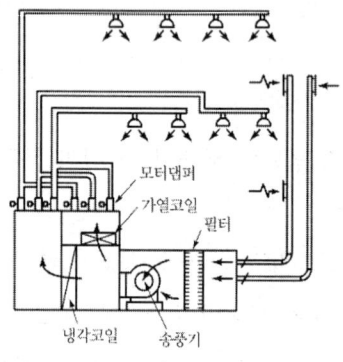

[멀티존 유닛방식]

(4) 각층 유닛방식

① 중앙 유닛에서 온습도를 조정하여 각 존마다 설치된 유닛으로 보내고, 냉각·가열 코일이 설치된 각 유닛으로 재순환된 공기와 혼합하여 분출한다.
② 층 또는 구역별로 부하와 운용 시간 등이 다른 건물에 적합하다.
③ 덕트 공간을 좁힐 수 있다.
④ 유닛 수가 많아지므로 기계 점유 면적 및 설비비가 커지고, 보수관리가 까다롭다.

1. 핵/심/이/론

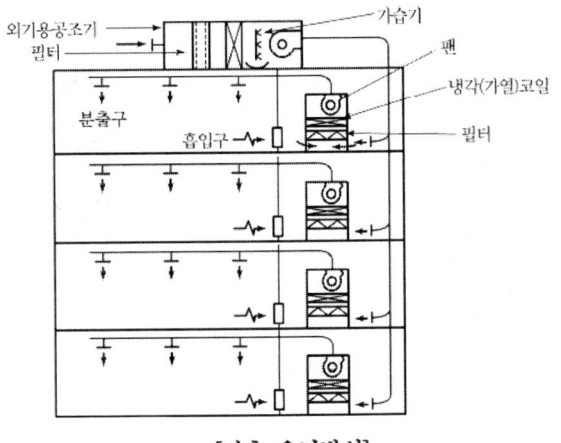

[각층 유닛방식]

 각층 유닛방식은 기본적으로 전공기식에 속하지만, 2차 유닛에 냉·온수를 공급하여 온도 조절을 하는 타입도 있다. 이런 경우 수공기 방식의 성격을 가진다고 볼 수 있으므로 출제 문제의 세부 지문 내용이나 출제 의도에 따라 답이 달라질 수 있다는 점에 주의해야 한다.

(5) 유인 유닛 방식

① 중앙 유닛에서 조화한 공기를 고속 덕트를 통해 각 유닛에 송풍하면 1차 공기가 유인 유닛 속의 노즐을 통과할 때에 유인작용을 일으켜 실내공기를 2차 공기로 하여 유인 한다. 유인된 실내공기는 유닛 속 코일에 의해 냉각 또는 가열된 후 2차의 혼합공기 로 분출되는 방식이다.

② 고속 덕트를 사용하므로, 중앙 유닛과 덕트 공간을 작게 할 수 있다.

③ 개별 제어가 용이하고 회전부가 없어 동력배선이 필요 없다.

④ 누수의 염려가 있고 냉각 가열을 동시에 하는 경우 혼합손실이 발생한다.

⑤ 유인 성능 및 공간 문제 등으로 고성능 필터의 사용이 곤란하고 송풍량이 적어서 외 기냉방의 효과가 적다.

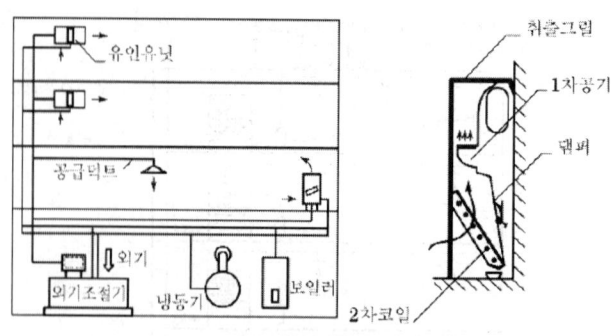

[유인 유닛방식]

(6) 팬코일 유닛 방식

① 소형 팬과 냉·온수 코일 및 필터 등을 구비한 유닛을 각 실에 설치하여 중앙기계실로부터 냉·온수를 공급하여 공기조화를 하는 방식이다.
② 개별 제어가 가능하므로 부분부하가 많은 건물에서 경제적 운전이 가능하다.
③ 누수의 염려가 있고 유닛의 분산으로 관리가 어렵다.
④ 호텔 객실처럼 여러 실로 나뉜 건축물에 적합하며, 대규모 공간에는 부적합하다.
⑤ 외기 공급별 분류
  ㉠ 실내공기 순환식 : 재실인원이 적은 경우 팬코일 유닛에 실내공기를 순환시켜 냉각 또는 가열한다.
  ㉡ 외기 도입식 : 벽을 통해 외기를 직접 도입하여 실내 공기와 혼합 후 냉각 또는 가열하여 취출한다.

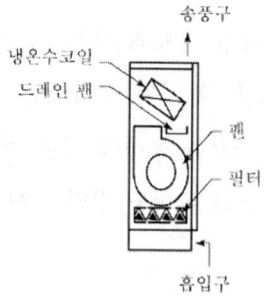

  ㉢ 덕트 병용 방식 : 중앙 공조기의 1차 공조기에서 외기를 조화하여 덕트를 통해

각 실로 공급하며 실내 유닛인 팬코일 유닛으로 실내 공기를 조화한다.

외기를 도입하거나 덕트를 병용하는 방식은 수공기식으로 볼 수 있다.

(7) 복사 냉난방식

건물 바닥 또는 벽 등의 구조체 내에 파이프 코일을 설치하고 냉·온수를 통하게 하여 냉난방하는 방식이다. 난방 쾌감도는 높지만 설비 비용이 높고 보수가 까다롭다.

(8) 패키지 방식

냉동기를 내장한 공기조화기를 각 실에 설치하는 방식으로, 시공 및 취급이 쉽고 대량 생산 제품을 쓸 수 있다.

3.2 공기조화용 기기

1. 보일러

(1) 보일러의 종류

① 강관제 보일러
  ㉠ 노통연관식 보일러(공조 및 급탕 겸용)
    ⓐ 노통과 연관을 함께 갖춘 원통 보일러로 부하 변동에 대한 안정성이 좋고, 수면이 넓어 급수용량 조절이 쉽다.
    ⓑ 용수처리가 비교적 쉬우며 현장공사가 거의 필요 없다.
    ⓒ 예열이 오래 걸리며 주철제에 비해 고가이다.
  ㉡ 입형 보일러
    ⓐ 협소한 곳에 설치 가능하고 가격이 저렴하다.
    ⓑ 압력이 낮고 관내 청소가 불편하다.
  ㉢ 수관식 보일러
    ⓐ 드럼과 여러 개의 수관으로 구성되어 있다.

ⓑ 고압에 잘 견디고 열효율이 좋다.
ⓒ 보유수량이 적어서 증기발생이 빠르다.
ⓓ 대용량에 적합하며 대규모 공장이나 지역난방 등에 적용된다.

② 주철제 보일러
㉠ 주철제 섹션을 조립하여 관체를 구성
㉡ 내식성이 좋고 수명이 길다.
㉢ 반입, 조립, 증설의 분할이 용이하고 취급이 간편하다.

(2) 주요 사항

① 보일러실의 조건 및 관리
㉠ 조건
ⓐ 내화구조로 하고, 난방부하의 중심에 둔다.
ⓑ 보일러는 벽에서 0.45m 이상 이격시킨다.
ⓒ 천장높이는 보일러 상부에서 1.2m 이상 띄운다.
㉡ 관리 : 매년 1회 이상, 성능검사·수면계·압력계·안전밸브 등을 점검한다.
㉢ 점화 전 주의사항
ⓐ 급수는 규정 높이에 맞는지 수면계를 확인한다.
ⓑ 보일러 가동 중 안전저수면 이하로 내려가면 폭발 우려가 있다.

② 능력 및 효율
㉠ 1보일러 마력 : 1시간에 100℃ 물 15.65kg을 모두 증기로 증발시키는 능력
㉡ 1보일러 마력의 상당증발량
  : 15.65kg/h(=35322[kJ/h]=9.8[kW]≒8434kcal/h)
㉢ 전열면적 : 0.929m²
㉣ 방열면적 : 13m²(≒8434÷650kcal)

③ 난방도일(heating degree day, H.D)
㉠ 일별 또는 월별 실외기온과 실내기온과의 차이에서 산출된 일수로, 평균기온이 18℃ 이하인 날의 온도와 18℃와의 온도차의 종합이다.
㉡ $H.D = \sum (t_i - t_o) \times d$
  t_i : 실내 평균 온도[℃] t_o : 실외 평균 온도[℃]

　　　d : 난방기간
　ⓒ 추위 정도와 연료소비량의 추정이 가능하며 이 값은 지역마다 다르다.
　ⓓ 값이 클수록 연료소비량이 많다.
　ⓔ 같은 도일이라 할지라도 맑은 날과 구름이 낀 날 또는 바람이 강할 때와 정온상태일 때는 연료소비량에 있어 차이가 나타난다. 그러나 난방부하에 가장 영향력이 큰 기상요소는 기온이므로 일반적으로 기온만을 지표로 한다.

(3) 급수장치

① 저압용 보일러 : 응축수 펌프, 환수용 진공 펌프
② 고압용 보일러 : 전동 급수 펌프, 워싱턴 펌프, 인젝터
③ 급수량 및 양정
　ⓐ 펌프 급수량 : $Q = 2W[\text{m}^3/\text{h}]$
　ⓑ 펌프 양정 : $H = (H_p + H_w + H_f) \times 1.2$
　　　W : 보일러 증발량[kg/h]
　　　H_p : 보일러 압력 상당 수두[m]
　　　H_w : 펌프에서 보일러 수면까지의 높이[m]
　　　H_f : 배관 마찰손실수두[m]

(4) 보일러의 부하 및 출력

① 부하
　ⓐ 난방부하 : 실의 손실열량
　ⓑ 급탕부하 : 주방, 욕실 등 급탕에 필요한 부하
　ⓒ 배관부하 : 배관 손실열량. 보통 난방부하+급탕부하의 15~25% 정도
　ⓓ 예열부하 : 보일러에 여력을 포함한 값
② 출력
　ⓐ 정격출력 : 연속 운전할 수 있는 보일러의 능력(난방부하+급탕부하+배관부하+예열부하)
　ⓑ 정미출력 : 난방부하와 급탕부하를 합한 용량
　ⓒ 상용출력 : 정격출력에서 예열부하를 뺀 값. 정미출력에 5~10%를 가산한다.

ㄹ 과부하출력 : 운전 초기나 과부하 발생 시의 출력. 정격출력에 10~20% 정도가 가산된다.

(5) 보일러 수위검출기

① 보일러의 수위를 검출하여 신호로 변환하고 수위 변화를 편차 신호로 나타내어 조작부인 급수펌프로 송출하는, 일종의 조절 기능을 갖춘 기기를 말한다.
② 수위 검출 및 조절 기능 외에 저수기 차단기로서의 기능도 갖출 수 있다.
③ 감지부의 종류
  ㄱ 전극식 : 전극봉을 수위 검출에 사용하여 물의 전기 전도성을 이용한다.
  ㄴ 플로트식 : 챔버 내의 플로트가 보일러 수위 변동에 따라 상하로 운동하고, 그로 인해 벨로즈가 좌우로 기울면 연결된 수은 스위치를 기울여서 접점을 개폐한다. 보일러 수위의 일정 범위 내에서 급수펌프를 on/off시켜 자동으로 급수를 하게 된다.
  ㄷ 자석형 플로트식 : 봉으로 연결된 철심이 수위의 변동에 비례한 플로트의 상하 이동에 따라 가이드관을 상하로 움직이며, 발신기가 어느 위치에 도달하면 발신기의 영구 자석과 철심과의 사이에 흡인력이 작용하여 자석을 붙잡고 있는 레버에 연동한다. 이에 따라 마이크로 스위치가 눌려져 회로가 개폐함에 따라 필요 회로에 신호를 보내고, 급수 펌프를 on/off시키거나 저수위 차단을 하여 수위를 일정 범위 내로 제어한다.

2. 방열기

(1) 표준방열량

열매	표준방열량 [kW/m^2]	표준상태	
		열매[℃]	실내[℃]
증기	0.756	102	18.5
온수	0.523	80	

(2) 표준 방열면적(E.D.R)

표준 방열량을 방출하는 방열기 표면적

① 증기난방

$$E.D.R = \frac{방열기의\ 전\ 방열량[W]}{0.756[kW/m^2]}$$

② 온수난방

$$E.D.R = \frac{방열기의\ 전\ 방열량[W]}{0.523[kW/m^2]}$$

(3) 소요 방열기 수 계산

① 증기난방

$$N = \frac{손실열량[kW]}{0.756[kW/m^2] \times 방열기의\ 방열면적[m^2]}$$

② 온수난방

$$N = \frac{손실열량[kW]}{0.523[kW/m^2] \times 방열기의\ 방열면적[m^2]}$$

실의 난방부하가 10kW인 사무실에 설치할 온수난방용 방열기의 필요 섹션수는? (단, 방열기 섹션 1개의 방열면적은 0.2m²로 한다.) [2021년 9월 출제]

[풀이] 온수난방 방열기 섹션 = $\frac{10kW}{0.523 \times 0.2}$ = 95.6

∴ 96섹션 (단위가 섹션이므로 소숫점 이하 올림)

3. 공기조화기

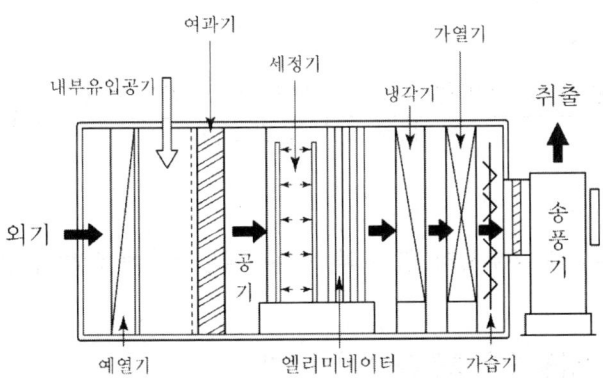

(1) 공기여과기

① 필터의 종류

　㉠ 충돌 점착식

　　ⓐ 통과 풍속 1~2m/s이며, 필터에 바른 점착물질이 비교적 거친 입자를 걸러낸다.

　　ⓑ 유지성 먼지 제거에 좋으나, 식품 관련 공조설비로는 부적당하다.

　㉡ 건성 여과식

　　ⓐ 통과 풍속 1m/s 이하이며, 섬유질 먼지 제거에 효과적이다.

　　ⓑ 점착식보다 작아서 통과 면적이 커야 한다.

　㉢ 전기 집진식

　　ⓐ 먼지를 대전시켜 양극판에 집진하는 방식. 집진 효과가 가장 높다.

　　ⓑ 제거 효율이 높고 미세먼지 및 세균 제거도 가능하다.

　　ⓒ 병원 수술실, 정밀 부품공장 등에 쓰인다.

　㉣ 기타

　　ⓐ 활성탄 흡착식 : 활성탄 필터로 유해가스와 악취를 제거한다.

　　ⓑ 습식 : 물방울에 공기를 여과시켜 먼지를 제거한다.

② 에어필터(여과기) 효율 측정법

　㉠ 중량법 : 큰 입자를 측정하는 방법으로, 필터에 집진되는 먼지의 양을 측정한다.

　㉡ 비색법 : 작은 입자를 측정하는 방법. 필터에서 포집한 여과지를 통과시켜 광전관으로 오염도를 측정한다.

　㉢ 계수법 : 고성능 필터를 이용하는 방식으로, $0.3\mu m$ 크기의 입자를 사용하여 먼지의 수를 측정한다.

③ 여과 효율 계산

$$효율\ \eta = \frac{통과\ 전\ 오염농도(C_1) - 통과\ 후\ 오염농도(C_2)}{통과\ 전\ 오염농도(C_1)} \times 100(\%)$$

(2) 공기세정기

① 공기에 냉온수를 분무시켜 열 교환 또는 수분 교환에 의해 온습도를 조정한다.

② 구성

　㉠ 루버 : 진입공기의 흐름을 일치시킨다.

ⓒ 중앙부 : 스프레이 헤더 상부에 병렬되는 스탠드 파이프의 스프레이 노즐에서 물을 분무해 공기를 세정한다.

ⓒ 엘리미네이터 : 지그재그로 된 금속판을 공기가 통과하며 물방울이 제거된다.

ⓒ 플러싱 노즐 : 엘리미네이터에 부착된 입자를 제거한다.

ⓒ 수조 : 걸러낸 물을 받아 배수한다.

③ 유속 : 2.5~3.5m/s

(3) 냉각 · 가열기

① 물과 공기의 흐름을 대향류로 하고, 가능한 MTD(대수평균온도차)를 크게 한다.

② 코일을 통과하는 수온의 차는 5℃ 내외로 한다. 온도차가 너무 크면 수량은 감소하고 유속이 낮아져 코일의 열수가 증가한다.

③ 코일 통과 풍속은 2~3m/s, 코일 내 물의 유속은 1m/s 전후로 한다.

④ 냉각용 코일 열수는 4~8열 정도로 하되, MTD가 아주 작을 때는 8열 이상이 될 수 있다.

⑤ 코일 형태는 효율이 가장 좋은 정방형으로 한다.

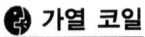 가열 코일

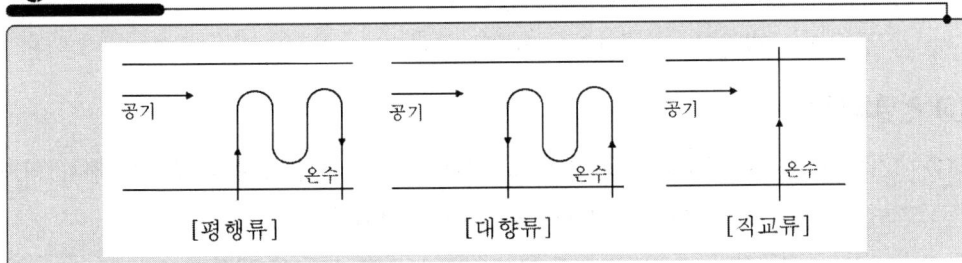

[평행류]   [대향류]   [직교류]

⑥ 대수평균 온도차(Mean Temperature Difference)

ⓒ 냉온수와 공기의 대수평균 온도차

ⓒ 냉온수 및 공기는 코일 입구에서 출구까지 코일을 통과하는 과정에서 계속 온도가 변화하므로 다음과 같이 구한다.

$$MTD = \frac{\Delta t_1 - \Delta t_2}{\ln \frac{\Delta t_1}{\Delta t_2}}$$

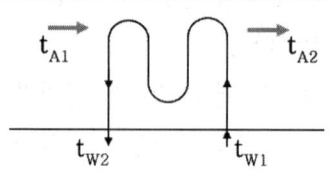

Δt_1 : 공기 입구온도와 물 출구 온도의 차($t_{W2} - t_{A1}$)

Δt_2 : 공기 출구온도와 물 입구 온도의 차($t_{W1} - t_{A2}$)

> ln은 자연로그 e, 즉 $\log e$를 말한다.($e \fallingdotseq 2.718\cdots$)

(4) 가습기

① 주로 겨울철 난방 시에 절대습도 증가를 위해 이용된다.

② 종류
  ㉠ 증기식 : 분무식, 전극식, 전열식, 적외선식
  ㉡ 수분무식 : 초음파식, 분무식, 원심식
  ㉢ 증발식 : 회전식, 모세관식, 적하식

(5) 전열교환기

① 배기되는 공기와 유입되는 외기의 교환에서 배기가 가진 열량을 회수하거나, 외기가 지닌 열량을 제거하여 공조기에 공급하는 장치이다.

② 공기와 공기 간의 열교환기로서 현열, 잠열 교환이 모두 가능하다.

③ 윗부분(외기 급기)과 아랫부분(배기)으로 나뉘어져 각각 덕트에 접속된다.

④ 전열교환으로 공조기 용량을 줄일 수 있어, 공기방식의 중앙공조시스템이나 공장 등 대규모 공간의 에너지회수용으로 쓰인다.

⑤ 전열교환기의 효율 : 외기와 환기의 최대 엔탈피 차에 대한 실제 전열 엔탈피 차의 비로 나타낸다.

$$\text{효율 } \mu = \frac{\text{급기 엔탈피} - \text{외기 엔탈피}}{\text{환기 엔탈피} - \text{외기 엔탈피}} = \frac{X_2 - X_1}{X_3 - X_1}$$

4. 송풍기 및 펌프

(1) 송풍기

① 종류
- ㉠ 원심형 송풍기
    - ⓐ 다익형 : 국소 통풍, 저속 덕트, 에어 커튼용
    - ⓑ 터보형 : 보일러, 압입 회전, 고속 회전용
    - ⓒ 익형 : 냉각탑 냉각팬, 고속 덕트용
    - ⓓ 리미트 로드형 : 공업용 배풍
- ㉡ 축류형 송풍기 : 프로펠러형, 튜브형, 베인형
- ㉢ 관류형 송풍기

② 송풍기 크기
- ㉠ 원심 송풍기 번호

$$\text{No} = \frac{\text{회전날개의 지름(mm)}}{150(\text{mm})} (\#)$$

- ㉡ 축류 송풍기 번호

$$\text{No} = \frac{\text{회전날개의 지름(mm)}}{100(\text{mm})} (\#)$$

③ 송풍기의 상사법칙
- ㉠ 송풍기 회전수(N)의 변화(공기 비중 일정, 같은 덕트 장치에서)
    - ⓐ 풍량(Q)은 회전수에 비례한다. $Q_2 = \dfrac{N_2}{N_1} \times Q_1$
    - ⓑ 압력(P)은 회전수비의 제곱에 비례한다. $P_2 = (\dfrac{N_2}{N_1})^2 \times P_1$
    - ⓒ 동력(L)은 회전수비의 세제곱에 비례한다. $L_2 = (\dfrac{N_2}{N_1})^3 \times L_1$
- ㉡ 송풍기 크기(D)의 변화(회전수 일정)
    - ⓐ 풍량(Q)은 송풍기 크기비의 세제곱에 비례한다. $Q_2 = (\dfrac{D_2}{D_1})^3 \times Q_1$

ⓑ 압력(P)은 송풍기 크기비의 제곱에 비례한다. $P_2 = (\frac{D_2}{D_1})^2 \times P_1$

ⓒ 동력(L)은 송풍기 크기비의 다섯 제곱에 비례한다. $L_2 = (\frac{D_2}{D_1})^5 \times L_1$

④ 송풍기 특성 곡선
㉠ 송풍기의 특성을 표현하기 위해 일정회전수에서 가로축을 풍량, 세로축을 전압, 정압, 축동력, 효율로 놓고 풍량에 따라 이들의 변화를 나타낸 것이다.
㉡ 서징 영역 : 정압 곡선의 좌하향 영역. 압력이 주기적으로 변동하여 송풍기 운전상태가 불안정해진다.
㉢ 오버로드 : 풍량이 한계 이상에 도달하여 동압이 급증하고 압력과 효율은 낮아지는 영역

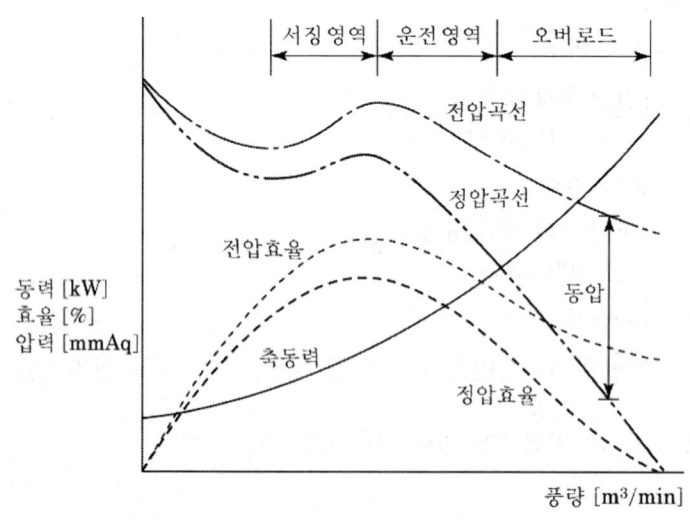

[다익형 송풍기의 특성 곡선]

(2) 펌프

① 제원
㉠ 펌프의 구경 $d = \sqrt{\frac{Q}{v}}$

㉡ 펌프의 축동력 = $\frac{WQH}{6120E}$ [kW]

ⓒ 펌프의 축마력= $\dfrac{WQH}{4500E}$ [PS]

Q : 양수량[m³/min]

V : 유속[m/s]

W : 물의 단위중량(1000kgf/m³)

H : 전양정[m]

E : 효율[%]

② 양정

ⓐ 전양정=흡입양정+토출양정+관내마찰손실수두(+속도수두)

ⓑ 실양정=흡입양정+토출양정

③ 펌프 특성 곡선(pump characteristic curve)

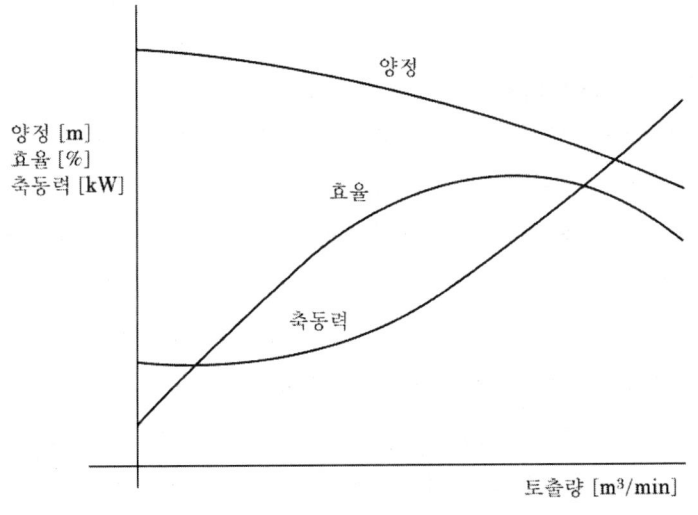

[펌프 특성 곡선]

ⓐ 가로축에 토출량, 세로축에 펌프효율·전양정·축동력 등을 나타낸 곡선

ⓑ 일정 회전수에서의 펌프 성능을 나타낸다.

ⓒ 특성 곡선의 형태는 비속도(펌프의 최고 효율점에서 수치로 계산되는 값)에 의해 대략적으로 정해지므로, 펌프 선정은 이 비속도에 따른 펌프 특성의 변화를 주의해야 한다.

④ 펌프의 상사법칙

㉠ 유량은 회전수 변화에 비례한다. $\dfrac{Q'}{Q} = \left(\dfrac{N'}{N}\right)$

㉡ 양정은 회전수 변화의 제곱에 비례한다. $\dfrac{H'}{H} = \left(\dfrac{N'}{N}\right)^2$

㉢ 축동력은 회전수 변화의 세제곱에 비례한다. $\dfrac{P'}{P} = \left(\dfrac{N'}{N}\right)^3$

핵심 포인트

어떤 펌프의 회전수가 1000rpm일 때 축동력은 10kW이었다. 이 펌프의 회전수를 1200rpm으로 증가시켰을 경우 축동력은 얼마인가? [2015년 3월 출제]
[풀이] 축동력은 펌프 회전수의 세제곱에 비례하므로

축동력 $= 10 \times \left(\dfrac{1200}{1000}\right)^3 = 17.28\text{kW}$

⑤ 캐비테이션(cavatation)
  ㉠ 펌프에 유입된 물 속 기포가 압력을 받아 붕괴되며 발생하는 충격파로 인해 임펠러나 케이싱 등을 파손시키는 현상
  ㉡ 비정상적인 소음과 진동이 발생하며 펌프의 유량, 양정, 효율 또한 저하된다.
  ㉢ 방지책
    ⓐ 유체 온도를 낮추고, 필요 이상 양정을 두지 않는다.
    ⓑ 펌프의 유효흡입양정(NPSH, Net Positive Suction Head)을 낮춘다.
    ⓒ 흡입구의 압력을 흡입구의 포화증기압 이상으로 유지시킨다.
    ⓓ 2대 이상 펌프를 사용하고, 규정회전수 이내에서 운전한다.

⑥ 유효흡입양정(NPSH, Net Positive Suction Head)
  ㉠ 펌프 흡입구에서 물의 압력과 그 수온에 해당하는 포화증기압과의 차를 수두로 나타낸 것이다.
  ㉡ 캐비테이션이 일어나지 않는 흡입양정이다.
  ㉢ 설치로 얻어지는 NPSH는 펌프 자체 NPSH보다 커야 한다.
  ㉣ 계산
    $\text{NPSH} = H_{ap} \pm H_s - H_f - H_{vp}$

H_{ap} : 흡수면에 작용하는 압력수두[표준대기압 10.33m]

H_s : 흡입 실양정. 펌프가 수면보다 높으면 (-), 낮으면 (+)[m]

H_f : 흡입관 내 마찰손실수두[m]

H_{vp} : 온도에 따른 물의 포화증기압 압력수두[m]

5. 냉동기 및 냉각탑

(1) 냉동기

① 압축식 냉동기

  ㉠ 순환 : 압축기 → 응축기 → 팽창밸브 → 증발기

  ㉡ 구성

    ⓐ 압축기 : 증발기에서 유입된 저온·저압의 냉매 가스를 응축·액화하기 쉽도록 압축한 후 응축기로 보낸다.

    ⓑ 응축기 : 고온·고압의 냉매액을 공기 또는 물에 접촉하여 응축·액화시킨다.

    ⓒ 팽창밸브 : 고온·고압의 냉매액을 증발기에서 증발하기 쉽도록 저온·저압으로 팽창시킨다.

    ⓓ 증발기 : 팽창밸브를 통과한 저온·저압의 냉매가 실내공기로부터 열을 흡수하여 증발함으로써 냉동이 이루어진다.

  ㉢ 특징

    ⓐ 운전이 용이하고 초기 설비비가 적게 든다.

    ⓑ 소음이 크고, 전기가 구동에너지이므로 전력소비가 많다.

② 흡수식 냉동기

  ㉠ 순환 : 증발기 → 흡수기 → 발생기 → 응축기

  ㉡ 원리

    ⓐ 증발기 내에서 냉수로부터 열을 흡수하고, 증발한 물은 수증기가 되어 흡수기로 들어간다.

    ⓑ 흡수기는 염수 용액으로 수증기를 흡수하고, 희석 용액은 냉각수에 의해 냉각되어 발생기로 보내진다.

    ⓒ 발생기 내에서 고온수나 고압 증기로 인해 가열된 희석 용액 중 수증기는 응축

기로 보내지고, 진한 용액은 다시 흡수기로 돌아간다.

ⓓ 발생기에서 유입된 수증기는 저압의 응축기에서 물로 응축되어 증발기로 들어간다.

ⓒ 특징

ⓐ 증기나 고온수를 구동력으로 한다.(전력소비는 압축식의 1/3)

ⓑ 진동 및 소음이 적다.

ⓒ 증기보일러가 필요하다.

2중 효용 흡수식 냉동기

- 고온발생기와 저온발생기가 있어 단식보다 효율이 높다.
- 증기보일러와 연동하여 구동한다.(냉매증기=수증기)
- 냉동 사이클 : 증발기 - 흡수기 - 발생기(고온, 저온) - 응축기

③ 성적계수(COP, coefficient of performance)

㉠ 냉동기, 에어컨, 열펌프 등 온도를 낮추거나 올리는 기구의 효율을 나타내는 척도이다.

㉡ 투입된 일의 양 대비 뽑아내거나 공급한 열량의 비로 정의된다.

㉢ 열펌프와 같이 온도를 올리는 기구는 난방 성능 계수라 하며 COP_h라 표기하며, 냉동기 등 온도를 낮추는 기구는 냉방 성능 계수라 하며 COP_c라고 표기하기도 한다.

ⓐ 냉동기의 성적계수(COP_c) = $\dfrac{냉동효과(q)}{압축일(AL)}$ = $\dfrac{냉동능력}{소요능력}$

ⓑ 열펌프의 성적계수(COP_h) = $\dfrac{응축기\ 방출열량}{압축일}$ = $\dfrac{q+AL}{AL}$
= $\dfrac{q}{AL}+1$ = COP_c+1

- 저온 쪽에서 흡수되는 열량(q)보다 고온쪽에서 방출하는 열량(Q)이 더 크다. $Q=q+AL$
- 열펌프의 COP_h는 냉동기의 COP_c보다 1만큼 크다.

④ 열펌프(heat pump)
　㉠ 저온의 열원으로부터 열을 흡수하여 고온의 열원에 열을 주는 장치
　㉡ 냉동기 등을 사용 시 저온물체에서 열을 빼내어 고온물체에 방출할 수 있다.
　㉢ 낮은 곳에서 높은 곳으로 물을 끌어올리는 펌프처럼, 열기관 사이클을 반대로 작용시켜 열을 이동시키는 것을 총칭해서 열펌프라 하며 냉각·가열 어느 쪽도 작동할 수 있다.
　㉣ 열펌프 원리에 의해 냉난방 장치는 냉매계통의 절환을 통해 여름에는 물을 배열원으로 하여 냉방에, 겨울에는 같은 물을 흡열원으로 하여 난방에 쓸 수 있다.

⑤ 빙축열 시스템
　㉠ 저렴한 심야 전력을 이용하여 전기에너지를 얼음 등으로 저장했다가, 얼음의 용해열(335kJ/kg)을 주간의 냉방으로 이용하는 시스템
　㉡ 전력 불균형을 해소하고 적은 비용으로 냉방을 이용할 수 있다.
　㉢ 냉동기 및 열원설비의 용량을 줄일 수 있고, 축열로 안정적인 열공급이 가능하다.

(2) 냉각탑

① 개요
　㉠ 응축기에서 냉각수가 빼앗은 열량을 냉각시킨다.
　㉡ 공랭식 : 소용량에 사용된다.(실외기)
　㉢ 수냉식
　　ⓐ 대향류식 : 공기를 아래에서 위로 흐르게 한다. 분무식과 충전식(흡입식, 압입식)이 있다.
　　ⓑ 직교류식 : 공기를 수류와 직각으로 흐르게 한다. 편측, 양측 흡입식이 있다.

② 개방상태별 분류
　㉠ 개방식 : 냉각수가 냉각탑 내에서 대기에 노출되는 방식. 공기조화에서 가장 많이 쓰인다.
　㉡ 폐쇄식 : 냉각수 배관이 밀폐된 방식. 폐회로 수열원 열펌프 방식과 같이 냉각수배관이 길고, 건축물 내에 널리 분포되어 있는 경우에 사용한다.

③ 설치 장소
　㉠ 충분한 통풍이 확보되고, 급기와 흡기가 섞이지 않는 곳이어야 한다.

ⓒ 굴뚝 및 주방의 배기 등으로 냉각수가 오염되지 않아야 한다.
ⓓ 기계식은 소음이 생기므로 주변 환경을 고려한다.
ⓔ 냉각탑에서 비산된 물방울이 주변에 떨어지므로, 통행로와의 거리와 풍향을 고려한다.
ⓕ 주위 조형물 등과의 관계를 고려한다.

④ 냉각탑의 순환수량

$$Q_w = \frac{Hcr}{60C\Delta t} [l/\min]$$

H_{cr} : 냉동기 용량[kJ/h]
C : 비열[4.19kJ/kg · K]
Δt : 냉각수의 냉각탑 출입구 온도차[℃]

냉각탑의 어프로치(approach)

냉각탑 순환수의 출구 수온(외기 습구온도)과 냉각공기 입구의 습구 온도와의 차이를 말한다. 일반적으로 5℃ 정도가 어프로치의 표준이다.

3.3 배관설비

1. 배관

(1) 강관

① 연관, 주철관보다 경량이며, 굴곡 및 접합성이 좋고, 인장강도가 크다.
② 부식으로 인해 내구연한은 짧은 편이다.
③ 강관 표시 기호

SPPS	압력배관용 탄소강관
SPPH	고압배관용 탄소강관
SPLT	저온배관용 강관

SPHT	고온배관용 탄소강관
SPPW	수도용 강관

(2) 주철관
① 가격이 저렴하고 내구성, 내압성, 내식성이 크다.
② 충격 및 인장강도는 다소 약하다.
③ 상수도용 급수관, 위생배관, 가스배관, 화학공업용 배관 등에 많이 쓰인다.

(3) 동관
① 내식성이 크고 가공성 및 전연성이 좋다.
② 전기 및 열전도율이 높아서 전기재료, 열교환기, 냉난방용, 급수관, 급탕관 등에 널리 사용된다.

(4) 연관
① 유연성이 좋고 가공이 쉽다.
② 과거부터 많이 사용되어 왔으나 납의 용출문제로 인하여 사용이 제한적이다.
③ 알칼리 이외에는 내식성이 크고 절연성이 좋다.
④ 중량이 크고 고가이며 외력에 의해 파손이 쉬운 것이 단점이다.
⑤ 굴곡이 많은 수도 인입관, 기구 배수관, 가스 배관, 화학 공업 배관 등에 쓰인다.

(5) 경질 비닐관(PVC관)
① 열팽창률은 크지만, 마찰손실이 적고 경량이며 부식성이 좋다.
② 급배수관이나 통기관 등에 널리 쓰이지만 급탕이나 증기배관으로는 부적당하다.

(6) 콘크리트관
① 해수수송관, 배수관, 모래운반관에 쓰인다.
② 대체로 철근이 들어있어 압력을 견디는 하수관, 송수관 등에 쓰인다.

(7) STS관
① KS D3706 등에서 규정한 스테인리스 규격 배관

② 부식에 강하고 인장강도가 높으며 마찰손실이 적다.
③ 급수 및 급탕배관으로 최근 널리 쓰이는 추세

2. 밸브

(1) 밸브 및 이음쇠

① 밸브의 종류
  ㉠ 슬루스 밸브
    ⓐ 게이트 밸브라고도 한다.
    ⓑ 밸브를 완전히 열면 유체 흐름의 단면적 변화가 없기 때문에 마찰 저항이 적어서 흐름의 단속용으로 사용된다.
    ⓒ 유량 조절용으로는 사용이 곤란하다.
  ㉡ 글로브 밸브
    ⓐ 스톱 밸브라고도 한다.
    ⓑ 유로를 폐쇄하거나 유량 조절에 쓰인다.
    ⓒ 밸브를 완전히 열면 단면적 변화가 커서 마찰저항이 크다.
  ㉢ 체크 밸브
    ⓐ 유체를 일정 방향으로 흐르게 하고, 역류를 방지하기 위한 밸브
    ⓑ 종류
      • 풋형 : 펌프 흡입관 선단의 여과기와 체크 밸브를 조합한 것. 개방식 배관의 펌프 흡입관 선단에 부착하여, 펌프 운전 중은 물론이며 정지 시에도 흡입관 내부를 만수상태로 유지시킨다.
      • 리프트형 : 글로브 밸브와 같은 밸브 시트의 구조로서 유체 압력에 의해 밸브가 수직으로 올라가도록 되어 있다.
      • 스윙형 : 시트의 고정핀을 축으로 회전하여 개폐된다. 유수에 대한 마찰저항이 적으며 수평 및 수직배관 모두에 쓰인다.
  ㉣ 앵글 밸브 : 유체의 흐름방향을 90° 전환시키는 밸브
  ㉤ 플러그 콕 : 90° 회전하여 개폐되는 밸브. 배관 내 유량을 일정하게 조정할 때 사용한다.

ⓑ 조정 밸브

  ⓐ 볼탭 : 탱크 급액구에 장착하여 유량을 자동조절한다.

  ⓑ 감압 밸브 : 고압 배관과 저압 배관 사이에 설치하여 압력을 제어한다.

  ⓒ 안전 밸브 : 보일러 등의 압력 용기와 고압 유체를 취급하는 배관에 설치하여, 압력이 한도에 도달하면 외부로 자동 배출시켜 관이나 용기 내부의 압력을 유지시킨다.

  ⓓ 온도 조절 밸브 : 온도변화에 의한 벨로즈의 변화로 개폐를 통한 유량조절을 한다.

  ⓔ 스트레이너 : 관내 유체에 섞인 불순물을 제거한다.

② 이음쇠의 종류

 ㉠ 배관 굴곡부(방향 전환) : 엘보우, 벤드

 ㉡ 직선배관의 접합(동일 관경) : 소켓, 플랜지, 유니언

 ㉢ 분기관 연결 : T, 크로스, Y

 ㉣ 관경이 다른 배관 접합 : 리듀서, 부싱, 이경 소켓, 이경 엘보, 이경 T

 ㉤ 배관 말단부 : 플러그, 캡

(2) 배관 설계

① 유량 및 유속

 ㉠ 관경이 $d[\text{m}]$일 때, 관의 단면적 $A[\text{m}^2] = \dfrac{\pi d^2}{4}$

 ㉡ 유량 $Q = Av$

 ㉢ 유속 $v = \dfrac{Q}{A} = \dfrac{Q}{\dfrac{\pi d^2}{4}}$

② 배관의 마찰손실

 ㉠ 배관의 마찰손실수두 $H_f = \lambda \cdot \dfrac{\ell}{d} \cdot \dfrac{v^2}{2g}[\text{mAq}]$

 ㉡ 배관의 마찰손실압력 $P_f = \lambda \cdot \dfrac{\ell}{d} \cdot \rho \dfrac{v^2}{2}[\text{Pa}]$

   λ : 관 마찰계수, l : 직관 길이[m]

d : 배관 내경[m], g : 중력가속도(9.8m/sec^2)
v : 관내 유속[m/s] ρ : 물의 밀도(1,000kg/m^3)

③ 전수두=위치압력수두(mAq)+관내압력수두(mAq)+속도수두($\frac{v^2}{2g}$)

3. 기기주변

(1) 증기난방용 배관 및 부속기기

① 증기 트랩
　㉠ 방열기 환수부 또는 증기 배관의 말단에 부착하여 증기관 내에 생긴 응축수를 보일러로 환수시키는 장치이다.
　㉡ 종류
　　ⓐ 버킷 트랩 : 응축수의 부력을 이용하는 기계식 트랩. 주로 고압증기의 관말 트랩이나 증기를 사용하는 세탁기, 탕비기 등에 쓰인다.
　　ⓑ 플로트 트랩 : 저압 증기용 기기 부속 트랩으로 다량의 응축수를 처리하기 위해 사용한다.
　　ⓒ 벨로즈 트랩 : 증기와 응축수 사이의 온도차를 이용하는 온도 조절식 증기 트랩의 일종. 관내 응축수 배출을 위해 사용한다.
　　ⓓ 기타 : 방열기 트랩, 충격 증기 트랩

② 리프트 이음(Lift fitting, Lift joint)
　㉠ 진공환수식 증기난방에서 환수관에 응축수를 끌어올리기 위해 사용한다.
　㉡ 환수관을 부득이하게 방열기보다 높은 곳에 배관해야 하거나 환수주관보다 높은 위치에 진공펌프를 설치해야 할 때 적용한다.
　㉢ 저압인 경우 1단에 1.5m 이내, 고압인 경우 증기관과 환수관 압력차 1kg/cm^2 (0.1MPa)마다 5m 정도 끌어올린다.

③ 감압 밸브
　㉠ 고압배관과 저압배관 사이에 설치하여 증기를 감압 공급한다.
　㉡ 1.0MPa 이하에서 사용한다.

(2) 온수난방용 배관 및 부속기기

① 팽창탱크 : 개방식, 밀폐식
② 순환펌프 : 환수주관의 보일러측 말단에 설치
③ 리턴 콕 : 온수 유량 조절 밸브

4. 배관방식

(1) 개방·밀폐회로

① 개방회로 배관
　㉠ 물의 순환경로가 대기 중의 수조에 개방되어 있는 회로
　㉡ 순환펌프의 양정 계산 시, 물탱크에서 배관 최상단까지의 수두를 계산해야 한다.
　㉢ 환수관에서 사이폰 현상, 진동, 소음 등이 발생할 우려가 있다.
　㉣ 관경이 밀폐형보다 커지므로 설비비가 높다.
　㉤ 밀폐형보다 배관의 부식 가능성이 높다.

② 밀폐회로 배관
　㉠ 물의 순환경로가 밀폐된 회로
　㉡ 팽창탱크를 반드시 설치하여 초과 압력을 흡수할 수 있도록 한다.
　㉢ 안정된 수류를 얻을 수 있고, 배관의 부식이 적다.
　㉣ 관경이 작아지므로 설비비가 감소된다.

(2) 환수방식

① 직접환수방식
　각 유닛으로 열매를 순환시키는 모든 배관을 최단 경로가 되도록 배관하는 방식

② 역환수방식(reverse return system)
　하나의 배관 계통에 다수의 열교환기를 취부하면 각각의 배관 길이가 다르므로, 환수관을 가장 먼 기기까지 가지고 간 후 반복하여 환수관을 원래 방향으로 되돌림으로써 각 기기의 배관저항이 균형을 맞추고 온수의 유량분배를 균일하게 한다. 배관 길이가 길어지므로 설비 비용이 증가하고 배관이 차지하는 공간도 커진다.

(3) 배관 개수

① 단관식

　㉠ 1개 배관으로 공급관과 환수관을 겸한다.

　㉡ 비용이 적게 들고 공사도 간단하지만, 개별 제어는 어렵다.

　㉢ 급탕용, 소규모 난방용으로 쓰인다.

② 2관식

　㉠ 공급관과 환수관을 따로 두는 방식

　㉡ 가장 보편적으로 쓰인다.

③ 3관식

　㉠ 공급관은 온수관과 냉수관을 따로 두고 1개의 환수관으로 구성된다.

　㉡ 개별 제어가 가능하고 부하변동에 대한 대응이 빠르다.

　㉢ 환수관이 하나 뿐이어서 온수와 냉수의 혼합 손실이 발생한다.

　㉣ 배관공사가 2관식보다 복잡하다.

④ 4관식

　㉠ 공급관과 환수관 모두 온수, 냉수로 구분하는 방식

　㉡ 혼합 손실이 없으므로 개별 제어와 부하 변동에 대한 응답이 가장 좋다.

　㉢ 배관공사가 가장 복잡하고 비용도 크다.

(4) 부식

① 배관 부식의 원인 : 관의 재질, 유체온도, 화학적 성질, 금속이온화, 이종금속접촉, 전식, 용존산소

② 부식 방지대책 : 동일한 배관재료 선정, 약제로 용존산소 제거, 방식제 사용, 급수의 물리화학적 처리 등

4. 덕트 및 환기·배연 설비

4.1 덕트

1. 개요

(1) 분류

① 속도별 분류
- ㉠ 저속 덕트
  - ⓐ 15m/s 이하. 소음이 적다.
  - ⓑ 굴곡부 내면에 흡음재를 사용한다.
- ㉡ 고속 덕트
  - ⓐ 16m/s 이상. 되도록이면 원형 단면을 쓴다.
  - ⓑ 소음 및 진동이 커서 조치가 필요하다.
  - ⓒ 덕트 스페이스는 작아도 된다.(저속의 1/7~1/8)

② 형상별 분류
- ㉠ 장방형 덕트
  - ⓐ 공간 제약에 따라 종횡 치수를 조절할 수 있다.
  - ⓑ 강도는 약해서 저압 덕트에 사용한다.
- ㉡ 원형 덕트
  - ⓐ 강도는 높지만 공간적 제한이 있다.
  - ⓑ 고속 덕트에 쓰인다.

③ 배치방식
- ㉠ 개별 덕트식 : 취출구마다 덕트를 단독 설치하는 방식. 풍량 조절이 용이하나 설비비가 비싸고 공간차지가 크다.
- ㉡ 간선 덕트식 : 가장 간단한 방식으로 설비비가 저렴하고 덕트 공간이 작다.
- ㉢ 환상 덕트식 : 덕트 끝을 연결하여 루프를 만드는 형식. 말단 취출구 압력조절이 용이하다.

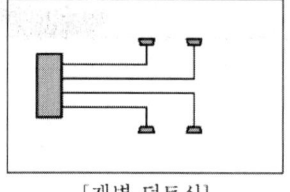
[개별 덕트식]
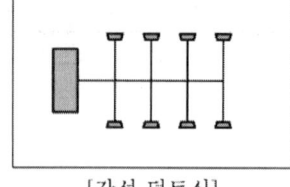
[간선 덕트식]
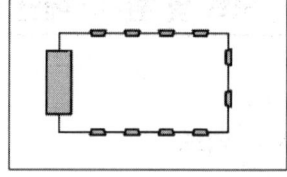
[환상 덕트식]

(2) 덕트 부속품

① 풍량조절 댐퍼

    ㉠ 단익 댐퍼 : 소형 덕트용

    ㉡ 다익 댐퍼 : 2개 이상의 날개를 가진 댐퍼. 대형 덕트에 사용하며 평행 익형과 대향 익형이 있다.

    ㉢ 스플릿 댐퍼 : 덕트 분기부에 설치하는 댐퍼. 구조가 간단하고 메인 덕트의 압력강하가 적지만, 정밀한 풍량조절은 불가능하다.

    ㉣ 슬라이드 댐퍼 : 전체 개폐가 되는 댐퍼

    ㉤ 클로스 댐퍼 : 기류의 발생소음을 줄이고 방향을 조절하는 댐퍼

② 방화 댐퍼

    ㉠ 불꽃·연기 등을 차단하기 위해 덕트 내에 설치하는 댐퍼

    ㉡ 덕트가 방화 구획을 관통하는 부근에 설치된다.

    ㉢ 온도가 상승하면 퓨즈가 녹아서 자동적으로 닫는다.

③ 스모크 댐퍼 : 고층 건물 등에서 화재 발생 시 비상구를 통해 탈출하는 사람들의 질식을 방지하기 위해, 급기 또는 배기 덕트에 설치하여 통과기류를 통제하는 댐퍼

④ 가이드 베인 : 덕트 내 굴곡부의 기류를 안정시켜 저항을 줄이는 장치

(3) 소음방지

① 덕트 도중, 댐퍼 취출구에 흡음재를 붙인다.

② 적절한 위치에 흡음장치를 설치한다.

③ 송풍기 출구 부근에 플리넘 체임버를 설치한다.

플리넘 체임버(plenum chamber)

덕트를 부풀게 한 상자 형태의 소구획실을 말한다. 덕트 또는 송풍기 등과 연결되며, 구획실의 공기압은 덕트 내 보다 낮게 되어 있다.

2. 덕트 설계

(1) 덕트 설계 방식

① 등속법
  ㉠ 덕트 내 풍속을 일정한 것으로 가정하고 공기량을 이용하여 마찰저항과 덕트 크기를 결정하는 방법
  ㉡ 분진이나 산업용 분말을 배출시키는 곳에 적용하며, 일반 공조 덕트에서는 잘 쓰지 않는다.

② 정압법
  ㉠ 등압법, 등마찰손실법이라고도 한다.
  ㉡ 덕트의 단위길이당 마찰저항을 일정하게 하고 덕트 단면을 결정한다.
  ㉢ 가장 많이 사용되지만, 각 취출구의 압력이 달라 정확한 풍향취득은 어렵다.

③ 정압 재취득법
  ㉠ 덕트 내의 분기점이나 배출구에서의 풍속 감소로 정압 재취득에 의한 상승 정압을 다음의 손실 압력에 충당하여 전계통의 정압이 똑같이 되도록 하여 일정한 공기 분배를 얻도록 설계하는 방법이다.
  ㉡ 덕트 각 부의 국부저항은 전압 기준에 의해 손실계수를 이용하여 구하고 각 취출구까지의 전압력 손실이 같아지도록 덕트 단면치수를 결정한다.
  ㉢ 정압법에 비해 송풍기 동력절약이 가능하여 풍량 밸런싱이 좋다.
  ㉣ 각 취출구의 댐퍼에 의한 조절 없이 설계 취출 풍량을 얻을 수 있으나, 저속 덕트의 경우에는 압력이 적어 덕트 치수를 크게 해야 하므로 비합리적이다.

(2) 정압과 동압

① 동압(P_v)
  ㉠ 공기 흐름이 있을 때 흐르는 방향의 속도에 의해 생기는 압력

ⓒ 계산

$$P_v = \frac{v^2}{2}p = \frac{v^2}{2g}\gamma$$

  v : 관내유속[m/s]

  p : 공기의 밀도[1.2kg/m³]

  g : 중력가속도[9.8m/sec²]

  γ : 공기 비중량[1.2kg/m³]

② 정압(P_s) : 공기 흐름이 없고 덕트 한 쪽 끝이 대기에 개방된 상태의 압력. 덕트 단면적을 확대시킬수록 정압은 증가한다.

③ 전압(P_t) : 정압과 동압의 합계

④ 덕트의 마찰손실(길이 1m 직관)

$$\Delta P = \lambda \cdot \frac{\ell}{d} \cdot \frac{v^2}{2g} \cdot \gamma \,[\text{mmAq}] = \lambda \cdot \frac{\ell}{d} \cdot \frac{v^2}{2} \cdot \rho \,[\text{Pa}]$$

  λ : 관 마찰계수 ℓ : 직관 길이[m]

  d : 덕트 내경[m] v : 관내 평균 풍속[m/s]

  g : 중력가속도[9.8m/sec²] γ : 공기 비중량[1.2kg/m³]

  ρ : 공기의 밀도[1.2kg/m³]

⑤ 국부저항에 의한 압력손실

$$\Delta Pd = \xi \frac{v^2}{2}\gamma \,[\text{mmAq}] = \xi \frac{v^2}{2}\rho \,[\text{Pa}]$$

  ξ : 국부저항계수 v : 공기 속도[m/s]

  g : 중력가속도[9.8m/sec²] γ : 공기 비중량[1.2kg/m³]

  ρ : 공기의 밀도[1.2kg/m³]

⑥ 원형 덕트(de)에서 장방형 덕트로의 환산식

$$de = 1.3 \left[\frac{(a \times b)^5}{(a+b)^2}\right]^{\frac{1}{8}}$$

  de : 원형 덕트의 직경 또는 환산직경

  a : 장방형 덕트의 장변길이 b : 장방형 덕트의 단변길이

> **아스펙트비**
>
> 덕트 흡출구의 종횡비($\frac{a}{b}$)

⑦ 덕트의 송풍량 계산

$$Q = \frac{q_s}{\gamma \cdot C \cdot \Delta T}$$

q_s : 현열부하[kJ/h] γ : 공기 비중량[1.2kg/m³]
C : 공기의 정압비열[1.01kJ/kg·K]
ΔT : 온도변화[℃]

3. 취출구

(1) 도달거리와 확산

① 도달거리
  ㉠ 최대 도달거리 : 취출구로부터 기류의 중심속도가 0.25m/s로 되는 곳까지의 수평거리
  ㉡ 최소 도달거리 : 취출구로부터 기류의 중심속도가 0.5m/s로 되는 곳까지의 수평거리

② 확산(천장 취출 시)
  ㉠ 최대 확산반경 : 거주영역에서 평균풍속 0.1~0.125m/s인 최대 단면적의 반경
  ㉡ 최소 확산반경 : 거주영역에서 평균풍속 0.125~0.25m/s인 최대 단면적의 반경

(2) 취출구의 종류

① 캄 라인(calm line)형 취출구
  ㉠ 종횡비가 큰 취출구로, 안에 든 디플렉터가 정류작용을 하는데, 흡인용일 때는 이를 제거한다.
  ㉡ 외부 존과 내부 존에 모두 적용되며, 출입구 부근의 에어 커튼용으로도 적합하다.

② 노즐(nozzle)형 취출구
  ㉠ 구조가 간단하고 도달거리가 긴 취출구로 소음발생이 적다.

　　ⓒ 극장, 로비, 스튜디오 등에서 사용된다.
③ 아네모스탯(annemostat)형 취출구
　　㉠ 다수의 뿔형 날개를 층상으로 포개고, 그 틈새로 공기를 취출하는 형식
　　ⓒ 1차 공기에 의한 2차 공기의 유인성능이 좋고 풍속의 조절범위가 넓다.
　　ⓒ 취출풍속과 확산반경이 크고 도달거리가 짧기 때문에 천장 취출구로 많이 사용된다.
④ 브리즈 라인형 취출구
　　㉠ 길이가 1~2m, 폭이 약 50mm인 가늘고 긴 선형의 취출구
　　ⓒ 천장에 설치하여 기류를 수직으로 하강시키고, 내부날개에 경사를 주면 기류에 약간의 각도가 만들어진다.
⑤ 그릴형 취출구
　　㉠ 저속 환기용 취출구 및 흡입구에 주로 사용된다.
　　ⓒ 풍량 조절이 불가능하다.
⑥ 기타
　　㉠ 라이트 트로퍼(light troffer)형 취출구 : 양 취출구 가운데에 형광등을 갖춘 형태
　　ⓒ 팬형 취출구 : 아네모스탯형과 거의 같지만 도달거리는 길고 유인성은 떨어진다.

4.2 환기 · 배연설비

1. 환기 구분

(1) 자연환기

① 풍력환기(바람에 의한 환기)
　　㉠ 자연풍이 건물에 부딪치는 기류에 의한 환기
　　ⓒ 풍압차가 커지면 환기량은 증가하며 창문이 닫혀 있는 경우에도 극간풍에 의한 환기가 일어날 수 있다.
② 중력환기(온도차에 의한 환기)
　　㉠ 실내와 실외의 온도 차이에 의해 공기밀도가 달라서 환기가 일어난다.

ⓒ 실내에서는 천장부분의 차가운 공기의 밀도가 작고 바닥부분의 따뜻한 공기의 밀도가 커서 대류가 일어난다.

- 굴뚝효과(stack effect : 연돌 효과) : 실 외벽에 개구부가 있으면 실내 공기는 위쪽으로 나가고 실외 공기는 아래로 유입되는 현상
- 중성대 : 실내외 압력차가 0인 영역(공기의 유출입이 없는 면)

(2) 기계환기

① 제1종(병용식) : 설비비, 운전비가 비싸지만 실내외의 압력을 자유로이 조정할 수 있어 가장 좋은 방식이다.

② 제2종(압입식) : 실내 압력이 정압(+)이 된다. 다른 실에서의 공기 침입이 없어야 하는 곳에 사용한다.

③ 제3종(흡출식) : 실내 압력이 부압(-)이 된다. 실내의 냄새나 유해 물질을 다른 실로 흘려보내지 않는다.

구 분	설 치 방 법	용 도
제1종 환기(병용식)	급기팬+배기팬	병원, 극장, 변전실
제2종 환기(압입식)	급기팬+자연배기	클린룸, 무균실, 반도체 공장
제3종 환기(흡출식)	자연급기+배기팬	화장실, 욕실, 주방, 흡연실

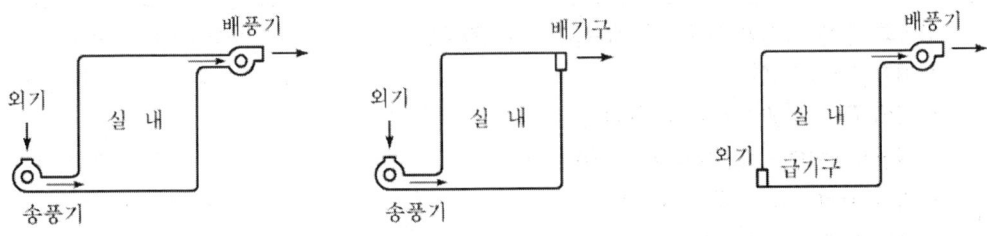

④ 영역에 따른 구분
  ㉠ 희석환기 : 실내 공기 전체를 신선한 외기로 대체하는 전체 환기방법
  ㉡ 국소환기 : 오염 기체가 실 전체로 확산되기 전에 오염원 발생 장소에서 배기하는

방법. 효율이 좋다.

2. 환기량 산출

(1) 환기횟수 산출

$N = \dfrac{Q}{V}$ [회/h]

Q : 환기량[m³/sec], $\qquad V$: 실의 용적[m³]

(2) 풍속에 의한 환기량

$Q = E \cdot A \cdot v$ [m³/h]

A : 유입구 면적[m²] $\qquad v$: 풍속[m/s]

E : 개구부의 효율

※ 바람이 개구부에 직각일 때 : 0.5~0.6

※ 개구부에 45° 경사진 바람일 때 : 직각일 때의 50%

(3) CO_2 농도에 따른 필요 환기량

$Q = \dfrac{K}{C - C_0}$

K : CO_2 발생량[m³/h] $\qquad C$: 실내허용농도[m³/m³]

C_0 : 신선외기의 CO_2 농도[m³/m³]

다음과 같은 조건의 사무실에 요구되는 환기량은? [기사 2020년 9월 출제]
- 재실인원 : 70인
- 실내 CO_2 허용농도 : 1000ppm
- 재실자 1인당 CO_2 발생량 : 0.02m³/h
- 외기 중의 CO_2 농도 : 0.03%

[풀이] 실내 CO_2 발생량 = 70인 × 0.02m³/h = 1.4m³/h

∴ 환기량 $Q = \dfrac{1.4}{0.001 - 0.0003} = 2000$ m³/h

※ 1ppm = 0.000001m³, 0.03% = 0.0003m³/m³

4편 소방 및 전기설비

1. 전기 기본사항

1.1 직류회로

1. 전압과 전류

(1) 전압(voltage)

① 전기회로에 전류를 흐르게 하는 능력(기전력)

② 도체 내에 있는 두 점 사이의 단위 전하당 전기적 위치에너지(전위)

③ $V = \dfrac{W}{Q}$ [V]

　　W : 일[J]　　　Q : 전하량[C]

(2) 전류(Electric Current)

① 전하의 흐름. 전위가 높은 곳에서 낮은 곳으로 전하가 연속적으로 이동하는 현상

② 전류는 (+)에서 (−)로 흐르고, 전자는 (−)에서 (+)로 이동한다.

③ $I = \dfrac{Q}{t}$ [A]

　　Q : 전하량[C]　　　t : 경과시간[sec]

④ 전류의 작용

　㉠ 발열작용 : 자유전자가 저항을 가진 도체 속을 이동하면 도체를 구성하는 금속원

자와 자유전자의 충돌로 인해 금속원자가 불규칙 진동을 하여 열이 발생한다. 이를 줄 열(Joule's heat)이라 한다.

ⓒ 화학작용 : 특정 용액에 전류를 통과할 때 화학변화가 일어나는 현상. 전기도금이나 전기분해 등에 이용된다.

ⓒ 자기작용 : 전류가 흐르면 자력이 발생하는 현상. 발전기, 변압기, 전동기 등은 이를 이용한 것이다.

(3) 전기량

① 물체가 가진 정전기의 양을 전하라 하며, 전하의 크기를 전하량[C]이라 한다.

② 쿨롱

ⓐ 1[A]의 전류가 1초간 흘렀을 때 1쿨롱이라 한다.

ⓑ 1[C]의 전하량은 전류[A]×시간[sec]이다.

ⓒ 1[C]의 전기량이 되기 위해서는 6.24×10^{18}개의 전자가 필요하다.

(4) 저항(Resistance)

① 전류가 흐르는 것을 막는 작용. 단위는 옴(Ω)

② 1Ω은 1V의 전압을 가했을 때, 1A의 전류가 흐르는 도체의 저항이다.

2. 주요 법칙 및 효과

(1) 옴의 법칙

2점 사이의 전압이 V[V], 전류가 I[A], 저항이 R[Ω]일 때 다음과 같다.

$V = IR$, $I = \dfrac{V}{R}$, $R = \dfrac{V}{I}$

(2) 키르히호프의 법칙

① 1법칙(전류 법칙) : 회로망 중 한 점에 들어오는 전류의 총합은, 흘러나가는 전류의 총합과 같다.

② 2법칙(전압 법칙) : 회로망 중 임의의 폐회로 내에서 일주방향에 따른 전압강하 총합은 기전력의 총합과 같다.

3. 접속과 저항

(1) 전선의 저항

① 저항의 크기는 도체의 길이에 비례하고 단면적에 반비례한다.

$$R = \rho \frac{l}{S}$$

ρ : 도선의 고유 저항, l : 도선의 길이[cm], S : 도선의 단면적[cm^2]

② 일반적인 금속은 온도가 높아지면 저항이 커진다.

(2) 합성저항

① 직렬접속

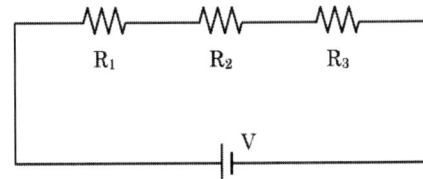

직렬 연결 합성저항
$R = R_1 + R_2 + R_3 \, [\Omega]$

② 병렬접속

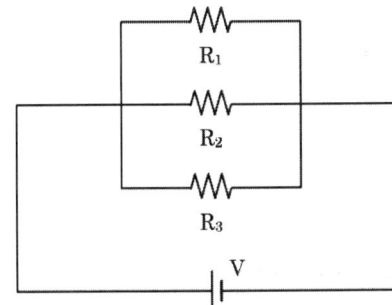

병렬 연결 합성저항
$$R = \frac{R_1 R_2 R_3}{R_1 + R_2 + R_3} [\Omega]$$

③ 전압 분배의 법칙(직렬접속 저항=전류 일정)

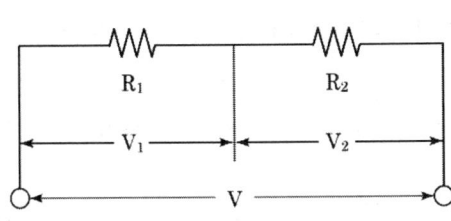

R_1에 걸린 전압 $V_1 = V \dfrac{R_1}{R_1 + R_2}$[V]

R_2에 걸린 전압 $V_2 = V \dfrac{R_2}{R_1 + R_2}$[V]

$V = V_1 + V_2$ [V]

$I = I_1 = I_2$ (일정)

④ 전류 분배의 법칙(병렬접속 저항=전압 일정)

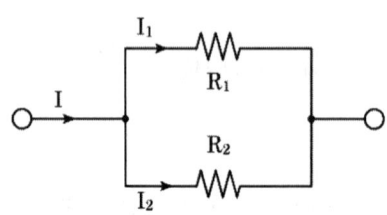

R_1에 흐르는 전류 $I_1 = I\dfrac{R_2}{R_1+R_2}$ [A]

R_2에 흐르는 전류 $I_2 = I\dfrac{R_1}{R_1+R_2}$ [A]

$I = I_1 + I_2$ [A]

$V = V_1 = V_2$ (일정)

(3) 줄의 법칙

저항 $R[\Omega]$의 도체에 전류 $I[A]$가 $t[\sec]$ 동안 흐를 때, 그 저항에 발생하는 열량은 다음과 같다.

$Q = 0.24IVt = 0.24I^2Rt = 0.24\dfrac{V}{R}t$ [cal]

(4) 전력

① 전력 : 전기가 단위 시간당 하는 일

$P = IV = I^2R = \dfrac{V^2}{R}$ [W]

② 전력량 : 전기가 특정 시간 동안 한 일의 총량

$W = P \cdot t = IVt$ [Wh]

(5) 기타

① 제백 효과(Seebeck effect)
  ㉠ 접촉하는 두 금속의 온도차에 의해 전력이 발생되는 현상
  ㉡ 열전쌍, 열전온도계 및 열반도체 감지기 등에 응용된다.

② 펠티어 효과
  ㉠ 어떤 물체의 양쪽에 전위차를 걸어 주면 전류와 함께 열이 흘러 양쪽 끝에 온도차가 생기는 현상
  ㉡ 전류를 흘리면 온도차가 생겨 한쪽은 가열되고 다른 쪽은 냉각된다.

서로 맞대응하는 두 효과를 묶어 제백-펠티어 효과라 부르며 열전효과라 약칭한다.

1.2 교류회로

1. 기본 사항

(1) 주파수 · 주기 · 각속도

① 각속도(angular velocity)
  ㉠ 어떤 물체가 원을 그리며 일정속도로 운동할 때 1초 동안 회전한 각도
  ㉡ 기호는 ω, 단위는 [rad/s]를 사용한다.

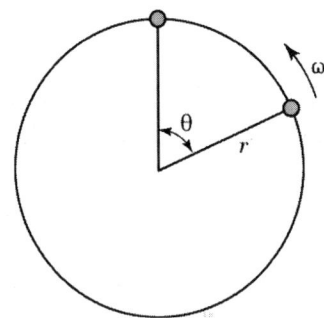

  ㉢ t[s] 동안 θ[rad]만큼 회전했을 때의 각속도 $\omega = \dfrac{\theta}{t}$ [rad/s]이므로, 회전각 $\theta = \omega t$ [rad]이 된다.

② 주기(period)

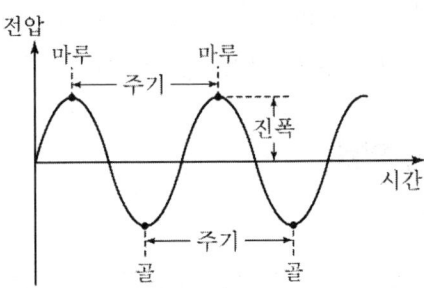

  ㉠ 파형이 한 사이클을 완성하는데 걸리는 시간. 기호는 T, 단위는 초[s]로 한다.
  ㉡ 주기의 수평축을 시간 대신 각도[rad]로 할 경우, 1주기에 필요한 각도는 2π가 된다.

ⓒ 따라서 주기와 각속도 사이에는 다음의 관계가 성립된다.

$$T = \frac{2\pi}{\omega} [\text{s}]$$

③ 주파수(frequency)

　㉠ 1초 동안 반복되는 파형의 사이클 수

　ⓒ 기호는 f를 사용하고 단위는 헤르츠[Hz]로 나타낸다.

　ⓒ 주파수와 주기는 서로 역수관계이므로 각속도와는 다음 관계가 성립된다.

$$f = \frac{1}{T} = \frac{\omega}{2\pi}$$

> **각주파수(angular frequency)**
> 위와 같이 각속도는 주파수와 밀접한 관계가 있으므로, 각속도 ω를 각주파수라고도 한다.

(2) 위상차

① 파동의 진행을 원운동에 대응시켜 나타낸 값을 위상이라 하고, 이 값의 차이를 위상차라 한다.

② 교류회로에서는 전압과 전류 사이에 위상차가 발생한다.

③ RLC 회로

　㉠ 저항(R) 부하 : 전압과 전류가 동상

　ⓒ 인덕턴스(L) 부하 : 유도성(코일). 전류가 전압보다 90° 뒤진다.

　ⓒ 콘덴서(C) 부하 : 용량성(축전지). 전류가 전압보다 90° 앞선다.

2. 교류의 값, 임피던스, 역률

(1) 교류의 값

① 정현파 교류 : 시간에 따라 크기가 정현적(sin곡선형)으로 변하는 교류(V_m : 최대값)

② 순시값

　㉠ 임의의 시각에서의 교류값

　ⓒ 전압의 순시값 $v = V_m \sin wt [\text{V}]$

　　　V_m : 전압의 최댓값[V]　　w : 각주파수[rad/s]　　t : 주기[s]

③ 최댓값 : 순시값 중 최대인 값. 전압은 V_m[V], 전류는 I_m[A]

④ 평균값 $V_a = \dfrac{2V_m}{\pi} = 0.637 V_m$

⑤ 실효값 : 순시값 중 동일 저항에 직류가 흐를 때와 같은 소비전력을 갖는 교류값

$V = \dfrac{V_m}{\sqrt{2}} = 0.707 V_m$

⑥ 파형률과 파고율
  ㉠ 파형률=실효값/평균값=1.111
  ㉡ 파고율=최댓값/실효값=1.414

(2) 임피던스

① 전기의 흐름을 방해하는 척도를 직류에서는 저항, 교류에서는 임피던스라 한다.

② 교류회로에서는 직류에서 나타나지 않는 위상차 등이 발생하므로, 여러 방해요소를 통틀어 임피던스라 한다.

③ 임피던스= $\sqrt{(저항)^2 + (유도임피던스)^2}$

④ 리액턴스
  ㉠ 유도 리액턴스 : 코일의 저항
    $X_L = \omega L = 2\pi f L [\Omega]$
  ㉡ 용량 리액턴스 : 콘덴서의 저항
    $X_C = \dfrac{1}{\omega C} = \dfrac{1}{2\pi f L}[\Omega]$

    L : 인덕턴스[H, 헨리] C : 정전용량[F, 패럿]
    w : 각속도[rad/sec] f : 주파수[Hz]

어떤 코일에 50Hz의 교류 전압을 가할 때, 유도 리액턴스가 628Ω이었다. 이 코일의 자기 인덕턴스(H)는? [기사 2021년 9월 출제]

[풀이] 유도 리액턴스 $X_L = 2\pi f L[\Omega]$이므로 $L = \dfrac{628}{2\pi \times 50} = 2[H]$

- 헨리[H] : 인덕턴스를 표시하는 국제표준단위. 회로에 흐르는 전류의 크기가 매초 1A씩 변함에 따라 유도기전력 1V가 발생하면 회로의 인덕턴스를 1헨리(H)라고 한다.
- 패럿[F] : 1C의 전하를 주었을 때 전위가 1V가 되는 전기용량을 말한다.

3. 교류회로의 전력

(1) 유효전력

① 전원에서 공급되어 부하에서 유효하게 이용되는 전력

② $P = IV\cos\theta$ [W]

(2) 무효전력

① 부하에서 전력으로 이용되지 않고 낭비되는 전력

② $P = IV\sin\theta$ [VAR]

(3) 피상전력

① 교류의 부하 또는 전원의 용량을 표시하는 전력

② 교류회로에서 단자 전압의 실효값을 V[V], 그 때의 전류의 실효값을 I[A]로 할 때 둘의 곱으로 나타낸다.

③ 유효전력과 무효전력의 벡터 합으로도 표현할 수 있다.

$P = VI$[VA] $= \sqrt{유효전력^2 + 무효전력^2}$

(4) 역률(Power Factor)

① 피상전력 중 유효전력으로 사용되는 비율

② $P.F = \dfrac{유효전력}{피상전력} = \dfrac{유효전력}{\sqrt{(유효전력)^2 + (무효전력)^2}}$

1. 핵/심/이/론

핵심 포인트

어떤 회로에서 유효전력 80[W], 무효전력 60[Var]일 때 역률은?

[2016년 5월, 2021년 9월 출제]

[풀이] 역률 = $\dfrac{\text{유효전력}}{\text{피상전력}}$ = $\dfrac{\text{유효전력}}{\sqrt{(\text{유효전력})^2+(\text{무효전력})^2}}$

= $\dfrac{80}{\sqrt{80^2+60^2}}$ = 0.8 = 80%

전력량

- $P = \sqrt{3}\,IV\cos\theta$ (P : 소비전력, I : 전류, V : 전압, $\cos\theta$: 역률)
- 3상 교류전력은 단상 교류전력의 $\sqrt{3}$ 배가 된다.

4. 휘트스톤 브리지와 3상 결선

(1) 휘트스톤 브리지(Wheatstone bridge)

① 브리지 회로의 한 종류로 4개의 저항이 사각형의 형태를 이루며, 대각선을 연결하는 브리지로 저항이나 전압계, 검류계를 사용한다.

② 일반적으로 알려지지 않은 저항값을 측정하기 위해서 사용한다.

③ 교류에서도 성립되므로 콘덴서 용량이나 인덕턴스의 크기를 알고자 할 때도 사용된다.

④ 회로에서 검류계 G에 흐르는 전류가 0일 때를 평형조건이라 하며, 이때 미지의 저항값을 구할 수 있다.

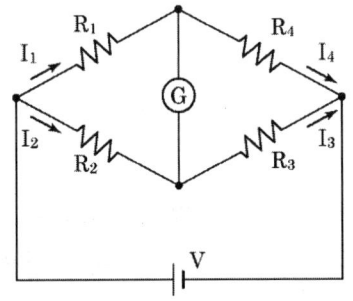

$R_1 R_3 = R_2 R_4$

$\therefore R_1 = \dfrac{R_2 R_4}{R_3}$

4편. 소방 및 전기설비 ··· **183**

(2) 3상 결선

① 3상 교류회로의 결선 방식. 기본이 되는 것은 Y결선, △결선이다.
  ㉠ Y결선(Y-connection) : 각 상의 종단을 한 곳에 묶은 결선 방법. 각 상의 전류는 선전류와 같고, 각 상의 전압은 선간 전압의 $1/\sqrt{3}$과 같다.
  ㉡ △결선(delta connection) : 크기가 같고, 위상이 120° 씩 다른 3개의 전원을 △ 형태로 결선하여 3상 전원을 만들거나, 같은 3개의 임피던스를 △형태로 결선하여 3상 부하로 하는 방법이다.
② △결선에서 선전류=$\sqrt{3}$상 전류이다.
③ △-Y결선에서 Y결선의 선간전압은 상전압의 $\sqrt{3}$배이다.

 정전계 · 자계

1. 정전계

(1) 쿨롱의 법칙

① 전하를 가진 두 물체 사이에 작용하는 힘의 크기는, 두 전하의 곱에 비례하고 두 전하 사이 거리의 제곱에 반비례한다. 또한 두 전하 사이의 매질에 따라 다르다.
② 힘의 방향은 두 전하를 연결하는 직선방향이다.
③ 힘의 크기 $F = 9 \times 10^9 \times \dfrac{Q_1 Q_2}{r^2}$ [N]

  Q : 대전체의 전하량[C] r : 대전체 사이의 거리[m]

(2) 콘덴서의 연결

① 콘덴서
  ㉠ 유전체를 사이에 두고 양면에 금속판 또는 금속박을 둔 구조의 기기로, 정전 용량을 가진 회로 부품을 말한다.
  ㉡ 역률 개선, 변압기 및 케이블 전력손실 감소, 전압강하 감소를 목적으로 설치한다.
  ㉢ 정전용량의 크기 : 극판의 간격이 좁고 면적이 클수록 정전용량이 커진다.

1. 핵/심/이/론

정전용량 $Q = \dfrac{\xi A V}{d}$

ξ : 유전율[F/m]　　A : 극판의 면적[m²]
V : 전압[V]　　　　d : 간극 거리[m]

② 합성정전용량

㉠ 직렬연결 콘덴서 합성정전용량 $C = \dfrac{C_1 C_2 C_3 \cdots}{C_1 + C_2 + C_3 \cdots}$

㉡ 병렬연결 콘덴서 합성정전용량 $C = C_1 + C_2 + C_3 \cdots$

(3) 정전기와 유도현상

① 정전기 현상 : 서로 다른 두 물체가 마찰하면 각각의 물체는 전기를 띤다. 이때 각각 (+)와 (-)로 대전되는 현상을 정전기라 한다.

② 유도현상

㉠ 정전유도현상 : 물체에 대전체를 가까이 하면 대전체와 가까운 쪽에는 대전체와 반대 종류의 전하가 모이고 먼 쪽에는 대전체와 같은 종류의 전하가 모이는 현상이다.(정전기, 전기집진기, 낙뢰)

㉡ 전자유도현상 : 코일 중을 통과하는 자속이 변화하면 코일에 기전력이 생기는 현상. 자석을 상하로 움직이면 코일을 통하는 자속이 변화하여 전자 유도에 의해서 기전력이 발생한다. 기전력의 크기는 자속의 시간적 변화에 비례한다.(변압기, 전자석, 발전기, 솔레노이드 밸브)

> **대전(electrification, 帶電)**
>
> 보통 물질은 전기적으로 중성상태, 즉 (+)전하량과 (-)전하량이 같은 상태에 있는데, 외부 힘에 의해 전하량의 평형이 깨지면 물체는 (-) 혹은 (+)전기를 띠게 된다. 이렇게 전기를 띠는 현상을 대전이라 하고 대전된 물체를 대전체라 한다. 전자가 이탈된 물체는 전체적으로 (+)전기를 띠게 되어 (+)로 대전되었다고 하고, 전자를 얻어서 (-)전기를 띤 물체는 (-)로 대전되었다고 한다. 정전기의 대전현상은 물체를 마찰하거나 분리하는 경우에 발생한다.

2. 자계

(1) 기자력

① 자기장을 만드는 힘

② 기자력[AT]=$N \times I$ (N : 코일을 감은 권수, I : 전류)

(2) 자기 모멘트와 기전력

① 자기 모멘트=자극의 세기×자축의 길이

② 자기 인덕턴스

    ㉠ 코일에 흐르는 전류가 변화하면 자속도 변화하는데, 전자유도에 의해 코일 자체에 유도기전력이 발생하는 것을 말한다.

    ㉡ 자기 인덕턴스 $L = \dfrac{N\phi}{I}$[H]

        N : 코일 권수 I : 전류[A] ϕ : 자속[Wb]

③ 유도기전력

    ㉠ 전자유도에 의해 발생된 기전력

    ㉡ 코일을 지나는 자속이 증가될 때에는 자속을 감소시키는 방향으로, 감소될 때에는 자속을 증가시키는 방향으로 유도기전력이 발생한다.

    ㉢ 유도기전력 $e = \dfrac{LI}{t}$

        L : 인덕턴스[H] I : 전류[A] t : 시간

(3) 각종 전기법칙

① 플레밍의 법칙

    ㉠ 플레밍의 왼손법칙 : 전류가 흐르는 도선에 대해 자기장이 미치는 힘의 작용방향을 정하는 법칙(전동기 원리)

    ㉡ 플레밍의 오른손법칙 : 도체운동에 의한 유도기전력 혹은 유도전류의 방향을 결정하는 법칙(발전기 원리)

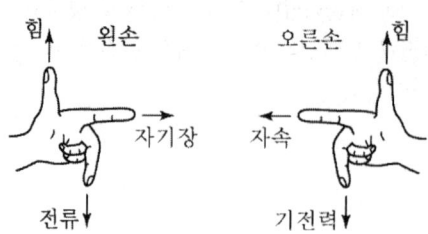

② 키르히호프의 법칙
　㉠ 1법칙(전류 법칙) : 회로망 중 한 점에 들어오는 전류의 총합은, 흘러나가는 전류의 총합과 같다.
　㉡ 2법칙(전압 법칙) : 회로망 중 임의의 폐회로 내에서 일주방향에 따른 전압강하 총합은 기전력의 총합과 같다.
③ 렌츠의 법칙 : 유도기전력과 유도전류는 자기장의 변화를 상쇄하려는 방향으로 발생한다는 전자기법칙이다.
④ 암페어(앙페르)의 오른손법칙 : 전선에 오른나사가 진행하는 방향으로 전류가 흐르면, 자력선은 오른나사가 회전하는 방향으로 만들어진다.

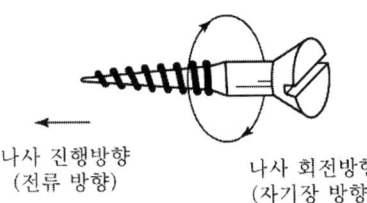

나사 진행방향　　　나사 회전방향
(전류 방향)　　　　(자기장 방향)

2. 건축 전기설비

 전원설비

1. 배전 및 배선

(1) 배전

① 배전 방식
　㉠ 단상 2선식 : 소규모 건물, 주택용(100V, 220V)
　㉡ 단상 3선식 : 학교, 일반 사무실(100V, 200V)
　㉢ 3상 3선식 : 일반 동력용
　㉣ 3상 4선식 : 대규모 건축물, 공장
② 간선

㉠ 동력선에서 분기되어 나오는 것을 말하며, 주택은 각 실의 콘센트에 전원을 공급하는 선을 말한다.

㉡ 배전 방식

구분	개요	용도
수지상식	• 배전반에서 한 개의 간선이 각 분전반을 거쳐 가며 공급되는 방식 • 전압 강하가 크다.	소규모 건물
평행식	• 배전반에서 각 분전반으로 단독 배선한다. • 전압 강하가 적은 반면 설비비가 많이 소요된다.	대규모 건물
병용식	• 평행식과 나뭇가지식의 병용방식으로 가장 많이 쓰이는 편이다.	

간선 설계 순서

부하용량 결정 → 전기 및 배선방식 결정 → 배선방법 결정 → 전선 및 전선관 굵기 결정

③ 분전반(panel board)

㉠ 전력계통의 큰 단일 패널, 프레임 또는 패널 집합체로서 한쪽 면 또는 양면에 개폐기, 계전기, 각종 보호장치, 계측기 및 모선 등을 설치한 것을 말한다.

㉡ 누전이나 과부하 시 차단기가 작동하여 전기를 단락시켜 안전을 도모한다.

㉢ 각종 제원

ⓐ 용량 : 20회선 이하 당 1개 분기회로의 용량 200A 정도

ⓑ 공급범위 : 분전반 1개당 1000m^2 내외

ⓒ 설치 간격 : 분기회로 길이 30m 이하로 설치

ⓓ 분기 개폐기 : 예비회로 포함 40회로

④ 분기회로 구성 시 유의사항

㉠ 복도, 계단 등은 되도록 동일 회로로 한다.

㉡ 같은 스위치로 점멸되는 전등은 동일 회로로 한다.

㉢ 같은 방, 같은 방향 수구는 동일 회로로 한다.

㉣ 습기가 있는 장소의 수구는 되도록 별도 회로로 한다.

㉤ 전등, 아웃렛 회로는 보통 15A로 한다.

(2) 배선

① 절연전선

구분	피복	용도
제1종	목면 피복 경동선	옥내용
제2종	2중 피복 경동선	옥내 검사 중 점검이 가능
제3종	고무로 둘러싸고 목면 피복한 경동선	옥내 검사 중 점검 불가
제4종	고무 2중으로 싼 후 목면 피복한 경동선	금소관 공사

절연저항

전선피복과 같이 전류가 누설되지 않도록 하는 절연물 자체의 저항을 뜻한다.
※ 절연저항 기준
- 150V 이하 : 0.1[MΩ]
- 150V 초과 300V 이하 : 0.2[MΩ]
- 300V 초과 400V 미만 : 0.3[MΩ]

② 전선 굵기 결정 요소
  ㉠ 옥내 배선의 전선 굵기 결정 요소
    ⓐ 기계적 강도 : 최소 1.6mm 이상의 연동선 사용
    ⓑ 허용전류 : 안전 전류. 전선에 과전류가 흐르면 열이 발생한다.
    ⓒ 전압강하 : 공급 전압이 전선의 길이 등에 의해 떨어지는 현상. 한도는 인입선 및 간선 1%, 분기회로 2% 이하
  ㉡ 송전 선로의 전선 굵기 결정 요소 : 경제허용전류, 전압강하, 연속 및 단시간 허용전류, 순시 허용전류, 코로나손 등

(3) 배선공사

① 가요전선관 공사(flexible conduit wiring) : 자유롭게 굽힐 수 있는 가요전선관을 사용하여, 공사 굴곡 장소가 많아서 금속관 공사에 의존하기 어려운 경우에 쓰인다. 보통 금속관 및 금속 덕트 공사에 부분적으로 이용되며, 굴곡이 자유롭고 길이가 길어서 부속품의 종류가 적게 드는 관계로 배관의 능률을 기할 수 있다.

② 목재 몰드공사 : 홈을 판 목제에 절연전선을 넣고 뚜껑을 덮어 시공하는 방식. 일부 콘센트, 스위치의 인하도선에 이용된다.

③ 애자사용 몰드공사 : 건물 천장, 벽 등에 놉애자, 핀애자, 애관 등을 사용하여 전선을 지지하는 공사방법

④ 플로어 덕트공사 : 백화점, 사무실 등 면적이 넓은 바닥에 컴퓨터, 선풍기 등의 강전류 전선과 전화선 등의 약전류 전선을 매입한 후 바닥면에 콘센트를 설치하는 공사방법

⑤ 경질비닐관 공사 : 습기 및 물기가 있는 곳이나 특수 화학공장, 연구실 등에 쓰인다.

⑥ 케이블 래크 : 케이블 다발을 래크에 얹어 시설하는 방식. 방열효과와 시공성이 좋아서 절연전선 및 케이블 부설에 많이 적용된다.

⑦ 금속몰드 공사 : 금속 홈통에 절연전선을 넣고 뚜껑을 덮는다.

⑧ 금속관 공사
  ㉠ 철근콘크리트 건물의 매입배선으로 사용한다.
  ㉡ 전선 인입이 용이하고, 기계적 외력에 대해 안전하다.
  ㉢ 전선과열로 인한 화재위험이 적다.
  ㉣ 고압 및 저압, 통신설비에 널리 사용되며, 은폐장소, 노출장소, 옥내, 옥외 등 광범위하게 쓰인다.
  ㉤ 배관의 굵기
    ⓐ 관의 굴곡이 적어 전선을 쉽게 끌어낼 수 있는 경우, 단면적 총합계를 관내 단면적 48% 이하로 한다.
    ⓑ 굵기가 다른 절연전선을 동일 관내에 넣는 경우, 단면적 총합계를 관내 단면적 32% 이하로 한다.

옥내 점검 가능한 은폐 장소 및 점검 불가능한 은폐 장소에서 모두 시설할 수 있는 공사 : 금속관 공사, 경질비닐관 공사, 애자 사용 공사, 케이블 공사, 가요전선관 공사

2. 변전설비

(1) 설비 용량

① 부하설비 용량=부하밀도$[VA/m^2]$×연면적$[m^2]$

② 변전설비 기본 계획에서 가장 먼저 산출할 사항이다.

③ 부하밀도 : 전등, 일반 동력, 냉방 능력 등을 포함한 부하설비 용량의 일반적인 평균치

(2) 수전설비 용량

① 수용률

    ㉠ 수용 설비가 동시에 사용되는 정도(보통 0.6~0.7 내외)

    ㉡ 주상변압기 등의 적정 공급 설비용량을 파악하기 위하여 사용한다.

    ㉢ 수용률 = $\dfrac{\text{최대수용전력}[kW]}{\text{총부하 설비용량}[kW]} \times 100[\%]$

② 부등률

    ㉠ 전력 소비 기기를 동시에 사용하는 정도. 항상 1보다 크다.(1.1~1.5)

    ㉡ 수용률과 더불어 배전 변압기 또는 배전 간선 등의 공급설비 계획 자료로 사용한다.

    ㉢ 부등률 = $\dfrac{\text{수용설비 각각의 최대수용전력의 합}[kW]}{\text{최대사용전력}[kW]} \times 100[\%]$

③ 부하율

    ㉠ 유효하게 사용되었는가를 나타내는 정도. 항상 1보다 작다.(0.25~0.6)

    ㉡ 부하율 = $\dfrac{\text{평균사용전력}[kW]}{\text{최대사용전력}[kW]} \times 100[\%]$

(3) 변전실

① 크기

    변전실 면적=$\sqrt{\text{설비 용량}(kW)}$ [평]≒$3.3\sqrt{\text{설비 용량}(kW)}\,[m^2]$

② 변전실 면적에 영향을 주는 요소

    ㉠ 수전전압 및 수전방식

    ㉡ 변전설비 강압방식, 변압기 용량, 수량 및 형식

    ㉢ 설치기기 및 큐비클(폐쇄분전반)의 종류와 시방

　　ⓔ 기기의 배치방법 및 유지보수 필요 면적
　　ⓜ 건축물의 구조적 여건
③ 위치
　　㉠ 부하의 중심에 가깝고 배전이 편리한 장소로 한다.
　　㉡ 외부로의 전원 인입이 쉽고 기기 반출입이 용이한 곳으로 한다.
　　㉢ 습기 및 먼지가 적고 천장높이가 충분한 곳으로 한다.
　　　　ⓐ 고압 : 보 밑 3.6m 이상(천장에 배관, 덕트 통과 시 3.0m 이상)
　　　　ⓑ 특고압 : 보 밑 4.5m 이상(폐쇄형 3.6m 이상)
　　㉣ 환기 및 조명을 갖춰야 하며 부식성 가스가 없는 장소이어야 한다.

(4) 접지 공사

① 접지(earth, 接地)
　　㉠ 전기회로·기기의 일부를 대지와 같이 전기용량이 매우 큰 물체에 연결시켜 기기의 전위를 0으로 유지하는 것
　　㉡ 전류는 전위차가 있을 때 흐르는 것이므로, 이론상 접지가 되어 있는 전기기기에 인체가 닿아도 감전되지 않는다.
　　㉢ 높은 건물 꼭대기에 피뢰침을 설치하는 것도 접지를 응용한 것으로 전기 사고를 예방하여 번개의 강한 전류로부터 건물을 보호하기 위한 것이며, 전기시설물의 감전 및 손상방지를 위해 실시하기도 한다.
② 접지공사 구분

종별	저항치	접지선 굵기	적용
제1종	10Ω 이하	2.6mm 이상	• 고압 및 특별고압용 기구의 철대, 금속제 외함 • 고압전로의 피뢰기 • 특별고압계기용 변압기의 2차측 전로
제2종	$\dfrac{150}{1선지락전류}$ Ω 이하 (10~100Ω)	(고압 → 저압) 2.6mm 이상 (특고압 → 저압) 4.0mm 이상	• 특고압, 고압에서 저압으로 변성하는 변압기

종별	저항치	접지선 굵기	적용
제3종	100Ω 이하	1.6mm 이상	• 고압계기용 변압기의 2차측 전로 • 400V 이하 저압 전자기기의 철대 및 외함 • 400V 이하 금속관 공사의 금속체 분전반
특별 제3종	10Ω 이하	1.6mm 이상	• 400V 초과 저압용의 전기기기 철대 및 외함

③ 접지저항 저감제의 구비 조건
  ㉠ 전기적으로 전도체일 것
  ㉡ 지속성이 있을 것
  ㉢ 전극을 부식시키지 않을 것
  ㉣ 토양을 오염시키지 않을 것

④ 접지의 종류
  ㉠ 독립접지 : 접지를 개별적으로 하는 방식. 다른 기기의 계통에 미치는 영향이 적고 보호 대상물을 제한할 수 있는 장점이 있다. 반면 접지 저항값을 얻기 힘들고 접지 신뢰도가 낮다는 단점이 있다. 주로 피뢰침 설비, 통신 컴퓨터 시스템 등에 적용된다.
  ㉡ 공동접지 : 1개소 또는 여러 개소에 시공한 공통의 접지극에 개개의 설비기기를 모아서 접속하여 접지를 공용하는 방식. 접지선이 짧아져 계통이 단순해지기 때문에 보수점검이 용이하며, 독립접지에 비해 합성저항이 낮아지고 접지전극 중 하나에 문제가 생겨도 타 전극으로 보완할 수 있어 신뢰도가 높다. 또한 접지전극수가 적어 시공비 면에서도 경제적이다. 반면 다른 기기계통에 전위상승의 영향을 미칠 수 있고 기준 분기점의 구분이 어렵다는 단점이 있다.

건축구조체 접지

구조체가 철골조, 철근콘크리트조로서 대지와의 접촉면적이 큰 경우, 철골에 접지선을 고정시켜 구조체를 대용접지선 및 대용접지전극으로 사용하는 접지방식을 뜻한다. 독립접지는 장비 간, 설비 간에 전위차가 발생하여 손상을 주거나 오동작을 유발할 수 있으므로 구조체 접지를 통해 이를 방지할 수 있다. 신뢰도 높은 접지가 가능하고 접지저항값을 낮출 수 있으나, 전기적 연속성과 기계적인 안정성을 고려해야 한다. 또한 다습하거나 오염 우려가 있는 장소는 보호피복을 하며, 수시로 접속 상태를 점검 및 관리해야 한다.

3. 변전설비의 기기

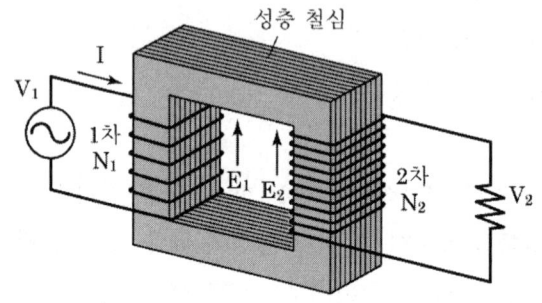

(1) 변압기

① 원리
  ㉠ 자속의 변화에 의한 전자유도현상을 응용한 것이다.
    ⓐ 한 쪽의 코일에 전류를 넣는다.
    ⓑ 철심을 통과하면서 자속이 된다.(1차 코일 : 자기유도현상)
    ⓒ 반대쪽 코일에서 다시 전기를 생산한다.(2차 코일 : 전자유도현상)

② 권수와 전압
  ㉠ 1차 코일의 권수를 N_1, 2차 코일의 권수를 N_2라 하면, 1차에 가한 전압 V_1과 2차에 유도되는 전압 V_2의 관계는 다음과 같다.
  ㉡ $\dfrac{N_1}{N_2} = \dfrac{V_1}{V_2}$ (1, 2차측의 전압은 코일의 권수비에 비례한다.)

③ 변압기의 구조

㉠ 변압기의 중요 요소 : 철심, 권선
㉡ 철심은 자속의 이동통로 역할을 한다.
㉢ 와류 손실을 감소시키기 위해 성층철심을 사용한다.(두께 0.35~0.5mm 규소강판)

④ 결선 방법
㉠ 단상 2선식 : 소규모의 전등, 전열기구
㉡ 단상 3선식 : 1분기 회로당 등수를 2배 정도로 할 수 있어서 분기회로를 감소시킬 수 있다.(경제적)
㉢ 3상 3선식
  ⓐ Y-Y 결선
   • 전압이 비교적 낮고 전류가 많이 흐르는 선로에 적합하다.
   • 제3고조파 전압이 발생하여 통신선에 유도장애를 일으킨다.
   • 선간전압과 상전압이 같으므로 선전류는 상전류의 $\sqrt{3}$ 배이다.
   • 중성점을 접지할 수 있다.
   • V-V 결선으로 변경할 수 없다.
  ⓑ Δ-Δ 결선
   • 고조파 전류가 발생하지 않으며 중성점을 접지할 수 없다.
   • 3대의 단상변압기를 결선하여 사용할 때 1대가 고장 나면 V-V 결선으로 변경할 수 있다.
   • 선간전압과 상전압이 같으므로 선전류는 상전류의 $\sqrt{3}$ 배이다.
  ⓒ V-V 결선
   • Δ-Δ 결선으로 한 3대의 단상변압기 중 1대를 제거한 결선법이다.
㉣ 3상 4선식 Δ-Y 결선
  ⓐ 3상 교류를 네 줄의 전선으로 배전하는 방식
  ⓑ Y결선의 중성점을 접지할 수 있다.
  ⓒ Y결선의 상전압은 선간전압의 $1\sqrt{3}$ 배이다.(절연 용이)
  ⓓ 제3고조파에 의한 유도장애 방지가 가능하다.
  ⓔ 3상 동력전원과 단상 전등전원을 동시에 얻을 수 있다.(전등부하 200V, 동력부하 380V)

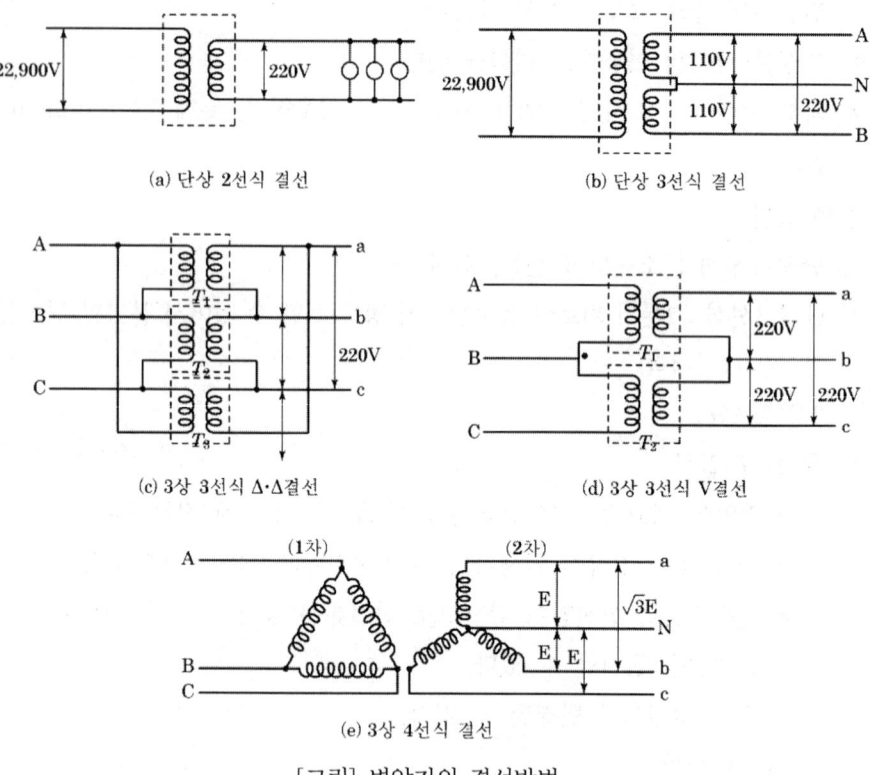

[그림] 변압기의 결선방법

⑤ 변압기의 병렬운전조건

㉠ 권선비가 같을 것(단상, 3상 동일)

㉡ 1차, 2차 정격전압 및 극성이 같을 것(단상, 3상 동일)

㉢ %임피던스 강하가 같을 것(단상, 3상 동일)

㉣ 내부저항 및 누설 리액턴스의 비가 같을 것(단상, 3상 동일)

㉤ 상회전 방향 및 위상 변위가 같을 것(3상)

㉥ 위상각이 일치할 것(3상)

(2) 차단기

① 공기차단기(ABB) : 개방 시 접촉자가 떨어지며 발생하는 아크를 압축공기로 불어 제거한다.

② 자기차단기(MBB) : 아크와 직각방향으로 자계를 줘서, 발생 아크를 소호실 안으로

1. 핵/심/이/론

끌어넣는 방식
③ 진공차단기(VCD) : 발생 아크가 진공으로 확산되어 제거하는 방식
④ 유입차단기(OCB) : 차단기 투입 및 차단 시 발생하는 아크를 절연유의 소호작용으로 제거하는 방식

> **누전차단기**
> 옥내 전기회로에 누전이 발생할 경우 자동으로 회로를 차단시키는 장치

(3) 계기용 변성기

고전압·대전류의 계측 등에서 계기와 전기회로 사이에 삽입하여 계측하기 쉽게 하기 위한 장치

① 영상변류기(ZCT, zero-phase-sequence current-transformer)
   ㉠ 비교적 낮은 송전전류의 접지보호를 위하여 사용하는 변류기
   ㉡ 대전류 회로의 지락사고 시, 각 상의 불평형 전류를 검출하여 이에 비례하는 미소 전류를 2차측으로 전하는 기능을 한다.
   ㉢ 중성점접지 등에서 접지계전기의 오동작을 막고, 누전차단기에서 검출기구로 사용된다.

② 계기용 변류기(CT, current transformer)
   ㉠ 전류의 크기를 바꾸기 위하여 사용하는 장치
   ㉡ 대전류를 저전류로 변성하는 경우에 많이 쓰인다.

③ 계기용 변압기(PT, potential transformer)
   ㉠ 교류 전압계의 측정 범위를 확대하고, 또는 고압회로와 계기와의 절연을 위해 사용하는 변압기로, 배율은 권선비와 같다.
   ㉡ 상용 주파수로 사용하는 계기용 변압기의 정격 2차 전압은 110V이다.
   ㉢ 사용함에 있어 2차측을 단락하지 않도록 주의해야 한다.

④ 계기용 변압 변류기(MOF, metering outfit) : 계기용 변류기와 변압기를 한 케이스 속에 종합한 것으로, 적산전력계와 조합하여 전력측정을 할 때 변성장치로 사용된다.

(4) 기타 각종 기기

① 단로기(Disconnecting Switch)
  ㉠ 송전선이나 변전소 등에서 차단기를 연 무부하 상태에서 주 회로의 접속을 변경하기 위해 회로를 개폐하는 장치
  ㉡ 기기를 점검 및 수리할 때 회로 분리를 위해 사용하며 보통의 부하 전류는 개폐하지 않는다.
  ㉢ 차단기와는 달리 극히 적은 전류를 개폐할 수 있으면 되므로 구조가 간단하다.

② 진상용(전력용) 콘덴서 : 빌딩, 공장에서 사용하는 전력기기 중 역률이 낮은 동력설비의 전력 손실을 개선하기 위해 사용한다.

③ 전력퓨즈(Power Fuse)
  ㉠ 고전압 회로 및 기기의 단락 보호용 퓨즈
  ㉡ 차단기보다 저렴하며 소형으로 큰 차단용량을 가지지만, 재투입은 불가능하다.
  ㉢ 릴레이와 변성기가 필요 없으며, 고속차단을 할 수 있고 보수가 간단하다.
  ㉣ 옥내에 시설하는 경우에는 소음기를 부착하는 것이 좋다.
  ㉤ 높은 임피던스 접지계통의 접지보호는 할 수 없으며, 비보호 영역이 있다.
  ㉥ 사용 중 열화(劣化)하여 동작하면 결상을 일으킬 우려가 있다.

④ 배전반
  ㉠ 전기계통의 중추적 역할을 하는 것으로, 각종 기기나 회로를 감시 제어하기 위한 계기류 및 계전기류 등을 한 곳에 집중하여 시설한 것이다.
  ㉡ 분류
    ⓐ 자립 개방형 : 간단한 회로의 소용량 변전설비에 쓰인다.
    ⓑ 큐비클형 : 폐쇄된 금속함 내에 차단기, 계기용 변성기 등을 설치하고 전면에는 계기, 스위치, 릴레이 등을 부착한 것이다.
    ⓒ 데스크형 : 제도 책상과 유사한 형태. 각종 계기류를 책상면에 부착한 것이다.
    ⓓ 벤치 보드형 : 전력용량이 커서 복잡한 회로, 각종 계기나 스위치가 많을 때 사용한다.

4. 예비전원 및 전동기

(1) 예비전원의 조건
① 자가발전 설비 : 비상시 10초 이내에 기동하며 규정 전압을 유지하여 30분 이상 전력 공급이 가능할 것
② 축전지 설비 : 정전 후 충전없이 30분 이상을 방전할 수 있을 것
③ 자가발전·축전지 병용
  ㉠ 축전지는 충전하지 않고 20분 이상 방전할 수 있을 것
  ㉡ 자가발전설비는 정전 후 45초 이내에 기동하여 30분 이상 유지할 것

(2) 자가발전 설비
① 발전기 제원
  ㉠ 디젤 기관에 의해 구동되는 3상 교류 발전기
  ㉡ 용량 : 건물 종류 및 규모에 따라 결정하며, 정전 시 송전에 필요한 부하를 기준으로 한다.
  ㉢ 보통 수전설비 용량의 10~30% 정도
② 발전기실 위치 선정 시 고려사항
  ㉠ 연돌에 가깝게 위치할 것
  ㉡ 기기의 반출, 반입 및 운전, 보수가 편할 것
  ㉢ 변전실에 가깝고, 침수의 우려가 없을 것
  ㉣ 기기의 냉각 및 기관연소에 필요한 공기가 충분히 순환할 수 있을 것
  ㉤ 엔진 소음 및 진동으로 인한 공진현상이 없고 주위에 영향이 없는 장소일 것

(3) 축전지 설비
① 비교

	알칼리 전지	납축전지
공칭전압	1.2[V/셀]	2.0[V/셀]
기전력	1.3~1.4[V]	2.05~2.08[V]
전기적 강도	방전과 과충전에 강하다.	방전가 과충전에 취약하다.

	알칼리 전지	납축전지
기계적 강도	강하다.	약하다.
충전시간	짧다.	길다.
수명	30년	10~20년
가격	고가	저가
암페어 시 효율	에디슨식 80%, 융그너식 85%	90%

납축전지가 방전되면 양, 음극판 모두 회백색의 $PbSO_4$가 된다. 충전 시에는 양극판은 적갈색의 PbO_2, 음극판은 Pb이 되며, 수용액은 묽은 황산이 된다.

② 구조
  ㉠ 축전지실의 천장고 : 2.6m 이상
  ㉡ 축전지실의 전기배선은 비닐 전선을 사용한다.
  ㉢ 개방형 축전지의 경우 조명 기구 등은 내산성 재료를 사용한다.

③ 축전지의 충전방식
  ㉠ 보통충전 : 필요할 때마다 표준 시간율로 소정의 충전을 하는 방식
  ㉡ 부동충전 : 축전지의 자기방전을 보충하면서 동시에 상용부하에 대한 전력공급은 충전기가 부담한다. 충전기가 부담하기 어려운 일시적 대전류부하는 축전지로 하여금 부담하게 하는 방식
  ㉢ 세류충전 : 항상 자기 방전량만을 충전하는 부동충전 방식의 일종이다.
  ㉣ 급속충전 : 단시간에 보통 충전 전류의 2~3배의 전류로 충전하는 방식
  ㉤ 균등충전 : 각 축전지의 전위차를 보정하기 위해 1~3개월마다 10~12시간씩 1회 충전하는 방식

5. 전동기

(1) 직류전동기

① 복권, 분권, 직권 전동기 등이 해당된다.

② 토크가 크고 속도 조절이 간단하여, 고도의 속도조절이 요구되는 엘리베이터, 전차 등에 사용한다.

(2) 교류전동기

저렴하며 구조가 간단하여 널리 쓰인다.

① 단상 교류용
- ㉠ 분상 기동형 : 토크가 작은 펌프, 세탁기용
- ㉡ 반발 기동형 : 큰 시동 토크가 필요한 펌프
- ㉢ 콘덴서형 : 역률 및 효율이 높다. 냉장고 등에 사용

② 3상 교류용
- ㉠ 농형 유도전동기
    - ⓐ 농형 회전자를 가진 교류형 전동기. 구조와 취급이 간단하고 기계적으로 견고하다.
    - ⓑ 운전이 쉽고 속도 제어가 가능하며, 가격이 저렴하다.
    - ⓒ 슬립 링이 없어서 불꽃이 나올 염려가 없다.
    - ⓓ 기동전류가 커서 전동기 전선을 과열시키거나 전원전압의 변동을 일으킬 수 있다.
    - ⓔ 속도제어 방법 : VVVF(가변전압 가변주파수) 방식, 전압제어법, 극수변환법
    - ⓕ 기동법 : Y-Δ 기동법, 1차 저항 기동법, 소프트 스타트 기동, 직입 기동법, 기동보상기에 의한 기동 등
- ㉡ 권선형 유도전동기
    - ⓐ 구조가 복잡하고 고가이며, 효율은 약간 낮다.
    - ⓑ 기동 저항 사용에 의해서 양호한 기동 특성이 얻어지고, 또 속도 제어도 가능하다.
    - ⓒ 대형 운반기, 엘리베이터 등에 쓰인다.
- ㉢ 동기전동기
    - ⓐ 외측과 내측의 자극이 다른 극을 대립시켜 외측의 자극을 회전시키면 내측의 자극은 같은 방향, 같은 속도로 회전하는 방식
    - ⓑ 구조가 복잡하고 취급이 까다롭다.
    - ⓒ 시동 및 정지가 빈번한 곳에서는 부적합하다.

ⓓ 대형 공기압축기, 송풍기 등에 쓰인다.

(3) 회전수와 속도

① 동기속도

회전수 $N = \dfrac{120f}{P}$

② 실제속도

회전수 $N = \dfrac{120f(1-s)}{P}$

f : 주파수[Hz] s : 슬립 P : 극수

 조명 설비

1. 조명 기본사항

(1) 조명 용어 및 단위

구분	정의	단위
광속	단위 시간당 흐르는 빛의 에너지량	루멘(Lumen, lm)
광도	점광원으로부터 단위 입체각당의 발산광속	칸델라(candela, cd)
조도	단위 면적당의 입사 광속	럭스(lux), fc
휘도	발산면의 단위 투영면적당 발산광속	cd/m^2, nit
광속발산도	단위 표면적당 표면에서 반사 또는 방출되는 빛의 양	L(람베르트) fL(풋-람베르트)

(2) 조도

① 수직광원의 조도 $E = \dfrac{I}{d^2}$

② $\theta°$만큼 기울어진 광원의 조도 $E = \dfrac{I}{d^2} \times \cos\theta$

I : 광도[cd] d : 거리[m]

2. 광원

(1) 종류

① 백열전구
- ㉠ 고열의 필라멘트의 온도 방사에 의한 발광으로 조명한다.
- ㉡ 가격이 저렴하고 크기가 작아 빛의 컨트롤이 용이하다.
- ㉢ 연색성이 자연채광에 가깝다.
- ㉣ 효율이 낮고 발광온도가 높아 다소 위험하며 광원의 수명도 짧다.
- ㉤ 점멸빈도가 높고 사용시간이 적은 곳, 강조 조명이 필요한 곳에 적합하다.

② 형광등
- ㉠ 수은과 아르곤의 혼합가스를 봉입한 방전관으로 유리관 내에 자외선을 발생하고 이것이 유리관 내벽에 도포된 형광물질을 유도 방출하여 발광하는 방전등이다.
- ㉡ 백열전구보다 10배 정도 수명이 길고 눈부심도 적으며 발광온도도 낮은 편이다.
- ㉢ 같은 전력으로 백열등보다 3~4배의 조도를 얻어 에너지 절약 효과가 있다.
- ㉣ 형광체의 색을 다양하게 할 수 있고 빛의 확산이 좋지만 자외선이 방출된다.
- ㉤ 점등에 시간이 걸리며 빛의 어른거림이 발생한다.
- ㉥ 자외선 전구 내부에 흑화가 발생한다.

③ 나트륨등
- ㉠ 수명이 매우 긴 광원으로 도로 가로등 및 체육관, 광장조명 등에 사용되고 있다.
- ㉡ 연색성이 매우 나쁘고 다소 불쾌감을 준다.

④ 메탈할라이드등
- ㉠ 효율이 높고 연색성도 좋은 광원으로 나트륨등과 혼용하여 연색성 개선에 활용된다.
- ㉡ 수명이 비교적 길지만 가격이 다소 높고 램프 점등방향에 제약을 받는다.
- ㉢ 천장이 높은 내부조명에 쓰이며 고연색등은 미술관, 상점, 경기장에 사용한다.

⑤ 수은등
- ㉠ 고휘도로 배광제어가 용이하고 가격이 저렴하다.
- ㉡ 수명이 길며 자외선이 발생한다.
- ㉢ 용도

　　　ⓐ 저압 : 살균용, 의료용

　　　ⓑ 고압 : 공장 조명, 가로등, 사진 인화용

　　　ⓒ 초고압 : 영화촬영, 영사기 등

　⑥ LED(발광다이오드, Light Emitting Diode)등

　　㉠ 반도체를 이용한 조명으로 발열이 적어 내구성이 길고 낮은 전력으로 효율 높은 조명을 쓸 수 있다.

　　㉡ 눈의 피로도가 낮으며 형광등처럼 자외선이 나오지 않아 피부에도 안전하다.

(2) 주요 지표

① 연색성

　㉠ 자연광과 인공조명에서 비교해 보면 물체의 색감이 서로 다르게 보이는 현상

　㉡ 백열등의 조명 아래에서는 대체로 붉은 계통의 색은 생생하게 보이는 반면, 회색, 푸른색 계통의 색은 침체되어 보인다.

　㉢ 형광등의 조명 아래에서는 푸른 계통의 색은 선명하고 보다 서늘하게 보이며, 빨강 계통은 흐릿하게 보인다.

　㉣ 평균 연색평가 지수(Ra) : 규정된 8종류의 시험색을 표준 광원으로 조명했을 때와 시료 광원으로 조명했을 때의 CIE UCS 색도도에 의한 색도 변화의 평균값에서 구하는 지수

연색지수(Ra)	램프
25	나트륨등
60	수은등
65~75	일반 형광등
75~90	메탈할라이드램프
80~90	LED 램프
85~95	3파장, 5파장 형광램프
90 이상	백열등, 할로겐램프

② 효율
  ㉠ 광속을 전력으로 나눈 수치. 1W당 발생되는 빛의 양으로 나타낸다.(lm/W)
  ㉡ 광원의 효율 : 나트륨등 > 메탈할라이드등 > 형광등 > 수은등 > 할로겐등 > 백열등

3. 조명 방식

(1) 배광 방식에 따른 조명의 분류

조명	직접	반직접	전반확산	반간접	간접
배광방식 (위)	0~10%	10~40%	40~50%	60~90%	90~100%
배광방식 (아래)	100~90%	90~60%	40~50%	40~10%	10~0%

(2) 설치 형태에 따른 분류

① 매입형(down light, 다운라이트) : 조명기구는 천장에 매입되고 빛이 수직으로 하향, 직사된다.

② 직부형(ceiling light, 실링라이트) : 천장에 부착된 조명. 배광이 효과적이며 빛이 직접 보이기 때문에 매입형보다 눈부심이 많지만, 조명효율은 좋다.

③ 벽부형(bracket, 브래킷) : 벽체에 부착하는 조명의 통칭으로 브래킷이라 한다. 장식성이 좋다.

④ 펜던트 : 와이어, 파이프 등으로 천장에 매단 조명

⑤ 이동형 조명 : 테이블 스탠드, 플로어 스탠드

(3) 건축화 조명

① 천장, 벽, 기둥 등 건축 부분을 이용하여 조명하는 방식이다. 건축화 조명은 눈부심이 적고 명랑한 느낌을 주며 현대적인 감각을 느끼게 하나 설치 비용도 직접 조명에 비해 많이 들고 유지비용 역시 높기 때문에 경제적 효율성은 떨어진다.

② 종류
  ㉠ 코브 조명 : 천장 및 벽의 구조체에 의해 광원의 빛이 천장 또는 벽면으로 가려지게 하여 반사광으로 간접 조명한다. 부드럽고 균등하며 눈부심이 없는 빛을 제공하여 보조조명으로 중요하게 쓰인다.
  ㉡ 코니스 조명 : 천장 또는 천장 가까이에 장착되고 옆면을 가려 빛은 아래를 향해서만 떨어진다. 재질감 있는 벽면의 드라마틱한 특성을 강조해 주거나 재미있는 조명 효과를 준다.
  ㉢ 밸런스 조명 : 코브와 코니스를 혼합한 형태로 천장 방향과 바닥 방향 양쪽으로 조명한다.
  ㉣ 광천장 조명 : 건축구조체로 천장에 조명기구를 설치하고 그 밑에 창호지나 반투명 아크릴과 같은 확산성 재료를 이용해서 마감 처리하여 마치 넓은 천장 표면 자체가 조명인 것처럼 연출한다.
  ㉤ 광창 조명 : 광천장과 같은 방식으로 광원을 넓은 면적의 벽면에 매입, 시선에 안락한 배경으로 작용한다. 지하철 광고판 등에서 사용한다.
  ㉥ 코퍼 조명 : 천장에 사각형 또는 원형의 구멍을 뚫어 단차를 두어 천장 내부에 조명을 설치하는 방식
  ㉦ 캐노피 조명 : 국부적으로 강한 조도를 주기 위해 벽면이나 천장면의 일부를 돌출시켜 조명을 설치하고 그 아랫부분을 집중적으로 비춘다. 카운터 상부, 욕실의 세면대, 드레싱 룸에 쓰인다.

4. 조명설계

(1) 기본 순서

① 소요조도 결정
② 광원(전구) 종류 결정
③ 조명 방식 및 기구 선정
④ 광속 계산 및 전등개수 결정
⑤ 배치

(2) 조명 계산

① 실내조명 계산공식

　㉠ 평균조도 $E = \dfrac{F \times U \times N}{A \times D} = \dfrac{F \times U \times N \times M}{A}$

　㉡ 광원 1개의 광속 $F = \dfrac{E \times A \times D}{N \times U} = \dfrac{E \times A}{N \times U \times M}$

　㉢ 광원 개수 $N = \dfrac{E \times A}{F \times U \times M}$

　　U : 조명률　　D : 감광 보상률
　　M : 보수율　　A : 실의 면적[m^2]

② 주요 용어

　㉠ 조명률(D)

　　ⓐ 광원에서 나온 빛 가운데 작업면에 도달하는 빛의 합계가 몇 %인지를 나타내는 비율. 항상 1보다 작다.

　　ⓑ 조명의 빛은 작업면에 직접 도달하거나, 천장이나 벽 등에 반사되어 도달되거나, 조명기구 반사판이나 확산재료에 흡수되거나, 창밖으로 빠져나가거나, 마감재나 가구에 흡수되기도 한다.

　㉡ 보수율(M)

　　ⓐ 조명시설을 일정기간 사용 후 작업면에 도달하는 조도와 초기 조도와의 비이다.

　　ⓑ 조명시설은 시간이 경과하면 광속감쇠, 오염, 반사율 저하 등에 의해 조도가 낮아진다.

　㉢ 감광 보상률(D)

　　ⓐ 광원을 교체하거나 기구를 청소할 때까지 필요한 조도를 유지할 수 있도록 여유를 두는 비율

　　ⓑ 보수율의 역수로 나타낸다.

③ 실지수

　㉠ 실의 형상에 따라 조명의 효율이 달라지는 것을 나타낸 것이다.

　㉡ 천장이 낮고 가로, 세로가 넓은 경우에는 실지수가 커지고 반대의 경우에는 작아진다.

　　ⓒ 실지수 $K = \dfrac{X \cdot Y}{H(X+Y)}$

　　　　X : 실의 가로 길이[m]
　　　　Y : 실의 세로 길이[m]
　　　　H : 작업면~광원 간 높이[m]

(3) 배치

① 광원 간의 간격(S)

　　$S \leq 1.5H$(작업면과 광원까지의 거리)

② 벽면과 광원 간격

　　㉠ 벽 가까이에서 작업을 하지 않는 경우 : $S_0 \leq \dfrac{H}{2}$

　　㉡ 벽 가까이에서 작업을 하는 경우 : $S_0 \leq \dfrac{H}{3}$

③ 조명의 높이

　　㉠ 직접조명 : 광원~작업면까지 높이 H_1은 천장~작업면 간 높이 H의 2/3 정도가 적당하다.

　　㉡ 간접조명 : 광원~천장까지 높이 H_2는 천장~작업면 간 높이 H의 1/5 정도가 적당하다.

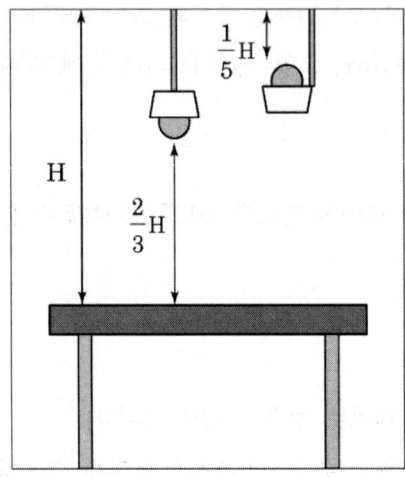
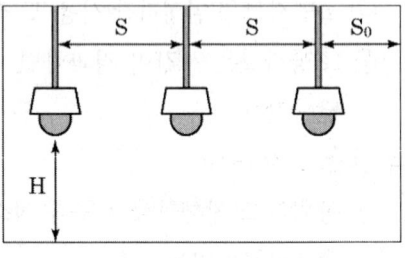

1. 핵/심/이/론

2.3 약전설비

1. 통신정보설비

(1) 인터폰 접속방식

모자식	• 1대의 모기에 여러 대의 자기를 접속하는 방식 • 자기끼리는 접속할 수 없다.
상호식	• 원하는 곳 모두 상호접속이 가능한 방식
복합식	• 모자식과 상호식을 결합한 방식

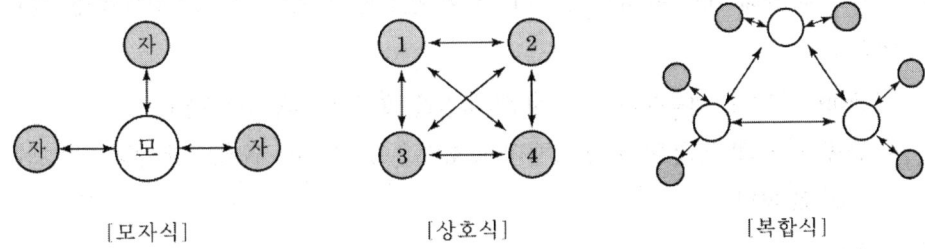

[모자식]   [상호식]   [복합식]

(2) 전기시계

① 단독시계 : 가정용, 소규모 건물

② 모자식 시계 : 대규모 공간의 경우 모시계를 두고 모시계의 운침 충격 전류에 의해 자시계가 작동된다.

　㉠ 모시계

　　ⓐ 수정식 : 정밀하고 가장 많이 사용한다.

　　ⓑ 램프식 : 진동이 있는 곳에 쓰인다.

　㉡ 자시계 : 직류 전기를 이용하며, 유극식과 무극식이 있다.

(3) 안테나 설비

① 구성 : 정합기, 분배기, 증폭기

② 설치 시 주의사항

　㉠ 안테나는 건물 미관을 해치지 않도록 주의하여 피뢰침 보호각 내에 설치한다.

  ⓒ 풍속 40m/s에 견딜 수 있게 고정하며, 강전류선으로부터 3m 이상 이격 설치한다.
  ⓒ 정합기는 바닥에서 30cm 높이에 설치한다.
  ⓔ 공동주택, 병원, 사무실 등은 공청안테나를 설치해야 한다.

(4) 방범설비

외부로부터의 불법 침입을 막거나 침입자를 알아내어 경보를 울리는 설비. 자기 스위치, 초음파 검출기, 적외선 검출기, 근접 스위치, 리미트 스위치, CCTV 등이 있다.

2. 피뢰침 및 방재설비

(1) 피뢰침 설비

① 개요 : 낙뢰에 대한 피해를 줄이고 뇌격 전류를 신속히 땅으로 방류하는 설비
② 기준
  ㉠ 20m 이상의 건축물은 반드시 피뢰침을 설치하도록 규정한다.
  ㉡ 일반 건물의 돌침 및 수평도체의 보호각은 60° 이하, 위험물 관계의 건축물은 45° 이하로 한다.
③ 등급
  ㉠ 완전보호(P급. 케이지)
    ⓐ 건물을 연속된 금속판이나 망상도체로 둘러싸는 방식
    ⓑ 어떠한 뇌격도 건물이나 내부의 사람에게 피해가 없도록 한다.
    ⓒ 산 정상 관측소, 휴게소, 매점, 골프장 독립 휴게소 등
  ㉡ 증강보호(Q급. 수평도체) : 건물 윗면 모서리, 뾰족한 형태의 윗부분에 수평도체 형식의 피뢰 설비를 하는 방식
  ㉢ 보통보호(R급. 돌침) : 건물 꼭대기에 돌침을 설치하는 방식. 증강보호와 보통보호로 나뉜다.
  ㉣ 간이보호(S급. 가공지선) : 낙뢰 피해가 많은 지역의 높이 20m 이하 건물에 쓰인다.
④ 피뢰침의 접지
  ㉠ 뇌격 전류를 대지에 방류하기 위해, 도체인 피뢰침의 접지극을 지중에 매설한다.
  ㉡ 피뢰설비의 총 접지저항은 10Ω 이하로 하고, 각 인하도선의 단독 접지저항은 50Ω 이하로 한다.

1. 핵/심/이/론

(2) 방재설비

① 감지기

　㉠ 열 감지기

　　ⓐ 감지방식

차동식	주위 온도가 일정 상승률 이상이 되는 경우에 작동
정온식	국소 온도가 기준보다 높아지는 경우 작동
보상식	온도 상승률이 일정값을 초과할 때, 또는 온도가 일정값을 초과할 때 작동하는 방식

　　ⓑ 감지영역

스포트형	국소 지역의 온도에 의해 작동
분포형	넓은 범위의 열효과에 의해 작동

　㉡ 연기 감지기

이온식	검지부에 연기가 들어가면 이온 전류가 변화하는 것을 이용하는 방식
광전식	주위 공기가 일정 농도의 연기를 포함하게 되는 경우 광전소자에 접하는 광량의 변화로 작동하는 감지기

② 음향장치

　㉠ 감지기가 화재를 감지하면 벨이나 사이렌으로 알리는 장치

　㉡ 음량은 설치된 위치 중심 기준 1m 떨어진 곳에서 90폰 이상으로 한다.

　㉢ 각 층마다 그 층의 각 부분으로부터 하나의 음향장치까지의 수평거리를 25m 이하가 되도록 설치한다.

③ 발신기

　㉠ 감지기 작동 이전에 화재 발견자가 단추를 눌러 알릴 수 있도록 한 장치

　㉡ P형(1급 : 옥외, 2급 : 옥내)과 M형이 있다.

④ 수신기

　㉠ 감지기 및 발신기가 알려온 화재신호를 수신하여 기록 또는 표시에 의해 화재발생

구역을 판단할 수 있도록 설치하는 장치

ⓒ P형, R형, M형으로 나뉜다.

⑤ 전기화재 경보설비 : 전기배선 및 기기의 부하에서 발생한 누전을 2차측 또는 부하측에서 알려 재해를 사전 방지하는 장치

⑥ 자동화재 속보설비 : 소방대상물의 화재 발생을 자동으로 소방기관에 알리는 설비

⑦ 비상경보 설비 : 자동화재탐지설비 등에 의해 화재 발생을 인지한 즉시 해당 소방대상물 안의 사람들에게 알림으로써 피난 및 초기소화 활동을 도모하는 설비

⑧ 비상콘센트 설비 : 초고층 건물에 화재 발생 시 일반 전원을 쓰기 곤란하므로, 미리 건물에 소방차 발전기로 전원을 공급할 수 있도록 케이블로 매입시켜 놓은 설비

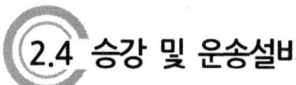 승강 및 운송설비

1. 엘리베이터

(1) 분류

구분	교류 엘리베이터	직류 엘리베이터
기동 토크	적다.	임의의 기동 토크를 얻을 수 있다.
속도 제어	• 속도의 임의 조정과 제어가 불가능하다. • 부하에 의해 속도 변동이 발생한다.	• 속도의 임의선택 및 제어가 가능하다. • 부하에 의한 속도 변동이 없다.
승강 감각	직류보다 나쁘다.	원활한 가감속이 되며 감각이 좋다.
착상 오차	몇 mm의 오차가 발생	1mm 이내의 오차
효율	40~60%	60~80%
비용	저렴하다.	고가이다.
속도[m/분]	30, 45, 60	90, 105, 120, 150, 180, …

(2) 기본 장치

① 승강기

㉠ 엘리베이터 케이지 너비와 깊이의 이상적 비율은 10 : 7 정도

　　　ⓒ 표준형 엘리베이터 출입구 높이는 2.1m이다.
　　　ⓒ 케이지와 승강장 문은 리타이어링 캡에 의해 동시 개폐한다.
　② 기계실
　　　㉠ 균형추 : 카의 반대편 로프에 장착하며 권상기의 부하를 줄인다.
　　　　(중량=카 중량+최대 적재량×1/2)
　　　ⓒ 권상기 : 엘리베이터를 감아올리는 모터
　　　ⓒ 가이드 레일 : 카 유도 장치
　　　㉣ 가이드 슈 : 승강기 틀이나 균형추 틀의 위아래 끝에 설치하여, 가이드 레일면과 접촉 및 연동하면서 승강기와 추를 가이드하는 장치
　　　㉤ 견인구차 : 로프의 슬립을 방지한다.
　　　㉥ 기계실 천장높이는 2m 이상으로 한다.
　③ 안전장치
　　　㉠ 조속기(gobernor) : 엘리베이터 속도가 일정 이상을 넘었을 때 브레이크나 안전장치를 작동시키는 장치
　　　ⓒ 비상정지장치 : 정격속도의 130~140%에 이르면 차단시킨다.
　　　ⓒ 완충기(buffer) : 엘리베이터 추락 시 충격을 완화시키는 장치
　　　㉣ 스톱 스위치(종점 스위치) : 최상 또는 최하층에서 정지 스위치가 작동하지 않을 때 자동 정지
　　　㉤ 리미트 스위치(제한 스위치) : 종점 스위치 미 작동 시, 제2단계로 주회로를 차단한다.

2. 기타

(1) 에스컬레이터

　① 특징
　　　㉠ 30° 이하의 경사를 갖는 계단식 콘베이어로서 수송능력은 엘리베이터의 10배 이상이다.
　　　ⓒ 대기시간이 없이 연속 운전되므로 전원설비에 부담이 적다.
　　　ⓒ 수송량에 비해 점유면적이 적고, 건물에 걸리는 하중이 분산된다.

② 구성 : 난간, 안전장치, 전동기, 디딤판, 챌판 등
③ 형식 분류

형식	발판 폭	속도	경사각	공칭 수송능력	설계 수송능력
800형	600mm	30m/min	30°	6000인/h	4800인/h
1200형	1000mm	30m/min	30°	9000인/h	7200인/h

④ 배치 방식

직렬형	• 승객 시야가 가장 넓다. • 점유 면적이 크고 길어진다.	
병렬 단속형	• 에스컬레이터 위치 확인이 쉽다. • 시야가 막히지 않는다. • 승강이 혼잡하고 한 방향만 바라본다. • 교통이 불연속적이고 서비스가 나쁘다.	
병렬 연속형	• 교통이 연속되고 승강이 명백히 분할된다. • 시야가 넓고 위치 확인이 쉽다. • 시선이 마주치고 면적이 커진다.	
교차형	• 점유면적이 다른 유형보다 작다. • 승강 구분이 명확하여 혼잡이 적다. • 시야가 좁고 위치 표시가 어렵다.	

(2) 덤웨이터(dumbwaiter)

① 소하물을 운반하기 위한 이동운반기. 리프트라고도 한다.
② 3층 이내의 경우, 적재중량이 100kg 이하인 수동식도 있다.
③ 승강 속도는 15, 20, 30m/min이 주로 적용된다.
④ 전동기 용량은 최대 3HP, 적재량은 500kg 이하이다.
⑤ 케이지 바닥면적은 1m² 이하, 천장높이는 1.2m 이하로 한다.

3. 자동제어 및 소방설비

 자동제어 개요

1. 시퀀스 제어

(1) 특징 및 구성

① 특징
  ㉠ 정해진 순서에 따라 제어의 각 단계를 차례로 진행해 가는 제어를 말한다.
  ㉡ 회로가 일방통행으로 되어 있어서, 제어 신호가 제어계를 전부 순환하지 않고 한 방향으로만 전달한다.
  ㉢ 세탁기, 엘리베이터, 자동판매기, 신호등, 공조기 경보시스템 등에 쓰인다.

② 제어계 구성

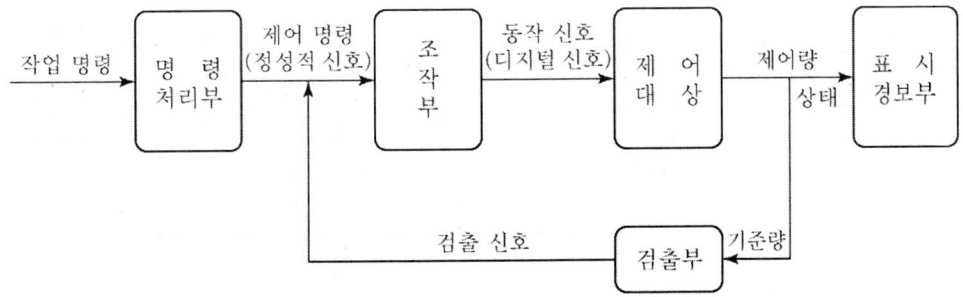

(2) 제어장치별 분류

	유접점 방식	무접점 방식
장치	릴레이, 전자개폐기	트랜지스터, 다이오드, IC
수명	짧다.	반영구적
작동속도	늦고 한계가 있다.(ms 단위)	빠르다.(μs 단위)
환경조건	진동 및 충격에 약하다.	진동 및 충격에 강하다.
소비전력	많다.	적다.
외형	큰 편이다.	작다.
서지	전기적 노이즈에 안정적	노이즈에 취약해 안정대책 필요
입·출력수	독립된 다수의 출력을 동시에 얻음	다수의 입력·소수의 출력 용이

2. 피드백 제어(feedback control)

(1) 특징 및 구성

① 특징
  ㉠ 제어량을 측정하여 설정값과 비교한 뒤 그 차를 적절한 정정 신호로 교환하여 제어장치로 되돌리며, 제어량이 설정값과 일치할 때까지 수정 동작을 한다.
  ㉡ 온도, 습도, 압력 등 설정값을 일정하게 정해 놓은 제어에 사용한다.
  ㉢ 전압, 보일러 압력조정, 실내온도 조정 등에 쓰인다.
② 구성

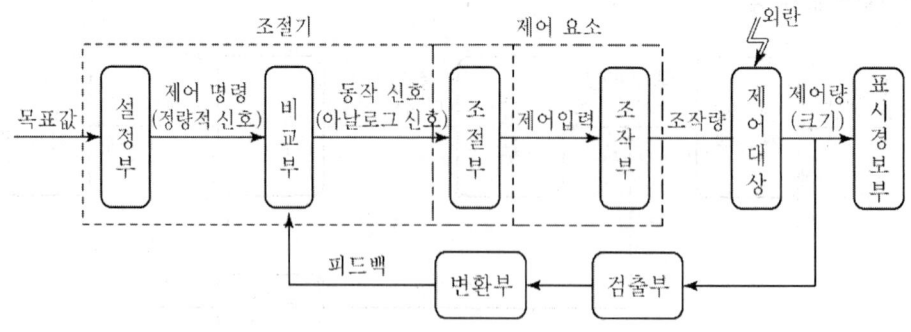

1. 핵/심/이/론

> **외란**
> 제어계를 교란하는 외적 작용. 실내 온도 제어의 경우 인체나 조명의 발열, 창문을 통한 햇빛의 열이나 틈새바람, 외부 공기의 온도 등이 해당된다.

(2) 분류

① 공정 제어
   ㉠ 온도, 압력, 유량, 농도 등을 제어량으로 하는 정치 제어
   ㉡ 각종 공장의 제어계통에 쓰인다.
② 서보기구
   ㉠ 기계적 위치나 방향, 자세 등을 제어량으로 하는 추치 제어
   ㉡ 항공기 및 선박의 방향 제어계, 레이더 등에 쓰인다.
③ 자동조정
   ㉠ 속도, 주파수, 전압, 회전력 등을 제어량으로 하는 정치 제어
   ㉡ 발전기의 조속기, 자동전압 조정장치 등에 쓰인다.

> **시퀀스와 피드백의 비교**
>
> | | 제어 신호 | 회로 특성 | 제어량 | 제어 특성 |
> |---|---|---|---|---|
> | 시퀀스 제어 | 디지털 신호 | 개방 루프 회로 | 정성적 제어 | 순서 제어 |
> | 피드백 제어 | 아나로그 신호 | 폐쇄 루프 회로 | 정량적 제어 | 비교 제어 |

3. 논리회로

(1) 개요

① 논리식 : 논리 소자로 시퀀스를 표현한 것
② 논리회로 : 접점이나 무접점 논리소자로 구성된 제어회로

(2) 논리회로의 종류

① AND 회로(직렬, 논리곱 회로)
  ㉠ 2개의 입력신호가 동시에 작동할 때만 출력신호 1이 되는 회로
  ㉡ 논리식 : X = A · B

② OR 회로(병렬, 논리합 회로)
  ㉠ 2개의 입력신호 중 하나만 작동해도 출력신호 1이 되는 회로
  ㉡ 논리식 : X = A + B

③ NOT 회로(부정회로)
  ㉠ 출력신호가 입력신호의 반대로 작동되는 회로
  ㉡ 입력이 1이면 출력은 0, 입력이 0이면 출력은 1
  ㉢ 논리식 : X = $\overline{A}$

④ NAND 회로(논리곱의 부정)
  ㉠ AND와 NOT를 조합시킨 회로
  ㉡ 입력이 모두 1일 때에만 출력이 0이 된다.
  ㉢ 논리식 : X = $\overline{A \cdot B}$

⑤ NOR 회로(논리합의 부정)
  ㉠ OR 회로와 NOT 회로를 조합시킨 회로
  ㉡ 입력이 모두 0일 때에만 출력이 1이 된다.
  ㉢ 논리식 : X = $\overline{A} + \overline{B}$

AND 회로	OR 회로	NOT 회로	NAND 회로	NOR 회로

3.2 건축전기설비 제어시스템

1. 제어시스템 분류

(1) 목적에 따른 분류

① 정치 제어(constant value control)
  ㉠ 목표값이 시간적으로 일정한 자동 제어를 말한다.
  ㉡ 제어계는 주로 외란의 변화에 대한 정정 작용을 한다.
  ㉢ 보일러의 동내 압력, 여과지의 정속 여과, 터빈의 회전 속도 등을 일정값으로 유지할 때 사용된다.

② 추치 제어(variable value control)
  ㉠ 목표값이 시간에 따라 변화하는 제어
  ㉡ 분류
    ⓐ 추종 제어(Followup control) : 목표값이 임의의 시간적 변화를 하는 경우, 제어량을 그것에 추종시키기 위한 제어. 항공기의 레이더 등에 적용된다.
    ⓑ 프로그램 제어(Program control) : 미리 정해진 프로그램에 따라 제어량을 변화시키는 방식
    ⓒ 비율 제어(ratio control) : 목표값과 다른 변량과의 비율이 일정하도록 하는 제어 방식

(2) 제어 동작에 의한 분류

① 불연속 동작
  ㉠ 2위치 제어(ON/OFF) : 제어하는 조작값이 둘뿐인 제어. 제어량이 설정값에서 벗어나면 조작부를 개폐하여 정지 혹은 작동한다. 항상 목표값과 제어 결과가 일치하지 않는 동작간극을 일으키는 결점이 있다.
  ㉡ 다위치 동작 : 여러 단계의 목표값에 따라 동작

② 연속 동작
  ㉠ 비례제어동작(P 동작) : 목표값과 현재값의 차이에 비례하여 제어하는 동작. 목표값과의 차이가 커지면 제어량이 늘어나고, 가까워지면 제어량이 줄어드는 형식이

다. 이 방식은 공조부하의 특성에 따라 목표값이 아닌 지점에서 기기의 안정상태가 유지되는 결점이 있다. 이 안정상태의 값과 목표값과의 편차를 잔류편차(offset)라 한다.

ⓒ 미분동작(D 동작) : 입력의 시간 미분치에 비례하는 크기의 출력 신호를 내는 제어 동작. 제어 편차의 변화 속도에 비례하여 조작량을 가감하기 위해 비례동작보다 조기에 조작량을 작동시키므로 안정성이 좋다.

ⓒ 적분동작(I 동작) : 동작 신호의 적분치(면적)에 비례하는 크기의 출력(조작량)을 내는 제어 동작. 비례 동작만으로는 잔류 편차가 생기지만 적분동작에서는 이를 없앨 수 있다.

ⓔ 비례미분동작(PD 동작) : 비례 동작과 미분 동작을 조합시킨 동작. 제어계의 안정도를 높이기 위해 적용한다.

ⓜ 비례적분동작(PI 동작) : 비례 동작과 적분 동작을 조합시킨 동작. 비례 동작에 의해 제어량과 목표값과의 편차값에 비례한 조작량을 주어 제어 동작을 하는 동시에 적분 동작에 의하여 외란에 대한 잔류 편차를 없애는 제어 방식이다. 결점으로는 사이클링의 경향이 생긴다.

ⓗ 비례적분미분제어동작(PID 동작)
　ⓐ 비례·적분·미분의 3동작 성분을 포함하고 있는 제어 동작
　ⓑ 정상편차를 0으로 해주는 비례적분제어동작은 제어가 늦어지는 경향이 있으므로, 이를 방지하기 위해 미분동작을 부가하여 제어를 빠르게 한 것
　ⓒ 비례동작의 비례대가 길수록, 적분동작의 적분시간이 길수록, 미분동작의 미분시간이 짧을수록, 낭비시간이 짧을수록 안정적이다.

2. 제어 방식

(1) 전기식 제어
① 조작부의 조작동력과 제어회로의 전달신호에 전기를 사용한다.
② 검출부와 조절부가 일체형으로 설치된다.
③ 구조가 간단하고 신호처리가 쉽다.

(2) 전자식 제어

자동제어장치의 동력원으로 전기를 사용하고 프로그래밍 컨트롤러 등의 조절 기구에 전자 증폭 기구를 가지며, 검출 신호를 전자 증폭시켜 조작 신호로 변환하여 조작부를 작동시키는 제어 방법

(3) DDC 자동제어(Direct Digital Controller)

① 전기, 공기조화, 열원, 반송 등 건물의 각종 설비를 고성능의 디지털 방식으로 통합 제어하는 방식
② 유지 보수가 간단하고 에너지 절약 제어가 가능하다.
③ 정밀도와 신뢰도가 높은 제어방식이다.

3.3 제어장치

1. 자동제어장치

(1) 기본 구성

① 검출부 : 제어량 변화를 검출한 후, 설정치와 비교할 수 있는 신호로 변환하여 조절부로 보낸다.
② 조절부 : 검출부에서 받은 신호를 설정치와 비교하여 편차에 해당되는 신호를 만들고, 이 신호를 다시 조작신호로 바꾸어 조작부로 보낸다.
③ 조작부 : 조절부에서 받은 신호에 의해 밸브와 댐퍼 등을 조작한다.

(2) 자동제어기기 특징

① 전기식
  ㉠ 신호 전달이 빠르고 기기 구조가 간단하다.
  ㉡ 비용 및 유지관리 면에서 유리하다.
  ㉢ 정밀 제어가 어렵다.
② 전자식
  ㉠ 응답이 빠르고 정밀하다.

　　　ⓒ 전기식보다 배선이 복잡하고 고가이다.
　③ 공기식
　　　㉠ 구조가 간단하고 큰 조작력을 얻을 수 있어 대규모 장치에 유리하다.
　　　ⓒ 압축공기 생성 장치가 필요하다.
　　　ⓒ 신호전달이 전기 및 전자식보다 느리다.
　④ 자력식
　　　㉠ 전기나 공기장치가 필요 없어 저렴하다.
　　　ⓒ 정밀도가 매우 낮다.

2. 공조설비 및 보일러

(1) 공조설비 자동제어

　① 검출기
　　　㉠ 온도검출 : 전기식, 열팽창식, 방사식
　　　ⓒ 유량 검출 : 차압식, 면적식, 용적식, 전자식
　　　ⓒ 액면 검출 : 차압식, 기포식, 부자식, 방사선식
　　　㉣ 압력 검출
　　　　　ⓐ 액체압력계 : 액주식, 환상식, 침주식
　　　　　ⓑ 탄성압력계 : 다이어프램식, 부르동관식, 벨로즈식
　　　　　ⓒ 진공계 : 피라니 게이지, 전리 진공계
　② 검출 소자
　　　㉠ 압력검출소자 : 다이어프램, 벨로즈, 부르동관
　　　ⓒ 습도검출소자 : 나일론 리본, 모발

- 과도응답 : 입력신호가 입력된 후 전압계 바늘이 입력 전 평형상태에서 입력 후 새로운 평형 상태로 변화하는 시간을 과도기라 하며, 과도기에서의 출력을 과도응답이라 한다.
- 정상응답 : 과도기가 지난 후 전압계의 바늘이 새 위치에서 정지한 평형상태의 출력을 한다.

(2) 보일러 자동제어

① 연소 제어 : 연료 유량, 공기 유량을 조정하여 보일러로부터 발생하는 증기 압력을 제어한다.

② 급수 제어 : 보일러 드럼 수위를 일정하게 유지하여 급수량을 제어한다.

③ 증기온도 제어 : 발생하는 증기의 온도를 감온기의 냉각수량에 따라 낮추는 제어방식

3.4 소방설비

1. 개요

(1) 화재의 종류

① A급 화재(백색화재, 일반화재) : 연소 후 재를 남기는 화재. 나무, 종이 등

② B급 화재(황색화재, 유류, 가스) : 석유, 가스 등의 화재. 질식에 의한 소화

③ C급 화재(청색화재, 전기) : 전기 및 누전 원인. 물 사용 금지. 질식에 의한 소화

④ D급 화재(무색, 금속화재) : 나트륨, 마그네슘 등 활성금속에 의한 화재

⑤ K급 화재(주방화재, 동식물유) : 동식물유를 취급하는 주방 및 조리기구의 화재

(2) 소화 원리

① 질식소화 : 산소공급원을 차단하여 소화하는 방법. 공기 중 산소 농도를 15% 이하로 억제함으로서 화재를 소화한다.(이산화탄소 소화설비)

② 제거소화 : 연소반응에 관계된 가연물이나 주위의 가연물을 제거하는 소화방법. 강풍으로 가연성 증기를 날려 보내거나, 산불화재의 진행 방향을 앞질러 벌목하는 것이 해당된다. 유전화재 시에는 폭약으로 폭풍을 일으켜 화염을 제거하기도 한다.

③ 냉각소화 : 연소 중인 가연물로부터 열을 뺏어 연소물을 착화온도 이하로 내리는 방법(스프링클러, 물분무 등)

④ 억제소화(부촉매 소화, 화학적 소화) : 연소의 4요소 중 연속적인 산화반응, 즉 연쇄반응을 약화시켜 연소가 계속되는 것을 불가능하게 하여 소화하는 것으로 화학적 작용에 의한 소화방법이다.

    ㉠ 부촉매 : 화학적 반응의 속도를 느리게 하는 재료(할로겐족 원소 : 불소, 염소, 브롬, 요오드)

    ㉡ 소화 효과(부촉매)의 크기 : 불소 < 염소 < 브롬 < 요오드

  ⑤ 기타

    ㉠ 피복소화 : 가연물 주위를 공기와 차단시켜 소화(이불, 담요 등으로 덮는 것)

    ㉡ 희석소화 : 수용성 액체(ex : 아세톤) 화재 시 물을 뿌려 연소농도를 희석하여 소화

    ㉢ 유화소화(에멀젼 소화) : 비수용성 인화성 액체의 유류화재 시 액체표면에 불연성의 유막을 형성하여 소화

(3) 소방설비의 분류

소화설비	소화기, 옥내소화전, 옥외소화전, 스프링클러, 물분무 등 설비(가스계 소화설비)
경보설비	자동화재탐지설비, 자동화재속보설비, 비상방송설비, 비상경보설비, 누전경보기
피난구조설비	유도등, 비상조명등, 피난사다리, 공기호흡기, 완강기, 인명구조기구
소화용수설비	상수도소화용수설비, 소화수조
소화활동설비	제연설비, 연결송수관설비, 연결살수설비, 무선통신보조설비, 비상콘센트설비

2. 주요 소방설비

(1) 소화기 및 소화전

① 소화기 설치 기준

  ㉠ 각층마다 설치(소형 소화기는 20m 이내, 대형 소화기는 30m 이내마다 배치)

  ㉡ 각층이 둘 이상의 거실로 구획된 경우 ㉠의 규정 외에 바닥면적 33m² 이상으로 구획된 각 거실마다 배치(아파트는 각 세대마다)

  ㉢ 바닥으로부터 1.5m 이내에 설치할 것

② 옥내소화전 설치 기준
　㉠ 방수구
　　ⓐ 호스는 구경 40mm(호스릴 옥내소화전설비는 25mm) 이상. 특정소방대상물 각 부분에 물이 유효하게 뿌려질 수 있는 길이로 설치
　　ⓑ 바닥으로부터 높이 1.5m 이하가 될 것
　　ⓒ 각 층마다 설치하되 각 부분으로부터 1개 방수구까지 수평거리가 25m 이하로 할 것(복층형 구조의 공동주택은 세대 출입구가 설치된 층만 설치 가능)
　　ⓓ 호스릴 옥내소화전설비의 경우 노즐을 쉽게 개폐할 수 있는 장치를 부착할 것
　㉡ 송수구
　　ⓐ 소방차가 쉽게 접근할 수 있고 잘 보이는 장소에 설치
　　ⓑ 송수구로부터 주 배관에 이르는 연결배관에는 개폐 밸브를 설치하지 않는다. (겸용 배관은 제외)
　　ⓒ 지면으로부터 높이 0.5m 이상 1m 이하의 위치에 설치
　　ⓓ 구경 65mm의 쌍구형 또는 단구형으로 할 것
　　ⓔ 송수구에는 이물질을 막기 위한 마개를 씌울 것
　　ⓕ 송수구의 가까운 부분 자동배수밸브 및 체크밸브를 설치할 것
　㉢ 수원 저수량
　　ⓐ 옥내소화전 1개 방수량×방수시간×동시 개구수
　　ⓑ 방수시간

기준	30~49층	50층 이상
20분	40분	60분

　㉣ 기타 성능
　　ⓐ 해당 층의 옥내소화전 동시 사용 시 각 소화전 노즐선단 방수압력이 0.17MPa 이상일 것
　　ⓑ 방수량이 130L/min 이상이 되도록 할 것
　　ⓒ 하나의 옥내소화전을 사용하는 노즐선단 방수압력이 0.7MPa 초과 시 호스접결구의 인입측에 감압장치를 설치할 것

③ 옥외소화전 설치 기준
  ㉠ 호스접결구는 지면으로부터 높이 0.5m 이상 1m 이하의 위치에 설치. 각 부분으로부터 하나의 호스접결구까지의 수평거리가 40m 이하가 되도록 설치한다.
  ㉡ 호스의 구경은 65mm로 한다.
  ㉢ 같은 건물 내 옥외소화전을 동시에 사용할 경우 각 옥외소화전의 노즐선단 방수압력이 0.25MPa 이상이고, 방수량이 350L/min 이상이 되는 것으로 한다. 이 경우 각 노즐선단에서의 방수압력이 0.7MPa을 초과할 경우 감압장치를 설치하여야 한다.
  ㉣ 수원은 그 저수량이 옥외소화전 설치개수에 $7m^3$를 곱한 양 이상이 되도록 한다.

(2) 스프링클러

① 주요장치 및 배관
  ㉠ 장치

반사판(deflector)	스프링클러헤드의 방수구에서 유출되는 물을 세분시키는 장치
프레임(Frame)	나사부분과 반사판을 연결하는 이음쇠
유수검지장치	본체 내 유수현상을 자동으로 검지하여 신호나 경보를 발하는 장치
일제개방밸브	개방형 헤드를 사용하는 일제 살수식 스프링클러 설비에 설치하는 밸브. 화재발생시 자동 또는 수동식 기동장치에 따라 밸브가 개방된다.
감열체(감열부)	내부에 유리구가 들어 있어서 평상시 방수구를 막고 있다가, 화재시 일정 온도가 되면 파괴 또는 용해되어 방수구가 열림으로써 스프링클러가 작동된다.(개방형 스프링클러에는 없다)

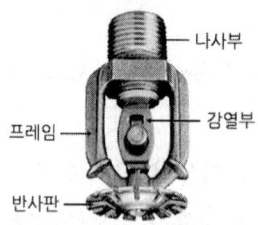

  ㉡ 배관
    ⓐ 주배관 : 각 층을 수직으로 관통하는 배관

ⓑ 교차배관 : 직접 또는 주배관을 통해 가지배관에 급수하는 배관
ⓒ 가지배관 : 스프링클러헤드가 설치되어 있는 배관
ⓓ 급수배관 : 수원이나 옥외송수구로부터 급수하는 배관
ⓔ 신축배관 : 가지배관과 스프링클러헤드를 연결하는 배관. 구부릴 수 있도록 유연성이 필요하다.

② 종류

㉠ 개방형 : 헤드가 개방된 상태로 놓고 화재 시 송수한다.

㉡ 폐쇄형

ⓐ 습식 : 배관 내 물이 차 있으며 가용편이 녹아 방수된다.
ⓑ 건식 : 배관 내 공기가 차 있다. 누수나 동파의 우려가 있는 곳에 쓰인다.

③ 주요 기준

㉠ 개방형 스프링클러

ⓐ 수원은 최대 방수구역에 설치된 스프링클러헤드의 개수가 30개 이하일 경우 설치된 헤드 개수에 1.6m³를 곱한 양 이상으로 한다.

ⓑ 30개를 초과하는 경우에는 다음 조항에 따라 산출된 가압송수장치의 1분당 송수량에 20을 곱한 양 이상이 되도록 한다.

- 가압송수장치의 정격토출압력은 하나의 헤드 선단에 0.1MPa 이상 1.2MPa 이하의 방수압력이 될 수 있게 하는 크기일 것
- 가압송수장치의 송수량은 0.1MPa의 방수압력 기준으로 80L/min 이상의 방수성능을 가진 기준 개수의 모든 헤드로부터의 방수량을 충족시킬 수 있는 양 이상의 것으로 할 것

㉡ 폐쇄형 스프링클러헤드의 주요 기준

ⓐ 하나의 방호구역의 바닥면적은 3000m²를 초과하지 않도록 한다.
ⓑ 한 방호구역에 1개 이상의 유수검지장치를 설치하되, 화재발생 시 접근이 쉽고 점검하기 편리한 장소에 설치한다.
ⓒ 하나의 방호구역은 2개 층에 미치지 아니하도록 할 것. 다만, 1개 층에 설치되는 스프링클러헤드의 수가 10개 이하인 경우와 복층형 구조의 공동주택에는 3개 층 이내로 할 수 있다.

ⓓ 유수검지장치를 실내에 설치하거나 보호용 철망 등으로 구획하여 바닥으로부터 0.8m 이상 1.5m 이하의 위치에 설치하되, 그 실 등에는 가로 0.5m 이상 세로 1m 이상의 출입문을 설치하고 그 출입문 상단에 "유수검지장치실"이라고 표시한 표지를 설치한다.

ⓔ 스프링클러헤드에 공급되는 물은 유수검지장치를 지나도록 할 것. 다만, 송수구를 통하여 공급되는 물은 예외로 한다.

ⓕ 자연낙차에 따른 압력수가 흐르는 배관 상에 설치된 유수검지장치는 화재 시 물의 흐름을 검지할 수 있는 최소한의 압력이 얻어질 수 있도록 수조의 하단으로부터 낙차를 두어 설치할 것

ⓖ 스프링클러설비 수원의 저수량 산정

설치 장소			기준 개수
지하층 제외 10층 이하인 특정소방대상물	공장	특수가연물을 저장·취급하는 것	30
		그 외	20
	근린생활시설, 판매시설, 운수시설, 복합건축물	판매시설 또는 복합건축물 (판매시설이 설치되는 것)	30
		그 외	20
	그 외	헤드 부착 높이 8m 이상인 것	20
		헤드 부착 높이 8m 미만인 것	10
지하층 제외 11층 이상인 특정소방대상물·지하가·지하역사			30

※ 하나의 소방대상물이 2 이상의 '기준 개수'에 해당되는 경우, 많은 것을 기준으로 한다. 단, 각 기준에 해당하는 수원을 별도 설치하는 경우는 그렇지 않다.

지하층을 제외한 층수가 8층인 백화점에 스프링클러설비를 설치할 경우, 스프링클러설비의 수원의 저수량은 최소 얼마 이상이 되도록 하여야 하는가? (단, 폐쇄형 헤드이며 설치 헤드 수는 30개이다.) [2014년, 2024년 출제]   [정답] ②
① 24m³   ② 48m³   ③ 72m³   ④ 96m³
[풀이] 기준 개수 30개×1.6m³=48m³

(3) 기타 설비

① 연결송수관설비 설치 기준

　㉠ 송수구

　　ⓐ 지면으로부터의 높이 : 0.5m 이상 1.0m 이하

　　ⓑ 구경 65mm의 쌍구형으로 할 것

　　ⓒ 연결송수관의 수직배관마다 1개 이상 설치

　　ⓓ 이물질을 막기 위한 마개를 씌울 것

　㉡ 배관

　　ⓐ 주배관의 구경 : 100mm 이상(주배관 구경 100mm 이상인 옥내소화전·스프링클러·물분무 등 소화설비 배관과 겸용 가능)

　　ⓑ 수직배관은 내화구조로 구획된 계단실(부속실 포함) 또는 파이프 덕트 등 화재의 우려가 없는 장소에 설치

　㉢ 방수구

　　ⓐ 호스 접결구 설치 : 바닥으로부터 높이 0.5m 이상 1m 이하

　　ⓑ 연결송수관설비의 전용방수구 또는 옥내소화전방수구로서 구경 65mm의 것으로 설치할 것

　㉣ 가압송수장치

　　ⓐ 펌프 토출량 : 2400L/min 이상(계단식 아파트는 1200L/min)

　　ⓑ 펌프 양정은 최상층에 설치된 노즐 선단의 압력이 0.35MPa 이상의 압력이 되도록 할 것

　　ⓒ 송수구로부터 5m 이내의 보기 쉬운 장소에 바닥으로부터 높이 0.8m 이상 1.5m 이하로 설치

② 자동화재탐지설비 수신기

　㉠ 감지기나 발신기로부터 화재 발생 신호를 받아 경보음과 동시에 화재발생 장소를 램프로 표시한다.

　㉡ 종류

　　ⓐ P형 1급 수신기 : 상용전원 및 비상전원 간의 전환 등이 가능하며 회로 수에 제한이 없다. 4층 이상에 사용한다.

ⓑ P형 2급 수신기 : 5회선 이하, 4층 미만 건물에 사용한다.
ⓒ R형 수신기 : 고유의 신호를 수신하는 장치로, 숫자 등의 기록에 의해 표시되며 회선수가 매우 많은 동일 구내의 다수동이나 초고층 빌딩 등에 사용된다.
ⓓ 기타 : M형, GP, GR형

③ 화재감지기
㉠ 연기 감지기
ⓐ 감지 방식
- 이온화식 : 감지기 안으로 유입된 연기 입자에 의한 이온전류의 변화를 이용 (농도 변화 감지)
- 광전식 : 연기 입자에 의한 광전소자의 입사광량 변화를 이용(광량 변화 감지)

ⓑ 설치 장소
- 평상시 연기 발생이 없으며 열감지가 어려운 높이 20m 이내의 장소
- 벽 또는 보로부터 0.6m 이상 떨어진 곳
- 천장 또는 반자가 낮은 실내 또는 좁은 실내에 있어서는 출입구의 가까운 부분에 설치할 것
- 천장 또는 반자부근에 배기구가 있는 경우에는 그 부근에 설치할 것
- 복도 및 통로는 보행거리 30m마다, 계단 및 경사로는 수직거리 15m마다 1개 이상으로 할 것

㉡ 열 감지기
ⓐ 감지방식

차동식	주위 온도가 일정 상승률 이상이 되는 경우에 작동
정온식	국소 온도가 기준보다 높아지는 경우 작동
보상식	온도 상승률이 일정값을 초과할 때 또는 온도가 일정값을 초과할 때 작동하는 방식

ⓑ 감지영역

스포트형	국소 지역의 온도에 의해 작동
분포형	넓은 범위의 열 효과에 의해 작동

5편 건축설비 관계법규

1. 건축법 총칙 및 건축물의 구조·재료, 건축설비

1.1 총칙

1. 개요

(1) 건축법의 목적

건축법은 건축물의 대지·구조·설비 기준 및 용도 등을 정하여 건축물의 안전·기능·환경 및 미관을 향상시킴으로써 공공복리의 증진에 이바지하는 것을 목적으로 한다.

(2) 법의 체계

헌법 → 법 → 시행령(대통령령) → 시행규칙(관련부령) → 조례 및 규칙

2. 주요 용어

(1) 대지 및 건축물

① 대지
  ㉠ 지적법에 의하여 각 필지로 구획된 토지
  ㉡ 건축물 축조가 가능한 토지로 제한 조건을 충족시키는 것
  ㉢ 대지의 2m 이상이 도로에 접할 것

② 도로와 건축선
  ㉠ 도로의 정의 : 보행 및 자동차 통행이 가능한 너비 4m 이상의 도로
  ㉡ 지형적 조건에 의해서 차량통행이 곤란하다고 인정하여 시장, 군수, 구청장이 그

　　　위치를 지정, 공고하는 구간에서는 너비를 3m로 적용한다.
　ⓒ 건축선 : 도로와 접한 부분에 있어서 건축물을 건축할 수 있는 선. 도로와의 경계선으로 한다.
　ⓔ 도로 폭이 4m 미만일 경우 건축선은 해당도로의 중심선으로부터 2m씩 떨어진 곳이 된다.

③ 건축물
　㉠ 토지에 정착하는 공작물 중 지붕 및 기둥 혹은 벽이 있는 것(지붕은 필수)
　ⓒ 대문, 담장과 같이 위에 부수되는 시설물
　ⓒ 지하 혹은 고가의 공작물에 설치하는 사무소, 공연장, 점포, 차고 등

④ 기타 용어 및 정의
　㉠ 지하층 : 바닥이 지표면 아래에 있는 층으로서 해당 층의 바닥으로부터 지표면까지의 높이가 해당 층의 1/2 이상인 층
　ⓒ 건축법상의 거실 : 건축물 내에서 거주, 집무, 작업, 집회, 오락 등 다양한 목적으로 사용되는 방을 총칭한다.
　ⓒ 건축법규상의 주요 구조부 : 내력벽, 기둥, 바닥, 보, 지붕틀 및 주 계단
　※ 사잇기둥, 최하층 바닥, 작은보, 차양, 옥외계단 등 구조상으로 중요하지 않은 부분 및 기초를 제외한다.

(2) 건축행위

① 건축행위의 구분

행위 전		행위 후
기존 건축물이 없는 대지	신축	새롭게 건축물을 축조
		부속 건축물이 있는 경우의 주용도 건축물을 축조
기존 건축물이 있는 대지	신축	기존 건축물이 철거, 멸실된 후 새로운 건축물을 축조(종전과 다른 규모)
	증축	기존 건축물에 건축물의 규모를 증가(면적, 층수, 높이 등)

1. 핵/심/이/론

행위 전	행위 후	
기존 건축물이 있는 대지	재축	기존 건축물이 천재지변이나 그 밖의 재해로 멸실된 경우 그 대지에 다음 요건을 모두 갖추어 다시 축조하는 것을 말한다. ㉠ 연면적 합계는 종전 규모 이하로 할 것 ㉡ 동(棟)수, 층수 및 높이는 다음 중 하나에 해당할 것 　ⓐ 동수, 층수 및 높이가 모두 종전 규모 이하일 것 　ⓑ 동수, 층수 또는 높이의 어느 하나가 종전 규모를 초과하는 경우에는 해당 동수, 층수 및 높이가 건축법령에 모두 적합할 것
	개축	기존 건축물 전부 또는 일부(내력벽·기둥·보·지붕틀 중 셋 이상 포함되는 경우)를 해체하고 그 대지에 종전과 같은 규모의 범위에서 건축물을 다시 축조하는 것 ※ 한옥의 경우 지붕틀의 범위에서 서까래는 제외
	이전	기존 건축물의 동일 대지 내 위치를 변경하는 것

② 대수선 : 신축·증축·재축·개축·이전에 해당되지 않으면서 다음 하나에 해당하는 행위

　㉠ 내력벽을 증설 또는 해체하거나 그 벽면적을 30㎡ 이상 수선 또는 변경하는 것
　㉡ 기둥을 증설 또는 해체하거나 3개 이상 수선 또는 변경하는 것
　㉢ 보를 증설 또는 해체하거나 3개 이상 수선 또는 변경하는 것
　㉣ 지붕틀(한옥의 경우 서까래 제외)을 증설 또는 해체하거나 3개 이상 수선 또는 변경하는 것
　㉤ 방화벽 또는 방화구획을 위한 바닥 또는 벽을 증설 또는 해체하거나 수선 또는 변경하는 것
　㉥ 주 계단·피난계단 또는 특별피난계단을 증설 또는 해체하거나 수선 또는 변경하는 것
　㉦ 다가구주택의 가구 간 경계벽 또는 다세대주택의 세대 간 경계벽을 증설 또는 해체하거나 수선 또는 변경하는 것
　㉧ 건축물의 외벽에 사용하는 마감재료를 증설 또는 해체하거나 벽면적 30㎡ 이상 수선 또는 변경하는 것

③ 리모델링
   ㉠ 정의 : 건축물의 노후화를 억제하거나 기능 향상 등을 위하여 대수선하거나 일부 증축하는 행위를 말한다.
   ㉡ 특례
      ⓐ 개요 : 리모델링이 쉬운 구조의 공동주택에 대하여 다음 기준을 완화하여 적용할 수 있다.
         • 용적률, 건축물 높이 제한, 일조권 : 120/100 범위 안에서 완화 적용
      ⓑ 조건 : 리모델링이 쉬운 구조란 다음 요건에 적합한 것을 말한다.
         • 각 세대는 인접한 세대와 수직 또는 수평 방향으로 통합하거나 분할할 수 있을 것
         • 구조체에서 건축설비, 내부 마감재료 및 외부 마감재료를 분리할 수 있을 것
         • 개별 세대 안에서 구획된 실(室)의 크기, 개수 또는 위치 등을 변경할 수 있을 것
④ 건축법의 적용 제외 : 다음 어느 하나에 해당하는 건축물에는 이 법을 적용하지 않는다.
   ㉠ 「문화재보호법」에 따른 지정문화재나 가지정(假指定) 문화재
   ㉡ 철도나 궤도의 선로 부지(敷地)에 있는 다음 각 목의 시설
      ⓐ 운전보안시설
      ⓑ 철도 선로의 위나 아래를 가로지르는 보행시설
      ⓒ 플랫폼
      ⓓ 해당 철도 또는 궤도사업용 급수(給水)·급탄(給炭) 및 급유(給油) 시설
   ㉢ 고속도로 통행료 징수시설
   ㉣ 컨테이너를 이용한 간이창고(「산업집적활성화 및 공장설립에 관한 법률」 제2조 제1호에 따른 공장의 용도로만 사용되는 건축물의 대지에 설치하는 것으로서 이동이 쉬운 것만 해당된다.)
   ㉤ 「하천법」에 따른 하천구역 내의 수문조작실

⑤ 다중이용 건축물과 준다중이용 건축물

다중이용 건축물	준다중이용 건축물
① 해당 용도로 쓰는 바닥면적 합계 5천m² 이상인 문화 및 집회시설(동·식물원 제외), 종교시설, 판매시설, 운수시설 중 여객용 시설, 의료시설 중 종합병원, 숙박시설 중 관광숙박시설 ② 16층 이상인 건축물	해당 용도로 쓰는 바닥면적 합계 1천m² 이상인 문화 및 집회시설(동·식물원 제외), 종교시설, 판매시설, 운수시설 중 여객용 시설, 의료시설 중 종합병원, 교육연구시설, 노유자시설, 운동시설, 숙박시설 중 관광숙박시설, 위락시설, 관광 휴게시설, 장례시설

(3) 건축허가

① 특별시장이나 광역시장의 허가 : 건축물을 건축하거나 대수선하려는 자는 특별자치시장·특별자치도지사 또는 시장·군수·구청장의 허가를 받아야 한다. 다만 다음에 해당하는 건축물을 특별시나 광역시에 건축하려면 특별시장이나 광역시장의 허가를 받아야 한다.

㉠ 21층 이상 또는 연면적 합계가 10만 제곱미터 이상인 건축물

㉡ 연면적의 10분의 3 이상을 증축하여 층수가 21층 이상으로 되거나 연면적의 합계가 10만 제곱미터 이상으로 되는 경우

㉢ 예외 : 공장, 창고, 특별시 또는 광역시의 건축조례로 정하는 바에 따라 해당 지방건축위원회의 심의사항으로 할 수 있는 건축물 중 초고층 건축물을 제외한 것

② 건축허가 신청에 필요한 설계도서

도서의 종류	도서의 축척	표시하여야 할 사항
건축계획서	임의	1. 개요(위치·대지면적 등) 2. 지역·지구 및 도시계획사항 3. 건축물의 규모(건축면적·연면적·높이·층수 등) 4. 건축물의 용도별 면적 5. 주차장 규모 6. 에너지절약계획서(해당건축물에 한한다) 7. 노인 및 장애인 등을 위한 편의시설 설치계획서(관계법령에 의하여 설치 의무가 있는 경우에 한한다)

도서의 종류	도서의 축척	표시하여야 할 사항
배치도	임의	1. 축척 및 방위 2. 대지에 접한 도로의 길이 및 너비 3. 대지의 종·횡단면도 4. 건축선 및 대지경계선으로부터 건축물까지의 거리 5. 주차동선 및 옥외주차계획 6. 공개공지 및 조경계획
평면도	임의	1. 1층 및 기준층 평면도 2. 기둥·벽·창문 등의 위치 3. 방화구획 및 방화문의 위치 4. 복도 및 계단의 위치 5. 승강기의 위치
입면도	임의	1. 2면 이상의 입면계획 2. 외부마감재료 3. 간판 및 건물번호판의 설치계획(크기·위치)
단면도	임의	1. 종·횡단면도 2. 건축물의 높이, 각층의 높이 및 반자높이
구조도 (구조안전 확인 또는 내진설계 대상 건축물)	임의	1. 구조내력상 주요한 부분의 평면 및 단면 2. 주요부분의 상세도면 3. 구조안전확인서
구조계산서 (구조안전 확인 또는 내진설계 대상 건축물)	임의	1. 구조내력상 주요한 부분의 응력 및 단면 산정 과정 2. 내진설계의 내용(지진에 대한 안전 여부 확인 대상 건축물)
실내마감도	임의	벽 및 반자의 마감의 종류
소방설비도	임의	「소방시설설치유지 및 안전관리에 관한 법률」에 따라 소방관서의 장의 동의를 얻어야 하는 건축물의 해당소방 관련 설비

1. 핵/심/이/론

🏢 대형건축물의 건축허가 사전승인신청 및 건축물 안전영향평가 의뢰 시 제출도서

① 기본설계도서
  ㉠ 건축 : 투시도, 평면도, 2면 이상 입면도 및 단면도, 내외마감표, 주차장 평면도
  ㉡ 설비
    ⓐ 건축설비도 : 비상용 승강기·승용승강기·에스컬레이터·난방설비·환기설비 기타 건축설비의 설비계획 및 비상조명장치·통신설비 기타 전기설비설치계획
    ⓑ 소방설비도 : 옥내소화전설비·스프링클러설비·각종 소화설비·옥외소화전설비·동력소방펌프설비·자동화재탐지설비·전기화재경보기·화재속보설비와 유도등 기타 유도표시 소화용수의 위치 및 수량배연설비·연결살수설비·비상콘센트설비의 설치 계획
    ⓒ 상·하수도 계통도 : 상·하수도의 연결관계, 수조의 위치, 급·배수 등
② 건축계획서 : 설계설명서, 구조계획서, 지질조사서, 시방서

③ 용도 변경
  ㉠ 시설군의 분류

분류	세부항목
1. 자동차관련 시설군	가. 자동차 관련시설
2. 산업 등의 시설군	가. 운수시설 나. 창고시설 다. 공장 라. 위험물저장 및 처리시설 마. 자원순환 관련 시설 바. 묘지 관련 시설 사. 장례시설
3. 전기통신시설군	가. 방송통신시설 나. 발전시설
4. 문화 및 집회시설군	가. 문화 및 집회시설 나. 종교시설 다. 위락시설 라. 관광휴게시설
5. 영업시설군	가. 판매시설 나. 운동시설 다. 숙박시설 라. 제2종 근린생활시설 중 다중생활시설
6. 교육 및 복지시설군	가. 의료시설 나. 교육연구시설 다. 노유자시설 라. 수련시설 마. 야영장 시설
7. 근린생활시설군	가. 제1종 근린생활시설 나. 제2종 근린생활시설(다중생활시설 제외)

분류	세부항목
8. 주거업무시설군	가. 단독주택 나. 공동주택 다. 업무시설 라. 교정 및 군사시설
9. 그 밖의 시설군	가. 동물 및 식물 관련 시설

　　　ⓒ 허가 및 신고대상의 용도변경 분류
　　　　ⓐ 허가대상 : 하위 → 상위시설 용도 변경
　　　　ⓑ 신고대상 : 상위 → 하위시설 용도 변경
　　　　ⓒ 기재변경 : 동일 시설군 내에서의 용도변경
　④ 대지 및 건축물의 허용오차 : 대지의 측량이나 건축물의 건축 과정에서 부득이하게 발생하는 오차는 다음과 같이 허용한다.
　　㉠ 대지관련
　　　　ⓐ 건축선의 후퇴거리, 인접대지 경계선 및 인접건축물과의 거리 : 3% 이내
　　　　ⓑ 건폐율 : 0.5% 이내(건축면적 $5m^2$를 초과할 수 없다.)
　　　　ⓒ 용적률 : 1% 이내(연면적 $30m^2$를 초과할 수 없다.)
　　㉡ 건축물 관련
　　　　ⓐ 건축물 높이 : 2% 이내(1m를 초과할 수 없다.)
　　　　ⓑ 평면길이 : 2% 이내(전체길이는 1m를 초과할 수 없고, 벽으로 구획된 각 실은 10cm를 초과할 수 없다.)
　　　　ⓒ 출구 너비, 반자높이 : 2% 이내
　　　　ⓓ 벽체 두께, 바닥판 두께 : 3% 이내

1.2 건축물의 구조 및 거실의 기준

1. 구조

(1) 구조안전의 확인

착공신고 시 건축주가 설계자로부터 구조안전 확인 서류를 받아 허가권자에게 제출해야

하는 건축물(표준설계도서에 따라 건축하는 건축물은 제외)

층수	2층(목구조 건축물은 3층) 이상
연면적	200m² (목구조 건축물은 500m²) 이상 창고, 축사, 작물재배사는 제외
높이	13m 이상
처마높이	9m 이상
경간 (기둥 간 거리)	10m 이상
용도 및 규모 고려 중요도 높은 건축물 (국토교통부령 지정)	• 위험물 저장 및 처리 시설·국가 또는 지방자치단체의 청사·외국공관·소방서·발전소·방송국·전신전화국·데이터 센터 • 종합병원, 수술시설이나 응급시설이 있는 병원 • 연면적 5000m² 이상인 공연장·집회장·관람장·전시장·운동시설·판매시설·운수시설(화물터미널, 집배송시설 제외) • 아동관련시설·노인복지시설·사회복지시설·근로복지시설 • 5층 이상인 숙박시설·오피스텔·기숙사·아파트·교정시설 • 학교 • 수술시설과 응급시설 모두 없는 병원, 기타 연면적 1000m² 이상 의료시설로서 두 번째 항목에 해당하지 않는 건축물
박물관·기념관 (이와 유사한 것)	국가적 문화유산으로 보존할 가치가 있는 연면적 합계 5000m² 이상인 건축물
특수구조 건축물	• 한쪽 끝은 고정되고 다른 끝은 지지되지 않은 구조로 된 보·차양 등이 외벽 중심선으로부터 3m 이상 돌출된 건축물 • 특수한 설계·시공·공법 등이 필요한 건축물로서 국토교통부장관이 정하여 고시하는 구조로 된 것
주택	단독주택 및 공동주택

(2) 내화구조 및 방화구조

① 내화구조

내화구조의 기준

㉠ 벽체

구조 부분	해당 구조		기준 두께
( ) 안은 외벽 중 비내력벽	철근콘크리트조·철골철근콘크리트조		10cm(7cm) 이상
	벽돌조		19cm 이상
	철골조의 골구 양면에	철망모르타르로 덮을 때(바름바탕 불연재료에 한함)	4cm(3cm) 이상
		콘크리트 블록·벽돌·석재로 덮을 때	5cm(4cm) 이상
	철재로 보강된 콘크리트블록조·벽돌조·석조로서 콘크리트블록 등의 두께		5cm(4cm) 이상
	고온·고압의 증기로 양생된 경량기포 콘크리트패널 경량기포 콘크리트블록조		10cm 이상
	무근콘크리트조·콘크리트블록조·벽돌조·석조		(7cm) 이상

㉡ 기둥(작은 지름이 25cm 이상인 것만 해당)

해당 구조		기준 두께
철근콘크리트조·철골철근콘크리트조		무관
철골조	철망모르타르로 덮을 때	6cm 이상
	경량골재 사용 시	5cm 이상
철골에 콘크리트블록·벽돌·석재로 덮은 것		7cm 이상
철골에 콘크리트로 덮은 것		5cm 이상

* 고강도 콘크리트(설계기준강도 50MPa 이상)를 사용하는 경우 국토교통부장관이 정하여 고시하는 고강도 콘크리트 내화성능 관리기준에 적합하여야 한다.

㉢ 바닥

내화구조의 기준	기준 두께
철근콘크리트조·철골철근콘크리트조	10cm 이상
철재로 보강된 콘크리트블록조·벽돌조·석조로서 철재에 덮은 콘크리트 블록 등의 두께	5cm 이상
철재의 양면을 철망모르타르 혹은 콘크리트로 덮은 것	5cm 이상

㉣ 보(지붕틀을 포함)

해당 구조		기준 두께
철근콘크리트조・철골철근콘크리트조		무관
철골조	철망모르타르로 덮을 때(경량골재 사용 시)	6cm(5cm) 이상
	콘크리트로 덮을 때	5cm 이상

* 철골조 지붕틀(바닥으로부터 그 아랫부분까지의 높이가 4m 이상인 것에 한함)로서 바로 아래에 반자가 없거나 불연재료로 된 반자가 있는 것
* 고강도 콘크리트 사용 시 내화성능 관리기준에 적합할 것

㉤ 지붕 및 계단

내화구조의 기준	기준 두께
철근콘크리트조・철골철근콘크리트조	
철재로 보강된 콘크리트블록조・벽돌조・석조	
철골조(계단만 해당)	두께 무관
철재로 보강된 유리블록 혹은 망입유리로 된 것(지붕만 해당)	
무근콘크리트조・콘크리트블록조・벽돌조・석조(계단만 해당)	

② 방화구조

구조부분	방화구조 조건
철망모르타르 바르기	바름두께 2cm 이상
석고판 위에 시멘트모르타르 또는 회반죽을 바른 것	두께의 합이 2.5cm 이상
시멘트모르타르 위에 타일을 붙인 것	
심벽에 흙으로 맞벽치기한 것	두께 무관
한국산업규격이 정하는 바에 따라 시험결과 방화 2급 이상에 해당되는 것	

(3) 계단 및 복도 설치 기준

① 계단 : 연면적 200제곱미터를 초과하는 건축물에 설치하는 계단 및 복도는 국토교통

부령으로 정하는 기준에 적합하여야 한다.
㉠ 유효너비·단높이·단너비

구분	계단·계단참 유효너비	단높이	단너비
초등학교	150cm 이상	16cm 이하	26cm 이상
중, 고등학교	150cm 이상	18cm 이하	26cm 이상
문화 및 집회시설(공연장, 집회장, 관람장) 판매시설(기타 이와 유사한 용도)	120cm 이상	–	–
위층 거실 바닥면적 합계가 200m² 이상 거실 바닥면적 합계가 100m² 이상인 지하층	120cm 이상	–	–
기타의 계단	60cm 이상	–	–

㉡ 계단참, 난간, 유효높이

대상		설치 기준
계단참	높이가 3m를 넘는 계단	높이 3m 이내마다 설치(유효너비 1.2m 이상)
난간	높이가 1m를 넘는 계단 및 계단참	양 옆에 난간(벽 또는 이에 대치되는 것 포함)을 설치
중간 난간	너비가 3m를 넘는 계단	계단 중간에 너비 3m 이내마다 설치(계단 단높이 15cm 이하, 단너비 30cm 이상인 경우 제외)
계단의 유효 높이(계단 바닥 마감면부터 상부 구조체의 하부 마감면까지의 연직방향 높이) : 2.1m 이상		

② 난간 및 손잡이
㉠ 대상 : 공동주택(기숙사 제외)·제1종 및 제2종 근린생활시설·문화 및 집회시설·종교시설·판매시설·운수시설·의료시설·노유자시설·업무시설·숙박시설·위락시설·관광휴게시설의 계단
㉡ 아동의 이용에 안전하고 노약자 및 신체장애인의 이용에 편리한 구조로 하여야 하며, 양쪽에 벽 등이 있어 난간이 없는 경우 손잡이를 설치하여야 한다.
㉢ 세부기준
ⓐ 손잡이는 최대지름 3.2cm 이상 3.8cm 이하인 원형 또는 타원형의 단면으로 할 것

ⓑ 손잡이는 벽 등으로부터 5cm 이상 떨어지도록 하고, 계단으로부터의 높이는 85cm가 되도록 할 것
ⓒ 계단이 끝나는 수평부분에서의 손잡이는 바깥쪽으로 30cm 이상 나오도록 설치할 것

③ 경사로 : 계단을 대체하여 설치하는 경사로는 경사도가 1 : 8을 넘지 않아야 하며 표면을 거친 면으로 하거나 미끄러지지 아니하는 재료로 마감해야 한다.

④ 복도의 유효너비

구분	양 옆에 거실이 있는 복도	기타
유치원·초등학교·중학교·고등학교	2.4m 이상	1.8m 이상
공동주택·오피스텔	1.8m 이상	1.2m 이상
당해 층 거실바닥면적 합계 200m² 이상	1.5m 이상 (의료시설 1.8m 이상)	1.2m 이상

2. 거실 관련 기준

(1) 반자높이, 채광 및 환기

① 거실의 반자높이

건축물의 용도	반자높이	예외규정
일반용도의 거실	2.1m 이상	• 공장 • 창고시설 • 위험물 저장 및 처리시설 • 동물 및 식품관련시설 • 분뇨 및 쓰레기 처리시설 • 묘지 관련 시설
• 문화 및 집회시설(전시장 및 동·식물원은 제외) • 종교시설 및 장례식장 • 위락시설 중 유흥주점 ※ 관람석 또는 집회실로서 바닥면적 200m² 이상	4.0m 이상 (노대 아랫부분 : 2.7m 이상)	기계환기장치를 설치한 경우

② 채광 및 환기
  ㉠ 거실의 채광 및 환기 등을 위한 창문 등의 면적은 다음 기준에 적합하도록 설치하여야 한다.

구분	건축물의 용도	창문 등의 면적	예외 규정
채광	• 단독주택의 거실 • 공동주택의 거실	거실바닥 면적의 1/10 이상	거실의 용도에 따른 규정의 조도 이상의 조명
환기	• 학교의 교실 • 의료시설의 병실 • 숙박시설의 객실	거실바닥 면적의 1/20 이상	기계장치 및 중앙관리방식의 공기조화설비를 설치한 경우

  ㉡ 수시로 개방할 수 있는 미닫이로 구획된 2개의 거실은 거실의 채광 및 환기를 위한 규정을 적용함에 있어서 이를 1개의 거실로 본다.
③ 거실의 용도에 따른 조도 기준

거실의 용도구분	조도구분	바닥 위 85cm의 수평면의 조도 (럭스)
1. 거주	• 독서·식사·조리 • 기타	150 70
2. 집무	• 설계·제도·계산 • 일반사무 • 기타	700 300 150
3. 작업	• 검사·시험·정밀검사·수술 • 일반작업·제조·판매 • 포장·세척 • 기타	700 300 150 70
4. 집회	• 회의 • 집회 • 공연·관람	300 150 70
5. 오락	• 오락 일반 • 기타	150 30
기타 명시되지 아니한 것		1란 내지 5란에 유사한 기준을 적용함

(2) 배연설비 · 방습조치

① 배연설비 : 다음에 해당하는 용도로 쓰는 건축물에는 기준에 맞게 배연설비를 설치하여야 한다. 단, 피난층은 예외로 한다.

   ㉠ 6층 이상 건축물
   - ⓐ 제2종 근린생활시설 중 공연장, 종교집회장, 인터넷컴퓨터게임시설제공업소 및 다중생활시설(공연장, 종교집회장 및 인터넷컴퓨터게임시설제공업소는 해당 용도 바닥면적의 합계가 각각 300㎡ 이상인 경우만 해당)
   - ⓑ 문화 및 집회시설, 종교시설, 판매시설, 운수시설
   - ⓒ 의료시설(요양병원 및 정신병원은 제외한다.)
   - ⓓ 교육연구시설 중 연구소, 노유자시설 중 아동 관련 시설, 노인복지시설(노인요양시설은 제외)
   - ⓔ 수련시설 중 유스호스텔, 운동시설
   - ⓕ 업무시설, 숙박시설, 위락시설, 관광휴게시설, 장례시설

   ㉡ 층수 무관 설치대상
   - ⓐ 의료시설 중 요양병원 및 정신병원
   - ⓑ 노유자시설 중 노인요양시설·장애인 거주시설 및 장애인 의료재활시설

② 방습조치 및 내수재료 마감

   ㉠ 방습조치 : 건축물의 최하층에 있는 거실바닥의 높이는 지표면으로부터 45cm 이상으로 하여야 한다.(지표면을 콘크리트바닥으로 설치하는 등 방습조치를 한 경우 제외)

   ㉡ 내수재료의 마감 : 제1종 근린생활시설(일반목욕장의 욕실, 휴게음식점의 조리장)과 제2종 근린생활시설(일반음식점, 휴게음식점의 조리장), 숙박시설에서 욕실 또는 조리장의 바닥과 그 바닥으로부터 높이 1m까지의 안벽의 마감은 내수재료로 하여야 한다.

(3) 경계벽 · 차음구조

① 다음 건축물의 경계벽은 내화구조로 하고 지붕 밑 또는 바로 위층 바닥판까지 닿게 하여야 한다.

대상 건축물	구획되는 부분
단독주택 중 다가구주택 공동주택(기숙사 제외) 노유자시설 중 노인복지주택	각 세대 간의 경계벽(발코니 부분 제외)
숙박시설의 객실 공동주택 중 기숙사의 침실 의료시설의 병실 교육연구시설 중 학교의 교실 노유자시설 중 노인요양시설의 호실 산후조리원의 임산부실, 신생아실	각 실 간의 경계벽

② 차음구조 : ①에 해당하는 경계벽 및 칸막이벽은 다음 기준에 맞게 설치하여야 한다.

벽체의 구조	기준 두께
철근콘크리트조·철골철근콘크리트조	10cm 이상
무근콘크리트조, 석조	10cm 이상(시멘트모르타르, 회반죽 또는 석고 플라스터 바름 두께 포함)
콘크리트블록조, 벽돌조	19cm 이상
각 항목 외에 국토교통부장관이 정하여 고시하는 기준에 따라 국토교통부장관이 지정하는 자 또는 한국건설기술연구원장이 실시하는 품질시험에서 그 성능이 확인된 것	

 피난시설

1. 각종 계단의 기준

(1) 보행거리 · 직통계단

① 피난층 외의 층에서 거실 각 부분으로부터의 피난층 또는 지상으로 통하는 직통계단(경사로 포함)에 이르는 보행거리

1. 핵/심/이/론

구분	보행거리
원칙	30m 이하
주요구조부가 내화구조 또는 불연재료로 된 건축물 (지하층에 설치하는 바닥면적 합계 300제곱미터 이상 공연장, 집회장, 관람장 및 전시장 제외)	50m 이하 (공동주택 16층 이상의 층은 40m 이하)
자동화 생산시설에 스프링클러 등 자동식 소화설비를 설치한 공장(국토교통부령으로 정하는 공장인 경우)	75m 이하 (무인화 공장은 100미터)

② 피난층에서의 보행거리

구분	원칙	주요구조부가 내화구조, 불연재료인 경우
계단으로부터 옥외로의 출구까지의 거리	30m 이하	50m 이하(16층 이상 공동주택 : 40m)
거실로부터 옥외로의 출구까지(피난에 지장이 없는 출입구가 있는 것은 제외)	60m 이하	100m 이하(16층 이상 공동주택 : 80m)

③ 직통계단을 2개소 이상 설치하여야 하는 건축물

건축물의 용도	해당부분	면적
• 문화 및 집회시설(전시장 및 동·식물원 제외) • 종교시설, 위락시설 중 주점영업 및 장례시설	그 층의 해당 용도로 쓰는 바닥면적의 합계	200m² 이상
• 단독주택 중 다중주택·다가구주택 • 정신과의원(1종 근린시설로 입원실 있는 경우) • 학원·독서실, 판매시설, 운수시설(여객용) • 의료시설(입원실이 없는 치과 제외) • 아동 관련 시설·노인복지시설 • 장애인 재활시설, 장애인 거주시설 • 숙박시설, 수련시설 중 유스호스텔	3층 이상의 층으로서 그 층의 해당 용도로 쓰는 거실바닥 면적합계	
• 지하층	그 층의 거실바닥면적 합계	

5편. 건축설비 관계법규

건축물의 용도	해당부분	면적
제2종 근린생활시설 중 • 공연장·종교집회장 • 인터넷컴퓨터게임시설 제공업소(3층 이상)	그 층의 당해 용도에 쓰이는 바닥면적의 합계	300m² 이상
• 공동주택(층당 4세대 이하 제외) • 업무시설 중 오피스텔	그 층의 해당 용도로 쓰는 거실바닥 면적합계	
• 위에 해당하지 않는 용도	3층 이상의 층으로 그 층 거실 바닥면적의 합계	400m² 이상

(2) 피난계단·특별피난계단

① 피난계단·특별피난계단의 설치
  ㉠ 5층 이상 또는 지하 2층 이하인 층에 설치하는 직통계단은 피난계단 또는 특별피난계단으로 설치해야 한다.
  ㉡ 주요구조부가 내화구조 또는 불연재료로 되어 있는 경우로서 다음에 해당하는 경우 제외
    ⓐ 5층 이상인 층의 바닥면적의 합계가 200m² 이하인 경우
    ⓑ 5층 이상인 층의 바닥면적 200m² 이내마다 방화구획이 되어 있는 경우
  ㉢ 건축물의 11층(공동주택은 16층) 이상인 층 또는 지하 3층 이하인 층으로부터 피난층 또는 지상으로 통하는 직통계단은 ㉠의 내용에도 불구하고 특별피난계단으로 설치해야 한다.(갓복도식 공동주택과 바닥면적 400m² 미만인 층은 제외)
  ㉣ ㉠에서 판매시설의 용도로 쓰는 층으로부터의 직통계단은 그 중 1개소 이상을 특별피난계단으로 설치해야 한다.
  ㉤ 직통계단 외에 별도의 피난계단, 특별피난계단 설치대상 : 건축물의 5층 이상인 층으로서 문화 및 집회시설 중 전시장 또는 동·식물원, 판매시설, 운수시설(여객용 시설만), 운동시설, 위락시설, 관광휴게시설(다중이용시설만) 또는 수련시설 중 생활권 수련시설의 용도로 쓰는 층에는 직통계단 외에 그 층의 해당 용도로 쓰는 바닥면적의 합계가 2000m²를 넘는 경우에는 그 넘는 2000m² 이내마다 1개소의 피난계단 또는 특별피난계단(4층 이하의 층에는 쓰지 않는 것)을 설치하여야 한다.

② 옥외피난계단·개방공간
　㉠ 옥외피난계단의 설치 기준 : 건축물의 3층 이상의 층(피난층 제외)으로서 다음에 해당하는 용도에 쓰이는 층의 경우에는 직통계단 외에 그 층으로부터 지상으로 통하는 옥외계단을 따로 설치하여야 한다.

건축물의 용도	기준
• 2종 근린생활시설 중 공연장	해당 용도로 쓰는 바닥면적 합계 300m^2 이상
• 문화 및 집회시설 중 공연장 • 위락시설 중 주점영업	해당 용도로 쓰는 그 층 거실 바닥면적 합계 300m^2 이상
• 문화 및 집회시설 중 집회장	1000m^2 이상

③ 피난계단 및 특별피난계단의 구조
　㉠ 옥내피단계단의 구조
　　ⓐ 계단실 바깥쪽의 창은 반드시 옥내로 연결된 다른 창과 2m 이상 떨어져야 한다.(예외 : 망입유리 붙박이창으로서 면적이 각각 1m^2 이하는 제외)
　　ⓑ 건축물 내부에서 계단실로 통하는 출입구의 유효너비는 0.9m 이상으로 하고, 그 출입구에는 피난의 방향으로 열 수 있는 60분+ 방화문 또는 60분방화문을 설치할 것(언제나 닫힌 상태 또는 화재 시 연기, 불꽃, 온도를 감지하여 자동으로 닫히는 구조)
　　ⓒ 건축물 내부와 접하는 창문(출입문 제외)의 경우 망입유리의 붙박이창으로서 그 면적은 각각 1m^2 이하로 한다.
　　ⓓ 계단실의 벽체는 내화구조로 하고 마감은 불연재료로 하며 계단은 피난층 혹은 지상까지 직접 연결되도록 한다.
　　ⓔ 계단실은 예비전원에 의한 조명설비를 해야 한다.

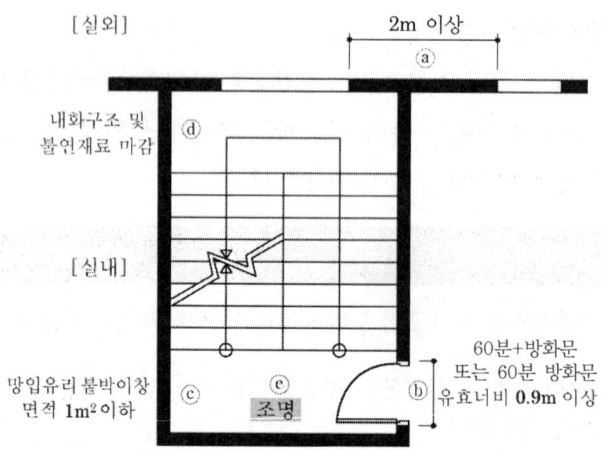

ⓒ 옥외피난계단의 구조

ⓐ 내부에서 계단으로 통하는 출입구에는 60분+ 방화문 또는 60분방화문을 설치할 것

ⓑ 계단의 유효 폭은 0.9m 이상으로 한다.

ⓒ 계단의 출입구는 계단으로 통하는 창문(망입유리 붙박이창 면적 1m² 이하 제외)로부터 2m 이상 떨어져야 한다.

ⓓ 계단은 내화구조로 하며 지상 혹은 피난층까지 직접 연결되어야 한다.

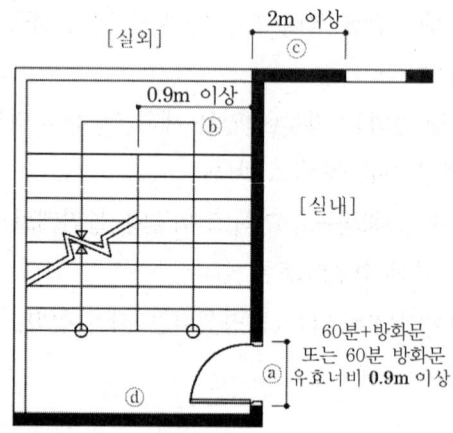

ⓒ 특별피난계단의 구조

ⓐ 계단실, 부속실의 옥외에 접하는 창은 반드시 옥내로 연결된 다른 창과 2m 이

상 떨어져야 한다.(단, 망입유리 붙박이창으로 면적이 각각 1m² 이하인 경우 제외)

ⓑ 계단실에는 노대 또는 부속실에 접하는 부분 외에는 건축물 내부와 접하는 창문 등을 설치하지 않으며 계단실과 접하는 부속실의 창문(출입문 제외)의 경우 망입유리의 붙박이창으로서 그 면적은 각각 1m² 이하로 한다.

ⓒ 계단실의 벽체는 내화구조로 하고 마감(바탕 포함)은 불연재료로 하며 계단은 피난층 혹은 지상까지 직접 연결되도록 한다.

ⓓ 부속실로부터 계단실로 통하는 출입구는 유효너비 0.9m 이상으로 피난방향으로 열려지게 하며, 60분+ 방화문 또는 60분방화문 혹은 30분방화문으로 설치한다.(언제나 닫힌 상태 또는 화재 시 연기, 불꽃, 온도를 감지하여 자동으로 닫히는 구조)

ⓔ 계단실은 예비전원에 의한 조명설비를 해야 한다.

ⓕ 건축물 내부에서 노대나 부속실로 들어오는 출입문은 반드시 유효너비 0.9m 이상의 60분+ 방화문 또는 60분방화문으로 할 것(언제나 닫힌 상태 또는 화재 시 연기, 불꽃, 온도를 감지하여 자동적으로 닫히는 구조)

ⓖ 건축물 내부와 계단실은 노대를 통하여 연결하거나 외부를 향하여 열 수 있는 면적 1m² 이상인 창문(바닥으로부터 1m 이상의 높이에 설치한 것) 또는 규정에 적합한 구조의 배연설비가 있는 면적 3m² 이상인 부속실을 통하여 연결할 것

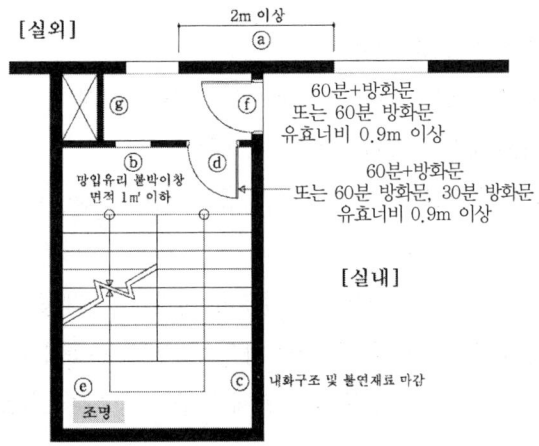

2. 출구 및 피난공간

(1) 출구

① 바깥쪽으로의 출구 : 다음에 해당하는 건축물에는 관람석 또는 집회실로부터의 출구를 안여닫이로 해서는 안 된다.
  ㉠ 제2종 근린생활시설 중 공연장·종교집회장(해당용도 바닥면적의 합계가 각각 300m² 이상인 경우)
  ㉡ 문화 및 집회시설(전시장 및 동·식물원 제외)
  ㉢ 종교시설, 위락시설, 장례식장

② 공연장 개별관람석의 출구 설치 기준
  ㉠ 대상 : 문화 및 집회시설 중 공연장(바닥면적 300m² 이상인 것에 한함)
  ㉡ 설치 기준
    ⓐ 관람석별로 2개소 이상 설치
    ⓑ 각 출구의 유효너비는 1.5m 이상
    ⓒ 개별관람석 출구의 유효너비 합계는 관람석 바닥면적 100m²마다 0.6m 비율로 산정한 너비 이상

③ 피난통로 : 건축물의 대지 안에는 그 건축물 바깥쪽으로 통하는 주된 출구와 지상으로 통하는 피난계단 및 특별피난계단으로부터 도로 또는 공지로 통하는 통로를 다음 기준에 따라 설치하여야 한다.
  ㉠ 단독주택 : 유효 너비 0.9m 이상
  ㉡ 바닥면적 합계가 500m² 이상인 문화 및 집회시설, 종교시설, 의료시설, 위락시설 또는 장례시설 : 유효 너비 3m 이상
  ㉢ 그 밖의 용도로 쓰는 건축물 : 유효 너비 1.5m 이상

④ 회전문의 설치 기준
  ㉠ 계단이나 에스컬레이터로부터 2m 이상의 거리를 둘 것
  ㉡ 회전문과 문틀 사이 및 바닥 사이는 다음 항목에서 정하는 간격을 확보하고 틈 사이를 고무와 고무펠트의 조합체 등을 사용하여 신체나 물건 등에 손상이 없도록 할 것
    ⓐ 회전문과 문틀 사이는 5cm 이상

ⓑ 회전문과 바닥 사이는 3cm 이하
ⓒ 출입에 지장이 없도록 일정한 방향으로 회전하는 구조로 할 것
ⓓ 회전문의 중심축에서 회전문과 문틀 사이의 간격을 포함한 회전문 날개 끝부분까지의 길이는 140cm 이상이 되도록 할 것
ⓔ 회전문의 회전속도는 분당회전수가 8회를 넘지 아니하도록 할 것
ⓕ 자동회전문은 충격이 가하여지거나 사용자가 위험한 위치에 있는 경우에는 전자감지장치 등을 사용하여 정지하는 구조로 할 것

(2) 대피공간

① 옥상광장 및 대피공간

㉠ 5층 이상인 층이 제2종 근린생활시설 중 공연장·종교집회장·인터넷컴퓨터게임시설제공업소(해당용도 바닥면적 합계가 각각 300m² 이상인 경우), 문화 및 집회시설(전시장 및 동·식물원 제외), 종교시설, 판매시설, 위락시설 중 주점영업 또는 장례시설의 용도로 쓰는 경우에는 피난 용도로 쓸 수 있는 광장을 옥상에 설치하여야 한다.

㉡ 옥상광장 또는 2층 이상인 층에 있는 노대나 그 밖에 이와 비슷한 것의 주위에는 높이 1.2m 이상의 난간을 설치하여야 한다.(출입할 수 없는 구조인 경우는 제외)

㉢ 11층 이상인 건축물로서 11층 이상인 층의 바닥면적의 합계가 10000m² 이상인 건축물의 옥상에는 다음 구분에 따른 공간을 확보하여야 한다.

ⓐ 헬리포트 또는 헬리콥터를 이용한 인명구조 공간 설치(평지붕인 경우)
- 헬리포트의 길이와 너비는 각각 22m 이상으로 할 것(공간에 따라 각각 15m까지 감축 가능)
- 중심으로부터 반경 12m 이내에는 헬리콥터 이·착륙에 장애가 되는 공작물, 조경시설, 난간 등 설치 금지
- 헬리포트 주위한계선은 백색으로 하되, 그 선의 너비는 38cm로 할 것
- 헬리포트의 중앙부분에는 지름 8미터의 ⓞ표지를 백색으로 하되, "H"표지의 선의 너비는 38cm로, "O"표지의 선의 너비는 60cm로 할 것
- 헬리포트로 통하는 출입문에 영 제40조제3항 각 호 외의 부분에 따른 비상문자동개폐장치를 설치할 것

- 헬리콥터를 통하여 인명 등을 구조할 수 있는 공간을 설치하는 경우에는 직경 10m 이상의 구조공간을 확보하며 구조에 장애가 되는 건축물, 공작물 또는 난간 등 설치 금지

ⓑ 대피공간 설치(경사지붕인 경우)
- 대피공간의 면적은 지붕 수평투영면적의 1/10 이상일 것
- 특별피난계단 또는 피난계단과 연결되도록 할 것
- 출입구·창문을 제외한 부분은 해당 건축물의 다른 부분과 내화구조의 바닥 및 벽으로 구획할 것
- 출입구는 유효너비 0.9m 이상으로 하고, 그 출입구에는 60분+ 방화문 또는 60분방화문을 설치할 것(방화문에는 비상문 자동개폐장치를 설치할 것)
- 내부마감재료는 불연재료로 하며 예비전원으로 작동하는 조명설비를 설치할 것
- 관리사무소 등과 긴급 연락이 가능한 통신시설을 설치할 것

㉣ 피난계단, 특별피난계단의 옥상광장으로 연결 : 옥상광장을 설치해야 하는 건축물에는 피난계단 또는 특별피난계단을 옥상광장으로 통하도록 설치해야 한다. 이 경우 출입문은 피난방향으로 열리는 구조로서 피난 시 이용에 장애가 없어야 한다.

② 아파트의 대피공간 : 아파트 4층 이상인 층의 각 세대가 2개 이상의 직통계단을 사용할 수 없는 경우에는 발코니에 인접 세대와 공동으로 또는 각 세대별로 다음 요건을 모두 갖춘 대피공간을 하나 이상 설치하여야 한다. 이 경우 인접 세대와 공동으로 설치하는 대피공간은 인접 세대를 통하여 2개 이상의 직통계단을 쓸 수 있는 위치에 우선 설치되어야 한다.

㉠ 대피공간은 바깥의 공기와 접할 것
㉡ 대피공간은 실내의 다른 부분과 방화구획으로 구획될 것
㉢ 대피공간의 바닥면적은 인접 세대와 공동으로 설치 시 $3m^2$ 이상, 각 세대별 설치 시 $2m^2$ 이상일 것
㉣ 국토교통부장관이 정하는 기준에 적합할 것
㉤ 대피공간으로 통하는 출입문은 60분+ 방화문으로 설치할 것
㉥ 단, 인접 세대와의 경계벽이 파괴하기 쉬운 경량구조인 경우, 경계벽에 피난구를 설치한 경우, 발코니의 바닥에 규정에 맞는 하향식 피난구를 설치한 경우 또는 대피공간에 준하는 시설을 설치한 경우는 제외한다.

③ 지하층과 피난층 사이의 개방공간 : 바닥면적의 합계가 3000m² 이상인 공연장·집회장·관람장 또는 전시장을 지하층에 설치하는 경우에는 각 실에 있는 자가 지하층 각 층에서 건축물 밖으로 피난하여 옥외 계단 또는 경사로 등을 이용하여 피난층으로 대피할 수 있도록 천장이 개방된 외부 공간을 설치하여야 한다.

1.4 방화 및 설비 규정

1. 방화 규정

(1) 방화구획

① 구획 기준

규모	구획기준		비고
10층 이하의 층	바닥면적 1000m²(3000m²) 이내마다 구획		수평 기준
수직 구획	매 층마다 구획. 다만, 지하 1층에서 지상으로 직접 연결하는 경사로 부위는 제외		
11층 이상의 층	실내마감이 불연재료인 경우	바닥면적 500m²(1500m²) 이내마다	( ) 안은 스프링클러 등 자동식 소화설비를 설치한 경우
	실내마감이 불연재료가 아닌 경우	바닥면적 200m²(600m²) 이내마다	

※ 원자력법 제2조의 규정에 의한 원자로 및 관계시설은 원자력법이 정하는 바에 의한다.

※ 실내마감이 불연재료이고 자동식 소화설비가 설치된 경우 1500m² 이내마다 방화구획으로 해야 하므로 1000m²인 업무시설의 11층 이상 층은 층간 방화구획으로 한다.

② 방화구획 완화대상
㉠ 문화 및 집회시설(동·식물원 제외), 종교시설, 운동시설 또는 장례시설의 용도로 쓰는 거실로서 시선 및 활동공간의 확보를 위하여 불가피한 부분

ⓒ 물품의 제조·가공 및 운반(보관은 제외) 등에 필요한 고정식 대형기기 또는 설비의 설치를 위하여 불가피한 부분. 다만, 지하층인 경우에는 지하층의 외벽 한쪽 면(지하층 바닥면에서 지상층 바닥 아랫면까지의 외벽 면적 중 1/4 이상이 되는 면) 전체가 건물 밖으로 개방되어 보행과 자동차의 진입·출입이 가능한 경우로 한정한다.

ⓒ 계단실부분·복도 또는 승강기의 승강로 부분(해당 승강기의 승강을 위한 승강로비 부분을 포함한다)으로서 그 건축물의 다른 부분과 방화구획으로 구획된 부분

ⓔ 건축물의 최상층 또는 피난층으로서 대규모 회의장·강당·스카이라운지·로비 또는 피난안전구역 등의 용도로 쓰는 부분으로서 그 용도로 사용하기 위하여 불가피한 부분

ⓜ 복층형 공동주택의 세대별 층 간 바닥 부분

ⓗ 주요구조부가 내화구조 또는 불연재료로 된 주차장

ⓢ 단독주택, 동물 및 식물 관련 시설 또는 교정 및 군사시설 중 집회, 체육, 창고의 용도로 쓰는 시설

③ 방화지구

ⓘ 방화지구 안의 건축물의 주요구조부 및 외벽은 내화구조로 해야 한다.

ⓛ 예외

ⓐ 연면적이 30m² 미만인 단층 부속건축물로서 외벽 및 처마면이 내화구조 또는 불연재료로 된 것

ⓑ 주요구조부가 불연재료로 된 도매시장

ⓒ 방화지구 안 공작물로서 간판, 광고탑 기타 대통령령이 정하는 공작물 중 건축물의 지붕 위에 설치하는 공작물 또는 높이 3m 이상의 공작물은 그 주요부를 불연재료로 하여야 한다.

(2) 용도 제한

같은 건축물에 함께 설치할 수 없는 시설		예외(①만 해당)
A	B	
① 공동주택, 의료시설, 장례시설 노유자시설(아동관련·노인복지시설)	위락시설, 공장 위험물저장 및 처리시설 자동차 관련 시설(정비공장만 해당)	• 공동주택(기숙사만 해당)과 공장이 같은 건축물에 있는 경우 • 중심상업지역·일반상업지역 또는 근린상업지역에서「도시 및 주거환경정비법」에 따른 도시환경정비사업을 시행하는 경우 • 공동주택과 위락시설이 같은 초고층 건축물에 있는 경우(주택의 출입구·계단 및 승강기 등을 주택 외의 시설과 분리된 구조로 할 경우)
② 노유자시설(아동관련·노인복지시설)	판매시설 중 도매시장·소매시장	
③ • 단독주택(다중, 다가구주택), 공동주택 • 제1종 근린생활시설 중 조산원 또는 산후조리원	제2종 근린생활시설 중 다중생활시설	

(3) 내화구조 및 방화벽

① 주요구조부를 내화구조로 해야 하는 건축물(예외 : 연면적이 50m² 이하인 단층의 부속건축물로서 외벽 및 처마 밑면을 방화구조로 한 것과 무대의 바닥)

건축물의 용도	기준	비고
• 문화 및 집회시설(전시장 및 동·식물원 제외) • 종교시설, 장례시설 • 위락시설 중 주점영업	관람실 또는 집회실 바닥면적 200m² 이상	옥외 관람석의 경우 1000m² 이상
• 제2종 근린생활시설 중 공연장·종교집회장	해당용도 바닥면적 300m² 이상	
• 문화 및 집회시설 중 전시장 및 동·식물원 • 판매시설, 운수시설, 수련시설 • 교육연구시설에 설치되는 강당·체육관 • 운동시설 중 체육관 및 운동장 • 위락시설(주점영업 제외)	해당용도 바닥면적 500m² 이상	

건축물의 용도	기준	비고
• 창고시설, 위험물저장 및 처리시설 • 자동차 관련 시설, 관광휴게시설 • 방송통신시설 중 방송국·전신전화국·촬영소 • 묘지 관련 시설 중 화장시설 및 동물화장시설	해당용도 바닥면적 $500m^2$ 이상	
• 공장(국토교통부령으로 정한 화재위험 작은 공장 제외)	$2000m^2$ 이상	
건축물 2층이 • 단독주택 중 다중주택·다가구주택 • 공동주택, 제1종 근린생활시설(의료용도 시설만) • 제2종 근린생활시설 중 다중생활시설 • 노유자시설 중 아동 관련 시설 및 노인복지시설 • 의료시설, 숙박시설, 장례시설 • 수련시설 중 유스호스텔, 업무시설 중 오피스텔	해당용도 바닥면적 $400m^2$ 이상	
• 3층 이상 건축물 및 지하층이 있는 건축물 (2층 이하인 경우 지하층 부분에 한함)		모두 해당. 단, 단독주택(다중주택 및 다가구주택 제외), 동물 및 식물 관련 시설, 발전시설(발전소 부속용도 시설 제외), 교도소·소년원 또는 묘지 관련 시설(화장시설 및 동물화장시설 제외)의 용도로 쓰는 건축물과 철강 관련 업종 공장 중 제어실로 사용하기 위하여 연면적 $50m^2$ 이하로 증축하는 부분 제외

처음 세 항목에 해당하지 않는 용도의 건축물로서 그 지붕을 불연재료로 한 경우 당해 지붕을 내화구조로 하지 않을 수 있다.

② 방화벽 구획대상

㉠ 연면적 $1000m^2$ 이상인 건축물은 방화벽으로 구획하되, 각 구획된 바닥면적의 합계는 $1000m^2$ 미만이어야 한다.

㉡ 예외

ⓐ 주요구조부가 내화구조이거나 불연재료인 건축물

ⓑ 단독주택, 동물 및 식물관련시설, 공공용 시설 중 교도소 및 소년원 또는 묘지 관련 시설(화장시설 및 동물화장시설 제외)

ⓒ 내부설비의 구조상 방화벽으로 구획할 수 없는 창고시설

㉢ 방화벽의 기준

ⓐ 내화구조로서 홀로 설 수 있는 구조일 것
ⓑ 방화벽의 양쪽 끝과 위쪽 끝을 건축물의 외벽면 및 지붕면으로부터 0.5m 이상 튀어 나오게 할 것
ⓒ 방화벽에 설치하는 출입문의 너비 및 높이는 각각 2.5m 이하로 하고, 해당 출입문에는 60+방화문 또는 60분방화문을 설치할 것

③ 방화문

60분+ 방화문	연기 및 불꽃 차단 60분 이상, 열 차단 30분 이상
60분방화문	연기 및 불꽃 차단 60분 이상
30분방화문	연기 및 불꽃 차단 30분 이상 60분 미만

(4) 지하층

① 지하층의 구조

규모	설치 기준
바닥면적 50m²를 넘는 층	직통계단 외에 비상탈출구 및 환기통 설치(직통계단 2개소 이상 설치된 경우 제외)
• 제2종 근린생활시설 중 공연장·단란주점·당구장·노래연습장 • 문화 및 집회시설 중 예식장·공연장 • 수련시설 중 생활권수련시설·자연권수련시설 • 숙박시설 중 여관·여인숙, 위락시설 중 단란주점·유흥주점 • 다중이용업	해당용도로 쓰는 층의 거실 바닥면적의 합계 50m² 이상은 직통계단을 2개소 이상 설치할 것
바닥면적 1000m²를 넘는 층	방화구획으로 구획하는 각 부분마다 1개소 이상의 피난계단 또는 특별피난계단 설치
거실 바닥면적의 합계가 1000m² 이상인 층	환기설비 설치
지하층 바닥면적 300m² 이상인 층	식수공급을 위한 급수전을 1개소 이상 설치

② 지하층에 설치하는 비상탈출구

비상탈출구	설치 기준
비상탈출구의 크기	유효너비 0.75m×유효높이 1.5m 이상
비상탈출구의 방향	피난방향으로 열리도록 하고 실내에서 항상 열 수 있는 구조로 하며, 내부 및 외부에는 비상탈출구의 표시 설치
비상탈출구의 설치 위치	출입구로부터 3m 이상 떨어진 곳에 설치
사다리의 설치	지하층의 바닥으로부터 비상탈출구의 아랫부분까지의 높이가 1.2m 이상이 되는 경우에는 벽체에 발판의 너비가 20cm 이상인 사다리 설치
피난통로의 유효너비	피난층 또는 지상으로 통하는 복도나 직통계단까지 이르는 피난통로의 유효너비는 75cm 이상
비상탈출구의 통로마감	피난통로에 실내에 접하는 부분의 마감과 그 바탕은 불연재료로 할 것
비상탈출구의 진입부분 피난통로의 처리	통행에 지장이 있는 물건을 방치하거나 시설물 설치 금지
비상탈출구의 유도등	비상탈출구의 유도등과 피난통로의 비상조명등의 설치는 소방법령에 따른다.

단독주택, 공동주택의 지하층에는 거실을 설치할 수 없다. 다만, 다음 사항을 고려하여 해당 지방자치단체의 조례로 정하는 경우는 제외한다.(2024. 6. 18. 신설)
① 침수위험 정도를 비롯한 지역적 특성
② 피난 및 대피 가능성
③ 그 밖에 주거의 안전과 관련된 사항

2. 건축설비

(1) 개별난방 · 배연설비

① 개별난방방식의 기준
공동주택과 오피스텔의 난방설비를 개별난방방식으로 하는 경우에는 다음의 기준에 적합하여야 한다.

구분	구조 및 재료
보일러실의 위치	• 거실 이외의 장소에 설치 • 보일러실과 거실 사이는 내화구조의 벽으로 구획(출입구 제외)
보일러실의 환기	• 보일러실 윗부분에 $0.5m^2$ 이상의 환기창 설치 • 윗부분과 아랫부분에 지름 10cm 이상의 공기흡입구 및 배기구 설치 (항상 개방된 상태) • 단, 전기보일러인 경우는 해당되지 않는다.
기름저장소	• 기름보일러의 기름저장소는 보일러실 외의 장소에 설치
오피스텔의 난방구획	• 난방구획마다 내화구조의 벽, 바닥 및 60분+ 방화문 또는 60분방화문으로 구획
보일러실 연도	• 내화구조로서 공동연도로 설치할 것
보일러실과 거실 사이 출입구	• 출입구가 닫힌 경우 가스가 거실에 들어갈 수 없는 구조일 것
가스보일러	• 중앙집중공급방식으로 공급하는 경우에는 위 규정에도 불구하고 가스관계법령이 정하는 기준에 따른다.(단, 오피스텔 난방구획에 대한 규정은 동일하게 지킬 것)

② 배연설비
  ㉠ 배연설비의 설치 대상
    ⓐ 6층 이상인 건축물로서 다음 각 목의 어느 하나에 해당하는 용도로 쓰는 건축물
      • 제2종 근린생활시설 중 공연장, 종교집회장, 인터넷컴퓨터게임시설제공업소 및 다중생활시설(해당 용도 바닥면적의 합계 $300m^2$ 이상인 경우만 해당)
      • 문화 및 집회시설, 종교시설, 판매시설, 운수시설
      • 의료시설(요양병원 및 정신병원 제외), 교육연구시설 중 연구소
      • 노유자시설 중 아동 관련 시설, 노인복지시설(노인요양시설 제외)
      • 수련시설 중 유스호스텔, 운동시설, 업무시설, 숙박시설, 위락시설, 관광휴게시설, 장례시설
    ⓑ 다음에 해당하는 건축물(층수 무관)
      • 의료시설 중 요양병원 및 정신병원
      • 노유자시설 중 노인요양시설·장애인 거주시설 및 장애인 의료재활시설

- 제1종 근린생활시설 중 산후조리원

ⓒ 배연설비의 구조

구분	구조 및 재료
설치기준	• 방화구획마다 1개소 이상 배연구 설치 • 배연창 상변과 천장 또는 반자로부터 수직거리가 0.9m 이내 • 반자높이가 바닥으로부터 3m 이상인 경우 배연창 하변을 바닥으로부터 2.1m 이상 위치에 설치
배연구 유효면적	• 1m² 이상으로 건축물 바닥면적의 1/100 이상일 것 • 방화구획이 설치된 경우에는 그 구획된 부분의 바닥면적을 말함 • 바닥면적 산정 시 1/20 이상 환기창을 설치한 거실의 면적은 제외
배연구 구조	• 연기감지기, 열감지기에 의해 자동으로 열 수 있는 구조(수동개폐 가능한 구조) • 예비전원에 의해 열 수 있도록 할 것
기계식 배연설비	• 위의 규정에도 불구하고 소방관계법령의 규정에 따른 것

ⓒ 특별피난계단 및 비상용 승강기 승강장에 설치하는 배연설비의 구조

구분	구조 및 재료
배연구 구조	• 연기감지기, 열감지기에 의해 자동으로 열 수 있는 구조(수동개폐 가능한 구조) • 평상시 닫힌 상태를 유지하고, 연 경우에 배연에 의한 기류로 인하여 닫히지 않을 것 • 배연구 및 배연풍도는 불연재료로 하고, 화재가 발생한 경우 원활하게 배연시킬 수 있는 규모로서 외기 또는 평상시에 사용하지 아니하는 굴뚝에 연결할 것
배연기	• 배연구가 외기에 접하지 않는 경우에는 배연기를 설치할 것 • 배연기에는 예비전원을 설치할 것 • 배연구의 열림에 따라 자동적으로 작동하고, 충분한 공기배출 또는 가압능력이 있을 것

※ 공기유입방식을 급기가압방식 또는 급·배기방식으로 하는 경우 소방관계법령의 규정에 적합하게 할 것

(2) 환기설비·피뢰설비

① 기계환기설비의 구조 및 설치 기준

다중이용시설을 신축하는 경우 설치하여야 하는 기계환기설비의 구조 및 설치는 다음 기준에 적합하여야 한다.

㉠ 다중이용시설의 기계환기설비 용량기준은 시설이용 인원 당 환기량을 원칙으로 산정할 것

㉡ 기계환기설비는 다중이용시설로 공급되는 공기의 분포를 최대한 균등하게 하여 실내 기류의 편차가 최소화될 수 있도록 할 것

㉢ 공기공급체계·공기배출체계 또는 공기흡입구·배기구 등에 설치되는 송풍기는 외부의 기류로 인하여 송풍능력이 떨어지는 구조가 아닐 것

㉣ 바깥공기를 공급하는 공기공급체계 또는 공기흡입구는 입자형·가스형 오염물질의 제거·여과장치 등 외부로부터 오염물질이 유입되는 것을 최대한 차단할 수 있는 설비를 갖추어야 하며, 제거·여과장치 등의 청소 및 교환 등 유지 관리가 쉬운 구조일 것

㉤ 공기배출체계 및 배기구는 배출되는 공기가 공기공급체계 및 공기흡입구로 직접 들어가지 아니하는 위치에 설치할 것

㉥ 기계환기설비를 구성하는 설비·기기·장치 및 제품 등의 효율과 성능 등을 판정하는데 있어 이 규칙에서 정하지 아니한 사항에 대하여는 해당항목에 대한 한국산업표준에 적합할 것

> 신축 또는 리모델링하는 30세대 이상의 공동주택은 시간당 0.5회로 환기할 수 있는 자연환기설비 또는 기계환기설비를 설치하여야 한다.

② 피뢰설비 : 낙뢰의 우려가 있는 건축물, 높이 20m 이상의 건축물 또는 공작물에는 다음 기준에 적합한 피뢰설비를 설치해야 한다.

㉠ 피뢰설비는 한국산업표준이 정하는 피뢰레벨 등급에 적합한 피뢰설비일 것. 다만, 위험물저장 및 처리시설에 설치하는 피뢰설비는 한국산업표준이 정하는 피뢰시스템레벨 Ⅱ 이상이어야 한다.

  © 돌침은 건축물의 최상단으로부터 25cm 이상 돌출시켜 설치하되, 구조기준에 따른 설계하중에 견딜 수 있는 구조일 것

  © 피뢰설비의 재료는 최소 단면적이 피복이 없는 동선을 기준으로 수뢰부, 인하도선 및 접지극은 50mm² 이상이거나 이와 동등 이상의 성능을 갖출 것

  © 피뢰설비의 인하도선을 대신하여 철골조의 철골구조물과 철근콘크리트조의 철근 구조체 등을 사용하는 경우에는 전기적 연속성이 보장될 것

  © 측면 낙뢰를 방지하기 위하여 높이가 60m를 초과하는 건축물 등에는 지면에서 건축물 높이의 4/5가 되는 지점부터 최상단부분까지의 측면에 수뢰부를 설치하여야 하며, 지표레벨에서 최상단부의 높이가 150m를 초과하는 건축물은 120m 지점부터 최상단부분까지의 측면에 수뢰부를 설치할 것

  © 접지는 환경오염을 일으킬 수 있는 시공방법이나 화학 첨가물 등을 사용하지 아니할 것

  © 급수·급탕·난방·가스 등을 공급하기 위하여 건축물에 설치하는 금속배관 및 금속재 설비는 전위가 균등하게 이루어지도록 전기적으로 접속할 것

  © 전기설비의 접지계통과 건축물의 피뢰설비 및 통신설비 등의 접지극을 공용하는 통합접지공사를 하는 경우에는 낙뢰 등으로 인한 과전압으로부터 전기설비 등을 보호하기 위하여 한국산업표준에 적합한 서지보호장치(SPD)를 설치할 것

  © 그 밖에 피뢰설비와 관련된 사항은 한국산업표준에 적합하게 설치할 것

(3) 승용 승강기

① 승용 승강기 설치 대상
  ㉠ 층수가 6층 이상으로서 연면적 2000m² 이상인 건축물
  ㉡ 6층인 건축물로서 각 층 거실바닥면적 300m² 이내마다 1개소 이상 직통계단을 설치한 경우 제외한다.

② 설치대수 산정

건축물의 용도	6층 이상 거실바닥면적의 합계($s\,\mathrm{m}^2$)		대수산정 방식
	3000㎡ 이하	3000㎡ 초과	
• 문화 및 집회시설(공연장, 집회장, 관람장) • 판매시설 • 의료시설	2대	2대에 3000㎡ 초과하는 매 2000㎡ 이내마다 1대를 더한 대수	$2+\dfrac{s-3000\mathrm{m}^2}{2000\mathrm{m}^2}$
• 문화 및 집회시설(전시장, 동·식물원만 해당) • 업무시설, 숙박시설, 위락시설	1대	1대에 3000㎡ 초과하는 매 2000㎡ 이내마다 1대를 더한 대수	$1+\dfrac{s-3000\mathrm{m}^2}{2000\mathrm{m}^2}$
• 공동주택 • 교육연구시설, 노유자시설 • 그 밖의 시설	1대	1대에 3000㎡ 초과하는 매 3000㎡ 이내마다 1대의 비율로 가산한 대수	$1+\dfrac{s-3000\mathrm{m}^2}{3000\mathrm{m}^2}$

※ 설치대수 산정에 있어 8인승 이상 15인 이하의 승강기는 1대로 보고, 16인승 이상의 승강기는 2대로 본다.

(4) 비상용 승강기

① 설치 대상
  ㉠ 높이 31미터를 초과하는 건축물은 승용 승강기 외에 비상용 승강기를 추가로 설치해야 한다.
  ㉡ 비상용 승강기를 설치하지 않아도 되는 경우
    ⓐ 높이 31m를 넘는 각 층을 거실 외의 용도로 쓰는 건축물
    ⓑ 높이 31m를 넘는 각 층의 바닥면적의 합계가 500㎡ 이하인 건축물
    ⓒ 높이 31m를 넘는 층수가 4개 층 이하로서 당해 각 층의 바닥면적의 합계 200㎡(벽 및 반자가 실내에 접하는 부분의 마감을 불연재료로 한 경우에는 500㎡) 이내마다 방화구획으로 구획한 건축물

② 설치대수 산정

높이 31m를 넘는 각 층의 바닥면적 중 최대바닥면적	설치대수	대수산정 방식
1500m² 이하	1대 이상	
1500m² 초과	1대에 1500m²를 넘는 3000m² 이내마다 1대씩 가산	$1 + \dfrac{s - 1500\text{m}^2}{3000\text{m}^2}$

※ 2대 이상의 비상용 승강기를 설치하는 경우에는 화재 시 소화에 지장이 없도록 일정한 간격을 유지

③ 비상용 승강기 승강장 및 승강로의 구조
  ㉠ 승강장의 구조
    ⓐ 승강장의 창문 및 출입구 등 기타 개구부를 제외한 부분은 당해 건축물의 다른 부분과 내화구조의 바닥 및 벽으로 구획할 것. 단, 공동주택의 경우에는 승강장과 특별피난계단의 부속실과의 겸용부분을 특별피난계단의 계단실과 별도로 구획하는 때에는 승강장을 특별피난계단의 부속실과 겸용할 수 있다.
    ⓑ 승강장은 각 층의 내부와 연결될 수 있도록 하되, 그 출입구(승강로 출입구 제외)에는 60분+ 방화문 또는 60분방화문을 설치한다. 단, 피난층은 제외할 수 있다.
    ⓒ 노대 또는 외부를 향하여 열 수 있는 창문이나 배연설비를 설치할 것
    ⓓ 벽 및 반자가 실내에 접하는 부분의 마감재료 및 마감을 위한 바탕재료는 불연재료로 할 것
    ⓔ 채광이 되는 창문이 있거나 예비전원에 의한 조명설비를 할 것
    ⓕ 승강장의 바닥면적은 비상용 승강기 1대당 6m² 이상으로 할 것. 단, 옥외에 승강장을 설치하는 경우는 제외한다.
    ⓖ 피난층이 있는 승강장의 출입구(승강장이 없는 경우 승강로의 출입구)로부터 도로 또는 공지(공원·광장 기타 이와 유사한 것으로서 피난·소화를 위한 당해 대지에의 출입에 지장이 없는 것)에 이르는 거리가 30m 이하일 것
    ⓗ 승강장 출입구 부근의 잘 보이는 곳에 비상용 승강기 표지를 할 것

ⓒ 승강로의 구조
  ⓐ 승강로는 당해 건축물의 다른 부분과 내화구조로 구획할 것
  ⓑ 각 층으로부터 피난층까지 이르는 승강로를 단일구조로 연결하여 설치할 것

(5) 지능형 건축물 인증제도

① 국토교통부장관은 지능형 건축물(Intelligent Building)의 건축을 활성화하기 위하여 지능형 건축물 인증제도를 실시한다.

② 국토교통부장관은 제1항에 따른 지능형 건축물의 인증을 위하여 인증기관을 지정할 수 있다.

③ 지능형 건축물의 인증을 받으려는 자는 제2항에 따른 인증기관에 인증을 신청하여야 한다.

④ 국토교통부장관은 건축물을 구성하는 설비 및 각종 기술을 최적으로 통합하여 건축물의 생산성과 설비 운영의 효율성을 극대화할 수 있도록 다음 각 호의 사항을 포함하여 지능형 건축물 인증기준을 고시한다.

  1. 인증기준 및 절차
  2. 인증표시 홍보기준
  3. 유효기간
  4. 수수료
  5. 인증 등급 및 심사기준 등

⑤ 제2항과 제3항에 따른 인증기관의 지정 기준, 지정 절차 및 인증 신청 절차 등에 필요한 사항은 국토교통부령으로 정한다.

⑥ 허가권자는 지능형 건축물로 인증을 받은 건축물에 대하여 건축법령에 따른 조경설치면적을 100분의 85까지 완화하여 적용할 수 있으며, 용적률 및 건축물의 높이를 100분의 115의 범위에서 완화하여 적용할 수 있다.

(6) 냉방설비

① 산업통상자원부장관이 국토교통부장관과 협의하여 정하는 바에 따라 축냉식 또는 가스를 이용한 중앙집중냉방방식으로 하여야 하는 건축물
  ㉠ 다음에 해당하는 건축물로서 해당 용도에 사용되는 바닥면적의 합계가 500㎡ 이상인 건축물
    ⓐ 목욕장
    ⓑ 물놀이형 시설 및 수영장(각각 실내에 설치된 경우로 한정)

ⓒ 다음에 해당하는 건축물로서 해당 용도에 사용되는 바닥면적의 합계가 2000m² 이상인 건축물
  ⓐ 기숙사   ⓑ 의료시설
  ⓒ 유스호스텔   ⓓ 숙박시설

ⓒ 다음에 해당하는 건축물로서 해당 용도에 사용되는 바닥면적의 합계가 3000m² 이상인 건축물
  ⓐ 판매시설   ⓑ 연구소
  ⓒ 업무시설

ⓔ 다음에 해당하는 건축물로서 해당 용도에 사용되는 바닥면적의 합계가 10000m² 이상인 건축물
  ⓐ 문화 및 집회시설(동·식물원 제외)
  ⓑ 종교시설
  ⓒ 교육연구시설(연구소는 제외)
  ⓓ 장례식장

② 냉방시설 및 환기시설의 배기구와 배기장치의 설치 : 상업지역 및 주거지역에서 건축물에 설치하는 냉방시설 및 환기시설의 배기구와 배기장치의 설치는 다음 기준에 모두 적합하여야 한다.
  ㉠ 배기구는 도로면으로부터 2미터 이상의 높이에 설치할 것
  ㉡ 배기장치에서 나오는 열기가 인근 건축물의 거주자나 보행자에게 직접 닿지 아니하도록 할 것
  ㉢ 건축물의 외벽에 배기구 또는 배기장치를 설치할 때에는 외벽 또는 다음 기준에 적합한 지지대 등 보호장치와 분리되지 아니하도록 견고하게 연결하여 배기구 또는 배기장치가 떨어지는 것을 방지할 수 있도록 할 것
    ⓐ 배기구 또는 배기장치를 지탱할 수 있는 구조일 것
    ⓑ 부식을 방지할 수 있는 자재를 사용하거나 도장할 것

(7) 관계기술자의 협력

① 다음에 해당하는 건축물의 설계자는 해당 건축물에 대한 구조의 안전을 확인하는 경우 건축구조기술사의 협력을 받아야 한다.

㉠ 6층 이상인 건축물
㉡ 특수구조 건축물
　ⓐ 한쪽 끝은 고정되고 다른 끝은 지지(支持)되지 아니한 구조로 된 보·차양 등이 외벽의 중심선으로부터 3미터 이상 돌출된 건축물
　ⓑ 경간 20미터 이상인 건축물
　ⓒ 특수한 설계·시공·공법 등이 필요한 건축물로서 국토교통부장관이 정하여 고시하는 구조로 된 건축물
㉢ 다중이용 및 준다중이용 건축물
㉣ 3층 이상의 필로티형식 건축물
㉤ 그 밖에 국토교통부령으로 정하는 건축물

② 연면적 1만제곱미터 이상인 건축물(창고시설 제외) 또는 에너지를 대량으로 소비하는 건축물로서 국토교통부령으로 정하는 건축물에 건축설비를 설치하는 경우에는 다음 기준에 따라 관계전문기술자의 협력을 받아야 한다.
㉠ 전기, 승강기(전기 분야만 해당) 및 피뢰침 : 건축전기설비기술사 또는 발송배전기술사
㉡ 가스·급수·배수(配水)·배수(排水)·환기·난방·소화·배연·오물처리 설비 및 승강기(기계 분야만 해당) : 건축기계설비기술사 또는 공조냉동기계기술사
㉢ 가스설비 : 건축기계설비기술사, 공조냉동기계기술사 또는 가스기술사

③ 깊이 10m 이상의 토지 굴착공사 또는 높이 5m 이상의 옹벽 등의 공사를 수반하는 건축물의 설계자 및 공사감리자는 토지 굴착 등에 관하여 토목 분야 기술사 또는 국토개발 분야의 지질 및 기반 기술사의 협력을 받아야 한다.

에너지를 대량으로 소비하는 건축물 〈(7)-②항목〉

ⓐ 냉동냉장시설·항온항습시설(온도와 습도를 일정하게 유지시키는 특수설비가 설치되어 있는 시설을 말한다) 또는 특수청정시설(세균 또는 먼지 등을 제거하는 특수설비가 설치되어 있는 시설을 말한다)로서 당해 용도에 사용되는 바닥면적의 합계가 5백제곱미터 이상인 건축물
ⓑ 아파트 및 연립주택
ⓒ (6) 냉방설비 – ①항에 해당하는 건축물 모두

2. 에너지 절약 및 냉방설비

2.1 에너지 절약

1. 건축물의 에너지 절약

(1) 에너지절약계획서

① 에너지절약계획서 제출대상 : 연면적 합계 500m² 이상 건축물은 에너지절약계획서를 제출한다.

② 제외 대상
  ㉠ 단독주택, 다중주택, 다가구주택
  ㉡ 문화 및 집회시설 중 동·식물원
  ㉢ 건축법 시행령 기준 냉방 또는 난방 설비를 설치하지 않는 공장, 창고, 위험물 저장 및 처리시설, 자동차 관련시설, 동·식물 관련시설, 자원순환 관련시설, 교정 및 군사시설, 방송통신시설, 발전시설, 묘지관련시설
  ㉣ 그 밖에 국토교통부장관이 에너지절약계획서를 첨부할 필요가 없다고 정하여 고시하는 건축물

③ 인증제도
  ㉠ 예비인증 : 건축물의 완공 전에 설계도서 등으로 인증기관에서 건축물 에너지 효율 등급 인증, 제로에너지건축물 인증, 녹색건축 인증을 받는 것을 말한다.
  ㉡ 본인증 : 신청건물의 완공 후에 최종설계도서 및 현장 확인을 거쳐 최종적으로 인증기관에서 건축물 에너지 효율 등급 인증, 제로에너지건축물 인증, 녹색건축 인증을 받는 것을 말한다.

(2) 녹색건축물

① 용어 정의
  ㉠ 녹색건축물 : 에너지이용 효율 및 신·재생에너지의 사용비율이 높고 온실가스 배출을 최소화하는 건축물로써, 환경에 미치는 영향을 최소화하고 동시에 쾌적하고 건강한 거주환경을 제공하는 건축물을 말한다.

    ○ 녹색건축물 조성 : 녹색건축물을 건축하거나 녹색건축물의 성능을 유지하기 위한 건축활동 또는 기존 건축물을 녹색건축물로 전환하기 위한 활동을 말한다.
② 인증등급의 구분 : 최우수(그린 1등급), 우수(그린 2등급), 우량(그린 3등급), 일반(그린 4등급)
③ 인증 유효기간 : 녹색건축 인증의 유효기간은 인증서를 발급한 날부터 5년으로 한다.
④ 기본계획 수립 : 국토교통부장관은 녹색건축물 조성을 촉진하기 위하여 다음 사항이 포함된 녹색건축물 기본 계획을 5년마다 수립하여야 한다.
    1. 녹색건축물의 현황 및 전망에 관한 사항
    2. 녹색건축물의 온실가스 감축, 에너지 절약 등의 달성 목표 설정 및 추진 방향
    3. 녹색건축물 정보체계의 구축·운영에 관한 사항
    4. 녹색건축물 관련 연구·개발에 관한 사항
    5. 녹색건축물 전문인력의 육성·지원 및 관리에 관한 사항
    6. 녹색건축물 조성사업의 지원에 관한 사항
    7. 녹색건축물 조성 시범사업에 관한 사항
    8. 녹색건축물 조성을 위한 건축자재 및 시공 관련 정책방향에 관한 사항
    9. 그 밖에 녹색건축물 조성의 촉진을 위하여 필요한 사항

2. 건축물의 에너지 절약 설계 기준

> **핵심 포인트**
>
> 해당 내용은 방대한 양이므로 저자 또한 다 암기할 것을 권하진 않습니다. 다만, 앞으로 꾸준히 출제될 수 있는 내용이므로 전체적으로 한 번 읽어보신 후 기출문제 풀이를 통해 출제되었던 문제의 내용들을 우선적으로 알아두시기 바랍니다.

(1) 건축부문

① 의무사항 중 주요내용 : 열손실 방지 조치 대상 건축물의 건축주와 설계자 등은 다음 각 호에서 정하는 건축부문의 설계기준을 따라야 한다.
    1. 결로방지 등을 위한 조치 내용
        가. 벽체 내표면 및 내부에서의 결로를 방지하고 단열재의 성능 저하를 방지하기

위하여 제2조에 의하여 단열조치를 하여야 하는 부위(창 및 문과 난방공간 사이의 층간 바닥 제외)에는 방습층을 단열재의 실내측에 설치하여야 한다.

나. 방습층 및 단열재가 이어지는 부위 및 단부는 이음 및 단부를 통한 투습을 방지할 수 있도록 다음과 같이 조치하여야 한다.

1) 단열재의 이음부는 최대한 밀착하여 시공하거나, 2장을 엇갈리게 시공하여 이음부를 통한 단열성능 저하가 최소화될 수 있도록 조치할 것

2) 방습층으로 알루미늄박 또는 플라스틱계 필름 등을 사용할 경우의 이음부는 100mm 이상 중첩하고 내습성 테이프, 접착제 등으로 기밀하게 마감할 것

3) 단열부위가 만나는 모서리 부위는 방습층 및 단열재가 이어짐이 없이 시공하거나 이어질 경우 이음부를 통한 단열성능 저하가 최소화되도록 하며, 알루미늄박 또는 플라스틱계 필름 등을 사용할 경우의 모서리 이음부는 150mm 이상 중첩되게 시공하고 내습성 테이프, 접착제 등으로 기밀하게 마감할 것

4) 방습층의 단부는 단부를 통한 투습이 발생하지 않도록 내습성 테이프, 접착제 등으로 기밀하게 마감할 것

다. 건축물 외피 단열부위의 접합부, 틈 등은 밀폐될 수 있도록 코킹과 가스켓 등을 사용하여 기밀하게 처리하여야 한다.

라. 외기에 직접 면하고 1층 또는 지상으로 연결된 출입문은 방풍구조로 하여야 한다. 다만, 다음 각 호에 해당하는 경우에는 그러하지 않을 수 있다.

1) 바닥면적 300m² 이하의 개별 점포의 출입문

2) 주택의 출입문(단, 기숙사는 제외)

3) 사람의 통행을 주목적으로 하지 않는 출입문

4) 너비 1.2m 이하의 출입문

마. 방풍구조를 설치하여야 하는 출입문에서 회전문과 일반문이 같이 설치되어진 경우, 일반문 부위는 방풍실 구조의 이중문을 설치하여야 한다.

바. 건축물의 거실의 창이 외기에 직접 면하는 부위인 경우에는 제5조제9호자목에 따른 기밀성 창을 설치하여야 한다.

2. 바닥난방에서 단열재의 설치

바닥난방 부위에 설치되는 단열재는 바닥난방의 열이 슬래브 하부 및 측벽으로

손실되는 것을 막을 수 있도록 온수배관(전기난방인 경우는 발열선) 하부와 슬래브 사이에 설치하고, 온수배관(전기난방인 경우는 발열선) 하부와 슬래브 사이에 설치되는 구성 재료의 열저항의 합계는 층간 바닥인 경우에는 해당 바닥에 요구되는 총열관류저항의 60% 이상, 최하층 바닥인 경우에는 70% 이상이 되어야 한다.

② 권장사항 : 에너지절약계획서 제출대상 건축물의 건축주와 설계자 등은 다음 각 호에서 정하는 사항을 제13조의 규정에 적합하도록 선택적으로 채택할 수 있다.

1. 배치계획
   가. 건축물은 대지의 향, 일조 및 주풍향 등을 고려하여 배치하며, 남향 또는 남동향 배치를 한다.
   나. 공동주택은 인동간격을 넓게 하여 저층부의 일사 수열량을 증대시킨다.

2. 평면계획
   가. 거실의 층고 및 반자 높이는 실의 용도와 기능에 지장을 주지 않는 범위 내에서 가능한 한 낮게 한다.
   나. 건축물의 체적에 대한 외피면적의 비 또는 연면적에 대한 외피면적의 비는 가능한 한 작게 한다.
   다. 실의 용도 및 기능에 따라 수평, 수직으로 조닝계획을 한다.

3. 단열계획
   가. 건축물 외벽, 천장 및 바닥으로의 열손실을 방지하기 위하여 기준에서 정하는 단열두께보다 두껍게 설치하여 단열부위의 열저항을 높이도록 한다.
   나. 외벽 부위는 제5조제10호차목에 따른 외단열로 시공한다.
   다. 외피의 모서리 부분은 열교가 발생하지 않도록 단열재를 연속적으로 설치하고, 기타 열교부위는 외피 열교부위별 선형 열관류율 기준에 따라 충분히 단열되도록 한다.
   라. 건물의 창 및 문은 가능한 한 작게 설계하고, 특히 열손실이 많은 북측 거실의 창 및 문의 면적은 최소화한다.
   마. 발코니 확장을 하는 공동주택이나 창 및 문의 면적이 큰 건물에는 단열성이 우수한 로이(Low-E) 복층창이나 삼중창 이상의 단열성능을 갖는 창을 설치한다.
   바. 야간 시간에도 난방을 해야 하는 숙박시설 및 공동주택에는 창으로의 열손실

을 줄이기 위하여 단열셔터 등 야간단열장치를 설치한다.

사. 태양열 유입에 의한 냉·난방부하를 저감할 수 있도록 일사조절장치, 태양열 투과율, 창 및 문의 면적비 등을 고려한 설계를 한다. 차양장치 등을 설치하는 경우에는 비, 바람, 눈, 고드름 등의 낙하 및 화재 등의 사고에 대비하여 안전성을 검토하고 주변 건축물에 빛반사에 의한 피해 영향을 고려하여야 한다.

아. 건물 옥상에는 조경을 하여 최상층 지붕의 열저항을 높이고, 옥상면에 직접 도달하는 일사를 차단하여 냉방부하를 감소시킨다.

4. 기밀계획

가. 틈새바람에 의한 열손실을 방지하기 위하여 외기에 직접 또는 간접으로 면하는 거실 부위에는 기밀성 창 및 문을 사용한다.

나. 공동주택의 외기에 접하는 주동의 출입구와 각 세대의 현관은 방풍구조로 한다.

다. 기밀성을 높이기 위하여 창 및 문 등 개구부 둘레와 배관 및 전기배선이 거실의 실내와 연결되는 부위는 외기가 침입하지 못하도록 기밀하게 처리한다.

5. 자연채광계획

가. 자연채광을 적극적으로 이용할 수 있도록 계획한다. 특히 학교의 교실, 문화 및 집회시설의 공용부분(복도, 화장실, 휴게실, 로비 등)은 1면 이상 자연채광이 가능하도록 한다.

나. 공동주택의 지하주차장은 $300m^2$ 이내마다 1개소 이상의 외기와 직접 면하는 $2m^2$ 이상의 개폐가 가능한 천창 또는 측창을 설치하여 자연환기 및 자연채광을 유도한다. 다만, 지하 2층 이하는 그러하지 아니한다.

다. 수영장에는 자연채광을 위한 개구부를 설치하되, 그 면적의 합계는 수영장 바닥면적의 5분의 1 이상으로 한다.

라. 창에 직접 도달하는 일사를 조절할 수 있도록 제5조제10호러목에 따른 일사조절장치를 설치한다.

6. 환기계획

가. 외기에 접하는 거실의 창문은 동력설비에 의하지 않고도 충분한 환기 및 통풍이 가능하도록 일부분은 수동으로 여닫을 수 있는 개폐창을 설치하되, 환기를 위해 개폐 가능한 창부위 면적의 합계는 거실 외주부 바닥면적의 10분의 1 이

상으로 한다.

나. 문화 및 집회시설 등의 대공간 또는 아트리움의 최상부에는 자연배기 또는 강제배기가 가능한 구조 또는 장치를 채택한다.

(2) 기계부문

① 의무사항 : 에너지절약계획서 제출대상 건축물의 건축주와 설계자 등은 다음에서 정하는 기계부문의 설계기준을 따라야 한다.

1. 설계용 외기조건

    난방 및 냉방설비의 용량계산을 위한 외기조건은 각 지역별로 위험률 2.5%(냉방기 및 난방기를 분리한 온도출현분포를 사용할 경우) 또는 1%(연간 총시간에 대한 온도출현 분포를 사용할 경우)로 하거나 별표7에서 정한 외기온·습도를 사용한다. 별표7 이외의 지역인 경우에는 상기 위험률을 기준으로 하여 가장 유사한 기후조건을 갖는 지역의 값을 사용한다. 다만, 지역난방공급방식을 채택할 경우에는 산업통상자원부 고시 「집단에너지시설의 기술기준」에 의하여 용량계산을 할 수 있다.

2. 열원 및 반송설비

    가. 공동주택에 중앙집중식 난방설비(집단에너지사업법에 의한 지역난방공급방식을 포함한다.)를 설치하는 경우에는 「주택건설기준 등에 관한 규정」 제37조의 규정에 적합한 조치를 하여야 한다.

    나. 펌프는 한국산업규격(KS B 6318, 7501, 7505 등) 표시인증제품 또는 KS 규격에서 정해진 효율 이상의 제품을 설치하여야 한다.

    다. 기기배관 및 덕트는 국토교통부에서 정하는 「건축기계설비공사 표준시방서」의 보온 두께 이상 또는 그 이상의 열저항을 갖도록 단열조치를 하여야 한다. 다만, 건축물 내의 벽체 또는 바닥에 매립되는 배관 등은 그러하지 아니할 수 있다.

3. 「공공기관 에너지이용 합리화 추진에 관한 규정」 제10조의 규정을 적용받는 건축물의 경우에는 에너지성능지표 기계부문 11번 항목 배점을 0.6점 이상 획득하여야 한다.

4. 영 제10조의2에 해당하는 공공건축물을 건축 또는 리모델링하는 경우 법 제14조

의2제2항에 따라 에너지성능지표 기계부문 1번 및 2번 항목 배점을 0.9점 이상 획득하여야 한다.

② 권장사항 : 에너지절약계획서 제출대상 건축물의 건축주와 설계자 등은 다음 각 호에서 정하는 사항을 제13조의 규정에 적합하도록 선택적으로 채택할 수 있다.

1. 설계용 실내온도 조건 : 난방 및 냉방설비의 용량 계산을 위한 설계기준 실내온도는 난방의 경우 20℃, 냉방의 경우 28℃를 기준으로 하되(목욕장 및 수영장은 제외) 각 건축물 용도 및 개별 실의 특성에 따라 별표8에서 제시된 범위를 참고하여 설비의 용량이 과다해지지 않도록 한다.

2. 열원설비
   가. 열원설비는 부분부하 및 전부하 운전효율이 좋은 것을 선정한다.
   나. 난방기기, 냉방기기, 냉동기, 송풍기, 펌프 등은 부하조건에 따라 최고의 성능을 유지할 수 있도록 대수분할 또는 비례제어운전이 되도록 한다.
   다. 난방기기는 고효율인증제품 또는 이와 동등 이상의 것 또는 에너지소비효율등급이 높은 제품을 설치한다.
   라. 냉방기기는 고효율인증제품 또는 이와 동등 이상의 것 또는 에너지소비효율등급이 높은 제품을 설치한다.
   마. 보일러의 배출수·폐열·응축수 및 공조기의 폐열, 생활배수 등의 폐열을 회수하기 위한 열회수 설비를 설치한다. 폐열회수를 위한 열회수 설비를 설치할 때에는 중간기에 대비한 바이패스(by-pass) 설비를 설치한다.
   바. 냉방기기는 전력피크 부하를 줄일 수 있도록 하여야 하며, 상황에 따라 심야전기를 이용한 축열·축냉시스템, 가스 및 유류를 이용한 냉방설비, 집단에너지를 이용한 지역냉방방식, 소형 열병합발전을 이용한 냉방방식, 신·재생에너지를 이용한 냉방방식을 채택한다.

3. 공조설비
   가. 중간기 등에 외기도입에 의하여 냉방부하를 감소시키는 경우에는 실내 공기질을 저하시키지 않는 범위 내에서 이코노마이저 시스템 등 외기냉방시스템을 적용한다. 다만, 외기냉방시스템의 적용이 건축물의 총에너지비용을 감소시킬 수 없는 경우에는 그러하지 아니한다.
   나. 공기조화기 팬은 부하변동에 따른 풍량제어가 가능하도록 가변익축류방식,

흡입베인제어방식, 가변속제어방식 등 에너지절약적 제어방식을 채택한다.
4. 반송설비
   가. 난방 순환수 펌프는 운전효율을 증대시키기 위해 가능한 한 대수제어 또는 가변속제어방식을 채택하여 부하상태에 따라 최적 운전상태가 유지될 수 있도록 한다.
   나. 급수용 펌프 또는 급수가압펌프의 전동기에는 가변속제어방식 등 에너지절약적 제어방식을 채택한다.
   다. 열원설비 및 공조용의 송풍기, 펌프는 효율이 높은 것을 채택한다.
5. 환기 및 제어설비
   가. 청정실 등 특수 용도의 공간 외에는 실내공기의 오염도가 허용치를 초과하지 않는 범위 내에서 최소한의 외기도입이 가능하도록 계획한다.
   나. 환기 시 열회수가 가능한 제5조제10호자목에 따른 폐열회수형 환기장치 등을 설치한다.
   다. 기계환기설비를 사용하여야 하는 지하주차장의 환기용 팬은 대수제어 또는 풍량조절(가변익, 가변속도), 일산화탄소(CO)의 농도에 의한 자동(on-off)제어 등의 에너지절약적 제어방식을 도입한다.
6. 위생설비 등
   ㉠ 위생설비 급탕용 저탕조의 설계온도는 55℃ 이하로 하고 필요한 경우에는 부스터히터 등으로 승온하여 사용한다.
   ㉡ 에너지 사용설비는 에너지절약 및 에너지이용 효율의 향상을 위하여 컴퓨터에 의한 자동제어시스템 또는 네트워킹이 가능한 현장제어장치 등을 사용한 에너지제어시스템을 채택하거나, 분산제어 시스템으로서 각 설비별 에너지제어 시스템에 개방형 통신기술을 채택하여 설비별 제어 시스템 간 에너지관리 데이터의 호환과 집중제어가 가능하도록 한다.

기계설비부문의 주요 용어 정의

1) "위험률"이라 함은 냉(난)방기간 동안 또는 연간 총시간에 대한 온도출현분포 중에서 가장 높은(낮은) 온도 쪽으로부터 총시간의 일정 비율에 해당하는 온도를 제외시키는 비율을 말한다.
2) "효율"이라 함은 설비기기에 공급된 에너지에 대하여 출력된 유효에너지의 비를 말한다.
3) "열원설비"라 함은 에너지를 이용하여 열을 발생시키는 설비를 말한다.
4) "대수분할운전"이라 함은 기기를 여러 대 설치하여 부하상태에 따라 최적 운전상태를 유지할 수 있도록 기기를 조합하여 운전하는 방식을 말한다.
5) "비례제어운전"이라 함은 기기의 출력값과 목표값의 편차에 비례하여 입력량을 조절하여 최적운전상태를 유지할 수 있도록 운전하는 방식을 말한다.
6) "심야전기를 이용한 축열·축냉시스템"이라 함은 심야시간에 전기를 이용하여 열을 저장하였다가 이를 난방, 온수, 냉방 등의 용도로 이용하는 설비로서 한국전력공사에서 심야전력기기로 인정한 것을 말한다.
7) "폐열회수형 환기장치"라 함은 난방 또는 냉방을 하는 장소의 환기장치로 실내의 공기를 배출할 때 급기되는 공기와 열교환하는 구조를 가진 것으로서 고효율인증제품 또는 동등 이상의 성능을 가진 것을 말한다.
8) "이코노마이저 시스템"이라 함은 중간기 또는 동계에 발생하는 냉방부하를 실내 엔탈피보다 낮은 도입 외기에 의하여 제거 또는 감소시키는 시스템을 말한다.
9) "중앙집중식 냉·난방설비"라 함은 건축물의 전부 또는 냉난방 면적의 60% 이상을 냉방 또는 난방함에 있어 해당 공간에 순환펌프, 증기난방설비 등을 이용하여 열원 등을 공급하는 설비를 말한다. 단, 산업통상자원부 고시 「효율관리기자재 운용규정」에서 정한 가정용 가스보일러는 개별 난방설비로 간주한다.

2.2 냉방설비

1. 축냉식 전기냉방설비

(1) 개요

심야시간에 전기를 이용하여 축냉재(물, 얼음 또는 포접화합물과 공융염 등의 상변화물질)에 냉열을 저장하였다가 이를 심야시간 이외의 시간에 냉방에 이용하는 설비

① 분류
　㉠ 빙축열식 냉방설비 : 심야시간에 얼음을 제조하여 축열조에 저장하였다가, 그 밖의 시간에 이를 녹여 냉방에 이용하는 냉방설비를 말한다.
　㉡ 수축열식 냉방설비 : 심야시간에 물을 냉각시켜 축열조에 저장하였다가, 그 밖의 시간에 이를 냉방에 이용하는 냉방설비를 말한다.
　㉢ 잠열축열식 냉방설비 : 포접화합물이나 공융염 등의 상변화물질을 심야시간에 냉각시켜 동결한 후, 그 밖의 시간에 이를 녹여 냉방에 이용하는 냉방설비를 말한다.

② 축냉 방식 및 축역률
　㉠ 전체축냉 : 기타 시간에 필요한 냉방열량 전부를 심야시간에 생산하여 축열조에 저장했다가 이를 이용하는 방식
　㉡ 부분축냉 : 기타 시간에 필요한 냉방열량 일부를 심야시간에 생산하여 축열조에 저장했다가 이를 이용하는 방식
　㉢ 축열률(%) = $\dfrac{\text{이용 가능 냉열량(kcal)}}{\text{기타 시간에 필요한 냉방열량(kcal)}}$

(2) 축냉식 전기냉방설비의 설치 기준

① 냉동기
　㉠ 냉동기는 고압가스 안전관리법 시행규칙에 따른 냉동제조의 시설기준 및 기술기준에 적합하여야 한다.
　㉡ 냉동기의 용량은 냉방설비의 설치 기준에 근거하여 결정한다.
　㉢ 부분축냉방식의 경우에는 냉동기가 축냉운전과 방냉운전 또는 냉동기와 축열조의 동시운전이 반복적으로 수행하는 데 아무런 지장이 없어야 한다.

② 축열조
　㉠ 축열조는 축냉 및 방냉운전을 반복적으로 수행하는 데 적합한 재질의 축냉재를 사용해야 하며, 내부청소가 용이하고 부식되지 않는 재질을 사용하거나 방청 및 방식처리를 하여야 한다.
　㉡ 축열조의 용량은 방설비의 설치 기준에 근거하여 결정한다.
　㉢ 축열조는 내부 또는 외부의 응력에 충분히 견딜 수 있는 구조이어야 한다.
　㉣ 축열조를 여러 개로 조립하여 설치하는 경우에는 관리 또는 운전이 용이하도록

설계하여야 한다.
ⓜ 축열조는 보온을 철저히 하여 열손실과 결로를 방지해야 하며, 맨홀 등 점검을 위한 부분은 해체와 조립이 용이하도록 하여야 한다.

③ 열교환기
㉠ 열교환기는 시간당 최대냉방열량을 처리할 수 있는 용량 이상으로 설치하여야 한다.
㉡ 열교환기는 보온을 철저히 하여 열손실과 결로를 방지하여야 하며, 점검을 위한 부분은 해체와 조립이 용이하도록 하여야 한다.

④ 자동제어설비
축냉운전, 방냉운전 또는 냉동기와 축열조를 동시에 이용하여 냉방운전이 가능한 기능을 갖추어야 하고, 필요할 경우 수동조작이 가능하도록 하여야 하며 감시기능 등을 갖추어야 한다.

2. 냉방설비 설치 대상 및 설치 기준

(1) 중앙집중 냉방설비 설치 기준

법령에 따라 다음 건축물에 중앙집중 냉방설비를 설치할 때에는 해당 건축물에 소요되는 주간 최대 냉방부하의 60% 이상을 심야전기를 이용한 축냉식, 가스를 이용한 냉방방식, 집단에너지사업허가를 받은 자로부터 공급되는 집단에너지를 이용한 지역냉방방식, 소형 열병합발전을 이용한 냉방방식, 신재생에너지를 이용한 냉방방식, 그 밖에 전기를 사용하지 아니한 냉방방식의 냉방설비로 수용하여야 한다. 다만, 도시철도법에 의해 설치하는 지하철 역사 등 산업통상자원부장관이 필요하다고 인정하는 건축물은 그러하지 아니한다.

해당 용도 바닥면적 합계	대상
1000m² 이상	목욕장, 제13호의 운동시설 중 수영장(실내에 설치되는 것에 한정)
2000m² 이상	공동주택 중 기숙사, 의료시설, 수련시설 중 유스호스텔, 숙박시설
3000m² 이상	판매시설, 교육연구시설 중 연구소, 업무시설
10000m² 이상	문화 및 집회시설(동·식물원 제외), 종교시설, 교육연구시설(연구소 제외), 제28호의 장례식장

(2) 축냉방식 기준

① (1)의 규정에 따라 축냉식 전기냉방으로 설치할 때에는 전체 축냉방식 또는 축열률 40% 이상인 부분축냉방식으로 설치하여야 한다.

② 난방 및 냉방설비의 용량계산을 위한 설계 기준 실내온도 : 난방의 경우 20℃, 냉방의 경우 28℃를 기준으로 하되(목욕장 및 수영장은 제외) 각 건축물 용도 및 개별 실의 특성에 따라 별표8에서 제시된 범위를 참고하여 설비의 용량이 과다해지지 않도록 한다.

3. 화재예방 및 소방시설 설치유지 및 안전관리

3.1 개요

1. 목적 및 용어 정의

(1) 화재예방, 소방시설 설치·유지 및 안전관리에 관한 법률의 목적

이 법은 화재와 재난·재해, 그 밖의 위급한 상황으로부터 국민의 생명·신체 및 재산을 보호하기 위하여 화재의 예방 및 안전관리에 관한 국가와 지방자치단체의 책무와 소방시설 등의 설치·유지 및 소방대상물의 안전관리에 관하여 필요한 사항을 정함으로써 공공의 안전과 복리 증진에 이바지함을 목적으로 한다.

(2) 주요 용어

① 소방대상물 : 건축물·차량·선박·선거·산림 그 밖의 공작물 또는 물건
② 소방시설 : 소화설비·경보설비·피난구조설비·소화용수설비 등
③ 특수장소 : 공연장·집회장·식품접객업소·숙박업소·의료기관·학교·공장 등
④ 관계지역 : 소방대상물이 있는 장소 및 그 이웃 지역으로서 화재의 예방, 경계·진압, 구조·구급 등의 활동에 필요한 지역
⑤ 관계인 : 소방대상물의 소유자·관리자 또는 점유자

　⑥ 소방본부장 : 특별시·광역시 또는 시·도에서 화재의 예방·경계·진입·조사 및 구조·구급 등의 업무를 담당하는 부서의 장

　⑦ 소방대장 : 소방본부장 또는 소방서장 등 화재·재난·재해 등의 위급한 상황이 발생한 현장에서 소방대를 지휘하는 자

　⑧ 무창층

　　㉠ 지상층 중 다음 조건을 모두 갖춘 개구부의 면적의 합계가 해당 층의 바닥면적 1/30 이하가 되는 층을 말한다.

　　　ⓐ 크기는 지름 50cm 이상의 원이 내접할 수 있는 크기일 것

　　　ⓑ 해당 층의 바닥면으로부터 개구부 밑부분까지의 높이가 1.2m 이내일 것

　　　ⓒ 도로 또는 차량이 진입할 수 있는 빈터를 향할 것

　　　ⓓ 화재 시 건축물로부터 쉽게 피난할 수 있도록 창살이나 그 밖의 장애물이 설치되지 아니할 것

　　　ⓔ 내부 또는 외부에서 쉽게 부수거나 열 수 있을 것

　　㉡ 소방설비 설치 등의 조건에서 지상층임에도 불구하고 지하층과 동일 또는 유사한 조건으로 본다.

2. 건축허가 동의 및 안전관리

(1) 건축허가 등의 동의

건축허가 등을 함에 있어서 미리 소방본부장 또는 소방서장의 동의를 받아야 하는 건축물 등의 범위기준 및 동의 기간 등은 다음과 같다.

① 6층 이상 또는 연면적 400m² 이상인 건축물(단, 아래의 시설은 해당 기준 이상)

　㉠ 학교시설사업 촉진법에 따라 건축하는 학교시설 : 100m²

　㉡ 노유자시설 및 수련시설 : 200m²

　㉢ 정신보건법에 따른 정신의료기관 : 300m²(입원실이 없는 정신건강의학과 의원은 제외)

　㉣ 장애인 의료재활시설 : 300m²

② 차고·주차장 또는 주차용도로 사용되는 시설로 다음 중에 해당되는 것

　㉠ 차고·주차장으로 사용되는 층 중 바닥면적 200m² 이상 층이 있는 시설

　　　ⓒ 승강기 등 기계장치에 의한 주차시설로 자동차 20대 이상 주차 가능 시설
③ 항공기격납고, 관망탑, 항공관제탑, 방송용 송·수신탑
④ 지하층 또는 무창층이 있는 건축물로 바닥면적 150m² 이상(공연장의 경우 100m²)인 층이 있는 것
⑤ 조산원, 산후조리원, 위험물 저장 및 처리 시설, 풍력발전소·전기저장시설, 지하구
⑥ 노유자시설 중 다음 하나에 해당하는 것
　　㉠ 노인 관련 시설 중 다음에 해당하는 것
　　　　ⓐ 노인주거복지시설·노인의료복지시설 및 재가노인복지시설
　　　　ⓑ 학대피해노인 전용쉼터
　　㉡ 아동복지시설(아동상담소, 아동전용시설 및 지역아동센터 제외)
　　㉢ 장애인 거주시설
　　㉣ 정신질환자 관련 시설(24시간 주거를 제공하지 않는 것 제외)
　　㉤ 노숙인 자활시설, 노숙인 재활시설 및 노숙인 요양시설
　　㉥ 결핵환자나 한센인이 24시간 생활하는 노유자시설
　　㉦ 요양병원(정신병원, 의료재활시설은 제외)
⑦ 건축물의 신축·증축·개축 등에 대한 행정기관의 동의 요구를 받은 소방본부장 또는 소방서장은 건축허가 등의 동의요구서류를 접수한 날부터 5일 이내에 동의 여부를 회신해야 한다.
⑧ 건축허가청이 건축허가의 동의를 받은 건축물에 대하여 건축허가 대상물의 허가를 취소한 때에는 취소한 날부터 7일 이내에 그 사실을 소방서장에게 통지하여야 한다.

(2) 소방안전관리

특정소방대상물(소방안전관리대상물은 제외)의 관계인은 소방안전관리 업무를 수행하기 위하여 해당 법령에 따라 소방안전관리자 및 소방안전관리보조자를 선임하여야 한다.

① 특급 소방안전관리대상물
　　㉠ 30층 이상이거나 지상으로부터 높이 120m 이상인 특정소방대상물(지하층 포함)
　　㉡ ㉠에 해당하지 아니하는 특정소방대상물로서 연면적이 10만m² 이상인 특정소방대상물(아파트 제외)
　　㉢ 50층 이상이거나 지상으로부터 높이 200m 이상인 아파트(지하층 제외)

  ② 소방안전관리자의 자격 : 소방기술사 또는 소방시설관리사, 소방설비기사 취득 후 5년(산업기사 7년) 이상 1급 소방안전관리대상물 관리자로 근무한 자, 소방공무원으로 20년 이상 근무경력자 등

② 1급 소방안전관리대상물
  ㉠ 연면적 15000㎡ 이상인 특정소방대상물(아파트, 연립주택 제외)
  ㉡ ㉠에 해당하지 아니하는 특정소방대상물로서 층수가 11층 이상인 것(아파트 제외)
  ㉢ 30층 이상(지하층 제외)이거나 지상으로부터 높이 120m 이상인 아파트
  ㉣ 가연성 가스를 1천톤 이상 저장·취급하는 시설
  ㉤ 소방안전관리자의 자격 : 소방설비기사 또는 소방설비산업기사 보유자, 산업안전기사 또는 산업안전산업기사 취득 후 2년 이상 2급 소방안전관리대상물 관리자로 근무한 자, 소방공무원 7년 이상 근무경력자 등

핵심 포인트
동·식물원, 철강 등 불연성 물품 저장·취급 창고, 위험물 저장 및 처리 시설 중 위험물 제조소 등, 지하구는 특급 소방안전관리대상물 및 1급 소방안전관리대상물에서 제외한다.

③ 2급 소방안전관리대상물
  ㉠ 옥내소화전, 스프링클러설비, 간이스프링클러설비 또는 물분무 등 소화설비(호스릴 방식만 설치 가능한 경우 제외)를 설치하는 특정소방대상물
  ㉡ 가스 제조설비를 갖추고 도시가스사업의 허가를 받아야 하는 시설 또는 가연성 가스를 100t 이상 1000t 미만 저장·취급하는 시설
  ㉢ 지하구, 보물 또는 국보로 지정된 목조건축물
  ㉣ 공동주택으로서 다음에 해당하는 것
    ⓐ 300세대 이상 공동주택
    ⓑ 150세대 이상으로서 승강기가 설치된 공동주택
    ⓒ 150세대 이상으로서 중앙집중식 난방방식(지역난방방식 포함) 공동주택
    ⓓ 주택 외의 시설과 150세대 이상 주택을 동일 건축물로 건축한 것
    ⓔ 위 항목 외에 입주자 등이 대통령령으로 정하는 기준에 따라 동의하여 정하는

　　　　공동주택

　　④ 3급 소방안전관리대상물

　　　　㉠ 간이스프링클러 설비(주택전용 간이스프링클러 설비 제외) 및 자동화재탐지설비 설치 대상 중 특, 1, 2급 소방안전관리대상물에 속하지 않는 것

　　　　㉡ 소방안전관리자의 자격 : 소방공무원으로서 1년 이상 근무경력자, 소방청장이 실시하는 3급 소방안전관리대상물의 소방안전관리에 관한 시험에 합격한 사람

　　⑤ 공동 소방안전관리자 선임대상 특정소방대상물

　　　　㉠ 고층 건축물(지하층을 제외한 층수가 11층 이상인 건축물만 해당)

　　　　㉡ 지하가

　　　　㉢ 복합건축물로서 연면적 5000㎡ 이상인 것 또는 층수가 5층 이상인 것

　　　　㉣ 판매시설 중 도매시장 및 소매시장

　　　　㉤ 특급 소방안전관리대상물

3. 특수장소의 방염

(1) 소방대상물의 방염

① 방염성능기준 이상의 실내장식물 등을 설치하여야 하는 특정소방대상물

　　㉠ 근린생활시설 중 의원, 조산원, 산후조리원, 체력단련장, 공연장 및 종교집회장

　　㉡ 건축물의 옥내에 있는 시설로서 문화 및 집회시설, 종교시설, 운동시설(수영장 제외)

　　㉢ 의료시설, 노유자시설 및 숙박이 가능한 수련시설, 숙박시설

　　㉣ 방송통신시설 중 방송국 및 촬영소, 다중이용업소, 교육연구시설 중 합숙소

　　㉤ ㉠~㉣에 해당하지 않는 것으로서 11층 이상인 것(아파트는 제외)

② 방염성능기준 이상의 실내장식물

　　㉠ 창문에 설치하는 커튼류(블라인드 포함)

　　㉡ 카펫, 두께가 2mm 미만인 벽지류(종이벽지 제외)

　　㉢ 전시용 합판 또는 섬유판, 무대용 합판 또는 섬유판

　　㉣ 암막·무대막(영화상영관과 가상체험 체육시설에 설치하는 스크린 포함)

　　㉤ 섬유류 또는 합성수지류 등을 원료로 하여 제작된 소파·의자(단란주점영업, 유

　　　흥주점영업 및 노래연습장업만 해당)

　③ 방염성능대상물품의 성능기준

　　ⓐ 버너의 불꽃을 제거한 때부터 불꽃을 올리며 연소하는 상태가 그칠 때까지 시간은 20초 이내일 것

　　ⓑ 버너의 불꽃을 제거한 때부터 불꽃을 올리지 아니하고 연소하는 상태가 그칠 때까지 시간은 30초 이내일 것

　　ⓒ 탄화한 면적은 50cm² 이내, 탄화한 길이는 20cm 이내일 것

　　ⓓ 불꽃에 의하여 완전히 녹을 때까지 불꽃의 접촉 횟수는 3회 이상일 것

　　ⓔ 소방청장이 정하여 고시한 방법으로 발연량을 측정하는 경우 최대연기밀도는 400 이하일 것

(2) 소방특별조사 및 다중이용업의 소방안전관리

① 소방특별조사

　ⓐ 소방청장, 소방본부장 또는 소방서장은 관할구역에 있는 소방대상물, 관계 지역 또는 관계인에 대하여 소방시설 등이 법에 적합하게 설치·유지·관리되고 있는지, 소방대상물에 화재, 재난·재해 등의 발생 위험이 있는지 등을 확인하기 위하여 관계 공무원으로 하여금 소방특별조사를 하게 할 수 있다. 단, 개인의 주거에 대하여는 관계인의 승낙이 있거나 화재발생의 우려가 뚜렷하여 긴급한 필요가 있는 때에 한정한다.

　ⓑ 소방특별조사는 다음에 해당하는 경우 실시한다.

　　ⓐ 관계인이 법규에 따라 실시하는 소방시설 등, 방화시설, 피난시설 등에 대한 자체점검 등이 불성실하거나 불완전하다고 인정되는 경우

　　ⓑ 화재경계지구에 대한 소방특별조사 등 다른 법률에서 소방특별조사를 실시하도록 한 경우

　　ⓒ 국가적 행사 등 주요 행사가 개최되는 장소 및 그 주변의 관계 지역에 대하여 소방안전관리 실태를 점검할 필요가 있는 경우

　　ⓓ 화재가 자주 발생하였거나 발생할 우려가 뚜렷한 곳에 대한 점검이 필요한 경우

　　ⓔ 재난예측정보, 기상예보 등을 분석한 결과 소방대상물에 화재, 재난·재해의 발생 위험이 판단되는 경우

ⓕ ⓐ~ⓔ에서 규정한 경우 외에 화재, 재난·재해, 그 밖의 긴급한 상황이 발생할 경우 인명 또는 재산 피해의 우려가 현저하다고 판단되는 경우
ⓒ 소방특별조사를 하려면 7일 전에 관계인에게 조사대상, 조사기간 및 조사사유 등을 서면으로 알려야 한다. 다만, 다음의 경우는 예외로 한다.
　ⓐ 화재, 재난·재해가 발생할 우려가 뚜렷하여 긴급하게 조사할 필요가 있는 경우
　ⓑ 소방특별조사의 실시를 사전에 통지하면 조사목적을 달성할 수 없다고 인정되는 경우
ⓔ 소방특별조사는 관계인의 승낙 없이 해가 뜨기 전이나 해가 진 뒤에 할 수 없다. 단, ⓒ의 ⓐ, ⓑ의 경우는 제외한다.
ⓜ 소방특별조사의 항목
　ⓐ 특정소방대상물의 소방안전관리 업무 수행에 관한 사항
　ⓑ 특정소방대상물의 소방계획서의 이행에 관한 사항
　ⓒ 특정소방대상물의 자체점검 및 정기적 점검 등에 관한 사항
　ⓓ 특정소방대상물의 화재의 예방조치 등에 관한 사항
　ⓔ 특정소방대상물의 불을 사용하는 설비 등의 관리와 특수가연물의 저장·취급에 관한 사항
　ⓕ 다중이용업소의 안전관리에 관한 특별법 규정에 따른 안전관리에 관한 사항
　ⓖ 위험물 안전관리법에 따른 안전관리에 관한 사항
② 다중이용업의 완비증명
　㉠ 다중이용업소는 다음 시설을 기준에 맞게 설치·유지하여야 한다.

설치 대상		설치 기준
소방 시설	소화설비	소화기 또는 자동확산소화기, 간이스프링클러설비
	피난구조 설비	피난기구(미끄럼대·피난사다리·구조대·완강기), 비상조명등(휴대용 포함), 유도등·피난유도선
	경보설비	비상벨설비 또는 자동화재탐지설비
기타 시설		비상구, 영업장 내부 피난통로, 영상음향차단장치, 주전차단기, 창문

다중이용업소

불특정 다수인이 이용하는 영업 중 화재 등 재난 발생 시 생명·신체·재산상의 피해가 발생할 우려가 높은 영업

㉠ 휴게음식점영업·제과점영업 또는 일반음식점영업으로 영업장 바닥면적 100㎡(지하층 66㎡) 이상. 단, 영업장 주출입구가 지상과 직접 연결 시 제외한다.
㉡ 단란주점영업과 유흥주점영업
㉢ 영화상영관·비디오물감상실업·비디오물소극장업 및 복합영상물제공업
㉣ 다음에 해당되는 학원
  ⓐ 수용인원 300명 이상
  ⓑ 수용인원 100명 이상 300명 미만으로서 하나의 건축물에 학원과 기숙사가 함께 있는 학원 또는 하나의 건축물에 학원이 둘 이상 있는 경우로서 수용인원이 300명 이상 또는 하나의 건축물에 다중이용업과 학원이 함께 있는 경우
㉤ 다음에 해당되는 목욕장업
  ⓐ 하나의 영업장에서 맥반석·황토·옥 등을 직접 또는 간접 가열하여 발생하는 열기나 원적외선 등을 이용하여 땀을 배출하게 할 수 있는 시설 및 설비를 갖춘 것으로서 수용인원(물로 목욕을 할 수 있는 시설부분의 수용인원은 제외)이 100명 이상인 것
  ⓑ 맥반석·황토·옥 등을 직접 또는 간접 가열하여 발생되는 열기 또는 원적외선 등을 이용하여 땀을 낼 수 있는 시설 및 설비 등의 서비스
㉥ 복합유통게임제공업, 게임제공업·인터넷컴퓨터게임시설제공업(영업장 주출입구가 지면과 연결된 구조 제외)
㉦ 노래연습장업, 산후조리업, 고시원, 권총사격장, 스크린골프연습장, 안마시술소

㉡ 다중이용업소의 안전시설 등을 설치하기 전에 미리 소방본부장이나 소방서장에게 행정안전부령으로 정하는 안전시설 등의 설계도서를 첨부하여 행정안전부령으로 정하는 바에 따라 신고하여야 한다.
  ⓐ 안전시설 등을 설치하려는 경우
  ⓑ 영업장 내부구조를 변경하려는 경우로서 다음에 해당하는 경우
   • 영업장 면적의 증가
   • 영업장의 구획된 실의 증가
   • 내부통로 구조의 변경
  ⓒ 안전시설 등의 공사를 마친 경우

다중이용업소의 수용인원 산정방법

㉠ 숙박시설이 있는 특정소방대상물
  ⓐ 침대가 있는 시설 : 해당 특정소방물의 종사자 수+침대 수(2인용 침대는 2개로 산정한다.)
  ⓑ 침대가 없는 시설 : 해당 특정소방대상물의 종사자 수+숙박시설 바닥면적 합계를 3m^2로 나누어 얻은 수
㉡ ㉠ 외의 특정소방대상물
  ⓐ 강의실·교무실·상담실·실습실·휴게실 용도로 쓰이는 특정소방대상물 : 해당 용도로 사용하는 바닥면적의 합계를 1.9m^2로 나누어 얻은 수
  ⓑ 강당, 문화 및 집회시설, 운동시설, 종교시설 : 해당 용도로 사용하는 바닥면적 합계를 4.6m^2로 나누어 얻은 수(관람석이 있는 경우 고정식 의자를 설치한 부분은 그 부분의 의자 수로 하고, 긴 의자의 경우에는 의자의 정면너비를 0.45m로 나누어 얻은 수로 한다.)
  ⓒ 그 밖의 특정소방대상물 : 해당 용도로 사용하는 바닥면적의 합계를 3m^2로 나누어 얻은 수
※ 바닥면적을 산정 시 복도, 계단 및 화장실의 바닥면적을 포함하지 않는다.
※ 계산 결과 소수점 이하의 수는 반올림한다.

3.2 소방시설의 설치 및 유지

1. 소방시설의 설치 기준

(1) 소화설비

가. 소화기구 설치 대상
  ① 연면적 33m^2 이상인 것. 다만, 노유자시설의 경우에는 투척용 소화용구 등을 화재안전기준에 따라 산정된 소화기 수량의 1/2 이상으로 설치할 수 있다.
  ② ①에 해당하지 않는 시설로서 가스시설, 발전시설 중 전기저장시설 및 문화재
  ③ 터널, 지하구

나. 자동소화장치 설치 대상(후드 및 덕트가 설치된 주방이 있는 것)
  ① 주거용 주방자동소화장치 설치 대상 : 아파트 등 및 오피스텔의 모든 층

② 상업용 주방자동소화장치 설치 대상 : 판매시설 중 '대규모 점포'에 입점해 있는 일반음식점, 집단급식소

③ (캐비닛형, 가스, 분말, 고체 에어로졸) 자동소화장치 설치 대상 : 화재안전기준에서 정하는 장소

다. 옥내소화전설비 설치 대상. 다만 위험물 저장 및 처리 시설 중 가스시설, 지하구 및 업무시설 중 무인변전소(방재실 등에서 스프링클러설비 또는 물분무 등 소화설비를 원격으로 조정할 수 있는 무인변전소 한정)는 제외한다.

① 다음의 어느 하나에 해당하는 경우에는 모든 층

㉠ 연면적 3천m^2 이상인 것(지하가 중 터널 제외)

㉡ 지하층·무창층으로서 바닥면적이 300m^2 이상인 층이 있는 것

㉢ 층수가 4층 이상인 것 중 바닥면적이 600m^2 이상인 층이 있는 것

② ①에 해당하지 않는 근린생활시설, 판매시설, 운수시설, 의료시설, 노유자 시설, 업무시설, 숙박시설, 위락시설, 공장, 창고시설, 항공기 및 자동차 관련 시설, 교정 및 군사시설 중 국방·군사시설, 방송통신시설, 발전시설, 장례시설 또는 복합건축물로서 다음의 어느 하나에 해당하는 경우에는 모든 층

㉠ 연면적 1천5백m^2 이상인 것

㉡ 지하층·무창층으로서 바닥면적이 300m^2 이상인 층이 있는 것

㉢ 층수가 4층 이상인 것 중 바닥면적이 300m^2 이상인 층이 있는 것

③ 건축물의 옥상에 설치된 차고·주차장으로서 사용되는 면적이 200m^2 이상인 경우 해당 부분

④ 지하가 중 터널로서 다음에 해당하는 터널

㉠ 길이가 1천m 이상인 터널

㉡ 예상교통량, 경사도 등 터널의 특성을 고려하여 행정안전부령으로 정하는 터널

⑤ ① 및 ②에 해당하지 않는 공장 또는 창고시설로서 「화재의 예방 및 안전관리에 관한 법률 시행령」 별표 2에서 정하는 수량의 750배 이상의 특수가연물을 저장·취급하는 것

라. 스프링클러설비 설치 대상(위험물 저장 및 처리 시설 중 가스시설 및 지하구 제외)

① 층수가 6층 이상인 특정소방대상물의 경우 모든 층. 다만, 다음의 어느 하나에 해

당하는 경우는 제외한다.
  ㉠ 주택 관련 법령에 따라 기존의 아파트 등을 리모델링하는 경우로서 건축물의 연면적 및 층의 높이가 변경되지 않는 경우. 이 경우 해당 아파트 등의 사용검사 당시의 소방시설의 설치에 관한 대통령령 또는 화재안전기준을 적용한다.
  ㉡ 스프링클러설비가 없는 기존의 특정소방대상물을 용도 변경하는 경우. 다만, ②부터 ⑥까지 및 ⑨부터 ⑫까지의 규정에 해당하는 특정소방대상물로 용도 변경하는 경우 해당 규정에 따라 스프링클러설비를 설치한다.
② 기숙사(교육연구시설·수련시설 내에 있는 학생 수용을 위한 것) 또는 복합건축물로서 연면적 5천m² 이상인 경우에는 모든 층
③ 문화 및 집회시설(동·식물원 제외), 종교시설(주요구조부가 목조인 것 제외), 운동시설(물놀이형 시설 및 바닥이 불연재료이고 관람석이 없는 운동시설 제외)로서 다음의 어느 하나에 해당하는 경우에는 모든 층
  ㉠ 수용인원이 100명 이상인 것
  ㉡ 영화상영관의 용도로 쓰는 층의 바닥면적이 지하층 또는 무창층인 경우에는 500m² 이상, 그 밖의 층의 경우에는 1천m² 이상인 것
  ㉢ 무대부가 지하층·무창층 또는 4층 이상의 층에 있는 경우에는 무대부의 면적이 300m² 이상인 것
  ㉣ 무대부가 ㉢ 외의 층에 있는 경우에는 무대부의 면적이 500m² 이상인 것
④ 판매시설, 운수시설 및 창고시설(물류터미널 한정)로서 바닥면적의 합계가 5천m² 이상이거나 수용인원이 500명 이상인 경우에는 모든 층
⑤ 다음의 어느 하나에 해당하는 용도로 사용되는 시설의 바닥면적의 합계가 600m² 이상인 것은 모든 층
  ㉠ 근린생활시설 중 조산원 및 산후조리원
  ㉡ 의료시설 중 정신의료기관, 종합병원, 병원, 치과병원, 한방병원 및 요양병원
  ㉢ 노유자시설, 숙박이 가능한 수련시설, 숙박시설
⑥ 창고시설(물류터미널은 제외)로서 바닥면적 합계가 5천m² 이상인 경우 모든 층
⑦ 특정소방대상물의 지하층·무창층(축사 제외) 또는 층수가 4층 이상인 층으로서 바닥면적이 1천m² 이상인 층이 있는 경우에는 해당 층

⑧ 랙식 창고(rack warehouse) : 랙(물건을 수납할 수 있는 선반이나 유사한 것)을 갖춘 것으로서 천장 또는 반자(반자가 없는 경우 지붕의 옥내에 면하는 부분)의 높이가 10m를 초과하고, 랙이 설치된 층의 바닥면적의 합계가 1천5백m² 이상인 경우에는 모든 층

⑨ 공장 또는 창고시설로서 다음의 어느 하나에 해당하는 시설
  ㉠ '화재의 예방 및 안전관리에 관한 법률 시행령' 별표 2에서 정하는 수량의 1천배 이상의 특수가연물을 저장·취급하는 시설
  ㉡ '원자력안전법 시행령'에 따른 중·저준위 방사성 폐기물 저장시설 중 소화수를 수집·처리하는 설비가 있는 저장시설

⑩ 지붕 또는 외벽이 불연재료가 아니거나 내화구조가 아닌 공장 또는 창고시설로서 다음에 해당하는 것
  ㉠ 창고시설(물류터미널 한정) 중 ④에 해당하지 않는 것으로서 바닥면적의 합계가 2천5백m² 이상이거나 수용인원이 250명 이상인 경우에는 모든 층
  ㉡ 창고시설(물류터미널 제외) 중 ⑥에 해당하지 않는 것으로서 바닥면적의 합계가 2천5백m² 이상인 경우에는 모든 층
  ㉢ 공장 또는 창고시설 중 ⑦에 해당하지 않는 것으로서 지하층·무창층 또는 층수가 4층 이상인 것 중 바닥면적이 500m² 이상인 경우에는 모든 층
  ㉣ 랙식 창고 중 ⑧에 해당하지 않는 것으로서 바닥면적의 합계가 750m² 이상인 경우 모든 층
  ㉤ 공장 또는 창고시설 중 ⑨-㉠에 해당하지 않는 것으로서 「화재의 예방 및 안전관리에 관한 법률 시행령」 별표 2에서 정하는 수량의 500배 이상의 특수가연물을 저장·취급하는 시설

⑪ 교정 및 군사시설 중 다음의 어느 하나에 해당하는 경우에는 해당 장소
  ㉠ 보호감호소, 교도소, 구치소 및 그 지소, 보호관찰소, 갱생보호시설, 치료감호시설, 소년원 및 소년분류심사원의 수용거실
  ㉡ 「출입국관리법」에 따른 보호시설(외국인보호소의 경우 보호대상자의 생활공간으로 한정)로 사용하는 부분. 다만, 보호시설이 임차건물에 있는 경우는 제외한다.

　　　ⓒ 「경찰관 직무집행법」에 따른 유치장
　⑫ 지하가(터널 제외)로서 연면적 1천㎡ 이상인 것
　⑬ 발전시설 중 전기저장시설
　⑭ ①부터 ⑬까지의 특정소방대상물에 부속된 보일러실 또는 연결통로 등

마. 간이스프링클러설비 설치 대상
　① 공동주택 중 연립주택 및 다세대주택(연립주택 및 다세대주택에 설치하는 간이스프링클러설비는 화재안전기준에 따른 주택전용 간이스프링클러설비를 설치한다.)
　② 근린생활시설 중 다음에 해당하는 것
　　ⓐ 근린생활시설로 사용하는 부분의 바닥면적 합계가 1천㎡ 이상인 것은 모든 층
　　ⓑ 의원, 치과의원 및 한의원으로서 입원실이 있는 시설
　　ⓒ 조산원 및 산후조리원으로서 연면적 600㎡ 미만인 시설
　③ 의료시설 중 다음의 어느 하나에 해당하는 시설
　　ⓐ 종합병원, 병원, 치과병원, 한방병원 및 요양병원(의료재활시설은 제외한다)으로 사용되는 바닥면적의 합계가 600㎡ 미만인 시설
　　ⓑ 정신의료기관 또는 의료재활시설로 사용되는 바닥면적의 합계가 300㎡ 이상 600㎡ 미만인 시설
　　ⓒ 정신의료기관 또는 의료재활시설로 사용되는 바닥면적의 합계가 300㎡ 미만이고, 창살(철재·플라스틱 또는 목재 등으로 사람의 탈출 등을 막기 위하여 설치한 것을 말하며, 화재 시 자동으로 열리는 구조로 되어 있는 창살은 제외한다)이 설치된 시설
　④ 교육연구시설 내에 합숙소로서 연면적 100㎡ 이상인 경우에는 모든 층
　⑤ 노유자시설로서 다음의 어느 하나에 해당하는 시설
　　ⓐ 제7조제1항제7호 각 목에 따른 시설(단독주택 또는 공동주택에 설치되는 시설 제외)
　　ⓑ ⓐ에 해당하지 않는 노유자시설로 해당 시설로 사용하는 바닥면적의 합계가 300㎡ 이상 600㎡ 미만인 시설

ⓒ ㉠에 해당하지 않는 노유자시설로 해당 시설로 사용하는 바닥면적의 합계가 300m² 미만이고, 창살(철재·플라스틱 또는 목재 등으로 사람의 탈출 등을 막기 위하여 설치한 것을 말하며, 화재 시 자동으로 열리는 구조로 되어 있는 창살은 제외)이 설치된 시설

⑥ 숙박시설로 사용되는 바닥면적의 합계가 300m² 이상 600m² 미만인 시설

⑦ 건물을 임차하여 「출입국관리법」 제52조제2항에 따른 보호시설로 사용하는 부분

⑧ 복합건축물로서 연면적 1천m² 이상인 것은 모든 층

바. 물분무 등 소화설비 설치 대상(위험물 저장 및 처리 시설 중 가스시설 및 지하구 제외)

① 항공기 및 자동차 관련 시설 중 항공기 격납고

② 차고, 주차용 건축물 또는 철골 조립식 주차시설. 이 경우 연면적 800m² 이상인 것만 해당한다.

③ 건축물의 내부에 설치된 차고·주차장으로서 차고 또는 주차의 용도로 사용되는 면적이 200m² 이상인 경우 해당 부분(50세대 미만 연립주택 및 다세대주택은 제외)

④ 기계장치에 의한 주차시설을 이용하여 20대 이상의 차량을 주차할 수 있는 시설

⑤ 특정소방대상물에 설치된 전기실·발전실·변전실(가연성 절연유를 사용하지 않는 변압기·전류차단기 등의 전기기기와 가연성 피복을 사용하지 않은 전선 및 케이블만을 설치한 전기실·발전실 및 변전실은 제외한다)·축전지실·통신기기실 또는 전산실, 그 밖에 이와 비슷한 것으로서 바닥면적이 300m² 이상인 것(하나의 방화구획 내에 둘 이상의 실(室)이 설치되어 있는 경우에는 이를 하나의 실로 보아 바닥면적을 산정한다). 다만, 내화구조로 된 공정제어실 내에 설치된 주조정실로서 양압시설(외부 오염 공기 침투를 차단하고 내부의 나쁜 공기가 자연스럽게 외부로 흐를 수 있도록 한 시설을 말한다)이 설치되고 전기기기에 220볼트 이하인 저전압이 사용되며 종업원이 24시간 상주하는 곳은 제외한다.

⑥ 소화수를 수집·처리하는 설비가 설치되어 있지 않은 중·저준위 방사성 폐기물의 저장시설. 이 시설에는 이산화탄소 소화설비, 할론 소화설비 또는 할로겐 화합물 및 불활성 기체 소화설비를 설치하여야 한다.

⑦ 지하가 중 예상 교통량, 경사도 등 터널의 특성을 고려하여 행정안전부령으로 정하는 터널. 이 시설에는 물분무 소화설비를 설치하여야 한다.

⑧ 문화재 중 「문화재보호법」 제2조제3항제1호 또는 제2호에 따른 지정문화재로서 소방청장이 문화재청장과 협의하여 정하는 것

사. 옥외소화전설비 설치 대상(아파트 등, 위험물 저장 및 처리 시설 중 가스시설, 지하구 및 지하가 중 터널 제외)

① 지상 1층 및 2층의 바닥면적의 합계가 9천㎡ 이상인 것. 이 경우 같은 구(區) 내의 둘 이상의 특정소방대상물이 행정안전부령으로 정하는 연소(延燒) 우려가 있는 구조인 경우에는 이를 하나의 특정소방대상물로 본다.

② 문화재 중 「문화재보호법」 제23조에 따라 보물 또는 국보로 지정된 목조건축물

③ ①에 해당하지 않는 공장 또는 창고시설로서 「화재의 예방 및 안전관리에 관한 법률 시행령」 별표 2에서 정하는 수량의 750배 이상의 특수가연물을 저장·취급하는 것

(2) 경보설비

가. 단독경보형 감지기 설치 대상

① 교육연구시설 내에 있는 기숙사 또는 합숙소로서 연면적 2천㎡ 미만인 것

② 수련시설 내에 있는 기숙사 또는 합숙소로서 연면적 2천㎡ 미만인 것

③ 다-⑦에 해당하지 않는 수련시설(숙박시설이 있는 것만 해당)

④ 연면적 400㎡ 미만의 유치원

⑤ 공동주택 중 연립주택 및 다세대주택(⑤는 연동형으로 설치)

나. 비상경보설비 설치 대상(모래·석재 등 불연재료 공장 및 창고시설, 위험물 저장 및 처리시설 중 가스시설, 사람이 거주하지 않거나 벽이 없는 축사 등 동물 및 식물 관련 시설 및 지하구는 제외)

① 연면적 400㎡ 이상인 것은 모든 층

② 지하층 또는 무창층의 바닥면적이 150㎡(공연장의 경우 100㎡) 이상인 것은 모든 층

③ 지하가 중 터널로서 길이가 500m 이상인 것

④ 50명 이상의 근로자가 작업하는 옥내 작업장

다. 자동화재탐지설비 설치 대상

① 공동주택 중 아파트 등·기숙사 및 숙박시설의 경우에는 모든 층
② 층수가 6층 이상인 건축물의 경우에는 모든 층
③ 근린생활시설(목욕장 제외), 의료시설(정신의료기관 및 요양병원 제외), 위락시설, 장례시설 및 복합건축물로서 연면적 600m² 이상인 경우에는 모든 층
④ 근린생활시설 중 목욕장, 문화 및 집회시설, 종교시설, 판매시설, 운수시설, 운동시설, 업무시설, 공장, 창고시설, 위험물 저장 및 처리 시설, 항공기 및 자동차 관련 시설, 교정 및 군사시설 중 국방·군사시설, 방송통신시설, 발전시설, 관광 휴게시설, 지하가(터널 제외)로서 연면적 1천m² 이상인 경우에는 모든 층
⑤ 교육연구시설(교육시설 내 기숙사 및 합숙소 포함), 수련시설(수련시설 내 기숙사 및 합숙소를 포함하며, 숙박시설이 있는 수련시설은 제외), 동물 및 식물 관련 시설(기둥과 지붕만으로 구성되어 외부와 기류가 통하는 장소는 제외), 자원순환 관련 시설, 교정 및 군사시설(국방·군사시설 제외) 또는 묘지 관련 시설로서 연면적 2천m² 이상인 경우에는 모든 층
⑥ 노유자 생활시설의 경우에는 모든 층
⑦ ⑥에 해당하지 않는 노유자 시설로서 연면적 400m² 이상인 노유자 시설 및 숙박시설이 있는 수련시설로서 수용인원 100명 이상인 경우에는 모든 층
⑧ 의료시설 중 정신의료기관 또는 요양병원으로서 다음의 어느 하나에 해당하는 시설

㉠ 요양병원(의료재활시설 제외)
㉡ 정신의료기관 또는 의료재활시설로 사용되는 바닥면적의 합계가 300m² 이상인 시설
㉢ 정신의료기관 또는 의료재활시설로 사용되는 바닥면적의 합계가 300m² 미만이고, 창살(철재·플라스틱 또는 목재 등으로 사람의 탈출 등을 막기 위하여 설치한 것을 말하며, 화재 시 자동으로 열리는 구조로 되어 있는 창살은 제외한다)이 설치된 시설

⑨ 판매시설 중 전통시장

⑩ 지하가 중 터널로서 길이가 1천m 이상인 것

⑪ 지하구

⑫ ③에 해당하지 않는 근린생활시설 중 조산원 및 산후조리원

⑬ ④에 해당하지 않는 공장 및 창고시설로서 「화재의 예방 및 안전관리에 관한 법률 시행령」 별표 2에서 정하는 수량의 500배 이상의 특수가연물을 저장·취급하는 것

⑭ ④에 해당하지 않는 발전시설 중 전기저장시설

라. 시각경보기를 설치해야 하는 특정소방대상물은 '다'에 따라 자동화재탐지설비를 설치해야 하는 특정소방대상물 중 다음의 어느 하나에 해당하는 것으로 한다.

① 근린생활시설, 문화 및 집회시설, 종교시설, 판매시설, 운수시설, 의료시설, 노유자 시설

② 운동시설, 업무시설, 숙박시설, 위락시설, 창고시설 중 물류터미널, 발전시설 및 장례시설

③ 교육연구시설 중 도서관, 방송통신시설 중 방송국

④ 지하가 중 지하상가

마. 화재알림설비를 설치해야 하는 특정소방대상물은 판매시설 중 전통시장으로 한다.

바. 비상방송설비 설치 대상(위험물 저장 및 처리 시설 중 가스시설, 사람이 거주하지 않거나 벽이 없는 축사 등 동물 및 식물 관련 시설, 지하가 중 터널 및 지하구 제외)

① 연면적 3천5백m² 이상인 것은 모든 층

② 층수가 11층 이상인 것은 모든 층

③ 지하층의 층수가 3층 이상인 것은 모든 층

사. 자동화재속보설비를 설치해야 하는 특정소방대상물은 다음의 어느 하나에 해당하는 것으로 한다. 다만, 방재실 등 화재 수신기가 설치된 장소에 24시간 화재를 감시할 수 있는 사람이 근무하고 있는 경우에는 자동화재속보설비를 설치하지 않을 수 있다.

① 노유자 생활시설

② 노유자 시설로서 바닥면적이 500m² 이상인 층이 있는 것

③ 수련시설(숙박시설이 있는 것만 해당)로서 바닥면적이 500m² 이상인 층이 있는 것

④ 문화재 중 「문화재보호법」 제23조에 따라 보물 또는 국보로 지정된 목조건축물
⑤ 근린생활시설 중 다음의 어느 하나에 해당하는 시설
　㉠ 의원, 치과의원 및 한의원으로서 입원실이 있는 시설
　㉡ 조산원 및 산후조리원
⑥ 의료시설 중 다음의 어느 하나에 해당하는 것
　㉠ 종합병원, 병원, 치과병원, 한방병원 및 요양병원(의료재활시설 제외)
　㉡ 정신병원 및 의료재활시설로 사용되는 바닥면적의 합계가 500m² 이상인 층이 있는 것
⑦ 판매시설 중 전통시장

아. 통합감시시설을 설치해야 하는 특정소방대상물은 지하구로 한다.

자. 누전경보기는 계약전류용량(같은 건축물에 계약 종류가 다른 전기가 공급되는 경우에는 그중 최대계약전류용량을 말한다)이 100암페어를 초과하는 특정소방대상물(내화구조가 아닌 건축물로서 벽·바닥 또는 반자의 전부나 일부를 불연재료 또는 준불연재료가 아닌 재료에 철망을 넣어 만든 것만 해당)에 설치해야 한다. 다만, 위험물 저장 및 처리 시설 중 가스시설, 지하가 중 터널 및 지하구의 경우에는 그렇지 않다.

차. 가스누설경보기 설치 대상(가스시설이 설치된 경우만 해당)
① 문화 및 집회시설, 종교시설, 판매시설, 운수시설, 의료시설, 노유자 시설
② 수련시설, 운동시설, 숙박시설, 창고시설 중 물류터미널, 장례시설

(3) 피난구조설비

가. 피난기구는 특정소방대상물의 모든 층에 화재안전기준에 적합한 것으로 설치하여야 한다. 다만, 피난층, 지상 1층, 지상 2층(노유자 시설 중 피난층이 아닌 지상 1층과 피난층이 아닌 지상 2층은 제외한다), 층수가 11층 이상인 층과 위험물 저장 및 처리 시설 중 가스시설, 지하가 중 터널 또는 지하구의 경우에는 그렇지 않다.

나. 인명구조기구 설치 대상
① 방열복 또는 방화복(안전모, 보호장갑 및 안전화 포함), 인공소생기 및 공기호흡기를 설치해야 하는 특정소방대상물 : 지하층을 포함하는 층수가 7층 이상인 것

중 관광호텔 용도로 사용하는 층

② 방열복 또는 방화복(안전모, 보호장갑 및 안전화 포함) 및 공기호흡기를 설치해야 하는 특정소방대상물 : 지하층을 포함하는 층수가 5층 이상인 것 중 병원 용도로 사용하는 층

③ 공기호흡기를 설치해야 하는 특정소방대상물
㉠ 수용인원 100명 이상인 문화 및 집회시설 중 영화상영관
㉡ 판매시설 중 대규모 점포
㉢ 운수시설 중 지하역사
㉣ 지하가 중 지하상가
㉤ 물분무 등 소화설비 설치 대상 및 이산화탄소 소화설비(호스릴 이산화탄소 소화설비 제외)를 설치해야 하는 특정소방대상물

다. 유도등 설치 대상

① 피난구 유도등, 통로유도등 및 유도표지는 모든 특정소방대상물에 설치한다. 다만, 다음의 어느 하나에 해당하는 경우는 제외한다.
㉠ 동물 및 식물 관련 시설 중 축사로서 가축을 직접 가두어 사육하는 부분
㉡ 지하가 중 터널 및 지하구

② 객석유도등은 다음에 해당하는 특정소방대상물에 설치한다.
㉠ 유흥주점영업시설(손님이 춤을 출 수 있는 무대가 설치된 카바레, 나이트클럽 또는 그 밖에 이와 비슷한 영업시설만 해당)
㉡ 문화 및 집회시설
㉢ 종교시설, 운동시설

③ 피난유도선은 화재안전기준에서 정하는 장소에 설치한다.

라. 비상조명등 설치 대상(창고시설 중 창고 및 하역장, 위험물 저장 및 처리 시설 중 가스시설 및 사람이 거주하지 않거나 벽이 없는 축사 등 동물 및 식물 관련 시설 제외)

① 지하층을 포함하는 층수가 5층 이상인 건축물로서 연면적 3천m^2 이상인 경우에는 모든 층

② ①에 해당하지 않는 특정소방대상물로서 그 지하층 또는 무창층의 바닥면적이

　　　　450m² 이상인 경우에는 해당 층
　　　③ 지하가 중 터널로서 그 길이가 500m 이상인 것
　마. 휴대용 비상조명등 설치 대상
　　　① 숙박시설
　　　② 수용인원 100명 이상의 영화상영관, 판매시설 중 대규모 점포, 철도 및 도시철도 시설 중 지하역사, 지하가 중 지하상가

(4) 소화용수설비

상수도 소화용수설비를 설치해야 하는 특정소방대상물은 다음 각 목의 어느 하나에 해당하는 것으로 한다. 다만, 상수도 소화용수설비를 설치해야 하는 특정소방대상물의 대지경계선으로부터 180m 이내에 지름 75mm 이상인 상수도용 배수관이 설치되지 않은 지역의 경우에는 화재안전기준에 따른 소화수조 또는 저수조를 설치해야 한다.

　가. 연면적 5천m² 이상인 것. 다만, 위험물 저장 및 처리 시설 중 가스시설, 지하가 중 터널 또는 지하구의 경우에는 제외한다.
　나. 가스시설로서 지상에 노출된 탱크의 저장용량의 합계가 100톤 이상인 것
　다. 자원순환 관련 시설 중 폐기물 재활용 시설 및 폐기물 처분 시설

(5) 소화활동설비

　가. 제연설비 설치 대상
　　　① 문화 및 집회시설, 종교시설, 운동시설 중 무대부 바닥면적 200m² 이상인 경우에는 해당 무대부
　　　② 문화 및 집회시설 중 영화상영관으로서 수용인원 100명 이상인 경우에는 해당 영화상영관
　　　③ 지하층이나 무창층에 설치된 근린생활시설, 판매시설, 운수시설, 숙박시설, 위락시설, 의료시설, 노유자 시설 또는 창고 시설(물류터미널로 한정한다)로서 해당 용도로 사용되는 바닥면적의 합계가 1천m² 이상인 경우 해당 부분
　　　④ 운수시설 중 시외버스정류장, 철도 및 도시철도 시설, 공항시설 및 항만시설의 대기실 또는 휴게시설로서 지하층 또는 무창층의 바닥면적이 1천m² 이상인 경우에

는 모든 것

⑤ 지하가(터널 제외)로서 연면적 1천m² 이상인 것

⑥ 지하가 중 예상 교통량, 경사도 등 터널의 특성을 고려하여 행정안전부령으로 정하는 터널

⑦ 특정소방대상물(갓복도형 아파트 등은 제외)에 부설된 특별피난계단, 비상용 승강기의 승강장 또는 피난용 승강기의 승강장

나. 연결송수관설비 설치 대상(위험물 저장 및 처리 시설 중 가스시설 및 지하구 제외)

① 층수가 5층 이상으로서 연면적 6천m² 이상인 경우에는 모든 층

② ①에 해당하지 않는 특정소방대상물로서 지하층을 포함하는 층수가 7층 이상인 경우에는 모든 층

③ ① 및 ②에 해당하지 않는 특정소방대상물로서 지하층의 층수가 3층 이상이고 지하층의 바닥면적의 합계가 1천m² 이상인 경우에는 모든 층

④ 지하가 중 터널로서 길이가 1천m 이상인 것

다. 연결살수설비 설치 대상(지하구 제외)

① 판매시설, 운수시설, 창고시설 중 물류터미널로서 해당 용도로 사용되는 부분의 바닥면적의 합계가 1천m² 이상인 경우에는 해당 시설

② 지하층(피난층으로 주된 출입구가 도로와 접한 경우는 제외한다)으로서 바닥면적의 합계가 150m² 이상인 경우에는 지하층의 모든 층. 다만, 「주택법 시행령」 제46조제1항에 따른 국민주택규모 이하인 아파트 등의 지하층(대피시설로 사용하는 것만 해당)과 교육연구시설 중 학교의 지하층의 경우에는 700m² 이상인 것으로 한다.

③ 가스시설 중 지상에 노출된 탱크의 용량이 30톤 이상인 탱크시설

④ ① 및 ②의 특정소방대상물에 부속된 연결통로

라. 비상콘센트설비 설치 대상(위험물 저장 및 처리 시설 중 가스시설 및 지하구 제외)

① 층수가 11층 이상인 특정소방대상물의 경우에는 11층 이상의 층

② 지하층의 층수가 3층 이상이고 지하층의 바닥면적의 합계가 1천m² 이상인 것은 지하층의 모든 층

③ 지하가 중 터널로서 길이가 500m 이상인 것

마. 무선통신보조설비 설치 대상(위험물 저장 및 처리 시설 중 가스시설은 제외한다)은 다음의 어느 하나에 해당하는 것으로 한다.
  ① 지하가(터널 제외)로서 연면적 1천m^2 이상인 것
  ② 지하층의 바닥면적의 합계가 3천m^2 이상인 것 또는 지하층의 층수가 3층 이상이고 지하층의 바닥면적의 합계가 1천m^2 이상인 것은 지하층의 모든 층
  ③ 지하가 중 터널로서 길이가 500m 이상인 것
  ④ 지하구 중 공동구
  ⑤ 층수가 30층 이상인 것으로서 16층 이상 부분의 모든 층
바. 연소방지설비는 지하구(전력 또는 통신사업용인 것만 해당한다)에 설치해야 한다.

② 과년도 출제 문제

2018년 1회 건축설비기사 과년도문제

제1과목 건축일반

01 벽돌면에 구멍을 내어 쌓는 방식이며 힘을 받을 수 없는 장막벽으로 장식적 가리개의 효과를 기대할 수 있는 벽돌쌓기는?
① 세워쌓기 ② 엇모쌓기
③ 공간쌓기 ④ 영롱쌓기

02 상점의 매장계획에 관한 설명으로 옳지 않은 것은?
① 상품이 고객 쪽에서 효과적으로 보이도록 한다.
② 고객의 동선은 짧게, 점원의 동선은 길게 한다.
③ 고객과 직원의 시선이 바로 마주치지 않도록 배치한다.
④ 고객을 감시하기 쉬워야 한다.

03 아파트 계획에서 메조넷형(Maisonette Type)에 관한 설명으로 옳지 않은 것은?
① 주택 내의 공간 변화가 있다.
② 엘리베이터 이용상 비경제적이다.
③ 양면 개구일 경우 일조, 통풍 및 전망이 좋다.
④ 소규모 주택에서는 면적면에서 불리하다.

04 철근콘크리트 보에서 사인장 균열에 대한 보강과 가장 관계 깊은 철근은?
① 늑근 ② 배력근
③ 인장철근 ④ 압축철근

05 사무소 건축의 코어 구성형식 중 편심코어 형식에 관한 설명으로 옳은 것은?
① 중심코어 형식에 비하여 사무공간을 자유롭게 구성하기 어렵다.
② 방재상 유리하며 바닥면적이 커지면 서브코어가 필요하지 않다.
③ 코어 접합부에서 변형이 과대해지지 않는 계획이 필요하다.
④ 중심코어 형식에 비하여 내진성능이 우수하다.

06 아파트 평면형식 중에서 일조 및 통풍이 유리하고, 프라이버시가 침해되기 쉬우나 같은 층에 거주하는 사람과의 친교 기회가 많은 형식은?
① 홀형 ② 계단실형
③ 편복도형 ④ 중복도형

07 학교의 배치형식 중 분산병렬형의 특징이 아닌 것은?
① 일조, 통풍 등의 교실환경 조건이 균등하다.
② 편복도로 할 경우 복도면적을 많이 차지하지 않고 유기적인 구성을 할 수 있다.
③ 구조계획이 간단하다.
④ 동선이 길어지고 각 건물 사이의 연결을 필요로 한다.

08 건물의 하부 전체 또는 지하실 전체를 하나의 기초판으로 구성한 기초로서 매트기초라고도 하는 것은?
① 연속기초 ② 독립기초
③ 온통기초 ④ 복합기초

09 상점의 쇼윈도에 관한 설명으로 옳지 않은 것은?
① 쇼윈도의 바닥높이는 귀금속점의 경우는 낮을수록, 운동용품점의 경우는 높을수록 좋다.
② 국부조명은 배열을 바꾸는 경우를 고려하여 자유롭게 수량, 방향, 위치를 변경할 수 있도록 한다.
③ 유리면의 반사방지를 위해 쇼윈도 안의 조도를 외부보다 밝게 한다.
④ 쇼윈도 내부의 조명에 주광색의 전구를 필요로 하는 상점은 의료품점, 약국 등이다.

10 측창채광에 관한 설명으로 옳지 않은 것은?
① 비막이에 유리하다.
② 개폐조작이 용이하고, 유지관리가 쉽다.
③ 균일한 조도를 얻을 수 있다.
④ 주변 건물들에 의해 채광이 방해받을 수 있다.

11 잔향시간에 관한 설명으로 옳은 것은?
① 강당의 최적 잔향시간은 음악당보다 길다.
② 잔향시간은 실내 공간의 용적에 비례한다.
③ 강당의 내부벽 재료는 잔향시간에는 영향을 주지 않는다.
④ 잔향시간은 정상상태에서 90dB의 음이 감쇠하는 데 소요되는 시간을 말한다.

12 열람자가 책의 목록에 의해 책을 선택하여 관원에게 대출기록을 제출한 후 책을 대출하는 출납시스템 형식은?
① 자유개가식 ② 안전개가식
③ 반개가식   ④ 폐가식

13 호텔의 동선계획에 관한 설명으로 옳지 않은 것은?
① 숙박고객과 연회고객과의 동선이 분리되도록 계획한다.
② 숙박고객이 가능한 한 프런트를 통하지 않고 바로 주차장으로 갈 수 있도록 계획한다.
③ 최상층에 레스토랑을 설치하는 방안은 엘리베이터 계획에 영향을 주므로 기본계획 시 결정한다.
④ 객실층의 동선은 코어의 위치에 따라 결정되므로 충분히 검토하고, 엘리베이터에서 객실에 이르는 동선은 명료하고 혼동되지 않도록 계획한다.

14 진동 및 방진대책에 관한 설명으로 옳지 않은 것은?
① 방진고무는 압축용보다 인장용으로 사용하면 더욱 효과적이다.
② 진동차단은 가능한 한 진동원에 가까운 위치에서 감쇠시키는 것이 효과적이다.
③ 고체 전파음은 공기음보다 훨씬 빠르고 멀리까지 전해진다.
④ 낮은 진동수의 기계류 방진에는 금속 스프링이나 고무재료가 효과적이다.

15 커머셜 호텔(commercial hotel)계획에서 크게 고려하지 않아도 되는 것은?
① 주차장 ② 발코니
③ 레스토랑 ④ 연회장

16 표면결로의 방지대책으로 옳지 않은 것은?
① 냉교(cold bridge)가 생기지 않도록 주의한다.
② 환기로 실내절대습도를 저하시킨다.
③ 실내에서 수증기 발생을 억제한다.
④ 외벽의 단열강화로 실내측 표면온도를 저하시킨다.

17 철골보와 콘크리트 슬래브를 연결하는 전단 연결철물(shear connector)로 사용하는 것은?
① 스터드 볼트 ② 고장력 볼트
③ 앵커 볼트 ④ TC 볼트

18 설계도서가 없는 건물의 구조물 조사진단 시 설계도서 작성과 관련하여 우선적으로 조사하지 않아도 되는 것은?
① 구조체의 치수
② 철근의 치수 및 배근상황
③ 재료의 강도
④ 균열위치 및 상태

19 오피스 랜드스케이프(office landscape)의 장점으로 볼 수 없는 것은?
① 공간 이용률을 높일 수 있다.
② 변화하는 작업의 패턴에 따라 공간의 조절이 가능하며 신속하고 경제적으로 대처할 수 있다.
③ 소음이 발생하지 않아 집중작업이 가능하다.
④ 커뮤니케이션의 융통성이 있고, 장애요인이 거의 없다.

20 말뚝머리 지름이 400mm인 기성콘크리트 말뚝의 중심간격은 최소 얼마 이상으로 하여야 하는가?
① 1000mm 이상
② 1250mm 이상
③ 1500mm 이상
④ 2000mm 이상

제2과목 위생설비

21 급수방식 중 수도직결방식에 관한 설명으로 옳은 것은?
① 전력 차단 시 급수가 불가능하다.
② 3층 이상의 고층으로의 급수가 용이하다.
③ 저수조가 있으므로 단수 시에도 급수가 가능하다.
④ 수도 본관의 영향을 그대로 받아 수압 변화가 심하다.

22 먹는 물의 수질기준에 따른 건강상 유해영향 무기물질에 속하지 않는 것은?
① 납 ② 페놀
③ 불소 ④ 수은

23 대변기의 세정방식 중 로 탱크(low tank)식에 관한 설명으로 옳은 것은?

① 바닥으로부터 1.6m 이상 높은 위치에 탱크를 설치한다.
② 단시간에 다량의 물이 필요하기 때문에 일반 가정용으로는 사용하지 않는다.
③ 사용빈도가 많거나 일시적으로 많은 사람들이 연속하여 사용하는 장소에 적합하다.
④ 세정의 경우 탱크로의 급수압력에 관계없이 대변기로의 공급수량이나 압력이 일정하다.

24 기구배수부하단위 산정의 기준이 되는 기구는?
① 욕조　　② 세면기
③ 싱크대　④ 샤워기

25 원심펌프의 일종으로 날개의 바깥쪽에 가이드 베인(guide vane)을 설치한 것은?
① 터빈 펌프　　② 기어 펌프
③ 베인 펌프　　④ 피스톤 펌프

26 직경 200mm의 강관에 2400L/min의 물이 흐를 때 강관 내의 유속은?
① 0.04m/sec　② 0.40m/sec
③ 1.27m/sec　④ 1.72m/sec

27 수질과 관련된 용어의 설명으로 옳지 않은 것은?
① SS란 오수 중에 떠 있는 부유물질을 말하며, 탁도의 원인이 되기도 한다.
② DO란 오수 중의 산소요구량을 말하며, 오염도가 높을수록 산소요구량이 적다.
③ COD란 화학적 산소요구량을 말하며, COD값은 일반적으로 BOD값보다 높게 나타난다.
④ BOD란 생물화학적 산소요구량을 말하며, 오수 중의 분해가능한 유기물 함유 정도를 간접적으로 측정하는 데 이용된다.

28 급탕배관에 관한 설명으로 옳은 것은?
① 배관은 하향 구배로 하는 것이 원칙이다.
② 탕비기 주위의 급탕배관은 가능한 한 짧게 하고 공기가 체류하지 않도록 한다.
③ 배관은 신축에 견디도록 가능하면 요철부가 많도록 배관하는 것이 원칙이다.
④ 물이 뜨거워지면 수중에 포함된 공기가 분리되기 쉽고, 이 공기는 배관의 상부에 모여서 급탕의 순환을 원활하게 한다.

29 슬루스 밸브에 관한 설명으로 옳지 않은 것은?
① 게이트 밸브라고도 한다.
② 리프트가 커서 개폐에 시간이 걸린다.
③ 유체의 흐름을 단속하는 대표적인 밸브이다.
④ 유체의 흐름이 90°로 바뀌기 때문에 유체에 대한 저항이 크다.

30 10℃의 냉수 100kg과 70℃의 탕 100kg을 혼합할 경우, 혼합수의 온도는?
① 36℃　　② 38℃
③ 40℃　　④ 42℃

31 유체의 성질과 관련하여 다음 설명이 의미하는 것은?

에너지보존의 법칙을 유체의 흐름에 적용한 것으로서 유체가 갖고 있는 운동에너지, 중력에 의한 위치에너지 및 압력에너지의 총합은 흐름 내 어디에서나 일정하다.

① 파스칼의 원리
② 스토크스의 법칙
③ 뉴턴의 점성법칙
④ 베르누이의 정리

32 통기관의 관경에 관한 설명으로 옳지 않은 것은?

① 신정통기관의 관경은 배수수직관 관경의 1/2 이상으로 한다.
② 루프통기관의 관경은 담당 배수수평지관의 1/2 이상으로 한다.
③ 건물의 배수탱크에 설치하는 통기관의 관경은 50mm 이상으로 한다.
④ 결합통기관의 관경은 통기수직관과 배수수직관 중 작은 쪽 관경 이상으로 한다.

33 워터해머의 방지 방법으로 옳지 않은 것은?

① 대기압식 또는 가압식 진공 브레이커를 설치한다.
② 관 내의 수압은 평상 시 높아지지 않도록 구획한다.
③ 배관은 가능한 한 우회하지 않고 직선이 되도록 계획한다.
④ 수압이 0.4MPa을 초과하는 계통에는 감압밸브를 부착하여 적절한 압력으로 감압한다.

34 급탕설비의 팽창관 및 팽창탱크에 관한 설명으로 옳지 않은 것은?

① 팽창관 도중에는 밸브를 설치하지 않는다.
② 가열장치의 과도한 수온 상승을 방지하기 위해 설치한다.
③ 개방식 팽창탱크는 급수방식이 고가탱크방식일 경우에 적합하며 급탕 보급탱크와 겸용할 수 있다.
④ 급수방식이 압력탱크방식이나 펌프직송방식의 중앙식 급탕설비의 경우에는 밀폐식 팽창탱크를 사용한다.

35 유체의 점성에 관한 설명으로 옳지 않은 것은?

① 유체의 동점성계수는 점성계수와 밀도와의 비로 표시된다.
② 기체의 점성계수는 일반적으로 온도의 상승과 함께 증가한다.
③ 점성이 유체운동에 미치는 영향은 동점성계수값에 의해 결정된다.
④ 점성력은 상호 접하는 층의 면적과 그 관계속도의 제곱에 비례한다.

36 배수수직관 내가 부압으로 되는 곳에 배수수평지관이 접속되어 있는 경우, 배수수평지관 내의 공기가 수직관으로 유인되어 봉수가 파괴되는 현상(작용)은?

① 증발 현상
② 모세관 현상
③ 유도사이펀 작용
④ 자기사이펀 작용

37 양수펌프의 흡수면으로부터 토출수면까지의 실제 높이는 20m이고, 흡입관과 토출

관의 관경이 같은 경우 펌프의 전양정은?
(단, 관로의 전손실수두는 실양정의 20%
로 한다.)

① 20m   ② 22m
③ 24m   ④ 26m

38 배관의 마찰저항에 관한 설명으로 옳은 것은?
① 유속의 제곱에 비례한다.
② 관의 길이에 반비례한다.
③ 관 내경의 제곱에 비례한다.
④ 유체의 점성이 클수록 감소한다.

39 중앙식 급탕방식에 관한 설명으로 옳지 않은 것은?
① 배관에 의해 필요 개소에 급탕할 수 있다.
② 급탕 개소마다 가열기의 설치 스페이스가 필요하다.
③ 기구의 동시이용률을 고려하여 가열장치의 총용량을 적게 할 수 있다.
④ 호텔, 병원 등 급탕 개소가 많고 소요 급탕량도 많이 필요한 대규모 건축물에 채용된다.

40 다음 중 원칙적으로 청소구(clean out)를 설치하여야 하는 곳에 속하지 않는 것은?
① 배수수직관의 최상부
② 배수수평주관의 기점
③ 배수수평지관의 기점
④ 배수관이 45°이상의 각도로 방향을 바꾸는 곳

제3과목 공기조화설비

41 다음 설명에 알맞은 보일러의 출력 표시 방법은?

> · 일반적으로 보일러 선정 시 기준이 된다.
> · 연속해서 운전할 수 있는 보일러의 능력으로서 난방부하, 급탕부하, 배관부하, 예열부하의 합이다.

① 정격출력   ② 상용출력
③ 정미출력   ④ 과부하출력

42 공조기의 저항이 30mmAq, 덕트의 필요 전압이 11mmAq, 송풍기의 토출구 풍속이 6m/s일 때, 송풍기의 정압은?
① 약 35mmAq   ② 약 39mmAq
③ 약 43mmAq   ④ 약 46mmAq

43 창의 틈새바람 계산법에 속하지 않는 것은?
① 균열법
② 면적법
③ 환기횟수법
④ 굴뚝효과에 의한 계산법

44 다음 그림과 같은 여과장치의 효율은?

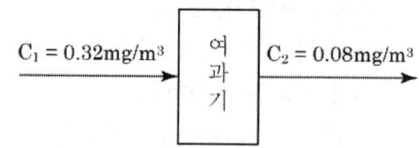

$C_1 = 0.32mg/m^3$ 여과기 $C_2 = 0.08mg/m^3$

① 25%   ② 66%
③ 75%   ④ 83%

45 다음 그림과 같은 엘보의 국부저항은?
(단, 곡관부의 국부저항손실계수는 0.35,

공기의 밀도는 1.2kg/m³이다.)

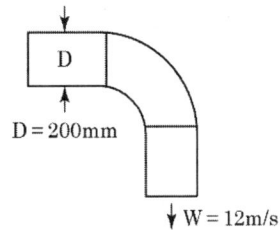

① 약 10Pa   ② 약 20Pa
③ 약 30Pa   ④ 약 40Pa

46 건물의 냉방부하의 종류 중 현열과 잠열성분을 모두 갖는 것은?
① 인체의 발생열량
② 벽체로부터의 취득열량
③ 유리로부터의 취득열량
④ 덕트로부터의 취득열량

47 온수난방방식에 관한 설명으로 옳은 것은?
① 용량제어가 어렵고 응축수에 의한 열손실이 크다.
② 실내온도의 상승이 빠르고 예열손실이 적어 간헐난방에 적합하다.
③ 증기난방에 비하여 소요방열면적과 배관경이 작으므로 설비비가 낮다.
④ 열용량이 크므로 보일러를 정지시켜도 실내난방이 어느 정도 지속된다.

48 정압 재취득법에 관한 설명으로 옳지 않은 것은?
① 고속덕트의 경우 부적합하다.
② 취출구 직전의 정압이 대략 일정해진다.
③ 등압법에 비해 송풍기 동력이 절약되며 풍량조절이 용이하다.
④ 덕트구간에서 앞 구간의 동압감소로 인해 얻은 정압을 다음 구간에서 이용하는 방법이다.

49 다음 중 일사를 받는 외벽·지붕으로부터의 취득열량을 계산하는 데 필요한 요소가 아닌 것은?
① 면적
② 열관류율
③ 상당외기온도차
④ 표준일사열취득열량

50 송풍기의 회전수 500rpm에서 풍량은 200m³/min이었다. 회전수를 600rpm으로 올렸을 경우 풍량은?
① 210m³/min   ② 240m³/min
③ 288m³/min   ④ 356m³/min

51 냉각코일의 용량 결정 시 고려되는 요소와 가장 거리가 먼 것은?
① 배관부하   ② 재열부하
③ 외기부하   ④ 실내 취득열량

52 배관 일부의 교환 및 수리를 용이하게 하기 위하여 사용하는 배관 부속품은?
① 티   ② 엘보
③ 플러그   ④ 유니언

53 개방식 배관의 펌프 흡입관 선단에 부착하여 펌프 운전 중에는 물론 펌프 정지 시에도 흡입관 내를 만수상태로 유지하기 위해 설치하는 것은?
① 관트랩   ② 박스트랩

③ 스트레이너   ④ 풋형 체크밸브

54 습공기의 상태변화량 중 수분의 변화량과 엔탈피 변화량의 비율을 의미하는 것은?
① 현열비   ② 열수분비
③ 접촉계수   ④ 바이패스계수

55 다음의 증기압축 냉동사이클의 압력(P)-엔탈피(h)선도에 관한 설명으로 옳지 않은 것은?

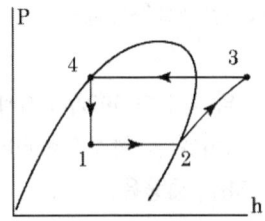

① 과정 1 → 2는 정압증발과정이다.
② 과정 2 → 3은 단열압축과정이다.
③ 과정 3 → 4는 정압응축과정이다.
④ 과정 4 → 1은 단열팽창과정이다.

56 다음과 같은 조건에서 어느 작업장의 발생 현열량이 4000W일 때 필요 환기량 [m³/h]은?

[조건]
• 허용 실내온도 : 35℃
• 외기온도 : 25℃
• 공기의 밀도 : 1.2kg/m³
• 공기의 정압비열 : 1.01kJ/kg·K

① 411.3   ② 698.8
③ 872.5   ④ 1188.1

57 다음 중 재실인원이 적은 실에 부하변동이 크고 극간풍이 비교적 많은 경우 공조방식으로 가장 적절한 것은?
① FCU 방식
② 멀티존 유니트 방식
③ 2중덕트 정풍량방식
④ 단일덕트 정풍량방식

58 온수에서 분리된 공기를 배제하기 위한 배관방법으로 가장 알맞은 것은?
① 배수밸브를 설치한다.
② 감압밸브를 설치한다.
③ 팽창관에 밸브를 설치한다.
④ 팽창탱크를 향하여 선상향 구배로 한다.

59 응축수의 드레인 배관이 필요없는 곳은?
① 재열기
② 팬코일 유닛
③ 패키지 공조기
④ 에어 핸들링 유닛

60 다음과 같은 조건에 있는 에어와셔의 입구 수온은?

[조건]
• 에어와셔의 통과공기량 : 20000kg/h
• 에어와셔의 수량(水量) : 15600kg/h
• 에어와셔 입구공기 엔탈피 : 23.9kJ/kg
• 에어와셔 출구공기 엔탈피 : 26.8kJ/kg
• 물의 비열 : 4.2kJ/kg·K

① 약 8.4℃   ② 약 9.7℃
③ 약 10.2℃   ④ 약 11.5℃

제4과목 소방 및 전기설비

61 3상 유도전동기의 기동법으로 Y-△기동법을 사용하는 가장 주된 목적은?
① 전압을 높이기 위하여
② 기동전류를 줄이기 위하여
③ 전동기의 출력을 높이기 위하여
④ 전동기의 동기속도를 높이기 위하여

62 피드백 제어방식을 제어동작에 의해 분류할 경우, 다음 중 불연속 동작에 속하는 것은?
① 비례동작   ② 미분동작
③ 적분동작   ④ 다위치동작

63 교류회로에서 전압 220V, 전류 5A일 때 저항은 얼마인가?
① 22Ω   ② 33Ω
③ 44Ω   ④ 55Ω

64 정현파 교류의 파형률은 얼마인가?
① 1.0   ② 1.11
③ 1.414   ④ 1.571

65 그림과 같이 반대의 극을 갖는 막대자석을 놓았을 때 상호간에 작용하는 힘의 종류는?

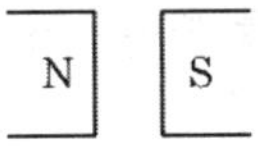

| N | S |

① 흡인력   ② 반발력
③ 회전력   ④ 마찰력

66 제1종 접지공사의 접지저항값은 최대 얼마 이하이어야 하는가?
① 2Ω   ② 5Ω
③ 10Ω   ④ 100Ω

67 피드백 제어에서 제어요소는 무엇으로 구성되는가?
① 비교부와 조작부
② 비교부와 검출부
③ 조절부와 조작부
④ 조절부와 검출부

68 우리나라의 가정용 전압은 교류 220V이다. 이 전압의 최댓값은 몇 V인가?
① 220   ② 220×$\sqrt{2}$
③ 220×$\sqrt{3}$ ④ 440

69 가스계량기는 전기점멸기와 최소 얼마 이상의 거리를 유지하여야 하는가?
① 30cm   ② 45cm
③ 60cm   ④ 90cm

70 전류가 도선을 통하여 흐를 때 도선의 둘레에 발생하는 것은?
① 전계   ② 자계
③ 정전계   ④ 중력계

71 수전설비에서 인입구 개폐기로 사용되지 않는 것은?
① LBS   ② ASS
③ DS   ④ PF

72 인공광원 중 효율이 높지만 등황색의 단색광으로 색채의 식별이 곤란하므로 주로 터널조명에 사용되는 것은?
① 형광램프   ② 할로겐램프

③ 저압나트륨램프
④ 메탈할라이드램프

73 C급 화재가 의미하는 화재의 종류는?
① 일반화재 ② 전기화재
③ 유류화재 ④ 주방화재

74 스프링클러 설비의 알람 밸브에 리타딩 체임버를 설치하는 주된 목적은?
① 오보를 방지한다.
② 자동배수를 한다.
③ 방수압을 시험한다.
④ 가압수의 온도를 검지한다.

75 3층 건물의 각 층에 옥내소화전이 2개씩 설치되어 있는 경우, 옥내소화전설비의 수원의 저수량은 최소 얼마 이상이 되도록 하여야 하는가?
① $3.2m^3$ ② $3.4m^3$
③ $5.2m^3$ ④ $14m^3$

76 스프링클러 설비에 관한 설명으로 옳지 않은 것은?
① 초기 화재 진압에 효과적이다.
② 소화약제가 물이므로 경제적이다.
③ 감지부의 구조가 기계적이므로 오보 및 오동작이 적다.
④ 다른 소화설비에 비해 시공이 단순하여 초기에 시설비용이 적게 든다.

77 작업면에 필요한 평균조도가 300lx, 면적이 $50m^2$, 램프 한 개의 광속이 2500lm, 감광 보상률이 1.5, 조명률이 0.5일 때 전등의 소요수량은?
① 6개 ② 12개
③ 18개 ④ 24개

78 정보통신설비를 정보설비와 통신설비로 구분할 경우, 다음 중 통신설비에 속하지 않는 것은?
① 인터폰설비 ② CCTV설비
③ TV공청설비 ④ 화상회의설비

79 단상 유도전동기의 종류에 속하는 것은?
① 분권 전동기
② 타여자 전동기
③ 권선형 유도전동기
④ 콘덴서 기동형 전동기

80 20W 형광램프 2개를 하루에 6시간씩 30일 동안 사용하였을 경우 사용전력량은?
① 0.24kWh ② 3.6kWh
③ 7.2kWh ④ 10.4kWh

제5과목 건축설비관계법규

81 건축물의 설비기준 등에 관한 규칙에 따라 피뢰설비를 설치하여야 하는 건축물의 높이 기준은?
① 10m 이상 ② 15m 이상
③ 20m 이상 ④ 31m 이상

82 문화 및 집회시설 중 공연장의 개별관람석의 바닥면적이 $500m^2$인 경우 개별관람석 출구의 유효너비의 합계는 최소 얼마 이상

이어야 하는가?
① 1m ② 2m
③ 3m ④ 4m

83 건축법령상 단독주택에 속하지 않는 것은?
① 공관 ② 기숙사
③ 다중주택 ④ 다가구주택

84 다음 중 제연설비를 설치하여야 하는 특정소방대상물에 속하지 않는 것은?
① 지하가(터널 제외)로서 연면적 1000m² 인 것
② 문화 및 집회시설로서 무대부의 바닥면적이 200m²인 것
③ 문화 및 집회시설 중 영화상영관으로서 수용인원 100명인 것
④ 지하층에 설치된 숙박시설로서 해당 용도로 사용되는 바닥면적의 합계가 500m²인 층

85 건축물의 바깥쪽으로의 출구로 쓰이는 문을 안여닫이로 하여서는 안 되는 대상 건축물에 속하지 않는 것은?
① 종교시설
② 위락시설
③ 문화 및 집회시설 중 관람장
④ 문화 및 집회시설 중 전시장

86 6층 이상의 거실면적의 합계가 5000m²인 경우, 설치하여야 하는 승용 승강기의 최소 대수가 가장 많은 것은? (단, 8인승 승강기의 경우)
① 업무시설 ② 숙박시설
③ 위락시설 ④ 의료시설

87 모든 층에 주거용 주방자동소화장치를 설치하여야 하는 특정소방대상물은?
① 기숙사 ② 아파트 등
③ 일반음식점 ④ 휴게음식점

88 건축물의 에너지절약설계기준에 따른 건축부문의 권장사항으로 옳지 않은 것은?
① 공동주택은 인동간격을 넓게 하여 저층부의 일사 수열량을 증대시킨다.
② 건축물의 체적에 대한 외피면적의 비 또는 연면적에 대한 외피면적의 비는 가능한 한 크게 한다.
③ 거실의 층고 및 반자 높이는 실의 용도와 기능에 지장을 주지 않는 범위 내에서 가능한 한 낮게 한다.
④ 건물의 창 및 문은 가능한 작게 설계하고, 특히 열손실이 많은 북측 거실의 창 및 문의 면적은 최소화한다.

89 건축물의 거실(피난층 거실 제외)에 국토교통부령으로 정하는 기준에 따라 배연설비를 하여야 하는 대상 건축물에 속하지 않는 것은? (단, 층수가 6층인 건축물의 경우)
① 판매시설
② 종교시설
③ 문화 및 집회시설
④ 제1종 근린생활시설

90 녹색건축 인증의 유효기간으로 옳은 것은?
① 녹색건축 인증서를 발급한 날부터 3년

② 녹색건축 인증서를 발급한 날부터 5년
③ 녹색건축 인증서를 발급한 날부터 10년
④ 녹색건축 인증서를 발급한 날부터 15년

91 공동주택의 난방설비를 개별난방방식으로 하는 경우에 관한 기준 내용으로 옳지 않은 것은?
① 보일러의 연도는 방화구조로서 개별연도로 설치할 것
② 보일러실의 윗부분에는 면적이 $0.5m^2$ 이상인 환기창을 설치할 것
③ 기름보일러를 설치하는 경우에는 기름저장소를 보일러실 외의 다른 곳에 설치할 것
④ 보일러를 설치하는 곳과 거실 사이의 경계벽은 출입구를 제외하고는 내화구조의 벽으로 구획할 것

92 건축물을 특별시나 광역시에 건축하는 경우, 특별시장이나 광역시장의 허가를 받아야 하는 대상 건축물의 연면적 기준은?
① 연면적의 합계가 1만 제곱미터 이상
② 연면적의 합계가 5만 제곱미터 이상
③ 연면적의 합계가 10만 제곱미터 이상
④ 연면적의 합계가 20만 제곱미터 이상

93 공사의 공사감리자가 필요하다고 인정하면 공사시공자에게 상세시공도면 작성을 요청할 수 있는 건축공사의 연면적 기준은?
① 연면적의 합계가 $1000m^2$ 이상인 건축공사
② 연면적의 합계가 $2000m^2$ 이상인 건축공사
③ 연면적의 합계가 $5000m^2$ 이상인 건축공사
④ 연면적의 합계가 $10000m^2$ 이상인 건축공사

94 다음은 특정소방대상물의 소방시설 설치의 면제에 관한 기준 내용이다. ( ) 안에 포함되지 않는 소방시설은?

> 연소방지설비를 설치하여야 하는 특정소방대상물에 ( )를 화재안전기준에 적합하게 설치한 경우에는 그 설비의 유효범위에서 설치가 면제된다.

① 스프링클러 설비
② 옥내소화전설비
③ 물분무소화설비
④ 미분무소화설비

95 건축물에 설치하여야 하는 비상용 승강기의 승강장 및 승강로의 구조에 관한 기준 내용으로 옳지 않은 것은?
① 승강장은 각 층의 내부와 연결될 수 있도록 할 것
② 승강로는 당해 건축물의 다른 부분과 내화구조로 구획할 것
③ 벽 및 반자가 실내에 접하는 부분의 마감재료는 난연재료로 할 것
④ 각 층으로부터 피난층까지 이르는 승강로는 단일구조로 연결하여 설치할 것

96 다음의 소방시설 중 소화활동설비에 속하지 않는 것은?
① 제연설비
② 연결살수설비

③ 옥외소화전설비
④ 무선통신보조설비

97 연면적 200m²를 초과하는 건축물에 설치하는 계단의 유효 높이(계단의 바닥 마감면부터 상부 구조체의 하부 마감면까지의 연직방향의 높이)는 최소 얼마 이상으로 하여야 하는가?

① 1.8m　　② 2.1m
③ 2.4m　　④ 2.7m

98 다음 중 준다중이용 건축물에 속하지 않는 것은? (단, 해당 용도로 쓰는 바닥면적의 합계가 1000m²인 건축물의 경우)

① 종교시설　　② 판매시설
③ 위락시설　　④ 수련시설

99 특별피난계단의 구조에 관한 기준 내용으로 옳지 않은 것은?

① 계단은 내화구조로 하되, 피난층 또는 지상까지 직접 연결되도록 할 것
② 출입구의 유효너비는 0.9m 이상으로 하고 피난의 방향으로 열 수 있을 것
③ 건축물의 내부에서 노대나 부속실로 들어오는 출입구에는 60분방화문 또는 30분방화문을 설치할 것
④ 계단실에는 노대 또는 부속실에 접하는 부분 외에는 건축물의 내부와 접하는 창문 등을 설치하지 아니할 것

100 다음은 건축설비 설치의 원칙에 관한 기준 내용이다. ( ) 안에 알맞은 것은?

연면적이 ( ) 이상인 건축물의 대지에는 국토교통부령으로 정하는 바에 따라 「전기사업법」 제2조 제2호에 따른 전기사업자가 전기를 배전(配電)하는 데 필요한 전기설비를 설치할 수 있는 공간을 확보하여야 한다.

① 100m²　　② 500m²
③ 1000m²　　④ 5000m²

2018년 2회 건축설비기사 과년도문제

제1과목 건축일반

01 수직압력이 부재의 축선을 따라 직압력만으로 전달되고 부재의 하부에는 인장력이 발생하지 않도록 한 구조 방식은?
① 아치 구조
② 현수막 구조
③ 스페이스 프레임 구조
④ 절판 구조

02 상점건축의 평면세부계획에 관한 설명으로 옳지 않은 것은?
① 소수의 종업원으로 다수의 고객을 수용할 수 있게 계획한다.
② 상점에 입장하는 고객과 직원의 시선이 바로 마주치는 것은 피한다.
③ 직원의 동선을 길게 하여 보행거리를 확보한다.
④ 직원은 고객을 쉽게 볼 수 있도록 하며, 고객으로 하여금 감시받고 있다는 인상을 주지 않도록 한다.

03 학교건축에서 교실을 2~3개 소단위로 분리시킨 것을 무엇이라 칭하는가?
① Active type
② Elbow access
③ Cluster System
④ Platoon type

04 Modular Coordination에 관한 설명으로 거리가 먼 것은?
① 현장에서는 조립가공이 주업무이므로 현장작업이 단순해지며, 시공의 균질성과 일정수준이 보장된다.
② 주로 건식 공법에 의하기 때문에 겨울공사가 가능하며, 공기가 단축된다.
③ 국제적인 MC 사용 시 건축 구성재의 국제교역이 용이하다.
④ 다양한 설계작업이 가능한 장점이 있는 반면 전반적으로 설계작업이 복잡하고 난해해진다.

05 자연환기에 관한 설명으로 옳은 것은?
① 실외의 풍속이 작을수록 환기량이 많아진다.
② 실내외의 온도차가 작을수록 환기량은 많아진다.
③ 일반적으로 목조주택이 콘크리트조 주택보다 환기량이 적다.
④ 한쪽에 큰 창을 두는 것보다 절반크기의 창 2개를 서로 마주치게 설치하는 것이 환기계획상 유리하다.

06 아파트건축의 성립 요건이 아닌 것은?
① 토지가 상승에 의한 저렴한 주거공급의 필요성
② 현대인의 다양하고 개성적인 생활양식의 수용

③ 도시생활자의 이동성 증가에 따른 편의성 제공
④ 단독주거로는 해결할 수 없는 넓은 옥외공간과 질 높은 주거환경 조성

07 프리스트레스트 콘크리트 구조에 관한 설명으로 옳지 않은 것은?
① 부재의 단면적을 줄여 자중을 경감할 수 있다.
② 시스관을 사용하는 방식은 프리텐션 방식이다.
③ 긴장재는 고강도의 강재를 이용한다.
④ 대부분의 경우 주요 구조부의 일부에 프리스트레스트 구조를 설계하고 나머지는 종래의 철근콘크리트 구조를 적용한다.

08 인공 광원의 광질 및 특색에 관한 설명으로 옳지 않은 것은?
① 백열 전구는 일반적으로 휘도가 높고 열방사가 많다.
② 할로겐 램프는 고휘도이고 전시용, 옥외등용으로 사용된다.
③ 형광등은 저휘도이고 수명이 백열전구에 비해 길다.
④ 수은등은 고휘도이고 점등시간이 매우 짧다.

09 목구조의 수평저항력을 보강하기 위한 부재와 거리가 먼 것은?
① 깔도리　　② 가새
③ 버팀대　　④ 귀잡이

10 실내음향에 관한 설명으로 옳지 않은 것은?
① 음의 계속시간이 길어지면 높이 감각은 둔해진다.
② 직접음은 전파경로가 가장 짧으므로 수음점에 최초로 도래한다.
③ 계획상 멀리 전달되게 하기도 하고 가까이에서 소멸되도록 하기도 한다.
④ 청중이 많을수록 흡음력이 커서 잔향시간이 적어진다.

11 한식지붕에 사용되는 부재나 구조의 명칭이 아닌 것은?
① 보습장　　② 동귀틀
③ 단골막이　　④ 동연

12 학교의 배치형식 중 폐쇄형에 관한 설명으로 옳지 않은 것은?
① 화재 및 비상시에 불리하다.
② 운동장에서 교실 쪽으로 소음이 크다.
③ 일조 및 통풍 등 환경조건이 균등하다.
④ 대지를 효율적으로 활용할 수 있다.

13 한식주택의 특징에 관한 설명으로 옳은 것은?
① 평면구성이 개방적이다.
② 프라이버시가 보장되지 않는다.
③ 안방, 건년방 등으로 실의 용도가 확실하다.
④ 한식주택의 가구는 주요한 내용물이다.

14 사무소 건축의 코어 형식 중 중심코어형에 관한 설명으로 옳지 않은 것은?
① 2방향 피난에 이상적인 형식으로 방재

상 가장 유리하다.
② 구조코어로서 바람직한 형식이다.
③ 외관이 획일적으로 되기 쉽다.
④ 바닥면적이 큰 경우에 많이 사용된다.

15 사무소건축의 사무실 계획에 관한 설명으로 옳은 것은?
① 내부 기둥간격 결정 시 철근콘크리트구조는 철골구조에 비해 기둥 간격을 길게 가져갈 수 있다.
② 기준층 계획 시 방화구획과 배연계획은 고려하지 않는다.
③ 개방형 사무실은 개실형에 비해 불경기 때에도 임대자를 구하기 쉽다.
④ 공조설비의 덕트는 기준층 높이를 결정하는 조건이 된다.

16 상점계획에서 진열창의 반사 현상(glare)을 방지하는 방법으로 옳지 않은 것은?
① 진열창 유리를 곡면유리로 사용한다.
② 진열창의 외부에 차양을 설치한다.
③ 진열창의 유리를 경사지게 설치한다.
④ 내부를 외부보다 어둡게 조명한다.

17 건축물에 작용하는 하중에 관한 설명으로 옳지 않은 것은?
① 건축물에는 고정하중과 적재하중이 장기간 지속적으로 동시에 작용한다.
② 건축물에 작용하는 바람, 지진 등은 단기하중이다.
③ 건물 자체의 무게인 고정하중은 동하중, 바닥면에 실리는 적재하중은 정하중이라고도 한다.
④ 눈은 보통지역에서는 단기하중이 되지만 적설량이 많이 지역에서는 장기하중이 되기도 한다.

18 호텔의 객실 종류에서 일반적으로 차지하는 비중이 가장 높은 실의 유형은?
① Single Room
② Twin Room
③ Double Room
④ Suite Room

19 호텔건축의 조닝(zoning)에서 공간적으로 성격이 나머지 셋과 다른 하나는?
① 클로크 룸   ② 보이실
③ 린넨실   ④ 트렁크실

20 수평의 지붕 또는 수평에 가까운 지붕에 설치된 창을 천창이라 하며 천창을 이용한 채광을 천창채광이라 한다. 이러한 천창채광 방식을 측창채광방식과 비교하여 설명한 내용 중 옳지 않은 것은?
① 시공 및 유지관리가 용이하지 않은 편이다.
② 개방감과 함께 통풍에도 유리하다.
③ 실내의 조도가 균일하다.
④ 바닥면적이 매우 넓어 효율적인 측창을 설치하기 어려울 때 바람직한 방식이다.

제2과목 위생설비

21 배수수직관 내의 압력변화를 방지 또는 완화하기 위해 배수수직관으로부터 분기·

입상하여 통기수직관에 접속하는 도피통기관은?
① 습통기관 ② 신정통기관
③ 공용통기관 ④ 결합통기관

22 다음 중 주철관의 접합 방법에 속하는 것은?
① 나팔식 접합
② 메커니컬 접합
③ 플레어 너트 접합
④ 시멘트 모르타르 접합

23 트랩의 봉수 파괴 원인 중 위생기구에서 트랩을 통하여 배수가 만수상태로 흐를 때 주로 발생하는 것은?
① 모세관 현상
② 자기 사이펀 작용
③ 감압에 의한 흡인작용
④ 역압에 의한 분출작용

24 관내에 유체가 흐를 때, 어느 장소에서의 흐름의 상태(유속, 압력, 밀도 등)가 시간에 따라 변화하지 않는 흐름을 무엇이라 하는가?
① 층류 ② 난류
③ 정상류 ④ 비정상류

25 다음 중 경도가 높은 물을 보일러 용수로 사용하지 않는 가장 주된 이유는?
① 비등점이 낮다.
② 전열량이 너무 커진다.
③ 부유물질이 많이 포함되어 있다.
④ 보일러 내면에 스케일이 발생된다.

26 수질 오염의 지표로 사용되는 것으로서 오수 중에 현탁되어 있는 부유물질을 의미하는 것은?
① DO ② SS
③ BOD ④ COD

27 연면적 3000m^2의 사무소 건물에 필요한 급수량은? (단, 이 건물의 유효 면적은 연면적의 60%이고, 유효 면적당 인원은 0.2인/m^2, 1인 1일당 급수량은 100L이다.)
① 3600L/d ② 3600m^3/d
③ 36000L/d ④ 36000m^3/d

28 경질염화비닐관에 관한 설명으로 옳지 않은 것은?
① 전기절연성이 크고 금속관과 같은 전식작용을 일으키지 않는다.
② 열팽창률이 강관에 비해 작으며 온도변화에 따른 신축이 거의 없다.
③ 저온에 약하며 한랭지에서는 외부로부터 조금만 충격을 주어도 파괴되기 쉽다.
④ 내식성이 크고 염산, 황산, 가성소다 등의 부식성 약품에 의해 거의 부식되지 않는다.

29 중앙식 급탕방식의 설계상 유의사항으로 옳지 않은 것은?
① 각 계통 및 지관의 순환유량이 균등하게 되도록 한다.
② 수평배관의 길이가 가능한 한 길게 되도록 수직관을 배치한다.
③ 순환펌프는 과대하게 되지 않도록 설계하며, 환탕관측에 설치한다.

④ 열원기기 및 저탕조의 압력상승, 배관의 신축에 대한 안전대책을 고려한다.

30 온도 20℃, 길이 100m인 동관에 탕이 흘러 60℃가 되었을 때, 동관의 팽창량은 얼마인가? (단, 동관의 선팽창계수는 0.171×10^{-4}/℃이다.)
① 66.4mm   ② 68.4mm
③ 76.4mm   ④ 78.4mm

31 원심식 펌프에 관한 설명으로 옳지 않은 것은?
① 터보형 펌프의 일종이다.
② 유체가 회전차의 반경류 방향으로 흐른다.
③ 건축설비분야의 급수, 급탕, 배수 등에 주로 이용된다.
④ 원심식 펌프에는 피스톤 펌프와 로터리 펌프 등이 있다.

32 역류를 방지하여 오염으로부터 상수계통을 보호하기 위한 방법으로 적절하지 않은 것은?
① 토수구 공간을 둔다.
② 역류방지밸브를 설치한다.
③ 대기압식 또는 가압식 진공브레이커를 설치한다.
④ 수압이 0.4MPa을 초과하는 계통에는 감압밸브를 부착한다.

33 급탕설비에서 급탕기기의 부속장치에 관한 설명으로 옳지 않은 것은?
① 안전밸브와 팽창탱크 및 배관 사이에는 차단밸브를 설치한다.
② 온수탱크 상단에는 진공방지밸브를, 하부에는 배수밸브를 설치한다.
③ 순간식 급탕가열기에는 이상고온의 경우 가열원(열매체 등)을 차단하는 장치나 기구를 설치한다.
④ 밀폐형 가열장치에는 일정 압력 이상이면 압력을 도피시킬 수 있도록 도피밸브나 안전밸브를 설치한다.

34 다음 중 간접배수로 하여야 하는 기기·기구에 속하지 않는 것은?
① 제빙기   ② 세탁기
③ 세면기   ④ 식기세정기

35 중앙식 급탕방식 중 간접가열식에 관한 설명으로 옳지 않은 것은?
① 대규모 급탕설비에 적합하다.
② 고압용 보일러를 설치하여야 한다.
③ 가열보일러는 난방용 보일러와 겸용할 수 있다.
④ 저탕조 내에 설치한 코일을 통해서 관내의 물을 간접적으로 가열한다.

36 스위블형 신축이음쇠에 관한 설명으로 옳은 것은?
① 패클리스 신축이음쇠라고도 한다.
② 이음부의 나사회전을 이용해서 배관의 신축을 흡수한다.
③ 고온고압용 증기배관에 주로 사용되며 온수난방용 배관에는 사용하지 않는다.
④ 강관 또는 동관을 곡관으로 구부려, 구부림을 이용하여 배관의 신축을 흡수한다.

37 유체가 관경 50cm인 관 속을 2m/s의 속도로 흐를 때의 유량은?
① $0.39m^3/s$ ② $1.0m^3/s$
③ $3.14m^3/s$ ④ $10m^3/s$

38 수도 본관에서 5m 높이에 있는 샤워기의 사용에 필요한 수도 본관의 최저 압력은? (단, 급수방식은 수도직결방식이며, 샤워기의 최저 필요압력은 100kPa, 배관 등의 마찰손실은 무시한다.)
① 약 105kPa ② 약 150kPa
③ 약 600kPa ④ 약 5100kPa

39 대변기의 세정방식 중 플러시 밸브식에 관한 설명으로 옳지 않은 것은?
① 대변기의 연속 사용이 가능하다.
② 일반 가정용으로는 거의 사용되지 않는다.
③ 급수 관경 및 수압과 관계없이 사용 가능하다.
④ 세정음에 유수음이 포함되기 때문에 소음이 크다.

40 배수관 내 배수의 흐름에 관한 설명으로 옳지 않은 것은?
① 배수수직관의 관경이 작을수록 종국길이는 짧다.
② 일반적으로 배수수직관의 허용유량은 30% 정도를 한도로 하고 있다.
③ 배수수직관 내를 배수가 관벽에 따라 나선형의 상태로 하강하는 현상을 수력도약현상(도수현상)이라고 한다.
④ 배수수평지관으로부터 배수수직관에 배수가 유입하면 배수량이 적을 때에는 배수는 수직관 관벽을 따라 지그재그로 강하한다.

제3과목 공기조화설비

41 히트펌프에 관한 설명으로 옳지 않은 것은?
① 1대의 기기로 냉방과 난방을 겸용할 수 있다.
② 냉동사이클에서 응축기의 방열을 난방에 이용한다.
③ 냉동기의 성적계수가 히트펌프의 성적계수보다 1만큼 크다.
④ 히트펌프의 성적계수를 향상시키기 위해 지열 등을 이용할 수 있다.

42 그림과 같은 전열교환기의 전열효율(η)을 올바르게 나타낸 것은? (단, 난방의 경우이며, X_1, X_2, X_3, X_4는 각 공기 상태의 엔탈피를 나타낸다.)

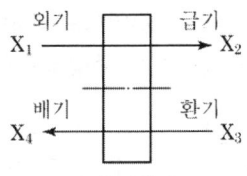

① $\eta = \dfrac{X_3 - X_1}{X_2 - X_1}$ ② $\eta = \dfrac{X_3 - X_4}{X_2 - X_4}$
③ $\eta = \dfrac{X_2 - X_1}{X_3 - X_1}$ ④ $\eta = \dfrac{X_3 - X_4}{X_3 - X_1}$

43 다음 중 습공기를 가열하였을 경우 증가하지 않는 것은?

① 엔탈피   ② 비체적
③ 건구온도 ④ 절대습도

44 공기에 관한 설명으로 옳은 것은?
① 0℃ 건조공기의 엔탈피는 0kJ/kg이다.
② 절대습도가 0kg/kg'인 공기를 포화공기라고 한다.
③ 현열비가 1이라면 잠열부하만 있다는 것을 의미한다.
④ 열수분비가 0이라면 공기의 상태변화에 절대습도의 변화가 없었다는 의미이다.

45 바이패스형 변풍량 유닛(VAV unit)에 관한 설명으로 옳지 않은 것은?
① 유닛의 소음발생이 적다.
② 송풍덕트 내의 정압제어가 필요없다.
③ 덕트계통의 증설이나 개설에 대한 적응성이 적다.
④ 천장 내의 조명으로 인한 발생열을 제거할 수 없다.

46 다음과 같은 몰리에르(Mollier)선도의 상태에서 운전하는 냉동펌프의 성적계수는?

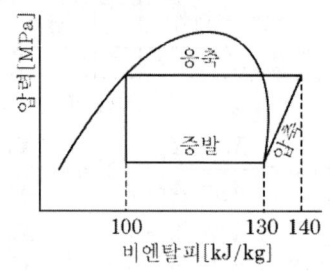

① 2.0   ② 2.5
③ 3.0   ④ 3.5

47 다음 중 인체의 열쾌적에 영향을 미치는 물리적 온열요소에 속하는 것은?
① 엔탈피   ② 현열비
③ 상대습도   ④ 노점온도

48 배관재료의 일반적인 용도가 옳게 연결된 것은?
① 동관 - 증기 배관
② 주철관 - 냉각수 배관
③ 경질염화비닐관 - 냉매 배관
④ 스테인리스강관 - 급수 배관

49 10×8×3.5m 크기의 강의실에 35명의 사람이 있을 때 실내의 CO_2 농도를 0.1%로 하기 위한 필요 환기량은? (단, 1인당 CO_2 발생량은 $0.02m^3$/인·h이며, 외기의 CO_2의 농도는 0.03%이다.)
① $1000m^3/h$ ② $1400m^3/h$
③ $1600m^3/h$ ④ $2000m^3/h$

50 공기 여과기의 종류 중 일명 전자식 공기청정기라고도 하며, 먼지의 제거효율이 높고, 미세한 먼지라든지 세균도 제거되므로 병원, 정밀기계 공장 등에서 사용이 가능한 것은?
① 전기식
② 건성여과식
③ 충돌점착식
④ 활성탄 흡착식

51 진공환수식 증기난방에서 리프트 이음(lift fitting)을 적용하는 경우는?
① 방열기보다 환수주관이 높을 때
② 환수배관법을 역환수식으로 할 때

③ 방열기보다 응축수 온도가 너무 높을 때
④ 진공펌프를 환수주관보다 낮게 설치할 때

52 다음과 같은 조건에 있는 체적이 2000m³인 실의 환기에 의한 현열부하는?

[조건]
· 외기상태 t_o=0℃, x_0=0.002kg/kg'
· 실내공기상태 t_r=24℃, x_r=0.010kg/kg'
· 공기의 비열 1.01kJ/kg·K
· 공기의 밀도 1.2kg/m³
· 환기횟수 2회/h

① 16.32kW ② 26.69kW
③ 32.32kW ④ 59.33kW

53 취출구의 허용풍속을 제한하는 가장 주된 이유는?
① 확산반경을 줄이기 위하여
② 송풍동력을 줄이기 위하여
③ 소음발생을 억제하기 위하여
④ 단락류 발생을 억제하기 위하여

54 덕트의 배치방식 중 개별 덕트방식에 관한 설명으로 옳지 않은 것은?
① 덕트 스페이스가 많이 요구된다.
② 각 실의 개별 제어성이 우수하다.
③ 공사비가 적어 일반적으로 가장 많이 사용되는 방식이다.
④ 입상 덕트(주덕트)에서 각개의 취출구로 덕트를 통해 분산하여 송풍하는 방식이다.

55 상당외기온도차(ETD, Equivalent Temperature Difference)에 관한 설명으로 옳은 것은?
① 난방부하의 계산에 있어서, 벽체를 통한 손실 열량을 계산할 때 사용한다.
② 냉방부하의 계산에 있어서, 벽체를 통한 취득 열량을 계산할 때 사용한다.
③ 벽체 외부에 흐르는 공기의 속도에 따른 열전달량을 고려한 온도차이다.
④ 주로 외기에 접하고 있지 않은 간막이벽, 천장, 바닥 등으로부터 열전달량을 구하는 데 사용한다.

56 증기난방에 관한 설명으로 옳지 않은 것은?
① 예열시간이 짧다.
② 온수난방에 비하여 쾌감도가 떨어진다.
③ 부하변동에 따른 실내 방열량의 제어가 곤란하다.
④ 극장, 영화관 등 천장고가 높은 건물에 주로 사용된다.

57 다음의 냉방부하 발생 요인 중 현열과 잠열 모두 갖는 것은?
① 인체발생열량
② 벽체로부터의 취득열량
③ 유리로부터의 취득열량
④ 덕트로부터의 취득열량

58 1개의 실에 설치된 온수용 주철제 방열기의 상당방열면적(EDR)이 20m²이다. 동일한 방열기를 5개 실에 설치할 경우, 필요한 전온수 순환량(L/min)은? (단, 방열기의 표준방열량 0.523kW/m², 방열기 입구온도 80℃, 출구온도 70℃, 온수의 비열 4.2kJ/kg·K, 온수의 밀도 1kg/L이다.)

① 15.2L/min   ② 21.7L/min
③ 74.7L/min   ④ 108.3L/min

59 스모크 타워 배연법에 관한 설명으로 옳은 것은?
① 송풍기와 덕트를 사용해서 외부로 연기를 배출하는 방식이다.
② 풍력에 의한 흡인효과와 부력을 이용한 배연탑을 사용하여 연기를 배출하는 방식이다.
③ 부력에 의하여 연기를 실의 상부벽이나 천장에 설치된 개구에서 옥외로 배출하는 방식이다.
④ 연기를 일정구획 내에 한정하도록 피난이 완전히 끝난 뒤에 개구부를 자동으로 완전 밀폐하는 방식이다.

60 흡수식 냉동기에 관한 설명으로 옳은 것은?
① 냉매로는 LiBr을 사용하고, 흡수제로 물을 사용한다.
② 증발기, 압축기, 재생기, 응축기 등으로 구성되어 있다.
③ 기계적 에너지가 아닌 열에너지에 의해 냉동 효과를 얻는다.
④ 1중 효용 흡수식 냉동기가 2중 효용 흡수식 냉동기보다 효율이 좋다.

제4과목 소방 및 전기설비

61 400V 미만의 저압용 기계·기구의 금속제 외함에 사용되는 접지공사는?
① 제1종 접지공사
② 제2종 접지공사
③ 제3종 접지공사
④ 특별 제3종 접지공사

62 정보통신설비를 정보설비와 통신설비로 구분할 경우, 다음 중 정보설비에 속하지 않는 것은?
① TV공청설비   ② 전기시계설비
③ 원격검침설비 ④ 홈네트워크설비

63 할로겐 램프에 관한 설명으로 옳지 않은 것은?
① 휘도가 낮다.
② 흑화가 거의 일어나지 않는다.
③ 백열전구에 비해 수명이 길다.
④ 광속이나 색온도의 저하가 극히 적다.

64 변압기에서 자기유도 작용으로 발생한 자속을 이동시키는 통로의 역할을 하는 것은?
① 철심   ② 부싱
③ 1차측 코일 ④ 2차측 코일

65 합성 최대 수용 전력이 1500kW, 부하율이 0.7일 때 부하의 평균 전력[kW]은?
① 1050   ② 1500
③ 2142   ④ 3000

66 다음 설명에 알맞은 화재의 종류는?

> 인화성 액체, 가연성 액체, 석유 그리스, 타르, 오일, 유성도료, 솔벤트, 래커, 알코올 및 인화성 가스와 같은 유류가 타고 나서 재가 남지 않는 화재

① A급 화재   ② B급 화재

③ C급 화재 ④ K급 화재

67 스프링클러 설비에서 스프링클러 헤드의 방수구에서 유출되는 물을 세분시키는 작용을 하는 것은?
① 익져스터 ② 디플렉터
③ 리타딩 챔버 ④ 액셀러레이터

68 자기인덕턴스 4H의 코일에 8A의 전류를 흘릴 때 코일에 저장되는 자기에너지는?
① 32J ② 64J
③ 128J ④ 256J

69 다음 중 옥내소화전설비의 화재안전기준상 배관 내 사용압력이 1.2MPa 이상인 경우 배관재료로 가장 적합한 것은?
① 배관용 탄소강관
② 압력배관용 탄소강관
③ 배관용 스테인리스강관
④ 이음매 없는 구리 및 구리합금관

70 엘리베이터설비에서 케이지가 최종 층에서 정지 위치를 지나쳤을 경우 바로 작동해서 제어회로를 개방, 전동기 전원을 차단하고, 전자 브레이크를 작동시켜 엘리베이터를 정지시키는 기능을 하는 것은?
① 조속기
② 가이드 슈
③ 최종 리밋 스위치
④ 슬랙 로프 세이프티

71 보호구간으로 유입하는 전류와 보호구간에서 유출되는 전류의 벡터차와 출입하는 전류와의 관계비로 동작하는 보호계전기는?
① 거리 계전기
② 과전압 계전기
③ 과전류 계전기
④ 비율차동 계전기

72 최대 방수구역에 설치된 스프링클러 헤드의 개수가 20개인 경우, 스프링클러 설비의 수원의 저수량은 최소 얼마 이상이 되도록 하여야 하는가? (단, 개방형 스프링클러 헤드를 사용하는 경우)
① $17m^3$ ② $32m^3$
③ $48m^3$ ④ $64m^3$

73 다음 설명에 알맞은 피드백 제어계의 구성요소는?

> 제어계의 상태를 교란시키는 외적 작용으로서, 실내 온도 제어에서는 인체・조명 등에 의한 발생열, 창문을 통한 태양일사, 틈새바람, 외기온도 등을 의미한다.

① 외란 ② 제어대상
③ 제어편차 ④ 주 피드백 신호

74 220V용 200W 전구에 흐르는 전류는?
① 약 0.5A ② 약 0.9A
③ 약 2.2A ④ 약 4.4A

75 다음의 설명에 알맞은 법칙은?

> 두 개의 전하 사이에 작용하는 전기력은 두 전하의 세기의 곱에 비례하고 거리의 제곱에 반비례한다.

① 옴의 법칙

② 렌츠의 법칙
③ 쿨롱의 법칙
④ 키르히호프의 제1법칙

76 자동제어방식 중 디지털방식에 관한 설명으로 옳지 않은 것은?
① 자기진단 기능을 보유하고 있다.
② 기능의 고급화를 도모할 수 있다.
③ 제어의 정밀도가 낮으며 신뢰성이 다소 떨어진다.
④ 각종 제어로직은 손쉽게 소프트웨어에 의해 조정될 수 있다.

77 LPG에 관한 설명으로 옳지 않은 것은?
① 발열량이 크다.
② 액화석유가스를 의미한다.
③ 연소 시 다량의 공기가 필요하다.
④ 공기보다 가벼워 누설이 되어도 안전성이 높다.

78 다음과 같은 RLC 직렬회로에서 역률은?

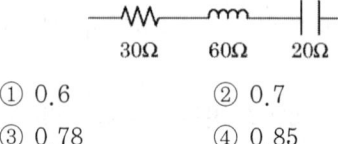

① 0.6
② 0.7
③ 0.78
④ 0.85

79 변압기의 1차측을 Y결선, 2차측을 △결선으로 했을 경우, 1·2차 간 전압의 위상차는?
① 30°
② 45°
③ 60°
④ 90°

80 동일한 저항을 가진 3개의 도선을 병렬로 연결하였을 때의 합성저항은?
① 1개 도선저항의 1/3
② 1개 도선저항의 2/3
③ 1개 도선저항의 1배
④ 1개 도선저항의 3배

제5과목 건축설비관계법규

81 다음은 건축물의 에너지절약설계기준에 따른 방습층의 정의이다. ( ) 안에 알맞은 것은?

> 방습층이라 함은 습한 공기가 구조체에 침투하여 결로발생의 위험이 높아지는 것을 방지하기 위해 설치하는 투습도가 24시간당 ( ) 이하 또는 투습계수 $0.28g/m^2 \cdot h \cdot mmHg$ 이하의 투습저항을 가진 층을 말한다.

① $10g/m^2$
② $20g/m^2$
③ $30g/m^2$
④ $40g/m^2$

82 건축물의 에너지절약설계기준상 기계부문에 권장되는 냉방설비의 용량계산을 위한 설계기준 실내온도 기준은? (단, 목욕장 및 수영장은 제외한다.)
① 20℃
② 25℃
③ 28℃
④ 30℃

83 건축법령상 숙박시설에 속하지 않는 것은?
① 호스텔
② 청소년수련원
③ 의료관광호텔
④ 휴양 콘도미니엄

84 신축 또는 리모델링하는 30세대 이상의 공동주택은 시간당 최소 몇 회 이상의 환기가 이루어질 수 있도록 자연환기설비 또는 기계환기설비를 설치하여야 하는가?

① 0.5회 ② 0.7회
③ 1.2회 ④ 1.5회

85 건축물의 내부에 설치하는 피난계단의 구조에 관한 기준 내용으로 옳지 않은 것은?

① 계단실의 실내에 접하는 부분의 마감은 불연재료로 할 것
② 계단은 내화구조로 하고 피난층 또는 지상까지 직접 연결되도록 할 것
③ 건축물의 내부와 접하는 계단실의 창문 등의 면적은 각각 $3m^2$ 이하로 할 것
④ 건축물의 내부에서 계단실로 통하는 출입구의 유효너비는 0.9m 이상으로 할 것

86 같은 건축물 안에 공동주택과 위락시설을 함께 설치하고자 하는 경우, 공동주택의 출입구와 위락시설의 출입구는 서로 그 보행거리가 최소 얼마 이상이 되도록 설치하여야 하는가?

① 10m ② 20m
③ 30m ④ 50m

87 다음은 지하층과 피난층 사이의 개방공간 설치에 관한 기준 내용이다. (   ) 안에 알맞은 것은?

> 바닥면적의 합계가 (   ) 이상인 공연장·집회장·관람장 또는 전시장을 지하층에 설치하는 경우에는 각 실에 있는 자가 지하층 각 층에서 건축물 밖으로 피난하여 옥외 계단 또는 경사로 등을 이용하여 피난층으로 대피할 수 있도록 천장이 개방된 외부 공간을 설치하여야 한다.

① $1000m^2$ ② $2000m^2$
③ $3000m^2$ ④ $4000m^2$

88 연면적 $200m^2$을 초과하는 중·고등학교에 설치하는 복도의 유효너비는 최소 얼마 이상으로 하여야 하는가? (단, 양 옆에 거실이 있는 복도의 경우)

① 1.5m 이상 ② 1.8m 이상
③ 2.1m 이상 ④ 2.4m 이상

89 판매시설로서 옥내소화전설비를 모든 층에 설치하여야 하는 특정소방대상물의 연면적 기준은?

① $500m^2$ 이상 ② $1000m^2$ 이상
③ $1500m^2$ 이상 ④ $2000m^2$ 이상

90 피난 용도로 쓸 수 있는 광장을 옥상에 설치하여야 하는 대상에 속하지 않는 것은?

① 5층 이상인 층이 종교시설의 용도로 쓰는 경우
② 5층 이상인 층이 판매시설의 용도로 쓰는 경우
③ 5층 이상인 층이 문화 및 집회시설 중 공연장의 용도로 쓰는 경우
④ 5층 이상인 층이 문화 및 집회시설 중 전시장의 용도로 쓰는 경우

91 방송 공동수신설비를 설치하여야 하는 대상 건축물에 속하지 않는 것은?
① 연립주택
② 다가구주택
③ 바닥면적의 합계가 5000m²로서 업무시설의 용도로 쓰는 건축물
④ 바닥면적의 합계가 5000m²로서 숙박시설의 용도로 쓰는 건축물

92 비상용 승강기의 승강장 및 승강로의 구조에 관한 기준 내용으로 옳지 않은 것은?
① 승강장은 각 층의 내부와 연결될 수 있도록 할 것
② 승강로는 당해 건축물의 다른 부분과 내화구조로 구획할 것
③ 벽 및 반자가 실내에 접하는 부분의 마감재료는 불연재료로 할 것
④ 옥외 승강장의 바닥면적은 비상용 승강기 1대에 대하여 5m² 이상으로 할 것

93 건축물을 특별시나 광역시에 건축하는 경우 특별시장이나 광역시장의 허가를 받아야 하는 대상 건축물의 층수 기준은?
① 15층 이상   ② 21층 이상
③ 30층 이상   ④ 41층 이상

94 공동 소방안전관리자 선임대상 특정소방대상물의 연면적 기준은? (단, 복합건축물인 경우)
① 5000m² 이상
② 10000m² 이상
③ 15000m² 이상
④ 20000m² 이상

95 다음 중 허가 대상에 속하는 건축물의 용도 변경은?
① 장례시설에서 발전시설로의 용도변경
② 위락시설에서 숙박시설로의 용도변경
③ 종교시설에서 운동시설로의 용도변경
④ 업무시설에서 교육연구시설로의 용도변경

96 다음은 주택에 설치하는 소방시설에 관한 기준 내용이다. 밑줄 친 대통령령으로 정하는 소방시설에 해당하는 것은?

> 제8조(주택에 설치하는 소방시설) ① 다음 각 호의 주택의 소유자는 <u>대통령령으로 정하는 소방시설</u>을 설치하여야 한다.
> 1. 「건축법」 제2조제2항제1호의 단독주택
> 2. 「건축법」 제2조제2항제2호의 공동주택 (아파트 및 기숙사는 제외한다)

① 소화기 및 단독경보형 감지기
② 소화기 및 간이스프링클러 설비
③ 간이소화용구 및 자동소화장치
④ 간이소화용구 및 자동식사이렌설비

97 특별피난계단에 설치하는 배연설비의 구조에 관한 기준 내용으로 옳지 않은 것은?
① 배연구 및 배연풍도는 불연재료로 할 것
② 배연구는 평상시에는 닫힌 상태를 유지할 것
③ 배연구는 평상시에 사용하는 굴뚝에 연결할 것
④ 배연기는 배연구의 열림에 따라 자동적으로 작동할 것

98 승강기 설치 대상 건축물로서 각 층의 거실

면적이 500m²인 8층 병원에 설치하여야 하는 승용 승강기의 최소 대수는? (단, 8인승 승강기인 경우)
① 1대 ② 2대
③ 3대 ④ 4대

99 다음 중 다중이용건축물에 속하지 않는 것은? (단, 층수가 10층이며, 해당 용도로 쓰는 바닥면적의 합계가 5000m²인 경우)
① 종교시설
② 판매시설
③ 위락시설
④ 숙박시설 중 관광숙박시설

100 다음은 소방시설의 내진설계에 관한 기준 내용이다. 밑줄 친 대통령령으로 정하는 소방시설에 속하지 않는 것은?

> 「지진·화산재해대책법」제14조 제1항 각 호의 시설 중 대통령령으로 정하는 특정 소방대상물에 <u>대통령령으로 정하는 소방시설</u>을 설치하려는 자는 지진이 발생할 경우 소방시설이 정상적으로 작동될 수 있도록 소방청장이 정하는 내진설계기준에 맞게 소방시설을 설치하여야 한다.

① 옥내소화전설비
② 스프링클러 설비
③ 자동화재탐지설비
④ 물분무 등 소화설비

2018년 4회 건축설비기사 과년도문제

제1과목 건축일반

01 조적구조에 있어서 통줄눈을 피하는 가장 주된 이유는?
① 시공을 쉽게 하기 위해서
② 응력을 분산시키기 위해서
③ 외관을 아름답게 하기 위해서
④ 토막 벽돌을 이용하기 위해서

02 플랫 슬래브에서 기둥에 의한 슬래브의 펀칭(뚫림)현상을 방지하는 대책이 아닌 것은?
① 슬래브 두께 증가
② 드롭 판넬 설치
③ 기둥 철근량 증가
④ 캐피탈 설치

03 사무소 건축의 코어(Core) 계획에 관한 설명으로 옳지 않은 것은?
① 전기입상관(EPS) 등은 분산시켜 외기에 적절히 면하게 한다.
② 위생입상관(PS) 등은 화장실에 접근시켜 배치한다.
③ 피난계단이 2개소 이상일 경우에 그 출입구는 적절히 이격하게 한다.
④ 코어 내 각 공간이 각 층마다 공통의 위치에 있도록 한다.

04 도서관 계획 시 기본 원칙으로 옳지 않은 것은?
① 소수인원으로 관리할 수 있는 공간계획이 되어야 한다.
② 장래 확장을 고려하지 않고, 여유 공간을 최소화한다.
③ 실의 기능변경 등에 대비한 모듈시스템을 채택한다.
④ 이용자와 직원 및 서적의 출입구는 원칙적으로 분리한다.

05 실내환기의 주된 목적이 아닌 것은?
① 적절한 산소공급
② 습기 제거
③ 기류속도 조정
④ CO_2 제거

06 경사지를 적절하게 이용할 수 있으며, 각 호마다 전용의 정원 확보가 가능한 주택형식은?
① 테라스 하우스(Terrace house)
② 타운 하우스(Town house)
③ 중정형 하우스(Patio house)
④ 로 하우스(Row house)

07 실내조명설계의 순서에서 가장 먼저 수행해야 하는 것은?
① 조명 기구의 디자인
② 소요 조도의 결정
③ 조명 방식의 결정

④ 기구 대수의 산출

08 아파트 단면형식 중 복층형(maisonette type)의 특징에 관한 설명으로 옳지 않은 것은?
① 거주성과 프라이버시가 양호하다.
② 소규모에 유리한 형식이다.
③ 주택 내 공간의 변화가 있다.
④ 유효면적이 증가한다.

09 다음 중 주로 인장력을 부담하는 철물이 아닌 것은?
① 턴 버클(turn buckle)
② 폼 타이(form tie)
③ 앵커 볼트(anchor bolt)
④ 스터드 볼트(stud bolt)

10 다음 양식 지붕틀 중 왕대공 지붕틀에 해당하는 것은?

① 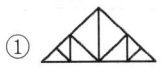 ②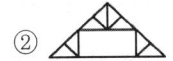
③  ④

11 다음 지붕틀 부재 중 압축응력에 저항하는 부재로만 조합된 것은?
① 층도리, 왕대공
② 지붕보, 달대공
③ 빗대공, ㅅ자보
④ 평보, 대공

12 눈부심(glare)의 방지 방법으로 옳지 않은 것은?
① 휘도가 낮은 광원을 사용한다.
② 플라스틱 커버가 장착된 조명기구를 사용한다.
③ 글레어 존(glare zone)에 광원을 설치한다.
④ 광원 주위를 밝게 한다.

13 상점의 판매형식 중 대면판매의 특징에 관한 설명으로 옳은 것은?
① 상품이 손에 잡혀서 충동적 구매와 선택이 용이하다.
② 진열면적이 커지고 상품에 친근감이 간다.
③ 일반적으로 양복, 침구, 전기기구, 서적, 운동용구점 등에서 쓰인다.
④ 판매원이 정위치를 정하기가 용이하다.

14 건축의 성립에 영향을 미치는 요소들에 관한 설명으로 옳지 않은 것은?
① 자연 조건이 비슷한 여러 나라가 서로 다른 건축형태를 갖는 것은 기후 및 풍토적 요소 때문이다.
② 지붕의 형태, 경사 등은 기후 및 풍토적 요소의 영향을 받는다.
③ 건축재료와 이를 구성하는 방법에 따라 건물 형태가 변화하는 것은 기술적 요소에서 기인한다.
④ 봉건시대에 신을 위한 건축이 주류를 이루고 민주주의 시대에 대중을 위한 학교, 병원 등의 건축이 많아진 것은 정치 및 종교적 요소 때문이다.

15 백화점 건축의 에스컬레이터에 관한 설명

으로 옳지 않은 것은?
① 엘리베이터보다 설비비가 매우 낮고, 구조계획이 단순하다.
② 엘리베이터보다 수송량이 크다.
③ 고객의 시야가 좋고, 고객을 기다리게 하지 않는다.
④ 설치 시 층 높이에 대한 고려가 필요하다.

16 상점건축 계획에 관한 설명으로 옳지 않은 것은?
① 이용편의를 위하여 고객의 동선은 단순하고 짧게 구성한다.
② 조명은 국부적인 조명과 전반적인 조명을 동시에 고려한다.
③ 색채계획은 매장 전체의 분위기와 상품 특성을 동시에 고려한다.
④ 종업원의 동선은 고객의 동선과 교차되지 않는 것이 바람직하다.

17 연면적이 $1000m^2$인 건물을 2층에서 10층까지 임대할 경우 이 건물의 임대율(유효율)은? (단, 임대율=대실면적/연면적이며, 각 층의 대실면적은 $90m^2$로 동일함)
① 62% ② 72%
③ 81% ④ 91%

18 호텔의 종류 중 연면적에 대한 숙박관계부분의 비율이 일반적으로 가장 큰 것은?
① 아파트먼트 호텔(Apartment hotel)
② 레지던셜 호텔(Residential hotel)
③ 리조트 호텔(Resort hotel)
④ 커머셜 호텔(Commercial hotel)

19 만약 실내공기 중의 CO_2농도가 1000ppm이라 하면 실내의 공기 중에 CO_2가 차지하는 비율은 몇 %에 해당하는가?
① 0.01% ② 0.1%
③ 1% ④ 10%

20 병원의 출입구 및 동선계획으로 옳지 않은 것은?
① 외래와 입원환자의 출입구는 분리시킨다.
② 환자와 공급물품의 동선은 중복 또는 교차되지 않도록 한다.
③ 야간에는 외래진료부를 폐쇄할 수 있도록 계획한다.
④ 입원환자의 보호자 출입구는 외래진료부에 둔다.

제2과목 위생설비

21 원심식 펌프로 회전차 주위에 디퓨저인 안내 날개를 가지고 있는 펌프는?
① 터빈 펌프 ② 기어 펌프
③ 피스톤 펌프 ④ 볼류트 펌프

22 먹는 물의 수질 기준에 따른 경도 기준으로 옳은 것은? (단, 수돗물의 경우)
① 100mg/L를 넘지 아니할 것
② 300mg/L를 넘지 아니할 것
③ 1000mg/L를 넘지 아니할 것
④ 1200mg/L를 넘지 아니할 것

23 급수 관경 결정 시 필요 없는 사항은?

① 수압표
② 관경균등표
③ 동시사용율표
④ 마찰저항선도

24 압력탱크방식 급수법에 관한 설명으로 옳은 것은?
① 취급이 비교적 쉽고 고장도 없다.
② 전력 차단 시에는 사용할 수 없다.
③ 항상 일정한 수압을 유지할 수 있다.
④ 고가탱크방식에 비하여 관리비용이 저렴하고 저양정의 펌프를 사용한다.

25 간접가열식 급탕법에 관한 설명으로 옳지 않은 것은?
① 대규모의 급탕설비에 사용할 수 없다.
② 보일러 내면에 스케일의 발생이 적다.
③ 탱크 내의 가열코일을 이용하여 가열한다.
④ 난방용 보일러를 사용하여 급탕할 수 있다.

26 아파트 1동 50세대의 급탕설비를 중앙공급식으로 하는 경우 1시간당 최대 급탕량은? (단, 각 세대마다 세면기(40L/h), 부엌싱크(70L/h), 욕조(110L/h)가 1개씩 설치되며, 기구의 동시사용률은 30%로 가정한다.)
① 2700L/h   ② 3300L/h
③ 3700L/h   ④ 4300L/h

27 다음 중 사이펀 트랩에 속하는 것은?
① P트랩   ② 벨 트랩
③ 드럼 트랩   ④ 그리스 트랩

28 다음 중 배관의 피복 목적과 가장 관계가 먼 것은?
① 방로   ② 방음
③ 방동   ④ 방진

29 2개 이상의 엘보를 사용하여 이음부의 나사 회전을 이용해서 배관의 신축을 흡수하는 신축 이음쇠는?
① 루프형   ② 슬리브형
③ 벨로즈형   ④ 스위블형

30 급탕배관에서 콘크리트벽의 관통 부위에 슬리브(sleeve) 배관을 하는 가장 주된 이유는?
① 관 내의 유속을 낮추기 위하여
② 관의 도장공사를 손쉽게 하기 위하여
③ 관 표면에 생기는 결로를 막기 위하여
④ 관이 자유롭게 신축할 수 있도록 하기 위하여

31 다음 설명에 알맞은 유체 정역학 관련 이론은?

> 밀폐된 용기에 넣은 유체의 일부에 압력을 가하면, 이 압력은 모든 방향으로 동일하게 전달되어 벽면에 작용한다.

① 파스칼의 원리
② 피토관의 원리
③ 베르누이의 정리
④ 토리첼리의 정리

32 결합통기관에 관한 설명으로 옳은 것은?
① 각 기구마다 설치하는 통기관
② 배수·통기 양 계통 간의 공기 유통을 원활하게 하기 위해 배수수평지관과 루프통기관을 연결시키는 통기관
③ 배수수직관의 상부를 그대로 연장하여 대기에 개방되게 한 것으로 배수수직관이 통기관의 역할까지 하도록 한 통기관
④ 배수수직관이 길 경우 발생할 수 있는 배수수직관 내의 압력변화를 방지하기 위해 배수수직관과 통기수직관을 연결한 통기관

33 급수배관 설계 및 시공 시 주의사항으로 옳지 않은 것은?
① 수평배관에서 물이 고일 수 있는 부분에는 진공방지밸브를 설치한다.
② 상향 급수배관 방식의 경우 진행방향에 따라 올라가는 기울기로 한다.
③ 기구의 접속관지름은 기구의 구경과 동일한 것을 원칙으로 하며 이것보다 작게 해서는 안 된다.
④ 수직배관에는 25~30m 구간마다 체크밸브를 설치하여 유동 정지 시의 역류에너지의 작용을 분산한다.

34 대변기의 세정급수 방식 중 하이탱크식과 로우탱크식에 관한 설명으로 옳은 것은?
① 하이탱크식은 로우탱크식보다 세정소음이 작다.
② 로우탱크식과 하이탱크식은 연속 사용이 가능하다.
③ 로우탱크식은 하이탱크식보다 화장실 내의 공간을 적게 차지하여 유리하다.
④ 하이탱크식과 로우탱크식은 탱크로의 급수 수압이 다소 낮아도 사용이 가능하다.

35 양수펌프가 수면으로부터 2.5m 높은 지점에 설치되어 있다. 이때 수온은 32.5℃이고, 32.5℃ 물의 포화증기압은 5kPa이며, 수면 위에는 표준 대기압이 작용하고 있다. 이 양수펌프의 유효흡입양정은? (단, 마찰저항은 2.37mAq이며 물의 밀도는 0.996kg/L이다.)
① 약 2.5m   ② 약 5.0m
③ 약 7.5m   ④ 약 10.0m

36 배수배관에서 청소구의 원칙적인 설치 위치에 속하지 않는 것은?
① 배수횡주관 및 배수횡지관의 기점
② 배수수직관의 최상부 또는 그 부근
③ 배수횡주관과 부지 배수관의 접속점에 가까운 곳
④ 배수관이 45°를 넘는 각도로 방향을 전환하는 개소

37 층류와 난류에 관한 설명으로 옳지 않은 것은?
① 층류영역에서 난류영역 사이를 천이영역이라고 한다.
② 층류에서 난류로 천이할 때의 유속을 평균 유속이라고 한다.
③ 레이놀즈 수에 의해 관내의 흐름이 층류인지 난류인지를 판별할 수 있다.

④ 유체 유동 중 층류는 유체분자가 규칙적으로 층을 이루면서 흐르는 것이다.

38 다음 중 펌프에서 캐비테이션 현상의 방지 대책과 가장 거리가 먼 것은?
① 관내에 공기가 체류하지 않도록 배관한다.
② 양정에 필요 이상의 여유를 주지 않도록 한다.
③ 흡수관을 가능한 한 길게 하고 관경을 작게 한다.
④ 흡입조건이 나쁜 경우 회전수가 작은 펌프를 사용한다.

39 1000L/h의 급탕을 전기온수기를 사용하여 공급할 때 시간당 전력사용량은? (단, 물의 비열 4.2kJ/kg·K, 밀도 1kg/L, 급탕온도 70℃, 급수온도 10℃, 전기온수기의 전열효율은 95%로 한다.)
① 63.4kW/h ② 66.5kW/h
③ 70.2kW/h ④ 73.7kW/h

40 수질에 관한 설명으로 옳은 것은?
① SS값이 클수록 탁도가 작다.
② COD값이 클수록 오염도가 작다.
③ BOD값이 클수록 오염도가 작다.
④ BOD 제거율값이 클수록 처리능력이 양호하다.

● **제3과목 공기조화설비**

41 유량조절용으로 사용되며 유체의 흐름방향을 90°로 전환시킬 수 있는 밸브는?
① 볼 밸브 ② 앵글 밸브
③ 체크 밸브 ④ 게이트 밸브

42 다음 그림과 같은 냉수 배관계통에서 ㉠점의 냉수 순환량은? (단, 팬코일 유닛의 단위는 와트(W)이며, 물의 비열은 4.2kJ/kg·K, 물의 밀도는 1kg/L이다.)

[조건]
· 팬코일 유닛의 입구, 출구 온도차 : 5℃
· 배관 및 기기의 열손실은 10%로 한다.

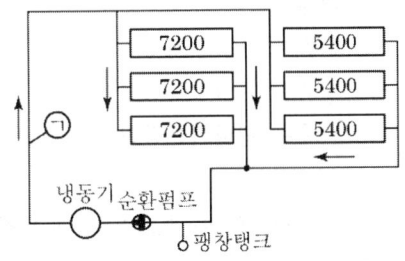

① 약 61L/min ② 약 119L/min
③ 약 122L/min ④ 약 134L/min

43 보일러에 관한 설명으로 옳지 않은 것은?
① 연관 보일러는 예열시간이 길고 수명이 짧다.
② 입형 보일러는 설치면적이 작고 취급이 용이하다.
③ 수관 보일러는 지역난방 또는 대형 건물에 주로 이용된다.
④ 관류 보일러는 보유수량이 많으므로 일반 공조용에 많이 이용된다.

44 다음과 같은 특징을 갖는 천장취출구는?

- 확산형 취출구의 일종으로 몇 개의 콘(cone)이 있어서 1차 공기에 의한 2차 공기의 유인성능이 좋다.
- 확산반경이 크고 도달거리가 짧기 때문에 천장취출구로 많이 사용된다.

① 팬형 ② 노즐형
③ 펑커형 ④ 아네모스탯형

45 급기온도를 일정하게 하고 송풍량을 변화시켜서 실내온도를 조절하는 공기조화방식은?

① 냉매방식
② 이중덕트방식
③ 정풍량 단일덕트방식
④ 변풍량 단일덕트방식

46 1인당 소요면적이 $5m^2$이고, 사무실의 면적이 $500m^2$일 때 인체 발생열량은? (단, 1인당 발생 현열량은 56W/인, 잠열량은 46W/인이다.)

① 9400W ② 9900W
③ 10000W ④ 10200W

47 축열시스템에 관한 설명으로 옳지 않은 것은?

① 심야전력의 이용이 가능하다.
② 냉동기의 용량을 감소시킬 수 있다.
③ 호텔의 공공부분과 같이 간헐운전이 심한 경우에는 적용할 수 없다.
④ 빙축열시스템은 냉각을 위한 냉동기, 축열을 위한 빙축열조, 외부와의 열교환을 위한 열교환기 등으로 구성된다.

48 진공환수식 증기난방에서 리프트 피팅(lift fitting)을 해야 하는 경우는?

① 방열기보다 환수주관이 높을 때
② 방열기보다 환수주관이 낮을 때
③ 배관 내의 유체 온도가 너무 높을 때
④ 배관 내의 유체 온도가 너무 낮을 때

49 전열교환기에 관한 설명으로 옳지 않은 것은?

① 공기 대 공기의 열교환기로서, 습도차에 의한 잠열은 교환 대상이 아니다.
② 공기방식의 중앙공조시스템이나 공장 등에서 환기에서의 에너지 회수방식으로 사용된다.
③ 공조시스템에서 배기와 도입되는 외기와의 전열교환으로 공조기의 용량을 줄일 수 있다.
④ 전열교환기를 사용한 공조시스템에서 중간기(봄, 가을)를 제외한 냉방기와 난방기의 열회수량은 실내·외의 온도차가 클수록 많다.

50 덕트의 치수 결정법에 관한 설명으로 옳지 않은 것은?

① 등속법은 덕트 내의 풍속을 일정하게 유지할 수 있도록 덕트 치수를 결정하는 방법이다.
② 등마찰손실법은 덕트의 단위길이당 마찰손실이 일정한 상태가 되도록 덕트 마찰손실 선도에서 직경을 구하는 방법이다.
③ 등속법에 의한 덕트는 각 구간마다 압력손실이 다르므로 송풍기 용량을 구하

기 위해서는 전체 구간의 압력손실을 구해야 하는 번거로움이 있다.
④ 등속법에 의한 덕트에 많은 풍량을 송풍하면 소음발생이나 덕트의 강도상에 문제가 발생하므로 일정 풍량 이상인 경우 등마찰손실법으로 결정한다.

51 사무실의 크기가 10m×10m×3m이고 재실자가 25명, 가스난로의 CO_2 발생량이 $0.5m^3/h$일 때, 실내평균 CO_2 농도를 5000ppm으로 유지하기 위한 최소 환기횟수는? (단, 재실자 1인당의 CO_2 발생량은 18L/h, 외기의 CO_2 농도는 800ppm이다.)
① 약 0.75회/h ② 약 1.25회/h
③ 약 1.50회/h ④ 약 2.00회/h

52 증기 트랩의 작동 원리에 따른 분류 중 기계식 트랩에 속하는 것은?
① 버킷 트랩
② 디스크 트랩
③ 벨로즈식 트랩
④ 바이메탈식 트랩

53 수증기를 만드는 원리에 따라 가습장치를 구분할 경우, 다음 중 수분무식에 속하는 것은?
① 전열식 ② 모세관식
③ 초음파식 ④ 적외선식

54 공기조화방식 중 전공기 방식의 일반적인 특징으로 옳은 것은?
① 덕트 스페이스가 필요하다.
② 실내공기의 오염이 심하다.
③ 실내에 누수의 염려가 많다.
④ 중간기에 외기냉방을 할 수 없다.

55 환기방식에 관한 설명으로 옳지 않은 것은?
① 화장실, 주방 등은 제3종 환기가 유리하다.
② 상향식 환기는 바닥면의 먼지 등을 일으킬 수 있다.
③ 제2종 환기란 급기팬과 배기팬이 모두 설치되는 것을 말한다.
④ 국소환기는 주방, 실험실에서와 같이 오염 물질의 확산 및 방산을 가능한 한 극소화시키려고 할 때 적용된다.

56 다음 중 송풍기의 풍량제어 시 축동력이 가장 많이 소요되는 제어방법은?
① 회전수제어 ② 흡입베인제어
③ 흡입댐퍼제어 ④ 토출댐퍼제어

57 냉동기에 관한 설명으로 옳지 않은 것은?
① 터보식 냉동기는 임펠러의 원심력에 의해 냉매가스를 압축한다.
② 터보식 냉동기는 대용량에서는 압축효율이 좋고 비례 제어가 가능하다.
③ 압축식 냉동기의 냉매순환 사이클은 압축기 → 응축기 → 팽창밸브 → 증발기이다.
④ 흡수식 냉동기는 열에너지가 아닌 기계적 에너지에 의해 냉동효과를 얻는다.

58 냉방부하계산에 관한 설명으로 옳지 않은 것은?
① 외벽구조에 따라 상당온도차는 다르게

나타난다.
② 틈새바람에 의한 부하는 현열과 잠열 모두 고려한다.
③ 틈새바람량 계산법으로는 틈새법, 면적법, 환기 횟수법 등이 있다.
④ 유리를 통한 열부하는 일사에 의한 직접 열취득만을 고려한다.

59 다음 중 상당외기온도의 산정과 가장 거리가 먼 것은?
① 외기온도
② 일사의 세기
③ 구조체의 열관류율
④ 표면재료의 일사흡수율

60 습공기선도와 관련된 설명으로 옳지 않은 것은?
① 현열비는 전열량에 대한 현열량의 비율을 의미한다.
② 습공기선도에서 현열비 상태선이 수평일 때 현열비는 1이다.
③ 습공기를 가습하였을 경우 노점온도는 낮아지나 상대습도는 높아진다.
④ 열수분비는 습공기의 상태변화에 따른 전열량의 변화량과 절대습도의 변화량의 비를 나타낸다.

제4과목 소방 및 전기설비

61 나무, 섬유, 종이, 고무, 플라스틱류와 같은 일반 가연물이 타고 나서 재가 남는 화재를 의미하는 것은?
① A급 화재 ② B급 화재
③ C급 화재 ④ K급 화재

62 공동주택 부지 내에서 도시가스 사용시설의 배관을 지하에 매설하는 경우 지면으로부터 최소 얼마 이상의 거리를 유지하여야 하는가?
① 0.3m ② 0.6m
③ 0.8m ④ 1.2m

63 100Ω인 전열기 5대가 100V 전지에 병렬로 연결되어 있을 때 전열기 1대에서 소비되는 전력은?
① 20W ② 40W
③ 100W ④ 500W

64 정보통신설비를 정보설비와 통신설비로 구분할 경우, 다음 중 정보설비에 속하는 것은?
① 인터폰설비
② TV공청설비
③ 홈네트워크설비
④ 구내방송(PA)설비

65 자속의 단위로 사용되는 것은?
① 헨리[H] ② 패럿[F]
③ 쿨롱[C] ④ 웨버[Wb]

66 가동코일형 계기에 관한 설명으로 옳은 것은?
① 고주파용이다.
② 교류 전용이다.
③ 직류 전용이다.

④ 직류, 교류 양용이다.

67 차동식 분포형 화재감지기에 속하지 않는 것은?
① 스폿식   ② 공기관식
③ 열전대식   ④ 열반도체식

68 옥내소화전설비에 관한 설명으로 옳지 않은 것은?
① 영하 10℃ 이하의 추운 곳에서의 배관은 습식으로 한다.
② 주배관 중 수직배관의 구경은 50mm 이상의 것으로 한다.
③ 방수구는 바닥으로부터 높이가 1.5m 이하가 되도록 한다.
④ 건물의 각 부분으로부터 하나의 옥내소화전 방수구까지의 수평거리가 25m 이하가 되도록 한다.

69 각종 센서로부터 전자적 신호를 받아 수치화된 디지털 신호로 제어하는 방식은?
① 전기식   ② 공기식
③ 기계식   ④ DDC 방식

70 어느 공장에 주파수 60Hz, 50kW인 4극 유도전동기가 운전되고 있다. 이 전동기의 동기속도는?
① 1500rpm   ② 1800rpm
③ 2500rpm   ④ 3600rpm

71 콘덴서에서 극판의 면적을 2배로 증가시키면 정전용량은 몇 배가 되는가?
① 1.5배   ② 2배
③ 3배   ④ 4배

72 공조설비의 밸브나 댐퍼의 구동을 위하여 비례제어용으로 주로 사용되는 조작기는?
① 히트 펌프   ② 서보 모터
③ 모듀트롤 모터   ④ 직동식 전자밸브

73 단상 변압기의 2차 무부하 전압이 220V이고, 정격부하에서의 2차 단자전압이 200V일 경우 전압변동률은?
① 5%   ② 7%
③ 10%   ④ 12%

74 단권 변압기에서 1차 권선의 권수가 100회, 공통 코일(2차 코일) 권수가 60회 일 때 2차측 전압은 얼마인가? (단, 1차측 전압은 100V이다.)
① 40V   ② 60V
③ 100V   ④ 160V

75 다음은 옥외소화전설비의 호스접결구에 관한 기준 내용이다. ( ) 안에 알맞은 것은?

> 호스접결구는 지면으로부터 높이가 0.5m 이상 1m 이하의 위치에 설치하고 특정소방대상물의 각 부분으로부터 하나의 호스접결구까지의 수평거리가 ( ) 이하가 되도록 설치하여야 한다.

① 30m   ② 40m
③ 50m   ④ 60m

76 각종 광원에 관한 설명으로 옳지 않은 것은?
① 형광램프는 점등장치를 필요로 한다.
② 저압나트륨램프는 인공광원 중에서 연

색성이 가장 우수하다.
③ 고압수은램프는 광속이 큰 것과 수명이 긴 것이 특징이다.
④ 메탈할라이드램프는 고압수은램프보다 효율과 연색성이 우수하다.

77 평형 3상 교류에서 각 상 간의 위상차는?
① 60°   ② 90°
③ 120° ④ 180°

78 엘리베이터 설비에서 도어의 안전장치로서 승강장 도어가 열린 상태에서 모든 제약이 풀리면 자동으로 도어가 닫히도록 하는 장치는?
① 도어 머신   ② 도어 클로저
③ 도어 인터록 ④ 도어 스위치

79 스프링클러 설비를 구성하는 배관에 관한 설명으로 옳지 않은 것은?
① 가지배관이란 스프링클러 헤드가 설치되어 있는 배관을 말한다.
② 주배관이란 직접 또는 수직배관을 통하여 가지배관에 급수하는 배관을 말한다.
③ 급수배관이란 수원 및 옥외송수구로부터 스프링클러 헤드에 급수하는 배관을 말한다.
④ 신축배관이란 가지배관과 스프링클러 헤드를 연결하는 구부림이 용이하고 유연성을 가진 배관을 말한다.

80 전기 관련 용어에 관한 설명으로 옳지 않은 것은?
① 전력은 열량으로 환산이 가능하다.
② 전류는 단위시간에 이동한 전기량을 말한다.
③ 저항의 크기는 물체의 단면적에 비례하고 길이에 반비례한다.
④ 전기회로에서 두 극 사이에 생기는 전기적인 고저차를 전위차 또는 전압이라 한다.

제5과목 건축설비관계법규

81 다음은 건축법령상 건축신고와 관련된 기준 내용이다. ( ) 안에 속하지 않는 것은?

> 허가 대상 건축물이라 하더라도 바닥면적의 합계가 85m² 이내의 ( )의 경우에는 미리 특별자치시장·특별자치도지사 또는 시장·군수·구청장에게 신고를 하면 건축허가를 받은 것으로 본다.

① 신축   ② 증축
③ 개축   ④ 재축

82 각 층의 거실면적의 합계가 1000m²로 동일한 15층의 문화 및 집회시설 중 공연장에 설치하여야 하는 승용 승강기의 최소 대수는? (단, 15인승 승강기의 경우)
① 4대   ② 5대
③ 6대   ④ 7대

83 다음 중 축랭식 전기냉방설비의 설계기준 내용으로 옳지 않은 것은?
① 열교환기는 시간당 평균냉방열량을 처리할 수 있는 용량 이하로 설치하여야 한다.

② 자동제어설비는 필요할 경우 수동조작이 가능하도록 하여야 하며 감시기능 등을 갖추어야 한다.
③ 축열조는 축랭 및 방랭운전을 반복적으로 수행하는 데 적합한 재질의 축랭재를 사용하여야 한다.
④ 부분축랭방식의 경우에는 냉동기가 축랭운전과 방랭운전 또는 냉동기와 축열조의 동시 운전이 반복적으로 수행하는 데 아무런 지장이 없어야 한다.

84 헬리포트의 설치에 관한 기준 내용으로 옳은 것은?
① 헬리포트의 길이와 너비는 각각 9m 이상으로 한다.
② 헬리포트의 중앙부분에는 지름 6m의 "ⓗ" 표지를 황색으로 한다.
③ 헬리포트의 주위한계선은 백색으로 하되, 그 선의 너비는 38cm로 한다.
④ 헬리포트의 중심으로부터 반경 15m 이내에는 이·착륙에 장애가 되는 건축물 등을 설치하지 아니한다.

85 건축물에 설치하는 복도의 유효너비 기준이 옳지 않은 것은? (단, 연면적 $200m^2$를 초과하는 건축물이며, 양 옆에 거실이 있는 복도의 경우)
① 초등학교 - 1.8m 이상
② 오피스텔 - 1.8m 이상
③ 공동주택 - 1.8m 이상
④ 고등학교 - 2.4m 이상

86 용도변경과 관련된 시설군 중 영업시설군에 속하지 않는 것은?
① 판매시설
② 운동시설
③ 숙박시설
④ 교육연구시설

87 세대수가 4세대인 주거용 건축물의 급수관 지름의 최소 기준은? (단, 가압설비 등을 설치하지 않은 경우)
① 20mm
② 25mm
③ 32mm
④ 40mm

88 건축물의 에너지절약설계기준상 단열계획에 대한 건축부문의 권장사항으로 옳지 않은 것은?
① 외벽 부위는 내단열로 시공한다.
② 외피의 모서리 부분은 열교가 발생하지 않도록 단열재를 연속적으로 설치한다.
③ 건물의 창 및 문은 가능한 한 작게 설계하고, 특히 열손실이 많은 북측 거실의 창 및 문의 면적은 최소화한다.
④ 태양열 유입에 의한 냉·난방부하를 저감할 수 있도록 일사조절장치, 태양열 투과율, 창 및 문의 면적비 등을 고려한 설계를 한다.

89 지하층의 비상탈출구에 관한 기준 내용으로 옳지 않은 것은?
① 비상탈출구의 문은 피난방향으로 열리도록 할 것
② 비상탈출구는 출입구로부터 3m 이상 떨어진 곳에 설치할 것
③ 비상탈출구의 유효너비는 0.75m 이상으로 하고, 유효높이는 1.5m 이상으로 할 것

④ 비상탈출구에서 피난층 또는 지상으로 통하는 복도나 직통계단까지 이르는 피난통로의 유효너비는 0.65m 이상으로 할 것

90 다음은 스프링클러 설비를 설치하여야 하는 특정 소방대상물에 관한 기준 내용이다. ( ) 안에 알맞은 것은?

> 판매시설로서 바닥면적의 합계가 (㉠) 이상이거나 수용인원이 (㉡) 이상인 경우에는 모든 층

① ㉠ 5000m², ㉡ 300명
② ㉠ 5000m², ㉡ 500명
③ ㉠ 10000m², ㉡ 300명
④ ㉠ 10000m², ㉡ 500명

91 다음의 소방시설 중 경보설비에 속하지 않는 것은?
① 비상방송설비
② 자동화재속보설비
③ 자동화재탐지설비
④ 무선통신보조설비

92 자동화재탐지설비를 설치하여야 하는 특정 소방대상물에 속하지 않는 것은?
① 장례시설로서 연면적 600m²인 것
② 숙박시설로서 연면적 600m²인 것
③ 위락시설로서 연면적 600m²인 것
④ 판매시설로서 연면적 600m²인 것

93 공동주택에서 환기를 위하여 거실에 설치하는 창문 등의 면적은 그 거실의 바닥면적의 최소 얼마 이상이어야 하는가? (단, 기계환기장치 및 중앙관리방식의 공기조화설비를 설치하지 않은 경우)
① 10분의 1
② 20분의 1
③ 30분의 1
④ 50분의 1

94 다음은 피난안전구역에 관한 기준 내용이다. ( ) 안에 알맞은 것은?

> 초고층 건축물에는 피난층 또는 지상으로 통하는 직통계단과 직접 연결되는 피난안전구역을 지상층으로부터 최대 ( ) 층마다 1개소 이상 설치하여야 한다.

① 15개
② 20개
③ 30개
④ 40개

95 종교시설의 용도에 쓰이는 건축물의 집회실로서 그 바닥면적이 200m² 이상인 경우 반자의 높이는 최소 얼마 이상으로 하여야 하는가? (단, 기계환기장치를 설치하지 않은 경우)
① 2.1m
② 2.4m
③ 3m
④ 4m

96 건축법령상 제1종 근린생활시설에 속하지 않는 것은?
① 미용원
② 치과의원
③ 마을회관
④ 일반음식점

97 건축법령상 다음과 같이 정의되는 용어는?

> 건축물의 내부와 외부를 연결하는 완충공간으로서 전망이나 휴식 등의 목적으로 건축물 외벽에 접하여 부가적으로 설치되는 공간

① 노대 ② 차양
③ 테라스 ④ 발코니

98 건축물의 피난층 외의 층에서 피난층 또는 지상으로 통하는 직통계단을 설치할 경우, 거실의 각 부분으로부터 계단에 이르는 보행거리가 원칙적으로 최대 얼마 이하가 되도록 설치하여야 하는가? (단, 거실로부터 가장 가까운 거리에 있는 계단의 경우)
① 5m ② 10m
③ 20m ④ 30m

99 방염성능기준 이상의 실내장식물 등을 설치하여야 하는 특정소방대상물에 속하지 않는 것은?
① 수영장
② 숙박시설
③ 의료시설 중 종합병원
④ 방송통신시설 중 방송국

100 건축물에 급수·배수·환기·난방 등의 건축설비를 설치하는 경우 건축기계설비 기술사 또는 공조냉동기계기술사의 협력을 받아야 하는 대상 건축물에 속하지 않는 것은?
① 아파트
② 연립주택
③ 숙박시설로서 해당 용도에 사용되는 바닥 면적의 합계가 2000m^{2}인 건축물
④ 판매시설로서 해당 용도에 사용되는 바닥 면적의 합계가 2000m^{2}인 건축물

2019년 1회 건축설비기사 과년도문제

제1과목 건축일반

01 학교건축배치계획에서 분산 병렬형에 관한 설명으로 옳지 않은 것은?
① 구조계획이 간단하고 시공하기 쉽다.
② 놀이터 및 정원이 계획된다.
③ 부지를 최대한 효율적으로 이용할 수 있다.
④ 각 교실은 일조, 통풍 등 환경조건이 균등하게 된다.

02 사무소 건축에 있어서 개방식 배치에 관한 설명으로 옳지 않은 것은?
① 소음이 들리고 독립성이 결핍되어 있는 결점이 있다.
② 칸막이벽이 없어서 개실 시스템보다 공사비가 적게 든다.
③ 공간에 융통성이 없어 전면적을 유용하게 이용할 수 없다.
④ 큰 사무실 형식에 많이 채용되며 임대자가 직접 이동식 파티션 등으로 적절한 프라이버시를 확보한다.

03 도서관 계획에 관한 설명으로 옳지 않은 것은?
① 서고 내에서는 기계환기 및 인공조명을 해야 한다.
② 대지는 장래 계획에 대해서 충분한 여유를 가져야 한다.
③ 참고실은 목록실 및 출납실로부터 먼 곳에 배치하는 것이 좋다.
④ 이용자와 직원, 자료의 출입구를 별도로 계획하는 것이 바람직하다.

04 건축물 기초의 부동침하가 발생하였을 때 추정되는 원인과 가장 거리가 먼 것은?
① 지하수위가 변경되었을 경우
② 이질지정을 하였을 경우
③ 기초의 배근량이 부족했을 경우
④ 건축물을 일부 증축한 경우

05 상점에서 고객 흐름이 빠르고 부문별 진열이 필요한 대량 판매 상품인 침구, 가전, 서점 등에 가장 적합한 진열대 배치 형태는?
① 직렬 배치형
② 굴절 배치형
③ 환상 배치형
④ 복합 배치형

06 백화점의 수송설비 계획에 관한 설명으로 옳지 않은 것은?
① 중소규모 백화점인 경우 엘리베이터는 주 출입구 부근에 설치한다.
② 에스컬레이터는 수송량에서 엘리베이터보다 유리하다.
③ 에스컬레이터는 주 출입구에 가까워야 하며, 고객이 곧 알아볼 수 있는 위치라야 한다.
④ 엘리베이터는 고객용 이외에 사무용, 화

물용도 따로 있는 곳이 좋다.

07 무량판(Flat Slab) 구조에 관한 설명으로 옳지 않은 것은?
① 무량판의 슬래브의 두께가 보(Girder)로 거치되는 슬래브보다 두꺼워진다.
② 철근 배근이 복잡하여 공사기간이 길어진다.
③ 기둥 주변에는 철근을 보강해야 한다.
④ 가급적 기둥 주변에는 개구부(Opening)를 두지 않도록 한다.

08 한식주택과 양식주택에 관한 설명으로 옳지 않은 것은?
① 한식주택은 개방형이며 실의 분화로 되어 있다.
② 양식주택의 방은 일반적으로 단일용도로 사용된다.
③ 양식주택은 입식 생활이다.
④ 한식주택의 가구는 부차적 존재이다.

09 병원건축의 형식 중 각 건물은 3층 이하의 저층 건물로 구성하고 외래부, 부속진료시설, 병동을 각각 별동으로 분산시켜 복도로 연결하는 방식은?
① 엘보 액세스(Elbow acces)
② 분관식(Pavilion type)
③ 집중식(Block type)
④ 애리나형(Arena type)

10 주택공간의 기능적 구성에 따른 평면계획에 관한 설명으로 옳지 않은 것은?
① 전가족을 위한 거실공간은 남쪽에 배치하여 겨울철 충분한 일광을 받게 해야 한다.
② 소규모주택에 있어서 복도의 설치는 비경제적이다.
③ 화장실, 저장실 등은 종일 햇빛이 들지 않는 북쪽에 배치하는 것이 좋다.
④ 부엌은 겨울철 작업에 유리하도록 남쪽에 배치하는 것이 바람직하다.

11 다음 용어의 단위로서 옳지 않은 것은?
① 열전도율 : $W/m \cdot K$
② 열전달율 : $W/m^2 \cdot K$
③ 열관류율 : $W/m^3 \cdot K$
④ 열용량 : J/K

12 벽돌쌓기 방식 중 불식 쌓기에 관한 설명으로 옳지 않은 것은?
① 통줄눈이 생겨서 영식 쌓기에 비하여 튼튼하지 않은 편이다.
② 미관을 위주로 하는 벽체 또는 벽돌담 등에 쓰인다.
③ 벽의 모서리나 끝에는 반절 또는 이오토막을 쓰지 않고 칠오토막을 사용한다.
④ 한 켜에서 마구리와 길이를 번갈아 놓아 쌓고, 다음 켜는 마구리가 길이의 중심부에 놓게 쌓는다.

13 학교 교실의 채광계획에 관한 설명으로 옳은 것은?
① 채광은 인공조명을 주로하고, 자연채광은 보조적 역할을 한다.
② 조명수준은 평상시 100lx 정도가 가장 적당하다.

③ 남측 벽면에서 최대한 직사광선을 받을 수 있도록 루버 설치를 자제하는 것이 좋다.
④ 실내마감은 휘도대비를 고려하여 반사율이나 명도가 높은 재료로 마감한다.

14 리조트 호텔(Resort hotel)에 속하지 않는 것은?
① 클럽 하우스
② 터미널 호텔
③ 온천 호텔
④ 산장 호텔

15 실내음향설계 시 주의할 사항으로 옳지 않은 것은?
① 직접음과 반사음의 시간차를 가능한 한 크게 하여 충분한 음 보강이 되도록 한다.
② 강연이나 연극 등 언어를 주사용 목적으로 할 경우 잔향시간은 비교적 짧게 처리한다.
③ 방해가 되는 소음이나 진동을 완전히 차단하도록 한다.
④ 실의 어느 위치에서나 음 분포가 균등하도록 한다.

16 아래 그림은 오디토리엄의 단면도이다. 흡음력이 가장 큰 재료를 사용해야 할 위치는?

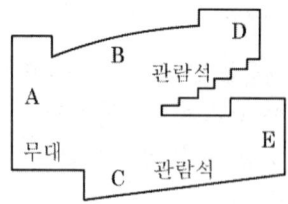

① A, B
② B, D
③ B, C
④ D, E

17 주택의 동선계획에 관한 설명으로 옳지 않은 것은?
① 동선의 길이는 가능한 한 짧은 것이 좋다.
② 다른 동선과 가능한 한 교차시킨다.
③ 빈도가 높은 동선은 짧게 계획한다.
④ 동선은 단순하고 명쾌하게 계획한다.

18 철근콘크리트구조에서 주근(主筋)이라고 볼 수 없는 것은?
① 캔틸레버 보의 상단 축방향 철근
② 압축력을 받는 기둥의 축방향 철근
③ 양단이 연속되어 있는 보에서 단부의 상단 축방향 철근
④ 주변을 고정이라고 간주하는 슬래브의 장변 방향 철근

19 철골구조 용접에서 모재가 녹아 용착금속이 채워지지 않고 홈으로 남게 되는 부분은?
① 언더컷
② 블로홀
③ 오버랩
④ 피트

20 사무소건물에 아트리움(atrium)을 도입하는 이유와 거리가 먼 것은?
① 에너지 절약에 유리하다.
② 사무공간에 빛과 식물을 도입하여 자연을 체험하게 한다.
③ 근로자들의 상호교류 및 정보교환의 장소를 제공한다.
④ 필요 시 보다 넓은 사무공간을 확보할 수 있다.

제2과목 위생설비

21 오수의 생물화학적 처리법 중 생물막법에 속하지 않는 것은?
① 접촉산화방식
② 살수여상방식
③ 표준활성오니방식
④ 회전원판 접촉방식

22 스테인리스 강관에 관한 설명으로 옳은 것은?
① 급수용 배관으로는 사용할 수 없다.
② 저온 충격성이 작아 한랭지 배관이 곤란하다.
③ 관의 두께에 따라 L, M, N형으로 분류할 수 있다.
④ 단위 길이당 중량이 가벼워 취급, 운반이 용이하다.

23 급수설비에 사용되는 펌프의 양수량이 2000 L/min, 전양정이 10m일 경우, 이 펌프의 축동력은? (단, 펌프의 효율은 55%이다.)
① 3.52W
② 3.52kW
③ 5.94W
④ 5.94kW

24 다음과 같은 경우, 팽창관의 입상높이 h는 최소 얼마 이상으로 하여야 하는가? (단, 급탕 및 급수온도는 각각 80℃, 6℃이며, 이때의 물의 밀도는 각각 0.9718kg/L, 0.9997kg/L이다.)

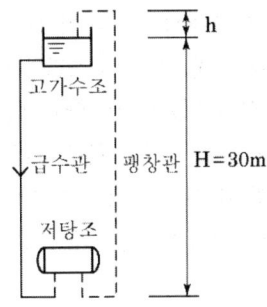

① 0.83m
② 0.87m
③ 0.90m
④ 0.93m

25 다음 설명에 알맞은 밸브의 종류는?

- 유체를 일정한 방향으로만 흐르게 하고 역류를 방지하는 데 사용한다.
- 시트의 고정핀을 축으로 회전하여 개폐되며 수평·수직 어느 배관에도 사용할 수 있다.

① 게이트 밸브
② 풋형 체크밸브
③ 스윙형 체크밸브
④ 리프트형 체크밸브

26 다음 중 간접배수로 하여야 하는 기기에 속하지 않는 것은?
① 세탁기
② 대변기
③ 제빙기
④ 식기세척기

27 수격작용의 방지대책으로 옳지 않은 것은?
① 감압밸브 설치
② 수격방지기 설치
③ 바이패스관 설치
④ 펌프의 수평주관 길이 증가

28 수도 본관에서 수직높이 3m인 곳에 세정 밸브형 대변기가 수도직결방식의 급수방식으로 설치되었다. 이 대변기의 사용을 위해 필요한 수도 본관의 최저 압력은? (단, 세정밸브의 최저필요압력은 70kPa, 수도 본관에서 세정밸브까지의 마찰손실수두는 1mAq이다.)

① 74kPa   ② 100kPa
③ 110kPa ④ 470kPa

29 수질과 관련된 용어에 관한 설명으로 옳지 않은 것은?

① COD는 화학적 산소요구량을 말한다.
② BOD는 생물화학적 산소요구량을 말한다.
③ SS는 증발잔류물로서 부유물과 용해성 물질의 합계를 말한다.
④ 총질소는 무기성 및 유기성 질소의 총량을 나타낸 것이다.

30 어느 배관에 15mm 세면기 1개, 20mm 소변기 2개, 25mm 대변기 2개가 연결될 때 이 배관의 관경은?

[동시사용률표]

기구수	2	3	4	5	10
동시사용률(%)	100	80	75	70	53

[관균등표]

관경(mm)	15	20	25	32	40	50
사용기구수	1	2	3.7	7.2	11	20

① 20mm   ② 25mm
③ 32mm   ④ 40mm

31 배관설비에 사용되는 신축 이음쇠의 종류에 속하지 않는 것은?

① 루프형
② 플랜지형
③ 슬리브형
④ 벨로우즈형

32 물의 경도에 관한 설명으로 옳지 않은 것은?

① 경도가 큰 물을 경수, 경도가 작은 물을 연수라고 한다.
② 연수는 쉽게 비누거품을 일으키지만 음료용으로는 적합하지 않다.
③ 경수를 보일러 용수로 사용하면 관 내부에 스케일이 생겨 전열효율이 감소된다.
④ 물의 경도는 물 속에 녹아 있는 칼슘, 마그네슘 등의 염류의 양을 탄산마그네슘의 농도로 환산하여 나타낸 것이다.

33 펌프에 관한 설명으로 옳은 것은?

① 펌프의 축동력은 회전수에 반비례한다.
② 볼류트 펌프는 임펠러 주위에 안내날개를 갖고 있기 때문에 고양정을 얻을 수 있다.
③ 펌프 1대에 임펠러 1개를 갖고 있는 것을 단단(單段)펌프라 하며 양정이 그다지 높지 않은 경우에 사용된다.
④ 캐비테이션을 방지하기 위해서는 흡수관을 가능한 한 길고 가늘게 함과 동시에 관내에 공기가 체류할 수 있도록 배관한다.

34 다음 설명에 알맞은 통기관은?

- 배수, 통기 양 계통 간의 공기의 유통을 원활히 하기 위해 설치하는 통기관을 말한다.
- 배수수평지관의 하류측의 관내 기압이 높게 될 위험을 방지한다.

① 습통기관 ② 도피통기관
③ 각개통기관 ④ 신정통기관

35 중앙식 급탕방식에 관한 설명으로 옳지 않은 것은?
① 배관으로부터 열손실이 많다.
② 급탕 개소마다 가열기의 설치 스페이스가 필요하다.
③ 시공 후 기구 증설에 따른 배관 변경 공사를 하기 어렵다.
④ 기계실 등에 다른 설비 기계와 함께 가열장치 등이 설치되기 때문에 관리가 용이하다.

36 호텔의 주방이나 레스토랑의 주방 등에서 배출되는 배수 중의 지방분을 포집하기 위하여 사용되는 포집기는?
① 오일 포집기
② 가솔린 포집기
③ 그리스 포집기
④ 플라스터 포집기

37 온도 10℃, 길이 100m인 강관에 탕이 흘러 70℃가 되었을 때, 강관의 팽창량은? (단, 강관의 선팽창계수는 1.0×10^{-5}/℃이다.)
① 6mm ② 12mm
③ 6cm ④ 12cm

38 관로의 마찰손실에 관한 설명으로 옳지 않은 것은?
① 유속이 빠를수록 관로의 마찰손실은 커진다.
② 관로의 길이가 길수록 관로의 마찰손실은 커진다.
③ 유체의 밀도가 클수록 관로의 마찰손실은 작아진다.
④ 관로의 내경이 클수록 관로의 마찰손실은 작아진다.

39 트랩(trap)이 갖추어야 할 조건에 관한 설명으로 옳지 않은 것은?
① 자정 작용이 가능할 것
② S트랩의 경우 내부 치수가 동일할 것
③ 봉수깊이는 50mm 이상 100mm 이하일 것
④ 기구내장 트랩의 내벽 및 배수로의 단면 형상에 급격한 변화가 없을 것

40 동시사용률이 높은 건물과 급탕설비에 관한 설명으로 옳은 것은?
① 가열부하와 최대부하의 차이가 크다.
② 일반적으로 최대부하 사용시간이 짧다.
③ 일반적으로 하루에 1시간 정도의 일정 시간에 사용된다.
④ 가열기 능력을 크게 하고 저탕탱크는 소용량으로 계획하는 것이 효율적이다.

제3과목 공기조화설비

41 실내 공기 오염의 종합적 지표로 사용되는 오염물질은?

① 미세먼지
② 이산화탄소
③ 포름알데히드
④ 휘발성 유기화합물

42 습공기선도상의 상태점(건구온도 26℃, 상대습도 50%)에서 건구온도만을 낮출 경우 상승하는 것은?
① 상대습도　② 습구온도
③ 비체적　　④ 엔탈피

43 증기난방설비에서 증기트랩을 사용하는 가장 주된 목적은?
① 온도를 조절하기 위하여
② 공기를 배출하기 위하여
③ 압력을 조절하기 위하여
④ 응축수를 배출하기 위하여

44 공기 2000kg/h를 증기코일로 가열하는 경우, 코일을 통과하는 공기의 온도차가 25.5℃, 증기온도에서 물의 증발잠열이 2229.52kJ/kg일 때 가열에 필요한 증기량은? (단, 공기의 정압비열은 1.01kJ/kg·K이다.)
① 18.2kg/h　② 23.1kg/h
③ 40.2kg/h　④ 50.2kg/h

45 보일러의 출력 중 난방부하, 급탕부하, 배관부하, 예열부하의 합으로 표시되는 것은?
① 정미출력　② 정격출력
③ 상용출력　④ 과부하출력

46 10m×10m×3.2m 크기의 강의실에 35명의 사람이 있을 때 실내의 이산화탄소 농도를 0.1%로 하기 위해 필요한 환기량은? (단, 1인당 CO_2 발생량은 $0.02m^3/h$·인이며, 외기의 CO_2 농도는 0.03%이다.)
① $1000m^3/h$　② $1400m^3/h$
③ $1600m^3/h$　④ $2000m^3/h$

47 유체의 흐름방향을 한쪽으로만 제어하는 밸브는?
① 체크밸브　② 앵글밸브
③ 게이트밸브　④ 글로브밸브

48 다음과 같은 조건에 있는 유리창을 통한 단위 면적당 취득열량은?

- 유리창의 열관류율 : $3.0W/m^2·K$
- 실내의 온도차 : 30℃
- 유리창의 일사열취득 : $100W/m^2$
- 유리창의 차폐계수 : 1.0

① $190W/m^2$　② $270W/m^2$
③ $330W/m^2$　④ $390W/m^2$

49 다음 중 원심형 송풍기가 아닌 것은?
① 다익형　② 방사형
③ 후곡형　④ 축류형

50 건물의 냉방부하 발생 요인 중 현열만으로 구성된 것은?
① 인체의 발생열량
② 벽체로부터의 취득열량
③ 극간풍에 의한 취득열량
④ 외기의 도입으로 인한 취득열량

51 건구온도가 15℃인 공기 10kg과 건구온도 30℃인 공기 5kg을 혼합하였을 경우, 혼합공기의 온도는?
① 18℃ ② 20℃
③ 25℃ ④ 28℃

52 압축식 냉동기의 구성 요소 중 냉동의 목적을 직접적으로 달성하는 것은?
① 흡수기 ② 증발기
③ 발생기 ④ 응축기

53 건구온도 $t_1=30℃$, 상대습도 20%의 습공기 $3000m^3/h$를 공기냉각기에서 냉각시켜 건구온도 $t_2=14℃$의 공기를 만들 때 제거되는 현열량은? (단, 공기의 비열은 1.01 kJ/kg·K, 밀도는 $1.2kg/m^3$이다.)
① 16.16W ② 24.12W
③ 16.16kW ④ 24.12kW

54 건구온도 30℃, 절대습도 0.015kg/kg'인 습공기 5kg의 전체 엔탈피는? (단, 공기의 정압비열 1.01kJ/kg·K, 수증기 정압비열 1.85kJ/kg·K, 0℃에서 포화수의 증발잠열 2501kJ/kg)
① 228.77kJ ② 343.24kJ
③ 349.62kJ ④ 425.24kJ

55 공기 취출구에서의 토출공기(1차 공기)량을 Q_1, 토출공기에 의해 유인된 실내공기(2차 공기)량을 Q_2라고 할 때 유인비는?
① $\dfrac{Q_1+Q_2}{Q_2}$ ② $\dfrac{Q_1+Q_2}{Q_1}$
③ $\dfrac{Q_1}{Q_1+Q_2}$ ④ $\dfrac{Q_2}{Q_1+Q_2}$

56 다음 중 공조 시스템에서 덕트 내에 변풍량(VAV) 유닛을 채용하는 가장 주된 이유는?
① 소음 제거
② 냉온풍의 혼합
③ 덕트 스페이스 감소
④ 부하변동에 대한 대응

57 위치수두 10mAq, 압력수두 30mAq, 속도 2.5m/s로 관 속을 흐르는 물의 전수두는?
① 13.06mAq ② 13.24mAq
③ 40.32mAq ④ 42.54mAq

58 2중 효용 흡수식 냉동기에 관한 설명으로 옳지 않은 것은?
① 저온발생기, 고온발생기가 필요하다.
② 저압팽창밸브와 고압팽창밸브가 필요하다.
③ 에너지를 절약할 수 있고 냉각탑의 용량을 줄일 수 있다.
④ 단효용 흡수식 냉동기의 응축기에서 버리던 증기의 응축열을 효율적으로 이용한 것이다.

59 단일덕트 정풍량방식에 관한 설명으로 옳은 것은?
① 전수방식의 특성이 있다.
② 중간기에 외기냉방이 가능하다.
③ 냉풍과 온풍을 혼합하는 혼합상자가 필요하다.

④ 부하특성이 다른 다수의 실의 공조에 적합하다.

60 취출구에서 수평취출기류의 도달·강하 및 상승거리에 관한 설명으로 옳지 않은 것은?
① 상승거리는 기류의 풍속 및 실내공기와의 온도차에 비례한다.
② 강하거리는 기류의 풍속 및 실내공기와의 온도차에 반비례한다.
③ 취출구로부터 기류의 중심속도가 0.5m/s로 되는 곳까지의 수평거리를 최소 도달거리라고 한다.
④ 취출구로부터 기류의 중심속도가 0.25m/s로 되는 곳까지의 수평거리를 최대 도달거리라고 한다.

제4과목 소방 및 전기설비

61 다음 중 강자성체에 속하지 않는 것은?
① 철　　② 크롬
③ 구리　④ 니켈

62 옥외소화전설비용 수조에 관한 설명으로 옳지 않은 것은?
① 수조의 윗부분에는 청소용 배수밸브 또는 배수관을 설치하여야 한다.
② 동결방지조치를 하거나 동결의 우려가 없는 장소에 설치하여야 한다.
③ 수조가 실내에 설치된 때에는 그 실내에 조명설비를 설치하여야 한다.
④ 수조의 상단이 바닥보다 높은 때에는 수조의 외측에 고정식 사다리를 설치하여야 한다.

63 피뢰설비에서 수뢰부 시스템의 보호범위 산정방식에 속하지 않는 것은?
① 메시법　　② 본딩법
③ 보호각법　④ 회전구체법

64 동선의 길이를 2배 증가, 단면적을 1/2로 감소시키면 동선의 저항은 어떻게 변하는가?
① 2배 증가　② 1/2로 감소
③ 4배 증가　④ 1/4로 감소

65 도시가스설비의 가스계량기 설치 장소로 적합하지 않은 곳은?
① 환기가 양호한 곳
② 공동주택의 대피공간
③ 직사광선이나 빗물을 받을 우려가 없는 곳
④ 가스계량기의 교체 및 유지 관리가 용이한 곳

66 옥내소화전이 1층에 3개, 2층에 4개, 3층에 4개가 설치되어 있다. 옥내소화전설비의 수원의 저수량은 최소 얼마 이상이 되도록 하여야 하는가?
① $7.8m^3$　　② $10.4m^3$
③ $18.2m^3$　④ $28.0m^3$

67 점광원으로부터 R[m] 떨어진 장소에서 빛의 방향과 수직인 면의 조도[lx]는? (단, 광도는 I[cd]이다.)
① RI　　② R^2I
③ I/R　④ I/R^2

68 V=154sin(314t-90°)[V]인 사인파 교류의 주파수[Hz]는?
① 30　　　② 40
③ 50　　　④ 60

69 정격전압 220V에서 1210W의 전력을 소비하는 단상전열기를 200V에서 사용하면 소비전력[W]은?
① 1000　　　② 1089
③ 1100　　　④ 1210

70 다음의 엘리베이터 조작방식 중 무운전원 방식에 속하는 것은?
① 카 스위치 방식
② 승합전자동 방식
③ 레코드 컨트롤 방식
④ 시그널 컨트롤 방식

71 폐쇄형 스프링클러 헤드를 사용하는 스프링클러설비의 수원의 저수량 산정과 관련하여, 스프링클러설비 설치 장소가 아파트인 경우, 스프링클러 헤드의 기준 개수는?
① 10개　　　② 20개
③ 30개　　　④ 40개

72 다음 중 물분무소화설비의 소화작용과 가장 관계가 먼 것은?
① 냉각효과　　　② 질식효과
③ 희석효과　　　④ 부촉매효과

73 축전지의 충전 방식 중 필요할 때마다 표준 시간율로 소정의 충전을 하는 방식은?
① 보통 충전　　　② 급속 충전
③ 부동 충전　　　④ 균등 충전

74 건축설비 자동제어 중 피드백 제어방식을 제어동작에 의해 분류하였을 때 조절기가 연속동작을 하지 않는 것은?
① 비례동작　　　② 적분동작
③ 미분동작　　　④ 다위치동작

75 다음의 자동화재탐지설비의 감지기 중 열감지기에 속하지 않는 것은?
① 광전식　　　② 보상식
③ 차동식　　　④ 정온식

76 교류전압을 사용하는 전동기의 인덕턴스 성분인 코일에 관한 설명으로 옳은 것은?
① 주파수를 빠르게 한다.
② 코일에서는 전류보다 전압이 앞선다.
③ 코일에서는 전압보다 전류가 앞선다.
④ 용량성 저항으로 용량 리액턴스라 한다.

77 전선에서 전류가 누설되지 않도록 전선을 비닐이나 고무 등의 저항률이 매우 큰 재료로 피복하는데, 이처럼 전류가 누설되지 않도록 하는 재료 자체의 저항을 의미하는 것은?
① 도체저항　　　② 접촉저항
③ 접지저항　　　④ 절연저항

78 농형 유도전동기에 관한 설명으로 옳지 않은 것은?
① 구조가 간단하여 취급방법이 간단하다.
② VVVF 방식으로 속도제어가 가능하다.
③ 기동전류가 커서 전동기 권선을 과열시

키거나 전원전압의 변동을 일으킬 수 있다.
④ 슬립링에서 불꽃이 나올 염려가 있기 때문에 인화성 또는 폭발성 가스가 있는 곳에서는 사용할 수 없다.

79 DDC 방식에서 밸브나 댐퍼 등을 비례적으로 동작시키는 신호는?
① AI ② DI
③ AO ④ DO

80 10Ω의 저항 5개를 접속하여 얻을 수 있는 합성저항 중 가장 작은 값은?
① 0.5Ω ② 2Ω
③ 5Ω ④ 50Ω

제5과목 건축설비관계법규

81 비상용 승강기 승강장의 구조에 관한 기준 내용으로 옳지 않은 것은?
① 채광이 되는 창문이 있거나 예비전원에 의한 조명설비를 할 것
② 벽 및 반자가 실내에 접하는 부분의 마감재료는 불연재료로 할 것
③ 노대 또는 외부를 향하여 열 수 있는 창문이나 배연설비를 설치할 것
④ 옥외에 승강장을 설치하는 경우, 승강장의 바닥면적은 비상용 승강기 1대에 대하여 6m² 이상으로 할 것

82 문화 및 집회시설 중 공연장의 개별관람석의 바닥면적이 1000m²일 경우, 이 관람석에는 출구를 최소 몇 개소 이상 설치하여야 하는가? (단, 각 출구의 유효너비를 1.5m로 하는 경우)
① 3개소 ② 4개소
③ 5개소 ④ 6개소

83 숙박시설이 있는 특정소방대상물의 수용인원 산정 방법으로 옳은 것은? (단, 침대가 있는 숙박시설의 경우)
① 숙박시설 바닥면적의 합계를 3m²로 나누어 얻은 수
② 해당 특정소방대상물의 침대 수(2인용 침대는 2개로 산정)
③ 해당 특정소방대상물의 종사자수에 침대 수(2인용 침대는 2개로 산정)를 합한 수
④ 해당 특정소방대상물의 종사자수에 숙박시설 바닥면적의 합계를 3m²로 나누어 얻은 수를 합한 수

84 공동주택과 오피스텔의 난방설비를 개별난방방식으로 하는 경우에 관한 기준 내용으로 옳지 않은 것은?
① 보일러의 연도는 내화구조로서 공동연도로 설치할 것
② 오피스텔의 경우에는 난방구획을 방화구획으로 구획할 것
③ 전기보일러의 경우, 보일러실의 윗부분에 지름 10cm 이상의 공기흡입구를 설치할 것
④ 보일러는 거실 외의 곳에 설치하되, 보일러를 설치하는 곳과 거실 사이의 경계벽은 출입구를 제외하고는 내화구조

의 벽으로 구획할 것

85 다음은 건축물의 에너지절약설계기준에 따른 기계부분의 의무사항 중 설계용 외기 조건에 관한 기준 내용이다. ( ) 안에 알맞은 것은?

> 난방 및 냉방설비의 용량계산을 위한 외기 조건은 냉방기 및 난방기를 분리한 온도 출현분포를 사용할 경우 각 지역별로 위험률 ( )로 한다.

① 1% ② 1.5%
③ 2% ④ 2.5%

86 다음은 환기구의 안전에 관한 기준 내용이다. ( ) 안에 알맞은 것은?

> 환기구[건축물의 환기설비에 부속된 급기 및 배기를 위한 건축구조물의 개구부를 말한다]는 보행자 및 건축물 이용자의 안전이 확보되도록 바닥으로부터 ( ) 이상의 높이에 설치하여야 한다.

① 1m ② 2m
③ 3m ④ 4m

87 건축법령상 교육연구시설에 속하지 않는 것은?
① 도서관 ② 유치원
③ 어린이집 ④ 직업훈련소

88 문화 및 집회시설로서 모든 층에 스프링클러설비를 설치하여야 하는 수용인원 기준은? (단, 동·식물원은 제외)
① 50명 이상 ② 70명 이상
③ 100명 이상 ④ 150명 이상

89 건축물의 에너지절약설계기준상 다음과 같이 정의되는 용어는?

> 기기를 여러 대 설치하여 부하상태에 따라 최적 운전상태를 유지할 수 있도록 기기를 조합하여 운전하는 방식

① 대수제어운전
② 대수분할운전
③ 비례제어운전
④ 가변속제어운전

90 연면적 200m²를 초과하는 건축물에 설치하는 계단에 관한 기준 내용으로 옳지 않은 것은?
① 높이가 3m를 넘는 계단에는 높이 3m 이내 마다 유효너비 120cm 이상의 계단참을 설치할 것
② 높이가 1m를 넘는 계단 및 계단참의 양 옆에는 난간(벽 또는 이에 대치되는 것을 포함한다)을 설치할 것
③ 문화 및 집회시설 중 공연장에 쓰이는 건축물의 계단의 경우, 계단 및 계단참의 너비를 120cm 이상으로 할 것
④ 계단의 유효 높이(계단의 바닥 마감면부터 상부 구조체의 하부 마감면까지의 연직방향의 높이를 말한다)는 1.8m 이상으로 할 것

91 업무시설로서 건축허가 등을 할 때 미리 소방본부장 또는 소방서장의 동의를 받아야 하는 대상 건축물의 연면적 기준은?
① 연면적이 200m² 이상인 건축물

② 연면적이 400m² 이상인 건축물
③ 연면적이 600m² 이상인 건축물
④ 연면적이 800m² 이상인 건축물

92 비상용 승강기 설치 대상 건축물로서 높이 31m를 넘는 각 층의 바닥면적 중 최대 바닥면적이 6000m²일 때, 설치하여야 하는 비상용 승강기의 최소 대수는?
① 1대   ② 2대
③ 3대   ④ 4대

93 세대수가 10세대인 주거용 건축물에 설치하는 음용수용 급수관의 지름은 최소 얼마 이상이어야 하는가?
① 30mm   ② 40mm
③ 50mm   ④ 60mm

94 다음의 소방시설 중 소화활동설비에 속하지 않는 것은?
① 옥내소화전설비
② 비상콘센트설비
③ 연결송수관설비
④ 무선통신보조설비

95 건축물의 용도변경과 관련된 시설군 중 영업시설군에 속하는 것은?
① 의료시설
② 운동시설
③ 업무시설
④ 문화 및 집회시설

96 다음은 건축설비 설치의 원칙에 관한 기준 내용이다. ( ) 안에 알맞은 것은?

> 건축물에 설치하는 급수·배수·냉방·난방·환기·피뢰 등 건축설비의 설치에 관한 기술적 기준은 (㉠)으로 정하되, 에너지이용 합리화와 관련한 건축설비의 기술적 기준에 관하여는 (㉡)과 협의하여 정한다.

① ㉠ 국토교통부령,
  ㉡ 산업통상자원부장관
② ㉠ 산업통상자원부령,
  ㉡ 국토교통부장관
③ ㉠ 국토교통부령,
  ㉡ 과학기술정보통신부장관
④ ㉠ 과학기술정보통신부령,
  ㉡ 국토교통부장관

97 건축법령상 아파트는 주택으로 쓰는 층수가 최소 얼마 이상인 주택을 말하는가?
① 3개 층   ② 5개 층
③ 7개 층   ④ 10개 층

98 다음은 리모델링에 대비한 특례 등에 대한 기준 내용이다. ( ) 안에 알맞은 것은?

> 리모델링이 쉬운 구조의 공동주택의 건축을 촉진하기 위하여 공동주택을 대통령령으로 정하는 구조로 하여 건축허가를 신청하면 제56조(건축물의 용적률), 제60조(건축물의 높이 제한) 및 제61조(일조 등의 확보를 위한 건축물의 높이 제한)에 따른 기준을 ( )의 범위에서 대통령령으로 정하는 비율로 완화하여 적용할 수 있다.

① 100분의 110
② 100분의 120
③ 100분의 140
④ 100분의 150

99 비상용 승강기의 승강장에 설치하는 배연설비의 구조에 관한 기준 내용으로 옳지 않은 것은?

① 배연구 및 배연풍도는 불연재료로 할 것
② 배연구가 외기에 접하지 아니하는 경우에는 배연기를 설치할 것
③ 배연구에 설치하는 수동개방장치 또는 자동개방장치는 손으로도 열고 닫을 수 있도록 할 것
④ 배연구는 평상시에는 열린 상태를 유지하고, 배연에 의한 기류로 인하여 닫히지 아니하도록 할 것

100 소리를 차단하는 데 장애가 되는 부분이 없도록 건축물의 피난·방화구조 등의 기준에 관한 규칙에서 정하는 구조로 하여야 하는 대상에 해당하지 않는 것은?

① 숙박시설의 객실 간 경계벽
② 의료시설의 병실 간 경계벽
③ 업무시설의 사무실 간 경계벽
④ 교육연구시설 중 학교의 교실 간 경계벽

2019년 2회 건축설비기사 과년도문제

제1과목 건축일반

01 건축물에 부동침하가 발생하는 원인과 가장 거리가 먼 것은?
① 건축물이 이질지층에 있을 때
② 지하수위가 부분적으로 변할 때
③ 지하실을 설치했을 때
④ 부분적으로 증축했을 때

02 건물에서의 열전달에 관련된 용어의 단위 중 옳지 않은 것은?
① 열전도율 : $W/(m^2 \cdot K)$
② 대류열전달률 : $W/(m^2 \cdot K)$
③ 열저항 : $(m^2 \cdot K)/W$
④ 열관류율 : $W/(m^2 \cdot K)$

03 병원건축에서 분관식(pavilion type)에 관한 설명으로 옳은 것은?
① 각 병실마다 고르게 일조를 얻을 수 있다.
② 의료, 간호서비스가 집중될 수 있다.
③ 동선이 짧아진다.
④ 대지가 협소해도 가능하다.

04 여러 음이 혼합적으로 들리는 경우에서도 대화 상대의 소리만을 선택적으로 들을 수 있는 것과 관련된 현상은?
① 마스킹 효과
② 칵테일 파티 효과
③ 간섭 효과
④ 코인시던스 효과

05 상점건축 계획에 관한 설명으로 옳지 않은 것은?
① 쇼윈도의 흐림방지를 위하여 내·외부의 온도차를 작게 한다.
② 쇼윈도 유리면의 반사방지를 위해 쇼윈도 안의 조도를 외부보다 어둡게 한다.
③ 쇼윈도의 바닥높이는 운동용구의 경우에는 낮아도 되지만 시계와 귀금속점 등의 경우에는 높아야 한다.
④ 주로 양품 코너, 모자 코너, 안경 코너, 문방구 코너 등에 사용되는 평면배치 형식은 굴절배열형이다.

06 병원의 수술실과 같이 외부 오염공기와 침입을 피하고자 할 때 가장 적합한 환기방법은?
① 압입식 환기법
② 흡출식 환기법
③ 병용식 환기법
④ 자연식 환기법

07 목재 등으로 하며 벽과 반자가 맞닿는 곳에 마무리와 장식을 겸하기 위한 부재는?
① 반자돌림대
② 달대받이
③ 달대
④ 반자틀

08 상점의 바람직한 대지조건과 가장 거리가 먼 것은?

① 2면 이상 도로에 면하지 않는 곳
② 교통이 편리한 곳
③ 같은 종류의 상점이 밀집된 곳
④ 사람의 눈에 잘 띄는 곳

09 일사량에 관한 설명으로 옳지 않은 것은?
① 일사량은 지면 부근의 수평 평면에 입사하는 태양에너지의 단위면적당 양이다.
② 전천일사량은 단위면적의 수평면에 입사하는 태양복사의 총량이며, 직달일사, 천공의 전방향에서 입사하는 산란일사 및 구름에서의 반사일사를 합한 것이다.
③ 직달일사량은 단위면적의 수평면에 입사하는 태양복사 중 산란광 및 반사광만을 포함한 일사량이다.
④ 산란일사량은 단위면적의 수평면에 입사하는 태양복사 중 직달일사를 제외하고, 대기 중에서 공기분자, 수증기, 에어로졸 등으로 산란된 빛의 에너지량이다.

10 사무소건물에 아트리움(atrium)을 도입하는 이유와 가장 거리가 먼 것은?
① 에너지 절약에 유리하다.
② 사무공간에 빛과 식물을 도입하여 자연을 체험하게 한다.
③ 근로자들의 상호교류 및 정보교환의 장소를 제공한다.
④ 보다 넓은 사무공간을 확보할 수 있다.

11 프리캐스트 콘크리트 구조의 장점으로 옳지 않은 것은?

① 부재가 공장에서 생산되므로 품질 향상을 기대할 수 있다.
② 조립식인 건식 공법이므로 공기가 단축되고 겨울철 공사도 가능하다.
③ 건물 외관이 다양하고 접합부의 강도가 매우 크다.
④ 현장의 노무비가 감소되므로 특히 대규모 공사의 경우 원가절감에 도움이 된다.

12 목구조에서 시공되는 심벽의 정의로 옳은 것은?
① 기둥과 기둥 사이를 모르타르로 바른 벽
② 바름벽을 기둥의 외측에 만들어 기둥이 보이지 않게 한 벽
③ 기둥 복판에 벽을 만들어 기둥이 보이도록 한 벽
④ 기둥과 기둥 사이를 가새로 연결한 벽

13 주택공간의 기능적 구성에 따른 실 배치에 관한 설명으로 옳지 않은 것은?
① 전 가족을 위한 거실공간은 남쪽에 배치하여 겨울철 충분히 일광을 받게 해야 한다.
② 거실은 통로에 의해 분할되지 않은 곳에 위치시킨다.
③ 복도는 소규모 주택에는 비경제적이다.
④ 부엌은 일사가 긴 서쪽에 배치하는 것이 좋다.

14 기계시설(수직형) 주차장에 관한 설명으로 옳지 않은 것은?
① 고층으로 할 수 있으므로 대지에 비해

많은 차를 주차시킬 수 있다.
② 연속적인 차량의 승강이 가능하며 주차 속도가 매우 빠르다.
③ 구조가 규칙적이기 때문에 설계, 시공이 용이하다.
④ 램프식에 비해 운영비가 많이 든다.

15 Sabine의 잔향식에 관한 설명으로 옳지 않은 것은?
① 잔향 시간은 실내 흡음량에 비례한다.
② 잔향 시간은 실용적에 비례한다.
③ 비례상수는 0.16이다.
④ 잔향 시간은 흡음 재료의 설치 위치와는 무관하다.

16 철골보에서 웨브의 국부좌굴을 방지하기 위하여 사용하는 보강재는?
① 윙 플레이트
② 스티프너
③ 거셋 플레이트
④ 브라켓

17 주거밀도를 표현하거나 규제하는 용어에 관한 내용으로 옳은 것은?
① 건폐율= 건축물의 연면적/대지면적×100(%)
② 용적률= 건축면적/건축물의 연면적×100(%)
③ 호수밀도=실제가구수/적정수요가구수×100(%)
④ 인구밀도=인구수/토지면적(인/ha)

18 주택의 식사실 형태에 관한 설명으로 옳은 것은?
① D : 부엌의 일부분에 식사실을 두는 형태이다.
② DK : 거실의 한 부분에 식탁을 설치하는 형태이다.
③ LD : 거실과 부엌 사이에 식사실을 설치하는 것이 일반적인 형태로 동선이 길어져 작업능률의 저하가 우려된다.
④ LDK : 소규모 주택에서 많이 나타나는 형태로, 거실 내에 부엌과 식사실을 설치한 것이다.

19 학교건축의 유닛 플랜(unit plan)에 관한 설명으로 옳은 것은?
① 편복도형은 교실 간의 차음성이 양호하다.
② 중복도형은 조도분포가 양호하다.
③ 배터리(battery)형은 복도의 소음을 차폐하기 위하여 별도의 시설을 설치하여야 한다.
④ 오픈 플랜(open plan)형은 인공조명이 필요하다.

20 학교건축의 교실계획에 관한 설명으로 옳은 것은?
① 교실의 출입구는 각 교실마다 1개소만 설치하며, 여는 방법은 안여닫이로 하는 것이 좋다.
② 교실의 채광은 일조시간이 짧은 방위를 택하며 교실을 향해 우측채광이 원칙이다.
③ 칠판의 조도보다 책상면의 조도가 높아야 한다.
④ 반자는 반사율을 확보하기 위해 백색계통으로 마감한다.

제2과목 위생설비

21 세정밸브식 대변기에 진공 방지기(vacuum breaker)를 설치하는 주된 이유는?
① 사용수량을 줄이기 위하여
② 급수소음을 줄이기 위하여
③ 급수오염을 방지하기 위하여
④ 취기(냄새)를 방지하기 위하여

22 500L/h의 급탕을 하는 건물에서 전기순간 온수기를 사용했을 때 전기소비량은? (단, 물의 비열 4.2kJ/(kg·K), 급탕온도 60℃, 급수온도 15℃, 효율 80%)
① 27.2kW
② 29.8kW
③ 32.8kW
④ 38.4kW

23 다음과 같은 조건에 있는 사무실 건물의 1일 급수량은?

- 건물의 연면적 : 2000m^2
- 건물의 유효면적과 연면적의 비 : 60%
- 유효면적당 인원 : 0.2인/m^2
- 1인 1일당 평균사용수량 : 100L/(d·인)

① 20000L/d
② 24000L/d
③ 40000L/d
④ 120000L/d

24 급탕설비의 순환배관에서 관마찰저항으로 인한 순환량의 불균등을 방지하기 위한 배관방식은?
① 상향 배관방식
② 하향 배관방식
③ 강제순환방식
④ 리버스리턴방식

25 배수설비에서 간접배수를 하여야 하는 기기·기구에 속하지 않는 것은?
① 욕조
② 세탁기
③ 제빙기
④ 식기세정기

26 급수배관의 계획 및 시공에 관한 설명으로 옳지 않은 것은?
① 음료용 급수관과 다른 용도의 배관을 크로스 커넥션해서는 안 된다.
② 주배관에는 적당한 위치에 플랜지 이음을 하여 보수 점검을 용이하게 한다.
③ 수평배관에는 오물이 정체하지 않도록 하며, 어쩔 수 없이 각종 오물이 정체하는 곳에서는 공기빼기밸브를 설치한다.
④ 높은 유수음이나 수격작용이 발생할 염려가 있는 급수계통에는 에어 체임버나 워터 해머 방지기 등의 완충장치를 설치한다.

27 고가수조방식의 급수방식에 관한 설명으로 옳지 않은 것은?
① 급수압력이 일정하다.
② 단수 시에도 일정량의 물을 급수할 수 있다.
③ 대규모의 급수 수요에 쉽게 대응할 수 있다.
④ 급수방식 중 위생 및 유지, 관리 측면에서 가장 바람직한 방식이다.

28 주철관의 이음 방법에 속하지 않는 것은?
① 소켓 이음
② 빅토릭 이음
③ 타이톤 이음
④ 플레어 이음

29 수질과 관련된 용어에 관한 설명으로 옳지 않은 것은?
① COD는 화학적 산소요구량을 의미한다.
② BOD는 생물화학적 산소요구량을 의미한다.
③ SS는 오수 중의 용존산소량을 ppm으로 나타낸 것이다.
④ 경도는 물속에 녹아 있는 염류의 양을 탄산칼슘의 농도로 환산하여 나타낸 것이다.

30 다음 중 특수통기방식의 일종인 소벤트 시스템에 사용되는 이음쇠는?
① 팽창관
② 섹스티아 벤드관
③ 섹스티아 이음쇠
④ 공기분리 이음쇠

31 배수와 통기 간의 공기의 유통을 원활히 하기 위해 설치하는 것으로 배수횡지관의 최하류에 설치하는 통기관은?
① 습통기관 ② 도피통기관
③ 반송통기관 ④ 루프통기관

32 물을 수송하는 직선관로의 마찰손실수두에 관한 설명으로 옳은 것은?
① 마찰손실수두는 관경에 정비례한다.
② 마찰손실수두는 속도수두에 반비례한다.
③ 관내 유속이 2배로 되면 마찰손실은 4배로 된다.
④ 배관 길이가 2배로 되면 마찰손실은 8배로 된다.

33 양수량 Q=15L/s, 유속 V=2m/s인 펌프의 구경으로 적당한 것은?
① 50mm ② 100mm
③ 150mm ④ 200mm

34 가로 2m, 세로 2m, 높이 10m인 직육면체 수조에 물이 가득 차 있을 때, 바닥면에 작용하는 전압력은?
① 2ton ② 4ton
③ 20ton ④ 40ton

35 간접가열식 급탕설비에 증기트랩을 설치하는 가장 주된 이유는?
① 신축을 흡수시키기 위하여
② 배관 내의 소음을 줄이기 위하여
③ 응축수만을 보일러에 환수시키기 위하여
④ 보일러에서 역류하는 악취를 방지하기 위하여

36 다음 중 급수설비를 설계하는 데 있어 가장 먼저 이루어져야 하는 사항은?
① 급수량 산정
② 저수조 크기 결정
③ 급수관 관경 결정
④ 수도 인입관 설계

37 배수트랩과 통기관에 관한 설명으로 옳지 않은 것은?
① 통기관을 설치하면 배수능력이 향상된다.
② 배수트랩을 설치하면 배수능력이 향상된다.
③ 배수트랩은 봉수가 파괴되지 않는 구조로 한다.

④ 통기관은 사이펀 작용에 의해서 트랩 봉수가 파괴되는 것을 방지한다.

38 국소식 급탕방식에 관한 설명으로 옳지 않은 것은?
① 배관길이가 길어 열손실이 크다.
② 급탕 개소마다 가열기의 설치공간이 필요하다.
③ 건물 완공 후에 급탕 개소의 증설이 비교적 용이하다.
④ 용도에 따라 필요한 개소에서 필요한 온도의 탕을 비교적 간단하게 얻을 수 있다.

39 먹는 물의 수질 기준에 관한 설명으로 옳지 않은 것은?
① 색도는 5도를 넘지 아니할 것
② 수은은 0.01mg/L를 넘지 아니할 것
③ 시안은 0.01mg/L를 넘지 아니할 것
④ 수돗물의 경우 경도는 300mg/L를 넘지 아니할 것

40 경질염화비닐관에 관한 설명으로 옳지 않은 것은?
① 전기 절연성이 크다.
② 내산, 내알칼리성이 크다.
③ 온도 상승에 따라 기계적 강도가 약해진다.
④ 저온에서 충격에 강하므로 한랭지에 주로 사용된다.

제3과목 공기조화설비

41 다음의 냉방부하 발생 요인 중 현열과 잠열 부하를 모두 발생시키는 것은?
① 인체의 발생열량
② 벽체로부터의 취득열량
③ 유리로부터의 취득열량
④ 송풍기에 의한 취득열량

42 다음 중 하절기 유리창별 표준일사열 취득량이 가장 적은 경우는?
① 수평천창(13시) ② 동측창(08시)
③ 남측창(16시)   ④ 서측창(17시)

43 다음과 같은 조건에서 틈새바람에 의한 냉방부하는?

- 틈새공기량 : 50kg/h
- 외기의 상태 : 30℃, 0.016kg/kg
- 실내공기의 상태 : 25℃, 0.010kg/kg
- 공기의 정압비열 : 1.01kJ/kg·K
- 0℃에서 물의 증발잠열 : 2501kJ/kg

① 139.7W   ② 186.2W
③ 278.6W   ④ 341.3W

44 수배관 내 유속에 관한 설명으로 옳지 않은 것은?
① 관 내에 흐르는 유속을 높이면 소음이 증가한다.
② 관 내에 흐르는 유속을 높이면 마찰손실이 감소한다.
③ 관 내에 흐르는 유속을 높이면 펌프의 소요동력이 증가한다.
④ 관 내에 흐르는 유속이 너무 낮으면 배

관 내에 혼입된 공기를 밀어내지 못하여 물의 흐름에 대한 저항이 커진다.

45 증기난방방식에 관한 설명으로 옳지 않은 것은?
① 예열시간이 짧다.
② 계통별 용량 제어가 용이하다.
③ 한랭지에서 동결의 우려가 작다.
④ 운전 시 증기해머로 인한 소음이 발생하기 쉽다.

46 증기트랩 중 플로트 트랩에 관한 설명으로 옳지 않은 것은?
① 다량의 응축수를 처리할 수 있다.
② 급격한 압력변화에도 잘 작동된다.
③ 동결의 우려가 있는 곳에 주로 사용된다.
④ 증기해머에 의해 내부손상을 입을 수 있다.

47 다음과 같은 조건에 있는 벽체의 실내표면 온도는?

- 외기온도 : -10℃
- 실내온도 : 20℃
- 실내표면열전달률 : 9W/m² · K
- 벽체의 열관류율 : 3W/m² · K

① 9℃
② 10℃
③ 12℃
④ 13℃

48 건구온도 26℃, 상대습도 50%의 실내공기 700m³와 건구온도 32℃, 상대습도 70%의 외기 300m³을 혼합한 후 이를 다시 건구온도 20℃로 냉각하였다. 냉각 도중 절대습도의 변화가 없었다면 냉각과정에 소요된 열량은? (단, 공기의 밀도는 1.2kg/m³, 정압비열은 1.01kJ/kg · K이다.)
① 8966.6kJ
② 9453.6kJ
③ 10322.5kJ
④ 10977.8kJ

49 공기여과기를 통과하기 전의 오염농도가 0.45mg/m³, 통과한 후의 오염농도가 0.12mg/m³일 때, 이 여과기의 여과효율은?
① 약 35%
② 약 42%
③ 약 53%
④ 약 73%

50 버터플라이 댐퍼에 관한 설명으로 옳지 않은 것은?
① 완전히 닫았을 때 공기의 누설이 적다.
② 운전 중에 개폐조작에 큰 힘을 필요로 한다.
③ 주로 대형 덕트에서 풍량조절용으로 사용된다.
④ 날개가 중간 정도 열렸을 때 댐퍼의 하류측에 와류가 생기기 쉽다.

51 다음 중 에어와셔에 엘리미네이터(eliminator)를 설치하는 이유로 가장 알맞은 것은?
① 기내의 기류분포를 고르게 하기 위해
② 섬유 등의 먼지를 효율적으로 제거하기 위해
③ 공기의 감습이 효과적으로 이루어지게 하기 위해
④ 분무된 물방울이 밖으로 나가지 못하도록 하기 위해

52 공기조화배관의 배관회로방식에 관한 설

명으로 옳지 않은 것은?

① 밀폐회로방식은 순환수가 공기와 접촉하지 않으므로 물처리비가 적게 든다.
② 개방회로방식은 보통 축열방식이나 개방식 냉각탑의 냉각수 배관 등에 응용된다.
③ 개방회로방식의 경우 펌프의 양정에는 실양정이 포함되므로 동력비가 많이 든다.
④ 밀폐회로방식에는 물의 팽창을 흡수하기 위해 팽창관이 사용되며 팽창탱크는 사용하지 않는다.

53 원형 덕트의 곡관부에서 국부저항의 상당 길이를 l이라 할 때 다음 설명 중 옳은 것은?
(단, λ : 덕트재료의 마찰저항계수,
 d : 원형 덕트의 직경,
 ξ : 국부저항손실계수)

① l은 d, ξ, λ에 모두 비례한다.
② l은 d, ξ, λ에 모두 반비례한다.
③ l은 d, ξ에 비례하나 λ에는 반비례한다.
④ l은 d, λ에 비례하나 ξ에는 반비례한다.

54 냉동기의 냉매가 구비해야 할 조건으로 옳지 않은 것은?

① 응고온도(응고점)가 낮을 것
② 전열효과가 작고 점도가 클 것
③ 증발압력이 대기압보다 높을 것
④ 임계온도가 높고 상온에서 액화할 것

55 다음 중 에어필터의 효율 측정법이 아닌 것은?

① 중량법   ② 비색법
③ 체적법   ④ DOP법

56 공기조화 용어 중 엔탈피(Enthalpy)가 의미하는 것은?

① 비체적   ② 비습도
③ 전열량   ④ 현열량

57 진공 환수식 증기난방에서 저압증기 환수관이 진공펌프의 흡입구보다 낮은 위치에 있을 때 응축수를 끌어올리기 위해 설치하는 것은?

① 역압 방지기   ② 리프트 피팅
③ 버큠 브레이커 ④ 바이패스 밸브

58 공기조화방식 중 단일덕트 변풍량방식(V.A.V system)에 관한 설명으로 옳은 것은?

① 전수방식의 특성이 있다.
② 페리미터 존보다는 인테리어 존에 적합하다.
③ 각 실이나 존의 온도를 개별제어할 수 없다.
④ 실내부하가 적어지면 송풍량이 적어지므로 실내공기의 오염도가 높아진다.

59 습공기 선도상에 표현되어 있는 습공기의 상태 값에 속하지 않는 것은?

① 비열   ② 비체적
③ 엔탈피   ④ 습구온도

60 코일 입구공기온도 30℃, 출구공기온도 15℃, 코일 입구수온 7℃, 출구수온 12℃일 때 대향류형 코일에서 공기와 냉수의 대수평균 온도차는?

① 8.5℃   ② 11.1℃
③ 12.3℃ ④ 13.7℃

제4과목 소방 및 전기설비

61 조명설비에서 눈부심의 발생 원인과 가장 거리가 먼 것은?
① 순응의 결핍
② 시야 안의 저휘도 광원
③ 시설 부근에 노출된 광원
④ 눈에 입사하는 광속의 과다

62 다음 가스계량기 설치에 관한 설명 중 ( ) 안에 알맞은 내용은?

> 가스계량기와 전기계량기 및 전기개폐기와의 거리는 (㉠) 이상, 전기점멸기 및 전기접속기와의 거리는 (㉡) 이상, 절연조치를 하지 아니한 전선과의 거리는 (㉢) 이상의 거리를 유지하여야 한다.

① ㉠ 10cm, ㉡ 20cm, ㉢ 40cm
② ㉠ 15cm, ㉡ 30cm, ㉢ 60cm
③ ㉠ 40cm, ㉡ 20cm, ㉢ 10cm
④ ㉠ 60cm, ㉡ 30cm, ㉢ 15cm

63 3대의 전동기에 모두 같은 크기의 전압을 인가하기 위한 결선 방법은?
① 직렬결선
② 병렬결선
③ 직렬결선 1회로와 병렬결선 2회로
④ 직렬결선 2회로와 병렬결선 1회로

64 연결송수관설비에 관한 설명으로 옳은 것은?
① 송수구는 쌍구형으로 하며 구경은 최소 50mm 이상으로 한다.
② 방수구는 연결송수관설비의 전용방수구로서 구경은 최소 50mm 이상으로 한다.
③ 수원의 수위가 펌프보다 높은 위치에 있는 가압송수장치에는 반드시 물올림장치를 설치한다.
④ 가압송수장치는 방수구가 개방될 때 자동으로 기동되거나 또는 수동스위치의 조작에 따라 기동되도록 한다.

65 최대 방수구역에 설치된 스프링클러 헤드의 개수가 20개인 경우 스프링클러설비의 수원의 저수량은 최소 얼마 이상이 되도록 하여야 하는가? (단, 개방형 스프링클러 헤드를 사용하는 경우)
① $16m^3$ ② $32m^3$
③ $48m^3$ ④ $64m^3$

66 사인파 교류의 실효값이 V, 최대값이 V_m일 때 평균값은?
① $\dfrac{V_m}{2\pi}$ ② $\dfrac{2V_m}{\pi}$
③ $\dfrac{\sqrt{2}V_m}{\pi}$ ④ $\dfrac{V_m}{\pi}$

67 정온식 감지기의 감지원리로 옳은 것은?
① 주위온도가 일정온도 이상일 때 작동
② 주위온도가 일정온도 상승률 이상일 때 작동
③ 연기 침입 시 수광부의 광량이 감소되

는 것을 검출
④ 특정파장의 복사 에너지를 전기 에너지로 변환하여 이를 검출

68 어느 도체의 단면에 2시간 동안 7200C의 전기량이 이동했다고 하면 이때 흐르는 전류는?
① 1A　　② 2A
③ 3A　　④ 4A

69 액면조절장치의 감지부의 종류 중 액체 내의 전극봉 사이의 통전 상태로써 액면을 조절하며 저수조용으로 사용하는 것은?
① 액면식　　② 전극식
③ 플로트식　　④ 오뚜기식

70 권수가 300회 감긴 코일에 10A의 전류가 흐른다면 발생된 기자력[AT]은?
① 150　　② 300
③ 1500　　④ 3000

71 제어결과가 목표치를 중심으로 ON-OFF 동작을 하는 제어는?
① 비례 제어　　② 적분 제어
③ 2위치 제어　　④ 비례 적분 제어

72 천장면을 사각이나 원형으로 오려내고 매입기구를 취부하여 실내의 단조로움을 피하는 조명방식은?
① 코퍼 조명　　② 광천장 조명
③ 코니스 조명　　④ 밸런스 조명

73 소화의 종류 중 화학적 소화에 속하는 것은?
① 질식소화　　② 제거소화
③ 냉각소화　　④ 부촉매소화

74 다음 직렬회로에서 $R_1=2\Omega$, $R_2=3\Omega$, $R_3=5\Omega$이고 V=110V일 때 V_2의 값은?

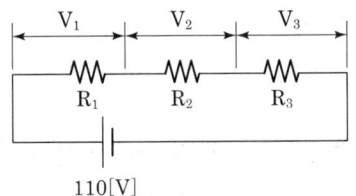

① 22V　　② 33V
③ 55V　　④ 110V

75 알칼리 축전지에 관한 설명으로 옳지 않은 것은?
① 고율방전특성이 좋다.
② 공칭전압은 2.0V/셀이다.
③ 극판의 기계적 강도가 강하다.
④ 부식성 가스가 발생하지 않는다.

76 다음 중 역률이 가장 양호한 것은? (단, 3상 380V로 운전할 경우)
① 에어컨　　② 전기히터
③ 펌프용 전동기　　④ 업소용 세탁기

77 다음 중 강자성체에 속하지 않는 것은?
① 철　　② 니켈
③ 구리　　④ 코발트

78 다음과 같이 정의되는 화재의 종류는?

나무, 섬유, 종이, 고무, 플라스틱류와 같은 일반 가연물이 타고 나서 재가 남는 화재

① A급 화재　　② B급 화재
③ C급 화재　　④ K급 화재

79 접지공사 중 제1종 접지공사의 저항값은 최대 얼마 이하이어야 하는가?
① 10Ω　　② 50Ω
③ 100Ω　　④ 200Ω

80 변압기에서 철심(core)이 하는 역할은?
① 자속의 이동통로
② 전류의 이동통로
③ 전압의 이동통로
④ 전력량의 이동통로

● 제5과목 건축설비관계법규

81 다음의 소방시설 중 경보설비에 속하지 않는 것은?
① 비상방송설비
② 자동화재탐지설비
③ 자동화재속보설비
④ 무선통신보조설비

82 공동주택 중 아파트로서 4층 이상인 층의 각 세대가 2개 이상의 직통계단을 사용할 수 없는 경우에는 발코니에 대피공간을 설치하여야 하는데, 다음 중 이러한 대피공간이 갖추어야 할 요건으로 옳지 않은 것은?
① 대피공간은 바깥의 공기와 접하지 않을 것
② 대피공간을 실내의 다른 부분과 방화구획으로 구획될 것
③ 대피공간의 바닥면적은 각 세대별로 설치하는 경우에는 $2m^2$ 이상일 것
④ 대피공간의 바닥면적은 인접 세대와 공동으로 설치하는 경우에는 $3m^2$ 이상일 것

83 교육연구시설 중 학교의 교실 간 경계벽의 차음을 위한 구조로서 적합하지 않은 것은?
① 벽돌조로서 두께가 15cm인 것
② 철근콘크리트조로서 두께가 15cm인 것
③ 철골철근콘크리트조로서 두께가 15cm인 것
④ 무근콘크리트조로서 시멘트모르타르의 바름두께를 포함하여 두께가 15cm인 것

84 공동 소방안전관리자를 선임하여야 하는 특정소방대상물에 속하지 않는 것은?
① 판매시설 중 도매시장
② 복합건축물로서 층수가 5층인 것
③ 복합건축물로서 연면적 $5000m^2$인 것
④ 지하층을 포함한 층수가 10층인 건축물

85 층수가 9층이고, 각 층의 거실면적이 $3000m^2$인 판매시설을 건축하고자 할 때 설치하여야 하는 승용승강기의 최소 대수는? (단, 16인승 승용승강기를 설치하는 경우)
① 4대　　② 5대
③ 6대　　④ 7대

86 종교시설의 용도에 쓰이는 건축물의 집회실로서 그 바닥면적이 $300m^2$인 경우 반자의 높이는 최소 얼마 이상이어야 하는가? (단, 기계환기장치를 설치하지 않은 경우)
① 2m　　② 3m

③ 4m   ④ 5m

87 건축물의 용도변경과 관련된 시설군 중 영업시설군에 속하지 않는 것은?
① 판매시설   ② 운동시설
③ 의료시설   ④ 숙박시설

88 판매시설로서 모든 층에 스프링클러설비를 설치하여야 하는 바닥면적의 기준은?
① 바닥면적의 합계가 1000m^2 이상인 경우
② 바닥면적의 합계가 2000m^2 이상인 경우
③ 바닥면적의 합계가 5000m^2 이상인 경우
④ 바닥면적의 합계가 10000m^2 이상인 경우

89 다음 중 다중이용건축물에 속하지 않는 것은? (단, 해당 용도로 쓰는 바닥면적의 합계가 5000m^2이며, 층수가 15층인 건축물의 경우)
① 종교시설
② 판매시설
③ 업무시설
④ 의료시설 중 종합병원

90 다음은 건축법상 지하층의 정의이다. ( ) 안에 알맞은 것은?

"지하층"이란 건축물의 바닥이 지표면 아래에 있는 층으로서 바닥에서 지표면까지 평균 높이가 해당 층 높이의 ( ) 이상인 것을 말한다.

① 2분의 1   ② 3분의 1
③ 3분의 2   ④ 4분의 3

91 건축법령상 제1종 근린생활시설에 속하지 않는 것은?
① 한의원   ② 마을회관
③ 산후조리원   ④ 일반음식점

92 다음은 건축물의 에너지절약설계기준에 따른 기계부분의 권장사항이다. ( ) 안에 알맞은 것은?

위생설비 급탕용 저탕조의 설계온도는 ( ) 이하로 하고 필요한 경우에는 부스터히터 등으로 승온하여 사용한다.

① 45℃   ② 50℃
③ 55℃   ④ 60℃

93 건축물에 설치하는 비상용 승강기의 승강장 바닥면적은 비상용 승강기 1대에 대하여 최소 얼마 이상으로 하여야 하는가? (단, 옥내에 승강장을 설치하는 경우)
① 3m^2 ② 6m^2
③ 9m^2 ④ 12m^2

94 방염성능기준 이상의 실내장식물 등을 설치하여야 하는 특정소방대상물에 속하는 것은?
① 층수가 6층인 업무시설
② 층수가 6층인 판매시설
③ 층수가 6층인 숙박시설
④ 건축물의 옥내에 있는 수영장

95 피난안전구역의 구조 및 설비에 관한 기준 내용으로 옳지 않은 것은?
① 피난안전구역의 높이는 1.8m 이상일 것

② 피난안전구역의 내부마감재료는 불연재료로 설치할 것
③ 비상용 승강기는 피난안전구역에서 승하차할 수 있는 구조로 설치할 것
④ 건축물의 내부에서 피난안전구역으로 통하는 계단은 특별피난계단의 구조로 설치할 것

96 건축물에 설치하는 배연설비에 관한 기준 내용으로 옳지 않은 것은? (단, 기계식 배연설비를 하지 않는 경우)
① 배연구는 손으로도 열고 닫을 수 있도록 한다.
② 배연구는 예비전원에 의해 열 수 있도록 한다.
③ 배연창의 유효면적은 최소 $3m^2$ 이상으로 하여야 한다.
④ 건축물이 방화구획으로 구획된 경우에는 그 구획마다 1개소 이상의 배연창을 설치하여야 한다.

97 외기에 직접 면하고 1층 또는 지상으로 연결된 출입문을 방풍구조로 하여야 하는 것은?
① 아파트의 출입문
② 너비가 1.8m인 출입문
③ 바닥면적이 $300m^2$인 개별 점포의 출입문
④ 사람의 통행을 주목적으로 하지 않는 출입문

98 다음은 지하층과 피난층 사이의 개방공간의 설치에 관한 기준 내용이다. (   ) 안에 알맞은 것은?

> 바닥면적의 합계가 (   ) 이상인 공연장·집회장·관람장 또는 전시장을 지하층에 설치하는 경우에는 각 실에 있는 자가 지하층 각 층에서 건축물 밖으로 피난하여 옥외 계단 또는 경사로 등을 이용하여 피난층으로 대피할 수 있도록 천장이 개방된 외부 공간을 설치하여야 한다.

① $1000m^2$　② $2000m^2$
③ $3000m^2$　④ $5000m^2$

99 건축물에 설치하는 방화벽에 관한 기준 내용으로 옳지 않은 것은?
① 내화구조로서 홀로 설 수 있는 구조일 것
② 방화벽에 설치하는 출입문에는 60분+방화문 또는 60분방화문을 설치할 것
③ 방화벽에 설치하는 출입문의 너비 및 높이는 각각 3.0m 이하로 할 것
④ 방화벽의 양쪽 끝과 위쪽 끝을 건축물의 외벽면 및 지붕면으로부터 0.5m 이상 튀어 나오게 할 것

100 다음 중 방송 공동수신설비를 설치하여야 하는 대상 건축물에 속하는 것은?
① 종교시설　② 고등학교
③ 다세대주택　④ 유스호스텔

2019년 4회 건축설비기사 과년도문제

제1과목 건축일반

01 개구부의 미관과 벽체와의 접합면에서 마무리를 좋게 하기 위하여 둘러대는 누름대는?
① 연귀   ② 문틀
③ 문선   ④ 턱장부

02 마룻바닥을 시공할 때 적용되는 쪽매의 종류가 아닌 것은?
① 딴혀쪽매   ② 반턱쪽매
③ 연귀쪽매   ④ 제혀쪽매

03 다음 초고층 빌딩 중 수직 높이상 가장 높은 건물은?
① 엠파이어스테이트 빌딩
② 타이페이 101
③ 시어스 타워
④ 페트로나스 타워

04 병원의 병실계획으로 옳지 않은 것은?
① 환자가 병상에서 외부를 전망할 수 있게 한다.
② 침대방향은 환자의 눈이 창과 직면하지 않도록 한다.
③ 천장은 조도가 낮고 반사율이 적은 마감재료를 사용해야 한다.
④ 병실 출입구는 안여닫이로 하고 폭은 90cm 이내로 계획한다.

05 실내 어느 1점에서 수평면조도를 측정하니 220lx이었다. 옥외 전천공 수평면조도를 20000lx로 할 때 실내 이 점의 주광률을 구하면?
① 1.1%   ② 2.1%
③ 3.1%   ④ 4.1%

06 호텔의 기능에 따른 소요실의 명칭으로 옳은 것은?
① 관리부분 : 식당, 라운지
② 숙박부분 : 보이실, 린넨실
③ 요리부분 : 연회실, 커피숍
④ 공공부분 : 배선실, 주방

07 건축계획진행과정에 있어서 세부계획에 속하지 않는 것은?
① 자료수집분석
② 평면계획
③ 입면계획
④ 구조계획

08 블록구조의 내력벽에 관한 설명으로 옳지 않은 것은?
① 위층의 연직하중과 건물에 작용하는 수평하중을 받는 중요한 역할을 한다.
② 내력벽이 수평하중을 받으면 전단력과 휨을 동시에 받게 된다.
③ 내력벽은 건물의 평면상으로 균형 있게 배치하여야 한다.

④ 하중의 흐름을 고려하여 위층의 내력벽은 밑층의 내력벽과 같은 위치에 배치하지 않는다.

09 다음 중 기초의 분류상 직접기초에 속하지 않는 것은?
① 복합기초　② 독립기초
③ 온통기초　④ 말뚝기초

10 다음 중 음의 단위와 관계가 없는 것은?
① cd　② dB
③ W/cm²　④ phon

11 철골구조의 데크 플레이트에 사용되는 스터드 볼트의 주된 역할은?
① 축력 저항
② 전단력 저항
③ 휨모멘트 저항
④ 비틀림 저항

12 온도, 습도, 기류를 조합하여 인체의 실제 체감(體感)을 표시하는 척도가 되는 것은?
① TAC 온도　② 임계온도
③ 절대온도　④ 유효온도

13 도시 열섬현상의 원인으로 가장 거리가 먼 것은?
① 큰 강을 끼고 도시가 발달되어 있다.
② 건축물과 포장도로가 많다.
③ 연료소비에 의한 인공열 및 오염물질의 방출량이 크다.
④ 도심부는 고층건물이 많고 요철이 심해서 환기가 어렵다.

14 학교건축 계획에 관한 설명으로 옳지 않은 것은?
① 관리부분의 배치는 학생들의 동선을 피하고 중앙에 가까운 위치가 좋다.
② 주차장은 되도록 학교 깊숙이 끌어들이지 않고 한쪽 귀퉁이에 배치하는 것이 바람직하다.
③ 배치형식 중 집합형은 일종의 핑거 플랜으로 일조 및 통풍 등 교실의 환경조건이 균등하며 구조계획이 간단하다.
④ 운영방식 중 달톤형은 학급과 학생 구분을 없애고 학생들은 각자의 능력에 맞게 교과를 선택하며 일정한 교과가 끝나면 졸업한다.

15 도서관 서고계획에 관한 설명으로 옳지 않은 것은?
① 도서의 수장보존을 위해 방화, 방습을 고려하여 계획한다.
② 자연 직사광선을 최대한 유입하고, 인공조명을 보조로 활용한다.
③ 도서의 증가를 고려한 증축이 용이하도록 평면 및 구조적인 면을 고려한다.
④ 서고 내 서가의 배열 시 불규칙한 배열은 계획상 손실이 많다.

16 상점의 파사드 구성에서 중요시되는 5가지 광고 요소에 해당되지 않는 것은?
① Media　② attention
③ Desire　④ Interest

17 전통 한식 주택을 양식 주택과 비교한 설명으로 옳지 않은 것은?

① 비교적 개구부가 넓은 편이다.
② 대부분 가구식 구조로 이루어져 있다.
③ 지면에서 1층 바닥까지의 높이가 큰 편이다.
④ 실이 기능적으로 분화되어 있다.

18 사무소 건축에서 층고를 낮추는 이유와 가장 거리가 먼 것은?
① 건축비의 경제적 효과를 위함이다.
② 층수를 많이 얻기 위함이다.
③ 실내 공기 조절의 효과를 높이기 위함이다.
④ 외관을 보기 좋게 하기 위함이다.

19 상점의 평면배치 중 종류별 상품진열이 용이하고 대량판매형식이 가능한 것은?
① 복합 배열형　② 굴절 배열형
③ 직선 배열형　④ 환상 배열형

20 주택의 침실계획에 관한 설명으로 옳지 않은 것은?
① 침대는 머리쪽에 창을 두는 것이 좋다.
② 침실은 현관에서 멀리 떨어진 곳에 배치하는 것이 좋다.
③ 출입문은 침대가 직접 보이지 않게 안여닫이로 하는 것이 좋다.
④ 어린이 침실은 가사실로부터 감독할 수 있는 위치에 있는 것이 좋다.

제2과목　위생설비

21 수도 본관으로부터 높이 10m에 설치된 세정밸브식 대변기의 사용을 위해 필요한 수도본관의 최저압력은? (단, 급수방식은 수도직결방식이며 배관 내의 마찰손실은 40kPa, 세정밸브식 대변기의 최저필요압력은 70kPa이다.)
① 70kPa　② 100kPa
③ 140kPa　④ 210kPa

22 대변기의 세정수의 급수방식 중 로 탱크식에 관한 설명으로 옳지 않은 것은?
① 탱크로의 급수에 볼 탭이 사용된다.
② 하이 탱크식에 비해 세정소음이 작다.
③ 탱크로의 급수압력과 관계없이 대변기로의 급수수량이나 압력이 일정하다.
④ 단시간에 다량의 물이 필요하기 때문에 일반 가정용으로는 거의 사용되지 않는다.

23 액체 중에 직경이 작은 관을 세웠을 때, 관속의 액면이 관 밖의 액면보다 높거나 낮게 되는 현상은?
① 층류 현상
② 난류 현상
③ 모세관 현상
④ 베르누이 현상

24 시간당 200L의 급탕을 필요로 하는 건물에서 전기온수기를 사용하여 급탕을 하는 경우 필요전력은? (단, 물의 비열은 4.2kJ/kg·K, 급수온도는 10℃, 급탕온도는 60℃, 전기온수가의 가열효율은 95%이다.)

① 11.1kW　② 11.7kW
③ 12.3kW　④ 13.5kW

25 같은 구경의 강관을 직선으로 연결하고자 할 때 사용되는 강관 이음쇠류가 아닌 것은?
① 부싱　② 소켓
③ 니플　④ 유니언

26 급수압력이 일정하며, 일반적으로 하향급수 배관방식이 사용되는 급수방식은?
① 수도직결방식
② 고가수조방식
③ 압력수조방식
④ 펌프직송방식

27 원심식 펌프로 회전차 주위에 디퓨저인 안내 날개를 갖는 펌프는?
① 마찰 펌프
② 터빈 펌프
③ 제트 펌프
④ 다이어프램 펌프

28 다음과 같은 조건에 연면적 2000m²의 사무소 건물에 필요한 1일당 급수량은?

- 건물의 유효면적과 연면적의 비 : 50%
- 유효면적당 인원 : 0.2인/m²
- 1인 1일당 급수량 : 100L/d/c

① 10000L/d　② 20000L/d
③ 30000L/d　④ 40000L/d

29 중앙식 급탕방식에 관한 설명으로 옳지 않은 것은?

① 배관 및 기기로부터의 열손실이 작다.
② 기구의 동시이용률을 고려하여 가열장치의 총용량을 적게 할 수 있다.
③ 일반적으로 열원장치는 공조설비와 겸용하여 설치되기 때문에 열원단가가 싸다.
④ 기계실 등에 다른 설비 기계와 함께 가열장치 등이 설치되기 때문에 관리가 용이하다.

30 BOD 제거율(%) 산정방법을 올바르게 표현한 것은?

① $\dfrac{\text{유입수 BOD} - \text{유출수 BOD}}{\text{유입수 BOD}} \times 100$

② $\dfrac{\text{유출수 BOD} - \text{유입수 BOD}}{\text{유출수 BOD}} \times 100$

③ $\dfrac{\text{유입수 BOD} - \text{유출수 BOD}}{\text{유출수 BOD}} \times 100$

④ $\dfrac{\text{유출수 BOD} - \text{유입수 BOD}}{\text{유입수 BOD}} \times 100$

31 다음과 같은 조건에서 급탕량이 2000L/h인 저탕조의 가열코일 표면적은?

- 급수온도 : 10℃
- 급탕온도 : 60℃
- 증기온도 : 104℃
- 가열코일의 열관류율 : 506W/m²·K
- 물의 비열 : 4.2kJ/kg·K

① 약 3.3m²　② 약 6.6m²
③ 약 33.4m²　④ 약 65.9m²

32 물의 정수과정에서 물 속에 있는 철분을 제거하기 위한 처리과정은?
① 혐기　② 폭기
③ 불소 주입　④ 응집제 첨가

33 급탕배관의 설계 및 시공에 관한 설명으로 옳지 않은 것은?
① 배관은 균등한 구배를 만든다.
② 중앙식 급탕설비는 원칙적으로 강제순환방식으로 한다.
③ 관의 신축을 고려하여 건물의 벽관통부분의 배관에는 슬리브를 사용한다.
④ 온도강하 및 급탕수전에서의 온도 불균형을 방지하기 위해 단관식으로 한다.

34 펌프의 전양정이 60m이고, 30m³/h의 물을 양수하고자 할 때 요구되는 펌프의 축동력은? (단, 펌프의 효율은 55%)
① 2.7kW ② 4.9kW
③ 5.3kW ④ 8.9kW

35 다음 중 급수설비에서 크로스 커넥션 방지대책으로 가장 알맞은 것은?
① 설비 내에 버큠 브레이커 및 역류방지 장치를 부착한다.
② 관내 유속을 억제하고, 설비 내에 서지탱크(surge tank) 및 안전밸브를 설치한다.
③ 배관 계통별로 색깔로 구분하여 오접합을 방지하며 통수시험에 의해 체크한다.
④ 수평배관에는 공기나 오물이 정체하지 않도록 하며, 어쩔 수 없이 공기 정체가 일어나는 곳에는 공기빼기밸브를 설치한다.

36 다음 중 통기관을 설치하는 목적과 가장 거리가 먼 것은?
① 트랩의 봉수를 보호한다.
② 배수관 내의 압력변동을 억제하여 배수의 흐름을 원활하게 한다.
③ 배수관 계통의 환기를 도모하여 관내를 청결하게 유지한다.
④ 배수관에 해로운 영향을 미칠 물질이 배수관에 들어가지 않도록 한다.

37 배수 배관에서 청소구를 원칙적으로 설치하여야 하는 곳이 아닌 것은?
① 배수수평주관의 기점
② 배수수직관의 최상부
③ 배수수평지관의 기점
④ 배수관이 45°를 넘는 각도에서 방향을 전환하는 개소

38 관내의 흐름이 층류인지 난류인지를 판별하는 데 사용되는 레이놀즈 수의 산정식으로 옳은 것은? (단, Re=레이놀즈 수, v=관내의 평균유속(m/s), d=관 내경(m), V=유체의 동점성계수(m²/s))
① $Re = \dfrac{V}{v \times d}$ ② $Re = \dfrac{d}{v \times V}$
③ $Re = \dfrac{v \times V}{d}$ ④ $Re = \dfrac{v \times d}{V}$

39 세정밸브식 대변기에 버큠 브레이커를 설치하는 주된 이유는?
① 냄새 방지
② 급수소음 방지
③ 급수오염 방지
④ 배관의 부식방지

40 다음 중 모세관 현상에 따른 트랩의 봉수파괴를 방지하기 위한 방법으로 가장 알맞은

것은?
① 트랩을 자주 청소한다.
② 각개통기관을 설치한다.
③ 관내 압력변동을 작게 한다.
④ 기구배수관 관경을 트랩구경보다 크게 한다.

제3과목 공기조화

41 틈새바람량의 산출 방법에 속하지 않는 것은?
① 환기횟수법
② 창문면적법
③ 실내면적법
④ 창문틈새길이법

42 증기난방 방식에 관한 설명으로 옳지 않은 것은?
① 예열시간이 온수난방에 비해 짧다.
② 온수난방에 비해 실내의 쾌감도가 좋다.
③ 온수난방에 비해 한랭지에서 동결의 우려가 적다.
④ 온수난방에 비해 부하변동에 따른 실내 방열량의 제어가 곤란하다.

43 중앙공조기의 전열교환기에서는 다음 중 어느 공기가 서로 열교환을 하는가?
① 외기와 실내배기
② 외기와 실내급기
③ 실내배기와 실내급기
④ 환기(RA)와 실내급기

44 동일 송풍기에서 회전수를 2배로 했을 경우 풍량, 정압 및 소요동력의 변화량으로 옳은 것은?
① 풍량 2배, 정압 4배, 소요동력 8배
② 풍량 2배, 정압 8배, 소요동력 4배
③ 풍량 4배, 정압 4배, 소요동력 8배
④ 풍량 4배, 정압 8배, 소요동력 2배

45 상대습도 60%인 습공기의 건구온도(a), 습구온도(b), 노점온도(c)의 크기 관계가 옳은 것은?
① a>b>c
② b>a>c
③ b>c>a
④ c>b>a

46 다음 설명에 알맞은 환기방식은?

- 실내는 부압을 유지한다.
- 화장실, 욕실 등의 환기에 적합하다.

① 급기팬과 배기팬의 조합
② 급기팬과 자연배기의 조합
③ 자연급기와 배기팬의 조합
④ 자연급기와 자연비기의 조합

47 단일덕트 정풍량방식에 관한 설명으로 옳은 것은?
① 변풍량방식에 비해 설비비가 많이 든다.
② 2중덕트방식에 비해 냉·온풍의 혼합 손실이 많다.
③ 부하변동에 대한 제어응답이 변풍량방식에 비해 느리다.
④ 실내의 열부하 변동에 따라 송풍량을 조절하는 방식이다.

48 다음과 같은 조건에서 재실인원이 50명인 회의실의 외기 현열부하는?

- 1인당 필요한 외기량 : 80m³/h
- 실내온도 : 26℃, 외기온도 : 32℃
- 공기의 밀도 : 1.2kg/m³
- 공기의 정압비열 : 1.01kJ/kg·K

① 6270W ② 7240W
③ 8080W ④ 9120W

49 기준면보다 20m 높이에 있는 관내에 물이 압력 60kpam, 유속 3m/s로 흐를 때 이 물의 전수두는? (단, 물의 밀도는 1kg/L이다.)

① 약 18.7m ② 약 26.5m
③ 약 38.7m ④ 약 83.1m

50 건구온도 32℃, 절대습도 0.025kg/kg'인 습공기의 엔탈피는? (단, 건공기 정압비열 1.01 kJ/kg·K, 수증기의 정압비열 1.85kJ/kg·K, 0℃에서 포화수의 증발잠열 2501kJ/kg)

① 71.21kJ/kg
② 96.33kJ/kg
③ 140.62kJ/kg
④ 182.52kJ/kg

51 다음 중 주방, 공장, 실험실에서와 같이 오염물질의 확산 및 방산을 가능한 한 극소화시키려고 할 때 적용하는 환기방식은?

① 희석환기 ② 국소환기
③ 전체환기 ④ 자연환기

52 다음 중 대기오염이 심한 지역에 가장 적합한 냉각탑은?

① 개방식 ② 밀폐식
③ 대기식 ④ 자연통풍식

53 열원에서 각 방열기기까지의 공급관과 환수관의 도달거리의 합을 거의 같게 하여 배관의 마찰저항 값을 유사하게 함으로써 순환온수가 균등하게 흐르도록 한 배관방법은?

① 중력식 ② 개방식
③ 역환수식 ④ 진공환수식

54 용량이 386kW인 터보 냉동기에 순환되는 냉수량은? (단, 냉각기 입구의 냉수온도 12℃, 출구의 냉수온도 6℃, 물의 비열 4.2kJ/kg·K)

① 약 46m³/h ② 약 55m³/h
③ 약 231m³/h ④ 약 332m³/h

55 유리창으로부터의 일사열 취득에 관한 설명으로 옳지 않은 것은?

① 투과율이 클수록 취득열량이 적다.
② 유리의 면적이 클수록 취득열량이 많다.
③ 유리의 차폐계수가 클수록 취득열량이 많다.
④ 반사유리는 여름철 취득열량을 줄이는 데 유리하다.

56 벽면 취출구에서 공기를 수평으로 취출하는 경우, 취출공기의 이동에 관한 설명으로 옳지 않은 것은?

① 강하거리는 취출기류의 풍속에 비례한다.
② 상승거리는 취출기류의 풍속에 비례한다.
③ 도달거리는 취출기류의 풍속에 비례한다.
④ 강하거리는 취출공기와 실내공기의 온도차에 반비례한다.

57 다음 중 증기와 응축수 사이의 온도차를 이용하는 온도조절식 증기트랩에 속하는 것은?
① 드럼 트랩 ② 버킷 트랩
③ 벨로즈 트랩 ④ 플로트 트랩

58 다음 중 덕트 분기부에 설치하여 풍량을 분배하는 데 사용되는 풍량조절 댐퍼는?
① 루버 댐퍼
② 정풍량 댐퍼
③ 스플릿 댐퍼
④ 버터플라이 댐퍼

59 공기정화장치에서 포집효율 70%의 필터를 통과한 공기의 먼지농도는 포집효율 85%의 필터를 통과한 공기의 먼지농도의 몇 배인가? (단, 각각의 필터 상류의 먼지 농도는 같다.)
① 0.5배 ② 1.2배
③ 1.5배 ④ 2.0배

60 습공기에 관한 설명으로 옳지 않은 것은?
① 습공기를 가열할 경우 상대습도는 낮아진다.
② 절대습도가 커질수록 수증기 분압은 커진다.
③ 습공기의 비체적은 건구온도가 높을수록 작아진다.
④ 건습구 온도차가 클수록 습공기의 상태 습도는 낮아진다.

제4과목 소방 및 전기설비

61 3Ω의 저항과 4Ω의 유도성 리액턴스가 직렬로 연결된 교류 회로에서의 역률은 얼마인가?
① 75% ② 60%
③ 30% ④ 80%

62 전기식 자동제어 시스템에 관한 설명으로 옳지 않은 것은?
① 신호처리가 쉽지만 원격조작이 어렵다.
② 기기의 구조가 복잡하여 취급이 불편하다.
③ 검출부와 조절부가 하나의 케이스 내에 함께 설치된다.
④ 신호전송 및 조작 동력원으로서 상용전원을 직접 사용한다.

63 유효전력과 무효전력의 단위와 구분하기 위하여 사용되는 피상전력의 단위는?
① W ② Ah
③ VA ④ VAR

64 전기화재에 대한 소화기의 적응 화재별 표시로 옳은 것은?
① A ② B
③ C ④ K

65 3상 Y결선에서 선간전압이 220V인 3상 상전압은?
① 127V ② 220V
③ 381V ④ 440V

66 50Ω의 저항과 100Ω의 저항을 병렬로 접속하였을 때 합성저항은?
① 0.03Ω   ② 17.4Ω
③ 33.33Ω ④ 150Ω

67 자동화재탐지설비의 감지기 중 열감지기에 속하지 않는 것은?
① 광전식 감지기
② 차동식 감지기
③ 정온식 감지기
④ 보상식 감지기

68 접속방식에 따라 분류한 인터폰 설비의 종류에 속하지 않는 것은?
① 모자식   ② 복합식
③ 상호식   ④ 교호통화식

69 유접점 시퀀스 제어회로에 관한 설명으로 옳지 않은 것은?
① 동작상태의 확인이 쉽다.
② 전기적 노이즈(외란)에 대하여 안정적이다.
③ 기계적 진동에 강하여 개폐부하의 용량이 작다.
④ 독립된 다수의 출력회로를 동시에 얻을 수 있다.

70 옥외소화전설비에 사용되는 호스의 구경은?
① 45mm   ② 55mm
③ 60mm   ④ 65mm

71 LNG에 관한 설명으로 옳지 않은 것은?
① 주성분은 메탄(CH_4)이다.
② LPG에 비해 발열량이 작다.
③ 천연가스를 냉각하여 액화한 것이다.
④ 상온에서 공기보다 비중이 크므로 인화 폭발의 우려가 있다.

72 건축설비에서 사용되는 농형 유도전동기에 관한 설명으로 옳지 않은 것은?
① 슬립 링이 있기 때문에 불꽃의 염려가 없다.
② 속도제어 방법으로 VVVF 방식 등을 사용할 수 있다.
③ 권선형 유도전동기에 비하여 구조가 간단하여 취급이 용이하다.
④ 기동전류가 커서 전동기 권선을 과열시키거나 전원전압의 변동을 일으킬 수 있다.

73 다음 중 변압기의 원리와 가장 관계가 깊은 것은?
① 정전유도   ② 전자유도
③ 발열작용   ④ 전계유도

74 옥내소화전이 1층에 5개, 2층에 4개, 3층에 4개가 설치되어 있을 때 이 건물의 옥내소화전 설비의 수원의 저수량은 최소 얼마 이상이 되도록 하여야 하는가?
① 10.4m³   ② 13m³
③ 23.4m³   ④ 33.8m³

75 교류의 크기를 나타내는 데 있어서 평균치 V_a와 최대치 V_m과의 관계식으로 옳은 것은?
① $V_a=1.11 \times V_m$
② $V_a=0.707 \times V_m$

③ $V_a = 0.637 \times V_m$
④ $V_a = \sqrt{2} \times V_m$

76 제연설비의 설치 장소는 제연구역으로 구획하여야 한다. 제연구역에 관한 설명으로 옳지 않은 것은?
① 거실과 통로(복도 포함)는 상호 제연구획한다.
② 하나의 제연구역의 면적은 1000m² 이내로 한다.
③ 하나의 제연구역은 직경 80m의 원 내에 들어갈 수 있도록 한다.
④ 통로(복도 포함)상의 제연구역은 보행중심선의 길이가 60m를 초과하지 않도록 한다.

77 길이 20m, 폭 20m, 천장높이 5m, 조명률 50%의 사무실에 40W 형광등을 설치하여 평균 조도를 120lx로 하려고 한다. 형광등의 소요 개수는? (단, 형광등 1개의 광속은 2500lm, 보수율은 80%이다.)
① 43개　② 45개
③ 48개　④ 50개

78 건축화 조명방식에 속하지 않는 것은?
① 코브 조명　② 코니스 조명
③ 광천장 조명　④ 펜던트 조명

79 분전반을 설치하는 전기샤프트(ES)에 관한 설명으로 옳지 않은 것은?
① 각 층마다 같은 위치에 설치한다.
② ES의 면적은 보, 기둥 부분을 제외하고 산정한다.
③ 설치장비 공급의 편리성을 우선하여 각 층의 모서리 부분에 설치한다.
④ 전력용과 정보통신용과 같이 용도별로 구분하여 설치하되, 작은 규모일 경우는 공용으로 사용한다.

80 어떤 저항에 직류전압 100V를 가했더니 1kW의 전력을 소비하였다. 이때 흐른 전류는 몇 A인가?
① 0.01　② 5
③ 10　④ 100

제5과목　건축설비관계법규

81 건축물을 특별시나 광역시에 건축하려는 경우 특별시장이나 광역시장의 허가를 받아야 하는 건축물의 층수 기준은?
① 15층 이상　② 21층 이상
③ 31층 이상　④ 41층 이상

82 다음의 소방시설 중 경보설비에 속하지 않는 것은?
① 유도등
② 비상방송설비
③ 자동화재속보설비
④ 자동화재탐지설비

83 다음은 지하층과 피난층 사이의 개방공간 설치에 관한 기준 내용이다. ( ) 안에 알맞은 것은?

바닥면적의 합계가 ( ) 이상인 공연장·집회장·관람장 또는 전시장을 지하층에 설치하는 경우에는 각 실에 있는 자가 지하층 각 층에서 건축물 밖으로 피난하여 옥외 계단 또는 경사로 등을 이용하여 피난층으로 대피할 수 있도록 천장이 개방된 외부 공간을 설치하여야 한다.

① 1000m²　　② 2000m²
③ 3000m²　　④ 4000m²

84 욕실 또는 조리장의 바닥과 그 바닥으로부터 높이 1m까지의 안벽의 마감을 내수재료로 하여야 하는 대상에 속하지 않는 것은?

① 숙박시설의 욕실
② 공동주택의 욕실
③ 제1종 근린생활시설 중 목욕장의 욕실
④ 제1종 근린생활시설 중 휴게음식점의 조리장

85 건축물의 에너지절약설계기준에 따른 건축 부문의 권장사항으로 옳지 않은 것은?

① 공동주택은 인동간격을 넓게 하여 저층부의 일사 수열량을 증대시킨다.
② 건물의 창 및 문은 가능한 한 작게 설계하고, 특히 열손실이 많은 북측 거실의 창 및 문의 면적은 최소화한다.
③ 건축물의 체적에 대한 외피면적의 비 또는 연면적에 대한 외피면적의 비는 가능한 한 크게 한다.
④ 거실의 층고 및 반자 높이는 실의 용도와 기능에 지장을 주지 않는 범위 내에서 가능한 한 낮게 한다.

86 건축법령상 다음과 같이 정의되는 주택의 종류는?

주택으로 쓰는 1개 동의 바닥면적(2개 이상의 동을 지하주차장으로 연결하는 경우에는 각각의 동으로 본다.) 합계가 660제곱미터를 초과하고, 층수가 4개 층 이하인 주택

① 다중주택　　② 연립주택
③ 다세대주택　　④ 다가구주택

87 장례식장의 집회실로서 그 바닥면적이 200m² 이상인 경우 반자의 높이는 최소 얼마 이상이어야 하는가? (단, 기계환기장치를 설치하지 않은 경우)

① 2.1m　　② 2.7m
③ 3.5m　　④ 4m

88 6층 이상의 거실면적의 합계가 3000m²인 경우, 승용승강기를 최소 2대 이상 설치하여야 하는 건축물은? (단, 8인승 승강기의 경우)

① 숙박시설
② 판매시설
③ 업무시설
④ 교육연구시설

89 30세대 이상의 공동주택 신축 시 시간당 최소 얼마 이상의 환기가 이루어질 수 있도록 자연 환기설비 또는 기계환기설비를 설치하여야 하는가?

① 0.5회　　② 1.2회
③ 1.5회　　④ 1.8회

90 다음 중 다중이용 건축물에 속하지 않는 것은? (단, 층수가 15층이며 해당 용도로 쓰는 바닥면적의 합계가 5000m²인 건축물의 경우)
① 종교시설
② 판매시설
③ 업무시설
④ 숙박시설 중 관광숙박시설

91 건축법령상 방송 공동수신설비를 설치하여야 하는 대상 건축물에 속하는 것은?
① 수련시설
② 공동주택
③ 노유자시설
④ 문화 및 집회시설

92 다음은 특정소방대상물의 소방시설 설치의 면제기준 내용이다. ( ) 안에 알맞은 것은?

> 물분무 등 소화설비를 설치하여야 하는 차고·주차장에 ( )를 화재안전기준에 적합하게 설치한 경우에는 그 설비의 유효범위에서 설치가 면제된다.

① 연결살수설비
② 옥외소화전설비
③ 옥내소화전설비
④ 스프링클러설비

93 건축물의 관람실 또는 집회실로부터 바깥쪽으로의 출구로 쓰이는 문을 안여닫이로 해도 되는 건축물의 용도는?
① 장례시설
② 위락시설
③ 종교시설
④ 문화 및 집회시설 중 전시장

94 옥외소화전설비를 설치하여야 하는 특정소방대상물의 바닥면적 기준은? (단, 아파트 등, 위험물 저장 및 처리 시설 중 가스시설, 지하구 또는 지하가 중 터널은 제외)
① 지상 1층 및 2층의 바닥면적의 합계가 1000m² 이상인 것
② 지상 1층 및 2층의 바닥면적의 합계가 3000m² 이상인 것
③ 지상 1층 및 2층의 바닥면적의 합계가 6000m² 이상인 것
④ 지상 1층 및 2층의 바닥면적의 합계가 9000m² 이상인 것

95 다음은 건축물의 에너지절약설계기준에 따른 설계용 실내온도 조건에 관한 기준 내용이다. ( ) 안에 알맞은 것은?

> 난방 및 냉방설비의 용량계산을 위한 설계기준 실내온도는 난방의 경우 (㉠), 냉방의 경우 (㉡)를 기준으로 하되(목욕장 및 수영장은 제외) 각 건축물 용도 및 개별 실의 특성에 따라 별표 8에서 제시된 범위를 참고하여 설비의 용량이 과다해지지 않도록 한다.

① ㉠ 18℃, ㉡ 25℃
② ㉠ 18℃, ㉡ 28℃
③ ㉠ 20℃, ㉡ 25℃
④ ㉠ 20℃, ㉡ 28℃

96 문화 및 집회시설 중 공연장의 개별관람실의 바닥면적이 1500m²인 경우, 이 관람실에 설치하여야 하는 출구의 최소 개수는?

(단, 각 출구의 유효너비는 3m이다.)
① 2개소   ② 3개소
③ 4개소   ④ 5개소

97 가구수가 20가구인 주거용 건축물에서 음용수용 급수관의 최소 지름은?
① 25mm   ② 32mm
③ 40mm   ④ 50mm

98 건축물에 급수, 배수, 환기, 난방 등의 건축설비를 설치하는 경우 건축기계설비기술사 또는 공조냉동기계기술사의 협력을 받아야 하는 대상 건축물의 연면적 기준은? (단, 창고시설은 제외)
① 연면적 5000m² 이상인 건축물
② 연면적 10000m² 이상인 건축물
③ 연면적 20000m² 이상인 건축물
④ 연면적 50000m² 이상인 건축물

99 다음 중 건축법령상 제2종 근린생활시설에 속하지 않는 것은?
① 한의원   ② 독서실
③ 동물병원   ④ 일반음식점

100 비상경보설비를 설치하여야 하는 특정소방대상물의 연면적 기준은? (단, 특정소방대상물이 판매시설인 경우)
① 400m² 이상
② 600m² 이상
③ 1500m² 이상
④ 3500m² 이상

2020년 1, 2회 공통 건축설비기사 과년도문제

제1과목 건축일반

01 도서관 열람실의 계획 시 유의사항 중 옳지 않은 것은?
① 실내·외의 소음을 차단할 수 있어야 한다.
② 타실과의 연결을 원활히 하기 위하여 중앙위치에서 통로 역할을 해야 한다.
③ 서고 가까이에 위치하도록 한다.
④ 채광을 적당히 받도록 하기 위해서 남향이 유리하다.

02 리조트 호텔(Resort Hotel)의 입지 조건과 가장 거리가 먼 것은?
① 기후적인 쾌적도가 높을 것
② 조망 및 주변경관의 조건이 좋을 것
③ 중심 상업지와 매우 근접할 것
④ 관광지의 특성을 활용할 수 있는 위치일 것

03 백화점에 설치하는 에스컬레이터에 관한 설명으로 옳지 않은 것은?
① 대량의 인원을 짧은 시간에 수송할 수 있다.
② 손님을 기다리게 하지 않고 종업원이 없어도 된다.
③ 수송력에 비하여 점유 면적이 작다.
④ 지하층에는 설치가 불가하다.

04 종합병원 계획에 관한 설명으로 옳지 않은 것은?
① 수술실의 벽은 흰색으로 마감한다.
② 병동부가 가장 많은 면적을 차지하는 점을 감안한다.
③ 병원의 규모는 병상수를 기준으로 산정한다.
④ 간호사 대기소는 엘리베이터실에 인접하여 배치한다.

05 학교 건축의 블록 플랜에서 클러스터형(cluster system)의 단점으로 옳지 않은 것은?
① 넓은 부지가 필요하다.
② 관리부의 동선이 길다.
③ 운영비가 많이 소요된다.
④ 전체 배치 계획에 융통성을 기대하기 어렵다.

06 신축 공동주택의 실내공기질 권고 기준에 포함되지 않은 물질은?
① 벤젠
② 폼알데하이드
③ 오존
④ 스티렌

07 철근콘크리트구조에 관한 설명으로 옳지 않은 것은?
① 철근과 콘크리트의 열에 의한 선팽창계

수는 거의 같다.
② 철근과 콘크리트의 부착력이 작다.
③ 내구성과 내화성이 크다.
④ 콘크리트는 철근이 녹스는 것을 방지한다.

08 상점건축에서의 측면판매에 관한 설명으로 옳은 것은?
① 판매원이 정위치를 정하기가 용이하다.
② 포장대를 가릴 수 있고 포장 등이 편리하다.
③ 양복, 침구, 전기기구, 서적, 운동용구점
④ 고객과 종업원이 쇼 케이스(show case)를 가운데 두고 상담하는 방식이다.

09 주택의 침실계획에 관한 설명으로 옳은 것은?
① 어린이 침실은 가급적 북쪽에 위치하는 것이 좋다.
② 부부침실에서 침대는 창 쪽에 머리를 두지 않도록 배치하는 것이 좋다.
③ 침실은 현관으로부터 가까이 있는 편이 좋다.
④ 침실의 출입문은 안여닫이로 하지 않는 것이 좋다.

10 원형 철근콘크리트 기둥에 나선철근의 역할과 가장 거리가 먼 것은?
① 기둥의 휨응력 보강
② 주근의 좌굴 방지
③ 콘크리트가 수평으로 터져나가는 것을 구속
④ 수평력에 의한 전단보강

11 열환경 지표 중 기온과 주벽의 복사열 및 기류의 영향을 조합시킨 지표로서, 습도의 영향이 고려되어 있지 않은 것은?
① 작용온도 ② 등온지수
③ 유효온도 ④ 합성온도

12 학교 교실의 음 환경에 관한 설명으로 옳지 않은 것은?
① 교실과 복도의 접촉면이 큰 평면이 소음을 막는 데 유리하다.
② 소리를 잘 듣기 위해서는 적당한 잔향시간이 필요하다.
③ 운동장에서의 소음은 배치계획으로 이를 방지할 수 있다.
④ 교실의 천장 및 뒷벽의 다양한 마감재료에 따라 실내음향성능은 다르게 나타날 수 있다.

13 철골접합부 중 고력볼트 접합의 장점으로 거리가 먼 것은?
① 응력의 전달이 확실하다.
② 품질 검사가 용이하다.
③ 시공이 간편하다.
④ 강재의 양을 절약한다.

14 사무소의 공간계획에 있어서 바닥 면적이 큰 초고층 사무소에 가장 적합한 코어 형태는?
① 편심코어형 ② 독립코어형
③ 중심코어형 ④ 양단코어형

15 목구조 접합에 관한 설명으로 옳지 않은 것은?
① 이음과 맞춤은 응력이 작은 곳에서 한다.
② 이음과 맞춤은 공작이 간단한 것이 좋다.
③ 이음과 맞춤을 정확히 가공하여 서로 밀

착되도록 한다.
④ 이음과 맞춤의 단면은 응력의 방향과 일치하도록 하여 응력을 균등하게 전달시킨다.

16 열의 이동에 관한 설명으로 옳지 않은 것은?
① 유체를 사이에 두고 양쪽의 고체 사이에 열이 이동하는 현상을 열관류라 한다.
② 복사는 열이 고온의 몸체 표면으로부터 저온의 물체 표면으로 공간을 통하여 전달되는 현상이다.
③ 열전도는 열에너지가 주로 고체 속을 고온부에서 저온부로 이동하는 현상이다.
④ 물체 내부 열전도로 전달되는 열량은 전열면적, 온도차, 시간에 비례한다.

17 건축의 생산수단으로서 사용되는 치수조정(modular coordination)의 장점이 아닌 것은?
① 설계 작업이 단순해진다.
② 공사기간을 단축할 수 있다.
③ 대량생산이 용이하여 생산비용이 절감된다.
④ 치수비가 황금비로 되어 다양한 형태의 설계가 가능하다.

18 아파트 건축의 각 평면형식에 관한 설명으로 옳지 않은 것은?
① 편복도형은 공용복도에 있어서는 프라이버스가 침해되기 쉽다.
② 집중형은 채광조건이 양호하며 각 세대의 환경조건이 균일하다.
③ 중복도형은 대지에 대해서 건물이용도가 높다.
④ 홀형은 통행과 프라이버시가 양호하다.

19 벽돌벽에서 발생하는 균열의 주요 원인으로 볼 수 없는 것은?
① 벽돌 및 모르타르의 강도 부족
② 벽돌벽의 부분적 시공결함
③ 기초의 부동침하
④ 상하층 개구부의 동일선상 위치로 인한 하중집중

20 도서관의 출납시스템 중 열람자는 직접 서가에 면하여 책의 체제나 표지 정도는 볼 수 있으나 내용을 보려면 관원에게 요구하여 대출기록을 남긴 후 열람하는 형식은?
① 자유개가식   ② 안전개가식
③ 반개가식   ④ 폐가식

제2과목 위생설비

21 길이 50m, 내경 25mm인 직선 배관에 물이 2m/s의 속도로 흐르고 있다. 관마찰계수가 0.03일 때 마찰저항손실은?
① 12.24Pa   ② 1224kPa
③ 120Pa   ④ 120kPa

22 통기관의 최소 관경에 관한 설명으로 옳지 않은 것은?
① 각개 통기관은 그것이 접속되는 배수관 관경의 1/2 이상으로 한다.
② 결합 통기관은 통기수직관과 배수수직

관 중 작은 쪽의 관경 이상으로 한다.
③ 도피 통기관은 배수수평지관의 관경 이상으로 하되 최소 75mm 이상으로 한다.
④ 루프 통기관은 배수수평지관과 통기수직관 중 작은 쪽 관경의 1/2 이상으로 한다.

23 청소구에 관한 설명으로 옳지 않은 것은?
① 배수수평지관 및 배수수평주관의 기점에 설치한다.
② 배수의 흐름과 반대 또는 직각방향으로 열 수 있도록 설치한다.
③ 배수관이 45°를 넘는 각도에서 방향을 전환하는 개소에 설치한다.
④ 배수관경이 125mm이면 직경이 125mm인 청소구를 설치하여야 한다.

24 급탕배관에 관한 설명으로 옳지 않은 것은?
① 급탕관의 최상부에는 공기빼기 장치를 설치한다.
② 중앙식 급탕설비는 원칙적으로 강제순환방식으로 한다.
③ 상향배관인 경우 급탕관은 하향구배, 반탕관은 상향구배로 한다.
④ 관의 신축을 고려하여 건물의 벽 관통부분의 배관에는 슬리브를 끼운다.

25 급탕배관 내에 흐르는 유체의 온도변화로 인하여 발생하는 관의 신축을 흡수할 목적으로 사용되는 신축이음쇠에 속하는 것은?
① 리듀서   ② 소켓이음
③ 스트레이너   ④ 스위블 조인트

26 급수관 내에 공기실(Air chamber)을 설치하는 이유는?
① 배관의 신축을 위해서
② 수압시험을 하기 위해서
③ 누출시험을 하기 위해서
④ 수격작용의 방지를 위해서

27 게이트 밸브(Gate valve)에 관한 설명으로 옳은 것은?
① 슬루스 밸브라고도 하며 유체의 흐름을 완전 개폐하는 데 사용된다.
② 유체를 일정한 방향으로만 흐르게 하고 역류를 방지하는 데 주로 사용된다.
③ 수평배관에만 사용되며 핸들을 90° 회전시키면 볼이 회전하여 완전 개폐가 가능하다.
④ 밸브를 완전히 열 경우 단면적이 갑자기 작아지므로 유체에 대한 마찰저항이 크다.

28 다음 중 통기관의 설치 목적과 가장 거리가 먼 것은?
① 배수계통 내의 배수 및 공기의 흐름을 원활히 한다.
② 배수관 계통의 환기를 도모하여 관내를 청결하게 유지한다.
③ 사이펀 작용 및 배압에 의해서 트랩봉수가 파괴되는 것을 방지한다.
④ 배수트랩의 봉수부에 가해지는 압력과 배수관 내의 압력차를 크게 하여 배수 작용을 돕는다.

29 급수방식에 관한 설명으로 옳지 않은 것은?

① 수도직결방식은 급수압력이 일정하다.
② 펌프직송방식은 저수조의 수질관리가 필요하다.
③ 압력수조방식은 단수 시에 일정량의 급수가 가능하다.
④ 고가수조방식은 저수시간이 길어지면 수질이 나빠지기 쉽다.

30 매시간 15m³의 물을 고가수조에 공급하고자 할 때 양수펌프에 요구되는 축동력은? (단, 펌프의 전양정 33m, 펌프의 효율 45%)
① 1kW   ② 1.5kW
③ 2kW   ④ 3kW

31 중앙식 급탕 방법 중 간접가열식에 관한 설명으로 옳지 않은 것은?
① 대규모 급탕설비에 적합하다.
② 고압보일러를 설치하여야 한다.
③ 보일러를 난방설비와 겸용할 수 있다.
④ 저탕조에는 온도조절장치(thermostat)를 설치하여 온도를 조절한다.

32 고가수조방식의 건물에서 최상층에 세정밸브식 대변기가 설치되어 있다. 이 세정밸브의 사용을 위해 필요한 세정밸브로부터 고가수조 저수면까지의 최소 높이는? (단, 고가수조에서 세정밸브까지의 총 배관 길이는 15m이고, 마찰손실수두는 5mAq, 세정밸브의 필요압력은 70kPa이다.)
① 약 5m   ② 약 7m
③ 약 12m ④ 약 27m

33 레스토랑의 주방 등에서 배출되는 지방분 등이 배수관에 유입되는 것을 막기 위하여 사용되는 포집기는?
① 샌드 포집기
② 그리스 포집기
③ 가솔린 포집기
④ 플라스터 포집기

34 급배수설비의 기본 원칙으로 옳지 않은 것은?
① 우수는 공공하수도에 배수하지 않도록 한다.
② 상수의 급수계통은 크로스 커넥션이 되어서는 안 된다.
③ 탱크 및 배수계통에는 통기관 등과 같은 적절한 통기 조치를 한다.
④ 급수계통은 역류나 역사이펀 작용의 위험이 생기지 않도록 한다.

35 급탕배관방식 중 헤더방식에 관한 설명으로 옳지 않은 것은?
① 지관을 소구경의 배관으로 할 수 있다.
② 슬리브 공법을 채용하면 배관의 교환이 용이하다.
③ 헤더로부터의 지관 도중에 관이음 시공부가 많아야 한다.
④ 한 계통마다 관로의 보유수량이 적어 급탕 대기시간을 단축할 수 있다.

36 다음 중 고층건물에서 급수조닝을 하지 않을 경우 생길 수 있는 현상과 가장 거리가 먼 것은?
① 수격작용 발생
② 크로스 커넥션 발생

③ 물 흐르는 소리에 의한 소음 발생
④ 배관이나 기구에 큰 압력이 가해져 배관과 기구의 수명 단축

37 급탕탱크(저탕조) 내에 1000L의 물을 10℃에서 80℃로 온도를 높였을 때 체적 증가량은? (단, 물의 밀도는 10℃에서는 0.99973kg/L, 80℃에서는 0.9718kg/L이다.)
① 29L   ② 40L
③ 55L   ④ 37L

38 정화조에서 유입수의 BOD가 150mg/L, 유출수의 BOD가 60mg/L일 때, 이 정화조의 BOD 제거율은?
① 30%   ② 45%
③ 60%   ④ 90%

39 강관 이음류 중 부싱(Bushing)의 용도로 옳은 것은?
① 배관의 말단부
② 관을 분기할 때
③ 배관을 90℃로 구부릴 때
④ 구경이 다른 관을 접속하고자 할 때

40 위생기구의 재질 중 위생도기에 관한 설명으로 옳지 않은 것은?
① 흡수성이 크다.
② 강도가 커서 내구력이 있다.
③ 오물이 부착되기 어려우며, 청소가 용이하다.
④ 복잡한 구조의 것을 일체화 하여 제작할 수 있다.

제3과목 공기조화설비

41 습공기의 엔탈피(enthalpy)를 설명한 것으로 옳은 것은?
① 습공기가 갖는 현열량
② 습공기가 갖는 현열량과 잠열량의 합계
③ 습공기가 갖는 현열량을 전열량으로 나눈 값
④ 습공기가 갖는 현열량을 현열량으로 나눈 값

42 덕트 내의 풍속이 20m/s, 정압이 200Pa일 경우 전압의 크기는? (단, 공기의 밀도는 1.2kg/m^3이다.)
① 212Pa   ② 220Pa
③ 330Pa   ④ 440Pa

43 흡수식 냉동기의 구성 요소 중 용액으로부터 냉매인 수증기와 흡수제인 LiBr로 분리시키는 작용을 하는 곳은?
① 증발기   ② 응축기
③ 발생기   ④ 흡수기

44 다음 중 냉각수 배관재료로 가장 부적절한 것은?
① 동관
② 아연도강관
③ 스테인리스관
④ 경질염화비닐관

45 취출풍량 360m^3/h, 취출구 풍속 3.5m/s 개구율 0.7인 취출구의 면적은?
① 0.03m^2 ② 0.04m^2

③ 0.05m²   ④ 0.06m²

46 보일러 주위 배관 중 하트포드 접속법에 관한 설명으로 옳은 것은?
① 배관이 온도변화에 의해 늘어나고 줄어드는 것을 흡수하기 위해 사용된다.
② 진공환수식에서 환수관보다 방열기가 낮은 위치에 있을 때 응축수를 끌어올리기 위해 사용된다.
③ 저압보일러에서 중력환수방식일 경우 환수관의 일부가 파손되었을 때 보일러수의 유실을 방지하기 위해 사용된다.
④ 열교환에 의해 생긴 응축수와 증기에 혼입되어 있는 공기를 배출하여 열교환기의 가열작용을 유지하기 위해 사용된다.

47 건구온도 26℃인 습공기 1000m³/h를 14℃로 냉각시키는 데 필요한 열량은? (단, 현열만에 의한 냉각이며, 공기의 정압비열은 1.01kJ/kg·K, 공기의 밀도는 1.2kg/m³이다.)
① 약 2kW   ② 약 3kW
③ 약 4kW   ④ 약 5kW

48 냉방부하 계산 시 인체로부터의 취득열량을 계산한다. 다음 공간 중 인체 1인으로부터의 취득열량이 상대적으로 가장 많은 장소는?
① 극장   ② 은행
③ 사무소   ④ 볼링장

49 다음 중 펌프운전에서 캐비테이션이 발생하기 쉬운 조건과 가장 거리가 먼 것은?

① 흡입 양정이 클 경우
② 유체의 온도가 높을 경우
③ 펌프가 흡입수면보다 위에 있을 경우
④ 흡입측 배관의 손실수두가 작을 경우

50 그림과 같은 전열교환기의 전열효율(η)을 올바르게 나타낸 것은? (단, 난방의 경우이며, X_1, X_2, X_3, X_4는 각 공기상태의 엔탈피를 나타낸다.

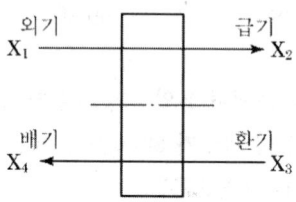

전열교환기

① $\eta = \dfrac{X_3 - X_1}{X_2 - X_1}$ ② $\eta = \dfrac{X_3 - X_4}{X_2 - X_4}$

③ $\eta = \dfrac{X_2 - X_1}{X_3 - X_1}$ ④ $\eta = \dfrac{X_3 - X_4}{X_3 - X_1}$

51 공조기 내에서 습공기가 다음 그림과 같이 상태 변화를 할 때 변화과정으로 옳은 것은?

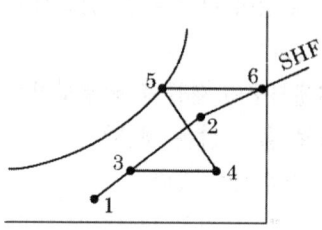

① 혼합-예열-가습-재열
② 혼합-가습-가열-재열
③ 혼합-냉각-가열-가습
④ 혼합-혼합-가열-가습

52 다음 중 온도 조절식 증기트랩에 속하는 것은?
① 버킷 트랩
② 드럼 트랩
③ 플로트 트랩
④ 벨로즈 트랩

53 냉동기를 냉각목적으로 할 경우의 성적계수를 COP_C, 히트펌프로 사용될 경우의 성적계수를 COP_H라 할 때, 두 성적계수의 관계를 바르게 나타낸 것은?
① $COP_H + COP_C = 1$
② $COP_H + 1 = COP_C$
③ $COP_H - COP_C = 1$
④ $COP_C / COP_H = 1$

54 빙축열 등을 이용하는 축열 시스템에 관한 설명으로 옳지 않은 것은?
① 열손실이 줄어든다.
② 운전비를 줄일 수 있다.
③ 심야전력을 이용할 수 있다.
④ 주간 피크 시간대에 전력부하를 절감할 수 있다.

55 냉방부하 중 일사에 의한 유리로부터의 취득 열량에 관한 설명으로 옳지 않은 것은?
① 현열로만 구성되어 있다.
② 유리창의 범위에 따라 다르다.
③ 유리창의 차폐계수가 클수록 취득열량은 크다.
④ 북쪽 창은 햇빛이 닿지 않으므로 일사에 의한 취득열량은 생기지 않는다.

56 취출기류의 속도분포와 관련하여 4단계의 영역으로 구분할 경우, 제2영역에 관한 설명으로 옳은 것은?
① 일명 천이구역이라고도 한다.
② 취출기류의 속도 변화가 없는 영역이다.
③ 취출거리의 대부분을 차지하며 취출구의 종류에 따라 특성이 현저하다.
④ 취출기류의 속도가 급격히 감소되어 혼합된 공기(1차 공기+2차 공기)까지도 주위로 환산되는 영역이다.

57 다음과 같은 조건에서 실내 CO_2의 허용농도를 1000ppm으로 할 때, 필요 환기량은?

- 재실인원 : 10인
- 실내 1인당 CO_2 배출량 : 0.02㎥/h
- 외기 CO_2 농도 : 350ppm

① 249.2㎥/h ② 275.4㎥/h
③ 307.7㎥/h ④ 356.8㎥/h

58 습공기를 냉각하였을 경우 상태 변화 내용으로 옳은 것은?
① 비체적은 감소한다.
② 엔탈피는 증가한다.
③ 건구온도는 변화 없다.
④ 습구온는 높아진다.

59 건구온도 20℃ 절대습도 0.015kg/kg′인 습공기 6kg의 엔탈피는? (단, 공기의 정압비열=1.01kJ/kg·K, 수증기 정압비열=1.85kJ/kg·K, 0℃에서 포화수의 증발잠열 2501kJ/kg)
① 58.24kJ   ② 120.67kJ
③ 228.77kJ ④ 349.62kJ

60 증가난방에 관한 설명으로 옳은 것은?
① 온수난방에 비하여 열용량이 커 예열시간이 길게 소요된다.
② 온수난방에 비하여 부하변동에 따른 방열량 조절이 곤란하다.
③ 온수난방에 비하여 한랭지에서 운전정지 중에 동결의 위험이 크다.
④ 온수난방에 비하여 소요방열면적과 배관경이 크게 되므로 설비비가 높다.

제4과목 소방 및 전기설비

61 3상 Y결선에서 선간전압이 200V인 3상 교류의 상전압은?
① 115V   ② 346V
③ 453V   ④ 600V

62 도선의 길이를 10배, 단면적을 5배로 하면 전기저항의 크기는 몇 배로 되는가?
① 1배   ② 2배
③ 3배   ④ 5배

63 다음 중 3상 유도전동기의 회전속도를 증가시킬 수 있는 방법으로 가장 알맞은 것은?
① 극수를 증가시킨다.
② 슬립을 증가시킨다.
③ 주파수를 증가시킨다.
④ 기동법을 변화시킨다.

64 다음과 같은 조건에서 가로 40m, 세로 40m인 사무실의 평균조도를 300lx로 하기 위해 필요한 형광등의 개수는?

- 형광등 1개당 광속 : 4000lm
- 조명률 : 0.6
- 감광보상률 : 1.7

① 240개   ② 260개
③ 280개   ④ 340개

65 스프링클러설비의 배관 중 스프링클러헤드가 설치되어 있는 배관을 의미하는 것은?
① 주배관   ② 교차배관
③ 가지배관   ④ 급수배관

66 보호계전기의 종류에 속하지 않는 것은?
① 방향 계전기
② 과전류 계전기
③ 부족 전압 계전기
④ 갭 저항형 계전기

67 교류의 크기를 표현하는 데 사용되는 용어에 속하지 않는 것은?
① 평균값   ② 실효값
③ 순시값   ④ 정상값

68 직·병렬 전기회로에 관한 설명으로 옳지 않은 것은?
① 직렬회로에서는 각 저항에 흐르는 전류는 같다.
② 직렬회로에서 총 저항은 접속되어 있는 모든 저항을 합한 것이다.
③ 저항의 병렬회로보다 저항의 직렬회로에서 전압강하가 적어진다.
④ 병렬회로에서 각 저항에서의 전압강하

는 저항의 크기와 관계없이 모두 같다.

69 다음 중 정풍량 방식에서 냉난방 밸브의 제어기준이 되는 현재 실내의 온·습도를 측정하는 검출기의 설치 위치로 가장 적정한 것은?

① 외기측 ② 급기측
③ 환기측 ④ 혼합기측

70 다음은 옥외소화전설비의 옥외소화전함 설치에 관한 기준 내용이다. ( ) 안에 알맞은 것은?

> 옥외소화전이 10개 이하 설치된 때에는 옥외소화전마다 ( ) 이내의 장소에 1개 이상의 소화전함을 설치하여야 한다.

① 5m ② 10m
③ 15m ④ 20m

71 연결살수설비의 송수구에 관한 기준 내용으로 옳지 않은 것은?

① 송수구는 구경 32mm의 쌍구형으로 설치하여야 한다.
② 지면으로부터 높이가 0.5m 이상 1.0m 이하의 위치에 설치하여야 한다.
③ 소방차가 쉽게 접근할 수 있고 노출된 장소에 설치하는 것이 원칙이다.
④ 개방형 헤드를 사용하는 송수구의 호스 접결구는 각 송수구역마다 설치하는 것이 원칙이다.

72 스프링클러설비의 화재안전기준상 다음과 같이 정의되는 용어는?

> 가압된 물이 분사될 때 헤드의 축심을 중심으로 한 반원상에 균일하게 분산시키는 헤드

① 조기반응형 헤드
② 측벽형 스프링클러헤드
③ 개방형 스프링클러헤드
④ 폐쇄형 스프링클러헤드

73 자동화재탐지설비의 수신기 설치에 관한 설명으로 옳지 않은 것은?

① 수위실 등 상시 사람이 근무하는 장소에 설치하는 것이 원칙이다.
② 수신기의 조작스위치는 바닥으로부터 높이가 1.5m 이상 2.0m 이하인 장소에 설치하여야 한다.
③ 수신기는 감지기·중계기 또는 발신기가 작동하는 경계구역을 표시할 수 있는 것으로 하여야 한다.
④ 수신기의 음향기구는 그 음량 및 음색이 다른 기기의 소음 등과 명확히 구별될 수 있는 것으로 하여야 한다.

74 금속관 배선공사에 관한 설명으로 옳지 않은 것은?

① 외부에 대한 고조파의 영향이 없다.
② 사용 목적에 따라 적합한 접지가 필요하다.
③ 외부적 응력에 대해 전선보호의 신뢰성이 높다.
④ 옥내의 습기가 많은 은폐장소에서는 사용이 불가능하다.

75 다음은 옥내소화전설비의 방수구에 관한 기준 내용이다. ( ) 안에 알맞은 것은?

특정소방대상물의 층마다 설치하되, 해당 특정소방대상물의 각 부분으로부터 하나의 옥내소화전방수구까지의 수평거리가 ( ) 이하가 되도록 할 것. 다만, 복층형 구조의 공동주택의 경우에는 세대의 출입구가 설치된 층에만 설치할 수 있다.

① 10m ② 15m
③ 20m ④ 25m

76 건축화 조명방식 중 천장면에 유리, 플라스틱 등과 같은 확산용 스크린판을 붙이고 천장 내부에 광원을 배치하여 천장을 건축화된 조명기구로 활용하는 방식은?

① 코브조명 ② 밸런스조명
③ 광천장조명 ④ 코니스조명

77 시퀀스(Sequence) 제어에 관한 설명으로 옳은 것은?

① 시퀀스 제어는 일명 피드백(Feedback) 제어라고도 한다.
② 시퀀스 제어계의 신호처리 방식은 유접점 방식만 있다.
③ 미리 정해진 순서에 따라 제어의 각 단계를 순차적으로 제어한다.
④ 시퀀스 제어 회로의 주전원과 조작전원은 반드시 동일해야 한다.

78 200V, 1kW의 전열기를 100V의 전압으로 사용할 때 소비되는 전력[W]은?

① 100 ② 200
③ 250 ④ 500

79 정전용량이 C_1, C_2인 두 콘덴서를 직렬로 연결한 회로에 전압 V를 인가할 경우 C_1에 걸리는 전압은?

① $(C_1+C_2)V$ ② $\dfrac{V}{C_1+C_2}$
③ $\dfrac{C_1V}{C_1+C_2}$ ④ $\dfrac{C_2V}{C_1+C_2}$

80 변압기의 전부하 시의 2차 전압이 100V, 무부하 시의 2차 전압이 102V이라면 전압변동률은?

① 1.96% ② 2%
③ 2.04% ④ 4%

제5과목 건축설비관계법규

81 건축법령상 리모델링이 쉬운 구조에 속하지 않는 것은? (단, 공동주택의 경우)

① 구조체에서 건축설비, 내부 마감재료 및 외부 마감재료를 분리할 수 있을 것
② 개별 세대 안에서 구획된 실의 크기, 개수 또는 위치 등을 변경할 수 있을 것
③ 각 층에 시공된 보, 기둥 등의 구조부재의 개수 또는 위치를 변경할 수 있을 것
④ 각 세대는 인접한 세대와 수직 또는 수평 방향으로 통합하거나 분할할 수 있을 것

82 건축물의 에너지절약 설계기준에서는 수영장에 자연채광을 위한 개구부 설치를 권장하고 있다. 다음 중 권장 개구부 면적의 합계에 관한 기준 내용으로 옳은 것은?

① 수영장 바닥면적의 5분의 1 이상

② 수영장 바닥면적의 7분의 1 이상
③ 수영장 바닥면적의 10분의 1 이상
④ 수영장 바닥면적의 20분의 1 이상

83 용도변경과 관련된 시설군 중 문화집회시설군에 속하는 건축물의 용도가 아닌 것은?
① 종교시설
② 수련시설
③ 위락시설
④ 관광휴게시설

84 같은 건축물 안에 공동주택과 위락시설을 함께 설치하고자 하는 경우, 공동주택의 출입구와 위락시설의 출입구는 서로 그 보행거리가 최소 얼마 이상이 되도록 설치하여야 하는가?
① 10m
② 20m
③ 30m
④ 50m

85 건축법령상 다음과 같이 정의되는 것은?

> 주택으로 쓰는 1개 동의 바닥면적 합계가 660m² 이하이고, 층수가 4개 층 이하인 주택

① 아파트
② 연립주택
③ 다세대주택
④ 다가구주택

86 다음은 초고층 건축물에 설치하는 피난안전구역에 관한 기준 이용이다. ( ) 안에 알맞은 것은?

> 초고층 건축물에는 피난층 또는 지상으로 통하는 직통계단과 직접 연결되는 피난안전구역을 지상층으로부터 최대 ( )개 층마다 1개소 이상 설치하여야 한다.

① 10
② 20
③ 30
④ 40

87 다음의 소방시설 중 경보설비에 속하지 않는 것은?
① 누전경보기
② 비상방송설비
③ 무선통신보조설비
④ 자동화재탐지설비

88 건축물에 설치하는 지하층의 구조 및 설비에 관한 기준 내용으로 옳지 않은 것은?
① 거실의 바닥면적의 합계가 1000m² 이상인 층에는 환기설비를 할 것
② 지하층의 바닥면적이 300m² 이상인 층에는 식수공급을 위한 급수전을 1개소 이상 설치할 것
③ 거실의 바닥면적이 30m² 이상인 층에는 직통 계단 외에 피난층 또는 지상으로 통하는 비상 탈출구 및 환기통을 설치할 것
④ 바닥면적이 1000m² 이상인 층에는 피난층 또는 지상으로 봉하는 직통계단을 방화구획으로 구획되는 각 부분마다 1개소 이상 설치할 것

89 상업지역 및 주거지역에서 건축물에 설치하는 냉방시설 및 환기시설의 배기구는 도로면으로부터 최소 얼마 이상의 높이에 설치하여야 하는가?
① 1m
② 1.5m
③ 1.8m
④ 2m

90 다음 중 건축물의 관람실 또는 집회실로서 그 바닥면적이 200m² 이상인 것의 반자의 높이를 4m 이상으로 하여야 하는 건축물

은? (단, 기계환기장치를 설치하지 않은 경우)
① 종교시설의 용도에 쓰이는 건축물
② 공동주택 중 아파트의 용도에 쓰이는 건축물
③ 문화 및 집회시설 중 전시장의 용도에 쓰이는 건축물
④ 문화 및 집회시설 중 동물원의 용도에 쓰이는 건축물

91 건축물에 급수·배수·환기·난방설비를 설치하는 경우, 건축기계설비기술사 또는 공조냉동기계기술사의 협력을 받아야 하는 대상 건축물에 속하지 않는 것은? (단, 연면적 10000m² 미만인 건축물의 경우)
① 아파트
② 업무시설로서 해당 용도에 사용되는 바닥면적의 합계가 2000m²인 건축물
③ 의료시설로서 해당 용도에 사용되는 바닥면적의 합계가 2000m²인 건축물
④ 숙박시설로서 해당 용도에 사용되는 바닥면적의 합계가 2000m²인 건축물

92 6층 이상의 거실면적의 합계가 11000m²인 교육연구시설에 설치하여야 하는 승용승강기의 최소 대수는? (단, 8인승 승용승강기인 경우)
① 3대   ② 4대
③ 5대   ④ 6대

93 특정소방대상물이 판매시설인 경우, 모든 층에 스프링클러설비를 설치하여야 하는 수용인원 기준은?

① 100명 이상   ② 200명 이상
③ 500명 이상   ④ 1000명 이상

94 다음 중 다중이용건축물에 속하지 않는 것은? (단, 16층 미만인 건축물)
① 종교시설로 쓰는 바닥면적의 합계가 50000m² 이상인 건축물
② 판매시설로 쓰는 바닥면적의 합계가 50000m² 이상인 건축물
③ 업무시설로 쓰는 바닥면적의 합계가 50000m² 이상인 건축물
④ 의료시설 중 종합병원으로 쓰는 바닥면적의 합계가 50000m² 이상인 건축물

95 화재안전기준에 따라 소화기구를 설치하여야 하는 특정소방대상물의 연면적 기준은?
① 10m² 이상   ② 25m² 이상
③ 33m² 이상   ④ 45m² 이상

96 다음은 건축물의 에너지절약 설계기준에 따른 용어의 정의이다. ( ) 안에 알맞은 것은?

> "투광부"라 함은 창, 문면적의 (   ) 이상이 투과체로 구성된 문, 유리블럭, 플라스틱 패널 등과 같이 투과재료로 구성되며, 외기에 접하여 채광이 가능한 부위를 말한다.

① 50%   ② 60%
③ 70%   ④ 80%

97 건축물의 출입구에 설치하는 회전문은 계단이나 에스컬레이터로부터 최소 얼마 이상의 거리를 두어야 하는가?

① 1m ② 2m
③ 3m ④ 4m

98 연면적 200m²를 초과하는 공동주택에 설치하는 복도의 유효너비는 최소 얼마 이상으로 하여야 하는가? (단, 양옆에 거실이 있는 복도의 경우)

① 1.2m ② 1.6m
③ 1.8m ④ 2.4m

99 건축허가 시 미리 소방본부장 또는 소방서장의 동의를 받아야 하는 건축물의 연면적 기준은? (단, 건축물이 노유자시설인 경우)

① 100m² 이상 ② 200m² 이상
③ 300m² 이상 ④ 400m² 이상

100 건축물의 옥상에 헬리포트를 설치하거나 헬리콥터를 통하여 인명 등을 구조할 수 있는 공간을 확보하여야 하는 대상 건축물 기준으로 옳은 것은? (단, 층수가 11층 이상인 건축물로서 건축물의 지붕을 평지붕으로 하는 경우)

① 11층 이상인 층의 바닥면적의 합계가 3000m² 이상인 건축물
② 11층 이상인 층의 바닥면적의 합계가 5000m² 이상인 건축물
③ 11층 이상인 층의 바닥면적의 합계가 8000m² 이상인 건축물
④ 11층 이상인 층의 바닥면적의 합계가 10000m² 이상인 건축물

2020년 3회 건축설비기사 과년도문제

제1과목 건축일반

01 호텔의 각 부 계획에 관한 설명으로 옳지 않은 것은?
① 보이실, 린넨실은 숙박부 각 객실의 중심에 인접 배치시킨다.
② 로비나 라운지는 공용부분의 중심부로서 특색있는 분위기를 만드는 것이 좋다.
③ 객실수에 대한 주(主)식당의 면적비율은 커머셜 호텔이 리조트 호텔보다 높다.
④ 지배인실은 외래객이 알기 쉬운 곳에 배치하여 자유롭게 출입할 수 있도록 한다.

02 사무소 건물에 아트리움(atrium)을 도입하는 이유로 옳지 않은 것은?
① 에너지 절약에 유리하다.
② 사무공간에 빛과 식물을 도입하여 자연을 체험하게 한다.
③ 근로자들의 상호교류 및 정보교환의 장소를 제공한다.
④ 보다 넓은 사무공간을 확보할 수 있다.

03 빛에 관련된 항목과 그 단위로 옳지 않은 것은?
① 광속 : W/m^2 ② 조도 : lx
③ 휘도 : cd/m^2 ④ 광도 : cd

04 사무소 건축에서 층고를 낮게 정하는 이유로 옳지 않은 것은?
① 에너지 절약상 경제적이다.
② 승강기의 왕복시간을 단축시켜 승객수송능력을 높일 수 있다.
③ 같은 높이에 많은 층수를 얻을 수 있어 부동산 가치가 증대된다.
④ 공기조화 부하를 감소시켜 줄 수 있다.

05 학교 교실의 실내 조도를 균일하게 하는 대책으로 적당하지 않은 것은?
① 천창   ② 스포트라이트
③ 차양   ④ 유리블럭

06 철골구조의 조립보 중 강판을 잘라서 웨브와 플랜지를 제작하고 웨브와 플랜지를 용접으로 접합하거나 웨브나 L형강을 리벳으로 접합한 보는?
① 허니컴보   ② 래티스보
③ 트러스보   ④ 판보

07 결로발생의 원인이 될 수 있는 요소와 가장 거리가 먼 것은?
① 실내외의 온도차
② 실내의 환기상태
③ 건물지붕의 기울기
④ 건물외피의 단열상태

08 초고층 골조시스템의 한 종류인 아우트리

거 시스템(outrigger system)에 관한 설명으로 옳은 것은?
① 간격이 좁게 배열된 기둥과 보를 건물 외부에 둘러싸서 횡하중에 저항하는 시스템
② 횡하중에 저항하는 코어를 외부 기둥에 연결하는 시스템
③ 횡하중을 중앙부 코어에서 모두 부담하는 시스템
④ 외부에 가새를 넣어 횡력을 부담하도록 하는 시스템

09 기둥, 보, 바닥, 벽과 같은 구조체 자체의 무게에 해당되는 하중은?
① 풍하중　　② 고정하중
③ 적재하중　④ 적설하중

10 철근콘크리트 구조물의 구조계획에 관한 설명으로 옳지 않은 것은?
① 하중의 전달 측면에서 작은보가 스팬이 작은 큰보보다 스팬이 큰 큰보에 걸칠 수 있도록 계획한다.
② 기둥은 가능한 한 규칙적으로 배치하는 것이 좋다.
③ 바람이나 지진하중에 대해 구조상 가장 중요한 부재는 내진벽이다.
④ 장스팬 구조물일 경우에는 PSC보를 고려할 수 있다.

11 중앙에 케이스, 대 등에 의한 직선 또는 곡선에 의한 고리모양부분을 설치하고 이 안에 레지스터, 포장대 등을 놓는 상점의 평면배치 형식은?
① 굴절배열형　② 직렬배열형
③ 환상배열형　④ 복합배열형

12 다음 그림과 같은 블록 내력벽체의 X방향 벽량은?

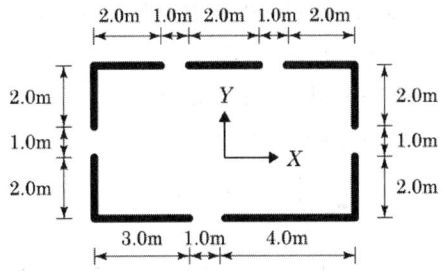

① $0.2m/m^2$　　② $0.225m/m^2$
③ $0.325m/m^2$　④ $0.525m/m^2$

13 일반적으로 병원건축의 시설규모를 결정하는 데 기준이 되는 것은?
① 환자 병상수　② 간호사수
③ 의사수　　　④ 건물의 용적률

14 공동주택 생활공간의 계획에 관한 설명으로 옳은 것은?
① 거실과 침실은 현관에서 다른 실들을 거쳐서 진입하는 것이 프라이버시 확보에 유리하다.
② 부엌은 유틸리티 룸(utility room) 및 식당과 직접 연결한다.
③ 단위 평면의 깊이는 깊게 할수록 채광 및 에너지 절약에 유리하다.
④ 발코니 난간의 높이는 0.6m 이상으로 하여 어린이 안전에 유의한다.

15 잔향시간이란 음의 음압레벨이 얼마 감쇠

하는 데 소요되는 시간인가?
① 50dB ② 60dB
③ 70dB ④ 80dB

16 주택단지 계획에 있어서 남북 간 인동간격을 결정하는 가장 중요한 요소는?
① 프라이버시 유지
② 여름철의 통풍 확보
③ 연소가능성 배제
④ 겨울철의 일조시간 확보

17 설계도서가 없는 건물의 구조물 조사진단 시 설계도서 작성과 관련하여 우선적으로 조사하지 않아도 되는 것은?
① 구조체의 치수
② 철근의 치수 및 배근상황
③ 재료의 강도
④ 균열위치 및 상태

18 건축음향 및 소음에 관한 설명으로 옳지 않은 것은?
① 강연이나 연극 등 언어를 주사용 목적으로 할 경우 잔향시간은 비교적 짧게 처리한다.
② 다목적용 오디토리엄에는 가변 흡음구조가 되도록 음향설계를 한다.
③ 반사음과 직접음과의 시간차를 가능한 한 크게 하여 충분한 음 보강이 되도록 한다.
④ 소음이 심한 도로변에 위치한 건물의 소음대책으로 방음벽을 설치한다.

19 상점의 파사드(facade) 구성과 관련된 5가지 광고요소에 해당되지 않는 것은?
① Imagination ② Attention
③ Desire ④ Memory

20 학교의 강당계획에 관한 설명으로 옳지 않은 것은?
① 강당의 면적 산출에서 고정 의자식의 경우가 이동 의자식의 경우보다 그 면적이 크다.
② 강당은 체육관과 겸하도록 계획하는 것이 좋다.
③ 강당의 위치는 외부와의 연락이 좋은 곳에 배치한다.
④ 강당 연단 주위에는 반사재를 그리고 먼 곳에는 흡음재를 사용하여 음향효과가 좋게 한다.

● **제2과목 위생설비**

21 통기관의 관경 결정에 관한 설명으로 옳지 않은 것은?
① 신정 통기관의 관경은 배수수직관의 관경보다 작게 해서는 안 된다.
② 각개 통기관의 관경은 그것이 접속되는 배수관 관경의 1/2 이상으로 한다.
③ 결합 통기관의 관경은 통기수직관과 배수수직관 중 작은 쪽 관경의 1/2 이상으로 한다.
④ 루프 통기관의 관경은 배수수평지관과 통기수직관 중 작은 쪽 관경의 1/2 이상으로 한다.

22 간접가열식 급탕방식에 관한 설명으로 옳지 않은 것은?
① 가열보일러는 난방용 보일러와 겸용할 수 있다.
② 가열보일러의 열효율이 직접가열식에 비해 높다.
③ 저탕조는 가열코일을 내장하는 등 구조가 약간 복잡하다.
④ 고온의 탕을 얻기 위해서는 증기보일러 또는 고온수보일러를 써야 한다.

23 대변기의 세정방식 중 플러시 밸브식에 관한 설명으로 옳지 않은 것은?
① 대변기의 연속사용이 가능하다.
② 일반 가정용으로는 사용이 곤란하다.
③ 세정음은 유수음도 포함되기 때문에 소음이 크다.
④ 레버의 조작에 의해 낙차에 의한 수압으로 대변기를 세척하는 방식이다.

24 다음 설명에 알맞은 트랩의 봉수파괴 원인은?

> 배수수직관 내가 부압으로 되는 곳에 배수수평지관이 접속되어 있을 경우, 배수수평지관 내의 공기가 수직관 쪽으로 유인되며 이에 따라 봉수가 이동하여 손실되는 현상

① 증발 현상
② 모세관 현상
③ 유도사이펀 작용
④ 자기사이펀 작용

25 워터 해머를 방지하기 위한 방법으로 옳지 않은 것은?

① 급폐쇄형 수도꼭지를 사용한다.
② 관내의 수압은 평상시 높아지지 않도록 구획한다.
③ 배관은 가능한 한 우회하지 않고 직선이 되도록 계획한다.
④ 수압이 0.4MPa을 초과하는 계통에는 감압밸브를 부착하여 적절한 압력으로 감압한다.

26 급탕설비의 급탕배관 시 고려사항으로 옳지 않은 것은?
① 급탕계통에는 유지 관리를 위해 용이하게 조작할 수 있는 위치에 개폐밸브를 설치한다.
② 탕비기 주위 등의 급탕배관은 가능한 한 짧게 하고 공기가 체류하지 않도록 균일한 구배로 한다.
③ 배관 길이가 30m를 초과하는 중앙식 급탕설비에서는 환탕관과 순환펌프를 설치하여 배관의 열손실을 보상한다.
④ 고층 건축물에서 급탕압력을 일정압력 이하로 제어하기 위해 감압밸브를 설치하는 경우 순환계통에 설치하도록 한다.

27 급탕배관에 관한 설명으로 옳지 않은 것은?
① 중앙식 급탕설비는 원칙적으로 강제순환방식으로 한다.
② 상향배관인 경우 급탕관은 하향구배, 환탕관은 상향구배로 한다.
③ 배관시공 시 굴곡배관을 해야 할 경우에는 공기빼기밸브를 설치한다.
④ 관의 신축을 고려하여 건물의 벽 관통부분 배관에는 슬리브를 끼운다.

28 안지름 100mm의 관에서 2m/sec의 유속으로 물이 흐를 때 마찰손실수두가 10m라고 하면 이 관의 길이는 몇 m인가? (단, 마찰손실계수 f는 0.02로 한다.)

① 184　　② 245
③ 262　　④ 294

29 아파트 1동 90세대의 급탕설비를 중앙공급식으로 할 경우, 시간당 최대 급탕량(A)과 저탕량(B)으로 옳은 것은? (단, 1세대당 기구 급탕량은 샤워 110L/h, 싱크 40L/h, 세탁기 70L/h를 기준으로 하고, 동시사용률은 30%를, 저탕용량계수는 1.25를 적용한다.)

① A=5940L/h, B=7425L
② A=7425L/h, B=5940L
③ A=25740L/h, B=7425L
④ A=25740L/h, B=32175L

30 급수배관방식에 관한 설명으로 옳지 않은 것은?

① 일반적으로 고가수조방식에서는 하향배관 방식이 사용된다.
② 상향배관방식에서 수직관의 관경은 올라갈수록 크게 한다.
③ 혼합배관방식으로 하는 경우 저층부는 상향배관방식으로 한다.
④ 상향배관방식에서는 관내의 공기를 배출하기 위해 관의 제일 윗부분에 공기빼기밸브 등을 설치한다.

31 정화조의 성능을 나타내는 BOD 제거율(%)을 올바르게 나타낸 것은?

① $\dfrac{\text{유출수 BOD}}{\text{유입수 BOD}} \times 100$

② $\dfrac{\text{유입수 BOD}}{\text{유출수 BOD}} \times 100$

③ $\dfrac{\text{유입수 BOD} - \text{유출수 BOD}}{\text{유입수 BOD}} \times 100$

④ $\dfrac{\text{유출수 BOD} - \text{유입수 BOD}}{\text{유출수 BOD}} \times 100$

32 트랩이 구비해야 할 조건으로 옳지 않은 것은?

① 가동부분이 있을 것
② 자정 작용이 가능할 것
③ 기구내장 트랩의 내벽 및 배수로의 단면형상에 급격한 변화가 없을 것
④ 봉수부의 소제구는 나사식 플러그 및 적절한 가스켓을 이용한 구조일 것

33 기구급수부하단위(Fu)가 1Fu인 위생기구의 종류 및 접속관경으로 옳은 것은?

① 세면기, 15mm　② 세면기, 25mm
③ 대변기, 15mm　④ 대변기, 25mm

34 동 및 동합금관에 관한 설명으로 옳지 않은 것은?

① 담수에 내식성은 크나 연수에는 부식된다.
② 탄산가스를 포함한 공기 중에서는 푸른 녹이 생긴다.
③ 동관은 두께별로 K, L, M형 등으로 구분할 수 있다.
④ 가성소다, 가성칼리 등 알칼리성에 심하게 침식된다.

35 다음과 같은 조건에서 연면적이 20000m²인 사무소에 필요한 1일 급수량(사용수량)은?

- 건물의 유효면적과 연면적의 비 : 56%
- 유효면적당 인원 : 0.2인/m²
- 1일 1인당 급수량(사용수량) : 150L/d

① 33.6m³/d ② 43.6m³/d
③ 336m³/d ④ 406m³/d

36 강관 이음쇠에 관한 설명으로 옳지 않은 것은?

① 엘보우(elbow)는 관의 방향을 바꿀 때 사용된다.
② 티(tee), 크로스(cross)는 관을 도중에서 분기할 때 사용된다.
③ 레듀서(reducer)는 관경이 서로 다른 관을 접속할 때 사용된다.
④ 플러그(plug), 캡(cap)은 동일 관경의 관을 직선 연결할 때 사용된다.

37 다음 설명에 알맞은 유체역학 기초 이론은?

밀폐된 용기에 넣은 유체의 일부에 압력을 가하면, 이 압력은 모든 방향으로 동일하게 전달되어 벽면에 작용한다.

① 연속의 법칙
② 파스칼의 원리
③ 피토관의 원리
④ 베르누이의 정리

38 유체의 흐름에 관한 설명으로 옳지 않은 것은?

① 난류는 유체분자가 불규칙하게 서로 섞이는 혼란된 흐름이다.
② 일반적으로 층류에서 난류로 천이할 때의 유속을 임계유속이라 한다.
③ 레이놀즈 수에 의해 관내의 흐름이 층류인지 난류인지를 판별할 수 있다.
④ 관내에 유체가 흐를 때, 어느 장소에서 흐름의 상태가 시간에 따라 변화하는 흐름을 정상류라 한다.

39 통기수직관이 없는 방식으로 유수에 선회력을 주어 공기 코어를 유지시켜 하나의 관으로 배수와 통기를 겸하는 통기방식은?

① 섹스티아방식 ② 각개통기방식
③ 신정통기방식 ④ 회로통기방식

40 고가수조의 유효용량 산정 시 기준이 되는 급수량은?

① 1일 급수량
② 시간평균예상급수량
③ 순간최대예상급수량
④ 시간최대예상급수량

제3과목 공기조화설비

41 냉온수 배관의 기본회로 방식에 관한 설명으로 옳지 않은 것은?

① 배관의 최저부에는 물빼기밸브를 설치한다.
② 배관의 분기부에는 원칙적으로 밸브를 설치한다.
③ 밀폐회로 방식에 대해서는 1개의 순환계통에 팽창 탱크는 최소 2기 이상으로

한다.
④ 개방회로 방식에 대해서는 순환보일러 정지 시 기기, 배관 등을 만수상태로 유지한다.

42 압축식 냉동기의 구성 요소 중 냉동의 목적을 직접적으로 달성하는 것은?
① 흡수기 ② 증발기
③ 발생기 ④ 응축기

43 국부저항의 상당길이에 관한 설명으로 옳지 않은 것은?
① 배관의 지름이 커질수록 상당길이는 길어진다.
② 45° 표준 엘보보다는 90° 표준 엘보의 상당길이가 길다.
③ 밸브류의 경우 개폐도(開閉度)가 작을수록 상당길이는 길어진다.
④ 동일한 배관 지름, 전개(全開)일 경우 앵글 밸브보다 게이트 밸브의 상당길이가 길다.

44 취출공기의 이동과 관련된 유인비를 옳게 나타낸 것은?
① $\dfrac{\text{전공기량}}{\text{1차 공기량}}$ ② $\dfrac{\text{1차 공기량}}{\text{전공기량}}$
③ $\dfrac{\text{2차 공기량}}{\text{1차 공기량}}$ ④ $\dfrac{\text{1차 공기량}}{\text{2차 공기량}}$

45 다음 중 펌프의 흡입관에서 발생하는 공동현상의 방지 방법과 가장 거리가 먼 것은?
① 흡입양정을 낮춘다.
② 양흡입 펌프를 사용한다.
③ 흡입관의 관경을 크게 한다.
④ 펌프의 회전수를 증가시킨다.

46 온수난방과 증기난방의 비교 설명으로 옳지 않은 것은?
① 온수난방은 증기난방에 비하여 운전정지 중에 동결의 위험이 크다.
② 온수난방은 증기난방에 비하여 소요방열 면적과 배관경이 크게 된다.
③ 증기난방은 온수난방에 비하여 열용량이 커 예열시간이 길게 소요된다.
④ 온수난방은 증기난방에 비하여 난방부하 변동에 따른 온도조절이 용이하다.

47 냉각탑의 냉각수 입구온도가 t_{w1}, 출구온도가 t_{w2}이고, 공기의 입구 습구온도가 t_1, 출구 습구온도가 t_2일 때, 어프로치(approach)는?
① $t_{w1}-t_1$ ② $t_{w2}-t_{w1}$
③ t_2-t_1 ④ $t_{w2}-t_1$

48 팬코일 유닛방식과 단일덕트방식을 병용하여 사용하는 경우에 관한 설명으로 옳지 않은 것은?
① 창면의 콜드 드래프트를 방지할 수 있다.
② 팬코일 유닛방식은 건물의 외부 존의 부하를 담당한다.
③ 대형 건축물의 내부 존과 외부 존을 구분하여 공조하는 시스템에 적용된다.
④ 팬코일 유닛방식을 단독으로 설치한 것과 비교하여 설비비가 적게 든다.

49 냉방부하 계산 시 구조체의 축열부하에 관

한 설명으로 옳지 않은 것은?
① 구조체의 열용량과 관련이 있다.
② 시간지연(time-lag) 현상을 유발한다.
③ 간헐냉방을 하는 경우 예냉부하를 필요로 한다.
④ 구조체의 열용량이 클수록 피크로드는 증가한다.

50 습공기선도에 관한 설명으로 옳지 않은 것은?
① 현열비 '1'은 수평상태의 기울기를 나타낸다.
② 열수분비 '0'의 기울기는 비엔탈피선과 동일한 기울기를 나타낸다.
③ 습공기선도상에서 건구온도 30℃, 습구온도 20℃인 습공기의 노점온도는 파악할 수 없다.
④ 습공기의 상태가 변화하고 이를 습공기선도에 표시하면 현열뿐만 아니라 잠열의 변화량도 알 수 있다.

51 다음과 같은 조건으로 냉방운전을 하고 있을 경우, 필요송풍량은?

- ㉠ 실내현열부하 : 72kW
- ㉡ 공기의 비열 : 1.0kJ/kg·K
- ㉢ 공기의 밀도 : 1.2kg/m³
- ㉣ 실내취출 공기온도 : 16℃
- ㉤ 실내 공기온도 : 26℃

① 6m³/s   ② 7m³/s
③ 8m³/s   ④ 9m³/s

52 환기 방법 중 열기나 유해물질이 실내에 널리 산재되어 있거나 이동되는 경우에 사용하며, 전체환기라고도 불리우는 것은?
① 집중환기   ② 희석환기
③ 국소환기   ④ 자연환기

53 기온·습도·기류의 3요소의 조합에 의한 실내 온열감각을 기온의 척도로 나타낸 것은?
① 등가온도   ② 작용온도
③ 등온지수   ④ 유효온도

54 500명을 수용하는 극장에서 1인당 이산화탄소 배출량이 20L/h일 때, 이산화탄소 농도가 0.05%인 외기를 도입하여 실내의 이산화탄소 농도를 0.1%로 유지하는 데 필요한 환기량은?
① 15000m³/h   ② 20000m³/h
③ 25000m³/h   ④ 30000m³/h

55 건구온도 20℃, 상대습도 50%인 습공기(절대습도 0.0072kg/kg′, 엔탈피 39kJ/kg) 8000kg/h을 가열, 가습하여 건구온도 35℃, 상대습도 50%인 습공기(절대습도 0.0179kg/kg′, 엔탈피 80.9kJ/kg)로 만들었다. 이때의 열수분비는 얼마인가?
① 2854kJ/kg   ② 3242kJ/kg
③ 3916kJ/kg   ④ 4582kJ/kg

56 냉수코일을 통과하는 풍량이 10000m³/h, 코일 입출구의 엔탈피는 각각 42kJ/kg, 68.5kJ/kg이고, 코일 정면면적이 1.2m²일 때 코일의 열수는? (단, 코일의 열관류율은 880W/m²·K이며 대수 평균온도차는 12.57℃, 습면보정계수는 1.42, 공기의 밀도는 1.2kg/m³이다.)

① 4열   ② 5열
③ 8열   ④ 10열

57 다음 중 현열만을 취득하게 되는 냉방부하는?
① 인체의 발생열량
② 벽체로부터의 취득열량
③ 외기로부터의 취득열량
④ 틈새바람에 의한 취득열량

58 중앙식 공기조화기에서 가습방식의 분류 중 수분무식에 속하지 않는 것은?
① 원심식   ② 분무식
③ 초음파식 ④ 적외선식

59 다음과 같은 특징을 갖는 축류형 취출구는?

· 도달거리가 길기 때문에 실내공간이 넓은 경우에 벽면에 부착하여 횡방향으로 취출하는 경우가 많다.
· 소음이 적기 때문에 방송국의 스튜디오나 음악감상실 등에 저속취출을 하여 사용된다.

① 팬형
② 노즐형
③ 아네모스탯형
④ 브리즈 라인형

60 다음 중 증기와 응축수 사이의 온도차를 이용하는 온도조절식 증기트랩에 속하는 것은?
① 버킷 트랩   ② 벨로즈 트랩
③ 열동식 트랩   ④ 플로트 트랩

제4과목 소방 및 전기설비

61 무접점 계전기에 사용되는 전력전자소자(트랜지스터, 다이오드)에 관한 설명으로 옳지 않은 것은?
① 스위칭 속도가 빠르다.
② 전력소비가 대단히 작다.
③ 잡음(noise)의 영향을 받지 않는다.
④ 접점의 개폐동작으로 인한 마모현상이 없다.

62 다음 설명에 알맞은 건축화 조명방식은?

· 천장과 벽면의 경계구석에 등기구를 배치하여 조명하는 방식이다.
· 천장과 벽면을 동시에 투사하는 실내 조명방식이다.

① 코너 조명   ② 코퍼 조명
③ 광천장 조명 ④ 밸런스 조명

63 다음 설명에 알맞은 화재의 종류는?

전류가 흐르고 있는 전기기기, 배선과 관련된 화재

① A급 화재   ② B급 화재
③ C급 화재   ④ K급 화재

64 피드백 제어방식을 제어동작에 의해 분류할 경우, 연속 동작에 해당하는 것은?
① 미분 동작   ② 2위치 동작
③ 다위치 동작   ④ ON-OFF 동작

65 어느 학교에서 면적인 $200m^2$인 교실에 32W 형광램프를 설치하여 평균조도를

400lx로 설계하고자 할 때 소요 램프수는? (단, 형광램프 1개 광속은 3000lm, 조명률은 0.6, 보수율은 0.8이다.)
① 14개   ② 28개
③ 42개   ④ 56개

66 병원 등에 설치되는 모자식 전기시계에 관한 설명으로 옳은 것은?
① 자시계의 설치 높이는 하단부가 1.5m 이상으로 한다.
② 탁상형 모시계는 자시계 회로수가 3회로 이상인 경우 사용한다.
③ 모시계와 자시계를 연결하는 배선의 전압 강하는 15% 이하가 되도록 한다.
④ 벽걸이형 모시계는 소규모 모시계로 자시계 회로수가 3회로 이내인 경우 사용한다.

67 다음 그림과 같은 회로의 합성 정전용량은?

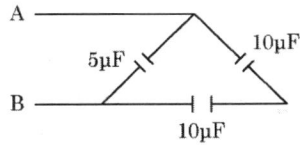

① $5\mu F$ ② $10\mu F$
③ $15\mu F$ ④ $20\mu F$

68 다음은 교류의 표현에 관한 설명이다. ( ) 안에 알맞은 용어는?

전기에서는 서로 한 일이 비교될 수 있도록 교류의 크기를 나타낼 때에는 그 교류와 같은 일을 하는 직류의 크기로 대신 나타내며 그 때 직류의 크기를 그 교류의 ( )라고 한다.

① 실효치   ② 평균치
③ 비교치   ④ 균등치

69 납축전지가 방전되면 양(+)극은 어떠한 물질로 되는가?
① Pb ② $PbSO_4$
③ PbO ④ PbO_2

70 연결살수설비에 설치되는 송수구의 구경 기준은?
① 32mm   ② 40mm
③ 50mm   ④ 65mm

71 다음이 설명하는 법칙은?

회로망 중의 한 점에 흘러 들어오는 전류의 총합과 흘러 나가는 전류의 총합은 같다.

① 옴의 법칙
② 키르히호프 제1법칙
③ 키르히호프 제2법칙
④ 앙페르의 오른나사의 법칙

72 감전방지를 위하여 3상 380V 농형 유도전동기의 금속제 외함에 실시하는 접지공사는?
① 제1종 접지공사
② 제2종 접지공사
③ 제3종 접지공사
④ 특별 제3종 접지공사

73 고압 이상 전로에서 단독으로 전로의 접속 또는 분리를 목적으로 하며 무전압이나 무전류에 가까운 상태에서 안전하게 전로를 개폐하는 것은?
① 퓨즈   ② 단로기

③ 변성기　　④ 콘덴서

74 플레밍의 왼손법칙을 응용한 기기는?
① 펌프　　② 전동기
③ 발전기　　④ 변압기

75 옥내소화전설비의 수조에 관한 설명으로 옳지 않은 것은?
① 수조의 상단에는 청소용 배수밸브 또는 배수관을 설치하여야 한다.
② 동결방지조치를 하거나 동결의 우려가 없는 장소에 설치하여야 한다.
③ 수조가 실내에 설치된 때에는 그 실내에 조명 설비를 설치하여야 한다.
④ 수조의 상단이 바닥보다 높은 때에는 수조의 외측에 고정식 사다리를 설치하여야 한다.

76 다음의 옥외소화전설비의 수원에 관한 설명 중 (　) 안에 알맞은 것은?

> 옥외소화전설비의 수원은 그 저수량이 옥외소화전의 설치 개수(옥외소화전이 2개 이상 설치된 경우에는 2개)에 (　)를 곱한 양 이상이 되도록 하여야 한다.

① $1.7m^3$　　② $2.6m^3$
③ $7m^3$　　④ $12m^3$

77 3Ω의 저항과 4Ω의 유도 리액턴스가 병렬로 접속되어있을 때, 이 회로의 합성 임피던스(Ω)는?
① 2.0Ω　　② 2.2Ω
③ 2.4Ω　　④ 2.6Ω

78 Y-Δ 기동법은 어떤 전동기의 기동법인가?
① 직권 전동기　　② 동기 전동기
③ 유도 전동기　　④ 타여자 전동기

79 스프링클러설비의 화재안전기준에 사용되는 교차배관의 정의로 옳은 것은?
① 각 층을 수직으로 관통하는 수직배관
② 스프링클러헤드가 설치되어 있는 배관
③ 직접 또는 수직배관을 통하여 가지배관에 급수하는 배관
④ 수원 및 옥외송수구로부터 스프링클러헤드에 급수하는 배관

80 역률에 관한 설명으로 옳은 것은?
① 백열전등이나 전열기의 역률은 100%이다.
② 무효전력에 대한 유효전력의 비를 역률이라 한다.
③ 역률은 부하의 종류와는 관계가 없으며 공급전력의 질을 의미한다.
④ 역률산정 시에 필요한 피상전력은 유효전력과 무효전력의 산술합이다.

제5과목　건축설비관계법규

81 배연설비의 설치에 관한 기준 내용으로 옳지 않은 것은?
① 배연창의 유효면적은 $1m^2$ 이상으로 할 것
② 배연구는 예비전원에 의하여 열 수 있도록 할 것

③ 배연구는 연기감지기 또는 열감지기에 의해 자동으로 열 수 있는 구조로 할 것
④ 관련 규정에 따라 건축물이 방화구획으로 구획된 경우 그 구획마다 2개소 이상의 배연창을 설치할 것

82 자동화재탐지설비를 설치하여야 하는 특정소방대상물에 속하지 않는 것은?
① 위락시설로서 연면적 600m² 이상인 것
② 숙박시설로서 연면적 600m² 이상인 것
③ 문화 및 집회시설로서 연면적 1000m² 이상인 것
④ 근린생활시설 중 목욕장으로서 연면적 800m² 이상인 것

83 건축법령상 공동주택 중 아파트의 정의로 옳은 것은?
① 주택으로 쓰는 층수가 5개 층 이상인 주택
② 주택으로 쓰는 층수가 6개 층 이상인 주택
③ 주택으로 쓰는 1개 동의 바닥면적 합계가 660m²를 초과하고, 층수가 5개 층 이상인 주택
④ 주택으로 쓰는 1개 동의 바닥면적 합계가 660m²를 초과하고, 층수가 6개 층 이상인 주택

84 문화 및 집회시설 중 공연장의 개별 관람실 출구의 설치기준 내용으로 옳지 않은 것은? (단, 개별 관람실의 바닥면적이 300m² 이상인 경우)
① 관람실별로 2개소 이상 설치할 것
② 각 출구의 유효너비는 1.2m 이상일 것
③ 관람실로부터 바깥쪽으로의 출구로 쓰이는 문은 안여닫이로 하지 않을 것
④ 개별 관람실 출구의 유효너비의 합계는 개별 관람실의 바닥면적 100m²마다 0.6m의 비율로 산정한 너비 이상으로 할 것

85 외기에 직접 면하고 1층 또는 지상으로 연결된 출입문을 방풍구조로 하지 않아도 되는 경우에 관한 기준 내용으로 옳지 않은 것은?
① 기숙사의 출입문
② 너비 1.2m 이하의 출입문
③ 바닥면적 300m² 이하의 개별 점포의 출입문
④ 사람의 통행을 주목적으로 하지 않는 출입문

86 방염성능기준 이상의 실내장식물 등을 설치하여야 하는 특정소방대상물에 속하는 것은? (단, 층수가 10층인 경우)
① 기숙사 ② 판매시설
③ 숙박시설 ④ 실내수영장

87 건축법령에 따른 건축물의 용도분류 중 숙박시설에 속하지 않는 것은?
① 호스텔
② 유스호스텔
③ 의료관광호텔
④ 휴양 콘도미니엄

88 건축물의 출입구에 설치하는 회전문에 관

한 기준 내용으로 옳지 않은 것은?
① 계단이나 에스컬레이터로부터 1.5m 이상의 거리를 둘 것
② 회전문의 회전속도는 분당회전수가 8회를 넘지 아니하도록 할 것
③ 출입에 지장이 없도록 일정한 방향으로 회전하는 구조로 할 것
④ 회전문의 중심축에서 회전문과 문틀 사이의 간격을 포함한 회전문날개 끝부분까지의 길이는 140cm 이상이 되도록 할 것

89 세대수가 17세대인 다세대주택에 설치하는 음용수용 급수관의 지름은 최소 얼마 이상으로 하여야 하는가?
① 25mm ② 32mm
③ 40mm ④ 50mm

90 바닥으로부터 높이 1m까지의 안벽의 마감을 내수재료로 하여야 하는 대상건축물이 아닌 것은?
① 단독주택의 욕실
② 제1종 근린생활시설 중 휴게음식점의 조리장
③ 제2종 근린생활시설 중 휴게음식점의 조리장
④ 제2종 근린생활시설 중 일반음식점의 조리장

91 건축물의 냉방설비에 대한 설치 및 설계기준에 정의된 축냉식 전기냉방설비의 구분에 속하지 않는 것은?
① 지열식 냉방설비
② 수축열식 냉방설비
③ 빙축열식 냉방설비
④ 잠열축열식 냉방설비

92 신축하는 공동주택의 환기횟수를 확보하기 위하여 설치되는 기계환기설비의 설계·시공 및 성능평가방법 내용으로 옳지 않은 것은? (단, 30세대 이상의 공동주택의 경우)
① 세대의 환기량 조절을 위하여 환기설비의 정격풍량을 최소·최대의 2단계로 조절할 수 있는 체계를 갖추어야 한다.
② 기계환기설비는 공동주택의 모든 세대가 규정에 의한 환기횟수를 만족시킬 수 있도록 24시간 가동할 수 있어야 한다.
③ 하나의 기계환기설비로 세대 내 2 이상의 실에 바깥공기를 공급할 경우의 필요 환기량은 각 실에 필요한 환기량의 합계 이상이 되도록 하여야 한다.
④ 기계환기설비의 환기기준은 시간당 실내공기 교환횟수(환기설비에 의한 최종 공기흡입구에서 세대의 실내로 공급되는 시간당 총 체적풍량을 실내 총 체적으로 나눈 환기횟수를 말한다.)로 표시하여야 한다.

93 공사감리자가 공사시공자로 하여금 상세시공도면을 작성하도록 요청할 수 있는 건축공사의 연면적 기준으로 옳은 것은?
① 1500m² 이상 ② 3000m² 이상
③ 5000m² 이상 ④ 10000m² 이상

94 다음의 소방시설 중 피난구조설비에 속하지 않는 것은?
① 완강기   ② 인공소생기
③ 객석유도등   ④ 시각경보기

95 지능형 건축물의 인증에 관한 설명으로 옳지 않은 것은?
① 지능형 건축물 인증기준에는 인증표시 홍보기준, 유효기간 등의 사항이 포함된다.
② 산업통상자원부장관은 지능형 건축물의 인증을 위하여 인증기관을 지정할 수 있다.
③ 국토교통부장관은 지능형 건축물의 건축을 활성화하기 위하여 지능형 건축물 인증제도를 실시한다.
④ 허가권자는 지능형 건축물로 인증받은 건축물에 대하여 조경설치면적을 100분의 85까지 완화하여 적용할 수 있다.

96 다음 중 내화구조에 속하지 않는 것은? (단, 바닥의 경우)
① 철근콘크리트조로서 두께가 10cm인 것
② 철골철근콘크리트조로서 두께가 10cm인 것
③ 철재의 양면을 두께 5cm의 철망모르타르로 덮은 것
④ 무근콘크리트조·벽돌조 또는 석조로서 그 두께가 7cm인 것

97 제연설비를 설치하여야 하는 특정소방대상물에 속하지 않는 것은?
① 지하가(터널은 제외)로서 연면적 1000m²인 것
② 문화 및 집회시설로서 무대부의 바닥면적이 150m²인 것
③ 문화 및 집회시설 중 영화상영관으로서 수용인원이 100명인 것
④ 지하층에 설치된 숙박시설로서 해당 용도로 사용되는 바닥면적의 합계가 1000m²인 층

98 비상용 승강기의 승강장 및 승강로의 구조에 관한 기준 내용으로 옳지 않은 것은?
① 승강로는 당해 건축물의 다른 부분과 방화 구조로 구획할 것
② 각 층으로부터 피난층까지 이르는 승강로를 단일구조로 연결하여 설치할 것
③ 승강장에는 노대 또는 외부를 향하여 열 수 있는 창문이나 배연설비를 설치할 것
④ 옥내에 있는 승강장의 바닥면적은 비상용 승강기 1대에 대하여 6m² 이상으로 설치할 것

99 다음은 건축법상 건축허가에 관한 기준 내용이다. ( ) 안에 알맞은 것은?

> 건축물을 건축하거나 대수선하려는 자는 특별자치시장·특별자치도지사 또는 시장·군수·구청장의 허가를 받아야 한다.
> 다만, ( ) 이상의 건축물 등 대통령령으로 정하는 용도 및 규모의 건축물을 특별시나 광역시에 건축하려면 특별시장이나 광역시장의 허가를 받아야 한다.

① 6층   ② 11층
③ 16층   ④ 21층

100 건축물의 바깥쪽에 설치하는 피난계단의 구조에 관한 기준 내용으로 옳지 않은 것은?
① 계단의 유효너비는 0.9m 이상으로 할 것
② 계단은 내화구조로 하고 지상까지 직접 연결되도록 할 것
③ 건축물의 내부에서 계단으로 통하는 출입구에는 60분+방화문 또는 60분방화문을 설치할 것
④ 계단은 그 계단으로 통하는 출입구 외의 창문 등으로부터 1m 이상의 거리를 두고 설치할 것

2020년 4회 건축설비기사 과년도문제

제1과목 건축일반

01 주택의 동선에 관한 설명으로 옳지 않은 것은?
① 동선이 가지는 요소는 빈도, 속도, 하중이다.
② 동선은 일상생활의 움직임을 표시하는 선이다.
③ 개인권, 사회권, 가사노동권의 3개 동선이 서로 분리되어야 한다.
④ 가사노동의 동선은 가능한 한 북쪽에 오도록 하고 가능한 한 길게 처리한다.

02 도서관의 건축계획으로 옳지 않은 것은?
① 서고는 증축을 고려하여 계획한다.
② 열람실을 서고와 최대한 멀리 떨어져 위치시키는 것이 좋다.
③ 아동 열람실은 자유롭게 책을 꺼내볼 수 있도록 자유개가식으로 한다.
④ 참고실은 안정된 분위기를 갖고 일반열람실과는 별실로 목록실, 출납대 근처에 설치한다.

03 상점의 쇼윈도(show window)에 관한 설명으로 옳지 않은 것은?
① 쇼윈도의 크기는 상점의 종류와는 관계가 없다.
② 쇼윈도의 바닥높이는 상품의 종류에 따라 다르다.
③ 상점규모가 2·3층인 경우, 쇼윈도를 입체적으로 취급하여 한눈에 상점에 대한 이미지를 강하게 주는 경우가 있다.
④ 쇼윈도 내부의 밝기를 인공적으로 높게 함으로써 쇼윈도의 반사를 방지할 수 있다.

04 상점 계획에 관한 설명으로 옳지 않은 것은?
① 입장하는 손님과 종업원의 시선이 직접 마주치지 않게 한다.
② 고객 동선은 가급적 짧게 하고, 종업원 동선은 되도록 길게 한다.
③ 손님 쪽에서 상품이 효율적으로 보이도록 매장가구를 배치한다.
④ 진열창의 상품은 도로에 선 사람의 눈높이보다 약간 낮게 하는 것이 좋다.

05 사무소의 코어계획 시 고려할 사항으로 옳지 않은 것은?
① 계단과 엘리베이터 및 화장실은 가능한 한 접근시킨다.
② 엘리베이터 홀이 출입구면에 근접해 있어야 한다.
③ 코어 내의 공간과 임대 사무실 사이의 동선은 간단해야 한다.
④ 엘리베이터는 가급적 한 곳에 집중시킨다.

06 결로발생의 방지 방법으로 옳지 않은 것은?

① 실내에서 수증기 발생을 억제한다.
② 비난방실 등으로의 수증기 침입을 억제한다.
③ 벽체의 표면온도를 실내공기의 노점온도보다 크게 한다.
④ 적절한 투습저항을 갖춘 방습층을 단열재의 저온측에 설치한다.

07 노인 의료시설계획에 관한 설명으로 옳지 않은 것은?
① 환자들의 주 생활공간이 병동부가 되므로 병동부 설계 시 거주성 확보에 유의한다.
② 노인들의 방향감각 감퇴증세를 보완하기 위해 분명하고 단순한 동선을 구성한다.
③ 간호공간은 행동장애와 합병증세 등의 복합성을 보완하기 위하여 분산배치에 의한 구성이 필요하다.
④ 각종 질병 치료 시 신체능력의 회복과 보존을 위한 재활시설이 필요하다.

08 다음 중 잔향시간 계산에 필요한 인자가 아닌 것은?
① 실용적
② 실내 전 표면적
③ 음원의 음압
④ 실의 평균 흡음률

09 아파트 평면형식 중에서 일조 및 통풍이 유리하고, 공용복도에 있어 프라이버시가 침해될 수 있으나 같은 층에 거주하는 사람과의 친교 기회가 많은 형식은?

① 홀형
② 집중형
③ 편복도형
④ 중복도형

10 단독주택의 이점을 최대한 살려 경계벽을 통해 주택 영역을 구분한 것은?
① 타운 하우스
② 클럽 하우스
③ 테라스 하우스
④ 중정형 하우스

11 열전달에 관한 설명으로 옳은 것은?
① 열류량은 온도구배와 물체의 열전도율에 반비례한다.
② 물체 중에 온도차가 발생하면 열은 저온측에서 고온측으로 흐른다.
③ 벽체표면과 이에 접하는 유체와의 전열현상은 대류에 의한 열전달이다.
④ 열류량은 표면온도와 유체온도의 차에 반비례한다.

12 프리스트레스트 콘크리트 구조에 관한 설명으로 옳은 것은?
① 장스팬 구조물보다는 단스팬 구조물에 적용하는 것이 효율적이다.
② 콘크리트의 압축응력이 생기는 부분에 미리 응력을 가한다.
③ 프리텐션 공법은 부재 제작 시 시스관을 미리 설치한다.
④ 고강도 콘크리트 사용으로 부재 단면축소에 의한 구조물이 자중 경감효과가 있다.

13 리조트 호텔의 대지 조건으로 가장 거리가 먼 것은?
① 연회 등을 위해 외래객에게 개방되고

교통이 편리한 도시 중심지에 위치해야 한다.
② 주위의 경치가 좋아야 한다.
③ 물이 맑고 수원이 풍부해야 한다.
④ 수해나 풍해 등으로부터 위험이 없어야 한다.

14 실의 용적이 5000m³이고 필요환기량이 10000m³/h일 때 환기횟수는 시간당 몇 회 인가?
① 0.5회 ② 1회
③ 2회   ④ 4회

15 철골구조의 특성에 관한 설명으로 옳지 않은 것은?
① 철근콘크리트구조에 비해 경량의 구조체를 만들 수 있다.
② 해체가 어렵고 재사용이 불가능하다.
③ 재료 특성상 압축재는 좌굴에 대한 검토가 필요하다.
④ 내화성이 낮아 내화피복이 필요하다.

16 철근콘크리트 구조의 특징에 관한 설명으로 옳지 않은 것은?
① 인장력을 받는 부분에는 철근을 보강하여야 한다.
② 철근을 콘크리트로 피복하므로 내구성이 우수하다.
③ 철골구조에 비하여 장스팬 건축물이나 연약지반 조건의 건축에도 유리하게 사용된다.
④ 철골구조에 비하여 내화성이 우수하다.

17 다음 중 동일한 조건(하중, 기둥간격 등)에서 슬래브 두께가 가장 두꺼운 것은?
① 일방향 슬래브   ② 이방향 슬래브
③ 플랫 슬래브   ④ 플랫 플레이트

18 사무소 건축에서의 렌터블 비(rentable ratio)를 가장 잘 설명한 것은?
① 임대면적과 연면적의 비율
② 대지면적과 연면적의 비율
③ 대지면적과 건축면적의 비율
④ 대지면적과 주택호수의 비율

19 건축물에 작용하는 풍압력의 크기 산정과 가장 거리가 먼 요소는?
① 풍속   ② 건축물의 형상
③ 건축물의 높이   ④ 건축물의 중량

20 학년과 학급을 없애고 학생들은 능력에 따라 교과를 선택하여 수업을 듣는 학교 운영 방식은?
① 달톤형   ② 플래툰형
③ 종합교실형   ④ 특별교실형

제2과목 위생설비

21 통기관에 관한 설명으로 옳지 않은 것은?
① 습통기관은 통기의 목적 외에 배수관으로도 이용되는 부분을 말한다.
② 결합 통기관은 배수수직관 내의 압력변화를 방지 또는 완화하기 위해 설치한다.
③ 도피 통기관은 각개통기방식에서 담당하는 기구수가 많은 경우 발생하는 하

수가스를 도피시키기 위하여 통기수직관에 연결시킨 관이다.
④ 신정 통기관은 최상부의 배수수평관이 배수수직관에 접속된 위치보다도 더욱 위로 배수수직관을 끌어올려 대기 중에 개구하여 통기관으로 사용하는 부분이다.

22 건물 내의 급수 방식에 관한 설명으로 옳은 것은?
① 수도직결방식은 고층의 급수 방법에 적합하다.
② 고가수조방식에서의 급수압력은 항상 변동한다.
③ 압력수조방식에서는 수조를 건물 상부에 설치해야 하므로 건축 구조상 부담이 된다.
④ 펌프직송방식에서 펌프 운전방식은 펌프의 대수를 제어하는 정속방식과 회전수를 제어하는 변속방식으로 분류할 수 있다.

23 간접가열식 급탕방식에 관한 설명으로 옳지 않은 것은?
① 난방용 보일러와 겸용할 수 있다.
② 보일러에서 만들어진 증기 또는 고온수를 열원으로 한다.
③ 저압보일러를 사용할 수 없으며 중압 또는 고압보일러를 사용하여야 한다.
④ 탱크에 가열코일을 설치하여 이 코일을 통해 물을 간접적으로 가열하는 방식이다.

24 양수량이 600L/min, 양정이 36m인 양수펌프의 축동력은? (단, 펌프의 효율은 70%이다.)
① 4.5kW ② 5.0kW
③ 6.4kW ④ 7.1kW

25 저탕조의 용량이 $2m^3$이고 급탕배관 내의 전체 수량이 $1m^3$일 때 개방형 팽창탱크의 용량은? (단, 급수의 밀도는 $1.0g/cm^3$이고, 온수의 밀도는 $0.983g/cm^3$이다.)
① 약 $0.03m^3$ ② 약 $0.04m^3$
③ 약 $0.05m^3$ ④ 약 $0.06m^3$

26 다음 중 급수관에서 수격작용의 발생 우려가 가장 높은 것은?
① 관의 분기
② 관경의 확대
③ 관의 방향 전환
④ 관내 유수의 급정지

27 90℃의 물 500kg과 30℃의 물 1000kg을 단열혼합하였을 때 혼합된 물의 온도는?
① 20℃ ② 30℃
③ 40℃ ④ 50℃

28 다음 중 간접배수로 하여야 하는 기구는?
① 욕조 ② 세면기
③ 대변기 ④ 세탁기

29 다음 중 기구의 필요급수압력이 가장 작은 것은?
① 샤워
② 일반수전

③ 대변기 세정밸브
④ 소변기 세정밸브(스톨형 소변기)

30 정화조의 유입수 BOD가 1000mg/L, 방류수 BOD가 400mg/L일 때, BOD제거율은?
① 40% ② 50%
③ 60% ④ 70%

31 수평주관 내의 공기가 감압되어 봉수가 파괴되는 현상으로 배수 수직관의 가까이에 설치된 세면기 등에서 일어나기 쉬운 봉수파괴 원인은?
① 증발 작용
② 모세관 현상
③ 유도사이펀 작용
④ 운동량에 의한 관성

32 물의 경도는 건축설비에서 중요하게 다루고 있다. 그 이유와 가장 거리가 먼 것은?
① 배관 내 스케일 발생 원인
② 급수펌프 소요 동력 증가 원인
③ 열교환기의 열교환 효율 감소 원인
④ 배관 내 유체의 흐름 저항 감소 원인

33 국소식 급탕방법에 관한 설명으로 옳지 않은 것은?
① 배관 및 기기로부터의 열손실이 많다.
② 건물완공 후에도 급탕개소의 증설이 비교적 쉽다.
③ 급탕개소마다 가열기의 설치 스페이스가 필요하다.
④ 주택 등에서는 난방 겸용의 온수보일러, 순간 온수기를 사용할 수 있다.

34 종국유속과 관계있는 배관은?
① 기구배수관 ② 배수수직관
③ 배수수평지관 ④ 배수수평주관

35 터빈펌프에 관한 설명으로 옳지 않은 것은?
① 펌프의 양수량은 축동력에 비례하여 증가한다.
② 토출밸브를 닫고 펌프를 운전하면 양수량이 0이다.
③ 최대효율로 운전하고 있을 때의 양정을 상용양정이라 한다.
④ 펌프의 양정과 양수량은 펌프의 회전수가 변하여도 항상 일정하다.

36 캐비테이션의 방지 방법으로 옳지 않은 것은?
① 흡입양정을 필요 이상으로 높게 하지 않는다.
② 흡입 조건이 나쁜 경우는 비속도를 작게 하기 위해 회전수가 작은 펌프를 사용한다.
③ 흡수관을 가능한 한 짧고 굵게 함과 동시에 관내에 공기가 체류하지 않도록 배관한다.
④ 설계상의 펌프 운전범위 내에서 항상 필요 NPSH가 유효 NPSH보다 크게 되도록 배관 계획을 한다.

37 진공방지기(vaccum breaker)가 사용되는 대변기의 급수방식은?
① 하이탱크식 ② 세정밸브식
③ 사이펀식 ④ 로탱크식

38 유체의 성질과 관련하여 다음 설명이 의미하는 것은?

> 에너지보존의 법칙을 유체의 흐름에 적용한 것으로서 유체가 갖고 있는 운동에너지, 중력에 의한 위치에너지 및 압력에너지의 총합은 흐름 내 어디에서나 일정하다.

① 파스칼의 원리
② 스토크스의 법칙
③ 뉴턴의 점성법칙
④ 베르누이의 정리

39 지름 150mm, 길이 320m인 원형관에 매초 60L의 물이 흐를 때, 관내의 마찰손실수두는? (단, 관마찰계수 f=0.03이다.)

① 약 3.4m   ② 약 10.2m
③ 약 37.7m   ④ 약 40.8m

40 펌프의 비속도 n을 나타내는 식으로 옳은 것은? (단, 회전수를 N, 최고 효율점의 토출량을 Q, 최고 효율점의 전양정을 H로 나타낸다.)

① $n = N \cdot \dfrac{Q^{3/4}}{H^{1/2}}$ ② $n = N \cdot \dfrac{Q^{1/2}}{H^{3/4}}$

③ $n = Q \cdot \dfrac{N^{3/4}}{H^{1/2}}$ ④ $n = Q \cdot \dfrac{N^{1/2}}{H^{3/4}}$

제3과목 공기조화설비

41 어느 사무실이 다음과 같은 조건에 있을 때 이 사무실에 요구되는 환기량은?

> [조건]
> · 재실인원 : 70인
> · 실내 CO_2 허용농도 : 1000ppm
> · 재실자 1인당의 CO_2 발생량 : 0.02m³/h
> · 외기 중의 CO_2 농도 : 0.03%

① 500m³/h   ② 1000m³/h
③ 1500m³/h   ④ 2000m³/h

42 급수로부터 각 유닛을 거쳐 나오는 총길이가 동일하므로 기기마다의 저항이 균일하게 되고, 따라서 유량을 균일하게 할 수 있는 배관회로 방식은?

① 역환수방식   ② 자연환수방식
③ 간접환수방식 ④ 건식환수방식

43 원형 덕트와 장방향 덕트의 환산식으로 옳은 것은? (단, d : 원형 덕트의 직경 또는 환산직경, a : 장방형 덕트의 장변길이, b : 장방형 덕트의 단변 길이)

① $d = 1.3 \left[\dfrac{(a \cdot b)^5}{(a+b)^2} \right]^{1/8}$

② $d = 1.3 \left[\dfrac{(a \cdot b)^5}{(a-b)^2} \right]^{1/8}$

③ $d = 1.3 \left[\dfrac{(a \cdot b)^2}{(a+b)^5} \right]^{1/8}$

④ $d = 1.3 \left[\dfrac{(a \cdot b)^2}{(a-b)^5} \right]^{1/8}$

44 다음 중 동관의 용도로 가장 부적절한 것은?

① 급수관   ② 급탕관
③ 증기관   ④ 냉온수관

45 어떤 송풍기의 회전속도가 460rpm일 때

송풍기 전압은 32mmAq이었다. 이 송풍기를 600rpm으로 운전하였을 때의 송풍기 전압은?
① 32.0mmAq ② 41.7mmAq
③ 54.4mmAq ④ 71.0mmAq

46 다음 그림과 같은 여과장치의 효율은?

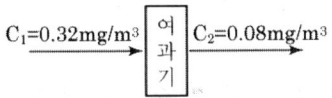

① 25% ② 66%
③ 75% ④ 88%

47 수배관에서 위치수두 10mAq, 압력수두 30mAq, 속도 2.5m/s로 관 속을 흐르는 물의 전수두는?
① 13.06m ② 13.24m
③ 40.32m ④ 42.54m

48 온수난방에 관한 설명으로 옳지 않은 것은?
① 온수의 현열을 이용하여 난방하는 방식이다.
② 한랭지에서는 운전정지 중 동결의 우려가 있다.
③ 증기난방에 비해 예열시간이 짧아 간헐 운전에 적합하다.
④ 증기난방에 비해 난방부하 변동에 따른 온도조절이 용이하다.

49 다음 중 유리창에 의한 일사 냉방부하 산정과 가장 관계가 먼 것은?
① 방위 ② 유리면적
③ 차폐계수 ④ 열관류율

50 다음의 냉방부하 발생 요인 중 현열과 잠열 모두 갖는 것은?
① 인체발생열량
② 벽체로부터의 취득열량
③ 유리로부터의 취득열량
④ 덕트로부터의 취득열량

51 다음의 습공기 선도상에서 공기의 상태점 A가 C로 변하는 상태변화를 무엇이라 하는가?

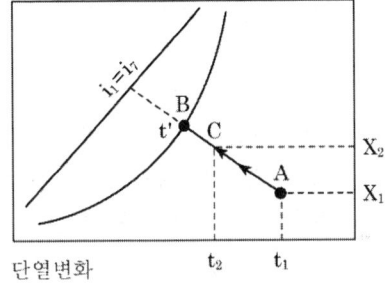

① 가열감습 ② 가열가습
③ 냉각감습 ④ 증발냉각

52 기온, 습도, 기류의 3요소의 조합에 의한 실내온열감각을 기온의 척도로 나타낸 것은?
① 작용온도(OT)
② 유효온도(ET)
③ 수정유효온도(CET)
④ 예상온냉감신고(PMV)

53 단효용 흡수식 냉동기와 비교한 2중 효용 흡수식 냉동기의 특징으로 옳은 것은?
① 고압응축기와 저압응축기가 있다.
② 고온증발기와 저온증발기가 있다.
③ 고온발생기와 저온발생기가 있다.
④ 냉각탑의 용량이 커진다.

54 다음 중 외주부(perimeter zone)의 부하변동에 가장 효과적으로 대응할 수 있는 공기조화 방식은?
① 단일덕트방식
② 각층 유닛방식
③ 팬코일 유닛방식
④ 멀티존 유닛방식

55 공조방식 중 변풍량방식에 사용되는 변풍량 유닛에 관한 설명으로 옳지 않은 것은?
① 바이패스형은 덕트 내 정압변동이 없다.
② 유인유닛형은 실내의 2차 공기를 유인하므로 집진효과가 크다.
③ 교축형은 덕트 내의 정압변동이 크므로 정압제어방식이 필요하다.
④ 교축형은 부하변동에 따라 송풍량을 변화시키고 송풍기를 제어하므로 동력이 절약된다.

56 공조배관계에 부압방지를 위한 배관법으로 옳지 않은 것은?
① 순환펌프 토출측에 팽창탱크가 접속되는 것을 피한다.
② 순환펌프는 배관 도중 온도가 가장 높은 곳에 설치한다.
③ 팽창탱크는 장치의 가장 높은 곳보다 더 높은 위치로 한다.
④ 순환펌프는 배관 도중 가능한 한 압입양정이 높은 곳에 설치한다.

57 덕트에 관한 설명으로 옳지 않은 것은?
① 덕트의 보강을 위해서 다이아몬드 브레이크 등을 사용한다.
② 덕트를 분기할 경우 덕트 굽힘부 가까이에서 분기하는 것은 피하는 것이 좋다.
③ 덕트의 굽힘부에서 곡률반경이 작거나 직각으로 구부러질 때 안내날개를 설치한다.
④ 단면을 바꿀 때 확대부에서는 경사도 30° 이하, 축소부에서는 경사도 45° 이하가 되도록 한다.

58 다음의 보일러 출력 표시방법 중 가장 큰 값을 갖는 것은?
① 정미출력   ② 상용출력
③ 정격출력   ④ 과부하출력

59 공기조화기의 가열코일 입구와 출구에서 공기의 상태값이 변화하지 않는 것은?
① 엔탈피   ② 상대습도
③ 건구온도   ④ 절대습도

60 상당외기온도차(ETD, Equivalent Temperature Difference)에 관한 설명으로 옳은 것은?
① 난방부하의 계산에 있어서, 벽체를 통한 손실열량을 계산할 때 사용한다.
② 냉방부하의 계산에 있어서, 벽체를 통한 취득열량을 계산할 때 사용한다.
③ 벽체 외부에 흐르는 공기의 속도에 따른 열전달량을 고려한 온도차이다.
④ 주로 외기에 접하고 있지 않은 간막이벽, 천장, 바닥 등으로부터 열전달량을 구하는 데 사용한다.

제4과목 소방 및 전기설비

61 소화설비의 소화방법에 관한 설명으로 옳지 않은 것은?
① 물분무소화설비는 제거 소화법이다.
② 옥내소화전설비는 냉각 소화법이다.
③ 스프링클러설비는 냉각 소화법이다.
④ 불연성가스 소화설비는 질식 소화법이다.

62 소방차로부터 스프링클러설비에 송수할 수 있는 송수구에 관한 기준 내용으로 옳지 않은 것은?
① 구경 65mm의 단구형으로 할 것
② 송수구에는 이물질을 막기 위한 마개를 씌울 것
③ 지면으로부터 높이가 0.5m 이상 1m 이하의 위치에 설치할 것
④ 송수구의 가까운 부분에 자동배수밸브(또는 직경 5mm의 배수공) 및 체크밸브를 설치할 것

63 스프링클러설비의 알람 밸브에 리타딩 챔버를 설치하는 주된 목적은?
① 오보를 방지한다.
② 자동배수를 한다.
③ 방수압을 시험한다.
④ 가압수의 온도를 검지한다.

64 두 개의 전극을 이용하여 정전용량이 큰 콘덴서를 만들기 위한 방법으로 알맞은 것은?
① 극판의 면적을 작게 한다.
② 극판의 거리를 멀게 한다.
③ 극판 사이의 전압을 높게 한다.
④ 극판 사이에 유전체를 삽입한다.

65 급기팬에 220V의 교류전압을 가하니 10A의 전류가 전압보다 60° 뒤져서 흐른다. 이 급기팬을 2시간 사용할 때의 소비전력량은?
① 0.55kWh   ② 2.2kWh
③ 4kWh   ④ 792kWh

66 저압옥내배선 공사 중 점검할 수 없는 은폐된 장소에서 시설할 수 없는 공사는?
① 금속관공사
② 금속덕트공사
③ 2종 가요전선관 공사
④ 합성수지관(CD관 제외)공사

67 다음 중 배선설비에 사용되는 전선의 굵기를 결정할 때 고려해야 할 요소가 아닌 것은?
① 전압강하   ② 허용전류
③ 기계적 강도 ④ 전선관 규격

68 전기용접기의 주된 원리는 무엇을 응용한 것인가?
① 전자력   ② 자기유도
③ 전자유도   ④ 줄(Joule)열

69 수용장소의 수전설비용량에 대한 최대 수용전력의 비율을 백분율로 나타낸 것은?
① 수용률   ② 부등률
③ 역률   ④ 부하율

70 자동화재탐지설비에서 하나의 경계구역의 면적은 최대 얼마 이하로 하는가? (단, 해당 특정소방대상물의 주된 출입구에서 그

내부 전체가 보이는 것 제외)
① 150m² ② 300m²
③ 500m² ④ 600m²

71 저항 R과 인덕턴스 L의 병렬회로에 있어서 전류와 전압의 위상관계는?
① 전류는 전압보다 뒤진다.
② 전류와 전압은 동상이다.
③ 전류는 전압보다 45° 앞선다.
④ 전류는 전압보다 90° 앞선다.

72 암페어의 오른손법칙이 적용되는 기기는?
① 저항
② 축전지
③ 난방코일
④ 솔레노이드 밸브

73 다음 설명에 알맞은 화재의 종류는?

> 인화성 액체, 가연성 액체, 타르, 오일, 유성 도료, 솔벤트, 래커, 알코올 및 인화성 가스와 같은 유류가 타고 나서 재가 남지 않는 화재

① A급 화재 ② B급 화재
③ C급 화재 ④ K급 화재

74 광원에서 나가는 전광속 대비 피조면에 도달하는 광속의 비율을 의미하는 것은?
① 이용률 ② 조명률
③ 유지율 ④ 감광보상률

75 주파수가 120Hz인 교류 파형의 주기는?
① 약 0.083sec ② 약 0.0083sec
③ 약 0.00083sec ④ 약 0.000083sec

76 연결송수관설비 방수구의 호스접결구의 설치 위치로 옳은 것은?
① 바닥으로부터 높이 0.5m 이상 1m 이하의 위치
② 바닥으로부터 높이 0.5m 이상 1.5m 이하의 위치
③ 바닥으로부터 높이 1m 이상 1.5m 이하의 위치
④ 바닥으로부터 높이 1m 이상 2m 이하의 위치

77 그림의 회로도와 같이 논리식이 $Y = X_1 \cdot X_2$로 표시되는 논리회로의 종류는?

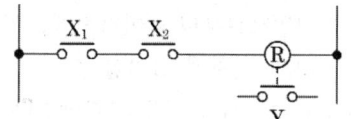

① AND회로 ② OR회로
③ NOT회로 ④ NAND회로

78 인터폰설비의 통화망 구성 방식에 따른 구분에 속하지 않는 것은?
① 모자식 ② 상호식
③ 복합식 ④ 개별식

79 건축화조명에 관한 설명으로 옳지 않은 것은?
① 조명기구 배치방식에 의하면 거의 전반 조명 방식에 해당된다.
② 조명기구 배관방식에 의하면 거의 직접 조명 방식에 해당된다.
③ 건축물의 천장이나 벽을 조명기구 겸용

으로 마무리하는 것이다.
④ 천장면 이용방식으로는 다운라이트, 코퍼라이트, 광천장 조명 등이 있다.

80 다음 설명에 알맞은 피드백 제어계의 구성요소는?

> 제어계의 상태를 교란시키는 외적 작용으로서, 실내온도제어에서는 인체·조명 등에 의한 발생열, 창문을 통한 태양일사, 틈새바람, 외기온도 등을 의미한다.

① 외란　　　　② 제어대상
③ 제어편차　　④ 주피드백신호

제3과목 건축설비관계법규

81 방송 공동수신설비를 설치하여야 하는 대상 건축물에 속하지 않는 것은?
① 아파트　　　② 연립주택
③ 다가구주택　④ 다세대주택

82 건축법령상 다중이용 건축물에 속하지 않는 것은? (단, 15층 이하이며, 해당 용도로 쓰는 바닥면적의 합계가 5000m² 이상인 건축물)
① 종교시설
② 판매시설
③ 위락시설
④ 의료시설 중 종합병원

83 건축물 관련 건축기준의 허용오차 범위로 옳지 않은 것은?

① 출구 너비 : 2% 이내
② 반자 높이 : 2% 이내
③ 벽체 두께 : 2% 이내
④ 바닥판 두께 : 3% 이내

84 다음은 환기구의 안전 기준 내용이다. (　) 안에 알맞은 것은?

> 영 제87조제2항에 따라 환기구[건축물의 환기설비에 부속된 급기(給氣) 및 배기(排氣)를 위한 건축 구조물의 개구부(開口部)를 말한다.]는 보행자 및 건축물 이용자의 안전이 확보되도록 바닥으로부터 (　) 이상의 높이에 설치하여야 한다.

① 1m　　② 2m
③ 3m　　④ 4m

85 다음 중 신고 대상에 속하는 용도변경은?
① 전기통신시설군에서 자동차 관련 시설군으로의 용도변경
② 근린생활시설군에서 주거업무시설군으로의 용도변경
③ 영업시설군에서 문화 및 집회시설군으로의 용도 변경
④ 교육 및 복지시설군에서 산업 등의 시설군으로의 용도변경

86 건축법령상 제1종 근린생활시설에 속하지 않는 것은?
① 이용원　　② 치과의원
③ 마을회관　④ 일반음식점

87 다음은 옥내소화전설비를 설치하여야 하는 특정소방대상물에 대한 기준 내용이다.

( ) 안에 알맞은 것은?

> 연면적 3000m² 이상(지하가 중 터널은 제외한다.)이거나 지하층·무창층(축사는 제외한다.) 또는 층수가 4층 이상인 것 중 바닥면적이 ( ) 이상인 층이 있는 것은 모든 층

① 300m² ② 600m²
③ 1000m² ④ 1200m²

88 다음의 소방시설 중 소화활동설비에 속하지 않는 것은?

① 제연설비 ② 비상방송설비
③ 연소방지설비 ④ 무선통신보조설비

89 건축물의 에너지절약설계기준에 따른 건축 부문의 권장사항으로 옳지 않은 것은?

① 공동주택은 인동간격을 넓게 하여 저층부의 일사 수열량을 증대시킨다.
② 건축물의 체적에 대한 외피면적의 비 또는 연면적에 대한 외피면적의 비는 가능한 한 크게 한다.
③ 거실의 층고 및 반자 높이는 실의 용도와 기능에 지장을 주지 않는 범위 내에서 가능한 한 낮게 한다.
④ 건물의 창 및 문은 가능한 한 작게 설계하고, 특히 열손실이 많은 북측 거실의 창 및 문의 면적은 최소화한다.

90 건축물의 설비기준 등에 관한 규칙에 따라 피뢰설비를 설치하여야 하는 대상 건축물의 높이 기준은?

① 10m 이상 ② 15m 이상
③ 20m 이상 ④ 30m 이상

91 교육연구시설 중 학교의 교실 간 소음 방지를 위해 설치하는 경계벽의 구조로 옳지 않은 것은?

① 석조로서 두께가 15cm인 것
② 철근콘크리트조로서 두께가 12cm인 것
③ 무근콘크리트조로서 두께가 15cm인 것
④ 콘크리트블록조로서 두께가 15cm인 것

92 욕실 또는 조리장의 바닥과 그 바닥으로부터 높이 1m까지의 안벽의 마감을 내수재료로 하여야 하는 대상에 속하지 않는 것은?

① 아파트의 욕실
② 숙박시설의 욕실
③ 제1종 근린생활시설 중 목욕장의 욕실
④ 제1종 근린생활시설 중 휴게음식점의 조리장

93 배연설비의 설치에 관한 기준 내용으로 옳지 않은 것은?

① 배연창의 유효면적은 2m² 이상으로 할 것
② 배연구는 예비전원에 의하여 열 수 있도록 할 것
③ 배연구는 연기감지기 또는 열감지기에 의하여 자동으로 열 수 있는 구조로 할 것
④ 건축물이 방화구획으로 구획된 경우에는 그 구획마다 1개소 이상의 배연창을 설치할 것

94 계단의 설치에 관한 기준 내용으로 옳지 않은 것은?

① 계단의 유효높이는 1.8m 이상으로 할 것
② 중학교의 계단인 경우 단높이는 18cm 이하, 단너비는 26cm 이상으로 할 것

③ 너비 3m를 넘는 계단에는 계단의 중간에 너비 3m 이내마다 난간을 설치할 것
④ 높이 3m를 넘는 계단에는 높이 3m 이내마다 유효너비 1.2m 이상의 계단참을 설치할 것

95 다음 중 6층 이상의 거실면적의 합계가 6000m²인 경우, 설치하여야 하는 승용승강기의 최소대수가 가장 많은 것은? (단, 8인승 승용승강기의 경우)
① 업무시설
② 숙박시설
③ 문화 및 집회시설 중 전시장
④ 문화 및 집회시설 중 공연장

96 판매시설의 경우, 모든 층에 스프링클러설비를 설치하여야 하는 특정소방대상물 기준으로 옳은 것은?
① 바닥면적 합계가 3000m² 이상인 것
② 바닥면적 합계가 5000m² 이상인 것
③ 바닥면적 합계가 7000m² 이상인 것
④ 바닥면적 합계가 10000m² 이상인 것

97 건축물의 에너지 절약 설계기준에 따른 야간 단열장치의 총열관류저항은 최소 얼마 이상이 되어야 하는가?
① 0.1m² · K/W 이상
② 0.2m² · K/W 이상
③ 0.3m² · K/W 이상
④ 0.4m² · K/W 이상

98 건축허가 등을 할 때 미리 소방본부장 또는 소방서장의 동의를 받아야 하는 대상 건축물의 층수 기준은?
① 3층 이상
② 6층 이상
③ 10층 이상
④ 12층 이상

99 주요구조부를 내화구조로 하여야 하는 대상 건축물 기준으로 옳지 않은 것은?
① 종교시설의 용도로 쓰는 건축물로서 집회실의 바닥면적의 합계가 200m² 이상인 건축물
② 장례시설의 용도로 쓰는 건축물로서 집회실의 바닥면적의 합계가 200m² 이상인 건축물
③ 판매시설의 용도로 쓰는 건축물로서 그 용도로 쓰는 바닥면적의 합계가 500m² 이상인 건축물
④ 공장의 용도로 쓰는 건축물로서 그 용도로 쓰는 바닥면적의 합계가 1000m² 이상인 건축물

100 건축물의 바깥쪽에 설치하는 피난계단의 구조에 관한 기준 내용으로 옳지 않은 것은?
① 계단의 유효너비는 0.9m 이상으로 할 것
② 계단은 내화구조로 하고 지상까지 직접 연결되도록 할 것
③ 건축물의 내부에서 계단으로 통하는 출입구에는 60분+방화문 또는 60분방화문을 설치할 것
④ 계단은 그 계단으로 통하는 출입구 외의 창문 등으로부터 1m 이상의 거리를 두고 설치할 것

2021년 1회 건축설비기사 과년도문제

제1과목 건축일반

01 상부는 완만한 경사로, 하부는 급경사로 처리한 2단으로 경사진 지붕은?
① 박공지붕
② 외쪽지붕
③ 톱날지붕
④ 맨사드(mansard)지붕

02 호텔건축의 조닝(zoning)에서 공간적으로 성격이 나머지 셋과 다른 하나는?
① 클로크 룸   ② 보이실
③ 린넨실   ④ 트렁크실

03 사무실 배치방식에서 오피스 랜드스케이프에 관한 설명으로 옳지 않은 것은?
① 바닥면적을 효율적으로 사용할 수 있다.
② 변화하는 작업의 패턴에 따라 신속하게 대처할 수 있다.
③ 소음 등으로 분위기가 산만해질 수 있다.
④ 독립성과 쾌적감의 이점이 있다.

04 말뚝머리 지름이 400mm인 기성콘크리트 말뚝의 중심 간격은 최소 얼마 이상으로 하여야 하는가?
① 1000mm 이상   ② 1250mm 이상
③ 1500mm 이상   ④ 2000mm 이상

05 조적식 구조에 관한 설명으로 옳지 않은 것은?
① 조적식 구조인 내력벽으로 둘러싸인 부분의 바닥면적은 $80m^2$를 넘을 수 없다.
② 하나의 층에 있어서의 개구부와 그 바로 위층에 있는 개구부와의 수직거리는 600mm 이상으로 하여야 한다.
③ 통줄눈은 외관상으로도 보기 좋기 때문에 프랑스식 쌓기를 이용한 내력벽 쌓기에 주로 사용된다.
④ 벽돌벽면의 의장적 효과를 위한 줄눈을 치장줄눈이라고 하며, 평줄눈, 오목줄눈, 빗줄눈 등의 종류가 있다.

06 사무소 건축의 코어(Core) 계획에 관한 설명으로 옳지 않은 것은?
① 전기입상관(EPS) 등은 분산시켜 외기에 적절히 면하게 한다.
② 위생입상관(PS) 등은 화장실에 접근시켜 배치한다.
③ 피난계단이 2개소 이상일 경우에 그 출입구는 적절히 이격하게 한다.
④ 코어 내 각 공간이 각층마다 공통의 위치에 있도록 한다.

07 상점의 매장계획에 관한 설명으로 옳지 않은 것은?
① 상품이 고객 쪽에서 효과적으로 보이도록 한다.

② 고객의 동선은 짧게, 점원의 동선은 길게 한다.
③ 고객과 직원의 시선이 바로 마주치지 않도록 배치한다.
④ 고객을 감시하기 쉬워야 한다.

08 아파트 단면형식 중 복층형(maisonette type)의 특징에 관한 설명으로 옳지 않은 것은?
① 거주성과 프라이버시가 양호하다.
② 소규모에 유리한 형식이다.
③ 주택 내 공간의 변화가 있다.
④ 유효면적이 증가한다.

09 건축공간의 모듈러 코디네이션(M.C)에 관한 설명으로 옳지 않은 것은?
① 설계작업이 단순하고 간편하다.
② 대량생산이 용이하고 생산비용이 낮아진다.
③ 상이한 형태의 집단을 이루는 경향이 많다.
④ 현장작업이 단순해지고 공기가 단축된다.

10 병원건축의 분관식에 관한 설명으로 옳은 것은?
① 보행동선이 짧게 된다.
② 대지가 협소해도 가능하다.
③ 각 병실마다 고르게 일조를 얻을 수 있다.
④ 설비가 집약적이다.

11 그림과 같은 환기 방식이 적합하지 않은 실은?

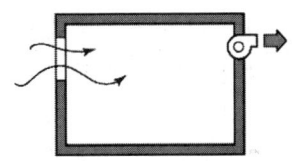

① 화장실   ② 수술실
③ 주방   ④ 욕실

12 음에 관한 설명으로 옳지 않은 것은?
① 음의 높이는 음의 주파수에 따라 달라진다.
② 음의 크기는 진폭이 큰 음이 진폭이 작은 음보다 크게 느껴진다.
③ 음의 크기를 객관적인 물리적 양의 개념으로 표현하기 위한 단위로 손(sone)이 있다.
④ 큰 소리와 작은 소리를 동시에 들을 때 큰 소리만 들리고 작은 소리는 들리지 않는 현상을 마스킹 효과(masking effect)라고 한다.

13 도서관의 배치계획에 관한 설명으로 옳지 않은 것은?
① 지역사회의 중심적 이용이 편리한 부지를 선정한다.
② 이용자, 직원 및 서적의 출입구를 각각 구분한다.
③ 모듈러 플래닝은 열람실과 서고에만 적용된다.
④ 열람실은 직사광선이 들어오는 것을 피한다.

14 철근콘크리트 구조물의 철근 정착위치에 관한 설명으로 옳지 않은 것은?

① 보의 주근은 기둥에 정착
② 바닥철근은 보 또는 벽체에 정착
③ 기둥의 주근은 보에 정착
④ 지중보의 주근은 기초 또는 기둥에 정착

15 조립식 구조(P.C)의 접합부(Joint)가 우선적으로 갖추어야 할 요구 성능으로 가장 거리가 먼 것은?
① 내화성   ② 기밀성
③ 방수성   ④ 구조 일체성

16 학교운영방식 중 교과교실형(V형)에 관한 설명으로 옳지 않은 것은?
① 모든 교실이 특정교과를 위해서 사용되고 일반교실은 없다.
② 교과목에 필요한 시설의 질을 높일 수 있다.
③ 학생들의 이동이 심하므로 동선설계에 유의해야 한다.
④ 초등학교 저학년에 대해 가장 권장할 만한 형이다.

17 일사 계획에 관한 설명으로 옳지 않은 것은?
① 특수유리나 루버 등을 활용하여 일사를 조절한다.
② 건물 주변에 활엽수보다는 침엽수를 심는 것이 유리하다.
③ 겨울철의 난방 부하를 줄이기 위해 직달일사를 최대한 도입해야 한다.
④ 난방 기간 중에 최대의 일사를 받기 위해서는 남향이 유리하다.

18 인체의 열적 쾌적감에 영향을 미치는 환경요소에 속하지 않는 것은?
① 기온   ② 공기의 청정도
③ 기류   ④ 습도

19 레스토랑의 서비스 방식에 따른 평면형식에 해당하지 않는 것은?
① 셀프서비스 레스토랑
② 카운터 서비스 레스토랑
③ 테이블 서비스 레스토랑
④ 페이싱 서비스 레스토랑

20 주택의 평면계획에 관한 설명으로 옳지 않은 것은?
① 거실은 주거의 중심에 두고 응접실과 객실은 현관 가까이 둔다.
② 침실은 되도록 남향을 피하고 조용한 곳에 둔다.
③ 주택의 규모에 맞도록 거실, 식당, 부엌의 연결과 분리를 고려하여 공용공간을 배치한다.
④ 공간은 필요한 가구와 사용하는 사람의 행동범위 등을 고려하여 정한다.

● **제2과목 위생설비**

21 위생기구의 동시사용률은 기구의 수량과 어떤 관계가 있는가?
① 기구수와 관계없다.
② 기구수가 증가하면 커진다.
③ 기구수가 증가하면 작아진다.
④ 기구수가 증가하면 처음에는 커지다가 작아진다.

22 급탕설비에 있어서 순환 펌프 순환수량을 산출하는데 필요한 값이 아닌 것은?
① 배관 길이
② 급탕 사용수량
③ 급탕과 반탕의 온도차
④ 배관 단위길이당 열손실량

23 급탕설비에서 급탕기기의 부속장치에 관한 설명으로 옳지 않은 것은?
① 온수탱크 상단에는 배수밸브를, 하부에는 진공방지밸브를 설치하여야 한다.
② 안전밸브와 팽창탱크 및 배관 사이에는 차단밸브나 체크밸브 등 어떠한 밸브도 설치되어서는 안 된다.
③ 밀폐형 가열장치에는 일정 압력 이상이면 압력을 도피시킬 수 있도록 도피밸브나 안전밸브를 설치한다.
④ 온수탱크의 보급수관에는 급수관의 압력변화에 의한 환탕의 유입을 방지하도록 역류방지밸브를 설치한다.

24 중앙식 급탕방식에 관한 설명으로 옳지 않은 것은?
① 배관에 의해 필요 개소에 급탕할 수 있다.
② 급탕 개소마다 가열기의 설치 스페이스가 필요하다.
③ 기구의 동시이용률을 고려하여 가열장치의 총용량을 적게 할 수 있다.
④ 호텔, 병원 등 급탕 개소가 많고 소요 급탕량도 많이 필요한 대규모 건축물에 채용된다.

25 압력탱크방식 급수법에 관한 설명으로 옳은 것은?
① 취급이 비교적 쉽고 고장도 없다.
② 전력 차단 시에는 사용할 수 없다.
③ 항상 일정한 수압을 유지할 수 있다.
④ 고가탱크방식에 비하여 관리비용이 저렴하고 저양정의 펌프를 사용한다.

26 다음 그림에서 Ⓐ부분의 통기관의 명칭은?

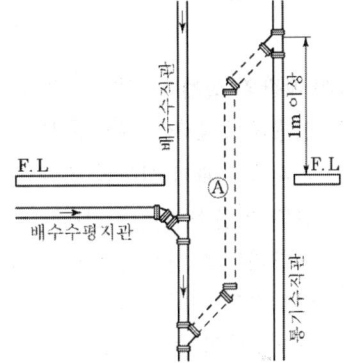

① 각개 통기관
② 신정 통기관
③ 회로 통기관
④ 결합 통기관

27 수도직결방식 급수설비에서 수도본관에서 1층에 설치된 샤워기까지의 높이가 2m이고, 마찰손실 압력이 20kPa, 수도본관의 수압이 150kPa인 경우 샤워기 입구에서의 수압은?
① 약 110kPa
② 약 130kPa
③ 약 150kPa
④ 약 170kPa

28 역류를 방지하여 오염으로부터 상수계통을 보호하기 위한 방법으로 적절하지 않는 것은?
① 토수구 공간을 둔다.

② 역류방지밸브를 설치한다.
③ 대기압식 또는 가압식 진공브레이커를 설치한다.
④ 수압이 0.4MPa을 초과하는 계통에는 감압밸브를 부착한다.

29 우리나라의 아파트, 주택에서 주로 사용되는 대변기 급수방식은?
① 세락식　　　② 로우 탱크식
③ 세정밸브식　 ④ 하이 탱크식

30 급탕배관의 설계 및 시공상의 주의점에 관한 설명으로 옳지 않은 것은?
① 배관에는 관의 신축을 방해받지 않도록 신축 이음쇠를 설치한다.
② 상향배관의 경우 급탕관은 상향 구배, 반탕관은 하향 구배로 한다.
③ 하향배관의 경우는 급탕관은 하향구배, 반탕관은 상향 구배로 한다.
④ 배관은 균등한 구배로 하고 역구배나 공기 정체가 일어나기 쉬운 배관 등을 피한다.

31 BOD 제거율(%)의 산출 공식으로 옳은 것은?
① $\dfrac{\text{유출수의 BOD}}{\text{유입수의 BOD}} \times 100$
② $\dfrac{\text{유입수의 BOD}}{\text{유출수의 BOD}} \times 100$
③ $\dfrac{\text{유입수의 BOD} - \text{유출수의 BOD}}{\text{유입수의 BOD}} \times 100$
④ $\dfrac{\text{유출수의 BOD} - \text{유입수의 BOD}}{\text{유출수의 BOD}} \times 100$

32 배수배관의 관경과 구배에 관한 설명으로 옳지 않은 것은?
① 배수관 관경이 클수록 자기세정 작용이 커진다.
② 배관의 구배가 너무 크면 유수가 빨리 흘러 고형물이 남게 된다.
③ 배관의 구배가 작으면 고형물을 밀어낼 수 있는 힘이 작아진다.
④ 배수관 관경이 필요 이상으로 크면 오히려 배수의 능력이 저하된다.

33 층류와 난류에 관한 설명으로 옳지 않은 것은?
① 층류영역에서 난류영역 사이를 천이영역이라고 한다.
② 층류에서 난류로 천이할 때의 유속을 평균유속이라고 한다.
③ 레이놀즈수에 의해 관내의 흐름이 층류인지 난류인지를 판별할 수 있다.
④ 유체 유동 중 층류는 유체분자가 규칙적으로 층을 이루면서 흐르는 것이다.

34 물의 특성에 관한 설명으로 옳지 않은 것은?
① 물은 비압축성 유체이다.
② 물에는 체적의 탄성이 없다.
③ 물의 점성은 온도가 상승하면 감소한다.
④ 순수한 물이 얼게 되면 약 4%의 체적감소가 발생한다.

35 배관설비에 사용되는 신축 이음쇠에 속하지 않는 것은?
① 루프형　　　② 슬리브형
③ 벨로즈형　　④ 플랜지형

36 내경이 150mm인 직선 배관에 $0.06\text{m}^3/\text{sec}$의 물이 흐를 때, 배관길이가 50m일 경우 관내 마찰손실수두는? (단, 마찰손실계수 f= 0.03)
① 1.2m   ② 3.4m
③ 5.9m   ④ 11.8m

37 다음 중 간접 배수로 하지 않아도 되는 것은?
① 세탁기에서의 배수
② 세면기에서의 배수
③ 냉각탑에서의 배수
④ 식기세정기에서의 배수

38 다음 중 위생설비를 유니트화하여 얻는 이점과 가장 관계가 먼 것은?
① 공기의 단축
② 품질의 향상
③ 공장 작업의 최소화
④ 현장 작업의 안전성 향상

39 통기설비에 관한 설명으로 옳지 않은 것은?
① 신정 통기관의 관경은 배수수직관의 관경보다 작게 해서는 안 된다.
② 각개 통기관의 관경은 그것이 접속되는 배수관 관경의 1/2 이상으로 한다.
③ 소벤트 시스템은 특수통기방식으로 통기수직관을 사용한 루프통기방식의 일종이다.
④ 간접배수계통의 통기관은 다른 통기계통에 접속하지 말고 단독으로 대기 중에 개구한다.

40 원심식 펌프로 회전차 주위에 디퓨저인 안내 날개를 가지고 있는 펌프는?
① 터빈 펌프   ② 기어 펌프
③ 피스톤 펌프   ④ 볼류트 펌프

● **제3과목 공기조화설비**

41 습공기의 건구온도와 습구온도를 알 경우 습공기선도 상에서 파악할 수 없는 것은?
① 비체적   ② 노점온도
③ 열수분비   ④ 수증기 분압

42 저압 증기배관에 관한 설명으로 옳지 않은 것은?
① 증기주관 곡부에는 밴드관을 사용한다.
② 순구배 배관의 말단부에는 관말 트랩을 설치한다.
③ 배관의 분기부에는 밸브를 설치하여서는 안 된다.
④ 분류·합류에 T이음쇠를 이용하는 경우는 90°T자형을 이용하지 않는다.

43 원형 덕트와 장방형 덕트의 환산식으로 옳은 것은? (단, d : 원형 덕트의 직경 또는 환산직경, a : 장방형 덕트의 장변길이, b : 장방형 덕트의 단변길이)
① $d = 1.3\left[\dfrac{(a\cdot b)^5}{(a+b)^2}\right]^{1/8}$
② $d = 1.3\left[\dfrac{(a\cdot b)^5}{(a-b)^2}\right]^{1/8}$
③ $d = 1.3\left[\dfrac{(a\cdot b)^2}{(a+b)^5}\right]^{1/8}$

④ $d = 1.3 \left[\dfrac{(a \cdot b)^2}{(a-b)^5} \right]^{1/8}$

44 펌프의 운전점 결정방법으로 옳은 것은?
① 펌프의 전양정이 최소가 되는 점으로 결정된다.
② 펌프의 양정곡선과 효율곡선의 교점으로 결정된다.
③ 펌프의 축동력곡선과 효율곡선의 교점으로 결정된다.
④ 펌프의 양정곡선과 배관의 저항곡선의 교점으로 결정된다.

45 다음의 송풍기 풍량제어 방법 중 축동력이 가장 많이 소요되는 것은?
① 회전수 제어   ② 흡입베인 제어
③ 흡입댐퍼 제어 ④ 토출댐퍼 제어

46 다음 중 다단 펌프를 사용하는 가장 주된 목적은?
① 흡입양정이 큰 경우
② 토출량을 줄이기 위한 경우
③ 높은 토출양정이 필요한 경우
④ 수중에 펌프를 설치하는 경우

47 다음과 같은 조건에서 실체적 3000m^3인 어떤 실의 틈새바람에 의한 냉방부하는?

[조건]
- 환기횟수=0.5회/h
- 외기의 온도 t_o=32℃
- 실내공기의 온도 t_i=26℃
- 외기의 절대습도 x_o=0.018kg/kg′
- 실내공기의 절대습도 x_i=0.011kg/kg′
- 공기의 밀도=1.2kg/m³
- 공기의 정압비열=1.01kJ/kg·K
- 0℃에서 물의 증발잠열=2501kJ/kg

① 약 2592W   ② 약 7560W
③ 약 11784W ④ 약 14523W

48 냉방부하의 발생요인 중 현열부하만 발생하는 것은?
① 인체의 발생열량
② 유리로부터의 취득열량
③ 극간풍에 의한 취득열량
④ 외기의 도입에 의한 취득열량

49 냉각탑 주위의 배관에 관한 설명으로 옳지 않은 것은?
① 냉각탑 주위의 세균 감염에 유의하여야 한다.
② 냉각탑 입구측 배관에는 스트레이너를 설치하여야 한다.
③ 냉각수의 출입구측 및 보급수관의 입구측에 플렉시블 조인트를 설치한다.
④ 냉각탑을 중간기 및 동절기에 사용하는 경우 냉각수의 동결방지 및 냉각수온도 제어를 고려한다.

50 벽체의 열관류율에 관한 설명으로 옳지 않은 것은?
① 열관류율이 높을수록 단열성능이 좋다.
② 벽체 구성재료의 열전도율이 높을수록 열관류율은 커진다.
③ 벽체에 사용되는 단열재의 두께가 두꺼울수록 열관류율은 낮아진다.

④ 열관류율이 높을수록 외벽의 실내측 표면에 결로 발생 우려가 커진다.

51 습공기에 관한 설명으로 옳은 것은?
① 습공기를 가열하면 상대습도가 증가한다.
② 습공기를 가열하면 상대습도가 감소한다.
③ 습공기를 가열하면 절대습도가 증가한다.
④ 습공기를 가열하면 절대습도가 감소한다.

52 열펌프(heat pump)에 관한 설명으로 옳은 것은?
① 공기조화에서 주로 냉방용으로 응용된다.
② 냉동사이클에서 응축기의 방열량을 이용하기 위한 것이다.
③ GHP(Gas Engine Heat Pump)는 흡수식 냉동기의 원리를 이용한 열펌프이다.
④ 냉동기를 냉각목적으로 할 경우의 성적계수보다 열펌프로 사용될 경우의 성적계수가 작다.

53 온도 35℃의 외기 30%와 26℃의 환기 70%를 단열혼합하는 경우 혼합공기의 온도는?
① 27.9℃   ② 28.7℃
③ 30.5℃   ④ 32.3℃

54 덕트 내에 흐르는 공기의 풍속이 13m/s, 정압이 20mmAq일 때 전압은? (단, 공기의 밀도는 1.2kg/m³이다.)
① 20.34mmAq   ② 28.84mmAq
③ 30.35mmAq   ④ 36.25mmAq

55 덕트 부속기기 중 스플릿 댐퍼에 관한 설명으로 옳지 않은 것은?
① 주덕트의 압력강하가 적다.
② 정밀한 풍량조절이 용이하다.
③ 폐쇄용으로는 사용이 곤란하다.
④ 분기부에 설치하여 풍량조절용으로 사용된다.

56 덕트의 치수결정법 중 등속법에 관한 설명으로 옳지 않은 것은?
① 덕트를 통해 먼지나 산업용 분말을 이송시키는데 적당하다.
② 덕트 내의 풍속을 일정하게 유지할 수 있도록 덕트 치수를 결정하는 방법이다.
③ 송풍기 용량을 구하기 위해서는 전체 구간의 압력손실을 구해야 하는 번거로움이 있다.
④ 미분탄 및 시멘트 분말의 이송에는 덕트 내에 분말이 침적되지 않도록 풍속 5m/s로 설계한다.

57 유체의 흐름이 밸브의 아래에서 위로 흐르며 유량조절용으로 사용되는 밸브는?
① 볼밸브   ② 체크밸브
③ 게이트밸브   ④ 글로브밸브

58 공기의 가습에 관한 설명으로 옳은 것은?
① 온수를 분사하면 공기온도는 올라간다.
② 스팀을 계속 분사하면 상대습도가 100%

를 초과하게 된다.
③ 초음파 가습기로 분무할 경우 공기온도는 변화하지 않는다.
④ 공기온도와 같은 순환수로 가습할 경우, 공기의 엔탈피 변화는 거의 없다.

59 용량이 400kW인 터보 냉동기에 순환되는 냉수량은? (단, 냉동기 입구의 냉수온도 12℃, 출구의 냉수온도 6℃, 물의 비열 4.2kJ/kg·K)
① 46.2m³/h ② 57.1m³/h
③ 83.6m³/h ④ 98.6m³/h

60 공기조화방식 중 유인 유닛방식에 관한 설명으로 옳지 않은 것은?
① 각 유닛마다 수배관을 해야 하므로 누수의 우려가 있다.
② 고속덕트를 사용하므로 덕트 스페이스를 작게 할 수 있다.
③ 각 유닛마다 제어가 가능하므로 개별실 제어가 가능하다.
④ 중앙공조기는 1차, 2차 공기를 처리해야 하므로 규모가 커야 한다.

제4과목 소방 및 전기설비

61 무대부에 개방형 스프링클러 헤드를 수평거리 1.7m, 정방형으로 설치하는 경우 헤드 간 거리는?
① 1.8m ② 2.1m
③ 2.4m ④ 3.4m

62 연결송수관설비에 관한 설명으로 옳은 것은?
① 송수구는 지면으로부터 1m 이상 1.5m 이하의 위치에 설치한다.
② 수직배관은 내화구조로 구획되지 않은 계단실 또는 파이프 덕트 등에 설치한다.
③ 방수구는 특정소방대상물의 층마다 설치하되, 공동주택과 업무시설의 1층, 2층에는 설치하지 않는다.
④ 배관은 지면으로부터의 높이가 31m 이상인 특정소방대상물 또는 지상 11층 이상인 특정소방대상물에 있어서는 습식설비로 한다.

63 습식 스프링클러설비 및 부압식 스프링클러설비 외의 설비에 하향식 스프링클러헤드를 설치할 수 있는 경우가 아닌 것은?
① 개방형 스프링클러헤드를 사용하는 경우
② 드라이펜던트 스프링클러헤드를 사용하는 경우
③ 스프링클러헤드의 설치 장소가 동파의 우려가 없는 곳인 경우
④ 수원이 건축물의 최상층에 설치된 헤드보다 높은 위치에 설치된 경우

64 변압기에 관한 설명으로 옳은 것은?
① 전압을 강압(down)시킬 때만 사용한다.
② 건식 변압기는 화재의 위험성이 있는 장소에 사용이 곤란하다.
③ 몰드 변압기는 내수·내습성이 우수하나 소형, 경량화가 불가능하다는 단점이 있다.

④ 1차측 코일과 2차측 코일의 권수비는 1 차측 코일과 2차측 코일의 교류전압의 비와 같다.

65 $v = 100\sin(314t + 60°)$[V]인 교류전압의 주기는?
① 0.017초 　② 0.02초
③ 50초 　　 ④ 60초

66 경사도가 30° 이하인 에스컬레이터의 공칭속도는 최대 얼마 이하이어야 하는가?
① 0.25m/s 　② 0.5m/s
③ 0.75m/s 　④ 1m/s

67 75kVA 단상변압기 2대를 V결선한 경우 3상 변압기의 출력은?
① 90kVA 　② 110kVA
③ 130kVA 　④ 150kVA

68 어떤 회로의 저항이 10Ω이고 2A의 전류가 흐른다면 전압은?
① 5V 　　② 8V
③ 12V 　 ④ 20V

69 차동식 분포형 화재감지기에 속하지 않는 것은?
① 스폿식 　② 공기관식
③ 열전대식 　④ 열반도체식

70 부하설비의 역률을 개선하기 위해 설치하는 것은?
① 다이오드
② 영상 변류기
③ 진상용 콘덴서
④ 유도전압 조정기

71 옥내소화전설비를 설치하여야 하는 특정소방대상물에서 각 층마다 옥내소화전을 5개 설치한 경우, 옥내소화전설비의 수원의 저수량은 최소 얼마 이상이 되도록 하여야 하는가?
① 7m³ 　② 13m³
③ 21m³ 　④ 28m³

72 다음의 제어동작 중 ON-OFF 동작이라고도 하며, 항상 목표치와 제어결과가 일치하지 않는 동작간극을 일으키는 결점이 있는 것은?
① PI 제어동작 　② 비례제어동작
③ 2위치 제어동작 ④ 다위치 제어동작

73 축전지의 충전방식 중 비교적 짧은 시간에 보통 충전전류의 2~3배의 전류로 충전하는 방식은?
① 보통충전 　② 급속충전
③ 부동충전 　④ 균등충전

74 소화기구의 능력 단위에 관한 설명으로 옳지 않은 것은?
① 소형소화기의 능력 단위는 1단위 이하이다.
② 대형소화기의 능력 단위는 A급 10단위 이상이다.
③ 대형소화기의 능력 단위는 B급 20단위 이상이다.
④ 소화약제 외의 것을 이용한 간이소화용

구의 능력 단위는 0.5단위이다.

75 다음의 회로에서 a, b간의 합성 정전용량은?

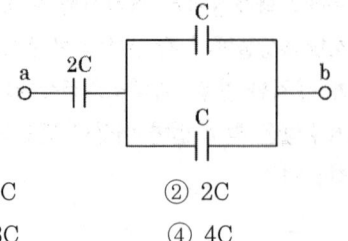

① 1C ② 2C
③ 3C ④ 4C

76 인터폰 설비의 접속방식에 따른 분류에 속하지 않는 것은?
① 모자식   ② 상호식
③ 교차식   ④ 복합식

77 전기력선에 관한 설명으로 옳지 않은 것은?
① 전기력선은 교차하지 않는다.
② 양전하에서 나와 음전하로 들어간다.
③ 전기력선의 방향은 등전위면과 일치한다.
④ 전기력선의 밀도는 그 점에서의 전기장의 세기이다.

78 유접점 시퀀스 제어회로에 관한 설명으로 옳지 않은 것은?
① 온도특성이 양호하다.
② 개폐부하의 용량이 크다.
③ 전기적 노이즈에 대하여 안정적이다.
④ 기계적 진동, 충격 등에 비교적 강하다.

79 전기력이 미치고 있는 주위공간을 의미하는 용어는?
① 자로   ② 자계

③ 전로   ④ 전계

80 다음 중 조명률에 영향을 끼치는 요소와 가장 거리가 먼 것은?
① 방의 크기   ② 출입문의 위치
③ 등기구의 배광 ④ 천장의 반사율

제5과목 건축설비관계법규

81 문화 및 집회시설 중 공연장의 개별관람실의 출구를 관람실별로 2개소 이상 설치해야 하는 개별관람실의 바닥면적 기준은?
① 150m² 이상   ② 300m² 이상
③ 450m² 이상   ④ 600m² 이상

82 건축물의 에너지절약설계기준에 따른 기계부문의 권장사항 내용으로 옳지 않은 것은?
① 열원설비는 부분부하 및 전부하 운전효율이 좋은 것을 선정한다.
② 위생설비 급탕용 저탕조의 설계온도는 55℃ 이하로 하고 필요한 경우에는 부스터히터 등으로 승온하여 사용한다.
③ 난방기기, 냉방기기, 냉동기, 송풍기, 펌프 등은 부하조건에 따라 최고의 성능을 유지할 수 있도록 대수분할 또는 비례제어운전이 되도록 한다.
④ 청정실 등 특수 용도의 공간 외에는 실내 공기의 오염도가 허용치의 1.5배를 초과하지 않는 범위 내에서 최대한의 외기도입이 가능하도록 계획한다.

83 공동주택과 오피스텔의 난방설비를 개별

난방 방식으로 하는 경우에 관한 기준 내용으로 옳지 않은 것은?
① 보일러의 연도는 내화구조로서 공동연도로 설치할 것
② 오피스텔의 경우에는 난방구획을 방화구획으로 구획할 것
③ 보일러실의 윗부분에는 그 면적이 0.5m² 이상인 환기창을 설치할 것
④ 보일러실의 윗부분과 아랫부분에는 공기 흡입구 및 배기구를 항상 닫혀있도록 설치할 것

84 건축물을 건축하거나 대수선하는 경우 해당 건축물의 설계자가 국토교통부령으로 정하는 구조 기준 등에 따라 그 구조의 안전을 확인한 건축물 중 건축물의 건축주가 해당 건축물의 설계자로부터 구조 안전의 확인 서류를 받아 착공신고 시 허가권자에게 제출하여야 하는 대상 건축물 기준으로 옳지 않은 것은? (단, 표준설계도서에 따라 건축하는 건축물은 제외)
① 단독주택
② 높이가 13m 이상인 건축물
③ 처마높이가 8m 이상인 건축물
④ 기둥과 기둥 사이의 거리가 10m 이상인 건축물

85 다음의 창문 등의 차면시설의 설치에 관한 기준 내용 중 ( ) 안에 알맞은 것은?

> 인접 대지경계선으로부터 직선거리 ( ) 이내에 이웃 주택의 내부가 보이는 창문 등을 설치하는 경우에는 차면시설을 설치하여야 한다.

① 1m ② 2m
③ 3m ④ 4m

86 건축법령상 고층 건축물의 정의로 옳은 것은?
① 층수가 30층 이상이거나 높이가 90m 이상인 건축물
② 층수가 30층 이상이거나 높이가 120m 이상인 건축물
③ 층수가 50층 이상이거나 높이가 150m 이상인 건축물
④ 층수가 50층 이상이거나 높이가 200m 이상인 건축물

87 다음은 특정소방대상물의 소방시설 설치의 면제에 관한 기준 내용이다. ( ) 안에 알맞은 것은?

> 비상경보설비 또는 단독경보형 감지기를 설치하여야 하는 특정소방대상물에 ( )를 화재안전기준에 적합하게 설치한 경우에는 그 설비의 유효범위에서 설치가 면제된다.

① 비상방송설비
② 자동화재탐지설비
③ 자동화재속보설비
④ 무선통신보조설비

88 건축물의 출입구에 설치하는 회전문에 관한 기준 내용으로 옳지 않은 것은?
① 계단이나 에스컬레이터로부터 2m 이상의 거리를 둘 것
② 출입에 지장이 없도록 일정한 방향으로 회전하는 구조로 할 것
③ 회전문의 회전속도는 분당회전수가 10

회를 넘지 아니하도록 할 것

④ 회전문의 중심축에서 회전문과 문틀 사이의 간격을 포함한 회전문날개 끝부분까지의 길이는 140cm 이상이 되도록 할 것

③ 배연창의 상변과 천장 또는 반자로부터 수직 거리가 0.9m 이내일 것

④ 배연구는 연기감지기 또는 열감지기에 의하여 자동으로 열 수 있는 구조로 할 것

89 다음 중 건축기준의 허용오차로 옳지 않은 것은?

① 건축선의 후퇴거리 : 3% 이내
② 건축물의 벽체두께 : 3% 이내
③ 건축물의 출구너비 : 5% 이내
④ 인접건축물과의 거리 : 3% 이내

90 급수·배수·환기·난방설비를 설치하는 경우 건축기계설비기술사 또는 공조냉동 기계기술사의 협력을 받아야 하는 대상 건축물에 속하지 않는 것은?

① 아파트
② 의료시설로서 해당 용도에 사용되는 바닥 면적의 합계가 2000m²인 건축물
③ 업무시설로서 해당 용도에 사용되는 바닥 면적의 합계가 2000m²인 건축물
④ 숙박시설로서 해당 용도에 사용되는 바닥 면적의 합계가 2000m²인 건축물

91 6층 이상의 건축물로서 판매시설의 거실에 설치하는 배연설비에 관한 기준 내용으로 옳지 않은 것은? (단, 피난층의 거실이 아닌 경우)

① 배연창의 유효면적은 최소 1.5m² 이상으로 할 것
② 배연구는 예비전원에 의하여 열 수 있도록 할 것

92 특정소방대상물이 아파트인 경우 특급 소방안전관리대상물 기준으로 옳은 것은? (단, 층수는 지하층을 제외한 층수이다.)

① 30층 이상이거나 지상으로부터 높이가 90m 이상인 아파트
② 30층 이상이거나 지상으로부터 높이가 120m 이상인 아파트
③ 50층 이상이거나 지상으로부터 높이가 150m 이상인 아파트
④ 50층 이상이거나 지상으로부터 높이가 200m 이상인 아파트

93 건축물에 설치하는 굴뚝의 옥상 돌출부는 지붕면으로부터의 수직거리를 최소 얼마 이상으로 하여야 하는가?

① 0.5m 이상
② 0.7m 이상
③ 0.9m 이상
④ 1.0m 이상

94 비상콘센트설비를 설치하여야 하는 특정 소방대상물 기준으로 옳지 않은 것은? (단, 위험물 저장 및 처리 시설 중 가스시설 또는 지하구는 제외)

① 지하가 중 터널로서 길이가 500m 이상인 것
② 층수가 11층 이상인 특정소방대상물의 경우에는 11층 이상의 층
③ 판매시설로서 해당 용도로 사용되는 부

분의 바닥면적의 합계가 1000m² 이상인 것

④ 지하층의 층수가 3층 이상이고 지하층의 바닥면적의 합계가 1000m² 이상인 것은 지하층의 모든 층

95 다음의 소방시설 중 피난구조설비에 속하지 않는 것은?
① 공기호흡기   ② 비상조명등
③ 피난유도선   ④ 비상콘센트설비

96 바닥면적이 100m²인 초등학교 교실에 채광을 위하여 설치하여야 하는 창문 등의 면적은 최소 얼마 이상이어야 하는가? (단, 거실의 용도에 따른 조도기준 이상의 조명장치를 설치하지 않은 경우)
① 5m²   ② 10m²
③ 20m²   ④ 50m²

97 건축물의 냉방설비에 대한 설치 및 설계기준상 다음과 같이 정의되는 용어는?

> 심야시간에 물을 냉각시켜 축열조에 저장하였다가 그 밖의 시간에 이를 냉방에 이용하는 냉방설비

① 전체축냉방식
② 빙축열식 냉방설비
③ 수축열식 냉방설비
④ 잠열축열식 냉방설비

98 특별시나 광역시에 건축하는 경우 특별시장이나 광역시장의 허가를 받아야 하는 대상 건축물의 층수 기준은?

① 층수가 10층 이상인 건축물
② 층수가 15층 이상인 건축물
③ 층수가 21층 이상인 건축물
④ 층수가 31층 이상인 건축물

99 다음 건축물의 용도 중 6층 이상의 거실면적의 합계가 3000m²인 경우 설치하여야 하는 승용 승강기의 최소 대수가 가장 적은 것은? (단, 8인승 승강기의 경우)
① 의료시설
② 판매시설
③ 숙박시설
④ 문화 및 집회시설 중 공연장

100 다음 중 건축법령에 따른 용도별 건축물의 종류가 옳지 않은 것은?
① 단독주택 - 다중주택
② 묘지관련시설 - 장례식장
③ 문화 및 집회시설 - 수족관
④ 자원순환 관련시설 - 고물상

2021년 2회 건축설비기사 과년도문제

제1과목 건축일반

01 건물 내외의 기압차를 이용한 지붕 구조는?
① 절판 구조   ② 현수 구조
③ 곡면판 구조   ④ 공기막 구조

02 벽돌 쌓기에서 공간 쌓기를 하는 가장 중요한 목적으로 옳은 것은?
① 방청   ② 방습
③ 방화   ④ 내화

03 장기간 체재하는 데 적합한 호텔로 부엌과 셀프 서비스 시설을 갖춘 일반적인 호텔은?
① 커머셜 호텔
② 레지덴셜 호텔
③ 아파트먼트 호텔
④ 터미널 호텔

04 사무소 건축의 코어 구성형식 중 편심코어 형식에 관한 설명으로 옳은 것은?
① 중심코어 형식에 비하여 사무공간을 자유롭게 구성하기 어렵다.
② 방재상 유리하며, 바닥면적이 커지면 서브코어가 필요하지 않다.
③ 코어 접합부에서 변형이 과대해지지 않는 계획이 필요하다.
④ 중심코어 형식에 비하여 내진성능이 우수하다.

05 건축화조명에 관한 설명으로 옳지 않은 것은?
① 광천장은 천장 전면에 루버를 갖고, 그 뒤쪽에 광원을 배치한 것이다.
② 조명기구를 천장, 벽 등의 실 구성면 중에 장치하여 건축 내장의 일부와 같이 취급한 조명방식을 말한다.
③ 조명기구로 인한 위화감을 없애고 실내 의장에 통일성을 갖도록 하기 위해 사용한다.
④ 벽면조명으로는 코니스 조명이 있다.

06 왕대공 지붕틀에 사용되는 부재가 아닌 것은?
① 평보   ② 빗대공
③ 대공잡이   ④ 종보

07 실내 공기 오염의 원인이 아닌 것은?
① 온도의 상승
② 산소의 증가
③ 먼지의 증가
④ 이산화탄소의 증가

08 층고가 4m인 박물관에 계단을 대체하여 경사로를 설치하고자 한다. 최소 몇 m의 수평거리가 필요한가?
① 18m   ② 24m
③ 32m   ④ 48m

09 아파트 단면 형식 중 복층형(maisonette type)의 장점을 잘못 설명한 것은?
① 거주성과 프라이버시가 양호하다.
② 소규모 건축물에 유리한 형식이다.
③ 주택 내 공간의 변화가 있다.
④ 유효면적이 증가한다.

10 상점의 쇼윈도에 관한 설명으로 옳지 않은 것은?
① 쇼윈도의 바닥높이는 귀금속점의 경우는 낮을수록, 운동용품점의 경우는 높을수록 좋다.
② 국부조명은 배열을 바꾸는 경우를 고려하여 자유롭게 수량, 방향, 위치를 변경할 수 있도록 한다.
③ 유리면의 반사방지를 위해 쇼윈도 안의 조도를 외부보다 밝게 한다.
④ 쇼윈도 내부의 조명에 주광색의 전구를 필요로 하는 상점은 의료품점, 약국 등이다.

11 상점건축에서 고객의 접근성을 좋게 하기 위한 방법으로 옳지 않은 것은?
① 고객 동선은 짧게, 직원 동선은 길게 계획하였다.
② 상점의 바닥면을 평탄하게 계획하였다.
③ 천장면은 내부조명 밝기를 고려하여 색채를 계획하였다.
④ 상점 내부에 고객의 시선을 집중시키는 요소를 설치하였다.

12 사무소건축의 코어(core) 계획에 관한 설명으로 옳지 않은 것은?

① 코어는 최소한의 규모로 계획할 것
② 잡용실과 급탕실은 접근시킬 것
③ 코어 내의 각 공간은 각 층마다 공통의 위치에 있을 것
④ 엘리베이터 홀은 출입구에 최대한 접근해 있도록 할 것

13 홀 용적 5000m³, 잔향시간 1.6초인 실에서 잔향시간을 1초로 만들기 위해 추가적으로 필요한 흡음력은?
① 220m² ② 275m²
③ 300m² ④ 450m²

14 원형 띠철근으로 둘러싸인 압축부재의 축방향 주철근의 최소 개수는?
① 3개 ② 4개
③ 6개 ④ 8개

15 주택설계의 방향에 관한 설명으로 옳지 않은 것은?
① 생활의 쾌적함을 증대시키도록 한다.
② 가족본위의 생활을 추구하도록 한다.
③ 좌식생활 위주의 계획을 한다.
④ 가사노동의 경감을 고려한다.

16 학교의 배치계획 중 분산병렬형에 관한 설명으로 옳지 않은 것은?
① 일종의 핑거 플랜이다.
② 화재 및 비상시에 불리하고 일조·통풍 등 환경조건이 불균등하다.
③ 편복도로 할 경우 복도면적이 커지고 단조로워 유기적인 구성을 취하기가 어렵다.
④ 넓은 부지가 필요하다.

17 치수조정(Modular Coordination)의 장점이 아닌 것은?
① 소량생산의 특화
② 설계작업의 단순화
③ 공기단축
④ 생산비의 절감

18 다음과 같은 조건에서 실내측 벽면의 표면온도는?

- 벽체의 크기 : 1m×1m
- 벽체의 두께 : 100mm
- 외기온도 : 12℃
- 실내 공기온도(평균치) : 20℃
- 벽체 열관류율 : 2W/m²·K
- 실내측 표면 열전달률 : 8W/m²·K

① 18℃
② 19℃
③ 20℃
④ 21℃

19 병원의 평면계획상 구급동선은 어디에 연결되어야 하는가?
① 병동부
② 외래부
③ 중앙진료부
④ 관리부

20 목구조에 관한 설명으로 옳지 않은 것은?
① 노출된 목재는 자연미가 있어 인간에게 친숙함을 전달할 수 있다.
② 목재가 구조재로 활용되는 것은 비강도가 크기 때문이다.
③ 가새를 활용하여 횡력에 저항이 가능하다.
④ 목재의 수축 팽창이 거의 없어 단열성이 매우 우수하다.

제2과목 위생설비

21 어느 사무소 건물의 연면적이 5000m²일 때 1일 예상 급수량은? (단, 이 건물의 유효면적과 연면적의 비는 60%이고, 유효면적당 인원은 0.2인/m²이며, 1인 1일당 급수량은 100L이다.)
① 30m³/d
② 60m³/d
③ 300m³/d
④ 600m³/d

22 다음 중 간접 배수로 하여야 하는 것은?
① 세면기
② 대변기
③ 소변기
④ 식기세정기

23 직관 내의 마찰손실수두와 관련된 달시-와이스바하의 식에서 유체의 흐름이 층류일 경우 마찰계수 λ는? (단, Re는 레이놀즈수)
① $\lambda = \dfrac{32}{Re}$
② $\lambda = \dfrac{64}{Re}$
③ $\lambda = \dfrac{Re}{32}$
④ $\lambda = \dfrac{Re}{64}$

24 동관의 관의 두께에 따른 분류에 속하지 않는 것은?
① K형
② L형
③ M형
④ N형

25 생물학적 오수처리방법 중 활성오니법에 속하는 것은?
① 접촉산화방식
② 살수여상방식
③ 장기간폭기방식

④ 회전원판접촉방식

26 직경 100mm의 강관에 2.4m³/min의 물을 통과시킬 때 강관 내의 평균 유속은?
① 2.4m/s ② 4.2m/s
③ 5.1m/s ④ 7.2m/s

27 국소식 급탕방식에 관한 설명으로 옳은 것은?
① 배관 및 기기로부터의 열손실이 중앙식보다 많다.
② 배관에 의해 필요 개소 어디든지 급탕할 수 있다.
③ 건물 완공 후에도 급탕 개소의 증설이 중앙식보다 쉽다.
④ 기구의 동시이용률을 고려하므로 가열장치의 총용량을 적게 할 수 있다.

28 1000L/h의 급탕을 전기온수기를 사용하여 공급할 때 시간당 전력사용량은? (단, 물의 비열 4.2kJ/kg·K, 밀도 1kg/L, 급탕온도 70℃, 급수온도 10℃, 전기온수기의 전열효율은 95%로 한다.)
① 63.4kW/h ② 66.5kW/h
③ 70.2kW/h ④ 73.7kW/h

29 세정밸브식 대변기의 급수관 관경의 최소 얼마 이상으로 하여야 하는가?
① 20A ② 25A
③ 30A ④ 40A

30 급수배관의 설계 및 시공에 관한 설명으로 옳지 않은 것은?

① 구조체의 관통부에는 슬리브를 사용한다.
② 물이 고일 수 있는 부분에는 퇴수밸브를 설치한다.
③ 음료용 배관과 비음료용 배관을 크로스 커넥션 하지 않는다.
④ 급수관과 배수관이 교차될 경우, 배수관은 급수관 위에 매설한다.

31 탕의 사용상태가 간헐적이며 일시적으로 사용량이 많은 건물에서 급탕설비의 설계방법으로 가장 알맞은 것은? (단, 중앙식 급탕방식이며 증기를 열원으로 하는 열교환기 사용)
① 저탕용량을 크게 하고 가열능력도 크게 한다.
② 저탕용량은 크게 하고 가열능력은 작게 한다.
③ 저탕용량은 작게 하고 가열능력은 크게 한다.
④ 저탕용량을 작게 하고 가열능력도 작게 한다.

32 펌프의 캐비테이션에 관한 설명으로 옳지 않은 것은?
① 비정상적인 소음과 진동이 발생한다.
② 캐비테이션을 방지하기 위해 펌프의 흡입양정을 크게 한다.
③ 캐비테이션이 진행되면 펌프의 양수량, 양정 및 효율이 저하되어 간다.
④ 캐비테이션을 방지하기 위해 설계상의 펌프 운전범위 내에서 항상 유효 NPSH가 필요 NPSH보다 크게 되도록 배관

계획을 한다.

33 펌프의 흡입양정이 10m이고, 20m 높이에 있는 옥상탱크에 양수할 때 전양정은 얼마인가? (단, 관로의 전손실수두는 100kPa이다.)
① 약 31m   ② 약 40m
③ 약 110m ④ 약 130m

34 플러시 밸브식 대변기에 관한 설명으로 옳지 않은 것은?
① 대변기의 연속사용이 불가능하다.
② 일반 가정용으로 사용이 곤란하다.
③ 로 탱크 방식에 비해 최저 필요 수압이 크다.
④ 세정음은 유수음도 포함되기 때문에 소음이 크다.

35 급수방식에 관한 설명으로 옳은 것은?
① 수도직결방식은 단수 시에도 지속적인 급수가 가능하다.
② 압력수조방식은 전력 차단 시에도 지속적인 급수가 가능하다.
③ 펌프직송방식에서 변속방식은 펌프의 회전수를 제어하는 방식이다.
④ 고가수조방식은 고층으로의 급수가 불가능하다는 단점이 있다.

36 급탕배관에서 일반적으로 환탕관의 관경은 급탕관 관경의 얼마 정도로 하는가?
① 1/3   ② 1/2
③ 2배   ④ 3배

37 배수통기방식 중 공기혼합이음쇠(aerator fitting)를 사용하는 방식은?
① 소벤트(sovent)식
② 결합 통기방식
③ 루프 통기방식
④ 각개 통기방식

38 다음 설명에 알맞은 유체 정역학 관련 이론은?

> 밀폐된 용기에 넣은 유체의 일부에 압력을 가하면, 이 압력은 모든 방향으로 동일하게 전달되어 벽면에 작용한다.

① 파스칼의 원리
② 피토관의 원리
③ 베르누이의 정리
④ 토리첼리의 정리

39 배수관 관경 결정에 이용되는 기구배수 부하단위의 기준(1DFU)이 되는 기구는?
① 소변기   ② 세면기
③ 대변기   ④ 욕조

40 최대강우량 120mm/h의 지역에 있는 지붕의 수평투영면적이 1200m^2인 건물에 4개의 우수수직관을 설치할 경우, 우수수직관의 관경은?

[강우량 100mm/h일 때 우수수직관의 관경]

관경(mm)	허용최대지붕면적(m^2)
50	67
65	121
75	204
100	427
125	804

① 50mm ② 65mm
③ 75mm ④ 100mm

제3과목 공기조화설비

41 바닥면에서 1m의 위치에 중성대가 있는 실에서 바닥면상 2m 지점에서의 실내외 압력차는? (단, 실내공기의 밀도는 1.2kg/m³이며, 실외공기의 밀도는 1.25kg/m³이다.)

① 실내가 0.1mmAq 높다.
② 실외가 0.1mmAq 높다.
③ 실내가 0.05mmAq 높다.
④ 실외가 0.05mmAq 높다.

42 공기조화방식 중 전공기 방식의 일반적인 특징으로 옳은 것은?

① 덕트 스페이스가 필요하다.
② 실내공기의 오염이 심하다.
③ 실내에 누수의 염려가 많다.
④ 중간기에 외기냉방을 할 수 없다.

43 축열시스템에 관한 설명으로 옳지 않은 것은?

① 심야전력의 이용이 가능하다.
② 냉동기의 용량을 감소시킬 수 있다.
③ 호텔의 공공부분과 같이 간헐운전이 심한 경우에는 적용할 수 없다.
④ 빙축열시스템은 냉각을 위한 냉동기, 축열을 위한 빙축열조, 외부와의 열교환을 위한 열교환기 등으로 구성된다.

44 다음과 같은 조건에 있는 체적이 200m³인 실의 겨울철 환기횟수가 0.5회/h일 때 실내로 들어오는 틈새바람에 의한 현열손실량은?

- 실내온도 20℃, 외기온도 -10℃
- 공기의 밀도 1.2kg/m³
- 공기의 비열 1.01kJ/kg·K

① 337W ② 1010W
③ 1212W ④ 3636W

45 냉·난방부하 계산에 관한 설명으로 옳지 않은 것은?

① 투습으로 인한 열부하는 매우 작기 때문에 일반적으로 부하계산에서 제외한다.
② 유리창 종류와 블라인드 유무에 따라 달라지는 차폐계수는 그 최댓값이 1.0이다.
③ 작업상태가 동일한 경우 인체로부터의 발생열량은 실내건구온도가 높을수록 현열량과 잠열량 모두 커진다.
④ 태양으로부터의 일사 열부하는 냉방부하 계산에서는 포함되나, 난방부하 계산에서는 제외되는 것이 일반적이다.

46 다음 중 날개(blade)의 형상이 전곡형인 송풍기에 속하는 것은?

① 익형 송풍기 ② 다익형 송풍기
③ 터보형 송풍기 ④ 관류형 송풍기

47 천장 취출구에서 하향 취출을 하는 경우의 확산반경에 관한 설명으로 옳지 않은 것은?

① 거주영역에 최대확산반경이 미치지 않

는 영역이 없도록 취출구를 배치한다.
② 최소확산반경 내에 보나 벽 등의 장애물이 있으면 드리프트(drift)가 발생하지 않는다.
③ 최소확산반경 내에 인접한 취출구의 최소확산반경이 겹치면 편류현상이 발생할 수 있다.
④ 거주영역에서 평균풍속이 0.125~0.25m/s로 되는 최대 단면적의 반경을 최소확산반경이라 한다.

48 다음 습공기선도상에서 화살표 방향(A → B)으로 공기의 상태가 변화하는 것을 무엇이라고 하는가?

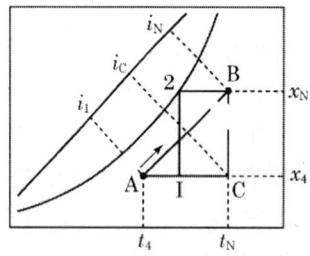

① 가열감습변화 ② 가열가습변화
③ 냉각감습변화 ④ 냉각가습변화

49 다음과 같은 조건에 있는 냉각수 배관계통에서 냉각수 펌프의 전양정(mAq)은?

- 배관계통 마찰저항 : 10.4mAq
- 냉동기 응축기 저항 : 8mAq
- 냉각탑 살수압력 : 40kPa

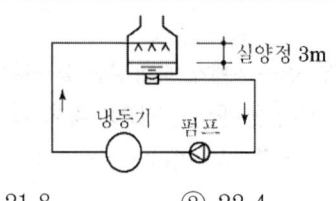

① 21.8   ② 22.4

③ 25.4   ④ 61.4

50 냉각탑이 응축기보다 낮은 위치에 있는 경우 냉각수 펌프가 정지할 때마다 응축기 주변이 극단적인 부압(-)이 되지 않도록 설치하는 것은?

① 딥 튜브(deep tube)
② 더트 포켓(dirt pocket)
③ 플래시 탱크(flash tank)
④ 사이폰 브레이커(syphon breaker)

51 몰리에르(Mollier) 선도를 나타낸 그림에서 히트펌프의 난방 시 성적 계수를 산정하는 식은?

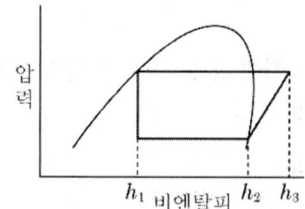

① $\dfrac{h_2 - h_1}{h_3 - h_2}$ ② $\dfrac{h_3 - h_1}{h_3 - h_2}$

③ $\dfrac{h_3 - h_1}{h_2 - h_1}$ ④ $\dfrac{h_3 - h_2}{h_2 - h_1}$

52 공기조화방식 중 단일덕트 변풍량방식의 구성기기에 속하지 않는 것은?

① V.A.V Unit
② 실내 서모스탯
③ 냉온풍 혼합상자
④ 송풍량 조절기기

53 어떤 덕트 내부의 풍속을 측정한 결과 7m/s이었다. 이때의 동압은 얼마인가? (단, 공

기의 밀도는 1.2kg/m³이다.)
① 2.5Pa ② 24.5Pa
③ 29.4Pa ④ 49Pa

54 공기조화방식의 열운송 동력의 크기 순서가 옳게 나열된 것은?
① 전공기방식 > 전수방식 > 공기·수방식
② 공기·수방식 > 전수방식 > 전공기방식
③ 전공기방식 > 공기·수방식 > 전수방식
④ 전수방식 > 공기·수방식 > 전공기방식

55 장방형 단면으로 된 4각 엘보의 국부저항 손실계수가 0.5이며 풍속이 6m/s일 때, 이 엘보에서의 국부저항은? (단, 공기의 밀도는 1.2kg/m³이다.)
① 1.1Pa ② 2.2Pa
③ 10.8Pa ④ 21.6Pa

56 에어필터의 효율 측정법에 속하지 않는 것은?
① 중량법 ② 비색법
③ 체적법 ④ DOP법

57 2개 이상의 엘보를 사용하여 이음부의 나사회전을 이용해서 배관의 신축을 흡수하는 신축이음쇠는?
① 루프형 ② 벨로즈형
③ 슬리브형 ④ 스위블형

58 실내에 80W 용량의 형광등이 30개 있다. 조명 점등률을 50%라고 하면 조명기구로부터의 취득열량은? (단, 안정기는 실내에 있으며 발열계수는 1.2로 한다.)
① 1000W ② 1200W
③ 1440W ④ 2400W

59 밸브를 완전히 열면 유체 흐름의 단면적 변화가 없기 때문에 마찰 저항이 적어서 흐름의 단속용으로 사용되는 밸브로, 게이트 밸브(gate valve)라고도 불리는 것은?
① 앵글 밸브 ② 체크 밸브
③ 글로브 밸브 ④ 슬루스 밸브

60 건구온도 20℃, 절대습도 0.012kg/kg'인 습공기의 엔탈피(kJ/kg)는? (단, 건공기의 정압비열=1.01kJ/kg·K, 0℃에서 포화수의 증발잠열=2501kJ/kg, 수증기의 정압비열=1.85kJ/kg·K)
① 24.2 ② 32.6
③ 48.4 ④ 50.7

제4과목 소방 및 전기설비

61 C급 화재가 의미하는 화재의 종류는?
① 일반화재 ② 유류화재
③ 주방화재 ④ 전기화재

62 자계의 방향이나 도체에 흐르는 전류 방향이 바뀌면 도체가 움직이는 방향도 바뀌게 되는데, 이러한 도체가 움직이는 방향을 알 수 있는 것으로 전동기에 적용되는 법칙은?
① 렌츠의 법칙
② 앙페르의 법칙
③ 플레밍의 왼손법칙
④ 플레밍의 오른손법칙

63 3상 유도전동기의 속도제어 방법이 아닌 것은?
① 슬립을 변화시킨다.
② 전압을 변화시킨다.
③ 극수를 변화시킨다.
④ 주파수를 변화시킨다.

64 도선의 길이를 10배로 늘리고 단면적을 10배로 크게 했을 때 전기 저항의 크기는 어떻게 되는가?
① 2배 증가한다.
② 10배 증가한다.
③ 100배 증가한다.
④ 변하지 않는다.

65 220V의 전압이 10Ω의 저항에 작용했을 때 소비전력은?
① 2.42kW   ② 4.84kW
③ 24.2kW   ④ 48.4kW

66 다음 설명에 알맞은 배선 공사는?

> • 열적영향이나 기계적 외상을 받기 쉬운 곳이 아니면 광범위하게 사용 가능하다.
> • 관자체가 절연체이므로 감전의 우려가 없으며 시공이 쉽다.

① 금속관 공사
② 버스덕트 공사
③ 플로어덕트 공사
④ 합성수지관 공사(CD관 제외)

67 할로겐 램프에 관한 설명으로 옳지 않은 것은?
① 흑화가 거의 일어나지 않는다.
② 연색성이 좋고 설치가 용이하다.
③ 휘도가 낮아 현휘가 발생하지 않는다.
④ 광속이나 색온도의 저하가 극히 적다.

68 급기온도를 일정하게 하고 풍량을 변화시킴으로서 실내온도를 유지하는 가변풍량제어(VAV)에 적용되지 않는 것은?
① 정압제어
② 환기온도제어
③ 송풍기풍량 비례적분제어
④ VAV터미널 유닛 실온제어

69 스프링클러헤드가 설치되어 있는 배관으로 정의되는 것은?
① 주배관   ② 교차배관
③ 가지배관   ④ 급수배관

70 스프링클러설비의 설치장소가 아파트인 경우, 스프링클러설비 수원의 저수량 산정 시 기준이 되는 스프링클러헤드의 기준 개수는? (단, 폐쇄형 스프링클러헤드를 사용하는 경우)
① 10개   ② 20개
③ 30개   ④ 40개

71 어느 학교의 교실에 32W 2구형 형광등기구를 설치하여 평균조도를 400lx로 설계하고자 할 때 설치하여야 하는 등기구의 최소 대수는? (단, 교실의 면적은 200m^2, 형광등 1개 광속은 3000lm, 조명률은 0.6, 보수율은 0.8로 한다.)
① 15개   ② 28개
③ 30개   ④ 55개

72 다음 중 일반적으로 시퀀스 제어가 적용되는 것은?
① 정전압장치
② 자동평행기록계
③ 커피자동판매기
④ 레이더위치추적장치

73 부동충전방식의 일종으로 자기방전량만을 항상 충전하는 축전지 충전방식은?
① 균등충전   ② 보통충전
③ 급속충전   ④ 세류충전

74 다음은 옥외소화전설비의 소화전함에 관한 설명이다. ( ) 안에 알맞은 것은?

> 옥외소화전이 10개 이하 설치된 때에는 옥외소화전마다 ( ) 이내의 장소에 1개 이상의 소화전함을 설치하여야 한다.

① 5m   ② 10m
③ 15m   ④ 20m

75 교류전력에 관한 설명으로 옳지 않은 것은?
① 무효전력이 크면 역률이 커진다.
② 유효전력은 실제로 소비되는 전력이다.
③ 역률이 1일 때 유효전력과 피상전력은 같다.
④ 전열기와 같이 순수하게 저항성분만으로 구성되는 부하인 경우 전력은 전압[V]×전류[A]이다.

76 옥내소화전설비의 가압송수장치에 순환배관을 설치하는 이유는?
① 배관 내 압력변동을 검지하기 위해
② 체절운전 시 수온의 상승을 방지하기 위해
③ 각 소화전에 균등한 수압이 부여되도록 하기 위해
④ 배관 내 압력손실에 따른 펌프의 빈번한 기동을 방지하기 위해

77 10대의 전동기에 모두 동일한 전압을 인가하려면 어떻게 연결하면 되는가?
① 직렬결선
② 병렬결선
③ 직렬결선 2회로와 병렬결선 8회로
④ 직렬결선 2회로와 병렬결선 4회로

78 다음 중 천장이 높은 격납고, 아트리움, 공항 등과 같은 곳에서 가장 효과적인 화재감지기는?
① 불꽃 감지기   ② 차동식 감지기
③ 보상식 감지기   ④ 정온식 감지기

79 교류전력간의 관계식으로 옳은 것은?
① 피상전력=유효전력+무효전력
② 피상전력=$\sqrt{유효전력 \times 무효전력}$
③ 피상전력=$\sqrt{(유효전력)^2+(무효전력)^2}$
④ 피상전력=$\sqrt{(유효전력)^2-(무효전력)^2}$

80 자동화재탐지설비의 감지기 설치에 관한 설명으로 옳지 않은 것은?
① 천장 또는 반자의 옥내에 면하는 부분에 설치한다.
② 정온식 및 보상식 감지기는 실내로의 공기 유입구로부터 0.5m 이상 떨어진 위치에 설치한다.

③ 보상식 스포트형 감지기는 정온점이 감지기 주위의 평상시 최고온도보다 20℃ 이상 높은 것으로 설치한다.
④ 정온식 감지기는 주방·보일러실 등으로서 다량의 화기를 취급하는 장소에 설치하되, 공칭작동온도가 최고주위온도보다 20℃ 이상 높은 것으로 설치한다.

제5과목 건축설비관계법규

81 다음은 건축법령상 건축신고와 관련된 기준 내용이다. ( ) 안에 속하지 않는 것은?

> 허가 대상 건축물이라 하더라도 바닥면적의 합계가 85m² 이내의 ( )의 경우에는 미리 특별자치시장·특별자치도지사 또는 시장·군수·구청장에게 국토교통부령으로 정하는 바에 따라 신고를 하면 건축허가를 받은 것으로 본다.

① 신축 ② 증축
③ 개축 ④ 재축

82 건축법령상 공동주택에 속하지 않는 것은?
① 기숙사 ② 연립주택
③ 다가구주택 ④ 다세대주택

83 다음 중 건축법령상 다중이용 건축물에 속하지 않는 것은? (단, 층수가 16층 미만이며 해당 용도로 쓰는 바닥면적의 합계가 5000m² 이상인 건축물의 경우)
① 종교시설
② 판매시설
③ 업무시설

④ 숙박시설 중 관광숙박시설

84 공동주택에서 리모델링에 대비한 특례와 관련하여 리모델링이 쉬운 구조에 해당하지 않는 것은?
① 구조체는 철골구조 또는 목구조로 구성되어 있을 것
② 구조체에서 건축설비, 내부 마감재료 및 외부 마감재료를 분리할 수 있을 것
③ 개별 세대 안에서 구획된 실의 크기, 개수 또는 위치 등을 변경할 수 있을 것
④ 각 세대는 인접한 세대와 수직 또는 수평방향으로 통합하거나 분할할 수 있을 것

85 건축물의 에너지절약설계기준상 단열계획에 대한 건축부문의 권장사항으로 옳지 않은 것은?
① 외벽 부위는 내단열로 시공한다.
② 외피의 모서리 부분은 열교가 발생하지 않도록 단열재를 연속적으로 설치한다.
③ 건물의 창 및 문은 가능한 한 작게 설계하고, 특히 열손실이 많은 북측 거실의 창 및 문의 면적은 최소화한다.
④ 태양열 유입에 의한 냉·난방부하를 저감할 수 있도록 일사조절장치, 태양열 투과율, 창 및 문의 면적비 등을 고려한 설계를 한다.

86 신축공동주택등의 기계환기설비의 설치에 관한 기준 내용으로 옳지 않은 것은?
① 기계환기설비의 환기기준은 시간당 실내공기 교환횟수로 표시한다.

② 기계환기설비는 주방 가스대 위의 공기 배출장치, 화장실의 공기배출 송풍기 등 급속 환기 설비와 함께 설치하여서는 안 된다.
③ 세대의 환기량 조절을 위하여 환기설비의 정격풍량을 최소·적정·최대의 3단계 또는 그 이상으로 조절할 수 있는 체계를 갖춘다.
④ 하나의 기계환기설비로 세대 내 2 이상의 실에 바깥공기를 공급할 경우의 필요 환기량은 각 실에 필요한 환기량의 합계 이상이 되도록 한다.

87 다음의 소방시설 중 경보설비에 속하지 않는 것은?
① 통합감시시설
② 비상콘센트설비
③ 자동화재탐지설비
④ 자동화재속보설비

88 방염성능기준 이상의 실내장식물 등을 설치하여야 하는 특정소방대상물에 속하지 않는 것은?
① 수영장
② 숙박시설
③ 의료시설 중 종합병원
④ 방송통신시설 중 방송국

89 각 층의 거실면적의 합계가 $1000m^2$로 동일한 15층의 문화 및 집회시설 중 공연장에 설치하여야 하는 승용승강기의 최소 대수는? (단, 15인승 승강기의 경우)
① 4대
② 5대
③ 6대
④ 7대

90 건축허가 등을 할 때 미리 소방본부장 또는 소방서장의 동의를 받아야 하는 대상 건축물의 층수 기준은? (단, 층수는 건축법령에 따라 산정된 층수를 말한다.)
① 3층 이상인 건축물
② 6층 이상인 건축물
③ 10층 이상인 건축물
④ 15층 이상인 건축물

91 주거에 쓰이는 바닥면의 합계가 $450m^2$인 주거용 건축물에 배관하는 음용수용 급수관의 최소 지름은?
① 20mm
② 25mm
③ 32mm
④ 40mm

92 건축물에 설치하는 굴뚝에 관한 기준 내용으로 옳지 않은 것은?
① 금속제 굴뚝은 목재 기타 가연재료로부터 10cm 이상 떨어져서 설치할 것
② 굴뚝의 옥상 돌출부는 지붕면으로부터의 수직 거리를 1m 이상으로 할 것
③ 금속제 굴뚝으로서 건축물의 지붕 속·반자위 및 가장 아랫바닥 밑에 있는 굴뚝의 부분은 금속 외의 불연재료로 덮을 것
④ 굴뚝의 상단으로부터 수평거리 1m 이내에 다른 건축물이 있는 경우에는 그 건축물의 처마보다 1m 이상 높게 할 것

93 문화 및 집회시설 중 공연장의 개별 관람실의 출구에 관한 기준 내용으로 옳지 않은

것은? (단, 개별 관람실의 바닥면적은 300m² 이다.)

① 관람실별로 2개소 이상 설치할 것
② 각 출구의 유효너비는 1.5m 이상일 것
③ 관람실로부터 바깥쪽으로의 출구로 쓰이는 문은 안여닫이로 할 것
④ 개별 관람실 출구의 유효너비의 합계는 개별 관람실의 바닥면적 100m²마다 0.6m의 비율로 산정한 너비 이상으로 할 것

94 건축물의 옥상에 헬리포트를 설치하거나 헬리콥터를 통하여 인명 등을 구조할 수 있는 공간을 확보하여야 하는 대상 건축물 기준으로 옳은 것은? (단, 건축물의 지붕을 평지붕으로 하는 경우)

① 11층 이상인 층의 바닥면적의 합계가 3000m² 이상인 건축물
② 11층 이상인 층의 바닥면적의 합계가 5000m² 이상인 건축물
③ 11층 이상인 층의 바닥면적의 합계가 10000m² 이상인 건축물
④ 11층 이상인 층의 바닥면적의 합계가 12000m² 이상인 건축물

95 건축물에 급수·배수·환기·난방설비를 설치하는 경우, 건축기계설비기술사 또는 공조냉동기계기술사의 협력을 받아야 하는 대상 건축물의 연면적 기준은? (단, 창고시설은 제외)

① 3000m² 이상   ② 5000m² 이상
③ 10000m² 이상 ④ 15000m² 이상

96 계단의 설치에 관한 기준 내용으로 옳지 않은 것은?

① 중학교의 계단인 경우, 단너비는 26cm 이상으로 한다.
② 초등학교의 계단인 경우, 단너비는 26cm 이상으로 한다.
③ 판매시설 중 상점인 경우, 계단 및 계단참의 유효너비는 90cm 이상으로 한다.
④ 문화 및 집회시설 중 공연장의 경우, 계단 및 계단참의 유효너비는 120cm 이상으로 한다.

97 판매시설로서 옥내소화전설비를 모든 층에 설치하여야 하는 특정소방대상물의 연면적 기준은?

① 500m² 이상   ② 1000m² 이상
③ 1500m² 이상   ④ 2000m² 이상

98 다음은 비상용 승강기의 승강장 구조에 관한 기준 내용이다. ( ) 안에 알맞은 것은?

> 승강장의 바닥면적은 비상용 승강기 1대에 대하여 ( ) 이상으로 할 것. 다만, 옥외에 승강장을 설치하는 경우에는 그러하지 아니하다.

① 2m²   ② 4m²
③ 5m²   ④ 6m²

99 축냉식 전기냉방설비의 설계기준 내용으로 옳지 않은 것은?

① 열교환기는 시간당 최소냉방열량을 처리할 수 있는 용량 이상으로 설치하여야 한다.
② 자동제어설비는 축냉운전, 방냉운전 또는

냉동기와 축열조를 동시에 이용하여 냉방운전이 가능한 기능을 갖추어야 한다.
③ 축열조는 보온을 철저히 하여 열손실과 결로를 방지해야 하며, 맨홀 등 점검을 위한 부분은 해체와 조립이 용이하도록 하여야 한다.
④ 부분축냉방식의 경우에는 냉동기가 축냉운전과 방냉운전 또는 냉동기와 축열조의 동시운전이 반복적으로 수행하는데 아무런 지장이 없어야 한다.

100 건축물의 출입구에 설치하는 회전문에 관한 기준 내용으로 옳지 않은 것은?
① 회전문과 바닥 사이의 간격은 5cm 이하로 한다.
② 회전문과 문틀 사이의 간격은 5cm 이상으로 한다.
③ 계단이나 에스컬레이터로부터 2m 이상 거리를 두어야 한다.
④ 회전문의 회전속도는 분당회전수가 8회를 넘지 않도록 한다.

2021년 4회 건축설비기사 과년도문제

제1과목 건축일반

01 표면결로 방지대책으로 옳지 않은 것은?
① 습한 공기를 제거하기 위해 환기가 잘 되게 한다.
② 벽의 단열성을 좋게 하여 열관류 저항을 크게 한다.
③ 실내수증기압을 낮추어 실내공기의 노점온도를 낮게 한다.
④ 방습재는 저온측(실외)에, 단열재는 고온측(실내)에 배치한다.

02 호텔의 종류 중 연면적에 대한 숙박관계부분의 비율이 일반적으로 가장 큰 것은?
① 클럽하우스   ② 산장 호텔
③ 스키 호텔   ④ 커머셜 호텔

03 열교(thermal bridge) 현상에 관한 설명으로 옳지 않은 것은?
① 벽이나 바닥, 지붕 등의 건축물 부위에 단열이 연속되지 않는 부분이 있을 때 생긴다.
② 열교 현상을 줄이기 위해서는 콘크리트 라멘조의 경우 가능한 한 내단열로 시공한다.
③ 열교 현상이 발생하는 부위는 표면온도가 낮아져서 결로가 쉽게 발생한다.
④ 열교 현상이 발생하면 전체 단열성이 저하된다.

04 PS 강재의 조건 중 옳지 않은 것은?
① 고장력 강재이어야 한다.
② 콘크리트와의 부착력이 커야 한다.
③ 드럼에서 풀어 사용할 때 잘 펴져야 한다.
④ 릴랙세이션(relaxation)이 커야 한다.

05 상점의 바람직한 대지조건과 가장 거리가 먼 것은?
① 2면 이상 도로에 면하지 않은 곳
② 교통이 편리한 곳
③ 같은 종류의 상점이 밀집된 곳
④ 사람의 눈에 잘 띄는 곳

06 주거밀도를 표현하거나 규제하는 용어에 관한 내용으로 옳은 것은?
① 건폐율= 건축물의 연면적/대지면적 $\times 100(\%)$
② 용적률= 건축면적/건축물의 연면적 $\times 100(\%)$
③ 호수밀도= 실제가구수/적정수요가구수 $\times 100(\%)$
④ 인구밀도= 인구수/토지면적(인/ha)

07 도서관의 출납 시스템에서 자유로운 도서 선택을 할 수 있으나, 관원의 검열을 받고 기록을 남긴 후 열람하는 형식은?
① 자유개가식   ② 안전개가식
③ 반개가식   ④ 폐가식

08 목구조 부재로서 기둥과 기둥 사이에 설치(기둥 사이 연결)하여 수평하중에 대해 구조물의 변형을 방지하는 부재는?
① 가새　　② 귀잡이보
③ 버팀대　④ 도리

09 실내 음향설계 시 각 부재의 설계방법으로 옳지 않은 것은?
① 충분한 직접음을 확보하기 위해서는 음원에서 수음점에 이르는 경로에 장애물이 없이 음원을 전망할 수 있어야 한다.
② 반향의 발생을 없게 하기 위해서는 17m 이하의 거리 차이로 하면 양호하나, 그렇게 하면 매우 작은 콘서트 홀이 만들어지므로 벽이나 천장을 흡음처리하거나 확산처리를 하는 것으로 회피한다.
③ 음을 실 전체에 균일하게 분포시키기 위해서는 볼록면이나 확산면으로 하는 것이 바람직하다.
④ 다목적 홀 등에서는 무대에 가까운 천장을 높게 처리하여 천장에서의 1차 반사음이 객석 내에 효과적으로 도달하도록 천장반사면의 형태나 위치를 고려한다.

10 주택의 평면계획에서 공적인 생활을 위한 공간과 가장 거리가 먼 것은?
① 거실　　② 서재
③ 식당　　④ 응접실

11 백화점 기능의 4영역 특성에 관한 설명으로 옳지 않은 것은?
① 고객권은 서비스 시설 부분으로 대부분 매장에 결합되며 종업원권과는 멀리 떨어진다.
② 종업원권은 매장 외에 상품권과 접하게 된다.
③ 상품권은 판매권과 접하여 고객권과는 절대 분리시킨다.
④ 판매권은 상품을 전시하여 영업하는 장소이다.

12 사무소 건축에서 코어 시스템(Core system)을 채용하는 이유와 가장 거리가 먼 것은?
① 공간의 융통성이 증가한다.
② 구조적인 면에서 유리하다.
③ 외관이 경쾌해진다.
④ 유효면적이 증가한다.

13 다음 지붕평면 중 합각지붕은?
① 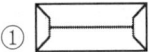　②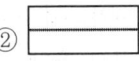
③ 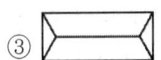　④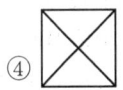

14 다음 지붕틀 부재 중 압축응력에 저항하는 부재로만 조합된 것은?
① 층도리, 왕대공
② 지붕보, 달대공
③ 빗대공, ㅅ자보
④ 평보, 대공

15 철골보와 콘크리트 슬래브를 연결하는 전단 연결철물(shear connector)로 사용하는 것은?
① 스터드 볼트　② 고장력 볼트
③ 앵커 볼트　　④ TC 볼트

16 한식과 양식주택에 관한 설명으로 옳지 않은 것은?
① 한식주택은 은폐적이며 실의 조합으로 되어 있다.
② 한식주택은 좌식생활이며, 양식주택은 입식생활이다.
③ 한식주택의 실은 단일 용도이며, 양식주택의 실은 복합 용도이다.
④ 한식주택의 가구는 부차적 존재이며, 양식주택의 가구는 주요한 내용물이다.

17 병실 구성에 관한 설명으로 옳지 않은 것은?
① 병실 내부에는 반사율이 큰 마감재료는 피한다.
② 병실 출입문은 밖여닫이로 하며, 그 폭은 최대 90cm로 한다.
③ 환자마다 옷장 및 테이블 설비를 하는 것이 좋다.
④ 침대의 방향은 환자의 눈이 창과 직면하지 않도록 하여 환자의 눈이 부시지 않게 한다.

18 풍력환기가 일어나고 있는 실에서 어느 개구부의 풍압계수가 0.3이라고 할 때, 풍압계수 0.3의 의미로 가장 정확한 것은?
① 외부풍의 전압(全壓)의 3%가 풍압력으로 가해진다.
② 외부풍의 전압(全壓)의 30%가 풍압력으로 가해진다.
③ 외부풍의 동압(動壓)의 3%가 풍압력으로 가해진다.
④ 외부풍의 동압(動壓)의 30%가 풍압력으로 가해진다.

19 사무소 공간계획 중 오피스 랜드스케이핑(office landscaping) 방식의 장점이 아닌 것은?
① 공간의 절약이 가능하다.
② 변화하는 작업 형태에 대응하기 용이하다.
③ 시각적·소음 문제가 없고, 프라이버시가 보장된다.
④ 획일적 배치가 아니어서 인간관계 향상과 작업 능률에 도움을 준다.

20 학교의 교실배치방식 중 클러스터(cluster)형에 관한 특징으로 옳지 않은 것은?
① 교실 간 간섭 및 소음이 적다.
② 각 교실이 외부와 접하는 면적이 많다.
③ 마스터플랜의 융통성이 작다.
④ 교실 단위의 독립성이 크다.

● **제2과목 위생설비**

21 급탕방식 중 기수혼합식에 관한 설명으로 옳은 것은?
① 물을 열원으로 사용한다.
② 열효율이 낮다는 단점이 있다.
③ 공장의 목욕탕 등에 적합하다.
④ 소음이 적어 사일렌서를 사용할 필요가 없다.

22 다음은 기구배수부하단위에 관한 설명이다. ( ) 안에 알맞은 내용은?

세면기 기준의 배수관지름을 DN32로 할 때 평균배수량이 (   )이라고 가정하고, 이 값을 1로 정한 다음 각종 위생기구의 배수량을 이 값의 배수로 표시한 것이 기구배수부하단위이다.

① 12.5L/min
② 22.5L/min
③ 28.5L/min
④ 35.5L/min

23 다음 중 급수설비에서 크로스 커넥션의 방지 대책으로 가장 알맞은 것은?

① 감압밸브를 설치한다.
② 볼탭을 수위조절밸브로 변경한다.
③ 각 계통마다의 배관을 색깔로 구분할 수 있게 한다.
④ 위생기구에 연결된 기구급수관에 차단밸브를 설치한다.

24 급수방식에 관한 설명으로 옳지 않은 것은?

① 압력탱크방식에서는 저수조가 필요하다.
② 압력탱크방식은 급수압력에 변동이 없는 것이 특징이다.
③ 고가탱크방식은 다른 방식에 비해 수질오염에 취약하다.
④ 고가탱크방식에서는 중력식으로 각 기구에 급수가 이루어진다.

25 다음과 같은 조건에서 어느 건물의 시간 최대 예상급탕량이 4000L/h일 때, 저탕조 내의 가열 코일의 길이는?

㉠ 급탕온도 : 65℃, 급수온도 : 5℃
㉡ 가열코일 : 관경 32mm의 동관, 단위 내측 표면적당 관길이 11.4m/m²
㉢ 열관류율 : 1000W/m²·K
㉣ 스케일에 따른 할증률 : 30%
㉤ 열원 : 온도 120℃ 증기
㉥ 물의 비열 : 4.2kJ/kg·K

① 약 5.9m
② 약 30.9m
③ 약 48.8m
④ 약 65.2m

26 펌프의 전양정이 30m이며, 양수량이 2000L/min일 때, 양수펌프의 축동력은? (단, 펌프의 효율은 80%이다.)

① 약 9.8kW
② 약 12.3kW
③ 약 13.3kW
④ 약 16.7kW

27 먹는 물의 수소이온농도 기준으로 옳은 것은? (단, 샘물, 먹는 샘물 및 먹는 물 공동시설의 물이 아닌 경우)

① pH 4.8 이상 pH 8.4 이하
② pH 4.8 이상 pH 8.5 이하
③ pH 5.8 이상 pH 8.4 이하
④ pH 5.8 이상 pH 8.5 이하

28 다음 설명에 알맞은 통기관의 종류는?

배수수직관에서 최상부의 배수수평관이 접속한 지점보다 더 상부 방향으로 그 배수수직관을 지붕 위까지 연장하여 이것을 통기관으로 사용하는 관을 말한다.

① 신정 통기관
② 결합 통기관
③ 각개 통기관
④ 공용 통기관

29 간접가열식 급탕법에 관한 설명으로 옳지 않은 것은?
① 대규모의 급탕설비에 사용할 수 없다.
② 보일러 내면에 스케일의 발생이 적다.
③ 가열 보일러를 난방용 보일러와 겸용할 수 있다.
④ 가열 보일러로 저압 보일러를 사용해도 되는 경우가 많다.

30 물의 경도에 관한 설명으로 옳지 않은 것은?
① 경도의 표시는 도(度) 또는 ppm이 사용된다.
② 경도가 큰 물을 경수, 경도가 낮은 물을 연수라고 한다.
③ 일반적으로 물이 접하고 있는 지층의 종류와 관계없이 지표수는 경수, 지하수는 연수로 간주된다.
④ 물의 경도는 물 속에 녹아있는 칼슘, 마그네슘 등의 염류의 양을 탄산칼슘의 농도로 환산하여 나타낸 것이다.

31 원심식 펌프로 회전차 주위에 디퓨저인 안내 날개를 가지고 있는 펌프는?
① 터빈 펌프   ② 기어 펌프
③ 피스톤 펌프 ④ 볼류트 펌프

32 배수트랩에 관한 설명으로 옳지 않은 것은?
① 트랩의 봉수깊이는 50~100mm가 적절하다.
② 위생기구 중 세면기에는 U트랩이 가장 널리 이용된다.
③ P트랩, S트랩 및 U트랩은 사이폰 트랩이라고도 한다.
④ 트랩의 봉수깊이란 딥(top dip)과 웨어(crown weir)와의 수직거리를 의미한다.

33 급수배관의 설계 및 시공에 관한 설명으로 옳지 않은 것은?
① 급수주관으로부터 배관을 분기하는 경우는 엘보를 사용하여야 한다.
② 주배관에는 적당한 위치에 플랜지 이음을 하여 보수점검을 용이하게 한다.
③ 배관의 수리 시 교체가 쉽고 열의 신축에도 대응할 수 있도록 벽이나 바닥을 관통하는 곳에는 슬리브를 설치한다.
④ 수평배관에는 공기가 정체하지 않도록 하며, 어쩔 수 없이 공기 정체가 일어나는 곳에는 공기빼기밸브를 설치한다.

34 급수배관의 관경 결정법에 관한 설명으로 옳지 않은 것은?
① 같은 급수기구 중에서도 개인용과 공중용에 대한 기구급수부하단위는 공중용이 개인용보다 값이 크다.
② 유량선도에 의한 방법으로 관경을 결정하고자 할 때의 부하유량(급수량)은 기구급수부하 단위로 산정한다.
③ 소규모 건물에는 유량선도에 의한 방법이, 중규모 이상의 건물에는 관 균등표에 의한 방법이 주로 이용된다.
④ 기구급수부하단위는 각 급수기구의 표준 토수량, 사용빈도, 사용시간을 고려하여 1개의 급수기구에 대한 부하의 정도를 예상하여 단위화한 것이다.

35 유체에 관한 설명으로 옳지 않은 것은?

① 동점성계수는 점성계수에 비례하고 밀도에 반비례한다.
② 레이놀즈 수는 동점성계수 및 관경에 비례하고 유속에 반비례한다.
③ 연속의 법칙에 의하면 관의 단면적이 큰 곳은 유속이 작고, 역으로 단면적이 작은 곳에서는 유속이 크게 된다.
④ 베르누이의 정리에 의하면 유체가 가지고 있는 속도에너지, 위치에너지 및 압력에너지의 총합은 흐름 내 어디에서나 일정하다.

36 펌프에 관한 설명으로 옳은 것은?
① 비속도가 작은 펌프는 양수량의 변화에 따라 양정의 변화도 크다.
② 특성이 같은 펌프를 2대 병렬 운전하면 양정과 양수량은 1대일 경우의 2배가 된다.
③ 특성이 같은 펌프를 2대 직렬 운전하면 양수량은 1대일 경우의 2배가 된다.
④ 동일펌프로 동일 송수계통에 양수하고 있는 경우 펌프의 회전수가 2배가 되면 양정은 4배가 된다.

37 호텔의 주방이나 레스토랑의 주방 등에서 배출되는 배수 중의 지방분을 포집하기 위하여 사용되는 포집기는?
① 오일 포집기   ② 가솔린 포집기
③ 그리스 포집기   ④ 플라스터 포집기

38 급탕설비의 안전장치에 관한 설명으로 옳지 않은 것은?
① 팽창관의 배수는 간접 배수로 한다.

② 팽창관의 도중에는 체크 밸브를 설치하여 개폐를 원활하게 한다.
③ 팽창관은 보일러, 저탕조 등 밀폐 가열장치 내의 압력상승을 도피시키는 역할을 한다.
④ 안전밸브는 가열장치 내의 압력이 설정압력을 넘는 경우에 압력을 도피시키기 위해 탕을 방출하는 밸브이다.

39 다음과 같은 특징을 갖는 대변기 세정 급수방식은?

- 세정의 경우에는 대변기로의 공급수량이나 압력이 일정하다.
- 세정효과가 양호하며 소음이 적다.
- 우리나라의 주택에 널리 사용되고 있다.

① 로 탱크식   ② 기압 탱크식
③ 하이 탱크식   ④ 플러시 밸브식

40 처리대상인원 1000인, 1인 1일당 오수량 $0.2m^3$, 오수의 평균 BOD 200ppm, BOD 제거율 85%인 오수처리시설에서 유출수의 BOD량은?
① 1.5kg/day   ② 6kg/day
③ 30kg/day   ④ 200kg/day

제3과목 공기조화설비

41 진공환수식 증기난방에서 리프트 이음(lift fitting)을 적용하는 경우는?
① 방열기보다 환수주관이 높을 때
② 환수배관법을 역환수식으로 할 때

③ 방열기보다 응축수 온도가 너무 높을 때
④ 진공펌프를 환수주관보다 낮게 설치할 때

42 유리창을 통과하는 전열량에 관한 설명으로 옳지 않은 것은?
① 복사열량과 관류열량의 합이다.
② 반사율이 클수록 전열량은 작아진다.
③ 전열량은 유리의 열관류율이 클수록 크게 된다.
④ 일사취득열량은 유리창의 차폐계수에 반비례한다.

43 수증기를 만드는 원리에 따라 가습장치를 구분할 경우, 다음 중 수분무식에 속하는 것은?
① 전열식   ② 모세관식
③ 초음파식 ④ 적외선식

44 체크 밸브에 관한 설명으로 옳지 않은 것은?
① 유체의 역류를 방지하기 위한 것이다.
② 스윙형 체크 밸브는 수평배관에 사용할 수 없다.
③ 스윙형 체크 밸브는 유수에 대한 마찰 저항이 리프트형보다 작다.
④ 리프트형 체크 밸브는 글로브 밸브와 같은 밸브 시트의 구조를 갖는다.

45 증기 트랩 중 플로트 트랩에 관한 설명으로 옳지 않은 것은?
① 대용량에도 적합하다.
② 응축수를 연속으로 배출시킬 수 있다.
③ 플로트를 트랩 내부에 갖고 있어 외형이 크다.
④ 증기와 응축수 사이의 온도차를 이용하는 온도조절식 트랩이다.

46 온수난방 배관에서 리버스 리턴(Reverse Return)방식을 사용하는 주된 이유는?
① 배관의 신축을 흡수하기 위하여
② 배관의 길이를 짧게 하기 위하여
③ 온수의 유량분배를 균일하게 하기 위하여
④ 배관 내의 공기배출을 용이하게 하기 위하여

47 복사난방방식에 관한 설명으로 옳지 않은 것은?
① 다른 난방방식에 비하여 쾌적감이 높다.
② 실내 상하의 온도차가 크다는 단점이 있다.
③ 외기침입이 있는 곳에서도 난방감을 얻을 수 있다.
④ 열용량이 크기 때문에 간헐난방에는 그다지 적합하지 않다.

48 국소환기 설계에 관한 설명으로 옳지 않은 것은?
① 배출된 오염물질에 의한 대기오염이 되지 않도록 정화장치를 부착한다.
② 국소환기의 계통은 공간의 절약을 위해 공조장치의 환기덕트와 연결한다.
③ 배기장치는 배기가스에 의해 부식하기 쉬우므로 그에 상응한 재료를 사용한다.
④ 배풍기는 배기계통의 말단부에 두어 덕트 내 압력이 부(-)로 되도록 해서 다른 쪽으로의 누출을 방지한다.

49 습공기의 엔탈피(Enthalpy)에 관한 설명으로 옳은 것은?
① 습공기의 전압을 나타낸다.
② 습공기의 잠열량을 나타낸다.
③ 습공기의 전열량을 나타낸다.
④ 습공기의 현열량을 나타낸다.

50 사무실의 크기가 10m×10m×3m이고 재실자가 25명, 가스난로의 CO_2 발생량이 0.5 m^3/h일 때, 실내평균 CO_2 농도를 5000ppm으로 유지하기 위한 최소 환기횟수는? (단, 재실자 1인당의 CO_2 발생량은 18L/h, 외기의 CO_2 농도는 800ppm이다.)
① 약 0.75회/h ② 약 1.25회/h
③ 약 1.50회/h ④ 약 2.00회/h

51 다음 중 콜드 드래프트의 발생 원인과 가장 거리가 먼 것은?
① 주위 벽면의 온도가 낮을 때
② 인체 주위의 공기 온도가 낮을 때
③ 인체 주위의 공기 습도가 낮을 때
④ 인체 주위의 기류 속도가 낮을 때

52 건구온도 30℃, 수증기 분압 1.69kPa인 습공기의 상대습도는? (단, 30℃ 포화공기의 수증기 분압은 4.23kPa이다.)
① 약 20% ② 약 30%
③ 약 40% ④ 약 50%

53 냉각탑에서 어프로치(approach)에 관한 설명으로 옳은 것은?
① 냉각탑 출구와 입구 수온의 온도차
② 냉각탑 입구와 출구공기의 습구온도차
③ 냉각탑 입구의 수온과 출구공기의 습구온도와의 차
④ 냉각탑 출구의 수온과 입구공기의 습구온도와의 차

54 공기조화용 덕트의 분기부에 설치하여 풍량 조절용으로 사용되나, 정밀한 풍량조절이 불가능하며, 누설이 많아 폐쇄용으로의 사용이 곤란한 댐퍼는?
① 루버 댐퍼 ② 볼륨 댐퍼
③ 스플릿 댐퍼 ④ 버터플라이 댐퍼

55 흡수식 냉동기에 관한 설명으로 옳지 않은 것은?
① 왕복동식 냉동기에 비해 소음이 작다.
② 일반적으로 리튬브로마이드(LiBr)가 냉매로 이용된다.
③ 증발기, 흡수기, 재생기(발생기), 응축기 등으로 구성되어 있다.
④ 기계적 에너지가 아닌 열에너지에 의해 냉동효과를 얻는다.

56 다음과 같은 특징을 갖는 천장취출구는?

- 확산형 취출구의 일종으로 몇 개의 콘(cone)이 있어서 1차 공기에 의한 2차 공기의 유인성능이 좋다.
- 확산반경이 크고 도달거리가 짧기 때문에 천장취출구로 많이 사용된다.

① 팬형 ② 노즐형
③ 펑커형 ④ 아네모스탯형

57 2중 효용 흡수식 냉동기에 관한 설명으로 옳은 것은?

① 응축기가 저온, 고온 응축기로 분리되어 있다.
② 발생기가 저온, 고온 발생기로 분리되어 있다.
③ 흡수기가 저온, 고온 흡수기로 분리되어 있다.
④ 증발기가 저온, 고온 증발기로 분리되어 있다.

58 실의 난방부하가 10kW인 사무실에 설치할 온수난방용 방열기의 필요 섹션수는? (단, 방열기 섹션 1개의 방열면적은 $0.20m^2$로 한다.)

① 74섹션 ② 85섹션
③ 90섹션 ④ 96섹션

59 난방도일(Heating Degree Day)에 관한 설명으로 옳지 않은 것은?

① 추운 날이 많은 지역일수록 난방도일은 커진다.
② 난방도일의 계산에 있어서 일사량은 고려하지 않는다.
③ 난방도일은 난방용 장치부하를 결정하기 위한 것이다.
④ 일반적으로 난방도일이 큰 지역일수록 연료소비량은 증가한다.

60 다음과 같은 조건에서 환기에 의한 손실열량(현열)은?

- 실의 크기 : 10m×7m×3m
- 환기횟수 : 1회/h
- 공기의 정압비열 : 1.01kJ/kg·K
- 공기의 밀도 : $1.2kg/m^3$
- 실내외 공기온도차 : 30℃

① 1.06kW ② 2.12kW
③ 3.82kW ④ 7.64kW

제4과목 소방 및 전기설비

61 물분무 소화설비에 관한 설명으로 옳지 않은 것은?

① 물의 입자를 미세하게 분무시키는 시스템이다.
② 물을 사용하므로 전기화재에는 적응성이 없다.
③ 냉각작용을 이용하여 소화효과를 얻을 수 있다.
④ 화재 시 발생하는 수증기에 의한 질식 작용을 이용하여 소화효과를 얻을 수 있다.

62 다음 설명에 알맞은 법칙은?

> 회로 내의 임의의 한 점에 들어오고 나가는 전류의 합은 같다.

① 옴의 법칙
② 렌츠의 법칙
③ 플레밍의 오른손법칙
④ 키르히호프의 제1법칙

63 어떤 회로에서 유효전력 80W, 무효전력 60Var일 때 역률은?

① 70% ② 80%
③ 90% ④ 100%

64 농형 유도전동기에 관한 설명으로 옳지 않은 것은?
① 슬립링에서 불꽃이 나올 우려가 있다.
② VVVF방식으로 속도제어를 할 수 있다.
③ 권선형에 비해 구조가 간단하여 취급방법이 용이하다.
④ 기동전류가 커서 전동기 권선을 과열시키거나 전원전압의 변동을 일으킬 수 있다.

65 옥내소화전방수구는 바닥으로부터의 높이가 최대 얼마 이하가 되도록 설치하여야 하는가?
① 0.9m　② 1.2m
③ 1.5m　④ 1.8m

66 무접점 시퀀스 제어 회로에 관한 설명으로 옳지 않은 것은?
① 소형화가 가능하다.
② 동작속도가 빠르다.
③ 전기적 노이즈에 대하여 안정적이다.
④ 고빈도 사용이 가능하고 수명이 길다.

67 천장면을 여러 형태의 사각, 동그라미 등으로 오려내고 다양한 형태의 매입기구를 취부하여 실내의 단조로움을 피하는 건축화 조명 방식은?
① 코퍼 조명　② 코브 조명
③ 밸런스 조명　④ 코니스 조명

68 3상 유도전동기의 속도제어방법에 속하지 않는 것은?
① 극수를 변화시키는 방법
② 슬립을 변화시키는 방법
③ 주파수를 변화시키는 방법
④ 3상 중 2개의 상을 변환 접속하는 방법

69 배선설비 공사에서 스위치 및 콘센트 시공에 관한 설명으로 옳지 않은 것은?
① 스위치는 회로의 비접지 측에 시설하여서는 안된다.
② 매입형 콘센트 플레이트는 건축 마감면에 밀착되도록 설치하여야 한다.
③ 스위치 설치 높이는 일반적으로 바닥에서 중심까지 1.2m를 기준으로 한다.
④ 일반형 콘센트 설치 높이는 바닥에서 기구중심까지 30cm를 기준으로 한다.

70 전기누전에 의한 감전을 방지하기 위하여 행하는 전기공사는?
① 접지공사　② 피뢰공사
③ 표시설비공사　④ 옥내배선공사

71 어떤 저항에 100V의 전압을 가했더니 10A의 전류가 흘렀다. 이 저항에 95V의 전압을 가했을 경우 흐르는 전류는?
① 5A　② 9.5A
③ 10.5A　④ 15A

72 옥내소화전설비가 갖춰진 10층 건물에 있어서 옥내소화전이 각 층에 2개씩 설치되어 있다면, 옥내소화전설비의 수원의 저수량은 최소 얼마 이상이 되도록 하여야 하는가?
① 5.2m³　② 13m³
③ 14m³　④ 15.6m³

73 옥외소화전설비에 관한 설명으로 옳지 않은 것은?
① 호스는 구경 65mm의 것으로 하여야 한다.
② 호스접결구는 지면으로부터 높이가 0.5m 이상 1m 이하의 위치에 설치한다.
③ 옥외소화전이 10개 설치된 때에는 옥외소화전마다 10m 이내의 장소에 1개 이상의 소화전함을 설치하여야 한다.
④ 호스접결구는 특정소방대상물의 각 부분으로부터 하나의 호스접결구까지의 수평거리가 40m 이하가 되도록 설치하여야 한다.

74 양측 금속박 사이에 유전체를 끼워 놓아둔 구조로 정전용량을 갖게 한 소자는?
① 저항　　② 콘덴서
③ 콘덕턴스　④ 인덕턴스

75 자동화재탐지설비의 감지기 중 주위의 공기에 일정농도 이상의 연기가 포함되었을 때 동작하는 감지기는?
① 불꽃 감지기
② 차동식 감지기
③ 이온화식 감지기
④ 보상식 스폿형 감지기

76 어떤 코일에 50Hz의 교류 전압을 가할 때 유도 리액턴스가 628Ω이었다. 이 코일의 자기인덕턴스(H)는?
① 2　　② 50
③ 314　④ 628

77 어느 도체의 단면에 10분간 360C의 전하가 통과하였다면 전류의 크기는?
① 0.027A　② 0.6A
③ 1.67A　　④ 3.6A

78 인화성 액체, 가연성 액체, 타르, 오일 및 인화성 가스와 같은 유류가 타고 나서 재가 남지 않는 화재를 의미하는 것은?
① A급 화재　② B급 화재
③ C급 화재　④ K급 화재

79 건물의 자동제어방식에서 디지털 방식에 속하는 것은?
① 전기방식　② 공기방식
③ 자기방식　④ DDC방식

80 3상유도 전동기의 기동법으로 Y-△ 기동법을 사용하는 가장 주된 목적은?
① 전압을 높이기 위하여
② 기동전류를 줄이기 위하여
③ 전동기의 출력을 높이기 위하여
④ 전동기의 동기속도를 높이기 위하여

제5과목　건축설비관계법규

81 문화 및 집회시설 중 공연장의 개별 관람실의 출구에 관한 기준 내용으로 옳지 않은 것은? (단, 개별 관람실의 바닥면적이 300m² 이상인 경우)
① 관람실별로 2개소 이상 설치하여야 한다.
② 각 출구의 유효너비는 1.2m 이상으로

한다.
③ 관람실로부터 바깥쪽으로의 출구로 쓰이는 문은 안여닫이로 하여서는 안 된다.
④ 개별 관람실 출구의 유효너비의 합계는 개별 관람실의 바닥면적 100m²마다 0.6m의 비율로 산정한 너비 이상으로 한다.

82 건축물에 급수·배수·환기·난방 등의 건축설비를 설치하는 경우 건축기계설비기술사 또는 공조냉동기계기술사의 협력을 받아야 하는 대상 건축물에 속하지 않는 것은?
① 아파트
② 연립주택
③ 숙박시설로서 해당 용도에 사용되는 바닥 면적의 합계가 2000m²인 건축물
④ 판매시설로서 해당 용도에 사용되는 바닥 면적의 합계가 2000m²인 건축물

83 위험물 저장 및 처리시설에 설치하는 피뢰설비는 한국산업표준이 정하는 피뢰시스템레벨이 최소 얼마 이상이어야 하는가?
① Ⅰ
② Ⅱ
③ Ⅲ
④ Ⅳ

84 특별피난계단의 구조에 관한 기준 내용으로 옳지 않은 것은?
① 계단실에는 예비전원에 의한 조명설비를 할 것
② 계단은 내화구조로 하되, 피난층 또는 지상까지 직접 연결되도록 할 것
③ 출입구의 유효너비는 0.9m 이상으로 하고 피난의 방향으로 열 수 있을 것
④ 계단실 및 부속실의 실내에 접하는 부분의 마감은 불연재료 또는 준불연재료로 할 것

85 주요구조부를 내화구조로 하여야 하는 대상 건축물에 속하지 않는 것은?
① 종교시설의 용도로 쓰는 건축물로서 집회실의 바닥면적의 합계가 200m²인 건축물
② 판매시설의 용도로 쓰는 건축물로서 그 용도로 쓰는 바닥면적의 합계가 500m²인 건축물
③ 운수시설의 용도로 쓰는 건축물로서 그 용도로 쓰는 바닥면적의 합계가 500m²인 건축물
④ 문화 및 집회시설 중 전시장의 용도로 쓰는 건축물로서 그 용도로 쓰는 바닥면적의 합계가 200m²인 건축물

86 다음 중 외기에 면하고 1층 또는 지상으로 연결된 출입문을 방풍구조로 하지 않아도 되는 것은? (단, 사람의 통행을 주목적으로 하며, 너비가 1.2m를 초과하는 출입문인 경우)
① 호텔의 주출입문
② 아파트의 출입문
③ 공기조화를 하는 업무시설의 출입문
④ 바닥면적의 합계가 500m²인 상점의 주출입문

87 각종 주택에 관한 설명으로 옳은 것은?
① 다중주택은 공동주택에 속한다.

② 기숙사는 공동주택에 속하지 않는다.
③ 다중주택은 독립된 주거의 형태이어야 한다.
④ 다가구주택은 1개 동의 주택으로 쓰이는 바닥면적의 합계가 660m² 이하이다.

88 건축물의 에너지절약설계기준상 다음과 같이 정의되는 용어는?

> 기기를 여러 대 설치하여 부하상태에 따라 최적 운전상태를 유지할 수 있도록 기기를 조합하여 운전하는 방식

① 인버터운전 ② 간헐제어운전
③ 비례제어운전 ④ 대수분할운전

89 다음은 초고층 건축물에 설치하는 피난안전구역에 관한 기준 내용이다. ( ) 안에 알맞은 것은?

> 초고층 건축물에는 피난층 또는 지상으로 통하는 직통계단과 직접 연결되는 피난안전구역(건축물의 피난·안전을 위하여 건축물 중간층에 설치하는 대피공간을 말한다)을 지상층으로부터 최대 ( ) 층마다 1개소 이상 설치하여야 한다.

① 10개 ② 20개
③ 30개 ④ 40개

90 다음 중 대수선에 속하지 않는 것은?
① 내력벽을 증설 또는 해체하는 것
② 기둥 2개를 수선 또는 변경하는 것
③ 다세대주택의 세대 간 경계벽을 증설 또는 해체하는 것
④ 주계단·피난계단 또는 특별피난계단을 수선 또는 변경하는 것

91 높이 기준이 60m인 건축물에서 허용되는 높이의 최대 오차는?
① 0.6m ② 0.9m
③ 1.0m ④ 1.2m

92 다음의 무창층과 관련된 기준 내용 중 밑줄 친 요건으로 옳지 않은 것은?

> "무창층"이란 지상층 중 다음 각 목의 요건을 모두 갖춘 개구부의 면적의 합계가 해당 층의 바닥면적의 30분의 1 이하가 되는 층을 말한다.

① 도로 또는 차량이 진입할 수 있는 빈터를 향할 것
② 내부 또는 외부에서 쉽게 개방 또는 파괴할 수 없을 것
③ 크기는 지름 50cm 이상의 원이 내접할 수 있는 크기일 것
④ 해당 층의 바닥면으로부터 개구부 밑부분까지의 높이가 1.2m 이내일 것

93 특별피난계단에 설치하는 배연설비의 구조에 관한 기준 내용으로 옳지 않은 것은?
① 배연구 및 배연풍도는 불연재료로 할 것
② 배연구는 평상시에는 닫힌 상태를 유지할 것
③ 배연구는 평상시에 사용하는 굴뚝에 연결할 것
④ 배연기는 배연구의 열림에 따라 자동적으로 작동할 것

94 건축법령상 용도별 건축물의 종류가 옳지 않은 것은?
① 숙박시설 - 휴양 콘도미니엄

② 제1종 근린생활시설 - 치과의원
③ 동물 및 식물관련시설 - 동물원
④ 제2종 근린생활시설 - 노래연습장

95 특정소방대상물에 설치하여야 하는 소방시설에 관한 설명으로 옳지 않은 것은?
① 노유자 생활시설에는 자동화재속보설비를 설치하여야 한다.
② 연면적 33m²인 음식점에는 소화기구를 설치하여야 한다.
③ 연면적 600m²인 종교시설에는 자동화재탐지설비를 설치하여야 한다.
④ 바닥면적의 합계가 5000m²인 판매시설의 모든 층에는 스프링클러설비를 설치하여야 한다.

96 다음 중 방화구조에 속하지 않는 것은?
① 심벽에 흙으로 맞벽치기한 것
② 철망모르타르로서 그 바름두께가 2cm인 것
③ 석고판 위에 회반죽을 바른 것으로서 그 두께의 합계가 2cm인 것
④ 시멘트모르타르 위에 타일을 붙인 것으로서 그 두께의 합계가 2.5cm인 것

97 연면적 200m²을 초과하는 중·고등학교에 설치하는 복도의 유효너비는 최소 얼마 이상으로 하여야 하는가? (단, 양옆에 거실이 있는 복도의 경우)
① 1.5m 이상 ② 1.8m 이상
③ 2.1m 이상 ④ 2.4m 이상

98 모든 층에 주거용 주방자동소화장치를 설치하여야 하는 특정소방대상물은?
① 기숙사   ② 아파트등
③ 견본주택   ④ 학생복지주택

99 연결송수관설비를 설치하여야 하는 특정소방대상물 기준으로 옳은 것은? (단, 위험물 저장 및 처리 시설 중 가스시설 또는 지하구는 제외)
① 층수가 3층 이상으로서 연면적 5000m² 이상인 것
② 층수가 3층 이상으로서 연면적 6000m² 이상인 것
③ 층수가 5층 이상으로서 연면적 5000m² 이상인 것
④ 층수가 5층 이상으로서 연면적 6000m² 이상인 것

100 공동주택과 오피스텔의 난방설비를 개별난방 방식으로 하는 경우에 대한 기준 내용으로 옳은 것은?
① 보일러실의 연도는 방화구조로서 개별 연도로 설치할 것
② 보일러실의 윗부분과 아랫부분에는 지름 5cm 이상의 공기흡입구 및 배기구를 설치할 것
③ 보일러를 설치하는 곳과 거실사이의 경계벽은 출입구를 제외하고는 내화구조의 벽으로 구획할 것
④ 전기보일러를 사용하는 경우, 보일러실의 윗부분에는 그 면적이 1m² 이상인 환기창을 설치할 것

2022년 1회 건축설비기사 과년도문제

제1과목 건축일반

01 건물에서의 열전달에 관련된 용어의 단위 중 옳지 않은 것은?
① 열전도율 : W/(m² · K)
② 대류열전달율 : W/(m² · K)
③ 열저항 : (m² · K)/W
④ 열관류율 : W/(m² · K)

02 다음 그림 중 왕대공 지붕틀에 해당하는 것은?

①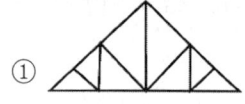

②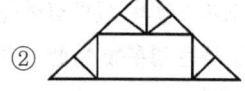

③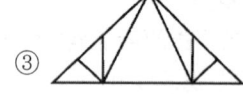

④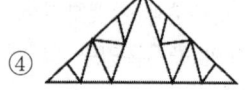

03 철골구조의 데크 플레이트에 사용되는 스터드 볼트의 주된 역할은?
① 축력 저항
② 전단력 저항
③ 휨 모멘트 저항
④ 비틀림 저항

04 잔향시간이란 음원으로부터 발생되는 소리가 정지했을 때 음압레벨이 몇 dB 감쇠하는데 소요되는 시간인가?
① 40dB
② 55dB
③ 60dB
④ 70dB

05 주택의 식사실 형태에 관한 설명으로 옳은 것은?
① D : 부엌의 일부분에 식사실을 두는 형태이다.
② DK : 거실의 한 부분에 식탁을 설치하는 형태이다.
③ LD : 거실과 부엌 사이에 식사실을 설치하는 것이 일반적인 형태로 동선이 길어져 작업능률의 저하가 우려된다.
④ LDK : 소규모 주택에서 많이 나타나는 형태로, 거실 내에 부엌과 식사실을 설치한 것이다.

06 사무소 건물에 아트리움(atrium)을 도입하는 이유에 해당하지 않는 것은?
① 에너지 절약에 유리하다.
② 사무공간에 빛과 식물을 도입하여 자연을 체험하게 한다.
③ 근로자들의 상호교류 및 정보교환의 장소를 제공한다.
④ 보다 넓은 사무공간을 확보할 수 있다.

07 유효온도에서 고려하지 않는 요소는?

① 기온　　　② 습도
③ 기류　　　④ 복사열

08 공기환경측정과 관련된 측정방법이 잘못 연결된 것은?
① 유속 측정 - 프로펠러 풍속계
② 압력 측정 - 다이어프램 차압계
③ 환기량 측정 - 가스추적법
④ 가스 농도 측정 - 피토관

09 상점의 판매형식 중 대면 판매에 관한 설명으로 옳지 않은 것은?
① 진열 면적이 크고 상품의 충동적 구매와 선택이 용이하다.
② 상품에 대한 설명을 하기 편리하다.
③ 판매원의 고정 위치를 정하기가 용이하다.
④ 포장, 계산이 편리하다.

10 반자의 세부 구조를 위에서부터 순서대로 옳게 나열한 것은?
① 달대받이 → 달대 → 반자틀받이 → 반자틀
② 달대받이 → 달대 → 반자틀 → 반자틀받이
③ 달대 → 달대받이 → 반자틀받이 → 반자틀
④ 달대 → 달대받이 → 반자틀 → 반자틀받이

11 구조적 안전성을 고려할 때 가장 바람직한 코어 형태는?
① 편심코어형　　② 독립코어형
③ 중심코어형　　④ 양측코어형

12 SRC(철골철근콘크리트)조에 관한 설명으로 옳지 않은 것은?
① 철근콘크리트 구조보다 내진성이 우수하다.
② 철골구조에 비해 거주성이 좋으며, 내화적이다.
③ 철근콘크리트 구조보다 건물의 중량을 크게 감소시킬 수 있다.
④ 철골부분은 H형강이 많이 쓰인다.

13 리조트 호텔 배치계획의 부지 조건으로 옳지 않은 것은?
① 관광지의 성격을 충분히 이용할 수 있는 위치일 것
② 수량이 풍부하고, 수질이 좋은 수원이 있을 것
③ 조망 및 주변경관의 조건이 좋을 것
④ 도심지에 위치할 것

14 종합병원의 병실계획에 관한 설명으로 옳지 않은 것은?
① 병실의 출입문의 폭은 침대가 통과할 수 있는 폭이어야 한다.
② 병실의 창문 높이는 환자가 병상에서 외부를 전망할 수 있도록 하는 것이 좋다.
③ 병실의 천장은 조도가 높은 마감재료를 사용한다.
④ 환자마다 손이 닿는 위치에 간호사 호출용 벨을 설치한다.

15 학교건축 계획에 관한 설명으로 옳지 않은 것은?
① 관리부분의 배치는 학생들의 동선을 피하고 중앙에 가까운 위치가 좋다.
② 주차장은 되도록 학교 깊숙이 끌어들이지 않고 한쪽 귀퉁이에 배치하는 것이 바람직하다.
③ 배치형식 중 집합형은 일종의 핑거 플랜으로 일조 및 통풍 등 교실의 환경조건이 균등하며 구조계획이 간단하다.
④ 운영방식 중 달톤형은 학급과 학생 구분을 없애고 학생들은 각자의 능력에 맞게 교과를 선택하며 일정한 교과가 끝나면 졸업한다.

16 건축물 계획 시 사용하는 모듈(module)의 특징에 관한 설명으로 옳은 것은?
① 설계 작업의 다양화가 가능하다.
② 건축구성재의 소량생산이 용이해진다.
③ 현장작업이 단순해진다.
④ 건축구성재의 생산비가 높아진다.

17 경사지를 적절하게 이용할 수 있으며, 각 호마다 전용의 정원 확보가 가능한 주택형식은?
① 테라스 하우스(Terrace house)
② 타운 하우스(Town house)
③ 중정형 하우스(Patio house)
④ 로 하우스(Row house)

18 도서관 출납 시스템에 관한 설명으로 옳지 않은 것은?
① 개가식은 자유개가식, 안전개가식, 반개가식 등이 있다.
② 폐가식은 열람자 자신이 서가에서 자료를 꺼내서 관원의 확인을 받아 대출기록을 제출하는 방식이다.
③ 자유개가식에서는 반납할 때 서가의 배열이 흩어지는 것을 방지하기 위해 반납대를 두는 경우도 있다.
④ 폐가식은 방재, 방습 등을 위해 서고 자체의 실내환경을 유지해야 한다.

19 백화점에 설치하는 엘리베이터와 에스컬레이터에 관한 설명으로 옳지 않은 것은?
① 엘리베이터는 에스컬레이터에 비하여 소요면적이 크나 승강이 병행되어 경제적이다.
② 에스컬레이터는 상하수송기관으로서 백화점 등에 주로 사용된다.
③ 엘리베이터는 에스컬레이터에 비해서 수송이 계속적이지 못하고 수송량도 적은 편이다.
④ 에스컬레이터는 설비비가 높아지나 위층 매장의 활용도 증가로 판매액이 증가되어 설비비를 보충할 수 있다.

20 사무소 건축의 사무실 계획에 관한 설명으로 옳은 것은?
① 내부 기둥 간격 결정 시 철근콘크리트 구조는 철골구조에 비해 기둥 간격을 길게 가져갈 수 있다.
② 기준층 계획 시 방화구획과 배연계획은 고려하지 않는다.
③ 개방형 사무실은 개실형에 비해 불경기 때에도 임대자를 구하기 쉽다.

④ 공조설비의 덕트는 기준층 높이를 결정하는 조건이 된다.

제2과목 위생설비

21 급탕배관 방식 중 헤더 방식에 관한 설명으로 옳지 않은 것은?
① 슬리브 공법 채용 시 배관의 교환이 용이하다.
② 헤더로부터의 지관 도중에는 관이음을 사용할 필요가 없다.
③ 선분기 방식에 비해 관의 표면적이 커서 손실열량이 많다.
④ 지관을 소구경으로 배관하면 유속이 빠르게 되어 일반적으로 공기 정체가 발생하지 않는다.

22 통기배관에 관한 설명으로 옳지 않은 것은?
① 통기관과 우수 수직관은 겸용하는 것이 좋다.
② 각개 통기 방식에서는 반드시 통기 수직관을 설치한다.
③ 배수 수직관의 상부는 연장하여 신정 통기관으로 사용하며, 대기 중에 개구한다.
④ 간접 배수계통의 통기관은 다른 통기계통에 접속하지 말고 단독으로 대기 중에 개구한다.

23 물의 성질에 관한 설명으로 옳지 않은 것은?
① 물은 비압축성 유체로 분류한다.
② 물은 1기압 4℃에서 비체적이 가장 작다.
③ 4℃ 물을 가열하여 100℃ 물이 되면 그 부피가 팽창한다.
④ 4℃ 물을 냉각하여 0℃ 얼음이 되면 그 부피가 수축한다.

24 가스계량기는 전기점멸기와 최소 얼마 이상의 거리를 유지하여야 하는가?
① 30cm   ② 45cm
③ 60cm   ④ 90cm

25 어느 배관에 20mm 소변기 2개, 25mm 대변기 2대가 연결될 때 이 배관의 관경은?

[동시사용률 표]

기구수	2	3	4	5	10
동시사용률(%)	100	80	75	70	53

[관 균등표]

관경(mm)	15	20	25	32	40	50
사용기구수	1	2	3.7	7.2	11	20

① 25mm   ② 32mm
③ 40mm   ④ 50mm

26 수도 본관에서 수직 높이 6m 위치에 있는 기구를 사용하고자 할 때 수도 본관의 최저 필요 수압은? (단, 관내 마찰손실은 0.02MPa, 기구의 최소 필요 압력은 0.07MPa이다.)
① 0.09MPa   ② 0.15MPa
③ 0.69MPa   ④ 6.09MPa

27 음료용 급수의 오염 원인에 따른 방지대책

으로 옳지 않은 것은?
① 정체수 : 적정한 탱크 용량으로 설계한다.
② 조류의 증식 : 투광성 재료로 탱크를 제작한다.
③ 크로스 커넥션 : 각 계통마다의 배관을 색깔로 구분한다.
④ 곤충 등의 침입 : 맨홀 및 오버플로우관의 관리를 철저히 한다.

28 스위블형 신축이음쇠에 관한 설명으로 옳지 않은 것은?
① 굴곡부에서 압력강하를 가져온다.
② 신축량이 큰 배관에는 부적당하다.
③ 설치비가 싸고 쉽게 조립할 수 있다.
④ 고온, 고압의 옥외 배관에 주로 사용된다.

29 동시사용률이 높은 건물의 급탕설비에 관한 설명으로 옳은 것은?
① 가열부하와 최대부하의 차이가 크다.
② 일반적으로 최대부하 사용시간이 짧다.
③ 일반적으로 하루에 1시간 정도의 일정 시간에만 온수가 사용된다.
④ 가열기 능력을 크게 하고 저탕탱크는 소용량으로 계획하는 것이 효율적이다.

30 내경이 50mm인 급수배관에 물이 1.5m/sec의 속도로 흐르고 있을 때, 체적유량은?
① 약 0.09m³/min ② 약 0.18m³/min
③ 약 0.24m³/min ④ 약 0.36m³/min

31 배관 이음재료 중 시공한 후 배관 교체 등 수리를 편리하게 하기 위해 사용하는 것은?
① 티(tee)   ② 부싱(bushing)
③ 플랜지(flange) ④ 리듀서(reducer)

32 다음 중 간접 배수로 하여야 하는 기기에 속하지 않는 것은?
① 세탁기   ② 대변기
③ 제빙기   ④ 식기세척기

33 간접가열식 급탕방식에 관한 설명으로 옳은 것은?
① 고압보일러를 사용하여야 한다.
② 직접가열식에 비해 열효율이 높다.
③ 가열 보일러는 난방용 보일러와 겸용할 수 있다.
④ 직접가열식에 비해 보일러 내면에 스케일이 부착하기 쉽다.

34 다음 중 배수 트랩이 구비해야 할 조건과 가장 관계가 먼 것은?
① 가능한 한 구조가 간단할 것
② 배수 시에 자기세정이 가능할 것
③ 가동부분이 있으며 가동부분에 봉수를 형성할 것
④ 유효 봉수 깊이(50mm 이상 100mm 이하)를 가질 것

35 급탕설비에 관한 설명으로 옳지 않은 것은?
① 급탕사용량을 기준으로 급탕순환펌프의 유량을 산정한다.
② 급탕부하 단위수는 일반적으로 급수부하 단위수의 3/4을 기준으로 한다.
③ 급수압력과 급탕압력이 동일하도록 배관 구성을 하는 것이 바람직하다.
④ 급탕 배관 시 수평주관은 상향 배관법

에서는 급탕관은 앞올림 구배로 하고 환탕관은 앞내림 구배로 한다.

36 펌프의 양정에 관한 설명으로 옳지 않은 것은?
① 흡수면에서 펌프축 중심까지의 수직거리를 토출 실양정이라고 한다.
② 물이 흐를 때는 유속에 상당하는 에너지가 필요하며, 이 에너지를 속도수두라 한다.
③ 흡수면으로부터 토출수면까지의 거리만큼 물이 올라가는데 필요한 에너지를 전양정이라고 한다.
④ 물을 높은 곳으로 보내는 경우, 흡수면으로부터 토출수면까지의 수직거리를 실양정이라고 한다.

37 급수방식 중 수도직결방식에 관한 설명으로 옳은 것은?
① 전력 차단 시 급수가 불가능하다.
② 3층 이상의 고층으로의 급수가 용이하다.
③ 저수조가 있으므로 단수 시에도 급수가 가능하다.
④ 수도 본관의 영향을 그대로 받아 수압 변화가 가능하다.

38 다음 중 펌프의 분류상 터보형 펌프에 속하지 않는 것은?
① 마찰 펌프　② 사류 펌프
③ 볼류트 펌프　④ 디퓨저 펌프

39 다음 중 트랩의 봉수 파괴 원인이 아닌 것은?
① 수격작용

② 증발현상
③ 모세관현상
④ 자기사이폰작용

40 먹는물의 수질기준에 관한 설명으로 옳지 않은 것은?
① 색도는 5도를 넘지 아니할 것
② 수은은 0.01mg/L를 넘지 아니할 것
③ 시안은 0.01mg/L를 넘지 아니할 것
④ 수돗물의 경우 경도는 300mg/L를 넘지 아니할 것

제3과목　공기조화설비

41 다음과 같은 조건에서 어느 작업장의 발생 현열량이 4000W일 때 필요환기량(m^3/h)은?

[조건]
· 허용 실내온도 : 35℃
· 외기온도 : 25℃
· 공기의 밀도 : 1.2kg/m^3
· 공기의 정압비열 : 1.01kJ/kg·K

① 411.3　② 698.8
③ 872.5　④ 1188.1

42 냉동기의 증발기에서 일어나는 상태변화에 관한 설명으로 옳지 않은 것은?
① 압력이 높아진다.
② 비엔탈비가 증가한다.
③ 비엔트로피가 증가한다.
④ 액체냉매가 기체냉매로 상이 변한다.

43 스플릿 댐퍼에 관한 설명으로 옳지 않은

것은?
① 주덕트의 압력강하가 작다.
② 폐쇄용으로 사용이 곤란하다.
③ 풍량조절의 정밀성이 우수하다.
④ 덕트의 분기부에 설치하여 풍량조절용으로 사용된다.

44 건구온도 33℃의 공기 20kg과 건구온도 25℃의 공기 80kg을 단열혼합하였을 때, 혼합공기의 건구온도는?
① 25.4℃   ② 26.6℃
③ 31.4℃   ④ 35.2℃

45 증기트랩의 작동 원리에 따른 분류 중 기계식 트랩에 속하는 것은?
① 버킷 트랩
② 열동식 트랩
③ 벨로즈 트랩
④ 바이메탈 트랩

46 다음 중 배관계통의 방진을 위해 고려해야 할 사항과 가장 거리가 먼 것은?
① 진동원의 기기를 지지한다.
② 배관을 밀고 당기는 힘이 작용되지 않도록 배치한다.
③ 소구경 배관에서는 플렉시블 호스를 사용하는 경우가 있다.
④ 바닥, 벽 등을 관통하는 곳에서는 배관을 직접 건물에 고정한다.

47 그림과 같은 전열교환기의 전열효율(η)을 올바르게 나타낸 것은? (단, 난방의 경우이며, X_1, X_2, X_3, X_4는 각 공기상태의 엔탈피를 나타낸다.)

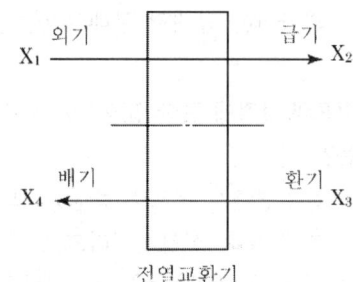

① $\eta = \dfrac{X_3 - X_1}{X_2 - X_1}$ ② $\eta = \dfrac{X_3 - X_4}{X_2 - X_4}$

③ $\eta = \dfrac{X_2 - X_1}{X_3 - X_1}$ ④ $\eta = \dfrac{X_3 - X_4}{X_3 - X_1}$

48 전열교환기에 관한 설명으로 옳지 않은 것은?
① 공기 대 공기의 열교환기로서, 습도차에 의한 잠열은 교환 대상이 아니다.
② 공기방식의 중앙공조시스템이나 공장 등에서 환기에서의 에너지 회수방식으로 사용된다.
③ 공조시스템에서 배기와 도입되는 외기와의 전열교환으로 공조기의 용량을 줄일 수 있다.
④ 전열교환기를 사용한 공조시스템에서 중간기(봄, 가을)를 제외한 냉방기와 난방기의 열회수량은 실내·외의 온도차가 클수록 많다.

49 습공기에 관한 설명으로 옳은 것은?
① 습구온도는 항상 건구온도보다 높다.
② 습공기를 가열하면 상대습도는 낮아진다.
③ 건구온도와 습구온도의 차가 클수록 습

도는 높아진다.
④ 동일 건구온도에서 상대습도가 높을수록 비체적은 작아진다.

50 정풍량 단일덕트방식에 관한 설명으로 옳지 않은 것은?
① 전공기방식에 속한다.
② 2중덕트방식에 비해 에너지 절약적이다.
③ 냉풍과 온풍을 혼합하는 혼합상자가 필요 없다.
④ 각 실이나 존의 부하변동에 즉시 대응할 수 있다.

51 다음 중 현열로만 구성된 냉방부하의 종류는?
① 인체의 발생열량
② 유리로부터의 취득열량
③ 극간풍에 의한 취득열량
④ 외기의 도입으로 인한 취득열량

52 온수난방에 관한 설명으로 옳지 않은 것은?
① 증기난방에 비해 열용량이 작다.
② 증기난방에 비해 예열 시간이 길다.
③ 한랭 시 난방을 정지하였을 경우 동결의 우려가 있다.
④ 현열을 이용한 난방이므로 증기난방에 비해 쾌감도가 높다.

53 다음과 같은 조건에서 난방 시 도입 외기량이 500kg/h일 때 도입외기에 의한 외기부하는?

[조건]
· 외기 : 건구온도 5℃, 절대습도 0.002kg/kg'
· 실내공기 : 건구온도 24℃, 절대습도 0.009kg/kg'
· 공기의 정압비열 : 1.01kJ/kg·K
· 물의 증발잠열 : 2501kJ/kg

① 약 5097W   ② 약 6088W
③ 약 7418W   ④ 약 9936W

54 바이패스형 변풍량 유닛(VAV unit)에 관한 설명으로 옳지 않은 것은?
① 유닛의 소음발생이 적다.
② 송풍덕트 내의 정압제어가 필요 없다.
③ 덕트계통의 증설이나 개설에 대한 적응성이 적다.
④ 천장 내의 조명으로 인한 발생열을 제거할 수 없다.

55 가습장치로 G(kg/h)의 공기를 가습할 때 가습량 L(kg/h)은? (단, 가습장치 입출구 공기의 절대습도는 X_1, X_2(kg/kg')이고 가습효율은 100%이다.)
① $L=G(X_2-X_1)$
② $L=1.2G(X_2-X_1)$
③ $L=717G(X_2-X_1)$
④ $L=597.5G(X_2-X_1)$

56 배관설계에 관한 설명으로 옳은 것은?
① 직관부의 마찰저항은 관경에 비례한다.
② 글로브 밸브는 슬루스 밸브에 비해 마찰저항이 적어 지름이 큰 배관에 많이 사용한다.

③ 배관 내의 유속이 낮으면 공사비는 절감되나 마찰저항이 커져서 펌프 소요동력이 증가한다.
④ 수배관의 관경은 마찰손실선도에서 유량, 단위길이당 마찰손실, 유속 중 2개가 정해지면 결정할 수 있다.

57 다음 중 상당 외기온도 산정 시 고려하지 않는 것은?
① 외기온도
② 일사의 세기
③ 구조체의 열관류율
④ 표면재료의 일사흡수율

58 고속덕트에 관한 설명으로 옳지 않은 것은?
① 소음과 진동 발생이 크다.
② 송풍기의 동력이 적게 든다.
③ 덕트재료를 절약할 수 있다.
④ 덕트 설치 공간을 적게 차지한다.

59 열펌프(heat pump)에 관한 설명으로 옳지 않은 것은?
① 공기조화에서 냉방 또는 난방기능을 수행한다.
② 냉동사이클에서 응축기의 방열량을 이용하기 위한 것이다.
③ EHP(Electric Heat Pump)는 흡수식 냉동기의 원리를 이용한 열펌프이다.
④ 냉동기를 냉각 목적으로 할 경우의 성적계수보다 열펌프로 사용될 경우의 성적계수가 크다.

60 습공기 선도의 표시사항에 속하지 않는 것은?
① 엔탈피
② 현열비
③ 상대습도
④ 엔트로피

제4과목 소방 및 전기설비

61 4H의 코일에 5A의 직류전류가 흐를 때 코일에 축적되는 에너지는?
① 10J
② 20J
③ 50J
④ 100J

62 소방시설 관련 설비의 설치 위치에 관한 설명으로 옳지 않은 것은?
① 옥내소화전 방수구는 바닥으로부터의 높이가 1.5m 이하가 되도록 설치한다.
② 소화기구(자동확산소화기 제외)는 바닥으로부터 높이 1.5m 이하의 곳에 비치한다.
③ 연결살수설비의 송수구는 지면으로부터 높이가 0.5m 이상 1.5m 이하의 위치에 설치한다.
④ 연결송수관설비의 송수구는 지면으로부터 높이가 0.5m 이상 1m 이하의 위치에 설치한다.

63 피뢰침에 근접한 뇌격을 흡인하여 전극으로 확실하게 방류하기 위한 요구조건으로 옳은 것은?
① 도체저항이 커야 한다.
② 접촉저항이 커야 한다.
③ 접지저항이 작아야 한다.
④ 돌침의 보호각이 작아야 한다.

64 특정소방대상물의 어느 층에 옥내소화전이 2개가 설치되어 2개의 옥내소화전을 동시에 사용할 경우 각 소화전의 노즐선단에서의 방수압력과 방수량은 최소 얼마 이상이어야 하는가?
① 방수압력 0.13MPa, 방수량 100ℓ/min
② 방수압력 0.13MPa, 방수량 130ℓ/min
③ 방수압력 0.17MPa, 방수량 100ℓ/min
④ 방수압력 0.17MPa, 방수량 130ℓ/min

65 다음 중 피드백 제어방식의 제어동작에 의한 분류에 속하지 않는 것은?
① 비례동작　② 적분동작
③ 정치동작　④ 다위치동작

66 옥내소화전설비에서 충압펌프의 주된 사용 목적은?
① 주펌프의 토출량 증대
② 전력 공급 차단에 따른 주펌프 정지 시 비상운전
③ 주펌프 정지 시 지속적 운전으로 배관의 동결 방지
④ 배관 내 압력손실에 따른 주펌프의 빈번한 기동 방지

67 다음 설명에 알맞은 축전지의 사용 중 충전방식은?

> 전지의 자기 방전을 보충함과 동시에 상용부하에 대한 전력 공급은 충전기가 부담하도록 하되, 충전기가 부담하기 어려운 일시적인 대전류 부하는 축전지로 하여금 부담하게 하는 방식

① 보통충전　② 부동충전
③ 급속충전　④ 균등충전

68 선간전압 220V, 전류 70A, 소비전력 18kW인 3상 유도전동기의 역률은?
① 0.67　② 0.72
③ 0.75　④ 1.17

69 다음 중 피드백 제어 시스템에서 반드시 필요한 장치는?
① 감도를 향상시키는 장치
② 안정도를 향상시키는 장치
③ 입력과 출력을 비교하는 장치
④ 응답속도를 빠르게 하는 장치

70 20Ω의 저항에 또 다른 저항 RΩ을 병렬로 접속하였더니, 두 개의 합성 저항이 4Ω이 되었다. 이때 저항 R은 몇 Ω인가?
① 2　② 5
③ 10　④ 15

71 역률이 나쁘다는 결점이 있으나, 구조와 취급이 간단하여 건축설비에서 가장 널리 사용되고 있는 전동기는?
① 동기전동기　② 분권전동기
③ 직권전동기　④ 유도전동기

72 방송 공동수신설비의 일반적 구성에 속하지 않는 것은?
① 월패드　② 증폭기
③ 분배기　④ 수신 안테나

73 인접 건물에 대한 연소 확대 방지 목적으로 사용되는 소화설비는?

① 옥내소화전설비
② 옥외소화전설비
③ 스프링클러설비
④ 물분무소화설비

74 "회로 내의 임의의 한 점에 들어오고 나가는 전류의 합은 같다"와 관련된 법칙으로 전류의 법칙이라고도 불리는 것은?
① 옴의 법칙
② 키르히호프의 제1법칙
③ 키르히호프의 제2법칙
④ 앙페르의 오른나사의 법칙

75 정전용량이 C_1과 C_2인 콘덴서를 병렬로 접속시켰을 때 합성정전용량은?
① $C_1 + C_2$
② $1/(C_1 + C_2)$
③ $1/C_1 + 1/C_2$
④ $(C_1 \times C_2)/(C_1 + C_2)$

76 수용장소의 총부하설비용량에 대한 최대 수요전력의 비율을 백분율로 나타낸 것은?
① 역률
② 부등률
③ 전류율
④ 수용률

77 전압과 전류의 위상차 θ가 있는 경우, 교류전력 중 유효전력을 나타낸 것은?
① VI[W]
② VI[VA]
③ VIcosθ[W]
④ VIsinθ[VAR]

78 인터폰의 통화망 구성 방식에 따른 분류에 속하지 않는 것은?
① 모자식
② 상호식
③ 복합식
④ 수정식

79 가연물질 주변의 공기 중 산소의 농도를 낮추어 소화하는 방법은?
① 냉각소화
② 제거소화
③ 질식소화
④ 부촉매소화

80 어느 사무실의 크기가 폭 12m, 안길이 10m이고 피조면에서 광원까지의 높이가 2.75m인 경우, 이 사무실의 실지수는?
① 0.34
② 1.98
③ 2.86
④ 4.36

제5과목 건축설비관계법규

81 건축물의 에너지절약설계기준에 따른 기계 부문의 권장사항으로 옳지 않은 것은?
① 열원설비는 부분부하 및 전부하 운전효율이 좋은 것을 선정한다.
② 냉방설비의 용량계산을 위한 설계기준 실내온도는 28℃를 기준으로 한다.
③ 난방설비의 용량계산을 위한 설계기준 실내온도는 22℃를 기준으로 한다.
④ 위생설비 급탕용 저탕조의 설계온도는 55℃ 이하로 하고 필요한 경우에는 부스터히터 등으로 승온하여 사용한다.

82 다음은 소방시설의 내진설계에 관한 기준 내용이다. 밑줄 친 대통령령으로 정하는

소방시설에 속하지 않는 것은?

「지진·화산재해대책법」 제14조 제1항 각 호의 시설 중 대통령령으로 정하는 특정 소방대상물에 대통령령으로 정하는 소방시설을 설치하려는 자는 지진이 발생할 경우 소방시설이 정상적으로 작동될 수 있도록 소방청장이 정하는 내진설계 기준에 맞게 소방시설을 설치하여야 한다.

① 옥내소화전설비
② 스프링클러설비
③ 자동화재탐지설비
④ 물분무 등 소화설비

83 다음은 숙박시설이 있는 특정소방대상물의 경우 갖추어야 하는 소방시설 등의 종류를 결정할 때 고려하여야 하는 수용인원의 산정방법에 관한 기준 내용이다. ( ) 안에 알맞은 것은? (단, 침대가 없는 숙박시설의 경우)

해당 특정소방대상물의 종사자 수에 숙박시설 바닥면적의 합계를 ( )로 나누어 얻은 수를 합한 수

① $3m^2$ ② $4m^2$
③ $5m^2$ ④ $6m^2$

84 문화 및 집회시설 중 공연장의 개별 관람실로부터의 출구의 설치에 관한 기준 내용으로 옳지 않은 것은? (단, 개별 관람실의 바닥면적은 $300m^2$이다.)

① 개별 관람실의 출구는 관람실별로 2개소 이상 설치하여야 한다.
② 개별 관람실의 각 출구의 유효너비는 1.5m 이상으로 하여야 한다.
③ 관람실로부터 바깥쪽으로의 출구로 쓰이는 문은 안여닫이로 해서는 안 된다.
④ 개별 관람실 출구의 유효너비의 합계는 최소 3.6m 이상으로 하여야 한다.

85 다음 중 철근콘크리트조로서 두께와 상관없이 내화구조로 인정되는 것에 속하지 않는 것은?

① 보   ② 계단
③ 바닥 ④ 지붕

86 건축물의 냉방설비에 대한 설치 및 설계기준상 다음과 같이 정의되는 것은?

포접화합물(Clathrate)이나 공융염(Eutectic Salt) 등의 상변화 물질을 심야시간에 냉각시켜 동결한 후 그 밖의 시간에 이를 녹여 냉방에 이용하는 냉방설비

① 빙축열식 냉방설비
② 수축열식 냉방설비
③ 잠열축열식 냉방설비
④ 현열축열식 냉방설비

87 각 층의 거실면적이 $3000m^2$이며 층수가 12층인 호텔 건축물에 설치하여야 하는 승용승강기의 최소 대수는? (단, 24인승 승강기를 설치하는 경우)

① 3대 ② 4대
③ 5대 ④ 6대

88 소리를 차단하는데 장애가 되는 부분이 없도록 건축물의 피난·방화구조 등의 기준에 관한 규칙에서 정하는 구조로 하여야 하는 대상에 속하지 않는 것은?

① 숙박시설의 객실 간 경계벽
② 의료시설의 병실 간 경계벽
③ 업무시설의 사무실 간 경계벽
④ 교육연구시설 중 학교의 교실 간 경계벽

89 다음의 용도변경 중 허가 대상에 속하는 것은?
① 문화 및 집회시설에서 업무시설로의 용도변경
② 판매시설에서 문화 및 집회시설로의 용도변경
③ 방송통신시설에서 교육연구시설로의 용도변경
④ 자동차관련시설에서 문화 및 집회시설로의 용도변경

90 장례식장의 용도로 쓰이는 건축물의 집회실로서 그 바닥면적이 200m²인 경우 반자의 높이는 최소 얼마 이상이어야 하는가? (단, 기계환기장치를 설치하지 않은 경우)
① 2.1m   ② 2.4m
③ 2.7m   ④ 4.0m

91 건축허가신청에 필요한 설계도서에 속하지 않는 것은?
① 배치도   ② 동선도
③ 단면도   ④ 건축계획서

92 특별피난계단에 설치하는 배연설비의 구조에 관한 기준 내용으로 옳지 않은 것은?
① 배연구 및 배연풍도는 불연재료로 할 것

② 배연구가 외기에 접하지 아니하는 경우에는 배연기를 설치할 것
③ 배연구에 설치하는 수동개방장치 또는 자동개방장치는 손으로도 열고 닫을 수 있도록 할 것
④ 배연구는 평상시에는 닫힌 상태를 유지하고, 연 경우에는 배연에 의한 기류로 인하여 닫히도록 할 것

93 특정소방대상물이 문화 및 집회시설 중 공연장인 경우 모든 층에 스프링클러 설비를 설치하여야 하는 수용인원 기준은?
① 수용인원이 50명 이상인 것
② 수용인원이 100명 이상인 것
③ 수용인원이 150명 이상인 것
④ 수용인원이 200명 이상인 것

94 세대수가 5세대인 주거용 건축물에 설치하는 음용수 급수관의 지름은 최소 얼마 이상으로 하여야 하는가?
① 20mm   ② 25mm
③ 32mm   ④ 40mm

95 건축물 지하층에 설치하는 비상탈출구에 관한 기준 내용으로 옳지 않은 것은? (단, 주택이 아닌 경우)
① 비상탈출구는 출입구로부터 2m 이상 떨어진 곳에 설치할 것
② 비상탈출구의 유효너비는 0.75m 이상으로 하고, 유효높이는 1.5m 이상으로 할 것
③ 비상탈출구의 문은 피난방향으로 열리도록 하고, 실내에서 항상 열 수 있는

구조로 할 것

④ 비상탈출구는 피난층 또는 지상으로 통하는 복도나 직통계단에 직접 접하거나 통로 등으로 연결될 수 있도록 설치할 것

96 건축법령상 다음과 같이 정의되는 주택의 종류는?

> 주택으로 쓰는 1개 동의 바닥면적 합계가 660m² 이하이고, 층수가 4개 층 이하인 주택

① 연립주택 ② 단독주택
③ 다가구주택 ④ 다세대주택

97 건축물에 건축설비를 설치하는 경우 관계 전문기술자의 협력을 받아야 하는 대상 건축물의 연면적 기준은? (단, 창고시설 제외)

① 1000m² 이상
② 2000m² 이상
③ 5000m² 이상
④ 10000m² 이상

98 다음의 소방시설 중 경보시설에 속하지 않는 것은?

① 비상방송설비
② 자동화재탐지설비
③ 자동화재속보설비
④ 무선통신보조설비

99 건축물의 설비기준 등에 관한 규칙에 따라 피뢰설비를 설치하여야 하는 대상 건축물의 높이 기준은?

① 10m 이상   ② 15m 이상
③ 20m 이상   ④ 30m 이상

100 다음은 건축법상 지하층의 정의이다. ( ) 안에 알맞은 것은?

> "지하층"이란 건축물의 바닥이 지표면 아래에 있는 층으로서 바닥에서 지표면까지 평균 높이가 해당 층 높이의 ( ) 이상인 것을 말한다.

① 2분의 1   ② 3분의 1
③ 4분의 1   ④ 3분의 2

2022년 2회 건축설비기사 과년도문제

제1과목 건축일반

01 합성보에서 콘크리트 슬래브와 철골보를 연결하여 일체화시키는데 사용되는 철제 보강 철물은?
① 쉬어 커넥터(shear connector)
② 스티프너(stiffener)
③ 래티스(lattice)
④ 턴버클(turn buckle)

02 건축의 성립에 영향을 미치는 요소들에 관한 설명으로 옳지 않은 것은?
① 자연 조건이 비슷한 여러 나라가 서로 다른 건축형태를 갖는 것은 기후 및 풍토적 요소 때문이다.
② 지붕의 형태, 경사 등은 기후 및 풍토적 요소의 영향을 받는다.
③ 건축재료와 이를 구성하는 방법에 따라 건물 형태가 변화하는 것은 기술적 요소에서 기인한다.
④ 봉건시대에는 신을 위한 건축이 주류를 이루었고, 민주주의 시대에는 대중을 위한 학교, 병원 등의 건축이 많아진 것은 정치 및 종교적 요소의 영향 때문이다.

03 사무소 건물에 아트리움(atrium)을 도입하는 이유와 가장 거리가 먼 것은?
① 불리한 외부환경으로부터 보호받는 오픈 스페이스를 제공하고, 건축물에 조형적, 상징적 독자성을 부여한다.
② 사무공간에 빛과 식물을 도입하여 자연을 체험하게 한다.
③ 근로자들의 상호교류 및 정보교환의 장소를 제공한다.
④ 보다 넓은 사무공간을 확보할 수 있다.

04 리조트 호텔(Resort hotel)은 각종 관광지에서 관광객을 숙박대상으로 삼고 있는데 그 종류에 해당되지 않는 것은?
① 해변호텔(Beach hotel)
② 산장호텔(Mountain hotel)
③ 철도역호텔(Station hotel)
④ 클럽하우스(Club hotel)

05 철근콘크리트 슬래브의 단변 방향 철근에 해당하는 것은?
① 주근 ② 부근
③ 늑근 ④ 보강근

06 초등학교 건축계획에 관한 설명으로 옳지 않은 것은?
① 일반교실과 특별교실은 분리하는 것이 좋다.
② 오픈 플랜 스쿨의 교실은 공간의 개방화, 대형화, 가변화를 고려하여야 한다.
③ 초등학교 저학년에 맞는 교실운영 방식은 일반교실+특별교실형(U+V형)이다.
④ 초등학교 저학년의 교실은 주로 저층에

배치한다.

07 쌓기 전 시멘트 벽돌을 물축이기 하는 가장 주된 이유는?
① 벽돌의 파손 방지
② 모르타르의 수분 흡수 방지
③ 화재 방지
④ 백화 방지

08 사무소 건축에서 코어 플랜(core plan)의 이점과 가장 거리가 먼 것은?
① 코어의 외곽이 내진벽 역할을 할 수 있다.
② 부지를 경제적으로 사용할 수 있으며, 사무실의 독립성이 보장된다.
③ 사무소의 임대면적 비율(rentable ratio)을 높일 수 있다.
④ 각 층에서 설비계통의 거리가 비교적 균등하게 되므로 최대부하를 줄일 수 있고 순환도 용이하게 된다.

09 도서관의 출납 시스템에 관한 설명으로 옳지 않은 것은?
① 폐가식은 서고와 열람실이 분리되어 있다.
② 자유개가식은 서가의 정리가 잘 안되면 혼란스럽게 된다.
③ 안전개가식은 열람자가 목록 카드에 의해 책을 선택하여 관원에게 수속을 마친 후 열람하는 방식이다.
④ 반개가식에서 열람자는 직접 서가에 면하여 책의 체제나 표지 정도는 볼 수 있으나 내용을 보려면 관원에게 요구하여야 한다.

10 상점의 파사드 구성에서 중요시되는 5가지 광고 요소에 해당되지 않는 것은?
① Attention ② Desire
③ Media ④ Interest

11 침실계획 시 고려 사항으로 옳지 않은 것은?
① 사적 생활을 보장할 수 있게 한다.
② 침실의 면적은 실내의 자연환기 횟수를 고려하여 산출한다.
③ 노인침실은 일조가 충분한 곳에 면하게 한다.
④ 현관과 가깝게 배치해야 동선상 유리하다.

12 상점의 매장계획에 관한 설명으로 옳지 않은 것은?
① 상품이 고객 쪽에서 효과적으로 보이도록 한다.
② 고객의 동선은 짧게, 점원의 동선은 길게 한다.
③ 고객과 직원의 시선이 바로 마주치지 않도록 배치한다.
④ 고객을 감시하기 쉬워야 한다.

13 학교 교실의 음 환경에 관한 설명으로 옳지 않은 것은?
① 교실과 복도의 접촉면이 큰 평면이 소음을 막는데 유리하다.
② 소리를 잘 듣기 위해서는 적당한 잔향시간이 필요하다.
③ 운동장에서의 소음은 배치계획으로 이를 방지할 수 있다.
④ 반자는 교실 내의 음향이 조절될 수 있

도록 설계되어야 한다.

14 주방의 작업삼각형(Work Triangle)에 관한 설명으로 옳지 않은 것은?
① 냉장고, 싱크대, 조리대를 연결하는 삼각형을 말한다.
② 삼각형의 총 길이는 3.6~6.6m 정도가 적당하다.
③ 냉장고와 싱크대, 싱크대와 조리대 사이는 동선이 짧아야 한다.
④ 삼각형의 한 변의 길이가 길어질수록 작업의 효율이 높아진다.

15 1인당 필요한 신선공기량이 $30m^3/h$일 때 정원이 500명, 실용적이 $5000m^3$의 강당의 1시간당 환기 횟수는 얼마인가?
① 2회   ② 3회
③ 4회   ④ 5회

16 천장의 채광 효과를 얻기 위하여 천장의 위치에 설치하고, 비막이에 좋은 측창의 구조적 장점을 살리기 위하여 연직에 가까운 방향으로 한 창에 의한 채광법으로 주광률 분포의 균일성이 요구되는 곳에 사용되는 것은?
① 측광   ② 정광
③ 정측광   ④ 산란광

17 기초의 계획 및 설치에 관한 유의사항으로 옳지 않은 것은?
① 지하실은 가급적 건물 전체에 균등히 설치하여 침하를 줄이는데 유의한다.
② 지반의 상태가 고르지 못하거나 편심하중이 작용하는 건축물의 기초는 서로 다른 형태의 기초나 말뚝을 혼용하는 것이 좋다.
③ 기초를 땅속 경사가 심한 굳은 지반에 올려놓을 경우 슬라이딩의 위험성을 고려해야 한다.
④ 지중보를 충분히 설치하면 기초의 강성이 높아지므로 부동침하 방지에 도움이 된다.

18 병원계획에 관한 설명으로 옳지 않은 것은?
① 외래진료부의 운영방식에서 오픈 시스템은 일반적으로 대규모의 각종 과를 필요로 한다.
② 간호사 대기소는 엘리베이터에서 가까운 곳에 위치시킨다.
③ 병원의 조직은 시설계획상 병동부, 중앙진료부, 외래부, 공급부, 관리부 등으로 구분되며, 각 부는 동선이 교차되지 않도록 계획되어야 한다.
④ 일반적으로 입원환자의 병상수에 따라 외래, 수술, 급식 등 모든 병원의 시설 규모가 결정된다.

19 목구조의 맞춤에 관한 설명으로 옳지 않은 것은?
① 부재의 마구리가 보이지 않게 45°로 잘라 맞댄 것을 안장맞춤이라 한다.
② 큰 부재에 구멍을 파고 그 속에 작은 부재를 그대로 끼워 넣는 맞춤을 통맞춤이라 한다.
③ 부재의 마구리에서 필요한 일부를 남기고 나머지를 따내어 다른 부재의 구멍

속에 밀어 넣어 맞추는 것을 장부맞춤이라 한다.
④ 위쪽 부재와 아래쪽 부재가 직각으로 교차할 때 접합면을 서로 따서 물리게 하는 것을 걸침턱맞춤이라 한다.

20 기온, 기류 및 주벽면 온도의 3요소의 조합과 체감과의 관계를 나타내는 열환경지표는?
① 유효온도 ② 불쾌지수
③ 등온지수 ④ 작용온도

제2과목 위생설비

21 온도 20℃, 길이 100m인 동관에 탕이 흘러 60℃가 되었을 때, 이 동관의 팽창된 길이는? (단, 동관의 선팽창계수는 0.171×10^{-4}/℃이다.)
① 34.2mm ② 68.4mm
③ 136.8mm ④ 171mm

22 수도본관에서 수직높이 1m인 곳에 대변기의 세정밸브를 설치하였다. 이 세정밸브의 사용을 위해 필요한 수도본관의 최저 압력은? (단, 수도직결방식이며, 본관에서 세정밸브까지의 마찰손실은 0.02MPa, 세정밸브의 최저필요압력은 0.07MPa이다.)
① 0.07MPa ② 0.09MPa
③ 0.1MPa   ④ 0.19MPa

23 고가탱크에 시간당 18m³의 물을 보내려 할 때 유속을 2m/s로 하기 위한 펌프의 구경은?
① 47.2mm ② 56.4mm
③ 72.9mm ④ 94.5mm

24 물의 경도에 관한 설명으로 옳지 않은 것은?
① 일반적으로 지하수는 경수로 간주한다.
② 경수는 단물이라고 하며, 경도가 70ppm 이상인 물을 말한다.
③ 경수를 보일러 용수로 사용하면 배관 내에 스케일 생성을 야기한다.
④ 물 속에 녹아 있는 칼슘, 마그네슘 등의 염류의 양을 탄산칼슘의 농도로 환산하여 나타낸 것이다.

25 플라스틱 위생기구에 관한 설명으로 옳지 않은 것은?
① 가공성이 좋고 대량생산이 가능하다.
② 형상을 비교적 자유롭게 제작할 수 있다.
③ 경량이나 경년변화로 변색의 우려가 있다.
④ 표면경도와 내마모성이 커서 흠이 생기지 않고, 열에 강하다.

26 500L/h의 급탕을 하는 건물에서 전기 순간온수기를 사용했을 때 전기소비량은? (단, 물의 비열 4.2kJ/kg · K, 급탕온도 60℃, 급수온도 15℃, 효율 80%)
① 27.2kW ② 29.8kW
③ 32.8kW ④ 38.4kW

27 급수방식 중 펌프직송방식에 관한 설명으로 옳지 않은 것은?
① 전력 차단 시에도 급수가 가능하다.
② 수도직결방식에 비하여 유지관리비용

이 많다.
③ 정속방식은 급수관 내 압력 또는 유량을 탐지하여 펌프의 대수를 제어하는 방식이다.
④ 상수를 지하 저수탱크에 저장한 다음, 급수 펌프로 필요한 장소로 직송하는 방식이다.

28 다음과 같은 조건에서 급탕순환펌프의 순환 수량은?

- 배관계통의 전열손실량 : 4000W
- 급탕온도 : 65℃, 환탕온도 : 55℃
- 물의 비열 : 4.2kJ/kg·K

① 5.7L/min   ② 10.5L/min
③ 20.9L/min ④ 30.4L/min

29 관내유동에서 층류와 난류를 판단하는 기준이 되는 것은?
① 마하(Mach)수
② 프란틀(Prandtl) 수
③ 그라쇼프(Grashof) 수
④ 레이놀즈(Reynolds) 수

30 다음 설명에 알맞은 통기관의 종류는?

오배수 입상관으로부터 취출하여 취쪽의 통기관에 연결되는 배관으로, 오배수 입상관 내의 압력을 같게 하기 위한 도피 통기관

① 습통기관   ② 각개 통기관
③ 결합 통기관 ④ 루프 통기관

31 급수배관에서 유속을 제한하는 이유와 가장 거리가 먼 것은?

① 캐비테이션 발생 방지
② 크로스 커넥션 발생 방지
③ 유수(流水)에 의한 소음 발생 방지
④ 워터해머로 인한 관 및 관이음쇠의 손상 발생 방지

32 오수처리방법 중 생물막법에 관한 설명으로 옳지 않은 것은?
① 생물학적 처리방법에 속한다.
② 살수여상방식은 쇄석, 플라스틱 여과재가 사용된다.
③ 살수여상방식, 회전원판접촉방식, 접촉폭기방식 등이 있다.
④ 오니가 폭기조 내부에서 부유하며 오수를 처리하는 방법이다.

33 간접 배수로 하여야 하는 기구에 속하지 않는 것은?
① 세면기   ② 제빙기
③ 세탁기   ④ 식기세척기

34 내경 40mm, 길이 20m인 급수관에 유속 2m/s로 물을 보내는 경우 마찰손실수두는? (단, 관마찰계수는 0.02이다.)
① 0.5mAq   ② 1.0mAq
③ 1.5mAq   ④ 2.0mAq

35 세정밸브식 대변기에 진공방지기(vacuum breaker)를 설치하는 주된 이유는?
① 사용수량을 줄이기 위하여
② 급수소음을 줄이기 위하여
③ 급수오염을 방지하기 위하여
④ 취기(냄새)를 방지하기 위하여

36 급탕기기의 부속장치에 관한 설명으로 옳지 않은 것은?
① 안전밸브와 팽창탱크 및 배관 사이에는 차단밸브나 체크밸브를 설치한다.
② 온수탱크 상단에는 진공방지밸브(vacuum relief valve)를, 하부에는 배수밸브(drain valve)를 설치한다.
③ 밀폐형 가열장치에는 일정 압력 이상이면 압력을 도피시킬 수 있도록 도피밸브나 안전밸브를 설치한다.
④ 온수탱크의 보급수관에는 급수관의 압력변화에 의한 환탕의 유입을 방지하도록 역류방지밸브를 설치한다.

37 다음 그림에서 배수 트랩의 봉수 깊이를 올바르게 표현한 것은?

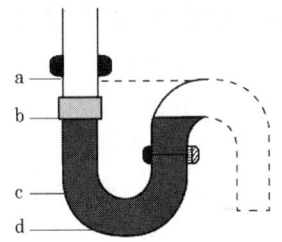

① a ~ b
② b ~ d
③ b ~ c
④ c ~ d

38 통기관의 설치 목적으로 옳지 않은 것은?
① 배수계통 내의 배수 및 공기의 흐름을 원활히 한다.
② 배수관 계통의 환기를 도모하여 관내를 청결하게 유지한다.
③ 모세관 현상이나 증발에 의해 트랩의 봉수가 파괴되는 것을 방지한다.
④ 배수 트랩의 봉수부에 가해지는 배수관 내의 압력과 대기압과의 차에 의해 트랩의 봉수가 파괴되지 않도록 한다.

39 다음의 급수방식 중 수질오염 가능성이 가장 큰 것은?
① 수도직결방식
② 고가수조방식
③ 압력수조방식
④ 펌프직송방식

40 이종관의 접합에 관한 설명으로 옳지 않은 것은?
① 연관과 동관의 접합은 납땜 접합한다.
② 강관과 동관의 접합에는 절연이음쇠를 사용하지 않는다.
③ 강관과 스테인리스강관의 접합은 원칙적으로 절연이음쇠를 사용한다.
④ 주철관과 강관의 접합은 각각 이음을 코킹하여 나사 또는 플랜지 접합한다.

제3과목 공기조화설비

41 온수난방방식에 관한 설명으로 옳은 것은?
① 용량제어가 어렵고 응축수에 의한 열손실이 크다.
② 실내온도의 상승이 빠르고 예열손실이 적어 간헐난방에 적합하다.
③ 증기난방에 비하여 소요방열면적과 배관경이 작으므로 설비비가 낮다.
④ 열용량이 크므로 보일러를 정지시켜도 실내난방이 어느 정도 지속된다.

42 다음 중 공기조화설비 배관에서 압력계의 설치 위치로 가장 알맞은 곳은?
① 펌프 출구
② 급수관 입구
③ 냉수코일 출구
④ 열교환기 출구

43 온수배관에 관한 설명으로 옳지 않은 것은?
① 배관의 신축을 고려한다.
② 배관재료는 내식성을 고려한다.
③ 온수배관에는 공기가 고이지 않도록 구배를 준다.
④ 온수보일러의 팽창관에는 게이트 밸브를 설치한다.

44 덕트 내에 흐르는 공기의 풍속이 12m/s, 정압이 100Pa일 경우 전압은? (단, 공기의 밀도는 1.2kg/m³이다.)
① 108.8Pa   ② 186.4Pa
③ 234.2Pa   ④ 256.6Pa

45 증기트랩 중 플로트 트랩에 관한 설명으로 옳지 않은 것은?
① 다량의 응축수를 처리할 수 있다.
② 급격한 압력변화에도 잘 작동한다.
③ 동결의 우려가 있는 곳에 주로 사용된다.
④ 증기해머에 의해 내부손상을 입을 수 있다.

46 덕트 설계법 중 정압 재취득법에 관한 설명으로 옳지 않은 것은?
① 등손실법에 의한 경우보다 송풍기 동력이 절약된다.
② 각 취출구에서 댐퍼에 의한 조절을 하지 않을 경우 예정된 취출풍량을 얻을 수 없다.
③ 각 취출구 또는 분기부 직전의 정압을 균일하게 되도록 덕트 치수를 결정하는 설계법이다.
④ 각 분기부분에 있어서의 풍속의 감소에 의한 정압 재취득을 다음 구간의 덕트 저항손실에 이용한다.

47 유량조절용으로 사용되며 유체의 흐름방향을 90°로 전환시킬 수 있는 밸브는?
① 볼 밸브   ② 체크 밸브
③ 앵글 밸브 ④ 게이트 밸브

48 대향류형 냉각탑과 비교한 직교류형 냉각탑의 특징에 관한 설명으로 옳지 않은 것은?
① 설치 면적이 크다.
② 열교환 효율이 좋다.
③ 팬 소요동력이 작다.
④ 점검·보수가 용이하다.

49 다음의 송풍기 풍량제어법 중 축동력이 가장 적게 소요되는 것은?
① 회전수 제어
② 흡입베인 제어
③ 흡입댐퍼 제어
④ 토출댐퍼 제어

50 냉방부하계산에 관한 설명으로 옳지 않은 것은?
① 외벽구조에 따라 상당온도차는 다르게 나타난다.

② 틈새바람에 의한 부하는 현열과 잠열 모두 고려한다.
③ 틈새바람량 계산법으로는 틈새법, 면적법, 환기 횟수법 등이 있다.
④ 유리를 통한 열부하는 일사에 의한 직접 열취득만을 고려한다.

51 실내 설계온도가 20℃인 어떤 실의 난방부하를 계산한 결과 현열부하 q_s=15000W, 잠열부하 q_L=3000W이었다. 실내 송풍량이 10000kg/h라 하면 이때 필요한 취출공기의 온도는? (단, 공기의 비열은 1.01kJ/kg·K 이다.)

① 25.3℃ ② 26.6℃
③ 27.5℃ ④ 29.2℃

52 송풍기의 회전속도를 일정하게 하고 날개의 직경을 d_1에서 d_2로 변경했을 때, 동력 L_2를 구하는 식으로 알맞은 것은? (단, L_1은 직경, d_1에서의 동력이다.)

① $L_2 = (\frac{d_2}{d_1})L_1$

② $L_2 = (\frac{d_1}{d_2})L_1$

③ $L_2 = (\frac{d_1}{d_2})^6 L_1$

④ $L_2 = (\frac{d_2}{d_1})^5 L_1$

53 10인이 재실하는 어떤 실내공간의 CO_2 농도를 외기(外氣)로 환기시켜 700ppm 이하로 유지하고자 한다. CO_2 발생원인은 인체 이외에는 없으며 1인당 CO_2 발생량은 0.022m³/h 이라 할 때 필요환기량은? (단, 외기의 CO_2 농도는 300ppm이다.)

① 400m³/h ② 550m³/h
③ 700m³/h ④ 900m³/h

54 다음의 공기조화방식 중 공기·수 방식에 속하는 것은?
① 유인 유닛방식
② 멀티존 유닛방식
③ 팬코일 유닛방식
④ 2중덕트 변풍량방식

55 온도 35℃, 절대습도 0.018kg/kg'인 공기 150kg과 온도 15℃, 절대습도 0.008kg/kg'인 공기 200kg을 단열혼합할 때 혼합공기의 상태는?
① 온도 23.6℃, 절대습도 0.012kg/kg'
② 온도 23.6℃, 절대습도 0.014kg/kg'
③ 온도 24.8℃, 절대습도 0.012kg/kg'
④ 온도 24.8℃, 절대습도 0.014kg/kg'

56 스모크 타워 배연법에 관한 설명으로 옳은 것은?
① 송풍기와 덕트를 사용해서 외부로 연기를 배출하는 방식이다.
② 풍력에 의한 흡인효과와 부력을 이용한 배연탑을 사용하여 연기를 배출하는 방식이다.
③ 부력에 의하여 연기를 실의 상부벽이나 천장에 설치된 개구에서 옥외로 배출하는 방식이다.
④ 연기를 일정 구획 내에 한정하도록 피난이 완전히 끝난 뒤에 개구부를 자동

으로 완전 밀폐하는 방식이다.

57 30℃의 외기 40%와 23℃의 환기 60%를 혼합하여 냉각코일로 냉각감습하는 경우 바이패스 팩터가 0.2이면 코일의 출구 온도는? (단, 코일 표면온도는 10℃이다.)
① 12.16℃ ② 13.16℃
③ 14.16℃ ④ 15.16℃

58 증기난방에서 방열기의 상당방열면적(EDR) 계산에 사용되는 표준방열량은?
① 450W/m² ② 523W/m²
③ 650W/m² ④ 756W/m²

59 공기에 관한 설명으로 옳은 것은?
① 절대습도가 0kg/kg'인 공기를 포화공기라고 한다.
② 현열비가 1이라면 잠열부하만 있다는 것을 의미한다.
③ 건구온도 0℃, 절대습도 0kg/kg'인 건공기의 엔탈피는 0kJ/kg이다.
④ 열수분비가 0이라면 공기의 상태변화에 절대습도의 변화가 없었다는 의미이다.

60 공기조화 용어 중 엔탈피(Enthalpy)가 의미하는 것은?
① 비체적 ② 비습도
③ 전열량 ④ 현열량

● 제4과목 소방 및 전기설비

61 합성최대수요전력을 구하는 계수로서 각 부하의 최대수요전력 합계와 합성최대수요전력과의 비율로 나타내는 것은?
① 수용률 ② 유효율
③ 부하율 ④ 부등률

62 인터폰 설비의 통화 방식에 따른 구분에 속하는 것은?
① 모자식
② 상호식
③ 전화스피커 방식
④ 프레스토크 방식

63 소화방법에 관한 설명으로 옳지 않은 것은?
① 희석소화는 가연물질 주변의 공기 중 산소의 농도를 낮추는 소화방법이다.
② 냉각소화는 가연물질의 온도를 낮추어 연소의 진행을 억제하는 소화방법이다.
③ 제거소화는 가연물질은 원천적으로 제거하여 연소반응이 진행되는 것을 제거하는 소화방법이다.
④ 부촉매소화는 연소반응에서 화학적 작용을 통해 연쇄적 반응으로 화재진행을 억제하는 소화방법이다.

64 유효전력과 무효전력의 단위와 구분하기 위하여 사용되는 피상전력의 단위는?
① W ② Ah
③ VA ④ VAR

65 조도계산 방식 중 광원에서 나온 전광속이 작업면에서 비춰지는 비율(조명률)에 의해 평균 조도를 구하는 것으로 실내전반 조명설계에 사용되는 것은?

① 광속법　② 광도법
③ 배광법　④ 죽점법

66 단상 변압기의 2차 무부하 전압이 220V이고, 정격부하에서의 2차 단자전압이 200V일 경우 전압변동률은?

① 5%　② 7%
③ 10%　④ 12%

67 3상 농형 유도전동기에서 극수 4, 주파수 60Hz, 슬립 4%일 때 회전수는 얼마인가?

① 1728rpm　② 1796rpm
③ 1800rpm　④ 1872rpm

68 물질이 양(+) 또는 음(-)으로 대전되어 양전기나 음전기를 띠는 현상의 원인은?

① 전자의 이동　② 양성자의 이동
③ 중성자의 이동　④ 원핵자의 이동

69 포소화설비의 구성 요소에 속하지 않는 것은?

① 약제탱크　② 혼합장치
③ 가압송수장치　④ 정압작동장치

70 영상변류기(ZCT)의 주된 사용 목적은?

① 과전압 검출
② 과전류 검출
③ 지락전류 검출
④ 부하전류 검출

71 최대 방수구역에 설치된 스프링클러헤드의 개수가 20개인 경우, 스프링클러설비의 수원의 저수량은 최소 얼마 이상이 되도록 하여야 하는가? (단, 개방형 스프링클러헤드를 사용하는 경우)

① $17m^3$　② $32m^3$
③ $48m^3$　④ $64m^3$

72 변압기에서 자기유도 작용으로 발생한 자속을 이동시키는 통로의 역할을 하는 것은?

① 철심　② 부싱
③ 1차측 코일　④ 2차측 코일

73 DDC 방식에서 밸브나 댐퍼 등을 비례적으로 동작시키는 신호는?

① AI　② DI
③ AO　④ DO

74 단상변압기 3대를 결선하고자 하는 경우, 부하측에 인가되는 전압을 $\sqrt{3}$ 배 승압시킬 수가 있으며 3상 4선식 중성점 접지 배선방식으로 사용되는 결선 방법은?

① Δ-Y 결선　② Y-Δ 결선
③ Δ-Δ 결선　④ V-V 결선

75 공조설비의 자동제어에서 압력검출소자로 사용되지 않는 것은?

① 모발　② 벨로즈
③ 브르돈관　④ 다이어프램

76 제연설비의 비상전원에 관한 설명으로 옳지 않은 것은?

① 비상전원은 실내에 설치하지 않는다.
② 제연설비를 유효하게 20분 이상 작동할 수 있도록 한다.
③ 비상전원의 설치 장소는 다른 장소와 방화구획으로 구획한다.

④ 상용전원으로부터 전력의 공급이 중단된 때에는 자동으로 비상전원으로부터 전력을 공급받을 수 있도록 한다.

77 다음은 상수도 소화용수설비의 설치에 관한 기준 내용이다. ( ) 안에 알맞은 것은?

- 호칭지름 75mm 이상의 수도배관에 호칭지름 100mm 이상의 소화전을 접속할 것
- 제1호에 따른 소화전을 특정소방대상물의 수평투영면의 각 부분으로부터 ( ) 이하가 되도록 설치할 것

① 50m   ② 100m
③ 140m ④ 180m

78 교류회로의 역률을 올바르게 표현한 것은?

① $\dfrac{\text{피상전력}}{\text{무효전력}}$ ② $\dfrac{\text{피상전력}}{\text{유효전력}}$

③ $\dfrac{\text{무효전력}}{\text{피상전력}}$ ④ $\dfrac{\text{유효전력}}{\text{피상전력}}$

79 사인파 전압 V=134sin(314t−30°)의 주파수는?

① 50Hz   ② 60Hz
③ 70Hz   ④ 80Hz

80 조명기구의 배치방식에 따른 조명방식의 분류에 속하지 않는 것은?

① 전반조명방식
② 국부조명방식
③ TAL 조명방식
④ 반간접조명방식

제5과목 건축설비관계법규

81 같은 건축물 안에 공동주택과 위락시설을 함께 설치하고자 하는 경우, 공동주택의 출입구와 위락시설의 출입구는 서로 그 보행거리가 최소 얼마 이상이 되도록 설치하여야 하는가?

① 10m   ② 20m
③ 30m   ④ 50m

82 다음은 건축물의 에너지절약설계기준에 따른 용어의 정의 내용이다. ( ) 안에 알맞은 것은?

"방습층"이라 함은 습한 공기가 구조체에 침투하여 결로발생의 위험이 높아지는 것을 방지하기 위해 설치하는 투습도가 24시간당 ( ) 이하 또는 투습계수 0.28g/m²·h·mmHg 이하의 투습저항을 가진 층을 말한다.

① 10g/m²   ② 20g/m²
③ 30g/m²   ④ 50g/m²

83 다음은 건축설비 설치의 원칙에 관한 기준 내용이다. ( ) 안에 알맞은 것은?

건축물에 설치하는 급수·배수·냉방·난방·환기·피뢰 등 건축설비의 설치에 관한 기술적 기준은 (㉠)으로 정하되, 에너지 이용 합리화와 관련한 건축설비의 기술적 기준에 관하여는 (㉡)과 협의하여 정한다.

① ㉠ 국토교통부령,
   ㉡ 산업통상자원부장관
② ㉠ 산업통상자원부령,
   ㉡ 국토교통부장관

③ ㉠ 국토교통부령,
㉡ 과학기술정보통신부장관
④ ㉠ 과학기술정보통신부령,
㉡ 국토교통부장관

84 다음 소방시설 중 피난구조설비에 속하는 것은?
① 제연설비　　② 비상조명등
③ 비상방송설비　④ 비상콘센트설비

85 다음 중 소리를 차단하는데 장애가 되는 부분이 없도록 그 구조를 갖추어야 하는 대상 경계벽에 속하지 않는 것은?
① 숙박시설의 객실 간 경계벽
② 의료시설의 병실 간 경계벽
③ 업무시설의 사무실 간 경계벽
④ 교육연구시설 중 학교의 교실 간 경계벽

86 세대수가 4세대인 주거용 건축물의 먹는물용 급수관 지름의 최소 기준은? (단, 가압설비 등을 설치하지 않은 경우)
① 20mm　　② 25mm
③ 32mm　　④ 40mm

87 비상용 승강기의 승강장의 바닥면적은 비상용 승강기 1대에 대하여 최소 얼마 이상으로 하여야 하는가? (단, 옥내에 승강장을 설치하는 경우)
① $5m^2$　　② $6m^2$
③ $7m^2$　　④ $8m^2$

88 특정소방대상물이 문화 및 집회시설 중 공연장인 경우, 모든 층에 스프링클러 설비를 설치하여야 하는 수용인원 기준은?
① 50명 이상　② 100명 이상
③ 200명 이상　④ 500명 이상

89 방염성능기준 이상의 실내장식물 등을 설치하여야 하는 특정소방대상물에 속하지 않는 것은? (단, 층수가 11층 미만인 경우)
① 의료시설
② 교육연구시설 중 합숙소
③ 숙박이 가능한 수련시설
④ 업무시설 중 주민자치센터

90 각 층의 거실면적이 각각 $2000m^2$이며 층수가 8층인 백화점에 설치하여야 하는 승용승강기의 최소 대수는? (단, 15인승 승강기의 경우)
① 2대　　② 3대
③ 4대　　④ 5대

91 건축법령상 다음과 같이 정의되는 용어는?

> 건축물의 노후화를 억제하거나 기능 향상 등을 위하여 대수선하거나 건축물의 일부를 증축 또는 개축하는 행위를 말한다.

① 재축　　② 리빌딩
③ 리모델링　④ 리노베이션

92 건축물에 설치하는 복도의 유효너비 기준이 옳지 않은 것은? (단, 연면적 $200m^2$를 초과하는 건축물이며, 양옆에 거실이 있는 복도의 경우)
① 초등학교 - 1.8m 이상

② 오피스텔 - 1.8m 이상
③ 공동주택 - 1.8m 이상
④ 고등학교 - 2.4m 이상

93 건축법령상 다중이용 건축물에 속하지 않는 것은? (단, 층수가 16층 미만인 경우)
① 종교시설의 용도로 쓰는 바닥면적의 합계가 5000m²인 건축물
② 판매시설의 용도로 쓰는 바닥면적의 합계가 5000m²인 건축물
③ 업무시설의 용도로 쓰는 바닥면적의 합계가 5000m²인 건축물
④ 문화 및 집회시설 중 전시장의 용도로 쓰는 바닥면적의 합계가 5000m²인 건축물

94 문화 및 집회시설 중 공연장의 개별관람실의 바닥면적이 1000m²일 경우, 이 관람실에 설치하여야 하는 출구의 최소 개소는? (단, 각 출구의 유효너비를 1.5m로 하는 경우)
① 3개소　　② 4개소
③ 5개소　　④ 6개소

95 다음 중 허가 대상에 속하는 건축물의 용도변경은?
① 장례시설에서 발전시설로의 용도변경
② 위락시설에서 숙박시설로의 용도변경
③ 종교시설에서 운동시설로의 용도변경
④ 업무시설에서 교육연구시설로의 용도변경

96 건축물의 경사지붕 아래에 설치하는 대피공간에 관한 기준 내용으로 옳지 않은 것은?

① 특별피난계단 또는 피난계단과 연결되도록 할 것
② 출입구의 유효너비는 최소 1.2m 이상으로 할 것
③ 관리사무소 등과 긴급 연락이 가능한 통신시설을 설치할 것
④ 대피공간의 면적은 지붕 수평투영면의 10분의 1 이상일 것

97 다음의 공동주택의 환기설비기준에 관한 내용 중 (　) 안에 알맞은 것은?

> 신축 또는 리모델링하는 30세대 이상의 공동주택은 시간당 (　) 이상의 환기가 이루어질 수 있도록 자연환기설비 또는 기계환기설비를 설치하여야 한다.

① 0.5회　　② 1.0회
③ 1.2회　　④ 1.5회

98 건축물의 에너지절약설계기준에 따른 건축부문의 권장사항 내용으로 옳지 않은 것은?
① 건축물의 체적에 대한 외피면적의 비 또는 연면적에 대한 외피면적의 비는 가능한 작게 한다.
② 문화 및 집회시설 등의 대공간의 최상부에는 자연배기 또는 강제배기가 가능한 구조 또는 장치를 채택한다.
③ 수영장에는 자연채광을 위한 개구부를 설치하되, 그 면적의 합계는 수영장 바닥면적의 10분의 1 이상으로 한다.
④ 학교의 교실, 문화 및 집회시설의 공용부분(복도, 화장실, 휴게실, 로비 등)은 1면 이상 자연채광이 가능하도록 한다.

99 공사감리자가 공사시공자에게 상세시공도면의 작성을 요청할 수 있는 건축공사의 기준으로 옳은 것은?
① 연면적의 합계가 1000m² 이상인 건축공사
② 연면적의 합계가 2000m² 이상인 건축공사
③ 연면적의 합계가 3000m² 이상인 건축공사
④ 연면적의 합계가 5000m² 이상인 건축공사

100 옥외소화전설비를 설치하여야 하는 특정소방대상물에 속하지 않는 것은? (단, 지상 1층 및 2층의 바닥면적의 합계가 9000m²인 경우)
① 아파트 등　② 종교시설
③ 판매시설　④ 교육연구시설

2022년 4회 CBT 복원문제

제1과목 건축일반

01 건축화 조명에 대한 설명 중 옳지 않은 것은?
① 코니스 조명은 벽면 조명으로 천장과 벽면의 경계부에 설치한다.
② 조명기구를 천장, 벽 등의 실 구성면 중에 장치하여 건축 내장의 일부와 같은 취급을 한 조명 방식을 건축화 조명이라 한다.
③ 광천장은 천장을 확산투과 혹은 지향성 투과 패널로 덮고, 천장 내부에 광원을 일정한 간격으로 배치한 것이다.
④ 천장면에 루버를 설치하고 그 속에 광원을 배치하는 방식을 코브 라이트라 한다.

02 척도조정(Modular Coordination)에 관한 설명으로 옳지 않은 것은?
① 건축 구성재의 대량생산과 생산비용을 낮출 수 있는 이점이 있다.
② 모듈은 등차, 등비수열을 복합시킬 경우 건축용으로 우수하다.
③ M.C화에서 우리나라의 지역성을 기본적으로 고려할 필요는 없다.
④ 국제적인 M.C를 사용하면 건축 구성재의 국제 교역이 용이해진다.

03 상점의 매장계획에 관한 설명으로 옳지 않은 것은?
① 상품이 고객 쪽에서 효과적으로 보이도록 한다.
② 고객의 동선은 짧게, 점원의 동선은 길게 한다.
③ 고객과 직원의 시선이 바로 마주치지 않도록 배치한다.
④ 고객을 감시하기 쉬워야 한다.

04 단독주택의 실(室)의 계획에 대한 내용으로 옳지 않은 것은?
① 실의 사용상 특징에 의하여 유사한 기능의 실은 하나의 집단(group)으로 배치하는 분배를 한다.
② 거실은 주거의 중심에 두고 응접실과 객실은 현관에서 최대한 멀리 배치한다.
③ 침실, 서재, 노인실은 조용한 곳에 두며 작업실은 부출입구 가까이에 집중시킨다.
④ 부엌, 욕실, 화장실, 세면실, 세탁실 등 일련의 작업실들은 작업의 연결 관계를 고려하여 배치한다.

05 주택의 욕실에서 소리가 잘 울려 퍼지는 이유로 가장 타당한 것은?
① 욕조에 물이 있으므로
② 벽체가 얇기 때문에
③ 마무리 재료의 흡음율이 낮으므로
④ 공기의 습도가 높으므로

06 음의 성질에 관련된 용어에 대한 설명으로

옳지 않은 것은?
① 파동이 진행 중에 장애물이 있으면 직진하지 않고 그 뒤쪽으로 돌아가는 현상을 회절이라 한다.
② 진동수가 조금 다른 두 음이 간섭에 의해서 생기는 현상을 울림이라 한다.
③ 발음체로부터 나오는 음파를 다른 물체가 흡수하여 같이 소리를 내는 현상을 파동이라 한다.
④ 실내에서 음을 갑자기 멈추면 그 음이 수초 간 남아 있는 현상을 잔향이라 한다.

07 다음 중 목조계단의 구성 부재에 해당되지 않는 것은?
① 달대   ② 챌판
③ 엄지기둥   ④ 두겁대

08 백화점 기능의 4영역 특성에 관한 설명으로 옳지 않은 것은?
① 고객권은 서비스 시설 부분으로 대부분 매장에 결합되며 종업원권과는 멀리 떨어진다.
② 종업원권은 매장 외에 상품권과 접하게 된다.
③ 상품권은 판매권과 접하여 고객권과는 절대 분리시킨다.
④ 판매권은 상품을 전시하여 영업하는 장소이다.

09 대학 도서관의 기능별 규모 배분에서 가장 큰 면적이 할당되는 부분은?
① 열람실
② 서고
③ 공용 공간
④ 행정 및 서비스 시설

10 상점에서 고객 흐름이 빠르고 부문별 진열이 필요한 대량 판매 상품인 침구, 가전, 서점 등에 가장 적합한 진열대 배치 형태는?
① 직렬 배치형   ② 굴절 배치형
③ 환상 배치형   ④ 복합 배치형

11 결로에 관한 설명 중 옳지 않은 것은?
① 난방이나 단열을 통하여 결로의 원인을 제거할 수 있다.
② 주택의 환기횟수를 감소시키면 결로의 감소가 가능하다.
③ 결로는 구조재의 실내 습기의 과다 발생 등이 그 원인 중의 하나이다.
④ 결로는 발생 부위에 따라 표면 결로와 내부 결로로 분류할 수 있다.

12 다음 중 상점 내 진열장 배치계획에서 가장 우선적으로 고려하여야 할 사항은?
① 동선의 흐름
② 조명의 조도
③ 바닥 마감재료
④ 진열장의 치수

13 병원의 수술실과 같이 외부 오염공기와 침입을 피하고자 할 때 가장 적합한 환기방법은?
① 압입식 환기법
② 흡출식 환기법
③ 병용식 환기법
④ 자연식 환기법

14 여러 음이 혼합적으로 들리는 경우에서도 대화 상대의 소리만을 선택적으로 들을 수 있는 것과 관련된 현상은?
① 마스킹 효과
② 칵테일 파티 효과
③ 간섭 효과
④ 코인시던스 효과

15 기초의 계획 및 설치에 관한 유의사항으로 옳지 않은 것은?
① 지하실은 가급적 건물 전체에 균등히 설치하여 침하를 줄이는 데 유의한다.
② 지반의 상태가 고르지 못하거나 편심하중이 작용하는 건축물의 기초는 서로 다른 형태의 기초나 말뚝을 혼용하는 것이 좋다.
③ 기초를 땅속 경사가 심한 굳은 지반에 올려놓을 경우 슬라이딩의 위험성을 고려해야 한다.
④ 지중보를 충분히 설치하면 기초의 강성이 높아지므로 부동침하 방지에 도움이 된다.

16 온열환경에 대한 인체의 쾌적성을 평가하는 PMV(예상온열감)를 산출하는 데 필요한 요소가 아닌 것은?
① 일사량
② 착의량
③ 평균 복사온도
④ 수증기 분압

17 학교 운영방식에 대한 설명 중 옳은 것은?
① 종합교실형은 초등학교 고학년에 권장할 만한 형이다.
② 교과교실형은 모든 교실이 특정 교과 때문에 만들어지며 일반 교실은 없는 형이다.
③ 플래툰형은 학급, 학생의 구분을 없애고 학생 각자의 능력에 따라 교과를 선택하는 형이다.
④ 달톤형은 전학급을 2분단으로 하고 한쪽이 일반 교실을 사용할 때 다른 분단이 특별 교실을 사용하는 형식이다.

18 철골구조의 고력볼트접합에 관한 설명으로 옳지 않은 것은?
① 접합부의 강성이 높아서 접합부의 변형이 거의 없다.
② 볼트에는 마찰접합의 경우 전단력이 생기지 않는다.
③ 계기공구를 사용하여 죄므로 정확한 강도를 얻을 수 있다.
④ 피로강도가 높아 볼트가 풀리기 쉽다.

19 무량판 구조의 특성으로 옳지 않은 것은?
① 바닥에 보가 전혀 없이 바닥판만으로 구성된다.
② 구조가 간단하여 공사비가 저렴하다.
③ 주두의 철근층이 여러 겹이고 바닥판이 두껍다.
④ 실내공간 이용률이 낮아지고 층높이가 높아진다.

20 곡면판이 지니는 역학적 특성을 응용한 구조로서 외력은 주로 판의 면내력으로 전달되기 때문에 경량이고 내력이 큰 구조물을

구성할 수 있는 구조는?
① 절판 구조
② 셸 구조
③ 현수 구조
④ 입체 트러스 구조

제2과목 위생설비

21 루프 통기방식에 관한 설명으로 옳지 않은 것은?
① 회로 통기방식이라고도 한다.
② 통기수직관을 설치한 배수·통기계통에 이용된다.
③ 2개 이상의 기구 트랩에 공통으로 하나의 통기관을 설치하는 방식이다.
④ 배수·통기 양 계통 간의 공기의 유통을 원활히 하기 위해 설치하는 통기관이다.

22 펌프의 양수량 $0.1m^3/min$, 양정 100m, 펌프의 효율 50%일 때 펌프의 축동력은?
① 약 3.3kW   ② 약 4.1kW
③ 약 4.4kW   ④ 약 5.0kW

23 오수정화시설의 처리공법 중 활성오니법에 속하는 것은?
① 장기폭기방법
② 접촉산화방법
③ 살수여상방법
④ 회전원판접촉방법

24 폐쇄형 스프링클러 헤드를 사용하는 스프링클러 설비에서 하나의 방호구역의 바닥면적은 최대 얼마 이하가 되도록 하여야 하는가? (단, 격자형 배관방식이 아닌 경우)
① 1000m^2 ② 2000m^2
③ 3000m^2 ④ 4000m^2

25 분수구로부터 높은 압력으로 물을 뿜어내어 세정력은 우수하나 세정음이 크기 때문에 주택이나 호텔 등에서는 바람직하지 않은 대변기는?
① 세출식   ② 사이펀식
③ 블로아웃식   ④ 사이펀 제트식

26 워터해머의 방지 방법으로 옳지 않은 것은?
① 대기압식 또는 가압식 진공 브레이커를 설치한다.
② 관내의 수압은 평상 시 높아지지 않도록 구획한다.
③ 배관은 가능한 한 우회하지 않고 직선이 되도록 계획한다.
④ 수압이 0.4MPa을 초과하는 계통에는 감압밸브를 부착하여 적절한 압력으로 감압한다.

27 그림과 같은 급탕방식에 있어서 급탕순환 펌프의 전양정은? (단, 순환 배관에서의 전마찰 손실은 1000mmAq이다.)

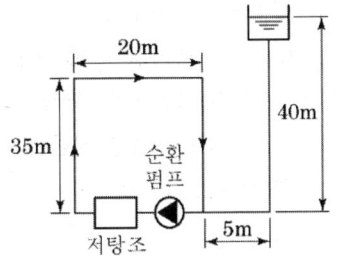

① 1mAq　　② 35mAq
③ 40mAq　④ 110mAq

28 배관재료 중 염화비닐관에 관한 설명으로 옳지 않은 것은?
① 열팽창률이 강관보다 크다.
② 비중은 1.4~1.6 정도로 가볍다.
③ 산, 알칼리 및 염류에 대한 내식성이 약하다.
④ 전기적 저항이 크고 전식작용(電蝕作用)이 없다.

29 결합 통기관에 관한 설명으로 옳은 것은?
① 기구 하나하나마다 설치하는 통기관
② 배수·통기 양 계통 간의 공기 유통을 원활하게 하기 위해 배수 수평지관과 루프 통기관을 연결시키는 통기관
③ 배수수직관의 상부를 그대로 연장하여 대기에 개방되게 한 것으로 배수수직관이 통기관의 역할까지 하도록 한 통기관
④ 배수수직관의 길이가 길 경우 발생할 수 있는 배수수직관 내의 압력변화를 방지하기 위해 배수수직관과 통기수직관을 연결한 통기관

30 위생기구의 동시사용률은 기구의 수량과 어떤 관계가 있는가?
① 기구수와 관계없다.
② 기구수가 증가하면 커진다.
③ 기구수가 증가하면 작아진다.
④ 기구수가 증가하면 처음에는 커지다가 작아진다.

31 분수구로부터 높은 압력으로 물을 뿜어내어 세정력은 우수하나 세정음이 크기 때문에 주택이나 호텔 등에서는 바람직하지 않은 대변기는?
① 세출식
② 사이펀식
③ 블로아웃식
④ 사이펀 제트식

32 내경이 150mm인 직선 배관에 0.06 m³/sec의 물이 흐를 때, 배관길이가 100m일 경우 관내의 마찰손실수두는? (단, 마찰손실계수 f=0.03)
① 1.18m　　② 3.4m
③ 6.8m　　④ 11.8m

33 다음 급수방식의 조합 중 가장 에너지 절약적인 것은?
① 저층부 수도직결방식과 고층부 고가탱크방식
② 저층부 수도직결방식과 고층부 압력탱크방식
③ 저층부 압력탱크방식과 고층부 펌프직송방식
④ 저층부 펌프직송방식과 고층부 고가탱크방식

34 옥내소화전설비의 화재안전기준에 따른 용어의 정의가 옳지 않은 것은?
① 진공계라 함은 대기압 이상의 압력과 대기압 이하의 압력을 측정할 수 있는 계측기를 말한다.
② 가압수조라 함은 가압원인 압축공기 또

는 불연성 고압기체에 따라 소방용수를 가압시키는 수조를 말한다.
③ 충압펌프라 함은 배관 내 압력손실에 따른 주펌프의 빈번한 기동을 방지하기 위하여 충압역할을 하는 펌프를 말한다.
④ 체절운전이라 함은 펌프의 성능시험을 목적으로 펌프 토출측의 개폐밸브를 닫은 상태에서 펌프를 운전하는 것을 말한다.

35 강관 이음쇠에 관한 설명으로 옳지 않은 것은?
① 엘보우(elbow)는 관의 방향을 바꿀 때 사용된다.
② 티(tee), 크로스(cross)는 관을 도중에서 분기할 때 사용된다.
③ 리듀서(reducer)는 관경이 서로 다른 관을 접속할 때 사용된다.
④ 플러그(plug), 캡(cap)은 동일 관경의 관을 직선 연결할 때 사용된다.

36 다음 중 유량선도를 이용한 급수관의 관경 결정 순서에서 가장 먼저 이루어지는 사항은?
① 관 재료의 결정
② 순간 최대유량의 산정
③ 관로의 상당길이 산정
④ 허용마찰손실수두 계산

37 물의 경도에 관한 설명으로 옳지 않은 것은?
① 경도의 표시는 도(度) 또는 ppm이 사용된다.
② 경도가 큰 물을 경수, 경도가 낮은 물을 연수라고 한다.
③ 일반적으로 물이 접하고 있는 지층의 종류와 관계없이 지표수는 경수, 지하수는 연수로 간주된다.
④ 물의 경도는 물속에 녹아 있는 칼슘, 마그네슘 등의 염류의 양을 탄산칼슘의 농도로 환산하여 나타낸 것이다.

38 탕의 사용상태가 간헐적이며 일시적으로 사용량이 많은 건물에서 급탕설비의 설계 방법으로 가장 알맞은 것은? (단, 중앙식 급탕방식이며 증기를 열원으로 하는 열교환기 사용)
① 저탕용량을 크게 하고 가열능력도 크게 한다.
② 저탕용량은 크게 하고 가열능력은 작게 한다.
③ 저탕용량은 작게 하고 가열능력은 크게 한다.
④ 저탕용량을 작게 하고 가열능력도 작게 한다.

39 평균 BOD가 200ppm인 오수가 하루에 $1000m^3$만큼 정화조로 유입되며, 유출수의 BOD가 50ppm일 때 BOD 제거율은?
① 50% ② 75%
③ 100% ④ 150%

40 종국유속과 관계없는 배관은?
① 기구배수관
② 배수수직관
③ 배수수평지관
④ 배수수평주관

제3과목 공기조화설비

41 습공기를 가열하였을 경우 상태량이 감소하는 것은?
① 비체적 ② 엔탈피
③ 상대습도 ④ 절대습도

42 30℃인 외기 40%와 23℃의 환기 60%를 혼합하여 냉각코일로 냉각감습하는 경우 바이패스 팩터가 0.2이면 코일의 출구 온도는? (단, 코일 표면온도는 10℃이다.)
① 12.16℃ ② 13.16℃
③ 14.16℃ ④ 15.16℃

43 다음 중 전차폐계수(SCT)의 값이 가장 큰 유리는? (단, 내부 차폐가 없을 때)
① 보통유리(3mm)
② 보통유리(6mm)
③ 흡열유리(6mm)
④ 흡열유리(12mm)

44 공기에 관한 설명으로 옳지 않은 것은?
① 지상 부근 공기의 성분비율은 수증기를 제외하면 거의 일정하다.
② 여러 기체의 혼합물로 산소와 이산화탄소가 가장 많은 부분을 차지한다.
③ 수증기를 전혀 함유하지 않은 건조한 공기를 가상하여 건조공기라 부른다.
④ 건조공기는 이상기체에 가까운 성질을 갖고 있으므로 이상기체로 간주하여 계산될 수 있다.

45 진공환수식 증기난방법에서 저압증기 환수관이 진공펌프의 흡입구보다 낮은 위치에 있을 때 응축수를 끌어올리기 위해 설치하는 것은?
① 역압 방지기
② 리프트 피팅
③ 버큠 브레이커
④ 바이패스 밸브

46 지역난방에 관한 설명으로 옳지 않은 것은?
① 초기 투자비용이 크다.
② 배관에서의 열손실이 거의 없다.
③ 각 건물의 설비면적을 줄이고 유효면적을 넓힐 수 있다.
④ 설비의 고도화에 따라 도시의 매연을 경감시킬 수 있다.

47 냉열원기기에 관한 설명으로 옳지 않은 것은?
① 냉열원기기는 원칙적으로 보일러와 동일한 공간에 설치한다.
② 냉열원기기는 건축규모, 부분부하, 부하경향 등을 기초로 대수 분할을 고려한다.
③ 냉열원기기의 냉수 및 냉각수는 원칙적으로 유량을 변화시키지 않는 것으로 한다.
④ 냉온수 배관 회로 설치 시 순환펌프는 원칙적으로 냉열원기기마다 각 1대씩 설치한다.

48 배관 내의 유속으로 가장 부적당한 것은?
① 냉수 : 2m/s
② 배수관 : 1.5m/s

③ 냉각수 : 1.5m/s
④ 펌프 흡입측 : 35m/s

49 다음과 같은 열교환 방식을 갖는 폐열회수기의 종류는?

> 환기되는 공기에 포함한 열이 환기 쪽의 작동 유체를 가열하여 증발시키면 증발된 작동 유체는 급기 쪽으로 이동하여 급기에 열을 전달하는 방식

① 판형 열교환식
② 로터형 열교환식
③ 히트파이프형 열교환식
④ 모세 송풍기형 열교환식

50 흡수식 냉동기에 관한 설명으로 옳지 않은 것은?
① 발생기의 형식에 따라 단효용식과 2중효용식이 있다.
② 증발기, 흡수기, 재생기(발생기), 응축기 등으로 구성된다.
③ 열에너지가 아닌 기계적 에너지에 의해 냉동효과를 얻는다.
④ 냉방용의 흡수냉동기는 물과 브롬화리튬(LiBr)의 혼합용액을 사용한다.

51 동일 송풍기에서 회전수를 2배로 했을 경우 풍량, 정압 및 소요동력의 변화량으로 옳은 것은?
① 풍량 4배, 정압 8배, 소요동력 2배
② 풍량 4배, 정압 8배, 소요동력 8배
③ 풍량 2배, 정압 8배, 소요동력 4배
④ 풍량 2배, 정압 4배, 소요동력 8배

52 공기여과기를 통과하기 전의 오염농도 $C_1 = 0.45\text{mg}/\text{m}^3$이고, 통과한 후의 오염농도 $C_2 = 0.12\text{mg}/\text{m}^3$이다. 이 여과기의 여과효율은?
① 약 27% ② 약 42%
③ 약 58% ④ 약 73%

53 장방형 덕트 단면의 아스펙트비는 원칙적으로 최대 얼마 이하로 하는가?
① 2 : 1 ② 3 : 1
③ 4 : 1 ④ 5 : 1

54 냉각탑에서 어프로치(approach)에 관한 설명으로 옳은 것은?
① 냉각탑 출구와 입구 수온의 온도차
② 냉각탑 입구와 출구공기의 습구온도차
③ 냉각탑 입구의 수온과 출구공기의 습구온도와의 차
④ 냉각탑 출구의 수온과 입구공기의 습구온도와의 차

55 실내 벽면에 설치하기에 가장 부적당한 취출구는?
① 그릴형 ② 슬롯형
③ 노즐형 ④ 아네모스탯형

56 다음 중 증기 트랩에 속하지 않는 것은?
① 벨 트랩 ② 버킷 트랩
③ 플로트 트랩 ④ 벨로즈 트랩

57 공조 조닝의 종류 중 내부 존의 조닝에 속하지 않는 것은?

① 방위별 조닝
② 현열비별 조닝
③ 부하 특성별 조닝
④ 용도에 따른 시간별 조닝

58 정풍량 단일덕트방식에 관한 설명으로 옳지 않은 것은?
① 전공기방식에 속한다.
② 2중덕트방식에 비해 에너지절약적이다.
③ 냉풍과 온풍을 혼합하는 혼합상자가 필요 없다.
④ 각 실이나 존의 부하변동에 즉시 대응할 수 있다.

59 건구온도 35℃인 외기와 건구온도 25℃인 실내 공기를 4 : 6으로 혼합할 경우 혼합공기의 건구온도는?
① 28℃ ② 29℃
③ 30℃ ④ 31℃

60 빙축열 등을 이용하는 축열시스템에 관한 설명으로 옳지 않은 것은?
① 열손실이 줄어든다.
② 심야전력을 이용할 수 있다.
③ 열원기기의 고효율 운전이 가능하다.
④ 주간 피크 시간대에 전력부하를 절감할 수 있다.

제4과목 소방 및 전기설비

61 다음 중 전하 간의 정전유도현상과 관계가 가장 먼 것은?

① 낙뢰 ② 정전기
③ 전자석 ④ 전기집진기

62 비상콘센트설비에서 비상콘센트의 설치높이로 옳은 것은?
① 바닥으로부터 높이 0.3m 이상 0.5m 이하
② 바닥으로부터 높이 0.6m 이상 0.8m 이하
③ 바닥으로부터 높이 0.8m 이상 1.5m 이하
④ 바닥으로부터 높이 1.2m 이상 2.0m 이하

63 그림과 같은 브리지 회로에서 백금저항체 R_t로 측정할 수 있는 것은?

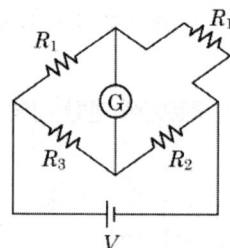

① 온도 ② 습도
③ 압력 ④ 산성도

64 어느 학교의 교실에 32W 2구형 형광등기구를 설치하여 400lx로 설계하고자 할 때 설치하여야 하는 등기구의 최소 개수는? (단, 교실의 크기는 10m×20m, 형광등 1개 광속은 3000lm, 조명률은 0.6, 보수율은 0.8로 한다.)
① 15개 ② 28개
③ 30개 ④ 55개

65 3상 유도전동기의 출력이 5.5kW, 전압이 200V, 효율이 90%, 역률이 80%일 때, 이 전동기에 유입되는 선전류는?

① 약 15A   ② 약 20A
③ 약 22A   ④ 약 25A

66 온도, 압력, 유량 및 액면 등과 같은 제어량을 제어하는 데 주로 사용되는 제어 방법은?
① 추종 제어
② 시퀀스 제어
③ 프로세스 제어
④ 프로그램 제어

67 옥내소화전설비에 관한 설명으로 옳은 것은?
① 주배관 중 수직배관의 구경은 30mm 이상으로 해야 한다.
② 방수구는 바닥으로부터의 높이가 1.5m 이하가 되도록 한다.
③ 건물의 각 부분으로부터 하나의 옥내소화전 방수구까지의 수평거리가 20m 이하가 되도록 한다.
④ 송수구는 구경 55mm의 쌍구형 또는 단구형으로 한다.

68 10A의 전류를 흘렸을 때의 전력이 100W인 저항에 20A의 전류를 흘렸을 때 전력은?
① 100W   ② 200W
③ 300W   ④ 400W

69 유도등의 비상전원은 유도등을 최소 몇 분 이상 유효하게 작동시킬 수 있는 용량으로 하여야 하는가?
① 10분   ② 20분
③ 30분   ④ 40분

70 변압기의 여자 전류에 가장 많이 포함된 고조파는?
① 제2고조파   ② 제3고조파
③ 제4고조파   ④ 제5고조파

71 다음의 전동기 제동방법 중 손실이 가장 적은 것은?
① 역전제동   ② 발전제동
③ 회생제동   ④ 단상제동

72 정전용량이 같은 콘덴서 10개를 병렬접속할 때의 합성정전용량은 직렬접속할 때의 합성정전용량의 몇 배가 되는가?
① 10배   ② 100배
③ 200배   ④ 250배

73 그림과 같이 접속된 회로에서 10Ω인 저항 R에 걸리는 전압의 값은?

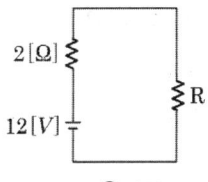

① 2V   ② 3V
③ 10V   ④ 12V

74 계기용 변성기로서 대전류회로의 지락사고 시 각 상의 불평형 전류를 검출하여 이에 비례한 미소전류를 2차측으로 전하는 기능을 하는 것은?
① 영상 변류기(ZCT)
② 계기용 변류기(CT)
③ 계기용 변압기(PT)
④ 계기용 변압변류기(MOF)

75 다음 중 방범설비에 해당하지 않는 것은?
① 비상경보설비 ② 출입통제설비
③ 침입발견설비 ④ 침입통보설비

76 다음 중 옥내 배선의 전선 굵기 결정 요소와 가장 거리가 먼 것은?
① 전압강하 ② 허용전류
③ 외부온도 ④ 기계적 강도

77 피뢰침에 근접한 뇌격을 흡인하여 전극으로 확실하게 방류하기 위하여 필요한 것은?
① 도체저항이 커야 한다.
② 접촉저항이 커야 한다.
③ 접지저항이 작아야 한다.
④ 돌침의 보호각이 작아야 한다.

78 전력요금이 kWh당 300원이다. 200W TV 수상기를 하루 4시간씩 시청하였을 때 1달 (30일) 사용료는?
① 2400원 ② 3600원
③ 7200원 ④ 8400원

79 다음의 에스컬레이터에 관한 설명 중 ( ) 안에 알맞은 내용은?

> 에스컬레이터의 경사도는 ( ) 이하로 하여야 한다. 다만, 에스컬레이터의 층고가 6m 이하 일 때에는 35° 이하로 할 수 있다.

① 15° ② 20°
③ 25° ④ 30°

80 평균구면 광도가 1000cd인 전구로부터 총 발산광속은?
① 100πlm ② 1000πlm
③ 4000πlm ④ 10000πlm

제5과목 건축설비관계법규

81 축냉식 전기냉방설비의 설계 기준 내용으로 옳지 않은 것은?
① 열교환기는 시간당 최소 냉방열량을 처리할 수 있는 용량 이상으로 설치하여야 한다.
② 자동제어설비는 축냉운전, 방냉운전 또는 냉동기와 축열조를 동시에 이용하여 냉방운전이 가능한 기능을 갖추어야 한다.
③ 축열조는 보온을 철저히 하여 열손실과 결로를 방지해야 하며, 맨홀 등 점검을 위한 부분은 해체와 조립이 용이하도록 하여야 한다.
④ 부분축냉방식의 경우에는 냉동기가 축냉운전과 방냉운전 또는 냉동기와 축열조의 동시운전이 반복적으로 수행하는 데 아무런 지장이 없어야 한다.

82 건축물을 건축하거나 대수선하는 경우 국토교통부령으로 정하는 구조 기준 등에 따라 그 구조의 안전을 확인하여야 하는 대상 건축물 기준으로 옳지 않은 것은?
① 층수가 3층 이상인 건축물
② 높이가 12m 이상인 건축물
③ 처마높이가 9m 이상인 건축물
④ 기둥과 기둥 사이의 거리가 10m 이상인 건축물

83 대형건축물의 건축허가 사전승인 신청 시 제출도서의 종류 중 설비분야의 도서에 속하지 않는 것은?
① 소방설비도
② 건축설비도
③ 주차장 평면도
④ 상·하수도 계통도

84 다중이용시설을 신축하는 경우에 설치하여야 하는 기계환기설비의 구조 및 설치에 관한 기준 내용으로 옳지 않은 것은?
① 다중이용시설의 기계환기설비 용량 기준은 시설이용인원당 환기량을 원칙으로 산정할 것
② 기계환기설비는 다중이용시설로 공급되는 공기의 분포를 최대한 균등하게 하여 실내 기류의 편차가 최소화될 수 있도록 할 것
③ 공기배출체계 및 배기구는 배출되는 공기가 공기공급체계 및 공기흡입구로 직접 들어가는 위치에 설치할 것
④ 공기공급체계·공기배출체계 또는 공기흡입구·배기구 등에 설치되는 송풍기는 외부의 기류로 인하여 송풍능력이 떨어지는 구조가 아닐 것

85 헬리포트의 설치에 관한 기준 내용으로 옳지 않은 것은?
① 헬리포트의 길이와 너비는 각각 25m 이상으로 할 것
② 헬리포트의 중앙부분에는 지름 8m의 "ㅁ" 표지를 백색으로 할 것
③ 헬리포트의 주위한계선은 백색으로 하되, 그 선의 너비는 38cm로 할 것
④ 헬리포트의 중심으로부터 반경 12m 이내에는 헬리콥터의 이·착륙에 장애가 되는 건축물, 공작물, 조경시설 또는 난간 등을 설치하지 아니할 것

86 하수도법상 건물·시설 등에서 발생하는 오수를 침전·분해 등의 방법으로 처리하는 시설로 정의되는 것은?
① 하수관거
② 개인하수도
③ 분뇨처리시설
④ 개인 하수처리시설

87 다음 중 외기에 면하고 1층 또는 지상으로 연결된 출입문을 방풍구조로 하지 않아도 되는 것은? (단, 사람의 통행을 주목적으로 하며, 너비가 1.2m를 초과하는 출입문인 경우)
① 호텔의 주출입문
② 공동주택의 출입문
③ 공기조화를 하는 업무시설의 출입문
④ 바닥면적의 합계가 500㎡인 상점의 주출입문

88 다음은 스프링클러 설비의 설치 면제 요건에 관한 기준 내용이다. ( ) 안에 적합한 설비는?

> 스프링클러 설비를 설치하여야 하는 특정소방대상물에 ( )를 화재안전기준에 적합하게 설치한 경우에는 그 설비의 유효범위 안의 부분에서 설치가 면제된다.

① 연결살수설비

② 옥외소화전설비
③ 물분무 등 소화설비
④ 간이스프링클러 설비

89 다음은 건축물의 에너지절약 설계기준상 건축부문의 의무사항 내용이다. 밑줄 친 "부위"의 기준 내용으로 옳지 않은 것은?

> 1. 단열조치 일반사항
> 가. 외기에 직접 또는 간접 면하는 거실의 각 부위에는 제2조에 따라 건축물의 열손실방지 조치를 하여야 한다. 다만, 다음 부위에 대해서는 그러하지 아니할 수 있다.

① 바닥면적 150m² 이하의 개별 점포의 출입문
② 공동주택의 층간바닥 중 바닥난방을 하는 현관 및 욕실의 바닥 부위
③ 지면 및 토양에 접한 바닥 부위로서 난방공간의 외벽 내표면까지의 모든 수평거리가 10m를 초과하는 바닥 부위
④ 지표면 아래 2m를 초과하여 위치한 지하 부위(공동주택의 거실 부위는 제외)로서 이중벽의 설치 등 하계 표면결로 방지조치를 한 경우

90 바닥면적이 100m²인 초등학교 교실에 채광용 창면적이 6m²이다. 부족한 면적을 천창으로 처리하고자 할 때 요구되는 천창의 최소 면적은?

① 2m²   ② 4m²
③ 8m²   ④ 14m²

91 다음은 건축법상 지하층의 정의이다. ( ) 안에 알맞은 것은?

> "지하층"이란 건축물의 바닥이 지표면 아래에 있는 층으로서 바닥에서 지표면까지 평균높이가 해당 층 높이의 ( ) 이상인 것을 말한다.

① 1/2   ② 1/3
③ 2/3   ④ 3/4

92 다음은 직통계단의 설치에 관한 기준 내용이다. ( ) 안에 알맞은 것은?

> 초고층 건축물에는 피난층 또는 지상으로 통하는 직통계단과 직접 연결되는 피난안전구역을 지상층으로부터 최대 ( )층마다 1개소 이상 설치하여야 한다.

① 10개   ② 20개
③ 30개   ④ 40개

93 비상경보설비를 설치하여야 하는 특정소방대상물의 연면적 기준은? (단, 특정소방대상물이 판매시설인 경우)

① 400m² 이상   ② 600m² 이상
③ 1500m² 이상 ④ 3500m² 이상

94 다음은 건축법령상 다세대주택의 정의이다. ( ) 안에 알맞은 것은?

> 주택으로 쓰는 1개 동의 바닥면적 합계가 (㉠)제곱미터 이하이고, 층수가 (㉡)개층 이하인 주택

① ㉠ 330, ㉡ 4   ② ㉠ 330, ㉡ 6
③ ㉠ 660, ㉡ 4   ④ ㉠ 660, ㉡ 6

95 다음 소방시설 중 소화활동설비에 해당하지 않는 것은?
① 제연설비
② 비상콘센트설비
③ 무선통신보조설비
④ 상수도소화용수설비

96 다음 중 다중이용건축물에 해당하지 않는 것은? (단, 16층 미만인 건축물인 경우)
① 종교시설의 용도로 쓰는 바닥면적의 합계가 5000m² 이상인 건축물
② 판매시설의 용도로 쓰는 바닥면적의 합계가 5000m² 이상인 건축물
③ 업무시설의 용도로 쓰는 바닥면적의 합계가 5000m² 이상인 건축물
④ 의료시설 중 종합병원의 용도로 쓰는 바닥면적의 합계가 5000m² 이상인 건축물

97 건축물의 건축허가신청에 필요한 설계도서 중 건축계획서에 표시하여야 할 사항에 해당하지 않는 것은?
① 주차장 규모
② 건축물의 용도별 면적
③ 공개공지 및 조경계획
④ 에너지절약계획서(해당 건축물에 한함)

98 건축물의 높이 기준이 60m인 건축물에서 허용되는 높이의 오차범위는?
① 0.6m   ② 0.9m
③ 1.0m   ④ 1.2m

99 공동주택 중 아파트로서 4층 이상인 층의 각 세대가 2개 이상의 직통계단을 사용할 수 없는 경우에는 발코니에 대피공간을 설치하여야 하는데, 다음 중 이러한 대피공간이 갖추어야 할 요건으로 옳지 않은 것은?
① 대피공간은 바깥의 공기와 접하지 않을 것
② 대피공간은 실내의 다른 부분과 방화구획으로 구획될 것
③ 대피공간의 바닥면적은 각 세대별로 설치하는 경우에는 2m² 이상일 것
④ 대피공간의 바닥면적은 인접 세대와 공동으로 설치하는 경우에는 3m² 이상일 것

100 연면적 200m²를 초과하는 건축물에 설치하는 복도의 유효 너비 기준으로 옳은 것은? (단, 양옆에 거실이 있는 복도)
① 유치원 : 1.8m 이상
② 중학교 : 1.8m 이상
③ 초등학교 : 1.8m 이상
④ 오피스텔 : 1.8m 이상

2023년 1회 CBT 복원문제

제1과목 건축일반

01 건축공간의 모듈러 코디네이션(M.C)에 관한 설명 중 옳지 않은 것은?
① 설계작업이 단순하고 간편하다.
② 대량생산이 용이하고 생산비용이 낮아진다.
③ 상이한 형태의 집단을 이루는 경향이 많다.
④ 현장작업이 단순해지고 공기가 단축된다.

02 건축물의 기초에 관한 설명 중 옳지 않은 것은?
① 기초는 기초판과 지정을 총칭한다.
② 기초판은 상부 구조의 응력을 지반에 전달한다.
③ 기초판의 크기는 기초판을 제외한 상부 구조의 하중과 지내력의 크기에 좌우된다.
④ 지정은 기초판을 받치기 위해 설치하는 구조이다.

03 아파트의 평면 형식에 관한 설명으로 옳은 것은?
① 편복도형은 복도가 폐쇄형이므로 각 호의 통풍 및 채광이 좋지 않다.
② 중복도형은 독립성은 좋으나 부지의 이용률이 낮다.
③ 집중형은 통풍, 채광 조건이 좋아 기계적 환경 조절이 필요하지 않다.
④ 계단실형은 동선이 짧으므로 출입이 편하며 독립성이 좋다.

04 다음 중 사무소 건축에서 코어 플랜(core plan)의 이점과 가장 관계가 먼 것은?
① 부지를 경제적으로 사용할 수 있으며, 사무실의 독립성이 보장된다.
② 코어의 외곽이 내진벽 역할을 할 수 있다.
③ 사무소의 임대면적 비율(rentable ratio)을 높일 수 있다.
④ 각 층에서 설비계통의 거리가 비교적 균등하게 되므로 최대부하를 줄일 수 있고 순환도 용이하게 된다.

05 종합병원에 관한 기술 중 옳지 않은 것은?
① 연면적에 대해 병동부가 차지하는 면적은 정신병원과 비교했을 때 큰 편이다.
② 외래부는 매일 왕복환자를 취급하는 곳으로 내과, 이비인후과 등으로 구성된다.
③ 소요 병상수는 연간 입원환자 수, 평균 입원일수 등의 자료를 활용하여 산출한다.
④ 한국의 병원에서 많이 채택하고 외래진료방식은 클로즈드 시스템(closed system)이다.

06 음의 잔향시간에 관한 설명 중 옳지 않은 것은?
① 실내 벽면의 흡음률이 높으면 잔향시간

은 짧아진다.
② 잔향시간이 짧으면 짧을수록 모든 실내 음향 환경에는 유리하다.
③ 잔향시간은 실의 용적이 클수록 길어진다.
④ 실내의 음향적 성상, 즉 음환경을 나타내는 중요한 요소이다.

07 풍력환기가 일어나고 있는 실에서 어느 개구부의 풍압계수가 0.3이라고 할 때, 풍압계수 0.3의 의미로 가장 정확한 것은?
① 외부풍의 전압(全壓)의 3%가 풍압력으로 가해진다.
② 외부풍의 전압(全壓)의 30%가 풍압력으로 가해진다.
③ 외부풍의 동압(動壓)의 3%가 풍압력으로 가해진다.
④ 외부풍의 동압(動壓)의 30%가 풍압력으로 가해진다.

08 바닥충격음의 저감방법으로 옳지 않은 것은?
① 카펫, 발포비닐계 바닥재 등 유연한 바닥 마감재를 사용하여 피크 충격력을 작게 한다.
② 바닥 슬래브의 중량을 감소시켜 충격에 대한 바닥의 진동을 감소시킨다.
③ 바닥 슬래브의 두께를 증가시켜 바닥 슬래브의 면밀도와 강성 모두를 높인다.
④ 질량이 있는 구조체를 탄성재로 지지하는 공진계의 특성을 이용하여 진동전달을 줄인다.

09 아치 구조에 관한 설명으로 옳지 않은 것은?
① 상부에서 오는 수직압력이 아치 축선을 따라 직압력만으로 전달하게 한 것이다.
② 조적조에서는 환기구멍 등의 작은 문골이라도 아치를 트는 것이 원칙이다.
③ 창문 너비 3m 정도는 특별한 보강없이 평아치로 한다.
④ 부재의 하부에 인장력이 생기지 않도록 한 구조이다.

10 건축화 조명의 종류에 속하지 않는 것은?
① 광천장 조명
② 밸런스 조명
③ 코브 조명
④ 국부 조명

11 주택의 욕실에서 소리가 잘 울려 퍼지는 이유 중 가장 적당한 것은?
① 욕조에 물이 있으므로
② 벽체가 얇기 때문에
③ 마무리 재료의 흡음률이 낮으므로
④ 공기의 습도가 높으므로

12 철골철근콘크리트 구조(SRC조)에 관한 설명으로 옳지 않은 것은?
① 철골구조에 비해 시공이 다소 복잡한 편이다.
② 구조설계상 기둥이 SRC조이면서 보는 철골조로 배치하는 등 혼합시스템으로 설계할 수 있다.
③ 단면상 원형 구조물로 설계가 불가능한 단점이 있다.
④ 철골부재의 좌굴을 콘크리트에 의해 방지하는 효과가 있다.

13 건축물에 루버(louver)를 설치하는 가장 주된 이유는?

① 자연환기를 유지하기 위하여
② 외관상 변화를 주기 위하여
③ 직사광선을 막기 위하여
④ 비를 막기 위하여

14 다음 중 벽돌벽에 생기는 백화를 방지하는 방법으로 옳지 않은 것은?
① 벽돌의 원료인 점토가 사용수에 염류가 섞인 벽돌을 사용한다.
② 파라핀 도료를 칠한다.
③ 차양, 돌림띠 등으로 벽면에 빗물이 흘러내리지 않도록 한다.
④ 벽돌쌓기 줄눈은 충분한 사춤을 하도록 한다.

15 아파트의 발코니 계획에 관한 설명 중 옳지 않은 것은?
① 일광욕, 침구·세탁물 등의 건조장 등으로 이용된다.
② 단위주거와의 관계와 평면, 입면상의 형태에 따라 그 유형을 분류할 수 있다.
③ 조망을 위한 발판시설을 설치하는 것이 좋다.
④ 옆집과의 격벽은 비상시에 옆집과 연결이 될 수 있는 구조로 하는 것이 좋다.

16 플랫 슬래브(flat slab) 구조의 특성으로 볼 수 없는 것은?
① 구조가 간단하여 공사비가 저렴하다.
② 실내공간 이용률이 높다.
③ 기둥 상부는 깔때기 모양으로 확대하고 그 위에 드롭 패널을 설치한다.
④ 바닥판이 얇아져 고정하중이 작아진다.

17 왕대공 지붕틀에서 ㅅ자보와 빗대공의 재축교점에서 수직으로 대어 ㅅ자보와 평보를 연결한 것을 무엇이라 하는가?
① 처마도리   ② 보잡이
③ 달대공   ④ 귀잡이보

18 철골구조 접합부에 관한 설명으로 옳지 않은 것은?
① 반강접합 접합부에 작용하는 부재력은 축방향력, 전단력만으로 구성된다.
② 핀접합 접합부에 작용하는 부재력은 축방향력과 전단력이다.
③ 일반적으로 가장 강하게 설계하는 접합방법은 강접합이다.
④ 강접합 접합부에 작용하는 부재력은 축방향력, 전단력, 모멘트로 구성된다.

19 실내환기의 주된 목적이 아닌 것은?
① 적절한 산소공급
② 습기 제거
③ 기류속도 조정
④ CO_2 제거

20 학교 교실의 채광계획에 관한 설명으로 옳은 것은?
① 채광은 인공조명을 주로 하고, 자연 채광은 보조적 역할을 한다.
② 조명은 실내에 음영이 생기지 않게 칠판의 조도가 책상면의 조도보다 낮아야 한다.
③ 학생이 앉았을 때 채광창이 오른쪽에 오도록 한다.
④ 실내마감은 휘도대비를 고려하여 반사

율이나 명도가 높은 재료로 마감한다.

제2과목 위생설비

21 중앙급탕방식 중 간접가열식에 관한 설명으로 옳지 않은 것은?
① 고압보일러를 설치하여야 한다.
② 보일러를 난방과 겸용으로 이용할 수 있다.
③ 보일러 내부에 스케일 발생의 우려가 적다.
④ 저탕조 용량이 충분할 경우 보일러 용량을 작게 할 수 있다.

22 내경이 150mm인 직선 배관에 0.06m³/sec의 물이 흐를 때, 배관길이가 100m일 경우 관내의 마찰손실수두는? (단, 마찰손실계수 f=0.03)
① 1.18m ② 3.4m
③ 6.8m ④ 11.8m

23 급수배관 내에 공기실(air chamber)을 설치하는 이유로 가장 알맞은 것은?
① 수압시험을 하기 위해
② 통기관의 연결을 위해
③ 수격작용을 방지하기 위해
④ 급수관의 신축을 방지하기 위해

24 세정밸브식(Flush Valve) 대변기에 관한 설명으로 옳지 않은 것은?
① 세정 시의 소음이 크다.
② 세정용 탱크가 필요 없다.
③ 역류방지기(Vacuum Breaker)가 필요하다.
④ 낮은 수압(30kPa 이하)에서도 사용이 용이하다.

25 옥외소화전설비의 호스접결구는 특정소방대상물의 각 부분으로부터 하나의 호스접결구까지의 수평거리가 최대 얼마 이하가 되도록 설치하여야 하는가?
① 10m ② 20m
③ 30m ④ 40m

26 관로의 마찰손실에 관한 설명으로 옳지 않은 것은?
① 유속이 빠를수록 관로의 마찰손실은 커진다.
② 관로의 길이가 길수록 관로의 마찰손실이 커진다.
③ 유체의 밀도가 클수록 관로의 마찰손실은 작아진다.
④ 관로의 내경이 클수록 관로의 마찰손실은 작아진다.

27 급수방식 중 고가탱크방식에 관한 설명으로 옳은 것은?
① 급수압력의 변동이 심하다.
② 대규모 급수 수요에 대처가 어렵다.
③ 물탱크에서 물이 오염될 가능성이 있다.
④ 일반적으로 상향급수 배관방식이 사용된다.

28 연면적 2000m²인 사무소 건물에 필요한 1일 급수량은? (단, 유효면적비 55%, 유효

면적당 인원은 0.2인/m², 1인 1일당 급수량은 120L이다.)

① 2400L/d ② 2640L/d
③ 24000L/d ④ 26400L/d

29 옥내소화전 방수구는 바닥으로부터의 높이가 최대 얼마 이하가 되도록 설치하여야 하는가?

① 0.9m ② 1.2m
③ 1.5m ④ 1.8m

30 배수 및 통기설비에 관한 설명으로 옳지 않은 것은?

① 세탁기, 식기세척기 등은 간접 배수로 한다.
② 트랩의 형식 중 2중 트랩은 설치가 간편하고 성능이 우수하다.
③ 차고의 배수는 가솔린 트랩을 설치하고 단독 통기관을 설치한다.
④ 배수수직관의 상부는 연장하여 신정 통기관으로 사용하며, 대기 중에 개구한다.

31 저탕조의 용량이 2m³이고 급탕배관 내의 전체 수량이 1m³일 때 개방형 팽창탱크의 용량은 얼마인가? (단, 급수의 밀도는 1.0g/cm³이고, 탕의 밀도는 0.983g/cm³이다.)

① 0.01m³ ② 0.03m³
③ 0.05m³ ④ 0.07m³

32 다음 중 워터 해머의 방지대책과 가장 거리가 먼 것은?

① 워터 해머 흡수기를 적절하게 설치한다.
② 관내의 수압이 평상시 높아지지 않도록 구획한다.
③ 배관은 가능한 한 직선이 되지 않고 우회하도록 계획한다.
④ 수압이 0.4MPa을 초과하는 계통에는 감압밸브를 부착하여 적절한 압력으로 감압한다.

33 다음 중 급수설비를 설계하는 데 있어 가장 먼저 이루어져야 하는 사항은?

① 급수량의 산정
② 수수조의 크기 결정
③ 수도 인입관의 설계
④ 급수관의 관경 설정

34 위생설비 유닛화의 이점으로 옳지 않은 것은?

① 비용 절감
② 공기 단축
③ 시공정밀도 향상
④ 공장 작업 공정 단축

35 급탕배관의 설계 및 시공상의 주의점으로 옳지 않은 것은?

① 급탕관의 최상부에는 공기빼기 장치를 설치한다.
② 중앙식 급탕설비는 원칙적으로 강제순환방식으로 한다.
③ 하향배관의 경우, 급탕관은 상향구배, 반탕관은 하향구배로 한다.
④ 온도강하 및 급탕수전에서의 온도 불균형이 없고 수시로 원하는 온도의 탕을 얻을 수 있도록 원칙적으로 복관식으로

한다.

36 통기관의 최소 관경에 관한 설명으로 옳지 않은 것은?
① 각개 통기관은 그것이 접속되는 배수관 관경의 1/2 이상으로 한다.
② 결합 통기관은 통기수직관과 배수수직관 중 작은 쪽의 관경 이상으로 한다.
③ 도피 통기관은 배수수평지관의 관경 이상으로 하되 최소 75mm 이상으로 한다.
④ 루프 통기관은 배수수평지관과 통기수직관 중 작은 쪽 관경의 1/2 이상으로 한다.

37 펌프의 특성곡선(characteristic curve)에서 나타나지 않는 내용은?
① 전양정　　② 토출량
③ 펌프효율　④ 전동기 동력

38 다음 그림에서 Ⓐ부분의 통기관의 명칭은?

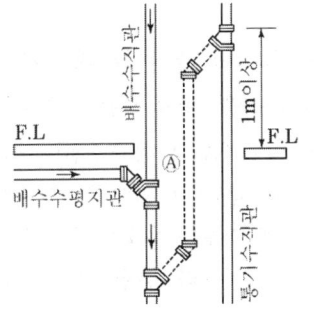

① 각개 통기관　② 신정 통기관
③ 회로 통기관　④ 결합 통기관

39 급수배관 설계 및 시공상의 주의점에 관한 설명으로 옳지 않은 것은?
① 급수주관으로부터 분기하는 경우 T이음쇠를 사용한다.
② 음료용 급수관과 다른 용도의 배관을 크로스 커넥션(cross connection)해서는 안 된다.
③ 수격작용(water hammering) 방지를 위해서 기구류 가까이에 통기관을 설치한다.
④ 수평배관에는 공기가 정체하지 않도록 하며, 어쩔 수 없이 공기 정체가 일어나는 곳에는 공기빼기 밸브를 설치한다.

40 내식성 및 가공성이 우수하며 배관 두께별로 K, L, M형으로 구분하여 사용되는 배관 재료는?
① 동관
② 스테인리스 강관
③ 일반배관용 탄소강관
④ 압력배관용 탄소강관

제3과목　공기조화설비

41 다음 중 건물병 증후군(sick building syndrome)의 원인과 가장 관계가 먼 것은?
① 라돈
② 피톤 치드
③ 포름알데히드
④ 휘발성 유기화합물

42 냉각탑이 응축기보다 낮은 위치에 있는 경우 냉각수 펌프가 정지할 때마다 응축기 주변이 극단적인 부압(負壓)이 되지 않도록 설치하는 것은?

① 사이펀 브레이커(syphon breaker)
② 딥 튜브(deep tube)
③ 더트 포켓(dirt pocket)
④ 플래시 탱크(flash tank)

43 몰리에르(Mollier) 선도를 나타낸 그림에서 히트 펌프의 난방 시 성적계수를 산정하는 식은?

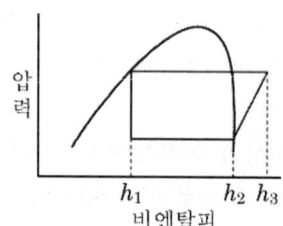

① $\dfrac{h_2 - h_1}{h_3 - h_2}$
② $\dfrac{h_3 - h_1}{h_3 - h_2}$
③ $\dfrac{h_3 - h_1}{h_2 - h_1}$
④ $\dfrac{h_3 - h_2}{h_2 - h_1}$

44 기온·습도·기류의 3요소의 조합에 의한 실내 온열감각을 기온의 척도로 나타낸 것은?
① 등가온도　② 작용온도
③ 불쾌지수　④ 유효온도

45 취출구와 흡입구가 지나치게 근접해 있을 때 취출구에서 나온 기류가 곧바로 흡입구로 들어가는 현상은?
① 숏 서킷　② 드래프트
③ 에어 커튼　④ 리턴 에어

46 기준면보다 20m 높이에 있는 관 내에 물이 압력 60kPa, 유속 3m/s로 흐를 때 이 물의 전수두는? (단, 물의 밀도는 1kg/L이다.)
① 약 18.7m　② 약 26.5m
③ 약 38.7m　④ 약 83.1m

47 다음의 공기조화방식 중 중앙방식에 속하지 않는 것은?
① 수방식　② 냉매방식
③ 전공기방식　④ 공기·수방식

48 다음 중 증기와 응축수 사이의 온도차를 이용하는 온도조절식 증기 트랩에 속하는 것은?
① 드럼 트랩　② 버킷 트랩
③ 벨로즈 트랩　④ 플로트 트랩

49 용량이 386kW인 터보 냉동기에 순환되는 냉수량은? (단, 냉각기 입구의 냉수온도 12℃, 출구의 냉수온도 6℃, 물의 비열 4.2kJ/kg·K)
① 약 46m³/h　② 약 55m³/h
③ 약 231m³/h　④ 약 332m³/h

50 진공환수식 증기난방에서 리프트 피팅(lift fitting)을 해야 하는 경우는?
① 방열기보다 환수주관이 높을 때
② 방열기보다 환수주관이 낮을 때
③ 방열기보다 응축수 온도가 너무 높을 때
④ 방열기보다 응축수 온도가 너무 낮을 때

51 다음 설명에 알맞은 취출구의 종류는?

- 외부 존이나 내부 존에 모두 적용되며, 출입구 부근의 에어 커튼용으로도 적합하다.
- 선형이므로 인테리어 디자인의 일환으로도 적당하다.

① 노즐(nozzle)형
② 캄 라인(calm line)형
③ 아네모스탯(annemostat)형
④ 라이트 트로퍼(light troffer)형

52 공조기 내에서 습공기가 다음 그림과 같이 상태변화를 할 때 변화과정으로 옳은 것은?

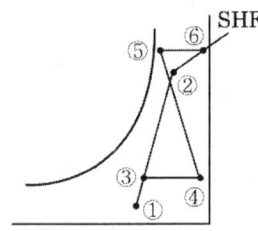

① 혼합-예열-가습-재열
② 혼합-가습-가열-취출
③ 혼합-냉각-가열-가습
④ 예열-혼합-가열-가습

53 다음 중 냉각수 배관재료로 가장 부적절한 것은?

① 동관
② 아연도강관
③ 스테인리스관
④ 경질염화비닐관

54 다음과 같은 조건에서 어느 작업장의 발생현열량이 2900W일 때 필요 환기량(m^3/h)은?

- 허용 실내온도 : 36℃
- 외기온도 : 28℃
- 공기의 밀도 : 1.2kg/m^3
- 공기의 정압비열 : 1.01kJ/kg·K

① 311.3   ② 498.8
③ 672.5   ④ 1076.7

55 다음의 공조방식 중 재실인원이 적은 실에서 운전비가 가장 적게 드는 방식은?

① 팬코일 유닛방식
② 정풍량 2중 덕트방식
③ 변풍량 2중 덕트방식
④ 정풍량 단일 덕트방식

56 10℃의 공기 20kg과 50℃의 공기 80kg을 혼합했을 때 혼합공기의 온도는?

① 15℃   ② 25℃
③ 42℃   ④ 46℃

57 습공기 선도상에서 2가지의 상태값을 알더라도 습공기의 상태를 알 수 없는 경우가 있다. 이와 같은 상태값의 조합은?

① 건구온도와 습구온도
② 습구온도와 상대습도
③ 건구온도와 상대습도
④ 절대습도와 수증기 분압

58 다음과 같은 보일러의 출력 표시방법 중 가장 크게 표시되는 것은?

① 정미출력   ② 상용출력
③ 정격출력   ④ 과부하출력

59 냉온수 코일에서 바이패스 팩터(BF)와 콘택트 팩터(CF)의 관계식으로 옳은 것은?
① (BF+CF)=1
② (CF−BF)=1
③ (BF+CF)>1
④ (BF+CF)<1

60 다음 중 표준적인 단일덕트 정풍량방식의 실내 부하의 현열비(SHF) 선상에 있는 점이 아닌 것은?
① 실내 상태점
② 토출공기 상태점
③ 코일출구 상태점
④ 코일의 장치노점온도

제4과목 소방 및 전기설비

61 6극, 60Hz, 3상 유도전동기의 슬립이 5%일 때 회전수는?
① 1120rpm
② 1130rpm
③ 1140rpm
④ 1150rpm

62 다음 중 안정기와 점등관이 필요한 것은?
① BL 전구
② 형광등
③ 백열전구
④ 할로겐전구

63 다음 중 변압기의 원리와 가장 관계가 깊은 것은?
① 정전유도
② 전자유도
③ 발열작용
④ 전계유도

64 건축물의 주위를 적당한 간격의 그물눈을 가진 도체로 새장과 같이 감싸는 피뢰방식은?
① 돌침방식
② 케이지 방식
③ 수직도체방식
④ 수평도체방식

65 역률이 0.8이고 100kW인 단상 부하에 있어서 20분간의 무효전력량[kVarh]은?
① 10
② 15
③ 20
④ 25

66 전기 부하에 인가되는 전압이 증가될 때 허용되는 내압의 범위 내에서 함께 증가되는 것은?
① 주파수
② 허용전력
③ 소비전력
④ 전압강하

67 220V, 5A의 직류전동기를 1시간 사용할 때의 전력량은?
① 110Wh
② 1100Wh
③ 1100×60Wh
④ 1100×60kWh

68 다음 설명에 알맞은 배선 공사는?

- 열적 영향이나 기계적 외상을 받기 쉬운 곳이 아니면 광범위하게 사용 가능하다.
- 관 자체가 절연체이므로 감전의 우려가 없으며 시공이 쉽다.

① 금속관 공사
② 버스 덕트 공사
③ 플로어 덕트 공사
④ 합성수지관 공사(CD관 제외)

69 전력 퓨즈에 관한 설명으로 옳지 않은 것은?
① 릴레이와 변성기가 필요하다.
② 소형으로 큰 차단용량을 가진다.
③ 옥내에 시설하는 경우에는 소음기를 부

착하는 것이 좋다.
④ 일정치 이상의 과전류를 차단하여 전로나 기기를 보호한다.

70 전기력선의 성질에 관한 설명으로 옳지 않은 것은?
① 2개의 전기력선은 교차하지 않는다.
② 전기력선은 등전위면과 교차하지 않는다.
③ 전기력선은 정(正)전하에서 부(負)전하로 들어간다.
④ 전기력선의 접선 방향은 그 점에서의 전기장의 방향과 일치한다.

71 전반조명에 관한 설명으로 옳지 않은 것은?
① 조도가 균일하고 그림자가 부드럽다.
② 일반적으로 사무실이나 학교 조명에 많이 사용된다.
③ 원하는 곳에서 원하는 방향으로 조도를 주는 것이 용이하다.
④ 작업대의 위치가 변하여도 등기구의 배치를 변경시킬 필요가 없다.

72 중유의 공급량을 변화시키면서 보일러의 온도를 300℃로 일정하게 유지하고자 할 경우, 이 온도는 자동제어의 용어 중 어느 것에 해당하는가?
① 외란　　② 제어량
③ 조작량　④ 조작대상

73 다음이 설명하는 법칙은?

회로망 중 임의의 폐회로 내에서 일주 방향에 따른 전압강하 총합은 기전력의 총합과 같다.

① 키르히호프 제1법칙
② 키르히호프 제2법칙
③ 전류 분배의 법칙
④ 옴의 법칙

74 영상변류기(ZCT)의 주된 사용 목적은?
① 과전압 검출
② 과전류 검출
③ 지락전류 검출
④ 부하전류 검출

75 A+A·B의 논리식을 불 대수의 법칙을 이용하여 간소화한 것은?
① B　　　② A
③ 1　　　④ A+B

76 반경 10cm, 권수 100회인 원형 코일의 중심에서의 자계의 세기가 200AT/m이었다. 이때 코일에 흐른 전류는?
① 0.4A　　② 10A
③ 2A　　　④ 0.2A

77 지중전선로를 직접 매설식에 의하여 시설하는 경우 매설 깊이는 최소 얼마 이상으로 하여야 하는가? (단, 차량, 기타 중량물의 압력을 받을 우려가 있는 장소)
① 0.6m　　② 1.2m
③ 1.5m　　④ 2.0m

78 3.3kΩ과 4.7kΩ 저항을 직렬로 연결하였을 경우 합성저항은?
① 1.9kΩ　　② 3.3kΩ
③ 4.7kΩ　　④ 8kΩ

79 접지공사 중 제3종 접지공사의 저항값은 최대 얼마 이하이어야 하는가?
① 5Ω ② 10Ω
③ 50Ω ④ 100Ω

80 유접점 시퀀스 제어회로에서 접점의 개폐를 만드는 소자가 아닌 것은?
① 스위치 ② 타이머
③ 릴레이 ④ 다이오드

제5과목 건축설비관계법규

81 신축 또는 리모델링하는 경우 시간당 최소 0.5회 이상의 환기가 이루어질 수 있도록 자연환기설비 또는 기계환기설비를 설치하여야 하는 공동주택의 세대수 기준은?
① 20세대 이상 ② 30세대 이상
③ 50세대 이상 ④ 100세대 이상

82 비상용 승강기의 승강장의 바닥면적은 비상용 승강기 1대에 대하여 최소 얼마 이상으로 하여야 하는가? (단, 옥내에 승강장을 설치하는 경우)
① 4m² ② 6m²
③ 8m² ④ 10m²

83 건축물에 설치하는 굴뚝에 관한 기준 내용으로 옳지 않은 것은?
① 굴뚝의 옥상 돌출부는 지붕면으로부터의 수직거리를 1m 이상으로 할 것
② 금속제 굴뚝은 목재 기타 가연재료로부터 10cm 이상 떨어져서 설치할 것
③ 굴뚝의 상단으로부터 수평거리 1m 이내에 다른 건축물이 있는 경우에는 그 건축물의 처마보다 1m 이상 높게 할 것
④ 금속제 굴뚝으로서 건축물의 지붕 속·반자 위 및 가장 아랫바닥 밑에 있는 굴뚝의 부분은 금속 외의 불연재료로 덮을 것

84 건축물의 용도에 따른 승용승강기의 최소 설치대수가 옳지 않은 것은? (단, 6층 이상의 거실면적 합계가 3000m²이며, 15인승 승강기를 설치하는 경우)
① 위락시설 : 1대
② 업무시설 : 1대
③ 숙박시설 : 2대
④ 문화 및 집회시설 중 공연장 : 2대

85 건축법령상 의료시설에 속하는 것은?
① 한의원 ② 요양병원
③ 치과의원 ④ 동물병원

86 업무시설로서 옥내소화전설비를 전층에 설치하여야 하는 특정소방대상물의 연면적 기준은?
① 500m² 이상 ② 1000m² 이상
③ 1500m² 이상 ④ 2000m² 이상

87 건축법령상 리모델링이 쉬운 구조에 속하지 않는 것은? (단, 공동주택의 경우)
① 개별 세대 안에서 구획된 실의 크기, 개수 또는 위치 등을 변경할 수 있을 것
② 구조체에서 건축설비, 내부 마감재료 및 외부 마감재료를 분리할 수 있을 것

③ 각 층에 시공된 보, 기둥 등의 구조부재의 개수 또는 위치를 변경할 수 있을 것
④ 각 세대는 인접한 세대와 수직 또는 수평 방향으로 통합하거나 분할할 수 있을 것

88 건축법상 용어의 정의에 관한 설명으로 옳은 것은?
① 기초는 주요구조부에 해당된다.
② 대수선은 건축에 속하지 않는다.
③ 이전이란 건축물의 주요구조부를 해체하여 다른 대지로 옮기는 것을 말한다.
④ 개축이란 기존건축물을 철거하고 그 대지 안에 종전보다 큰 규모로 건축물을 다시 축조하는 것을 말한다.

89 건축물의 설비 기준 등에 관한 규칙으로 정하는 기준에 따라 건축물의 거실(피난층의 거실 제외)에 배연설비를 하여야 하는 대상 건축물에 속하지 않는 것은? (단, 6층 이상인 건축물의 경우)
① 공동주택   ② 운수시설
③ 운동시설   ④ 위락시설

90 다음의 소방시설 중 피난설비에 해당하지 않는 것은?
① 유도등
② 완강기
③ 인명구조기구
④ 비상콘센트설비

91 건축물의 용도 변경 시 허가 대상에 속하는 것은?

① 위락시설에서 발전시설로의 용도 변경
② 교육연구시설에서 업무시설로의 용도 변경
③ 문화 및 집회시설에서 판매시설로의 용도 변경
④ 제1종 근린생활시설에서 업무시설로의 용도 변경

92 목조 건축물로서 외벽 및 처마밑의 연소할 우려가 있는 부분을 방화구조로 하여야 하는 대상 건축물의 연면적 기준은?
① 500㎡ 이상   ② 1000㎡ 이상
③ 2000㎡ 이상   ④ 3000㎡ 이상

93 다음은 건축물의 에너지절약 설계기준에 따른 설계용 실내온도 조건에 관한 설명이다. ( ) 안에 알맞은 것은?

> 난방 및 냉방설비의 용량 계산을 위한 설계기준 실내온도는 난방의 경우 (㉠), 냉방의 경우 (㉡)를 기준으로 하되(목욕장 및 수영장은 제외) 각 건축물 용도 및 개별 실의 특성에 따라 별표8에서 제시된 범위를 참고하여 설비의 용량이 과다해지지 않도록 한다.

① ㉠ 20℃, ㉡ 25℃
② ㉠ 20℃, ㉡ 28℃
③ ㉠ 22℃, ㉡ 25℃
④ ㉠ 22℃, ㉡ 28℃

94 비상용 승강기를 설치하여야 하는 대상 건축물의 높이 기준으로 옳은 것은?
① 높이 16m를 넘는 건축물
② 높이 31m를 넘는 건축물

③ 높이 36m를 넘는 건축물
④ 높이 41m를 넘는 건축물

95 건축물의 에너지절약 설계기준상 다음과 같이 정의되는 용어는?

> 기기를 여러 대 설치하여 부하상태에 따라 최적 운전상태를 유지할 수 있도록 기기를 조합하여 운전하는 방식

① 인버터운전   ② 간헐제어운전
③ 비례제어운전 ④ 대수분할운전

96 다음은 특정소방대상물의 소방시설 설치의 면제에 관한 기준 내용이다. ( ) 안에 해당되지 않는 소방시설은?

> 간이스프링클러설비를 설치하여야 하는 특정소방대상물에 ( )를 화재안전기준에 적합하게 설치한 경우에는 그 설비의 유효범위 안의 부분에서 설치가 면제된다.

① 옥내소화전설비
② 물분무소화설비
③ 미분무소화설비
④ 스프링클러설비

97 다음 중 건축물의 피난·방화구조 등의 기준에 관한 규칙상 거실의 용도에 따른 최소 조도 기준이 가장 높은 것은? (단, 바닥에서 85cm의 높이에 있는 수평면의 조도)

① 집회(집회)   ② 집무(설계)
③ 작업(포장)   ④ 거주(독서)

98 건축물 관련 건축기준의 허용오차가 2% 이내인 항목에 해당하지 않는 것은?

① 출구 너비   ② 반자높이
③ 바닥판 두께   ④ 건축물 높이

99 비상조명등을 설치하여야 하는 특정소방대상물 기준으로 옳은 것은? (단, 창고시설 중 창고 및 하역장, 위험물 저장 및 처리시설 중 가스시설은 제외)

① 지하층을 포함하는 층수가 3층 이상인 건축물로서 연면적 2000m² 이상인 것
② 지하층을 포함하는 층수가 3층 이상인 건축물로서 연면적 3000m² 이상인 것
③ 지하층을 포함하는 층수가 5층 이상인 건축물로서 연면적 2000m² 이상인 것
④ 지하층을 포함하는 층수가 5층 이상인 건축물로서 연면적 3000m² 이상인 것

100 건축물의 에너지절약설계기준에 따른 야간단열장치의 총열관류저항은 최소 얼마 이상이 되어야 하는가?

① $0.1m^2 \cdot K/W$ 이상
② $0.2m^2 \cdot K/W$ 이상
③ $0.3m^2 \cdot K/W$ 이상
④ $0.4m^2 \cdot K/W$ 이상

2023년 2회 CBT 복원문제

제1과목 건축일반

01 한식지붕에 사용되는 부재나 구조의 명칭이 아닌 것은?
① 보습장 ② 동귀틀
③ 단골막이 ④ 동연

02 고층 밀집형 병원의 장점이 아닌 것은?
① 대지를 효율적으로 이용할 수 있다.
② 병동에서의 조망을 확보할 수 있다.
③ 설비의 집중화가 가능하다.
④ 수직 교통을 위한 운반비가 적게 든다.

03 사무소건축의 코어(core) 계획에 관한 설명 중 옳지 않은 것은?
① 코어는 최소한의 규모로 계획할 것
② 잡용실과 급탕실은 접근시킬 것
③ 코어 내의 각 공간은 각 층마다 공통의 위치에 있을 것
④ 엘리베이터 홀은 출입구에 최대한 접근해 있도록 할 것

04 아파트 형식 중에서 계단실형이 복도형보다 유리한 점이 아닌 것은?
① 각 세대의 독립성을 높일 수 있다.
② 건축의 유효면적이 크다.
③ 출입이 편리하다.
④ 건축비가 저렴하다.

05 학교의 강당계획에 관한 설명 중 옳지 않은 것은?
① 강당의 면적 산출에서 고정 의자식의 경우가 이동 의자식의 경우보다 그 면적이 크다.
② 강당은 체육관과 겸하도록 계획하는 것이 좋다.
③ 강당의 위치는 외부와의 연락이 좋은 곳에 배치한다.
④ 강당 연단 주위에는 반사재를 그리고 먼 곳에는 흡음재를 사용하여 음향효과가 좋게 한다.

06 철근콘크리트 플랫 슬래브(flat slab)의 구성 요소가 아닌 것은?
① 받침판(Drop panel)
② 주두(Capital)
③ 작은보(Beam)
④ 외부 보(Spandrel)

07 연립주택의 분류 형태에 속하지 않는 것은?
① 스킵 하우스(Skip House)
② 타운 하우스(Town House)
③ 로우 하우스(Row House)
④ 파티오 하우스(Patio House)

08 상점 진열창의 눈부심(glare)을 방지하는 대책으로 옳지 않은 것은?
① 차양을 달아서 외부에 그늘을 주어 내

부보다 어둡게 한다.
② 야간에는 눈에 입사하는 광속(光速)을 크게 한다.
③ 특수한 곡면 유리를 사용한다.
④ 유리면을 경사지게 하여 반사각을 조정한다.

09 홀 용적 5000m³, 잔향시간 1.6초인 실에서 잔향시간을 1초로 만들기 위해 추가적으로 필요한 흡음력은?
① 220m³   ② 275m³
③ 300m³   ④ 450m³

10 상점의 평면배치 중 종류별 상품진열이 용이하고 대량판매형식이 가능한 것은?
① 복합 배열형   ② 굴절 배열형
③ 직선 배열형   ④ 환상 배열형

11 벽돌쌓기에 대한 기술로 옳지 않은 것은?
① 영식 쌓기는 모서리에 반절 또는 이오토막을 사용한다.
② 미식 쌓기는 막힌줄눈이 많이 생겨 구조적으로 영식 쌓기보다 튼튼하다.
③ 불식 쌓기는 통줄눈이 많이 생기며 의장적 효과를 나타내기 위한 벽체에 사용된다.
④ 화란식 쌓기는 모서리에 칠오토막을 사용하고 주로 내력벽에 사용된다.

12 주택의 부지 선정 조건으로 옳지 않은 것은?
① 주택의 대지는 정형이 좋고, 보통 직사각형의 형태가 이상적이다.
② 부지가 작을 때는 동서로 긴 것이 좋다.
③ 부지면적은 건축면적과 동일하거나 약간 큰 것이 좋다.
④ 경사지는 그 구배가 1/10 정도가 이용률이 좋다.

13 다음 중 잔향시간 계산에 필요한 인자가 아닌 것은?
① 실용적
② 실내 전 표면적
③ 음원의 음압
④ 실의 평균흡음률

14 다음 그림과 같은 블록 내력벽체의 X방향 벽량은?

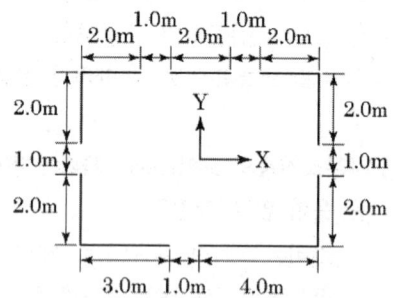

① 20cm/m²   ② 22.5cm/m²
③ 32.5cm/m²   ④ 52.5cm/m²

15 학교 건축 배치계획에서 분산병렬형에 대한 설명으로 옳지 않은 것은?
① 구조계획이 간단하다.
② 각 건물 사이에 놀이터 및 정원이 생긴다.
③ 각 교실은 일조, 통풍 등 환경조건이 균등하게 된다.
④ 부지를 최대한 효율적으로 이용할 수 있다.

16 벽돌쌓기에서 치장줄눈의 깊이의 표준은?
① 4mm ② 6mm
③ 12mm ④ 15mm

17 도서관의 폐가식(closed access)에 관한 내용 중에서 옳지 않은 것은?
① 도서의 유지관리가 좋아 책의 망실이 적다.
② 열람자가 책을 볼 동안 감시할 필요가 있다.
③ 책을 대출받는 절차가 번잡하고 관원의 작업량이 많은 결점이 있다.
④ 목록에 의하여 책이 대출되므로 희망한 내용이 아닐 수 있다.

18 자연환기에 대한 설명 중 옳은 것은?
① 실외의 풍속이 적을수록 환기량이 많아진다.
② 실내외의 온도차가 적을수록 환기량은 많아진다.
③ 일반적으로 목조주택이 콘크리트조 주택보다 환기량이 적다.
④ 한쪽에 큰 창을 두는 것보다 그것의 절반 크기의 창 2개를 서로 마주치게 설치하는 것이 환기계획상 유리하다.

19 백화점의 수송설비 계획과 관련한 설명으로 옳지 않은 것은?
① 중소규모 백화점인 경우 엘리베이터는 주 출입구 부근에 설치한다.
② 에스컬레이터는 수송량에서 엘리베이터보다 유리하다.
③ 에스컬레이터는 주 출입구에 가까워야 하며, 고객이 곧 알아볼 수 있는 위치라야 한다.
④ 엘리베이터는 고객용 이외에 사무용, 화물용도 따로 있는 것이 좋다.

20 상점의 부지 선정 조건 중 옳지 않은 것은?
① 한 가지 용무만이 아니고 몇 가지 일을 함께 볼 수 있는 곳
② 여러 가지 성질이 다른 매력이 조합되어 있는 곳
③ 같은 종류의 상점이 적어서 경쟁력 확보가 쉬운 곳
④ 신개발지역으로 특유의 활동변화가 내재된 곳

제2과목 위생설비

21 다음 설명에 알맞은 배수·통기 배관의 검사 및 시험방법은?

> • 만수시험과 같이 배수관에서 누수 및 통기관에서의 취기누설방지를 목적으로 한다.
> • 시험 시에 누수 개소의 발견은 비눗물로 도포하여 발포의 유무를 조사한다.

① 통수시험 ② 연기시험
③ 기압시험 ④ 박하시험

22 급수배관의 부식으로 인한 결과로 볼 수 없는 것은?
① 누수
② 수질 악화
③ 마찰손실 증대

④ 배관두께 증대

23 다음과 같은 조건에서 급탕순환펌프의 순환 수량은?

[조건]
- 배관계통의 전열손실량 : 4000W
- 급탕온도 : 65℃, 환탕온도 : 55℃
- 물의 비열 : 4.2kJ/kg·K

① 5.7L/min ② 10.5L/min
③ 20.9L/min ④ 30.4L/min

24 BOD 제거율을 바르게 나타낸 관계식은?

① $\frac{유출수\ BOD}{유입수\ BOD} \times 100(\%)$

② $\frac{유입수\ BOD}{유출수\ BOD} \times 100(\%)$

③ $\frac{유입수\ BOD - 유출수\ BOD}{유입수\ BOD} \times 100(\%)$

④ $\frac{유입수\ BOD - 유출수\ BOD}{유출수\ BOD} \times 100(\%)$

25 배수계통에서 트랩의 봉수가 파괴되는 원인 중 액체의 응집력과 액체와 고체 사이의 부착력에 의해 발생하는 것은?

① 증발 현상
② 모세관 현상
③ 자기사이펀 작용
④ 유도사이펀 작용

26 압력배관용 탄소강관의 표시기호로 옳은 것은?

① SPPS ② SPPH
③ SPLT ④ SPHT

27 길이 30m, 내경 50mm인 급수관으로 200L/min의 물을 송수할 경우 마찰손실 수두는? (단, 관마찰계수는 0.04)

① 2.04m ② 2.54m
③ 3.04m ④ 3.54m

28 먹는 물의 수소이온농도 기준으로 옳은 것은?

① pH 4.8 이상 pH 8.4 이하
② pH 5.8 이상 pH 8.5 이하
③ pH 4.8 이상 pH 8.5 이하
④ pH 5.8 이상 pH 8.4 이하

29 다음 중 급수배관이 벽체 또는 건축의 구조부를 관통하는 부분에 슬리브(sleeve)를 설치하는 이유로 가장 알맞은 것은?

① 관의 방동을 위하여
② 관의 방로를 위하여
③ 관의 부식방지를 위하여
④ 관의 수리·교체를 용이하게 하기 위하여

30 유효면적이 800m²인 사무소 건물에서 한 사람이 하루에 사용하는 급탕량이 10L인 경우, 이 건물에 필요한 급탕량(m²/d)은? (단, 유효면적당 인원은 0.2인/m²이다.)

① 1.0 ② 1.2
③ 1.4 ④ 1.6

31 시간당 200L의 급탕을 필요로 하는 건물에서 전기온수기를 사용하여 급탕을 하는 경우 필요전력량은? (단, 물의 비열은 4.2kJ/kg·K, 급수온도는 10℃, 급탕온도는 60℃, 전기

온수기의 가열효율은 95%이다.)
① 11.1kW ② 11.7kW
③ 12.3kW ④ 13.5kW

32 온도 20℃, 길이 100m인 동관에 탕이 흘러 60℃가 되었을 때, 이 동관의 팽창된 길이는? (단, 동관의 선팽창계수는 0.171×10^{-4}/℃이다.)
① 34.2mm ② 68.4mm
③ 136.8mm ④ 171mm

33 배관에 사용되는 각종 신축이음쇠에 관한 설명 중 옳은 것은?
① 스위블형 : 2개 이상의 엘보를 조합한 것으로 신축량이 큰 배관에 주로 사용된다.
② 슬리브형 : 관의 신축을 슬리브의 변형으로 흡수하도록 한 것으로서 곡선배관 부위에도 사용이 용이하다.
③ 벨로즈형 : 고압배관에 주로 사용되며 설치 공간을 많이 차지한다.
④ 루프형 : 관의 구부림과 관 자체의 가요성을 이용해서 배관의 신축을 흡수한다.

34 급수기구의 최저필요압력으로 옳지 않은 것은?
① 일반 수전 : 30kPa
② 샤워기 : 70kPa
③ 대변기 세정밸브(일반 대변기용) : 70kPa
④ 소변기 세정밸브(벽걸이형 소변기) : 50kPa

35 사무실 건물의 화장실에 세면기 8개, 청소 싱크 1개가 설치되어 있는 경우 배수 배출량은? (단, 세면기 fuD=1, 청소 싱크 fuD=3, 전체의 동시사용률은 55%이며, 1fuD=28.5L/min이다.)
① 약 127L/min ② 약 172L/min
③ 약 285L/min ④ 약 570L/min

36 다음 설명에 알맞은 밸브의 종류는?

- 유체를 일정한 방향으로만 흐르게 하고 역류를 방지하는데 사용한다.
- 시트의 고정핀을 축으로 회전하여 개폐되며 수평·수직 어느 배관에도 사용할 수 있다.

① 리프트형 체크 밸브(lift type check valve)
② 스윙형 체크 밸브(swing type check valve)
③ 풋형 체크 밸브(foot type check valve)
④ 슬루스 밸브(sluice valve)

37 다음 중 양수펌프로 사용되는 원심펌프에서 흡입양정이 이론치에 미치지 못하는 가장 큰 이유는?
① 대기압
② 관로손실
③ 펌프의 동력
④ 토출양정과의 차이

38 급수배관의 관경 결정법에 관한 설명으로 옳지 않은 것은?
① 같은 급수기구 중에서도 개인용과 공중용에 대한 기구급수부하단위는 공중용

이 개인용보다 값이 크다.
② 유량선도에 의한 방법으로 관경을 결정하고자 할 때의 부하유량(급수량)은 기구급수부하단위로 산정한다.
③ 소규모 건물에는 유량선도에 의한 방법이, 중규모 이상의 건물에는 관 균등표에 의한 방법이 주로 이용된다.
④ 기구급수부하단위는 각 급수기구의 표준 토출량, 사용빈도, 사용기간을 고려하여 1개의 급수 기구에 대한 부하의 정도를 예상하여 단위화한 것이다.

39 급탕배관에 관한 설명으로 옳지 않은 것은?
① 중앙식 급탕설비는 원칙적으로 강제순환방식으로 한다.
② 온도변화에 따른 배관의 팽창길이는 배관의 관경에 가장 큰 영향을 받는다.
③ 급탕용 밸브나 플랜지 등의 패킹은 내열성 재료를 선택하여 사용한다.
④ 관의 신축을 고려하여 건물의 벽관통부분의 배관에는 슬리브를 사용한다.

40 다음 중 원칙적으로 청소구(clean out)를 설치하여야 하는 곳이 아닌 것은?
① 배수수직관의 최상부
② 배수 수평주관의 기점
③ 배수 수평지관의 기점
④ 배수관이 45°이상의 각도로 방향을 바꾸는 곳

제3과목 공기조화설비

41 위치수두 10mAq, 압력수두 30mAq, 속도 2m/s로 관 속을 흐르는 물의 전수두는?
① 13.0m   ② 13.2m
③ 40.2m   ④ 42.0m

42 다음 중 전열교환기의 기능과 가장 거리가 먼 것은?
① 현열교환   ② 잠열교환
③ 단열가습   ④ 자정작용

43 취출기류의 속도분포와 관련된 4단계 영역 중 제2영역에 관한 설명으로 옳은 것은?
① 천이구역이라고도 한다.
② 취출거리의 대부분을 차지한다.
③ 혼합된 공기(1차 공기+2차 공기)가 주위로 확산되는 영역이다.
④ 취출기류의 속도가 급격히 감소되어 주위 공기를 유인하는 힘이 없어진다.

44 중앙식 공기조화기에 사용되는 가습장치는 수증기를 만드는 원리에 따라 수분무식, 증기식, 기화식으로 크게 구분할 수 있는데, 다음 중 수분무식에 해당하지 않는 것은?
① 원심식   ② 회전식
③ 초음파식   ④ 노즐분무식

45 공조기 코일의 설치 목적에 따른 분류에 해당하는 것은?
① 건코일   ② 예냉 코일
③ 냉수 코일   ④ 풀 서킷 코일

46 온수배관에 관한 설명으로 옳지 않은 것은?
① 배관의 신축을 고려한다.
② 배관재료는 내식성을 고려한다.
③ 온수배관에는 공기가 고이지 않도록 구배를 준다.
④ 온수보일러의 팽창관에는 게이트 밸브를 설치한다.

47 다음 중 동관의 용도로 가장 부적절한 것은?
① 급수관
② 급탕관
③ 증기관
④ 냉온수관

48 다음과 같은 냉방부하의 구성 요인 중 현열만을 취득하는 것은?
① 인체에서의 발생열
② 극간풍에 의한 취득열
③ 유리를 통과하는 복사열
④ 외기 도입에 의한 취득열

49 다음 중 공기조화설비 배관에서 압력계의 설치 위치로 가장 알맞은 곳은?
① 펌프 출구
② 급수관 입구
③ 냉수코일 출구
④ 열교환기 출구

50 공기정화장치에서 포집 효율 70%의 필터를 통과한 공기의 먼지 농도는 포집 효율 90%의 필터를 통과한 공기의 먼지 농도의 몇 배인가? (단, 각각의 필터 상류의 먼지 농도는 같다.)
① 0.8배
② 1.3배
③ 2.0배
④ 3.0배

51 덕트 내의 풍속이 20m/s, 정압이 200Pa일 경우 전압의 크기는? (단, 공기의 밀도는 1.2kg/m^{3}이다.)
① 212Pa
② 220Pa
③ 330Pa
④ 440Pa

52 틈새바람량의 산출 방법에 속하지 않는 것은?
① 환기횟수법
② 창문면적법
③ 실내면적법
④ 창문틈새길이법

53 공기 2000kg/h를 증기코일로 가열하는 경우, 코일을 통과하는 공기의 온도차가 25.5℃, 증기온도에서 물의 증발잠열이 2229.52kJ/kg일 때 가열에 필요한 증기량은? (단, 공기의 정압비열은 1.01kJ/kg·K이다.)
① 18.2kg/h
② 23.1kg/h
③ 40.2kg/h
④ 50.2kg/h

54 동일한 풍량을 송풍할 때 덕트의 마찰손실이 가장 적은 단면 형태는?
① 원형
② 정삼각형
③ 정사각형
④ 직사각형

55 난방도일(heating degree day)에 관한 설명으로 옳지 않은 것은?
① 추운 날이 많은 지역일수록 난방도일은 커진다.
② 난방도일의 계산에 있어서 일사량은 고려하지 않는다.
③ 난방도일은 난방용 장치부하를 결정하

기 위한 것이다.
④ 일반적으로 난방도일이 큰 지역일수록 연료소비량은 증가한다.

56 체적이 3000m³인 실의 환기횟수가 3회/h인 경우 환기량은? (단, 공기의 밀도는 1.2kg/m³이다.)
① 3000kg/h   ② 3600kg/h
③ 9000kg/h   ④ 10800kg/h

57 다음과 같은 조건에서 바닥면적이 200m²인 일반 사무실의 조명기구로부터 취득되는 열량은?

[조건]
- 조명기구 : 형광등
- 바닥면적당 조명 소비전력 : 30W/m²
- 점등율 : 100%
- 안정기 발열량 25% 할증

① 6500W   ② 7500W
③ 8000W   ④ 10000W

58 중앙식 공기조화기에서 가습기의 형식 선정 시 유의사항으로 옳지 않은 것은?
① 공기조화기(AHU)에 가습기를 배치할 때 코일의 전·후 위치를 검토한다.
② 가습과정의 열수분비를 확인하여 저온의 공기도 가습효과가 큰지 확인한다.
③ 수분무의 경우 가습효율이 높으므로 엘리미네이터의 설치에 대한 고려를 하지 않는다.
④ 분무노즐을 사용하는 경우는 분출압력이 높으면 가습효율은 증가되지만 소음이 증가되므로 소음대책도 검토한다.

59 에어와셔의 통과공기량이 20000kg/h, 수량(水量)이 15600kg/h이고, 입구공기의 엔탈피 23.9kJ/kg, 출구공기의 엔탈피 26.8kJ/kg일 때, 에어와셔의 입구수온은? (단, 에어와셔의 출구수온은 9.3℃, 물의 비열은 4.19kJ/kg·K이다.)
① 8.4℃   ② 9.7℃
③ 10.2℃ ④ 11.5℃

60 다음 중 축열방식을 이용하는 이유와 가장 거리가 먼 것은?
① 초기 투자 비용을 줄일 수 있다.
② 값싼 심야전력을 이용할 수 있다.
③ 열원설비 용량을 감소시킬 수 있다.
④ 전력사용량의 피크를 완화시킬 수 있다.

제4과목 소방 및 전기설비

61 그림의 회로도와 같이 논리식이 $Y = X_1 \cdot X_2$로 표시되는 논리회로의 종류는?

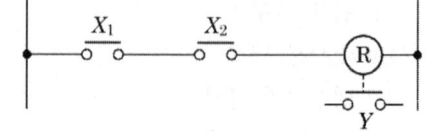

① AND 회로   ② OR 회로
③ NOT 회로   ④ NAND 회로

62 권수가 40회 감긴 솔레노이드에 10A의 전류가 흐른다면 발생된 기자력[AT]은?
① 0.25   ② 4
③ 20   ④ 400

63 교류전원의 순시값이 e=100sin3ωt[V]일 때 주파수[Hz]는? (단, ω=314[rad/s])
① 50 ② 60
③ 120 ④ 150

64 공기조화기 급·배수펌프, 엘리베이터 등의 기기에 전력을 공급하는 간선을 무엇이라 하는가?
① 동력 간선 ② 전등 간선
③ 은폐 간선 ④ 특수용 간선

65 콘덴서만의 회로에서 전압과 전류 사이의 위상 관계는?
① 전압이 전류보다 180° 앞선다.
② 전압이 전류보다 180° 뒤진다.
③ 전압이 전류보다 90° 앞선다.
④ 전압이 전류보다 90° 뒤진다.

66 백열전구와 비교한 형광램프의 특징에 관한 설명으로 옳지 않은 것은?
① 램프의 휘도가 크다.
② 열을 적게 발산한다.
③ 수명이 길고 효율이 높다.
④ 전원 전압의 변동에 대하여 광속 변동이 적다.

67 단상 변압기의 병렬운전조건에 해당되지 않는 것은?
① 극성이 같을 것
② 권선비가 같을 것
③ 상회전 방향이 같을 것
④ 각 변압기의 %임피던스가 같을 것

68 다음 직렬회로에서 $R_1=2\,\Omega$, $R_2=3\,\Omega$, $R_3=5\,\Omega$이고, $V=110V$ 일 때 V_2의 값은?

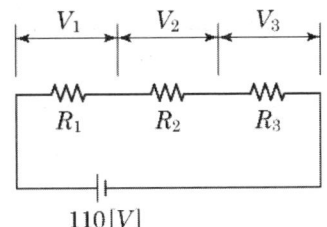

① 30V ② 33V
③ 67V ④ 110V

69 병원 등에 설치되는 모자식 전기시계에 관한 설명으로 옳은 것은?
① 자시계의 설치 높이는 하단부가 1.5m 이상으로 한다.
② 탁상형 모시계는 자시계 회로수가 3회로 이상인 경우 사용한다.
③ 모시계와 자시계를 연결하는 배선의 전압강하는 15% 이하가 되도록 한다.
④ 벽걸이형 모시계는 소규모 모시계로 자시계 회로수가 3회로 이내인 경우 사용한다.

70 자체 인덕턴스 3H의 코일에 10A의 전류가 흐른다면 이 코일에 축적되는 에너지[J]는?
① 100 ② 150
③ 200 ④ 250

71 정전용량이 $30\mu F$인 콘덴서와 $20\mu F$인 콘덴서를 병렬로 접속하였을 때, a, b 양단간의 합성정전용량은?

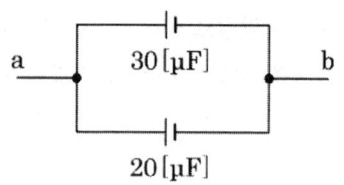

① 10μF   ② 12μF
③ 30μF   ④ 50μF

72 1000AT/m의 자계 중에 어떤 자극을 놓았을 때 100N의 힘을 받는다고 한다. 자극의 세기는 몇 Wb인가?

① 0.01   ② 0.1
③ 1   ④ 10

73 가동코일형 계기에 관한 설명으로 옳은 것은?

① 고주파용이다.
② 교류 전용이다.
③ 직류 전용이다.
④ 직류 교류 양용이다.

74 건축설비에서 사용되는 농형 유도전동기에 관한 설명으로 옳지 않은 것은?

① 슬립 링이 없기 때문에 불꽃의 염려가 없다.
② 권선형 유도전동기에 비하여 구조가 간단하여 취급이 용이하다.
③ 기동전류가 커서 전동기 권선을 과열시키거나 전원 전압의 변동을 일으킬 수 있다.
④ 속도제어방법으로 전자커플링제어, 극수제어가 주로 사용되며 VVVF 방식은 사용할 수 없다.

75 1개의 마스터 안테나에서 다수의 TV 수상기에 입력전파를 분배하는 공시청 설비에 사용되는 기기에 속하지 않는 것은?

① 혼합기   ② 증폭기
③ 분배기   ④ R형 수신기

76 다음 중 연기감지기의 설치 장소로 가장 알맞은 것은?

① 엘리베이터 권상기실
② 높이 20m 이상인 장소
③ 부식성 가스가 체류하고 있는 장소
④ 주방 등 평시에 연기가 발생하는 장소

77 다음 중 발광 원리에 따라 광원을 분류할 경우 루미네선스에 의한 방전 발광에 해당하지 않는 것은?

① 고압 나트륨 램프
② EL 램프
③ 크세논 램프
④ 고압 수은 램프

78 스프링클러 헤드의 방수구에서 유출되는 물을 세분시키는 작용을 하는 것은?

① 프레임
② 유수검지장치
③ 일제개방밸브
④ 반사판(디플렉터)

79 온수보일러의 자동제어에 관한 설명으로 옳지 않은 것은?

① 팽창수조와 인터록시켜야 한다.
② 팽창수조는 만수 및 감수 경보 표시 기능이 있어야 한다.

③ 팽창수조의 감수 시에는 온수보일러와 순환펌프가 정지되어야 한다.
④ 온수계통의 동결 우려 시 관 내 온수온도를 검출하여 온수순환펌프가 자동운전 되도록 한다.

80 유접점 시퀀스 제어회로의 일반적인 특징에 관한 설명으로 옳지 않은 것은?
① 소비전력이 비교적 크다.
② 전기적 노이즈(외란)에 대하여 안정적이다.
③ 기계적 진동에 강하며 개폐부하의 용량이 작다.
④ 독립된 다수의 출력회로를 동시에 얻을 수 있다.

제5과목 건축설비관계법규

81 건축물의 에너지절약설계기준에 따른 기밀 및 결로방지 등을 위한 조치 내용으로 옳지 않은 것은?
① 외기에 직접 면하고 1층 또는 지상으로 연결된 너비 1.0m의 출입문은 방풍구조로 하여야 한다.
② 건축물 외피 단열부위의 접합부, 틈 등은 밀폐될 수 있도록 코킹과 가스켓 등을 사용하여 기밀하게 처리하여야 한다.
③ 단열재의 이음부는 최대한 밀착하여 시공하거나, 2장을 엇갈리게 시공하여 이음부를 통한 단열성능 저하가 최소화될 수 있도록 조치하여야 한다.
④ 방습층으로 알루미늄박 또는 플라스틱계 필름 등을 사용할 경우의 이음부는 100mm 이상 중첩하고 내습성 테이프, 접착제 등으로 기밀하게 마감하도록 한다.

82 건축법령상 숙박시설에 해당하지 않는 것은?
① 여인숙
② 요양병원
③ 관광호텔
④ 휴양 콘도미니엄

83 다음의 소방시설 중 경보설비에 속하지 않는 것은?
① 누전경보기
② 비상방송설비
③ 무선통신보조설비
④ 자동화재탐지설비

84 다음은 초고층 건축물에 설치하는 피난안전구역에 관한 기준 내용이다. ( ) 안에 알맞은 것은?

> 초고층 건축물에는 피난층 또는 지상으로 통하는 직통계단과 직접 연결되는 피난안전구역을 지상층으로부터 최대 ( )개 층마다 1개소 이상 설치하여야 한다.

① 10　　② 20
③ 30　　④ 40

85 다음은 옥상광장의 설치에 관한 기준 내용이다. ( ) 안에 해당되지 않는 것은?

5층 이상인 층이 ( )의 용도로 쓰는 경우에는 피난 용도로 쓸 수 있는 광장을 옥상에 설치하여야 한다.

① 업무시설 ② 종교시설
③ 판매시설 ④ 장례식장

86 건축물을 특별시나 광역시에 건축하는 경우 특별시장 또는 광역시장의 허가를 받아야 하는 대상 건축물의 층수 기준은?

① 6층 이상 ② 15층 이상
③ 21층 이상 ④ 31층 이상

87 건축법령상 용도별 건축물의 종류에 관한 설명으로 옳은 것은?

① 의료시설에는 한의원, 종합병원 등이 해당된다.
② 공동주택에는 공관, 기숙사, 아파트 등이 해당된다.
③ 단독주택에는 다가구주택, 다세대주택 등이 해당된다.
④ 제1종 근린생활시설에는 의원, 치과의원 등이 해당된다.

88 특별피난계단 및 비상용 승강기의 승강장에 설치하는 배연설비의 구조에 관한 기준 내용으로 옳지 않은 것은?

① 배연기에는 예비전원을 설치할 것
② 배연구 및 배연풍도는 불연재료로 할 것
③ 배연구가 외기에 접하지 아니하는 경우에는 배연기를 설치할 것
④ 배연구는 평상시에는 열린 상태를 유지하고, 닫힌 경우에는 배연에 의한 기류로 인하여 열리지 않도록 할 것

89 건축법령상 다음과 같이 정의되는 용어는?

건축물의 노후화를 억제하거나 기능 향상 등을 위하여 대수선하거나 건축물의 일부를 증축 또는 개축하는 행위를 말한다.

① 개축 ② 리빌딩
③ 리모델링 ④ 리노베이션

90 상업지역 및 주거지역에서 건축물에 설치하는 냉방시설 및 환기시설의 배기구는 도로면으로부터 최소 얼마 이상의 높이에 설치하여야 하는가?

① 1m ② 1.5m
③ 1.8m ④ 2m

91 건축물의 설비 기준 등에 관한 규칙에 따라 피뢰설비를 설치하여야 하는 대상 건축물의 높이 기준은?

① 10m 이상 ② 20m 이상
③ 30m 이상 ④ 40m 이상

92 제연설비를 설치하여야 하는 특정소방대상물에 속하지 않는 것은?

① 지하가(터널은 제외)로서 연면적 1000m² 인 것
② 문화 및 집회시설로서 무대부의 바닥면적이 150m² 인 것
③ 문화 및 집회시설 중 영화상영관으로서 수용인원이 100명인 것
④ 지하층에 설치된 숙박시설로서 해당 용도로 사용되는 바닥면적의 합계가 1000m² 인 층

93 옥상에 헬리포트를 설치하거나 헬리콥터를 통하여 인명 등을 구조할 수 있는 공간을 확보하여야 하는 대상 건축물 기준으로 옳은 것은? (단, 건축물의 지붕을 평지붕으로 하는 경우)

① 11층 이상인 층의 바닥면적의 합계가 3000m² 이상인 건축물
② 11층 이상인 층의 바닥면적의 합계가 5000m² 이상인 건축물
③ 11층 이상인 층의 바닥면적의 합계가 10000m² 이상인 건축물
④ 11층 이상인 층의 바닥면적의 합계가 15000m² 이상인 건축물

94 각 층의 거실면적의 합계가 1000m²로 동일한 15층의 문화 및 집회시설 중 공연장에 설치하여야 하는 승용승강기의 최소 대수는? (단, 15인승 승강기의 경우)

① 5대 ② 6대
③ 7대 ④ 8대

95 건축물의 출입구에 설치하는 회전문은 계단이나 에스컬레이터로부터 최소 얼마 이상의 거리를 두어야 하는가?

① 1.0m ② 1.5m
③ 2.0m ④ 2.5m

96 방화구획을 설치하여야 하는 건축물에 스프링클러 설비를 설치한 경우, 이 건축물 10층에 설치하는 방화구획의 최대 바닥면적은?

① 500m² ② 1000m²
③ 2000m² ④ 3000m²

97 다음은 건축물의 에너지절약설계기준상의 용어의 정의이다. ( ) 안에 알맞은 것은?

"공동주택의 측벽"이라 함은 발코니가 설치된 벽체를 제외한 각 세대 거실의 측면부 벽체 중 ( )를 초과하여 외기에 직접 면한 벽을 말한다.

① 1m ② 2m
③ 3m ④ 4m

98 건축물의 에너지절약설계기준에 따른 평균 열관류율의 계산 기준으로 옳은 것은?

① 외곽선 치수
② 중심선 치수
③ 내부 마감 치수
④ 지붕, 바닥은 외곽선, 외벽은 중심선 치수

99 건축물의 에너지절약설계기준에서 다음과 같이 정의되는 용어는?

건축물의 완공 전에 설계도서 등으로 인증기관에서 건축물에너지 효율등급의 인증, 친환경 건축물 인증 또는 신·재생에너지 인증을 받는 것을 말한다.

① 재인증 ② 예비인증
③ 사전인증 ④ 설계인증

100 건축물의 냉방설비에 대한 설치 및 설계기준에 정의된 심야시간으로 옳은 것은?

① 22:00부터 익일 07:00까지
② 23:00부터 익일 07:00까지
③ 22:00부터 익일 09:00까지
④ 23:00부터 익일 09:00까지

제1과목 건축일반

01 다음 학교건축의 유닛 플랜(unit plan)에 대한 설명 중 옳은 것은?
① 배터리(battery)형은 복도의 소음을 차폐해야 한다.
② 중복도형은 양호한 조도 분포가 된다.
③ 편복도형은 교실 간의 차음성이 양호하다.
④ 오픈 플랜(open plan)형은 인공조명이 필요하다.

02 상부는 완만한 경사로, 하부는 급경사로 처리한 2단으로 경사진 지붕은?
① 외쪽지붕
② 톱날지붕
③ 박공지붕
④ 맨사드(mansard) 지붕

03 지하실을 가진 건축물의 외벽을 따라 파내려간 공간으로서 채광, 통풍의 확보 등을 목적으로 하는 공간은?
① 탕비실
② EPS실
③ 거버너실
④ 드라이 에어리어(dry area)

04 다음 중 주택의 동선에 대한 설명으로 옳지 않은 것은?
① 동선은 일상생활의 움직임을 표시하는 선이다.
② 개인권, 사회권, 가사노동권의 3개 동선이 서로 분리되어야 한다.
③ 동선이 가지는 요소는 빈도, 속도, 하중이다.
④ 가사노동 동선은 되도록 북쪽에 두고 길어지게 계획한다.

05 다음 중 사무소 건축의 코어(core) 계획에 대한 설명으로 옳지 않은 것은?
① 코어 내의 각 공간은 각 층마다 공통의 위치에 있을 것
② 잡용실과 급탕실은 접근시킬 것
③ 코어는 최소한의 규모로 계획할 것
④ 엘리베이터 홀은 출입구에 최대한 접근해 있도록 할 것

06 채광(採光) 설계에 관한 내용 중 옳지 않은 것은?
① 실내천장의 반사율은 벽의 반사율보다 큰 것이 좋다.
② 집안으로 빛을 많이 유입시켜 에너지 효율을 높이려면 큰 창문의 방향을 서쪽으로 한다.
③ 눈부신 감을 주는 장소를 없애는 것이 좋다.
④ 하루 중 조도의 변동이 적은 것이 좋다.

07 다음 중 연약지반의 기초에 관한 대책으로 옳지 않은 것은?
① 지하실을 설치한다.
② 마찰 말뚝을 이용한다.
③ 건물을 경량화한다.
④ 건물의 길이를 길게 한다.

08 다음 중 철근콘크리트 구조에서 주근(主筋)이라고 볼 수 없는 것은?
① 양단이 연속되어 있는 보에서 단부의 상단 축방향 철근
② 압축력을 받는 기둥의 축방향 철근
③ 캔틸레버 보의 상단 축방향 철근
④ 주변을 고정이라고 간주하는 슬래브의 장변 방향 철근

09 음과 관련된 용어에 대한 설명으로 옳지 않은 것은?
① 음장 : 음파가 전달되는 공간
② 음압 : 음파에 의해 공기진동으로 생기는 대기 중의 변동
③ 주파수 : 음이 1초 동안에 왕복하는 진동횟수
④ 암소음 : 측정하고자 하는 대상음

10 호텔건축의 조닝(zoning)에서 공간적으로 성격이 나머지 셋과 다른 하나는?
① 클로크 룸   ② 트렁크실
③ 린넨실   ④ 보이실

11 다음 건축의 생산수단으로서 사용되는 치수조정(Modular coordination)에 대한 설명 중 옳지 않은 것은?

① 대량생산이 용이하여 생산비용이 절감된다.
② 치수비(比)가 황금비로 되어 다양한 형태가 된다.
③ 설계 작업이 간단해진다.
④ 공사기간을 단축할 수 있다.

12 일영계획에 관한 설명 중 옳지 않은 것은?
① 일영은 태양의 방위와 반대방향에 생긴다.
② 일영곡선은 해당 지역의 위도, 시간별 태양고도에 따라 다르다.
③ 일영의 길이는 태영의 고도에 의하여 결정된다.
④ 일영이 생기는 방향은 계절이 바뀌어도 변함이 없다.

13 목재 등으로 하며 벽과 반자가 맞닿는 곳에 마무리와 장식을 겸하기 위한 부재는?
① 반자돌림대   ② 달대받이
③ 달대   ④ 반자틀

14 천장 구성을 그린 다음 도면에 대한 설명 중에서 옳지 않은 것은?

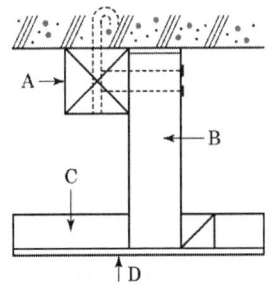

① A의 간격은 90cm 정도이다.
② B의 간격은 120cm 정도이고, 달대받이

와 반자틀을 연결한다.
③ C는 보통 90cm 간격으로 수평으로 건너뻗는다.
④ D는 흡음 및 열차단 재료를 사용한다.

15 I형강을 절단하여 구멍이 나도록 맞추어 용접한 보의 명칭은?
① 판보
② 래티스보
③ 트러스보
④ 허니컴보

16 다음 철골조의 경량형강에 대한 설명 중에서 옳지 않은 것은?
① 접합에 불리하며, 국부좌굴, 뒤틀림 등이 발생한다.
② 경량이기 때문에 비교적 경제적이다.
③ 실내구조물 및 보조재로 사용된다.
④ 단면적에 비해 단면계수를 작게 한 것이다.

17 병원의 출입구 및 동선계획에 대한 내용으로 옳지 않은 것은?
① 환자, 공급물품의 동선은 중복 또는 교차되지 않도록 한다.
② 외래와 입원환자의 출입구는 분리시킨다.
③ 야간에는 외래진료부를 폐쇄할 수 있도록 계획한다.
④ 입원환자의 보호자 출입구는 외래진료부에 둔다.

18 상점의 바람직한 대지조건과 가장 관계가 먼 것은?
① 2면 이상 도로에 면하지 않는 곳
② 교통이 편리한 곳
③ 같은 종류의 상점이 밀집된 곳
④ 사람의 눈에 잘 띄는 곳

19 열교(thermal bridge) 현상에 관한 설명 중에서 옳지 않은 것은?
① 열교 현상이 발생하는 부위는 표면온도가 낮아져서 결로가 쉽게 발생한다.
② 열교 현상을 줄이기 위해서는 콘크리트 라멘조의 경우 가능한 한 내단열로 시공한다.
③ 열교 현상이 발생하면 전체 단열성이 저하된다.
④ 벽이나 바닥, 지붕 등의 건축물 부위에 단열이 연속되지 않는 부분이 있을 때 생긴다.

20 건축물의 용도별 수직교통량 예측 중 피크 타임(peak time)이 발생하는 시점으로 옳지 않은 것은?
① 사무소-점심 시간
② 호텔-체크인(check-in)과 체크아웃(check-out) 시간
③ 공동주택-통학 및 통근시간
④ 병원-면회 개시 시간

제2과목 위생설비

21 10℃의 물을 70℃로 가열하여 매시 240kg씩 공급할 때 필요한 가스 용량은 얼마인가? (단, 물의 비열은 4.2kJ/kg·K, 가스 발열량은 42000kJ/m³, 열효율은 80%이

다.)
① 1.6m³/h ② 1.8m³/h
③ 2.0m³/h ④ 2.4m³/h

22 평균 BOD가 200ppm인 가정 오수가 하루에 3000m³ 유입되는 정화조의 1일 유입 BOD 부하량은 얼마인가?
① 300kg/day ② 400kg/day
③ 500kg/day ④ 600kg/day

23 다음 중 스위블형 신축이음쇠에 관한 설명으로 옳지 않은 것은?
① 굴곡부에서 압력강하를 가져온다.
② 설치비가 싸고 쉽게 조립할 수 있다.
③ 신축량이 큰 배관에는 부적당하다.
④ 고온, 고압의 옥외 배관에 주로 사용된다.

24 펌프의 회전수 변화에 따른 유량, 양정, 축동력, 소비전력의 변화를 설명한 내용 중 옳은 것은?
① 회전수를 50% 줄이면, 유량은 50% 증가한다.
② 회전수를 50% 줄이면, 양정은 75% 감소한다.
③ 회전수를 50% 줄이면, 축동력은 25% 감소한다.
④ 회전수를 50% 줄이면, 소비전력은 50% 감소한다.

25 30층 건축물의 옥내소화전설비의 수원의 저수량은 최소 얼마 이상이 되도록 하여야 하는가? (단, 옥내소화전의 설치 개수가 가장 많은 층의 설치 개수는 5개이다.)
① 13m³ ② 26m³
③ 39m³ ④ 52m³

26 오수처리방법 중 생물막법에 관한 설명으로 옳지 않은 것은?
① 생물학적 처리방법에 속한다.
② 살수여상방식은 쇄석, 플라스틱 여과재가 사용된다.
③ 살수여상방식, 회전원판접촉방식, 접촉폭기방식 등이 있다.
④ 오니가 폭기조 내부에서 부유하며 오수를 처리하는 방법이다.

27 수도직결방식의 급수방식으로 수도 본관으로부터 높이 4m에 있는 샤워기에 급수를 하는 경우에 수도 본관에 요구되는 최저압력은? (단, 샤워기에 요구되는 최저필요압력은 100kPa이며, 관마찰 손실수두는 20kPa이다.)
① 50kPa ② 100kPa
③ 120kPa ④ 160kPa

28 음료용 급수의 오염 원인에 따른 방지대책 중에서 옳지 않은 것은?
① 정체수 : 적정한 탱크 용량으로 설계한다.
② 조류의 증식 : 투광성 재료로 탱크를 제작한다.
③ 크로스 커넥션 : 각 계통마다의 배관을 색깔로 구분한다.
④ 곤충 등의 침입 : 맨홀 및 오버플로우관의 관리를 철저히 한다.

29 매시간 15m³의 물을 고가수조에 공급하고자 할 때 양수펌프에 요구되는 축동력은? (단, 펌프의 전양정 33m, 펌프의 효율 45%)
① 1kW   ② 1.5kW
③ 2kW   ④ 3kW

30 다음 중 급탕설비에서 급탕기기의 부속장치에 관한 설명으로 옳지 않은 것은?
① 온수탱크 상단에는 배수밸브를, 하부에는 진공방지밸브를 설치하여야 한다.
② 밀폐형 가열장치에는 일정 압력 이상이면 압력을 도피시킬 수 있도록 도피밸브나 안전밸브를 설치한다.
③ 안전밸브와 팽창탱크 및 배관 사이에는 차단밸브나 체크밸브 등 어떠한 밸브도 설치되어서는 안 된다.
④ 온수탱크의 보급수관에는 급수관의 압력변화에 의한 환탕의 유입을 방지하도록 역류방지밸브를 설치한다.

31 펌프 운전 중에 압력계기의 눈금이 어떤 주기를 가지고 큰 진폭으로 흔들림과 동시에 토출량도 어떤 범위 내에서 주기적으로 변동하고, 흡입 및 토출 배관의 주기적인 진동과 소음을 수반하게 되는 현상은?
① 공동 현상   ② 수격 현상
③ 서징 현상   ④ 사이펀 현상

32 펌프의 캐비테이션에 관한 설명으로 옳지 않은 것은?
① 비정상적인 소음과 진동이 발생한다.
② 캐비테이션을 방지하기 위해 펌프의 흡입양정을 크게 한다.
③ 캐비테이션이 진행되면 펌프의 양수량, 양정 및 효율이 저하되어 간다.
④ 캐비테이션을 방지하기 위해 설계상의 펌프 운전범위 내에서 항상 유효 NPSH가 필요 NPSH보다 크게 되도록 배관계획을 한다.

33 배수 트랩의 필요 조건으로 옳지 않은 것은?
① 봉수깊이는 50mm 이상 100mm 이하일 것
② 봉수부에는 금속제 이음 등의 이음을 사용하지 않을 것
③ 기구 내장 트랩의 내벽 및 배수로의 단면형상에 급격한 변화가 없을 것
④ 봉수부의 소제구는 나사식 플러그 및 적절한 가스켓을 이용한 구조일 것

34 내경 40mm, 길이 20m인 급수관에 유속 2m/s로 물을 보내는 경우 마찰손실수두는? (단, 관마찰계수는 0.02이다.)
① 0.5mAq   ② 1.0mAq
③ 1.5mAq   ④ 2.0mAq

35 LPG(액화석유가스)에 관한 설명으로 옳지 않은 것은?
① 공기보다 가벼워 위험성이 크다.
② LPG 용기는 부식이 되지 않도록 습기를 피한다.
③ 프로판(C_3H_8)과 부탄(C_4H_{10}) 등을 포함하고 있다.
④ 도시가스의 공급을 받지 못하는 곳에서 주로 사용되고 있다.

36 다음 중 급수설비에서 저수 및 고가탱크에 관한 설명으로 옳지 않은 것은?
① 상수 탱크는 원활한 청소를 위해 칸막이를 설치하지 않는다.
② 상수 탱크의 천장·바닥 또는 주변 벽은 건축물의 구조부분과 겸용하지 않는다.
③ 상수관 이외의 관은 상수용 탱크를 관통하거나 상부를 횡단해서는 안 된다.
④ 상수 탱크에 설치하는 뚜껑은 유효안지름 1000mm 이상의 것으로 한다.

37 다음은 기구배수단위에 관한 설명이다. ( ) 안에 알맞은 내용은?

> 세면기를 기준으로 배수관경 (㉠)mm, 단위시간당 평균배수량 (㉡)L/min을 유량단위 1로 가정하고, 각종 기구의 유량비율을 이것과 비교하여 나타낸 것을 기구배수단위라 한다.

① ㉠ 15, ㉡ 7.5
② ㉠ 30, ㉡ 28.5
③ ㉠ 30, ㉡ 7.5
④ ㉠ 40, ㉡ 28.5

38 2.0m/sec의 속도로 흐르는 물의 속도수두는?
① 0.204m ② 2.04m
③ 20.4m   ④ 204m

39 배관공사에서 관경이 다른 배관의 접합에 사용되는 것은?
① 소켓   ② 니플
③ 리듀서 ④ 플러그

40 스프링클러 설비의 배관 중 스프링클러 헤드가 설치되어 있는 배관을 의미하는 것은?
① 교차배관 ② 주배관
③ 가지배관 ④ 급수배관

제3과목 공기조화설비

41 국부저항의 상당길이에 관한 설명으로 옳지 않은 것은?
① 배관의 지름이 커질수록 상당길이는 길어진다.
② 45° 표준 엘보보다는 90° 표준 엘보의 상당길이가 길다.
③ 밸브류의 경우 개폐도(開閉度)가 작을수록 상당길이는 길어진다.
④ 동일한 배관 지름, 전개(全開)일 경우 앵글 밸브보다 게이트 밸브의 상당길이가 길다.

42 현열부하가 6.2kW, 잠열부하가 2kW인 어떤 실에 취출온도차 9℃인 공기로 냉방하는 경우의 송풍량은 얼마인가? (단, 공기의 밀도는 1.2kg/m³, 비열은 1.01kJ/kg·K이다.)
① 950.5m³/h   ② 1386.1m³/h
③ 2046.2m³/h   ④ 2706.3m³/h

43 다음 중 냉각수 배관에 관한 설명으로 옳지 않은 것은?
① 냉각수 펌프의 수두는 토출측보다는 흡입측이 커야 한다.
② 냉각수 펌프와 냉각탑이 동일한 레벨이

면 냉각탑의 수면보다 낮은 위치에 펌프를 설치한다.
③ 냉각탑 배수 및 오버플로우관은 일반 배수관에 직결시키지 않는다.
④ 냉각수 배관에는 응축기 입구에 스트레이너를 설치한다.

44 700kW의 터보냉동기에 순환되는 냉수량은? (단, 냉각기 입구와 출구에서의 냉수 온도는 각각 12℃, 7℃이며, 물의 비열은 4.2kJ/kg·K이다.)
① 2000L/min   ② 3000L/min
③ 4000L/min   ④ 6000L/min

45 다음 중 다공판형 취출구에 관한 설명으로 옳지 않은 것은?
① 드래프트(draft)가 적다.
② 확산효과가 작기 때문에 도달거리는 길다.
③ 취출구의 두께가 얇아서 천장 내의 덕트 스페이스가 작은 경우에 적합하다.
④ 취출구의 프레임에 다공판을 부착시킨 것이다.

46 공기여과장치에서 입구측의 오염도가 $0.5mg/m^3$, 출구측의 오염도가 $0.14mg/m^3$일 때, 이 공기여과장치의 여과효율은?
① 67%   ② 72%
③ 77%   ④ 82%

47 500명을 수용하는 극장에서 1인당 이산화탄소 배출량이 20L/h일 때, 이산화탄소 농도가 0.05%인 외기를 도입하여 실내의 이산화탄소 농도를 0.1%로 유지하는 데 필요한 환기량은?
① $15000m^3/h$ ② $20000m^3/h$
③ $25000m^3/h$ ④ $30000m^3/h$

48 유리창으로 통과하는 전열량에 관한 설명 중에서 옳지 않은 것은?
① 일사에 의한 복사열량과 관류열량의 합이다.
② 전열량은 유리의 열관류율이 클수록 크게 된다.
③ 반사율이 클수록 전열량은 작아진다.
④ 일사취득열량은 유리창의 차폐계수에 반비례한다.

49 건구온도 20℃, 절대습도 0.015kg/kg인 습공기 6kg의 엔탈피는? (단, 공기정압비열 1.0kJ/kg·K, 수증기정압비열 1.85kJ/kg·K, 0℃에서 포화수의 증발잠열 2501kJ/kg)
① 58.24kJ   ② 120.67kJ
③ 228.77kJ   ④ 349.62kJ

50 어떤 실을 대상으로 단일덕트 정풍량방식의 공기조화시스템을 설치하고자 한다. 실내부하, 외기부하, 재열부하가 있는 경우 다음 중 냉각코일용량으로 맞는 것은? (단, 덕트로부터의 취득열량은 실내부하에 포함한다.)
① 실내부하
② 실내부하+재열부하
③ 실내부하+외기부하
④ 실내부하+재열부하+외기부하

51 다음 중 공기조화설비의 덕트 설계 시 가장 먼저 이루어져야 하는 사항은?
① 송풍량 결정
② 덕트 치수 결정
③ 덕트 경로 결정
④ 취출구 위치 결정

52 다음 중 열부하에 의한 계산풍량과 관계없이 이것보다 많은 풍량을 취하는 곳과 가장 거리가 먼 것은?
① 빌딩 건축의 외부 존
② 난방 시 사무소에 있어서 북쪽 존
③ 병원의 수술실 및 공장의 클린룸
④ 극장, 공연장 등 사람이 많이 모이는 곳

53 보일러 보급수의 처리방법에 속하지 않는 것은?
① 여과법 ② 탈기법
③ 비색법 ④ 경수연화법

54 열원에서 각 방열기기까지의 공급관과 환수관의 도달거리의 합을 거의 같게 하여 배관의 마찰저항값을 유사하게 함으로써 순환온수가 균등하게 흐르도록 한 배관방법은?
① 개방식 ② 중력식
③ 역환수식 ④ 진공환수식

55 사무실 크기가 10m×10m×3m이고 재실자가 25명, 가스난로의 CO_2 발생량이 0.5m³/h일 때, 실내평균 CO_2 농도를 5000ppm으로 유지하기 위한 최소 환기횟수는? (단, 재실자 1인당의 CO_2 발생량은 18L/h, 외기 CO_2 농도는 800ppm이다.)

① 약 0.75회/h ② 약 1.25회/h
③ 약 1.50회/h ④ 약 2.00회/h

56 다음 중 건물 내 각 실의 부하변동에 따른 개별제어가 가장 곤란한 공조방식은?
① 이중덕트방식
② 단일덕트 변풍량방식
③ 단일덕트 정풍량방식
④ 단일덕트 터미널 리히트방식

57 어느 송풍기의 회전속도가 500rpm일 때 송풍량은 50m³/min이었다. 이 송풍기의 회전속도를 750rpm으로 변화시켰을 때 송풍량은?
① 75m³/min   ② 87m³/min
③ 95m³/min   ④ 107m³/min

58 지역난방에 관한 설명으로 옳지 않은 것은?
① 초기 투자비용이 크다.
② 배관에서의 열손실이 거의 없다.
③ 각 건물의 설비면적을 줄이고 유효면적을 넓힐 수 있다.
④ 설비의 고도화에 따라 도시의 매연을 경감시킬 수 있다.

59 공기여과장치에서 입구측의 오염도가 0.3mg/m³, 여과효율이 75%라 할 때, 공기여과장치를 통과하는 오염물질의 양은? (단, 공기여과장치를 통과하는 풍량은 500m³/h이다.)
① 22.5mg/h   ② 30.5mg/h
③ 37.5mg/h   ④ 42.5mg/h

60 다음 중 에어 필터의 효율측정법이 아닌 것은?
① 중량법 ② 비색법
③ 체적법 ④ DOP법

제4과목 소방 및 전기설비

61 다음 회로의 합성저항은?

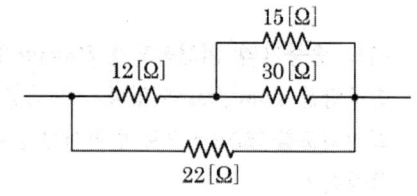

① 6Ω ② 9Ω
③ 11Ω ④ 16Ω

62 다음 중 속도 조정이 가능한 직류전동기는?
① 동기전동기
② 직권전동기
③ 농형 유도전동기
④ 반발 기동 유도전동기

63 피드백 제어방식의 제어동작에 의한 분류에 해당하지 않는 것은?
① 적분동작 ② 비례동작
③ 정치동작 ④ 다위치동작

64 다음 중 자동화재탐지설비의 감지기에 관한 설명으로 옳지 않은 것은?
① 이온화식 감지기는 화재신호 감지 후 신호를 발생하는 시간에 따라 축적형과 비축적형으로 분류할 수 있다.
② 차동식 소프트형 감지기는 주변온도가 일정한 온도상승률 이상으로 되었을 경우에 작동한다.
③ 광전식 감지기는 외부의 빛에 영향을 받지 않는 암실형태의 체임버 속에 광원과 수광소자를 설치해 놓은 것이다.
④ 보상식 감지기는 차동식의 기능과 정온식의 기능을 혼합한 것으로 두 기능이 모두 만족되었을 경우에만 작동한다.

65 벽면의 상부에 위치하여 모든 빛이 아래 방향의 벽면으로 조명하는 건축화 조명방식은?
① 루버 조명 ② 광천장 조명
③ 코니스 조명 ④ 다운라이트 조명

66 DDC(Direct Digital Control)에 관한 설명으로 옳지 않은 것은?
① 빌딩의 제반 기능을 통합 관리할 수 있다.
② 기능 분담으로 정보의 폭주를 막을 수 있다.
③ 제어의 정밀성과 정확성이 양호하다.
④ 일반 전기식보다 가격이 싸고 전자파에 강하다.

67 다음의 엘리베이터 조작방식 중 무운전원 방식에 속하는 것은?
① 시그널 컨트롤 방식
② 승합 전자동 방식
③ 레코드 컨트롤 방식
④ 카 스위치 방식

68 자동화재탐지설비 중 P형 2급 수신기는 몇 회선 이하의 건물에 주로 사용되는가?

① 5회선 ② 10회선
③ 15회선 ④ 20회선

69 220V용 100W 전구에 흐르는 전류는?
① 약 4.4A ② 약 2.2A
③ 약 0.9A ④ 약 0.45A

70 다음 중 할로겐 램프에 관한 설명으로 옳지 않은 것은?
① 연색성이 좋고 설치가 용이하다.
② 흑화가 거의 일어나지 않는다.
③ 휘도가 낮아 현휘가 발생하지 않는다.
④ 광속이나 색온도의 저하가 극히 적다.

71 전자유도현상에 의해 발생하는 유도기전력의 방향에 관계되는 법칙은?
① 쿨롱의 법칙
② 렌츠의 법칙
③ 플레밍의 왼손법칙
④ 플레밍의 오른손법칙

72 다음 중에서 투자율의 단위는?
① A/m ② V/m
③ F/m ④ H/m

73 어떤 회로에 전압 220V로 전류 6A가 흐르고 있다. 그 위상차가 30°일 때 전력[W]은?
① 659 ② 1143
③ 1257 ④ 1319

74 양측 금속박 사이에 유전체를 끼워 놓아둔 구조로 정전용량을 갖게 한 소자는?
① 저항 ② 콘덴서
③ 컨덕턴스 ④ 인덕턴스

75 금속관 배선 설비에 관한 설명 중에서 옳지 않은 것은?
① 금속관 배선은 절연전선을 사용하여서는 안 된다.
② 금속관을 구부릴 때 금속관의 단면이 심하게 변형되지 않도록 구부려야 하며, 일반적으로 그 안측의 반지름은 관 안지름의 6배 이상이 되어야 한다.
③ 금속관 내에서 전선은 접속점을 만들어서는 안 된다.
④ 금속관 배선에 사용하는 금속관의 단면은 매끈하게 하고 전선의 피복이 손상될 우려가 없도록 하여야 한다.

76 다음 중 온도 변화를 검출하는 열전대에 적용되는 법칙은?
① 펠티어 효과 ② 제벡 효과
③ 퍼킨제 효과 ④ 줄 효과

77 다음의 회로에 대한 계산식으로 옳지 않은 것은?

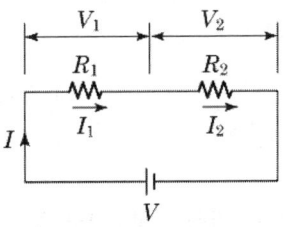

① $V = V_1 + V_2$ ② $R = R_1 + R_2$
③ $I = I_1 + I_2$ ④ $V_1 = \dfrac{R_1}{R_1 + R_2} V$

78 3Ω의 저항과 4Ω의 유도 리액턴스가 병렬로 접속되어 있을 때, 이 회로의 합성 임피던스는?
① 2.0Ω ② 2.2Ω
③ 2.4Ω ④ 2.6Ω

79 평형 3상 교류에서 각 상 간의 위상차는?
① 60° ② 90°
③ 120° ④ 180°

80 4극, 60Hz, 50kW 3상 유도전동기의 전부하 슬립이 2%일 때 전동기의 회전수[rpm]는?
① 1548 ② 1642
③ 1764 ④ 1800

제5과목 건축설비관계법규

81 거실 등의 방습에 관한 기준 내용 중 ( )안에 알맞은 것은?

> 숙박시설의 욕실의 바닥과 그 바닥으로부터 높이 ( )까지의 안벽의 마감은 내수재료로 하여야 한다.

① 1.0m ② 1.2m
③ 1.5m ④ 2.0m

82 외기에 직접 면하고 1층 또는 지상으로 연결된 출입문을 방풍구조로 하지 않을 수 있는 경우에 해당하지 않는 것은?
① 바닥면적 300m² 이하의 개별 점포의 출입문
② 너비 1.5m 이하의 출입문
③ 다세대주택의 출입문
④ 사람의 통행을 주목적으로 하지 않는 출입문

83 30세대 이상의 아파트를 신축하는 경우 시간당 최소 몇 회 이상의 환기가 이루어질 수 있도록 자연환기설비 또는 기계환기설비를 설치하여야 하는가?
① 0.5회 ② 0.7회
③ 1.2회 ④ 1.5회

84 방염성능기준 이상의 실내장식물 등을 설치하여야 하는 특정소방대상물에 해당하지 않는 것은?
① 숙박시설
② 옥내 수영장
③ 방송통신시설 중 방송국
④ 의료시설 중 종합병원

85 다음은 건축물의 에너지절약설계기준에 따른 기계부분의 의무사항 중 설계용 외기조건에 관한 설명이다. ( ) 안에 알맞은 것은?

> 난방 및 냉방설비의 용량계산을 위한 외기조건은 냉방기 및 난방기를 분리한 온도출현분포를 사용할 경우 각 지역별로 위험률 ( )로 한다.

① 1% ② 1.5%
③ 2% ④ 2.5%

86 교육연구시설 중 학교의 교실 간 경계벽의 차음을 위한 구조로서 적합하지 않은 것은?

① 벽돌조로서 두께가 15cm인 것
② 철근콘크리트조로서 두께가 15cm인 것
③ 철골철근콘크리트조로서 두께가 15cm 인 것
④ 무근콘크리트조로서 시멘트 모르타르 의 바름 두께를 포함하여 15cm인 것

87 기존 공동주택의 친환경건축물 인증심사기 준의 평가항목 중 배점이 가장 높은 것은?
① 에너지 성능
② 재활용 가능자원의 관리
③ 탄소포인트제 참여
④ 물 사용량 모니터링

88 다음 중 방화구조에 해당하지 않는 것은?
① 시멘트 모르타르 위에 타일을 붙인 것 으로서 그 두께의 합계가 2.5cm인 것
② 철망 모르타르로서 그 바름 두께가 1.5cm인 것
③ 심벽에 흙으로 맞벽치기 한 것
④ 석고판 위에 시멘트 모르타르 또는 회 반죽을 바른 것으로서 그 두께의 합계 가 3cm인 것

89 건축법령상 방송 공동수신설비를 설치하 여야 하는 대상 건축물에 속하는 것은?
① 수련시설
② 공동주택
③ 노유자시설
④ 문화 및 집회시설

90 비상방송설비를 설치하여야 하는 특정소 방대상물의 연면적 기준은?
① 1500m² 이상
② 2000m² 이상
③ 2500m² 이상
④ 3500m² 이상

91 건축허가 등을 할 때 미리 소방본부장 또는 소방서장의 동의를 받아야 하는 대상 건축 물의 연면적 기준은? (단, 업무시설의 경우)
① 100m²
② 200m²
③ 400m²
④ 1000m²

92 객석유도등을 설치하여야 하는 특정소방 대상물에 속하는 것은?
① 학교
② 전시장
③ 종합병원
④ 도매시장

93 무창층의 개구부가 갖추어야 할 요건으로 옳지 않은 것은?
① 크기는 지름 50cm 이상의 원이 내접할 수 있는 크기일 것
② 내부 또는 외부에서 쉽게 부수거나 열 수 있을 것
③ 도로 또는 차량이 진입할 수 있는 빈터 를 향할 것
④ 해당 층의 바닥면으로부터 개구부 밑부 분까지의 높이가 1.5m 이내일 것

94 건축법상 리모델링에 대비한 특례 등에 관 한 기준 내용 중 밑줄 친 대통령령으로 정 하는 구조에 해당되지 않는 것은?

> 리모델링이 쉬운 구조의 공동주택의 건축을 촉진하기 위하여 공동주택을 <u>대통령령으로 정하는 구조</u>로 하여 건축허가를 신청하면 제 56조, 제60조 및 제61조에 따른 기준을 100 분의 120의 범위에서 대통령령으로 정하는 비율로 완화하여 적용할 수 있다.

① 개별 세대 안에서 구획된 실의 크기를 변경할 수 있을 것

② 개별 세대 안에서 구획된 실의 개수를 변경할 수 있을 것
③ 각 세대는 인접한 세대와 수직 방향으로 통합하거나 분할할 수 있을 것
④ 구조체에서 건축설비, 내부 마감재료 및 외부 마감재료를 분리할 수 없을 것

95 각 층의 거실면적이 1000m²인 10층 종합병원에 설치하여야 하는 승용승강기의 최소 대수는? (단, 15인승 승강기인 경우)
① 2대   ② 3대
③ 4대   ④ 5대

96 세대수가 10세대인 경우 다세대주택에 설치되는 음용수 급수관 지름의 최소 기준은?
① 20mm   ② 32mm
③ 40mm   ④ 50mm

97 건축물의 바깥쪽으로 나가는 출구로 쓰이는 문을 안여닫이로 해도 되는 건축물의 용도는?
① 업무시설   ② 장례식장
③ 위락시설   ④ 종교시설

98 건축법령상 공동주택에 속하지 않는 것은?
① 다세대주택   ② 연립주택
③ 다가구주택   ④ 기숙사

99 문화 및 집회시설 중 공연장으로서 모든 층에 스프링클러설비를 설치하여야 하는 최소 수용인원 기준은?
① 100명   ② 200명
③ 300명   ④ 400명

100 에너지를 대량으로 소비하는 건축물로서 건축설비를 설치하는 경우, 관계전문기술자의 협력을 받아야 하는 건축물에 속하지 않는 것은? (단, 당해용도에 사용되는 바닥면적의 합계가 50m² 이상인 건축물)
① 공조시설   ② 특수청정시설
③ 냉동냉장시설   ④ 항온항습시설

2024년 1회 건축설비기사 과년도문제

제1과목 건축일반

01 건축공간의 모듈러 코디네이션(M.C)에 관한 설명 중 옳지 않은 것은?
① 설계작업이 단순하고 간편하다.
② 대량생산이 용이하고 생산비용이 낮아진다.
③ 상이한 형태의 집단을 이루는 경향이 많다.
④ 현장작업이 단순해지고 공기가 단축된다.

02 그림과 같은 환기 방식이 적합하지 않은 실은?

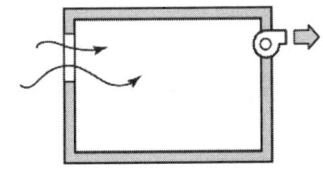

① 화장실   ② 수술실
③ 주방   ④ 욕실

03 사무실 배치방식에서 오피스 랜드스케이프에 관한 설명으로 옳지 않은 것은?
① 바닥면적을 효율적으로 사용할 수 있다.
② 변화하는 작업의 패턴에 따라 신속하게 대처할 수 있다.
③ 소음 등으로 분위기가 산만해질 수 있다.
④ 독립성과 쾌적감의 이점이 있다.

04 트러스 구조에 관한 설명으로 옳지 않은 것은?
① 절점은 강절점으로 부재를 삼각형으로 구성하여야 한다.
② 접합부 설계는 접합부에 모이는 각 부재의 중심선을 1점으로 교차시켜야 한다.
③ 압축력이 작용하는 부재는 짧게, 인장력이 작용하는 부재는 길게 설계하는 것이 좋다.
④ 입체 트러스는 큰 간사이 구조에 이용되지만, 구조해석이 어려운 단점이 있다.

05 병실 구성에 관한 설명으로 옳지 않은 것은?
① 병실 내부에는 반사율이 큰 마감재료는 피한다.
② 병실 출입문은 밖여닫이로 하며, 그 폭은 최대 90cm로 한다.
③ 환자마다 옷장 및 테이블 설비를 하는 것이 좋다.
④ 침대의 방향은 환자의 눈이 창과 직면하지 않도록 하여 환자의 눈이 부시지 않게 한다.

06 시티 호텔(city hotel)에 속하지 않는 것은?
① 커머셜 호텔
② 레지덴셜 호텔
③ 터미널 호텔
④ 산장 호텔

07 아파트의 평면 형식에 관한 설명으로 옳은 것은?
① 편복도형은 복도가 폐쇄형이므로 각 호의 통풍 및 채광이 좋지 않다.
② 중복도형은 독립성은 좋으나 부지의 이용률이 낮다.
③ 집중형은 통풍, 채광 조건이 좋아 기계적 환경 조절이 필요하지 않다.
④ 계단실형은 동선이 짧으므로 출입이 편하며 독립성이 좋다.

08 리빙 키친(Living Kitchen)의 가장 큰 장점은?
① 조리시간을 단축시킨다.
② 주부의 가사노동을 경감시킨다.
③ 급배수 설비의 설치 비용을 절감한다.
④ 침실과의 접촉이 좋게 된다.

09 바닥충격음의 저감방법으로 옳지 않은 것은?
① 카펫, 발포비닐계 바닥재 등 유연한 바닥 마감재를 사용하여 피크 충격력을 작게 한다.
② 바닥 슬래브의 중량을 감소시켜 충격에 대한 바닥의 진동을 감소시킨다.
③ 바닥 슬래브의 두께를 증가시켜 바닥 슬래브의 면밀도와 강성 모두를 높인다.
④ 질량이 있는 구조체를 탄성재로 지지하는 공진계의 특성을 이용하여 진동전달을 줄인다.

10 실내조명 설계에서 가장 우선적으로 검토해야 하는 것은?
① 개략적인 조명계산을 실시한다.
② 소요조도를 결정한다.
③ 소요전등의 개수를 결정한다.
④ 조명방식 및 조명기구를 선정한다.

11 모듈계획 시 공칭치수에 대한 정의로 옳은 것은?
① 제품치수+줄눈두께
② 제품치수-줄눈두께
③ 모듈치수+줄눈두께
④ 모듈치수-줄눈두께

12 다음 지붕평면 중 합각지붕은?
① 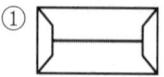   ②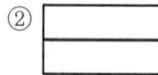
③ 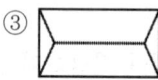   ④

13 상점의 파사드(facade) 구성과 관련된 5가지 광고요소에 해당되지 않는 것은?
① Imagination   ② Attention
③ Desire   ④ Memory

14 벽돌쌓기에서 화란식 쌓기의 경우 모서리 또는 끝부분에 사용되는 벽돌의 마름질 형태는?
① 칠오토막   ② 이오토막
③ 반토막   ④ 반반절

15 철골철근콘크리트 구조(SRC조)에 관한 설명으로 옳지 않은 것은?
① 철골구조에 비해 시공이 다소 복잡한 편이다.

② 구조설계상 기둥이 SRC조이면서 보는 철골조로 배치하는 등 혼합시스템으로 설계할 수 있다.
③ 단면상 원형구조물로 설계가 불가능한 단점이 있다.
④ 철골부재의 좌굴을 콘크리트에 의해 방지하는 효과가 있다.

16 병원의 건축형식이 아닌 것은?
① 분관식
② 집중식
③ 다익형
④ 클러스터형

17 대학 도서관의 기능별 규모 배분에서 가장 큰 면적이 할당되는 부분은?
① 열람실
② 서고
③ 공용공간
④ 행정 및 서비스시설

18 PS 강재의 조건 중 옳지 않은 것은?
① 고장력 강재이어야 한다.
② 콘크리트와의 부착력이 커야 한다.
③ 드럼에서 풀어 사용할 때 잘 펴져야 한다.
④ 릴랙세이션(relaxation)이 커야 한다.

19 왕대공 지붕틀에서 ㅅ자보와 빗대공의 재축교점에서 수직으로 대어 ㅅ자보와 평보를 연결한 것을 무엇이라 하는가?
① 처마도리
② 보잡이
③ 달대공
④ 귀잡이보

20 척도조정(modular coordination)에 대한 설명 중 옳지 않은 것은?
① 척도조정이라 함은 모듈을 사용하여 건축 전반에 사용되는 재료를 규격화하는 것을 말한다.
② 척도조정을 적용할 경우 설계작업이 단순화되고 간편해진다.
③ 국제적으로 같은 척도조정을 사용하여도 건축구성재의 국제 교역은 불가능하다.
④ 척도조정의 단점은 건물의 배치 및 외관이 단순해지는 경향이다.

제2과목 위생설비

21 내식성 및 가공성이 우수하며 배관 두께별로 K, L, M형으로 구분하여 사용되는 배관재료는?
① 동관
② 스테인리스 강관
③ 일반배관용 탄소강관
④ 압력배관용 탄소강관

22 배수배관의 구배가 증가하면 발생되는 현상으로 옳지 않은 것은?
① 유속이 증가한다.
② 유수깊이가 감소한다.
③ 트랩의 봉수파괴에 영향을 미친다.
④ 배수 중 오물이 뜨는 현상이 발생한다.

23 지하층을 제외한 층수가 8층인 백화점에 스프링클러설비를 설치할 경우, 스프링클러설비의 수원의 저수량은 최소 얼마 이상

이 되도록 하여야 하는가? (단, 폐쇄형이며, 설치 헤드 수는 30개이다.)
① 24m³ ② 48m³
③ 72m³ ④ 96m³

24 다음 중 유량선도를 이용한 급수관의 관경 결정 순서에서 가장 먼저 이루어지는 사항은?
① 관 재료의 결정
② 순간 최대유량의 산정
③ 관로의 상당길이 산정
④ 허용마찰손실수두 계산

25 배수배관에 있어서 한계 유속은 일반적으로 얼마인가?
① 0.5m/s ② 1.5m/s
③ 2.5m/s ④ 3.5m/s

26 정화조의 유입수 BOD가 1000mg/L, 방류수 BOD가 400mg/L일 때, BOD 제거율은?
① 40% ② 50%
③ 60% ④ 70%

27 배관이음 재료 중 시공한 후 배관 교체 등 수리를 관리하게 하기 위해 사용하는 것은?
① 티(tee)
② 부싱(bushing)
③ 플랜지(flange)
④ 리듀서(reducer)

28 60℃의 물 150L와 10℃의 물 70L를 혼합시켰을 때 혼합된 물의 온도는?
① 약 34℃ ② 약 44℃
③ 약 54℃ ④ 약 64℃

29 통기배관에 관한 설명으로 옳지 않은 것은?
① 통기관은 우수관에 접속하지 않는다.
② 결합통기관은 배수수직관과 통기수직관을 연결하는 통기관이다.
③ 간접 배수계통의 통기관은 잡배수 계통의 통기수직관에 접속한다.
④ 신정통기관은 배수수직관의 상부를 연장하여 대기에 개방한 통기관이다.

30 수도본관에서 수직높이 1m인 곳에 대변기의 세정밸브를 설치하였다. 이 세정밸브의 사용을 위해 필요한 수도본관의 최저압력은? (단, 수도직결방식이며, 본관에서 세정밸브까지의 마찰 손실수두는 0.02MPa, 세정밸브의 최저필요압력은 0.07MPa이다.)
① 0.07MPa ② 0.09MPa
③ 0.10MPa ④ 0.19MPa

31 급탕설비에서 팽창관을 설치하는 가장 주된 이유는?
① 급탕온도를 일정하게 유지하기 위하여
② 온도변화에 따른 급탕배관의 신축을 흡수하기 위하여
③ 저탕조 내의 온도가 100℃를 넘지 않도록 하기 위하여
④ 보일러, 저탕조 등 밀폐 가열장치 내의 압력상승을 도피시키기 위하여

32 연결송수관설비에 관한 설명으로 옳지 않은 것은?
① 주배관의 구경은 100mm 이상의 것으

로 한다.
② 방수구의 호스접결구는 바닥으로부터 높이 0.5m 이상 1m 이하의 위치에 설치한다.
③ 펌프의 양정은 최상층에 설치된 노즐 선단의 압력이 0.17MPa 이상이 되도록 한다.
④ 방수구는 연결송수관설비의 전용방수구 또는 옥내소화전 방수구로서 규격 65mm의 것으로 설치한다.

33 다음 그림에서 Ⓐ부분의 통기관의 명칭은?

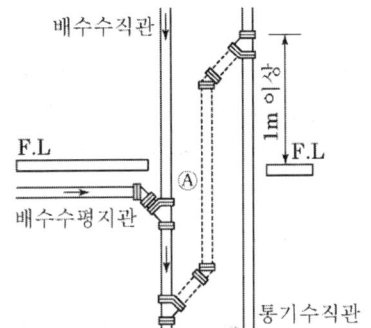

① 각개 통기관 ② 신정 통기관
③ 회로 통기관 ④ 결합 통기관

34 저탕조의 용량이 2m³이고 급탕배관 내의 전체수량이 1m³일 때 개방형 팽창탱크의 용량은? (단, 급수의 밀도는 1.0g/cm³이고, 온수의 밀도는 0.983g/cm³이다.)

① 0.03m³   ② 0.04m³
③ 0.05m³   ④ 0.06m³

35 스프링클러설비에서 직접 또는 수직배관을 통하여 가지배관에 급수하는 배관은?

① 주배관   ② 신축배관
③ 교차배관 ④ 급수배관

36 다음 중 고층건물에서 급수설비의 조닝 목적과 가장 관계가 먼 것은?
① 공사비의 절감
② 소음과 진동의 방지
③ 배관의 적절한 수압유지
④ 기구 부속품의 파손방지

37 다음 중 워터 해머의 방지대책과 가장 거리가 먼 것은?
① 워터 해머 흡수기를 적절하게 설치한다.
② 관내의 수압이 평상시 높아지지 않도록 구획한다.
③ 배관은 가능한 한 직선이 되지 않고 우회하도록 계획한다.
④ 수압이 0.4MPa을 초과하는 계통에는 감압밸브를 부착하여 적절한 압력으로 감압한다.

38 세정밸브식 대변기에 진공 방지기(vacuum breaker)를 설치하는 이유는?
① 사용수량을 줄이기 위하여
② 급수소음을 줄이기 위하여
③ 급수오염을 방지하기 위하여
④ 취기(냄새)를 방지하기 위하여

39 연면적 2000m²인 은행건물에 필요한 급수량은? (단, 유효면적당 인원은 0.2인/m², 건물의 유효면적비율 60%, 급수량 120L/d로 한다.)
① 24.4m³/d   ② 26.6m³/d
③ 28.8m³/d   ④ 30.0m³/d

40 급탕설비에 사용되는 안전장치에 속하지 않는 것은?
① 팽창관 ② 팽창수조
③ 사일렌서 ④ 안전밸브

제3과목 공기조화설비

41 공기에 관한 설명으로 옳지 않은 것은?
① 지상 부근 공기의 성분 비율은 수증기를 제외하면 거의 일정하다.
② 여러 기체의 혼합물로 산소와 이산화탄소가 가장 많은 부분을 차지한다.
③ 수증기를 전혀 함유하지 않은 건조한 공기를 가상하여 건조공기라 부른다.
④ 건조공기는 이상기체에 가까운 성질을 갖고 있으므로 이상기체로 간주하여 계산될 수 있다.

42 다음 중 에어필터의 효율 측정법이 아닌 것은?
① 중량법 ② 비색법
③ 체적법 ④ DOP법

43 다음 중 건물병증후군(sick building syndrome)의 원인과 가장 관계가 먼 것은?
① 라돈
② 피톤치드
③ 포름알데히드
④ 휘발성 유기화합물

44 사무실의 크기가 10m×10m×3m이고 재실자 25명, 가스난로의 CO_2 발생량이 $0.5m^3$/h일 때, 실내평균 CO_2 농도를 1000ppm으로 유지하기 위한 최소 환기횟수는? (단, 재실자 1인당의 CO_2 발생량은 18L/h, 외기 CO_2 농도는 500ppm이다.)
① 약 3.68회/h ② 약 4.52회/h
③ 약 5.38회/h ④ 약 6.33회/h

45 건축물의 환기설비계획에 관한 설명으로 옳지 않은 것은?
① 파이프 샤프트는 공간절약을 위해 환기덕트로 이용한다.
② 외기도입구는 가급적 도로에서 떨어진 위치에 설치한다.
③ CO_2 제어방식으로 급기량을 조절하는 경우 거실의 필요환기량을 확보한다.
④ 공장 등에서 자연환기로 다량의 환기량을 얻고자 할 경우 벤틸레이터 등을 지붕에 설치한다.

46 축열시스템에 관한 설명으로 옳지 않은 것은?
① 심야전력의 이용이 가능하다.
② 냉동기의 용량을 감소시킬 수 있다.
③ 호텔의 공공부분과 같이 간헐운전이 심한 경우에는 적용할 수 없다.
④ 빙축열 시스템은 냉각을 위한 냉동기, 축열을 위한 빙축열조, 외부와의 열교환을 위한 열교환기 등으로 구성된다.

47 공조기 부하에 펌프 및 배관 등의 열부하를 더한 것으로서 냉동기나 보일러 용량을 결정하는 데 이용되는 것은?
① 외기부하 ② 예열부하

③ 열원부하 ④ 기간부하

48 취출구와 흡입구가 지나치게 근접해 있을 때 취출구에서 나온 기류가 곧바로 흡입구로 들어가는 현상은?
① 숏 서킷 ② 드래프트
③ 에어 커튼 ④ 리턴 에어

49 위치수두 10mAq, 압력수두 30mAq, 속도 2.5m/s로 관 속을 흐르는 물의 전수두는?
① 13.06m ② 13.24m
③ 40.32m ④ 42.54m

50 용량이 386kW인 터보 냉동기에 순환되는 냉수량은? (단, 냉각기 입구의 냉수온도 12℃, 출구의 냉수온도 6℃, 물의 비열 4.2kJ/kg · K)
① 약 46m³/h ② 약 55m³/h
③ 약 231m³/h ④ 약 332m³/h

51 공기조화기의 가열코일 입구와 출구에서 공기의 상태값이 변화하지 않는 것은?
① 엔탈피 ② 상대습도
③ 건구온도 ④ 절대습도

52 다음 설명에 알맞은 취출구의 종류는?

- 외부 존이나 내부 존에 모두 적용되며, 출입구 부근의 에어 커튼용으로도 적합하다.
- 선형이므로 인테리어 디자인의 일환으로도 적당하다.

① 노즐(nozzle)형
② 캄 라인(calm line)형
③ 아네모스탯(annemostat)형
④ 라이트 트로퍼(light troffer)형

53 원형 덕트와 장방형 덕트의 환산식으로 옳은 것은? (단, d : 원형 덕트의 직경 또는 환산 직경, a : 장방형 덕트의 장변길이, b : 장방형 덕트의 단변길이)

① $d = 1.3 \left[\dfrac{(a \cdot b)^5}{(a+b)^2} \right]^{\frac{1}{8}}$

② $d = 1.3 \left[\dfrac{(a \cdot b)^5}{(a-b)^2} \right]^{\frac{1}{8}}$

③ $d = 1.3 \left[\dfrac{(a \cdot b)^2}{(a+b)^5} \right]^{\frac{1}{8}}$

④ $d = 1.3 \left[\dfrac{(a \cdot b)^2}{(a-b)^5} \right]^{\frac{1}{8}}$

54 냉온수 코일에서 바이패스 팩터(BF)와 콘택트 팩터(CF)의 관계식으로 옳은 것은?
① (BF+CF)=1 ② (CF−BF)=1
③ (BF+CF)>1 ④ (BF+CF)<1

55 수증기를 만드는 원리에 따라 가습장치를 구분할 경우, 다음 중 수분무식에 속하는 것은?
① 전열식 ② 모세관식
③ 초음파식 ④ 적외선식

56 히트 펌프에 관한 설명으로 옳지 않은 것은?
① 신재생에너지인 지열을 이용하여 냉난방하는 경우 사용이 가능하다.
② 냉동기와 히트 펌프는 본질적으로 같은 것이지만 그 사용 목적에 따라 호칭이

달라진다.
③ 히트 펌프는 보일러에서와 같은 연소를 수반하지 않으므로 대기오염물질의 배출이 없다.
④ 냉각을 목적으로 사용할 경우에는 가열을 목적으로 할 때보다 성적계수가 1만큼 더 크다.

57 압축식 냉동기의 구성 요소 중 냉동의 목적을 직접적으로 달성하는 것은?
① 흡수기   ② 증발기
③ 발생기   ④ 응축기

58 온도환수방법 중 각 방열기가 동일 배관저항을 갖게 하기 위한 것은?
① 역환수식   ② 중력환수식
③ 기계환수식   ④ 직접환수식

59 공기조화방식 중 전공기방식의 일반적인 특징으로 옳지 않은 것은?
① 덕트 스페이스가 필요하다.
② 중간기에 외기냉방이 가능하다.
③ 실내에 배관으로 인한 누수의 우려가 없다.
④ 팬코일 유닛과 같은 기구의 설치로 실내 유효면적이 작아진다.

60 공기여과장치 입구측 오염도가 $0.3mg/m^3$, 여과효율이 75%일 때, 공기여과장치를 통과하는 오염물질의 양은? (단, 공기여과장치를 통과하는 풍량은 $500m^3/h$이다.)
① 22.5mg/h   ② 30.5mg/h
③ 37.5mg/h   ④ 42.5mg/h

제4과목 소방 및 전기설비

61 무접점 계전기에 사용되는 전력전자소자(트랜지스터, 다이오드)의 장점으로 옳지 않은 것은?
① 스위칭 속도가 빠르다.
② 전력소비가 대단히 작다.
③ 잡음(noise)의 영향을 받지 않는다.
④ 접점의 개폐동작으로 인한 마모현상이 없다.

62 건축물의 주위를 적당한 간격의 그물눈을 가진 도체로 새장과 같이 감싸는 피뢰방식은?
① 돌침방식   ② 케이지 방식
③ 수직도체방식   ④ 수평도체방식

63 20Ω의 저항 4개를 병렬로 연결하였다. 220V의 전원에 연결하면 몇 W의 전력을 소비하는가?
① 880   ② 2420
③ 4840   ④ 9680

64 다음 중 안정기와 점등관이 필요한 것은?
① BL전구   ② 형광등
③ 백열전구   ④ 할로겐전구

65 다음 중 전기와 관련된 용어와 그 단위의 연결이 옳지 않은 것은?
① 자속 : Wb   ② 기자력 : V
③ 정전용량 : F   ④ 리액턴스 : Ω

66 전기 부하에 인가되는 전압이 증가될 때 허용되는 내압의 범위 내에서 함께 증가되는

것은?
① 주파수 ② 허용전력
③ 소비전력 ④ 전압강하

67 다음 중 자동제어에서 제어장치의 구성 요소가 아닌 것은?
① 검출부 ② 조절부
③ 조작부 ④ 검파부

68 다음 설명에 알맞은 전동기는?

> • 교류용 전동기이다.
> • 구조가 간단하여 취급이 용이하다.
> • 슬립링이 없기 때문에 불꽃의 염려가 없다.

① 분권전동기
② 타여자전동기
③ 농형 유도전동기
④ 권선형 유도전동기

69 분전반을 설치하는 전기샤프트(ES)에 관한 설명으로 옳지 않은 것은?
① 각 층마다 같은 위치에 설치한다.
② ES의 면적은 보 및 기둥 부분을 제외하고 산정한다.
③ 설치장비 공급의 편리성을 우선하며 각 층의 모서리 부분에 설치한다.
④ 전력용과 통신용 등으로 구분 설치하고, 작은 규모일 경우는 공용으로 사용한다.

70 다음 설명에 알맞은 배선공사는?

> • 열적 영향이나 기계적 외상을 받기 쉬운 곳이 아니면 광범위하게 사용 가능하다.
> • 관 자체가 절연체이므로 감전의 우려가 없으며 시공이 쉽다.

① 금속관 공사
② 버스 덕트 공사
③ 플로어 덕트 공사
④ 합성수지관 공사(CD관 제외)

71 다음 그림과 같은 접점회로의 논리식은?

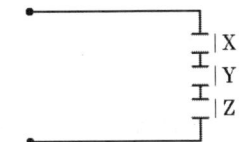

① X+Y+Z ② X·Y·Z
③ X·Y+Z ④ 1/X+Y+Z

72 영상변류기(ZCT)의 주된 사용 목적은?
① 과전압 검출 ② 과전류 검출
③ 지락전류 검출 ④ 부하전류 검출

73 3상 유도전동기의 회전 원리를 설명할 수 있는 법칙은?
① 브론델 법칙
② 플레밍의 왼손법칙
③ 플레밍의 오른손법칙
④ 앙페르의 오른나사법칙

74 중유의 공급량을 변화시키면서 보일러의 온도를 300℃로 일정하게 유지하고자 할 경우, 이 온도는 자동제어의 용어 중 어느 것에 해당하는가?
① 외란 ② 제어량

③ 조작량 ④ 조작대상

75 접지저감제의 구비 조건에 속하지 않는 것은?
① 지속성이 있을 것
② 전기적으로 부도체일 것
③ 전극을 부식시키지 않을 것
④ 토양을 오염시키지 않을 것

76 엔탈피 제어에 관한 설명으로 옳지 않은 것은?
① 환절기에 사용하면 에너지절약 효과가 크다.
② 통상적으로 부하 재설정 제어와 같이 사용한다.
③ 외기를 실내에 공급하여 냉방부하를 줄이는 방식이다.
④ 사람의 출입이 이용시간대에 따라서 크게 변화하는 백화점 등에 사용하면 효과가 크다.

77 3상 Y결선에서 선간전압이 220V인 3상 교류의 상전압은?
① 127V ② 220V
③ 381V ④ 440V

78 다음 중 1암페어를 바르게 정의한 것은?
① 1초당 6.24×10^6개의 자유전자의 이동
② 1초당 6.24×10^9개의 자유전자의 이동
③ 1초당 6.24×10^{12}개의 자유전자의 이동
④ 1초당 6.24×10^{18}개의 자유전자의 이동

79 납축전지가 방전되면 양(+)극은 어떠한 물질로 되는가?
① Pb ② $PbSO_4$
③ PbO ④ PbO_2

80 알칼리 축전지에 관한 설명으로 옳지 않은 것은?
① 공칭 전압은 1.2[V/셀]이다.
② 극판의 기계적 강도가 약하다.
③ 과방전, 과전류에 대해 강하다.
④ 부식성 가스가 발생하지 않는다.

제5과목 건축설비관계법규

81 건축물에 설치하는 굴뚝에 관한 기준 내용으로 옳지 않은 것은?
① 굴뚝의 옥상 돌출부는 지붕면으로부터의 수직거리를 1m 이상으로 할 것
② 금속제 굴뚝은 목재 기타 가연재료로부터 10cm 이상 떨어져서 설치할 것
③ 굴뚝의 상단으로부터 수평거리 1m 이내에 다른 건축물이 있는 경우에는 그 건축물의 처마보다 1m 이상 높게 할 것
④ 금속제 굴뚝으로서 건축물의 지붕 속·반자 위 및 가장 아랫바닥 밑에 있는 굴뚝의 부분은 금속 외의 불연재료로 덮을 것

82 위험물 저장 및 처리시설에 설치하는 피뢰설비는 한국산업표준이 정하는 피뢰 시스템 레벨이 최소 얼마 이상이어야 하는가?
① Ⅰ ② Ⅱ

③ Ⅲ   ④ Ⅳ

83 다음 중 내화구조에 해당하지 않는 것은?
① 철골철근콘크리트조의 계단
② 두께 8cm인 철근콘크리트조의 바닥
③ 철재로 보강된 유리블록으로 된 지붕
④ 작은 지름이 25cm인 철근콘크리트조의 기둥

84 건축법령상 의료시설에 속하는 것은?
① 한의원   ② 요양병원
③ 치과의원   ④ 동물병원

85 다음은 건축법상 건축신고와 관련된 기준 내용이다. ( ) 안에 속하지 않는 것은?

> 허가 대상 건축물이라 하더라도 바닥면적의 합계가 85m² 이내의 ( )의 경우에는 미리 특별자치시장·특별자치도지사 또는 시장·군수·구청장에게 신고를 하면 건축허가를 받은 것으로 본다.

① 신축   ② 증축
③ 개축   ④ 재축

86 건축법령상 리모델링이 쉬운 구조에 속하지 않는 것은? (단, 공동주택의 경우)
① 개별 세대 안에서 구획된 실의 크기, 개수 또는 위치 등을 변경할 수 있을 것
② 구조체에서 건축설비, 내부 마감재료 및 외부 마감재료를 분리할 수 있을 것
③ 각 층에 시공된 보, 기둥 등의 구조부재의 개수 또는 위치를 변경할 수 있을 것
④ 각 세대는 인접한 세대와 수직 또는 수평 방향으로 통합하거나 분할할 수 있을 것

87 비상경보설비를 설치하여야 하는 특정소방대상물의 연면적 기준은? (단, 지하가 중 터널 또는 사람이 거주하지 않거나 벽이 없는 축사는 제외)
① 100m² 이상   ② 200m² 이상
③ 300m² 이상   ④ 400m² 이상

88 공동주택 중 아파트의 발코니에 설치하여야 하는 대피공간이 갖추어야 할 요건으로 옳지 않은 것은?
① 대피공간은 바깥의 공기와 접하지 않을 것
② 대피공간은 실내의 다른 부분과 방화구획으로 구획될 것
③ 대피공간의 바닥면적은 각 세대별로 설치하는 경우에는 2m² 이상일 것
④ 대피공간의 바닥면적은 인접 세대와 공동으로 설치하는 경우에는 3m² 이상일 것

89 건축물의 용도변경과 관련하여 산업 등의 시설군에 속하는 건축물의 세부용도가 아닌 것은?
① 운수시설   ② 발전시설
③ 장례식장   ④ 창고시설

90 건축물의 설비 기준 등에 관한 규칙으로 정하는 기준에 따라 건축물의 거실(피난층의 거실 제외)에 배연설비를 하여야 하는 대상 건축물에 속하지 않는 것은? (단, 6층 이상인 건축물의 경우)
① 공동주택   ② 운수시설

③ 운동시설　④ 위락시설

91 지능형 건축물의 인증에 관한 설명으로 옳지 않은 것은?
① 지능형 건축물 인증기준에는 인증표시 홍보기준, 유효기간 등의 사항이 포함된다.
② 산업통상자원부장관은 지능형 건축물의 인증을 위하여 인증기관을 지정할 수 있다.
③ 국토교통부장관은 지능형 건축물의 건축을 활성화하기 위하여 지능형 건축물 인증제도를 실시한다.
④ 허가권자는 지능형 건축물로 인증받은 건축물에 대하여 조경설치면적을 100분의 85까지 완화하여 적용할 수 있다.

92 다음 중 건축물의 피난·방화구조 등의 기준에 관한 규칙상 거실의 용도에 따른 최소 조도 기준이 가장 높은 것은? (단, 바닥에서 85cm의 높이에 있는 수평면의 조도)
① 집회(집회)　② 집무(설계)
③ 작업(포장)　④ 거주(독서)

93 건축법상 아파트는 주택으로 쓰는 층수가 최소 얼마 이상인 주택을 말하는가?
① 3개 층　② 5개 층
③ 7개 층　④ 10개 층

94 다음은 건축물의 에너지절약 설계기준에 따른 설계용 실내온도 조건에 관한 설명이다. (　) 안에 알맞은 것은?

난방 및 냉방설비의 용량계산을 위한 설계기준 실내온도는 난방의 경우 (㉠), 냉방의 경우 (㉡)를 기준으로 하되(목욕장 및 수영장은 제외) 각 건축물 용도 및 개별 실의 특성에 따라 별표8에서 제시된 범위를 참고하여 설비의 용량이 과다해지지 않도록 한다.

① ㉠ 20℃, ㉡ 25℃
② ㉠ 20℃, ㉡ 28℃
③ ㉠ 22℃, ㉡ 25℃
④ ㉠ 22℃, ㉡ 28℃

95 층수가 9층이며, 각 층의 거실면적이 1500m² 인 종합병원에 설치하여야 하는 승용승강기의 최소 대수는? (단, 8인승 승용승강기인 경우)
① 3대　② 4대
③ 5대　④ 6대

96 건축물의 에너지절약 설계기준상 다음과 같이 정의되는 용어는?

기기를 여러 대 설치하여 부하상태에 따라 최적 운전상태를 유지할 수 있도록 기기를 조합하여 운전하는 방식

① 인버터운전　② 간헐제어운전
③ 비례제어운전　④ 대수분할운전

97 급수, 배수의 건축설비를 건축물에 설치하는 경우 건축기계설비기술사 또는 공조냉동기계기술사의 협력을 받아야 하는 대상 건축물에 속하지 않는 것은?
① 연립주택

② 판매시설로서 해당 용도에 사용되는 바닥면적의 합계가 2000m²인 건축물
③ 의료시설로서 해당 용도에 사용되는 바닥면적의 합계가 2000m²인 건축물
④ 숙박시설로서 해당 용도에 사용되는 바닥면적의 합계가 2000m²인 건축물

98 다음은 화재예방, 소방시설 설치·유지 및 안전관리에 관한 법령에 따른 무창층의 정의이다. 밑줄 친 "각 목의 요건"의 내용으로 옳지 않은 것은?

> "무창층"이란 지상층 중 다음 <u>각 목의 요건</u>을 모두 갖춘 개구부의 면적의 합계가 해당 층의 바닥면적의 30분의 1 이하가 되는 층을 말한다.

① 외부에서 쉽게 부수거나 열 수 없을 것
② 도로 또는 차량이 진입할 수 있는 빈터를 향할 것
③ 크기는 지름 50cm 이상의 원이 내접할 수 있는 크기일 것
④ 해당 층의 바닥면으로부터 개구부 밑부분까지의 높이가 1.2m 이내일 것

99 건축물의 에너지절약설계기준에 따른 야간단열장치의 총열관류저항 기준은?
① 0.2m² · K/W 이상
② 0.3m² · K/W 이상
③ 0.4m² · K/W 이상
④ 0.5m² · K/W 이상

100 건축물의 출입구에 설치하는 회전문에 관한 기준 내용으로 옳지 않은 것은?

① 계단이나 에스컬레이터로부터 1m 이상의 거리를 둘 것
② 출입에 지장이 없도록 일정한 방향으로 회전하는 구조로 할 것
③ 회전문의 회전속도는 분당회전수가 8회를 넘지 아니하도록 할 것
④ 회전문의 중심축에서 회전문과 문틀 사이의 간격을 포함한 회전문 날개 끝부분까지의 길이는 140cm 이상이 되도록 할 것

2024년 2회 건축설비기사 과년도문제

제1과목 건축일반

01 건물 내외의 기압차를 이용한 지붕구조는?
① 절판구조 ② 현수구조
③ 공기막구조 ④ 곡면판구조

02 속빈콘크리트블록 A종(KS F 4002)의 가압면에 따른 압축강도는 얼마 이상으로 규정되어 있는가?
① 4MPa ② 6MPa
③ 8MPa ④ 10MPa

03 에너지절약방법에 대한 설명 중 옳지 않은 것은?
① 단열구조로 한다.
② 환기량을 많게 한다.
③ 구조체를 기밀화한다.
④ 태양에너지를 이용한다.

04 학교 교실의 음 환경에 관한 설명으로 옳지 않은 것은?
① 교실과 복도의 접촉면이 큰 평면이 소음을 막는 데 유리하다.
② 소리를 잘 듣기 위해서는 적당한 잔향시간이 필요하다.
③ 운동장에서의 소음은 배치계획으로 이를 방지할 수 있다.
④ 반자는 교실 내의 음향이 조절될 수 있도록 설계되어야 한다.

05 층고가 4m인 박물관에 계단을 대체하여 경사로를 설치하고자 한다. 최소 몇 m의 수평거리가 필요한가?
① 18m ② 24m
③ 32m ④ 48m

06 절충식 지붕틀에서 사용되지 않는 부재는?
① ㅅ자보 ② 종보
③ 서까래 ④ 중도리

07 철근의 피복두께를 확보하기 위해서 사용되는 재료는?
① 컬럼 밴드(column band)
② 세퍼레이터(separator)
③ 폼타이(form tie)
④ 스페이서(spacer)

08 사무소 건축에 있어서 개실 시스템에 대한 설명으로 옳은 것은?
① 독립성과 쾌적감의 이점이 있는 데 반해 공사비가 비교적 고가이다.
② 소음 발생 때문에 프라이버시가 결여되기 쉽다.
③ 방 길이에는 변화를 줄 수 없으나, 연속된 긴 복도 때문에 방 깊이에 변화를 줄 수 있다.
④ 대표적인 개실 시스템으로 오피스 랜드스케이핑이 있다.

09 기둥의 전단력에 저항하여 좌굴현상을 방지하는 철근은?
① 주근   ② 늑근
③ 띠철근   ④ 배력근

10 대형 창호에 멀리온(mullion)을 설치하는 가장 주된 이유는?
① 기밀성을 양호하게 하기 위하여
② 채광성을 양호하게 하기 위하여
③ 차음성을 양호하게 하기 위하여
④ 진동에 의한 유리파손을 방지하기 위하여

11 커머셜 호텔(commercial hotel) 계획에서 크게 고려하지 않아도 되는 것은?
① 프런트 오피스   ② 발코니
③ 레스토랑   ④ 연회장

12 눈부심(glare)의 방지 방법으로 옳지 않은 것은?
① 휘도가 낮은 광원을 사용한다.
② 플라스틱 커버가 장착된 조명기구를 사용한다.
③ 글레어 존(glare zone)에 광원을 설치한다.
④ 광원 주위를 밝게 한다.

13 건축물의 용도별 수직교통량 예측 중 피크타임(peak time)이 발생하는 시점으로 옳지 않은 것은?
① 사무소 : 점심시간
② 공동주택 : 통학 및 통근시간
③ 호텔 : 체크인(check-in)과 체크아웃(check-out) 시간
④ 병원 : 면회 개시 시간

14 건축물에 작용하는 하중 중에서 기둥, 보, 바닥, 벽과 같은 구조체 자체의 무게에 해당되는 하중은?
① 풍하중   ② 고정하중
③ 적재하중   ④ 적설하중

15 결로를 방지하기 위한 방법으로 옳지 않은 것은?
① 난방을 하여 건물 내부의 표면온도를 노점온도 이하로 한다.
② 환기를 통해 습한 공기를 제거한다.
③ 벽체 내부의 수증기압을 포화수증기압보다 작게 한다.
④ 단열을 강화하여 구조체의 열손실을 줄인다.

16 열람자가 책의 목록에 의해 책을 선택하여 관원에게 대출기록을 제출한 후 책을 대출하는 열람실의 출납시스템 형식은?
① 자유개가식   ② 안전개가식
③ 반개가식   ④ 폐가식

17 건축공간의 모듈러 코디네이션(Modular coordination)에 대한 설명 중 옳지 않은 것은?
① 설계작업이 단순하고 간편하다.
② 상이한 형태의 집단을 이루는 경향이 많다.
③ 대량생산이 용이하고 생산 비용이 낮아진다.

④ 현장 작업이 단순해지고 공기가 단축된다.

18 일사 계획에 대한 설명 중 옳지 않은 것은?
① 일사량을 줄이려면 동서축이 길고 급경사 박공지붕을 가진 건물형이 유리하다.
② 건물 주변에 활엽수보다는 침엽수를 심는 것이 유리하다.
③ 겨울철의 난방부하를 줄이기 위해 직달일사를 최대한 도입해야 한다.
④ 난방기간 중에 최대의 일사를 받기 위해서는 남향이 유리하다.

19 목조 반자틀에 관한 설명으로 옳지 않은 것은?
① 반자틀은 보통 45cm 간격으로 수평으로 건너대고 여기에 직각으로 댄 반자틀받이에 못박아 댄다.
② 달대는 거리간격 120cm 정도로 한다.
③ 달대받이는 지붕틀의 평보, 또는 층보에 90cm 간격으로 걸쳐대고 큰 못 또는 꺾쇠치기로 한다.
④ 반자틀받이는 보통 120cm 간격으로 대고 달대받이에 매단다.

20 흡음에 관한 설명 중 옳지 않은 것은?
① 다공질 흡음재는 고음역에서는 유효하지만 저음역에서는 흡음효과가 적다.
② 흡음률 값은 0~1.0 사이에서 변화한다.
③ 흡음이란 음의 입사에너지가 열에너지로 변화하는 현상이다.
④ 창, 문 등의 개구부를 개방했을 때 흡음률은 0이다.

제2과목 위생설비

21 온도 0℃, 길이 400m의 강관에 60℃의 급탕이 흐를 때 강관의 신축량은? (단, 강관의 선팽창계수는 1.1×10^{-5} ℃)
① 0.112m ② 0.264m
③ 0.325m ④ 0.413m

22 지상 15층 건물에 스프링클러설비를 하였다. 이 스프링클러설비용 펌프의 실양정이 60m일 때 펌프의 전양정은? (단, 손실수두는 15mAq, 안전율은 15%로 계산)
① 60m ② 75m
③ 90m ④ 98m

23 길이 50m, 내경 25mm인 배관에 물이 2m/s의 속도로 흐르고 있다. 관마찰계수가 0.03일 때 압력강하는?
① 12.24Pa ② 12.24kPa
③ 120Pa ④ 120kPa

24 배수관 및 통기관의 관경을 정하고자 할 때 필요한 인자가 아닌 것은?
① 트랩의 수량
② 통기관의 길이
③ 기구배수부하단위
④ 배수관의 배관구배

25 다음 중 왕복식 펌프에 속하는 것은?
① 베인 펌프 ② 기어 펌프
③ 디퓨저 펌프 ④ 플런저 펌프

26 다음의 옥외소화전설비의 수원에 대한 설명 중 ( ) 안에 알맞은 내용은?

> 옥외소화전설비의 수원은 그 저수량이 옥외소화전의 설치 개수(옥외소화전이 2개 이상 설치된 경우에는 2개)에 ( )를 곱한 양 이상이 되도록 하여야 한다.

① $5m^3$ ② $7m^3$
③ $14m^3$ ④ $21m^3$

27 급수설비에 관한 설명으로 옳지 않은 것은?
① 음료수 계통에는 규정 잔류염소를 함유한 물이 공급된다.
② 아파트에 있어서 1인당 1일 평균사용수량은 160~250L 정도이다.
③ 급수배관계통에서 강관과 동관을 직접 접속할 경우 동관의 부식이 촉진된다.
④ 저수조 등의 기기가 있는 경우에는 급수량의 산정법으로 통상 인원에 의한 방법이 사용된다.

28 배수용 트랩이 갖추어야 할 조건으로 옳지 않은 것은?
① 유효봉수의 깊이는 100~150mm가 적절하다.
② 구조가 간단하고 오물이 정체하지 않아야 한다.
③ 봉수가 확실하게 유지되고 재질은 내식성이어야 한다.
④ 배수 등으로 내면을 씻어내리는 자기세정작용을 해야 한다.

29 배수배관에서 사용되는 청소구의 원칙적인 설치 위치로 옳지 않은 것은?

① 배수수직관의 최하부 또는 그 부근
② 배수수평주관 및 배수수평지관의 기점
③ 배수관이 45도를 넘는 각도로 방향을 변경한 개소
④ 길이가 긴 배수수평주관 중간으로서 배수관의 관경이 100mm 이하인 경우는 30m 이내마다

30 급탕설비에 관한 설명으로 옳지 않은 것은?
① 순환펌프의 양정은 2~3mAq가 적절하다.
② 환탕관의 관경은 급탕관의 관경보다 크게 한다.
③ 급탕배관에서의 열손실량이 크면 순환펌프의 용량이 커진다.
④ 순환펌프에 의한 순환수량을 적게 하려면, 급탕관과 환탕관 간의 온도차를 크게 설계한다.

31 펌프의 회전수 제어 시 펌프의 회전수를 20% 증가하면, 유량은 얼마나 증가하는가?
① 10% ② 20%
③ 44% ④ 73%

32 급수설비에서 크로스 커넥션의 방지대책으로 가장 알맞은 것은?
① 설비 내에 버큠 브레이커 및 역류 방지장치를 부착한다.
② 관내 유속을 억제하고, 설비 내에 서지탱크(surge tank) 및 안전밸브를 설치한다.
③ 배관 계통별로 색깔로 구분하여 오접합을 방지하며 통수시험에 의해 체크한다.

④ 수평배관에는 공기나 오물이 정체하지 않도록 하며, 어쩔 수 없이 공기 정체가 일어나는 곳에는 공기빼기밸브를 설치한다.

33 다음 중 펌프의 흡입 배관에서 발생하는 공동현상(Cavitation)을 방지하기 위한 대책으로 가장 알맞은 것은?
① 흡입양정을 증가시킨다.
② 흡입유체의 온도를 낮춘다.
③ 흡입배관의 관경을 작게 한다.
④ 흡입배관의 길이를 증가시킨다.

34 웨버 지수($WI = \dfrac{H_g}{\sqrt{S}}$)는 가스의 연소성을 판단하는 데 중요한 수치이다. H_g가 의미하는 것은?
① 단연지수 ② 엔트로피
③ 발열량   ④ 가스 비중

35 수질에 관한 설명으로 옳은 것은?
① SS값이 클수록 탁도가 작다.
② COD값이 클수록 오염도가 작다.
③ BOD값이 클수록 오염도가 작다.
④ BOD 제거율값이 클수록 처리능력이 양호하다.

36 다음 중 배수 트랩에 속하지 않는 것은?
① 관 트랩   ② 드럼 트랩
③ 디스크 트랩 ④ 사이펀 트랩

37 가스계량기는 전기점멸기와 최소 얼마 이상의 거리를 유지하여야 하는가?

① 30cm   ② 45cm
③ 60cm   ④ 90cm

38 직경 100mm의 강관에 $2.4m^3$/min의 물을 통과시킬 때 강관 내의 평균 유속은?
① 2.4m/s ② 4.2m/s
③ 5.1m/s ④ 7.2m/s

39 다음 중 급수배관의 관경 결정과 관계없는 것은?
① 관 균등표
② 동시사용률
③ 마찰저항선도
④ 확대관 저항계수

40 다음 중 특수통기방식의 일종인 소벤트 시스템에 사용되는 이음쇠는?
① 팽창관
② 섹스티아 밴드관
③ 섹스티아 이음쇠
④ 공기분리 이음쇠

제3과목 공기조화설비

41 응축수 환수용으로 리프트 피팅을 사용하였을 경우 리프트 피팅(Lift fitting)은 얼마 정도의 흡상이 가능한가?
① 1.5m   ② 2m
③ 2.5m   ④ 3m

42 냉방부하의 종류 중 현열 성분만을 갖는 것은?

① 조명부하 ② 인체부하
③ 실내기구부하 ④ 틈새바람부하

43 개방식 배관의 펌프 흡입관 선단에 부착하여 펌프 운전 중에는 물론 펌프 정지 시에도 흡입관 내를 만수상태로 유지하기 위해 설치하는 것은?
① 관 트랩 ② 박스 트랩
③ 스트레이너 ④ 풋형 체크밸브

44 습공기 선도의 표시사항에 속하지 않는 것은?
① 엔탈피 ② 상대습도
③ 현열비 ④ 엔트로피

45 다음 중 대기오염이 심한 지역에 가장 적합한 냉각탑은?
① 개방식 ② 밀폐식
③ 대기식 ④ 자연통풍식

46 어떤 펌프의 회전수가 1000rpm일 때 축동력은 10kW이었다. 이 펌프의 회전수를 1200rpm으로 증가시켰을 경우 축동력은?
① 12kW ② 14.4kW
③ 17.3kW ④ 20.7kW

47 다음 설명에 알맞은 송풍기 풍량제어방식은?

> 비용이 많이 들지만 효율이 좋은 방식이며, 최근에는 인버터를 사용하여 전기의 주파수를 변화시키는 방식을 많이 사용한다.

① 가변 피치 제어

② 회전수에 의한 제어
③ 흡입댐퍼에 의한 제어
④ 토출댐퍼에 의한 제어

48 기온·습도·기류의 3요소의 조합에 의한 실내 온열감각을 기온의 척도로 나타낸 것은?
① 등가온도 ② 작용온도
③ 불쾌지수 ④ 유효온도

49 다음과 같이 열원의 출구온도는 일정하게 하고 부하변동에 따라 3방 밸브로 바이패스에 의한 혼합비를 제어하고 2차 펌프에 의해 부하측인 각 유닛으로 급수하는 부하기기의 출력제어방법은?

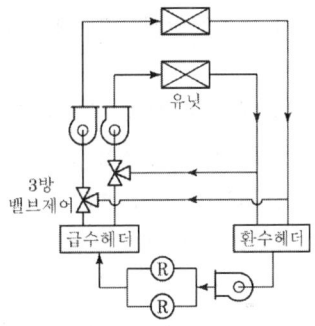

① 변유량 방식 ② 정유량 방식
③ 존펌프 방식 ④ 주펌프 방식

50 여름철 실내에 위치한 냉장고 안의 습도는 실내공기와 비교하여 어떤 상태인가?
① 상대습도는 높고 절대습도는 낮다.
② 상대습도는 낮고 절대습도는 높다.
③ 상대습도는 높고 절대습도도 높다.
④ 상대습도와 절대습도는 동일하다.

51 덕트의 단면적을 확대시킬 경우 변화가 없

는 것은? (단, 덕트의 마찰손실은 무시)
① 풍속　② 동압
③ 정압　④ 전압

52 공기조화방식 중 변풍량 방식에 관한 설명으로 옳지 않은 것은?
① 변풍량 단일덕트 방식은 부하가 감소되더라도 실내공기의 오염은 없다.
② 변풍량 이중덕트 방식은 정풍량 이중덕트 방식보다 에너지 절감의 효과가 있다.
③ 변풍량 유니트는 풍량제어 방식에 따라 바이패스형, 슬롯형, 유인형 등이 있다.
④ 변풍량 단일덕트 방식은 취출구 1개 또는 여러 개에 변풍량 유니트를 설치하여 실온에 따라 취출풍량을 제어한다.

53 냉각탑에 관한 설명으로 옳지 않은 것은?
① 냉각탑은 냉동기의 증발기를 냉각시키기 위하여 설치한다.
② 어프로치란 냉각수 출구온도와 입구공기의 습구온도차를 말한다.
③ 냉각탑 부하는 냉동기 응축기 부하와 펌프·배관부하를 합한 것이다.
④ 보급수량은 냉각수 순환량에 증발수량과 비산수량을 합한 것이다.

54 공기의 가습에 관한 설명으로 옳은 것은?
① 온수를 분사하면 공기온도는 올라간다.
② 스팀을 계속 분사하면 상대습도가 100%를 초과하게 된다.
③ 초음파 가습기를 분무할 경우 공기온도는 변화하지 않는다.
④ 공기온도와 같은 순환수의 가습은 공기

의 엔탈피 변화가 거의 없다.

55 패널(panel)형 복사난방에 관한 설명으로 옳지 않은 것은?
① 쾌적감이 높다.
② 실의 모양을 바꾸기 쉽다.
③ 실내바닥의 이용률이 높다.
④ 외기침입이 있는 곳에서 난방감을 얻을 수 있다.

56 다음과 같은 조건에 있는 벽체의 실내표면 온도는?

- 외기온도 : −10℃
- 실내온도 : 20℃
- 실내표면열전달률 : $9W/m^2 \cdot K$
- 벽체의 열관류율 : $3W/m^2 \cdot K$

① 9℃　② 10℃
③ 12℃　④ 13℃

57 팽창탱크에 관한 설명으로 옳지 않은 것은?
① 장치 내의 공기 배출구로도 사용된다.
② 장치 내의 물의 팽창으로 발생되는 압력을 흡수한다.
③ 설치 위치에 관계없이 배관 내의 압력 분포는 일정하다.
④ 팽창한 물의 배출을 억제하여 열손실을 방지하는 데도 유효하다.

58 다음 중 원심펌프의 구경 결정에 가장 큰 영향을 끼치는 것은?
① 유량　② 양정
③ 동력　④ 비교 회전수

59 다음 설명에 알맞은 환기방식은?

- 실내는 부압을 유지한다.
- 화장실, 욕실 등의 환기에 적합하다.

① 급기팬과 배기팬의 조합
② 급기팬과 자연배기의 조합
③ 자연급기와 배기팬의 조합
④ 자연급기와 자연배기의 조합

60 다음과 같은 조건에서 재실인원이 50명인 회의실의 외기 현열부하는?

- 1인당 필요한 외기량 : $80m^3/h$
- 실내온도 : 26℃, 외기온도 : 32℃
- 공기의 밀도 : $1.2kg/m^3$
- 공기의 정압비열 : $1.01kJ/kg \cdot K$

① 6270W   ② 7240W
③ 8080W   ④ 9120W

제4과목 소방 및 전기설비

61 부하측에 인가되는 전압을 $\sqrt{3}$배 승압시킬 수가 있으며 3상4선식 중성점 접지 배전방식으로 널리 사용되고 있는 변압기 결선방식은?

① Y-Δ   ② Y-Y
③ Δ-Y   ④ Δ-Δ

62 다음의 자동제어방식 중 제어의 정밀도가 가장 높으며, 소프트웨어에 의해 효율적으로 제어할 수 있는 방식은?

① 전기식   ② 전자식
③ 공기식   ④ DDC 방식

63 옥내배선에 사용되는 간선의 굵기 결정 요소에 해당하지 않는 것은?

① 수용률   ② 허용전류
③ 전압강하 ④ 기계적 강도

64 합성 최대수용전력 1500kW, 부하율 0.7일 때 평균전력[kW]은?

① 1050   ② 1500
③ 2142   ④ 3000

65 옥내 전반조명에서 등기구 사이의 간격 S[m]와 작업면에서 등기구까지의 높이 H[m]의 관계로 가장 알맞은 것은? (단, 직접조명인 경우)

① S≤4H   ② S≤3H
③ S≤2H   ④ S≤H

66 역률이 0.8이고 100kW인 단상 부하에 있어서 20분간의 무효전력량[kVarh]은?

① 15   ② 20
③ 25   ④ 30

67 교류 전원 전압 220V에 단상 유도전동기를 연결하여 운전하였더니 운전 전류가 2A 흘렀다. 전동기의 소비전력은? (단, 전동기의 역률은 50%이다.)

① 110W   ② 220W
③ 440W   ④ 880W

68 축전지의 충전방식에 속하지 않는 것은?

① 급속충전   ② 정격충전

③ 균등충전   ④ 부동충전

69 다음 중 조명률에 영향을 끼치는 요소와 가장 거리가 먼 것은?
① 방의 크기
② 출입문의 위치
③ 등기구의 배광
④ 천장의 반사율

70 전기력선의 기본적인 성질에 관한 설명으로 옳지 않은 것은?
① 두 전기력선은 서로 교차하지 않는다.
② 전기력선은 그 자신만으로 폐곡선이 된다.
③ 전기력선의 방향은 양전하에서 나와 음전하로 들어간다.
④ 전기력선은 도체의 표면에 수직으로 출입하며 도체 내부에는 전기력선이 없다.

71 보호계전기의 종류에 속하지 않는 것은?
① 지락 계전기
② 과전류 계전기
③ 부족 전압 계전기
④ 갭 저항형 계전기

72 변류기(CT)를 사용하는 목적은?
① 고전압을 측정하기 위해
② 교류를 직류로 바꾸기 위해
③ 직류를 교류로 바꾸기 위해
④ 교류의 대전류를 측정하기 위해

73 1개의 마스터 안테나에서 다수의 TV수상기에 입력전파를 분배하는 공시청 설비에 사용되는 기기가 아닌 것은?
① 혼합기   ② 증폭기
③ 분배기   ④ R형 수신기

74 대전체가 가지는 전기량을 전하라고 하는데, 전하의 단위는?
① 줄[J]   ② 헨리[H]
③ 쿨롱[C]   ④ 패럿[F]

75 110V 가정용 전기설비의 최소 절연저항은?
① $0.1M\Omega$ ② $0.2M\Omega$
③ $0.3M\Omega$ ④ $0.4M\Omega$

76 교류전압과 전류를 다음과 같이 표시하였을 경우 이들의 관계를 잘못 설명한 것은?

- 전압 $V = 220\sin\omega t\ V$
- 전류 $I = 10\sin(\omega t - 30°)\ A$

① 전류의 최대치는 10A이다.
② 전압의 실효치는 220V이다.
③ 부하의 임피던스는 22Ω이다.
④ 전류는 전압에 30° 뒤진 위상차가 있다.

77 다음 그림의 게이트 기호는 무엇을 나타내는가?

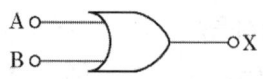

① AND 회로   ② OR 회로
③ NOT 회로   ④ NOR 회로

78 대용량의 진상용 콘덴서를 설치하면 고조파 전류에 의하여 회로전압이나 전류파형의 왜곡을 일으킨다. 이러한 문제점을 보

완하기 위하여 설치하는 콘덴서 회로의 부속기기는?
① 방전코일
② 전력퓨즈
③ 직렬 리액터(SR)
④ 컷아웃 스위치

79 자기 인덕턴스가 0.3H인 코일에 전류가 0.01초 동안에 3A만큼 변했다면, 이 코일에 유도된 기전력은?
① 9V   ② 10V
③ 90V ④ 100V

80 저압개폐기를 시설해서는 안 되는 곳은?
① 중성선이나 접지선
② 과전류 차단기를 필요로 하는 곳
③ 부하전류를 통하거나 끊을 필요가 있는 곳
④ 인입구나 점검 및 수리를 위하여 전선로를 차단하는 곳

제5과목 건축설비관계법규

81 높이 기준이 60m인 건축물에서 허용되는 높이의 최대 오차는?
① 0.1m   ② 0.9m
③ 1.0m   ④ 1.2m

82 자동화재탐지설비를 설치하여야 하는 특정소방대상물에 해당하지 않는 것은?
① 의료시설로서 연면적 600㎡인 것
② 숙박시설로서 연면적 600㎡인 것
③ 위락시설로서 연면적 600㎡인 것
④ 판매시설로서 연면적 600㎡인 것

83 건축법령상 제2종 근린생활시설에 속하지 않는 것은? (단, 해당용도로 쓰는 바닥면적 합계 500제곱미터일 경우)
① 한의원   ② 동물병원
③ 노래연습장 ④ 일반음식점

84 다음 중 건축법령상 다중이용건축물에 속하지 않는 것은?
① 업무시설로서 해당 용도에 쓰는 바닥면적의 합계가 5000㎡인 건축물
② 판매시설로서 해당 용도에 쓰는 바닥면적의 합계가 5000㎡인 건축물
③ 의료시설 중 종합병원으로서 해당 용도에 쓰는 바닥면적의 합계가 5000㎡인 건축물
④ 숙박시설 중 관광숙박시설로서 해당 용도에 쓰는 바닥면적의 합계가 5000㎡인 건축물

85 특정소방대상물의 증축 시 소방시설기준의 적용에 관한 기본 원칙으로 옳은 것은? (단, 예외 규정은 제외)
① 증축되는 부분만 증축 당시의 기준을 적용한다.
② 증축 이전과 증축 당시의 기준을 비교하여 엄격한 기준을 적용한다.
③ 기존 부분을 포함한 특정소방대상물의 전체에 대하여 증축 당시의 기준을 적용한다.
④ 기존 부분을 포함한 특정소방대상물의

전체에 대하여 증축 이전의 기준을 적용한다.

86 비상용 승강기 승강장의 구조에 관한 기준 내용으로 옳지 않은 것은?
① 채광이 되는 창문이 있거나 예비전원에 의한 조명설비를 할 것
② 벽 및 반자가 실내에 접하는 부분의 마감재료는 불연재료로 할 것
③ 승강장의 바닥면적은 비상용 승강기 1대에 대하여 5m² 이상으로 할 것
④ 노대 또는 외부를 향하여 열 수 있는 창문이나 배연 설비를 설치할 것

87 신축 또는 리모델링을 하는 경우, 시간당 0.5회 이상의 환기가 이루어질 수 있도록 자연환기설비 또는 기계환기설비를 설치하여야 하는 공동주택의 최소 세대수는?
① 30세대　② 50세대
③ 100세대　④ 200세대

88 건축물의 지하층에 설치하는 비상탈출구에 관한 기준 내용으로 옳지 않은 것은?
① 비상탈출구의 유효 높이는 1.5m 이상으로 할 것
② 비상탈출구의 유효 너비는 0.75m 이상으로 할 것
③ 비상탈출구의 출입구로부터 2m 이상 떨어진 곳에 설치할 것
④ 비상탈출구의 문은 피난방향으로 열리도록 하고, 실내에서 항상 열 수 있는 구조로 할 것

89 건축물의 에너지절약 설계기준에 따른 기계부문의 권장사항으로 옳지 않은 것은?
① 열원설비는 부분부하 및 전부하 운전효율이 좋은 것을 선정한다.
② 외기냉방 시스템의 적용이 건축물의 총 에너지비용을 감소시킬 수 없는 경우에는 이코노마이저 시스템을 도입한다.
③ 냉동기, 송풍기 등은 부하조건에 따라 최고의 성능을 유지할 수 있도록 대수분할 또는 비례제어운전이 되도록 한다.
④ 공기조화기 팬은 부하변동에 따른 풍량제어가 가능하도록 가변익축류방식, 흡입베인제어방식, 가변속제어방식 등 에너지절약적 제어방식을 채택한다.

90 문화 및 집회시설 중 공연장의 개별관람석의 바닥면적이 1500m²일 경우, 출구는 최소 몇 개 이상 설치하여야 하는가? (단, 각 출구의 유효 너비를 2m로 하는 경우)
① 3개소　② 4개소
③ 5개소　④ 6개소

91 5층 이상 또는 지하 2층 이하인 층에 설치하는 직통계단을 피난계단 또는 특별피난계단으로 설치하지 않을 수 있는 경우에 속하지 않는 것은? (단, 건축물의 주요구조부가 내화구조 또는 불연재료로 되어 있는 경우)
① 5층 이상인 층의 바닥면적의 합계가 200m²인 경우
② 5층 이상인 층의 바닥면적의 합계가 250m²인 경우
③ 5층 이상인 층의 바닥면적 150m²마다

방화구획이 되어 있는 경우
④ 5층 이상인 층의 바닥면적 100m²마다 방화구획이 되어 있는 경우

92 숙박시설이 있는 특정소방대상물의 수용인원 산정방법으로 옳은 것은? (단, 침대가 있는 숙박시설의 경우)
① 숙박시설 바닥면적의 합계를 3m²로 나누어 얻은 수
② 해당 특정소방대상물의 침대수(2인용 침대는 2개로 산정)
③ 해당 특정소방대상물의 종사자 수에 침대 수(2인용 침대는 2개로 산정)를 합한 수
④ 해당 특정소방대상물의 종사자수에 숙박시설 바닥면적의 합계를 3m²로 나누어 얻은 수를 합한 수

93 다음은 건축물의 에너지절약 설계기준에 따른 기계부분의 의무사항 중 설계용 외기조건에 관한 설명이다. ( ) 안에 알맞은 것은?

> 난방 및 냉방설비의 용량계산을 위한 외기조건은 냉방기 및 난방기를 분리한 온도출현분포를 사용할 경우 각 지역별로 위험률 ( )로 한다.

① 1%   ② 1.5%
③ 2%   ④ 2.5%

94 공사감리자가 공사시공자에게 상세시공도면의 작성을 요청할 수 있는 건축공사의 기준으로 옳은 것은?

① 연면적의 합계가 1000m² 이상인 건축공사
② 연면적의 합계가 2000m² 이상인 건축공사
③ 연면적의 합계가 5000m² 이상인 건축공사
④ 연면적의 합계가 10000m² 이상인 건축공사

95 다음 중 방화구조에 속하지 않는 것은?
① 심벽에 흙으로 맞벽치기 한 것
② 철망모르타르로서 그 바름두께가 2cm인 것
③ 석고판 위에 시멘트 모르타르를 바른 것으로서 그 두께의 합계가 2cm인 것
④ 시멘트 모르타르 위에 타일을 붙인 것으로서 그 두께의 합계가 2.5cm인 것

96 건축물의 냉방설비에 대한 설치 및 설계기준상 다음과 같이 정의되는 것은?

> 포접화합물(Clathrate)이나 공융염(Eutectic Salt) 등의 상변화 물질을 심야시간에 냉각시켜 동결한 후 그 밖의 시간에 이를 녹여 냉방에 이용하는 냉방설비

① 빙축열식 냉방설비
② 수축열식 냉방설비
③ 잠열축열식 냉방설비
④ 현열축열식 냉방설비

97 건축물을 특별시나 광역시에 건축하는 경우 특별시장 또는 광역시장의 허가를 받아야 하는 건축물의 층수 기준은?

① 8층 이상 ② 15층 이상
③ 21층 이상 ④ 31층 이상

98 다음은 「건축물의 피난·방화구조 등의 기준에 관한 규칙」 중 내화시험에 따른 방화문의 성능 기준에 관한 사항이다. ( ) 안에 들어갈 내용으로 옳은 것은?

> 60분+방화문 : 연기 및 불꽃 차단 (A) 이상, 열 차단 (B) 이상

① A : 1시간, B : 50분
② A : 1시간, B : 30분
③ A : 2시간, B : 50분
④ A : 2시간, B : 30분

99 피난 용도로 쓸 수 있는 광장을 옥상에 설치하여야 하는 대상에 속하지 않는 것은?
① 5층 이상인 층이 종교시설의 용도로 쓰는 경우
② 5층 이상인 층이 판매시설의 용도로 쓰는 경우
③ 5층 이상인 층이 문화 및 집회시설 중 공연장의 용도로 쓰는 경우
④ 5층 이상인 층이 문화 및 집회시설 중 전시장의 용도로 쓰는 경우

100 축냉식 전기냉방설비의 설계기준 내용으로 옳지 않은 것은?
① 열교환기는 보온을 철저히 하여 열손실과 결로를 방지하여야 한다.
② 자동제어설비는 수동조작이 가능하도록 하여야 하며 감시기능을 갖추어야 한다.
③ 열교환기는 시간당 최대냉방열량을 처리할 수 있는 용량 이하로 설치하여야 한다.
④ 축열조는 축냉 및 방냉운전을 반복적으로 수행하는 데 적합한 재질의 축냉재를 사용해야 한다.

2024년 3회 건축설비기사 과년도문제

제1과목 건축일반

01 벽돌구조에 대한 설명으로 옳지 않은 것은?
① 아치나 돔형 등 조형미의 연출이 가능하다.
② 내화 및 내구성이 우수하다.
③ 벽체 두께가 두꺼워져 실 면적이 줄어든다.
④ 압축력에는 약하나 횡력과 인장력에는 강하다.

02 점광원으로 가정할 수 있는 평균 구면 광도 2000cd의 램프가 반지름 1.5m인 원형탁자 중심 바로 위 2m의 위치에 설치되어 있다. 이 탁자 모서리 끝부분의 수평면 조도(lx)는?
① 128
② 256
③ 384
④ 512

03 건축물의 구성 형식에서 가구식 구조에 해당하는 것은?
① 목구조
② 벽돌구조
③ 콘크리트블록구조
④ 철근콘크리트구조

04 여러 음이 혼합적으로 들리는 경우에서도 대화 상대의 소리만을 선택적으로 들을 수 있는 것과 관련된 현상은?
① 칵테일 파티 효과
② 마스킹 효과
③ 간섭 효과
④ 코인시던스 효과

05 사무소 건축에서 층고를 낮추는 이유와 거리가 먼 것은?
① 건축비의 경제적 효과를 위함이다.
② 층수를 많이 얻기 위함이다.
③ 실내공기 조절의 효과를 높이기 위함이다.
④ 외관을 보기 좋게 하기 위함이다.

06 종합병원 클로즈드 시스템(closed system)의 외래진료부 계획에 대한 설명으로 옳지 않은 것은?
① 부속 진료시설을 인접하게 하여 이용이 편리하게 한다.
② 환자의 이용이 편리하도록 1층 또는 2층 이하에 둔다.
③ 내과계통은 진료검사에 시간을 요하므로 소진료실을 다수 설치하는 것보다 대진료실을 1개 설치하는 것이 좋다.
④ 실내환경에 대한 배려로서 환자의 심리 고통을 덜어줄 수 있는 환경심리적 요인을 반영시킨다.

07 좁은 대지에서 주차장 공간을 효율적으로 마련하기에 가장 적당한 형식은?
① 스킵 플로어 형식

② 필로티 형식
③ 코어 형식
④ 회랑식

08 단독주택의 이점을 최대한 살려 경계벽을 통해 주택영역을 구분한 것은?
① 타운 하우스
② 클럽 하우스
③ 테라스 하우스
④ 중정형 하우스

09 목재로 대형 무지주 지붕을 설치하고자 한다. 구조적으로 가장 적합하지 않은 방법은?
① 목재의 이음부위를 최대한 많은 볼트로 체결하여 장스팬의 목재를 제작하여 지붕을 설치한다.
② 집성목재로 소요응력에 필요한 단면을 만들어 단일 부재의 아치구조로 지붕을 설치한다.
③ 단면이 작은 목재를 트러스 형태로 조립하여 지붕을 설치한다.
④ 인장력을 받는 부재는 Steel 케이블로 설치하고, 압축부재는 목재를 사용하여 지붕을 설치한다.

10 주택계획에 대한 설명으로 옳지 않은 것은?
① 복도 면적은 일반적으로 전체 면적의 20% 정도로 한다.
② 거실은 현관이나 식당, 부엌과 가깝고 전망이 좋은 곳에 위치하는 것이 좋다.
③ 부부침실보다는 노인실이나 아동실을 우선적으로 좋은 위치에 두는 것이 바람직하다.
④ 부엌은 저장, 준비와 세척, 조리를 위한 장소의 3부분을 연결하는 작업삼각형의 동선의 합이 6.6m 이상이면 비능률적이다.

11 벽돌벽에 배관·배선, 기타용으로 그 층높이의 4/3 이상 연속되는 세로홈을 팔 때, 그 홈의 깊이는 벽두께의 최대 얼마 이하로 하는가?
① 1/2
② 1/3
③ 1/4
④ 1/5

12 호텔건축의 동선 계획 중 옳지 않은 내용은?
① 종업원의 출입구 및 물품의 반·출입구는 각각 별도로 하여 관리의 효율화를 도모한다.
② 고객 동선과 서비스 동선은 교차되지 않게 출입구를 분리한다.
③ 숙박고객과 연회고객의 출입구는 분리한다.
④ 최상층에 레스토랑을 설치하는 방안은 엘리베이터 계획과 상관없이 나중에 결정한다.

13 상점의 판매형식 중 대면판매의 특징에 대한 설명으로 옳은 것은?
① 상품이 손에 잡혀서 충동적 구매와 선택이 용이하다.
② 진열면적이 커지고 상품에 친근감이 간다.
③ 일반적으로 양복, 침구, 전기기구, 서적, 운동용구점 등에서 쓰인다.
④ 판매원이 정위치를 정하기가 용이하다.

14 건축의 성립에 영향을 미치는 요소들에 대한 설명으로 옳지 않은 것은?
① 자연 조건이 비슷한 여러 나라가 서로 다른 건축형태를 갖는 것은 기후 및 풍토적 요소 때문이다.
② 지붕의 형태, 경사 등은 기후 및 풍토적 요소의 영향을 받는다.
③ 건축재료와 이를 구성하는 기술적인 방법에 따라 건물 형태가 변화하는 것은 기술적 요소에서 기인한다.
④ 봉건시대에 신을 위한 건축이 주류를 이루고 민주주의 시대에 대중을 위한 학교, 병원 등의 건축이 많아진 것은 정치 및 종교적 요소 영향 때문이다.

15 건물 바닥 전체가 기초판으로 된 기초 형식은?
① 독립 기초　② 복합 기초
③ 온통 기초　④ 연속 기초

16 학교운영방식에 관한 설명 중 U+V형과 V형의 중간이 되는 E형에 해당하는 것은?
① 교실의 수는 학급수와 일치하며, 각 학급은 스스로의 교실 안에서 모든 교과를 행한다.
② 학생의 이동이 비교적 많아 동선 및 소유물 처리를 충분히 고려한다.
③ 학급, 학생 구분을 없애고 학생들은 각자의 능력에 맞게 교과를 선택한다.
④ 모든 교실이 특정 교과 때문에 만들어지며 일반 교실은 없다.

17 학교 건축계획에 대한 설명으로 옳지 않은 것은?
① 관리부분의 배치는 학생들의 동선을 피하고 중앙에 가까운 위치가 좋다.
② 주차장은 되도록 학교 깊숙이 끌어들이지 않고 한쪽 귀퉁이에 배치하는 것이 바람직하다.
③ 배치형식 중 집합형은 일종의 핑거 플랜으로 일조 및 통풍 등 교실의 환경조건이 균등하며 구조계획이 간단하다.
④ 운영방식 중 달톤형은 학급과 학생 구분을 없애고 학생들은 각자의 능력에 맞게 교과를 선택하며 일정한 교과가 끝나면 졸업한다.

18 벽체나 지붕과 같은 구조체의 실외 쪽에 단열재를 설치하는 외단열의 장점에 대한 설명으로 옳지 않은 것은?
① 표면결로 및 내부결로의 방지에 유리하다.
② 열교(heat bridge)의 문제가 거의 발생하지 않는다.
③ 단열재가 콘크리트를 감싸고 있어 콘크리트의 성능유지에 도움을 준다.
④ 강당이나 집회장과 같이 간헐난방을 하는 곳에서는 단시간에 난방효과를 얻을 수 있다.

19 주거밀도를 표현하거나 규제하는 용어들에 대한 설명 중 옳은 것은?
① 건폐율
　=[건축물의 연면적/대지면적]×100%
② 용적률
　=[건축면적/건축물의 연면적]×100%
③ 호수밀도

  =[실제가구수/적정수요가구수]×100%
  ④ 인구밀도
  =[인구수/토지면적](인/ha)

20 목조 건축물을 내풍적(耐風的)으로 하는데 가장 중요한 것은?
① 멍에의 간격을 적절히 배치한다.
② 벽체재료의 단면을 크게 한다.
③ 토대를 앵커 볼트로 긴결한다.
④ 가새를 유효하게 배치한다.

● 제2과목 위생설비

21 주철관의 이음 방법에 속하지 않는 것은?
① 소켓 이음   ② 빅토릭 이음
③ 타이톤 이음 ④ 스위블 이음

22 중앙식 급탕방식의 설계상 유의사항으로 옳지 않은 것은?
① 각 계통 및 지관의 순환유량이 균등하게 되도록 한다.
② 수평배관의 길이가 가능한 한 길게 되도록 수직관을 배치한다.
③ 순환펌프는 과대하게 되지 않도록 설계하며, 환탕관측에 설치한다.
④ 열원기기 및 저탕조의 압력상승, 배관의 신축에 대한 안전대책을 고려한다.

23 어느 사무소 건물의 연면적이 5000m^2일 때 1일 예상 급수량은? (단, 이 건물의 유효면적과 연면적의 비는 60%이고, 유효면적당 인원은 0.2인/m^2이며, 1인 1일당 급수량은 100L이다.)
① 30m^3/d   ② 60m^3/d
③ 300m^3/d ④ 600m^3/d

24 수평관에만 사용되는 역류방지용 밸브는?
① 슬루스 밸브
② 글로브 밸브
③ 스윙형 체크 밸브
④ 리프트형 체크 밸브

25 오수의 생물화학적 처리법 중 생물막법에 속하지 않는 것은?
① 접촉산화방식
② 살수여상방식
③ 표준활성오니방식
④ 회전원판 접촉방식

26 양수펌프가 수면으로부터 2.5m 높은 지점에 설치되어 있다. 이때 수온은 32.5℃이고, 32.5℃ 물의 포화증기압은 5kPa이며, 수면 위에는 표준대기압이 작용하고 있다. 이 양수펌프의 유효흡입양정은? (단, 마찰저항은 2.37mAq이며, 물의 밀도는 0.996kg/L이다.)
① 약 2.5m   ② 약 5.0m
③ 약 7.5m   ④ 약 10.0m

27 음료용 저수탱크의 간접배수관의 배수구 공간은 최소 얼마 이상이어야 하는가?
① 50mm   ② 100mm
③ 150mm   ④ 200mm

28 비철금속관 중 동관에 대한 설명으로 옳지 않은 것은?
① 전기 및 열의 전도성이 우수하다.
② 전성·연성이 풍부하여 가공이 용이하다.
③ 연수에는 내식성이 크나 담수에는 부식된다.
④ 상온의 공기 속에서는 변하지 않으나 탄산가스를 포함한 공기 중에는 푸른 녹이 생긴다.

29 직경 200mm의 강관에 2400L/min의 물이 흐를 때 강관 내의 유속은?
① 0.04m/sec   ② 1.27m/sec
③ 1.72m/sec   ④ 0.40m/sec

30 펌프의 회전수 변화에 따른 유량, 양정, 축동력, 소비전력의 변화를 설명한 내용 중 옳은 것은?
① 회전수를 50% 줄이면, 유량은 50% 증가한다.
② 회전수를 50% 줄이면, 양정은 75% 감소한다.
③ 회전수를 50% 줄이면, 축동력은 25% 감소한다.
④ 회전수를 50% 줄이면, 소비전력은 50% 감소한다.

31 배관공사에서 관경이 다른 배관의 접합에 사용되는 것은?
① 소켓   ② 니플
③ 리듀서 ④ 플러그

32 공조기의 저항이 30mmAq, 덕트의 필요 전압이 11mmAq, 송풍기의 토출구 풍속이 6m/s일 때, 송풍기의 정압은?
① 약 35mmAq   ② 약 39mmAq
③ 약 43mmAq   ④ 약 46mmAq

33 실양정 18m, 환산관 길이 60m, 배관의 마찰손실 수두 0.03mAq/m, 유속 1.4m/s일 때 양수펌프의 전양정은 약 얼마인가?
① 20m   ② 42m
③ 60m   ④ 78m

34 부패탱크정화조의 구성 순서로 옳은 것은?
① 여과조 → 산화조 → 부패조 → 소독조
② 여과조 → 부패조 → 산화조 → 소독조
③ 부패조 → 여과조 → 산화조 → 소독조
④ 부패조 → 산화조 → 여과조 → 소독조

35 급수배관의 설계 및 시공에 관한 설명으로 옳지 않은 것은?
① 구조체의 관통부는 슬리브를 사용한다.
② 음료용 배관과 비음료용 배관을 크로스 커넥션하지 않는다.
③ 수격작용이 발생할 우려가 있는 곳에는 에어 체임버를 설치한다.
④ 급수관과 배수관이 교차될 때는 배수관의 아랫부분에 급수관을 매설한다.

36 고가수조식 급수방식에 관한 설명으로 옳지 않은 것은?
① 급수대상층에서의 급수압력이 거의 일정하다.
② 대규모의 급수 수요에 쉽게 대응할 수 있다.

③ 단수 시에도 일정량의 급수를 계속할 수 있다.
④ 위생성 및 유지·관리 측면에서 가장 바람직한 방식이다.

37 물의 정수과정에서 물 속에 있는 철분을 제거하기 위한 처리과정은?
① 혐기   ② 폭기
③ 불소 주입   ④ 응집제 첨가

38 액화석유가스에 관한 설명으로 옳지 않은 것은?
① LPG라고도 하며 프로판, 부탄을 주성분으로 한다.
② 기체상태로 저장, 운반이 편리하며 공기보다 가볍다.
③ 상온·상압 상태의 LP 가스가 액화되면 체적이 약 1/250로 감소된다.
④ 천연가스나 석유정제 과정에서 채취된 가스를 압축냉각해서 액화시킨 것이다.

39 배수관의 봉수파괴 원인인 분출작용(역사이편 작용)에 관한 설명으로 옳은 것은?
① S트랩 내부에 모발과 같이 다량의 이물질이 정체되어 봉수가 파괴된다.
② 배수수직관에서 다량으로 유하되는 배수로 인해, S트랩 내부의 압력이 감소하고 대기압의 작용으로 봉수가 파괴된다.
③ 상층과 하층에서 배수가 다량으로 유출되어 해당 층의 배수수직관의 공기가 압축되어 S트랩으로 유입되어 봉수가 파괴된다.
④ 위생기구로부터 만수상태의 배수가 S트랩으로 유하할 때, 배관 내부의 압력은 감소하며, 트랩 유입측에는 대기압이 작용하여 봉수가 파괴된다.

40 옥외소화전설비에 관한 설명으로 옳지 않은 것은?
① 호스는 구경 65mm의 것으로 한다.
② 수원의 수량은 소화전의 설치개수에 1.6m³를 곱한 양 이상이 되도록 한다.
③ 특정소방대상물의 각 부분으로부터 호스접결구까지의 수평거리는 40m 이하가 되도록 한다.
④ 옥외소화전이 10개 이하로 설치된 때에는 옥외소화전마다 5m 이내의 장소에 1개 이상의 소화전함을 설치해야 한다.

제3과목 공기조화설비

41 습공기의 엔탈피(Enthalpy)에 관한 설명으로 옳은 것은?
① 습공기의 전압을 나타낸다.
② 습공기의 잠열량을 나타낸다.
③ 습공기의 전열량을 나타낸다.
④ 습공기의 현열량을 나타낸다.

42 설계 외기조건을 선정하기 위한 위험률(TAC)에 대한 설명으로 옳지 않은 것은?
① 요구조건이 엄격한 건물일수록 위험률은 낮게 한다.
② 위험률을 높게 잡으면 장치용량도 커진다.
③ 위험률은 난방 또는 냉방기간의 총 시간

에 대한 온도출현 빈도분포로 구한다.
④ 위험률 5%는 위험률 2.5%보다 설계 외기기준 시간을 벗어나는 시간이 2배이다.

43 덕트 경로 중 그 단면적이 확대되었을 경우의 압력변화에 관한 설명으로 옳은 것은?
① 전압이 증가한다.
② 동압이 증가한다.
③ 정압이 증가한다.
④ 전압, 정압, 동압이 모두 증가한다.

44 열매가 증기인 경우 표준방열량 산정 시 적용하는 표준상태의 열매온도와 실내온도는?
① 열매온도 80℃, 실내온도 18.5℃
② 열매온도 80℃, 실내온도 21.5℃
③ 열매온도 102℃, 실내온도 18.5℃
④ 열매온도 102℃, 실내온도 21.5℃

45 가습장치로 G[kg/h]의 공기를 가습할 때 가습량 L[kg/h]은? (단, 가습장치 입출구 공기의 절대습도는 X_1, X_2[kg/kg']이고 가습효율은 100%이다.)
① $L = G(X_2 - X_1)$
② $L = 1.2G(X_2 - X_1)$
③ $L = 717G(X_2 - X_1)$
④ $L = 597.5G(X_2 - X_1)$

46 보일러의 효율 η[%]을 옳게 나타낸 것은? (단, q : 보일러 발생열량[kJ/h], G : 연료의 소비량[kg/h], h : 연료의 저위발열량[kJ/kg])
① $\eta = \dfrac{q}{G \cdot h} \times 100\%$
② $\eta = \dfrac{G \cdot h}{q} \times 100\%$
③ $\eta = \dfrac{q \cdot h}{G} \times 100\%$
④ $\eta = \dfrac{q \cdot G}{h} \times 100\%$

47 다음과 같은 조건에 있는 크기가 7m×6m×3.5m인 사무실의 환기에 의한 잠열만의 손실열량은?

[조건]
- 사무실의 환기횟수 : 2회/h
- 외기건구온도 5℃, 절대습도 0.002kg/kg'
- 실내공기 건구온도 24℃, 절대습도 0.009kg/kg'
- 0℃에서 포화수의 증발잠열 : 2501kJ/kg
- 공기의 밀도 : 1.2kg/m

① 6176kJ/h ② 7076kJ/h
③ 8076kJ/h ④ 9076kJ/h

48 증기난방설비에서 증기 트랩을 사용하는 가장 주된 목적은?
① 온도를 조절하기 위하여
② 공기를 배출하기 위하여
③ 압력을 조절하기 위하여
④ 응축수를 배출하기 위하여

49 밸브를 완전히 열면 유체 흐름의 단면적 변화가 없기 때문에 마찰 저항이 적어서 흐름의 단속용으로 사용되는 밸브로, 게이트 밸브(gate valve)라고도 불리우는 것은?
① 앵글 밸브 ② 체크 밸브
③ 글로브 밸브 ④ 슬루스 밸브

50 일사에 의한 차폐계수가 1인 보통유리를 통해 투과되는 일사량이 200W/m^2, 유리로부터의 관류열량이 40W/m^2일 경우, 유리로부터의 취득열량은? (단, 창면적은 5m^2이다.)
① 200W ② 1000W
③ 1200W ④ 1400W

51 다음과 같은 조건에서 환기에 의한 손실열량(현열)은?

[보기]
- 실의 크기 : 10m×7m×3m
- 환기횟수 : 1회/h
- 공기의 정압비열 : 1.01kJ/kg·K
- 공기의 밀도 : 1.2kg/m^3
- 실내외 공기온도차 : 30℃

① 1814.4kJ/h ② 5640.3kJ/h
③ 7635.6kJ/h ④ 9214.8kJ/h

52 보일러에 관한 설명으로 옳지 않은 것은?
① 입형 보일러는 설치 면적이 작고 취급은 용이하나 사용압력이 낮다.
② 노통 연관보일러는 부하 변동의 적응성이 낮으나 예열시간은 짧다.
③ 주철제 보일러는 규모가 비교적 작은 건물의 난방용으로 사용된다.
④ 수관보일러는 대형 건물 또는 병원이나 호텔 등과 같이 고압증기를 다량 사용하는 곳에 사용된다.

53 다음의 표현 중 이중덕트방식과 가장 거리가 먼 것은?

① 혼합상자 ② 전공기 방식
③ 멀티존 방식 ④ 에너지절감 방식

54 축열조를 사용하는 공기조화방식에 관한 설명으로 옳지 않은 것은?
① 기계실 면적이 감소된다.
② 심야전력을 이용할 수 있다.
③ 공조기측의 부분부하나 연장운전에 대처하기 쉽다.
④ 피크 커트(peak cut)에 의해 열원용량을 감소시킬 수 있다.

55 다음 중 체크 밸브의 도시 기호는?
①  ②
③ ④

56 냉·난방부하 계산에 관한 설명으로 옳지 않은 것은?
① 투습으로 인한 열부하는 매우 작기 때문에 일반적으로 부하계산에서 제외한다.
② 유리창 종류와 블라인드 유무에 따라 달라지는 차폐계수는 그 최댓값이 1.0이다.
③ 작업상태가 동일한 경우 인체로부터의 발생열량은 실내건구온도가 높을수록 현열량과 잠열량 모두 커진다.
④ 태양으로부터의 일사 열부하는 냉방부하 계산에서는 포함되나, 난방부하 계산에서는 제외되는 것이 일반적이다.

57 냉수코일의 통과풍량은 30000m^3/h이고 통과풍속이 2.5m/sec일 때, 코일의 정면

면적은?
① 1.2m² ② 3.3m²
③ 7.5m² ④ 12m²

58 다음 중 덕트 분기부에 설치하여 풍량을 분배하는 데 사용되는 풍량조절 댐퍼는?
① 루버 댐퍼
② 정풍량 댐퍼
③ 스플릿 댐퍼
④ 버터플라이 댐퍼

59 공기조화부하 계산에 있어서 인체 발생열에 관한 설명으로 옳은 것은?
① 인체 발생열은 난방부하에서만 고려한다.
② 인체 발생열은 현열과 잠열 모두 발생한다.
③ 실내온도가 높아질수록 잠열 발생열량이 감소한다.
④ 인체 발생열은 재실자의 작업상태에 관계없이 항상 일정하다.

60 습공기에 관한 설명으로 옳은 것은?
① 습공기를 가열하면 비체적이 감소한다.
② 습공기를 가열하면 상대습도가 감소한다.
③ 습공기를 가열하면 절대습도가 감소한다.
④ 습공기를 가열하면 절대습도가 증가한다.

● **제4과목 소방 및 전기설비**

61 초기 투자비가 너무 비싼 단점이 있지만 정전시간이 거의 없어서 공급 신뢰도가 매우 좋은 수전방식은?
① 1회선 수전방식
② 2회선 수전방식
③ 루프 회선 수전방식
④ 스폿 네트워크 수전방식

62 무한히 긴 직선 도체에 직류 1A의 전류를 흘렸을 경우 이로부터 1m 떨어진 점의 자기장의 세기는 몇 AT/m인가?
① $1/2\pi$ ② $1/\pi$
③ π ④ 2π

63 다음 중 시퀀스 제어가 아닌 것은?
① 신호등
② 자동판매기
③ 전기세탁기
④ 비행기 레이더 자동추적

64 부하전류 차단능력이 없는 개폐기로 고전압 기기의 1차측에 설치하여 기기를 점검, 수리할 때 회로를 분리하는 데 사용되는 것은?
① 차단기 ② 단로기
③ 변성기 ④ 콘덴서

65 220V, 5A의 직류전동기를 1시간 사용할 때 전류가 한 일의 양은?
① 1100Wh ② 1100kWh
③ 6600Wh ④ 6600kWh

66 다음 중 전하 간의 정전유도현상을 이용한 기기는?
① 전자석
② 발전기
③ 전기집진기
④ 솔레노이드 밸브

67 10Ω의 저항과 10Ω의 유도 리액턴스가 직렬 접속된 회로에 1000V의 사인파 교류 전압을 가했을 때 회로의 임피던스와 역률 각은?
① 14.14Ω/45°
② 141.4Ω/45°
③ 14.14Ω/4.5°
④ 141.4Ω/4.5°

68 공조설비의 자동제어에서 압력검출소자로 사용되지 않는 것은?
① 모발
② 벨로즈
③ 부르돈관
④ 다이어프램

69 다음 중 효율이 좋고, 안개가 많이 끼는 지역에서 가장 적합한 조명등은?
① 백열 램프
② 수은 램프
③ 나트륨 램프
④ 고압수은 램프

70 전선의 절연물에 손상 없이 안전하게 흘릴 수 있는 최대 전류를 무엇이라 하는가?
① 허용전류
② 절연전류
③ 부하전류
④ 안전전류

71 역률 개선용 콘덴서에 설치되는 직렬 리액터의 설치 효과에 관한 설명으로 옳지 않은 것은?
① 파형 개선
② 콘덴서 개방 시 이상현상 억제
③ 콘덴서 투입 시 이상전압 억제
④ 콘덴서 투입 시 돌입전류 억제

72 전선에서 전류가 누설되지 않도록 전선을 비닐이나 고무 등의 저항률이 매우 큰 재료로 피복하는데, 이처럼 전류가 누설되지 않도록 하는 재료 자체의 저항을 의미하는 것은?
① 도체저항
② 접촉저항
③ 접지저항
④ 절연저항

73 전압비(권수비)가 10인 변압기가 있다. 1차 측의 주파수가 60Hz일 경우 2차 권선에 유기되는 전압의 주파수는?
① 6Hz
② 10Hz
③ 60Hz
④ 1/6Hz

74 유도전동기는 전전압을 가하여 기동하면 기동전류가 매우 크게 발생한다. 이러한 기동전류를 제한하기 위한 방법으로 옳지 않은 것은?
① 회전자에 비례추이의 원리를 적용한다.
② 고정자 권선의 접속을 변환해서 극수를 변화시킨다.
③ 단권변압기로 처음에 전압을 60~40% 정도로 낮추어 기동한다.
④ 기동시에는 Y결선으로 하고 가속된 후에는 △결선으로 전압을 가한다.

75 계단통로유도등은 바닥으로부터 높이가 최대 얼마 이하의 위치에 설치하여야 하는가?
① 0.5m
② 1.0m

③ 1.5m　　　　④ 2.0m

76 일정 부하에 공급하는 배전선로에서 배전전압을 2배로 할 경우, 배전선로의 전력손실은 어떻게 되는가?

① $\frac{1}{4}$로 감소　　② $\frac{1}{2}$로 감소
③ 2배 증가　　　　④ 4배 증가

77 자동화재탐지설비의 P형 수신기 감지기 회로의 전로저항은 최대 얼마 이하가 되도록 설치하여야 하는가?

① 30Ω　　　　② 50Ω
③ 70Ω　　　　④ 90Ω

78 최대수용전력이 600kW, 수용률이 80%인 경우, 부하설비용량[kW]은?

① 480　　　　② 600
③ 750　　　　④ 850

79 공조설비의 밸브나 댐퍼의 구동을 위하여 비례제어용으로 주로 사용되는 조작기는?

① 히트 펌프
② 서보 모터
③ 모듀트럴 모터
④ 직동식 전자밸브

80 에보나이트 막대를 천으로 문지르면 에보나이트 막대에는 양(+)의 전기, 천에는 음(-)의 전기가 생긴다. 이러한 현상을 무엇이라 하는가?

① 대전　　　　② 충전
③ 정전차폐　　④ 전자유도

● **제5과목　건축설비관계법규**

81 승강기를 설치하여야 하는 대상 건축물의 층수 및 연면적 기준으로 옳은 것은?

① 5층 이상으로서 연면적이 1000m² 이상인 건축물
② 5층 이상으로서 연면적이 2000m² 이상인 건축물
③ 6층 이상으로서 연면적이 1000m² 이상인 건축물
④ 6층 이상으로서 연면적이 2000m² 이상인 건축물

82 건축허가 시 미리 소방본부장 또는 소방서장의 동의를 받아야 하는 대상에 속하지 않는 것은?

① 항공기 격납고
② 연면적이 100m²인 노유자시설
③ 지하층이 있는 건축물로서 바닥면적이 150m²인 층 있는 것
④ 차고·주차장으로 사용되는 시설로서 차고·주차장으로 사용되는 층 중 바닥면적 500m²인 층이 있는 시설

83 건축물의 경사지붕 아래에 설치하는 대피공간에 관한 기준 내용으로 옳지 않은 것은?

① 특별피난계단 또는 피난계단과 연결되도록 할 것
② 관리사무소 등과 긴급 연락이 가능한 통신시설을 설치할 것
③ 대피공간의 면적은 지붕 수평투영면적의 10분의 1 이상일 것
④ 출입구의 유효 너비는 최소 1.2m 이상

으로 하고, 그 출입구에는 30분방화문을 설치할 것

84 다음은 건축물의 에너지절약설계기준에 따른 방습층의 정의이다. ( ) 안에 알맞은 것은?

> "방습층"이라 함은 습한 공기가 구조체에 침투하여 결로발생의 위험이 높아지는 것을 방지하기 위해 설치하는 투습도가 24시간당 ( ) 이하 또는 투습계수 0.28g/m² · Th · mmHg 이하의 투습저항을 가진 층을 말한다.

① 10g/m² ② 20g/m²
③ 30g/m² ④ 40g/m²

85 강의실 용도로 쓰이는 특정소방대상물의 수용인원 산정방법으로 옳은 것은? (단, 숙박시설이 있는 특정소방대상물이 아닌 경우)

① 해당 용도로 사용하는 바닥면적의 합계를 1.2m²로 나누어 얻은 수
② 해당 용도로 사용하는 바닥면적의 합계를 1.9m²로 나누어 얻은 수
③ 해당 용도로 사용하는 바닥면적의 합계를 3m²로 나누어 얻은 수
④ 해당 용도로 사용하는 바닥면적의 합계를 3.6m²로 나누어 얻은 수

86 오피스텔의 난방설비를 개별난방방식으로 하는 경우에 관한 기준 내용으로 옳지 않은 것은?

① 보일러실은 거실 이외의 장소에 설치할 것
② 보일러실의 윗부분에는 그 면적이 최소 1m² 이상인 환기창을 설치할 것
③ 기름보일러를 설치하는 경우에는 기름저장소를 보일러실 외의 다른 곳에 설치할 것
④ 오피스텔의 경우에는 난방구획을 방화구획으로 구획할 것

87 다음의 배연설비에 관한 기준 내용 중 ( ) 안에 해당되지 않는 건축물의 용도는?

> 6층 이상인 건축물로서 ( )의 거실에는 국토교통부령으로 정하는 기준에 따라 배연설비를 하여야 한다. 다만, 피난층인 경우에는 그러하지 아니하다.

① 공동주택 ② 종교시설
③ 의료시설 ④ 숙박시설

88 계단을 대체하여 설치하는 경사로의 경사도는 최대 얼마를 넘지 않도록 하여야 하는가?

① 1 : 4 ② 1 : 8
③ 1 : 12 ④ 1 : 16

89 다음은 간이스프링클러설비의 설치 면제에 관한 기준 내용이다. ( ) 안에 포함되지 않는 것은?

> 간이스프링클러설비를 설치하여야 하는 특정소방대상물에 ( )를 화재안전기준에 적합하게 설치한 경우에는 그 설비의 유효범위에서 설치가 면제된다.

① 스프링클러설비
② 옥내소화전설비
③ 물분무소화설비

④ 미분무소화설비

90 다음과 같은 경우, 판매시설의 용도에 쓰이는 피난층에 설치하는 건축물의 바깥쪽으로의 출구의 유효 너비의 합계는 최소 얼마 이상이어야 하는가?

- 건축물의 층수 : 5층
- 각 층의 판매시설로 쓰이는 바닥면적 : 1000m²

① 3m   ② 6m
③ 10m   ④ 12m

91 피뢰설비를 설치하여야 하는 대상 건축물의 높이 기준은?

① 10m 이상   ② 15m 이상
③ 20m 이상   ④ 30m 이상

92 환기·난방 또는 냉방 시설의 풍도가 방화구획을 관통하는 경우, 그 관통부분 또는 이에 근접한 부분에 설치하는 댐퍼에 관한 기준 내용으로 옳은 것은?

① 철재로서 철판의 두께가 1.5mm 이상일 것
② 닫힌 경우에는 1.5mm 이상의 틈이 생기지 아니할 것
③ 화재가 발생한 경우 온도의 상승에 의하여 자동적으로 열릴 것
④ 화재가 발생한 경우 연기의 발생에 의하여 자동적으로 열릴 것

93 건축법령상 다음과 같이 정의되는 용어는?

건축물의 내부와 외부를 연결하는 완충공간으로서 전망이나 휴식 등의 목적으로 건축물 외벽에 접하여 부가적으로 설치되는 공간을 말한다.

① 테라스   ② 발코니
③ 피난층   ④ 피난안전구역

94 다음의 소방시설 중 경보설비에 속하는 것은?

① 유도표지
② 비상콘센트설비
③ 자동화재탐지설비
④ 무선통신보조설비

95 연면적이 500m²인 오피스텔에 설치하는 복도의 유효 너비는 최소 얼마 이상으로 하여야 하는가? (단, 양 옆에 거실이 있는 복도의 경우)

① 1.5m   ② 1.8m
③ 2.1m   ④ 2.4m

96 건축물의 에너지절약설계기준에 따른 평균 열관류율의 계산 기준으로 옳은 것은?

① 외곽선 치수
② 중심선 치수
③ 내부 마감 치수
④ 지붕, 바닥은 외곽선, 외벽은 중심선 치수

97 같은 건축물 안에 공동주택과 위락시설을 함께 설치하고자 하는 경우, 공동주택의 출입구와 위락시설의 출입구는 서로 그 보행거리가 최소 얼마 이상이 되도록 설치하여야 하는가?

① 10m　　② 20m
③ 30m　　④ 40m

98 건축허가신청에 필요한 설계도서 중 배치도에 표시하여야 할 사항에 속하지 않는 것은?
① 주차장 규모
② 축척 및 방위
③ 공개공지 및 조경계획
④ 주차동선 및 옥외주차계획

99 상수도소화용수설비를 설치하여야 하는 특정소방대상물의 연면적 기준은? (단, 위험물 저장 및 처리시설 중 가스시설, 지하가 중 터널 또는 지하구의 경우 제외)
① 3000m^2 이상
② 5000m^2 이상
③ 7000m^2 이상
④ 10000m^2 이상

100 건축물의 냉방설비에 대한 설치 및 설계기준에 정의된 축냉식 전기냉방설비의 구분에 속하지 않는 것은?
① 지열식 냉방설비
② 수축열식 냉방설비
③ 빙축열식 냉방설비
④ 잠열축열식 냉방설비

③ 과년도 해설 및 정답

2018년 1회 건축설비기사 과년도 해설 및 정답

01 ④
① 세워쌓기 : 벽돌을 마구리면이나 길이면이 세워지도록 쌓는 방식
② 엇모쌓기 : 45° 각도로 쌓아서 모서리가 면에 나오는 방식
③ 공간쌓기 : 음, 열, 습기 등의 차단 목적으로 벽을 이중으로 하고 중간에 공간을 두는 쌓기
④ 영롱쌓기 : 장식효과를 위해 벽면에 구멍이 나도록 쌓는 방식

02 ②
상점 동선계획 시 종업원의 동선은 가능한 한 짧게 하여 노동력 절감을 도모하고, 고객의 동선은 가능한 한 길게 하여 충동구매를 유발한다.

03 ②
메조넷(복층)형
㉠ 1개의 단위주거가 2개 층 이상에 걸쳐 있는 형태로서 편복도형에서 많이 쓰인다.
㉡ 공공통로의 면적을 줄이고 엘리베이터의 정지 층을 감소시킨다.
㉢ 단위주거의 평면계획에 변화를 줄 수 있으며 거주성, 프라이버시, 일조, 통풍 등의 실내 환경이 좋아진다.
㉣ 각 층 평면이 다르므로 구조 및 설비계획과 피난계획이 다소 어려워진다.
㉤ 하나의 주거가 2개 층으로 구성되면 듀플렉스, 3개 층으로 구성되면 트리플렉스라 한다.

04 ①
사인장 균열
철근콘크리트 보의 인장연단에서 압축연단으로 발생하는 사선 형태의 균열. 전단력에 의해 발생하며 늑근으로 보강한다.

05 ③
① 중심코어 형식에 비하여 사무공간을 자유롭게 구성하기가 용이하다.
② 방재상 불리하며 바닥면적이 넓어지면 서브코어가 필요하다.
④ 내진성능은 중심코어가 우수하다.

06 ③
갓복도(편복도)형
㉠ 건물 한쪽에 접한 긴 복도에 면하는 단위주거가 균일하게 배치되는 형식이다.
㉡ 엘리베이터 1대당 이용 단위주거 수가 많아서 고층화에 유리하다.
㉢ 단위주거의 프라이버시는 좋지 않으나, 동일 층에 거주하는 이웃과의 교류에는 친화적이다.
㉣ 채광, 통풍 등이 비교적 좋지만, 복도 쪽 창의 개방성이 낮아서 계단실형보다는 나쁜 편이다.

07 ②
분산병렬형 배치
• 일종의 핑거 플랜으로 일조 및 통풍 등의 교실환경이 균등해진다.
• 각 동 사이에 정원, 놀이시설 등을 둘 수 있다.
• 구조계획이 간단하고 화재나 재난 발생 시 피난에 유리하다.
• 넓은 부지가 필요하며, 복도면적이 길어질 수 있다.

08 ③
• 온통기초 : 매트기초라고도 한다. 지하실 바

닥 전체를 기초판으로 한 것으로 연약지반에 주로 쓰인다.
- 독립기초 : 기둥 하나를 독립된 기초판 한 개로 지지하는 것
- 복합기초 : 2개 이상의 기둥을 기초판 한 개로 지지하는 것으로 간격이 좁거나 해서 기초판을 별개로 설치할 수 없을 때 적용된다.
- 연속기초 : 조적조 구조 등에서 막힌 줄눈쌓기로 인해 상부하중의 분산이 이루어져 바닥에서 넓은 부위로 하중을 견뎌내기 위해 벽체 하부를 연속된 기초판으로 구성한 것으로 줄기초라고도 한다.

09 ①
쇼윈도의 바닥높이는 귀금속점의 경우는 높을수록, 운동용품점의 경우는 낮을수록 좋다.

10 ③

창의 위치
㉠ 측창 : 실내 측면의 수직창에서 빛이 들어오는 형태이다. 공간의 조도 분포가 불균일하고 조도가 낮지만 반사로 인한 눈부심이 적고 통풍, 차열, 비막이에 유리하며 입체감이 좋다.
㉡ 천창 : 건물의 지붕이나 천장면에 채광 목적으로 수평면이나 약간 경사진 면에 낸 창으로 조도가 균일하고 측창의 3배 정도의 밝기이다. 통풍 및 차열(遮熱)에 불리하고, 환기 조절 및 청소는 곤란하며 개방감도 낮다.
㉢ 정측창 : 창턱 높이가 눈높이보다 높아야 하고 창의 상부가 천장선과 같거나 그 아래에 위치한 창으로 미술관, 박물관, 공장 등 시선을 분산시키지 않고 채광을 해야 할 공간에 적용된다.

11 ②
① 최적잔향시간 : 종교음악 > 음악 평균 > 강당 > 영화관 > 강의실
③ 내벽재료의 흡음력은 잔향시간에 영향을 준다.

④ 잔향시간은 정상상태에서 60dB의 음이 감쇠하는 데 소요되는 시간을 말한다.

12 ④

폐가식 출납 시스템(close access)
㉠ 열람자가 책의 목록을 확인 후 기록을 제출하여 대출받는 형식
㉡ 서고와 열람실이 분리되어 있다.
㉢ 희소가치가 있는 책 또는 고서(古書)를 위한 독립서고 등에 용이하다.
㉣ 도서의 유지관리가 용이하고 감시가 필요 없다.
㉤ 책 내용을 충분히 확인할 수 없고 대출절차가 복잡하여 업무량이 증가한다.

13 ②
숙박고객의 출입동선은 가급적 프런트를 거쳐 가도록 계획한다.

14 ①
방진고무는 인장용보다 압축용으로 사용하는 것이 효과적이다.

15 ②

커머셜 호텔
상업적, 업무적인 목적의 체류자를 위한 호텔. 도심 내에 위치하며, 주차장·연회장·레스토랑·카페를 갖추고 있다. 발코니는 크게 고려할 필요가 없다.

16 ④

표면결로 방지 대책
- 실내측 벽의 표면풍속을 크게 한다.
- 실내 수증기 발생을 억제한다.
- 환기를 자주 시킨다.
- 외벽의 단열강화로 실내측 표면온도를 노점온도 이상으로 상승시킨다.

17 ①

스터드 볼트(stud bolt)
양쪽 끝 모두 수나사로 되어 있는 볼트. 한쪽 끝은 상대 쪽에 암나사를 만들어 미리 반영구적으로 박음을 하고, 다른 쪽 끝은 너트를 끼워 조인다. 철골조에서는 철골보와 콘크리트 슬래브의 일체화에 사용되어 전단력 저항의 역할을 한다.

18 ④
균열위치 및 상태는 우선적으로 조사하지 않아도 된다.

19 ③
오피스 랜드스케이프(office landscape)
- 오픈 오피스의 단점을 보완한 개방 사무 공간의 형식
- 직급 서열 등에 의한 획일적 배치에서 벗어나, 업무의 흐름이나 방식에 따라 유기적인 공간 구성을 하는 방법이다.
- 변화하는 작업의 패턴에 따라 공간의 조절이 가능하며 신속하고 경제적으로 대처할 수 있다.
- 개실형 사무공간에 비해서는 소음 발생이 쉽고 독립성이 결여된다.

20 ①
기성콘크리트 말뚝의 중심 간격은 지름의 2.5배 이상, 최소 750mm 이상으로 한다.

21 ④
수도직결방식
- 수도 본관에서 수도관을 이끌어 건축물 내의 소요 개소에 직접 급수하는 방식
- 정전 중에도 급수가 가능하지만, 단수 시에는 저수조가 없어 급수가 불가능하다.
- 설비비 및 유지관리비가 저렴하고, 급수오염의 가능성이 가장 낮다.
- 수도 본관의 영향을 그대로 받으므로 수압변화가 발생할 수 있다.
- 상향 급수방식이므로 저층 소규모 건물에 적합하다.

22 ②
먹는 물의 수질기준 및 검사 등에 관한 규칙 중 일부(환경부령)
㉠ 미생물에 관한 기준
　ⓐ 일반세균 : 1mL 중 100CFU(Colony Forming Unit)를 넘지 않을 것
　ⓑ 대장균군 : 100mL(샘물·먹는 샘물 등에서는 250mL)에서 검출되지 않을 것
㉡ 건강상 유해영향 무기물
　ⓐ 납 : 0.01mg/L를 넘지 않을 것
　ⓑ 불소 : 1.5mg/L(샘물·먹는 샘물 및 염지하수·먹는 염지하수의 경우에는 2.0mg/L)를 넘지 않을 것
　ⓒ 수은 : 0.001mg/L를 넘지 않을 것
㉢ 건강상 유해영향 유기물
　ⓐ 페놀 : 0.005mg/L를 넘지 않을 것
　ⓑ 벤젠 : 0.01mg/L를 넘지 않을 것
　ⓒ 에틸벤젠 : 0.3mg/L를 넘지 않을 것
㉣ 심미적 영향물질에 관한 기준
　ⓐ 경도(硬度) : 1000mg/L(수돗물 300mg/L, 먹는 염지하수 및 먹는 해양심층수 1200mg/L)를 넘지 않을 것
　ⓑ 소독으로 인한 냄새와 맛 이외의 냄새와 맛이 있어서는 아니 될 것
　ⓒ 동 : 1mg/L를 넘지 않을 것
　ⓓ 수소이온 농도 : pH 5.8 이상 pH 8.5 이하이어야 할 것
　　(※ 샘물, 먹는 샘물 및 먹는 물 공동시설의 물의 경우 pH 4.5 이상 pH 9.5 이하)
　ⓔ 아연 : 3mg/L를 넘지 않을 것

23 ④
로우 탱크(low tank)식 대변기
- 물탱크가 낮게 설치된 세정방식으로 고장 시 수리가 용이하며 단수 시 물을 공급하기가 좋다.
- 세정의 경우 탱크로의 급수압력에 관계없이 대변기로의 공급수량이나 압력이 일정하다.

- 탱크에 물을 채우는 시간이 필요하므로 연속 사용은 다소 곤란하다.

24 ②

기구배수부하단위(fixture unit rating)

세면기 배수량의 배수 단위(28.5L/분)를 1로 하고, 이것과 비교해서, 다른 위생 기구의 배수 단위를 정한 것을 말한다. 기구 배수 관경 계산에 이용된다.

25 ①

터빈 펌프(turbine pump)

디퓨저 펌프라고도 한다. 날개바퀴 바깥에 안내 날개(guide vane)가 있는 펌프로서 날개바퀴가 2개 이상인 것은 다단터빈펌프라 한다. 날개바퀴에는 보통 4~10개의 날개가 있는데, 안내날개는 날개바퀴가 회전할 때 생기는 속도에너지를 빠르게 압력에너지로 바꿔 유체의 흐름을 조정하는 역할을 한다. 에너지 효율이 높아 30m 이상 되는 높은 곳까지 수송할 수 있는 것이 장점이다. 그러나 설계보다 많거나 적은 양의 액체를 수송할 경우, 날개바퀴에서 나오는 액체의 유출 각도와 안내날개의 각도가 일치하지 않아 소음이나 진동이 생기는 단점이 있다.

26 ③

유속 $v = \dfrac{Q}{A}$, 관경이 $d[m]$일 때

관의 단면적 $A[m^2] = \dfrac{\pi d^2}{4}$

유속 $v = \dfrac{Q}{\dfrac{\pi d^2}{4}} = \dfrac{2.4 m^3/min}{60 \times \dfrac{3.14 \times 0.2^2}{4}} = 1.27 m/s$

27 ②

DO(용존산소량, Dissolved Oxygen)

물 속에 용해되어 있는 산소량을 부피나 무게로 나타낸 것이다.

28 ②

① 급탕배관은 상향 구배로 하는 것이 원칙이다.
③ 배관에 신축이음쇠를 설치하고 요철은 되도록 두지 않고 배관한다.
④ 공기는 배관의 상부에 모여 급탕 순환을 저해시킨다.

29 ④

슬루스(게이트) 밸브

- 밸브를 완전히 열면 유체 흐름의 단면적 변화가 없기 때문에 마찰 저항이 적어서 흐름의 단속용으로 사용되는 밸브
- 리프트가 커서 개폐에 시간이 걸린다.
※ 앵글 밸브 : 유체의 흐름방향을 90° 전환시키는 밸브

30 ③

$\dfrac{10℃ \times 100kg + 70℃ \times 100kg}{100kg + 100kg} = 40℃$

31 ④

베르누이의 정리

유체가 가지고 있는 속도 에너지, 위치에너지 및 압력에너지의 총합은 흐름 내 어디에서나 일정하다.

32 ①

각종 통기관의 관경

분류	관경
각개 통기관	최소 32mm 이상, 접속 배수관 관경의 1/2 이상
루프 통기관	최소 40mm 이상, 접속 배수관 관경의 1/2 이상
도피 통기관	최소 32mm 이상, 접속 배수관 관경의 1/2 이상
결합 통기관	최소 50mm 이상, 통기 수직관과 배수 수직관 중 작은 쪽 관경 이상

분류	관경
신정통기관	최소 75mm 이상, 배수수직관과 동일 관경 이상

33 ①

진공 브레이커(Vaccum Breaker)
물을 쓰는 기기에서 토수한 물 또는 사용한 물이 역사이펀 작용으로 상수 급수계통에 역류하는 현상을 방지하기 위해, 급수관 내에 부압이 발생할 때 자동적으로 공기를 흡입하도록 하는 구조를 가진 기구이다.

34 ②

팽창관
- 온수배관에 이상 압력 발생 시, 해당 압력을 흡수하기 위해 증기나 공기를 배출하는 장치
- 팽창관 도중에는 밸브류를 달아서는 안 되며, 배수는 간접배수로 한다.
- 팽창관은 급탕관에서 수직으로 연장시켜 팽창탱크나 고가수조로 통하게 한다.

팽창탱크
온수난방 시 체적팽창에 대한 여유를 만들기 위해 설치하는 탱크
㉠ 개방식 팽창탱크
  - 일반 온수난방에 쓰인다. 온수 팽창량의 2~2.5배
  - 방열기보다 높게 설치한다.
  - 배관 최고부에서 팽창탱크까지의 높이는 1m 이상으로 한다.
㉡ 밀폐식 팽창탱크
  - 압력탱크 급수방식, 펌프직송방식에 쓰인다.
  - 안전밸브를 달아서 보일러 내부가 제한 압력 이상이 되면 자동으로 밸브를 열어 과잉수를 배출한다.

35 ④
점성력은 상호 접하는 층의 면적과 그 관계속도에 비례한다.

36 ③

봉수의 파괴 원인
㉠ 자기사이펀 작용 : 배수가 관 속을 가득 채워서 흐를 때 트랩 내 봉수가 모두 배수관 쪽으로 흡인되어 배출하는 현상으로 S트랩에서 특히 많이 발생한다.
㉡ 유도사이펀 작용 : 상층 배수입관에서 다량의 물이 일시에 낙하할 때 상층 기구의 봉수가 함께 딸려가는 현상
㉢ 분출작용 : 수평지관 또는 수지관 내를 일시에 다량의 배수가 흘러내리는 경우 그 물 덩어리가 일종의 피스톤 작용을 일으켜 공기의 압력에 의해 배수관 저층부의 기구에서 역으로 실내 쪽으로 역류시키는 현상을 말한다.
㉣ 모세관현상 : 트랩의 오버플로우관 부분에 머리카락, 걸레의 실 등이 걸려 아래로 늘어뜨려져 있으면 모세관 작용으로 봉수가 서서히 흘러내려 말라버리는 현상이다. 불순물을 정기적으로 제거하여 이를 방지한다.
㉤ 증발 : 위생기구를 장시간 사용하지 않아서 봉수가 증발하는 것을 말한다. 장기간 건물을 비우거나 청소를 오랫동안 하지 않은 곳에서 주로 발생한다. 기름을 조금 떨어뜨려 놓으면 방지된다.
㉥ 운동량에 의한 관성 : 위생기구의 물을 갑자기 배수하는 경우 또는 강풍 등의 원인으로 배관 중에 급격한 압력변화가 일어났을 때 봉수가 배출되는 현상이다. 격자쇠를 설치하여 이를 방지한다.

37 ③
전양정 H = 실양정 + 마찰손실수두
      = 20m + (20 × 0.2)
      = 24m

38 ①
② 관의 길이에 비례한다.
③ 관 내경에 반비례한다.

④ 유체의 점성이 클수록 증가한다.

39 ②

중앙식 급탕설비
㉠ 대규모 급탕방식으로 중앙 기계실에 가열장치·온수탱크·순환펌프 등을 설치하고, 상향 또는 하향 등의 순환배관에 의해 각 개소에 온수를 공급하는 방식이다.
㉡ 저렴한 석탄, 등유, 중유, 증기 등을 열원으로 사용할 수 있다.
㉢ 열효율이 좋고 총 열량을 적게 할 수 있으며, 관리가 용이하고 배관에 의해 어느 곳에서든 급탕할 수 있다.
㉣ 초기 설치 비용이 크고 전문기술자가 필요하며, 시공 후 기구증설로 인한 배관공사가 어렵다.
㉤ 배관이 길어져 열손실이 많으며, 순환이 느리기 때문에 순환펌프가 필요하다.
㉥ 호텔, 병원 등 급탕 개소가 많고 소요급탕량도 많이 필요한 대규모 건축물에 채용된다.

40 ①

청소구(clean out)는 각종 오물찌꺼기가 쌓일 수 있는 곳에 배수 흐름과 반대 또는 직각방향으로 열 수 있도록 설치한다.
• 수평지관 상단부, 긴 배관의 중간부분
• 배관이 45° 이상 구부러진 곳
• 가옥배수관과 부지 하수관의 접속부
• 각종 트랩 및 배관상 필요한 곳
• 수평관 관경이 100mm 이하일 경우 직선거리 15m 이내, 관경 100mm 이상일 경우 직선거리 30m 이내마다 설치한다.

41 ①

보일러의 출력
• 정미출력 : 난방부하와 급탕부하를 합한 용량
• 정격출력 : 연속 운전할 수 있는 보일러의 능력(난방부하+급탕부하+배관부하+예열부하)
• 상용출력 : 정격출력에서 예열부하를 뺀 값.

정미출력의 5~10%를 가산한다.
• 과부하출력 : 운전 초기나 과부하 발생 시의 출력. 정격출력의 10~20% 정도가 가산된다.

42 ②

송풍기 전압 P_T = 공조기 저항 + 덕트 필요 전압
$= 30 + 11 = 41 \text{mmAq}$

동압 $P_v = \dfrac{v^2}{2}\rho = \dfrac{6^2}{2} \times 1.2 = 21.6 \text{Pa} = 2.16 \text{mmAq}$

v : 토출구 풍속
ρ : 공기의 밀도[1.2kg/m³]

∴ 송풍기 정압 $P_s = 41 - 2.16 = 38.84 \text{mmAq}$
$= $ 약 39mmAq

43 ④

틈새바람 계산방식
㉠ 환기횟수법 : 환기횟수에 실용적을 곱한다.
㉡ 창문면적법 : 창문 1m²당 풍량에 면적을 곱한다.
㉢ 틈새길이법 : 틈새길이 1m당 풍량에 총 틈새길이를 곱한다.

44 ③

$\dfrac{0.32 - 0.08}{0.32} \times 100\% = 75\%$

45 ③

국부저항에 의한 압력손실
$\Delta Pd = \xi \dfrac{v^2}{2}\rho = 0.35 \times \dfrac{12^2}{2} \times 1.2 = 30.24 \text{Pa}$

ξ : 저항계수
ρ : 공기의 밀도
v : 유체 속도

46 ①

냉방부하의 종류와 발생 요인

부하 발생 요인	현열	잠열
벽체로부터의 취득열량	○	
극간풍에 의한 취득열량	○	○

부하 발생 요인		현열	잠열
인체의 발생열량		○	○
기구로부터의 발생열량		○	○
유리로부터의 취득열량	직달일사에 의한 열량	○	
	전도대류에 의한 열량	○	
송풍기에 의한 취득열량		○	
덕트로부터의 취득열량		○	
조명에 의한 취득열량		○	
외기 도입에 의한 취득열량		○	○

47 ④

온수난방
㉠ 온수의 현열을 이용한 난방으로, 단관 혹은 복관식 배관을 통하여 방열기에 온수를 공급한다.
㉡ 온도 및 수량 조절이 용이하고 방열기 표면 온도가 낮으며, 보일러 취급이 용이하고 안전한 편이다.
㉢ 증기난방보다 예열시간이 길어 간헐운전에 불리하고, 방열면적과 배관이 커서 설비비용이 크다.
㉣ 한랭지에서는 운전정지 중 동결 우려가 크며 온수 순환시간이 길다.
㉤ 열용량이 커서 보일러 정지 후에도 난방이 어느 정도 지속된다.

48 ①

정압 재취득법
- 덕트 내의 분기점이나 배출구에서의 풍속 감소로 정압 재취득에 의한 상승 정압을 다음의 손실 압력에 충당하여 전계통의 정압이 똑같이 되도록 하여 일정한 공기 분배를 얻는 방식
- 등압법에 비해 송풍기 동력이 절약되며 풍량 조절이 용이하다.
- 고속덕트에 적합하며, 저속덕트에서는 덕트 치수를 크게 해야 하므로 비합리적이다.

49 ④

벽체로부터의 취득열량(일사의 영향 고려)
$q_w = K \cdot A \cdot ETD$
K : 구조체 열관류율[W/m²·K]
A : 구조체 면적[m²]
ETD : 상당외기 온도차

50 ②

송풍기의 풍량은 회전수비에 비례한다.
$x = \dfrac{600}{500} \times 200 = 240 \text{m}^3/\text{min}$

51 ①

냉방부하의 기기 용량

요인		기기별 용량 결정범위		
실내부하	실내취득열량	↑ 송풍기 용량 및 송풍량 ↓	↑ 냉각코일 용량 ↓	↑ 냉동기 용량 ↓
	기기로부터의 취득열량			
재열부하				
외기부하		✕		
냉수펌프 및 배관부하		✕	✕	

52 ④

플랜지와 유니언은 동일 직경의 직선배관 접합에 이용되며, 배관 교체 등 수리를 관리하기 위해 사용한다.

53 ④

체크 밸브
유체를 일정 방향으로 흐르게 하고, 역류를 방지하기 위한 밸브
㉠ 풋형 : 펌프 흡입관 선단의 여과기와 체크밸브를 조합한 것. 개방식 배관의 펌프 흡입관 선단에 부착하여, 펌프 운전 중은 물론이며 정지 시에도 흡입관 내부를 만수상태로 유지시킨다.

ⓒ 리프트형 : 글로브 밸브와 같은 밸브 시트의 구조로서 유체 압력에 의해 밸브가 수직으로 올라가도록 되어 있다.
ⓒ 스윙형 : 시트의 고정핀을 축으로 회전하여 개폐된다. 유수에 대한 마찰저항이 적으며 수평 및 수직배관 모두에 쓰인다.

54 ②

열수분비

(enthalpy-humidity difference ratio)
기온 또는 습도가 변할 때 수분 증가량 Δx에 대한 엔탈피의 증가량 Δi의 비율이다. 공기를 가열하거나 가습하는 경우, 그 공기는 열수분비에 따라 변화한다.

열수분비 $\mu = \dfrac{\Delta i}{\Delta x}$

55 ④

과정 4 → 1은 교축팽창(등엔탈피 팽창)과정이다.

56 ④

- 온도유지를 위한 필요환기량

$$Q = \dfrac{H}{C \times r \times (t_1 - t_0)}$$

H : 실내 발생 현열량
t_1 : 실내공기온도[℃]
t_0 : 신선외기온도[℃]
C : 공기의 정압비열
r : 공기의 밀도

- 발생 현열량

$H = 4000W \times 3.6 kJ/h = 14400 kJ/h$

$\therefore Q = \dfrac{14400}{1.01 \times 1.2 \times (35-25)} = 1188.1 m^3/h$

57 ①

팬코일 유닛(FCU)
소형 송풍기와 냉·온수 코일 및 필터 등을 구비한 소형 공조기를 각 실에 설치하여 중앙기계실로부터 냉·온수를 공급하여 공기조화를 하는 방식이다.

- 수배관 누수의 염려가 있다.
- 각 실별 제어가 가능하므로 부하변동이 많은 건물에서 경제적 운전이 가능하다.
- 다수 유닛의 분산으로 관리가 어렵다.
- 재실인원이 적은 실에 부하변동이 크고 극간 풍이 비교적 많은 건축물에 적합하며, 영화관과 같이 넓은 공간에는 부적합하다.

58 ④

물이 가열되면 용존 공기가 분리되어 배관 내에 고이게 되므로, 팽창탱크를 향하여 선상향 구배로 배관한다.

59 ①

드레인 배관
증기를 사용하는 기계나 장치 내의 응축수를 배출하는 배관. 재열기는 가열만 하므로 응축수 발생이 없다.

60 ③

공기 가열량과 물의 열량은 같으므로
$G \Delta h = m C \Delta t$

G : 공기량[kg/h]
m : 수량[kg/h]
C : 물의 비열[kJ/kg·K]
Δh : 출구공기와 입구공기 엔탈피 차[kJ/kg]
Δt : 출구공기와 입구공기 온도 차[℃]

$20000 \times (26.8 - 23.9) = 15600 \times 4.2 \times (t - 9.3)$
$t - 9.3 = 0.8873$
$\therefore t = 10.187 ≒ 10.2℃$

61 ②

Y-Δ 기동

- 고정자 권선이 Δ결선인 전동기를 기동 시에 한하여 Y결선으로 하고, 정격전압을 인가하여 기동 후 Δ결선으로 변환한다.
- 기동 전류를 경감하는 방식으로 무부하 또는 경부하 작동 공작기계 등에 적합하다.

• 5.5~15kW의 전동기에 사용된다.

62 ④

제어동작에 의한 분류
ⓐ 연속동작 : 비례제어(P), 미분동작(D), 적분동작(I), 비례적분제어(PI), 비례미분(PD), 비례적분미분제어(PID)
ⓑ 불연속동작 : 2위치동작(ON/OFF), 다위치동작

63 ③

$$R = \frac{V}{I} = \frac{220}{5} = 44\,\Omega$$

64 ②

정현파 교류
시간에 따라 크기가 정현적(sin곡선형)으로 변하는 교류

파형	실효값	평균값	파형률(실효값/평균값)	파고율(최댓값/실효값)
정현파	$\frac{V_m}{\sqrt{2}}$	$\frac{2V_m}{\pi}$	1.11	1.414

65 ①

자석의 다른 극을 맞대면 흡인력이 발생한다.

66 ③

접지공사

종별	저항치	접지선 굵기	적용
제1종	10Ω 이하	2.6mm 이상	• 고압 및 특별고압용 기구의 철대, 금속재 외함 • 고압전로의 피뢰기 • 특별고압계기용 변압기의 2차측 전로
제2종	$\frac{150}{1선 지락전류}\Omega$ 이하	(고압 → 저압) 2.6mm 이상 (특고압 → 저압) 4.0mm 이상	특고압, 고압에서 저압으로 변성하는 변압기
제3종	100Ω 이하	1.6mm 이상	• 고압계기용 변압기의 2차측 전로 • 400V 미만 저압 전자기기 철대·금속제 외함 • 400V 미만 금속관 공사 금속체 분전반
특별 제3종	10Ω 이하	1.6mm 이상	• 400V 이상 저압 전자기기 철대·금속제 외함

67 ③

피드백 제어(feedback control)
㉠ 제어량을 측정하여 설정값과 비교한 뒤 그 차를 적절한 정정 신호로 교환하여 제어 장치로 되돌리며, 제어량이 설정값과 일치할 때까지 수정 동작을 하는 자동 제어를 뜻한다.
㉡ 온도, 습도, 압력 등 설정값을 일정하게 정해놓은 제어에 사용한다.
㉢ 피드백 제어의 제어요소는 조절부와 조작부로 구성된다.

68 ②

정현파 교류전압의 실효값 $V = \frac{V_m}{\sqrt{2}}$

(V : 전압의 실효값, V_m : 전압의 최댓값)

$220 = \frac{V_m}{\sqrt{2}}$ 이므로 $\therefore V_m = 220 \times \sqrt{2}$

69 ①

각종 전기장치와 가스계량기의 설치 위치

대상	이격거리
전기계량기 및 전기개폐기	60cm 이상
전기점멸기 및 전기접속기, 단열조치가 안 된 굴뚝	30cm 이상
절연조치가 안 된 전선	15cm 이상

70 ②

앙페르의 오른손법칙

전선에 오른나사가 진행하는 방향으로 전류가 흐르면, 자력선은 오른나사가 회전하는 방향으로 만들어진다.

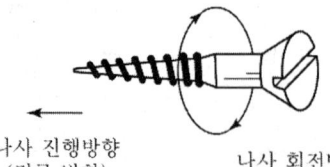

나사 진행방향
(전류 방향)

나사 회전방향
(자기장 방향)

71 ④

전력 퓨즈(Power Fuse)는 인입구 개폐기에 부적합하다.

72 ③

나트륨등은 효율이 높지만 연색성은 매우 나쁘다. 실내조명보다는 가로등, 터널, 항만 등의 조명에 적합하며 안개가 많이 발생하는 곳에서도 유용하게 쓰인다.

73 ②

- A급 화재(일반화재) : 목재, 종이, 천 등 고체 가연물의 화재
- B급 화재(유류화재) : 인화성 액체 및 고체의 유지류 등의 화재
- C급 화재(전기화재) : 전류가 흐르고 있는 전기설비의 화재
- D급 화재(금속화재) : 마그네슘, 나트륨, 칼륨 등의 금속화재

74 ①

리타딩 체임버(Retarding Chamber)

유수검지장치의 오동작을 방지하는 안정장치. 지속성이 없는 순간적 압력을 상부의 압력스위치에 전달되지 않게 한다. 안전밸브의 역할을 함과 동시에 배관과 압력스위치의 손상을 막는다.

75 ③

옥내소화전설비의 수원은 그 저수량이 옥내소화전의 설치개수가 가장 많은 층의 설치개수에 $2.6m^3$(호스릴 옥내소화전설비 포함)을 곱한 양 이상이 되도록 하여야 한다.

∴ $2.6m^3 \times 2 = 5.2m^3$

76 ④

스프링클러 설비는 초기 시설비용이 높다.

77 ③

광원개수 $N = \dfrac{E \times A \times D}{F \times U} = \dfrac{300 \times 50 \times 1.5}{2500 \times 0.5} = 18$

U : 조명률
D : 감광 보상률
A : 방의 면적[m²]
E : 조도
F : 광속

78 ②

㉠ 정보설비 : 전기시계설비, 원격검침설비, 홈네트워크설비, CCTV 설비
㉡ 통신설비 : TV 공청설비, 인터폰설비, 구내방송(PA) 설비, 화상회의 설비

79 ④

단상 유도전동기

고정자에 단상 권선을 하고 회전자는 농형으로 한 구조의 단상교류로 운전하는 전동기. 비교적 소용량으로 가정용, 농업용 등의 소형기기 구동용 전동기로 사용된다. 분상 기동형, 콘덴서 기동형, 반발 기동형 등이 있다.

80 ③

$20 \times 2 \times 6 \times 30 = 7200 Wh = 7.2 kWh$

81 ③

낙뢰의 우려가 있는 건축물, 높이 20m 이상의 건축물 또는 공작물에는 기준에 적합한 피뢰설비를 설치해야 한다.

82 ③
공연장 개별관람석의 출구 설치기준
㉠ 대상 : 문화 및 집회시설 중 공연장(바닥면적 300m² 이상인 것에 한함)
㉡ 설치 기준
 ⓐ 관람석별로 2개소 이상 설치
 ⓑ 각 출구의 유효너비는 1.5m² 이상
 ⓒ 개별관람석 출구의 유효너비 합계는 관람석 바닥면적 100m²마다 0.6m 비율로 산정한 너비 이상

※ $500㎡ \times \dfrac{0.6m}{100㎡} = 3m$ 이상

83 ②
단독주택
단독주택, 다중주택, 다가구주택, 공관
※ 기숙사는 공동주택에 속한다.

84 ④
제연설비를 설치하여야 하는 특정소방대상물
㉠ 문화 및 집회시설, 종교시설, 운동시설로서 무대부의 바닥면적이 200m² 이상 또는 문화 및 집회시설 중 영화상영관으로서 수용인원 100명 이상인 것
㉡ 지하층이나 무창층에 설치된 근린생활시설, 판매시설, 운수시설, 숙박시설, 위락시설, 의료시설, 노유자시설 또는 창고시설(물류터미널만 해당한다)로서 해당 용도로 사용되는 바닥면적의 합계가 1000m² 이상인 층
㉢ 운수시설 중 시외버스정류장, 철도 및 도시철도 시설, 공항시설 및 항만시설의 대합실 또는 휴게시설로서 지하층 또는 무창층의 바닥면적이 1000m² 이상인 것
㉣ 지하가(터널은 제외한다)로서 연면적 1000m² 이상인 것
㉤ 지하가 중 예상 교통량, 경사도 등 터널의 특성을 고려하여 행정안전부령으로 정하는 터널
㉥ 특정소방대상물(갓복도형 아파트 등은 제외한다)에 부설된 특별피난계단 또는 비상용 승강기의 승강장

85 ④
바깥쪽으로의 출구
다음에 해당하는 건축물에는 관람석 또는 집회실로부터의 출구를 안여닫이로 해서는 안 된다.
㉠ 제2종 근린생활시설 중 공연장·종교집회장(해당용도 바닥면적의 합계가 각각 300m² 이상인 경우)
㉡ 문화 및 집회시설(전시장 및 동·식물원 제외)
㉢ 종교시설, 위락시설, 장례식장

86 ④
승용 승강기 설치대수 산정

건축물의 용도	6층 이상 거실바닥면적의 합계(sm²)		대수산정 방식
	3000m² 이하	3000m² 초과	
· 문화 및 집회시설(공연장, 집회장, 관람장) · 판매시설 · 의료시설	2대	2대에 3000m² 초과하는 매 2000m² 이내마다 1대를 더한 대수	$2 + \dfrac{s - 3000㎡}{2000㎡}$
· 문화 및 집회시설(전시장, 동·식물원만 해당) · 업무시설, 숙박시설, 위락시설	1대	1대에 3000m² 초과하는 매 2000m² 이내마다 1대를 더한 대수	$1 + \dfrac{s - 3000㎡}{2000㎡}$
· 공동주택 · 교육연구시설, 노유자시설 · 그 밖의 시설	1대	1대에 3000m² 초과하는 매 3000m² 이내마다 1대의 비율로 가산한 대수	$1 + \dfrac{s - 3000㎡}{3000㎡}$

※ 설치대수 산정에 있어 8인승 이상 15인 이하의 승강기는 1대로 보고, 16인승 이상의 승강기는 2대로 본다.

87 ②

아파트 등 및 30층 이상 오피스텔의 모든 층에는 주거용 주방자동소화장치를 설치하여야 한다.

88 ②

건축물의 체적에 대한 외피면적의 비 또는 연면적에 대한 외피면적의 비는 가능한 한 작게 한다.

89 ④

6층 이상인 건축물로서 다음에 해당하는 용도로 쓰는 건축물에는 기준에 맞게 배연설비를 설치하여야 한다. 단, 피난층은 예외로 한다.
- 제2종 근린생활시설 중 공연장, 종교집회장, 인터넷컴퓨터게임시설제공업소 및 다중생활시설(공연장, 종교집회장 및 인터넷컴퓨터게임시설제공업소는 해당 용도 바닥면적의 합계가 각각 300㎡ 이상인 경우만 해당)
- 문화 및 집회시설, 종교시설, 판매시설, 운수시설
- 의료시설(요양병원 및 정신병원은 제외한다)
- 교육연구시설 중 연구소, 노유자시설 중 아동 관련 시설, 노인복지시설(노인요양시설은 제외)
- 수련시설 중 유스호스텔, 운동시설
- 업무시설, 숙박시설, 위락시설, 관광휴게시설, 장례시설
- ※ 다음 건축물은 층수 상관없이 설치한다.
  - 의료시설 중 요양병원 및 정신병원
  - 노유자시설 중 노인요양시설·장애인 거주시설 및 장애인 의료재활시설

90 ②

녹색건축 인증의 유효기간은 인증서를 발급한 날부터 5년으로 한다.

91 ①

공동주택과 오피스텔의 난방설비를 개별난방방식으로 하는 경우에는 다음의 기준에 적합하여야 한다.

구 분	기 준
① 보일러 설치 위치	• 거실 외의 곳에 설치 • 보일러실과 거실 사이의 경계벽은 내화 구조의 벽으로 구획(출입구 제외)
② 보일러실의 환기	• 윗부분에 0.5㎡ 이상의 환기창 설치 • 지름 10cm 이상의 공기흡입구 및 배기구를 항상 열려진 상태로 외기와 접하도록 설치 (단, 전기보일러 경우는 제외)
③ 기름저장소	• 기름보일러의 기름저장소는 보일러실 외에 설치할 것
④ 오피스텔의 난방구획	• 난방구획을 방화구획으로 구획할 것
⑤ 보일러실의 연도	• 내화구조로서 공동연도로 설치할 것
⑥ 가스보일러	• 보일러실과 거실 사이 출입구는 출입구가 닫힌 경우 가스가 거실에 들어갈 수 없는 구조일 것 • 중앙집중공급방식으로 공급하는 경우에는 ①의 규정에도 불구하고 관계법령이 정하는 기준에 의함

92 ③

건축물을 건축하거나 대수선하려는 자는 특별자치시장·특별자치도지사 또는 시장·군수·구청장의 허가를 받아야 한다. 다만 다음에 해당하는 건축물을 특별시나 광역시에 건축하려면 특별시장이나 광역시장의 허가를 받아야 한다.
㉠ 21층 이상 또는 연면적 합계가 10만㎡ 이상인 건축물
㉡ 연면적의 10분의 3 이상을 증축하여 층수가 21층 이상으로 되거나 연면적의 합계가 10만㎡ 이상으로 되는 경우
㉢ 예외 : 공장, 창고, 특별시 또는 광역시의 건축조례로 정하는 바에 따라 해당 지방건축위원회의 심의사항으로 할 수 있는 건축물 중 초고층 건축물을 제외한 것

93 ③

연면적 합계가 5000㎡ 이상인 건축공사의 공사감리자는 필요하다고 인정하면 공사시공자에게 상세시공도면을 작성하도록 요청할 수 있다.

94 ②
연소방지설비를 설치하여야 하는 특정소방대상물에 스프링클러설비, 물분무소화설비 또는 미분무소화설비를 화재안전기준에 적합하게 설치한 경우에는 그 설비의 유효범위에서 설치가 면제된다.

95 ③
벽 및 반자가 실내에 접하는 부분의 마감재료(마감을 위한 바탕 포함)는 불연재료로 하여야 한다.

96 ③
소방시설의 분류
- 소화설비 : 소화기, 옥내소화전, 옥외소화전, 스프링클러, 물분무 등 설비(가스계 소화설비)
- 경보설비 : 자동화재탐지설비, 자동화재속보설비, 비상방송설비, 비상경보설비, 누전경보기
- 피난설비구조 : 유도등, 비상조명등, 피난사다리, 공기호흡기, 완강기, 인명구조기구
- 소화용수설비 : 상수도소화용수설비, 소화수조
- 소화활동설비 : 제연설비, 연결송수관설비, 연결살수설비, 무선통신보조설비, 비상콘센트설비

97 ②
- 연면적 200㎡를 초과하는 건축물에 설치하는 계단의 기준

대상		설치 기준
계단참	높이가 3m를 넘는 계단	높이 3m 이내마다 설치(유효너비 1.2m 이상)
난간	높이가 1m를 넘는 계단 및 계단참	양 옆에 난간(벽 또는 이에 대치되는 것 포함)을 설치
중간난간	너비가 3m를 넘는 계단	계단 중간에 너비 3m 이내마다 설치(계단 단높이가 15cm 이하, 단너비 30cm 이상인 경우 제외)

계단의 유효 높이(계단 바닥 마감면부터 상부 구조체의 하부 마감면까지의 연직방향 높이) : 2.1m 이상

98 ④
준다중이용 건축물
다중이용 건축물 외의 건축물로서 다음 중 하나에 해당하는 용도로 쓰는 바닥면적의 합계 1000㎡ 이상인 건축물을 말한다.
㉠ 문화 및 집회시설(동물원 및 식물원은 제외)
㉡ 종교시설
㉢ 판매시설
㉣ 운수시설 중 여객용 시설
㉤ 의료시설 중 종합병원
㉥ 교육연구시설
㉦ 노유자시설
㉧ 운동시설
㉨ 숙박시설 중 관광숙박시설
㉩ 위락시설
㉪ 관광 휴게시설
㉫ 장례시설

99 ③
건축물 내부에서 노대나 부속실로 들어오는 출입문은 반드시 유효너비 0.9m 이상의 60분+ 방화문 또는 60분방화문으로 설치해야 한다.

100 ②
연면적이 500㎡ 이상인 건축물의 대지에는 국토교통부령으로 정하는 바에 따라 「전기사업법」 제2조제2호에 따른 전기사업자가 전기를 배전(配電)하는 데 필요한 전기설비를 설치할 수 있는 공간을 확보하여야 한다.

2018년 2회 건축설비기사 과년도 해설 및 정답

01 ①

아치구조

창·문 기타 개구부의 상부에서 오는 수직 압력을 아치의 축선에 따라 좌우로 나뉘어져 밑으로는 직압력만 전달되도록 하여 부재의 하부에는 인장력이 생기지 않도록 특수한 형태로 만든 구조이다.

02 ③

상점건축의 평면계획에서 직원의 동선은 노동력 절감을 위해 짧게, 고객의 동선은 구매촉진을 위해 길게 한다.

03 ③

클러스터(cluster)형 교실배치

- 다수의 교실을 소단위별로 그룹 배치하는 방식
- 교실단위의 독립성이 크고, 수업의 순수율이 높다.
- 각 교실이 외부와 많은 면적을 접하게 할 수 있다.
- 마스터 플랜의 융통성이 커서 시각적으로 보기 좋다.
- 넓은 부지를 필요로 하며, 관리부와의 동선이 길어진다.
- 운영비용이 많이 들고, 개별 교실의 증축이 곤란하다.

04 ④

모듈러 코디네이션

(M.C : modular coordination)

건축의 재료부품에서 설계 및 시공에 이르기까지 건축 생산 전반에 걸쳐 치수상의 유기적 연계성을 만들어내는 것을 말한다. 설계와 시공을 연결해주는 치수시스템으로 건축 외에 실내나 가구 분야에까지 확장, 적용될 수 있다.
㉠ 장점 : 호환성, 비용절감, 공기단축, 표준화
㉡ 단점 : 획일적인 형태와 디자인, 개성 상실

05 ④

① 실외의 풍속이 클수록 환기량이 많아진다.
② 실내외의 온도차가 클수록 환기량이 많아진다.
③ 일반적으로 목조주택이 콘크리트조 주택보다 환기량이 많다.

06 ②

아파트건축은 획일적인 평면공간으로 인해 다양한 생활양식을 수용하기는 곤란하다.

07 ②

프리스트레스를 콘크리트에 주는 방법에는, 강선에 인장력을 준 상태에서 콘크리트를 타설하여 경화한 후 강선의 양단부를 벗겨 콘크리트에 압축력으로서 부담을 시키는 프리텐셔닝(pretensioning), 콘크리트가 경화된 후 시스관등을 사용하여 사전에 만들어 둔 부재 속의 구멍에 강선을 넣어 잡아당겨 양단을 콘크리트 부재 단부에 고정하는 포스트텐셔닝(posttensioning)이 있다.

08 ④

수은등은 점등시간이 긴 편이다.

09 ①

깔도리

기둥 맨 위 처마부분에 수평으로 대어 지붕틀의 하중을 기둥에 전달한다.

10 ①
음의 계속시간이 길어질수록 높이 감각이 민감해진다.

11 ②
- 동귀틀 : 마루 부재의 일종으로 장귀틀과 장귀틀 사이에 가로질러 청널의 잇몸을 받는 짧은 귀틀
- 보습장 : 지붕 모서리에 사용하는 세모 형태의 기와. 왕찌기와라고도 한다.
- 단골막이 : 단골(반동강 기와)을 써서 기왓골이 용마루에 닿는 부분을 정돈하는 것
- 동연 : 용마루에 거는 짧은 서까래

12 ③
폐쇄형 학교배치
- 부지가 좁아도 효율적 이용이 가능하다.
- 화재 및 비상시에 불리하다.
- 운동장에서 교실 쪽으로의 소음이 크다.
- 일조 및 통풍 등 환경조건이 불균등하다.

13 ②
프라이버시는 양식에 비해 나쁘다.

14 ①
①은 양단코어에 대한 설명이다.

15 ④
① 내부 기둥간격 결정 시 철근콘크리트구조는 철골구조에 비해 기둥간격을 짧게 가져가야 한다.
② 기준층 계획 시 방화구획과 배연계획을 충분히 고려한다.
③ 개실형이 불경기 때 임대가 더 유리하다.

16 ④
내부를 외부보다 밝게 조명해야 반사 현상을 막을 수 있다.

17 ③
건물 자체의 무게인 고정하중은 정하중, 이동 가능한 적재물의 하중은 동하중이라고도 한다.

18 ②
트윈 룸의 비율이 가장 높다.

19 ①
- ㉠ 클로크 룸(Cloak room) : 호텔 로비나 연회 등 방문객의 물품을 보관하는 곳. 관리부분에 해당한다.
- ㉡ 보이실(Boy room) : 간단한 음식이나 청소 등 룸서비스를 맡는다. 객실부에 해당한다.
- ㉢ 린넨실(Linen room) : 객실에서 사용하는 각종 물품을 보관하는 공간. 객실부에 해당한다.
- ㉣ 트렁크실(Trunk room) : 숙박객의 짐을 맡아주는 실. 객실부에 해당한다.

20 ②
창의 위치
- ㉠ 측창 : 실내 측면의 수직창에서 빛이 들어오는 형태이다. 공간의 조도 분포가 불균일하고 조도가 낮지만 반사로 인한 눈부심이 적고 통풍, 차열, 비막이에 유리하며 입체감이 좋다.
- ㉡ 천창 : 건물의 지붕이나 천장면에 채광 목적으로 수평면이나 약간 경사진 면에 낸 창으로 조도가 균일하고 측창의 3배 정도의 밝기이다. 통풍 및 차열(遮熱)에 불리하고, 환기 조절 및 청소는 곤란하며 개방감도 낮다.
- ㉢ 정측창 : 창턱 높이가 눈높이보다 높아야 하고 창의 상부가 천장선과 같거나 그 아래에 위치한 창으로 미술관, 박물관, 공장 등 시선을 분산시키지 않고 채광을 해야 할 공간에 적용된다.

21 ④

결합 통기관

㉠ 배수 수직관 내 압력변화를 방지 및 완화시키기 위해, 배수 수직관과 통기 수직관을 접속하는 통기관
㉡ 주로 고층 건물에서 5개 층마다 설치하여 배수 수직주관의 통기를 촉진한다.
㉢ 관경은 최소 50mm 이상, 통기수직관과 동일 관경 이상으로 한다.

22 ②

메커니컬 조인트(mechanical joint)

강관이나 주철관에 널리 사용되는 접합법. 수밀성・가요성・신축성・시공성 등이 우수하다.

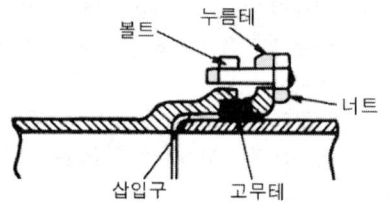

23 ②

봉수의 파괴 원인

㉠ 자기사이펀 작용 : 배수가 관 속을 가득 채워서 흐를 때 트랩 내 봉수가 모두 배수관 쪽으로 흡인되어 배출하는 현상으로 S트랩에서 특히 많이 발생한다.
㉡ 유도사이펀 작용 : 상층 배수입관에서 다량의 물이 일시에 낙하할 때 상층 기구의 봉수가 함께 흡인되는 현상
㉢ 분출작용 : 수평지관 또는 수직관 내를 일시에 다량의 배수가 흘러내리는 경우 그 물 덩어리가 일종의 피스톤 작용을 일으켜 공기의 압력에 의해 배수관 저층부의 기구에서 역으로 실내 쪽으로 역류시키는 현상을 말한다.
㉣ 모세관현상 : 트랩의 오버플로관 부분에 머리카락, 걸레의 실 등이 걸려 아래로 늘어뜨려져 있으면 모세관 작용으로 봉수가 서서히 흘러내려 말라버리는 현상이다. 불순

물을 정기적으로 제거하여 이를 방지한다.
㉤ 증발 : 위생기구를 장시간 사용하지 않아서 봉수가 증발하는 것을 말한다. 장기간 건물을 비우거나 청소를 오랫동안 하지 않은 곳에서 주로 발생한다. 기름을 조금 떨어뜨려 놓으면 방지된다.
㉥ 운동량에 의한 관성 : 위생기구의 물을 갑자기 배수하는 경우 또는 강풍 등의 원인으로 배관 중에 급격한 압력변화가 일어났을 때 봉수가 배출되는 현상이다. 격자쇠를 설치하여 이를 방지한다.

24 ③

관내에 유체가 흐를 때, 어느 장소에서 흐름의 상태가 시간에 따라 변화하는 흐름을 비정상류라 한다. 정상류는 유체의 흐름이 일정한, 다시 말해서 흐름의 상태가 시간에 따라 변하지 않는 흐름을 말한다.

25 ④

경도(hardness of water)

물속에 녹아 있는 칼슘, 마그네슘 등의 양에 대응하는 탄산칼슘($CaCO_3$)의 100만분율(ppm)로 환산하여 표시한 것이다. 경도가 높은 물일수록 녹아 있는 탄산칼슘 성분에 의해 스케일이 많이 발생한다.

26 ②

SS(Suspended Solid)

물의 탁도를 유발하는 불용성 부유물질. 토양의 점토성 물질, 초목, 낙엽 등의 분해물질이 부유물질의 원인이 된다.

27 ③

급수량

$Q = A \times k \times n \times q$
$= 3000\text{m}^2 \times 0.6 \times 0.2\text{인}/\text{m}^2 \times 100 l/d$
$= 36000 l/d$

A : 건물 연면적
k : 연면적 대비 유효면적비율[%]
n : 유효면적당 인원[인/m^2]
q : 1인당 하루 사용수량[l/d]

28 ②

염화비닐관
- 가공이 쉽고 내산·내알칼리성이 좋다.
- 염산, 황산, 가성소다 등의 부식성 약품에 강하다.
- 전기적 저항이 크고 전식작용이 없다.
- 저온에 약하며 한랭지에서는 외부로부터 조금만 충격을 주어도 파괴되기 쉽다.
- 열팽창률은 강관보다 높아서 냉각수 배관재료로는 부적합하다.

29 ②

수평배관의 길이가 가능한 한 짧게 되도록 수직관을 배치한다.

30 ②

$100\text{m} \times (60℃ - 20℃) \times (0.171 \times 10^{-4})$
$= 0.0684\text{m} = 68.4\text{mm}$

31 ④

펌프의 종류
㉠ 터보형 : 원심식(볼류트, 터빈) 펌프, 사류식 펌프, 축류식 펌프
㉡ 용적형 : 회전식(기어, 로터리) 펌프, 왕복식(피스톤, 플런저) 펌프
㉢ 특수형 : 와류 펌프, 수봉식 진공펌프

32 ④

④는 배관의 수격작용을 방지하기 위한 방법이다.

33 ①

안전밸브와 팽창탱크 및 배관 사이에는 차단밸브나 체크 밸브 등 어떠한 밸브도 설치되어서는 안 된다.

34 ③

간접배수
식료품·음료수·소독물 등을 저장하거나 취급하는 기기에서 배수관이 일반배수관에 직결되어 있으면, 배수관 내 흐름이 나빠지거나 막히게 되는 경우 오물이나 유해가스가 역류하여 이들 기기를 오염시킬 우려가 있다. 이를 방지하려면 이들 기기의 배수관을 일반배수계통에 직결하지 않고, 일단 대기 중에 적절한 공간을 띄우고 물받이용기(hopper)에 배수를 받은 다음 일반배수관에 접속해야 한다. 이를 간접배수(indirect waste)라 하며, 그 공간을 배수구공간(drain outlet)이라 한다. 제빙기, 냉장고, 세탁기, 음료기, 식기세척기, 공기정화기, 냉각탑·열교환 배수관, 고가수조 오버플로관 등에 쓰인다.
※ 욕조, 세면기, 소변기, 대변기 등은 직접 배수관으로 연결한다.

35 ②

중앙식 급탕설비 가열방식 비교

	직접 가열식	간접 가열식
보일러	급탕용과 난방용 개별 설치	난방 열원으로 급탕 겸용
내부 스케일	많이 생긴다.	거의 없다.
압력	고압 보일러	저압 보일러
가열 코일	필요 없다.	필요하다.
규모	소규모 건축물	대규모 건축물

36 ②

스위블형 이음쇠
2개 이상의 엘보우를 사용하고 나사회전을 이용하여 신축을 흡수한다. 과도한 신축에는 견디지 못하고 파손될 우려가 있다.

37 ①

유량 $Q = Av$이며, 관경이 $d[m]$일 때, 관의 단면적 $A[m^2] = \dfrac{\pi d^2}{4}$

$Q = \dfrac{\pi \times 0.5^2}{4} \times 2\,\text{m/s} = 0.39\,\text{m}^3/\text{s}$

38 ②

수도본관 최저필요압력

$P_O \geq P + \dfrac{H}{100} = 0.1 + \dfrac{5}{100}$
$\qquad\qquad = 0.15\,\text{MPa} = 150\,\text{kPa}$

P : 수전 필요압력[MPa]
H : 수전 높이[m]

※ 1MPa=1000kPa
※ 높이 1m 수전의 압력=0.01MPa=10kPa

39 ③

세정밸브식(Flush valve) 대변기

㉠ 급수관에서 플러시 밸브를 거쳐 변기 급수구에 직결되고 플러시 밸브의 핸들을 작동함으로써 일정량의 물이 사출되어서 변기 내를 세정하는 방식이다.
㉡ 탱크가 필요 없어서 화장실을 넓게 사용할 수 있고 연속 사용이 가능하지만, 세정소음은 크게 발생한다.
㉢ 역류방지기(Vaccum breaker)가 필요하며, 최소 70kPa 이상의 수압이 필요하다.
㉣ 접속 급수관경이 25mm 이상 필요하여, 일반 주택에서는 거의 사용하지 않는다.

40 ③

도수현상

흐름이 사류에서 상류로 변화할 때 표면에 소용돌이가 발생하면서 수심이 급격하게 증가하는 현상

41 ③

히트펌프의 성적계수가 냉동기의 성적계수보다 1만큼 크다.

42 ③

전열교환기의 전열효율은 외기와 환기의 최대 엔탈피 차에 대한 실제 전열 엔탈피 차의 비로 나타낸다.

전열교환기 효율(μ)

$\mu = \dfrac{\text{급기 엔탈피} - \text{외기 엔탈피}}{\text{환기 엔탈피} - \text{외기 엔탈피}} = \dfrac{X_2 - X_1}{X_3 - X_1}$

43 ④

인위적인 가습이 없으면 절대습도는 변하지 않는다.

44 ①

② 절대습도가 0kg/kg′인 공기를 건조공기라고 한다.
③ 현열비가 1이라면 현열부하만 있다는 것을 의미한다.
④ 열수분비가 0이라면 엔탈피의 변화가 없었다는 의미이다.

45 ④

바이패스형 변풍량 유닛(VAV unit)

㉠ 송풍공기 중 취출구를 통해서 실내에 취출되고 남은 공기를, 천장 속 또는 환기덕트로 바이패스시키는 방식
㉡ 송풍기로부터의 풍량은 일정하며, 유닛의 소음발생이 적다.
㉢ 송풍덕트 내 정압제어가 불필요하므로, 송풍용량 제어를 위한 부속기기류를 설치할 필요가 없다.
㉣ 덕트 계통의 증설이나 개설에 대한 적응성이 적다.
㉤ 천장 내 조명으로 인한 발생열을 제거할 수 있다.

46 ③

냉동펌프의 성적계수 = $\dfrac{130-100}{140-130}$ = 3.0

47 ③

인체의 열쾌적에 영향을 미치는 물리적 온열요소 : 기온, 상대습도, 기류, 복사열

48 ④

배관재료별 용도

구분		급수	급탕	오배수	통기	가스	냉온수	냉각수	증기
스테인리스관		○	○				○		
동관		○	○				○		
강관	백관	△	△		○	○	○	○	○
	흑관								○
주철관				○					
PVC		○		○					

49 ①

환기량(Q)

$Q = \dfrac{K}{C-C_0} = \dfrac{0.02 \times 35}{0.001-0.0003} = 1000 \text{m}^3/\text{h}$

Q : 필요환기량
C : 실내허용 CO_2 농도
C_0 : 외기의 CO_2 농도
K : 재실인원의 CO_2 토출량

50 ①

공기 여과기

- 전기식 : 고전압으로 먼지 입자를 대전시켜 집진하는 방식. 먼지 제거 효율이 높고 미세먼지와 세균도 제거된다.
- 건성여과식 : 유리섬유, 펠트, 목면 등을 여과재로 사용하는 방식
- 충돌점착식 : 비교적 거친 여과재에 기름, 그리스 등의 점착물질을 입혀 오염물질을 충돌 제거하는 방식
- 활성탄 흡착식 : 활성탄을 이용하여 유해가스와 냄새를 제거하는 방식

51 ①

리프트 이음(lift fitting)

진공환수식 증기난방에서 환수관에 응축수를 끌어올리기 위해 사용하는 방식으로, 환수관을 부득이하게 방열기보다 높은 곳에 배관해야 하거나 환수주관보다 높은 위치에 진공펌프를 설치해야 할 때 적용한다.

52 ③

현열부하(q_s)

$q_s = \gamma Q C \Delta t [\text{kJ/h}]$
$= 1.2 \times 4000 \times 1.01 \times (24-0)$
$= 116352 \text{kJ/h} = 32.32 \text{kW}$

γ : 공기 밀도
Q : 공기 체적량[m^3/h]
C : 공기의 정압비열
Δt : 실내외 온도차

53 ③

취출구의 허용풍속을 제한하는 가장 주된 이유는 소음발생 억제이다.

54 ③

덕트 배치의 분류

- 개별 덕트방식 : 주덕트에서 각 취출구로 덕트를 통해 분산하여 송풍하는 방식이다. 각 실 개별 제어가 좋지만 덕트 스페이스가 많이 소요되고 공사비가 높다.
- 간선 덕트방식 : 주덕트를 각 실내로 끌어들이는 방식. 간단하고 비용이 저렴하다.
- 환상 덕트방식 : 덕트 말단을 환상형으로 연결하는 형식. 말단 취출구의 압력조절이 용이하다.

55 ②

상당외기온도차

(ETD : Equivalent Temperature Difference)
상당 외부 공기 온도와 외부 공기 온도의 차이로, 냉난방 부하를 계산할 때에는 단순히 실내외 온도 차이뿐만 아니라 일사(日射)의 영향을 고려한 상당 외기 온도 차를 사용해야 한다.

56 ④
증기난방
- 열의 운반능력이 크고 예열시간이 짧다.
- 방열면적이 작은 반면 설비 및 유지비용이 저렴해서 경제적이다.
- 난방 쾌감도가 낮고 방열량 조절이 곤란하다.
- 소음이 발생하며 보일러 취급에 기술을 요한다.

57 ①
냉방부하의 종류와 발생 요인

부하 발생 요인		현열	잠열
벽체로부터의 취득열량		O	
극간풍에 의한 취득열량		O	O
인체의 발생열량		O	O
기구로부터의 발생열량		O	O
유리로부터의 취득열량	직달일사에 의한 열량	O	
	전도대류에 의한 열량	O	
송풍기에 의한 취득열량		O	
덕트로부터의 취득열량		O	
조명에 의한 취득열량		O	
외기 도입에 의한 취득열량		O	O

58 ③

$$Q_w = \frac{Hcr}{60 C \Delta t}[l/\min]$$

$$= \frac{0.523 \times 20 \times 5 \times 3600}{60 \times 4.2 \times (80-70)} = 74.7[l/\min]$$

Hcr : 냉동기 용량
C : 비열
Δt : 냉각기 출입구 온도차
※ 1kW=1kJ/s=3600kJ/h

59 ②
스모크 타워
계단실 등 건물 내부에 설치된 수직 방향의 배연통. 풍력에 의한 흡인효과와 부력을 이용한 배연탑을 사용하여 연기를 배출하는 방식이다.

60 ③
흡수식 냉동기
기체의 물에 의한 흡수성을 이용한 냉동기. 물에 잘 흡수되는 성질이 있는 NH_3의 증기를 저온 저압에서 물에 흡수시키고 고압하에서 가열하여 NH_3의 증기를 분리하면 압축기로 압축한 것과 동일 효과가 있고, 이것을 응축기에서 팽창 밸브를 거쳐 증발기로 통과시키면 냉동 사이클을 구성할 수 있다. 이는 열에너지에 의해 냉동효과를 얻는 것이다.
※ 흡수식 냉동기의 구성 요소 : 증발기 → 흡수기 → 발생기 → 응축기
※ 2중 효용 흡수식 냉동기는 1중 효용 흡수식 냉동기에서 버려지는 응축열을 재이용하는 형식이므로 효율이 더 좋다.

61 ③
접지공사

종별	저항치	접지선 굵기	적용
제1종	10Ω 이하	2.6mm 이상	• 고압 및 특별고압용 기구의 철대, 금속재 외함 • 고압전로의 피뢰기 • 특별고압계기용 변압기의 2차측 전로
제2종	$\frac{150}{1선 지락전류}$ Ω 이하	(고압 → 저압) 2.6mm 이상 (특고압 → 저압) 4.0mm 이상	• 특고압, 고압에서 저압으로 변성하는 변압기
제3종	100Ω 이하	1.6mm 이상	• 고압계기용 변압기의 2차측 전로 • 400V 미만 저압 전자기기 철대·금속제 외함 • 400V 미만 금속관 공사 금속체 분전반
특별 제3종	10Ω 이하	1.6mm 이상	• 400V 이상 저압 전자기기 철대·금속제 외함

62 ①
- ㉠ 정보설비 : 전기시계설비, 원격검침설비, 홈네트워크설비, CCTV 설비
- ㉡ 통신설비 : TV 공청설비, 인터폰설비, 화상회의 설비

63 ①

할로겐 램프(halogen lamp)

진공 상태의 유리구 안에 할로겐물질을 주입하여 텅스텐의 증발을 더욱 억제한 램프. 일반 백열전구에 비해 수명이 2~3배 길며, 백열전구에서 종종 나타나는 유리구 내벽의 흑화현상이 발생하지 않아 광속 저하가 7% 정도로 낮다. 연색성이 좋아서 자연광처럼 색을 선명하게 재현시킬 수 있고, 백열전구에 비해 1/20 정도로 크기가 작고 가벼워 자동차 헤드라이트용이나 비행장의 활주로 · 무대 조명 · 백화점 · 미술관 · 상점 등의 스포트라이트용과 인테리어 조명의 광원으로 많이 사용된다. 휘도는 매우 높은 편이다.

64 ①

변압기 철심은 자속의 이동통로 역할을 한다.

65 ①

$1500 \text{kW} \times 0.7 = 1050 \text{kW}$

66 ②

화재 분류
- ㉠ A급 화재(백색화재, 일반화재) : 연소 후 재를 남기는 화재. 나무, 종이 등
- ㉡ B급 화재(황색화재, 유류, 가스) : 석유, 가스 등의 화재. 질식에 의한 소화
- ㉢ C급 화재(청색화재, 전기) : 전기 및 누전 원인. 물 사용 금지. 질식에 의한 소화
- ㉣ D급 화재(무색, 금속화재) : 나트륨, 마그네슘 등 활성금속에 의한 화재

67 ②

스프링클러 설비의 주요 장치
- 반사판(deflector) : 스프링클러 헤드의 방수구에서 유출되는 물을 세분시키는 장치
- 리타딩 체임버(retarding chamber) : 자동경보 오작동 방지장치
- 액셀러레이터(accelerator) : 배관 내 압력이 저하되면 이를 감지하여 2차측 압축공기를 1차측으로 우회시키는 장치
- 익져스터(exhauster) : 배관 내 압력 저하를 감지하여 2차측 배관 내부 압축공기를 방호구역 외 다른 곳으로 배출한다.

68 ③

코일 축적에너지 $W = \dfrac{LI^2}{2}[J]$

(L : 자체 인덕턴스[H], I : 전류[A])

∴ 코일 축적에너지 $W = \dfrac{4 \times 8^2}{2} = 128J$

69 ②

옥내소화전설비 배관기준
- ㉠ 배관 내 사용압력이 1.2MPa 미만일 경우
  - 배관용 탄소강관(KS D 3507)
  - 이음매 없는 구리 및 구리합금관(KS D 5301). 다만, 습식의 배관에 한한다.
  - 배관용 스테인리스강관(KS D 3576) 또는 일반배관용 스테인리스강관(KS D 3595)
  - 덕타일 주철관(KS D 4311)
- ㉡ 배관 내 사용압력이 1.2MPa 이상일 경우
  - 압력배관용 탄소강관(KS D 3562)
  - 배관용 아크용접 탄소강강관(KS D 3583)

70 ③
- 최종 리밋 스위치 : 오류에 의해 케이지가 최종 층에서 정지 위치를 지나쳤을 경우 브레이크를 작동시켜 엘리베이터를 정지시키는 스위치
- 가이드 슈 : 승강기 틀이나 균형추 틀 위쪽

끝 및 아래쪽 끝에 설치하여, 가이드 레일면과 접촉 연동함으로써 승강기와 추를 가이드하는 장치
- 조속기 : 엘리베이터 속도를 일정하게 조절하는 장치
- 슬랙 로프 세이프티 : 케이블 절단 등의 사고로 인해 엘리베이터가 급격히 하강할 때 이를 제지하는 장치

71 ④
① 거리계전기 : 고장점까지의 리액턴스를 측정하는 방식으로, 동작시간이 고장점까지의 거리에 따라 변화하는 계전기
② 과전압계전기 : 입력 전압이 규정치보다 크게 되었을 때 동작하는 계전기
③ 과전류계전기 : 허용된 이상의 부하가 걸려서 과전류가 흐르게 되면 주회로를 차단하는 계전기
④ 비율 차동계전기 : 2개 또는 그 이상의 같은 종류의 전기량의 벡터차가 예정 비율을 넘었을 때 동작하는 계전기

72 ②
개방형 스프링클러설비의 수원 저수량
=표준 방수량(80L/min)×20분×헤드 개수
=80L/min×20min×20개=32m³

73 ①
외란
- 제어계의 상태를 혼란시키려는 외적 작용을 의미한다.
- 실내 온도 제어의 경우 인체나 조명의 발열, 창문을 통한 햇빛의 열이나 틈새바람, 외부 공기의 온도 등이 해당된다.
- 연소로의 온도 제어에서는 연료 질의 변화나 노의 주위 온도 변화, 또는 피가열 물체의 변화 등이 이에 해당한다.
- 자동 조종된 비행체에 가해지는 바람의 영향도 외란이라 할 수 있다.

74 ②

전류$[A] = \dfrac{전력[W]}{전압[V]} = \dfrac{200W}{220V} ≒ 0.9A$

75 ③
㉠ 쿨롱의 법칙 : 전하를 가진 두 물체 사이에 작용하는 힘의 크기는 두 전하의 곱에 비례하고 거리의 제곱에 반비례한다.
㉡ 렌츠의 법칙 : 유도기전력과 유도전류는 자기장의 변화를 상쇄하려는 방향으로 발생한다는 전자기법칙이다.
㉢ 키르히호프의 법칙
  ⓐ 1법칙(전류 법칙) : 회로망 중 한 점에 들어오는 전류의 총합은, 흘러나가는 전류의 총합과 같다.
  ⓑ 2법칙(전압 법칙) : 회로망 중 임의의 폐회로 내에서 일주 방향에 따른 전압강하 총합은 기전력의 총합과 같다.
㉣ 옴의 법칙 $V = IR, I = \dfrac{V}{R}, R = \dfrac{V}{I}$
  (V : 전압, I : 전류, R : 저항)

76 ③
디지털 자동제어방식
전기, 공기조화, 열원, 반송 등 건물의 각종 설비를 고성능의 디지털 방식으로 통합 제어하는 방식. 에너지 절약제어가 가능하며, 정밀도와 신뢰도가 높은 제어방식이다.

77 ④
LPG(액화석유가스 - 주성분 : 프로판, 부탄)
- 발열량이 높은 연료이며, 액화하면 부피가 줄어들어서 수송 및 저장이 용이하다.
- 공기보다 무거워 용기에 담아서 사용하며, 원래 무색·무취이나 질식 및 화재 위험성 및 환각의 위험성 때문에 식별할 수 있는 냄새를 화학적으로 첨가한다.
- 밀폐된 공간에서의 사용이 위험하고, 인체의 흡입에도 유해하다.

78 ①

RLC 회로

R(저항, Resistor), L(코일, Inductor), C(콘덴서, Capacitor)로 구성된 회로

역률 $\cos\theta = \dfrac{R}{Z} = \dfrac{R}{\sqrt{R^2+(X_L-X_C)^2}}$

$= \dfrac{30}{\sqrt{30^2+(60-20)^2}} = 0.6$

R : 저항에 걸리는 전압
X_L : 코일에 걸리는 리액턴스
X_C : 콘덴서에 걸리는 리액턴스

79 ①

Y-Δ(강압), Δ-Y(승압) 결선
- 3상 교류를 네 줄의 전선으로 배전하는 방식
- Y결선의 중성점을 접지할 수 있다.
- 1, 2차 선간 전압 사이에 30°의 위상차가 발생한다.
- 제3고조파에 의한 유도장애 방지가 가능하다.
- 1상에 고장 발생 시 전원공급이 불가능하다.

80 ①

병렬연결 합성저항 $R = \dfrac{R_1 R_2 R_3}{R_1+R_2+R_3}[\Omega]$

81 ③

에너지절약설계기준에 따른 방습층의 정의

습한 공기가 구조체에 침투하여 결로발생의 위험이 높아지는 것을 방지하기 위해 설치하는 투습도가 24시간당 $30g/m^2$ 이하 또는 투습계수 $0.28g/m^2 \cdot h \cdot mmHg$ 이하의 투습저항을 가진 층을 말한다. 다만, 단열재 또는 단열재의 내측에 사용되는 마감재가 방습층으로서 요구되는 성능을 가지는 경우에는 그 재료를 방습층으로 볼 수 있다.

82 ③

난방 및 냉방설비의 용량을 위한 설계기준 실내온도는 난방의 경우 20℃, 냉방의 경우 28℃를 기준으로 하되(목욕장 및 수영장은 제외) 각 건축물 용도 및 개별 실의 특성에 따라 별표 8에서 제시된 범위를 참고하여 설비의 용량이 과다해지지 않도록 한다.

83 ②

숙박시설

㉠ 일반숙박시설 및 생활숙박시설
㉡ 관광숙박시설(관광호텔, 수상관광호텔, 한국전통호텔, 가족호텔, 호스텔, 소형호텔, 의료관광호텔 및 휴양 콘도미니엄)
㉢ 다중생활시설(제2종 근린생활시설에 해당하지 아니하는 것을 말한다)
㉣ 그 밖에 ㉠목부터 ㉢목까지의 시설과 비슷한 것

※ 청소년수련원은 수련시설에 속한다.

84 ①

다음에 해당하는 주택 또는 건축물을 신축 또는 리모델링하는 경우, 시간당 0.5회 이상의 환기가 이루어질 수 있도록 자연환기설비 또는 기계환기설비를 설치하여야 한다.
㉠ 30세대 이상의 공동주택
㉡ 주택을 주택 외의 시설과 동일건축물로 건축하는 경우로서 주택이 30세대 이상인 건축물

85 ③

건축물 내부와 접하는 계단실 창문(출입문 제외)의 경우 망입유리의 붙박이창으로서 그 면적은 각각 $1m^2$ 이하로 한다.

86 ③

같은 건축물 안에 공동주택과 위락시설을 설치하는 경우에는 다음 사항을 준수해야 한다.
㉠ 각 출입구 간의 보행거리가 30m 이상이 되도록 설치할 것
㉡ 각 시설은 내화구조로 된 바닥 및 벽으로

　　구획하여 서로 차단할 것
　ⓒ 각 시설은 서로 이웃하지 아니하도록 배치할 것
　ⓓ 건축물의 주요구조부를 내화구조로 할 것
　ⓔ 거실의 벽 및 반자가 실내에 면하는 부분의 마감은 불연재료·준불연재료 또는 난연재료로 하고, 그 거실로부터 지상으로 통하는 주된 복도·계단 그밖에 통로의 벽 및 반자가 실내에 면하는 부분의 마감은 불연재료 또는 준불연재료로 할 것

87 ③
지하층과 피난층 사이의 개방공간
바닥면적의 합계가 3000m² 이상인 공연장·집회장·관람장 또는 전시장을 지하층에 설치하는 경우에는 각 실에 있는 자
ⓐ 지하층 각 층에서 건축물 밖으로 피난하여 옥외 계단 또는 경사로 등을 이용하여 피난층으로 대피할 수 있도록 천장이 개방된 외부공간을 설치하여야 한다.

88 ④
복도 유효너비의 규정

구분	양 옆에 거실이 있는 복도	기타
유치원·초등학교·중학교·고등학교	2.4m 이상	1.8m 이상
공동주택·오피스텔	1.8m 이상	1.2m 이상
당해 층 거실바닥면적 합계 200m² 이상	1.5m 이상 (의료시설 1.8m 이상)	1.2m 이상

89 ③
옥내소화전설비 설치대상(위험물 저장 및 처리시설 중 가스시설, 지하구 및 방재실 등에서 스프링클러 설비 또는 물분무 등 소화설비를 원격으로 조정할 수 있는 업무시설 중 무인변전소는 제외)
ⓐ 연면적 3000m² 이상(지하가 중 터널 제외)

이거나 지하층·무창층(축사 제외) 또는 층수가 4층 이상인 것 중 바닥면적이 600m² 이상인 층이 있는 것은 모든 층
ⓑ 지하가 중 터널로서 길이가 1000m 이상인 터널
ⓒ ⓐ에 해당하지 않는 근린생활시설, 판매시설, 운수시설, 의료시설, 노유자시설, 업무시설, 숙박시설, 위락시설, 공장, 창고시설, 항공기 및 자동차 관련 시설, 교정 및 군사시설 중 국방·군사시설, 방송통신시설, 발전시설, 장례식장 또는 복합건축물로서 연면적 1500m² 이상이거나 지하층·무창층 또는 층수가 4층 이상인 층 중 바닥면적이 300m² 이상인 층이 있는 것은 모든 층
ⓓ 건축물의 옥상에 설치된 차고 또는 주차장으로서 해당용도로 사용 면적이 200m² 이상인 것
ⓔ ⓐ, ⓒ에 해당하지 않는 공장 또는 창고시설로서 소방기본법 시행령에서 정하는 수량의 750배 이상의 특수가연물을 저장·취급하는 것

90 ④
5층 이상인 층이 제2종 근린생활시설 중 공연장·종교집회장·인터넷컴퓨터게임시설제공업소(해당용도 바닥면적 합계가 각각 300m² 이상인 경우), 문화 및 집회시설(전시장 및 동·식물원 제외), 종교시설, 판매시설, 위락시설 중 주점영업 또는 장례식장의 용도로 쓰는 경우에는 피난 용도로 쓸 수 있는 광장을 옥상에 설치하여야 한다.

91 ②
다음 건축물에는 방송 공동수신설비를 설치하여야 한다.
ⓐ 공동주택
ⓑ 바닥면적의 합계가 5000m² 이상으로서 업무시설이나 숙박시설의 용도로 쓰는 건축물
※ 다가구주택은 단독주택이므로 해당되지 않

는다.

92 ④

승강장 바닥면적은 비상용 승강기 1대당 6m² 이상으로 할 것. 단, 옥외에 승강장을 설치하는 경우는 제외한다.

93 ②

건축물을 건축하거나 대수선하려는 자는 특별자치시장·특별자치도지사 또는 시장·군수·구청장의 허가를 받아야 한다. 다만 다음에 해당하는 건축물을 특별시나 광역시에 건축하려면 특별시장이나 광역시장의 허가를 받아야 한다.
㉠ 21층 이상 또는 연면적 합계가 10만 제곱미터 이상인 건축물
㉡ 연면적의 10분의 3 이상을 증축하여 층수가 21층 이상으로 되거나 연면적의 합계가 10만 제곱미터 이상으로 되는 경우
㉢ 예외 : 공장, 창고, 특별시 또는 광역시의 건축조례로 정하는 바에 따라 해당 지방건축위원회의 심의사항으로 할 수 있는 건축물 중 초고층 건축물을 제외한 것

94 ①

공동 소방안전관리자 선임대상 특정소방대상물
㉠ 고층 건축물(지하층을 제외한 층수가 11층 이상인 건축물만 해당)
㉡ 지하가
㉢ 복합건축물로서 연면적 5000m² 이상인 것 또는 층수가 5층 이상인 것
㉣ 판매시설 중 도매시장 및 소매시장
㉤ 특급 소방안전관리대상물

95 ④

허가 및 신고대상의 용도변경 분류
※ 허가대상 : 하위 → 상위시설 용도 변경
※ 신고대상 : 상위 → 하위시설 용도 변경
※ 기재변경 : 동일 시설군 내에서의 용도변경

96 ①

단독주택 및 공동주택(아파트 및 기숙사 제외)의 소유자는 소화기 및 단독경보형 감지기를 설치하여야 한다.

분류	세부항목
1. 자동차관련 시설군	가. 자동차 관련시설
2. 산업 등의 시설군	가. 운수시설 나. 창고시설 다. 공장 라. 위험물저장 및 처리시설 마. 자원순환 관련 시설 바. 묘지 관련 시설 사. 장례시설
3. 전기통신시설군	가. 방송통신시설 나. 발전시설
4. 문화 및 집회시설군	가. 문화 및 집회시설 나. 종교시설 다. 위락시설 라. 관광휴게시설
5. 영업시설군	가. 판매시설 나. 운동시설 다. 숙박시설 라. 제2종 근린생활시설 중 다중생활시설
6. 교육 및 복지시설군	가. 의료시설 나. 교육연구시설 다. 노유자시설 라. 수련시설 마. 야영장 시설
7. 근린생활시설군	가. 제1종 근린생활시설 나. 제2종 근린생활시설(다중생활시설 제외)
8. 주거업무시설군	가. 단독주택 나. 공동주택 다. 업무시설 라. 교정 및 군사시설
9. 그 밖의 시설군	가. 동물 및 식물 관련 시설

97 ③

특별피난계단 및 비상용 승강기 승강장에 설치하는 배연설비의 구조

구분	구조 및 재료
배연구 구조	• 연기감지기, 열감지기에 의해 자동으로 열 수 있는 구조(수동개폐 가능한 구조) • 평상시 닫힌 상태를 유지하고, 연 경우에 배연에 의한 기류로 인하여 닫히지 않을 것 • 배연구 및 배연풍도는 불연재료로 하고, 화재가 발생한 경우 원활하게 배연시킬 수 있는 규모로서 외기 또는 평상시에 사용하지 아니하는 굴뚝에 연결할 것
배연기	• 배연구가 외기에 접하지 않는 경우에는 배연기를 설치할 것 • 배연기에는 예비전원을 설치할 것 • 배연구의 열림에 따라 자동적으로 작동하고, 충분한 공기배출 또는 가압능력이 있을 것
※ 공기유입방식을 급기가압방식 또는 급·배기방식으로 하는 경우 소방관계법령의 규정에 적합하게 할 것	

98 ②
병원의 6층 이상 거실 면적이 3000㎡ 이하이므로, 최소 2대 이상의 승용 승강기를 설치해야 한다.

99 ③
다중이용건축물
불특정한 다수의 사람들이 이용하는 건축물로서 다음 각 목의 어느 하나에 해당하는 건축물을 말한다.
㉠ 다음의 어느 하나에 해당하는 용도로 쓰는 바닥면적의 합계가 5000㎡ 이상인 건축물
  ⓐ 문화 및 집회시설(동물원 및 식물원은 제외)
  ⓑ 종교시설
  ⓒ 판매시설
  ⓓ 운수시설 중 여객용 시설
  ⓔ 의료시설 중 종합병원
  ⓕ 숙박시설 중 관광숙박시설
㉡ 16층 이상인 건축물

100 ③
내진설계기준에 맞게 설치해야 하는 소방시설이란 옥내소화전설비, 스프링클러 설비, 물분무 등 소화설비를 말한다.

2018년 4회 건축설비기사 과년도 해설 및 정답

01 ②
- 막힌줄눈 : 벽돌을 지그재로로 쌓아서 위아래가 막힌 줄눈으로, 응력을 골고루 분산시키므로 내력벽에 사용한다.
- 통줄눈 : 하중을 분산시킬 수 없어서 치장용으로만 사용한다.

02 ③

플랫 슬래브 펀칭현상 방지대책
- 슬래브 두께를 증가시킨다.
- 드롭 패널을 설치한다.
- 지판이나 캐피탈(주두)를 설치한다.
- 기둥 접합부에 보강근을 배근한다.

03 ①

전기입상관(EPS)은 각 층마다 같은 곳에 설치하며 외기에 면하지 않도록 한다.

04 ②

도서관 계획 시 장래 확장을 고려하여 여유 공간을 충분히 확보하여야 한다.

05 ③

실내 환기의 목적은 주 오염원인 이산화탄소를 제거하고 산소를 충분히 공급하는 것이며, 호흡이나 취사 등에 의해 발생하는 습기를 제거하여 적절한 실내습도를 유지하는 것이다.

06 ①

연립주택(Row House)의 주요 형식
- 테라스 하우스(Terrace House) : 각 세대가 테라스를 가지며 경사지를 이용하여 아랫집의 지붕을 윗집의 테라스로 쓰는 주택형식
- 타운 하우스(Town House) : 2~3층의 주택을 나란히 지어 벽을 공유하는 주택형식
- 중정형 하우스(Patio House) : 가운데 중정을 두고 둘러싼 형태의 주택

07 ②

조명설계 순서

소요조도 결정 → 광원(전구) 종류 결정 → 조명방식 및 기구 선정 → 광속 계산 및 전등개수 결정 → 배치

08 ②

복층형 아파트(maisonette type)
㉠ 1개의 단위주거가 2개 층 이상에 걸쳐 있는 형태로서, 편복도형의 중·대규모 주택에 적합한 형식이다.
㉡ 복도 면적을 줄여 유효면적을 증가시키고, 엘리베이터의 정지층도 감소된다.
㉢ 단위주거의 평면계획에 변화를 줄 수 있으며 거주성, 프라이버시, 일조, 통풍 등의 실내 환경이 좋아진다.
㉣ 각 층 평면이 다르므로 구조 및 설비계획과 피난계획이 다소 어려워진다.
㉤ 하나의 주거가 2개 층으로 구성되면 듀플렉스, 3개 층으로 구성되면 트리플렉스라 한다.

09 ④
① 턴 버클 : 좌우로 나사막대를 가진 부품으로 한쪽은 오른나사로, 다른 쪽은 왼나사로 되어 있다. 한쪽의 너트를 회전하면 2개의 수나사는 서로 접근하고, 회전을 반대로 하면 멀어진다. 구조물의 강철로프·케이블·막대 등을 팽팽하게 당길 때 쓰인다.
② 폼 타이 : 강재 거푸집의 조임 기구로 세퍼

레이터의 역할도 겸한다.
③ 앵커 볼트 : 기초 속에 묻어 넣고 상부 구조체를 고정시키는 볼트. 인장력 발생 시 뽑혀나가지 않도록 끝을 구부린다. 터널 시공에서는 암석의 낙하를 방지하기 위해, 바위에 이것을 고착시키는 용도로도 쓰인다.
④ 스터드 볼트 : 양쪽 끝 모두 수나사로 되어 있는 볼트. 한쪽 끝은 상대쪽에 암나사를 만들어 미리 반영구적으로 박음을 하고, 다른 쪽 끝은 너트를 끼워 조인다. 철골조에서는 철골보와 콘크리트 슬래브의 일체화에 사용되어 전단력 저항의 역할을 한다.

10 ①
② 쌍대공 지붕틀
③ 팬 트러스
④ 핑크 트러스

11 ③
충도리, 달대공, 대공, 지붕보, 평보는 인장응력에 저항한다.

12 ③
글레어(현휘, 눈부심)를 방지하기 위한 방법
㉠ 휘도가 낮은 광원(형광램프)을 사용하거나, 플라스틱 커버가 되어 있는 조명기구를 선정한다.
㉡ 시선을 중심으로 해서 30도 범위 내의 글레어 존에는 광원을 설치하지 않는다.
㉢ 광원 주위를 밝게 한다.

13 ④
매장판매형식
- 대면판매 : 쇼케이스를 가운데 두고 점원이 고객을 마주보며 판매하는 형식. 상품 설명이 용이하고 점원위치를 고정하기에 용이하다. 진열면적이 작은 고가, 소형 상품 매장에 적합하며 쇼케이스가 넓어지면 상점 분위기가 부드럽지 못하게 된다.
- 측면판매 : 점원과 고객이 진열상품을 같은 방향으로 보며 판매하는 형식. 상품을 쉽게 만질 수 있어서 충동적 구매 및 선택이 용이하다. 의류·침구·서적 등 진열 면적이 넓은 상점에 적합하다. 점원의 위치 고정이 어렵고 상품의 설명 및 포장은 다소 불편하다.

14 ①
자연 조건이 비슷한 나라들이 서로 다른 건축형태를 갖는 것은, 기후나 풍토적 요소가 유사하더라도 문화적 요소에서 차이를 보이기 때문이다. 각 국의 고유 문화요소는 건축형태의 특징으로 반영되기 마련이다.

15 ①
에스컬레이터
- 30° 이하의 경사를 갖는 계단식 컨베이어로서 수송능력은 엘리베이터의 10배 이상이다.
- 대기시간이 없이 연속 운전되므로 전원설비에 부담이 적고 고객을 기다리게 하지 않는다.
- 엘리베이터보다 설비비가 높고, 구조계획에 주의를 기울여야 한다.

16 ①
고객동선은 가능한 한 길게 하여 상품 구매기회를 증가시킨다.

17 ③
$$임대율 = \frac{90\text{m}^2 \times 9층}{1000\text{m}^2} = 81\%$$

18 ④
커머셜 호텔
- 상업적, 업무적인 목적의 체류자를 위한 호텔
- 도심 내 교통 중심지에 위치한다.
- 숙박면적비율이 높으며 보통 주차장·연회장·레스토랑·카페를 갖추고 있다.

19 ②

1ppm=1/1000000m³이므로

1000ppm= $\frac{1000}{1000000} \times 100\%$ =0.1%이다.

20 ④

외래와 입원환자의 보호자 출입구도 분리시키는 것이 좋다.

21 ①

터빈 펌프(turbine pump)

원심식의 일종으로 디퓨저 펌프라고도 한다. 날개바퀴 바깥에 안내 날개(guide vane)가 있는 펌프로서, 안내 날개는 날개바퀴가 회전할 때 생기는 속도에너지를 빠르게 압력에너지로 바꿔 유체의 흐름을 조정하는 역할을 한다. 에너지 효율이 높아 30m 이상되는 높은 곳까지 수송할 수 있는 것이 장점이다. 그러나 설계보다 많거나 적은 양의 액체를 수송할 경우, 날개바퀴에서 나오는 액체의 유출 각도와 안내날개의 각도가 일치하지 않아 소음이나 진동이 생기는 단점이 있다.

22 ②

먹는 물의 수질기준 및 검사 등에 관한 주요 규칙(환경부령)

㉠ 미생물에 관한 기준
  ⓐ 일반세균 : 1mL 중 100CFU(Colony Forming Unit)를 넘지 않을 것
  ⓑ 대장균군 : 100mL(샘물·먹는 샘물 등에서는 250mL)에서 검출되지 않을 것
㉡ 건강상 유해영향 무기물
  ⓐ 납 : 0.01mg/L를 넘지 않을 것
  ⓑ 불소 : 1.5mg/L(샘물·먹는 샘물 및 염지하수·먹는 염지하수의 경우에는 2.0mg/L)를 넘지 않을 것
  ⓒ 수은 : 0.001mg/L를 넘지 않을 것
㉢ 건강상 유해영향 유기물
  ⓐ 페놀 : 0.005mg/L를 넘지 않을 것
  ⓑ 벤젠 : 0.01mg/L를 넘지 않을 것
  ⓒ 에틸벤젠 : 0.3mg/L를 넘지 않을 것
㉣ 심미적 영향물질에 관한 기준
  ⓐ 경도(硬度) : 1000mg/L(수돗물 300mg/L, 먹는 염지하수 및 먹는 해양심층수 1200 mg/L)를 넘지 않을 것
  ⓑ 소독으로 인한 냄새와 맛 이외의 냄새와 맛이 있어서는 아니될 것
  ⓒ 동 : 1mg/L를 넘지 않을 것
  ⓓ 수소이온 농도 : pH 5.8 이상 pH 8.5 이하이어야 할 것
    (※ 샘물, 먹는샘물 및 먹는 물 공동시설의 물의 경우 pH 4.5 이상 pH 9.5 이하)
  ⓔ 아연 : 3mg/L를 넘지 않을 것

23 ①

급수배관의 관경 결정방법

㉠ 관 균등표에 의한 결정
  ⓐ 관 균등표 : 동일 마찰 손실일 경우 굵은 관의 유량이 가는 관 유량이 몇 배인지, 다시 말해서 가는 관 몇 개가 굵은 관 하나와 동일한지를 나타내는 표이다.
  ⓑ 관 균등표에 의한 관경 결정
    - 각 기구의 접속 관경을 균등표에서 구한다.
    - 각 기구의 접속 관경을 균등표를 이용하여 15mm관 상당 개수로 환산한다.
    - 급수기구 말단부터 각 구간마다 15mm 관 상당 개수를 누계한 후, 각각에 기구 동시사용률을 곱해서 기구 수를 구한다.
㉡ 마찰저항선도(유량선도)에 의한 결정
  ⓐ 동시사용 유수량 계산
  ⓑ 허용마찰손실수두 계산
㉢ 기구 연결관 관경에 의한 결정

24 ②

압력탱크방식

장점	• 높은 곳에 탱크를 설치할 필요가 없으므로 건축물의 구조를 강화할 필요가 없다. • 부분적으로 고압을 필요로 하는 경우에 적합하다. • 탱크의 설치 위치에 제한을 받지 않는다.	
단점	• 최고, 최저압의 차가 커서 급수압이 일정하지 않다. • 펌프의 양정이 길어서 시설비가 많이 든다. • 탱크는 압력에 견디어야 하므로 제작비가 비싸다. • 저수량이 적어서 정전이나 고장 시 급수가 중단된다. • 에어 컴프레서를 설치해서 수시로 공기를 공급해야 한다. • 취급이 간단하지 않으며 다른 방식에 비하여 고장이 잦다.	

25 ①

중앙식 급탕설비 가열방식 비교

	직접 가열식	간접 가열식
보일러	급탕용과 난방용 개별 설치	난방 및 급탕 겸용
내부 스케일	많이 생긴다.	거의 없다.
압력	고압 보일러	저압 보일러
가열코일	필요 없다.	필요하다.
규모	소규모 건축물	대규모 건축물

26 ②

$(70+40+110) \times 50 \times 0.3 = 3300 \text{L/h}$

27 ①

사이펀 트랩(siphonage trap)

만수상태로 통수로를 통과시키면 사이펀 작용이 일어나는 트랩. S트랩, P트랩, U트랩 등이 해당된다.

28 ④

배관의 피복 목적

방로, 방동, 방음, 방식, 보온 등

29 ④

배관 신축이음쇠의 종류

① 신축곡관(루프형) : 신축을 흡수하는 1개의 길이는 길지만 고장이 적어서 고압 옥외 배관에 많이 쓰인다.
② 슬리브형 : 온도 변화에 따라 생기는 관의 신축을 슬리브의 미끄럼으로 흡수한다. 저압 증기배관 및 온수배관의 신축이음쇠로 쓰인다.
③ 벨로즈형 : 온도 변화에 의한 신축을 벨로즈의 변형으로 흡수한다.
④ 스위블형 : 2개 이상의 엘보우를 사용하고 나사회전을 이용하여 신축을 흡수한다.

30 ④

콘크리트 벽이나 바닥을 관통하는 배관 교체의 용이성과 배관의 신축에 대비하기 위해 미리 슬리브를 묻어두고 배관한다.

31 ①

파스칼의 원리

밀폐된 용기 속 유체의 한쪽 부분에 주어진 압력은 그 세기에 변함없이 유체의 각 부분에 동일하게 전달된다는 법칙. 자동차 유압식 브레이크, 유압식 승강기, 기압계 등의 분야에서 적용되고 있다.

32 ④

① 각개 통기관
② 도피 통기관
③ 신정 통기관

33 ①

급수배관에서 오물이 정체하는 곳에는 드레인 밸브를 설치하고, 공기가 고이는 에어포켓에는 공기밸브를 설치한다.

34 ④

① 하이탱크식은 로우탱크식보다 세정소음이

크다.
② 로우탱크식과 하이탱크식은 탱크에 물이 채워지는 동안 연속사용이 곤란하다.
③ 로우탱크식은 하이탱크식보다 화장실 내의 공간을 많이 차지한다.

35 ②

유효흡입양정

$H_{ap} \pm H_s - H_f - H_{vp}$
$= 10.33 - 2.5 - 2.37 - 0.5 = 4.96m$

H_{ap} : 흡수면에 작용하는 압력수두
  [표준대기압 10.33m]
H_s : 흡입 실양정. 펌프가 수면보다 높으면 (-), 낮으면 (+)[m]
H_f : 흡입관 내 마찰손실수두[m]
H_{vp} : 온도에 따른 물의 포화증기압 압력수두[m]

※ 1kPa≒0.1mAq

36 ②

청소구(clean out)는 각종 오물찌꺼기가 쌓일 수 있는 곳에 배수 흐름과 반대 또는 직각방향으로 열 수 있도록 설치한다.
- 수평지관 상단부, 긴 배관의 중간부분
- 배관이 45° 이상 구부러진 곳
- 가옥배수관과 부지 하수관의 접속부
- 각종 트랩 및 배관상 필요한 곳
- 수평관 관경이 100mm 이하일 경우 직선거리 15m 이내, 관경 100mm 이상일 경우 직선거리 30m 이내마다 설치한다.

37 ②

층류에서 난류로 천이할 때의 유속을 임계유속이라 한다.

38 ③

캐비테이션(cavatation)

㉠ 펌프에 유입된 물 속 기포가 압력을 받아 붕괴되며 발생하는 충격파로 인해 임펠러나 케이싱 등을 파손시키는 현상
㉡ 비정상적인 소음과 진동이 발생하며 펌프의 유량, 양정, 효율 또한 저하된다.
㉢ 방지책
  ⓐ 유체 온도를 낮추고, 필요 이상 양정을 두지 않는다.
  ⓑ 펌프의 유효흡입양정(NPSH, Net Positive Suction Head)을 낮춘다.
  ⓒ 흡입구의 압력을 흡입구의 포화증기압 이상으로 유지시킨다.
  ⓓ 2대 이상 펌프를 사용하고, 규정회전수 이내에서 운전한다.
  ⓔ 흡입조건이 나쁜 경우 회전수가 작은 펌프를 사용한다.
  ⓕ 관 내에 공기가 체류하지 않도록 배관한다.

39 ④

- 가열량
$Q = m \cdot c \cdot \Delta t = 1000 \times 4.2 \times (70-10)$
$= 252000 kJ/h = 70 kJ/s$
m : 질량[kg]
c : 물의 비열[kJ/kg℃]
Δt : 물의 온도차[℃]

- 전력사용량 $= \dfrac{\text{가열량}}{\text{효율}}$
$= \dfrac{70}{0.95} = 73.68 kJ/s = 73.68 kW$

40 ④

- SS(Suspended Solids) : 물 속에 현탁되어 있는 모든 불용성 물질 또는 입자. 높을수록 탁도가 크다.
- COD(Chemical Oxygen Demand) : 유기물 등의 오염물질을 산화제로 산화 분해시켜 정화하는 데 소비되는 산소량. 작을수록 오염도가 작다.
- BOD(Biochemical Oxygen Demand) : 생화학적 산소요구량. 호기성 미생물이 일정 기

간 동안 물 속 유기물을 분해할 때 사용하는 산소의 양을 말하며, 값이 클수록 오염도가 크다.

41 ②

밸브의 종류

㉠ 앵글 밸브 : 유체의 흐름방향을 90° 전환시키는 밸브

㉡ 체크 밸브 : 유체를 일정 방향으로 흐르게 하고, 역류를 방지하기 위한 밸브

ⓐ 풋형 : 펌프 흡입관 선단의 여과기와 체크 밸브를 조합한 것. 개방식 배관의 펌프 흡입관 선단에 부착하여, 펌프 운전 중은 물론이며 정지 시에도 흡입관 내부를 만수상태로 유지시킨다.

ⓑ 리프트형 : 글로브 밸브와 같은 밸브 시트의 구조로서 유체 압력에 의해 밸브가 수직으로 올라가도록 되어 있다.

ⓒ 스윙형 : 시트의 고정핀을 축으로 회전하여 개폐된다. 유수에 대한 마찰저항이 적으며 수평 및 수직배관 모두에 쓰인다.

㉢ 게이트(슬루스) 밸브 : 밸브를 완전히 열면 유체 흐름의 단면적 변화가 없기 때문에 마찰 저항이 적어서 흐름의 단속용으로 사용되는 밸브. 유량 조절용으로는 사용이 곤란하다.

㉣ 글로브 밸브 : 유량 조절용 밸브. 밸브를 완전히 열면 단면적 변화가 커서 마찰저항이 크다.

㉤ 볼 밸브 : 밸브의 개폐 부분에 구멍이 뚫린 볼이 있어서, 이를 회전시켜 구멍을 막거나 열어 밸브를 개폐시킨다. 개폐 속도가 빠르고 내압성이 있어 수도나 증기용으로 사용된다.

42 ②

순환수량(Q_w)

$$Q_w = \frac{(7.2 \times 3 + 5.4 \times 3) \times 3600}{60 \times 4.2 \times 5} \times 1.1$$

$= 118.8 [l/min]$

※ 1kW=1kJ/s=3600kJ/h

43 ④

관류보일러

강제 순환식 보일러의 일종. 긴 관의 한쪽 끝에서 급수를 펌프로 압송하고 도중에서 차례로 가열·증발·과열되어 관의 다른 한쪽 끝까지 과열 증기로 송출된다. 수관으로만 구성되어 고압에도 잘 견디고 안전하다. 간단하게 고압 증기를 발생시킬 수 있으며, 보유수량이 적어 시동시간이 짧다. 설치면적은 작지만 급수처리가 복잡하여 비교적 고가이며 소음도 큰 편이다.

44 ④

① 팬형 취출구 : 천장 덕트 아래쪽에 원형이나 방형판을 부착하고, 여기에 취출한 공기를 스치게 하여 천장면과 평행으로 불어내는 형식. 냉방에는 좋지만 난방의 경우 천장에 온풍이 체류하므로 부적합하다.

② 노즐형 취출구 : 구조가 간단하고 도달거리가 긴 취출구로 소음발생이 적다. 극장, 로비, 스튜디오 등에서 사용된다.

③ 펑커형 취출구 : 취출 방향을 자유로이 조절할 수 있는 형식. 공장이나 주방 등 냉방을 국부적으로 하는 곳에 쓰인다.

④ 아네모스탯(annemostat)형 취출구 : 다수의 뿔형 날개를 층상으로 포개고, 그 틈새로 공기를 취출하는 형식. 1차 공기에 의한 2차 공기의 유인성능이 좋고 풍속의 조절범위가 넓다.

45 ④

변풍량 단일덕트방식

급기 온도는 일정하고 송풍량을 조절하여 각 실 부하에 대응하는 방식. 실내부하가 감소되면 실내공기의 오염이 심해진다.

46 ④

발생열량
= 인원수 × (현열량 + 잠열량)
= $\dfrac{500\text{m}^2}{5\text{m}^2} \times (56\text{W} + 46\text{W}) = 10200\text{W}$

47 ③

축열시스템은 간헐운전에도 적용 가능하다.

48 ①

리프트 피팅(Lift fitting)

진공환수식 증기난방에서 환수관에 응축수를 끌어올리기 위해 사용하는 방식으로, 환수관을 부득이하게 방열기보다 높은 곳에 배관해야 하거나 환수주관보다 높은 위치에 진공펌프를 설치해야 할 때 적용한다.

49 ①

전열교환기

- 배기되는 공기와 유입되는 외기의 교환에서 배기가 가진 열량을 회수하거나, 외기가 지닌 열량을 제거하여 공조기에 공급하는 장치이다.
- 공기와 공기 간의 열교환기로서 현열, 잠열 교환이 모두 가능하다.
- 윗부분(외기 급기)과 아랫부분(배기)으로 나뉘어져 각각 덕트에 접속된다.
- 전열교환으로 공조기 용량을 줄일 수 있어, 공기방식의 중앙공조시스템이나 공장 등 대규모 공간의 에너지회수용으로 쓰인다.
- 효율
  $\mu = \dfrac{\text{급기 엔탈피} - \text{외기 엔탈피}}{\text{환기 엔탈피} - \text{외기 엔탈피}} = \dfrac{X_2 - X_1}{X_3 - X_1}$

50 ④

등마찰손실법에 의한 덕트에 많은 풍량을 송풍하면 소음발생이나 덕트의 강도상에 문제가 발생하므로 일정 풍량(10000m³/h) 이상인 경우 등속법으로 결정한다.

51 ①

환기량 $Q = \dfrac{K}{C - C_0}$

Q : 필요환기량
C : 실내허용 CO_2 농도
C_0 : 외기의 CO_2 농도
K : 실내 CO_2 발생량

㉠ 실내 CO_2 발생량
= (재실인원 × 1인당 CO_2 발생량)
  + 난로 CO_2 발생량
= (25인 × 0.018m³/h) + 0.5m³/h
= 0.95m³/h

㉡ 환기량
$Q = \dfrac{K}{C - C_0} = \dfrac{0.95}{0.005 - 0.0008} = 226.2\text{m}^3$

㉢ 환기횟수
$n = \dfrac{\text{환기량}}{\text{실용적}} = \dfrac{226.2}{10 \times 10 \times 3} = 0.75$회

※ 1ppm = 0.000001m³
※ 1L = 0.001m³

52 ①

버킷 트랩

응축수의 부력을 이용하는 기계식 트랩. 주로 고압증기의 관말 트랩이나 증기를 사용하는 세탁기, 탕비기 등에 쓰인다.

53 ③

가습방식의 구분

- 증기식 : 분무식, 전극식, 전열식, 적외선식
- 수분무식 : 초음파식, 분무식, 원심식
- 증발식 : 회전식, 모세관식, 적하식

54 ①

전공기 방식

- 공기 조화기로 냉·온풍을 만들어 덕트를 통해 송풍하는 방식이다.
- 단일 덕트 방식(정풍량, 변풍량), 이중 덕트

방식, 멀티존 유닛방식 등이 있다.
- 실내공기오염이 적고 외기냉방이 가능하다.
- 단위 유닛을 별도로 사용하지 않으므로 실내 유효면적이 넓고, 수배관으로 인한 누수나 동파의 우려가 없다.
- 큰 규모의 덕트 스페이스 및 공조실이 필요하다.

55 ③

2종 환기는 급기팬을 설치하고 배기는 자연환기시키는 방식이다.

56 ④

㉠ 축동력 소요 순서
: 토출댐퍼 제어>흡입댐퍼 제어>흡입베인 제어>회전수 제어
㉡ 동력 절감률
: 회전수 제어>흡입베인 제어>흡입댐퍼 제어>토출댐퍼 제어

57 ④

흡수식 냉동기

기체의 물에 의한 흡수성을 이용한 냉동기. 물에 잘 흡수되는 성질이 있는 NH_3의 증기를 저온 저압에서 물에 흡수시키고 고압하에서 가열하여 NH_3의 증기를 분리하면 압축기로 압축한 것과 동일 효과가 있고, 이것을 응축기에서 팽창밸브를 거쳐 증발기로 통과시키면 냉동 사이클을 구성할 수 있다. 이는 열에너지에 의해 냉동효과를 얻는 것이다.

58 ④

유리로부터의 취득열량

=일사에 의한 취득열량+관류에 의한 취득열량

59 ③

상당외기온도(Equivalent Temperature)

햇빛을 받는 외벽이나 지붕과 같이 열용량이 있는 구조체를 통과하는 열량 산출을 위해 외기 온도·일사량·표면재료 흡수율 등을 고려하여 정한 값을 상당 외기온도라 하며, 상당 외기온도와 실제 외기온도의 차를 상당외기 온도차라 한다.

60 ③

- 습공기를 가열하면 절대습도는 변화가 없으나, 포화수증기압의 증가로 상대습도가 낮아진다.
- 비체적은 질량당 부피로, 비중의 역수이므로 습공기를 가열하면 증가한다. 엔탈피 역시 증가한다.
- 습공기를 가습하면 노점온도도 높아진다.

61 ①

화재 분류

① A급 화재(백색화재. 일반화재) : 연소 후 재를 남기는 화재. 나무, 종이 등
② B급 화재(황색화재. 유류, 가스) : 석유, 가스 등의 화재. 질식에 의한 소화
③ C급 화재(청색화재. 전기) : 전기 및 누전 원인. 물 사용 금지. 질식에 의한 소화
④ D급 화재(무색. 금속화재) : 나트륨, 마그네슘 등 활성금속에 의한 화재

62 ②

공동주택 부지 내에서 도시가스 사용시설의 배관을 지하에 매설하는 경우 지면으로부터 최소 60cm 이상의 거리를 유지해야 한다. 다만 차량 등의 중량물의 압력을 받을 우려가 있는 곳은 1.2m 이상으로 하여야 한다.

63 ③

전력 $P = \dfrac{V^2}{R} = \dfrac{100^2[V]}{100[\Omega]} = 100[W]$

64 ③

㉠ 정보설비 : 전기시계설비, 원격검침설비, 홈 네트워크설비, CCTV 설비

ⓒ 통신설비 : TV 공청설비, 인터폰설비, 구내방송(PA) 설비, 화상회의 설비

65 ④
① 헨리[H] : 인덕턴스를 표시하는 국제표준단위. 회로에 흐르는 전류의 크기가 매초 1A씩 변함에 따라 유도기전력 1V가 발생하면 회로의 인덕턴스를 1헨리라고 한다.
② 패럿[F] : 1C의 전하를 주었을 때 전위가 1V가 되는 전기용량을 말한다.
③ 쿨롱[C] : 전하량의 단위. 1A의 전류가 1초간 흘렀을 때 1쿨롱이라 한다.
④ 웨버[Wb] : 자속의 단위. 자기력선속밀도가 1만G(가우스)인 균일한 자기장에 수직인 $1m^2$의 평면을 통과하는 자기력선속을 1Wb라 한다.

66 ③
가동코일형 계기(moving coil type meter)
영구자석이 만드는 자기장 속에 가동코일을 놓고, 이 코일에 흐르는 전류와 자기장의 작용에 의해 생기는 토크(torque)로 지침을 움직이는 전기계기. 직류에 사용되며 등분 눈금을 사용한다.

67 ①
차동식 감지기
주위 온도가 일정 상승률 이상이 되는 경우에 작동하는 감지기
㉠ 스폿형 : 국소 지역의 온도에 의해 작동
㉡ 분포형 : 넓은 범위의 열효과에 의해 작동
  ⓐ 공기관식 : 공기관을 감열부로 하여 천장 아래에 둘러치고 양단을 검출부에 접속한다.
  ⓑ 열전대식 : 화재 시 가열된 열전대부에서 열기전력이 생겨 미터릴레이로 전류가 흐르면 접점이 닫혀 수신기로 신호를 전달한다.
  ⓒ 열반도체식 : 화재 시 열반도체 소자에서 기전력이 발생하여 폐회로를 통해 수신기에 신호를 전달한다.

68 ①
옥내소화전설비의 배관은 동결의 우려가 없도록 해야 한다.

69 ④
DDC(Direct Digital Controller) 방식
전기, 공기조화, 열원, 반송 등 건물의 각종 설비를 고성능의 디지털 방식으로 통합 제어하는 방식. 각종 센서로부터 전자적 신호를 받아 수치화된 디지털 신호로 제어한다. 에너지절약 제어가 가능하며, 정밀도와 신뢰도가 높은 제어방식이다.

70 ②
회전수 $N = \dfrac{120f}{P} = \dfrac{120 \times 60}{4} = 1800\,\text{rpm}$
f : 주파수[Hz], P : 극수

71 ②
콘덴서의 정전용량은 극판의 면적에 비례한다.
정전용량 $Q = \dfrac{\xi AV}{d}$
  ξ : 유전율[F/m]
  A : 극판의 면적[m^2]
  V : 전압[V]
  d : 간극 거리[m]

72 ③
모듀트롤 모터(modutrol motor)
조절기 전위차계로부터 저항값 변화에 따라 회전하고 밸브나 댐퍼로 조작하는 장치. 공조 배관에서 냉·온수 유량 등을 제어하고, 단상 콘덴서 모터에서는 감속하고 토크를 증대하며 밸브를 개폐시킨다. 포텐셔미터를 사용하여 비례 제어하는 방식과 ON-OFF 제어방식이 있다. 공조기·열교환기의 공기·증기·냉온수 제어

에 사용된다.

73 ③

전압변동률 = $\frac{220-200}{200} \times 100\% = 10\%$

74 ②

1, 2차측의 전압은 코일의 권수비에 비례하므로 ($\frac{N_1}{N_2} = \frac{V_1}{V_2}$) → $\frac{100}{60} = \frac{100[V]}{V_2}$

∴ $V_2 = 60V$

75 ②

옥외소화전 호스접결구는 지면으로부터 높이가 0.5m 이상 1m 이하의 위치에 설치하고 특정소방대상물의 각 부분으로부터 하나의 호스접결구까지의 수평거리가 40m 이하가 되도록 설치하여야 한다.

76 ②

나트륨 램프는 효율이 높지만 연색성은 매우 나쁘다.

77 ③

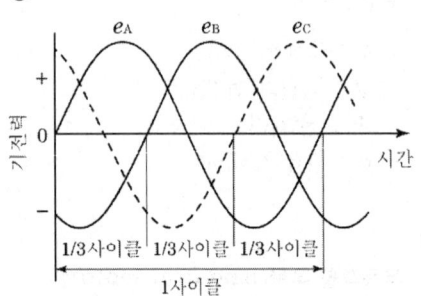

평형 3상 교류

교류 기전력에 의해 발생하는 위상이 120°씩 차이가 나는 각 주파수가 같은 3개의 정현파 교류를 뜻한다. 권선이 같은 3개의 코일을 전기각 120° 간격으로 철심에 감아 이것을 일정한 각속도로 자계 중 회전시켰을 때, 각 코일 중에 위상이 120°씩 틀리고 진폭이 같은 교류 기전력이 발생한다.

78 ②

① 도어 머신 : 암이나 로프 등으로 도어를 개폐시키는 장치
② 도어 클로저 : 승강장 도어가 열린 상태에서 모든 제약이 풀리면 자동으로 도어가 닫히도록 하는 장치
③ 도어 인터록 : 도어가 열렸을 때 승강기가 움직일 수 없게 하는 도어 스위치와 승강기가 없는 층에서는 전용키가 없으면 외부에서 도어를 열 수 없도록 잠그는 도어 록으로 구성되는 안전장치를 뜻한다.
④ 도어 스위치 : 도어가 완전히 닫혔을 때 승강기를 출발시키는 장치

79 ②

스프링클러 설비 배관

㉠ 주배관 : 각 층을 수직으로 관통하는 배관
㉡ 교차배관 : 직접 또는 주배관을 통해 가지배관에 급수하는 배관
㉢ 가지배관 : 스프링클러 헤드가 설치되어 있는 배관
㉣ 급수배관 : 수원이나 옥외송수구로부터 급수하는 배관
㉤ 신축배관 : 가지배관과 스프링클러 헤드를 연결하는 배관. 구부릴 수 있도록 유연성을 가져야 한다.

80 ③

저항의 크기는 물체의 단면적에 반비례하고 길이에 비례한다.

81 ①

허가 대상 건축물이라 하더라도 다음에 해당하는 경우에는 미리 특별자치시장·특별자치도지사 또는 시장·군수·구청장에게 국토교통

부령으로 정하는 바에 따라 신고를 하면 건축허가를 받은 것으로 본다.
① 바닥면적의 합계가 85㎡ 이내의 증축·개축 또는 재축. 다만, 3층 이상 건축물인 경우에는 증축·개축 또는 재축하려는 부분의 바닥면적의 합계가 건축물 연면적의 1/10 이내인 경우로 한정한다.
② 「국토의 계획 및 이용에 관한 법률」에 따른 관리지역, 농림지역 또는 자연환경보전지역에서 연면적이 200㎡ 미만이고 3층 미만인 건축물의 건축. 다만, 다음에 해당하는 구역에서의 건축은 제외한다.
  ㉠ 지구단위계획구역
  ㉡ 방재지구 등 재해취약지역으로서 대통령령으로 정하는 구역
③ 연면적이 200㎡ 미만이고 3층 미만인 건축물의 대수선
④ 주요구조부의 해체가 없는 등 다음에 해당하는 대수선
  ㉠ 내력벽의 면적을 30㎡ 이상 수선하는 것
  ㉡ 기둥을 세 개 이상 수선하는 것
  ㉢ 보를 세 개 이상 수선하는 것
  ㉣ 지붕틀을 세 개 이상 수선하는 것
  ㉤ 방화벽 또는 방화구획을 위한 바닥 또는 벽을 수선하는 것
  ㉥ 주계단·피난계단 또는 특별피난계단을 수선하는 것
⑤ 그 밖에 소규모 건축물로서 다음에 해당하는 건축물의 건축
  ㉠ 연면적의 합계가 100㎡ 이하인 건축물
  ㉡ 건축물의 높이를 3m 이하의 범위에서 증축하는 건축물
  ㉢ 법령에 따른 표준설계도서에 따라 건축하는 건축물로서 그 용도 및 규모가 주위환경이나 미관에 지장이 없다고 인정하여 건축조례로 정하는 건축물
  ㉣ 공업지역, 산업단지에서 건축하는 2층 이하 건축물로서 연면적 합계 500㎡ 이하인 공장

㉤ 농업이나 수산업을 경영하기 위하여 읍·면지역에서 건축하는 연면적 200㎡ 이하의 창고 및 연면적 400㎡ 이하의 축사, 작물재배사, 종묘배양시설, 화초 및 분재 등의 온실

82 ③

승용승강기 최소 대수

$$= 2 + \frac{10000㎡ - 3000㎡}{2000㎡} = 2 + 3.5 ≒ 6대$$

83 ①

열교환기는 시간당 최대냉방열량을 처리할 수 있는 용량 이상으로 설치하여야 한다.

84 ③

① 헬리포트의 길이와 너비는 각각 22m 이상으로 한다.(건물 크기에 따라 15m까지 감축 가능)
② 헬리포트의 중앙부분에는 지름 8m의 "ⓗ" 표지를 백색으로 한다.
④ 옥상에 헬리콥터를 통하여 인명 등을 구조할 수 있는 공간을 설치하는 경우에는 직경 10m 이상의 구조공간을 확보하여야 하며, 구조공간에는 구조 활동에 장애가 되는 건축물, 공작물 또는 난간 등을 설치해서는 안 된다.

85 ①

복도의 유효너비

구분	양 옆에 거실이 있는 복도	기타
유치원·초등학교·중학교·고등학교	2.4m 이상	1.8m 이상
공동주택·오피스텔	1.8m 이상	1.2m 이상
당해 층 거실바닥면적 합계 200㎡ 이상	1.5m 이상 (의료시설 1.8m 이상)	1.2m 이상

86 ④

분류	세부항목
1. 자동차관련 시설군	가. 자동차 관련시설
2. 산업 등의 시설군	가. 운수시설 나. 창고시설 다. 공장 라. 위험물저장 및 처리시설 마. 자원순환 관련 시설 바. 묘지 관련 시설 사. 장례시설
3. 전기통신시 설군	가. 방송통신시설 나. 발전시설
4. 문화 및 집 회시설군	가. 문화 및 집회시설 나. 종교시설 다. 위락시설 라. 관광휴게시설
5. 영업시설군	가. 판매시설 나. 운동시설 다. 숙박시설 라. 제2종 근린생활시설 중 다중생활시설
6. 교육 및 복 지시설군	가. 의료시설 나. 교육연구시설 다. 노유자시설 라. 수련시설 마. 야영장 시설
7. 근린생활시 설군	가. 제1종 근린생활시설 나. 제2종 근린생활시설(다중생활시설 제외)
8. 주거업무시 설군	가. 단독주택 나. 공동주택 다. 업무시설 라. 교정 및 군사시설
9. 그 밖의 시 설군	가. 동물 및 식물 관련 시설

87 ②

주거용 건축물 급수관의 지름

가구 또는 세대수	1	2·3	4·5	6~8	9~16	17 이상
급수관 지름의 최소 기준(mm)	15	20	25	32	40	50

① 가구 또는 세대의 구분이 불분명한 건축물에 있어서는 주거에 쓰이는 바닥면적의 합계에 따라 다음과 같이 가구수를 산정한다.

㉠ 바닥면적 $85m^2$ 이하 : 1가구

㉡ 바닥면적 $85m^2$ 초과 $150m^2$ 이하 : 3가구

㉢ 바닥면적 $150m^2$ 초과 $300m^2$ 이하 : 5가구

㉣ 바닥면적 $300m^2$ 초과 $500m^2$ 이하 : 16가구

㉤ 바닥면적 $500m^2$ 초과 : 17가구

② 가압설비 등을 설치하여 급수되는 각 기구에서의 압력이 1cm당 0.7kg 이상인 경우에는 위 표의 기준을 적용하지 아니할 수 있다.

88 ①

에너지절약설계기준상 단열계획에 대한 건축부문의 권장사항

㉠ 건축물 외벽, 천장 및 바닥으로의 열손실을 방지하기 위하여 기준에서 정하는 단열두께보다 두껍게 설치하여 단열부위의 열저항을 높이도록 한다.

㉡ 외벽 부위는 외단열로 시공한다.

㉢ 외피의 모서리 부분은 열교가 발생하지 않도록 단열재를 연속적으로 설치하고, 기타 열교부위는 별표11의 외피 열교부위별 선형 열관류율 기준에 따라 충분히 단열되도록 한다.

㉣ 건물의 창 및 문은 가능한 한 작게 설계하고, 특히 열손실이 많은 북측 거실의 창 및 문의 면적은 최소화한다.

㉤ 발코니 확장을 하는 공동주택이나 창 및 문의 면적이 큰 건물에는 단열성이 우수한 로이(Low-E) 복층창이나 삼중창 이상의 단열성능을 갖는 창을 설치한다.

㉥ 야간 시간에도 난방을 해야 하는 숙박시설 및 공동주택에는 창으로의 열손실을 줄이기 위하여 단열셔터 등 야간단열장치를 설치한다.

㉦ 태양열 유입에 의한 냉·난방부하를 저감할 수 있도록 일사조절장치, 태양열투과율, 창 및 문의 면적비 등을 고려한 설계를 한다. 차양장치 등을 설치하는 경우에는 비, 바람, 눈, 고드름 등의 낙하 및 화재 등의 사고에 대비하여 안전성을 검토하고 주변 건축물에 빛반사에 의한 피해 영향을 고려하여야 한다.

㉧ 건물 옥상에는 조경을 하여 최상층 지붕의 열저항을 높이고, 옥상면에 직접 도달하는

일사를 차단하여 냉방부하를 감소시킨다.

89 ④

비상탈출구의 기준(주택 제외)

비상탈출구	설치 기준
비상탈출구의 크기	유효너비 0.75m×유효높이 1.5m 이상
비상탈출구의 방향	피난방향으로 열리도록 하고 실내에서 항상 열 수 있는 구조로 하며, 내부 및 외부에는 비상탈출구의 표시 설치
비상탈출구의 설치 위치	출입구로부터 3m 이상 떨어진 곳에 설치
사다리의 설치	지하층의 바닥으로부터 비상탈출구의 아랫부분까지의 높이가 1.2m 이상이 되는 경우에는 벽체에 발판의 너비가 20cm 이상인 사다리 설치
피난통로의 유효너비	피난층 또는 지상으로 통하는 복도나 직통계단까지 이르는 피난통로의 유효너비는 75cm 이상
비상탈출구의 통로마감	피난통로로 실내에 접하는 부분의 마감과 그 바탕은 불연재료로 할 것
비상탈출구의 진입부분 피난통로의 처리	통행에 지장이 있는 물건을 방치하거나 시설물 설치 금지
비상탈출구의 유도등	비상탈출구의 유도등과 피난통로의 비상조명등의 설치는 소방법령에 따른다.

90 ②

판매시설, 운수시설 및 창고시설(물류터미널에 한정한다)로서 바닥면적의 합계가 5000m² 이상이거나 수용인원이 500명 이상인 경우에는 모든 층에 스프링클러를 설치해야 한다.

91 ④

소방시설의 분류

㉠ 소화설비 : 소화기, 옥내소화전, 옥외소화전, 스프링클러, 물분무 등 설비(가스계 소화설비)
㉡ 경보설비 : 자동화재탐지설비, 자동화재속보설비, 비상방송설비, 비상경보설비, 누전경보기
㉢ 피난설비구조 : 유도등, 비상조명등, 피난사다리, 공기호흡기, 완강기, 인명구조기구
㉣ 소화용수설비 : 상수도소화용수설비, 소화수조
㉤ 소화활동설비 : 제연설비, 연결송수관설비, 연결살수설비, 무선통신보조설비, 비상콘센트설비

92 ④

판매시설의 경우 연면적 1000m² 이상이 자동화재탐지설비 설치대상이다.

93 ②

거실의 채광 및 환기를 위한 창문

구분	건축물의 용도	창문 등의 면적	예외 규정
채광	• 단독주택의 거실 • 공동주택의 거실 • 학교의 교실 • 의료시설의 병실 • 숙박시설의 객실	거실바닥면적의 1/10 이상	거실의 용도에 따른 조도기준의 조도 이상의 조명
환기		거실바닥면적의 1/20 이상	기계장치 및 중앙관리방식의 공기조화설비를 설치한 경우

※ 교실 바닥면적이 100m²이므로 요구되는 채광용 창 면적은 10m²이다. 따라서 4m²의 추가 면적이 요구된다.

94 ③

초고층 건축물에는 피난층 또는 지상으로 통하는 직통계단과 직접 연결되는 피난안전구역(건축물의 피난·안전을 위하여 건축물 중간층에 설치하는 대피공간을 말한다. 이하 같다)을 지

상층으로부터 최대 30개 층마다 1개소 이상 설치하여야 한다.

95 ④

거실의 반자높이

건축물의 용도	반자높이	예외 규정
일반용도의 거실	2.1m 이상	• 공장 • 창고시설 • 위험물 저장 및 처리시설 • 동물 및 식품관련시설 • 분뇨 및 쓰레기 처리 시설 • 묘지 관련 시설
• 문화 및 집회시설 (전시장 및 동·식물원은 제외) • 종교시설 및 장례식장 • 위락시설 중 유흥주점 ※ 관람석 또는 집회실로서 바닥면적 200m² 이상	4.0m 이상 (노대 아랫부분 : 2.7m 이상)	기계환기장치를 설치한 경우

96 ④
일반음식점은 제2종 근린생활시설에 속한다.

97 ④
"발코니"란 건축물의 내부와 외부를 연결하는 완충공간으로서 전망이나 휴식 등의 목적으로 건축물 외벽에 접하여 부가적(附加的)으로 설치되는 공간을 말한다. 주택에 설치되는 발코니로서 국토교통부장관이 정하는 기준에 적합한 발코니는 필요에 따라 거실·침실·창고 등의 용도로 사용할 수 있다.

98 ④
피난층 외의 층에서 거실 각 부분으로부터의 피난층 또는 지상으로 통하는 직통계단(경사로 포함)에 이르는 보행거리

구분	보행거리
원칙	30m 이하
주요구조부가 내화구조 또는 불연재료로 된 건축물(지하층에 설치하는 바닥면적 합계 300제곱미터 이상 공연장·집회장·관람장 및 전시장 제외)	50m 이하(16층 이상 공동주택 : 40m 이하)
자동화 생산시설에 스프링클러 등 자동식 소화설비를 설치한 공장(국토교통부령으로 정하는 공장인 경우)	75m 이하(무인화 공장은 100미터)

99 ①

방염성능기준 이상의 실내장식물 등을 설치하여야 하는 특정소방대상물
㉠ 근린생활시설 중 의원, 조산원, 산후조리원, 체력단련장, 공연장 및 종교집회장
㉡ 건축물의 옥내에 있는 시설로서 문화 및 집회시설, 종교시설, 운동시설(수영장은 제외)
㉢ 의료시설, 노유자시설 및 숙박이 가능한 수련시설, 숙박시설
㉣ 방송통신시설 중 방송국 및 촬영소, 다중이용업소, 교육연구시설 중 합숙소
㉤ ㉠~㉣에 해당하지 않는 것으로서 11층 이상인 것(아파트는 제외)

100 ④
연면적 10000m² 이상인 건축물(창고시설 제외) 또는 에너지를 대량으로 소비하는 건축물로서 아래에 해당하는 건축물에 급수·배수(配水)·배수(排水)·환기·난방·소화·배연·오물처리 설비 및 승강기 설비를 설치하는 경우에는 건축기계설비기술사 또는 공조냉동기계기술사의 협력을 받아야 한다.
㉠ 냉동냉장시설·항온항습시설 또는 특수청정시설로서 당해 용도에 사용되는 바닥면적의 합계가 500m² 이상인 건축물
㉡ 아파트 및 연립주택
㉢ 다음에 해당하는 건축물로서 해당 용도에

사용되는 바닥면적의 합계가 500㎡ 이상인 건축물
  ⓐ 목욕장
  ⓑ 물놀이형 시설 및 수영장(각각 실내에 설치된 경우로 한정한다)
ㄹ 다음에 해당하는 건축물로서 해당 용도에 사용되는 바닥면적의 합계가 2000㎡ 이상인 건축물
  ⓐ 기숙사
  ⓑ 의료시설
  ⓒ 유스호스텔
  ⓓ 숙박시설
ㅁ 다음에 해당하는 건축물로서 해당 용도에 사용되는 바닥면적의 합계가 3000㎡ 이상인 건축물
  ⓐ 판매시설
  ⓑ 연구소
  ⓒ 업무시설
ㅂ 다음에 해당하는 건축물로서 해당 용도에 사용되는 바닥면적의 합계가 10000㎡ 이상인 건축물
  ⓐ 문화 및 집회시설(동·식물원 제외)
  ⓑ 종교시설
  ⓒ 교육연구시설(연구소는 제외)
  ⓓ 장례식장

2019년 1회 건축설비기사 과년도 해설 및 정답

01 ③

분산병렬형 배치
- 일종의 핑거 플랜으로 일조 및 통풍 등의 교실환경이 균등해진다.
- 각 동 사이에 정원, 놀이시설 등을 둘 수 있다.
- 구조계획이 간단하고 화재나 재난 발생 시 피난에 유리하다.
- 넓은 부지가 요구되며, 복도면적이 길어질 수 있다.

02 ③

개방식 배치(Open office)
- 개방된 단일공간에 경영관리, 직급에 따라 업무별로 낮은 파티션으로 공간을 분할 배치하는 형식
- 가구와 비품 이동이 쉽고, 공간의 규모에 변화를 주기 쉽다.
- 그리드 플래닝을 적용하여 복도, 통로면적이 최소화로 절약되고 공간낭비가 없어 사용할 수 있는 면적이 커진다.
- 동선이 자유롭고 커뮤니케이션도 용이하며 일반직에 대한 관리직의 감독이 용이하다.
- 소음이 들리고 독립성이 결핍된다.
- 프라이버시의 확보가 어려우며, 임대인이 직접 이동식 파티션 등으로 적절한 프라이버시를 확보해야 한다.

03 ③

참고실은 목록실 및 출납실에 인접시켜 배치하는 것이 좋다.

04 ③

기초 배근량이 부족하면 건물의 무게는 작아지므로 부동침하의 요인과 거리가 멀다.

05 ①

① 직렬 배치형 : 진열대가 직선으로 구성되어 간단하고 경제적인 형식이다. 고객의 흐름이 빠르며 부문별 상품진열이 용이하고 대량 판매 형식에 적합하다. 고객이 직접 선택하기에 용이한 침구, 가전제품, 식기, 서적 등 비교적 상품의 크기가 큰 측면판매업종에서 많이 볼 수 있다. 매장이 단조롭고 인기상품 코너에서는 고객이 몰려 혼잡해질 수 있다.
② 굴절 배치형 : 진열대와 고객동선이 굴절 또는 곡선으로 구성되는 형태. 대면판매와 측면판매방식이 조합된 형식이다. 안경점, 문방구점 등 주로 소형 상품일 때 적용된다.
③ 환상 배치형 : 평면의 중앙에 쇼케이스, 진열스테이지 등이 직선이나 곡선에 의한 고리모양 부분을 설치하는 형식으로 포장이나 계산을 배열된 진열대 안에서 행하는 형태. 수예품, 민예품과 같은 업종에 많이 적용된다.
④ 복합 배치형 : 평면의 크기, 형태, 상품에 따라 여러 방법들을 적절히 혼합하는 형식

06 ①

백화점 엘리베이터는 주 출입구에서 떨어진 곳에 배치한다.

07 ②

무량판 구조(flat slab)
- 보를 없애고 슬래브만으로 구성하며 하중을 직접 기둥에 전달한다.
- 플랫 슬래브의 두께는 최소 15cm 이상으로 한다.

- 전체적으로 구조가 간단하고 공사비가 절감된다.
- 실내공간을 크게 이용하면서 전체 층고를 낮게 할 수 있다.
- 주두 부위는 철근배근이 복잡해진다.
- 바닥이 두꺼워져서 고정하중이 커지며, 뼈대의 강성이 약화되고 슬래브의 무게가 가중된다.

08 ①
한식주택은 폐쇄적이며 실의 조합으로 되어 있다.

09 ②

분관식(Pavilion type)
평면분산식으로 각 건물은 3층 이하 저층 건물이며 외래부, 부속진료시설, 병동을 각각 별동으로 하여 분산시키고 복도로 연결시키는 형식으로서 치료와 의사 본위의 병원 형식이다. 각 과별 전용 시설, 진료 시설, 사무실 등이 확보되어야 한다.

※ 특징
㉠ 각 병실을 남향으로 할 수 있어 일조, 통풍 등이 좋아진다.
㉡ 넓은 대지가 필요하며 설비가 분산되고 보행거리가 길어진다.
㉢ 내부 환자는 주로 경사로를 이용한 보행 또는 들것으로 운반한다.

10 ④
남쪽배치의 우선순위는 거실이나 안방 등 중요도가 높은 공간에 있다. 따라서 부엌은 북쪽이나 동쪽 배치가 바람직하며, 오후의 강한 햇빛과 열로 인해 음식물이 상할 수 있는 서쪽은 피해야 한다.

11 ③
열관류율의 단위 : $W/m^2 \cdot K$

12 ③
③은 화란식 쌓기에 대한 설명이다.

13 ④
① 교실의 채광은 자연조명을 주로하고, 인공조명은 보조적 역할을 한다.
② 조명수준은 평상시 300lx 정도가 적당하다.
③ 직사광선을 직접 받으면 수업에 방해가 되므로 루버 설치를 하는 것이 좋다.

14 ②
㉠ 리조트 호텔(resort hotel) : 호텔 유형의 일종. 피서·피한·여행을 목적으로 하는 관광객 및 휴양객에게 많이 이용되는 호텔. 휴양지와 관광지에 건설되며 규모나 형식이 다양하다. 위치나 유형에 따라서 해변호텔, 산장호텔, 온천호텔, 스포츠호텔, 클럽하우스 등으로 분류된다.
㉡ 시티 호텔(city hotel) : 도심에 세워지는 호텔의 총칭. 커머셜 호텔, 레지덴셜 호텔, 다운타운 호텔, 서버번(suburban) 호텔, 터미널 호텔, 스테이션 호텔 등으로 분류된다.

15 ①
직접음과 반사음의 시간차가 크면 에코현상이 일어나서 음의 명료도를 저해시킨다. 따라서 실의 용도를 감안하여 이를 조절해야 한다.

16 ④
㉠ A : 반사재를 사용한다.
㉡ B : 음이 고르게 분산될 수 있는 재료를 사용한다.
㉢ C : 객석과 청중에 의해 흡음이 된다. 앞부분에서 소리가 끊기지 않도록 주의해야 하므로 경사를 주거나 하여 음이 잘 퍼지도록 한다.

17 ②
성격이 다른 동선은 서로 교차되지 않도록 계획한다.

18 ④

주변을 고정이라고 간주하는 슬래브의 경우, 단변 방향 철근을 주근이라 하고 장변 방향 철근은 배력근이라 한다.

19 ①
철골 용접접합 결함
- 크레이터(Crater Crack) : 용접길이의 끝부분이 오목하게 파진 균열. 철골조 용접의 결함
- 슬래그(slag) 감싸들기 : 용접 시 슬래그가 용착금속 안에 출입되는 현상
- 언더컷(under cut) : 용접선 끝에 용착금속이 채워지지 않아 생긴 작은 홈
- 오버랩(overlap) : 용착금속이 모재와 융합되지 않고 겹쳐 있는 현상(들떠 있는 현상)
- 위핑 홀(weeping hole) : 용접부분 표면에 생기는 작은 구멍
- 블로우 홀(blow hole) : 금속이 녹아들 때 생기는 기포나 작은 틈
- 크랙(crack) : 용접 후 냉각 시 갈라지는 현상

20 ④
아트리움(atrium)
건축물 내부에 전면 유리 등으로 마련된 내부 정원 형태의 공간. 원래 의미는 중세 기독교 건축의 앞마당을 일컫는 것으로, 현대건축에서는 오피스빌딩 등의 대형 건축물 전면부 등에 실내공간을 유리지붕 또는 오픈된 중층 공간의 전면을 유리창으로 처리하여 실내에 자연채광을 유입시키는 형태의 공간을 뜻한다. 아트리움을 설치함으로써 실내공간에서도 햇빛과 같은 자연환경 요소를 느낄 수 있고, 휴식공간을 조성할 수 있어서 쾌적한 내부 환경 조성을 가능하게 한다.

21 ③
오수처리방법
㉠ 호기성균 처리방법
  ⓐ 활성오니법 : 표준 활성오니방식, 장기간 폭기방식, 접촉안전방법

ⓑ 생물막법(고정미생물 방식) : 접촉산화방식, 살수여상방식, 회전원판 접촉방식
㉡ 물리적 처리법 : 임호프탱크 방식

22 ④
① 급수 배관으로 사용 가능하다.
② 염화비닐관의 단점이다.
③ 동관에 대한 설명이다.

23 ④
펌프의 축동력$(L_s) = \dfrac{WQH}{6120E}$[kW]

Q : 양수량[m³/min], H : 전양정[m]
W : 물 1m³의 중량, E : 효율

$\therefore L_s = \dfrac{2000\text{kg/min} \times 10}{6120 \times 0.55} = 5.94\text{kW}$

※ 양수량의 단위가 리터일 경우, 물 1L=1kg이므로 바로 중량 단위로 계산한다.

24 ②
팽창관 입상높이
$H = h\left(\dfrac{\rho_1}{\rho_2} - 1\right) = 30 \times \left(\dfrac{0.9997}{0.9718} - 1\right) = 0.87\text{m}$

h : 고가수조 정수두[m]
ρ_1 : 급수 밀도[kg/L]
ρ_2 : 급탕 밀도[kg/L]

25 ③
체크밸브
유체를 일정 방향으로 흐르게 하고, 역류를 방지하기 위한 밸브
㉠ 풋형 : 펌프 흡입관 선단의 여과기와 체크밸브를 조합한 것. 개방식 배관의 펌프 흡입관 선단에 부착하여, 펌프 운전 중은 물론이며 정지 시에도 흡입관 내부를 만수상태로 유지시킨다.
㉡ 리프트형 : 글로브 밸브와 같은 밸브 시트의 구조로서 유체 압력에 의해 밸브가 수직으로 올라가도록 되어 있다.

ⓒ 스윙형 : 시트의 고정핀을 축으로 회전하여 개폐된다. 유수에 대한 마찰저항이 적으며 수평 및 수직배관 모두에 쓰인다.
※ 게이트 밸브 : 유체 흐름을 단속하는 밸브. 유량 조절용으로는 사용이 곤란하다.

26 ②
간접배수
식료품·음료수·소독물 등을 저장하거나 취급하는 기기에서 배수관이 일반배수관에 직결되어 있으면, 배수관 내 흐름이 나빠지거나 막히게 되는 경우 오물이나 유해가스가 역류하여 이들 기기를 오염시킬 우려가 있다. 이를 방지하려면 이들 기기의 배수관을 일반배수계통에 직결하지 않고, 일단 대기 중에 적절한 공간을 띄우고 물받이용기(hopper)에 배수를 받은 다음 일반배수관에 접속해야 한다. 이를 간접배수(indirect waste)라 하며, 그 공간을 배수구 공간(drain outlet)이라 한다. 제빙기, 냉장고, 세탁기, 음료기, 식기세척기, 공기정화기, 냉각탑·열교환 배수관, 고가수조 오버플로관 등에 쓰인다.
※ 욕조, 세면기, 소변기, 대변기 등은 직접 배수관으로 연결한다.

27 ④
수격작용(water hammer)
관내 유속의 급격한 변화로 인해 상승한 압력이 배관 내에 충격과 마찰을 일으키는 현상
ⓐ 발생 요인
- 유속이 빠를수록, 관경이 작을수록, 굴곡 개소가 많을수록 잘 발생한다.
- 밸브 수전을 급히 잠글 때, 플러시 밸브나 콕을 사용할 때 발생할 수 있다.
- 20m 이상의 고양정일 경우 수격작용의 우려가 크다.

ⓑ 방지대책
- 가능 한도 내에서 관경은 크게, 유속은 느리게 한다.
- 폐수전의 폐쇄시간을 느리게 한다.
- 기구류 가까이에 에어 체임버를 설치한다.
- 굴곡 배관을 억제하고 되도록 직선배관이 되도록 한다.
- 감수압이 0.4MPa을 초과하는 계통에는 감압밸브를 설치하고, 발생요인이 되는 밸브 근처에 수격작용 방지기를 설치한다.

28 ③
수도본관 최저필요압력

$$P_0 \geq P + P_f + \frac{H}{100} = 0.07 + 0.01 + \frac{3}{100}$$
$$= 0.11 \text{MPa} = 110 \text{kPa}$$

P : 수전 필요압력[MPa]
P_f : 관 마찰손실수두[MPa]
H : 수전 높이[m]

29 ③
SS(부유물질, Suspended Soilds)
물속에 녹지 않고 부유하고 있는 모든 불용성 물질 또는 입자. 높을수록 탁도가 크다.

30 ④

[동시사용률표]

기구수	2	3	4	5	10
동시사용률(%)	100	80	75	70	53

[관균등표]

관경(mm)	15	20	25	32	40	50
사용기구수	1	2	3.7	7.2	11	20

세면기 관경 : 15mm → 균등표 기준 1개
소변기 관경 : 20mm → 균등표 기준 2×2=4개
대변기 관경 : 25mm
→ 균등표 기준 3.7×2=7.4개
∴ 1+4+7.4=12.4개
기구 수 5개의 동시사용률은 70%이므로
12.4×0.7=8.68개
따라서, 관균등표에서 7.2보다 크고 11보다 작

은 40mm를 관경으로 한다.

31 ②

배관 신축이음쇠의 종류
㉠ 신축곡관(루프형) : 신축을 흡수하는 1개의 길이는 길지만 고장이 적어서 고압 옥외 배관에 많이 쓰인다.
㉡ 슬리브형 : 온도 변화에 따라 생기는 관의 신축을 슬리브의 미끄럼으로 흡수한다. 저압 증기배관 및 온수배관의 신축이음쇠로 쓰인다.
㉢ 스위블형 : 2개 이상의 엘보우를 사용하고 나사회전을 이용하여 신축을 흡수한다.
㉣ 벨로즈형 : 온도 변화에 의한 신축을 벨로즈의 변형으로 흡수한다.
※ 플랜지 : 동일 직경의 직선배관 접합에 이용되는 강관 이음쇠

32 ④

경도(hardness of water)
물속에 녹아 있는 칼슘, 마그네슘 등의 양에 대응하는 탄산칼슘($CaCO_3$)의 100만분율(ppm)로 환산하여 표시한 것이다. 경도가 높은 물일수록 녹아 있는 탄산칼슘 성분에 의해 스케일이 많이 발생한다.

33 ③
① 펌프의 축동력은 회전수에 비례한다.
② 볼류트 펌프는 양정 30m 이하에서 주로 사용된다.
④ 캐비테이션을 방지하기 위해서는 펌프의 유효 흡입양정을 낮추고, 흡입구의 압력을 흡입구의 포화증기압 이상으로 유지시킨다.

34 ②
① 습윤(습식)통기관 : 최상류 기구의 환상통기에 연결하여 통기와 배수의 기능을 겸하는 통기관
③ 각개통기관 : 각 위생기구마다 하나씩 통기관을 설치하는 가장 이상적 통기방식
④ 신정통기관 : 배수 수직관 끝을 연장하여 대기 중에 개방하는 통기관

35 ②

중앙식 급탕설비
㉠ 중앙 기계실에 가열장치·온수탱크·순환펌프 등을 설치하여 각 개소에 온수를 공급하는 방식
㉡ 저렴한 석탄, 등유, 중유, 증기 등을 열원으로 사용할 수 있다.
㉢ 열효율이 좋고 총 열량을 적게 할 수 있으며, 관리가 용이하고 배관에 의해 어느 곳에서든 급탕할 수 있다.
㉣ 초기 설치 비용이 크고 전문기술자가 필요하며, 시공 후 기구증설로 인한 배관공사가 어렵다.
㉤ 배관이 길어져 열손실이 많으며, 순환이 느리기 때문에 순환펌프가 필요하다.
㉥ 호텔, 병원 등 급탕 개소가 많고 소요 급탕량도 많이 필요한 대규모 건축물에 채용된다.

36 ③

그리스(grease) 포집기
호텔, 영업용 음식점 등의 주방에서 나오는 배수 중의 지방분을 냉각·응고시켜 제거시킴으로써, 배수관이 지방분으로 막히지 않도록 방지한다. 포집기 내부에 여러 개의 격판을 설치하여 배수의 유입 속도를 느리게 한 후 지방분을 응고시켜 제거한다. 연속적으로 배수가 이루어질 경우 수냉식으로 하여 제거효율을 높인다. 입구 부근에는 여과망(스트레이너)을 설치하여 음식물 찌꺼기를 수집 제거한다.

37 ③

강관의 팽창길이
= 강관 길이 × 선팽창계수 × 온도변화
= $100m \times (1.0 \times 10^{-5}/℃) \times (70℃ - 10℃)$
= $0.06m = 6cm$

38 ③
관로의 마찰손실은 유체의 밀도에 비례한다.

39 ②
S트랩의 경우 자기사이펀 작용이 잘 일어난다. 이를 방지하기 위해서는 트랩의 유출부 단면적을 유입부보다 크게 하는 것이 좋다.

40 ④
가열능력과 저탕탱크 용량은 서로 반비례 관계가 된다. 최대 동시사용률이 높은 건물은 대량의 저탕이 연속적으로 필요하므로 가열부하와 최대부하의 차가 크지 않다. 따라서 가열능력은 크게 하고 저탕탱크의 용량은 작게 하는 것이 효율적이다.

41 ②
이산화탄소는 호흡에 의해 가장 많이 발생하는 실내공기오염원이며, 다른 유해기체의 농도와도 비례하므로 실내공기오염의 종합지표로 사용된다.

42 ①
습공기선도상의 상태점에서 건구온도만을 낮추면 상대습도가 증가한다.

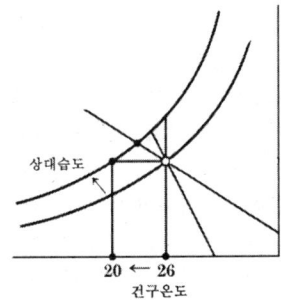

43 ④
증기 트랩
방열기 환수부 또는 증기 배관의 말단에 부착하여 증기관 내에 생긴 응축수를 보일러로 환수시키는 장치이다.
㉠ 버킷 트랩 : 응축수의 부력을 이용하는 기계식 트랩. 주로 고압증기의 관말 트랩이나 증기를 사용하는 세탁기, 탕비기 등에 쓰인다.
㉡ 플로트 트랩 : 저압 증기용 기기 부속 트랩으로 다량의 응축수를 처리하기 위해 사용한다.
㉢ 벨로즈 트랩 : 증기와 응축수 사이의 온도차를 이용하는 온도 조절식 증기트랩의 일종. 관내 응축수 배출을 위해 사용한다.
㉣ 기타 : 방열기 트랩, 충격증기트랩

44 ②
- 가열량 = $G \times C \times \Delta t$
  $= 2000 \times 1.01 \times 25.5 = 51510$ kJ/h
  G : 공기량[kg/h],
  C : 비열[kJ/kg·K],
  Δt : 온도차[℃]
- 증기량(가습량)
  $= \dfrac{\text{가열량}}{\text{증발잠열}} = \dfrac{51510}{2229.52} = 23.1$ kg/h

45 ②
보일러의 출력
① 정미출력 : 난방부하와 급탕부하를 합한 용량
② 정격출력 : 난방부하, 급탕부하, 배관부하, 예열부하의 합(보일러의 연속 운전 능력)
③ 상용출력 : 정격출력에서 예열부하를 뺀 값. 정미출력에 5~10%를 가산한다.
④ 과부하출력 : 운전 초기나 과부하 발생 시의 출력. 정격출력에 10~20% 정도가 가산된다.

46 ①
환기량
$Q = \dfrac{K}{C - C_0} = \dfrac{0.02 \times 35}{0.001 - 0.0003} = 1000$ m³/h
Q : 필요환기량[m³/h]
C : 실내허용 CO_2 농도[m³/m³]

C_0 : 외기의 CO_2 농도[m^3/m^3]

K : 재실인원의 CO_2 토출량[m^3/h]

47 ①

체크밸브

유체를 일정 방향으로 흐르게 하고, 역류를 방지하기 위한 밸브

㉠ 풋형 : 펌프 흡입관 선단의 여과기와 체크밸브를 조합한 것. 개방식 배관의 펌프 흡입관 선단에 부착하여, 펌프 운전 중은 물론이며 정지 시에도 흡입관 내부를 만수상태로 유지시킨다.

㉡ 리프트형 : 글로브 밸브와 같은 밸브 시트의 구조로서 유체 압력에 의해 밸브가 수직으로 올라가도록 되어 있다.

㉢ 스윙형 : 시트의 고정핀을 축으로 회전하여 개폐된다. 유수에 대한 마찰저항이 적으며 수평 및 수직배관 모두에 쓰인다.

48 ①

- 유리로부터의 취득열량
  = 일사에 의한 취득열량(Q_{gr}) + 관류에 의한 취득열량(Q_{gt})
- 단위면적당 일사에 의한 취득열량

  $Q_{gr} = I \times A \times k$

  $= 100W/m^2 \times 1.0 = 100W/m^2$

  I : 유리를 통해 투과 및 흡수되는 표준 일사취득열량[W/m^2]

  K : 차폐계수

- 단위면적당 관류에 의한 취득열량

  $Q_{gt} = Q_t \times A = 3.0W/m^2 \times 30℃ = 90W/m^2$

  Q_t : 유리로부터의 관류열량[W/m^2]

  = 유리창 관류율 × 면적 × 실내외 온도차

  ∴ 유리창을 통한 단위 면적당 취득열량

  $= 100W/m^2 + 90W/m^2 = 190W/m^2$

49 ④

송풍기의 분류

㉠ 원심형 : 다익형, 터보형(후곡형), 익형, 방사형

㉡ 축류형 : 프로펠러형, 튜브형, 베인형

㉢ 관류형(횡류형)

50 ②

냉방부하의 종류와 발생 요인

부하 발생 요인	현열	잠열
벽체로부터의 취득열량	○	
유리로부터의 취득열량	○	
송풍기에 의한 취득열량	○	
덕트로부터의 취득열량	○	
조명에 의한 취득열량	○	
극간풍에 의한 취득열량	○	○
인체의 발생열량	○	○
기구로부터의 발생열량	○	○
외기 도입에 의한 취득열량	○	○

51 ②

혼합공기의 건구온도

$$= \frac{10kg \times 15℃ + 5kg \times 30℃}{10kg + 5kg} = 20℃$$

52 ②

압축식 냉동기의 구성 요소

㉠ 압축기 : 증발기에서 유입된 저온·저압의 냉매 가스를 응축·액화하기 쉽도록 압축한 후 응축기로 보낸다.

㉡ 응축기 : 고온·고압의 냉매액을 공기 또는 물에 접촉하여 응축·액화시킨다.

㉢ 팽창밸브 : 고온·고압의 냉매액을 증발기에서 증발하기 쉽도록 저온·저압으로 팽창시킨다.

㉣ 증발기 : 팽창밸브를 통과한 저온·저압의 냉매가 실내공기로부터 열을 흡수하여 증발함으로써 냉동이 이루어진다.

53 ③

현열량

$= 3000m^3 \times 1.01kJ/kg \cdot K \times 1.2kg/m^3 \times (30-14)$

$= 58176kJ/h$

$$\therefore 58176 \text{kJ/h} \div 3600 \text{s} = 16.16 \text{kW}$$

54 ②

습공기의 엔탈피

$i = C_{pa} \cdot t + (\gamma_0 + C_{pw} \cdot t) \cdot x$
$= 1.01 \times 30 + (2501 + 1.85 \times 30) \times 0.015$
$= 68.648 \text{kJ/kg}'$

C_{pa} : 건공기 정압비열[kJ/kg·K]
t : 건구온도[℃]
γ_0 : 포화수 증발잠열[kJ/kg]
C_{pw} : 수증기 정압비열[kJ/kg·K]
x : 절대습도

∴ 습공기 6kg의 엔탈피
$= 68.648 \times 5 = 343.24 \text{kJ}$

55 ②

유인비
$= \dfrac{1\text{차 공기량} + 2\text{차 공기량}}{1\text{차 공기량}} = \dfrac{\text{전공기량}}{1\text{차 공기량}}$

56 ④

바이패스형 변풍량 유닛(VAV unit)
- 송풍공기 중 취출구를 통해서 실내에 취출되고 남은 공기를 천장 속 또는 환기덕트로 바이패스시키는 방식
- 부하변동에 대한 대응이 용이하며, 유닛의 소음발생이 적다.
- 송풍기로부터의 풍량은 일정하며 덕트 내 정압제어가 불필요하므로, 송풍용량 제어를 위한 부속기기를 설치할 필요가 없다.
- 덕트 계통의 증설이나 개설에 대한 적응성이 적다.

57 ③

- 전수두=위치수두+관내압력수두+속도수두
- 속도수두 $= \dfrac{v^2}{2g}$

  (v : 관내 유속, g : 중력가속도[9.8m/sec²])

$$\therefore \text{전수두} = 10 + 30 + \dfrac{2.5^2}{2 \times 9.8} ≒ 40.32 \text{mAq}$$

58 ②

2중 효용 흡수식 냉동기의 특징
- 단효용 흡수식 냉동기의 응축기에서 버려지는 증기의 응축열을 이용한 것이다.
- 단효용 방식보다 에너지가 절약되고 효율이 높다.
- 고온발생기와 저온발생기를 사용하며, 저온발생기의 압력은 고온발생기보다 낮다.
- 냉각탑의 용량을 줄일 수 있다.
※ 팽창밸브는 압축식 냉동기에서 사용한다.

59 ②

① 전공기방식이다.
③ 혼합상자를 쓰지 않는다.
④ 부하특성이 같은 대규모 단일 공간의 공조에 적합하다.

60 ②

강하거리는 기류의 풍속 및 실내공기와의 온도차에 비례한다.

61 ③

비자성체
자석에 잘 반응하지 않는 물체. 대표적으로 구리, 알루미늄, 오스테나이트계 스테인리스강이 있다.

62 ①

옥외소화전설비용 수조의 설치 기준
㉠ 점검에 편리한 곳에 설치할 것
㉡ 동결방지조치를 하거나 동결의 우려가 없는 장소에 설치할 것
㉢ 수조의 외측에 수위계를 설치할 것. 다만, 구조상 불가피한 경우에는 수조의 맨홀 등을 통하여 수조 안의 물의 양을 쉽게 확인할 수 있도록 하여야 한다.
㉣ 수조의 상단이 바닥보다 높은 때에는 수조

의 외측에 고정식 사다리를 설치할 것
ⓜ 수조가 실내에 설치된 때에는 그 실내에 조명설비를 설치할 것
ⓑ 수조의 밑부분에는 청소용 배수밸브 또는 배수관을 설치할 것
ⓢ 수조의 외측의 보기 쉬운 곳에 "옥외소화전설비용 수조"라고 표시한 표지를 할 것. 이 경우 그 수조를 다른 설비와 겸용하는 때에는 그 겸용되는 설비의 이름을 표시한 표지를 함께 하여야 한다.
ⓞ 옥외소화전펌프의 흡수배관 또는 옥외소화전설비의 수직배관과 수조의 접속부분에는 "옥외소화전설비용 배관"이라고 표시한 표지를 할 것. 다만, 수조와 가까운 장소에 옥외소화전펌프가 설치되고 옥외소화전펌프에 법령에 따른 표지를 설치한 때에는 그러하지 아니하다.

63 ②

피뢰침 수뢰부 보호범위 산정방식
㉠ 메시법 : 메시도체로 둘러싸인 내부를 보호범위로 산정하는 방법
㉡ 보호각법 : 피뢰침이 이루는 원뿔각 내의 구조물은 직격하는 낙뢰로부터 보호된다는 원리에 따라 피뢰도체의 높이를 정하는 방법
㉢ 회전구체법 : 뇌격거리와 동등한 반경의 가상구를 건축물에 회전시킬 때 접촉하는 모든 점에 피뢰침을 설치하는 방법

64 ③

저항의 크기는 동선의 길이에 비례하고 단면적에 반비례한다.

65 ②

가스계량기 설치 위치
• 직사광선이나 빗물을 받을 우려가 없는 곳
• 화기·습기로부터 멀고 진동이 없는 곳
• 건물 미관을 손상시키지 않는 곳
• 검침·검사·교환에 지장이 없는 곳

※ 보일러실 내에는 설치하지 않을 것
※ 각종 설비와의 이격 기준
㉠ 전기개폐기, 전기계량기, 안전기와 60cm 이상 이격
㉡ 굴뚝, 콘센트와 30cm 이상 이격
㉢ 저압전선과 15cm 이상, 화기와 2m 이상 우회거리 유지

66 ②

옥내소화전설비의 수원은 그 저수량이 옥내소화전의 설치개수가 가장 많은 층의 설치개수에 $2.6m^3$을 곱한 양 이상이 되도록 하여야 한다.
∴ $2.6m^3 \times 4 = 10.4m^3$

67 ④

• 점광원의 방향과 수직인 면의 조도(lx)
$$= \frac{광도(cd)}{거리^2(m)}$$

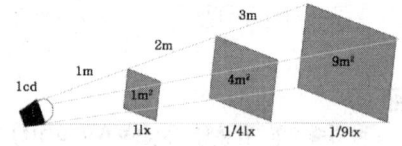

• 광선과 수직을 이루지 않는 면에 도달하는 빛의 조도(lx) = $\frac{광도(cd)}{거리^2(m)} \cos\theta$

※ 빛의 입사각이 수직이 아닐 경우, 그림과 같이 표면에 닿기 전 수직인 A면을 통과한 후 B면에 도달한다고 할 수 있다. 이때 B의 면적은 $\frac{A(m^2)}{\cos\theta}$이므로 위의 식이 성립한다.

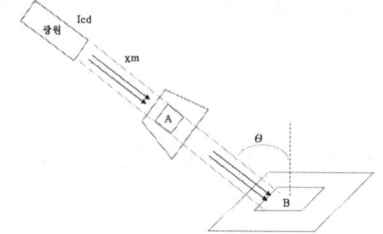

68 ③

위상차가 있는 사인파 교류

$V = V_m \sin(\omega t - \theta) = 154\sin(314t - 90°)$

(V_m : 전압의 최댓값, ω : 각속도, t : 주기, θ : 위상차)

각속도 $\omega = 2\pi f = 314$이므로

주파수 $f = \dfrac{\omega}{2\pi} = 50Hz$

69 ①

$P = IV = \dfrac{V^2}{R}$ 이므로 소비전력은 전압의 제곱에 비례하고 저항에 반비례한다.

∴ $P_1 = 1210 \times (\dfrac{200}{220})^2 = 1000W$

70 ②

승합전자동 방식

승객 스스로 운전하는 전자동 방식. 승강장 및 엘리베이터 내 버튼으로 기동 및 정지를 이루며, 누른 순서에 상관없이 각 호출에 응하여 자동으로 정지한다.

※ 요운전원 방식

㉠ 카 스위치 방식 : 운전원이 스타트 핸들을 조작하여 시동 및 정지한다.

㉡ 레코드 컨트롤 방식 : 운전원이 조작반의 목적층 단추를 누르며 순서대로 정지한다. 시동은 운전원의 스타트 핸들 조작으로 이루어지며, 중간층에서의 반전이 불가능하다.

㉢ 시그널 컨트롤 방식 : 시동은 스타트 핸들 조작으로 이루어지며, 정지는 목적층 신호와 승강장 호출 신호에 의해 자동 정지한다. 반전은 호출 신호에 의해 어느 층에서도 가능하다.

71 ①

폐쇄형 스프링클러 헤드 사용 시 설치 장소별 스프링클러 헤드 기준 개수

설치 장소			기준 개수
지하층 제외한 층수가 10층 이하인 소방 대상물	공장 또는 창고 (랙크식 창고 포함)	특수가연물 저장·취급 시설	30
		그 외	20
	근린생활시설·판매시설·운수시설 또는 복합건축물	판매시설 또는 (판매시설이 설치되는) 복합건축물	30
		그 외	20
	그 외	헤드 부착높이 8m 이상인 것	20
		헤드 부착높이 8m 미만인 것	10
아파트			10
지하층 제외한 층수가 11층 이상인 소방대상물(아파트 제외)			30
지하가 또는 지하역사			

비고 : 하나의 소방대상물이 위의 기준 중 2가지 이상에 해당될 경우, 개수가 많은 것을 기준으로 한다. 단, 기준개수에 해당하는 수원을 별도로 설치하는 경우는 제외한다.

72 ④

• 물분무소화설비의 소화작용 : 냉각효과, 질식효과, 희석효과

• 부촉매 : 화학반응의 속도를 늦추는 촉매. 할로겐화합물 소화약제, 분말 소화약제 등의 소화작용

73 ①

① 보통 충전 : 필요할 때마다 표준 시간율로 소정의 충전을 하는 방식

② 급속 충전 : 보통 충전 전류의 2~3배의 전류로 충전하는 방식

③ 부동 충전 : 축전지의 자기방전을 보충하면서 동시에 상용부하에 대한 전력공급은 충전기가 부담하되, 충전기가 부담하기 어려운 일시적 대전류부하는 축전지로 하여금 부담하게 하는 방식

④ 균등 충전 : 각 축전지의 전위차를 보정하기 위해 1~3개월마다 10~12시간씩 1회 충전하는 방식

74 ④

제어동작에 의한 분류
㉠ 연속동작 : 비례제어(P), 미분동작(D), 적분동작(I), 비례적분제어(PI), 비례미분(PD), 비례적분미분제어(PID)
㉡ 불연속동작 : 2위치 동작(ON/OFF), 다위치 동작

75 ①

광전식 감지기
연기 입자에 의한 광전소자의 입사광량 변화를 감지한다.

76 ②

코일에서는 전압이 전류보다 앞선다.

77 ④

절연저항
전선피복과 같이 전류가 누설되지 않도록 하는 절연물 자체의 저항을 뜻한다.
※ 절연저항 기준
　• 150V 이하 : 0.1MΩ
　• 150V 초과 300V 이하 : 0.2MΩ
　• 300V 초과 400V 미만 : 0.3MΩ

78 ④

농형 유도전동기
㉠ 농형 회전자를 가진 교류형 전동기. 구조와 취급이 간단하고 기계적으로 견고하다.
㉡ 운전이 쉽고 속도제어가 가능하며, 가격이 저렴하다.
㉢ 슬립링이 없어서 불꽃이 나올 염려가 없다.
㉣ 기동전류가 커서 전동기 전선을 과열시키거나 전원전압의 변동을 일으킬 수 있다.

79 ③

① AI(Analog Input) : 온도, 전류, 전압의 신호를 받아들일 수 있는 아날로그 입력
② DI(Digital Input) : ON/OFF상태 또는 경보신호를 받아들일 수 있는 디지털 입력
③ AO(Analog Output) : 밸브나 댐퍼 등을 비례적으로 동작시키는 아날로그 출력
④ DO(Digital Output) : ON/OFF를 작동시키는 디지털 출력

80 ②

10Ω의 저항 5개를 병렬 접속하면
합성저항 $R = \dfrac{1}{\dfrac{1}{10}+\dfrac{1}{10}+\dfrac{1}{10}+\dfrac{1}{10}+\dfrac{1}{10}} = 2\Omega$

81 ④

승강장 바닥면적은 비상용 승강기 1대당 6m² 이상으로 한다. 단, 옥외에 승강장을 설치하는 경우는 제외한다.

82 ②

출구 유효너비 합계 최소기준은
$1000\text{m}^2 \times \dfrac{0.6\text{m}}{100\text{m}^2} = 6\text{m}$이다.
각 출구의 유효너비는 1.5m이므로 이 관람석에는 출구를 4개소 이상 설치하여야 한다.

83 ③

다중이용업소의 수용인원 산정방법
㉠ 숙박시설이 있는 특정소방대상물
　ⓐ 침대가 있는 시설 : 해당 특정소방대상물의 종사자 수+침대 수(2인용 침대는 2개로 산정한다)
　ⓑ 침대가 없는 시설 : 해당 특정소방대상물의 종사자 수+숙박시설 바닥면적 합계를 3m²로 나누어 얻은 수
㉡ ㉠ 외의 특정소방대상물
　ⓐ 강의실·교무실·상담실·실습실·휴게실 용도로 쓰이는 특정소방대상물 : 해당 용도로 사용하는 바닥면적의 합계를 1.9m²로 나누어 얻은 수

ⓑ 강당, 문화 및 집회시설, 운동시설, 종교시설 : 해당 용도로 사용하는 바닥면적 합계를 4.6m²로 나누어 얻은 수(관람석이 있는 경우 고정식 의자를 설치한 부분은 그 부분의 의자 수로 하고, 긴 의자의 경우에는 의자의 정면너비를 0.45m로 나누어 얻은 수로 한다)
ⓒ 그 밖의 특정소방대상물 : 해당 용도로 사용하는 바닥면적의 합계를 3m²로 나누어 얻은 수
※ 바닥면적을 산정 시 복도, 계단 및 화장실의 바닥면적을 포함하지 않는다.
※ 계산 결과 소수점 이하의 수는 반올림한다.

84 ③

공동주택과 오피스텔의 난방설비를 개별난방방식으로 하는 경우에는 다음의 기준에 적합하여야 한다.

구분	구조 및 재료
보일러실 위치	• 거실 이외의 장소에 설치 • 보일러실과 거실 사이는 내화구조의 벽으로 구획(출입구 제외)
보일러실 환기	• 보일러실 윗부분에 0.5m² 이상의 환기창 설치 • 윗부분과 아랫부분에 지름 10cm 이상의 공기흡입구 및 배기구 설치(항상 개방) • 단, 전기보일러인 경우는 해당되지 않는다.
기름저장소	• 기름보일러의 기름저장소는 보일러실 외의 장소에 설치
오피스텔 난방구획	• 난방구획마다 내화구조의 벽, 바닥 및 갑종방화문으로 구획(출제 당시) • 난방구획마다 방화구획으로 구획(개정된 법규)
보일러실 연도	• 내화구조로서 공동연도로 설치할 것
보일러실과 거실 사이 출입구	• 출입구가 닫힌 경우 가스가 거실에 들어갈 수 없는 구조일 것
가스 보일러	• 중앙집중공급방식으로 공급하는 경우에는 위 규정에도 불구하고 가스관계법령이 정하는 기준에 따른다.(단, 오피스텔 난방구획에 대한 규정은 동일하게 지킬 것)

85 ④

에너지절약 설계기준에 따른 기계부분의 의무사항 중 설계용 외기조건

난방 및 냉방설비의 용량계산을 위한 외기조건은 각 지역별로 위험률 2.5%(냉방기 및 난방기를 분리한 온도출현분포를 사용할 경우) 또는 1%(연간 총시간에 대한 온도출현분포를 사용할 경우)로 하거나 별표에서 정한 외기 온·습도를 사용한다.

86 ②

환기구(건축물의 환기설비에 부속된 급·배기를 위한 건축구조물의 개구부)는 보행자 및 건축물 이용자의 안전이 확보되도록 바닥으로부터 2m 이상의 높이에 설치하여야 한다.

87 ③

교육연구시설(제2종 근린생활시설에 해당하는 것은 제외한다)

㉠ 학교(유치원, 초등학교, 중학교, 고등학교, 전문대학, 대학, 대학교, 그 밖에 이에 준하는 각종 학교를 말한다)
㉡ 교육원(연수원, 그 밖에 이와 비슷한 것을 포함한다)
㉢ 직업훈련소(운전 및 정비 관련 직업훈련소는 제외한다)
㉣ 학원(자동차학원·무도학원 및 정보통신기술을 활용하여 원격으로 교습하는 것은 제외한다)
㉤ 연구소(연구소에 준하는 시험소와 계측계량소를 포함한다)
㉥ 도서관
※ 어린이집은 노유자시설에 속한다.

88 ③

문화 및 집회시설(동·식물원 제외), 종교시설(주요구조부가 목조인 것 제외), 운동시설(물놀이형 시설 제외)로서 다음의 어느 하나에 해당하는 경우에는 모든 층에 스프링클러설비를

설치하여야 한다.
㉠ 수용인원이 100명 이상인 것
㉡ 영화상영관의 용도로 쓰이는 층의 바닥면적이 지하층 또는 무창층인 경우에는 500제곱미터 이상, 그 밖의 층의 경우에는 1천제곱미터 이상인 것
㉢ 무대부가 지하층·무창층 또는 4층 이상의 층에 있는 경우에는 무대부의 면적이 300제곱미터 이상인 것
㉣ 무대부가 ㉢ 외의 층에 있는 경우에는 무대부의 면적이 500제곱미터 이상인 것

89 ②
① 대수제어운전 : 기기를 여러 대 설치하여 부하상태에 따라 운전대수를 제어하는 것
② 대수분할운전 : 기기를 여러 대 설치하여 부하상태에 따라 최적 운전상태를 유지할 수 있도록 기기를 조합하여 운전하는 방식
③ 비례제어운전 : 기기의 출력값과 목표값의 편차에 비례하여 입력량을 조절하여 최적운전상태를 유지할 수 있도록 운전하는 방식
④ 가변속제어운전 : 장치의 속도를 조절하는 방식. ON/OFF 제어보다 부드럽게 조절이 되고 절약운전이 가능하다.

90 ④
연면적 200m^2를 초과하는 건축물에 설치하는 계단의 기준

대상	설치 기준
계단참	높이가 3m를 넘는 계단 / 높이 3m 이내마다 설치(유효너비 1.2m 이상)
난간	높이가 1m를 넘는 계단 및 계단참 / 양 옆에 난간(벽 또는 이에 대치되는 것 포함)을 설치
중간 난간	너비가 3m를 넘는 계단 / 계단 중간에 너비 3m 이내마다 설치(계단 단높이 15cm 이하, 단너비 30cm 이상인 경우 제외)

계단의 유효 높이(계단 바닥 마감면부터 상부 구조체의 하부 마감면까지의 연직방향 높이) : 2.1m 이상

91 ②
6층 이상 또는 연면적 400m^2 이상인 건축물은 건축허가 등을 할 때 소방본부장 또는 소방서장의 동의를 받아야 한다.

92 ③
비상용 승강기 설치대수 산정

높이 31m를 넘는 각 층의 바닥면적 중 최대바닥면적	설치대수	대수산정 방식
1500m^2 이하	1대 이상	
1500m^2 초과	1대에 1500m^2를 넘는 3000m^2 이내마다 1대씩 가산	$1+\dfrac{s-1500\text{m}^2}{3000\text{m}^2}$

※ 2대 이상의 비상용 승강기를 설치하는 경우에는 화재 시 소화에 지장이 없도록 일정한 간격을 유지

$$\therefore 1+\dfrac{6000\text{m}^2-1500\text{m}^2}{3000\text{m}^2}=1+1.5 ≒ 3대$$

(소수점 아래 올림)

93 ②
주거용 건축물 급수관의 지름

가구 또는 세대수	1	2·3	4·5	6~8	9~16	17 이상
급수관 지름의 최소 기준(mm)	15	20	25	32	40	50

① 가구 또는 세대의 구분이 불분명한 건축물에 있어서는 주거에 쓰이는 바닥면적의 합계에 따라 다음과 같이 가구수를 산정한다.
㉠ 바닥면적 85m^2 이하 : 1가구
㉡ 바닥면적 85m^2 초과 150m^2 이하 : 3가구
㉢ 바닥면적 150m^2 초과 300m^2 이하 : 5가구
㉣ 바닥면적 300m^2 초과 500m^2 이하 : 16가구
㉤ 바닥면적 500m^2 초과 : 17가구
② 가압설비 등을 설치하여 급수되는 각 기구에서의 압력이 1cm당 0.7kg 이상인 경우에는

위 표의 기준을 적용하지 아니 할 수 있다.

94 ①
소방시설의 분류
- ㉠ 소화설비 : 소화기, 옥내소화전, 옥외소화전, 스프링클러, 물분무 등 설비(가스계 소화설비)
- ㉡ 경보설비 : 자동화재탐지설비, 자동화재속보설비, 비상방송설비, 비상경보설비, 누전경보기
- ㉢ 피난설비구조 : 유도등, 비상조명등, 피난사다리, 공기호흡기, 완강기, 인명구조기구
- ㉣ 소화용수설비 : 상수도소화용수설비, 소화수조
- ㉤ 소화활동설비 : 제연설비, 연결송수관설비, 연결살수설비, 무선통신보조설비, 비상콘센트설비

95 ②
건축물의 시설군

분류	세부항목
1. 자동차관련 시설군	가. 자동차 관련시설
2. 산업 등의 시설군	가. 운수시설 나. 창고시설 다. 공장 라. 위험물저장 및 처리시설 마. 자원순환 관련 시설 바. 묘지 관련 시설 사. 장례시설
3. 전기통신시설군	가. 방송통신시설 나. 발전시설
4. 문화 및 집회시설군	가. 문화 및 집회시설 나. 종교시설 다. 위락시설 라. 관광휴게시설
5. 영업시설군	가. 판매시설 나. 운동시설 다. 숙박시설 라. 제2종 근린생활시설 중 다중생활시설
6. 교육 및 복지시설군	가. 의료시설 나. 교육연구시설 다. 노유자시설 라. 수련시설 마. 야영장 시설
7. 근린생활시설군	가. 제1종 근린생활시설 나. 제2종 근린생활시설(다중생활시설 제외)
8. 주거업무시설군	가. 단독주택 나. 공동주택 다. 업무시설 라. 교정 및 군사시설
9. 그 밖의 시설군	가. 동물 및 식물 관련 시설

허가 및 신고대상의 용도변경 분류
- ※ 허가대상 : 하위 → 상위시설 용도 변경
- ※ 신고대상 : 상위 → 하위시설 용도 변경
- ※ 기재변경 : 동일 시설군 내에서의 용도변경

96 ①
건축물에 설치하는 급수·배수·냉방·난방·환기·피뢰 등 건축설비의 설치에 관한 기술적 기준은 국토교통부령으로 정하되, 에너지이용합리화와 관련한 건축설비의 기술적 기준에 관하여는 산업통상자원부장관과 협의하여 정한다.

97 ②
건축법령에 따른 공동주택의 분류
- ㉠ 아파트 : 주택으로 쓰는 층수가 5개 층 이상인 주택
- ㉡ 연립주택 : 주택으로 쓰는 1개 동의 바닥면적 합계가 $660m^2$를 초과하고, 층수가 4개 층 이하인 주택
- ㉢ 다세대주택 : 주택으로 쓰는 1개 동의 바닥면적 합계가 $660m^2$ 이하이고, 층수가 4개 층 이하인 주택(2개 이상의 동을 지하주차장으로 연결하는 경우에는 각각의 동으로 본다)
- ㉣ 기숙사 : 학교 또는 공장 등의 학생 또는 종업원 등을 위하여 쓰는 것으로서 1개 동의 공동취사시설 이용 세대 수가 전체의 50% 이상인 것(교육기본법에 따른 학생복지주택을 포함)

98 ②
리모델링이 쉬운 구조의 공동주택의 건축을 촉진하기 위하여 공동주택을 대통령령으로 정하는 구조로 하여 건축허가를 신청하면 제56조(건축물의 용적률), 제60조(건축물의 높이 제한) 및 제61조(일조 등의 확보를 위한 건축물의 높이 제한)에 따른 기준을 100분의 120의 범위에서 대통령령으로 정하는 비율로 완화하여 적용할 수 있다.
※ 대통령령으로 정하는 구조란 다음과 같다.
- ㉠ 각 세대는 인접한 세대와 수직 또는 수평 방향으로 통합하거나 분할할 수 있을 것

ⓒ 구조체에서 건축설비, 내부 마감재료 및 외부 마감재료를 분리할 수 있을 것
ⓒ 개별 세대 안에서 구획된 실(室)의 크기, 개수 또는 위치 등을 변경할 수 있을 것

99 ④

특별피난계단 및 비상용 승강기 승강장에 설치하는 배연설비의 구조

구분	구조 및 재료
배연구 구조	• 연기감지기, 열감지기에 의해 자동으로 열 수 있는 구조(수동개폐 가능한 구조) • 평상시 닫힌 상태를 유지하고, 연 경우에 배연에 의한 기류로 인하여 닫히지 않을 것 • 배연구 및 배연풍도는 불연재료로 하고, 화재가 발생한 경우 원활하게 배연시킬 수 있는 규모로서 외기 또는 평상시에 사용하지 아니하는 굴뚝에 연결할 것
배연기	• 배연구가 외기에 접하지 않는 경우에는 배연기를 설치할 것 • 배연기에는 예비전원을 설치할 것 • 배연구의 열림에 따라 자동적으로 작동하고, 충분한 공기배출 또는 가압능력이 있을 것
※ 공기유입방식을 급기가압방식 또는 급·배기방식으로 하는 경우 소방관계법령의 규정에 적합하게 할 것		

100 ③

다음 건축물의 경계벽은 내화구조로 하고 지붕 밑 또는 바로 위층 바닥판까지 닿게 하여야 한다.

대상 건축물	구획되는 부분
단독주택 중 다가구주택 공동주택(기숙사 제외) 노유자시설 중 노인복지주택	각 세대 간의 경계벽 (발코니 부분 제외)
숙박시설의 객실 공동주택 중 기숙사의 침실 의료시설의 병실 교육연구시설 중 학교의 교실 노유자시설 중 노인요양시설의 호실	각 실 간의 경계벽

2019년 2회 건축설비기사 과년도 해설 및 정답

01 ③
- 부동침하 : 부등침하(不等沈下)라고도 한다. 일반적으로 침하가 건축물 전체적으로 균등하면 구조물에 파괴나 변형을 일으키는 일은 드물다. 그러나 침하가 상이하면 경사지거나 변형하게 되어 균열이 생기기 쉽다. 연약지반 위에 구조물을 만들 경우에는, 기초 지반의 압밀침하에 따르는 부동침하를 충분히 고려해야 한다.
- 부동침하의 원인 : 연약한 지층, 경사지반, 지하수위 변경, 이질지층, 지하구멍, 부분 증축 및 무리한 증축, 이질지정 및 일부지정 등

02 ①
열전도율의 단위는 W/m·K이다.

03 ①
분관식(Pavilion type) 병원
평면 분산식으로 각 건물은 3층 이하 저층 건물이며 외래부, 부속진료시설, 병동을 각각 별동으로 하여 분산시키고 복도로 연결시키는 형식이다. 치료와 의사 본위의 병원 형식이며, 각 과별 전용 시설, 진료 시설, 사무실 등이 확보되어야 한다.
※ 특징
㉠ 각 병실을 남향으로 할 수 있어 일조, 통풍 등이 고르게 좋아진다.
㉡ 넓은 대지가 필요하며 설비가 분산되고 보행거리가 길어진다.
㉢ 내부환자는 주로 경사로를 이용한 보행 또는 들것으로 운반한다.

04 ②
칵테일 파티 효과(cocktail party effect)
파티와 같이 분주한 곳에서 여러 사람들이 모여 시끄럽게 이야기하고 있음에도 자신이 관심 갖는 사람의 이야기를 골라 들을 수 있는 현상을 말한다. 특정 채널(목소리, 한쪽 귀, 언어 등)에 선택적인지 혹은 이야기 내용에도 선택적일 수 있는지와 관련하여 언급된다. 소음 속에서도 한 화자에게만 주의하고 유사한 공간 위치에서 들려오는 다른 대화를 선택적으로 걸러내는 능력을 묘사하기도 한다.

05 ②
쇼윈도 안의 조도가 외부보다 밝아야 한다.

06 ①
기계환기 방식

구분	설치방법	용도
제1종 환기 (병용식)	급기팬+배기팬	병원, 극장, 변전실
제2종 환기 (압입식)	급기팬+자연배기	수술실, 반도체 공장, 무균실
제3종 환기 (흡출식)	자연급기+배기팬	화장실, 욕실, 주방, 흡연실

㉠ 제1종(병용식) : 설비비, 운전비가 비싸지만 실내외의 압력을 자유로이 조정할 수 있어 가장 좋은 방식이다.
㉡ 제2종(압입식) : 실내 압력이 정압(+)이 된다. 다른 실에서의 공기 침입이 없어야 하는 곳에 사용한다.
㉢ 제3종(흡출식) : 실내 압력이 부압(−)이 된다. 실내의 냄새나 유해 물질을 다른 실로 흘려보내지 않는다.

07 ①
① 반자돌림대 : 목재 등으로 하며 벽과 반자가

맞닿는 곳에 마무리와 장식을 겸하기 위한 부재
② 달대받이 : 인서트에 고정하여 달대를 설치한다. 90cm 간격으로 설치
③ 달대 : 달대받이와 반자틀을 연결하는 부재. 간격은 120cm 정도로 한다.
④ 반자틀 : 반자널을 고정하는 부재. 45cm 간격으로 반자틀받이에 고정한다.

08 ①
상점 부지 선정 조건
㉠ 교통이 편리하고 사람의 눈에 잘 띄며, 통행이 빈번한 번화가가 좋다.
㉡ 가급적 2면 이상의 도로에 면한 곳이 좋다.
㉢ 대지가 불규칙하고 구석진 곳은 피하며, 전면도로가 너무 넓은 곳도 좋지 않다.

09 ③
일사(태양으로부터 받는 열)
㉠ 전일사량 : 지표면에 도달하는 일사량을 뜻하며, 직달일사량과 천공일사량을 합친 것이다.
㉡ 직달일사(direct solar radiation) : 대기를 투과해서 직접 지표에 도달한 태양 복사를 뜻한다. 직달일사량은 수증기와 먼지의 영향을 받는다.
㉢ 천공일사(sky radiation) : 일사가 대기 중의 입자에 의해 산란되어 지면에 도달하는 천공 전체의 복사를 뜻한다. 수평면 천공일사량은 태양고도와 대기 혼탁도에 따라 달라진다.
㉣ 반사일사(reflected radiation) : 직달일사와 천공일사가 지면으로부터 다시 반사되어 받는 일사를 뜻한다.

10 ④
아트리움(atrium)
건축물 내부에 전면 유리 등으로 마련된 내부 정원 형태의 공간. 원래 의미는 중세 기독교 건축의 앞마당을 일컫는 것으로, 현대건축에서는 오피스 빌딩 등의 대형 건축물 전면부 등에 실내공간을 유리지붕 또는 오픈된 중층 공간의 전면을 유리창으로 처리하여 실내에 자연채광을 유입시키는 형태의 공간을 뜻한다. 아트리움을 설치함으로써 실내공간에서도 햇빛과 같은 자연환경 요소를 느낄 수 있고, 자연채광으로 인해 에너지절약 효과도 얻을 수 있다. 업무공간의 경우 휴식공간을 조성할 수 있어서 쾌적한 내부 환경 조성이 가능하며, 근로자들의 상호교류 및 정보교환의 장소를 제공한다.

11 ③
프리캐스트 콘크리트(precast concrete)
공장 등에서 성형 제조한 철근 콘크리트 부재를 말한다. 공장에서 기둥·보·바닥판 등의 부재를 철재 거푸집에 의해 제작하고 고온다습한 증기 보양실에서 단기 보양하여 기성 제품화한 것이다. 공장생산된 제품을 공사장에 운반하여 조립구조로 시공할 수 있다. 시공 시 접합부 강도가 취약하므로 이에 대한 고려가 필요하고, 대량생산 제품이므로 다양한 외관 구성에는 한계가 있다.

12 ③
㉠ 심벽식
 ⓐ 전통목조와 같이 뼈대 사이에 벽을 만들어 뼈대가 보이도록 만든 구조이다.
 ⓑ 가새의 단면이 평벽에 비해 작기 때문에 구조적으로는 다소 약하지만 목재 고유의 아름다움을 표현할 수 있다.
㉡ 평벽식
 ⓐ 마감재를 대어 뼈대를 감싸 숨긴 구조이다.
 ⓑ 단면이 큰 가새를 배치하고 철물로 보강할 수 있어 내진성, 내풍성을 높일 수 있다.
 ⓒ 실내 기밀성, 방한, 방습 효과가 크다.

13 ④
주방을 서쪽에 배치하는 것은 오후의 일사로

14 ②
기계장비의 승강에 많은 시간이 소요된다.

15 ①
잔향시간은 실내 흡음력에 반비례한다.

16 ②
스티프너(stiffener)
웨브의 좌굴방지를 위한 보강재(L형강이나 평강을 사용)
- 하중점 스티프너 : 보의 지지점, 헌치의 끝 또는 보 위에 기둥을 세우는 등 큰 하중이 걸리는 자리에 댄 것
- 중간 스티프너 : 같은 간격으로 직각으로 배치한 것
- 수평 스티프너 : 재축에 나란하게 배치한 것

17 ④
① 건폐율=건축면적/대지면적×100(%)
② 용적률=건축물의 연면적/대지면적×100(%)
③ 호수밀도=실제 호수/토지면적×100(%)

18 ④
① D : 완전히 독립된 식사실을 두는 형태이다.
② DK : 부엌의 한 부분에 식탁을 설치하는 형태이다.
③ LD : 거실 일부에 식사실을 설치하는 형태이다.

19 ④
오픈 플랜 스쿨(open plan school)
- 기존 학습방법을 벗어나 개방적인 학습방법을 적용한다.
- 2~6학급을 일괄 운영하고, 2인 이상 교사가 협력하여 팀 티칭(공동책임 수업)을 실시한다.
- 공간의 가변화, 대형화, 개방화를 추구한다.
- 이에 맞는 인공조명과 공조설비가 요구된다.
- 바닥에 카펫 등을 설치하여 흡음 및 좌식 생활 공간을 확보한다.
- 칠판, 칸막이, 스크린, 자료장 등을 이동식으로 한다.

20 ④
① 교실 출입구는 앞뒤 2개소 설치가 좋으며, 여는 방법은 미서기, 미닫이로 하는 것이 좋다.
② 교실 채광은 교실을 향해 좌측채광이 원칙이다.
③ 칠판의 조도보다 책상면의 조도가 낮아야 한다.

21 ③
진공 브레이커(Vaccum Breaker)
기기에서 토수하거나 사용한 물이 역사이펀 작용으로 상수 급수계통에 역류하는 현상을 방지하기 위해, 급수관 내에 부압이 발생할 때 자동적으로 공기를 흡인하도록 하는 구조를 가진 기구이다.

22 ③
- 가열량
$$Q = m \cdot c \cdot \Delta t = 500 \times 4.2 \times (60-15)$$
$$= 94500 \text{kJ/h} = 26.25 \text{kJ/s}$$
m : 질량[kg]
c : 물의 비열[kJ/kg℃]
Δt : 물의 온도차[℃])
- 온수기 용량
$$= \frac{\text{가열량}}{\text{효율}} = \frac{26.25}{0.8} = 32.81 \text{kJ/s} = 32.8 \text{kW}$$

23 ②
급수량
$$Q = A \times k \times n \times q$$
$$= 2000\text{m}^2 \times 0.6 \times 0.2\text{인}/\text{m}^2 \times 100\ell/\text{d}$$
$$= 24000\ell/\text{d}$$

A : 건물 연면적
k : 연면적 대비 유효면적비율[%]
n : 유효면적당 인원[인/m²]
q : 1인당 하루 사용수량[ℓ/d]

24 ④

역환수식(reverse return) 배관
열원에서 각 방열기기에 이르는 공급관과 환수관의 도달거리 합을 거의 일치시켜 배관의 마찰저항값을 유사하게 함으로써 순환온수가 균등하게 흐르도록 한 배관방법. 급탕설비의 하향식 배관, 온수난방설비 등에 적용된다. 온수의 유량분배가 균일해지지만, 배관수가 많아지므로 설비비는 높다.

25 ①

간접배수
식료품·음료수·소독물 등을 저장하거나 취급하는 기기에서 배수관이 일반배관에 직결되어 있으면, 배수관 내 흐름이 나빠지거나 막히게 되는 경우 오물이나 유해가스가 역류하여 이들 기기를 오염시킬 우려가 있다. 이를 방지하려면 이들 기기의 배수관을 일반배수계통에 직결하지 않고, 일단 대기 중에 적절한 공간을 띄우고 물받이용기(hopper)에 배수를 받은 다음 일반배수관에 접속해야 한다. 이를 간접배수(indirect waste)라 하며, 그 공간을 배수구공간(drain outlet)이라 한다. 제빙기, 냉장고, 세탁기, 음료기, 식기세척기, 공기정화기, 냉각탑·열교환 배수관, 고가수조 오버플로관 등에 쓰인다.
※ 욕조, 세면기, 소변기, 대변기 등은 직접 배수관으로 연결한다.

26 ③
오물이 정체하는 곳에는 드레인 밸브를 설치한다.

27 ④

고가수조방식(옥상탱크 방식)
양수 펌프로 고가 탱크까지 양수하여 낙차에 의한 수압으로 각 층에 수급하는 방식이다.
㉠ 안정적인 수압으로 급수할 수 있고 배관 부속품의 파손이 적다.
㉡ 저수량이 확보되므로 단수 후에도 일정시간 동안 급수가 가능하다.
㉢ 대규모 급수설비에 적합하다.
㉣ 저수조가 오염될 가능성이 있어 위생적으로 좋지 않고 정기적으로 청소해야 한다.
㉤ 설비비, 경상비가 높고 구조설계가 까다롭다.

28 ④

주철관 이음방식
소켓 이음, 기계식 이음, 빅토릭 이음, 타이톤 이음
※ 플레어 이음 : 관의 말단을 나팔 형태로 넓혀서 이음 본체의 원뿔면에 슬리브와 너트로 체결한다. 주로 동관 접합에 쓰인다.

29 ③

SS(Suspended Soilds)
물 속에 현탁되어 있는 모든 불용성 물질 또는 입자. 이 수치가 높을수록 탁도가 크다.

30 ④

소벤트 시스템
통기관을 따로 두지 않고, 하나의 배수수직관으로 배수 및 통기를 겸하는 방식. 공기혼합과 공기분리용 두 가지의 이음쇠가 사용된다.
※ 섹스티아 시스템 : 섹스티아 이음쇠와 벤드관을 사용하여 유수에 선회력을 줌으로써, 공기 코어를 유지시켜 하나의 관으로 배수와 통기를 겸한다. 신정통기관만 사용하여 계통이 간단해지고, 배수관경을 작게 할 수 있으며 소음이 줄어든다.

31 ②

도피 통기관
㉠ 루프 통기관에서 통기 능률을 촉진시키기

위한 통기관
ⓒ 배수횡지관의 최하류에 설치한다.
ⓒ 관경은 최소 32mm 이상, 또는 접속하는 배수관 관경의 1/2 이상으로 한다.

32 ③
관로의 마찰손실수두는 유속의 제곱에 비례한다.

33 ②
펌프의 구경
$$d = \sqrt{\frac{4Q}{\pi v}} = \sqrt{\frac{4 \times 0.015}{3.14 \times 2}} = 0.098\text{m} \fallingdotseq 100\text{mm}$$
Q : 유량[m³/s], v : 관내 유속[m/s]

34 ④
$2\text{m} \times 2\text{m} \times 10\text{m} = 40\text{m}^3$ 이므로 전압력은 40ton이다.(물의 밀도 1.0g/cm³ 기준)

35 ③
증기트랩
방열기 환수부 또는 증기 배관의 말단에 부착하여 증기관 내에 생긴 응축수를 보일러로 환수시키는 장치이다.

36 ①
급수설비 설계 시에는 급수량 산정을 먼저 실시한다.

37 ②
배수 트랩은 굴곡배관 내에 봉수가 유지되도록 하여, 유해가스 등이 실내에 유입되는 것을 방지하기 위해 설치한다. 이를 위해서는 배관에 굴곡 부분과 봉수가 존재해야 하므로 트랩이 없을 경우보다 배수능력이 높은 것은 아니다.

38 ①
국소식(개별식) 급탕설비
① 특징

㉠ 주택, 소규모 숙박시설, 작은 사무실 등에 적합한 방식이다.
ⓒ 배관이 짧고 배관 중의 열손실이 적은 편이며, 비교적 시설비가 싸다.
ⓒ 급탕규모가 크면 가열기가 필요하므로 유지관리가 힘들다.
㉣ 급탕개소마다 가열기 설치장소가 필요하며 값싼 연료를 쓰기가 곤란하다.
② 분류 : 순간가열방식(순간온수기), 저탕식, 기수 혼합식

39 ②
먹는 물의 수질 기준 및 검사 등에 관한 규칙 중 일부(환경부령)
㉠ 미생물에 관한 기준
　ⓐ 일반세균 : 1mL 중 100CFU(Colony Forming Unit)를 넘지 않을 것
　ⓑ 대장균군 : 100mL(샘물·먹는 샘물 등에서는 250mL)에서 검출되지 않을 것
ⓒ 건강상 유해영향 무기물
　ⓐ 납 : 0.01mg/L를 넘지 않을 것
　ⓑ 불소 : 1.5mg/L(샘물·먹는 샘물 및 염지하수·먹는 염지하수의 경우에는 2.0mg/L)를 넘지 않을 것
　ⓒ 수은 : 0.001mg/L를 넘지 않을 것
ⓒ 건강상 유해영향 유기물
　ⓐ 페놀 : 0.005mg/L를 넘지 않을 것
　ⓑ 벤젠 : 0.01mg/L를 넘지 않을 것
　ⓒ 에틸벤젠 : 0.3mg/L를 넘지 않을 것
㉣ 심미적 영향물질에 관한 기준
　ⓐ 경도(硬度) : 1000mg/L(수돗물 300mg/L, 먹는 염지하수 및 먹는 해양심층수 1200mg/L)를 넘지 않을 것
　ⓑ 소독으로 인한 냄새와 맛 이외의 냄새와 맛이 있어서는 아니될 것
　ⓒ 동 : 1mg/L를 넘지 않을 것
　ⓓ 수소이온 농도 : pH 5.8 이상 pH 8.5 이하이어야 할 것
　　(※ 샘물, 먹는 샘물 및 먹는 물 공동시설의 물은 pH 4.5 이상 pH 9.5 이하)

ⓔ 아연 : 3mg/L를 넘지 않을 것

40 ④

염화비닐관
- 가공이 쉽고 내산·내알칼리성이 좋다.
- 염산, 황산, 가성소다 등의 부식성 약품에 강하다.
- 전기적 저항이 크고 전식작용이 없다.
- 저온에 약하며 한랭지에서는 외부로부터 조금만 충격을 주어도 파괴되기 쉽다.
- 열팽창률은 강관보다 높아서 냉각수 배관재료로는 부적합하다.

41 ①

냉방부하의 종류와 발생 요인

부하 발생 요인	현열	잠열
벽체로부터의 취득열량	○	
극간풍에 의한 취득열량	○	○
인체의 발생열량	○	○
기구로부터의 발생열량	○	○
유리로부터의 취득열량	○	
송풍기에 의한 취득열량	○	
덕트로부터의 취득열량	○	
조명에 의한 취득열량	○	
외기 도입에 의한 취득열량	○	○

42 ③

하절기에는 태양 남중고도가 높아서 남측창의 일사취득량이 낮아진다.

43 ③
- 현열부하
  $q_S = G \cdot C \cdot \Delta t [\text{kJ/h}] = 50 \times 1.01 \times (30-25)$
  $= 252.5 \text{kJ/h} = 70.14 \text{W}$
  G : 공기량[kg/h]
  C : 공기의 정압비열
  Δt : 실내외 온도차
- 잠열부하
  $q_L = G \cdot L \cdot \Delta x [\text{kJ/h}]$
  $= 50 \times 2501 \times (0.016 - 0.010)$
  $= 750.3 \text{kJ/h} = 208.42 \text{W}$
  G : 공기량[kg/h]
  L : 0℃에서 물의 증발잠열
  Δx : 실내외 절대습도차

∴ 현열부하+냉방부하=278.56W

※ 1W=3.6kJ/h

44 ②

관 내에 흐르는 유속을 높이면 마찰손실이 증가한다.

45 ②

증기난방
- 열의 운반능력이 크고 예열시간이 짧다.
- 방열면적이 작은 반면 설비 및 유지비용이 저렴해서 경제적이다.
- 난방 쾌감도가 낮고 계통별 용량 제어가 곤란하다.
- 소음이 발생하며 보일러 취급에 기술을 요한다.

46 ③

플로트 트랩(float trap)

저압증기용 기기 부속 트랩으로 응축수를 처리하기 위해 사용한다.

㉠ 장점
- 다량의 응축수도 모두 처리할 수 있다.
- 자동 에어 벤트가 설치되어 있어서 공기 배출이 우수하다.
- 넓은 범위의 압력과 급격한 압력변화에도 작동이 원활하다.

㉡ 단점
- 동결 우려가 있는 곳에는 사용이 곤란하다.
- 증기해머에 의한 내부손상이 발생한다.
- 증기압력에 따라 밸브의 오리피스경을 변경하여야 한다.

47 ②

벽체의 열관류량은 실내측 표면의 열전달량과

일치하므로 다음과 같이 계산한다.
㉠ 벽체의 열관류량 $Q = K \cdot A \cdot (t_1 - t_0)$
  K : 열관류율[W/m² · K]
  A : 벽체 면적[m²]
  t_1 : 실내 온도[℃]
  t_0 : 외기 온도[℃]
㉡ 실내측 전달열량 $Q = a \cdot A \cdot (t_1 - t_2)$
  a : 열전달률[W/m · K]
  A : 벽체와 공기의 접촉면적[m²]
  t_1 : 실내 온도[℃]
  t_2 : 실내측 벽체 표면 온도[℃]
㉢ 두 계산식의 Q는 일치하므로
  $Q = 3 \times 1 \times \{20-(-10)\} = 9 \times 1 \times (20 - t_2)$
  ∴ $t_2 = 10℃$

48 ②
- 혼합공기온도
  $T_m = \dfrac{700 \times 26 + 300 \times 32}{700 + 300} = 27.8℃$
- 냉각량
  $q_c = \gamma \times Q \times C \times \Delta t$
  $= 1.2 \times 1000 \times 1.01 \times (27.8 - 20) = 9453.6$ kJ
  γ : 공기 비중량[1.2kg/m³]
  Q : 체적량[m³/h]
  C : 공기 정압비열[1.01kJ/kg · K]
  Δt : 전후 온도차

49 ④
여과 효율
$= \dfrac{C_1 - C_2}{C_1} \times 100(\%)$
$= \dfrac{0.45 - 0.12}{0.45} \times 100(\%) = 73.33\%$
  C_1 : 통과 전 오염농도
  C_2 : 통과 후 오염농도

50 ③
버터플라이 댐퍼
- 한 날개의 중심에 축이 있는 댐퍼로, 날개가 회전하며 덕트가 개폐된다.
- 운전 중 개폐조작에 큰 힘을 필요로 한다.
- 완전히 닫았을 때 공기의 누설이 적다.
- 날개가 중간 정도 열렸을 때는 댐퍼의 하류측에 와류가 생기기 쉽다.
- 주로 소형 덕트에서 사용된다.

51 ④
엘리미네이터
공조설비에서 공기 중의 물방울을 제거하는 장치. 수분무의 경우 가습효율이 낮고 물방울이 흩어지므로 엘리미네이터를 설치해야 한다.

52 ④
㉠ 개방회로 배관
  ⓐ 물의 순환경로가 대기 중의 수조에 개방되어 있는 회로
  ⓑ 순환펌프의 양정 계산 시, 물탱크에서 배관 최상단까지의 수두를 계산해야 한다.
  ⓒ 환수관에서 사이펀 현상, 진동, 소음 등이 발생할 우려가 있다.
  ⓓ 관경이 밀폐형보다 커지므로 설비비가 높다.
  ⓔ 밀폐형보다 배관의 부식 가능성이 높다.
㉡ 밀폐회로 배관
  ⓐ 물의 순환경로가 밀폐된 회로
  ⓑ 팽창탱크를 반드시 설치하여 초과 압력을 흡수할 수 있도록 한다.
  ⓒ 안정된 수류를 얻을 수 있고, 배관의 부식이 적다.
  ⓓ 관경이 작아지므로 설비비가 감소된다.

53 ③
국부저항의 상당길이
- 국부저항과 동일한 크기의 저항이 생기는 직선덕트의 저항
- 원형 덕트의 직경, 국부저항손실계수에 비례한다.
- 덕트재료의 마찰저항계수에 반비례한다.

54 ②
냉동기 냉매의 구비 조건

물리적 특성	• 증기의 비열비 및 비체적이 작아야 한다. • 점도, 응축압력, 응고점이 낮아야 한다. • 임계온도가 높고 상온에서 액화상태이어야 한다. • 전열작용, 전기저항이 커야 한다. • 단위 냉동능력당 소요동력이 작아야 한다. • 증발압력이 대기압보다 높아야 한다.
화학적 특성	• 화학적으로 안정되어 있고 변질되지 않아야 한다. • 인화성, 폭발성, 부식성이 없어야 한다. • 불활성이어야 하며, 오일 윤활에 해가 없어야 한다.

55 ③
에어필터(여과기) 효율 측정법
- 중량법 : 큰 입자를 측정하는 방법으로, 필터에 집진되는 먼지의 양을 측정한다.
- 비색법 : 작은 입자를 측정하는 방법. 필터에서 포집한 여과지를 통과시켜 광전관으로 오염도를 측정한다.
- 계수법(DOP) : 고성능 필터를 이용하는 방식으로, $0.3\mu m$ 크기의 입자를 사용하여 먼지의 수를 측정한다.

56 ③
엔탈피
0℃의 건조공기와 0℃의 물을 기준으로 하여 측정한 습공기가 갖는 전열량. 공기의 온도나 습도가 증가하면 엔탈피도 함께 증가한다.

57 ②
리프트 피팅(Lift fitting)
진공환수식 증기난방에서 환수관에 응축수를 끌어올리기 위해 사용하는 방식으로, 환수관을 부득이하게 방열기보다 높은 곳에 배관해야 하거나 환수주관보다 높은 위치에 진공펌프를 설치해야 할 때 적용한다.

58 ④
변풍량 단일덕트방식
급기 온도는 일정하고 송풍량을 조절하여 각 실 부하에 대응하는 방식. 실내부하가 감소되면 송풍량 또한 감소하므로 실내공기의 오염이 심해진다.

59 ①
습공기 선도의 구성 요소
건구온도, 습구온도, 노점온도, 절대습도, 상대습도, 수증기 분압, 엔탈피, 비체적, 현열비 등

60 ③
대수평균 온도차
$$MTD = \frac{\Delta t_1 - \Delta t_2}{\ln\frac{\Delta t_1}{\Delta t_2}} = \frac{(30-12)-(15-7)}{\ln\frac{(30-12)}{(15-7)}}$$
$$= \frac{10}{\ln 2.25} ≒ 12.3℃$$

Δt_1 : 공기 입구온도와 물 출구온도의 차
Δt_2 : 공기 출구온도와 물 입구온도의 차

61 ②
시야 안에 고휘도 광원이 들어올 때 눈부심이 발생한다.

62 ④
각종 전기장치와 가스계량기의 설치 위치

대상	이격거리
전기계량기 및 전기개폐기	60cm 이상
전기점멸기 및 전기접속기, 단열조치가 안 된 굴뚝	30cm 이상
절연조치가 안 된 전선	15cm 이상

63 ②
3개의 전동기를 모두 병렬로 접속하면 전압은 같아진다.

64 ④
① 송수구의 구경은 65mm의 쌍구경으로 한다.
② 방수구는 연결송수관설비의 전용방수구 또는 옥내소화전방수구로서 구경 65mm의 것으로 설치한다.
③ 수원의 수위가 펌프보다 낮은 위치에 있는 가압송수장치에는 다음의 기준에 따른 물올림장치를 설치할 것
  ㉠ 물올림장치에는 전용의 탱크를 설치할 것
  ㉡ 탱크의 유효수량은 100L 이상으로 하되, 구경 15mm 이상의 급수배관에 따라 해당 탱크에 물이 계속 보급되도록 할 것

65 ②

개방형 스프링클러설비의 수원 저수량
= 표준 방수량 × 20분 × 동시 개구수
= 80L/min × 20분 × 20개
= 32000L
= 32m³

66 ②

사인파 교류의 실효값이 V, 최대값이 V_m일 때

- 평균값 $V_a = \dfrac{2V_m}{\pi} = 0.637 V_m$ [V]

- 실효값 $V = \dfrac{V_m}{\sqrt{2}} = 0.707 V_m$ [V]

67 ①

감지기
- 정온식 : 주위 온도가 일정 온도를 넘으면 작동하는 방식
- 차동식 : 온도가 일정 비율 이상으로 상승하면 작동하는 방식
- 광전식 : 연기 입자로 인해 광전 소자에 입사되는 광량 변화를 이용하는 방식
- 이온식 : 연기 입자에 의한 이온 전류의 변화를 이용하는 방식

68 ①

전류 1[A]는 1초당 1[C]의 전기량 흐름이므로, 1[A]의 전류가 2시간 동안 이동한 전기량은 다음과 같다.
전기량 $Q = I \times 2시간 \times 3600초 = 7200$[C]
∴ $I = 1$[A]

69 ②

액면조절장치의 감지부는 액면을 감지하여 조절장치로 신호를 보낸다.
- 전극식 : 액체 내 전극봉 사이의 통전상태로써 액면을 조절하며 저수조용으로 사용한다.
- 플로트식 : 체임버 내 플로트가 수위 변동에 따라 상하로 운동하고, 그로 인해 벨로즈가 좌우로 기울면 연결된 수은 스위치를 기울여서 접점을 개폐한다. 수위의 일정 범위 내에서 급수펌프를 on/off시켜 자동으로 급수를 하게 된다.
- 마그넷 플로트식 : 봉으로 연결된 철심이 수위의 변동에 비례한 플로트의 상하 이동에 따라 가이드관을 상하로 움직이며, 발신기가 어느 위치에 도달하면 발신기의 영구 자석과 철심과의 사이에 흡인력이 작용하여 자석을 붙잡고 있는 레버에 연동한다. 이에 따라 마이크로 스위치가 눌려져 회로가 개폐함에 따라 필요 회로에 신호를 보내고, 급수 펌프를 on/off시키거나 저수위 차단을 하여 수위를 일정 범위 내로 제어한다.
- 오뚜기식 : 내장된 마이크로 및 수은 스위치가 부력에 의해 동작하는 계기
- 초음파식 : 음파출력의 검출기에서 발사되는 초음파가 검출기까지 다시 되돌아오는 시간을 측정하여 수위를 체크하고 조절한다.
- 기어식 : 플로트에 발생된 부력을 스프링에 전달하면 연결되어 있는 내부 기어에 의해 움직인 변위만큼 기어가 회전하며 장착된 변환기에 의해 외부로 신호를 전송함으로써 컨트롤한다.

70 ④

기자력[AT]=N×I (N : 권수, I : 전류)
∴ 300×10=3000[AT]

71 ③
2위치 동작(ON/OFF)
제어하는 조작값이 둘뿐인 제어. 제어량이 설정값에서 벗어나면 조작부를 개폐하여 정지 혹은 작동한다. 항상 목표치와 제어결과가 일치하지 않는 동작간극을 일으키는 결점이 있다.

72 ①
① 코퍼조명 : 천장을 원형이나 4각형으로 파내고 내부에 광원을 매립한 조명. 단조로운 천장면에 포인트를 줄 수 있다.
② 광천장 조명 : 천장에 조명기구를 설치하고 그 밑에 창호지나 반투명 아크릴과 같은 확산성 재료를 이용해서 마감 처리하여 마치 넓은 천장 표면 자체가 조명인 것처럼 연출한다.
③ 코니스 조명 : 천장 또는 천장 가까이에 장착되고 옆면을 가려 빛은 아래를 향해서만 떨어진다. 재질감 있는 벽면의 드라마틱한 특성을 강조해 주거나 재미있는 조명 효과를 준다.
④ 밸런스 조명 : 코브와 코니스를 혼합한 형태로 천장 방향과 바닥 방향 양쪽으로 빛을 비춘다.

73 ④
소화의 방법
① 질식소화 : 산소공급원을 차단하여 소화하는 방법. 공기 중 산소 농도를 15% 이하로 억제함으로써 화재를 소화한다. 불연성 기체, 불연성 포, 불연성 고체로 연소물을 덮는 방법이 쓰인다.
② 제거소화 : 연소반응에 관계된 가연물이나 그 주위의 가연물을 제거함으로써 연소반응을 중지시키거나 농도 이하로 유지시켜 소화하는 방법. 화학반응기의 화재 시 원료 공급을 막고, 가연물은 직접 제거 및 파괴한다. 강풍 등으로 가연성 증기를 순간적으로 날려 보내는 방법도 쓰이며, 산불화재의 경우 화재의 진행 방향을 앞질러 벌목하는 것도 제거소화이다. 유전화재 시에는 폭약으로 폭풍을 일으켜 화염을 제거하기도 한다.
③ 냉각소화 : 연소 중인 가연물로부터 열을 뺏어 연소물을 착화온도 이하로 내리는 방법. 물이나 이산화탄소 소화약제에 의한 냉각이 주로 쓰인다.
④ 억제소화(부촉매소화, 화학적 소화) : 연소의 4요소 중 연속적인 산화반응, 즉 연쇄반응을 약화시켜 연소가 계속되는 것을 불가능하게 하여 소화하는 것으로 화학적 작용에 의한 소화방법이다.
  ㉠ 부촉매 : 화학적 반응의 속도를 느리게 하는 재료(할로겐족 원소 : 불소, 염소, 브롬, 요오드)
  ㉡ 소화효과(부촉매)의 크기 : 불소 < 염소 < 브롬 < 요오드

※ 기타
• 피복소화 : 가연물 주위를 공기와 차단시켜 소화(이불, 담요 등으로 덮는 것)
• 희석소화 : 수용성 액체(ex : 아세톤) 화재 시 물을 뿌려 연소농도를 희석하여 소화
• 유화소화(에멀전 소화) : 비수용성 인화성 액체의 유류화재 시 액체 표면에 불연성의 유막을 형성하여 소화

74 ②
$R_1 + R_2 + R_3 = 10\,\Omega$이므로 $I = \dfrac{V}{R} = \dfrac{110}{10} = 11\mathrm{A}$
∴ $V_2 = I \times R_2 = 11 \times 3 = 33\mathrm{V}$

75 ②
알칼리 축전지
전해액으로 알칼리용액을 사용하는 축전지. 양극에 수산화니켈을 사용하고 음극에 철을 사용한 에디슨 전지와, 음극에 카드뮴을 사용한 융

그너 전지가 있다. 납축전지에 비해 진동에 강하고 자기방전이 적으며 열악한 주위 환경에서도 오래 사용할 수 있는 장점이 있다. 반면에 납축전지보다 기전력이 작고, 암페어 시효율(방전한 전기량과 충전한 전기량의 비)가 납축전지는 90%인데 비해 융그너식 85% 정도, 에디슨식 80% 정도로 다소 뒤진다. 또한 가격이 비싸다는 단점도 있다. 공칭전압은 1.2V/셀이고 과방전 및 과전류에 대해 강하며 부식성 가스도 발생하지 않는다.

76 ②

전열기나 백열전구와 같이 전기에너지를 열에너지로 바꾸는 것에서는 역률은 1이 되지만, 모터나 변압기와 같이 철심을 갖고 철심에 교류전원으로부터 흘러들어온 전류의 일부에 의하여 자속을 발생시켜 에너지를 자기적으로 저장함으로써 동작하는 기기 및 콘덴서와 같이 정전적으로 에너지를 저장하는 기기는 역률이 나빠진다.

77 ③

비자성체

자석에 잘 반응하지 않는 물체. 대표적으로 구리, 알루미늄, 오스테나이트계 스테인리스강이 있다.

78 ①

화재 분류

① A급 화재(백색화재. 일반화재) : 연소 후 재를 남기는 화재. 나무, 종이 등
② B급 화재(황색화재. 유류, 가스) : 석유, 가스 등의 화재. 질식에 의한 소화
③ C급 화재(청색화재. 전기) : 전기 및 누전 원인. 물 사용 금지. 질식에 의한 소화
④ D급 화재(무색. 금속화재) : 나트륨, 마그네슘 등 활성금속에 의한 화재

79 ①

접지 공사

종별	저항치	접지선 굵기
제1종	10Ω 이하	2.6mm 이상
제2종	$\dfrac{150}{1 \text{선 지락전류}}$ Ω 이하	(고압 → 저압) 2.6mm 이상 (특고압 → 저압) 4.0mm 이상
제3종	100Ω 이하	1.6mm 이상
특별 제3종	10Ω 이하	1.6mm 이상

80 ①

변압기 철심은 자속의 이동통로 역할을 한다.

81 ④

소방설비의 분류

㉠ 소화설비 : 소화기, 옥내소화전, 옥외소화전, 스프링클러, 물분무 등 설비(가스계 소화설비)
㉡ 경보설비 : 자동화재탐지설비, 자동화재속보설비, 비상방송설비, 비상경보설비, 누전경보기
㉢ 피난설비구조 : 유도등, 비상조명등, 피난사다리, 공기호흡기, 완강기, 인명구조기구
㉣ 소화용수설비 : 상수도소화용수설비, 소화수조
㉤ 소화활동설비 : 제연설비, 연결송수관설비, 연결살수설비, 무선통신보조설비, 비상콘센트설비

82 ①

아파트 대피공간의 설치 기준

㉠ 대피공간은 바깥의 공기와 접할 것
㉡ 대피공간은 실내의 다른 부분과 방화구획으로 구획될 것
㉢ 대피공간의 바닥면적은 인접 세대와 공동으로 설치 시 3m² 이상, 각 세대별 설치 시 2m² 이상일 것
㉣ 국토교통부장관이 정하는 기준에 적합할 것
㉤ 대피공간으로 통하는 출입문은 60+ 방화문으로 설치할 것

㉥ 단, 인접 세대와의 경계벽이 파괴하기 쉬운 경량구조인 경우, 경계벽에 피난구를 설치한 경우, 발코니의 바닥에 규정에 맞는 하향식 피난구를 설치한 경우 또는 대피공간에 준하는 시설을 설치한 경우는 제외한다.

83 ①
경계벽의 차음을 위한 구조 기준

벽체의 구조	기준 두께
철근콘크리트조, 철골철근콘크리트조	10cm 이상
무근콘크리트조, 석조	10cm 이상 〈시멘트모르타르, 회반죽 또는 석고 플라스터 바름 두께 포함〉
콘크리트블록조, 벽돌조	19cm 이상

각 항목 외에 국토교통부장관이 정하여 고시하는 기준에 따라 국토교통부장관이 지정하는 자 또는 한국건설기술연구원장이 실시하는 품질시험에서 그 성능이 확인된 것

84 ④
공동 소방안전관리자 선임대상 특정소방대상물
㉠ 고층 건축물(지하층을 제외한 층수가 11층 이상인 건축물만 해당)
㉡ 지하가
㉢ 복합건축물로서 연면적 5000㎡ 이상인 것 또는 층수가 5층 이상인 것
㉣ 판매시설 중 도매시장 및 소매시장
㉤ 특급 소방안전관리대상물

85 ①
승용승강기 최소대수
$$= 2 + \frac{(3000\text{m}^2 \times 4) - 3000\text{m}^2}{2000\text{m}^2} = 2 + 4.5 = 6.5$$
⇒ 16인승 4대
※ 8~15인승 2대를 16인승 1대로 환산하며, 소수점 이하는 올림한다.

86 ③
거실의 반자높이

건축물의 용도	반자 높이	예외 규정
일반용도의 거실	2.1m 이상	• 공장 • 창고시설 • 위험물 저장 및 처리시설 • 동물 및 식품관련시설 • 분뇨 및 쓰레기처리시설 • 묘지 관련 시설
• 문화 및 집회시설 (전시장 및 동·식물원은 제외) • 종교시설 및 장례식장 • 위락시설 중 유흥주점 ※ 관람석 또는 집회실로서 바닥면적 200㎡ 이상	4.0m 이상 (노대 아랫부분 : 2.7m 이상)	기계환기장치를 설치한 경우

87 ③
허가 및 신고대상의 용도변경 분류
※ 허가대상 : 하위 → 상위시설 용도 변경
※ 신고대상 : 상위 → 하위시설 용도 변경
※ 기재변경 : 동일 시설군 내에서의 용도변경

분류	세부항목
1. 자동차관련 시설군	가. 자동차 관련시설
2. 산업 등의 시설군	가. 운수시설 나. 창고시설 다. 공장 라. 위험물저장 및 처리시설 마. 자원순환 관련 시설 바. 묘지 관련 시설 사. 장례시설
3. 전기통신시설군	가. 방송통신시설 나. 발전시설
4. 문화 및 집회시설군	가. 문화 및 집회시설 나. 종교시설 다. 위락시설 라. 관광휴게시설
5. 영업시설군	가. 판매시설 나. 운동시설 다. 숙박시설 라. 제2종 근린생활시설 중 다중생활시설
6. 교육 및 복지시설군	가. 의료시설 나. 교육연구시설 다. 노유자시설 라. 수련시설 마. 야영장 시설
7. 근린생활시설군	가. 제1종 근린생활시설 나. 제2종 근린생활시설(다중생활시설 제외)
8. 주거업무시설군	가. 단독주택 나. 공동주택 다. 업무시설 라. 교정 및 군사시설
9. 그 밖의 시설군	가. 동물 및 식물 관련 시설

88 ③
판매시설, 운수시설 및 창고시설(물류터미널에 한정)로서 바닥면적의 합계가 5000m² 이상이거나 수용인원이 500명 이상인 경우에는 모든 층에 스프링클러를 설치한다.

89 ③
다중이용 건축물
불특정한 다수의 사람들이 이용하는 건축물로서 다음 항목 중 어느 하나에 해당하는 건축물을 말한다.
㉠ 다음의 어느 하나에 해당하는 용도로 쓰는 바닥면적의 합계가 5000m² 이상인 건축물
　ⓐ 문화 및 집회시설(동물원 및 식물원은 제외)
　ⓑ 종교시설
　ⓒ 판매시설
　ⓓ 운수시설 중 여객용 시설
　ⓔ 의료시설 중 종합병원
　ⓕ 숙박시설 중 관광숙박시설
㉡ 16층 이상인 건축물

90 ①
지하층
바닥이 지표면 아래에 있는 층으로서 해당 층의 바닥으로부터 지표면까지의 높이가 해당 층의 1/2 이상인 층

91 ④
④ 일반음식점은 제2종 근린생활시설에 해당된다.
※ 1종 근린생활시설
㉠ 식품·잡화·의류·완구·서적·건축자재·의약품·의료기기 등 일용품을 판매하는 소매점으로서 같은 건축물에 해당 용도로 쓰는 바닥면적의 합계가 1000m² 미만인 것
㉡ 휴게음식점, 제과점 등 음료·차(茶)·음식·빵·떡·과자 등을 조리하거나 제조하여 판매하는 시설로서 같은 건축물에 해당 용도로 쓰는 바닥면적의 합계가 300m² 미만인 것
㉢ 이용원, 미용원, 목욕장, 세탁소 등 사람의 위생관리나 의류 등을 세탁·수선하는 시설
㉣ 의원, 치과의원, 한의원, 침술원, 접골원(接骨院), 조산원, 안마원, 산후조리원 등 주민의 진료·치료 등을 위한 시설
㉤ 탁구장, 체육도장으로서 같은 건축물에 해당 용도로 쓰는 바닥면적의 합계가 500m² 미만인 것
㉥ 지역자치센터, 파출소, 지구대, 소방서, 우체국, 방송국, 보건소, 공공도서관, 건강보험공단 사무소 등 공공업무시설로서 같은 건축물에 해당 용도로 쓰는 바닥면적의 합계가 1000m² 미만인 것
㉦ 마을회관, 마을공동작업소, 마을공동구판장, 공중화장실, 대피소, 지역아동센터(단독주택과 공동주택에 해당하는 것은 제외) 등 주민이 공동으로 이용하는 시설
㉧ 변전소, 도시가스배관시설, 통신용 시설(해당 용도로 쓰는 바닥면적 합계 1000m² 미만인 것에 한정), 정수장, 양수장 등 주민의 생활에 필요한 에너지공급·통신서비스 제공이나 급수·배수와 관련된 시설
㉨ 금융업소, 사무소, 부동산중개사무소, 결혼상담소 등 소개업소, 출판사 등 일반업무시설로서 같은 건축물에 해당 용도로 쓰는 바닥면적의 합계가 30m² 미만인 것

92 ③
에너지절약설계기준 중 기계부문의 권장사항 (위생설비 등)
㉠ 위생설비 급탕용 저탕조의 설계온도는 55℃ 이하로 하고 필요한 경우에는 부스터 히터 등으로 승온하여 사용한다.
㉡ 에너지 사용설비는 에너지절약 및 에너지이용 효율의 향상을 위하여 컴퓨터에 의한 자동제어시스템 또는 네트워킹이 가능한 현장 제어장치 등을 사용한 에너지 제어 시스템

을 채택하거나, 분산 제어 시스템으로서 각 설비별 에너지 제어 시스템에 개방형 통신 기술을 채택하여 설비별 제어 시스템 간 에너지관리 데이터의 호환과 집중제어가 가능하도록 한다.

93 ②

승강장 바닥면적은 비상용 승강기 1대당 6m² 이상으로 할 것. 단, 옥외에 승강장을 설치하는 경우는 제외한다.

94 ③

방염성능기준 이상의 실내장식물 등을 설치하여야 하는 특정소방대상물
㉠ 근린생활시설 중 의원, 조산원, 산후조리원, 체력단련장, 공연장 및 종교집회장
㉡ 건축물의 옥내에 있는 시설로서 문화 및 집회시설, 종교시설, 운동시설(수영장은 제외)
㉢ 의료시설, 노유자시설 및 숙박이 가능한 수련시설, 숙박시설
㉣ 방송통신시설 중 방송국 및 촬영소, 다중이용업소, 교육연구시설 중 합숙소
㉤ ㉠~㉣에 해당하지 않는 것으로서 11층 이상인 것(아파트는 제외)

95 ①

피난안전구역의 구조 및 설비 기준
㉠ 피난안전구역의 바로 아래층 및 위층은 국토교통부장관이 정하여 고시한 기준에 적합한 단열재를 설치할 것. 이 경우 아래층은 최상층에 있는 거실의 반자 또는 지붕 기준을 준용하고, 위층은 최하층에 있는 거실의 바닥 기준을 준용할 것
㉡ 피난안전구역의 내부마감재료는 불연재료로 설치할 것
㉢ 건축물 내부에서 피난안전구역으로 통하는 계단은 특별피난계단의 구조로 설치할 것
㉣ 비상용 승강기는 피난안전구역에서 승하차할 수 있는 구조로 설치할 것

㉤ 피난안전구역에는 식수공급을 위한 급수전을 1개소 이상 설치하고 예비전원에 의한 조명설비를 설치할 것
㉥ 관리사무소 또는 방재센터 등과 긴급연락이 가능한 경보 및 통신시설을 설치할 것
㉦ 피난안전구역의 높이는 2.1미터 이상일 것
㉧ 규칙에 따른 배연설비 및 소방 등 재난관리를 위한 설비를 갖출 것

96 ③

배연설비의 설치 기준

구분	구조 및 재료
설치 기준	• 방화구획마다 1개소 이상 배연구 설치 • 배연창 상변과 천장 또는 반자로부터 수직거리가 0.9m 이내 • 반자높이가 바닥으로부터 3m 이상인 경우 배연창 하변을 바닥으로부터 2.1m 이상 위치에 설치
배연구 유효면적	• 1m² 이상으로 건축물 바닥면적의 1/100 이상일 것 • 방화구획이 설치된 경우에는 그 구획된 부분의 바닥면적을 말함 • 바닥면적 산정 시 1/20 이상 환기창을 설치한 거실의 면적은 제외
배연구 구조	• 연기감지기, 열감지기에 의해 자동으로 열 수 있는 구조(수동개폐 가능한 구조) • 예비전원에 의해 열 수 있도록 할 것
기계식 배연설비	• 위의 규정에도 불구하고 소방관계법령의 규정에 따른 것

97 ②

외기에 직접 면하고 1층 또는 지상으로 연결된 출입문은 방풍구조로 하여야 한다. 다만, 다음 각 호에 해당하는 경우에는 그러하지 않을 수 있다.
㉠ 바닥면적 300m² 이하의 개별 점포의 출입문
㉡ 주택의 출입문(단, 기숙사는 제외)
㉢ 사람의 통행을 주목적으로 하지 않는 출입문
㉣ 너비 1.2m 이하의 출입문

98 ③
지하층과 피난층 사이의 개방공간
바닥면적의 합계가 3000m² 이상인 공연장·집회장·관람장 또는 전시장을 지하층에 설치하는 경우에는 각 실에 있는 자가 지하층 각 층에서 건축물 밖으로 피난하여 옥외 계단 또는 경사로 등을 이용하여 피난층으로 대피할 수 있도록 천장이 개방된 외부 공간을 설치하여야 한다.

99 ③
방화벽에 설치하는 출입문의 폭 및 높이는 각각 2.5m 이하로 한다.

100 ③
다음 건축물에는 방송 공동수신설비를 설치하여야 한다.
㉠ 공동주택
㉡ 바닥면적의 합계가 5000m² 이상으로서 업무시설이나 숙박시설의 용도로 쓰는 건축물

건축설비기사 과년도 해설 및 정답

2019년 4회

01 ③

문선
장식 등을 목적으로 개구부 둘레에 부착한 목재를 말한다. 문꼴을 보기 좋게 만드는 동시에 주위 벽의 마감을 잘하기 위하여 문틀에 가는 홈을 파 넣고 숨은 못치기로 둘러댄다.

02 ③

연귀
면과 면을 맞추기 위하여 문짝 등의 귀 끝을 모지게 엇벤 곳의 총칭이다. 두 부재의 끝을 맞춤 시에 나무의 마구리가 보이지 않게 귀를 45°로 잘라 맞추는 것이 기본 형태이다. 반연귀, 턱솔연귀, 단순연귀, 안촉연귀, 바깥쪽연귀, 안팎촉연귀, 사개연귀 등이 있다. 쪽매나 이음보다는 맞춤에서 주로 쓰인다.

03 ②

① 엠파이어스테이트 빌딩 : 뉴욕 소재 건물로 수직높이 381m이다. 지상 102층으로, 86층 마천루에 16층짜리 방송용 지붕이 추가되어 있다.
② 타이페이 101 : 대만 타이페이 소재 금융센터 건물로 수직높이 508m이다. 건물 내부에 Tuned Mass Damper라는 660t의 구형 진동 상쇄장치가 있다.
③ 시어스 타워 : 시카고 소재 건물로 지상 108층에 수직높이 442m이다. 2010년부터 윌리스 타워로 불리고 있다.
④ 페트로나스 트윈 타워 : 말레이시아 쿠알라룸푸르 소재 건물로 지상 88층에 수직높이 451.9m의 쌍둥이 건물이다.
※ 2019년 현재 세계 최고높이 건물은 UAE의 두바이에 위치한 부르즈 할리파(828m)이다.

04 ④

병실의 출입문은 침대 통과가 가능하도록 최소 너비 1.15m 이상으로 한다. 또한 열리는 형태는 밖여닫이나 미닫이로 하며 문턱이 없어야 한다.

05 ①

$$주광률 = \frac{실내\ 1점의\ 조도}{실외\ 조도} \times 100(\%)$$
$$= \frac{220}{20000} \times 100(\%) ≒ 1.1\%$$

06 ②

호텔의 기능에 따른 소요실 분류
㉠ 숙박부분 : 객실, 보이실, 메이드실, 린넨실
㉡ 공공부분 : 홀, 로비, 라운지, 식당, 연회장
㉢ 관리부분 : 프런트 오피스, 클락 룸, 지배인실, 창고
㉣ 요리부분 : 주방, 배선실, 팬트리, 식품 창고
㉤ 설비부분 : 보일러실, 기계실, 세탁실

07 ①

자료수집은 조건 파악 단계에서 실행된다.

08 ④

하중의 흐름을 고려하여 위층의 내력벽은 밑층의 내력벽과 같은 위치에 배치한다.

09 ④

말뚝기초(pile foundation)
말뚝에 의하여 구조물을 지지하는 기초. 튼튼한 지반이 매우 깊이 있어서 굳은 지층에 직접 기초의 구축이 불가능할 때 쓰인다.

10 ①
칸델라(cd)
광도의 단위로 1cd는 진동수 540×1012Hz인 단색광을 방출하는 광원의 복사도가 어떤 방향으로 1sr(스테라디안)당 1/683W(와트)일 때 이 방향에 대한 광도를 나타낸다.

11 ②
스터드 볼트(stud bolt)
양쪽 끝 모두 수나사로 되어 있는 볼트. 한쪽 끝은 상대쪽에 암나사를 만들어 미리 반영구적으로 박음을 하고, 다른 쪽 끝은 너트를 끼워 조인다. 철골조에서는 철골보와 콘크리트 슬래브의 일체화에 사용되어 전단력 저항의 역할을 한다.

12 ④
유효온도(Effective Tmperature : ET)
- 기온, 실내 기류, 상대습도를 조합한 감각 지표로서 실효온도 또는 체감온도라고도 한다.
- 1923년 미국에서 Hougton과 Yaglou에 의해 처음 창안되어 공기조화(덕트식 냉난방) 시의 평가에 널리 사용되었다.
- 기온, 상대습도, 기류속도 v인 실내에서의 온감각과 같은 온감각을 주는 상대습도 100%이고, 풍속 v=0m/sec인 방의 실공기 온도이다.

13 ①
도시 열섬 현상
- 냉난방 시설과 자동차 등으로 인한 인공열의 발생으로 도심이 주변 지역 온도보다 3~4℃ 높은 현상을 말한다.
- 보통 여름보다 겨울철 그리고 낮보다 밤에 탁월하게 나타난다.
- 안개 발생이 잦고 강수량은 증가하며 습도·일사량·풍속은 감소하는 편이다.
- 고층건물이 많고 요철이 심해서 환기가 잘 되지 않는다.
- 대기 기류가 활발하지 못해 오염물질이 정체된다.

14 ③
③은 분산병렬형에 대한 설명이다.

15 ②
서고에 보관하는 도서의 보존을 위해서 햇빛의 유입은 되도록 막는 것이 좋다. 또한 기계환기를 이용하여 적절한 온도와 습도를 유지한다.

16 ①
파사드 구성의 광고 요소
구매를 충동시키는 구매심리 5단계(AIDMA)
㉠ 주의를 끌 것 : Attention
㉡ 고객의 흥미를 끌 것 : Interest
㉢ 구매 욕구를 일으킬 것 : Desire
㉣ 구매의사를 기억하게 할 것 : Memory
㉤ 구매결정을 유발할 것 : Action

17 ④
한식과 양식주택의 비교

한식 주택	양식 주택
• 위치별 실의 구분 • 각 실의 다기능 • 가구는 부차적 존재이다. • 폐쇄적, 좌식생활	• 기능별 실의 구분 • 단일용도의 각 실 • 가구가 실의 성격을 좌우한다. • 개방적, 입식생활

18 ④
①, ② 층고를 낮춰 동일 부지에 더 많은 층을 올릴 수 있으므로 경제성이 증가한다.
③ 실내 공기 조절의 효과를 높이기 위함이다.
  – 천장이 낮을수록 열손실이 줄어들어 공조에 유리하다.

19 ③
① 복합 배열형 : 평면의 크기, 형태, 상품에 따라 여러 방법들을 적절히 혼합하는 형식

② 굴절 배열형 : 진열대와 고객동선이 굴절 또는 곡선으로 구성된다. 대면판매와 측면판매방식이 조합된 형식으로 안경점, 문구점 등 주로 소형 상품일 때 적용된다.
③ 직렬 배열형 : 진열대가 직선으로 구성되어 간단하고 경제적인 형식이다. 고객의 흐름이 빠르며 부문별 상품진열이 용이하고 대량 판매 형식에 적합하다. 고객이 직접 선택하기에 용이한 침구, 가전제품, 식기, 서적 등 비교적 상품의 크기가 큰 측면판매업종에서 많이 볼 수 있다. 매장이 단조롭고 인기상품 코너에서는 고객이 몰려 혼잡해질 수 있다.
④ 환상 배열형 : 평면의 중앙에 쇼 케이스, 진열 스테이지 등이 직선이나 곡선에 의한 고리모양 부분을 설치하는 형식으로 포장이나 계산을 배열된 진열대 안에서 행하는 형태. 수예품, 민예품과 같은 업종에 많이 적용된다.

20 ①
주택 침실계획 중 침대 배치
① 창이 없는 곳에 침대 머리가 오도록 한다.
② 출입문을 열었을 때 직접 침대가 보이지 않도록 하고, 침대에 누운 채로 출입문이 보이도록 한다.
③ 침대 양쪽에 통로를 두고(싱글 베드는 예외), 한쪽을 75cm 이상 되게 한다.
④ 침실 좌우 주요 통로 폭과 발치 쪽 여유 공간은 90cm 이상이 되도록 한다.
⑤ 어린이 침실은 가사실로부터 감독할 수 있는 위치에 있는 것이 좋다.

21 ④
수도본관 최저필요압력
$P_0 \geq P + P_f + \dfrac{H}{100} = 0.07 + 0.04 + \dfrac{10}{100}$
$= 0.21\text{MPa} = 210\text{kPa}$
P : 수전 필요압력[MPa]
P_f : 관 마찰손실수두[MPa]
H : 수전 높이[m]

22 ④
로 탱크 방식
• 하이 탱크방식에 비해 물의 사용량은 많지만 소음발생은 적다.
• 탱크위치가 낮아서 고장이 나도 수리가 용이하고, 단수 시에는 물을 공급하기가 편리하다.
• 저압의 시설에서도 사용이 가능하여 일반 가정용에 널리 쓰인다.

23 ③
모세관 현상(capillary phenomenon)
액체 속에 폭이 좁고 긴 관을 넣었을 때, 관 내부의 액체 표면이 외부의 표면보다 높거나 낮아지는 현상. 이는 액체의 응집력과 관과 액체 사이의 부착력 차이에 의해 일어난다. 종이나 천에 물이 저절로 스며드는 것도 종이와 천의 섬유가 모세관 구실을 하여 물을 빨아올리기 때문이다. 식물의 뿌리에서 흡수된 수분이나 양분이 식물체 전체에 퍼지는 것도 역시 이 현상으로 인해 일어난다.

24 ③
• 가열량
$Q = m \cdot c \cdot \Delta t = 200 \times 4.2 \times (60-10)$
$= 42000\text{kJ/h} = 11.67\text{kJ/s}$
m : 질량[kg]
c : 물의 비열[kJ/kg·K]
Δt : 물의 온도차
• 온수기 용량 $= \dfrac{\text{가열량}}{\text{효율}} = \dfrac{11.67}{0.95}$
$= 12.3\text{kJ/s} = 12.3\text{kW}$

25 ①
부싱(bushing)
배관공사에서 관 직경이 서로 다른 관을 접속할 때 사용하는 이음. 구멍 외측과 내측에 나사가 만들어져 있고 이음의 일부로서 관 직경을 줄이고자 할 때 사용한다.

※ 강관 이음쇠
- 배관 굴곡부(방향 전환) : 엘보우, 벤드
- 직선배관의 접합(동일 관경) : 소켓, 플랜지, 니플, 유니언
- 분기관 연결 : T, 크로스, Y
- 관경이 다른 배관 접합 : 리듀서, 부싱, 이경 소켓, 이경 엘보, 이경 T
- 배관 말단부 : 플러그, 캡

26 ②

고가수조방식(옥상탱크 방식)

양수펌프로 고가 탱크까지 양수하여 낙차에 의한 수압으로 각 층에 수급하는 방식

㉠ 안정적인 수압으로 급수할 수 있고 배관 부속품의 파손이 적다.
㉡ 저수량이 확보되므로 단수 후에도 일정시간 동안 급수가 가능하다.
㉢ 대규모 급수설비에 적합하다.
㉣ 저수조 안에서 물이 오염될 가능성이 있어 저수시간이 길어지면 수질이 나빠지기 쉽다.
㉤ 설비비, 경상비가 높고 구조설계가 까다롭다.

27 ②

터빈 펌프(turbine pump)

디퓨저 펌프라고도 한다. 날개바퀴 바깥에 안내 날개(guide vane)가 있는 펌프로서 날개바퀴가 2개 이상인 것은 다단터빈펌프라 한다. 날개바퀴에는 보통 4~10개의 날개가 있는데, 안내날개는 날개바퀴가 회전할 때 생기는 속도에너지를 빠르게 압력에너지로 바꿔 유체의 흐름을 조정하는 역할을 한다. 에너지 효율이 높아 30m 이상 되는 높은 곳까지 수송할 수 있는 것이 장점이다. 그러나 설계보다 많거나 적은 양의 액체를 수송할 경우, 날개바퀴에서 나오는 액체의 유출 각도와 안내날개의 각도가 일치하지 않아 소음이나 진동이 생기는 단점이 있다. 또 구조가 복잡하고 가격이 비싸서 높은 곳으로 수송해야 하는 경우를 제외하고는 사용빈도가 점차 줄어드는 추세이다.

28 ②

급수량

$Q = A \times k \times n \times q$
$= 2000m^2 \times 0.5 \times 0.2인/m^2 \times 100ℓ/d$
$= 20000 ℓ/d$

A : 건물 연면적
k : 연면적 대비 유효면적비율
n : 유효면적당 인원[인/m^2]
q : 1인당 하루 사용수량[$ℓ/d$]

29 ①

중앙식 급탕설비

㉠ 대규모 급탕방식으로 중앙 기계실에 가열장치·온수탱크·순환펌프 등을 설치하고, 상향 또는 하향 등의 순환배관에 의해 각 개소에 온수를 공급하는 방식이다.
㉡ 저렴한 석탄, 등유, 중유, 증기 등을 열원으로 사용할 수 있다.
㉢ 열효율이 좋고 총열량을 적게 할 수 있으며, 관리가 용이하고 배관에 의해 어느 곳에서든 급탕할 수 있다.
㉣ 초기 설치 비용이 크고 전문기술자가 필요하며, 시공 후 기구증설로 인한 배관공사가 어렵다.
㉤ 배관이 길어져 열손실이 많으며, 순환이 느리기 때문에 순환펌프가 필요하다.
㉥ 호텔, 병원 등 급탕 개소가 많고 소요 급탕량도 많이 필요한 대규모 건축물에 채용된다.

30 ①

BOD 제거율(%)

$= \dfrac{유입수\ BOD - 유출수\ BOD}{유입수\ BOD} \times 100(\%)$

31 ①

㉠ 저탕조 가열능력

$$q = \frac{급탕량 \times 물의 비열 \times 온도차}{3600}$$
$$= \frac{2000 \times 4.2 \times (60-10)}{3600}$$
$$= 116.666 \text{kW} = 116666 \text{W}$$

ⓛ 가열코일 열교환량

$q = K \cdot A \cdot \Delta_{tm}$ 이며, $\Delta_{tm} = t_s - \frac{t_h + t_c}{2}$ 이므로

가열코일 표면적

$$A = \frac{q}{K \cdot (t_s - \frac{t_h + t_c}{2})}$$
$$= \frac{116666}{506 \times (104 - \frac{60+10}{2})} = 3.34 \text{m}^2$$

K : 열 관류율 q : 가열능력
t_s : 증기온도 t_h : 급탕온도
t_c : 급수온도

※ 열관류율 단위가 W이므로 가열능력도 W로 환산한다.

32 ②

폭기(aeration)

정수과정에서 물속 철분·암모니아·황화수소·탄화가스 등을 제거하기 위한 처리과정. 유기물이 많은 하수처리에 이용되는 활성슬러지법에서는 미리 고형물을 제거한 하수에 활성슬러지를 첨가해서 폭기조로 흘려보낸다. 이때 미생물에 의한 유기질의 분해가 왕성하게 행하여지게 하기 위해서는 충분한 산소의 보급이 중요하다. 하수와 공기를 잘 접촉시켜 산소를 보급하고 슬러지 중의 호기성균에 충분하게 유기질의 분해를 행하게 하는 것이 폭기조이다. 초기에는 기계적 교반을 하는 방식을 많이 사용하였으나, 현재는 하수 중의 작은 기포로 된 공기를 불어 넣는 방식이 주로 이용되고 있다.

33 ④

온도강하 및 급탕수전에서의 온도 불균형이 없고 수시로 원하는 온도의 탕을 얻을 수 있도록 원칙적으로 복관식으로 한다.

34 ④

펌프의 축동력(L_s)

$$= \frac{WQH}{6120E} = \frac{1000 \times 0.5 \times 60}{6120 \times 0.55} = 8.91 \text{kW}$$

W : 물 1m^3의 중량[1000kg/m^3]
Q : 양수량[m^3/min]
H : 전양정[m]
K : 동력환산정수[6120]
E : 효율[%]

※ 1시간당 양수량이 30m^2이므로 60으로 나누면 분당 양수량은 0.5m^2가 되는 것에 유의한다.

35 ③

크로스 커넥션

수돗물에 이물질이 혼입되어 오염되는 현상. 이를 방지하기 위해서는 배관 계통별로 색깔로 구분하여 오접합을 방지하며 통수시험에 의해 체크한다.

36 ④

통기관의 사용 목적

트랩 내 봉수 보호, 배관 내 원활한 배수의 흐름, 배수관의 환기를 통한 관내 청결 유지

37 ②

청소구(clean out)는 각종 오물찌꺼기가 쌓일 수 있는 곳에 배수 흐름과 반대 또는 직각방향으로 열 수 있도록 설치한다.
• 수평지관 상단부, 긴 배관의 중간부분
• 배관이 45° 이상 구부러진 곳
• 가옥배수관과 부지 하수관의 접속부
• 각종 트랩 및 배관상 필요한 곳
• 수평관 관경이 100mm 이하일 경우 직선거리 15m 이내, 관경 100mm 이상일 경우 직선거리 30m 이내마다 설치한다.

38 ④

레이놀즈 수

점성력에 대한 관성력의 상대적 크기를 나타내는 무단위 수. 관내유동에서 층류와 난류를 판단하는 기준이 된다. 유체 속도와 관경에 비례하고, 동점성계수에 반비례한다.

※ 레이놀즈 수 $Re = \dfrac{v \times d}{V}$

v : 유체 속도[m/s], d : 배관 내경[m]
V : 유체의 동점성계수[m/s]

39 ③

진공 브레이커(Vaccum Breaker)

물을 쓰는 기기에서 토수한 물 또는 사용한 물이 역사이펀 작용으로 상수 급수계통에 역류하는 현상을 방지하기 위해, 급수관 내에 부압이 발생할 때 자동적으로 공기를 흡인하도록 하는 구조를 가진 기구이다.

40 ①

모세관 현상에 의한 봉수파괴는 트랩 내에 걸린 머리카락, 섬유 등에 의해 봉수를 마르게 하므로, 자주 트랩을 청소하는 것이 봉수파괴를 방지할 수 있다.

41 ③

틈새바람 계산방식

㉠ 환기횟수법 : 환기횟수에 실용적을 곱한다.
㉡ 창문면적법 : 창문 1m² 당 풍량에 면적을 곱한다.
㉢ 틈새길이법 : 틈새길이 1m당 풍량에 총 틈새길이를 곱한다.

42 ②

증기난방

- 수증기의 잠열로 난방하는 방식
- 열의 운반능력이 크고 예열시간이 짧다.
- 방열면적이 작고 설비 및 유지비용이 저렴해서 경제적이다.
- 난방 쾌감도가 낮고 방열량 조절이 곤란하다.
- 소음이 발생하며 보일러 취급에 기술을 요한다.
- 학교, 사무실, 공장 등 대규모 공간에 사용한다.

43 ①

전열교환기

- 실내에서 배기되는 공기와 유입되는 외기의 교환에서 배기가 가진 열량을 회수하거나, 외기가 지닌 열량을 제거하여 공조기에 공급하는 장치이다.
- 공기와 공기 간의 열교환기로서 현열, 잠열 교환이 모두 가능하다.
- 윗부분(외기 급기)과 아랫부분(배기)로 나뉘어져 각각 덕트에 접속된다.
- 전열교환으로 공조기 용량을 줄일 수 있어, 공기방식의 중앙공조시스템이나 공장 등 대규모 공간의 에너지 회수용으로 쓰인다.

44 ①

송풍기 회전수의 변화

㉠ 풍량은 회전수 변화에 비례한다.
㉡ 정압은 회전수 변화의 제곱에 비례한다.
㉢ 소요동력은 회전수 변화의 세제곱에 비례한다.

45 ①

습구온도는 포화공기(상대습도 100%)가 아닐 경우 증발로 인해 항상 건구온도보다 낮다. 노점온도는 일반상태 공기가 냉각하여 포화공기가 되는 지점이므로 상대습도 100%가 되기 전까지는 건구온도 및 습구온도보다 낮다.

46 ③

기계환기 방식

구 분	설치방법	용 도
제1종 환기 (병용식)	급기팬+배기팬	병원, 수술실, 극장, 변전실
제2종 환기 (압입식)	급기팬+자연배기	클린룸, 무균실, 반도체 공장
제3종 환기 (흡출식)	자연급기+배기팬	화장실, 욕실, 주방, 흡연실

- 제1종(병용식) : 설비비, 운전비가 비싸지만 실내외의 압력을 자유로이 조정할 수 있어 가장 좋은 방식이다.
- 제2종(압입식) : 실내 압력이 정압(+)이 된다. 다른 실에서의 공기 침입이 없어야 하는 곳에 사용한다.
- 제3종(흡출식) : 실내 압력이 부압(-)이 된다. 실내의 냄새나 유해 물질을 다른 실로 흘려보내지 않는다.

47 ③
① 변풍량방식에 비해 설비비가 적게 든다.
② 냉·온풍의 혼합손실이 거의 없다.
④ 정풍량 방식은 실내의 열부하 변동에 따른 송풍량을 조절할 수 없다.

48 ③
현열부하
$q_s = \gamma \cdot Q \cdot C \cdot \Delta t [kJ/h]$
$= 1.2 \times 50인 \times 80m^3/h \times 1.01 \times (32-26)$
$= 29088[kJ/h] = 8080[W]$
γ : 공기 밀도[kg/m³]
Q : 공기 체적량[m³/h]
C : 공기의 정압비열[kJ/kg·K]
Δt : 실내외 온도차
※ $1W = 1J/s = 3.6kJ/h$

49 ②
- 전수두=위치압력수두(mAq)+관내압력수두(mAq)+속도수두
- 속도수두=$\dfrac{v^2}{2g}$
  (v : 관내 유속, g : 중력가속도[9.8m/sec²])
∴ 전수두=$20+6+\dfrac{3^2}{2 \times 9.8}=26.45m$
※ 1Pa=0.1mmAq이므로
   1kPa=100mmAq=0.1mAq

50 ②

습공기의 엔탈피
$i = C_{pa} \cdot t + (\gamma_0 + C_{pw} \cdot t) \cdot x$
$= 1.01 \times 32 + (2501 + 1.85 \times 32) \times 0.025$
$= 96.325 kJ/kg'$
C_{pa} : 건공기 정압비열[kJ/kg·K]
t : 건구온도[℃]
γ_0 : 포화수 증발잠열[kJ/kg]
C_{pw} : 수증기 정압비열[kJ/kg·K]
x : 절대습도

51 ②
㉠ 국소환기 : 오염이 생긴 장소만 환기하여 오염 확산을 방지하는 방법. 주방, 공장, 실험실 등에 쓰인다.
㉡ 희석환기 : 실의 전체 공기를 신선한 공기로 환기하는 방법. 전체환기라고도 한다.

52 ②
냉각탑
① 응축기에서 냉각수가 빼앗은 열량을 냉각시키는 부분을 말한다.
② 냉각방식
  ㉠ 공랭식 : 실외기라 불리우며, 소용량에 사용된다.
  ㉡ 수냉식은 물의 흐름방향에 따라 다음과 같이 분류된다.
    - 향류식 : 공기를 아래에서 위로 흐르게 한다. 분무식과 충진식(흡입식, 압입식)이 있다.
    - 직교류식 : 공기를 수류와 직각으로 흐르게 한다. 편측, 양측 흡입식이 있다.
③ 개방상태별 분류
  ㉠ 개방식 : 냉각수가 냉각탑 내에서 대기에 노출되는 방식. 공기조화에서 가장 많이 쓰인다.
  ㉡ 밀폐식 : 냉각수 배관이 밀폐된 방식. 폐회로 수열원 열펌프 방식과 같이 냉각수배관이 길고, 건축물 내에 널리 분포

53 ③
역환수식(reverse return) 배관
열원에서 각 방열기기에 이르는 공급관과 환수관의 도달거리 합을 거의 일치시켜 배관의 마찰저항 값을 유사하게 함으로써 순환온수가 균등하게 흐르도록 한 배관방법. 급탕설비의 하향식 배관, 온수난방설비 등에 적용된다. 온수의 유량분배가 균일해지지만, 배관수가 많아지므로 설비비는 높다.

54 ②
냉수량

$$Q_w = \frac{Hcr}{60C\Delta t}[l/min]$$

Hcr : 냉동기용량
C : 물의 비열
Δt : 냉각기 출입구 온도차
여기서 1kW=1kJ/s=3600kJ/h이므로,
  386kW=1389600kJ/h

∴ 냉수량 $Q_w = \dfrac{1389600}{60 \times 4.2 \times (12-6)} = 919[l/min]$
  $= 0.919\text{m}^3/\text{min} \times 60\text{min} = 55.14\text{m}^3/\text{h}$

55 ①
투과율이 크면 취득열량도 크다.

56 ④
벽면 취출구에서 수평으로 취출되는 기류의 상태에서 강하거리, 상승거리, 도달거리는 모두 취출기류의 풍속에 비례한다.
※ 취출공기와 실내공기의 온도차가 클수록 취출기류의 풍속도 증가한다.

57 ③
증기 트랩
방열기 환수부 또는 증기 배관의 말단에 부착하여 증기관 내에 생긴 응축수를 보일러로 환수시키는 장치이다.
- ㉠ 버킷 트랩 : 응축수의 부력을 이용하는 기계식 트랩. 주로 고압증기의 관말 트랩이나 증기를 사용하는 세탁기, 탕비기 등에 쓰인다.
- ㉡ 플로트 트랩 : 저압증기용 기기 부속 트랩으로 다량의 응축수를 처리하기 위해 사용한다.
- ㉢ 벨로즈 트랩 : 증기와 응축수 사이의 온도차를 이용하는 온도 조절식 증기 트랩의 일종. 관내 응축수 배출을 위해 사용한다.
- ㉣ 기타 : 방열기 트랩, 충격 증기 트랩
※ 드럼 트랩은 주방에서 쓰는 배수 트랩이다.

58 ③
풍량조절 댐퍼의 종류
- 스플릿 댐퍼 : 덕트 분기부에 설치하는 댐퍼. 구조가 간단하고 메인 덕트의 압력강하가 적지만, 정밀한 풍량조절은 불가능하다.
- 단익(버터플라이) 댐퍼 : 소형 덕트용 댐퍼
- 다익 댐퍼 : 2개 이상의 날개를 가진 댐퍼. 대형 덕트에 사용하며 평행 익형과 대향 익형이 있다.
- 슬라이드 댐퍼 : 전체 개폐가 되는 댐퍼
- 클로즈 댐퍼 : 기류의 발생소음을 줄이고 방향을 조절하는 댐퍼

59 ④
상류 공기의 먼지 농도를 100%라고 했을 때, 70%의 필터를 통과한 공기의 먼지 농도는 30%이고, 85%의 필터를 통과한 공기의 먼지 농도는 15%이므로, 먼지 농도는 두 배 차이가 난다.

60 ③
건구온도가 높아지면 비체적도 증가한다.
※ 비체적 : 건공기 1kg과 수증기 $x$kg을 포함한 습공기 $(1+x)$kg의 체적

61 ②

역률 = 저항/임피던스

임피던스 = $\sqrt{저항^2 + 리액턴스^2}$ = $\sqrt{3^2 + 4^2}$ = 5

∴ 역률 = $\frac{3}{5}$ = 0.6

62 ②

전기식 자동제어시스템
(electric automatic control system)

㉠ 제어회로의 전달 신호에 전류나 전압 등의 전기를 사용하며, 조작부의 조작 동력에 전기를 사용하는 제어
㉡ 중소용량 보일러의 대부분은 전기식 제어가 사용되고 있다.
㉢ 신호처리가 쉽지만 원격조작이 어렵다.
㉣ 검출부와 조절부가 일체형으로 되어 있다.
㉤ 기기 구조가 단순하여 취급이 편하다.

63 ③

피상전력

교류회로에서 단자 전압의 실효값을 V[V]로 하고, 그때의 전류의 실효값을 I[A]로 할 때 그 전압 및 전류의 곱을 피상전력이라고 한다. 유효전력과 무효전력의 벡터합으로, 전압과 전류의 실효치의 곱[VA]으로 나타낸다.

64 ③

A : 일반화재　　B : 유류화재
C : 전기화재　　K : 주방화재

65 ①

3상 4선식(Δ-Y) 결선에서 Y결선의 선간전압은 상전압의 $\sqrt{3}$ 배이다.

∴ 상전압 = $\frac{220}{\sqrt{3}}$ = 127[V]

66 ③

$\frac{50 \times 100}{50 + 100}$ = 33.33[Ω]

67 ①

연기감지기

㉠ 감지 방식
　ⓐ 이온화식 : 감지기 안으로 유입된 연기 입자에 의한 이온전류의 변화를 이용
　ⓑ 광전식 : 연기 입자에 의한 광전소자의 입사광량 변화를 이용

㉡ 설치 장소
　ⓐ 평상시 연기 발생이 없으며 열감지가 어려운 높이 20m 이내의 장소
　ⓑ 벽 또는 보로부터 0.6m 이상 떨어진 곳
　ⓒ 천장 또는 반자가 낮은 실내 또는 좁은 실내에 있어서는 출입구의 가까운 부분에 설치할 것
　ⓓ 천장 또는 반자 부근에 배기구가 있는 경우에는 그 부근에 설치할 것
　ⓔ 복도 및 통로는 보행거리 30m마다, 계단 및 경사로는 수직거리 15m마다 1개 이상으로 할 것

68 ④

인터폰 접속방식

모자식	• 1대의 모기에 여러 대의 자기를 접속하는 방식 • 자기끼리는 접속할 수 없다.
상호식	• 원하는 곳 모두 상호접속이 가능한 방식
복합식	• 모자식과 상호식을 결합한 방식

※ 교호통화방식 : 일반 반송전화와 달리, 회선이나 장치의 구성상 수화와 송화를 동시에 할 수 없는 통신 방식. 무선전화 등에 쓰이며 스위치를 바꾸어 넣음으로써 서로 순서를 바꾸어 통화한다.

69 ③

시퀀스 제어 방식

	유접점 방식	무접점 방식
수명	짧다.	반영구적
스위칭 속도	늦고 한계가 있다. (ms 단위)	빠르다.(μs 단위)
환경조건	진동 및 충격에 약하다.	진동 및 충격에 강하다.
소비전력	많다.	적다.
외형	큰 편이다.	작다.
서지	전기적 노이즈에 안정적	노이즈에 취약해 안정대책 필요
입·출력 수	독립된 다수의 출력을 동시에 얻음	다수의 입력·소수의 출력 용이

70 ④

옥외소화전설비의 법정 기준
- 호스접결구는 지면으로부터 높이가 0.5m 이상 1m 이하의 위치에 설치하고 특정소방대상물의 각 부분으로부터 하나의 호스접결구까지의 수평거리가 40m 이하가 되도록 설치하여야 한다.
- 호스는 구경 65mm의 것으로 한다.
- 해당 특정소방대상물에 설치된 옥외소화전(2개 이상 설치된 경우에는 2개의 옥외소화전)을 동시에 사용할 경우 각 옥외소화전의 노즐선단에서의 방수압력이 0.25MPa 이상이고, 방수량이 350L/min 이상이 되는 성능의 것으로 할 것. 이 경우 하나의 옥외소화전을 사용하는 노즐 선단에서의 방수압력이 0.7MPa을 초과할 경우에는 호스접결구의 인입측에 감압장치를 설치하여야 한다.
- 옥외소화전설비의 수원은 그 저수량이 옥외소화전의 설치개수(옥외소화전이 2개 이상 설치된 경우에는 2개)에 $7m^3$를 곱한 양 이상이 되도록 하여야 한다.
- 옥외소화전이 10개 이하로 설치된 때에는 옥외소화전마다 5m 이내의 장소에 1개 이상의 소화전함을 설치하여야 한다.

71 ④

LNG(액화천연가스, Liquefied Natural Gas)
가스전에서 채취한 천연가스를 정제하여 얻은 메탄을 냉각해 액화시킨 것이다. 천연가스를 −162℃의 상태에서 약 600배로 압축하여 액화시킨 상태의 가스로, 정제 과정을 거쳐 순수 메탄의 성분이 매우 높고 수분의 함량이 없는 청정연료이다. 무색·투명한 액체로 공해물질이 거의 없고 열량이 높아서 도시가스로 사용된다. 공기보다 가벼워 누설되어도 공기 중에 쉽게 흡수되므로 안정성도 매우 높다. 다만 운반비가 비싸서 산지와의 거리에 따라 경제성이 결정된다. 그러므로 대규모 저장시설을 갖추어 배관을 통해 공급해야 한다.

72 ①

농형 유도전동기
㉠ 권선형에 비해 구조와 취급이 간단하고 기계적으로 견고하다.
㉡ 운전이 쉽고 속도제어가 가능하며, 가격이 저렴하다.
㉢ 슬립 링이 없어서 불꽃이 나올 염려가 없다.
㉣ 기동전류가 커서 전동기 전선을 과열시키거나 전원전압의 변동을 일으킬 수 있다.
㉤ 속도제어 방법으로 VVVF 방식 등을 사용할 수 있다.

73 ②

변압기는 자속 변화에 의한 전자유도현상을 응용한 것이다. 변압기의 1차 코일은 자기유도 작용을 일으키고, 2차 코일은 자속 변화에 의한 전자유도현상으로 유도전류를 발생시킨다.

74 ②

옥내소화전 수원 저수량
=옥내소화전 1개 방수량×방수시간×동시 개구수
=130L/min×20분×5개
=$13m^3$

※ 방사 시

기준	30~49층	50층 이상
20분	40분	60분

75 ③

교류의 크기

$V_a(평균치) = \dfrac{2}{\pi} \times V_m = 0.637 \times V_m$ (최대치)

$V(실효치) = \dfrac{1}{\sqrt{2}} \times V_m = 0.707 \times V_m$

76 ③

제연구역의 구획기준
㉠ 하나의 제연구역의 면적은 1000m² 이내로 할 것
㉡ 거실과 통로(복도 포함)는 상호 제연구획할 것
㉢ 통로상의 제연구역은 보행중심선의 길이가 60m를 초과하지 않을 것
㉣ 하나의 제연구역은 직경 60m 원 내에 들어갈 수 있을 것
㉤ 하나의 제연구역은 2개 이상 층에 미치지 않도록 할 것. 다만, 층의 구분이 불분명한 부분은 그 부분을 다른 부분과 별도로 제연구획해야 한다.

77 ③

광원개수

$N = \dfrac{E \times A}{F \times U \times M} = \dfrac{120 \times (20 \times 20)}{2500 \times 0.5 \times 0.8} = 48$

E : 평균조도(lx)
A : 실면적(m²)
F : 개별 광원의 광속
U : 조명률
M : 보수율

78 ④

건축화 조명
천장, 벽, 기둥과 같은 건축 부분에 광원을 만들어 실내를 조명하는 것을 말한다. 눈부심이 적고 고급스러운 분위기 연출이 가능하나 직접조명에 비해 설치비용 및 유지비용이 증가하므로 조명효율 및 경제성은 낮다.
(종류 : 광천장, 광창, 코브, 코니스, 밸런스, 캐노피 조명 등)
※ 펜던트 조명 : 파이프나 와이어로 천장에 매단 조명으로 직접조명방식에 해당된다.

79 ③

전기 샤프트는 배선거리 및 전압강하 등을 감안하여 시설 위치의 중앙에 위치하도록 한다.

80 ③

$100[V] \times I = 1000[W]$ 이므로 $I = 10[A]$

81 ②

건축물을 건축하거나 대수선하려는 자는 특별자치시장·특별자치도지사 또는 시장·군수·구청장의 허가를 받아야 한다. 다만 다음에 해당하는 건축물을 특별시나 광역시에 건축하려면 특별시장이나 광역시장의 허가를 받아야 한다.
㉠ 21층 이상 또는 연면적 합계가 10만 제곱미터 이상인 건축물
㉡ 연면적의 10분의 3 이상을 증축하여 층수가 21층 이상으로 되거나 연면적의 합계가 10만 제곱미터 이상으로 되는 경우
㉢ 예외 : 공장, 창고, 특별시 또는 광역시의 건축조례로 정하는 바에 따라 해당 지방건축위원회의 심의사항으로 할 수 있는 건축물 중 초고층 건축물을 제외한 것

82 ①

소방시설의 분류
㉠ 소화설비 : 소화기, 옥내소화전, 옥외소화전, 스프링클러, 물분무 등 설비(가스계 소화설비)
㉡ 경보설비 : 자동화재탐지설비, 자동화재속보설비, 비상방송설비, 비상경보설비, 누전경보기

ⓒ 피난설비구조 : 유도등, 비상조명등, 피난사다리, 공기호흡기, 완강기, 인명구조기구
ⓓ 소화용수설비 : 상수도소화용수설비, 소화수조
ⓔ 소화활동설비 : 제연설비, 연결송수관설비, 연결살수설비, 무선통신보조설비, 비상콘센트설비

83 ③
지하층과 피난층 사이의 개방공간
바닥면적의 합계가 3000㎡ 이상인 공연장·집회장·관람장 또는 전시장을 지하층에 설치하는 경우에는 각 실에 있는 자가 지하층 각 층에서 건축물 밖으로 피난하여 옥외 계단 또는 경사로 등을 이용하여 피난층으로 대피할 수 있도록 천장이 개방된 외부 공간을 설치하여야 한다.

84 ②
제1종 근린생활시설(일반목욕장의 욕실, 휴게음식점의 조리장)과 제2종 근린생활시설(일반음식점, 휴게음식점의 조리장), 숙박시설에서 욕실 또는 조리장의 바닥과 그 바닥으로부터 높이 1m까지의 안벽의 마감은 내수재료로 하여야 한다.

85 ③
건축물의 체적에 대한 외피면적의 비 또는 연면적에 대한 외피면적의 비는 가능한 한 작게 한다.

86 ②
건축법령에 따른 공동주택의 분류
ⓐ 아파트 : 주택으로 쓰는 층수가 5개 층 이상인 주택
ⓑ 연립주택 : 주택으로 쓰는 1개 동의 바닥면적 합계가 660㎡를 초과하고, 층수가 4개 층 이하인 주택
ⓒ 다세대주택 : 주택으로 쓰는 1개 동의 바닥면적 합계가 660㎡ 이하이고, 층수가 4개 층 이하인 주택(2개 이상의 동을 지하주차장으로 연결하는 경우에는 각각의 동으로 본다)
ⓓ 기숙사 : 학교 또는 공장 등의 학생 또는 종업원 등을 위하여 쓰는 것으로서 1개 동의 공동취사시설 이용 세대 수가 전체의 50% 이상인 것(교육기본법에 따른 학생복지주택을 포함한다.)

87 ④
실의 반자높이

건축물의 용도	반자높이	예외 규정
일반용도의 거실	2.1m 이상	• 공장 • 창고시설 • 위험물 저장 및 처리시설 • 동물 및 식품관련시설 • 분뇨 및 쓰레기처리시설 • 묘지 관련 시설
• 문화 및 집회시설 (전시장 및 동·식물원은 제외) • 종교시설 및 장례식장 • 위락시설 중 유흥주점 ※ 관람석 또는 집회실로서 바닥면적 200㎡ 이상	4.0m 이상 (노대 아랫부분 : 2.7m 이상)	기계환기장치를 설치한 경우

88 ②
승용승강기 설치대수 산정

건축물의 용도	6층 이상 거실바닥면적의 합계(s ㎡)		
	3000㎡ 이하	3000㎡ 초과	대수산정 방식
• 문화 및 집회시설(공연장, 집회장, 관람장) • 판매시설 • 의료시설	2대	2대에 3000㎡ 초과하는 매 2000㎡ 이내마다 1대를 더한 대수	$2+\dfrac{s-3000㎡}{2000㎡}$

건축물의 용도	6층 이상 거실바닥면적의 합계($s\,m^2$)		대수산정 방식
	3000m² 이하	3000m² 초과	
• 문화 및 집회시설(전시장, 동·식물원만 해당) • 업무시설, 숙박시설, 위락시설	1대	1대에 3000m² 초과하는 매 2000m² 이내마다 1대를 더한 대수	$1 + \dfrac{s - 3000m^2}{2000m^2}$
• 공동주택 • 교육연구시설, 노유자시설 • 그 밖의 시설	1대	1대에 3000m² 초과하는 매 3000m² 이내마다 1대의 비율로 가산한 대수	$1 + \dfrac{s - 3000m^2}{3000m^2}$

※ 설치대수 산정에 있어 8인승 이상 15인 이하의 승강기는 1대로 보고, 16인승 이상의 승강기는 2대로 본다.

89 ①

신축 또는 리모델링하는 30세대 이상의 공동주택은 시간당 0.5회로 환기할 수 있는 자연환기설비 또는 기계환기설비를 설치하여야 한다.

90 ③

다중이용 건축물

불특정한 다수의 사람들이 이용하는 건축물로서 다음 중 하나에 해당하는 건축물을 말한다.
㉠ 다음의 어느 하나에 해당하는 용도로 쓰는 바닥면적의 합계가 5000m² 이상인 건축물
  ⓐ 문화 및 집회시설(동물원 및 식물원은 제외한다)
  ⓑ 종교시설, 판매시설
  ⓒ 운수시설 중 여객용 시설
  ⓓ 의료시설 중 종합병원
  ⓔ 숙박시설 중 관광숙박시설
㉡ 16층 이상인 건축물

91 ②

다음 건축물에는 방송 공동수신설비를 설치하여야 한다.
㉠ 공동주택
㉡ 바닥면적의 합계가 5000m² 이상으로서 업무시설이나 숙박시설의 용도로 쓰는 건축물
※ 다가구주택은 단독주택이므로 해당되지 않는다.

92 ④

물분무 등 소화설비를 설치하여야 하는 차고·주차장에 스프링클러설비를 기준에 적합하게 설치한 경우 그 설비의 유효 범위에서 설치가 면제된다.

93 ④

바깥쪽으로의 출구

다음에 해당하는 건축물에는 관람석 또는 집회실로부터의 출구를 안여닫이로 해서는 안 된다.
㉠ 제2종 근린생활시설 중 공연장·종교집회장 (해당용도 바닥면적의 합계가 각각 300m² 이상인 경우)
㉡ 문화 및 집회시설(전시장 및 동·식물원 제외)
㉢ 종교시설, 위락시설, 장례식장

94 ④

옥외소화전설비 설치대상

(아파트 등, 위험물 저장 및 처리 시설 중 가스시설, 지하구 또는 지하가 중 터널 제외)
㉠ 지상 1층 및 2층의 바닥면적의 합계가 9000m² 이상인 것
  ⓐ 이 경우 같은 구(區) 내의 둘 이상의 특정소방대상물이 총리령으로 정하는 연소 우려가 있는 구조인 경우 이를 하나의 특정소방대상물로 본다.
㉡ 문화재보호법에 따라 보물 또는 국보로 지정된 목조건축물
㉢ ㉠에 해당하지 않는 공장 또는 창고시설로서 소방기본법 시행령에서 정하는 수량의 750배 이상의 특수가연물을 저장·취급하

는 것

95 ④

난방 및 냉방설비의 용량계산을 위한 설계기준 실내온도는 난방의 경우 20℃, 냉방의 경우 28℃를 기준으로 하되(목욕장 및 수영장은 제외) 각 건축물 용도 및 개별 실의 특성에 따라 별표8에서 제시된 범위를 참고하여 설비의 용량이 과다해지지 않도록 한다.

96 ②

설치하여야 할 출구의 최소 너비는
$1500m^2 \times \frac{0.6m}{100m^2} = 9m$이며 각 출구의 유효너비는 3m이므로 출구는 최소 3개 이상 설치하여야 한다.

97 ④

주거용 건축물 급수관의 지름

가구 또는 세대수	1	2·3	4·5	6~8	9~16	17 이상
급수관 지름의 최소 기준(mm)	15	20	25	32	40	50

※ 비고
㉠ 가구 또는 세대의 구분이 불분명한 건축물에 있어서는 주거에 쓰이는 바닥면적의 합계에 따라 다음과 같이 가구수를 산정한다.
 ⓐ 바닥면적 85m² 이하 : 1가구
 ⓑ 바닥면적 85m² 초과 150m² 이하
  : 3가구
 ⓒ 바닥면적 150m² 초과 300m² 이하
  : 5가구
 ⓓ 바닥면적 300m² 초과 500m² 이하
  : 16가구
 ⓔ 바닥면적 500m² 초과 : 17가구
㉡ 가압설비 등을 설치하여 급수되는 각 기구에서의 압력이 1cm당 0.7kg 이상인 경우에는 위 표의 기준을 적용하지 아니할 수 있

다.

98 ②

연면적 10000m² 이상인 건축물(창고시설 제외) 또는 에너지를 대량으로 소비하는 건축물로서 아래에 해당하는 건축물에 급수·배수(配水)·배수(排水)·환기·난방·소화·배연·오물처리 설비 및 승강기설비를 설치하는 경우에는 건축기계설비기술사 또는 공조냉동기계기술사의 협력을 받아야 한다.
㉠ 냉동냉장시설·항온항습시설 또는 특수청정시설로서 당해 용도에 사용되는 바닥면적의 합계가 500m² 이상인 건축물
㉡ 아파트 및 연립주택
㉢ 다음에 해당하는 건축물로서 해당 용도에 사용되는 바닥면적의 합계가 500m² 이상인 건축물
 ⓐ 목욕장
 ⓑ 물놀이형 시설 및 수영장(각각 실내에 설치된 경우로 한정한다)
㉣ 다음에 해당하는 건축물로서 해당 용도에 사용되는 바닥면적의 합계가 2000m² 이상인 건축물
 ⓐ 기숙사   ⓑ 의료시설
 ⓒ 유스호스텔 ⓓ 숙박시설
㉤ 다음에 해당하는 건축물로서 해당 용도에 사용되는 바닥면적의 합계가 3000m² 이상인 건축물
 ⓐ 판매시설   ⓑ 연구소
 ⓒ 업무시설
㉥ 다음에 해당하는 건축물로서 해당 용도에 사용되는 바닥면적의 합계가 10000m² 이상인 건축물
 ⓐ 문화 및 집회시설(동·식물원 제외)
 ⓑ 종교시설
 ⓒ 교육연구시설(연구소는 제외)
 ⓓ 장례식장

99 ①

한의원은 제1종 근린생활시설이다.

100 ①

비상경보설비(위험물 저장 및 처리 시설 중 가스시설 또는 지하구 제외)
㉠ 연면적 400㎡ 이상(지하가 중 터널 또는 사람이 거주하지 않거나 벽이 없는 축사 제외)
㉡ 지하층 또는 무창층의 바닥면적이 150㎡ (공연장의 경우 100㎡) 이상인 것
㉢ 지하가 중 터널로서 길이가 500m 이상인 것
㉣ 50명 이상의 근로자가 작업하는 옥내 작업장

2020년 1, 2회 공통 건축설비기사 과년도 해설 및 정답

01 ②

도서관 열람실 계획 시 고려사항
- 서고와 가깝게 위치하도록 한다.
- 실내외의 소음을 차단할 수 있도록 한다.
- 통로화가 되는 것은 절대 피해야 한다.
- 채광이 좋아야 하므로, 남향 배치가 좋다.
- 열람실 면적은 1인당 1.5~2.0㎡ 정도로 한다.

02 ③

㉠ 리조트 호텔의 입지 조건
- 경관과 조망이 좋은 곳
- 관광지나 휴양지 이용이 효율적인 곳
- 식품과 린넨류의 구입이 원활한 곳
- 수질이 좋고 풍부한 수량의 수원이 있는 곳
- 자연재해 위험이 없고 기상 및 기후가 좋은 곳

㉡ 시티 호텔의 입지 조건
- 상업시설 이용이 원활하고 교통이 편리한 곳
- 주차공간이 충분한 곳
- 소음 및 공해가 적은 곳

03 ④

지하층에도 판매 공간이 있을 경우 에스컬레이터를 설치해야 한다.

04 ①

외과병원 수술실 벽면은 보색잔상에 의한 시각 혼란을 막기 위해 청록색 계열로 배색한다.

05 ④

클러스터(cluster)형 교실 배치
- 다수의 교실을 소단위별로 그룹 배치하는 방식
- 교실 단위의 독립성이 크고, 수업의 순수율이 높다.
- 각 교실이 외부와 많은 면적을 접하게 할 수 있다.
- 마스터 플랜의 융통성이 커서 시각적으로 보기 좋다.
- 넓은 부지를 필요로 하며, 관리부와의 동선이 길어진다.
- 운영 비용이 많이 들고, 개별 교실의 증축이 곤란하다.

06 ③

신축 공동주택의 실내공기질 측정항목(권고 기준)

폼알데히드	210㎍/㎥ 이하
벤젠	30㎍/㎥ 이하
톨루엔	1000㎍/㎥ 이하
에틸벤젠	360㎍/㎥ 이하
자일렌	700㎍/㎥ 이하
스티렌	300㎍/㎥ 이하
라돈	148Bq/㎥ 이하

※ ㎍ : 마이크로그램(백만분의 1그램)
※ Bq : 베크렐(방사능 단위. 1초 동안에 1개의 원자핵이 붕괴하는 방사능(1dps)을 1베크렐이라 한다.)

07 ②

철근콘크리트 구조의 원리

㉠ 부착력 : 상호간의 부착력이 크며 콘크리트 속에서 철근의 좌굴이 방지되므로 철근은 압축력에도 유효하다.

㉡ 온도 변화 : 두 재료의 열팽창계수가 거의 동일하여 온도변화에 따른 응력 발생이 방지된다.

㉢ 보호 : 콘크리트는 알칼리성이므로 철근의 부식을 방지하고 외부의 화열로부터 철근

을 보호한다.

08 ③

매장판매형식
- 대면판매 : 쇼케이스를 가운데 두고 점원이 고객을 마주보며 판매하는 형식. 상품 설명이 용이하고 점원위치를 고정하기에 용이하다. 진열면적이 작은 고가, 소형 상품 매장에 적합하며 쇼케이스가 넓어지면 상점 분위기가 부드럽지 못하게 된다.
- 측면판매 : 점원과 고객이 진열상품을 같은 방향으로 보며 판매하는 형식. 상품을 쉽게 만질 수 있어서 충동적 구매 및 선택이 용이하다. 의류·침구·서적 등 진열 면적이 넓은 상점에 적합하다. 점원의 위치 고정이 어렵고 상품의 설명 및 포장은 다소 불편하다.

09 ②
① 어린이 침실은 되도록 남쪽에 위치하는 것이 좋다.
③ 침실은 현관으로부터 떨어진 곳에 두는 편이 좋다.
④ 침실의 출입문은 프라이버시를 위해 안여닫이로 하는 것이 좋다.

10 ①

나선철근의 역할
주근의 좌굴방지, 수평력에 의한 전단보강, 콘크리트가 수평으로 터져나가는 것을 구속

11 ①
① 작용온도(OT) : 기온, 주벽의 복사열, 기류의 영향을 조합시킨 쾌적지표로서 습도의 영향이 고려되지 않는다.
② 등온지수 : 기온, 실내 기류, 습도에 복사열까지 고려한 지표
③ 유효온도 : 기온, 실내 기류, 습도
④ 합성온도 : 온도계의 일부를 특수 재료로 덮어 체감온도를 측정한 것

12 ①
교실과 복도의 접촉면이 큰 평면일수록 소음을 막는 데 불리하다.

13 ④
강재를 절약하는 것은 리벳이나 볼트를 사용하지 않는 용접접합의 장점이다.

14 ③

코어 배치에 따른 분류
㉠ 독립코어형 : 별도의 동으로 코어를 처리하는 형태. 분할 및 개방이 용이하며 공간을 코어에 구애받지 않고 계획할 수 있다. 그러나 방재상 불리하며 내진구조 구성이 까다롭다. 또한, 덕트·배관 등이 길어지고 설치에 제약도 많아진다.
㉡ 중심코어형 : 각 층의 평면이 매우 넓은 고층 건물에 적용된다. 주로 튜브구조의 형식을 띤다.
㉢ 편심코어형 : 각 층의 평면이 크지 않고 길이도 짧은 형태의 건물에 적용된다.
㉣ 양단코어형 : 비교적 평면이 긴 형태의 단일 용도 중·대규모 사무용 건물에 적합하다. 건축법규상 내부에서 직통계단까지의 피난거리 제한에 따라 2방향 피난이 가능하게 만든 형태이다.
㉤ 분산코어형 : 편심코어의 발전형으로 메인코어 이외에 피난 및 설비 샤프트 등 서브코어가 있는 형식이다.

15 ④
이음과 맞춤의 단면은 응력의 방향과 직각이 되도록 한다.

16 ①
고체(벽)을 사이에 두고 양쪽의 유체(실내외 공기) 간에 열이 이동하는 현상을 열관류라 한다.

17 ④

치수 조정(modular coordination : M.C)
건축의 재료부품에서 설계 및 시공에 이르기까지 건축 생산 전반에 걸쳐 치수상의 유기적 연계성을 만들어내는 것을 말한다. 설계와 시공을 연결해주는 치수 시스템으로 건축 외에 실내나 가구 분야에까지 확장, 적용될 수 있다.
㉠ 장점 : 호환성, 비용절감, 공기단축, 표준화
㉡ 단점 : 획일적인 디자인, 개성 상실

18 ②
집중형
- 중앙에 엘리베이터와 계단홀을 배치하고 주위에 많은 단위주거를 집중 배치하여 대지이용률이 높은 형식이다.
- 각 세대 조건을 동일하게 할 수 없으므로 위치에 따라 채광이 나빠진다. 따라서 평면계획에 특별한 고려가 필요하다.

19 ④
벽돌벽의 균열 원인
㉠ 설계상의 결함
  - 기초의 부동침하
  - 건물의 평면, 입면의 불균형 및 벽의 불합리 배치
  - 불균형 또는 큰 집중하중, 횡력 및 충격
  - 벽돌벽의 길이, 높이, 두께와 벽돌 벽체의 강도
  - 문꼴 크기의 불합리, 불균형 배치
㉡ 시공상의 결함
  - 벽돌 및 모르타르의 강도 부족과 신축성
  - 벽돌벽의 부분적 시공 결함
  - 이질재와의 접합
  - 장막벽(curtain wall)의 상부
  - 모르타르 바름의 들뜸

20 ③
반개가식 도서관
- 열람자가 서가에 꽂힌 책의 표지 정도는 볼 수 있지만, 내용은 직원에게 요청하여 기록을 남긴 후에 열람할 수 있는 형식
- 신간 서적 열람에 적합하며, 다량의 도서를 취급하는 곳에서는 부적합하다.

21 ④
마찰손실수두
$$H_f = \lambda \cdot \frac{\ell}{d} \cdot \frac{\rho v^2}{2g}$$
$$= 0.03 \times \frac{50}{0.025} \times \frac{1000 \times 2^2}{2}$$
$$= 120000 Pa = 120 kPa$$
λ : 관 마찰계수
ℓ : 직관 길이[m]
d : 배관 내경[m]
ρ : 물의 밀도[$1000 kg/m^3$]
v : 관내 유속[m/s]

22 ③
도피 통기관
㉠ 루프 통기관에서 통기 능률을 촉진시키기 위한 통기관
㉡ 배수횡지관의 최하류에 설치한다.
㉢ 관경은 최소 32mm 이상 또는 접속하는 배수관 관경의 1/2 이상으로 한다.

23 ④
청소구의 직경은 배수관경이 100mm 이하일 경우 동일 관경으로 한다. 배수관경이 100mm 이상일 경우 최소 100mm 이상으로 한다.

24 ③
상향 공급 방식의 경우, 급탕관은 선상향 구배로 하고 반탕관은 선하향 구배로 한다.

25 ④
스위블 조인트
2개 이상의 엘보우를 사용하고 나사회전을 이용하여 신축을 흡수한다. 과도한 신축에는 견

디지 못하고 파손될 우려가 있다.
- 리듀서 : 관경이 다른 배관 접합 이음쇠
- 소켓이음 : 직선배관(동일 관경)의 접합 이음쇠
- 스트레이너 : 이물질 거름망

26 ④
공기실(air chamber)
수격작용을 방지하기 위해 설치하는 것으로, 공기를 담고 있는 배관 부분을 말한다. 펌프의 토출관이나 세척 밸브 등에 공기실을 설치하여 압축공기의 탄성에 의한 충격을 방지한다.

27 ①
게이트 밸브
유체 흐름을 단속하는 밸브. 유량 조절용으로는 사용이 곤란하다.

28 ④
통기관
배수계통 내의 배수 및 공기의 흐름을 원활히 하여 관내를 청결하게 유지하고, 사이펀 작용 및 배압에 의해서 트랩봉수가 파괴되는 것을 방지하도록 설치하는 관을 말한다.

29 ①
수도직결방식은 수도 본관의 영향을 그대로 받으므로 수압변화가 발생할 수 있다.

30 ④
펌프의 축동력(L_s)
$$L_s = \frac{WQH}{6120E}$$
$$= \frac{1000 \times 0.25 \times 33}{6120 \times 0.45} = 2.99\text{kW}$$

W : 물 1m^3의 중량[1000kg/m³]
Q : 양수량[m³/min]
H : 전양정[m]

K : 동력환산정수[6,120]
E : 효율[%]
※ 1시간당 양수량이 15m^2이므로 60으로 나누면 분당 양수량은 0.25m^2가 되는 것에 유의한다.

31 ②
중앙식 급탕설비 가열방식 비교

	직접 가열식	간접 가열식
보일러	급탕용과 난방용 개별 설치	난방 열원으로 급탕 겸용
내부 스케일	많이 생긴다.	거의 없다.
압력	고압 보일러	저압 보일러
가열코일	필요 없다.	필요하다.
규모	소규모 건축물	대규모 건축물

32 ③
필요압력 70kPa=7mAq
필요압력+마찰손실수두=5mAq+7mAq=12m

33 ②
그리스(grease) 포집기
호텔, 영업용 음식점 등의 주방에서 나오는 배수 중의 지방분을 냉각·응고시켜 제거시킴으로써, 배수관이 지방분으로 막히지 않게 하는 장치. 포집기 내부에 여러 개의 격판을 설치하여 배수의 유입 속도를 느리게 한 후 지방분을 응고시켜 제거한다. 연속적으로 배수가 이루어질 경우 수냉식으로 하여 제거효율을 높인다. 입구 부근에는 여과망(스트레이너)을 설치하여 음식물 찌꺼기를 수집 제거한다.

34 ①
공공하수로(main sewer)
각 건물이나 그 대지 안의 배수 및 빗물을 받아 하천 또는 하수처리장까지 흘려 보내는 하수로. 관거, 맨홀, 우수토실(雨水吐室), 물받이 및 연결관 등을 포함한 시설의 총칭이며, 주택, 상업 및 공업지역 등에서 배출되는 오수나 우수를 모아서 처리장 또는 방류수역까지 흘려 보내는 역할을 한다.

35 ③
헤더 방식
- 혼합수전과 헤더를 1대 1 배관으로 연결하는 방식. PIP(pipe in pipe)라고도 한다.
- 각 기구별로 단독 배관되므로 동시에 기구를 사용해도 유량변화가 적다.
- 배관 중간에 연결부가 없어서 누설 우려가 적고, 연결 작업이 적어서 시공 효율이 좋다.
- 슬리브 공법을 채용하면 보수 및 교체가 용이하다.
- 한 계통마다 관로의 보유수량이 적어 급탕 대기시간을 단축할 수 있다.
- 지관을 소구경의 배관으로 할 수 있다.

36 ②
크로스 커넥션
수돗물에 이물질이 혼입되어 오염되는 현상. 이를 방지하기 위해서는 배관 계통별로 색깔로 구분하여 오접합을 방지하며 통수시험에 의해 체크한다.
※ 급수조닝의 여부와는 거리가 멀다.

37 ①
온수 팽창량(Δ_v)

$$\Delta_v = \left(\frac{1}{\rho_2} - \frac{1}{\rho_1}\right) \times V$$

$$= \left(\frac{1}{0.9718} - \frac{1}{0.99973}\right) \times 1000 = 28.8\text{L}$$

ρ_1 : 급수 밀도[kg/L]
ρ_2 : 온수 밀도[kg/L]
V : 장치 내 전수량[L]

38 ③
BOD 제거율

$$= \frac{\text{유입수 BOD} - \text{유출수 BOD}}{\text{유입수 BOD}} \times 100(\%)$$

$$= \frac{150-60}{150} \times 100(\%) = 60\%$$

39 ④
부싱(bushing)
배관공사에서 관 직경이 서로 다른 관을 접속할 때 사용하는 이음. 구멍 외측과 내측에 나사가 만들어져 있고 이음의 일부로서 관 직경을 줄이고자 할 때 사용한다.

40 ①
위생도기는 흡수율이 낮아야 한다.

41 ②
엔탈피
0℃의 건조공기와 0℃의 물을 기준으로 하여 측정한 습공기가 갖는 전열량으로 현열량과 잠열량의 합계이다. 공기의 온도나 습도가 증가하면 엔탈피도 함께 증가한다.

42 ④
- 덕트의 전압(P_t) = 정압(P_s) + 동압(P_v)
- 동압 = $\dfrac{v^2}{2}p$

  v : 관내유속[m/s]
  p : 공기의 밀도[1.2kg/m³]

∴ 전압(P_t) = $200 + \dfrac{20^2}{2} \times 1.2 = 440\text{Pa}$

43 ③
발생기
흡수식 냉동기에서 저농도 흡수액을 가열하여 냉매증기와 흡수액(LiBr)으로 분리시키는 장치를 내장한 기밀용기이다.

44 ④
염화비닐관

- 가공이 쉽고 내산·내알칼리성이 좋다.
- 염산, 황산, 가성소다 등의 부식성 약품에 강하다.
- 전기적 저항이 크고 전식작용이 없다.
- 저온에 약하며 한랭지에서는 외부로부터 조금만 충격을 주어도 파괴되기 쉽다.
- 열팽창률은 강관보다 높아서 냉각수 배관재료로는 부적합하다.

45 ②

$Q = A \times v \times \eta$ 에서

$A = \dfrac{360}{3600\text{s} \times 3.5 \times 0.7} = 0.04\text{m}^2$

Q : 취출풍량[m³/s]
A : 취출구 면적[m²]
v : 취출구 풍속[m/s]
η : 개구율[%]

46 ③

하트포드 접속법

저압 증기난방 장치에서 환수주관을 보일러 하단에 직접 접속하면 보일러 내의 증기압력에 의해 보일러 내의 수면이 안전수위 이하로 내려간다. 이때 환수관의 일부가 파손되어 물이 새면 보일러 내 물이 유출되어 안전수위 이하로 내려가고 보일러는 빈 상태로 된다. 이런 위험을 막기 위하여 밸런스관을 달고 안전 저수면보다 높은 위치에 환수관을 접속하는데 이런 배관법을 하트포드 접속법이라 한다.

47 ③

냉각열량(q)

$q = \gamma Q C \Delta t$ [kJ/h]
$= 1.2 \times 1000\text{m}^3/\text{h} \times 1.01 \times (26-14)$
$= 14544\text{kJ/h} = 4.04\text{kW}$

γ : 공기 밀도[kg/m³]
Q : 공기 체적량[m³/h]
C : 공기의 정압비열[kJ/kg·K]
Δt : 온도차

※ 1W=1J/s=3.6kJ/h

48 ④

운동시설인 볼링장의 1인당 인체 취득열량이 가장 높다.

49 ④

캐비테이션(cavatation)은 흡입측 배관의 손실수두가 클수록 발생하기 쉽다.

50 ③

전열교환기 효율(η)

전열교환기의 전열효율은 외기와 환기의 최대 엔탈피 차에 대한 실제 전열 엔탈피 차의 비로 나타낸다.

$\eta = \dfrac{\text{급기 엔탈피} - \text{외기 엔탈피}}{\text{환기 엔탈피} - \text{외기 엔탈피}}$

$= \dfrac{X_2 - X_1}{X_3 - X_1}$

51 ①

저온저습(①) 공기와 고온고습(②) 공기를 혼합한 ③을 예열(④) 후 가습(⑤)하여 재열(⑥)한 것이다.

52 ④

버킷, 드럼, 플로트 트랩은 응축수의 부력을 이용한다.

53 ③

열펌프의 COP_H는 냉동기의 COP_C보다 1만큼 크다.

54 ①

축열 시스템

냉난방을 위하여 냉동기, 보일러 따위의 열원 기기와 공기조화기 사이에 축열조를 둔 열원 방식. 주로 저렴한 심야 전기를 이용하므로 경

제성은 있지만, 축열 및 보관 과정에서 열손실은 발생하게 된다.

55 ④
북쪽창은 햇빛이 닿지 않아도 주광(천공광)에 의한 취득열량이 생긴다.

56 ①
취출기류의 4가지 영역

제1영역	취출구의 초기 풍속을 유지하며 취출하는 영역
제2영역 (천이영역)	취출기류 속도분포가 거리의 제곱근에 반비례하여 감소하는 구간 2차 공기가 유입되기 시작하는 구간
제3영역	취출거리의 대부분을 차지하는 구간 2차 공기가 다량 유입되며 기류분포속도가 거리에 반비례하여 감소한다.
제4영역	취출기류 에너지가 대부분 소모되면서 주위로 확산되는 구간

57 ③
환기량(Q)

$$Q = \frac{K}{C - C_0}$$

$$= \frac{0.02 \times 10}{0.001 - 0.00035} = 307.7 \text{m}^3/\text{h}$$

Q : 필요환기량[m³/h]
C : 실내허용 CO_2 농도[m³/h]
C_0 : 외기의 CO_2 농도[m³/h]
K : 재실인원의 CO_2 토출량[m³/h]

※ 1ppm=0.000001m³

58 ①
습공기를 냉각하면 엔탈피와 비체적은 감소하고 건구온도와 습구온도는 낮아진다.

59 ④
습공기의 엔탈피(i)

$i = C_{pa} \cdot t + (\gamma_0 + C_{pw} \cdot t) \cdot x$

$= 1.01 \times 20 + (2501 + 1.85 \times 20) \times 0.015$
$= 58.27 \text{kJ/kg}'$

C_{pa} : 건공기 정압비열
t : 건구온도
γ_0 : 포화수 증발잠열
C_{pw} : 수증기 정압비열
x : 절대습도

∴ 습공기 6kg의 엔탈피=58.27×6=349.62kJ

60 ②
① 온수난방에 비하여 예열시간이 짧다.
③ 온수난방에 비하여 한랭지에서 운전정지 중에 동결의 위험이 낮다.
④ 온수난방에 비하여 소요방열면적과 배관경이 작아서 설비비가 낮다.

61 ①
Y결선에서 선간전압은 상전압의 $\sqrt{3}$ 배이므로, 상전압은 $\frac{220}{\sqrt{3}}$ = 115V 이다.

62 ②
전선의 저항은 길이에 비례하고 단면적에 반비례한다.

63 ③
3상 유도전동기의 속도제어
• 회전자에 접속된 저항을 변화시켜 비례추이의 원리로 제어한다.
• 회전속도는 주파수에 비례하고 극수와 슬립에 반비례한다.
• 주파수는 인버터를 사용하여 변화시킨다.
• 서로 다른 고정자 권선을 감은 두 극을 필요에 따라 선택하여 극수를 변화시킨다.

64 ④
광원개수

$$N = \frac{E \times A \times D}{F \times U}$$

$$= \frac{300 \times 1600 \times 1.7}{4000 \times 0.6} = 340$$

U : 조명률 D : 감광 보상률
A : 방의 면적(m²) E : 조도
F : 광속

65 ③

스프링클러 설비 배관
㉠ 주배관 : 각 층을 수직으로 관통하는 배관
㉡ 교차배관 : 직접 또는 주배관을 통해 가지배관에 급수하는 배관
㉢ 가지배관 : 스프링클러헤드가 설치되어 있는 배관
㉣ 급수배관 : 수원이나 옥외송수구로부터 급수하는 배관
㉤ 신축배관 : 가지배관과 스프링클러헤드를 연결하는 배관. 구부릴 수 있도록 유연성을 가져야 한다.

66 ④
① 방향 계전기 : 전류나 전력의 방향을 식별해서 동작하는 계전기
② 과전류 계전기 : 허용된 이상의 부하가 걸려서 과전류가 흐르게 되면 주회로를 차단하는 계전기
③ 부족 전압 계전기 : 전압이 설정값 혹은 그 이하로 저하하면 동작하는 계전기

67 ④
① 평균값($\frac{2V_m}{\pi} = 0.637 V_m$)
② 실효값($\frac{V_m}{\sqrt{2}} = 0.707 V_m$) : 순시값 중 동일 저항에 직류가 흐를 때와 같은 소비전력을 갖는 교류값
③ 순시값 $v = V_m \sin \omega t$ [V]
  V_m : 전압의 최댓값[V]
  ω : 각주파수[rad/s]
  t : 주기[s]

68 ③
저항이 직렬회로인 경우 저항이 높아져서 전압 강하도 커진다.

69 ③
현재 실내의 온·습도를 측정하는 검출기는 환기측에 설치한다.

70 ①
옥외소화전이 10개 이하로 설치된 때에는 옥외소화전마다 5m 이내의 장소에 1개 이상의 소화전함을 설치하여야 한다.

71 ①
연결살수설비의 송수구는 구경 65mm의 쌍구형으로 설치한다. 단, 하나의 송수구역에 부착되는 살수 헤드가 10개 이하일 경우에는 단구형으로 할 수 있다.

72 ②
① 조기반응형 헤드 : 표준형 스프링클러헤드보다 기류온도 및 기류속도에 조기에 반응하는 것을 말한다.
③ 개방형 스프링클러헤드 : 감열체 없이 방수구가 항상 열려져 있는 스프링클러헤드를 말한다.
④ 폐쇄형 스프링클러헤드 : 정상상태에서 방수구를 막고 있는 감열체가 일정 온도에서 자동적으로 파괴·용해 또는 이탈됨으로써 방수구가 개방되는 스프링클러헤드를 말한다.

73 ②

자동화재탐지설비 수신기 설치 기준
㉠ 수위실 등 상시 사람이 근무하는 장소에 설치할 것(사람이 상시 근무하는 장소가 없는 경우 관계인이 쉽게 접근할 수 있고 관리가 용이한 장소에 설치할 수 있다.)
㉡ 수신기가 설치된 장소에는 경계구역 일람도를 비치할 것. 단, 모든 수신기와 연결되어

각 수신기의 상황을 감시하고 제어할 수 있는 수신기(이하 "주수신기")를 설치하는 경우에는 주수신기를 제외한 기타 수신기는 제외한다.
ⓒ 수신기의 음향기구는 그 음량 및 음색이 다른 기기의 소음 등과 명확히 구별될 수 있는 것으로 할 것
ⓔ 수신기는 감지기·중계기 또는 발신기가 작동하는 경계구역을 표시할 수 있는 것으로 할 것
ⓜ 화재·가스 전기 등에 대한 종합방재반을 설치한 경우에는 해당 조작반에 수신기의 작동과 연동하여 감지기·중계기 또는 발신기가 작동하는 경계구역을 표시할 수 있는 것으로 할 것
ⓑ 하나의 경계구역은 하나의 표시등 또는 하나의 문자로 표시되도록 할 것
ⓢ 수신기의 조작 스위치는 바닥으로부터의 높이가 0.8m 이상 1.5m 이하인 장소에 설치할 것
ⓞ 하나의 특정소방대상물에 둘 이상의 수신기를 설치하는 경우에는 수신기를 상호간 연동하여 화재발생 상황을 각 수신기마다 확인할 수 있도록 할 것

74 ④

금속관 공사
㉠ 철근콘크리트 건물의 매입배선으로 사용한다.
㉡ 전선 인입이 용이하고, 기계적 외력에 대해 안전하다.
㉢ 절연전선을 사용하여 전선과열로 인한 화재 위험이 적다.
㉣ 목적에 따라 적합한 접지가 필요하다.
㉤ 습기가 많은 옥내 은폐장소, 노출장소, 옥내, 옥외 등 광범위하게 쓰인다.

75 ④

옥내소화전 방수구 설치 기준

• 호스는 구경 40mm(호스릴 옥내소화전설비는 25mm) 이상, 특정소방대상물 각 부분에 물이 유효하게 뿌려질 수 있는 길이로 설치
• 바닥으로부터 높이 1.5m 이하가 될 것
• 각 층마다 설치하되 각 부분으로부터 1개 방수구까지 수평거리가 25m 이하로 할 것(복층형 구조의 공동주택은 세대 출입구가 설치된 층만 설치 가능)
• 호스릴 옥내소화전설비의 경우 노즐을 쉽게 개폐할 수 있는 장치를 부착할 것

76 ③

① 코브 조명 : 천장 및 벽의 구조체에 의해 광원의 빛이 천장 또는 벽면으로 가려지게 하여 반사광으로 간접 조명한다. 부드럽고 균등하며 눈부심이 없는 빛을 제공하여 보조 조명으로 중요하게 쓰인다.
② 밸런스 조명 : 코브와 코니스를 혼합한 형태로 천장 방향과 바닥 방향 양쪽으로 빛을 비춘다.
③ 광천장 조명 : 천장에 조명기구를 설치하고 그 밑에 창호지나 반투명 아크릴과 같은 확산성 재료를 이용해서 마감 처리하여 마치 넓은 천장 표면 자체가 조명인 것처럼 연출한다.
④ 코니스 조명 : 천장 또는 천장 가까이에 장착되고 옆면을 가려 빛은 아래를 향해서만 떨어진다. 재질감 있는 벽면의 드라마틱한 특성을 강조해 주거나 재미있는 조명 효과를 준다.

77 ③

시퀀스 제어
㉠ 정해진 순서에 따라 제어의 각 단계를 차례로 진행해 가는 제어를 말한다.
㉡ 회로가 일방통행으로 되어 있어서 제어 신호가 제어계를 전부 순환하지 않고 한 방향으로만 전달한다.
㉢ 신호처리 방식은 유접점과 무접점 방식으로

나뉜다.
② 세탁기, 엘리베이터, 자동판매기, 신호등, 공조기 경보시스템 등에 쓰인다.

78 ③

소비전력은 전압의 제곱에 비례하므로
$P = 1000 \times (\frac{100}{200})^2 = 250W$

79 ④

정전용량이 C_1, C_1인 두 콘덴서를 직렬로 연결한 회로에 전압 V를 인가할 경우

C_1에 걸리는 전압 = $\frac{C_2 V}{C_1 + C_2}$

C_2에 걸리는 전압 = $\frac{C_1 V}{C_1 + C_2}$

※ 병렬 접속회로에서의 전압은 일정하다.

80 ②

전압변동률 = $\frac{102 - 100}{100} \times 100[\%] = 2[\%]$

81 ③

공동주택의 리모델링에 대비한 특례에서, 리모델링이 쉬운 구조란 다음 요건에 적합한 것을 말한다.
㉠ 각 세대는 인접한 세대와 수직 또는 수평방향으로 통합하거나 분할할 수 있을 것
㉡ 구조체에서 건축설비, 내부 마감재료 및 외부 마감재료를 분리할 수 있을 것
㉢ 개별 세대 안에서 구획된 실(室)의 크기, 개수 또는 위치 등을 변경할 수 있을 것

82 ①

건축물의 에너지절약 설계기준 권장사항 중 자연채광계획
㉠ 자연채광을 적극적으로 이용할 수 있도록 계획한다. 특히 학교의 교실, 문화 및 집회시설의 공용부분(복도, 화장실, 휴게실, 로비 등)은 1면 이상 자연채광이 가능하도록 한다.
㉡ 공동주택의 지하주차장은 300m² 이내마다 1개소 이상의 외기와 직접 면하는 2m² 이상의 개폐가 가능한 천창 또는 측창을 설치하여 자연환기 및 자연채광을 유도한다. (지하 2층 이하는 제외)
㉢ 수영장에는 자연채광을 위한 개구부를 설치하되, 그 면적의 합계는 수영장 바닥면적의 5분의 1 이상으로 한다.
㉣ 창에 직접 도달하는 일사를 조절할 수 있도록 일사조절장치를 설치한다.

83 ②

• 문화 및 집회시설군 : 문화 및 집회시설, 종교시설, 위락시설, 관광휴게시설
• 교육 및 복지시설군 : 의료시설, 교육연구시설, 노유자시설, 수련시설, 야영장 시설

84 ③

같은 건축물 안에 공동주택과 위락시설을 설치하는 경우에는 다음 사항을 준수해야 한다.
㉠ 각 출입구 간의 보행거리가 30m 이상이 되도록 설치할 것
㉡ 각 시설은 내화구조로 된 바닥 및 벽으로 구획하여 서로 차단할 것
㉢ 각 시설은 서로 이웃하지 아니하도록 배치할 것
㉣ 건축물의 주요구조부를 내화구조로 할 것
㉤ 거실의 벽 및 반자가 실내에 면하는 부분의 마감은 불연재료·준불연재료 또는 난연재료로 하고, 그 거실로부터 지상으로 통하는 주된 복도·계단 그 밖에 통로의 벽 및 반자가 실내에 면하는 부분의 마감은 불연재료 또는 준불연재료로 할 것

85 ③

건축법령에 따른 공동주택의 분류
㉠ 아파트 : 주택으로 쓰는 층수가 5개 층 이

ⓒ 연립주택 : 주택으로 쓰는 1개 동의 바닥면적 합계가 660m² 를 초과하고, 층수가 4개 층 이하인 주택

ⓒ 다세대주택 : 주택으로 쓰는 1개 동의 바닥면적 합계가 660m² 이하이고, 층수가 4개 층 이하인 주택(2개 이상의 동을 지하주차장으로 연결하는 경우에는 각각의 동으로 본다)

ⓒ 기숙사 : 학교 또는 공장 등의 학생 또는 종업원 등을 위하여 쓰는 것으로서 1개 동의 공동취사시설 이용 세대 수가 전체의 50% 이상인 것(교육기본법에 따른 학생복지주택을 포함한다.)

※ 다가구 주택은 단독주택에 속한다.

86 ③

초고층 건축물에는 피난층 또는 지상으로 통하는 직통계단과 직접 연결되는 피난안전구역(건축물의 피난·안전을 위하여 건축물 중간층에 설치하는 대피공간)을 지상층으로부터 최대 30개 층마다 1개소 이상 설치하여야 한다.

87 ③

소방시설의 분류

ⓐ 소화설비 : 소화기, 옥내소화전, 옥외소화전, 스프링클러, 물분무 등 설비(가스계 소화설비)

ⓑ 경보설비 : 자동화재탐지설비, 자동화재속보설비, 비상방송설비, 비상경보설비, 누전경보기

ⓒ 피난구조설비 : 유도등, 비상조명등, 피난사다리, 공기호흡기, 완강기, 인명구조기구

ⓓ 소화용수설비 : 상수도소화용수설비, 소화수조

ⓔ 소화활동설비 : 제연설비, 연결송수관설비, 연결살수설비, 무선통신보조설비, 비상콘센트설비

88 ③

거실의 바닥면적이 50m² 이상인 층에는 직통계단 외에 피난층 또는 지상으로 통하는 비상탈출구 및 환기통을 설치해야 한다.

89 ④

상업지역 및 주거지역에서 도로(막다른 도로로서 그 길이가 10m 미만인 경우 제외)에 접한 대지의 건축물에 설치하는 냉방시설 및 환기시설의 배기구는 도로면으로부터 2m 이상의 높이에 설치하거나 배기장치의 열기가 보행자에게 직접 닿지 아니하도록 설치하여야 한다.

90 ①

거실의 반자높이

건축물의 용도	반자높이	예외 규정
일반용도의 거실	2.1m 이상	• 공장 • 창고시설 • 위험물 저장 및 처리시설 • 동물 및 식품관련시설 • 분뇨 및 쓰레기 처리 시설 • 묘지 관련 시설
• 문화 및 집회시설 (전시장 및 동·식물원은 제외) • 종교시설 및 장례식장 • 위락시설 중 유흥주점 ※ 관람석 또는 집회실로서 바닥면적 200m² 이상	4.0m 이상 (노대 아랫부분 : 2.7m 이상)	기계환기장치를 설치한 경우

91 ②

연면적 10000m² 이상인 건축물(창고시설 제외) 또는 에너지를 대량으로 소비하는 건축물로서 아래에 해당하는 건축물에 급수·배수(配水)·배수(排水)·환기·난방·소화·배연·오물처리 설비 및 승강기 설비를 설치하는 경

우에는 건축기계설비기술사 또는 공조냉동기계기술사의 협력을 받아야 한다.
㉠ 냉동냉장시설・항온항습시설 또는 특수청정시설로서 당해 용도에 사용되는 바닥면적의 합계가 500m² 이상인 건축물
㉡ 아파트 및 연립주택
㉢ 다음에 해당하는 건축물로서 해당 용도에 사용되는 바닥면적의 합계가 500m² 이상인 건축물
  ⓐ 목욕장
  ⓑ 물놀이형 시설 및 수영장(각각 실내에 설치된 경우로 한정한다)
㉣ 다음에 해당하는 건축물로서 해당 용도에 사용되는 바닥면적의 합계가 2000m² 이상인 건축물
  ⓐ 기숙사   ⓑ 의료시설
  ⓒ 유스호스텔   ⓓ 숙박시설
㉤ 다음에 해당하는 건축물로서 해당 용도에 사용되는 바닥면적의 합계가 3000m² 이상인 건축물
  ⓐ 판매시설   ⓑ 연구소
  ⓒ 업무시설
㉥ 다음에 해당하는 건축물로서 해당 용도에 사용되는 바닥면적의 합계가 10000m² 이상인 건축물
  ⓐ 문화 및 집회시설(동・식물원 제외)
  ⓑ 종교시설
  ⓒ 교육연구시설(연구소는 제외)
  ⓓ 장례식장

92 ②
승용승강기의 최소 설치 대수
$$1 + \frac{11000\text{m}^2 - 3000\text{m}^2}{3000\text{m}^2} = 3.6667 ≒ 4대$$

93 ③
판매시설, 운수시설 및 창고시설(물류터미널에 한정한다)로서 바닥면적의 합계가 5천m² 이상이거나 수용인원이 500명 이상인 경우에는 모든 층에 스프링클러설비를 설치하여야 한다.

94 ③
다중이용 건축물
불특정한 다수의 사람들이 이용하는 건축물로서 다음 중 하나에 해당하는 건축물을 말한다.
㉠ 다음의 어느 하나에 해당하는 용도로 쓰는 바닥면적의 합계가 5000m² 이상인 건축물
  ⓐ 문화 및 집회시설(동물원 및 식물원은 제외한다)
  ⓑ 종교시설, 판매시설
  ⓒ 운수시설 중 여객용 시설
  ⓓ 의료시설 중 종합병원
  ⓔ 숙박시설 중 관광숙박시설
㉡ 16층 이상인 건축물

95 ③
소화기구 설치 대상
㉠ 연면적 33m² 이상인 것. 다만, 노유자시설의 경우에는 투척용 소화용구 등을 화재안전기준에 따라 산정된 소화기 수량의 2분의 1 이상으로 설치할 수 있다.
㉡ ㉠에 해당하지 않는 시설로서 지정문화재 및 가스시설
㉢ 터널

96 ①
투광부라 함은 창, 문 면적의 50% 이상이 투과체로 구성된 문, 유리 블럭, 플라스틱 패널 등과 같이 투과재료로 구성되며, 외기에 접하여 채광이 가능한 부위를 말한다.

97 ②
회전문의 설치 기준
㉠ 계단이나 에스컬레이터로부터 2m 이상의 거리를 둘 것
㉡ 회전문과 문틀 사이 및 바닥 사이는 다음 항목에서 정하는 간격을 확보하고 틈 사이를 고무와 고무 펠트의 조합체 등을 사용하

여 신체나 물건 등에 손상이 없도록 할 것
- 회전문과 문틀 사이는 5cm 이상
- 회전문과 바닥 사이는 3cm 이하
ⓒ 출입에 지장이 없도록 일정한 방향으로 회전하는 구조로 할 것
ⓔ 회전문의 중심축에서 회전문과 문틀 사이의 간격을 포함한 회전문날개 끝부분까지의 길이는 140cm 이상이 되도록 할 것
ⓜ 회전문의 회전속도는 분당회전수가 8회를 넘지 아니하도록 할 것
ⓗ 자동회전문은 충격이 가하여지거나 사용자가 위험한 위치에 있는 경우에는 전자감지장치 등을 사용하여 정지하는 구조로 할 것

98 ③
복도 유효너비의 규정(연면적 $200m^2$ 초과 건축물)

구분	양 옆에 거실이 있는 복도	기타
유치원·초등학교·중학교·고등학교	2.4m 이상	1.8m 이상
공동주택·오피스텔	1.8m 이상	1.2m 이상
당해 층 거실바닥면적 합계 $200m^2$ 이상	1.5m 이상 (의료시설 1.8m 이상)	1.2m 이상

99 ②
노유자시설 및 수련시설은 연면적 $200m^2$ 이상일 경우 건축허가 시 미리 소방본부장 또는 소방서장의 동의를 받아야 한다.

100 ④
11층 이상인 건축물로서 11층 이상인 층의 바닥면적의 합계가 $10000m^2$ 이상인 건축물은, 옥상에 헬리포트를 설치하거나 헬리콥터를 통하여 인명 등을 구조할 수 있는 공간을 확보하여야 한다.

2020년 3회 건축설비기사 과년도 해설 및 정답

01 ③
객실 수에 대한 주(主)식당의 면적 비율은 리조트 호텔이 커머셜 호텔보다 높다.

02 ④
아트리움(atrium)
건축물 내부에 전면 유리 등으로 마련된 내부 정원 형태의 공간. 원래 의미는 중세 기독교 건축의 앞마당을 일컫는 것으로, 현대건축에서는 오피스빌딩 등의 대형 건축물 전면부 등에 실내공간을 유리지붕 또는 오픈된 중층 공간의 전면을 유리창으로 처리하여 실내에 자연채광을 유입시키는 형태의 공간을 뜻한다. 아트리움을 설치함으로써 실내공간에서도 햇빛과 같은 자연환경 요소를 느낄 수 있고, 휴식공간을 조성할 수 있어서 쾌적한 내부 환경 조성을 가능하게 한다.

03 ①
광속의 단위 : 루멘(lm)

04 ②
사무소 건축에서 층고를 낮추는 이유
- 건축비의 경제적 효과(층고를 낮춰 동일 면적에 많은 연면적 확보)
- 공기조화 부하 감소 및 환기 효과 증대

05 ②
스포트라이트는 국부적 집중조명이므로 교실의 조도를 균일하게 하는 것에는 적합하지 않다.

06 ④
플레이트보(판보)
- 강판을 웨브재로 하고 L형강을 접합하여 I형 모양으로 조립한 보
- 하중과 응력에 따라 단면을 자유로이 조절할 수 있는 이점이 있다.
- 설계제작이 용이하고 간 사이가 큰 구조물에 많이 쓰인다.
- 보의 춤은 간 사이의 1/18~1/15 정도로 한다.

07 ③
결로발생의 원인
- 실내외의 온도차
- 실내의 습기 발생 과다 : 조리, 세탁, 호흡
- 환기 부족, 시공 불량, 시공 후 미건조
- 구조체의 열적 특성

08 ②
아우트리거 시스템
외부 기둥과 중앙 코어를 높은 강성의 캔틸레버형 트러스나 벽체로 연결하는 방식. 건물에 횡력이 작용하면 아우트리거에 모멘트가 발생하고, 이 중 일부를 외부기둥에 인장력과 압축력으로 전달하게 된다.

09 ②
- 고정하중 : 기둥, 보, 바닥, 벽과 같은 건물 자체의 무게
- 풍하중 : 바람에 의한 하중
- 적재하중 : 사람과 가구를 비롯한 각종 물품의 하중
- 적설하중 : 쌓인 눈이 지붕 등 구조물에 쌓이는 하중

10 ①
작은보는 큰보 중 스팬이 큰 쪽보다 작은 쪽에

걸치도록 계획하는 것이 유리하다.

11 ③
① 굴절 배열형 : 진열대와 고객동선이 굴절 또는 곡선으로 구성된다. 대면판매와 측면판매방식이 조합된 형식으로 안경점, 문구점 등 주로 소형 상품일 때 적용된다.
② 직렬 배열형 : 진열대가 직선으로 구성되어 간단하고 경제적인 형식이다. 고객의 흐름이 빠르며 부문별 상품진열이 용이하고 대량 판매 형식에 적합하다. 고객이 직접 선택하기에 용이한 침구, 가전제품, 식기, 서적 등 비교적 상품의 크기가 큰 측면판매업종에서 많이 볼 수 있다. 매장이 단조롭고 인기상품 코너에서는 고객이 몰려 혼잡해질 수 있다.
③ 환상 배열형 : 평면의 중앙에 쇼 케이스, 진열 스테이지 등이 직선이나 곡선에 의한 고리모양 부분을 설치하는 형식으로 포장이나 계산을 배열된 진열대 안에서 행하는 형태. 수예품, 민예품과 같은 업종에 많이 적용된다.
④ 복합 배열형 : 평면의 크기, 형태, 상품에 따라 여러 방법들을 적절히 혼합하는 형식

12 ③
- X방향 상변 내력벽 : 6m
- X방향 하변 내력벽 : 7m
- ∴ 벽량 = $\dfrac{\text{내력벽 총길이}}{\text{벽면적}}$
  = $\dfrac{13m}{40m^2}$ = $0.325 m/m^2$

13 ①
대체로 병원의 시설규모는 환자 병상 수를 기준으로 결정된다.

14 ②
① 거실과 침실은 현관에서 다른 실들을 거치지 않고 진입하는 것이 프라이버시 확보에 유리하다.
③ 단위 평면의 깊이가 얕을수록 채광 및 에너지 절약에 유리하다.
④ 발코니 난간의 높이는 1.2m 이상으로 하여 어린이 안전에 유의한다.

15 ②
잔향시간은 음원이 정지된 후, 실내의 평균에너지 밀도가 1/1000000 감소한 시간이다. 음압으로서는 1/1000로, 데시벨 기준으로는 60dB 감소한 시간이다.

16 ④
추운 겨울철은 햇빛에 의한 수열이 가장 요구되는 계절이며 남중고도가 낮아 그림자가 길어지므로, 일조시간 확보를 위한 인동간격 결정의 기준으로 삼는다.

17 ④
설계도서가 없는 건물의 구조물 조사 진단 시 설계도서 작성을 위해 구조체 치수, 철근의 치수 및 배근상황, 재료의 강도 등을 조사하며 균열위치 및 상태는 해당되지 않는다.

18 ③
직접음과 반사음의 시간차가 크면 반향이 발생한다.

19 ①
파사드 구성의 광고 요소
구매를 충동시키는 구매심리 5단계(AIDMA)
㉠ 주의를 끌 것 : Attention
㉡ 고객의 흥미를 끌 것 : Interest
㉢ 구매 욕구를 일으킬 것 : Desire
㉣ 구매의사를 기억하게 할 것 : Memory
㉤ 구매결정을 유발할 것 : Action

20 ①

강당의 면적 산출에서 고정 의자식과 이동 의자식의 구분을 달리 하지 않는다.

21 ③

결합 통기관

㉠ 배수수직관 내 압력변화를 방지 및 완화시키기 위해 배수수직관과 통기수직관을 접속하는 통기관
㉡ 주로 고층 건물에서 5개 층마다 설치하여 배수수직주관의 통기를 촉진한다.
㉢ 관경은 통기수직관과 배수직관 중에서 작은 쪽 관경 이상으로 한다.

22 ②

열효율은 직접가열식이 높다.

23 ④

④는 하이 탱크 세정방식에 대한 설명이다.

24 ③

① 증발 현상 : 위생기구를 장시간 사용하지 않아서 봉수가 증발하는 것을 말한다. 장기간 건물을 비우거나 청소를 오랫동안 하지 않은 곳에서 주로 발생한다. 기름을 조금 떨어뜨려 놓으면 방지된다.
② 모세관 현상 : 트랩의 오버플로관 부분에 머리카락, 걸레의 실 등이 걸려 아래로 늘어뜨려져 있으면 모세관 작용으로 봉수가 서서히 흘러내려 말라버리는 현상이다. 불순물을 정기적으로 제거하여 이를 방지한다.
④ 자기사이펀 작용 : 배수가 관 속을 가득 채워서 흐를 때 트랩 내 봉수가 모두 배수관 쪽으로 흡인되어 배출하는 현상으로 S트랩에서 특히 많이 발생한다.

25 ①

급폐쇄형 수도꼭지를 사용하는 것은 워터 해머 유발 요인이 된다.

26 ④

고층 건축물의 급탕압력을 일정 수준 이하로 제어하기 위해서 감압밸브로 설치할 경우, 급탕계통에 설치하도록 한다.

27 ②

• 상향 공급 방식의 경우, 급탕관은 선상향 구배로 하고 반탕관은 선하향 구배로 한다.
• 하향 공급 방식의 경우, 급탕관과 반탕관 모두 하향구배로 한다.

28 ②

마찰손실수두(H_f)

$H_f = \lambda \cdot \dfrac{\ell}{d} \cdot \dfrac{v^2}{2g}$ 이므로

$\ell = \dfrac{10\text{mAq} \times 0.1 \times 2 \times 9.8}{0.02 \times 2^2} = 245\text{m}$

λ : 관 마찰계수
ℓ : 직관 길이[m]
d : 배관 내경[m]
g : 중력가속도[9.8/sec^2]

29 ①

• 최대 급탕량(Q)
  $Q = 90\text{세대} \times (110\text{L/h} + 40\text{L/h} + 70\text{L/h}) \times 0.3 = 5940\text{L/h}$
• 저탕량 $= 5940\text{L/h} \times 1.25 = 7425\text{L}$

30 ②

상향배관방식에서 수직관의 관경은 올라갈수록 작게 한다.

31 ③

BOD 제거율

$= \dfrac{\text{유입수 BOD} - \text{유출수 BOD}}{\text{유입수 BOD}} \times 100(\%)$

32 ①

배수 트랩의 구비 조건
- 하수 가스를 완전히 차단하고, 충분한 안정성이 있을 것
- 적정 깊이(50~100mm)의 봉수를 잃지 않는 구조일 것
- 구조가 간단하고 자기 세정이 가능한 구조일 것
- 오물이 체류하지 않고, 내식성이 있을 것
- 트랩 내 이물질을 제거할 수 있도록 금속제 이음을 사용할 것
- 트랩 내벽 및 배수로의 단면형상에 큰 변화가 없을 것

33 ①
기구급수부하단위(Fu)가 1Fu인 위생기구는 세면기이며 접속 관경은 15mm이다.

34 ④
동관
- 가공성 및 전연성이 좋다.
- 탄산가스를 포함한 공기 중에서는 푸른 녹이 생긴다.
- 열전도율이 높아서 열교환기, 냉난방용, 급수관, 급탕관 등에 널리 사용된다.
- 담수에 내식성은 크나 연수에는 부식되며, 암모니아에 침식된다.
- 두께별로 K형 >L형 >M형으로 구분된다.
  (※ 가장 얇은 N형도 있으나, KS 규정에선 분류하지 않음)

35 ③
급수량(Q)
$Q = A \times k \times n \times q$
$= 20000\text{m}^2 \times 0.56 \times 0.2\text{인}/\text{m}^2 \times 150\text{L/d}$
$= 336000\text{L/d} = 336\text{m}^3/\text{d}$
  A : 건물 연면적
  k : 연면적 대비 유효면적비율[%]
  n : 유효면적당 인원[인/m^2]
  q : 1인당 하루 사용수량[L/d]

36 ④
플러그(plug), 캡(cap)은 배관 말단부에 사용된다.

37 ②
파스칼의 원리
밀폐된 용기 속 유체의 한쪽 부분에 주어진 압력은 그 세기에 변함없이 유체의 각 부분에 동일하게 전달된다는 법칙. 자동차 유압식 브레이크, 유압식 승강기, 기압계 등의 분야에서 적용되고 있다.

38 ④
관내에 유체가 흐를 때, 어느 장소에서 흐름의 상태가 시간에 따라 변화하는 흐름을 비정상류라 한다. 정상류는 유체의 흐름이 일정한, 다시 말해서 흐름의 상태가 시간에 따라 변하지 않는 흐름을 말한다.

39 ①
섹스티아 시스템
섹스티아 이음쇠와 벤드관을 사용하여 유수에 선회력을 줌으로써, 공기 코어를 유지시켜 하나의 관으로 배수와 통기를 겸한다. 신정통기관만 사용하여 계통이 간단해지고, 배수관경을 작게 할 수 있으며 소음이 줄어든다.

40 ③
고가수조 용량
=순간 최대 예상급수량
=시간 평균 예상급수량×2시간

41 ③
밀폐회로 방식은 1개의 순환계통에 팽창 탱크 1기 이상으로 한다.

42 ②
압축식 냉동기의 구성 요소

㉠ 압축기 : 증발기에서 유입된 저온·저압의 냉매가스를 응축·액화하기 쉽도록 압축한 후 응축기로 보낸다.
㉡ 응축기 : 고온·고압의 냉매액을 공기 또는 물에 접촉하여 응축·액화시킨다.
㉢ 팽창밸브 : 고온·고압의 냉매액을 증발기에서 증발하기 쉽도록 저온·저압으로 팽창시킨다.
㉣ 증발기 : 팽창밸브를 통과한 저온·저압의 냉매가 실내공기로부터 열을 흡수하여 증발함으로써 냉동이 이루어진다.

43 ④

국부저항의 상당길이
- 국부저항과 동일한 크기의 저항이 생기는 직선 덕트의 저항
- 배관의 지름이 커질수록 상당길이는 길어진다.
- 45° 표준 엘보보다 90° 표준 엘보의 상당길이가 길다.
- 밸브류의 경우 개폐도가 작을수록 상당길이가 길어진다.
- 앵글 밸브는 유체의 방향이 90° 전환되므로, 동일 지름 및 전개일 경우 게이트 밸브보다 상당길이가 길다.

44 ①

$$유인비 = \frac{1차 공기량 + 2차 공기량}{1차 공기량}$$
$$= \frac{전공기량}{1차 공기량}$$

45 ④

공동현상(cavatation)
㉠ 펌프에 유입된 물 속 기포가 압력을 받아 붕괴되며 발생하는 충격파로 인해 임펠러나 케이싱 등을 파손시키는 현상
㉡ 비정상적인 소음과 진동이 발생하며 펌프의 유량, 양정, 효율 또한 저하된다.

㉢ 방지책
ⓐ 유체 온도를 낮추고, 필요 이상 양정을 두지 않는다.
ⓑ 펌프의 유효흡입양정(NPSH : Net Positive Suction Head)을 낮춘다.
ⓒ 흡입구의 압력을 흡입구의 포화증기압 이상으로 유지시킨다.
ⓓ 2대 이상 펌프를 사용하고, 규정회전수 이내에서 운전한다.
ⓔ 흡입조건이 나쁜 경우 회전수가 적은 펌프를 사용한다.
ⓕ 관내에 공기가 체류하지 않도록 배관한다.

46 ③

증기난방은 온수난방에 비하여 열용량이 작아서 예열시간이 짧게 소요된다.

47 ④

냉각탑의 어프로치(approach)
냉각탑 순환수의 출구 수온(t_{w2})과 냉각공기 입구의 습구 온도(t_1)와의 차이를 말한다. 보통 5℃ 정도가 어프로치의 표준이다.

48 ④

팬코일 유닛방식과 단일덕트방식을 병용하면 중앙공조장치와 덕트비용이 소요된다.

49 ④

구조체의 열용량이 크면 전력 사용량의 피크를 낮출 수 있다.

50 ③

습공기선도상에서 건구온도와 습구온도를 알면 습공기의 노점온도를 파악할 수 있다.

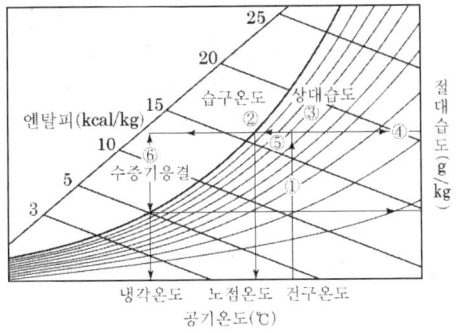

51 ①
- 실내현열부하(H)
 $H = 72\text{kW} \times 3600\text{kJ/h}$
 $= 259200\text{kJ/h}$
- 송풍량(Q)
 $Q = \dfrac{H}{C \times \gamma \times \Delta t} = \dfrac{259200}{1.2 \times 1.0 \times 10}$
 $= 21600\text{m}^3/\text{h} = 6\text{m}^3/\text{s}$
 C : 공기의 정압비열
 γ : 공기의 비중량
 Δt : 두 지점 간 온도차

52 ②
- ㉠ 희석 환기 : 실의 전체 공기를 신선한 공기로 환기하는 방법. 전체 환기라고도 한다.
- ㉡ 국소 환기 : 오염이 생긴 장소만 환기하여 오염 확산을 방지하는 방법. 주방, 공장, 실험실 등에 쓰인다.

53 ④

온열지표별 적용 요소
- ㉠ 등가온도(등온지수) : 기온, 평균복사온도, 풍속
- ㉡ 작용온도 : 기온, 기류, 복사열
- ㉢ 유효온도 : 기온, 습도(상대습도 100% 기준), 기류

54 ②

환기량(Q)

$Q = \dfrac{K}{C - C_0}$

$= \dfrac{0.02 \times 500}{0.001 - 0.0005} = 20000\text{m}^3/\text{h}$

Q : 필요환기량[m³/h]
C : 실내허용 CO_2 농도[m³/m³]
C_0 : 외기의 CO_2 농도[m³/m³]
K : 재실인원의 CO_2 토출량[m³/h]

55 ③

열수분비
(enthalpy-humidity difference ratio)
기온 또는 습도가 변할 때 수분 증가량 Δx에 대한 엔탈피의 증가량 Δi의 비율

열수분비(μ) $= \dfrac{\Delta i}{\Delta x} = \dfrac{80.9 - 39}{0.0179 - 0.0072}$
$= 3915.89\text{kJ/kg}$

56 ②

냉각열량 = 열관류율 × 코일 열수 × 면적 × 대수평균온도차이므로

코일열수 $= \dfrac{10000 \times 1.2(68.5 - 42)}{880 \times 3.6 \times 12.57 \times 1.2 \times 1.42}$
$= 4.7 ≒ 5$ 열

※ kJ와 W 환산을 위해 분모에 3.6을 곱한다.

57 ②

냉방부하의 종류와 발생 요인

부하 발생 요인	현열	잠열
벽체로부터의 취득열량	○	
틈새바람에 의한 취득열량	○	○
인체의 발생열량	○	○
기구로부터의 발생열량	○	○
유리로부터의 취득열량	○	
송풍기에 의한 취득열량	○	
덕트로부터의 취득열량	○	
조명에 의한 취득열량	○	
외기 도입에 의한 취득열량	○	○

58 ④

가습방식의 구분
- 증기식 : 분무식, 전극식, 전열식, 적외선식
- 수분무식 : 초음파식, 분무식, 원심식
- 증발식 : 회전식, 모세관식, 적하식

59 ②

취출구 유형
① 팬형 : 천장 덕트 아래쪽에 원형이나 방형판을 부착하고, 여기에 취출한 공기를 스치게 하여 천장면과 평행으로 불어내는 형식. 냉방에는 좋지만 난방의 경우 천장에 온풍이 체류하므로 부적합하다.
② 노즐형 : 구조가 간단하고 도달거리가 긴 취출구로 소음발생이 적다. 극장, 로비, 스튜디오 등에서 사용된다.
③ 아네모스탯형 : 다수의 뿔형 날개를 층상으로 포개고, 그 틈새로 공기를 취출하는 형식. 1차 공기에 의한 2차 공기의 유인성능이 좋고 풍속의 조절범위가 넓다.
④ 브리즈 라인형 : 가늘고 긴 선형 취출구. 천장에 설치하여 기류를 수직으로 하강시키고, 속 날개를 경사시키면 기류에 약간의 각도가 만들어진다.

60 ②

벨로즈 트랩
증기와 응축수 사이의 온도차를 이용하는 온도조절식 증기트랩의 일종. 관내 응축수 배출을 위해 사용한다.

61 ③

무접점 방식은 노이즈에 취약하다.

62 ①

① 코너 조명 : 천장과 벽면의 경계면에 조명기구를 배치하여 천장과 벽면을 동시에 조사하는 조명 방식
② 코퍼 조명 : 천장을 원형이나 4각형으로 파내고 내부에 광원을 매립한 조명

③ 광천장 조명 : 천장에 조명기구를 설치하고 그 밑에 창호지나 반투명 아크릴과 같은 확산성 재료를 이용해서 마감 처리하여 마치 넓은 천장 표면 자체가 조명인 것처럼 연출한다.
④ 밸런스 조명 : 코브와 코니스를 혼합한 형태로 천장 방향과 바닥 방향 양쪽으로 빛을 비춘다.

63 ③

화재 분류
① A급 화재(백색화재, 일반화재) : 연소 후 재를 남기는 화재. 나무, 종이 등
② B급 화재(황색화재, 유류, 가스) : 석유, 가스 등의 화재. 질식에 의한 소화
③ C급 화재(청색화재, 전기) : 전기 및 누전 원인. 물 사용 금지. 질식에 의한 소화
④ K급 화재(주방화재, 동식물유) : 동식물유를 취급하는 주방 및 조리기구의 화재

64 ①

제어동작에 의한 분류
㉠ 연속동작 : 비례제어(P), 미분동작(D), 적분동작(I), 비례적분제어(PI), 비례미분(PD), 비례적분미분제어(PID)
㉡ 불연속동작 : 2위치동작(ON/OFF), 다위치동작

65 ④

광원개수(N)
$$N = \frac{E \times A}{F \times U \times M} = \frac{400 \times 200}{3000 \times 0.6 \times 0.8} = 55.56$$

E : 평균조도[lx]
A : 실면적[m^2]
F : 개별 광원의 광속
U : 조명률
M : 보수율

66 ④

① 자시계의 설치 높이는 하단부가 2.0m 이상으로 한다.
② 탁상형 모시계는 소규모 모시계로 자시계 회로수가 3회로 이하인 경우 사용한다.
③ 모시계와 자시계를 연결하는 배선의 전압강하는 10% 이하가 되도록 한다.

67 ②

합성용량(C)

$C = 5 + \dfrac{10}{2} = 10\,[\mu\mathrm{F}]$

68 ①

교류 전기는 전압과 전류의 크기가 계속 변화하므로 직류 전기의 경우와 비교하여 정한다. 예를 들어, 저항이 같은 전열기에 직류와 교류 전압을 걸어 열량이 같아지도록 전압을 조정하여 직류전압의 값을 교류에 적용한다. 이를 교류전압의 실효치라 한다.

69 ②

납축전지가 방전되면 양극과 음극 모두 회백색의 $PbSO_4$가 된다. 충전 시에는 양극판은 적갈색의 $PbSO_2$, 음극판은 Pb이 되며, 수용액은 묽은 황산이 된다.

70 ④

연결살수설비의 송수구는 구경 65mm의 쌍구형으로 설치한다. 단, 하나의 송수구역에 부착되는 살수 헤드가 10개 이하일 경우에는 단구형으로 할 수 있다.

71 ②

키르히호프의 법칙

㉠ 1법칙(전류 법칙) : 회로망 중 한 점에 들어오는 전류의 총합은 흘러나가는 전류의 총합과 같다.
㉡ 2법칙(전압 법칙) : 회로망 중 임의의 폐회로 내에서 일주방향에 따른 전압강하 총합은 기전력의 총합과 같다.

72 ③

접지공사

종별	저항치	접지선 굵기	적용
제1종	10Ω 이하	2.6mm 이상	• 고압 및 특별고압용 기구의 철대, 금속재 외함 • 고압전로의 피뢰기 • 특별고압계기용 변압기의 2차측 전로
제2종	$\dfrac{150}{1선 지락 전류}$ Ω 이하	(고압 → 저압) 2.6mm 이상 (특고압 → 저압) 4.0mm 이상	• 특고압, 고압에서 저압으로 변성하는 변압기
제3종	100Ω 이하	1.6mm 이상	• 고압계기용 변압기의 2차측 전로 • 400V 미만 저압 전자기기 철대·금속제 외함 • 400V 미만 금속관 공사 금속체 분전반
특별 제3종	10Ω 이하	1.6mm 이상	• 400V 이상 저압 전자기기 철대·금속제 외함

73 ②

단로기(Disconnecting Switch)

송전선이나 변전소 등에서 차단기를 연 무부하 상태에서 주 회로의 접속을 변경하기 위해 회로를 개폐하는 장치. 기기를 점검 및 수리할 때 회로 분리를 위해 사용하며 보통의 부하 전류는 개폐하지 않는다. 차단기와는 달리 극히 적은 전류를 개폐할 수 있으면 되므로 구조가 간단하다.

74 ②

• 플레밍의 왼손법칙 : 전류가 흐르는 도선에 대해 자기장이 미치는 힘의 작용방향을 정하는 법칙(전동기 원리)
• 플레밍의 오른손법칙 : 도체운동에 의한 유도기전력 혹은 유도전류의 방향을 결정하는

법칙(발전기 원리)

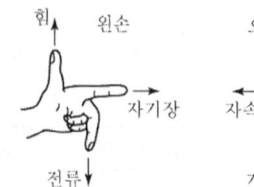 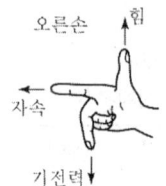

75 ①

옥내소화전설비용 수조는 다음 기준에 맞게 설치하여야 한다.
㉠ 점검에 편리한 곳에 설치할 것
㉡ 동결방지조치를 하거나 동결의 우려가 없는 장소에 설치할 것
㉢ 수조의 외측에 수위계를 설치할 것. 다만, 구조상 불가피한 경우에는 수조의 맨홀 등을 통하여 수조 안의 물의 양을 쉽게 확인할 수 있도록 하여야 한다.
㉣ 수조의 상단이 바닥보다 높은 때에는 수조의 외측에 고정식 사다리를 설치할 것
㉤ 수조가 실내에 설치된 때에는 그 실내에 조명설비를 설치할 것
㉥ 수조의 밑부분에는 청소용 배수밸브 또는 배수관을 설치할 것
㉦ 수조의 외측의 보기 쉬운 곳에 "옥내소화전설비용 수조"라고 표시한 표지를 할 것. 이 경우 그 수조를 다른 설비와 겸용하는 때에는 그 겸용되는 설비의 이름을 표시한 표지를 함께 하여야 한다.
㉧ 옥내소화전펌프의 흡수배관 또는 옥내소화전설비의 수직배관과 수조의 접속부분에는 "옥내소화전설비용 배관"이라고 표시한 표지를 할 것

76 ③

옥외소화전설비의 수원은 그 저수량이 옥외소화전의 설치 개수(옥외소화전이 2개 이상 설치된 경우에는 2개)에 $7m^3$를 곱한 양 이상이 되도록 하여야 한다.

77 ③

저항과 코일의 합성임피던스(Z)는 다음과 같다.
$$\frac{1}{Z} = \sqrt{\frac{1}{R^2} + \frac{1}{L^2}} = \sqrt{\frac{1}{9} + \frac{1}{16}} = 0.417$$
∴ Z=2.4Ω

78 ③

Y-△ 기동법
• 기동전류 경감을 위해 고정자 권선이 △결선인 전동기를 기동 시에 한하여 Y결선으로 하고, 정격전압을 인가하여 기동한 후에 △결선으로 변환하는 방식
• 유도전동기에 사용하며 기동전류와 토크가 1/3로 감소한다.
• 무부하, 경부하 기동 공작기계에 적합하다.

79 ③

스프링클러설비 배관
㉠ 주배관 : 각 층을 수직으로 관통하는 배관
㉡ 교차배관 : 직접 또는 주배관을 통해 가지배관에 급수하는 배관
㉢ 가지배관 : 스프링클러헤드가 설치되어 있는 배관
㉣ 급수배관 : 수원이나 옥외송수구로부터 급수하는 배관
㉤ 신축배관 : 가지배관과 스프링클러헤드를 연결하는 배관. 구부릴 수 있도록 유연성을 가져야 한다.

80 ①

② 역률 : 교류회로에서 유효전력과 피상전력과의 비
③ 역률은 부하의 종류와 연관이 있다.
④ 피상전력은 유효전력과 무효전력의 벡터합이다.

81 ④

관련 규정에 따라 건축물이 방화구획으로 구획된 경우 그 구획마다 1개소 이상의 배연창을

설치해야 한다.

82 ④

자동화재탐지설비 설치 대상
㉠ 근린생활시설(목욕장은 제외), 의료시설(정신의료기관 또는 요양병원은 제외), 숙박시설, 위락시설, 장례식장 및 복합건축물로서 연면적 600m² 이상인 것
㉡ 공동주택, 근린생활시설 중 목욕장, 문화 및 집회시설, 종교시설, 판매시설, 운수시설, 운동시설, 업무시설, 공장, 창고시설, 위험물 저장 및 처리 시설, 항공기 및 자동차 관련 시설, 교정 및 군사시설 중 국방·군사시설, 방송통신시설, 발전시설, 관광휴게시설, 지하가(터널은 제외)로서 연면적 1000m² 이상인 것
㉢ 교육연구시설(교육시설 내에 있는 기숙사 및 합숙소를 포함), 수련시설(수련시설 내에 있는 기숙사 및 합숙소를 포함하며, 숙박시설이 있는 수련시설은 제외), 동물 및 식물 관련 시설(기둥과 지붕만으로 구성되어 외부와 기류가 통하는 장소는 제외), 분뇨 및 쓰레기 처리시설, 교정 및 군사시설(국방·군사시설은 제외) 또는 묘지 관련 시설로서 연면적 2000m² 이상인 것

83 ①

건축법령에 따른 공동주택의 분류
㉠ 아파트 : 주택으로 쓰는 층수가 5개 층 이상인 주택
㉡ 연립주택 : 주택으로 쓰는 1개 동의 바닥면적 합계가 660m²를 초과하고, 층수가 4개 층 이하인 주택
㉢ 다세대주택 : 주택으로 쓰는 1개 동의 바닥면적 합계가 660m² 이하이고, 층수가 4개 층 이하인 주택(2개 이상의 동을 지하주차장으로 연결하는 경우에는 각각의 동으로 본다)
㉣ 기숙사 : 학교 또는 공장 등의 학생 또는 종업원 등을 위하여 쓰는 것으로서 1개 동의 공동취사시설 이용 세대 수가 전체의 50% 이상인 것(교육기본법에 따른 학생복지주택을 포함한다.)

84 ②

문화 및 집회시설 중 공연장의 개별 관람실 각 출구는 유효너비 1.5m 이상이어야 한다.

85 ①

외기에 직접 면하고 1층 또는 지상으로 연결된 출입문은 방풍구조로 하여야 한다. 다만, 다음에 해당하는 경우에는 그러하지 않을 수 있다.
㉠ 바닥면적 3백m² 이하의 개별 점포의 출입문
㉡ 주택의 출입문(단, 기숙사는 제외)
㉢ 사람의 통행을 주목적으로 하지 않는 출입문
㉣ 너비 1.2m 이하의 출입문

86 ③

방염성능기준 이상의 실내장식물 등을 설치하여야 하는 특정소방대상물
㉠ 근린생활시설 중 의원, 조산원, 산후조리원, 체력단련장, 공연장 및 종교집회장
㉡ 건축물의 옥내에 있는 시설로서 문화 및 집회시설, 종교시설, 운동시설(수영장은 제외)
㉢ 의료시설, 노유자시설 및 숙박이 가능한 수련시설, 숙박시설
㉣ 방송통신시설 중 방송국 및 촬영소, 다중이용업소, 교육연구시설 중 합숙소
㉤ ㉠~㉣에 해당하지 않는 것으로서 11층 이상인 것(아파트는 제외)

87 ②

유스호스텔은 수련시설에 속한다.

88 ①

회전문의 설치 기준
㉠ 계단이나 에스컬레이터로부터 2m 이상의 거리를 둘 것

ⓒ 회전문과 문틀 사이 및 바닥 사이는 다음 항목에서 정하는 간격을 확보하고 틈 사이를 고무와 고무 펠트의 조합체 등을 사용하여 신체나 물건 등에 손상이 없도록 할 것
  • 회전문과 문틀 사이는 5cm 이상
  • 회전문과 바닥 사이는 3cm 이하
ⓓ 출입에 지장이 없도록 일정한 방향으로 회전하는 구조로 할 것
ⓔ 회전문의 중심축에서 회전문과 문틀 사이의 간격을 포함한 회전문날개 끝부분까지의 길이는 140cm 이상이 되도록 할 것
ⓕ 회전문의 회전속도는 분당회전수가 8회를 넘지 아니하도록 할 것
ⓖ 자동회전문은 충격이 가하여지거나 사용자가 위험한 위치에 있는 경우에는 전자감지장치 등을 사용하여 정지하는 구조로 할 것

89 ④

주거용 건축물 급수관의 지름

가구 또는 세대수	1	2·3	4·5	6~8	9~16	17 이상
급수관 지름의 최소 기준(mm)	15	20	25	32	40	50

90 ①

제1종 근린생활시설(일반목욕장의 욕실, 휴게음식점의 조리장)과 제2종 근린생활시설(일반음식점, 휴게음식점의 조리장), 숙박시설에서 욕실 또는 조리장의 바닥과 그 바닥으로부터 높이 1m까지의 안벽의 마감은 내수재료로 하여야 한다.

91 ①

축냉식 전기냉방설비
심야시간에 전기를 이용하여 축냉재(물, 얼음 또는 포접화합물과 공용염 등의 상변화 물질)에 냉열을 저장하였다가 이를 심야시간 이외의 시간에 냉방에 이용하는 설비

ⓐ 빙축열식 냉방설비 : 심야시간에 얼음을 제조하여 축열조에 저장하였다가, 그 밖의 시간에 이를 녹여 냉방에 이용하는 냉방설비를 말한다.
ⓑ 수축열식 냉방설비 : 심야시간에 물을 냉각시켜 축열조에 저장한 후 그 밖의 시간에 이를 냉방에 이용하는 냉방설비를 말한다.
ⓒ 잠열축열식 냉방설비 : 포접화합물이나 공용염 등의 상변화 물질을 심야시간에 냉각시켜 동결한 후, 그 밖의 시간에 이를 녹여 냉방에 이용하는 냉방설비를 말한다.

92 ①

세대의 환기량 조절을 위하여 환기설비의 정격풍량을 최소·적정·최대의 3단계 또는 그 이상으로 조절할 수 있는 체계를 갖추어야 하고, 적정 단계의 필요 환기량은 신축 공동주택 등의 세대를 시간당 0.5회로 환기할 수 있는 풍량을 확보하여야 한다.

93 ③

연면적의 합계가 5000m² 이상인 건축공사는 공사감리자가 필요하다고 인정하면 공사시공자에게 상세시공도면을 작성하도록 요청할 수 있다.

94 ④

소방시설의 분류

ⓐ 소화설비 : 소화기, 옥내소화전, 옥외소화전, 스프링클러, 물분무 등 설비(가스계 소화설비)
ⓑ 경보설비 : 자동화재탐지설비, 자동화재속보설비, 비상방송설비, 비상경보설비, 누전경보기, 시각경보기
ⓒ 피난구조설비 : 유도등, 비상조명등, 피난사다리, 공기호흡기, 완강기, 인명구조기구
ⓓ 소화용수설비 : 상수도소화용수설비, 소화수조
ⓔ 소화활동설비 : 제연설비, 연결송수관설비,

연결살수설비, 무선통신보조설비, 비상콘센트설비

95 ②
지능형 건축물의 인증을 위하여 인증기관을 지정하는 것은 국토교통부장관이다.

96 ④
건축법령에서 내화구조로 인정되는 바닥은 ①, ②, ③항 세 가지만 명시하고 있다.

97 ②
문화 및 집회시설, 종교시설, 운동시설로서 무대부의 바닥면적이 $200m^2$ 이상 또는 문화 및 집회시설 중 영화상영관으로서 수용인원 100명 이상이면 제연설비 설치 대상에 해당된다.

98 ①
비상용 승강기의 승강로의 구조
- 승강로는 당해 건축물의 다른 부분과 내화구조로 구획할 것
- 각 층으로부터 피난층까지 이르는 승강로를 단일구조로 연결하여 설치할 것

99 ④
건축물을 건축하거나 대수선하려는 자는 특별자치시장·특별자치도지사 또는 시장·군수·구청장의 허가를 받아야 한다. 다만 다음에 해당하는 건축물을 특별시나 광역시에 건축하려면 특별시장이나 광역시장의 허가를 받아야 한다.
㉠ 21층 이상 또는 연면적 합계가 10만m^2 이상인 건축물
㉡ 연면적의 10분의 3 이상을 증축하여 층수가 21층 이상으로 되거나 연면적의 합계가 10만m^2 이상으로 되는 경우
㉢ 예외 : 공장, 창고, 특별시 또는 광역시의 건축조례로 정하는 바에 따라 해당 지방건축위원회의 심의사항으로 할 수 있는 건축물 중 초고층 건축물을 제외한 것

100 ④
계단은 그 계단으로 통하는 출입구 외의 창문 등으로부터 2m 이상의 거리를 두고 설치하여야 한다.

2020년 4회 건축설비기사 과년도 해설 및 정답

01 ④
가사노동의 동선은 되도록 짧게 하고, 남쪽이나 남동쪽에 배치하는 것이 바람직하다.

02 ②
도서관 열람실 계획 시 고려사항
- 서고와 가깝게 위치하도록 한다.
- 실내외의 소음을 차단할 수 있도록 한다.
- 통로화가 되는 것은 절대 피해야 한다.
- 채광이 좋아야 하므로, 남향 배치가 좋다.
- 열람실 면적은 1인당 1.5~2.0m² 정도로 한다.

03 ①
상점의 규모, 업종, 제품의 종류에 따라 쇼윈도의 크기는 달라진다.

04 ②
고객 동선은 가급적 길게 유도하여 매장 내 상품과의 접촉빈도를 높이는 것이 좋다. 종업원의 동선은 짧게 하여 피로를 줄이고 작업의 효율성을 높이도록 한다.

05 ②
엘리베이터 홀이 출입구에 너무 근접하면 혼잡해질 우려가 있다.

06 ④
표면결로 방지를 위해서 방습층은 고온측에, 단열재는 저온측에 배치한다.

07 ③
행동장애와 합병증세 등의 복합성을 보완하기 위해 간호공간은 집중배치에 의한 구성이 필요하다.

08 ③
잔향시간 $T = K\dfrac{V}{A}$

K : 비례상수(0.161)
V : 실의 용적
A : 흡음력(평균흡음률×실내표면적)

09 ③
편복도(갓복도)형
㉠ 건물 한쪽에 접한 긴 복도에 면하는 단위주거가 균일하게 배치되는 형식이다.
㉡ 엘리베이터 1대당 이용 단위주거 수가 많아서 고층화에 유리하다.
㉢ 단위주거의 프라이버시는 좋지 않으나, 동일 층에 거주하는 이웃과의 교류에는 친화적이다.
㉣ 채광, 통풍 등이 비교적 좋다.(복도 쪽 창의 개방성이 낮아서 계단실형보다는 나쁘다.)

10 ①
타운 하우스(Town House)
2~3층의 주택을 나란히 지어 벽을 공유하는 주택형식. 단독주택을 여러 채 이상 붙인 개념으로, 정원과 담을 이웃과 공유한다. 층간 소음이나 화장실 배수 소음 등의 문제가 적고, 공동야외식탁·테니스장·수영장 등의 레저시설을 설치해 입주민 커뮤니티 형성이 용이하다. 프라이버시를 보호함과 동시에 방범·방재 등 관리의 효율성을 높인 주거 형태이다.

11 ③
① 열류량은 온도구배와 물체의 열전도율에 비

례한다.
② 물체 중 온도차가 발생하면 열은 고온측에서 저온측으로 흐른다.
④ 열류량은 표면온도와 유체온도차에 비례한다.

12 ④
프리스트레스트(PS) 콘크리트 (prestressed concrete)
피아노선, 특수강선 등을 사용해 미리 부재 내에 응력을 줌으로써 사용 시 받는 외력을 제거해주는 원리가 적용된 콘크리트 공법을 말한다. 일반적으로 콘크리트는 인장변형력을 받아 균열이 생기는 경우가 많은데, 그러한 곳에는 미리 피아노선과 같은 것으로 그 부재에 강한 압축변형력을 부여해 두면, 인장변형력이 피아노선과 같은 것에 의한 압축변형력에 의해 소거되기 때문에 부재 그 자체가 실질적으로 큰 인장변형력을 받지 않으므로 균열이 거의 발생하지 않는다. 프리스트레스를 콘크리트에 주는 방법에는, 강선에 인장력을 준 상태에서 콘크리트를 타설하여 경화한 후 강선의 양단부를 벗겨 콘크리트에 압축력으로서 부담을 시키는 프리텐셔닝(pretensioning), 콘크리트가 경화된 후 시스관 등을 사용하여 사전에 만들어 둔 부재 속의 구멍에 강선을 넣어 잡아당겨 양단을 콘크리트 부재 단부에 고정하는 포스트텐셔닝(posttensioning)이 있다. 고강도 콘크리트를 사용하여 단면 축소에 의한 경량화가 가능하고 장스팬 구조물을 용이하게 축조할 수 있다.

13 ①
㉠ 리조트 호텔(resort hotel) : 호텔 유형의 일종. 피서·피한·여행을 목적으로 하는 관광객 및 휴양객에게 많이 이용되는 호텔. 휴양지와 관광지에 건설되며 규모나 형식이 다양하다. 위치나 유형에 따라서 해변호텔, 산장호텔, 온천호텔, 스포츠호텔, 클럽하우스 등으로 분류된다.

㉡ 시티 호텔(city hotel) : 도심에 세워지는 호텔의 총칭. 커머셜 호텔, 레지덴셜 호텔, 다운타운 호텔, 서버번(suburban) 호텔, 터미널 호텔, 스테이션 호텔 등으로 분류된다.

14 ③
환기횟수(n)
$$n = \frac{\text{단위시간당 환기량}}{\text{실용적}}$$
$$= \frac{10000 \text{m}^3/\text{h}}{5000 \text{m}^3} = 2\text{회}/\text{h}$$

15 ②
철골구조는 해체가 용이하고 재사용도 가능하다.

16 ③
철근콘크리트 구조는 철골구조에 비해 장스팬 건축물 축조가 어려우며, 자중이 커서 연약지반 조건의 건축에 불리하다.

17 ④
플랫 플레이트는 데크 플레이트의 일종으로, 철근을 사용하는 슬래브보다 두께가 커진다.

18 ①
렌터블 비(유효율, rentable ratio)
연면적에 대한 임대(대실)면적의 비율. 기준층에서는 80%, 전체에서 70~75% 정도가 적합하다.

19 ④
건축물의 중량이 크면 풍압력을 견디는 힘은 증가하나, 풍압력의 크기 산정 자체에는 큰 영향을 끼치지 않는다.

20 ①
달톤형(D형)
• 학생 및 학급의 구분이 없이 각자의 능력에

맞게 교과를 선택하고, 일정 과정이 끝나면 수료한다.
- 한 교과에 출석하는 학생 수가 각각 달라서 교실의 형태나 면적이 동일한 것은 부적합하다.
- 학원, 직업학교 등에서 채택되고 있다.

21 ③

도피 통기관

동일 수평지관에 연결된 2개 이상의 기구에서 동시 배수가 일어나거나 상층으로부터 배수수직관을 흘러내리는 물이 서로 마주칠 때 루프 통기관에 의해 공기 순환이 방해되어 트랩이 압력을 받아 봉수가 파괴되는 경우가 있다. 이 현상을 방지하기 위해 배수수평지관 최하류 위 기구 배수관 접속점 바로 밑 하류에 도피 통기관을 설치한다.

22 ④

① 수도직결방식은 소규모 저층의 급수에 적합하다.
② 고가수조방식의 급수압력은 일정하다.
③ 압력수조방식은 수조 설치 위치가 제한되지 않으므로 구조적 부담이 적다.

23 ③

간접가열식은 저압보일러 사용이 가능하다.

24 ②

펌프의 축동력(L_s)

$$L_s = \frac{WQH}{KE}$$

$$= \frac{1000 \times 0.6 \times 36}{6120 \times 0.7} = 5.04\text{kW}$$

W : 물 1m^3의 중량[1000kg/m^3]
Q : 양수량[m^3/min]
H : 전양정[m]
K : 동력환산정수[6120]
E : 효율[70% → 0.7]

※ $600\ell/\text{min} = 0.6[\text{m}^3/\text{min}]$

25 ④

개방형 팽창탱크 용량(V_e)

$$V_e = (\frac{1}{\rho_2} - \frac{1}{\rho_1}) \times V$$

$$= (\frac{1}{0.983} - \frac{1}{1}) \times (2+1) = 0.052\text{m}^3$$

ρ_1 : 급수 밀도
ρ_2 : 급탕 밀도
V : 장치 내부의 전체 수량

※ 탱크 용량은 팽창량보다 커야 하므로 보기 중에서는 ④로 한다.

26 ④

수격작용은 유속이 급격하게 변화할 때 발생한다.

27 ④

혼합수 온도(t)

$$t = \frac{500\text{kg} \times 90℃ + 1000\text{kg} \times 30℃}{1500\text{kg}} = 50℃$$

28 ④

간접 배수

식료품·음료수·소독물 등을 저장하거나 취급하는 기기에서 배수관이 일반 배수관에 직결되어 있으면, 배수관 내 흐름이 나빠지거나 막히게 되는 경우 오물이나 유해가스가 역류하여 이들 기기를 오염시킬 우려가 있다. 이를 방지하려면 이들 기기의 배수관을 일반배수계통에 직결하지 않고, 일단 대기 중에 적절한 공간을 띄우고 물받이용기(hopper)에 배수를 받은 다음 일반 배수관에 접속해야 한다. 이를 간접배수(indirect waste)라 하며, 그 공간을 배수구 공간(drain outlet)이라 한다. 제빙기, 냉장고, 세탁기, 음료기, 식기세척기, 공기정화기, 냉각탑·열교환 배수관, 고가수조 오버플로관 등에 쓰인다.

※ 욕조, 세면기, 소변기, 대변기 등은 직접 배수관으로 연결한다.

29 ②
기구의 필요급수압력
- 세정밸브(대변기), 샤워기 : 7m 수두
- 세정밸브(소변기) : 5m 수두
- 일반수전 : 3m 수두

30 ③
BOD 제거율
$$= \frac{\text{유입수 BOD} - \text{유출수 BOD}}{\text{유입수 BOD}} \times 100(\%)$$
$$= \frac{1000-400}{1000} \times 100(\%) = 60\%$$

31 ③
유도사이펀 작용
상층 배수입관에서 다량의 물이 일시에 낙하할 때 상층 기구의 봉수가 함께 흡인되는 현상. 배수 수직관 내에 가까운 세면기 등에서 수평주관 내 공기가 감압되어 봉수가 파괴된다.

32 ④
경도(hardness of water)
물 속에 녹아 있는 칼슘, 마그네슘 등의 양에 대응하는 탄산칼슘($CaCO_3$)의 100만분율(ppm)로 환산하여 표시한 것이다. 경도가 높은 물일수록 스케일이 많이 발생하고 급수펌프 소요 동력을 증가시키며, 열교환기의 효율을 감소시키는 원인이 된다.

33 ①
국소식(개별식) 급탕설비
- 배관이 짧고 배관 중의 열손실이 적은 편이며, 비교적 시설비가 싸다.
- 급탕규모가 크면 가열기가 필요하므로 유지 관리가 힘들다.
- 급탕개소마다 가열기 설치 장소가 필요하며 값싼 연료를 쓰기가 곤란하다.
- 주택, 소규모 숙박시설, 작은 사무실 등에 적합한 방식이다.

34 ②
배수수직관의 배수는 가속도가 붙지만 공기저항에 의해 일정한 종국유속으로 낙하한다.

35 ④
펌프의 양정은 회전수의 제곱에 비례하고, 양수량은 펌프 회전수에 비례한다.

36 ④
캐비테이션(cavatation)
펌프에 유입된 물 속 기포가 압력을 받아 붕괴되며 발생하는 충격파로 인해 임펠러나 케이싱 등을 파손시키는 현상. 비정상적인 소음과 진동이 발생하며 펌프의 유량, 양정, 효율 또한 저하된다. 이를 방지하기 위해서는 펌프의 유효흡입양정(NPSH : Net Positive Suction Head)을 낮추고, 흡입구의 압력을 흡입구의 포화증기압 이상으로 유지시킨다.
※ 방지책
- 유체 온도를 낮추고, 필요 이상 양정을 두지 않는다.
- 흡입양정과 흡입손실을 줄인다.
- 필요 NPSH가 유효 NPSH보다 작도록 한다.
- 2대 이상 펌프를 사용하고, 규정회전수 이내에서 운전한다.

37 ②
진공 브레이커(Vaccum Breaker)
물을 쓰는 기기에서 토수한 물 또는 사용한 물이 역사이펀 작용으로 상수 급수계통에 역류하는 현상을 방지하기 위해, 급수관 내에 부압이 발생할 때 자동적으로 공기를 흡입하도록 하는 구조를 가진 기구이다. 세정밸브식 대변기에 쓰인다.

38 ④
베르누이의 정리

유체가 가지고 있는 속도 에너지, 위치 에너지 및 압력 에너지의 총합은 흐름 내 어디에서나 일정하다.

39 ③

※ 관 내 유속을 먼저 구한 뒤, 마찰손실수두를 구한다.

유량 $Q = Av$이므로, 유속 $v = \dfrac{Q}{A}$

관경이 $d(\mathrm{m})$일 때, 관의 단면적

$$A(\mathrm{m}^2) = \dfrac{\pi d^2}{4}$$

유속 $v = \dfrac{Q}{\dfrac{\pi d^2}{4}} = \dfrac{0.06}{\dfrac{3.14 \times 0.15^2}{4}} = 3.4\,\mathrm{m/s}$

마찰손실수두 $= \lambda \times \dfrac{l}{d} \times \dfrac{v^2}{2g}\,[\mathrm{mAq}]$

$= \dfrac{0.03 \times 320 \times 3.4^2}{0.15 \times 2 \times 9.8}$

$= 37.7\,\mathrm{mAq}$

λ : 관마찰계수
l : 배관 길이[m]
d : 배관 직경[m]
v : 배관 내 평균유속
g : 중력가속도(9.8m/sec²)

40 ②

펌프의 비속도

펌프 단위 유량과 단위 양정에 대한 회전수를 뜻한다.

펌프 비속도 $n = N \cdot \dfrac{Q^{1/2}}{H^{3/4}}$

(N : 회전수, Q : 토출량, H : 전양정)

41 ④

환기량 $Q = \dfrac{K}{C - C_0}$

Q : 필요환기량
C : 실내허용 CO_2 농도
C_0 : 외기의 CO_2 농도
K : 실내 CO_2 발생량

실내 CO_2 발생량
= 재실인원×1인당 CO_2 발생량
= 70인 × 0.02 m³/h = 1.4 m³/h

∴ 환기량 Q
$= \dfrac{K}{C - C_0} = \dfrac{1.4}{0.001 - 0.0003} = 2000\,\mathrm{m^3/h}$

※ 1ppm = 0.000001 m³
※ 0.03% = 0.0003 m³/m³

42 ①

역환수식(reverse return) 배관

열원에서 각 방열기기에 이르는 공급관과 환수관의 도달거리 합을 거의 일치시켜 배관의 마찰저항값을 유사하게 함으로써 순환온수가 균등하게 흐르도록 한 배관방법. 급탕설비의 하향식 배관, 온수난방설비 등에 적용된다. 온수의 유량분배가 균일해지지만 배관수가 많아지므로 설비비는 높다.

43 ①

원형 덕트에서 장방형 덕트로의 환산식

$$d = 1.3 \left[\dfrac{(a \times b)^5}{(a+b)^2} \right]^{\dfrac{1}{8}}$$

d : 원형 덕트의 직경 또는 환산직경
a : 장방형 덕트의 장변길이
b : 장방형 덕트의 단변길이

※ 아스펙트비 : 덕트 흡출구의 종횡비(a/b)

44 ③

동관은 내식성이 크고 가공성 및 전연성이 좋으며 열전도율이 높아서 열교환기, 냉난방용, 급수관, 급탕관 등에 널리 사용된다. 고온에 취약하여 증기관에는 다소 부적합하다. 단, 가장 두꺼운 K타입은 저압 증기관에 쓰기도 한다.

45 ③

송풍기의 전압은 회전수비의 제곱에 비례하므로
$$P_2 = P_1\left(\frac{N_2}{N_1}\right) = \left(\frac{600}{460}\right)^2 \times 32 = 54.4\,\text{mmAq}$$

46 ③

여과효율(η)

$$\eta = \frac{통과\ 전\ 농도 - 통과\ 후\ 농도}{통과\ 전\ 농도} \times 100(\%)$$
$$= \frac{0.32 - 0.08}{0.32} \times 100(\%) = 75\%$$

47 ③

- 속도수두 $= \dfrac{v^2}{2g} = \dfrac{2.5^2}{2 \times 9.8} = 0.32\,\text{mAq}$

  [v : 관내 유속, g : 중력가속도(9.8m/sec²)]

- 전수두 = 위치압력수두(mAq)+관내압력수두(mAq)+속도수두
  $$= 10 + 30 + \frac{2.5^2}{2 \times 9.8} = 40.32\,\text{mAq}$$

48 ③

온수난방

㉠ 온수의 현열을 이용한 난방으로, 단관 혹은 복관식 배관을 통하여 방열기에 온수를 공급한다.

㉡ 온도 및 수량 조절이 용이하고 방열기 표면온도가 낮으며, 보일러 취급이 용이하고 안전한 편이다.

㉢ 증기난방보다 예열시간이 길어 간헐운전에 불리하고, 방열면적과 배관이 커서 설비 비용이 크다.

㉣ 한랭지에선 운전정지 중 동결 우려가 크며 온수 순환시간이 길다.

49 ④

- 일사에 의한 유리창 취득열량

  $Q_{gr} = I \times A \times k$

  I : 유리를 통해 투과 및 흡수되는 표준 일사취득열량

  A : 유리창의 면적

  K : 차폐계수

※ 일사취득열량은 방위의 영향을 받는다.

50 ①

냉방부하의 종류와 발생 요인

부하 발생 요인	현열	잠열
벽체로부터의 취득열량	○	
극간풍에 의한 취득열량	○	○
인체의 발생열량	○	○
기구로부터의 발생열량	○	○
유리로부터의 취득열량	○	
송풍기에 의한 취득열량	○	
덕트로부터의 취득열량	○	
조명에 의한 취득열량	○	
외기 도입에 의한 취득열량	○	○

51 ④

증발에 의해 건구온도가 낮아지는 증발냉각이다.

52 ②

유효온도(Effective Tmperature : ET)

기온, 실내 기류, 상대습도를 조합한 감각 지표로서 실효온도 또는 체감온도라고도 한다.

53 ③

2중 효용 흡수식 냉동기의 특징

- 단효용 흡수식 냉동기의 응축기에서 버려지는 증기의 응축열을 이용한 것이다.
- 단효용 방식보다 에너지가 절약되고 효율이 높다.
- 고온발생기와 저온발생기를 사용하며, 저온발생기의 압력은 고온발생기보다 낮다.
- 냉각탑의 용량을 줄일 수 있다.

54 ③

계절이나 시간대에 의한 변동이 심할 때 냉온수로 많은 열량을 공급하는 팬코일 유닛이 가장 효과적이다.

55 ②
유인유닛방식
1차 공조기로부터 조화한 공기를 고속 덕트를 통해 각 유닛에 송풍하면 1차 공기가 유인유닛 속의 노즐을 통과할 때에 유인작용을 일으켜 실내공기를 2차 공기로 하여 유인한다. 유인된 실내공기는 유닛 속 코일에 의해 냉각 또는 가열된 후 2차의 혼합공기로 되어 실내로 송풍된다.
- 각 유닛마다 개별 제어가 가능하고 고속 덕트를 사용하므로, 중앙 공조기와 덕트 공간을 작게 할 수 있다.
- 실내 환경 변화에 대응이 용이하고 회전부가 없어 동력배선이 필요 없다.
- 유인 성능 및 공간 문제 등으로 고성능 필터의 사용이 곤란하고 송풍량이 적어서 외기냉방의 효과가 적다.
- 실내 2차 공기를 유인하므로 2중 필터 사용이 곤란하여 집진효과가 작다.

56 ②
순환펌프는 배관 도중 온도가 가장 낮은 곳에 설치한다.

57 ④
단면을 바꿀 때의 경사도는 확대부 15° 이하, 축소부 30° 이하가 되도록 한다.

58 ④
보일러의 출력
- 정미출력 : 난방부하와 급탕부하를 합한 용량
- 상용출력 : 정격출력에서 예열부하를 뺀 값. 정미출력에 5~10%를 가산한다.
- 정격출력 : 연속운전할 수 있는 보일러 능력 (난방부하+급탕부하+배관부하+예열부하)
- 과부하출력 : 운전 초기나 과부하 발생 시의 출력. 정격출력에 10~20% 정도가 가산된다.

59 ④
가열코일에서는 현열 증가만 이루어지므로 절대습도는 변화하지 않는다. 건구온도와 엔탈피는 증가하고 상대습도는 감소한다.

60 ②
상당외기온도(Equivalent Temperature)
햇빛을 받는 외벽이나 지붕과 같이 열용량이 있는 구조체를 통과하는 열량 산출을 위해 외기 온도·일사량·표면재료 흡수율 등을 고려하여 정한 값을 상당 외기온도라 하며, 상당 외기온도와 실제 외기온도의 차를 상당외기 온도차라 한다.

61 ①
물분무소화설비
물을 분무상으로 방사하여 연소면을 감싸서 소화하는 설비. 주차장·변전실 등 기름 화재·전기 화재에 사용하며, 분무수로 냉각, 질식 소화한다.

62 ①
송수구의 구경은 65mm의 쌍구경으로 한다.

63 ①
스프링클러설비의 주요 장치
- 반사판(deflector) : 스프링클러헤드의 방수구에서 유출되는 물을 세분시키는 장치
- 리타딩 챔버(retarding chamber) : 자동경보 오작동 방지장치
- 액셀러레이터(accelerator) : 배관 내 압력이 저하되면 이를 감지하여 2차측 압축공기를 1차측으로 우회시키는 장치
- 익저스터(exhauster) : 배관 내 압력 저하를 감지하여 2차측 배관 내부 압축공기를 방호구역 외 다른 곳으로 배출한다.

64 ④
극판 면적이 클수록, 극판 거리가 가까울수록, 유전율이 클수록 콘덴서 정전용량이 증가한다.

65 ②
전력 P=10A×220V×cos60°×2시간
  =2200Wh=2.2kWh

66 ②
금속 덕트 배관은 옥내 건조한 노출장소 또는 점검 가능한 은폐장소에 한하여 시설할 수 있다.
※ 옥내 점검 가능한 은폐 장소 및 점검 불가능한 은폐 장소에서 모두 시설할 수 있는 공사 : 금속관공사, 합성수지관(경질비닐관)공사, 애자 사용 공사, 케이블 공사, 가요전선관 공사

67 ④
- 옥내 배선의 전선 굵기 결정 요소 : 기계적 강도, 허용전류, 전압강하
- 송전선로의 전선 굵기 결정 요소 : 경제허용전류, 전압강하, 연속 및 단시간 허용전류, 순시 허용전류, 코로나손

68 ④
줄의 법칙
어떤 도체에 일정 시간 전류를 흐르게 하면 도체에는 열이 발생하며, 열의 양은 전류 세기의 제곱과 도체의 저항에 비례한다.

69 ①
수용률
㉠ 수용설비가 동시에 사용되는 정도
㉡ 주상변압기 등의 적정 공급 설비용량을 파악하기 위하여 사용한다.
㉢ 수용률= $\dfrac{\text{최대수용전력[kW]}}{\text{총부하설비용량[kW]}} \times 100\%$

70 ④
자동화재탐지설비 경계구역의 기준
㉠ 하나의 경계구역이 2개 이상의 건축물에 미치지 아니하도록 할 것
㉡ 하나의 경계구역이 2개 이상의 층에 미치지 아니하도록 할 것. 다만, 500㎡ 이하 범위 안에서 2개의 층을 하나의 경계구역으로 할 수 있다.
㉢ 하나의 경계구역의 면적은 600㎡ 이하로 하고 한 변의 길이는 50m 이하로 할 것. 다만, 해당 특정소방대상물의 주된 출입구에서 그 내부 전체가 보이는 것에 있어서는 한 변의 길이가 50m의 범위 내에서 1000㎡ 이하로 할 수 있다.
㉣ 지하구의 경우 하나의 경계구역의 길이는 700m 이하로 할 것

71 ①
저항 R과 인덕턴스 L의 병렬회로에 있어서, 위상관계는 전류가 전압보다 뒤진다.

72 ④
암페어의 오른나사(오른손) 법칙
전선에 오른나사가 진행하는 방향으로 전류가 흐르면, 자력선은 오른나사가 회전하는 방향으로 만들어진다. 솔레노이드 밸브에 응용된다.

73 ②
화재 분류
① A급 화재(백색화재, 일반화재) : 연소 후 재를 남기는 화재. 나무, 종이 등
② B급 화재(황색화재, 유류, 가스) : 석유, 가스 등의 화재. 질식에 의한 소화
③ C급 화재(청색화재, 전기) : 전기 및 누전 원인. 물 사용 금지. 질식에 의한 소화
④ K급 화재(주방화재, 동식물유) : 동식물유를 취급하는 주방 및 조리기구의 화재

74 ②
조명률
광원에서 발하는 빛이 얼마나 작업면에 도달하는지를 나타내는 비율. 실내마감의 반사율이 높을수록, 실지수가 클수록 조명률도 높아진다.

75 ②

주기는 주파수의 역수이므로

$T = \dfrac{1}{f} = \dfrac{1}{120} \fallingdotseq$ 약 0.0083sec

76 ①

연결송수관설비 방수구 설치 기준

㉠ 특정소방대상물의 층마다 설치하되, 다음에 해당하는 층에는 설치하지 않을 수 있다.
  ⓐ 아파트의 1층 및 2층
  ⓑ 소방차의 접근이 가능하고 소방대원이 소방차로부터 각 부분에 쉽게 도달할 수 있는 피난층
  ⓒ 송수구가 부설된 옥내소화전을 설치한 특정소방대상물(집회장·관람장·백화점·도매시장·소매시장·판매시설·공장·창고시설 또는 지하가 제외)로서 다음에 해당하는 층
  • 지하층을 제외한 층수가 4층 이하이고 연면적이 6000m² 미만인 특정소방대상물의 지상층
  • 지하층의 층수가 2 이하인 특정소방대상물의 지하층

㉡ 호스접결구 설치 : 바닥으로부터 높이 0.5m 이상 1m 이하

㉢ 연결송수관설비의 전용 방수구 또는 옥내소화전 방수구로서 구경 65mm의 것으로 설치할 것

77 ①

논리회로의 종류

회로	특징	논리식
AND (직렬, 논리곱)	2개의 입력신호가 동시에 작동할 때만 출력신호 1이 되는 회로	X=A·B
OR (병렬, 논리합)	2개의 입력신호 중 하나만 작동해도 출력신호 1이 되는 회로	X=A+B
NOT (부정)	출력신호가 입력신호의 반대로 작동되는 회로	X=$\overline{A}$
NAND	AND와 NOT를 조합시킨 회로	X=$\overline{A \cdot B}$ =$\overline{A}$+$\overline{B}$

78 ④

인터폰 접속방식

모자식	• 1대의 모기에 여러 대의 자기를 접속하는 방식 • 자기끼리는 접속할 수 없다.
상호식	• 원하는 곳 모두 상호접속이 가능한 방식
복합식	• 모자식과 상호식을 결합한 방식

79 ②

건축화 조명

천장, 벽, 기둥과 같은 건축 부분에 광원을 만들어 실내를 조명하는 것을 말한다. 눈부심이 적고 고급스러운 분위기 연출이 가능하나, 이를 위해 광원을 간접 조명 또는 전반조명방식으로 처리하므로 직접조명에 비해 설치비용 및 유지 비용이 증가하고 조명효율 및 경제성이 낮다.

80 ①

외란

• 제어계의 상태를 혼란시키려는 외적 작용을 의미한다.
• 실내 온도 제어의 경우 인체나 조명의 발열, 창문을 통한 햇빛의 열이나 틈새바람, 외부 공기의 온도 등이 해당된다.
• 연소로의 온도 제어에서는 연료 질의 변화나 노의 주위 온도 변화, 또는 피가열 물체의 변화 등이 이에 해당한다.
• 자동 조종된 비행체에 가해지는 바람의 영향도 외란이라 할 수 있다.

81 ③

다음 건축물에는 방송 공동수신설비를 설치하여야 한다.

㉠ 공동주택
㉡ 바닥면적의 합계가 5000m² 이상으로서 업무시설이나 숙박시설의 용도로 쓰는 건축물
※ 다가구주택은 단독주택이므로 해당되지 않는다.

82 ③

위락시설은 준다중이용 건축물에 해당된다.

83 ③

대지의 측량이나 건축물의 건축 과정에서 부득이하게 발생하는 오차는 다음과 같이 허용한다.
㉠ 대지 관련
  ⓐ 건축선의 후퇴거리, 인접대지 경계선 및 인접건축물과의 거리 : 3% 이내
  ⓑ 건폐율 : 0.5% 이내(건축면적 5m²를 초과할 수 없다)
  ⓒ 용적률 : 1% 이내(연면적 30m²를 초과할 수 없다)
㉡ 건축물 관련
  ⓐ 건축물 높이 : 2% 이내(1m를 초과할 수 없다)
  ⓑ 평면길이 : 2% 이내(전체길이는 1m를 초과할 수 없고, 벽으로 구획된 각 실은 10cm를 초과할 수 없다)
  ⓒ 출구너비, 반자높이 : 2% 이내
  ⓓ 벽체두께, 바닥판두께 : 3% 이내

84 ②

환기구(건축물의 환기설비에 부속된 급·배기를 위한 건축구조물의 개구부)는 보행자 및 건축물 이용자의 안전이 확보되도록 바닥으로부터 2m 이상의 높이에 설치하여야 한다.

85 ②

허가 및 신고대상의 용도변경 분류
※ 허가대상 : 하위 → 상위시설 용도 변경
※ 신고대상 : 상위 → 하위시설 용도 변경

※ 기재변경 : 동일 시설군 내에서의 용도변경

분류	세부항목
1. 자동차관련 시설군	가. 자동차 관련시설
2. 산업 등의 시설군	가. 운수시설 나. 창고시설 다. 공장 라. 위험물저장 및 처리시설 마. 자원순환 관련 시설 바. 묘지 관련 시설 사. 장례시설
3. 전기통신시설군	가. 방송통신시설 나. 발전시설
4. 문화 및 집회시설군	가. 문화 및 집회시설 나. 종교시설 다. 위락시설 라. 관광휴게시설
5. 영업시설군	가. 판매시설 나. 운동시설 다. 숙박시설 라. 제2종 근린생활시설 중 다중생활시설
6. 교육 및 복지시설군	가. 의료시설 나. 교육연구시설 다. 노유자시설 라. 수련시설 마. 야영장 시설
7. 근린생활시설군	가. 제1종 근린생활시설 나. 제2종 근린생활시설(다중생활시설 제외)
8. 주거업무시설군	가. 단독주택 나. 공동주택 다. 업무시설 라. 교정 및 군사시설
9. 그 밖의 시설군	가. 동물 및 식물 관련 시설

86 ④

일반음식점은 제2종 근린생활시설에 속한다.

87 ②

옥내소화전설비를 설치하여야 하는 특정소방대상물

㉠ 연면적 3000m² 이상(지하가 중 터널 제외)이거나 지하층·무창층(축사 제외) 또는 층수가 4층 이상인 것 중 바닥면적이 600m² 이상인 층이 있는 것은 모든 층
㉡ 지하가 중 터널로서 길이가 1000m 이상인 터널
㉢ ㉠에 해당하지 않는 근린생활시설, 판매시설, 운수시설, 의료시설, 노유자시설, 업무시설, 숙박시설, 위락시설, 공장, 창고시설, 항공기 및 자동차 관련 시설, 교정 및 군사시설 중 국방·군사시설, 방송통신시설, 발전시설, 장례식장 또는 복합건축물로서 연면적 1500m² 이상이거나 지하층·무창층 또는 층수가 4층 이상인 층 중 바닥면적이 300m² 이상인 층이 있는 것은 모든 층
㉣ 건축물의 옥상에 설치된 차고 또는 주차장으로서 차고 또는 주차의 용도로 사용되는

부분의 면적이 200m² 이상인 것
ⓓ ㉠ 및 ㉡에 해당하지 않는 공장 또는 창고시설로서「소방기본법 시행령」별표 2에서 정하는 수량의 750배 이상의 특수가연물을 저장·취급하는 것
※ 위험물 저장 및 처리 시설 중 가스시설, 지하구 및 방재실 등에서 스프링클러설비 또는 물분무 등 소화설비를 원격으로 조정할 수 있는 업무시설 중 무인변전소는 제외

벽체의 구조	기준 두께
철근콘크리트조, 철골철근콘크리트조	10cm 이상
무근콘크리트조, 석조	10cm 이상 〈시멘트모르타르, 회반죽 또는 석고 플라스터 바름두께 포함〉
콘크리트블록조, 벽돌조	19cm 이상
각 항목 외에 국토교통부장관이 정하여 고시하는 기준에 따라 국토교통부장관이 지정하는 자 또는 한국건설기술연구원장이 실시하는 품질시험에서 그 성능이 확인된 것	

88 ②

소방시설의 구분

㉠ 소화설비 : 소화기, 옥내소화전, 옥외소화전, 스프링클러, 물분무 등 설비(가스계 소화설비)
㉡ 경보설비 : 자동화재탐지설비, 자동화재속보설비, 비상방송설비, 비상경보설비, 누전경보기
㉢ 피난구조설비 : 유도등, 비상조명등, 피난사다리, 공기호흡기, 완강기
㉣ 소화용수설비 : 상수도소화용수설비, 소화수조
㉤ 소화활동설비 : 제연설비, 연소방지설비, 연결송수관설비, 연결살수설비, 무선통신보조설비, 비상콘센트설비

89 ②

건축물의 체적에 대한 외피면적의 비 또는 연면적에 대한 외피면적의 비는 가능한 한 작게 하는 것이 에너지절약에 유리하다.

90 ③

낙뢰의 우려가 있는 건축물, 높이 20m 이상의 건축물 또는 공작물에는 기준에 적합한 피뢰설비를 설치해야 한다.

91 ④

위에 해당하는 경계벽은 다음 중 하나에 해당하는 구조로 한다.

92 ①

제1종 근린생활시설(일반목욕장의 욕실, 휴게음식점의 조리장)과 제2종 근린생활시설(일반음식점, 휴게음식점의 조리장), 숙박시설에서 욕실 또는 조리장의 바닥과 그 바닥으로부터 높이 1m까지의 안벽의 마감은 내수재료로 하여야 한다.

93 ①

배연창의 유효면적은 1m² 이상이어야 한다.

94 ①

계단의 유효 높이(계단의 바닥 마감면부터 상부 구조체의 하부 마감면까지의 연직방향 높이를 말한다)는 2.1미터 이상으로 한다.

95 ④

승용승강기 설치대수 산정

건축물의 용도	6층 이상 거실바닥면적의 합계(s m²)		
	3000m² 이하	3000m² 초과	대수산정 방식
• 문화 및 집회시설(공연장, 집회장, 관람장) • 판매시설 • 의료시설	2대	2대에 3000m² 초과하는 매 2000m² 이내마다 1대를 더한 대수	$2 + \dfrac{s - 3000\text{m}^2}{2000\text{m}^2}$

건축물의 용도	6층 이상 거실바닥면적의 합계(sm²)		
	3000m² 이하	3000m² 초과	대수산정 방식
• 문화 및 집회시설(전시장, 동·식물원만 해당) • 업무시설, 숙박시설, 위락시설	1대	1대에 3000m² 초과하는 매 2000m² 이내마다 1대를 더한 대수	$1 + \dfrac{s - 3000m^2}{2000m^2}$
• 공동주택 • 교육연구시설, 노유자시설 • 그 밖의 시설	1대	1대에 3000m² 초과하는 매 3000m² 이내마다 1대의 비율로 가산한 대수	$1 + \dfrac{s - 3000m^2}{3000m^2}$

※ 설치대수 산정에 있어 8인승 이상 15인 이하의 승강기는 1대로 보고, 16인승 이상의 승강기는 2대로 본다.

96 ②
판매시설, 운수시설 및 창고시설(물류터미널에 한정)로서 바닥면적의 합계가 5000m² 이상이거나 수용인원이 500명 이상인 경우에는 모든 층에 스프링클러 설비를 설치하여야 한다.

97 ④
건축물의 에너지절약설계기준에 따른 "야간단열장치"라 함은 창의 야간 열손실을 방지할 목적으로 설치하는 단열셔터, 단열덧문으로서 총 열관류저항(열관류율의 역수)이 0.4m²·K/W 이상인 것을 말한다.

98 ②
6층 이상인 건축물은 건축허가 등을 할 때 소방본부장 또는 소방서장의 동의를 받아야 한다.

99 ④
공장의 경우 2000m² 이상일 때 주요구조부를 내화구조로 하여야 한다.

100 ④
건축물 바깥에 설치하는 피난계단의 출입구는 계단으로 통하는 창문으로부터 2m 이상 떨어져야 한다.(면적 1m² 이하인 망입유리 붙박이창은 제외)

2021년 1회 건축설비기사 과년도 해설 및 정답

01 ④

맨사드 지붕(mansard roof)
지붕의 상부와 하부 경사가 다른 형태. 상부는 경사가 완만하고, 하부는 가파른 경사로 다락방이 형성된다.

02 ①

호텔의 기능에 따른 소요실 분류
㉠ 숙박부분 : 객실, 보이실, 메이드실, 린넨실, 트렁크실
㉡ 공공부분 : 홀, 로비, 라운지, 식당, 연회장
㉢ 관리부분 : 프런트 오피스, 클로크 룸, 지배인실, 창고
㉣ 요리부분 : 주방, 배선실, 팬트리, 식품 창고
㉤ 설비부분 : 보일러실, 기계실, 세탁실

03 ④

오피스 랜드스케이프(office landscape)
- 오픈 오피스의 단점을 보완한 개방 사무 공간의 형식
- 직급 서열 등에 의한 획일적 배치에서 벗어나, 업무의 흐름이나 방식에 따라 유기적인 공간 구성을 하는 방법이다.
- 변화하는 작업의 패턴에 따라 공간의 조절이 가능하며 신속하고 경제적으로 대처할 수 있다.
- 개실형 사무공간에 비해서는 소음 발생이 쉽고 독립성이 결여된다.

04 ①

기성콘크리트 말뚝의 중심 간격은 지름의 2.5배 이상, 최소 750mm 이상으로 한다.

05 ③

통줄눈은 하중을 분산시킬 수 없어서 치장용으로만 사용한다.

06 ①

전기입상관(EPS)은 각 층마다 같은 곳에 설치하며 외기에 면하지 않도록 한다.

07 ②

고객 동선은 가급적 길게 유도하여 매장 내 상품과의 접촉빈도를 높이는 것이 좋다. 종업원의 동선은 짧게 하여 피로를 줄이고 작업의 효율성을 높이도록 한다.

08 ②

복층형(maisonette type) 아파트
㉠ 1개의 단위주거가 2개 층 이상에 걸쳐 있는 형태로서, 편복도형의 중·대규모 주택에 적합한 형식이다.
㉡ 복도 면적을 줄여 유효면적을 증가시키고, 엘리베이터의 정지층도 감소된다.
㉢ 단위주거의 평면계획에 변화를 줄 수 있으며 거주성, 프라이버시, 일조, 통풍 등의 실내 환경이 좋아진다.
㉣ 각 층 평면이 다르므로 구조 및 설비계획과 피난계획이 다소 어려워진다.
㉤ 하나의 주거가 2개 층으로 구성되면 듀플렉스, 3개 층으로 구성되면 트리플렉스라 한다.

09 ③

모듈러 코디네이션
(modular coordination : MC)
건축의 재료부품에서 설계 및 시공에 이르기까

지 건축 생산 전반에 걸쳐 치수상의 유기적 연계성을 만들어내는 것을 말한다. 설계와 시공을 연결해주는 치수시스템으로 건축 외에 실내나 가구 분야에까지 확장, 적용될 수 있다.
㉠ 장점 : 호환성, 비용절감, 공기단축, 표준화
㉡ 단점 : 획일적인 형태와 디자인, 개성 상실

10 ③

분관식(Pavilion type) 병원

평면 분산식으로 각 건물은 3층 이하 저층 건물이며 외래부, 부속진료시설, 병동을 각각 별동으로 하여 분산시키고 복도로 연결시키는 형식이다. 치료와 의사 본위의 병원 형식이며, 각 과별 전용 시설, 진료 시설, 사무실 등이 확보되어야 한다.

※ 특징
㉠ 각 병실을 남향으로 할 수 있어 일조, 통풍 등이 고르게 좋아진다.
㉡ 넓은 대지가 필요하며 설비가 분산되고 보행거리가 길어진다.
㉢ 내부 환자는 주로 경사로를 이용한 보행 또는 들것으로 운반한다.

11 ②

기계환기 방식

구 분	설치방법	용 도
제1종 환기 (병용식)	급기팬+배기팬	병원, 극장, 변전실
제2종 환기 (압입식)	급기팬+자연배기	수술실, 무균실, 반도체 공장
제3종 환기 (흡출식)	자연급기+배기팬	화장실, 욕실, 주방, 흡연실

- 제1종(병용식) : 설비비, 운전비가 비싸지만 실내외의 압력을 자유로이 조정할 수 있어 가장 좋은 방식이다.
- 제2종(압입식) : 실내 압력이 정압(+)이 된다. 다른 실에서의 공기 침입이 없어야 하는 곳에 사용한다.
- 제3종(흡출식) : 실내 압력이 부압(-)이 된다. 실내의 냄새나 유해 물질을 다른 실로 흘려보내지 않는다.

12 ③

손(sone)

소리세기의 상대적 크기를 표시하는 단위이다. 40dB의 1000Hz 순음 위 크기(=40폰)를 1손이라 정의하고 이 기준 음에 비해서 몇 배의 크기를 갖는다고 판단되는가에 따라 음의 손 값이 결정된다.

13 ③

열람실의 경우 노인이나 아동과 같은 사용자를 고려하여 획일적인 배치를 피하는 것이 좋다.

14 ③

기둥 주근은 기초 또는 바닥판에 정착한다.

15 ①

조립식 구조(PC)의 접합부(Joint)의 조건

구조 일체성, 체결 강도, 기밀성, 방수성, 내구성 등
※ 내화성이 높을수록 좋긴 하나, 우선 조건과는 거리가 있다.

16 ④

교과교실형(V형)

- 모든 교실이 특정 과목을 위해 설치되며 일반 교실은 없다.
- 각 교실은 교과목에 최적화되어 시설 활용도가 높다.
- 학생의 이동이 잦고, 이용률이 100%에는 이르지 못한다.
- 소지품 보관 공간이 필요하며, 동선에 대한 고려도 주의를 요한다.
※ 초등학교 저학년에는 적합하지 않다.

17 ②

잎이 넓은 활엽수를 사용하면 여름철의 일사량

을 차단할 수 있고, 겨울철엔 낙엽이 져서 일사량을 증가시킬 수 있다.

18 ②

인체의 열적 쾌적감에 영향을 미치는 환경요소
기온, 습도, 기류, 복사열

19 ④

레스토랑의 서비스 방식에 따른 평면형식 분류
㉠ 셀프서비스 : 가격이 저렴하고 음식 선정이 자유롭다.
㉡ 카운터 서비스 : 좌석이 카운터와 의자로 되어 있는 형식. 회전율이 빨라서 소규모 음식점에 적합하다.
㉢ 테이블 서비스 : 주방에서 요리가 서비스되는 보편적인 유형으로 비교적 고가의 식당에 적합하다.
㉣ 객실 서비스 : 객실로 직접 서비스되는 방식. 호텔, 항공 등에서 쓰이며 서비스 질이 높은 편이다.

20 ②

침실은 가급적 남향으로 하는 곳이 좋다.

21 ③

위생기구의 동시사용률은 기구수가 증가하면 작아진다.
※ 기구의 동시사용률(%)

기구수	2	4	5	10	15	20	30
동시 사용률(%)	100	75	70	53	48	44	40

22 ②

순환 펌프의 순환수량
$$W = \frac{Q}{C \cdot \Delta t} (\text{L/min})$$
Q : 배관의 열손실
C : 물의 비열

Δt : 급탕관과 환탕관의 온도차
※ 배관 열손실
  = 배관 단위길이당 열손실량 × 배관 길이

23 ①
- 온수탱크 상단 : 진공방지밸브, 오버플로우관 설치
- 온수탱크 하부 : 배수밸브

24 ②
②는 개별식(국소식) 급탕설비에 대한 설명이다.

25 ②

압력탱크방식 급수법
- 펌프로 압력탱크에 물을 압입하여 이 압력으로 급수전까지 압송하는 방식이다.
- 높은 곳에 탱크를 설치할 필요가 없으므로 건축구조를 강화할 필요가 없고 탱크의 설치 위치에 제한을 받지 않는다.
- 고가시설이 필요하지 않으므로 건축물의 구조를 강화할 필요가 없다.
- 급수압이 일정하지 않고, 펌프의 양정이 길어서 시설비가 많이 든다.
- 탱크는 압력에 견뎌야 하므로 제작비가 비싸다.
- 저수량이 적어서 정전 시나 고장 시 급수가 중단된다.
- 취급이 간단하지 않으며 다른 방식에 비하여 고장이 잦다.

26 ④

결합 통기관
- 배수 수직관 내 압력변화를 방지 및 완화시키기 위해, 배수 수직관과 통기 수직관을 접속하는 통기관
- 주로 고층 건물에서 5개 층마다 설치하여 배수 수직주관의 통기를 촉진한다.
- 관경은 통기수직관과 배수수직관 중에서 작은 쪽 관경 이상으로 한다.

27 ①
수도본관 최저필요압력

$P_0 \geq P + P_f + \dfrac{H}{100}$

$0.15\text{MPa} = P + 0.02 + \dfrac{2}{100}$

$P = 0.15 - (0.02 + 0.02) = 0.11\text{MPa} = 110\text{kPa}$

P : 수전 필요압력[MPa]
P_f : 관 마찰손실수두[MPa]
H : 수전 높이[m]

28 ④
④는 수격작용 방지책이다.

29 ②
로우 탱크식

낮은 곳에 설치된 탱크에 물을 저수하는 대변기. 하이탱크식보다 물의 사용량은 많고 소음은 적다. 탱크가 낮아 고장 시 수리가 용이하며 단수 시 물을 공급하기가 좋다. 반면 탱크에 물을 채우는 시간이 필요하므로 연속사용은 다소 곤란하다.

30 ③
- 상향 공급 방식의 경우, 급탕관은 선상향 구배로 하고 반탕관은 선하향 구배로 한다.
- 하향 공급 방식의 경우, 급탕관과 반탕관 모두 하향구배로 한다.

31 ③
BOD 제거율

$= \dfrac{\text{유입수 BOD} - \text{유출수 BOD}}{\text{유입수 BOD}} \times 100(\%)$

32 ①
자기세정 작용은 배수관이 너무 크거나 너무 작아도 나빠진다.

33 ②
층류에서 난류로 천이할 때의 유속을 임계유속이라 한다.

34 ④
순수한 물이 얼게 되면 체적이 증가한다.

35 ④
배관 신축 이음쇠의 종류

㉠ 신축곡관(루프형) : 신축을 흡수하는 1개의 길이는 길지만 고장이 적어서 고압 옥외 배관에 많이 쓰인다.

㉡ 슬리브형 : 온도 변화에 따라 생기는 관의 신축을 슬리브의 미끄럼으로 흡수한다. 저압 증기배관 및 온수배관의 신축이음쇠로 쓰인다.

㉢ 스위블형 : 2개 이상의 엘보우를 사용하고 나사회전을 이용하여 신축을 흡수한다.

㉣ 벨로즈형 : 온도 변화에 의한 신축을 벨로즈의 변형으로 흡수한다.

36 ③
※ 관내 유속을 먼저 구한 뒤, 마찰손실수두를 구한다.

유량 $Q = Av$ 이므로, 유속 $v = \dfrac{Q}{A}$.

관경 $d(\text{m})$일 때, 관의 단면적 $A(\text{m}^2) = \dfrac{\pi d^2}{4}$

유속 $v = \dfrac{Q}{\dfrac{\pi d^2}{4}} = \dfrac{0.06}{\dfrac{3.14 \times 0.15^2}{4}} = 3.4\text{m/s}$

마찰손실수두 $= \lambda \times \dfrac{l}{d} \times \dfrac{v^2}{2g}[\text{mAq}]$

$= \dfrac{0.03 \times 50 \times 3.4^2}{0.15 \times 2 \times 9.8} = 5.9\text{mAq}$

λ : 관마찰계수
l : 배관 길이(m)
d : 배관 직경(m)
v : 배관 내 평균유속
g : 중력가속도(9.8m/sec^2)

37 ②

간접 배수(indirect waste)

식료품·음료수·소독물 등을 저장하거나 취급하는 기기에서 배수관이 일반배수관에 직결되어 있으면, 배수관 내 흐름이 나빠지거나 막히게 되는 경우 오물이나 유해가스가 역류하여 이들 기기를 오염시킬 우려가 있다. 이를 방지하려면 이들 기기의 배수관을 일반배수계통에 직결하지 않고, 일단 대기 중에 적절한 공간을 띄우고 물받이용기(hopper)에 배수를 받은 다음 일반배수관에 접속해야 한다. 이를 간접 배수라 하며, 그 공간을 배수구 공간(drain outlet)이라 한다. 제빙기, 냉장고, 세탁기, 음료기, 식기세척기, 공기정화기 등에 쓰인다.

※ 세면기, 소변기, 대변기 등은 직접 배수관으로 연결한다.

38 ③

유니트(Unit)화된 위생설비의 장점
- (현장)공기 단축 및 공정의 단순·합리화
- 시공 정밀도 향상
- 재료 및 인건비 절감
※ 공장 작업은 최대화된다.

39 ③

소벤트 시스템

통기관을 따로 두지 않고, 하나의 배수수직관으로 배수 및 통기를 겸하는 방식. 공기혼합과 공기분리용 두 가지의 이음쇠가 사용된다.

40 ①

터빈 펌프(turbine pump)

디퓨저 펌프라고도 한다. 날개바퀴 바깥에 안내 날개(guide vane)가 있는 펌프로서 날개바퀴가 2개 이상인 것은 다단 터빈 펌프라 한다. 날개바퀴에는 보통 4~10개의 날개가 있는데, 안내 날개는 날개바퀴가 회전할 때 생기는 속도에너지를 빠르게 압력에너지로 바꿔 유체의 흐름을 조정하는 역할을 한다. 에너지 효율이 높아 30m 이상 되는 높은 곳까지 수송할 수 있는 것이 장점이다. 그러나 설계보다 많거나 적은 양의 액체를 수송할 경우, 날개바퀴에서 나오는 액체의 유출 각도와 안내 날개의 각도가 일치하지 않아 소음이나 진동이 생기는 단점이 있다. 또 구조가 복잡하고 가격이 비싸서 높은 곳으로 수송해야 하는 경우를 제외하고는 사용빈도가 점차 줄어드는 추세이다.

41 ③

습공기선도의 구성 요소

건구온도, 습구온도, 노점온도, 절대습도, 상대습도, 수증기 분압, 엔탈피, 비체적, 현열비 등

42 ③

배관 분기부에 밸브를 설치할 수 있으며, 분류 또는 합류에 T이음쇠를 사용할 경우에는 45° T형을 이용한다.

43 ①

원형 덕트에서 장방형 덕트로의 환산식

$$d = 1.3 \left[\frac{(a \times b)^5}{(a+b)^2} \right]^{\frac{1}{8}}$$

d : 원형 덕트의 직경 또는 환산직경
a : 장방형 덕트의 장변길이
b : 장방형 덕트의 단변길이

44 ④

펌프의 운전점은 펌프의 양정곡선과 저항곡선의 교점으로 결정된다.

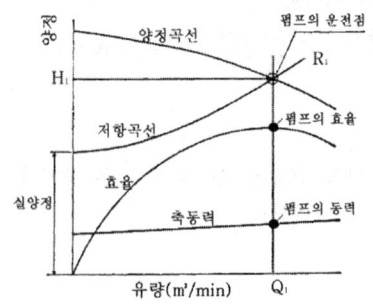

45 ④

- 축동력 소요 : 토출댐퍼 제어 > 흡입댐퍼 제어 > 흡입베인 제어 > 회전수 제어
- 동력 절감률 : 회전수 제어 > 흡입베인 제어 > 흡입댐퍼 제어 > 토출댐퍼 제어

46 ③

다단 펌프

높은 양정 또는 고압력수를 얻기 위해 1대의 펌프의 동일 회전축에 2개 이상의 날개차를 설치해서 다단으로 한 것. 같은 형상의 날개차라면 각 단에서 출력하는 양정은 동일하므로 x단이면 x배의 양정을 낼 수 있다.

47 ③

- 환기량 Q=시간당 횟수×실체적이므로
  $0.5 \times 3000\text{m}^3 = 1500\text{m}^3$
- 현열부하
  $q_s = \gamma QC\Delta t (\text{kJ/h}) = 1.2 \times 1500 \times 1.01 \times (32-26)$
  $= 10908\text{kJ/h} \fallingdotseq 3{,}030\text{W}$

  γ : 공기 밀도
  Q : 공기 체적량[m³/h]
  C : 공기의 정압비열
  Δt : 실내외 온도차

- 잠열부하
  $qL = \gamma QL\Delta t (\text{kJ/h})$
  $= 1.2 \times 1500 \times 2501 \times (0.018 - 0.011)$
  $= 31512.6\text{kJ/h} \fallingdotseq 8753.5\text{W}$

  γ : 공기 밀도
  Q : 공기 체적량[m³/h]
  L : 0℃에서 물의 증발잠열
  Δt : 실내외 절대습도차

∴ 3030W + 8753.5W = 11783.5W

※ 1W=3.6kJ/h

48 ②

냉방부하의 종류와 발생 요인

부하 발생 요인	현열	잠열
벽체로부터의 취득열량	○	
극간풍에 의한 취득열량	○	○
인체의 발생열량	○	○
기구로부터의 발생열량	○	○
유리로부터의 취득열량	○	
송풍기에 의한 취득열량	○	
덕트로부터의 취득열량	○	
조명에 의한 취득열량	○	
외기 도입에 의한 취득열량	○	○

49 ②

개방된 냉각탑의 출구측 배관에 스트레이너를 설치한다.

50 ①

열관류율이 낮을수록 단열성능이 좋다.

51 ②

습공기를 가열하면 절대습도는 변화가 없고, 상대습도는 감소한다.

52 ②

① 공기조화에서 주로 냉각, 가열 양쪽으로 쓸 수 있다.
③ GHP(Gas Engine Heat Pump)는 압축식 냉동기의 원리를 이용한 열펌프이다.
④ 냉각펌프의 성적계수보다 열펌프의 성적계수가 크다.

53 ②

혼합공기의 온도

$t = \dfrac{35℃ \times 30 + 26℃ \times 70}{100} = 28.7℃$

54 ③

덕트의 전압(P_t)=정압(P_s)+동압(P_v)

- 동압= $\dfrac{v^2}{2g}\gamma$

  v : 관내유속(m/s)

g : 중력가속도(9.8m/s^2)
γ : 공기의 비중량(1.2kg/m^3)

$$\therefore 전압(P_t) = 20 + \frac{13^2}{2 \times 9.8} \times 1.2$$
$$= 30.35\text{mmAq}$$

55 ②

풍량조절 댐퍼의 종류

- 스플릿 댐퍼 : 덕트 분기부에 설치하는 댐퍼. 구조가 간단하고 메인 덕트의 압력강하가 적지만, 정밀한 풍량조절은 불가능하다.
- 단익(버터플라이) 댐퍼 : 소형 덕트용 댐퍼
- 다익 댐퍼 : 2개 이상의 날개를 가진 댐퍼. 대형 덕트에 사용하며 평행 익형과 대향 익형이 있다.
- 슬라이드 댐퍼 : 전체 개폐가 되는 댐퍼
- 클로스 댐퍼 : 기류의 발생소음을 줄이고 방향을 조절하는 댐퍼

56 ④

미분탄 및 시멘트 분말의 이송에는 덕트 내에 분말이 침적되지 않도록 풍속 25m/s로 설계한다.

57 ④

밸브의 종류

- 앵글밸브 : 유체의 흐름방향을 90° 전환시키는 밸브
- 체크밸브 : 유체를 일정 방향으로 흐르게 하고, 역류를 방지하기 위한 밸브
- 게이트밸브 : 유체 흐름을 단속하는 밸브. 유량 조절용으로는 사용이 곤란하다.
- 글로브밸브 : 유량 조절용 밸브. 밸브를 완전히 열면 단면적 변화가 커서 마찰저항이 크다.
- 볼 밸브 : 밸브의 개폐 부분에 구멍이 뚫린 볼이 있어서, 이를 회전시켜 구멍을 막거나 열어 밸브를 개폐시킨다. 개폐 속도가 빠르고 내압성이 있어 수도나 증기용으로 사용된다.

58 ④

순환수의 가습

공기세정기는 분무수를 냉각 또는 가열시켜 순환 사용하므로, 공기온도와 수온의 차이로 인해 열전달과 증발작용이 일어나 냉각되는 평형상태의 수온이 된다. 이러한 것을 단열가습이라 하는데 수온은 입구공기의 습구온도와 같아지며, 습구온도선상을 변화하여 냉각 및 가습이 일어난다. 이때 엔탈피는 증발된 물의 엔탈피가 증가하므로 조금의 변화는 있지만, 실제로는 변화가 없는 것으로 간주한다.

59 ②

순환수량

$$Qw = \frac{Hcr}{60C\Delta t}[l/min]$$

$$= \frac{1440000}{60 \times 4.2 \times (12-6)} = 952[l/min]$$

$$= 0.952\text{m}^3/\text{min} \times 60\text{min} = 57.1\text{m}^3/\text{h}$$

Hcr : 냉동기용량
C : 비열
Δt : 출입구 온도차

※ 1kW=1kJ/s=3600kJ/h이므로
400kW=1440000kJ/h

60 ④

유인 유닛방식

1차 공조기로부터 조화한 공기를 고속덕트를 통해 각 유닛에 송풍하면 1차 공기가 유인 유닛 속의 노즐을 통과할 때에 유인작용을 일으켜 실내공기를 2차 공기로 하여 유인한다. 유인된 실내공기는 유닛 속 코일에 의해 냉각 또는 가열된 후 2차의 혼합공기로 되어 실내로 송풍된다.

- 각 유닛마다 개별 제어가 가능하고, 고속덕트를 사용하므로 중앙 공조기와 덕트 공간을 작게 할 수 있다.
- 실내 환경 변화에 대응이 용이하고 회전부가 없어 동력배선이 필요 없다.

- 각 유닛마다 수배관을 설치하므로 누수의 염려가 있고 냉각 가열을 동시에 하는 경우 혼합손실이 발생한다.
- 유인 성능 및 공간 문제 등으로 고성능 필터의 사용이 곤란하고 송풍량이 적어서 외기냉방의 효과가 적다.

61 ③

스프링클러의 헤드 간 거리는 수평거리와 개념이 다르다. 수평거리는 헤드 1개당 포용하는 거리를 뜻하며, 헤드 간 거리는 헤드와 헤드 사이의 거리이다. 아래 그림과 같이 정사각형 배치를 할 경우 헤드 간격을 밑변으로 하는 $\triangle ABC$에서 빗변 AB는 포용거리(수평거리)이며, 밑변 BC는 헤드 간 거리가 된다.

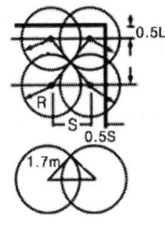 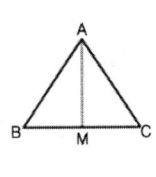

L : 배수관 간격
S : 헤드 간격
R : 헤드 수평거리

정사각형 배치이므로 ∠B=∠C= 45°이며
$\triangle ABM$에서 BM/AB=cos45°
∴ 헤드의 간격(S)=2×R×cos45°=2.4m

62 ④

① 송수구는 지면으로부터 0.5m 이상 1m 이하의 위치에 설치한다.
② 수직배관은 내화구조로 구획된 계단실(부속실 포함) 또는 파이프 덕트 등 화재의 우려가 없는 장소에 설치한다.
③ 방수구는 특정소방대상물의 층마다 설치하되, 다음에 해당하는 층에는 설치하지 않을 수 있다.
  ㉠ 아파트의 1층 및 2층
  ㉡ 소방차의 접근이 가능하고 소방대원이 소방차로부터 각 부분에 쉽게 도달할 수 있는 피난층

㉢ 송수구가 부설된 옥내소화전을 설치한 특정소방대상물(집회장·관람장·백화점·도매시장·소매시장·판매시설·공장·창고시설 또는 지하가 제외)로서 다음에 해당하는 층
  - 지하층을 제외한 층수가 4층 이하이고 연면적이 6000㎡ 미만인 특정소방대상물의 지상층
  - 지하층의 층수가 2 이하인 특정소방대상물의 지하층

63 ④

습식 스프링클러설비 및 부압식스프링클러설비 외의 설비에는 상향식 스프링클러헤드를 설치해야 한다. 다만, 다음에 해당하는 경우에는 그러하지 아니하다.
㉠ 드라이펜던트 스프링클러헤드를 사용하는 경우
㉡ 스프링클러헤드의 설치 장소가 동파의 우려가 없는 곳인 경우
㉢ 개방형 스프링클러헤드를 사용하는 경우

64 ④

① 전압을 승압(up)시킬 때도 사용한다.
② 건식 변압기는 화재의 위험성이 있는 장소에 사용할 수 있다.
③ 몰드 변압기는 내수·내습성이 우수하고, 소형, 경량화가 가능하다.

65 ②

각속도 $w=2\pi f=314$이므로
주기 $T=\dfrac{2\pi}{w}=0.02$초

66 ③

에스컬레이터의 공칭속도는 다음과 같아야 한다.
㉠ 경사도가 30° 이하인 에스컬레이터는 0.75m/s 이하이어야 한다.

ⓒ 경사도가 30°를 초과하고 35° 이하인 에스컬레이터는 0.5m/s 이하이어야 한다.

67 ③

단상변압기 1대의 출력을 P라고 할 경우, 2대를 V결선한 3상 변압기의 출력은 $\sqrt{3}$ P이다.
∴ $\sqrt{3} \times 75 = 130 [\text{kVA}]$

68 ④

$V = IR$이므로 $10[\Omega] \times 2[\text{A}] = 20[\text{V}]$

69 ①

차동식 감지기
주위 온도가 일정 상승률 이상이 되는 경우에 작동하는 감지기
㉠ 스폿형 : 국소 지역의 온도에 의해 작동
㉡ 분포형 : 넓은 범위의 열효과에 의해 작동
ⓐ 공기관식 : 공기관을 감열부로 하여 천장 아래에 둘러치고 양단을 검출부에 접속한다.
ⓑ 열전대식 : 화재 시 가열된 열전대부에서 열기전력이 생겨 미터릴레이로 전류가 흐르면 접점이 닫혀 수신기로 신호를 전달한다.
ⓒ 열반도체식 : 화재 시 열반도체 소자에서 기전력이 발생하여 폐회로를 통해 수신기에 신호를 전달한다.

70 ③

진상용 콘덴서(phase advanced capacitor)
고압의 수/변전 설비 또는 개개의 부하의 역률 개선을 위해 사용하는 콘덴서. 전압 변동률이나 전력 손실이 감소되며, 전력 요금이 낮아진다.

71 ②

옥내소화전설비 수원의 저수량은 옥내소화전의 설치 개수가 가장 많은 층의 설치 개수에 2.6 m³를 곱한 양 이상이 되도록 하여야 한다.

72 ③

2위치 제어동작(ON/OFF)
제어하는 조작값이 둘 뿐인 제어. 제어량이 설정값에서 벗어나면 조작부를 개폐하여 정지 혹은 작동한다. 항상 목표치와 제어결과가 일치하지 않는 동작간극을 일으키는 결점이 있다.

73 ②

① 보통충전 : 필요할 때마다 표준 시간율로 소정의 충전을 하는 방식
② 급속충전 : 보통 충전 전류의 2~3배의 전류로 충전하는 방식
③ 부동충전 : 축전지의 자기방전을 보충하면서 동시에 상용부하에 대한 전력공급은 충전기가 부담하되, 충전기가 부담하기 어려운 일시적 대전류 부하는 축전지로 하여금 부담하게 하는 방식
④ 균등충전 : 각 축전지의 전위차를 보정하기 위해 1~3개월마다 10~12시간씩 1회 충전하는 방식

74 ①

소형소화기의 능력 단위는 1단위 이상이다.

75 ①

㉠ 병렬연결 콘덴서 합성 정전용량
$= C_1 + C_2 = 2C$
㉡ 직렬연결 합성 정전용량
$= \dfrac{C_1 C_2}{C_1 + C_2} = \dfrac{2C \times 2C}{2C + 2C} = 1C$

76 ③

인터폰 접속방식

모자식	• 1대의 모기에 여러 대의 자기를 접속하는 방식 • 자기끼리는 접속할 수 없다.
상호식	• 원하는 곳 모두 상호접속이 가능한 방식
복합식	• 모자식과 상호식을 결합한 방식

77 ③

전기력선의 성질
- 전기력선은 교차하지 않는다.
- 전기력선은 등전위면과 수직이다.
- 전기력선은 양전하에서 나와 음전하로 들어간다.
- 전기력선의 밀도는 그 점에서의 전기장의 세기이다.

78 ④

시퀀스 제어 방식

	유접점 방식	무접점 방식
수명	짧다.	반영구적
스위칭 속도	늦고 한계가 있다. (ms 단위)	빠르다. (μs 단위)
환경조건	진동 및 충격에 약하다.	진동 및 충격에 강하다.
소비전력	많다.	적다.
외형	큰 편이다.	작다.
서지	전기적 노이즈에 안정적	노이즈에 취약해 안정대책 필요
입·출력 수	독립된 다수의 출력을 동시에 얻음	다수의 입력·소수의 출력 용이

79 ④

전기력이 작용하는 공간을 전계(전기장)이라 하고, 자기력이 작용하는 공간을 자계(자기장)이라 한다.

80 ②

조명률

광원에서 발하는 빛이 얼마나 작업면에 도달하는지를 나타내는 비율. 실내마감의 반사율, 실지수, 등기구의 배광의 영향을 받는다.

81 ②

문화 및 집회시설 중 공연장의 개별관람실의 바닥면적이 300㎡ 이상인 경우, 출구는 다음 조건에 적합하여야 한다.
- 관람석별로 2개소 이상 설치할 것
- 각 출구의 유효폭은 1.5m 이상일 것
- 개별 관람석 출구의 유효폭의 합계는 개별 관람석의 바닥면적 100㎡마다 0.6m 이상의 비율로 산정한 폭 이상일 것

82 ④

청정실 등 특수 용도의 공간 외에는 실내공기의 오염도가 허용치를 초과하지 않는 범위 내에서 최소한의 외기도입이 가능하도록 계획한다.

83 ④

보일러실의 윗부분과 아랫부분에는 지름 10cm 이상의 공기흡입구 및 배기구를 항상 개방되어 있도록 설치한다.

84 ③

착공신고 시 건축주가 설계자로부터 구조 안전 확인 서류를 받아 허가권자에게 제출해야 하는 건축물
① 층수가 2층[주요구조부인 기둥과 보를 설치하는 건축물로서 그 기둥과 보가 목재인 목구조 건축물(이하 "목구조 건축물"이라 한다)의 경우에는 3층] 이상인 건축물
② 연면적이 200㎡(목구조 건축물의 경우에는 500㎡) 이상인 건축물. 다만, 창고, 축사, 작물 재배사 및 표준설계도서에 따라 건축하는 건축물은 제외한다.
③ 높이가 13m 이상인 건축물
④ 처마높이가 9m 이상인 건축물
⑤ 기둥과 기둥 사이의 거리(경간) 10m 이상인 건축물
⑥ 건축물의 용도 및 규모를 고려한 중요도가 높은 건축물로서 국토교통부령으로 정하는 건축물
⑦ 국가적 문화유산으로 보존할 가치가 있는 건축물로서 국토교통부령으로 정하는 것
⑧ 특수구조 건축물 중 다음 항목
  ㉠ 한쪽 끝은 고정되고 다른 끝은 지지되지 않은 구조로 된 보·차양 등이 외벽의

중심선으로부터 3m 이상 돌출된 건축물
ⓒ 특수한 설계·시공·공법 등이 필요한 건축물로서 국토교통부장관이 정하여 고시하는 구조로 된 건축물
㉥ 단독주택 및 공동주택

85 ②
인접 대지경계선으로부터 직선거리 2m 이내에 이웃 주택의 내부가 보이는 창문 등을 설치하는 경우에는 차면시설을 설치하여야 한다.

86 ②
- 초고층 건축물 : 층수가 50층 이상이거나 높이가 200m 이상인 건축물
- 고층 건축물 : 층수가 30층 이상이거나 높이가 120m 이상인 건축물

87 ②
비상경보설비 또는 단독경보형 감지기를 설치하여야 하는 특정소방대상물에 자동화재탐지설비를 화재안전기준에 적합하게 설치한 경우에는 그 설비의 유효범위에서 설치가 면제된다.

88 ③
회전문의 설치 기준
㉠ 계단이나 에스컬레이터로부터 2m 이상의 거리를 둘 것
ⓒ 회전문과 문틀 사이 및 바닥 사이는 다음 항목에서 정하는 간격을 확보하고 틈 사이를 고무와 고무펠트의 조합체 등을 사용하여 신체나 물건 등에 손상이 없도록 할 것
 - 회전문과 문틀 사이는 5cm 이상
 - 회전문과 바닥 사이는 3cm 이하
ⓒ 출입에 지장이 없도록 일정한 방향으로 회전하는 구조로 할 것
㉣ 회전문의 중심축에서 회전문과 문틀 사이의 간격을 포함한 회전문날개 끝부분까지의 길이는 140cm 이상이 되도록 할 것
㉤ 회전문의 회전속도는 분당회전수가 8회를 넘지 아니하도록 할 것
㉥ 자동회전문은 충격이 가하여지거나 사용자가 위험한 위치에 있는 경우에는 전자감지장치 등을 사용하여 정지하는 구조로 할 것

89 ③
대지의 측량이나 건축물의 건축 과정에서 부득이하게 발생하는 오차는 다음과 같이 허용한다.
㉠ 대지 관련
 ⓐ 건축선의 후퇴거리, 인접대지 경계선 및 인접건축물과의 거리 : 3% 이내
 ⓑ 건폐율 : 0.5% 이내(건축면적 5m² 를 초과할 수 없다)
 ⓒ 용적률 : 1% 이내(연면적 30m² 를 초과할 수 없다)
ⓒ 건축물 관련
 ⓐ 건축물 높이 : 2% 이내(1m를 초과할 수 없다)
 ⓑ 평면길이 : 2% 이내(전체길이는 1m를 초과할 수 없고, 벽으로 구획된 각 실은 10cm를 초과할 수 없다)
 ⓒ 출구너비, 반자높이 : 2% 이내
 ⓓ 벽체두께, 바닥판두께 : 3% 이내

90 ③
연면적 10000m² 이상인 건축물(창고시설 제외) 또는 에너지를 대량으로 소비하는 건축물로서 아래에 해당하는 건축물에 급수·배수(配水)·배수(排水)·환기·난방·소화·배연·오물처리 설비 및 승강기 설비를 설치하는 경우에는 건축기계설비기술사 또는 공조냉동기계기술사의 협력을 받아야 한다.
㉠ 냉동냉장시설·항온항습시설 또는 특수청정시설로서 당해 용도에 사용되는 바닥면적의 합계가 500m² 이상인 건축물
ⓒ 아파트 및 연립주택
ⓒ 다음에 해당하는 건축물로서 해당 용도에 사용되는 바닥면적의 합계가 500m² 이상인 건축물

ⓐ 목욕장
ⓑ 물놀이형 시설 및 수영장(각각 실내에 설치된 경우로 한정한다)
ⓔ 다음에 해당하는 건축물로서 해당 용도에 사용되는 바닥면적의 합계가 2000㎡ 이상인 건축물
ⓐ 기숙사
ⓑ 의료시설
ⓒ 유스호스텔
ⓓ 숙박시설
ⓜ 다음에 해당하는 건축물로서 해당 용도에 사용되는 바닥면적의 합계가 3000㎡ 이상인 건축물
ⓐ 판매시설
ⓑ 연구소
ⓒ 업무시설
ⓗ 다음에 해당하는 건축물로서 해당 용도에 사용되는 바닥면적의 합계가 10000㎡ 이상인 건축물
ⓐ 문화 및 집회시설(동·식물원 제외)
ⓑ 종교시설
ⓒ 교육연구시설(연구소는 제외)
ⓓ 장례식장

91 ①
배연창 유효면적은 1㎡ 이상으로서 건축물 바닥면적의 1/100 이상으로 할 것

92 ④
특급 소방안전관리대상물
㉠ 30층 이상(지하층 포함)이거나 지상으로부터 높이가 120m 이상인 특정소방대상물
㉡ ㉠에 해당하지 아니하는 특정소방대상물로서 연면적이 200000㎡ 이상인 특정소방대상물(아파트 제외)
㉢ 50층 이상(지하층 제외)이거나 지상으로부터 높이가 200m 이상인 아파트

93 ④
굴뚝의 옥상 돌출부는 지붕면으로부터의 수직거리를 1m 이상으로 하여야 한다. 다만, 용마루·계단탑·옥탑 등이 있는 건축물에 있어서 굴뚝 주위에 연기의 배출을 방해하는 장애물이 있는 경우 굴뚝의 상단을 용마루·계단탑·옥탑 등보다 높게 하여야 한다.

94 ③
비상콘센트설비 설치 대상(위험물 저장 및 처리 시설 중 가스시설 또는 지하구는 제외)
㉠ 층수가 11층 이상인 특정소방대상물의 경우에는 11층 이상의 층
㉡ 지하층의 층수가 3층 이상이고 지하층의 바닥면적의 합계가 1000㎡ 이상인 것은 지하층의 모든 층
㉢ 지하가 중 터널로서 길이가 500m 이상인 것

95 ④
소방시설의 구분
• 소화설비 : 소화기, 옥내소화전, 옥외소화전, 스프링클러, 물분무 등 설비(가스계 소화설비)
• 경보설비 : 자동화재탐지설비, 자동화재속보설비, 비상방송설비, 비상경보설비, 누전경보기
• 피난구조설비 : 유도등, 비상조명등, 피난사다리, 공기호흡기, 피난유도선, 완강기
• 소화용수설비 : 상수도소화용수설비, 소화수조
• 소화활동설비 : 제연설비, 연소방지설비, 연결송수관설비, 연결살수설비, 무선통신보조설비, 비상콘센트설비

96 ②
거실의 채광 및 환기를 위한 창문

구분	건축물의 용도	창문 등의 면적	예외 규정
채광	• 단독주택의 거실 • 공동주택의 거실 • 학교의 교실 • 의료시설의 병실 • 숙박시설의 객실	거실바닥면적의 1/10 이상	거실의 용도에 따른 조도기준의 조도이상의 조명
환기		거실바닥면적의 1/20 이상	기계장치 및 중앙관리방식의 공기조화설비를 설치한 경우

※ 교실 바닥면적이 100m²이므로 요구되는 채광용 창 면적은 10m²이다.

97 ③

축냉식 전기냉방설비

심야시간에 전기를 이용하여 축냉재(물, 얼음 또는 포접화합물과 공용염 등의 상변화 물질)에 냉열을 저장하였다가 이를 심야시간 이외의 시간에 냉방에 이용하는 설비

㉠ 빙축열식 냉방설비 : 심야시간에 얼음을 제조하여 축열조에 저장하였다가, 그 밖의 시간에 이를 녹여 냉방에 이용하는 냉방설비를 말한다.

㉡ 수축열식 냉방설비 : 심야시간에 물을 냉각시켜 축열조에 저장하였다가, 그 밖의 시간에 이를 냉방에 이용하는 냉방설비를 말한다.

㉢ 잠열축열식 냉방설비 : 포접화합물이나 공용염 등의 상변화 물질을 심야시간에 냉각시켜 동결한 후, 그 밖의 시간에 이를 녹여 냉방에 이용하는 냉방설비를 말한다.

98 ③

건축물을 건축하거나 대수선하려는 자는 특별자치시장·특별자치도지사 또는 시장·군수·구청장의 허가를 받아야 한다. 다만, 21층 이상의 건축물 등 대통령령으로 정하는 용도 및 규모의 건축물을 특별시나 광역시에 건축하려면 특별시장이나 광역시장의 허가를 받아야 한다.

99 ③

승용승강기 설치대수 산정

건축물의 용도	6층 이상 거실바닥면적의 합계($s\,m^2$)		
	3000m² 이하	3000m² 초과	대수산정 방식
• 문화 및 집회시설(공연장, 집회장, 관람장) • 판매시설 • 의료시설	2대	2대에 3000m² 초과하는 매 2000m² 이내마다 1대를 더한 대수	$2+\dfrac{s-3000m^2}{2000m^2}$
• 문화 및 집회시설(전시장, 동·식물원만 해당) • 업무시설, 숙박시설, 위락시설	1대	1대에 3000m² 초과하는 매 2000m² 이내마다 1대를 더한 대수	$1+\dfrac{s-3000m^2}{2000m^2}$
• 공동주택 • 교육연구시설, 노유자시설 • 그 밖의 시설	1대	1대에 3000m² 초과하는 매 3000m² 이내마다 1대의 비율로 가산한 대수	$1+\dfrac{s-3000m^2}{3000m^2}$

※ 설치대수 산정에 있어 8인승 이상 15인 이하의 승강기는 1대로 보고, 16인승 이상의 승강기는 2대로 본다.

100 ②

장례식장은 장례시설에 속한다.

※ 묘지 관련 시설

㉠ 화장시설

㉡ 봉안당(종교시설에 해당하는 것은 제외)

㉢ 묘지와 자연장지에 부수되는 건축물

㉣ 동물화장시설, 동물건조장시설 및 동물 전용의 납골시설

건축설비기사 과년도 해설 및 정답

2021년 2회

01 ④

공기막 구조
막 재료의 내부와 외부의 공기압 차를 이용하여 막 면에 인장 혹은 압축력을 가하여 지지되는 구조. 시공성이 용이하고 공기가 단축되며 경제적인 막 구조를 만들어 낼 수 있다. 막 재료가 내화에 취약할 수 있으므로 이에 대한 고려가 필요하다.

02 ②
공간쌓기의 주요 목적은 방습·단열·방음이며, 이 중 결로와 같은 습기 방지에 가장 효과적인 공법이다.

03 ③
① 커머셜 호텔 : 상업적, 업무적인 목적의 체류자를 위한 호텔. 도심 내에 위치한다.
② 레지덴셜 호텔 : 여행, 관광 목적의 체류자를 위한 호텔
③ 아파트먼트 호텔 : 장기 체류자를 위해 주방과 셀프 서비스를 갖춘 호텔
④ 터미널 호텔 : 교통 발착지점에 위치한 호텔. 철도, 부두, 공항 호텔 등이 해당된다.

04 ③

편심코어형
- 코어가 건축물의 한 쪽에 쏠려있는 형식
- 중심코어 형식에 비하여 사무공간을 자유롭게 구성하기 용이하다.
- 각 층 평면이 크지 않고 길이도 짧은 형태의 건물에 적용된다.

05 ①

광천장 조명
천장에 조명기구를 설치하고 그 밑에 창호지나 반투명 아크릴과 같은 확산성 재료를 이용해서 마감 처리하여 마치 넓은 천장 표면 자체가 조명인 것처럼 연출한다.

06 ④

종보
지붕이 높을 경우 다락방 등으로 이용하기 위해 걸치는 또 하나의 보로써, 그 위에 동자기둥을 세운다.

07 ②
산소량의 증가는 공기오염도를 낮추는 요인이 된다.

08 ③
계단을 대체하여 설치하는 경사로는 경사도가 1 : 8을 넘지 않아야 한다. 따라서 층고가 4m인 곳에 계단을 대체하여 경사로를 설치할 경우, 최소 32m(4m×8) 이상의 수평거리가 필요하다.

09 ②

복층형(maisonette type) 아파트
㉠ 1개의 단위주거가 2개 층 이상에 걸쳐 있는 형태로서, 편복도형의 중·대규모 주택에 적합한 형식이다.
㉡ 복도 면적을 줄여 유효면적을 증가시키고, 엘리베이터의 정지층도 감소된다.
㉢ 단위주거의 평면계획에 변화를 줄 수 있으며, 거주성, 프라이버시, 일조, 통풍 등의 실내환경이 좋아진다.
㉣ 각 층 평면이 다르므로 구조 및 설비계획과 피난계획이 다소 어려워진다.

ⓜ 하나의 주거가 2개 층으로 구성되면 듀플렉스, 3개 층으로 구성되면 트리플렉스라 한다.

10 ①
쇼윈도의 바닥높이는 귀금속점의 경우는 높을수록, 운동용품점의 경우는 낮을수록 좋다.

11 ①
상점건축의 고객 동선은 길게, 직원 동선은 짧게 계획한다.

12 ④
코어 배치상 엘리베이터 홀이 출입구에 너무 근접하는 것은 좋지 않다.

13 ③
잔향시간 $T = K \dfrac{V}{A}$

  K : 비례상수(0.161)
  V : 실의 용적
  A : 흡음력($\overline{a}$ (평균흡음률)×S(실내표면적))

용적이 5000m³인 극장의 잔향시간이 1.6초일 때 흡음력 A는 $5000 \times \dfrac{0.161}{1.6} \fallingdotseq 503.1$ m² 이다. 잔향시간이 1초가 되려면 흡음력은 $5000 \times \dfrac{0.161}{1} \fallingdotseq 805$ m²이므로 추가로 필요한 흡음력은 약 300m²이다.

14 ②
주근의 개수는 장방형(띠철근) 기둥에서 최소 4개 이상, 원형(나선철근) 기둥에서는 6개 이상이어야 한다.
※ 기둥 형태가 아니라 철근이 원형이라고 명시된 것에 혼돈되지 않아야 한다.

15 ③
쾌적한 주거환경과 사용자의 건강을 위해서는 입식생활 위주의 계획을 하는 것이 좋다.

16 ②
분산병렬형 배치
- 일종의 핑거 플랜으로 일조 및 통풍 등의 교실환경이 균등해진다.
- 각 동 사이에 정원, 놀이시설 등을 둘 수 있다.
- 구조계획이 간단하고 화재나 재난 발생 시 피난에 유리하다.
- 넓은 부지가 요구되며, 복도면적이 길어질 수 있다.

17 ①
치수조정(modular coordination : M.C)
건축의 재료부품에서 설계 및 시공에 이르기까지 건축 생산 전반에 걸쳐 치수상의 유기적 연계성을 만들어내는 것을 말한다. 설계와 시공을 연결해주는 치수시스템으로 건축 외에 실내나 가구 분야에까지 확장, 적용될 수 있다.
㉠ 장점 : 대량생산, 호환성, 비용절감, 공기단축, 표준화
㉡ 단점 : 획일적인 형태와 디자인, 개성 상실

18 ①
벽체의 열관류량은 실내측 표면의 열전달량과 일치하므로 다음과 같이 계산한다.
㉠ 벽체의 열관류량 $Q = K \cdot A \cdot (t_1 - t_0)$
  K : 열관류율(W/m²·K)
  A : 벽체 면적(m²)
  t_1 : 실내 온도(℃)
  t_0 : 외기 온도(℃)
㉡ 실내측 전달열량 $Q = a \cdot A \cdot (t_1 - t_2)$
  a : 열전달률(W/m·K)
  A : 벽체와 공기의 접촉면적(m²)
  t_1 : 실내 온도(℃)
  t_2 : 실내측 벽체 표면 온도(℃)
㉢ 두 계산식의 Q는 일치하므로
  $2 \times 1 \times (20-12) = 8 \times 1 \times (20-t_2)$
  $8t_2 = 160 + 16$ ∴ $t_2 = 18$℃

19 ③
병원의 평면계획상 구급동선은 수술실과 가까운 중앙진료부에 연결되어야 한다.

20 ④
목구조는 수축 팽창에 의한 변형이 심하고 단열성이 나쁘다.

21 ②
급수량
$Q = A \times k \times n \times q$
$= 5000m^2 \times 0.6 \times 0.2인/m^2 \times 100L/d$
$= 60000L/d = 60m^3/d$

A : 건물 연면적
k : 연면적 대비 유효면적비율[%]
n : 유효면적당 인원[인/m^2]
q : 1인당 하루 사용수량[L/d]

22 ④
간접 배수
식료품·음료수·소독물 등을 저장하거나 취급하는 기기에서 배수관이 일반배수관에 직결되어 있으면, 배수관 내 흐름이 나빠지거나 막히게 되는 경우 오물이나 유해가스가 역류하여 이들 기기를 오염시킬 우려가 있다. 이를 방지하려면 이들 기기의 배수관을 일반배수계통에 직결하지 않고, 일단 대기 중에 적절한 공간을 띄우고 물받이용기(hopper)에 배수를 받은 다음 일반배수관에 접속해야 한다. 이를 간접 배수(indirect waste)라 하며, 그 공간을 배수구 공간(drain outlet)이라 한다. 제빙기, 냉장고, 세탁기, 음료기, 식기세척기, 공기정화기 등에 쓰인다.
※ 욕조, 세면기, 소변기, 대변기 등은 직접 배수관으로 연결한다.

23 ②
유체의 흐름이 층류일 경우 마찰계수 $\lambda = \dfrac{64}{Re}$ 이다.

24 ④
동관
내식성이 크고 가공성 및 전연성이 좋으며 열전도율이 높아서 열교환기, 냉난방용, 급수관, 급탕관 등에 널리 사용된다. 두께별로 K〉L〉M으로 구분된다.
※ N형은 가장 얇은 두께지만 KS규정에서는 분류되지 않는다.

25 ③
호기성 생물학적 처리공법
㉠ 활성오니법 : 표준 활성오니방식, 장기폭기방식, 접촉안정방식
㉡ 생물막법(고정미생물 방식) : 접촉산화방식, 살수여상방식, 회전원판접촉방식

26 ③
유속
$v = \dfrac{Q}{A} = \dfrac{Q}{\dfrac{\pi d^2}{4}} = \dfrac{\dfrac{2.4}{60}}{\dfrac{3.14 \times 0.1^2}{4}} = 5.1m/s$

Q : 유량[m^3/s]
A : 단면적[m^2]
d : 배관 직경[m]
※ 제시된 유량은 분당 기준이므로 60초로 나눈다.

27 ③
국소식(개별식) 급탕설비
㉠ 특징
ⓐ 주택, 소규모 숙박시설, 작은 사무실 등에 적합한 방식이다.
ⓑ 배관이 짧고 배관 중의 열손실이 적은 편이며, 비교적 시설비가 싸다.
ⓒ 급탕규모가 크면 가열기가 필요하므로 유지관리가 힘들다.

ⓓ 급탕개소마다 가열기 설치 장소가 필요하며 값싼 연료를 쓰기가 곤란하다.
ⓒ 분류 : 순간 가열 방식(순간온수기), 저탕식, 기수 혼합식

28 ④

가열량

$Q = m \cdot c \cdot \Delta t$
$= 1000 \times 4.2 \times (70-10)$
$= 252000 \text{kJ/h} = 70 \text{kJ/s}$

m : 질량[kg]
c : 물의 비열[kJ/kg℃]
Δt : 물의 온도차[℃]

• 전력사용량

$= \dfrac{\text{가열량}}{\text{효율}} = \dfrac{70}{0.95} = 73.68 \text{kJ/s} = 73.68 \text{kW}$

29 ②

세정밸브식 대변기의 급수관 관경은 최소 25mm 이상이다.

30 ④

급수관과 배수관은 교차매설을 하지 않는 것이 좋지만, 부득이하게 교차될 때는 배수관의 윗부분에 급수관을 매설한다.

31 ②

탕의 사용이 간헐적이고 일시적 사용량이 많은 경우에는 가열능력은 작게, 저탕용량은 크게 하는 것이 좋다.

32 ②

캐비테이션(cavatation)

펌프에 유입된 물 속 기포가 압력을 받아 붕괴되며 발생하는 충격파로 인해 임펠러나 케이싱 등을 파손시키는 현상. 비정상적인 소음과 진동이 발생하며 펌프의 유량, 양정, 효율 또한 저하된다. 이를 방지하기 위해서는 펌프의 유효흡입양정(NPSH : Net Positive Suction Head)을 낮추고, 흡입구의 압력을 흡입구의 포화증기압 이상으로 유지시킨다.

※ 방지책
• 유체 온도를 낮추고, 필요 이상 양정을 두지 않는다.
• 흡입양정과 흡입손실을 줄인다.
• 필요 NPSH가 유효 NPSH보다 작도록 한다.
• 2대 이상 펌프를 사용하고, 규정회전수 이내에서 운전한다.

33 ②

전양정

H = 흡입양정 + 토출양정 + 마찰손실수두
= 20m + 10m + 10m = 40m

※ 100kPa = 10mAq

34 ①

세정밸브식(Flush valve) 대변기

㉠ 급수관에서 플러시 밸브를 거쳐 변기 급수구에 직결되고 플러시 밸브의 핸들을 작동함으로써 일정량의 물이 사출되어서 변기 내를 세정하는 방식이다.
㉡ 탱크가 필요 없어서 화장실을 넓게 사용할 수 있고 연속 사용이 가능하지만, 세정소음은 크게 발생한다.
㉢ 역류방지기(Vaccum breaker)가 필요하며, 최소 70kPa 이상의 수압이 필요하다.
㉣ 접속 급수관경이 25mm 이상 필요하여, 일반 주택에서는 거의 사용하지 않는다.

35 ③

① 수도직결방식은 단수 시 지속적인 급수가 불가능하다.
② 압력수조방식은 전력 차단 시 지속적인 급수가 불가능하다.
④ 고가수조방식은 수조가 옥상에 있으므로 모든 층으로의 급수가 원활하다.

36 ②

일반적으로 환탕관의 관경은 급탕관 관경의 1/2 정도로 한다.

37 ①
소벤트 시스템
통기관을 따로 두지 않고, 하나의 배수수직관으로 배수 및 통기를 겸하는 방식. 공기혼합과 공기분리용 두 가지의 이음쇠가 사용된다.

38 ①
파스칼의 원리
밀폐된 용기 속 유체의 한쪽 부분에 주어진 압력은 그 세기에 변함없이 유체의 각 부분에 동일하게 전달된다는 법칙. 자동차 유압식 브레이크, 유압식 승강기, 기압계 등의 분야에서 적용되고 있다.

39 ②
기구배수 부하단위(Fu)가 1Fu인 위생기구는 세면기이며, 접속 관경은 15mm이다.

40 ④
지붕의 수평투영면적이 1200m²인 건물에 4개의 우수수직관을 설치하므로 1개당 지붕면적은 300m²이다. 최대강우량이 120mm/h인 지역이므로 100mm/h 기준 1.2를 곱하면 1개당 환산면적은 360m²이 된다. 따라서 우수수직관의 관경은 표에서 360m²보다 큰 427m²일 때의 값인 100mm로 한다.

41 ③
실내외 압력차
$\Delta P = \Delta \rho \cdot g \cdot \Delta h$
$= (1.25 - 1.2) \times 9.8 \times (2-1)$
$= 0.49 Pa ≒ 0.05 mmAq$
$\Delta \rho$: 실내외 공기 밀도차
g : 중력가속도$(9.8 m/s^2)$
Δh : 중성대로부터의 높이

※ 1Pa=0.1mmAq

42 ①
전공기 방식
- 공기 조화기로 냉·온풍을 만들어 덕트를 통해 송풍하는 방식이다.
- 실내공기오염이 적고 외기냉방이 가능하다.
- 단위 유닛을 별도로 사용하지 않으므로 실내 유효면적이 넓고, 수배관으로 인한 누수나 동파의 우려가 없다.
- 큰 규모의 덕트 스페이스 및 공조실이 필요하다.
- 단일덕트 방식(정풍량, 변풍량), 이중덕트 방식, 멀티존 유닛방식 등이 있다.

43 ③
축열시스템은 간헐운전에도 적용 가능하다.

44 ②
- 환기량 Q=시간당 횟수×실 체적이므로
  $0.5 \times 200 m^3 = 100 m^3$
- 현열부하
  $q_s = \gamma Q C \Delta [kJ/h]$
  $= 1.2 \times 100 \times 1.01 \times (20 - (-10))$
  $= 3636 kJ/h ≒ 1010 W$
  γ : 공기 밀도
  Q : 공기 체적량$[m^3/h]$
  C : 공기의 정압비열
  Δt : 실내외 온도차
※ $1W = 3.6 kJ/h$

45 ③
냉방부하 계산에서는 인체부하를 현열과 잠열 모두 고려한다. 실내공기와 인체 간 온도차에 의한 현열량과 호흡 및 땀에 의한 잠열량이 온도와 습도를 올리는 요인이 되기 때문이다. 그러나 난방부하 계산에서는 간헐적이고 부하의 경감요인이 되므로 무시한다.

46 ②

① 익형 송풍기 : 터보형과 다익형을 개량한 것으로, 박판을 접어서 유선형의 날개를 형성한 에어포일과 날개를 S자 모양으로 구부린 리미트로드 팬이 있다. 에어포일은 고속회전이 가능하며 소음이 작다. 리미트로드 팬은 풍량이 증가하면 과열되는 다익형을 보완한 것이다.

② 다익형(원심형) 송풍기 : 블레이드 끝이 회전방향으로 굽은 전곡형으로, 동일 용량에 대해서 다른 형식에 비해 회전수가 적다. 송풍기 크기가 작은 팬코일 유닛(FCU) 등에 적합하며, 저속 덕트용으로 쓰인다.

③ 터보형(후곡형) 송풍기 : 블레이드 끝이 회전방향의 뒤쪽으로 굽은 형태로, 곡선형과 직선형이 있다. 효율이 높고 고속에서도 비교적 정숙한 운전을 할 수 있는 것으로 터보형 팬에 적용된다.

④ 관류형 송풍기 : 원통 모양의 케이싱에 전동기를 직결한 날개바퀴를 내장한 것으로, 공기는 원심력으로 내보내고 원통 내벽을 따라 방향을 바꿔 축방향으로 흐른다.

47 ②

최소확산반경 내에 벽 또는 보와 같은 장애물이 있으면 편류현상이 발생하여 취출기류의 확산을 방해한다.

48 ②

가열로 인해 공기 온도는 올라가고 상대습도는 감소한다.

49 ③

전양정(H)= 실양정+마찰손실수두
　　　　　=10.4mAq+8mAq+4mAq+3m
　　　　　=25.4mAq
※ 40kPa=4mAq

50 ④

① 딥 튜브(deep tube) : 공기 및 증기의 혼입 방지를 위해 온수의 출구관에 설치한다.
② 더트 포켓(dirt pocket) : 배관 속으로 들어오는 먼지를 거르기 위해 설치한다.
③ 플래시 탱크(flash tank) : 고압 증기의 드레인을 모아 감압하여 저압의 재증발 증기를 발생시키는 탱크
④ 사이폰 브레이커(syphon breaker) : 냉각탑이 응축기보다 낮은 위치에 있으면, 냉각수 펌프가 정지할 때마다 응축기 주변에 극단적인 부압이 발생할 수 있다. 이를 방지하기 위해 유입 측에는 사이폰 브레이커를 설치하고, 유출 측에는 역류방지를 위한 체크밸브를 설치한다.

51 ②

성적계수(COP : coefficient of performance)
냉장고, 냉동기, 에어컨, 열펌프 등 온도를 낮추거나 올리는 기구의 효율을 나타내는 척도이다. 성능 계수는 투입된 일의 양 대비 뽑아내거나 공급한 열량의 비로 정의된다. 열펌프와 같이 온도를 올리는 기구는 난방 성능 계수라 하며 COP_h 라 표기하며, 냉동기 등 온도를 낮추는 기구는 냉방 성능 계수라 하며 COP_c 라고 표기하기도 한다. 열펌프의 COP_h 는 냉동기의 COP_c 보다 1만큼 크다. 몰리에르(Mollier) 선도를 나타낸 그림에서 히트펌프의 난방 시 성적계수를 산정하는 식은 $\dfrac{h_3-h_1}{h_3-h_2}$ 이다.

52 ③

냉온풍 혼합상자는 이중 덕트에서 쓰인다.

53 ③

• 동압= $\dfrac{v^2}{2}p = \dfrac{49}{2} \times 1.2 = 29.4\text{Pa}$
　v : 관내유속(m/s)
　p : 공기의 밀도(1.2kg/m³)

54 ③

공기조화방식의 열운송 동력 크기는 전공기식
>수공기식>전수방식 순이다.

55 ③

국부저항에 의한 압력손실

$\Delta Pd = \xi \dfrac{v^2}{2}\rho = 0.5 \times \dfrac{6^2}{2} \times 1.2 = 10.8 \text{Pa}$

ξ : 국부저항계수
ρ : 공기의 밀도
v : 유체 속도

56 ③

에어필터(여과기) 효율 측정법

- 중량법 : 큰 입자를 측정하는 방법으로, 필터에 집진되는 먼지의 양을 측정한다.
- 비색법 : 작은 입자를 측정하는 방법. 필터에서 포집한 여과지를 통과시켜 광전관으로 오염도를 측정한다.
- DOP계수법 : 고성능 필터를 이용하는 방식으로, $0.3\mu m$ 크기의 입자를 사용하여 먼지의 수를 측정한다.

57 ④

배관 신축이음쇠의 종류

㉠ 신축곡관(루프형) : 신축을 흡수하는 1개의 길이는 길지만 고장이 적어서 고압 옥외 배관에 많이 쓰인다.
㉡ 슬리브형 : 온도 변화에 따라 생기는 관의 신축을 슬리브의 미끄럼으로 흡수한다. 저압 증기배관 및 온수배관의 신축이음쇠로 쓰인다.
㉢ 스위블형 : 2개 이상의 엘보를 사용하고 나사회전을 이용하여 신축을 흡수한다.
㉣ 벨로즈형 : 온도 변화에 의한 신축을 벨로즈의 변형으로 흡수한다.

58 ③

조명기구에 의한 취득열량

=총 발열량×점등률×발열계수
$Q_E = (80 \times 30) \times 0.5 \times 1.2 = 1440\text{W}$

59 ④

① 앵글 밸브 : 유체의 흐름방향을 90° 전환시키는 밸브
② 체크 밸브 : 유체를 일정 방향으로 흐르게 하고, 역류를 방지하기 위한 밸브
③ 글로브 밸브 : 유량 조절용 밸브. 밸브를 완전히 열면 단면적 변화가 커서 마찰저항이 크다.
④ 게이트(슬루스) 밸브 : 밸브를 완전히 열면 유체 흐름의 단면적 변화가 없기 때문에 마찰저항이 적어서 흐름의 단속용으로 사용되는 밸브. 유량 조절용으로는 사용이 곤란하다.

60 ④

습공기의 엔탈피

$i = C_{pa} \cdot t + (\gamma_0 + C_{pw} \cdot t) \cdot x$
$= 1.01 \times 20 + (2501 + 1.85 \times 20) \times 0.012$
$= 50.7 \text{kJ/kg}'$

C_{pa} : 건공기 정압비열
t : 건구온도
γ_0 : 포화수 증발잠열
C_{pw} : 수증기 정압비열
x : 절대습도

61 ④

화재 분류

㉠ A급 화재(백색화재. 일반화재) : 연소 후 재를 남기는 화재. 나무, 종이 등
㉡ B급 화재(황색화재. 유류, 가스) : 석유, 가스 등의 화재. 질식에 의한 소화
㉢ C급 화재(청색화재. 전기) : 전기 및 누전 원인. 물 사용 금지. 질식에 의한 소화
㉣ D급 화재(무색. 금속화재) : 나트륨, 마그네슘 등 활성금속에 의한 화재
㉤ K급 화재(주방화재, 동식물유) : 동식물유를 취급하는 주방 및 조리기구의 화재

62 ③

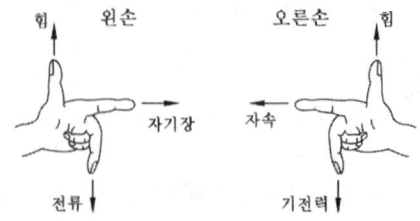

- 플레밍의 왼손법칙 : 전류가 흐르는 도선에 대해 자기장이 미치는 힘의 작용방향을 정하는 법칙(전동기 원리)
- 플레밍의 오른손법칙 : 도체운동에 의한 유도기전력 혹은 유도전류의 방향을 결정하는 법칙(발전기 원리)

63 ②

3상 유도전동기의 속도제어
- 회전자에 접속된 저항을 변화시켜 비례추이의 원리로 제어한다.
- 회전속도는 주파수에 비례하고 극수와 슬립에 반비례한다.
- 주파수는 인버터를 사용하여 변화시킨다.
- 서로 다른 고정자 권선을 감은 두 극을 필요에 따라 선택하여 극수를 변화시킨다.

64 ④

전선의 저항은 길이에 비례하고 단면적에 반비례하므로 변화가 없다.

65 ②

$$P = \frac{V^2}{R} = \frac{220^2}{10} = 4.84[\text{kW}]$$

66 ④

합성수지관(경질비닐관) 배선공사
- 관 자체가 절연체이므로 감전 위험이 적고 시공이 용이하다.
- 옥내의 점검할 수 없는 은폐 장소에도 사용이 가능하며, 화학공장, 연구실 배선 등에 적합하다.
- 열적 영향이나 기계적 외상을 받을 우려가 있다.

67 ③

할로겐 램프(halogen lamp)
진공 상태의 유리구 안에 할로겐 물질을 주입하여 텅스텐의 증발을 더욱 억제한 램프. 일반 백열전구에 비해 수명이 2~3배 길며, 백열전구에서 종종 나타나는 유리구 내벽의 흑화현상이 발생하지 않아 광속 저하가 7% 정도로 낮다. 연색성이 좋아서 자연광처럼 색을 선명하게 재현시킬 수 있고, 백열전구에 비해 1/20 정도로 크기가 작고 가벼워 자동차 헤드라이트용이나 인테리어 조명의 광원으로 많이 사용된다. 휘도는 매우 높아서 현휘가 발생할 수 있다.

68 ②

가변풍량제어(VAV) 방식
정압제어, 비례제어, 비례적분제어, 실온제어 등

69 ③

스프링클러설비 배관
㉠ 주배관 : 각 층을 수직으로 관통하는 배관
㉡ 교차배관 : 직접 또는 주배관을 통해 가지배관에 급수하는 배관
㉢ 가지배관 : 스프링클러헤드가 설치되어 있는 배관
㉣ 급수배관 : 수원이나 옥외송수구로부터 급수하는 배관
㉤ 신축배관 : 가지배관과 스프링클러헤드를 연결하는 배관. 구부릴 수 있도록 유연성을 가져야 한다.

70 ①

폐쇄형 스프링클러헤드 사용 시 설치장소별 스프링클러헤드 기준 개수

설치 장소			기준 개수
지하층 제외한 층수가 10층 이하인 소방대상물	공장 또는 창고 (래크식 창고 포함)	특수가연물 저장·취급 시설	30
		그 외	20
	근린생활시설·판매시설·운수시설 또는 복합건축물	판매시설 또는 (판매시설이 설치되는) 복합건축물	30
		그 외	20
	그 외	헤드 부착높이 8m 이상인 것	20
		헤드 부착높이 8m 미만인 것	10
아파트			10
지하층 제외한 층수가 11층 이상인 소방대상물(아파트 제외)			30
지하가 또는 지하역사			

비고 : 하나의 소방대상물이 위의 기준 중 2가지 이상에 해당될 경우, 개수가 많은 것을 기준으로 한다. 단, 기준개수에 해당하는 수원을 별도로 설치하는 경우는 제외한다.

71 ②

광원개수

$$N = \frac{E \times A}{F \times U \times M} = \frac{400 \times (10 \times 20)}{3000 \times 0.6 \times 0.8} = 55.6 ≒ 56개$$

여기서, 형광등은 2구형이므로 등기구의 최소 개수는 56÷2=28개가 된다.

E : 평균조도(lx) A : 실면적(m²)
U : 조명율 M : 보수율
F : 개별 광원의 광속

72 ③

시퀀스 제어

㉠ 정해진 순서에 따라 제어의 각 단계를 차례로 진행해 가는 제어를 말한다.
㉡ 회로가 일방통행으로 되어 있어서. 제어 신호가 제어계를 순환하지 않고 한 방향으로만 전달한다.
㉢ 신호처리 방식은 유접점과 무접점 방식으로 나뉜다.
㉣ 세탁기, 엘리베이터, 자동판매기, 신호등, 공조기 경보시스템 등에 쓰인다.

73 ④

충전방식

① 균등충전 : 각 축전지의 전위차를 보정하기 위해 1~3개월마다 10~12시간씩 1회 충전하는 방식
② 보통충전 : 필요할 때마다 표준 시간율로 소정의 충전을 하는 방식
③ 급속충전 : 보통 충전 전류의 2~3배의 전류로 충전하는 방식
④ 세류충전 : 자기 방전량만을 항상 충전하는 부동충전 방식의 일종이다.

74 ①

옥외소화전이 10개 이하로 설치된 때에는 옥외소화전마다 5m 이내의 장소에 1개 이상의 소화전함을 설치하여야 한다.

75 ①

역률은 교류회로에서 유효전력과 피상전력과의 비이며, 피상전력은 유효전력과 무효전력의 벡터 합이다. 따라서 무효전력이 크면 역률은 작아진다.

76 ②

가압송수장치의 순환배관은 체절운전 시 수온의 상승을 방지하기 위해 설치한다.
※ 체절운전 : 펌프의 성능시험을 위해 토출 측 개폐밸브를 닫은 상태에서의 운전

77 ②

병렬접속회로에서의 전압은 일정하다.

78 ①

과년도 문제 해설 및 정답 ••• **737**

불꽃 감지기
화재 시 발생하는 연기, 열, 불꽃 등의 자외선 및 적외선 파장과 펄럭임(Flickering) 등의 광학적 특징을 복합적으로 분석하여 화재를 감지하는 기기이다. 연기 또는 열감지기보다 빠르고 정확하게 반응하며, 천장고가 높은 곳에서도 감지가 가능하다. 화학공장, 제련소, 격납고, 아트리움, 공항 등 천장이 높은 곳에 주로 설치한다.

79 ③
피상전력은 유효전력과 무효전력의 벡터 합이다.

80 ②
감지기(차동식 분포형 제외)는 실내로의 공기 유입구로부터 1.5m 이상 떨어진 위치에 설치한다.

81 ①
다음 항목 중 어느 하나에 해당하는 건축물은 미리 특별자치시장·특별자치도지사 또는 시장·군수·구청장에게 국토교통부령으로 정하는 바에 따라 신고를 하면 건축허가를 받은 것으로 본다.
㉠ 바닥면적의 합계가 85㎡ 이내의 증축·개축 또는 재축. 다만, 3층 이상 건축물인 경우에는 증축·개축 또는 재축하려는 부분의 바닥면적의 합계가 건축물 연면적의 1/10 이내인 경우로 한정한다.
㉡ 관리지역, 농림지역 또는 자연환경보전지역에서 연면적 200㎡ 미만이고 3층 미만인 건축물의 건축. 다만, 다음 각 목의 어느 하나에 해당하는 구역에서의 건축은 제외한다.
  ⓐ 지구단위계획구역
  ⓑ 방재지구 등 재해취약지역으로서 대통령령으로 정하는 구역
㉢ 연면적이 200㎡ 미만이고 3층 미만인 건축물의 대수선
㉣ 주요구조부의 해체가 없는 등 대통령령으로 정하는 대수선
㉤ 그 밖에 소규모 건축물로서 아래 항목에 해당하는 건축물의 건축
  ⓐ 연면적의 합계가 100㎡ 이하인 건축물
  ⓑ 건축물의 높이를 3m 이하의 범위에서 증축하는 건축물
  ⓒ 표준설계도서에 따라 건축하는 건축물로서 그 용도 및 규모가 주위환경이나 미관에 지장이 없다고 인정하여 건축조례로 정하는 건축물
  ⓓ 공업지역, 지구단위계획구역(산업·유통형만 해당) 및 산업단지에서 건축하는 2층 이하 건축물로서 연면적 합계 500㎡ 이하인 공장
  ⓔ 농업이나 수산업을 경영하기 위하여 읍·면지역에서 건축하는 연면적 200㎡ 이하의 창고 및 연면적 400㎡ 이하의 축사, 작물재배사), 종묘배양시설, 화초 및 분재 등의 온실

82 ③
건축법령에 따른 공동주택의 분류
㉠ 아파트 : 주택으로 쓰는 층수가 5개 층 이상인 주택
㉡ 연립주택 : 주택으로 쓰는 1개 동의 바닥면적 합계가 660㎡를 초과하고, 층수가 4개 층 이하인 주택
㉢ 다세대주택 : 주택으로 쓰는 1개 동의 바닥면적 합계가 660㎡ 이하이고, 층수가 4개 층 이하인 주택(2개 이상의 동을 지하주차장으로 연결하는 경우에는 각각의 동으로 본다)
㉣ 기숙사 : 학교 또는 공장 등의 학생 또는 종업원 등을 위하여 쓰는 것으로서 1개 동의 공동취사시설 이용 세대 수가 전체의 50% 이상인 것(교육기본법에 따른 학생복지주택을 포함한다.)

83 ③

다중이용 건축물
불특정한 다수의 사람들이 이용하는 건축물로서 다음 중 하나에 해당하는 건축물을 말한다.
㉠ 다음의 어느 하나에 해당하는 용도로 쓰는 바닥면적의 합계가 5000㎡ 이상인 건축물
　ⓐ 문화 및 집회시설(동물원 및 식물원은 제외한다)
　ⓑ 종교시설, 판매시설
　ⓒ 운수시설 중 여객용 시설
　ⓓ 의료시설 중 종합병원
　ⓔ 숙박시설 중 관광숙박시설
㉡ 16층 이상인 건축물

84 ①
공동주택의 리모델링에 대비한 특례에서, 리모델링이 쉬운 구조란 다음 요건에 적합한 것을 말한다.
㉠ 각 세대는 인접한 세대와 수직 또는 수평 방향으로 통합하거나 분할할 수 있을 것
㉡ 구조체에서 건축설비, 내부 마감재료 및 외부 마감재료를 분리할 수 있을 것
㉢ 개별 세대 안에서 구획된 실(室)의 크기, 개수 또는 위치 등을 변경할 수 있을 것

85 ①
외벽 부위는 외단열로 시공하는 것이 에너지 절약에 유리하다.

86 ②
신축공동주택 등의 기계환기설비는 주방가스대 위의 공기배출장치, 화장실의 공기배출 송풍기 등 급속환기설비와 함께 설치할 수 있다.

87 ②
소방시설의 구분
• 소화설비 : 소화기, 옥내소화전, 옥외소화전, 스프링클러, 물분무 등 설비(가스계 소화설비)
• 경보설비 : 자동화재탐지설비, 자동화재속보설비, 비상방송설비, 비상경보설비, 누전경보기
• 피난구조설비 : 유도등, 비상조명등, 피난사다리, 공기호흡기, 완강기
• 소화용수설비 : 상수도소화용수설비, 소화수조
• 소화활동설비 : 제연설비, 연소방지설비, 연결송수관설비, 연결살수설비, 무선통신보조설비, 비상콘센트설비

88 ①
방염성능기준 이상의 실내장식물 등을 설치하여야 하는 특정소방대상물
㉠ 근린생활시설 중 의원, 조산원, 산후조리원, 체력단련장, 공연장 및 종교집회장
㉡ 건축물의 옥내에 있는 시설로서 문화 및 집회시설, 종교시설, 운동시설(수영장은 제외)
㉢ 의료시설, 노유자시설 및 숙박이 가능한 수련시설, 숙박시설
㉣ 방송통신시설 중 방송국 및 촬영소, 다중이용업소, 교육연구시설 중 합숙소
㉤ ㉠~㉣에 해당하지 않는 것으로서 11층 이상인 것(아파트는 제외)

89 ③
각 층 거실면적의 합계 1000㎡인 15층 공연장에서 6층 이상 층의 거실면적 합계는
$1000 \times 10 = 10000$㎡ 이므로
$$2 + \frac{10000㎡ - 3000㎡}{2000㎡} = 2 + 3.5 = 5.5$$
소수점 이하는 절상하여 최소 설치대수는 6대

90 ②
6층 이상인 건축물은 건축허가 등을 할 때 미리 소방본부장 또는 소방서장의 동의를 받아야 한다.

91 ④

주거용 건축물 급수관의 지름

가구 또는 세대수	1	2·3	4·5	6~8	9~16	17 이상
급수관 지름의 최소 기준(mm)	15	20	25	32	40	50

※ 비고
㉠ 가구 또는 세대의 구분이 불분명한 건축물에 있어서는 주거에 쓰이는 바닥면적의 합계에 따라 다음과 같이 가구수를 산정한다.
  ⓐ 바닥면적 85m² 이하 : 1가구
  ⓑ 바닥면적 85m² 초과 150m² 이하 : 3가구
  ⓒ 바닥면적 150m² 초과 300m² 이하 : 5가구
  ⓓ 바닥면적 300m² 초과 500m² 이하 : 16가구
  ⓔ 바닥면적 500m² 초과 : 17가구
㉡ 가압설비 등을 설치하여 급수되는 각 기구에서의 압력이 1cm당 0.7kg 이상인 경우에는 위 표의 기준을 적용하지 아니할 수 있다.

92 ①

건축물에 설치하는 굴뚝은 다음의 기준에 적합하여야 한다.
㉠ 굴뚝의 옥상 돌출부는 지붕면으로부터의 수직거리를 1m 이상으로 할 것. 다만, 용마루·계단탑·옥탑 등이 있는 건축물에 있어서 굴뚝 주위에 연기의 배출을 방해하는 장애물이 있는 경우 굴뚝의 상단을 용마루·계단탑·옥탑 등보다 높게 하여야 한다.
㉡ 굴뚝의 상단으로부터 수평거리 1m 이내에 다른 건축물이 있는 경우, 그 건축물의 처마보다 1m 이상 높게 할 것
㉢ 금속제 굴뚝으로서 건축물의 지붕 속·반자위 및 가장 아랫바닥 밑에 있는 굴뚝의 부분은 금속 외의 불연재로 덮을 것
㉣ 금속제 굴뚝은 목재 기타 가연재료로부터 15cm 이상 떨어져서 설치할 것. 다만, 두께 10cm 이상인 금속 외의 불연재료로 덮은 경우는 제외한다.

93 ③

바깥쪽으로의 출구

다음에 해당하는 건축물에는 관람석 또는 집회실로부터의 출구를 안여닫이로 해서는 안 된다.
㉠ 제2종 근린생활시설 중 공연장·종교집회장(해당용도 바닥면적의 합계가 각각 300m² 이상인 경우)
㉡ 문화 및 집회시설(전시장 및 동·식물원 제외)
㉢ 종교시설, 위락시설, 장례식장

94 ③

11층 이상인 건축물로서 11층 이상인 층의 바닥면적의 합계가 10000m² 이상인 건축물은 옥상에 헬리포트를 설치하거나 헬리콥터를 통하여 인명 등을 구조할 수 있는 공간을 확보하여야 한다.

95 ③

연면적 10000m² 이상인 건축물에 급수·배수·환기·난방설비를 설치하는 경우, 건축기계설비기술사 또는 공조냉동기계기술사의 협력을 받아야 한다.

96 ③

계단의 유효너비·단높이·단너비 기준

구분	계단·계단참 유효너비	단높이	단너비
초등학교	150cm 이상	16cm 이하	26cm 이상
중, 고등학교	150cm 이상	18cm 이하	26cm 이상

구분	계단·계단참 유효너비	단높이	단너비
문화 및 집회시설(공연장, 집회장, 관람장) 판매시설(기타 이와 유사한 용도)	120cm 이상	-	-
위층 거실 바닥면적 합계가 200m² 이상 거실 바닥면적 합계가 100m² 이상인 지하층	120cm 이상	-	-
기타의 계단	60cm 이상	-	-

97 ③

연면적 3000m² 이상(지하가 중 터널 제외)이거나 지하층·무창층(축사 제외) 또는 층수가 4층 이상인 것 중 바닥면적이 600m² 이상인 층이 있는 것은 모든 층에 옥내소화전설비를 설치하여야 한다.

위에 해당하지 않는 근린생활시설, 판매시설, 운수시설, 의료시설, 노유자시설, 업무시설, 숙박시설, 위락시설, 공장, 창고시설, 항공기 및 자동차 관련 시설, 교정 및 군사시설 중 국방·군사시설, 방송통신시설, 발전시설, 장례시설 또는 복합건축물로서 연면적 1천5백m² 이상이거나 지하층·무창층 또는 층수가 4층 이상인 층 중 바닥면적이 300m² 이상인 층이 있는 것은 모든 층

98 ④

승강장 바닥면적은 비상용 승강기 1대당 6m² 이상으로 할 것. 단, 옥외에 승강장을 설치하는 경우는 제외한다.

99 ①

축냉식 전기냉방설비의 열교환기 설계기준
- 열교환기는 시간당 최대냉방열량을 처리할 수 있는 용량 이상으로 설치하여야 한다.
- 열교환기는 보온을 철저히 하여 열손실과 결로를 방지하여야 하며, 점검을 위한 부분은 해체와 조립이 용이하도록 하여야 한다.

100 ①

회전문의 설치 기준
㉠ 계단이나 에스컬레이터로부터 2m 이상의 거리를 둘 것
㉡ 회전문과 문틀 사이 및 바닥 사이는 다음 항목에서 정하는 간격을 확보하고 틈 사이를 고무와 고무펠트의 조합체 등을 사용하여 신체나 물건 등에 손상이 없도록 할 것
  • 회전문과 문틀 사이는 5cm 이상
  • 회전문과 바닥 사이는 3cm 이하
㉢ 출입에 지장이 없도록 일정한 방향으로 회전하는 구조로 할 것
㉣ 회전문의 중심축에서 회전문과 문틀 사이의 간격을 포함한 회전문날개 끝부분까지의 길이는 140cm 이상이 되도록 할 것
㉤ 회전문의 회전속도는 분당회전수가 8회를 넘지 아니하도록 할 것
㉥ 자동회전문은 충격이 가하여지거나 사용자가 위험한 위치에 있는 경우에는 전자감지장치 등을 사용하여 정지하는 구조로 할 것

2021년 4회 건축설비기사 과년도 해설 및 정답

01 ④
표면결로방지를 위해서 방습재는 고온측(실내)에, 단열재는 저온측(실외)에 배치한다.

02 ④
커머셜 호텔
- 상업적, 업무적인 목적의 체류자를 위한 호텔
- 도심 내 교통 중심지에 위치한다.
- 숙박면적비율이 높으며 보통 주차장·연회장·레스토랑·카페를 갖추고 있다.

03 ②
열교 현상
- 구조상 일부 벽이 얇아지거나 재료가 다른 열관류 저항이 작은 부분이 생기면 결로하기 쉬운데, 이러한 부분을 열교(thermal bridge 또는 heat bridge)라 한다.
- 열교 현상은 구조체 전체의 단열성을 저하시킨다.
- 단열구조의 지지부재, 중공벽의 연결철물 통과부위, 벽체와 바닥·지붕과의 접합부, 창틀 등에서 발생하기 쉽다.
※ 방지대책
  ㉠ 접합 부위의 단열재가 연속되도록 시공한다.
  ㉡ 열전도율이 큰 구조재일 경우 가급적 외단열 시공한다.

04 ④
릴랙세이션(relaxation)
PC 강재에 고장력을 가한 상태 그대로 장기간 양끝을 고정해 두면, 점차 소성 변형하여 인장 응력이 감소해 가는 현상. 강재의 릴랙세이션이 낮을수록 좋으며, 우수한 PC 강재의 릴랙세이션에 의한 인장 응력 감소량은 5% 정도이다.

05 ①
상점 부지 선정 조건
- 교통이 편리하고 사람의 눈에 잘 띄며, 통행이 빈번한 번화가가 좋다.
- 가급적 2면 이상의 도로에 면한 곳이 좋다.
- 대지가 불규칙하고 구석진 곳은 피하며, 전면도로가 너무 넓은 곳도 좋지 않다.

06 ④
① 건폐율=건축면적/대지면적×100(%)
② 용적률
  =건축물의 연면적/대지면적×100(%)
③ 호수밀도
  =실제가구수/토지면적[ha]×100(%)

07 ②
도서관 출납형식
① 자유개가식 : 이용자가 자유롭게 책을 고르고 읽을 수 있지만, 정리 작업이 많아지고 책의 마모 및 망실이 많아진다.
② 안전개가식 : 이용자가 책을 찾아 검열을 받은 후 대출기록을 남기고 열람할 수 있다.
③ 반개가식 : 열람자가 서가에 꽂힌 책의 표지 정도는 볼 수 있지만, 내용은 직원에게 요청하여 기록을 남긴 후에 열람할 수 있는 형식. 신간 서적 열람에 적합하며, 다량의 도서를 취급하는 곳에서는 부적합하다.
④ 폐가식 : 열람자가 책의 목록을 확인 후 기록을 제출하여 대출받는 형식. 희소가치가 있는 책 또는 고서(古書)를 위한 독립서고 등에 용이하다.

08 ①

가새

풍하중과 같은 수평력(횡력) 보강재로 압축력 또는 인장력의 작용에 대해 저항한다.

09 ④

무대에 가까운 천장은 너무 높지 않게 처리하여 천장에서의 1차 반사음이 객석 내에 효과적으로 도달하도록 반사면의 형태나 위치를 고려한다.

10 ②

주거공간 요소
- 개인공간 : 부부침실, 노인실, 서재
- 사회공간(공동공간) : 거실, 응접실, 식사실, 가족실
- 노동공간 : 주방, 가사실
- 보건·위생공간 : 욕실, 화장실

11 ①

백화점 기능의 4영역
㉠ 고객권 : 고객용 출입구, 통로, 계단, 휴게실 등의 서비스 시설 부분. 대부분 판매권과 결합되어 종업원권과 가까워지게 된다.
㉡ 종업원권 : 직원 휴게실, 갱의실, 사무실 등 직원을 위한 공간. 고객권과 거리상 가깝되 공간은 독립되어야 한다.
㉢ 상품권 : 상품 반입, 보관, 배달, 발송 등을 위한 공간. 판매권과는 가깝되, 고객과는 분리시킨다.
㉣ 판매권 : 상품 전시가 되는 매장과 같은 공간. 고객의 구매욕구를 고취시키고, 종업원의 업무도 능률을 높일 수 있는 환경 조성에 힘써야 한다.

12 ③

코어(core)

건물의 설비부분이나 특수한 부분을 핵 모양으로 집중시킨 부분. 설비를 집중배치하기 때문에 배관배선이 절약되고, 설비를 중심으로 사람의 움직임이 집약되므로 동선이 절약되고 면적 효율이 높은 평면구성이 가능해지는 이점이 있다. 세포나 과실의 핵과 같이 건물의 중심부에 설비를 집중시키고 코어 외곽을 내진벽으로 둘러싸서 건물 전체를 견고하게 한다.

13 ①

합각지붕

용마루 부분이 삼각형의 벽을 이루는 지붕

14 ③

왕대공 지붕틀 부재가 받는 응력
- 빗대공 : 압축력
- 왕대공, 달대공 : 인장력
- 평보 : 인장력과 휨모멘트
- ㅅ자보 : 압축력과 휨모멘트

15 ①

스터드 볼트(stud bolt)

양끝 모두 수나사로 되어 있는 볼트. 관통하는 구멍을 뚫을 수 없는 경우에 사용한다. 한쪽 끝은 상대 쪽에 암나사를 만들어 미리 반영구적으로 박음을 하고, 다른 끝은 너트를 끼워 조인다. 철골조에서는 철골보와 콘크리트 슬래브의 일체화에 사용되어 전단력 저항의 역할을 한다.

16 ③

한식과 양식 주택의 비교

한식 주택	양식 주택
• 위치별 실의 구분 • 각 실의 다기능 • 가구는 부차적 존재이다. • 폐쇄적, 좌식생활	• 기능별 실의 구분 • 단일 용도의 각 실 • 가구가 실의 성격을 좌우한다. • 개방적, 입식생활

17 ②

병실의 출입문은 침대 통과가 가능하도록 최소 너비 1.15m 이상으로 한다. 또한 열리는 형태는 가급적 미닫이로 하며 문턱이 없어야 한다.

18 ④

- 동압(P_v) : 공기의 흐름이 있을 때, 흐름 방향의 속도에 의해 가해지는 압력
- 풍압계수 : 외부풍 동압의 어느 정도가 풍압력으로 가해지는 지를 나타내는 계수
※ 풍압계수가 0.3이라면 외부풍 동압의 30%가 풍압력으로 가해진다는 뜻이다.

19 ③

오피스 랜드스케이프(office landscape)

- 오픈 오피스의 단점을 보완한 개방 사무 공간의 형식
- 업무의 흐름이나 방식에 따라 유기적인 공간 구성을 하는 방법이다.
- 변화하는 작업의 패턴에 따라 공간의 조절이 가능하며 신속하고 경제적으로 대처할 수 있다.
- 개실형 사무공간에 비해서는 소음 발생이 쉽고, 독립성이 결여된다.

20 ③

클러스터(cluster)형 교실배치

- 다수의 교실을 소단위별로 그룹 배치하는 방식
- 교실단위의 독립성이 크고, 수업의 순수율이 높다.
- 각 교실이 외부와 많은 면적을 접하게 할 수 있다.
- 마스터플랜의 융통성이 커서 시각적으로 보기 좋다.
- 넓은 부지를 필요로 하며, 관리부와의 동선이 길어진다.
- 운영비용이 많이 들고, 개별 교실의 증축이 곤란하다.

21 ③

기수혼합식 급탕설비

㉠ 증기와 물을 혼합해서 온수를 만드는 방식. 증기를 직접 불어넣어 물을 가열하는 사일렌서 방식과 기수 혼합 밸브에 의해 증기와 물을 혼합하여 온수를 얻는 방식이 있다.
㉡ 설치가 간단하고 설비비가 저렴한 편이며 증기의 전 열량을 물에 직접 전달하므로 열효율(90%)이 높다.
㉢ 보일러에 항상 새 용수를 공급해야 하므로 보일러 본체에 응력이 따르고 스케일이 생긴다.
㉣ 상당히 높은 증기압을 필요로 하고, 물을 혼합할 때 소음이 발생되므로 설치 장소에 제한을 받는다.
㉤ 증기가 열원이므로 증기를 쉽게 얻을 수 있는 공장, 병원, 기숙사, 군부대 등에서 주로 사용된다.

22 ③

기구배수부하단위(fixture unit rating)

세면기 배수량의 배수 단위(28.5L/min)를 1로 하고, 이것과 비교해서 다른 위생기구의 배수단위를 정한 것을 말한다.

23 ③

크로스 커넥션

수돗물에 이물질이 혼입되어 오염되는 현상. 이를 방지하기 위해서는 배관 계통별로 색깔로 구분하여 오접함을 방지하며 통수시험에 의해 체크한다.

24 ②

압력탱크방식은 급수압력 변동이 높은 편이다.

25 ③

- 가열코일의 열평형식

$$K \cdot A \cdot (t_s - \frac{t_h + t_c}{2}) = W \cdot C \cdot (t_h - t_c)$$에서

$$1000 \times 3.6 \times A \times (120 - \frac{65+5}{2})$$
$$= 4000 \times 4.2 \times (65-5) 이므로$$
전열면적 $A = 3.294\text{m}^2$

- 코일 길이 $L = 3.294 \times 11.4 \times 1.3 = 48.8\text{m}$
  K : 열관류율　　A : 전열면적
  C : 물의 비열　t_s : 증기온도
  t_h : 급탕온도　　t_c : 급수온도
  W : 최대 예상급탕량

※ 할증률 30%이므로 1.3을 곱한다.

26 ②

펌프의 축동력$(L_s) = \dfrac{WQH}{6120E}$[kW]

Q : 양수량(m³/min)
H : 전양정(m)
W : 물 1m³의 중량
E : 효율

∴ $L_s = \dfrac{2000\text{kg/min} \times 30}{6120 \times 0.8} = 12.3\text{kW}$

※ 양수량의 단위가 리터일 경우, 물 1L=1kg이므로 바로 중량 단위로 계산한다.

27 ④

먹는 물의 수소이온 농도
: pH 5.8 이상 pH 8.5 이하
※ 샘물, 먹는 샘물 및 먹는 물 공동시설의 물은 pH 4.5 이상 pH 9.5 이하를 기준으로 한다.

28 ①

신정 통기관
배수수직관 끝을 연장하여 대기 중에 개방하는 통기관

29 ①

중앙식 급탕설비 가열방식 비교

	직접 가열식	간접 가열식
보일러	급탕용과 난방용 개별 설치	난방 및 급탕 겸용
내부 스케일	많이 생긴다.	거의 없다.
압력	고압 보일러	저압 보일러
가열 코일	필요없다.	필요하다.
규모	소규모 건축물	대규모 건축물

30 ③

경도(hardness of water)
물속에 녹아 있는 칼슘, 마그네슘 등의 양에 대응하는 탄산칼슘($CaCO_3$)의 100만분율(ppm)로 환산하여 표시한 것이다.

분류	탄산칼슘 함유량	비고
극연수	15ppm 이하	증류수, 멸균수. 연관이나 황동을 침식시킨다.
연수	90ppm 이하	세탁, 염색, 보일러용에 적합하다.
적수	90~110ppm	음용수에 적합하다.
경수	110ppm 이상	세탁, 표백, 염색 등에 부적합하다.

31 ①

터빈 펌프(turbine pump)
디퓨저 펌프라고도 한다. 날개바퀴 바깥에 안내 날개(guide vane)가 있는 펌프로서 날개바퀴가 2개 이상인 것은 다단 터빈 펌프라 한다. 날개바퀴에는 보통 4~10개의 날개가 있는데, 안내날개는 날개바퀴가 회전할 때 생기는 속도에너지를 빠르게 압력에너지로 바꿔 유체의 흐름을 조정하는 역할을 한다.

32 ②

세면기에는 S트랩, P트랩이 많이 사용된다.

33 ①

급수주관으로부터 배관을 분기하는 경우는 T이음쇠를 사용한다.

34 ③

유량선도 방법은 중규모 이상 건물에 이용되고, 관 균등표에 의한 방법이 소규모 건물에 이용된다.

35 ②

레이놀즈 수

점성력에 대한 관성력의 상대적 크기를 나타내는 무단위 수. 관내유동에서 층류와 난류를 판단하는 기준이 된다. 유체 속도와 관경에 비례하고, 동점성계수에 반비례한다.

36 ④

① 비속도가 작은 펌프는 양정의 변화가 작다.
② 특성이 같은 펌프를 2대 병렬 운전하면, 양정은 1대일 경우와 같고 양수량은 2배가 된다.
③ 특성이 같은 펌프를 2대 직렬 운전하면, 양수량은 1대일 경우와 같고 양정은 2배가 된다.

37 ③

그리스(grease) 포집기

호텔, 영업용 음식점 등의 주방에서 나오는 배수 중의 지방분을 냉각·응고시켜 제거시킴으로서, 배수관이 지방분으로 막히지 않게 하는 장치. 포집기 내부에 여러 개의 격판을 설치하여 배수의 유입 속도를 느리게 한 후 지방분을 응고시켜 제거한다. 연속적으로 배수가 이루어질 경우 수냉식으로 하여 제거효율을 높인다. 입구 부근에는 여과망(스트레이너)을 설치하여 음식물 찌꺼기를 수집 제거한다.

38 ②

팽창관의 도중에 밸브를 달아서는 안 된다.

39 ①

로 탱크식 대변기

하이탱크식보다 물의 사용량은 많으며 소음은 적다. 탱크가 낮아 고장 시 수리가 용이하며 단수 시 물을 공급하기가 좋지만, 탱크에 물을 채우는 시간이 필요하므로 연속사용은 다소 곤란하다.

40 ②

• 유입된 오수의 BOD가 200ppm이고, BOD 제거율이 85%이므로 유출수 BOD를 x라 하면,
$$\frac{\text{유입수 BOD} - \text{유출수 BOD}}{\text{유입수 BOD}} \times 100(\%) = 85\%$$
$$\frac{200-x}{x} = 0.85 \quad \therefore \ x = 30\text{ppm}$$

• 유출수 BOD 총량
= 1000인 × 0.2m³ × 30ppm
= 6000g/day = 6kg/day

41 ①

리프트 이음

진공환수식 증기난방에서 환수관에 응축수를 끌어올리기 위해 사용하는 방식으로, 환수관을 부득이하게 방열기보다 높은 곳에 배관해야 하거나 환수주관보다 높은 위치에 진공펌프를 설치해야 할 때 적용한다. 저압인 경우 1단에 1.5m 이내, 고압인 경우 증기관과 환수관 압력차 1kg/cm²(0.1MPa)마다 5m 정도 끌어올린다.

42 ④

차폐계수

일사 차폐물에 의해 차폐된 후의 실내에 침입하는 일사열의 비율을 말한다. 두께 3mm의 투명한 보통유리창으로부터 침입하는 일사열을 1로 하여 이를 기준으로 계산한다. 일사취득열량은 유리창의 차폐계수에 비례한다.

43 ③

가습방식의 구분

• 증기식 : 분무식, 전극식, 전열식, 적외선식
• 수분무식 : 초음파식, 분무식, 원심식
• 증발식 : 회전식, 모세관식, 적하식

44 ②

스윙형 체크 밸브

시트의 고정핀을 축으로 회전하여 개폐된다. 유수에 대한 마찰저항이 적으며 수평 및 수직 배관 모두에 쓰인다.

45 ④

벨로즈 트랩

증기와 응축수 사이의 온도차를 이용하는 온도 조절식 증기 트랩의 일종. 관내 응축수 배출을 위해 사용한다.

46 ③

리버스 리턴 배관

열원에서 각 방열기기에 이르는 공급관과 환수관의 도달거리 합을 거의 일치시켜 배관의 마찰저항값을 유사하게 함으로서 순환온수가 균등하게 흐르도록 한 배관방법. 급탕설비의 하향식 배관, 온수난방설비 등에 적용된다. 온수의 유량분배가 균일해지지만 배관수가 많아지므로 설비비는 높다.

47 ②

복사난방

㉠ 벽이나 바닥 등의 구조체에 동관, 강관 등으로 코일을 배관하여 가열면을 형성하는 방식이다.
㉡ 온도분포가 균등하고 먼지상승을 억제하여 쾌감도가 높아서 천장이 높거나 외기에 자주 개방되는 공간에 적합하다.
㉢ 방열기가 필요 없고 바닥면의 이용도가 높다.
㉣ 표면 균열 및 매설배관 이상 시 수리 등의 변경이 곤란하고, 특수 시공을 해야 한다.
㉤ 열용량이 크기 때문에 간헐난방에는 적합하지 않다.

48 ②

국소환기 계통은 오염물질 배출을 위해 공조장치의 환기덕트와 분리되어야 한다.

49 ③

엔탈피

0℃의 건조공기와 0℃의 물을 기준으로 하여 측정한 습공기가 갖는 전열량으로 현열량과 잠열량의 합계이다. 공기의 온도나 습도가 증가하면 엔탈피도 함께 증가한다.

50 ①

환기량

$$Q = \frac{K}{C - C_0}$$

Q : 필요환기량
C : 실내허용 CO_2 농도
C_0 : 외기의 CO_2 농도
K : 실내 CO_2 발생량

㉠ 실내 CO_2 발생량
= 재실인원×1인당 CO_2 발생량+난로 CO_2 발생량
= (25인×0.018m³/h)+0.5m³/h=0.95m³/h

㉡ 환기량
$$Q = \frac{K}{C - C_0} = \frac{0.95}{0.005 - 0.0008} = 226.2 \text{m}^3$$

㉢ 환기횟수
$$n = \frac{\text{환기량}}{\text{실용적}} = \frac{226.2}{10 \times 10 \times 3} = 0.75 \text{회}$$

※ 1ppm=0.000001m³
※ 1L=0.001m³

51 ④

콜드 드래프트(cold draft)

겨울철에 실내로 저온 기류가 유입되거나 유리나 벽면에서 냉각된 냉풍이 하강하는 현상. 인체 주위의 기류 속도가 크면 콜드 드래프트가 발생하는 원인이 된다.

52 ③

상대습도

$$= \frac{\text{습공기 수증기 분압}}{\text{포화공기 수증기 분압}} \times 100(\%)$$
$$= \frac{1.69\text{kPa}}{4.23\text{kPa}} \times 100(\%) = 40\%$$

53 ④
냉각탑의 어프로치(approach)
냉각탑 순환수의 출구 수온과 냉각공기 입구의 습구 온도와의 차이를 말한다.

54 ③
스플릿 댐퍼
덕트 분기부에 설치하는 댐퍼. 구조가 간단하고 메인 덕트의 압력강하가 적지만, 정밀한 풍량조절은 불가능하다.

55 ②
흡수식 냉동기
기체의 물에 의한 흡수성을 이용한 냉동기. 물에 잘 흡수되는 성질이 있는 NH_3의 증기를 저온 저압에서 물에 흡수시키고 고압 하에서 가열하여 NH_3의 증기를 분리하면 압축기로 압축한 것과 동일 효과가 있고, 이것을 응축기에서 팽창 밸브를 거쳐 증발기로 통과시키면 냉동 사이클을 구성할 수 있다. 이는 열에너지에 의해 냉동효과를 얻는 것이다.

56 ④
① 팬형 취출구 : 천장 덕트 아래쪽에 원형이나 방형판을 부착하고, 여기에 취출한 공기를 스치게 하여 천장면과 평행으로 불어내는 형식. 냉방엔 좋지만 난방의 경우 천장에 온풍이 체류하므로 부적합하다.
② 노즐형 취출구 : 구조가 간단하고 도달거리가 긴 취출구로 소음발생이 적다. 극장, 로비, 스튜디오 등에서 사용된다.
③ 펑커형 취출구 : 취출 방향을 자유로이 조절할 수 있는 형식. 공장이나 주방 등 냉방을 국부적으로 하는 곳에 쓰인다.
④ 아네모스탯(annemostat)형 취출구 : 다수의 뿔형 날개를 층상으로 포개고, 그 틈새로 공기를 취출하는 형식. 1차 공기에 의한 2차 공기의 유인성능이 좋고 풍속의 조절 범위가 넓다.

57 ②
2중 효용 흡수식 냉동기
- 단효용 흡수식 냉동기의 응축기에서 버려지는 증기의 응축열을 이용한 것이다.
- 단효용 방식보다 에너지가 절약되고 효율이 높다.
- 고온발생기와 저온발생기를 사용하며, 저온발생기의 압력은 고온발생기보다 낮다.
- 냉각탑의 용량을 줄일 수 있다.

58 ④
온수난방 방열기 섹션
$$= \frac{\text{난방부하}}{0.523\text{kW/m}^2 \times \text{방열기 방열면적}}$$
$$= \frac{10\text{kW}}{0.523 \times 0.2} = 95.6 \fallingdotseq 96\text{섹션}$$

59 ③
난방도일(heating degree day)
일별 또는 월별 실외기온과 실내기온과의 차이에서 산출된 일수로, 평균기온이 18℃ 이하인 날의 온도와 18℃와의 온도차의 종합을 난방도일이라고 한다. 일사량의 다소 이외에도 풍속 또한 가옥과 그 주변 환경과의 열교환율에 영향을 미친다. 같은 도일이라 할지라도 맑은 날과 구름이 낀 날 또는 바람이 강할 때와 정온 상태일 때는 연료소비량에 있어 차이가 나타난다. 그러나 난방부하에 가장 영향력이 큰 기상 요소는 기온이므로 일반적으로 기온만을 지표로 하여 난방도일을 산출하는 경향이 뚜렷하다. 추위 정도와 연료소비량의 추정이 가능하며 이 값은 지역마다 다르다.

60 ②

현열부하(H)

$H = \gamma Q C \Delta t \, [\text{kJ/h}]$
$\quad = 1.2 \times (10 \times 7 \times 3) \times 1.01 \times 30$
$\quad = 7635.6 \, \text{kJ/h}$

∴ $7635.6 \, \text{kJ/h} \div 3600 = 2.12 \, \text{kW}$

γ : 공기 밀도
Q : 공기 체적량[m³/h]
C : 공기의 정압비열
Δt : 실내외 온도차

61 ②

물분무 소화설비

물을 분무상으로 방사하여 연소면을 감싸서 소화하는 설비. 주차장·변전실 등 기름화재·전기화재에 사용하며, 분무수로 냉각, 질식 소화한다.

62 ④

키르히호프의 법칙

㉠ 1법칙(전류 법칙) : 회로망 중 한 점에 들어오는 전류의 총합은, 흘러나가는 전류의 총합과 같다.
㉡ 2법칙(전압 법칙) : 회로망 중 임의의 폐회로 내에서 일주방향에 따른 전압강하 총합은 기전력의 총합과 같다.

63 ②

역률(P.F)

$= \dfrac{\text{유효전력}}{\text{피상전력}} = \dfrac{\text{유효전력}}{\sqrt{(\text{유효전력})^2 + (\text{무효전력})^2}}$

$= \dfrac{80}{\sqrt{80^2 + 60^2}} = 0.8 = 80\%$

64 ①

농형 유도전동기

㉠ 농형 회전자를 가진 교류형 전동기. 구조와 취급이 간단하고 기계적으로 견고하다.
㉡ 운전이 쉽고 속도제어가 가능하며, 가격이 저렴하다.
㉢ 슬립링이 없어서 불꽃이 나올 염려가 없다.
㉣ 기동전류가 커서 전동기 전선을 과열시키거나 전원전압의 변동을 일으킬 수 있다.
㉤ 기동법에는 직입(전전압) 기동방식, Y-Δ 기동방식, 기동보상기에 의한 기동방식, 리액터 기동방식, 소프트 스타트 방식 등이 있다.

65 ③

옥내소화전방수구는 바닥으로부터의 높이가 1.5m 이하가 되도록 설치하여야 한다.

66 ③

시퀀스 제어 방식

	유접점 방식	무접점 방식
수명	짧다.	반영구적
스위칭 속도	늦고 한계가 있다. (ms 단위)	빠르다.(μs 단위)
환경조건	진동 및 충격에 약하다.	진동 및 충격에 강하다.
소비전력	많다.	적다.
외형	큰 편이다.	작다.
서지	전기적 노이즈에 안정적	노이즈에 취약해 안정대책 필요
입·출력 수	독립된 다수의 출력을 동시에 얻음	다수의 입력·소수의 출력 용이

67 ①

① 코퍼 조명 : 천장을 원형이나 4각형으로 파내고 내부에 광원을 매립한 조명
② 코브 조명 : 천장 및 벽의 구조체에 의해 광원의 빛이 천장 또는 벽면으로 가려지게 하여 반사광으로 간접 조명한다. 부드럽고 균등하며 눈부심이 없는 빛을 제공하여 보조 조명으로 중요하게 쓰인다.
③ 밸런스 조명 : 코브와 코니스를 혼합한 형태로 천장 방향과 바닥 방향 양쪽으로 빛을 비춘다.
④ 코니스 조명 : 천장 또는 천장 가까이에 장착되고 옆면을 가려 빛은 아래를 향해서만

떨어진다. 재질감 있는 벽면의 드라마틱한 특성을 강조해 주거나 재미있는 조명 효과를 준다.

68 ④

3상 유도전동기의 속도제어
- 회전자에 접속된 저항을 변화시켜 비례추이의 원리로 제어한다.
- 회전속도는 주파수에 비례하고 극수와 슬립에 반비례한다.
- 주파수는 인버터를 사용하여 변화시킨다.
- 서로 다른 고정자 권선을 감은 두 극을 필요에 따라 선택하여 극수를 변화시킨다.

69 ①

스위치는 회로의 비접지 측에 시설할 수 있다.

70 ①

접지(earth, 接地)
전기회로나 전기기기의 일부를 대지와 도선으로 연결하여 기기의 전위를 대지의 전위와 같은 0으로 유지하는 것을 말한다. 지구의 지반은 거대한 도체이며 전위가 0이므로 접지를 하면 전기기기도 지구의 일부가 되어 전위가 0으로 유지된다. 전류는 전위차가 있을 때 흐르는 것이므로, 이론상 접지가 되어 있는 전기기기에 사람의 몸이 닿아도 감전되지 않는다. 높은 건물 꼭대기에 피뢰침을 설치하는 것도 접지를 응용한 것으로 전기사고를 예방하여 번개의 강한 전류로부터 건물을 보호하기 위한 것이며, 전기시설물의 감전 및 손상방지를 위해 실시하기도 한다. 접지 시에는 구리판·구리선·구리관을 비롯하여 흑연·탄소 등을 주재료로 한 판 또는 막대를 습기가 많은 땅 속에 묻어 도체로 접지하고 있다.

71 ②

$V=IR$이므로, $R=\dfrac{100[V]}{10[A]}=10\Omega$

$V=95[V]$이면 $I=\dfrac{95[V]}{10[\Omega]}=9.5[A]$

72 ①

옥내소화전설비의 수원은 그 저수량이 옥내소화전의 설치개수가 가장 많은 층의 설치개수(2개 이상 설치된 경우에는 2개)에 $2.6m^3$를 곱한 양 이상이 되도록 하여야 한다.
∴ $2.6m^3 \times 2$개$=5.2m^3$

73 ③

- 옥외소화전이 10개 이하 설치된 때에는 옥외소화전마다 5m 이내의 장소에 1개 이상의 소화전함을 설치하여야 한다.
- 옥외소화전이 11개 이상 30개 이하 설치된 때에는 11개 이상의 소화전함을 각각 분산하여 설치하여야 한다.
- 옥외소화전이 31개 이상 설치된 때에는 옥외소화전 3개마다 1개 이상의 소화전함을 설치하여야 한다.

74 ②

콘덴서
유전체를 사이에 두고 양면에 금속판 또는 금속박을 둔 것으로, 정전 용량을 가진 회로 부품을 말한다. 송배전선의 역률 개선, 동조회로 또는 필터 회로, 결합 회로, 이상전압 진행파의 준도 경감, 고주파 진동의 흡수, 접촉자의 불꽃 방지, 직류 고압 발생장치, 충격전압 발생장치 등에 쓰인다.

75 ③

연기감지기 감지 방식
㉠ 이온화식 : 감지기 안으로 유입된 연기 입자에 의한 이온전류의 변화를 감지
㉡ 광전식 : 연기 입자에 의한 광전소자의 입사광량 변화를 감지

76 ①

유도 리액턴스 $X_L = 2\pi f L[\Omega]$이므로
$$L = \frac{628\Omega}{2\pi \times 50\text{Hz}} = 2[\text{H}]$$
L : 인덕턴스(H, 헨리)
f : 주파수([Hz])

77 ②

전하량[C]은 전류[A]와 시간[s]의 곱이므로
$$\therefore \frac{360[\text{C}]}{600[\text{s}]} = 0.6[\text{A}]$$

78 ②

화재 분류
㉠ A급 화재(백색화재, 일반화재) : 연소 후 재를 남기는 화재. 나무, 종이 등
㉡ B급 화재(황색화재, 유류, 가스) : 석유, 가스 등의 화재. 질식에 의한 소화
㉢ C급 화재(청색화재, 전기) : 전기 및 누전 원인. 물 사용 금지. 질식에 의한 소화
㉣ D급 화재(무색, 금속화재) : 나트륨, 마그네슘 등 활성금속에 의한 화재
㉤ K급 화재(주방화재, 동식물유) : 동식물유를 취급하는 주방 조리기구에서 일어나는 화재

79 ④

DDC(Direct Digital Controller) 방식
전기, 공기조화, 열원, 반송 등 건물의 각종 설비를 고성능의 디지털 방식으로 통합 제어하는 방식. 각종 센서로부터 전자적 신호를 받아 수치화된 디지털 신호로 제어한다. 에너지절약 제어가 가능하며, 정밀도와 신뢰도가 높은 제어방식이다.

80 ②

Y-△ 기동법
• 기동전류 경감을 위해 고정자 권선이 △결선인 전동기를 기동 시에 한하여 Y결선으로 하고, 정격전압을 인가하여 기동한 후에 △결선으로 변환하는 방식
• 유도 전동기에 사용하며 기동전류와 토크가 1/3로 감소한다.
• 무부하, 경부하 기동 공작기계에 적합하다.

81 ②

문화 및 집회시설 중 공연장의 개별 관람실 각 출구는 유효너비 1.5m 이상이어야 한다.

82 ④

판매시설, 연구소, 업무시설로서 해당 용도에 사용되는 바닥면적의 합계가 3000㎡ 이상인 건축물은 급수·배수·환기·난방 등의 건축설비를 설치하는 경우 건축기계설비기술사 또는 공조냉동기계기술사의 협력을 받아야 한다.

83 ②

위험물저장 및 처리시설에 설치하는 피뢰설비는 한국산업표준이 정하는 피뢰시스템레벨Ⅱ 이상이어야 한다.

84 ④

계단실 및 부속실 실내에 접하는 부분의 마감은 불연재료로 하여야 한다.

85 ④

해당용도로 쓰이는 바닥면적 500㎡ 이상인 문화 및 집회시설 중 전시장은 주요구조부를 내화구조로 해야 한다.

86 ②

외기에 직접 면하고 1층 또는 지상으로 연결된 출입문은 방풍구조로 하여야 한다. 다만, 다음에 해당하는 경우에는 그러하지 않을 수 있다.
㉠ 바닥면적 3백㎡ 이하의 개별점포의 출입문
㉡ 주택의 출입문(단, 기숙사는 제외)
㉢ 사람의 통행을 주목적으로 하지 않는 출입문
㉣ 너비 1.2m 이하의 출입문

87 ④
① 다중주택은 단독주택에 속한다.
② 기숙사는 공동주택에 속한다.
③ 다중주택이란 다음의 요건을 모두 갖춘 주택을 말한다.
- 학생 또는 직장인 등 여러 사람이 장기간 거주할 수 있는 구조로 되어 있는 것
- 독립 주거 형태를 갖추지 않은 것(각 실별로 욕실 설치 가능하나, 취사시설은 설치하지 않은 것)
- 1개 동의 주택으로 쓰이는 바닥면적(부설주차장 면적 제외)의 합계가 660m² 이하이고 주택으로 쓰는 층수(지하층 제외)가 3개 층 이하일 것
- 적정한 주거환경을 조성하기 위하여 건축조례로 정하는 실별 최소 면적, 창문의 설치 및 크기 등의 기준에 적합할 것

88 ④
- 대수분할운전 : 기기를 여러 대 설치하여 부하상태에 따라 최적 운전상태를 유지할 수 있도록 기기를 조합하여 운전하는 방식
- 비례제어운전 : 기기의 출력값과 목표값의 편차에 비례하여 입력량을 조절하여 최적운전상태를 유지할 수 있도록 운전하는 방식

89 ③
초고층 건축물에는 피난층 또는 지상으로 통하는 직통계단과 직접 연결되는 피난안전구역(건축물의 피난·안전을 위하여 건축물 중간층에 설치하는 대피공간)을 지상층으로부터 최대 30개 층마다 1개소 이상 설치하여야 한다.

90 ②
기둥을 증설 또는 해체하거나 3개 이상 수선 또는 변경하는 것이 대수선에 해당된다.

91 ③
건축물 높이의 오차는 2% 이내로 하되, 1m를 초과할 수 없다.

92 ②
내부 또는 외부에서 쉽게 개방 또는 파괴할 수 있어야 한다.

93 ③
배연구는 외기 또는 평상시에 사용하지 않는 굴뚝에 연결해야 한다.

94 ③
동물원은 문화 및 집회시설에 해당된다.

95 ③
종교시설의 경우 연면적 1000m² 이상인 건축물에 자동화재탐지설비를 설치하여야 한다.

96 ③

방화구조의 기준

구조부분	방화구조 조건
철망모르타르 바르기	바름두께 2cm 이상
석고판 위에 시멘트모르타르 또는 회반죽을 바른 것	두께의 합이 2.5cm 이상
시멘트모르타르 위에 타일을 붙인 것	
심벽에 흙으로 맞벽치기한 것	두께 무관
한국산업규격이 정하는 바에 따라 시험결과 방화 2급 이상에 해당되는 것	

97 ④

복도 유효너비의 규정

구분	양 옆에 거실이 있는 복도	기타
유치원·초등학교·중학교·고등학교	2.4m 이상	1.8m 이상
공동주택·오피스텔	1.8m 이상	1.2m 이상
당해 층 거실바닥면적 합계 200m² 이상	1.5m 이상 (의료시설 1.8m 이상)	1.2m 이상

98 ②
아파트 등의 모든 층에는 주거용 주방자동소화장치를 설치하여야 한다.

99 ④
층수가 5층 이상으로서 연면적 6천㎡ 이상인 특정소방대상물에는 연결송수관설비를 설치하여야 한다.

100 ③
① 보일러실 연도는 내화구조로서 공동연도로 설치할 것
② 보일러실의 윗부분과 아랫부분에 지름 10cm 이상의 공기흡입구 및 배기구를 설치할 것
④ 전기보일러인 경우는 환기창 관련 규정이 적용되지 않는다.

01 ①
열전도율의 단위는 W/m·K이다.

02 ①
② 쌍대공 지붕틀
③ 팬 트러스
④ 핑크 트러스

03 ②
스터드 볼트(stud bolt)
양쪽 끝 모두 수나사로 되어 있는 볼트. 한쪽 끝은 상대쪽에 암나사를 만들어 미리 반영구적으로 박음을 하고, 다른 쪽 끝은 너트를 끼워 조인다. 철골조에서는 철골보와 콘크리트 슬래브의 일체화에 사용되어 전단력 저항의 역할을 한다.

04 ③
잔향시간은 음원이 정지된 후 음압레벨이 60dB 감쇠하는데 소요된 시간을 말한다.

05 ④
① D : 부엌과 분리된 별도의 공간에 식사실을 두는 형태이다.
② DK : 부엌의 한 부분에 식탁을 설치하는 형태이다.
③ LD : 거실의 한 부분에 식사실을 설치하는 형태이다.

06 ④
아트리움(atrium)
건축물 내부에 전면 유리 등으로 마련된 내부 정원 형태의 공간. 원래 의미는 중세 기독교 건축의 앞마당을 일컫는 것으로, 현대건축에서는 오피스 빌딩 등의 대형 건축물 전면부 등에 실내공간을 유리지붕 또는 오픈된 중층 공간의 전면을 유리창으로 처리하여 실내에 자연채광을 유입시키는 형태의 공간을 뜻한다. 아트리움을 설치함으로써 실내공간에서도 햇빛과 같은 자연환경 요소를 느낄 수 있고, 휴식공간을 조성할 수 있어서 쾌적한 내부 환경 조성을 가능하게 한다.

07 ④
복사열은 수정유효온도에서 반영된다.

08 ④
피토관(pitot tube)
유속계의 일종. 유체의 동압 또는 속도 수두를 측정해서 유속을 확인한다. 선단의 측정구멍으로 전체 압력을 측정하고, 옆쪽의 측정구멍으로 정지압력을 측정한다. 피토관은 차압계와 조합시켜 간단히 유속계를 구성할 수 있고, 조작하기도 쉬워서 관로의 유속분포측정 등에 널리 사용된다.

09 ①
매장판매형식
- 대면 판매 : 쇼케이스를 가운데 두고 점원이 고객을 마주보며 판매하는 형식. 상품 설명이 용이하고 점원 위치를 고정하기에 용이하다. 진열 면적이 작은 고가, 소형 상품 매장에 적합하며 쇼케이스가 넓어지면 상점 분위기가 부드럽지 못하게 된다.
- 측면 판매 : 점원과 고객이 진열상품을 같은 방향으로 보며 판매하는 형식. 상품을 쉽게 만질 수 있어서 충동적 구매 및 선택이 용이하다. 서적, 침구 등 진열 면적이 넓은 상점에

적합하며 점원의 위치 고정이 어렵고 상품의 설명 및 포장은 다소 불편하다.

10 ①
- 달대받이 : 인서트로 슬래브에 고정하여 달대를 설치한다. 90cm 간격으로 설치한다.
- 달대 : 달대받이와 반자틀을 연결하는 부재. 간격은 120cm 정도로 한다.
- 반자틀받이 : 반자틀을 고정하는 수평재. 4.5cm 각재를 90cm 간격으로 달대에 고정시킨다.
- 반자틀 : 반자널을 고정하는 부재. 45cm 간격으로 반자틀받이에 고정한다.

11 ③
① 편심코어형 : 각 층 평면이 크지 않고 길이도 짧은 형태의 건물에 적용된다.
② 독립코어형 : 별도의 동으로 코어를 처리하는 형태. 분할 및 개방이 용이하며 공간을 코어에 구애받지 않고 계획할 수 있다. 그러나 방재상 불리하며 내진구조 구성이 까다롭다. 또한 덕트·배관 등이 길어지고 설치에 제약도 많아진다.
③ 중심코어형 : 각 층의 평면이 매우 넓은 고층 건물에 적용된다. 코어를 건물 중심에 두고 내진벽으로 처리하여 구조상 안정적이다. 주로 튜브 구조의 형식을 띤다.
④ 양단코어형 : 비교적 평면이 긴 형태의 단일 용도 중·대규모 사무용 건물에 적합하다. 건축법규 상 내부에서 직통계단까지의 피난거리 제한에 따라 2방향 피난이 가능하게 만든 형태이다.

12 ③
콘크리트를 사용하므로 건물의 중량은 매우 커진다.

13 ④
리조트 호텔의 부지 조건
- 경관과 조망이 좋은 곳
- 관광지나 휴양지 이용이 효율적인 곳
- 식품과 린넨류의 구입이 원활한 곳
- 수질이 좋고 풍부한 수량의 수원이 있는 곳
- 자연재해 위험이 없고 기상 및 기후가 좋은 곳

14 ③
병실은 환자가 누워있는 시간이 많으므로, 조도와 반사율이 높은 마감재료는 적합하지 않다.

15 ③
집중형 배치
- 부지 한쪽에 교사를 집합시키는 방식
- 물리적 환경이 양호하고, 교육 구조에 따른 유기적 구성이 가능하다.
- 시설물을 지역 사회에서 이용할 수 있는 다목적 계획이 가능하다.

16 ③
모듈러 코디네이션
(modular coordination : MC)
건축의 재료부품에서 설계 및 시공에 이르기까지 건축 생산 전반에 걸쳐 치수상의 유기적 연계성을 만들어내는 것을 말한다. 설계와 시공을 연결해주는 치수 시스템으로 건축 외에 실내나 가구 분야에까지 확장, 적용될 수 있다.
㉠ 장점 : 대량생산에 의한 비용 절감, 호환성, 공기단축, 표준화
㉡ 단점 : 획일적인 디자인, 개성 상실

17 ①
테라스 하우스(Terrace House)

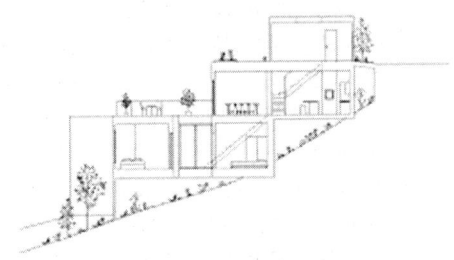

경사지를 이용하여 아랫집의 지붕을 윗집의 테라스로 쓰는 주택형식

18 ②
폐가식 출납 시스템(close access)
㉠ 열람자가 책의 목록을 확인한 후 기록을 제출하면 직원이 찾아와서 대출해주는 형식
㉡ 서고와 열람실이 분리되어 있다.
㉢ 희소가치가 있는 책 또는 고서(古書)를 위한 독립서고 등에 용이하다.
㉣ 도서의 유지관리가 용이하고 감시가 필요 없다.
㉤ 책 내용을 충분히 확인할 수 없고 대출절차가 복잡하여 업무량이 증가한다.

19 ①
엘리베이터는 에스컬레이터에 비하여 소요면적이 작다.

20 ④
① 철근콘크리트 구조는 철골구조에 비해 기둥간격이 짧아진다.
② 기준층도 방화구획과 배연계획을 고려해야 한다.
③ 개실형이 불경기 때 임대가 더 유리하다.

21 ③
헤더 방식
- 혼합수전과 헤더를 1대1 배관으로 연결하는 방식. PIP(pipe in pipe)라고도 한다.
- 각 기구별로 단독 배관되므로 동시에 기구를 사용해도 유량변화가 적다.
- 배관 중간에 연결부가 없어서 누설 우려가 적고, 연결 작업이 적어서 시공 효율이 좋다.
- 슬리브 공법을 채용하면 보수 및 교체가 용이하다.
- 한 계통마다 관로의 보유수량이 적어 급탕대기시간을 단축할 수 있다.
- 지관을 소구경의 배관으로 할 수 있다.

22 ①
통기관과 우수수직관은 겸용하지 않도록 한다.

23 ④
4℃ 물을 냉각하여 0℃ 얼음이 되면 그 부피가 증가하므로, 팽창에 의한 배관이나 기기의 파손을 주의해야 한다.

24 ①
각종 전기장치와 가스계량기의 설치 위치

대상	이격거리
전기계량기 및 전기개폐기	60cm 이상
전기점멸기 및 전기접속기, 단열조치가 안 된 굴뚝	30cm 이상
절연조치가 안 된 전선	15cm 이상

25 ③
표를 통해 각 기구의 접속구경을 환산하여 더한 후 동시사용률을 곱한다.
- 소변기 관경은 20mm이므로 균등표 기준 2개
- 대변기 관경은 25mm이므로 균등표 기준 3.7개
- 기구 수 4개의 동시사용률은 75%
- ∴ 사용 기구수 = $(2 \times 2 + 3.7 \times 2) \times 0.75 = 8.55$

관 균등표에서 8.55를 초과하는 기구 수 11의 관경 40mm를 택한다.

26 ②
수도본관 최저 필요 압력
$$P_0 \geq P + P_f + \frac{H}{100} = 0.07 + 0.02 + \frac{6}{100}$$
$$= 0.15 \text{MPa}$$

P : 수전 필요압력[MPa]
P_f : 관 마찰손실수두[MPa]
H : 수전 높이[m]

27 ②
차단성 재료로 탱크를 제작해야 조류의 증식을 막을 수 있다.

28 ④
스위블 조인트
2개 이상의 엘보우를 사용하고 나사회전을 이용하여 신축을 흡수한다. 신축이 심한 배관에는 누설 위험이 커서 고온, 고압 옥외배관에는 적합하지 않다.

29 ④
동시사용률이 높은 건물은 저탕탱크 용량이 커야 한다.

30 ②
유량 $Q = Av$이며, 관경이 $d(m)$일 때,
관의 단면적 $A(m^2) = \dfrac{\pi d^2}{4}$

$Q = \dfrac{\pi \times 0.05^2}{4} \times 1.5 \text{m/s} \times 60 \text{sec} = 0.176 \text{m}^3/\text{min}$

31 ③
플랜지
동일 직경의 직선배관 접합에 이용되며, 배관 교체 등 수리를 관리하게 하기 위해 사용한다.

32 ②
간접 배수(indirect waste)
식료품·음료수·소독물 등을 저장하거나 취급하는 기기의 배수관이 일반배수관에 직결되면, 배수관 내 흐름이 나빠지거나 막히게 되는 경우 오물이나 유해가스가 역류하여 이들 기기를 오염시킬 우려가 있다. 이를 방지하려면 이들 기기의 배수관을 일반배수계통에 직결하지 않고, 일단 대기 중에 적절한 공간을 띄우고 물받이용기(hopper)에 배수를 받은 다음 일반배수관에 접속해야 한다. 이를 간접 배수라 하며, 그 공간을 배수구 공간(drain outlet)이라 한다. 제빙기, 냉장고, 세탁기, 음료기, 식기세척기, 공기정화기 등에 쓰인다.
※ 욕조, 세면기, 소변기, 대변기 등은 직접 배수관으로 연결한다.

33 ③
① 저압보일러를 사용할 수 있다.
② 열효율은 직접가열식이 좋다.
④ 직접가열식에 비해 보일러 내면에 스케일 발생이 거의 없다.

34 ③
가동부분이 조립체 또는 칸막이에 의해 봉수를 형성하는 구조가 아니어야 한다.

35 ①
급탕순환펌프 유량은 배관 열손실량으로 산정한다.

36 ①
- 실양정 : 흡입수면으로부터 토출수면까지의 수직거리
- 토출 실양정 : 펌프축 중심에서 토출면까지의 수직거리
- 흡입 실양정 : 펌프축 중심에서 급수면까지의 수직거리

37 ④
수도직결방식
- 수도 본관에서 수도관을 이끌어 건축물 내의 소요 개소에 직접 급수하는 방식이다.
- 정전 중에도 급수가 가능하지만, 단수 시에는 저수조가 없어 급수가 불가능하다.
- 설비비 및 유지관리비가 저렴하고, 급수오염의 가능성이 가장 낮다.
- 보통 상향 급수방식이므로 소규모 건물에 적합하다.

38 ①
펌프의 종류
- 터보형 : 원심식(볼류트, 터빈) 펌프, 사류식 펌프, 축류식 펌프
- 용적형 : 회전식(기어) 펌프, 왕복식(플런저, 워싱턴, 피스톤) 펌프

- 특수형 : 와류 펌프, 수봉식 진공펌프

39 ①

수격작용(water hammer)
배관 내 물의 흐름을 급속히 막을 때 순간적인 이상충격압력이 발생하여, 배관이나 기구에 손상을 주고 마찰음을 발생시키는 현상

40 ②

먹는물 수질기준에서 수은의 농도는 0.001mg/L를 넘지 않아야 한다.

41 ④

- 온도유지를 위한 필요환기량
$$Q = \frac{H}{C \times r \times (t_1 - t_0)}$$

H : 실내 발생 현열량
t_1 : 실내공기온도(℃)
t_0 : 신선외기온도(℃)
C : 공기의 정압비열
r : 공기의 밀도

- 발생 현열량
$H = 4000[W] \times 3.6\text{kJ/h} = 14400\text{kJ/h}$
$\therefore Q = \dfrac{14400}{1.01 \times 1.2 \times (35-25)} = 1188.1\text{m}^3/\text{h}$

42 ①

냉동기의 증발기 압력은 일정하다.

43 ③

스플릿 댐퍼
덕트 분기부에 설치하는 댐퍼. 구조가 간단하고 메인 덕트의 압력강하가 적지만, 정밀한 풍량조절은 불가능하다.

44 ②

혼합공기의 건구온도
$= \dfrac{20\text{kg} \times 33℃ + 80\text{kg} \times 25℃}{20\text{kg} + 80\text{kg}} = 26.6℃$

45 ①

버킷 트랩
응축수의 부력을 이용하는 기계식 트랩. 주로 고압증기의 관말 트랩이나 증기를 사용하는 세탁기, 탕비기 등에 쓰인다.

46 ④

콘크리트 벽이나 바닥을 관통하는 배관 교체의 용이성과 배관의 신축에 대비하여 미리 슬리브를 묻어두고 배관한다.

47 ③

전열교환기의 전열효율은 외기와 환기의 최대 엔탈피 차에 대한 실제 전열 엔탈피 차의 비로 나타낸다.

전열교환기 효율
$$\mu = \frac{\text{급기 엔탈피} - \text{외기 엔탈피}}{\text{환기 엔탈피} - \text{외기 엔탈피}} = \frac{X_2 - X_1}{X_3 - X_1}$$

48 ①

전열교환기
- 배기되는 공기와 유입되는 외기의 교환에서 배기가 가진 열량을 회수하거나, 외기가 지닌 열량을 제거하여 공조기에 공급하는 장치이다.
- 공기와 공기 간의 열교환기로서 현열, 잠열 교환이 모두 가능하다.
- 윗부분(외기 급기)과 아랫부분(배기)로 나뉘어져 각각 덕트에 접속된다.
- 전열교환으로 공조기 용량을 줄일 수 있어, 공기방식의 중앙공조시스템이나 공장 등 대규모 공간의 에너지회수용으로 쓰인다.

49 ②

① 습구온도는 포화공기(상대습도 100%)가 아닐 경우 항상 건구온도보다 낮다.
③ 건구온도와 습구온도의 차가 클수록 습도는 낮아진다.
④ 동일 건구온도에서 상대습도가 높을수록 비

체적은 커진다.

50 ④

정풍량 단일덕트방식
- 급기 덕트의 송풍량은 항상 일정하며 열 부하에 따라 온도와 습도만을 조절하는 가장 기본적인 공조 방식이다.
- 설치비가 싸고 보수관리가 용이한 편이나 각 실이나 존의 부하변동은 즉시 대응할 수 없다.
- 중·소규모 건축물, 층고가 높은 극장, 공장 등의 건물에 적합하다.

51 ②

냉방부하의 종류와 발생 요인

부하 발생 요인	현열	잠열
벽체로부터의 취득열량	○	
극간풍에 의한 취득열량	○	○
인체의 발생열량	○	○
기구로부터의 발생열량	○	○
유리로부터의 취득열량	○	
송풍기에 의한 취득열량	○	
덕트로부터의 취득열량	○	
조명에 의한 취득열량	○	
외기 도입에 의한 취득열량	○	○

52 ①

온수난방
㉠ 온수의 현열을 이용한 난방으로, 단관 혹은 복관식 배관을 통하여 방열기에 온수를 공급한다.
㉡ 온도 및 수량 조절이 용이하고 방열기 표면 온도가 낮으며, 보일러 취급이 용이하고 안전한 편이다.
㉢ 증기난방보다 열용량이 크고 예열시간이 길어 간헐운전에 불리하다.
㉣ 방열면적과 배관이 커서 설비 비용이 크다.
㉤ 한랭지에선 운전정지 중 동결 우려가 크며 온수 순환시간이 길다.

53 ①

- 현열부하 $q_s = G \cdot C \cdot \Delta t$ [kJ/h]
  $= 500 \times 1.01 \times (24-5)$
  $= 9595 \text{kJ/h} = 2665.28 \text{W}$

  G : 공기량[kg/h]
  C : 공기의 정압비열
  Δt : 실내외 온도차

- 잠열부하 $qL = G \cdot L \cdot \Delta x$ [kJ/h]
  $= 500 \times 2501 \times (0.009 - 0.002)$
  $= 8753.5 \text{kJ/h} = 2431.53 \text{W}$

  G : 공기량[kg/h]
  L : 0℃에서 물의 증발잠열
  Δx : 실내외 절대습도차

∴ 현열부하+냉방부하=5096.816W
※ 1W=3.6kJ/h

54 ④

바이패스형 변풍량 유닛(VAV unit)
- 송풍공기 중 취출구를 통해서 실내에 취출되고 남은 공기를 천장 속 또는 환기덕트로 바이패스 시키는 방식
- 부하변동에 대한 대응이 용이하며, 유닛의 소음발생이 적다.
- 송풍기로부터의 풍량은 일정하며 덕트 내 정압제어가 불필요하므로, 송풍용량 제어를 위한 부속기기를 설치할 필요가 없다.
- 덕트 계통의 증설이나 개설에 대한 적응성이 적다.

55 ①

장치로 유입되는 물질(수분)의 양은 장치로부터 나가는 총 물질(수분)의 양과 같다.
∴ $L = G(X_2 - X_1)$

56 ④

① 직관부의 마찰저항은 관경에 반비례한다.
② 글로브 밸브는 슬루스 밸브보다 마찰저항이 크다.
③ 배관 내 유속이 낮으면 관경이 증가하므로 공사비가 높아지고, 마찰저항은 작아져서

펌프 소요동력은 감소한다.

57 ③

상당 외기온도(Equivalent Temperature)
햇빛을 받는 외벽이나 지붕과 같이 열용량이 있는 구조체를 통과하는 열량 산출을 위해 외기온도·일사량·표면재료 흡수율 등을 고려하여 정한 값을 상당 외기온도라 하며, 상당 외기온도와 실제 외기온도의 차를 상당 외기온도차라 한다.

58 ②

고속덕트는 송풍기의 동력이 커진다.

59 ③

EHP는 압축식 냉동기의 원리를 이용한 열펌프이다.

60 ④

습공기선도의 구성 요소
건구온도, 습구온도, 노점온도, 절대습도, 상대습도, 수증기 분압, 엔탈피, 비체적, 현열비 등

61 ③

코일 축적 에너지 $W = \dfrac{LI^2}{2}[J]$

(L : 자체 인덕턴스[H], I : 전류[A])

∴ $W = \dfrac{4 \times 5^2}{2} = 50[J]$

62 ③

연결살수설비의 송수구는 다음 각 호의 기준에 따라 설치하여야 한다.
㉠ 소방차가 쉽게 접근할 수 있고 노출된 장소에 설치할 것. 이 경우 가연성 가스의 저장·취급시설에 설치하는 연결살수설비의 송수구는 방호대상물로부터 20m 이상 거리를 두거나 방호대상물에 면하는 부분이 높이 1.5m 이상 폭 2.5m 이상의 철근콘크리트 벽으로 가려진 장소에 설치하여야 한다.
㉡ 송수구는 구경 65mm의 쌍구형으로 설치할 것. 다만, 하나의 송수구역에 부착하는 살수헤드의 수가 10개 이하인 것은 단구형인 것으로 할 수 있다.
㉢ 개방형 헤드를 사용하는 송수구의 호스접결구는 각 송수구역마다 설치할 것. 다만, 송수구역을 선택할 수 있는 선택밸브가 설치되어 있고 각 송수구역의 주요구조부가 내화구조로 되어 있는 경우에는 그렇지 않다.
㉣ 지면으로부터 높이가 0.5m 이상 1m 이하의 위치에 설치할 것
㉤ 송수구로부터 주배관에 이르는 연결배관에는 개폐밸브를 설치하지 않을 것. 다만, 스프링클러설비·물분무소화설비·포소화설비 또는 연결송수관설비의 배관과 겸용하는 경우에는 그렇지 않다.
㉥ 송수구의 부근에는 "연결살수설비 송수구"라고 표시한 표지와 송수구역 일람표를 설치할 것. 다만, 2)항에 따른 선택밸브를 설치한 경우에는 그렇지 않다.
㉦ 송수구에는 이물질을 막기 위한 마개를 씌워야 한다.

63 ③

도체저항, 접촉저항, 접지저항은 작아야 하고, 돌침의 보호각은 커야 한다.

64 ④

특정소방대상물의 어느 층에서 해당 층의 옥내소화전을 동시에 사용할 경우, 각 소화전의 노즐선단에서의 방수압력은 0.17MPa(호스릴 옥내소화전설비 포함) 이상으로 하고, 방수량은 130ℓ/min(호스릴 옥내소화전설비 포함) 이상이 되는 성능이어야 한다. 다만, 하나의 옥내소화전을 사용하는 노즐선단에서의 방수압력이 0.7MPa을 초과할 경우에는 호스접결구의 인입측에 감압장치를 설치하여야 한다.

65 ③

피드백 제어(feedback control)
㉠ 제어량을 측정하여 설정값과 비교한 뒤 그 차를 적절한 정정 신호로 교환하여 제어장치로 되돌리며, 제어량이 설정값과 일치할 때까지 수정 동작을 하는 자동제어를 뜻한다.
㉡ 온도, 습도, 압력 등 설정값을 일정하게 정해놓은 제어에 사용한다.
※ 정치동작(constant value control) : 목표값이 시간적으로 일정한 자동제어를 말한다.

66 ④

충압펌프
배관 내 압력손실에 따른 주펌프의 빈번한 기동을 방지하기 위하여 충압역할을 하는 펌프. 옥내소화전 설비의 가압송수장치에는 정격부하 운전 시 펌프의 성능을 시험하기 위한 배관을, 체절 운전 시 수온의 상승을 방지하기 위한 순환배관을 설치해야 하지만 충압펌프의 경우는 그렇지 않다.

67 ②

축전지의 충전방식
① 보통충전 : 필요시마다 표준 시간율로 소정의 충전을 하는 방식
② 부동충전 : 축전지의 자기방전을 보충하면서 동시에 상용부하에 대한 전력공급은 충전기가 부담한다. 충전기가 부담하기 어려운 일시적 대전류부하는 축전지로 하여금 부담하게 하는 방식
③ 급속충전 : 보통 충전 전류의 2~3배의 전류로 충전하는 방식
④ 균등충전 : 각 축전지의 전위차를 보정하기 위해 1~3개월마다 10~12시간씩 1회 충전하는 방식
※ 세류충전 : 항상 자기 방전량만을 충전하는 부동충전 방식의 일종

68 ①

소비전력 $P = \sqrt{3}\,IV\cos\theta$ 이므로
(I : 전류, V : 전압, $\cos\theta$: 역률)
역률 $\cos\theta = \dfrac{P}{\sqrt{3}\,IV} = \dfrac{18,000}{\sqrt{3}\times 70 \times 220} \fallingdotseq 0.67$

69 ③

피드백 제어는 입력과 출력의 비교가 반드시 필요하다.(65번 해설 참조)

70 ②

병렬연결 합성저항 $R = \dfrac{20 \times x}{20 + x} = 4\,\Omega$
$20x = 4(20+x)$ 이므로 $16x = 80$
∴ $x = 5$

71 ④

유도전동기는 역률이 나빠서 에너지절약에는 부적합하지만, 구조 및 취급이 간단하여 건축설비에 널리 쓰인다.

72 ①

방송 공동수신설비
- 아파트나 연립주택 등의 공동 주택에서 지상파 텔레비전 및 위성 방송, FM 라디오 방송, 케이블 TV 등을 공동으로 수신할 수 있도록 하는 설비
- 구성 : 수신 안테나, 선로, 관로, 증폭기, 분배기
※ 월패드 : 주방이나 거실 벽면에 부착된 형태로 존재하는 홈 네트워크 기기. 기본적인 비디오 도어 폰 기능에 방범, 방재, 가전기기 제어 등의 기능이 포함되어 있다.

73 ②

옥외소화전 설비
소방대상물의 화단이나 정원 등에 설치하여 대상물의 1·2층 화재 소화 및 인접 건물로의 연소 확대 방지에 사용한다.

74 ②

키르히호프의 법칙
㉠ 1법칙(전류 법칙) : 회로망 중 한 점에 들어오는 전류의 총합은 흘러나가는 전류의 총합과 같다.
㉡ 2법칙(전압 법칙) : 회로망 중 임의의 폐회로 내에서 일주 방향에 따른 전압강하 총합은 기전력의 총합과 같다.

75 ①
㉠ 병렬 연결 콘덴서 합성정전용량 = $C_1 + C_2$
㉡ 직렬 연결 합성정전용량 = $\dfrac{C_1 C_2}{C_1 + C_2}$

76 ④

수용률
㉠ 수용 설비가 동시에 사용되는 정도
㉡ 주상변압기 등의 적정 공급 설비용량을 파악하기 위하여 사용한다.
㉢ 수용률 = $\dfrac{\text{최대수용전력[kW]}}{\text{총부하설비용량[kW]}} \times 100(\%)$

77 ③

유효전력
• 전원에서 공급되어 부하에서 유효하게 이용되는 전력
• $P = VI\cos\theta [\text{W}]$

78 ④

인터폰 접속방식

모자식	• 1대의 모기에 여러 대의 자기를 접속하는 방식 • 자기끼리는 접속할 수 없다.
상호식	• 원하는 곳 모두 상호접속이 가능한 방식
복합식	• 모자식과 상호식을 결합한 방식

79 ③

소화의 방법

① 냉각소화 : 연소 중인 가연물로부터 열을 뺏어 연소물을 착화온도 이하로 내리는 방법. 물이나 이산화탄소 소화약제에 의한 냉각이 주로 쓰인다.
② 제거소화 : 연소반응에 관계된 가연물이나 그 주위의 가연물을 제거함으로써 연소반응을 중지시키거나 농도 이하로 유지시켜 소화하는 방법. 화학반응기의 화재 시 원료공급을 막고, 가연물은 직접 제거 및 파괴한다. 강풍 등으로 가연성 증기를 순간적으로 날려 보내는 방법도 쓰이며, 산불화재의 경우 화재의 진행 방향을 앞질러 벌목하는 것도 제거소화이다. 유전 화재 시에는 폭약으로 폭풍을 일으켜 화염을 제거하기도 한다.
③ 질식소화 : 산소공급원을 차단하여 소화하는 방법. 공기 중 산소 농도를 15% 이하로 억제함으로서 화재를 소화한다. 불연성 기체, 불연성 포, 불연성 고체로 연소물을 덮는 방법이 쓰인다.
④ 억제소화(부촉매소화, 화학적 소화) : 연소의 4요소 중 연속적인 산화반응, 즉 연쇄반응을 약화시켜 연소가 계속되는 것을 불가능하게 하여 소화하는 것으로 화학적 작용에 의한 소화방법이다.
　㉠ 부촉매 : 화학적 반응의 속도를 느리게 하는 재료(할로겐족 원소 : 불소, 염소, 브롬, 요오드)
　㉡ 소화 효과(부촉매)의 크기 : 불소 < 염소 < 브롬 < 요오드

※ 기타
㉠ 피복소화 : 가연물 주위를 공기와 차단시켜 소화(이불, 담요 등으로 덮는 것)
㉡ 희석소화 : 수용성 액체(ex : 아세톤) 화재 시 물을 뿌려 연소 농도를 희석하여 소화
㉢ 유화소화(에멀전 소화) : 비수용성 인화성 액체의 유류화재 시 액체표면에 불연성의 유막을 형성하여 소화

80 ②

실지수
- 실의 형상에 따라 조명의 효율이 달라지는 것을 나타낸 것이다.
- 천장이 낮고 가로, 세로가 넓은 경우에는 실지수가 커지고 반대의 경우에는 작아진다.
- 실지수 $R = \dfrac{x \times y}{(x+y) \times H}$

$$= \dfrac{12 \times 10}{(12+10) \times 2.75} = 1.98$$

x : 실의 폭
y : 실의 안목길이
H : 작업면에서 광원까지의 높이

81 ③

난방 및 냉방설비의 용량을 위한 설계기준 실내온도는 난방의 경우 20℃, 냉방의 경우 28℃를 기준으로 하되(목욕장 및 수영장은 제외) 각 건축물 용도 및 개별 실의 특성에 따라 별표로 제시된 범위를 참고하여 설비의 용량이 과다해지지 않도록 한다.

82 ③

「지진·화산재해대책법」 제14조 제1항 각 호의 시설 중 대통령령으로 정하는 특정 소방대상물에 소방시설을 설치하려는 자는 옥내소화전설비, 스프링클러설비, 물분무 등 소화설비가 정상적으로 작동될 수 있도록 설치하여야 한다.

83 ①

숙박시설이 있는 특정소방대상물 수용인원 산정 방법
- ㉠ 침대가 있는 시설 : 해당 특정소방물의 종사자 수+침대 수(2인용 침대는 2개로 산정한다)
- ㉡ 침대가 없는 시설 : 해당 특정소방대상물의 종사자 수+숙박시설 바닥면적 합계를 $3m^2$로 나누어 얻은 수

※ 바닥면적 산정 시 복도, 계단, 화장실 바닥면적은 포함하지 않는다.

※ 계산 결과 소수점 이하의 수는 반올림한다.

84 ④

개별관람석 출구의 유효너비 합계는 관람석 바닥면적 $100m^2$마다 0.6m 비율로 산정한 너비 이상이므로 출구의 유효너비 합계 최소 기준은 $300m^2 \times \dfrac{0.6m}{100m^2} = 1.8m$이다. 그러나 출구는 반드시 2개소 이상이어야 하며 각 출구의 유효너비는 1.5m이므로, 개별 관람실 출구의 유효너비의 합계는 최소 3m 이상이 되어야 한다.

85 ③

철근콘크리트조인 기둥, 보, 계단, 지붕은 두께와 상관없이 내화구조로 인정된다. 철근콘크리트조 바닥은 두께가 10센티미터 이상이어야 내화구조로 인정된다.

86 ③

축냉식 전기냉방설비
심야시간에 전기를 이용하여 축냉재(물, 얼음 또는 포접화합물과 공융염 등의 상변화 물질)에 냉열을 저장하였다가 이를 심야시간 이외의 시간에 냉방에 이용하는 설비
① 빙축열식 냉방설비 : 심야시간에 얼음을 제조하여 축열조에 저장하였다가, 그 밖의 시간에 이를 녹여 냉방에 이용하는 냉방설비를 말한다.
② 수축열식 냉방설비 : 심야시간에 물을 냉각시켜 축열조에 저장하였다가, 그 밖의 시간에 이를 냉방에 이용하는 냉방설비를 말한다.
③ 잠열축열식 냉방설비 : 포접화합물이나 공융염 등의 상변화 물질을 심야시간에 냉각시켜 동결한 후, 그 밖의 시간에 이를 녹여 냉방에 이용하는 냉방설비를 말한다.

87 ③

6층 이상 거실면적 합계=$3000m^2 \times 7 = 21000m^2$
(8~15인승 기준) 승용승강기의 최소 설치 대

$$수 = 1 + \frac{21000m^2 - 3000m^2}{2,000m^2} = 10대$$

※ 승강기 기준이 16인승 이상이므로 산정대수의 1/2인 5대가 최소 설치 대수이다.

88 ③

다음 건축물의 경계벽은 소리를 차단하는데 장애가 되는 부분이 없도록 내화구조로 하고 지붕 밑 또는 바로 위층 바닥판까지 닿게 하여야 한다.

대상 건축물	구획되는 부분
• 단독주택 중 다가구주택 • 공동주택(기숙사 제외) • 노유자시설 중 노인복지주택	각 세대 간의 경계벽(발코니 부분 제외)
• 숙박시설의 객실 • 공동주택 중 기숙사의 침실 • 의료시설의 병실 • 교육연구시설 중 학교의 교실 • 노유자시설 중 노인요양시설의 호실	각 실 간의 경계벽

89 ②

용도변경 관련 시설군의 분류

분류	세부항목
1. 자동차관련 시설군	가. 자동차 관련시설
2. 산업 등의 시설군	가. 운수시설 나. 창고시설 다. 공장 라. 위험물저장 및 처리시설 마. 자원순환 관련 시설 바. 묘지 관련 시설 사. 장례시설
3. 전기통신시설군	가. 방송통신시설 나. 발전시설
4. 문화 및 집회시설군	가. 문화 및 집회시설 나. 종교시설 다. 위락시설 라. 관광휴게시설
5. 영업시설군	가. 판매시설 나. 운동시설 다. 숙박시설 라. 제2종 근린생활시설 중 다중생활시설
6. 교육 및 복지시설군	가. 의료시설 나. 교육연구시설 다. 노유자시설 라. 수련시설 마. 야영장 시설
7. 근린생활시설군	가. 제1종 근린생활시설 나. 제2종 근린생활시설(다중생활시설 제외)
8. 주거업무시설군	가. 단독주택 나. 공동주택 다. 업무시설 라. 교정 및 군사시설
9. 그 밖의 시설군	가. 동물 및 식물 관련 시설

※ 허가 대상 : 하위 → 상위시설 용도 변경
※ 신고 대상 : 상위 → 하위시설 용도 변경
※ 기재변경 : 동일 시설군 내에서의 용도변경

90 ④

거실의 반자높이

건축물의 용도	반자 높이	예외 규정
일반용도의 거실	2.1m 이상	• 공장 • 창고시설 • 위험물 저장 및 처리 시설 • 동물 및 식품관련시설 • 분뇨 및 쓰레기처리 시설 • 묘지 관련 시설
• 문화 및 집회시설 (전시장 및 동·식물원은 제외) • 종교시설 및 장례식장 • 위락시설 중 유흥주점 ※ 관람석 또는 집회실로서 바닥면적 200m² 이상	4.0m 이상 (노대 아랫부분 : 2.7m 이상)	기계환기장치를 설치한 경우

91 ②

건축허가 사전승인 신청 시 필요한 설계도서
건축계획서, 배치도, 평면도, 입면도, 단면도, 구조도, 구조계산서, 소방설비도

92 ④

배연구는 평상시에는 닫힌 상태를 유지하고, 연 경우에는 배연에 의한 기류로 인하여 닫히지 않도록 해야 한다.

93 ②

문화 및 집회시설(동·식물원 제외)로써 다음에 해당하는 경우에는 모든 층에 스프링클러

설비를 설치한다.
㉠ 수용인원 100명 이상
㉡ 영화상영관의 용도로 쓰이는 층의 바닥면적이 지하층 또는 무창층인 경우 500m² 이상, 그 밖의 층은 1000m² 이상
㉢ 무대부가 지하층·무창층 또는 4층 이상의 층에 있는 경우 무대부 면적 300m² 이상
㉣ 무대부가 3)외의 층에 있는 경우에는 무대부의 면적이 500m² 이상

94 ②

주거용 건축물 급수관의 지름

가구 또는 세대수	1	2·3	4·5	6~8	9~16	17 이상
급수관 지름의 최소 기준(mm)	15	20	25	32	40	50

95 ①

비상탈출구의 기준(주택 제외)
건축물 지하층에 설치하는 비상탈출구는 출입구로부터 3m 이상 떨어진 곳에 설치할 것

96 ④

건축법령에 따른 공동주택의 분류
㉠ 아파트 : 주택으로 쓰는 층수가 5개층 이상인 주택
㉡ 연립주택 : 주택으로 쓰는 1개 동의 바닥면적 합계가 660m²를 초과하고, 층수가 4개층 이하인 주택
㉢ 다세대주택 : 주택으로 쓰는 1개 동의 바닥면적 합계가 660m² 이하이고, 층수가 4개층 이하인 주택(2개 이상의 동을 지하주차장으로 연결하는 경우에는 각각의 동으로 본다)
㉣ 기숙사 : 학교 또는 공장 등의 학생 또는 종업원 등을 위하여 쓰는 것으로서 1개 동의 공동취사시설 이용 세대수가 전체의 50% 이상인 것(교육기본법에 따른 학생복지주택을 포함한다.)

97 ④

연면적 10000m² 이상인 건축물(창고시설 제외) 또는 에너지를 대량으로 소비하는 건축물로서 국토교통부령으로 정하는 건축물에 건축설비를 설치하는 경우에는 다음 기준에 따라 관계전문기술자의 협력을 받아야 한다.
㉠ 전기, 승강기(전기 분야만 해당) 및 피뢰침 : 건축전기설비기술사 또는 발송배전기술사
㉡ 가스·급수·배수(配水)·배수(排水)·환기·난방·소화·배연·오물처리설비 및 승강기(기계 분야만 해당) : 건축기계설비기술사 또는 공조냉동기계기술사

98 ④

소방시설의 분류
- 소화설비 : 소화기, 옥내소화전, 옥외소화전, 스프링클러, 물분무 등 설비(가스계 소화설비)
- 경보설비 : 자동화재탐지설비, 자동화재속보설비, 비상방송설비, 비상경보설비, 누전경보기
- 피난설비 : 유도등, 비상조명등, 피난사다리, 공기호흡기, 완강기
- 소화용수설비 : 상수도소화용수설비, 소화수조
- 소화활동설비 : 제연설비, 연결송수관설비, 연결살수설비, 무선통신보조설비, 비상콘센트설비

99 ③

낙뢰의 우려가 있는 건축물, 높이 20m 이상의 건축물 또는 공작물에는 기준에 적합한 피뢰설비를 설치해야 한다.

100 ①

건축법상 지하층이란 건축물의 바닥이 지표면 아래에 있는 층으로서 바닥에서 지표면까지 평

균 높이가 해당 층 높이의 1/2 이상인 것을 말한다.

2022년 2회 건축설비기사 과년도 해설 및 정답

01 ①

쉐어 커넥터(shear connector)
합성보에서 콘크리트 슬래브와 철골보를 연결하여 두 재료 사이의 전단력을 전달하도록 강재에 용접하여 콘크리트 속에 매입한 스터드, ㄷ형강, 플레이트 또는 다른 형태의 강재를 뜻한다. 전단 연결재라고도 한다.

02 ①

자연 조건이 비슷한 나라들이 서로 다른 건축형태를 갖는 것은 기후나 풍토적 요소가 유사하더라도 문화적 요소에서 차이를 보이기 때문이다. 각 국의 고유 문화요소는 건축형태의 특징으로 반영되기 마련이다.

03 ④

아트리움(atrium)
건축물 내부에 전면 유리 등으로 마련된 내부 정원 형태의 공간. 원래 의미는 중세 기독교 건축의 앞마당을 일컫는 것으로, 현대건축에서는 오피스 빌딩 등의 대형 건축물 전면부 등에 실내공간을 유리지붕 또는 오픈된 중층 공간의 전면을 유리창으로 처리하여 실내에 자연채광을 유입시키는 형태의 공간을 뜻한다. 아트리움을 설치함으로써 실내공간에서도 햇빛과 같은 자연환경 요소를 느낄 수 있고, 휴식공간을 조성할 수 있어서 쾌적한 내부 환경 조성을 가능하게 한다.

04 ③

- **리조트 호텔(resort hotel)** : 호텔 유형의 일종. 피서·피한·여행을 목적으로 하는 관광객 및 휴양객에게 많이 이용되는 호텔. 휴양지와 관광지에 건설되며 규모나 형식이 다양하다. 위치나 유형에 따라서 해변호텔, 산장호텔, 온천호텔, 스포츠호텔, 클럽하우스 등으로 분류된다.
- **시티 호텔(city hotel)** : 도심에 세워지는 호텔의 총칭. 커머셜 호텔, 레지덴셜 호텔, 다운타운 호텔, 서버번(suburban) 호텔, 터미널 호텔, 스테이션 호텔 등으로 분류된다.

05 ①

주변을 고정이라고 간주하는 철근콘크리트 슬래브의 경우, 단변 방향 철근을 주근이라 하고, 장변 방향 철근은 배력근이라 한다.

06 ③

종합 교실형(U형)
- 교실 수가 학급 수와 일치하며, 각 교실 내에서 학급의 모든 교과수업이 진행된다.
- 학생의 이동이 필요 없고 교실의 이용률이 높다.
- 고학년 이상의 수업 진행에는 무리가 있어 저학년 교과에만 적용된다.

07 ②

시멘트 벽돌은 모르타르의 수분을 흡수하므로, 접촉면에 물축임 없이 시공을 하면 모르타르의 강도가 저하될 수 있다.

08 ②

코어(core)
건물의 설비부분이나 특수한 부분을 핵 모양으로 집중시킨 부분. 설비를 집중배치하기 때문에 배관배선이 절약되고, 설비를 중심으로 사람의 움직임이 집약되므로 동선이 절약되고 면적 효율이 높은 평면구성이 가능해지는 이점이 있다. 세포나 과실의 핵과 같이 건물의 중심부에 설비를 집중시키고 코어 외곽을 내진벽으로 둘러싸서 건물 전체를 견고하게 한다.

09 ③
안전개가식은 이용자가 직접 책을 찾아 꺼낼 수 있지만, 관원의 검열을 받은 후에 대출기록을 남기고 열람할 수 있다.

10 ③
파사드 구성의 광고 요소
구매를 충동시키는 구매심리 5단계(AIDMA)
- 주의를 끌 것 : Attention
- 고객의 흥미를 끌 것 : Interest
- 구매 욕구를 일으킬 것 : Desire
- 구매의사를 기억하게 할 것 : Memory
- 구매결정을 유발할 것 : Action

11 ④
침실은 프라이버시를 위해 가급적 현관과 멀게 배치하는 것이 좋다.

12 ②
고객의 동선은 가급적 길게 하여 상품 접촉 빈도를 높이고, 점원의 동선은 되도록 짧게 하여 피로도를 낮춘다.

13 ①
교실과 복도의 접촉면이 작은 평면이 소음을 막는데 유리하다.

14 ④
작업삼각형에서 한 변의 길이가 길어지면 작업 효율이 나빠진다.

15 ②
- 필요환기량 = 500인 × 30m³/h = 15000m³/h
- 1시간당 환기 횟수

$$= \frac{필요환기량}{실용적} = \frac{15000m^3}{5000m^3} = 3회/h$$

16 ③
정측광
천장의 효과를 얻기 위해 천장 위치에 설치하고, 비막이에 좋은 측창의 장점을 살리기 위하여 수직에 가깝게 설치한 것이다. 높이는 눈높이보다 높게 하고 창의 상부는 천장선과 같거나 그 아래에 위치한다. 미술관, 박물관, 공장 등에 쓰인다.

17 ②
지반 상태가 고르지 못하거나 편심 하중이 작용하는 건축물의 기초나 말뚝을 서로 다른 형태로 혼용하는 것은 바람직하지 않다.

18 ①
외래진료부의 운영방식
㉠ 오픈 시스템 : 종합병원에 등록되어 근접한 곳에 위치한 일반 개업의사가 자기 환자를 종합병원 진찰실에서 예약된 시간 및 장소에서 볼 수 있고 입원시킬 수 있는 방식
㉡ 클로즈드 시스템 : 대규모의 각종 과를 필요로 하는 우리나라 종합병원의 대표적 외래진료 방식
ⓐ 부속 진료시설을 인접하게 하여 이용을 편리하게 한다.
ⓑ 환자의 이용이 편리하도록 1층 또는 2층 이하에 둔다.
ⓒ 내과계통은 진료에 시간이 소요되므로 소 진료실을 여러 개 설치한다.
ⓓ 실내환경에 대한 배려로서 환자의 심리고통을 덜어줄 수 있는 환경심리적 요인을 반영시킨다.

19 ①
부재의 마구리가 보이지 않게 45°로 잘라 맞댄 것을 연귀맞춤이라 한다.

20 ④
작용온도(OT)
기온, 주벽의 복사열, 기류의 영향을 조합시킨 쾌적지표로서 습도의 영향이 고려되지 않는 것이 특징이다.

21 ②
강관의 팽창길이
= 강관 길이 × 선팽창계수 × 온도변화
= $100m \times (0.171 \times 10^{-4}/℃) \times (60℃ - 20℃)$
= $0.0684m = 68.4mm$

22 ③
수도본관 최저필요압력
$P_0 \geq P + P_f + \dfrac{H}{100} = 0.07 + 0.02 + \dfrac{1}{100} = 0.1MPa$

P : 수전 필요압력[MPa]
P_f : 관 마찰손실수두[MPa]
H : 수전 높이[m]

23 ②
펌프의 구경
$d = \sqrt{\dfrac{4Q}{\pi v}} = \sqrt{\dfrac{4 \times 18m^3 \times \dfrac{1}{3600}}{3.14 \times 2}} = \sqrt{\dfrac{0.02}{6.28}}$
= $0.056m = 56.4mm$

Q : 유량[m³/s]
v : 관내 유속[m/s]

24 ②
경수는 센물, 연수는 단물이라 한다.

25 ④
플라스틱 위생기구는 표면경도와 내마모성이 낮아서 흠이 쉽게 생기고, 열에 취약하다.

26 ③
• 가열량 $Q = m \cdot c \cdot \Delta t$
= $500 \times 4.2 \times (60 - 15)$
= $94500 kJ/h = 26.25 kJ/s$

m : 질량[kg]
c : 물의 비열[kJ/kg℃]
Δt : 물의 온도차[℃]

• 전력사용량
= $\dfrac{가열량}{효율} = \dfrac{26.25}{0.8} = 32.8 kJ/s = 32.8 kW$

27 ①
펌프직송방식(tankless booster system)
수도 본관으로부터 인입관 등에 의해 물을 저수탱크에 저수하여 급수 펌프만으로 건물 내의 소요 개소에 급수하는 방식. 정교한 제어가 요구되며 전력을 차단하면 급수가 불가능하고, 단수 시에는 저수량만큼의 급수만 가능하다.
㉠ 정속방식 : 여러 대의 펌프를 병렬로 설치하고 1대의 펌프를 항상 가동시켜 토출관의 압력 변화 시 다른 펌프를 시동 또는 정지시킨다.
㉡ 변속방식 : 정속전동기와 변속장치를 조합하거나 또는 변속전동기를 사용하여 토출관의 압력 변화를 감지하고 펌프의 회전수를 변화시킴으로써 양수량을 조절하는 방식이다.

28 ①
순환펌프의 순환 수량
$W = \dfrac{Q}{C \cdot \Delta t}[L/min] = \dfrac{4000 J/s \times 60 min}{4.2 kJ/kg \cdot K \times (65 - 55)}$
= $\dfrac{240 kJ/min}{42 kJ/kg} = 5.7 L/min$

Q : 배관의 열손실
C : 물의 비열
Δt : 급탕관과 환탕관의 온도차

29 ④
레이놀즈 수
점성력에 대한 관성력의 상대적 크기를 나타내는 무단위 수. 관내유동에서 층류와 난류를 판단하는 기준이 된다. 유체 속도와 관경에 비례하고, 동점성계수에 반비례한다.

30 ③

결합 통기관
- 배수 수직관 내 압력변화를 방지 및 완화시키기 위해, 배수 수직관과 통기 수직관을 접속하는 통기관
- 주로 고층 건물에서 5개 층마다 설치하여 배수 수직주관의 통기를 촉진한다.
- 관경은 통기수직관과 배수수직관 중에서 작은 쪽 관경 이상으로 한다.

31 ②

크로스 커넥션
수돗물에 이물질이 혼입되어 오염되는 현상. 이를 방지하기 위해서는 배관 계통별로 색깔로 구분하여 오접함을 방지하며 통수시험에 의해 체크한다.
※ 급수배관의 유속 제한과는 거리가 멀다.

32 ④

활성 오니법
활성 오니를 이용하여 하수를 정화하는 방법. 침사 등의 처리를 한 하수를 에어레이션 탱크에서 활성 오니와 혼합하고, 이것에 공기를 충분히 공급하면 활성 오니의 표면에는 하수 속의 유기물이 흡착한다. 흡착된 유기물은 호기성 세균, 미생물에 의해 생물학적 산화작용을 받아 활성 오니로 변한다. 이 혼합액을 최종 침전지로 유도하여 상부의 맑은 물은 방류하고, 침전에 의해 분리한 활성 오니의 일부는 에어레이션 탱크로 반송된다. 잔류물은 잉여 오니에 의해 처리된다.

33 ①

간접 배수(indirect waste)
식료품·음료수·소독물 등을 저장하거나 취급하는 기기에서 배수관이 일반배수관에 직결되어 있으면, 배수관 내 흐름이 나빠지거나 막히게 되는 경우 오물이나 유해가스가 역류하여 이들 기기를 오염시킬 우려가 있다. 이를 방지하려면 이들 기기의 배수관을 일반배수계통에 직결하지 않고, 일단 대기 중에 적절한 공간을 띄우고 물받이용기(hopper)에 배수를 받은 다음 일반배수관에 접속해야 한다. 이를 간접배수라 하며, 그 공간을 배수구 공간(drain outlet)이라 한다. 제빙기, 냉장고, 세탁기, 음료기, 식기세척기, 공기정화기, 냉각탑·열교환 배수관, 고가수조 오버플로관 등에 쓰인다.
※ 욕조, 세면기, 소변기, 대변기 등은 직접 배수관으로 연결한다.

34 ④

마찰손실수두
$$= \lambda \times \frac{l}{d} \times \frac{v^2}{2g} [\text{mAq}]$$
$$= \frac{0.02 \times 20 \times 2^2}{0.04 \times 2 \times 9.8} = 2.04 [\text{mAq}]$$

λ : 관마찰계수
l : 배관 길이(m)
d : 배관 직경(m)
v : 배관 내 평균유속
g : 중력가속도($9.8\text{m}/\text{sec}^2$)

35 ③

진공 브레이커(Vaccum Breaker)
기기에서 토수하거나 사용한 물이 역사이펀 작용으로 상수 급수계통에 역류하는 현상을 방지하기 위해, 급수관 내에 부압이 발생할 때 자동적으로 공기를 흡인하도록 하는 구조를 가진 기구이다.

36 ①

안전밸브와 팽창탱크 및 배관 사이에는 차단밸브나 체크밸브 등 어떠한 밸브도 설치되어서는 안 된다.

37 ③

봉수는 하수관으로부터의 악취와 유독가스 및 해충의 침입을 막는 역할을 하므로, 관이 구부러지는 부분 위로 물이 채워져 있어야 한다. 보통 봉수 깊이는 50~100mm 정도로 유지한다.

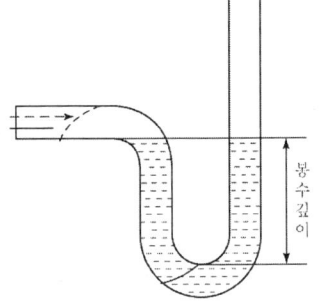

관종	접속관종	접합방법
강관	스테인리스강관	절연유니온, 절연플랜지에 의한 접합으로 하며 기타 이와 유사한 방법의 절연조치
	동관	어댑터를 사용하여 강관은 나사 접합, 동관은 용접 접합하고 절연유니온 또는 절연플랜지를 사용하여 접합
	연관	각각의 이음을 나사 접합 또는 땜납 접합
	염화비닐관	나사형 이음 또는 플랜지 접합
주철관	강관	각각의 이음을 코킹하여 나사 또는 플랜지 접합
	연관	각각의 이음을 코킹하여 납땜 또는 플랜지 접합
	염화비닐관	각각의 이음을 코킹하여 TS식 또는 고무링 접합
연관	동관	납땜 접합
	염화비닐관	각각의 이음을 납땜 접합하여 접착제 접합 또는 고무링 접합
동관	스테인리스강관	절연 유니온, 절연 플랜지에 의한 접합

38 ③

통기관의 설치 목적
- 트랩 내 봉수의 보호
- 배수관 내 원활한 배수의 흐름
- 환기를 통한 관내 청결 유지

39 ②

고가수조방식
양수펌프로 고가 탱크까지 양수하여 낙차에 의한 수압으로 각 층에 수급하는 방식
- 안정적인 수압으로 급수할 수 있고 배관 부속품의 파손이 적다.
- 저수량이 확보되므로 단수 후에도 일정시간 동안 급수가 가능하다.
- 대규모 급수설비에 적합하다.
- 저수조 안에서 물이 오염될 가능성이 있어 저수시간이 길어지면 수질이 나빠지기 쉽다.
- 설비비, 경상비가 높고 구조설계가 까다롭다.

40 ②

41 ④
① 증기난방에 비해 용량제어가 쉽고 응축수에 의한 열손실이 크지 않다.
② 실내온도의 상승이 느리고 예열손실이 커서 간헐난방에는 부적합하다.
③ 증기난방에 비하여 소요방열면적과 배관경이 커야 하므로 설비비가 높다.

42 ①
공기조화설비 배관에서 압력계는 펌프 출구에 설치한다.

43 ④
팽창관의 도중에 밸브를 달아서는 안 된다.

44 ②
- 덕트의 전압(P_t)=정압(P_s)+동압(P_v)
- 동압=$\dfrac{v^2}{2}p$

  v : 관내 풍속(m/s)
  p : 공기의 밀도 (1.2kg/m³)

$$\therefore 전압 = 100\text{Pa} + \frac{12^2}{2} \times 1.2 = 186.4\text{Pa}$$

45 ③

플로트 트랩(float trap)
저압증기용 기기 부속 트랩으로 응축수를 처리하기 위해 사용한다.
㉠ 장점
- 다량의 응축수도 모두 처리할 수 있다.
- 자동 에어벤트가 설치되어 있어서 공기배출이 우수하다.
- 넓은 범위의 압력과 급격한 압력변화에도 작동이 원활하다.

㉡ 단점
- 동결 우려가 있는 곳에는 사용이 곤란하다.
- 증기해머에 의한 내부손상이 발생한다.
- 증기압력에 따라 밸브의 오리피스경을 변경하여야 한다.

46 ②

정압 재취득법
- 덕트 내의 분기점이나 배출구에서의 풍속 감소로 정압 재취득에 의한 상승 정압을 다음의 손실 압력에 충당하여 전계통의 정압이 똑같이 되도록 하여 일정한 공기 분배를 얻는 방식
- 등압법에 비해 송풍기 동력이 절약되며 풍량조절이 용이하다.
- 고속덕트에 적합하며, 저속덕트에선 덕트 치수를 크게 해야 하므로 비합리적이다.

47 ③
① 볼 밸브 : 밸브의 개폐 부분에 구멍이 뚫린 볼이 있어서, 이를 회전시켜 구멍을 막거나 열어 밸브를 개폐시킨다. 개폐 속도가 빠르고 내압성이 있어 수도나 증기용으로 사용된다.
② 체크 밸브 : 유체를 일정 방향으로 흐르게 하고, 역류를 방지하기 위한 밸브.

③ 앵글 밸브 : 유량조절용으로 사용되며, 유체의 흐름방향을 90° 전환시키는 밸브.
④ 게이트 밸브 : 유체 흐름을 단속하는 밸브. 유량조절용으로는 사용이 곤란하다.

48 ②
직교류형 냉각탑은 높이가 낮아서 점검 및 보수는 용이하지만, 열교환 효율은 좋지 않다.

49 ①
- 축동력 소요 : 토출댐퍼 제어 > 흡입댐퍼 제어 > 흡입베인 제어 > 회전수 제어
- 동력 절감률 : 회전수 제어 > 흡입베인 제어 > 흡입댐퍼 제어 > 토출댐퍼 제어

50 ④
유리를 통한 열부하는 일사에 의한 직접 열취득과 함께 전도대류에 의한 열량도 고려한다.

51 ①
현열부하 $q_s = G \cdot C \cdot \Delta t [\text{kJ/h}]$이고,
$15000\text{W} = 15\text{kJ/s} = 54000\text{kJ/h}$이므로
$54000\text{kJ/h} = 10000 \times 1.01 \times (x - 20)$
$x - 20 = \dfrac{54000}{10100} = 5.34$
$\therefore x = 25.3℃$
　　G : 공기량[kg/h]
　　C : 공기의 정압비열
　　Δt : 실내외 온도차

52 ④
송풍기 날개의 직경을 d_1에서 d_2로 변경할 때의 상사법칙(회전수는 일정)
- 풍량(Q)은 날개 직경의 세제곱에 비례한다.
$$Q_2 = (\frac{d_2}{d_1})^3 Q_1$$
- 압력(P)은 날개 직경의 제곱에 비례한다.
$$P_2 = (\frac{d_2}{d_1})^2 P_1$$

- 동력(L)은 날개 직경의 다섯제곱에 비례한다.

$$L_2 = (\frac{d_2}{d_1})^5 L_1$$

53 ②

필요환기량 $Q = \frac{K}{C - C_0}$

Q : 필요환기량
C : 실내허용 CO_2 농도
C_0 : 외기의 CO_2 농도
K : 실내 CO_2 발생량

㉠ 실내 CO_2 발생량
= (재실인원 × 1인당 CO_2 발생량)
= (10인 × 0.022m³/h = 0.22m³/h

㉡ $Q = \frac{K}{C - C_0} = \frac{0.22}{0.0007 - 0.0003} = 550m^3$

※ 1ppm = 0.000001m³

54 ①

유인 유닛방식

1차 공조기로부터 조화한 공기를 고속덕트를 통해 각 유닛에 송풍하면 1차 공기가 유인 유닛 속의 노즐을 통과할 때에 유인작용을 일으켜 실내공기를 2차 공기로 하여 유인한다. 유인된 실내공기는 유닛 속 코일에 의해 냉각(냉수) 또는 가열(온수)된 후 2차의 혼합공기로 되어 실내로 송풍된다.

- 각 유닛마다 개별 제어가 가능하고, 고속덕트를 사용하므로 중앙 공조기와 덕트 공간을 작게 할 수 있다.
- 실내 환경 변화에 대응이 용이하고 회전부가 없어 동력배선이 필요 없다.
- 각 유닛마다 수배관을 설치하므로 누수의 염려가 있고 냉각 가열을 동시에 하는 경우 혼합손실이 발생한다.
- 유인 성능 및 공간 문제 등으로 고성능 필터의 사용이 곤란하고 송풍량이 적어서 외기냉방의 효과가 적다.

55 ①

- 혼합공기의 온도

$$t = \frac{35℃ \times 150kg + 15℃ \times 200kg}{350kg} = 23.57℃$$

- 혼합공기의 습도

$$X = \frac{150kg \times 0.018kg/kg + 200kg \times 0.008kg/kg}{350kg}$$

$$= 0.012kg/kg$$

56 ②

스모크 타워

계단실 등 건물 내부에 설치된 수직 방향의 배연통. 부력에 의하여 연기를 실의 상부벽이나 천장에 설치된 개구에서 옥외로 배출하는 방식이다.

57 ②

- 혼합공기의 건구온도

$$= \frac{30℃ \times 40 + 23℃ \times 60}{100} = 25.8℃$$

- 1-BF(바이패스 팩터)=콘택트 팩터이므로 0.8

∴ 코일의 출구온도

$$= \frac{10℃ \times 80 + 25.8℃ \times 20}{100} = 13.16℃$$

※ 바이패스 팩터(BF) : 냉각코일이나 가열코일과 접촉하지 않고 그대로 통과하는 공기의 비율
※ 콘택트 팩터(CF) : 코일과 완전히 접촉하는 공기의 비율
※ CF+BF=1

58 ④

방열기의 표준방열량

열매	표준방열량 [W/m²]	표준상태 열매[℃]	실내[℃]
증기	756	102	18.5
온수	523	80	

59 ③

① 상대습도가 100%인 공기를 포화공기라고 한다.
② 현열비가 1이라면 현열부하만 있다는 것을 의미한다.
④ 열수분비가 0이라면 엔탈피의 변화가 없었다는 의미이다.

60 ③

엔탈피

0℃의 건조공기와 0℃의 물을 기준으로 하여 측정한 습공기가 갖는 전열량. 공기의 온도나 습도가 증가하면 엔탈피도 함께 증가한다.

61 ④

부등률

- 전력 소비 기기를 동시에 사용하는 정도
- 항상 1보다 크며, 수용률과 더불어 배전 변압기 또는 배전 간선 등의 공급설비 계획 자료로 사용한다.
- 부등률
  $= \dfrac{\text{수용설비 각각의 최대수용전력의 합[kW]}}{\text{합성최대사용전력[kW]}} \times 100\%$

62 ④

통화 방식에 따른 인터폰 설비의 구분

- 프레스토크 : 말을 할 때 푸시버튼을 누르고 들을 때는 버튼을 놓는 방식
- 도어폰 : 보통의 전화처럼 통화하는 방식

63 ①

희석소화

수용성 액체(ex : 아세톤)에 의한 화재발생 시 물을 뿌려 연소농도를 희석하여 소화한다.

64 ③

피상전력

교류회로에서 단자 전압의 실효값을 V[V]로 하고, 그 때의 전류의 실효값을 I[A]로 할 때 그 전압 및 전류의 곱을 피상전력이라고 한다. 유효전력과 무효전력의 벡터합으로, 전압과 전류의 실효치의 곱[VA]으로 나타낸다.

65 ①

광속법

조명설계에서 평균 조도를 계산하는 방법 중 하나이다. 실의 면적 A, 평균 조도 E, 조명률 U, 광원 1개의 광속 F, 광원의 개수 N, 감광보상률을 D라고 할 때 $NFU = EAD$ 이며 조도 $E = \dfrac{NFU}{AD}$ 이다.

66 ③

전압변동률

$= \dfrac{220 - 200}{200} \times 100[\%] = 10[\%]$

67 ①

전동기 회전수

$N = \dfrac{120f(1-s)}{P}$

$= \dfrac{120 \times 60 \times (1 - 0.04)}{4} = 1728 [\text{rpm}]$

N : 회전수 f : 주파수
s : 슬립 P : 극수

68 ①

물질 간에 전자가 이동하면 양(+) 또는 음(−)으로 대전되어 양전기나 음전기를 띠게 된다.

69 ④

포소화설비 구성 요소

물탱크, 가압송수장치, 포방출구, 약제탱크, 혼합장치, 배관 및 화재감지장치

※ 정압작동장치는 분말소화설비에서 저장용기의 내부압력이 설정압력에 이르렀을 때 주밸브를 개방하는 장치이다.

70 ③

영상변류기(ZCT, zero-phase-sequence current-transformer)
비교적 낮은 송전전류의 접지보호를 위하여 사용하는 변류기. 대전류 회로의 지락사고 시 각 상의 불평형 전류를 검출하여 이에 비례하는 미소전류를 2차측으로 전하는 기능을 한다. 중성점 접지 등에서 접지계전기의 오동작을 막고, 누전차단기에서 검출기구로 사용된다.

71 ②
개방형 스프링클러헤드를 사용하는 스프링클러설비의 수원은 최대 방수구역에 설치된 헤드 개수가 30개 이하일 경우에는 헤드 수에 $1.6m^3$를 곱한 양 이상으로 한다.
$1.6m^3 \times 20 = 32m^3$

72 ①
변압기 철심은 자속의 이동통로 역할을 한다.

73 ③
① AI(Analog Input) : 온도, 전류, 전압의 신호를 받아들일 수 있는 아날로그 입력
② DI(Digital Input) : On/Off 상태 또는 경보 신호를 받아들일 수 있는 디지털 입력
③ AO(Analog Output) : 밸브나 댐퍼 등을 비례적으로 동작시키는 아날로그 출력
④ DO(Digital Output) : On/Off를 작동시키는 디지털 출력

74 ①
3상 4선식(△-Y) 결선
- 3상 교류를 네 줄의 전선으로 배전하는 방식
- Y결선의 선간전압은 상전압의 $\sqrt{3}$ 배이다. (절연 용이)
- 제3고조파에 의한 유도장애 방지가 가능하다.

75 ①
공조설비 자동제어 검출소자
㉠ 압력검출소자 : 다이어프램, 벨로즈, 부르돈관
㉡ 습도검출소자 : 나일론 리본, 모발

76 ①
제연설비의 비상전원(자가발전설비, 축전지설비 또는 전기저장장치)는 다음 기준에 따라 설치하여야 한다.
㉠ 점검이 편리하고 화재 및 침수 등의 재해로부터 피해를 받을 우려가 없는 곳에 설치할 것
㉡ 제연설비를 유효하게 20분 이상 작동할 수 있도록 할 것
㉢ 상용전원으로부터 전력의 공급이 중단된 때에는 자동으로 비상전원으로부터 전력을 공급받을 수 있도록 할 것
㉣ 비상전원의 설치 장소는 다른 장소와 방화구획할 것. 이 경우 그 장소에는 비상전원의 공급에 필요한 기구나 설비 외의 것(열병합 발전설비에 필요한 기구나 설비 제외)을 두어서는 아니 된다.
㉤ 비상전원을 실내에 설치하는 때에는 그 실내에 비상조명등을 설치할 것

77 ③
상수도 소화용수설비 설치 기준
㉠ 호칭지름 75mm 이상의 수도배관에 호칭지름 100mm 이상의 소화전을 접속할 것
㉡ ㉠항에 따른 소화전은 소방자동차 등의 진입이 쉬운 도로변 또는 공지에 설치할 것
㉢ ㉠항에 따른 소화전은 특정소방대상물의 수평투영면의 각 부분으로부터 140m 이하가 되도록 설치할 것

78 ④
역률은 교류회로에서 유효전력과 피상전력과의 비이다.

79 ①
사인파 전압

$V = V_m \sin(\omega t - \theta) = 134\sin(314t - 90°)$

V_m : 전압의 최댓값 ω : 각속도
t : 주기 θ : 위상차

각속도 $\omega = 2\pi f = 314$이므로

주파수 $f = \dfrac{\omega}{2\pi} = \dfrac{314}{6.28} = 50[\text{Hz}]$

80 ④

조명기구의 배치방식

- 전반조명방식 : 실내 전체를 일정하게 조명하는 방식. 계획과 설치가 용이하고 책상의 배치나 작업 대상물이 바뀌어도 대응이 용이하다.
- 국부조명방식 : 실내에서 각 구역별 필요 조도에 따라 부분적 또는 국소적으로 설치하는 것이며, 일반적으로 조명기구를 작업대에 직접 설치하거나 작업부의 천장에 매다는 형태가 된다.
- 국부적 전반조명방식 : 넓은 실내공간에서 각 구역별 작업이나 활동영역을 고려하여 일반적인 장소에는 평균조도로서 조명하고, 세밀한 작업을 하는 구역에는 고조도로 조명하는 방식이다.
- TAL 조명방식(Task & Ambient Lighting) : 작업구역(Task)에는 전용의 국부조명방식으로 조명하고, 기타 주변(Ambient) 환경에 대하여는 간접조명과 같은 낮은 조도레벨로 조명하는 방식을 말한다. 여기서 주변조명은 직접 조명방식도 포함되며, 사무실에서 사무자동화가 추진되면서 VDT(Visual Display Terminal) 직업 환경에 따라 고안된 것이다.

81 ③

같은 건축물 안에 공동주택과 위락시설을 설치하는 경우에는 다음 사항을 준수해야 한다.

㉠ 각 출입구 간의 보행거리가 30m 이상이 되도록 설치할 것
㉡ 각 시설은 내화구조로 된 바닥 및 벽으로 구획하여 서로 차단할 것
㉢ 각 시설은 서로 이웃하지 아니하도록 배치할 것
㉣ 건축물의 주요구조부를 내화구조로 할 것
㉤ 거실의 벽 및 반자가 실내에 면하는 부분의 마감은 불연재료·준불연재료 또는 난연재료로 하고, 그 거실로부터 지상으로 통하는 주된 복도·계단 그밖에 통로의 벽 및 반자가 실내에 면하는 부분의 마감은 불연재료 또는 준불연재료로 할 것

82 ③

에너지절약설계기준에 따른 방습층의 정의

습한 공기가 구조체에 침투하여 결로발생의 위험이 높아지는 것을 방지하기 위해 설치하는 투습도가 24시간당 30g/m² 이하 또는 투습계수 0.28g/m²·h·mmHg 이하의 투습저항을 가진 층을 말한다. 다만, 단열재 또는 단열재의 내측에 사용되는 마감재가 방습층으로서 요구되는 성능을 가지는 경우에는 그 재료를 방습층으로 볼 수 있다.

83 ①

건축물에 설치하는 급수·배수·냉방·난방·환기·피뢰 등 건축설비의 설치에 관한 기술적 기준은 국토교통부령으로 정하되, 에너지 이용 합리화와 관련한 건축설비의 기술적 기준에 관하여는 산업통상자원부장관과 협의하여 정한다.

84 ②

소방시설의 분류

- 소화설비 : 소화기, 옥내소화전, 옥외소화전, 스프링클러, 물분무 등 설비(가스계 소화설비)
- 경보설비 : 자동화재탐지설비, 자동화재속보설비, 비상방송설비, 비상경보설비, 누전경보기
- 피난구조설비 : 유도등, 비상조명등, 피난사다리, 공기호흡기, 완강기, 인명구조기구
- 소화용수설비 : 상수도소화용수설비, 소화수조

- 소화활동설비 : 제연설비, 연결송수관설비, 연결살수설비, 무선통신보조설비, 비상콘센트설비

85 ③

다음 건축물의 경계벽은 소리를 차단하는데 장애가 되는 부분이 없도록 내화구조로 하고 지붕 밑 또는 바로 위층 바닥판까지 닿게 하여야 한다.

대상 건축물	구획되는 부분
• 단독주택 중 다가구주택 • 공동주택(기숙사 제외) • 노유자시설 중 노인복지주택	각 세대 간의 경계벽(발코니 부분 제외)
• 숙박시설의 객실 • 공동주택 중 기숙사의 침실 • 의료시설의 병실 • 교육연구시설 중 학교의 교실 • 노유자시설 중 노인요양시설의 호실	각 실 간의 경계벽

86 ②

주거용 건축물 급수관의 지름

가구 또는 세대수	1	2·3	4·5	6~8	9~16	17 이상
급수관 지름의 최소 기준(mm)	15	20	25	32	40	50

※ 가압설비 등을 설치하여 급수되는 각 기구에서의 압력이 1cm당 0.7kg 이상인 경우에는 위 표의 기준을 적용하지 아니할 수 있다.

87 ②

비상용 승강기의 승강장 바닥면적은 비상용 승강기 1대당 $6m^2$ 이상으로 하되, 옥외에 승강장을 설치하는 경우는 제외한다.

88 ②

문화 및 집회시설(동·식물원 제외), 종교시설(주요구조부 목조인 것 제외), 운동시설(물놀이형 시설 제외)로서 다음의 어느 하나에 해당하는 경우에는 모든 층에 스프링클러설비를 설치하여야 한다.

㉠ 수용인원이 100명 이상인 것
㉡ 영화상영관의 용도로 쓰이는 층의 바닥면적이 지하층 또는 무창층인 경우에는 $500m^2$ 이상, 그 밖의 층의 경우에는 1천m^2 이상인 것
㉢ 무대부가 지하층·무창층 또는 4층 이상의 층에 있는 경우에는 무대부의 면적이 300m^2 이상인 것
㉣ 무대부가 ㉢ 외의 층에 있는 경우에는 무대부의 면적이 $500m^2$ 이상인 것

89 ④

방염성능기준 이상의 실내장식물 등을 설치하여야 하는 특정소방대상물

㉠ 근린생활시설 중 의원, 조산원, 산후조리원, 체력단련장, 공연장 및 종교집회장
㉡ 건축물의 옥내에 있는 시설로서 문화 및 집회시설, 종교시설, 운동시설(수영장은 제외)
㉢ 의료시설, 노유자시설 및 숙박이 가능한 수련시설, 숙박시설
㉣ 방송통신시설 중 방송국 및 촬영소, 다중이용업소, 교육연구시설 중 합숙소
㉤ ㉠~㉣에 해당하지 않는 것으로서 11층 이상인 것(아파트는 제외)

90 ③

6층 이상 거실면적 합계 : $2000 \times 3 = 6000m^2$
승용승강기의 최소 설치대수
: $2 + \dfrac{6000m^2 - 3000m^2}{2000m^2} = 3.5 ≒ 4$대

91 ③

건축법령에서 정의하는 리모델링

건축물의 노후화를 억제하거나 기능 향상 등을

위하여 대수선하거나 일부를 증축 또는 개축하는 행위를 말한다.

92 ①

복도의 유효너비

구분	양 옆에 거실이 있는 복도	기타
유치원·초등학교·중학교·고등학교	2.4m 이상	1.8m 이상
공동주택·오피스텔	1.8m 이상	1.2m 이상
당해 층 거실바닥면적 합계 200m² 이상	1.5m 이상 (의료시설 1.8m 이상)	1.2m 이상

93 ③

다중이용 건축물

불특정한 다수의 사람들이 이용하는 건축물로서 다음 각 목의 어느 하나에 해당하는 건축물을 말한다.
㉠ 다음의 어느 하나에 해당하는 용도로 쓰는 바닥면적의 합계가 5000m² 이상인 건축물
  ⓐ 문화 및 집회시설(동·식물원 제외)
  ⓑ 종교시설
  ⓒ 판매시설
  ⓓ 운수시설 중 여객용 시설
  ⓔ 의료시설 중 종합병원
  ⓕ 숙박시설 중 관광숙박시설
㉡ 16층 이상인 건축물

94 ②

개별관람실 출구의 유효너비 합계는 관람석 바닥면적 100m²마다 0.6m 비율로 산정한 너비 이상으로 하여야 한다. 따라서 개별관람실의 바닥면적이 1000m²인 경우 출구 유효너비 합계는 6m 이상이므로, 각 출구의 유효너비를 1.5m로 하는 경우 최소 4개소의 출구가 필요하다.

95 ④

허가 및 신고대상의 용도변경 분류

분류	세부항목
1. 자동차 관련 시설군	가. 자동차 관련시설
2. 산업 등의 시설군	가. 운수시설 나. 창고시설 다. 공장 라. 위험물저장 및 처리시설 마. 자원순환 관련 시설 바. 묘지 관련 시설 사. 장례시설
3. 전기통신시설군	가. 방송통신시설 나. 발전시설
4. 문화 및 집회시설군	가. 문화 및 집회시설 나. 종교시설 다. 위락시설 라. 관광휴게시설
5. 영업시설군	가. 판매시설 나. 운동시설 다. 숙박시설 라. 제2종 근린생활시설 중 다중생활시설
6. 교육 및 복지시설군	가. 의료시설 나. 교육연구시설 다. 노유자시설 라. 수련시설 마. 야영장 시설
7. 근린생활시설군	가. 제1종 근린생활시설 나. 제2종 근린생활시설(다중생활시설 제외)
8. 주거업무시설군	가. 단독주택 나. 공동주택 다. 업무시설 라. 교정 및 군사시설
9. 그 밖의 시설군	가. 동물 및 식물 관련 시설

※ 허가 대상 : 하위 → 상위시설 용도 변경
※ 신고 대상 : 상위 → 하위시설 용도 변경
※ 기재변경 : 동일 시설군 내에서의 용도 변경

96 ②

건축물의 경사지붕 아래에 설치하는 대피공간에 관한 기준

㉠ 대피공간의 면적은 지붕 수평투영면적의 1/10 이상일 것
㉡ 특별피난계단 또는 피난계단과 연결되도록 할 것
㉢ 출입구·창문을 제외한 부분은 해당 건축물의 다른 부분과 내화구조의 바닥 및 벽으로 구획할 것
㉣ 출입구는 유효너비 0.9m 이상으로 하고 60분방화문 또는 60분+ 방화문을 설치할 것. 또한 해당 방화문에 비상문 자동개폐장치를 설치할 것

ⓜ 내부마감재료는 불연재료로 하며 예비전원으로 작동하는 조명설비를 설치할 것
　ⓗ 관리사무소 등과 긴급 연락이 가능한 통신시설을 설치할 것

97 ①
신축 또는 리모델링하는 30세대 이상의 공동주택은 시간당 0.5회 이상의 환기가 이루어질 수 있도록 자연환기설비 또는 기계환기설비를 설치하여야 한다.

98 ③
[2018년 개정 기준 내용]
수영장에는 자연채광을 위한 개구부를 설치하되, 그 면적의 합계는 수영장 바닥면적의 5분의 1 이상으로 한다.
※ 2022년 1월 개정 기준에서 해당항목 삭제

99 ④
연면적 합계가 5000m^2 이상인 건축공사의 공사감리자는 필요하다고 인정하면 공사시공자에게 상세시공도면을 작성하도록 요청할 수 있다.

100 ①
지상 1층 및 2층의 바닥면적의 합계가 9000m^2 이상인 특정소방대상물에는 옥외소화전설비를 설치하여야 한다. 단, 아파트 등, 위험물 저장 및 처리 시설 중 가스시설, 지하구 또는 지하가 중 터널은 제외한다.

2022년 4회 CBT 복원문제 해설 및 정답

01 ④
- 루버 조명 : 천장면에 루버를 설치하고 그 속에 광원을 배치하는 방법으로 루버의 재질은 금속, 플라스틱, 목재 등이 쓰인다. 루버의 재질에 따라 직접 비춰지는 광을 반사, 산란시키는 효과가 있다.
- 코브 조명 : 광원을 천장 또는 벽면에 가리고 벽 상부나 천장에 반사된 간접광으로 조명하는 방식이다.

02 ③
척도조정(M.C : modular coordination)
건축의 재료부품에서 설계 및 시공에 이르기까지 건축 생산 전반에 걸쳐 치수상의 유기적 연계성을 만들어내는 것을 말한다.
- 장점 : 호환성, 비용 절감, 공기단축, 표준화
- 단점 : 획일적인 디자인, 개성 상실
※ 지역적 특성을 고려할 필요도 있다.

03 ②
고객 동선은 가급적 길게 유도하여 매장 내 상품과의 접촉빈도를 높이는 것이 좋다. 점원의 동선은 짧게 하여 피로를 줄이고 작업의 효율성을 높이도록 한다.

04 ②
㉠ 거실은 주거의 중심에 두되 통로화가 되지 않도록 주의해야 한다.
㉡ 응접실과 객실은 방문객을 위한 공간이므로 가급적 현관에서 가깝게 배치한다.

05 ③
일반적으로 욕실에 사용되는 마감재는 흡음률이 낮은 타일 등을 많이 사용하므로, 소리가 잘 퍼지게 된다.

06 ③
㉠ 공명 : 발음체로부터 나오는 음파를 다른 물체가 흡수하여 같이 소리를 내는 현상
㉡ 파동(wave motion)은 음에너지의 전달 자체를 의미한다.

07 ①
목조계단의 구성 부재

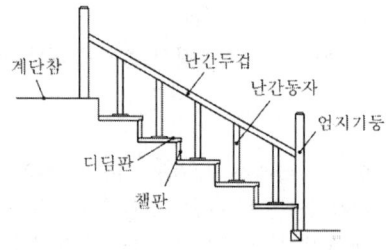

08 ①
백화점 기능의 4영역
㉠ 고객권 : 고객용 출입구, 통로, 계단, 휴게실 등의 서비스 시설 부분. 대부분 판매권과 결합되어 종업원권과 가까워지게 된다.
㉡ 종업원권 : 직원 휴게실, 갱의실, 사무실 등 직원을 위한 공간. 고객권과 거리상 가깝더라도 공간은 독립되어야 한다.
㉢ 상품권 : 상품 반입, 보관, 배달, 발송 등을 위한 공간. 판매권과는 가깝되, 고객과는 분리시킨다.
㉣ 판매권 : 상품 전시가 되는 매장과 같은 공간. 고객의 구매욕구를 고취시키고, 종업원의 업무도 능률을 높일 수 있는 환경 조성에 힘써야 한다.

09 ①
열람실은 대학 도서관의 기능별 규모 배분에서 가장 큰 면적이 할당되도록 설계한다.

10 ①
① 직렬 배치형 : 진열대가 직선으로 구성되어 간단하고 경제적인 형식. 고객의 흐름이 빠르며 부문별 상품진열이 용이하고 대량 판매 형식에 적합하다. 침구, 가전제품, 식기, 서적 등 비교적 상품의 크기가 큰 측면판매 업종에서 많이 볼 수 있다. 매장이 단조롭고 인기상품 코너에서는 고객이 몰려 혼잡해질 수 있다.
② 굴절 배치형 : 진열대와 고객동선이 굴절 또는 곡선으로 구성되는 형태. 대면판매와 측면판매방식이 조합된 형식이다. 안경점, 문방구점 등 주로 소형 상품일 때 적용된다.
③ 환상 배치형 : 평면의 중앙에 쇼케이스, 진열 스테이지 등이 직선이나 곡선에 의한 고리모양 부분을 설치하는 형식으로 포장이나 계산을 배열된 진열대 안에서 행하는 형태. 수예품 업종에 많이 적용된다.
④ 복합 배치형 : 평면의 크기, 형태, 상품에 따라 여러 방법들을 적절히 혼합하는 형식

11 ②
결로 방지책
- 실온을 높인다.
- 실내측 벽의 표면풍속을 크게 한다.
- 실내에서의 수증기 발생을 억제한다.
- 잦은 환기로 실내 절대습도를 저하시킨다.
- 외벽의 단열강화로 실내측 표면온도를 상승시킨다.

12 ①
상점의 진열장 배치는 동선의 흐름을 우선적으로 고려하여 결정한다.

13 ①
기계환기 방식

구분	설치 방법	용도
제1종 환기 (병용식)	급기팬+배기팬	병원, 극장, 변전실
제2종 환기 (압입식)	급기팬+자연배기	클린룸, 무균실, 반도체 공장
제3종 환기 (흡출식)	자연급기+배기팬	화장실, 욕실, 주방, 흡연실

- 제1종(병용식) : 설비비, 운전비가 비싸지만 실내외의 압력을 조정할 수 있어 가장 좋은 방식이다.
- 제2종(압입식) : 실내 압력이 정압(+)이 된다. 다른 실에서의 공기 침입이 없어야 하는 곳에 사용한다.
- 제3종(흡출식) : 실내 압력이 부압(-)이 된다. 실내의 냄새나 유해 물질을 다른 실로 흘려보내지 않는다.
- 제4종(자연식) : 자연환기 방식(중력·풍력 환기)

14 ②
칵테일 파티 효과(cocktail party effect)
파티와 같이 분주한 곳에서 여러 사람들이 모여 시끄럽게 이야기하고 있음에도 자신이 관심 갖는 사람의 이야기를 골라 들을 수 있는 현상을 말한다. 특정 채널(목소리, 한쪽 귀, 언어 등)에 선택적인지 또는 이야기 내용에도 선택적일 수 있다.

15 ②
지반 상태가 고르지 못하거나 편심하중이 작용하는 건축물의 기초나 말뚝을 서로 다른 형태로 혼용하는 것은 바람직하지 않다.

16 ①
예상평균온열감
(PMV : Predicted Mean Vote)

- 온열환경에 대한 인체의 쾌적성 평가지표
- 기온, 기류, 평균 복사온도, 활동량, 개인 착의량, 수증기 분압 등에 의한 영향을 종합 평가한다.
- 0을 기준으로 추울 때 (−), 더울 때 (+)가 되며, 보통 쾌적하다고 느끼는 PMV는 ±0.5 범위이다.

17 ②

㉠ 종합교실형(U형)
- 교실 수가 학급 수와 일치하며, 각 교실 내에서 학급의 모든 교과수업이 진행된다.
- 학생의 이동이 필요 없고 교실의 이용률이 높다.
- 고학년 이상의 수업 진행에는 무리가 있어 저학년 교과에만 적합하다.

㉡ 교과교실형(V형)
- 모든 교실이 특정 과목을 위해 설치되며 일반 교실은 없다.
- 각 교실은 교과목에 최적화되어 시설 활용도가 높다.
- 학생의 이동이 잦고, 이용률이 100%에는 이르지 못한다.
- 소지품 보관 공간이 필요하며, 동선에 대한 고려도 주의를 요한다.

㉢ 플래툰형(P형)
- 전 학급을 2분단으로 하고, 한쪽이 일반교실을 쓸 때 다른 분단이 특별교실을 쓴다.
- 교과담임제와 학급담임제가 병용된다.
- 적정한 교사 수와 시설이 반드시 필요하며 시간 배분에 주의를 기울여야 한다.

㉣ 달톤형(D형)
- 학생 및 학급의 구분이 없이 각자의 능력에 맞게 교과를 선택하고, 일정 과정이 끝나면 수료한다.
- 한 교과에 출석하는 학생 수가 각각 달라서 교실의 형태나 면적이 동일한 것은 부적합하다.
- 학원, 직업학교 등에서 채택되고 있다.

18 ④

고력볼트접합

고장력 볼트로 접합하는 부재를 서로 강력히 압착시켜 압착면에 생기는 마찰력에 의해 응력을 전달시키는 방법이다.
- 접합부의 강성이 높아서 접합부의 변형이 거의 없다.
- 마찰접합의 경우 볼트에는 전단력이 생기지 않는다.
- 계기공구를 사용하여 죄므로 정확한 강도를 얻을 수 있다.
- 리벳접합에 비해 시공이 확실하다.
- 공기가 단축되고 노동력이 절약된다.

19 ④

무량판 구조(flat slab)
- 보를 없애고 슬래브만으로 구성하며 하중을 직접 기둥에 전달한다.
- 플랫 슬래브의 두께는 최소 15cm 이상으로 한다.
- 구조가 간단하고 공사비가 절감되며, 실내를 크게 이용하면서 전체 층고를 낮게 할 수 있다.
- 주두의 철근배근이 복잡해지며 고정하중이 커져서 뼈대의 강성이 약화되고 슬래브의 무게가 가중된다.

20 ②

셸(Shell) 구조
- 경간 곡률반경에 비해서 매우 얇은 두께의 곡면부재를 사용한 구조
- 제작은 까다로우나 곡면판이 지닌 역학적 특성을 이용할 수 있다.
- 외력은 주로 판의 면내력으로 전달되므로, 내력이 큰 경량구조물을 구성할 수 있다.

21 ④

루프 통기관
- 2개 이상의 기구 트랩에 하나의 통기관을 설

치하는 방식. 환상 또는 회로 통기관이라고
도 한다.
- 관경은 40mm 이상, 감당하는 수기구는 8개 이내로 한다.
- 통기수직관에서 최상류 기구까지의 통기관 연장길이는 7.5m 이내로 한다.

※ ④는 도피 통기관에 대한 설명이다.

22 ①

펌프의 축동력(Ls)

$Ls = \dfrac{WQH}{6120E}[kW]$

Q : 양수량 H : 전양정
W : 물 1m³의 중량 E : 효율

∴ $Ls = \dfrac{1000 \times 0.1 \times 100}{6120 \times 0.5}$
    $= 3.267 ≒ 약\ 3.3kW$

23 ①

오수처리방법

㉠ 호기성균 처리방법
  - 활성오니법 : 표준 활성오니방식, 장기폭기방식, 접촉안전방법
  - 생물막법(고정 미생물 방식) : 접촉산화방식, 살수여상방식, 회전원판 접촉방식

㉡ 물리적 처리법 : 임호프 탱크 방식

24 ③

폐쇄형 스프링클러 헤드를 사용하는 설비에서 하나의 방호구역 바닥면적은 3000m²를 초과하지 않아야 한다. 다만, 폐쇄형 스프링클러 설비에 격자형 배관방식(둘 이상의 수평주행배관 사이를 가지배관으로 연결하는 방식)을 채택하는 때에는 3700m² 범위 내에서 펌프 용량, 배관의 구경 등을 수리학적으로 계산한 결과 헤드의 방수압 및 방수량이 방호구역 범위 내에서 소화목적을 달성하는 데 충분하도록 한다.

25 ③

흡출식(blow out)

작은 분수구로부터 높은 압력으로 물을 뿜어내어 유수와 오물을 배수관으로 유인 배출하는 방식이다. 세정 시 0.1MPa 이상의 수압이 필요하다. 배수로가 크고 굴곡이 작아서 막힐 염려가 적지만, 소음이 커서 주택이나 호텔 등에서는 바람직하지 않다.

26 ①

진공 브레이커(Vaccum Breaker)

물을 쓰는 기기에서 토수한 물 또는 사용한 물이 역사이펀 작용으로 상수 급수계통에 역류하는 현상을 방지하기 위해, 급수관 내에 부압이 발생할 때 자동적으로 공기를 흡인하도록 하는 구조를 가진 기구이다. 워터해머 방지와는 거리가 멀다.

27 ①

급탕순환펌프의 전양정

$H = 0.01\left(\dfrac{L}{2}+l\right) = 0.01\left(\dfrac{110}{2}+45\right) = 1mAq$

L : 급탕관의 총 길이(35×2+20×2)
l : 반탕관의 총 길이(40+5)

28 ③

염화비닐관

- 가공이 쉽고 내산·내알칼리성이 좋다.
- 염산, 황산, 가성소다 등의 부식성 약품에 강하다.
- 전기적 저항이 크고 전식작용이 없다.
- 열팽창률은 강관보다 크다.

29 ④

① 각개 통기관
② 도피 통기관
③ 신정 통기관

30 ③

위생기구의 동시사용률은 기구수가 증가하면

작아진다.
※ 기구의 동시사용률(%)

기구수	2	4	5	10	15	20	30
동시사용률(%)	100	75	70	53	48	44	40

31 ③

① 세출(wash out)식 : 접시 형태의 받침에 오물이 모여 세정 시 트랩을 따라 내부 오물을 배출한다. 오물이 물에 가라앉지 않아서 사용 중 냄새가 발산되며 오물 부착이 쉽다.

② 사이펀(siphon)식 : 트랩 배수로에 굴곡을 많이 설치하여 배수로를 만수시켜 저항을 줌으로써, 세정 시 자기사이펀으로 인해 오물을 포함한 배수를 세정하는 형식. 세락식, 세출식보다 우수하다.

③ 흡출(blow out)식 : 작은 분수구로부터 높은 압력으로 물을 뿜어내어, 유수와 오물을 배수관으로 유인 배출하는 방식이다. 세정 시 0.1MPa 이상의 수압이 필요하다. 배수로가 크고 굴곡이 작아서 막힐 염려가 적지만, 소음이 커서 주택이나 호텔 등에서는 바람직하지 않다.

④ 사이펀 제트(siphon jet)식 : 사이펀식의 자기사이펀 작용을 빠르게 하기 위해 제트 구멍을 설치하여 물의 분출을 강하게 하고 강제로 사이펀을 일으키는 방식이다. 강한 사이펀작용으로 인해 냄새발산과 오물 부착 염려가 없어 세정 및 배출능력은 가장 양호한 형식이다.

※ 세락식(wash down) : 오물이 직접 트랩 봉수에 잠기는 형태로 냄새 발산이 적다. 세출식과 같이 물의 흐름에 따라 오물을 내려보내는 형식이므로 평상시에 물과 접촉하지 않는 부분이 넓다.

32 ④

유속을 먼저 구한 후 마찰손실수두를 구한다.
• 관내평균 유속

$$v = \frac{Q}{A} = \frac{Q}{\frac{\pi d^2}{4}} = \frac{0.06}{\frac{3.14 \times 0.15^2}{4}} = 3.397 \text{m/s}$$

∴ 마찰손실수두

$$H_f = \lambda \cdot \frac{\ell}{d} \cdot \frac{v^2}{2g}$$

$$= 0.03 \times \frac{100}{0.15} \times \frac{3.397^2}{2 \times 9.8} = 11.8 \text{m}$$

λ : 관 마찰계수
ℓ : 직관 길이[m]
d : 배관 내경[m]
g : 중력가속도[9.8m/sec^2]

33 ①

저층부는 물을 바로 끌어다 쓸 수 있는 수도직결방식, 고층부는 고가탱크방식으로 배관하는 상·하 혼용방식이 에너지절약면에서 유리하다.

34 ①

• 진공계 : 대기압 이하의 압력을 측정하는 계측기
• 연성계 : 대기압 이상과 대기압 이하의 양쪽 압력을 측정하는 계측기

35 ④

플러그와 캡은 배관 말단부에 사용한다.

36 ①

유량선도에 의한 급수관경 결정 순서
① 관 재료 결정
② 급수 부하 단위에 의한 동시사용유량 계산
③ 관로 상당길이에 의한 허용마찰손실수두 계산
④ 선도에 의한 관경 결정

37 ③

경도(hardness of water)
물속에 녹아 있는 칼슘, 마그네슘 등의 양에 대응하는 탄산칼슘($CaCO_3$)의 100만분율(ppm)로 환산하여 표시한 것이다.

분류	탄산칼슘 함유량	비고
극연수 (極軟水)	15ppm 이하	증류수, 멸균수. 연관이나 황동을 침식시킨다.
연수 (軟水)	90ppm 이하	세탁, 염색, 보일러용에 적합하다.
적수 (適水)	90~110ppm	음용수에 적합하다.
경수 (硬水)	110ppm 이상	세탁, 표백, 염색 등에 부적합하다.

38 ②

간헐적 사용 시에는 가열능력을 작게 하고, 일시적 사용량이 많을 경우에는 저탕용량을 크게 한다.

39 ②

BOD 제거율

$$= \frac{\text{유입수 BOD} - \text{유출수 BOD}}{\text{유입수 BOD}} \times 100(\%)$$

$$= \frac{200-50}{200} \times 100(\%) = 75\%$$

40 ②

종국유속

관 내벽과 공기의 마찰저항이 평형이 되는 유속으로, 배수관 내 유속을 일정하게 유지하게 되는 것을 뜻한다. 기구배수관, 배수수평주관, 배수수평지관은 종국유속에 영향을 끼친다.

41 ③

- 습공기를 가열하면 절대습도는 변화가 없으나, 포화수증기압의 증가로 상대습도가 낮아진다.
- 비체적은 질량당 부피로, 비중의 역수이므로 습공기를 가열하면 증가한다.
- 습공기를 가열하면 엔탈피 역시 증가한다.

42 ②

㉠ 혼합공기온도(입구온도)

$$= \frac{30℃ \times 40\% + 23℃ \times 60\%}{100\%} = 25.8℃$$

㉡ 코일출구온도

= 코일온도 + (입구온도 − 코일온도) × 바이패스 팩터(BF)

= 10 + (25.8 − 10) × 0.2 = 13.16℃

43 ①

일사 차폐물에 의해 차폐된 후의 실내에 침입하는 일사열의 비율을 일사 차폐계수라 하며 두께 3mm의 투명한 보통 유리창으로부터 침입하는 일사열을 1로 하여 이를 기준으로 계산한다.

유리	차폐계수
보통유리 3mm	1.00
보통유리 6mm	0.95
보통유리 12mm	0.85
흡수유리 6mm	0.69
흡수유리 12mm	0.53

44 ②

공기의 성분 중에서 가장 많은 부분을 차지하는 것은 질소이다.

45 ②

리프트 피팅

방열기보다 높은 위치에 진공펌프를 설치해야 할 때 환수관의 응축수를 끌어올리기 위해 사용하는 장치. 저압인 경우 1단에 1.5m 이내, 고압인 경우 증기관과 환수관 압력차 0.1MPa당 5m 정도 끌어올린다.

46 ②

지역난방

열병합발전소나 쓰레기 처리장과 같은 시설에서 생산된 열을 배관을 통해 각 건물의 기계실까지 100℃ 이상의 고온수로 공급하여 열교환기를 통한 급탕을 하는 방식이다.

㉠ 장점
- 관리가 용이하고 열효율이 높다.
- 연료비와 인건비가 절감된다.
- 각 건물에서 위험물 취급을 하지 않으므로 화재 위험이 적다.
- 건물 내 유효면적이 증대된다.
- 설비의 고도화에 따라 도시의 대기오염 방지에 도움이 된다.

㉡ 단점
- 초기 시설비가 높고 배관에서의 열손실이 크다.
- 열원기기의 용량제어가 곤란하다.
- 고도의 숙련된 기술자가 필요하다.
- 사용요금의 분배가 어렵다.
- 도시계획상의 사전계획이 필요하다.

47 ①

냉난방 열원기기와 보일러는 별도의 공간에 설치하는 것이 원칙이다.

48 ④

펌프 흡입측은 유속이 빠를 경우 기포가 발생하는 캐비테이션 현상이 생길 수 있으므로 1m/s 정도의 낮은 유속으로 하는 것이 좋다.

49 ③

폐열환수기

환기를 통해 배출되는 공기의 열로 유입하는 외기를 가열하는 기기를 뜻한다. 일반 환기시스템보다 에너지절감 효과가 있다.

① 판형 열교환식
- 배기와 급기가 판과 판 사이를 통과하면서 열과 습도를 교환한다.
- 구동부가 없어 유지 관리가 용이하며 판을 통한 열전달 효율이 뛰어나다.
- 공조기 내장방식으로 작은 공간에도 설치가 가능하여 주로 소용량 환기 유닛에 적용된다.
- 누설률이 적어 오염된 실내 공기가 재유입되는 것을 방지하는 장소에 쓰인다.

② 회전(로터)형 열교환기
- 로터와 구동 모터 벨트에 의해서 동작하여 배기의 현열과 잠열이 회전하는 로터에 흡수되고, 로터의 회전에 따라 급기 쪽으로 이동하여 열전달을 한다.
- 높은 열교환 성능으로 에너지 회수 성능이 높아서 대용량 환기 유닛에 적용된다.
- 구동 모터 및 벨트의 유지 관리가 필요하며 누설률이 큰 편이다.

③ 히트파이프형
- 환기되는 공기에 포함된 열이 환기 쪽 작동 유체를 가열하여 증발시키면 증발된 작동 유체가 급기 쪽으로 이동하여 열을 전달하는 방식이다.
- 실외공기와 환기공기의 통로가 구분되어 누설률이 낮고 반영구적으로 사용이 가능하다.
- 현열교환만 가능하여 실질적인 열회수율은 비교적 낮다.

④ 모세송풍기형
- 모세 송풍기를 이용하여 환기 코일을 통해 실내로부터 환기되는 공기 중의 열만을 회수하여 급기에 전달하는 방식

50 ③

흡수식 냉동기

기체의 물에 의한 흡수성을 이용한 냉동기. 물에 잘 흡수되는 성질이 있는 NH_3의 증기를 저온 저압에서 물에 흡수시키고 고압 하에서 가열하여 NH_3의 증기를 분리하면 압축기로 압축한 것과 동일 효과가 있고, 이것을 응축기에서 팽창밸브를 거쳐 증발기로 통과시키면 냉동 사이클을 구성할 수 있다. 이는 열에너지에 의해 냉동효과를 얻는 것이다.

51 ④

송풍기 회전수의 변화(송풍기 법칙)

㉠ 풍량은 회전수에 비례한다.

ⓒ 정압은 회전수비의 제곱에 비례한다.
ⓒ 동력은 회전수비의 세제곱에 비례한다.

52 ④

여과효율

$= \dfrac{통과\ 전\ 오염농도 - 통과\ 후\ 오염농도}{통과\ 전\ 오염농도} \times 100(\%)$

$= \dfrac{0.45 - 0.12}{0.45} \times 100(\%) = 73.33\%$

53 ③

아스펙트 비(aspect ratio)

장방형 덕트 배출구의 장변과 단변의 비를 말하며, 4 : 1 이하가 적합하다.

54 ④

냉각탑의 어프로치(approach)

냉각탑 순환수의 출구 수온(외기 습구온도)과 냉각공기 입구의 습구온도와의 차이를 말한다. 일반적으로 5℃ 정도가 어프로치의 표준이다.

55 ④

아네모스탯형

여러 개의 콘형 날개로 구성되는 확산형 취출구로, 1차 공기에 의한 2차 공기의 유인성능이 좋고 풍속의 조절범위가 넓고 유도비가 높아 취출풍속이 크다. 확산반경은 크고 도달거리는 짧아서 주로 천장 취출구에 많이 사용된다.

56 ①

벨 트랩은 배수용 트랩이다.

57 ①

내부 존(interior zone)

공기조화에서 외부 존과 상대되는 개념으로, 규모가 큰 건물에서 외벽을 통한 외기온도가 미치지 못하는 건물 내부 공간을 말한다. 이런 공간은 부하가 적어 실내 기류가 정체되어 있다는 느낌을 받게 된다. 이러한 내부 존은 현열비, 부하 특성, 용도에 따른 시간별 조닝 방법을 적용한다.

※ 외부 존은 부하의 특성이 방위에 따른 영향을 받게 되므로 방위별 조닝을 하게 된다.

58 ④

정풍량 단일덕트방식

- 급기 덕트의 송풍량은 항상 일정하며 열 부하에 따라 온도와 습도만을 조절하는 가장 기본적인 공조 방식이다.
- 설치비가 싸고 보수관리가 용이한 편이나 각 실이나 존의 부하변동에 즉시 대응할 수 없다.
- 중·소규모 건축물, 층고가 높은 극장, 공장 등의 건물에 적합하다.

59 ②

혼합공기의 건구온도

$= \dfrac{4 \times 35 + 6 \times 25}{4 + 6} = 29℃$

60 ①

빙축열 시스템

저렴한 심야 전력을 이용하여 전기에너지를 얼음 등으로 저장했다가, 얼음의 용해열(335kJ/kg)을 주간의 냉방으로 이용하는 시스템. 전력불균형을 해소하고 적은 비용으로 냉방을 이용할 수 있다. 냉동기 및 열원설비의 용량을 줄일 수 있고, 축열로 안정적인 열공급이 가능하다.

61 ③

- 정전유도현상 : 정전기, 전기집진기, 낙뢰
- 전자유도현상 : 변압기, 전자석, 발전기, 솔레노이드 밸브

62 ③

비상콘센트 설비

- 고층 건물의 화재 발생 시 배연설비와 비상조명 등에 전원을 공급하기 위한 설비
- 11층 이상의 층에, 각 층의 각 부분으로부터

수평거리 50m 이내에 설치한다.
- 설치높이는 바닥면에서 0.8m 이상, 1.5m 이하로 한다.
- 각 층 마다 2개소 이상이 되도록 설치한다.

63 ①

휘트스톤 브리지(wheatstone bridge)
- 브리지 회로의 일종으로 4개의 저항이 사각형의 형태를 이루며, 대각선을 연결하는 브리지로 저항이나 전압계, 검류계를 사용한다.
- 백금저항체로 온도를 측정할 수 있으며, 공기조화장치 및 열교환기 등의 공기·증기·냉온수 제어에 사용된다.

64 ②

광원개수(N)

$$N = \frac{E \times A}{F \times U \times M}$$
$$= \frac{400 \times (10 \times 20)}{3000 \times 0.6 \times 0.8} = 55.6 = 56개$$

E : 평균조도(lx) A : 실면적(m^2)
U : 조명율 M : 보수율
F : 개별 광원의 광속

∴ 형광등은 2구형이므로 등기구의 최소 개수는 56÷2=28개가 된다.

65 ③

$P = \sqrt{3}IV\cos\theta$ 이므로

$$I = \frac{P}{\sqrt{3}V\cos\theta\eta} = \frac{5.5 \times 10^3}{\sqrt{3} \times 200 \times 0.8 \times 0.9}$$
$$= 22.07 = 약 22[A]$$

P : 출력 I : 전류 V : 전압
η : 효율 $\cos\theta$: 역률

66 ③

① 추종 제어(Follow up control) : 추치 제어의 일종. 목표값이 임의의 시간적 변화를 하는 경우, 제어량을 그것에 추종시키기 위한 제어. 항공기의 레이더 등에 적용된다.

② 시퀀스 제어(Sequence control) : 정해진 순서에 따라 제어의 각 단계를 차례로 진행해 가는 제어를 말한다. 회로가 일방통행으로 되어 있어서, 제어 신호가 제어계를 전부 순환하지 않고 한 방향으로만 전달한다. 세탁기, 엘리베이터, 자동판매기, 신호등, 공조기 경보시스템 등에 쓰인다.

③ 프로세스 제어(Process control) : 온도, 압력, 유량 및 액면 등과 같은 제어량을 제어할 때 사용되는 자동제어 방식의 일종. 계측기는 제어하고자 하는 상태의 수치를 검사·측정하고, 이를 조절기에 전달한다. 측정치가 사전에 정해진 수치와 틀리면 그 양을 측정하여 신호를 조작부에 반송하여 전달하고, 희망 수치가 되도록 공정의 해당 부분을 가감한다.

④ 프로그램 제어(Program control) : 미리 정해진 프로그램에 따라 제어량을 변화시키는 방식

67 ②

① 주배관 중 수직배관의 구경은 50mm(호스릴 옥내소화전설비의 경우 32mm) 이상으로 해야 한다.

③ 해당 특정소방대상물의 각 부분으로부터 하나의 옥내소화전 방수구까지의 수평거리가 25m(호스릴 옥내소화전설비 포함) 이하가 되도록 한다.

④ 송수구는 구경 65mm의 쌍구형 또는 단구형으로 한다.

68 ④

전력 $P = IV = I \times IR = \frac{V}{R} \times V$

$P = I^2R$ 이고 $100W = 10^2 \times R$ 이므로
저항 $R = 1\Omega$

∴ 20A의 전류를 흘렸을 때의 전력(P)
$P = I^2R = 20^2 \times 1 = 400W$

69 ②

유도등의 비상전원은 유도등을 20분 이상 유효하게 작동시킬 수 있는 용량으로 할 것. 다만, 다음 특정소방대상물의 경우에는 그 부분에서 피난층에 이르는 부분의 유도등을 60분 이상 유효하게 작동시킬 수 있는 용량으로 하여야 한다.
㉠ 지하층을 제외한 층수가 11층 이상의 층
㉡ 지하층 또는 무창층으로서 용도가 도매시장·소매시장·여객자동차터미널·지하역사 또는 지하상가

70 ②

- 여자 전류(exciting current) : 자계를 발생시키기 위한 전류. 보통 철심에 감은 코일에 흐른다.
- 고조파 : 기본파의 정수배가 되는 주파수
※ 변압기의 여자 전류에 가장 많이 포함되는 고조파는 기본파의 3배가 되는 제3고조파이다.

71 ③

전동기의 제동방법 중 회생제동 방식은 발생전력을 전원에 되돌려 제동하는 방식이므로, 가장 손실이 적다.

72 ②

㉠ 직렬 연결 n개의 콘덴서 합성정전용량
$$= \frac{C_1 C_2 C_3 \cdots}{C_1 + C_2 + C_3 \cdots}$$
$$= \frac{1}{\frac{1}{C_1} + \frac{1}{C_2} + \frac{1}{C_3} \cdots} = \frac{C}{n}$$

㉡ 병렬 연결 n개의 콘덴서 합성정전용량
$$= C_1 + C_2 + C_3 \cdots = nC$$

∴ $n = 10$일 경우
 ㉠ : ㉡ $= \frac{C}{10} : 10C = 1 : 100$

73 ③

$I = \frac{V}{R} = \frac{12}{2+10} = 1[A]$

∴ 저항 R에 걸리는 전압
 $V = IR = 1 \times 10 = 10[V]$

74 ①

① 영상 변류기(ZCT, Zero-phase-sequence Current Transformer) : 비교적 낮은 송전 전류의 접지보호를 위하여 사용하는 변류기. 비접지회로의 지락사고를 검출하기 위하여 지락 시의 영상전류를 검출하며, 각 조에 대하여 공통의 자로를 자기적으로 평형하고 있어 중성점 접지 등에서 접지계전기의 오동작을 막는다.
② 계기용 변류기(CT, Current Transformer) : 전류 크기를 바꾸기 위하여 사용하는 장치로서, 대전류를 저전류로 변성할 경우에 쓰인다.
③ 계기용 변압기(PT, Potential Transformer) : 교류 전압계의 측정 범위를 확대하거나 고압회로와 계기 간의 절연을 위해 사용하는 변압기. 고압회로의 전류를 안전하게 측정할 때 쓰이며, 계전기 등의 전원으로 사용하기 위해 고전압을 저전압으로 변성하는 데 쓰인다.
④ 계기용 변압변류기(MOF, Metering Out-Fit) : 변압기와 계기용 변류기가 하나의 케이스 속에 조립되어 있다. 주로 적산 전력계 등과 조합하여 전력 측정을 할 때의 변성장치로 사용된다.

75 ①

방범설비
외부로부터의 불법 침입을 막거나 침입자를 알아내어 경보를 울리는 설비. 자기 스위치, 초음파 검출기, 적외선 검출기, 근접 스위치, 리미트 스위치, CCTV 등이 있다.
※ 방범설비 : 출입통제설비, 침입발견설비, 침

입통보설비 등에 적용하며, 기기 구성, 장비 선정과 배선로 구성 등을 포함한다.

76 ③
- 옥내 배선의 전선 굵기 결정 요소 : 허용전류, 전압강하, 기계적 강도
- 송전선로의 전선 굵기 결정 요소 : 경제허용전류, 전압강하, 연속 및 단시간 허용전류, 순시 허용전류, 코로나손

77 ③
피뢰침의 접지
뇌격 전류를 대지에 방류하기 위해, 도체인 피뢰침의 접지극을 지중에 매설한다. 피뢰설비의 총 접지저항은 10Ω 이하로 하고, 각 인하도선의 단독 접지저항은 50Ω 이하로 한다. 낙뢰의 우려가 있는 건축물, 높이 20m 이상의 건축물 또는 공작물에는 반드시 기준에 적합한 피뢰설비를 설치해야 한다.

78 ③
0.2kW×4시간×30일×300원 = 7200원

79 ④
에스컬레이터의 경사도는 30°를 초과하지 않아야 한다. 단, 에스컬레이터 층고가 6m 이하이고 공칭속도가 0.5m/s 이하인 경우에는 경사도를 35°까지 증가시킬 수 있다.

80 ③
1[cd]=4π[lm]이므로,
1000[cd]×4π[lm]=4000π[lm]

81 ①
축냉식 전기냉방설비의 설계 기준 중 열교환기 규정
㉠ 열교환기는 시간당 최대 냉방열량을 처리할 수 있는 용량 이상으로 설치하여야 한다.

㉡ 보온을 철저히 하여 열손실과 결로를 방지하여야 하며, 점검을 위한 부분은 해체와 조립이 용이하도록 한다.

82 ②
구조 안전의 확인
다음 각 호의 어느 하나에 해당하는 건축물의 건축주는 해당 건축물의 설계자로부터 구조 안전의 확인 서류를 받아 법 제21조에 따른 착공신고를 하는 때에 그 확인 서류를 허가권자에게 제출하여야 한다.
㉠ 층수가 2층(주요구조부인 기둥과 보를 설치하는 건축물로서 그 기둥과 보가 목재인 목구조 건축물의 경우에는 3층) 이상인 건축물
㉡ 연면적이 200m²(목구조 건축물의 경우에는 500m²) 이상인 건축물. 다만, 창고, 축사, 작물 재배사는 제외한다.
㉢ 높이가 13m 이상인 건축물
㉣ 처마높이가 9m 이상인 건축물
㉤ 기둥과 기둥 사이의 거리가 10m 이상인 건축물
㉥ 건축물의 용도 및 규모를 고려한 중요도가 높은 건축물로서 국토교통부령으로 정하는 건축물
㉦ 국가적 문화유산으로 보존할 가치가 있는 건축물로서 국토교통부령으로 정하는 것
㉧ 제2조제18호 가목 및 다목의 건축물
㉨ 별표1 제1호의 단독주택 및 같은 표 제2호의 공동주택

83 ③
대형건축물의 건축허가 사전승인 신청 및 건축물 안전영향 평가 의뢰 시 제출도서의 종류(설비분야)

분야	도서 종류	표시하여야 할 사항
설비	건축 설비도	1. 비상용승강기·승용승강기·에스컬 레이터·난방설비·환기설비 기타 건축설비의 설비계획 2. 비상조명장치·통신설비 기타 전 기설비설치계획
	소방 설비도	옥내소화전설비·스프링클러설비· 각종 소화설비·옥외소화전설비·동 력소방펌프설비·자동화재탐지설비 ·전기화재경보기·화재속보설비와 유도 등 기타 유도 표시 소화용수의 위치 및 수량배연설비·연결살수설 비·비상콘센트설비의 설치 계획
	상·하 수도 계 통도	상·하수도의 연결관계, 수조의 위 치, 급·배수 등

84 ③

다중이용시설을 신축하는 경우 설치하여야 하는 기계환기설비의 구조 및 설치는 다음 기준에 적합하여야 한다.

㉠ 다중이용시설의 기계환기설비 용량 기준은 시설이용인원당 환기량을 원칙으로 산정할 것
㉡ 기계환기설비는 다중이용시설로 공급되는 공기의 분포를 최대한 균등하게 하여 실내 기류의 편차가 최소화될 수 있도록 할 것
㉢ 공기공급체계·공기배출체계 또는 공기흡입구·배기구 등에 설치되는 송풍기는 외부의 기류로 인하여 송풍능력이 떨어지는 구조가 아닐 것
㉣ 바깥공기를 공급하는 공기공급체계 또는 바깥공기가 도입되는 공기흡입구는 다음 각 목의 요건을 모두 갖춘 공기여과기 또는 집진기 등을 갖출 것
  ⓐ 입자형·가스형 오염물질을 제거 또는 여과하는 성능이 일정 수준 이상일 것
  ⓑ 여과장치 등의 청소 및 교환 등 유지관리가 쉬운 구조일 것
  ⓒ 공기여과기의 경우 한국산업표준에 따른 입자 포집률이 계수법으로 측정하여 60 퍼센트 이상일 것
㉤ 공기배출체계 및 배기구는 배출되는 공기가 공기공급체계 및 공기흡입구로 직접 들어가지 아니하는 위치에 설치할 것
㉥ 기계환기설비를 구성하는 설비·기기·장치 및 제품 등의 효율과 성능 등을 판정하는 데 있어 이 규칙에서 정하지 아니한 사항에 대하여는 해당 항목에 대한 한국산업표준에 적합할 것

85 ①

헬리포트 또는 헬리콥터를 이용한 인명구조 공간 설치(평지붕인 경우)
• 헬리포트의 길이와 너비는 각각 22m 이상으로 할 것(공간에 따라 각각 15m까지 감축 가능)
• 중심으로부터 반경 12m 이내에는 헬리콥터 이·착륙에 장애가 되는 공작물, 조경시설, 난간 등 설치 금지
• 헬리포트 주위한계선은 백색으로 하되, 그 선의 너비는 38cm로 할 것
• 헬리포트의 중앙부분에는 지름 8미터의 ㅁ 표지를 백색으로 하되, "H" 표지의 선의 너비는 38cm로, "O" 표지의 선의 너비는 60cm로 할 것
• 헬리콥터를 통하여 인명 등을 구조할 수 있는 공간을 설치하는 경우에는 직경 10m 이상의 구조공간을 확보하며 구조에 장애가 되는 건축물, 공작물 또는 난간 등 설치 금지
• 헬리포트로 통하는 출입문에 비상문 자동개폐장치를 설치할 것

86 ④

① 하수관거 : 오수와 우수를 모아 하수처리장과 방류지역까지 운반하기 위한 배수관로
② 개인하수도 : 건물·시설 등의 설치자 또는 소유자가 당해 건물·시설 등에서 발생하는 하수를 유출 또는 처리하기 위하여 설치하는 배수설비·개인 하수처리시설과 그 부대시설
③ 분뇨처리시설 : 분뇨를 침전·분해 등의 방

법으로 처리하는 시설
④ 개인 하수처리시설 : 건물·시설 등에서 발생하는 오수를 침전·분해 등의 방법으로 처리하는 시설

87 ②
외기에 직접 면하고 1층 또는 지상으로 연결된 출입문은 방풍구조로 하여야 한다. 다만, 다음 각 호에 해당하는 경우에는 그러하지 않을 수 있다.
㉠ 바닥면적 300m² 이하의 개별 점포의 출입문
㉡ 주택의 출입문(단, 기숙사는 제외)
㉢ 사람의 통행을 주목적으로 하지 않는 출입문
㉣ 너비 1.2m 이하의 출입문

88 ③
각종 소방설비의 면제
• 스프링클러 설비 면제 : 물분무 등 소화설비를 기준에 적합하게 설치한 경우
• 연결살수설비 면제 : 송수구를 부설한 스프링클러 설비, 간이스프링클러 설비, 물분무 등 소화설비, 미분무 소화설비를 기준에 적합하게 설치한 경우
• 연결송수관설비 면제 : 옥외에 연결송수구 및 옥내에 방수구가 부설된 옥내소화전설비, 스프링클러 설비, 간이스프링클러 설비 또는 연결살수설비를 기준에 적합하게 설치한 경우
• 옥외소화전설비 : 보물 또는 국보로 지정된 목조문화재에 상수도소화용수설비를 옥외소화전설비의 화재안전기준에서 정하는 방수압력·방수량·옥외소화전함 및 호스의 기준에 적합하게 설치한 경우

89 ②
외기에 직접 또는 간접 면하는 거실의 각 부위에는 건축물의 열손실방지 조치를 하여야 한다. 다만, 다음 부위에 대해서는 제외할 수 있다.
㉠ 지표면 아래 2m를 초과하여 위치한 지하부위(공동주택의 거실 부위 제외)로서 이중벽

의 설치 등 하계 표면결로 방지조치를 한 경우
㉡ 지면 및 토양에 접한 바닥 부위로서 난방공간의 외벽 내표면까지의 모든 수평거리가 10m를 초과하는 바닥 부위
㉢ 외기에 간접 면하는 부위로서 당해 부위가 면한 비난방공간의 외피를 관련 규정에 준하여 단열조치하는 경우
㉣ 공동주택의 층간바닥(최하층 제외) 중 바닥난방을 하지 않는 현관 및 욕실의 바닥 부위
㉤ 방풍구조(외벽 제외) 또는 바닥면적 150m² 이하의 개별 점포의 출입문

90 ②
거실의 채광 및 환기를 위한 창문

구분	건축물의 용도	창문 등의 면적	예외 규정
채광	• 단독주택의 거실 • 공동주택의 거실 • 학교의 교실 • 의료시설의 병실 • 숙박시설의 객실	거실바닥면적의 1/10 이상	거실의 용도에 따른 조도기준의 조도 이상의 조명
환기		거실바닥면적의 1/20 이상	기계장치 및 중앙관리방식의 공기조화설비를 설치한 경우

※ 교실 바닥면적이 100m²이므로 요구되는 채광용 창 면적은 10m²이다. 따라서 4m²의 추가 면적이 요구된다.

91 ①
지하층
바닥이 지표면 아래에 있는 층으로서 해당 층의 바닥으로부터 지표면까지의 높이가 해당 층의 1/2 이상인 층

92 ③
초고층 건축물에는 피난층 또는 지상으로 통하는 직통계단과 직접 연결되는 피난안전구역(건축물의 피난·안전을 위하여 건축물 중간층에

설치하는 대피공간)을 지상층으로부터 최대 30개 층마다 1개소 이상 설치하여야 한다.

93 ①

비상경보설비(위험물 저장 및 처리 시설 중 가스시설 또는 지하구 제외)
㉠ 연면적 400m² 이상(지하가 중 터널 또는 사람이 거주하지 않거나 벽이 없는 축사 제외)
㉡ 지하층 또는 무창층의 바닥면적이 150m²(공연장의 경우 100m²) 이상인 것
㉢ 지하가 중 터널로서 길이가 500m 이상인 것
㉣ 50명 이상의 근로자가 작업하는 옥내 작업장

94 ③

다세대주택의 정의
주택으로 쓰는 1개 동의 바닥면적 합계가 660m² 이하이고, 층수가 4개 층 이하인 주택(2개 이상의 동을 지하주차장으로 연결하는 경우에는 각각의 동으로 본다)

95 ④

소방설비의 분류
- 소화설비 : 소화기, 옥내소화전, 옥외소화전, 스프링클러, 물분무 등 설비(가스계 소화설비)
- 경보설비 : 자동화재탐지설비, 자동화재속보설비, 비상방송설비, 비상경보설비, 누전경보기
- 피난구조설비 : 유도등, 비상조명등, 피난사다리, 공기호흡기, 완강기
- 소화용수설비 : 상수도소화용수설비, 소화수조
- 소화활동설비 : 제연설비, 연결송수관설비, 연결살수설비, 무선통신보조설비, 비상콘센트설비

96 ③

다중이용건축물
불특정한 다수의 사람들이 이용하는 건축물로서 다음 중 하나에 해당하는 건축물을 말한다.
㉠ 다음의 어느 하나에 해당하는 용도로 쓰는 바닥면적의 합계가 5000m² 이상인 건축물
  ⓐ 문화 및 집회시설(동물원 및 식물원은 제외한다)
  ⓑ 종교시설, 판매시설
  ⓒ 운수시설 중 여객용 시설
  ⓓ 의료시설 중 종합병원
  ⓔ 숙박시설 중 관광숙박시설
㉡ 16층 이상인 건축물

97 ③

건축계획서에 표시하여야 할 사항
㉠ 개요(위치·대지면적 등)
㉡ 지역·지구 및 도시계획사항
㉢ 건축물의 규모(건축면적·연면적·높이·층수 등)
㉣ 건축물의 용도별 면적
㉤ 주차장 규모
㉥ 에너지절약계획서(해당 건축물에 한한다.)
㉦ 노인 및 장애인 등을 위한 편의시설 설치계획서(관계법령에 의하여 설치의무가 있는 경우에 한한다)
※ 공개공지 및 조경계획은 설계도서 중 배치도에 표시할 사항에 해당된다.

98 ③

대지의 측량이나 건축물의 건축 과정에서 부득이하게 발생하는 오차는 다음과 같이 허용한다.
㉠ 대지 관련
  ⓐ 건축선의 후퇴거리, 인접대지 경계선 및 인접건축물과의 거리 : 3% 이내
  ⓑ 건폐율 : 0.5% 이내(건축면적 5m²를 초과할 수 없다.)
  ⓒ 용적률 : 1% 이내(연면적 30m²를 초과할 수 없다.)
㉡ 건축물 관련
  ⓐ 건축물 높이 : 2% 이내(1m를 초과할 수 없다.)

　ⓑ 평면길이 : 2% 이내(전체 길이는 1m를 초과할 수 없고, 벽으로 구획된 각 실은 10cm를 초과할 수 없다.)
　ⓒ 출구너비, 반자높이 : 2% 이내
　ⓓ 벽체 두께, 바닥판 두께 : 3% 이내

99 ①
아파트 대피공간의 설치 기준
㉠ 대피공간은 바깥의 공기와 접할 것
㉡ 대피공간은 실내의 다른 부분과 방화구획으로 구획될 것
㉢ 대피공간의 바닥면적은 인접 세대와 공동으로 설치 시 3m^2 이상, 각 세대별 설치 시 2m^2 이상일 것
㉣ 국토교통부장관이 정하는 기준에 적합할 것
㉤ 대피공간으로 통하는 출입문은 60분+ 방화문으로 설치할 것
㉥ 단, 인접 세대와의 경계벽이 파괴하기 쉬운 경량구조인 경우, 경계벽에 피난구를 설치한 경우, 발코니의 바닥에 규정에 맞는 하향식 피난구를 설치한 경우 또는 대피공간에 준하는 시설을 설치한 경우는 제외한다.

100 ④
복도의 유효너비

구분	양 옆에 거실이 있는 복도	기타
유치원·초등학교·중학교·고등학교	2.4m 이상	1.8m 이상
공동주택·오피스텔	1.8m 이상	1.2m 이상
당해 층 거실바닥면적 합계 200m^2 이상	1.5m 이상 (의료시설 1.8m 이상)	1.2m 이상

CBT 복원문제 해설 및 정답

01 ③
모듈러 코디네이션
(M.C : modular coordination)
건축의 재료부품에서 설계 시공에 이르기까지 건축생산전반에 쓰이는 재료를 규격화하는 것. 치수상의 유기적 연계성을 만들어내며 설계와 시공을 연결해주는 치수시스템으로 건축 외에 실내나 가구분야에까지 확장, 적용될 수 있다.
- 설계 작업이 간소화된다.
- 대량생산이 용이하여 생산비용이 절감된다.
- 현장작업의 단순화로 공기가 단축된다.
- 제품의 표준화 및 규격화로 인해 호환성이 증대된다.
- 건축물이나 디자인의 개성 및 창의성이 결여되기 쉽다.
- 동일 형태가 집단을 이루는 경향이 있다.

02 ③
기초판의 크기는 기초판까지 포함한 상부 구조의 하중과 지내력의 크기에 좌우된다.

03 ④
계단실형
- 계단실, 엘리베이터 홀에서 마주보는 두 세대가 바로 연결되는 형식이다.
- 단위주거의 두 벽면이 외벽에 면하기 때문에 채광, 통풍에 유리하다.
- 출입이 편리하고 독립성이 크며 통로면적이 절약되지만 엘리베이터 이용률이 낮다.

04 ①
코어(core)
건물의 설비 부분이나 특수한 부분을 핵 모양으로 집중시킨 부분. 설비를 집중배치하기 때문에 배관배선이 절약되고, 설비를 중심으로 사람의 움직임이 집약되므로 동선이 절약되고 면적 효율이 높은 평면 구성이 가능해지는 이점이 있다. 세포나 과실의 핵과 같이 건물의 중심부에 설비를 집중시키고 이것을 내진벽으로 둘러싸서 건물 전체를 견고하게 한다. 주거 건물의 경우 화장실·세면장·욕실·주방 등의 설비를, 사무용 건물일 때는 보일러설비·화장실 외에 기계실이나 배관 등의 공간과 엘리베이터·계단 등을 모아서 배치한다. 부지를 경제적으로 사용할 수는 있으나, 사무실의 독립성은 보장되지 않는다.

05 ①
병동부 면적 구성 비율
- 정신병원 : 연면적의 2/3 내외
- 결핵병원 : 연면적의 1/2 내외
- 종합병원 : 연면적의 1/3 내외

06 ②
잔향시간은 실의 특성에 맞게 설계되어야 하며, 예배실, 오케스트라 공연장 등은 잔향시간이 길어야 한다.

07 ④
- 동압(P_v) : 공기의 흐름이 있을 때, 흐름 방향의 속도에 의해 가해지는 압력
- 풍압계수 : 외부풍 동압의 어느 정도가 풍압력으로 가해지는지를 나타내는 계수
- ※ 풍압계수가 0.3이라면 외부풍 동압의 30%가 풍압력으로 가해진다는 뜻이다.

08 ②
바닥충격음의 저감방법

- 건축 뼈대로 전달되는 소음 방지를 위해 뼈대와 소음원을 분리시킨다.
- 프리 액세스 플로어와 같이 뜬바닥 구조를 활용한다.
- 탄성이 있는 바닥마감재를 쓰고, 바닥 슬래브의 중량을 증가시킨다.
- 천장을 이중으로 시공한다.

09 ③

개구부의 너비가 2m 이상일 때는 집중하중이 발생하므로 인방보 등을 설치하여 보강한다. 창문의 너비가 1m 정도일 때에는 평아치로 할 수도 있다.

10 ④

건축화 조명

천장, 벽, 기둥과 같은 건축 부분에 광원을 만들어 실내를 조명하는 것을 말한다.

- 눈부심이 적고 고급스러운 분위기 연출이 가능하지만 직접 조명에 비해 설치 비용 및 유지 비용이 증가하므로 조명 효율 및 경제성은 낮다.
- 종류 : 광천장, 광창, 코브, 코니스, 밸런스, 캐노피 조명 등

※ 국부 조명 : 좁은 면적을 특정하여 집중적으로 비추는 형식의 조명. 작업용이나 악센트 조명으로 활용된다.

11 ③

다른 실에 비해 실용적이 작은 편이며 마감재의 흡음률이 낮고 반사율이 높아서 소리가 잘 울려 퍼진다.

12 ③

철골철근콘크리트 구조(SRC : steel framed reinforced concrete structure)

- 철골 뼈대 주위에 철근을 배치하고 콘크리트를 타설하여 만드는 구조
- RC는 콘크리트의 전단파괴나 압축파괴로 인해 취성파괴가 생기지만 철골에 의하여 인성이 보충된다.
- 단면을 크게 하지 않고 내력과 변형 능력에 여유를 갖게 할 수 있다.
- 내화 피복제인 콘크리트가 구조재도 겸하므로 경제적인 방식이다.
- 철골의 좌굴이 콘크리트에 의해 방지되고, 구조물에 발생하는 진동을 감쇠시킬 수 있다.
- 철골의 단가가 높으므로 건설비가 높아지고 시공이 복잡하며 콘크리트에 의해 자중이 커진다.

13 ③

루버(louver)

목재, 금속, 플라스틱 등의 폭이 좁은 판을 비스듬히 일정 간격을 두고 수평으로 배열한 것을 말한다. 밖에서는 실내가 보이지 않으면서 안에서는 밖을 볼 수 있는 효과가 있고 일조 조절 및 환기 등의 목적으로 사용된다.

※ 종류

㉠ 수직형 루버 : 동서쪽 면에 좋고 태양의 방위각에 의한 조절이 좋다.
㉡ 수평 루버 : 남북쪽 면에 좋고 태양의 고도 변화에 유리하다.
㉢ 격자 루버 : 수직과 수평의 혼합한 형태로 가장 효율적인 차양방법이다.
㉣ 가동 루버 : 태양의 위치에 따라 일조량을 변화시킨다.

14 ①

백화현상(白化現象)

건물 외벽을 벽돌, 콘크리트, 시멘트 모르타르, 타일 등으로 마감했을 때 그 표면에 백색 물질이 발생하는 경우를 말한다. 이 현상은 시멘트의 가용성 성분인 수산화칼슘이 표면으로 빠져나와 수분이 증발되면서 발생하거나 공기 중 탄산가스와 반응하여 석회석 성분인 탄산칼슘이나 황산칼슘으로 변하여 표면에 침착하여 발생한다.

※ 백화현상 방지대책
- 소성이 잘 되고 흡수율이 낮은 벽돌을 사용한다.
- 벽 상부에 차양, 돌림띠, 비막이를 설치한다.
- 줄눈에 방수제를 섞어 사용한다.
- 벽 표면에 파라핀 도료를 발라서 염분 유출을 막는다.

15 ③

발코니는 추락의 위험이 있으므로 발판을 설치하지 않도록 하며, 난간의 높이는 1.2m 이상이 되도록 한다.

16 ④

무량판 구조(flat slab)
- 보를 없애고 슬래브만으로 구성하며 하중을 직접 기둥에 전달한다.
- 플랫 슬래브의 두께는 최소 15cm 이상으로 한다.
- 구조가 간단하고 공사비가 절감되며, 실내를 크게 이용하면서 전체 층고를 낮게 할 수 있다.
- 주두의 철근배근이 복잡해진다.
- 바닥이 두꺼워져서 고정하중이 커지며, 뼈대의 강성이 약화되고 슬래브의 무게가 가중된다.

17 ③

왕대공 지붕틀의 각 부 명칭

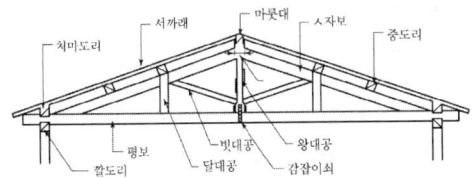

18 ①

반강접합(semi-rigid connection)
강접합과 핀접합의 중간적 거동 특성을 가지는 접합을 말한다. 설계상에서는 모든 접합부가 핀접합 또는 강접합으로 가정되지만, 실제 구조물에서는 둘의 중간인 반강접합 상태가 되는 것이 일반적이다. 따라서 반강접합 접합부도 강접합과 마찬가지로 축방향력과 전단력, 모멘트(강접합보다 낮은)가 작용한다.

19 ③

실내환기를 통해 산소를 공급하고 이산화탄소 농도를 낮출 수 있다. 또한 습기를 제거하여 실내 결로발생을 방지할 수 있다.

20 ④

① 교실 채광은 자연 채광을 주로 하고 인공조명을 보조조명으로 한다.
② 칠판의 조도가 책상면의 조도보다 높아야 한다.
③ 오른손 글씨를 기준으로 하여 학생이 앉았을 때 채광창이 왼쪽에 오도록 한다.

21 ①

중앙식 급탕설비 가열방식 비교

	직접 가열식	간접 가열식
보일러	급탕용과 난방용 개별 설치	난방 열원으로 급탕 겸용
내부 스케일	많이 생긴다.	거의 없다.
압력	고압 보일러	저압 보일러
가열코일	필요 없다.	필요하다.
규모	소규모 건축물	대규모 건축물

22 ④

유속을 먼저 구한 후 마찰손실수두를 구한다.
- 관내평균유속

$$v = \frac{Q}{A} = \frac{Q}{\frac{\pi d^2}{4}} = \frac{0.06}{\frac{3.14 \times 0.15^2}{4}} = 3.397 \text{m/s}$$

Q : 유량[m³/s] A : 단면적[m²]
d : 배관 내경[m]

∴ 마찰손실수두

$$H_f = \lambda \cdot \frac{l}{d} \cdot \frac{v^2}{2g}$$

$$= \frac{0.03 \times 100 \times 3.4^2}{0.15 \times 2 \times 9.8} = 11.8\text{m}$$

λ : 관 마찰계수
l : 직관 길이[m]
d : 배관 내경[m]
g : 중력가속도[9.8m/sec^2]

23 ③

공기실(air chamber)

수격작용을 방지하기 위해 설치하는 것으로, 공기를 담고 있는 배관 부분을 말한다. 펌프의 토출관이나 세척 밸브 등에 공기실을 설치하여 압축공기의 탄성에 의한 충격을 방지한다.

※ 수격작용(water hammer) : 배관 내 물의 흐름을 급속히 막으면 순간적인 이상충격 압력이 발생하여 배관이나 기구에 손상을 주고 마찰음을 발생시키는 현상을 말한다.

㉠ 원인
 ⓐ 유속이 빠르고 관경이 작을 때
 ⓑ 밸브 수전을 급하게 닫을 때
 ⓒ 굴곡이 많은 배관을 사용할 때
㉡ 방지책
 ⓐ 가급적 유속은 느리게, 관경은 크게 한다.
 ⓑ 밸브의 폐쇄를 되도록 느리게 한다.
 ⓒ 공기실을 설치하거나, 수격작용 발생 부분에 방지장치를 둔다.
 ⓓ 배관은 가급적 직선형태로 한다.

24 ④

세정밸브식(Flush valve) 대변기

- 급수관에서 플러시 밸브를 거쳐 변기 급수구에 직결되고 플러시 밸브의 핸들을 작동함으로써 일정량의 물이 사출되어서 변기 안을 세정하는 방식이다.
- 탱크가 필요 없어서 화장실을 넓게 사용할 수 있고 연속 사용이 가능하지만 소음이 큰 편이다.
- 역류방지기(Vaccum breaker)가 필요하며, 최소 70kPa 이상의 수압이 필요하다.
- 접속 급수관경이 25mm 이상 필요하여, 일반 주택에서는 거의 사용하지 않는다.

25 ④

옥외소화전 호스접결구는 지면으로부터 높이가 0.5m 이상 1m 이하의 위치에 설치하고 특정소방대상물의 각 부분으로부터 하나의 호스접결구까지의 수평거리가 40m 이하가 되도록 설치하여야 한다.

26 ③

유체의 밀도가 클수록 관로의 마찰손실도 커진다.

27 ③

고가수조방식(옥상탱크 방식)

양수펌프로 고가 탱크까지 양수하여 낙차에 의한 수압으로 각 층에 수급하는 방식이다.

- 안정적인 수압으로 급수할 수 있고 배관 부속품의 파손이 적다.
- 저수량이 확보되므로 단수 후에도 일정시간 동안 급수가 가능하다.
- 대규모 급수설비에 적합하다.
- 저수조 안에서 물이 오염될 가능성이 있어 저수시간이 길어지면 수질이 나빠지기 쉽다.
- 설비비, 경상비가 높고 구조설계가 까다롭다.

28 ④

급수량(Q)

$Q = A \times k \times n \times q$
$= 2000\text{m}^2 \times 0.55 \times 0.2\text{인}/\text{m}^2 \times 120\text{L/d}$
$= 26400\text{L/d}$

A : 건물 연면적
k : 연면적 대비 유효면적비율[%]
n : 유효면적당 인원[인/m^2]
q : 1인당 하루 사용수량[L/d]

29 ③

옥내소화전 방수구는 바닥으로부터 1.5m 이하

높이로 설치한다.

30 ②

트랩은 구조가 간단하고 자기세정작용이 있어야 하므로 이중 트랩은 적합하지 않다.

31 ③

개방형 팽창탱크의 용량

$$V_e = (\frac{1}{\rho_2} - \frac{1}{\rho_1}) \times V$$

$$= (\frac{1}{0.983} - \frac{1}{1}) \times (2+1) = 0.052 \text{m}^3$$

ρ_1 : 급수 밀도 ρ_2 : 급탕 밀도
V : 장치 내부의 전체 수량

32 ③

수격작용(water hammer)

관 내 유속의 급격한 변화로 인해 상승한 압력이 배관 내에 충격과 마찰을 일으키는 현상

㉠ 발생 요인
  ⓐ 유속이 빠를수록, 관경이 작을수록, 굴곡 개소가 많을수록 잘 발생한다.
  ⓑ 밸브 수전을 급히 잠글 때, 플러시 밸브나 콕을 사용할 때 발생할 수 있다.
  ⓒ 20m 이상의 고양정일 경우 수격작용의 우려가 크다.

㉡ 방지대책
  ⓐ 가능한 한도 내에서 관경은 크게, 유속은 느리게 한다.
  ⓑ 폐수전의 폐쇄시간을 느리게 한다.
  ⓒ 기구류 가까이에 에어 체임버를 설치한다.
  ⓓ 굴곡 배관을 억제하고 되도록 직선배관이 되도록 한다.
  ⓔ 감수압이 0.4MPa을 초과하는 계통에는 감압밸브를 설치하고, 발생 요인이 되는 밸브 근처에 수격작용 방지기를 설치한다.

33 ①

급수설비 설계 순서

급수량의 산정 → 수수조의 크기 결정 → 양수펌프의 크기 결정 → 급수관 결정 → 수도 인입관 설계 순으로 실시한다.

34 ④

유닛화된 위생설비의 장점
- (현장)공기 단축 및 공정의 단순·합리화
- 시공 정밀도 향상
- 재료 및 인건비 절감

35 ③

급탕배관
- 상향 공급 방식의 경우, 급탕관은 선상향 구배로 하고 반탕관은 선하향 구배로 한다.
- 하향 공급 방식의 경우, 급탕관과 반탕관 모두 하향구배로 한다.
- 온수 순환을 원활히 하기 위해 되도록 급한 구배로 한다.
- 중력 순환식은 1/150, 강제 순환식은 1/200로 한다.

36 ③

도피 통기관
- 루프 통기관에서 통기 능률을 촉진시키기 위한 통기관
- 배수횡지관의 최하류에 설치에 설치한다.
- 관경은 최소 32mm 이상, 또는 접속하는 배수관 관경의 1/2 이상으로 한다.

37 ④

펌프의 특성곡선(pump characteristic curve)

가로축에 토출량, 세로축에 펌프효율·전양정·축동력 등을 나타낸 곡선으로 일정 회전수 하에서의 펌프성능을 나타내는 것을 말한다. 특성곡선의 형태는 비속도(펌프의 최고 효율점에서 수치로 계산되는 값)에 의해 대략적으로 정해지므로, 펌프 선정은 이 비속도에 따른 펌프특성의 변화를 주의해야 한다.

38 ④
결합 통기관
- 배수 수직관 내 압력변화를 방지 및 완화시키기 위해, 배수 수직관과 통기 수직관을 접속하는 통기관
- 주로 고층 건물에서 5개 층마다 설치하여 배수 수직주관의 통기를 촉진한다.
- 관경은 최소 50mm 이상, 통기수직관과 동일 관경 이상으로 한다.

39 ③
수격작용(water hammer)
배관 내 물의 흐름을 급속히 막으면 순간적인 이상충격압력이 발생하여 배관이나 기구에 손상을 주고 마찰음을 발생시키는 현상
※ 방지책
㉠ 가급적 유속은 느리게, 관경은 크게 한다.
㉡ 밸브의 폐쇄를 되도록 느리게 한다.
㉢ 수전 근처에 공기실을 설치하거나, 수격작용 발생 부분에 방지장치를 둔다.
㉣ 배관은 가급적 직선형태로 한다.

40 ①
동관
- 가공성 및 전연성이 좋다.
- 탄산가스를 포함한 공기 중에서는 푸른 녹이 생긴다.
- 열전도율이 높아서 열교환기, 냉난방용, 급수관, 급탕관 등에 널리 사용된다.
- 담수에 내식성은 크나 연수에는 부식되며, 암모니아에 침식된다.
- 두께별로 K형 > L형 > M형으로 구분된다.
  (※ 가장 얇은 N형도 있으나, KS 규정에선 분류하지 않음)

41 ②
휘발성 유기화합물(VOCs)
주로 실내에 영향을 미치는 오염물질로서 건물 증후군(SBS : Sick Building Syndrome)의 주원인이 된다. 각종 건자재에서 배출되는 휘발성 유기화합물(VOCs), 포름알데히드(HCHO) 등 각종 오염물질들이 아토피성 피부염, 두통 등 각종 질환의 원인이 되고 있다. VOCs 배출량에 의한 인체에 대한 영향으로는 염증·불쾌감, 심할 경우 눈·코·목 등에서 염증·두통·신경마비 등이 우려된다. 포름알데히드는 가구·단열재·페인트·벽지·타일 등에서 검출되고 있다.
※ 라돈 : 건물의 미세한 균열이나 노출된 지표에 의해 지표면의 건물 안이나 지하건물 안에서 발견될 수 있다. 폐의 건강을 위협할 수 있는 주요 원인이다.

42 ①
① 사이펀 브레이커 : 냉각탑이 응축기보다 낮은 위치에 있으면, 냉각수 펌프가 정지할 때마다 응축기 주변에 극단적인 부압이 발생할 수 있다. 이를 방지하기 위해 유입측에는 사이펀 브레이커를 설치하고, 유출측에는 역류방지용의 체크밸브를 설치한다.
② 딥 튜브 : 공기 및 증기의 혼입방지를 위해 온수의 출구관에 설치한다.
③ 더트 포켓 : 배관 속으로 들어오는 먼지를 거르기 위해 설치한다.
④ 플래시 탱크 : 고압 증기의 드레인을 모아 감압하여 저압의 재증발 증기를 발생시키는 탱크

43 ②
난방 성적계수 = $\dfrac{h_3 - h_1}{h_3 - h_2}$

44 ④
① 등가온도(Eqt) : 기온, 평균복사온도, 풍속을 조합한 지표로 표면온도 적용범위가 좁다.
② 작용온도(OT) : 기온, 주벽의 복사열, 기류의 영향을 조합시킨 쾌적지표로서 습도의 영향이 고려되지 않는다.

3. 과/년/도/해/설 및 정/답

45 ①
① 숏 서킷 : 취출구와 흡입구가 근접해 있어서 취출공기가 곧바로 흡입구로 유입되는 현상
② (콜드) 드래프트 : 겨울철에 실내로 저온 기류가 유입되거나 유리나 벽면에서 냉각된 냉풍이 하강하는 현상. 인체 주위의 공기속도가 크면 콜드 드래프트가 발생하는 원인이 된다.
③ 에어 커튼 : 출입구 위에서 공기를 아래로 수직 분사하여 공기막을 만드는 설비. 실내공기와 외기의 접촉을 막기 때문에, 출입구를 상시 개방하고 영업하는 상점에 많이 쓰인다.
④ 리턴 에어 : 전공기방식 공조설비에서 에너지절약을 위해 급기용 외에 별도로 송풍기를 설치하여 유입시키는 외기. 주로 중간기의 냉방에 이용된다.

46 ②
- 전수두 = 위치압력수두(mAq) + 관내압력수두(mAq) + 속도수두
- 속도수두 = $\dfrac{v^2}{2g}$
  v : 관내유속, g : 중력가속도(9.8m/sec²)
∴ 전수두 = $20 + 6 + \dfrac{3^2}{2 \times 9.8} = 26.45$m
※ 1Pa = 0.1mmAq이므로
  1kPa = 100mmAq = 0.1mAq

47 ②
냉매방식은 중앙설비 없이 각 실이나 구역의 개별 유닛으로 공기를 조화시킨다.

48 ③
③ 불쾌지수 : 기상상태로 인해 인간이 느끼는 불쾌감의 정도로 기온과 습도를 통해 산정한다.

증기 트랩
방열기 환수부 또는 증기 배관의 말단에 부착하여 증기관 내에 생긴 응축수를 보일러로 환수시키는 장치이다.
㉠ 버킷 트랩 : 응축수의 부력을 이용하는 기계식 트랩. 고압증기의 관말 트랩이나 증기를 사용하는 세탁기, 탕비기 등에 쓰인다.
㉡ 플로트 트랩 : 저압 증기용 기기 부속 트랩으로 다량의 응축수를 처리하기 위해 사용한다.
㉢ 벨로즈 트랩 : 증기와 응축수 사이의 온도차를 이용하는 온도조절식 증기 트랩의 일종. 관내 응축수 배출을 위해 사용한다.
㉣ 기타 : 방열기 트랩, 충격증기 트랩
※ 드럼 트랩은 배수용 트랩이다.

49 ②
순환수량(Qw)
$Q_w = \dfrac{H_{cr}}{60 C \Delta t}$ [l/min]
$= \dfrac{1389600}{60 \times 4.2 \times (12-6)} = 919$ [l/min]
$= 0.919$m³/min $\times$ 60min $= 55.14$m³/h
H_{cr} : 냉동기 용량 C : 비열
Δt : 출입구 온도차
※ 1kW = 1kJ/s = 3600kJ/h이므로,
  386kW = 13896000kJ/h

50 ①
리프트 피팅
진공환수식 증기난방에서 환수관을 부득이하게 방열기보다 높은 곳에 배관해야 하거나, 환수주관보다 높은 위치에 진공펌프를 설치해야 할 때 환수관에 응축수를 끌어올리기 위해 사용한다. 저압인 경우 1단에 1.5m 이내, 고압인 경우 증기관과 환수관 압력차(0.1MPa)마다 5m 정도 끌어올린다.

51 ②

① 노즐(nozzle)형 취출구
- 구조가 간단하고 도달거리가 긴 취출구로 소음발생이 적다.
- 극장, 로비, 스튜디오 등에서 사용된다.

② 캄 라인(calm line)형 취출구
- 종횡비가 큰 취출구로 안에 든 디플렉터가 정류작용을 하는데, 흡인용일 때는 이를 제거한다.
- 외부 존과 내부 존에 모두 적용되며, 출입구 부근의 에어 커튼용으로도 적합하다.

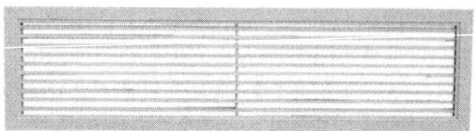

③ 아네모스탯(annemostat)형 취출구
- 다수의 뿔형 날개를 층상으로 포개고, 그 틈새로 공기를 취출하는 형식
- 1차 공기에 의한 2차 공기의 유인성능이 좋고 풍속의 조절범위가 넓다.
- 취출풍속과 확산반경이 크고 도달거리가 짧기 때문에 천장 취출구로 많이 사용된다.

④ 라이트 트로퍼(light troffer)형 취출구
- 양 취출구 가운데에 형광등을 갖춘 형태

52 ①

저온저습(①)과 고온고습(②)을 혼합한 ③을 예열(④)후 가습(⑤)하여 재열(⑥)한 것이다.

53 ④

염화비닐관
- 가공이 쉽고 내산·내알칼리성이 좋다.
- 염산, 황산, 가성소다 등의 부식성 약품에 강하다.
- 전기적 저항이 크고 전식작용이 없다.
- 열팽창률은 강관보다 높아서 냉각수 배관재료로는 부적합하다.

54 ④

온도 유지를 위한 필요 환기량

$$Q = \frac{H}{C \times r \times (t_1 - t_0)}$$

Q : 환기량 H : 실내 발생열량
t_1 : 실내공기온도 t_0 : 신선외기온도
C : 공기의 비열 r : 공기의 비중

- 발열량 $H = 2900[W] \times 3.6 kJ/h = 10440 kJ/h$

$$\therefore Q = \frac{10440}{1.01 \times 1.2 \times (36-28)} = 1076.7 m^3/h$$

55 ①

팬코일 유닛방식
소형 송풍기와 냉·온수 코일 및 필터 등을 구비한 소형 공조기를 각 실에 설치하여 중앙기계실로부터 냉·온수를 공급하여 공기조화를 하는 방식이다.
- 수배관 누수의 염려가 있다.
- 각 실별 제어가 가능하므로 부분 부하가 많은 건물에서 경제적 운전이 가능하다.
- 다수 유닛의 분산으로 관리가 까다롭다.
- 호텔 객실처럼 여러 실로 나뉜 건축물에 적합하며, 영화관과 같이 넓은 공간에는 부적합하다.

56 ③

혼합공기의 온도(t)

$$t = \frac{20kg \times 10℃ + 80kg \times 50℃}{100kg} = 42℃$$

57 ④

절대습도와 수증기 분압은 실질적으로 같은 요소나 다름없다. 따라서 이 둘의 조합으로는 다른 요소의 상태값을 파악할 수 없다.

58 ④

보일러의 출력
- 정미출력 : 난방부하와 급탕부하를 합한 용량
- 정격출력 : 연속 운전할 수 있는 보일러의 능력(난방부하+급탕부하+배관부하+예열부하)
- 상용출력 : 정격출력에서 예열부하를 뺀 값

정미출력에 5~10%를 가산한다.
- 과부하출력 : 운전 초기나 과부하 발생 시의 출력. 정격출력에 10~20% 정도가 가산된다.

59 ①
㉠ 바이패스 팩터(BF) : 냉각코일이나 가열코일과 접촉하지 않고 그대로 통과하는 공기의 비율
㉡ 콘택트 팩터(CF) : 코일과 완전히 접촉하는 공기의 비율
※ BF=1-CF이므로 CF+BF=1이 된다.

60 ④
현열비(SHF) 선상에는 실내 상태점, 코일출구 상태점, 토출공기 상태점이 자리한다.

61 ③
전동기 회전수(N)
$$N = \frac{120f(1-s)}{P}$$
$$= \frac{120 \times 60 \times (1-0.05)}{6} = 1140 \text{rpm}$$
N : 회전수 f : 주파수
s : 슬립 P : 극수

62 ②
형광등의 점등 시 점등관이 떨어질 때 안정기가 높은 전압을 유지하여 형광 방전관의 방전을 도와준다. 점등 후에는 저항의 역할도 하며 과전류가 흐르는 것을 방지한다.

63 ②
- 전자유도현상 : 변압기, 전자석, 발전기, 솔레노이드 밸브
- 정전유도현상 : 정전기, 전기집진기, 낙뢰

64 ②
피뢰방식
㉠ 돌침(보통 보호) 방식 : 건축물 상부에 돌침을 설치해서 근접 뇌격을 흡인하여 돌침과 대지 사이의 인하도체를 통해 외격전류를 안전하게 대지로 방류하는 방식. 수평투영면적이 작은 건물, 위험물 저장소 등에 적합하다.
㉡ 케이지(완전보호) 방식 : 피보호물을 적당한 간격으로 그물눈을 가진 도체로 완전히 보호하는 방식. 건물과 내부 사용자에게 위해를 주지 않도록 하는 방식이다. 고지대 관측소, 휴게소, 천연기념물의 나무 등에 적용된다.
㉢ 수직도체(증강보호) 방식 : 철근 콘크리트조 건축물 등의 경우 건물 모서리 부분에 낙뢰하여 콘크리트 파편에 의해 보행자 등의 2차적 재해가 발생할 우려가 있다. 따라서 건물 모서리나 뾰족한 형태를 한 부분 위쪽에 수평도체식 피뢰설비를 하여 보호능력을 증강시킨 방식이다. 수평투영면적이 비교적 큰 건축물에 적용하며, 완전보호를 목적으로 하지 않고 비수뢰부의 뇌격확률을 최소화하여 2차적 재해를 방지한다는 개념에서 도입된 것이므로 위험물 저장소 등에는 적용하지 못한다.
㉣ 가공지선(간이보호) 방식 : 돌침보다 간단한 방식. 뇌해가 많은 지방의 높이 20m 이하 건물에 자주적인 피뢰설비를 실시한다.

65 ④
- 역률($\cos\theta$)이 0.8일 때 무효율
$\sin\theta = \sqrt{1-\cos^2\theta}$ 이므로
$\sin^2\theta = 1-\cos^2\theta = 1-0.8^2 = 0.36$
∴ 무효율 $\sin\theta = 0.6$
- 피상전력 $= \dfrac{\text{유효전력}}{\text{역률}} = \dfrac{100}{0.8} = 125\text{kVarh}$
- 무효전력 $= \text{피상전력} \times \text{무효율} \times \dfrac{20\text{분}}{60\text{분}}$
$= 25\text{kVarh}$

66 ③
소비전력은 전압의 제곱에 비례한다.

67 ②
전력[P]=5[A]×220[V]=1100[Wh]

68 ④
합성수지관(경질비닐관) 배선공사
- 관 자체가 절연체이므로 감전 위험이 적고 시공이 용이하다.
- 열적 영향이나 기계적 외상을 받을 수 있다.
- 옥내의 점검할 수 없는 은폐 장소에도 사용이 가능하며, 화학공장, 연구실 배선 등에 적합하다.

69 ①
전력 퓨즈
- 고전압 회로 및 기기의 단락 보호용 퓨즈. 일정치 이상의 과전류를 차단하여 전로 및 기기를 보호한다.
- 차단기보다 저렴하며, 소형으로 큰 차단용량을 가진다.
- 릴레이와 변성기가 필요 없으며, 고속차단을 할 수 있고 보수가 간단하다.
- 옥내에 시설하는 경우에는 소음기를 부착하는 것이 좋다.

70 ②
전기력선의 성질
- 2개의 전기력선은 교차하지 않는다.
- 전기력선은 정전하(+)에서 부전하(-)로 들어간다.
- 전기력선의 접선 방향은 그 점에서의 전기장의 방향과 일치한다.
- 전기력선은 도체의 표면에 수직으로 출입하며 도체 내부에는 전기력선이 없다.
- 전기력선은 등전위면과 수직으로 교차한다.

71 ③
전반조명
- 높이와 간격이 일정한 다수의 조명기구를 하향 방사되도록 배치하여 실 전체를 균등하게 조명하는 방식
- 눈의 피로를 적게 함으로써 사고나 재해를 줄일 수 있으나, 정밀작업에는 적합하지 않다.

72 ②
문제의 내용에서 보일러는 제어대상, 온도는 제어량, 목표값은 300℃, 중유는 조작량이다.

73 ②
키르히호프의 법칙
㉠ 1법칙(전류 법칙) : 회로망 중 한 점에 들어오는 전류의 총합은, 흘러나가는 전류의 총합과 같다.
㉡ 2법칙(전압 법칙) : 회로망 중 임의의 폐회로 내에서 일주 방향에 따른 전압강하 총합은 기전력의 총합과 같다.

74 ③
영상변류기(ZCT : zero-phase-sequence current transformer)
비교적 낮은 송전 전류의 접지보호를 위하여 사용하는 변류기로 영상변류기는 지락전류를 감지하기 위해 설치된다. 대전류 회로의 지락사고 시 각상의 불평형 전류를 검출하여 이에 비례하는 미소전류를 2차측으로 전하는 기능을 한다. 중성점 접지 등에서 접지계전기의 오동작을 막고, 누전차단기에서 검출기구로 사용된다.

75 ②
불 대수 법칙을 이용하여 간소화하면
A+A·B=A(1+B)=A·1=A

76 ①
$H = \dfrac{N \times I}{2a}$ 이므로 $200 = \dfrac{100 \times I}{2 \times 0.1}$
∴ $I = 0.4[A]$
N : 권수[회]

I : 전류[A]
a : 반경[m]
H : 자계의 세기[AT/m]

77 ②
지중전선로를 직접 매설식으로 할 때, 매설 깊이는 최소 60cm 이상으로 한다. 단, 차량이나 기타 중량물의 압력을 받을 우려가 있는 곳은 1.2m 이상으로 한다.

78 ④
직렬연결 합성저항 : $R_1 + R_2$
∴ $R = R_1 + R_2 = 3.3 + 4.7 = 8\text{k}\Omega$

79 ④
접지공사

종별	저항치	접지선 굵기	적용
제1종	10Ω 이하	2.6mm 이상	• 고압 및 특별고압용 기구의 철대, 금속재 외함 • 고압전로의 피뢰기 • 특별고압계기용 변압기의 2차측 전로
제2종	$\dfrac{150}{1\text{선 지락전류}}$ Ω 이하	(고압 → 저압) 2.6mm 이상 (특고압 → 저압) 4.0mm 이상	• 특고압, 고압에서 저압으로 변성하는 변압기
제3종	100Ω 이하	1.6mm 이상	• 고압계기용 변압기의 2차측 전로 • 400V 미만 저압 전자기기 철대·금속제 외함 • 400V 미만 금속관 공사 금속체 분전반
특별 제3종	10Ω 이하	1.6mm 이상	• 400V 이상 저압 전자기기 철대·금속제 외함

80 ④
다이오드, 트랜지스터, IC 등이 무접점 시퀀스 제어장치이다.

81 ②
다음에 해당하는 주택 또는 건축물을 신축 또는 리모델링하는 경우, 시간당 0.5회 이상의 환기가 이루어질 수 있도록 자연환기설비 또는 기계환기설비를 설치하여야 한다.
㉠ 30세대 이상의 공동주택
㉡ 주택을 주택 외의 시설과 동일 건축물로 건축하는 경우로서 주택이 30세대 이상인 건축물

82 ②
비상용 승강기 승강장의 구조
㉠ 승강장의 창문 및 출입구 등 기타 개구부를 제외한 부분은 당해 건축물의 다른 부분과 내화구조의 바닥 및 벽으로 구획할 것. 단, 공동주택의 경우에는 승강장과 특별피난계단의 부속실과의 겸용부분을 특별피난계단의 계단실과 별도로 구획하는 때에는 승강장을 특별피난계단의 부속실과 겸용할 수 있다.
㉡ 승강장은 각 층의 내부와 연결될 수 있도록 하되, 그 출입구(승강로 출입구 제외)에는 60분 방화문 또는 60분+ 방화문을 설치하되 피난층은 제외 가능하다.
㉢ 노대 또는 외부를 향하여 열 수 있는 창문이나 배연설비를 설치할 것
㉣ 벽 및 반자가 실내에 접하는 부분의 마감재료 및 마감을 위한 바탕재료는 불연재료로 할 것
㉤ 채광이 되는 창문이 있거나 예비전원에 의한 조명설비를 할 것
㉥ 승강장의 바닥면적은 비상용 승강기 1대당 6m² 이상으로 할 것. 단, 옥외에 승강장을 설치하는 경우는 제외한다.
㉦ 피난층이 있는 승강장의 출입구(승강장이 없는 경우 승강로의 출입구)로부터 도로 또는 공지(공원·광장 기타 이와 유사한 것으로서 피난·소화를 위한 당해 대지에의 출입에 지장이 없는 것)에 이르는 거리가 30m 이하일 것
㉧ 승강장 출입구 부근의 잘 보이는 곳에 비상

용 승강기 표지를 할 것

83 ②

건축물에 설치하는 굴뚝은 다음의 기준에 적합하여야 한다.
㉠ 굴뚝의 옥상 돌출부는 지붕면으로부터의 수직거리를 1m 이상으로 할 것. 다만, 용마루·계단탑·옥탑 등이 있는 건축물에 있어서 굴뚝 주위에 연기의 배출을 방해하는 장애물이 있는 경우 굴뚝의 상단을 용마루·계단탑·옥탑 등보다 높게 하여야 한다.
㉡ 굴뚝의 상단으로부터 수평거리 1m 이내에 다른 건축물이 있는 경우, 그 건축물의 처마보다 1m 이상 높게 할 것
㉢ 금속제 굴뚝으로서 건축물의 지붕 속·반자위 및 가장 아랫바닥 밑에 있는 굴뚝의 부분은 금속 외의 불연재료로 덮을 것
㉣ 금속제 굴뚝은 목재 기타 가연재료로부터 15cm 이상 떨어져서 설치할 것. 다만, 두께 10cm 이상인 금속외의 불연재료로 덮은 경우는 제외한다.

84 ③

승용승강기 설치대수 산정

건축물의 용도	6층 이상 거실바닥면적의 합계($s\,m^2$)		
	3000 m^2 이하	3000m^2 초과	대수산정 방식
• 문화 및 집회시설(공연장, 집회장, 관람장) • 판매시설 • 의료시설	2대	2대에 3000m^2 초과하는 매 2000m^2 이내마다 1대를 더한 대수	$2+\dfrac{s-3000m^2}{2000m^2}$
• 문화 및 집회시설(전시장, 동·식물원만 해당) • 업무시설, 숙박시설, 위락시설	1대	1대에 3000m^2 초과하는 매 2000m^2 이내마다 1대를 더한 대수	$1+\dfrac{s-3000m^2}{2000m^2}$

건축물의 용도	6층 이상 거실바닥면적의 합계($s\,m^2$)		
	3000 m^2 이하	3000m^2 초과	대수산정 방식
• 공동주택 • 교육연구시설, 노유자시설 • 그 밖의 시설	1대	1대에 3000m^2 초과하는 매 3000m^2 이내마다 1대의 비율로 가산한 대수	$1+\dfrac{s-3000m^2}{3000m^2}$

※ 설치대수 산정에 있어 8인승 이상 15인 이하의 승강기는 1대로 보고, 16인승 이상의 승강기는 2대로 본다.

85 ②

의료시설
㉠ 병원(종합병원, 병원, 치과병원, 한방병원, 정신병원 및 요양병원)
㉡ 격리병원(전염병원, 마약진료소, 그 밖에 이와 비슷한 것)
※ 한의원과 치과의원은 제1종 근린생활시설이다.
※ 동물병원은 제2종 근린생활시설이다. 단, 해당용도로 쓰는 바닥면적이 300㎡ 미만인 것은 제1종에 해당된다.(2023년 개정)

86 ③

옥내소화전설비를 설치하여야 하는 특정소방대상물(위험물 저장 및 처리 시설 중 가스시설, 지하구 및 방재실 등에서 스프링클러 설비 또는 물분무 등 소화설비를 원격으로 조정할 수 있는 업무시설 중 무인변전소는 제외)
㉠ 연면적 3000㎡ 이상(지하가 중 터널 제외)이거나 지하층·무창층(축사 제외) 또는 층수가 4층 이상인 것 중 바닥면적이 600㎡ 이상인 층이 있는 것은 모든 층
㉡ 지하가 중 터널로서 길이가 1000m 이상인 터널
㉢ ㉠에 해당하지 않는 근린생활시설, 판매시설, 운수시설, 의료시설, 노유자시설, 업무시설, 숙박시설, 위락시설, 공장, 창고시설, 항공기 및 자동차 관련 시설, 교정 및 군사

시설 중 국방·군사시설, 방송통신시설, 발전시설, 장례식장 또는 복합건축물로서 연면적 1500m² 이상이거나 지하층·무창층 또는 층수가 4층 이상인 층 중 바닥면적이 300m² 이상인 층이 있는 것은 모든 층
ㄹ 건축물의 옥상에 설치된 차고 또는 주차장으로서 차고 또는 주차의 용도로 사용되는 부분의 면적이 200m² 이상인 것
ㅁ ㉠ 및 ㉢에 해당하지 않는 공장 또는 창고시설로서 「소방기본법 시행령」 별표 2에서 정하는 수량의 750배 이상의 특수가연물을 저장·취급하는 것

87 ③
공동주택의 리모델링에 대비한 특례에서, 리모델링이 쉬운 구조란 다음 요건에 적합한 것을 말한다.
㉠ 각 세대는 인접한 세대와 수직 또는 수평 방향으로 통합하거나 분할할 수 있을 것
㉡ 구조체에서 건축설비, 내부 마감재료 및 외부 마감재료를 분리할 수 있을 것
㉢ 개별 세대 안에서 구획된 실(室)의 크기, 개수 또는 위치 등을 변경할 수 있을 것

88 ②
① 건축법상 주요구조부는 내력벽, 기둥, 바닥, 보, 지붕틀 및 주 계단까지를 말한다. 사잇기둥, 최하층 바닥, 작은보, 차양, 옥외계단 등 구조상으로 중요하지 않은 부분 및 기초를 제외한다.
② 건축법상 건축 행위는 신축·증축·재축·개축·이전을 뜻하며, 대수선은 속하지 않는다.
③ 이전이란 건축물의 주요구조부를 해체하여 동일 대지 내에서 위치를 변경하는 것이다.
④ 개축이란 기존건축물을 철거하고 그 대지 안에 종전과 동일 규모로 건축물을 다시 축조하는 것을 말한다.

89 ①
6층 이상인 건축물로서 다음에 해당하는 용도로 쓰는 건축물에는 기준에 맞게 배연설비를 설치하여야 한다. 단, 피난층은 예외로 한다.
• 제2종 근린생활시설 중 공연장, 종교집회장, 인터넷컴퓨터게임시설제공업소 및 다중생활시설(공연장, 종교집회장 및 인터넷컴퓨터게임시설제공업소는 해당 용도 바닥면적의 합계가 각각 300m² 이상인 경우만 해당)
• 문화 및 집회시설, 종교시설, 판매시설, 운수시설
• 의료시설(요양병원 및 정신병원은 제외)
• 교육연구시설 중 연구소, 노유자시설 중 아동 관련 시설, 노인복지시설(노인요양시설은 제외)
• 수련시설 중 유스호스텔, 운동시설
• 업무시설, 숙박시설, 위락시설, 관광휴게시설, 장례시설
※ 다음 건축물은 층수 상관없이 설치한다.
• 의료시설 중 요양병원 및 정신병원
• 노유자시설 중 노인요양시설·장애인 거주시설 및 장애인 의료재활시설

90 ④
소방설비의 분류
• 소화설비 : 소화기, 옥내소화전, 옥외소화전, 스프링클러, 물분무 등 설비(가스계 소화설비)
• 경보설비 : 자동화재탐지설비, 자동화재속보설비, 비상방송설비, 비상경보설비, 누전경보기
• 피난설비 : 유도등, 비상조명등, 피난사다리, 공기호흡기, 완강기
• 소화용수설비 : 상수도소화용수설비, 소화수조
• 소화활동설비 : 제연설비, 연결송수관설비, 연결살수설비, 무선통신보조설비, 비상콘센트설비

91 ①
허가 및 신고대상의 용도 변경 분류
※ 허가대상 : 하위 → 상위시설 용도 변경

※ 신고대상 : 상위 → 하위시설 용도 변경
※ 기재변경 : 동일 시설군 내에서의 용도 변경

분류	세부항목
1. 자동차관련 시설군	가. 자동차 관련시설
2. 산업 등의 시설군	가. 운수시설 나. 창고시설 다. 공장 라. 위험물저장 및 처리시설 마. 자원순환 관련 시설 바. 묘지 관련 시설 사. 장례시설
3. 전기통신시설군	가. 방송통신시설 나. 발전시설
4. 문화 및 집회시설군	가. 문화 및 집회시설 나. 종교시설 다. 위락시설 라. 관광휴게시설
5. 영업시설군	가. 판매시설 나. 운동시설 다. 숙박시설 라. 제2종 근린생활시설 중 다중생활시설
6. 교육 및 복지시설군	가. 의료시설 나. 교육연구시설 다. 노유자시설 라. 수련시설 마. 야영장 시설
7. 근린생활시설군	가. 제1종 근린생활시설 나. 제2종 근린생활시설(다중생활시설 제외)
8. 주거업무시설군	가. 단독주택 나. 공동주택 다. 업무시설 라. 교정 및 군사시설
9. 그 밖의 시설군	가. 동물 및 식물 관련 시설

92 ②

연면적 1000m² 이상인 목조 건축물로서 외벽 및 처마밑의 연소할 우려가 있는 부분은 국토교통부령으로 정하는 바에 따라 방화구조로 하거나 불연재료로 하여야 한다.

93 ②

난방 및 냉방설비의 용량 계산을 위한 설계기준
실내온도는 난방의 경우 20℃, 냉방의 경우 28℃를 기준으로 한다.(목욕장 및 수영장은 제외한다)

94 ②

높이 31m를 초과하는 건축물은 승용승강기 외에 비상용 승강기를 추가로 설치해야 한다.
※ 비상용 승강기를 설치하지 않아도 되는 경우
㉠ 높이 31m를 넘는 각 층을 거실 외의 용도로 쓰는 건축물
㉡ 높이 31m를 넘는 각 층의 바닥면적의 합계가 500m² 이하인 건축물
㉢ 높이 31m를 넘는 층수가 4개 층 이하로서 당해 각 층의 바닥면적의 합계 200m²(벽 및 반자가 실내에 접하는 부분의 마감을 불연재료로 한 경우에는 500m²) 이내마다 방화구획으로 구획한 건축물

95 ④

• 대수분할운전 : 기기를 여러 대 설치하여 부하상태에 따라 최적 운전상태를 유지할 수 있도록 기기를 조합하여 운전하는 방식
• 비례제어운전 : 기기의 출력값과 목표값의 편차에 비례하여 입력량을 조절하여 최적운전상태를 유지할 수 있도록 운전하는 방식

96 ①

간이스프링클러 설비를 설치하여야 하는 특정소방대상물에 스프링클러설비, 물분무소화설비 또는 미분무소화설비를 화재안전기준에 적합하게 설치한 경우에는 그 설비의 유효범위 안의 부분에서 설치가 면제된다.

97 ②

거실의 용도에 따른 조도 기준

거실의 용도 구분	조도 구분	바닥 위 85cm의 수평면의 조도(럭스)
1. 거주	• 독서 · 식사 · 조리 • 기타	150 70
2. 집무	• 설계 · 제도 · 계산 • 일반사무 • 기타	700 300 150
3. 작업	• 검사 · 시험 · 정밀검사 · 수술 • 일반작업 · 제조 · 판매 • 포장 · 세척 • 기타	700 300 150 70
4. 집회	• 회의 • 집회 • 공연 · 관람	300 150 70

거실의 용도 구분	조도 구분	바닥 위 85cm의 수평면의 조도(럭스)
5. 오락	• 오락 일반 • 기타	150 30
기타 명시되지 아니한 것		1란 내지 5란에 유사한 기준을 적용함

98 ③

대지의 측량이나 건축물의 건축 과정에서 부득이하게 발생하는 오차는 다음과 같이 허용한다.
㉠ 대지 관련
 ⓐ 건축선의 후퇴거리, 인접대지 경계선 및 인접건축물과의 거리 : 3% 이내
 ⓑ 건폐율 : 0.5% 이내(건축면적 5㎡를 초과할 수 없다.)
 ⓒ 용적률 : 1% 이내(연면적 30㎡를 초과할 수 없다.)
㉡ 건축물 관련
 ⓐ 건축물 높이 : 2% 이내(1m를 초과할 수 없다.)
 ⓑ 평면길이 : 2% 이내(전체길이는 1m를 초과할 수 없고, 벽으로 구획된 각 실은 10cm를 초과할 수 없다.)
 ⓒ 출구 너비, 반자높이 : 2% 이내
 ⓓ 벽체 두께, 바닥판 두께 : 3% 이내

99 ④

비상조명등 설치 대상(창고시설 중 창고 및 하역장, 위험물 저장 및 처리 시설 중 가스시설 제외)
㉠ 지하층 포함 층수가 5층 이상인 건축물로서 연면적 3000㎡ 이상인 것
㉡ ㉠에 해당하지 않는 것으로 그 지하층 또는 무창층의 바닥면적이 450㎡ 이상인 경우 해당층
㉢ 지하가 중 터널로서 그 길이가 500㎡ 이상인 것

100 ④

건축물의 에너지절약설계기준에 따른 "야간단열장치"라 함은 창의 야간 열손실을 방지할 목적으로 설치하는 단열셔터, 단열덧문으로서 총 열관류저항(열관류율의 역수)이 $0.4㎡ \cdot K/W$ 이상인 것을 말한다.

2023년 2회 CBT 복원문제 해설 및 정답

01 ②
① 보습장 : 지붕 모서리에 사용하는 세모 형태의 기와. 왕찌기와라고도 한다.
② 동귀틀 : 마루 부재의 일종으로 장귀틀과 장귀틀 사이에 가로질러 청널의 잇몸을 받는 짧은 귀틀
③ 단골막이 : 단골(반동강 기와)을 써서 기왓골이 용마루에 닿는 부분을 정돈하는 것
④ 동연 : 용마루에 거는 긴 서까래

02 ④
고층 밀집형 병원
- 병동, 진료부, 외래부 등을 고층 건물에 밀집시키고 엘리베이터로 수직 이동하는 병원
- 고층화가 적합한 도시병원에서 많이 나타난다.
- 대지 이용률이 높고 설비 집중화도 가능하다.
- 엘리베이터 이용률이 높아지므로, 수직 교통 설비 비용이 커진다.

03 ④
코어 배치상 엘리베이터 홀이 출입구에 너무 근접하는 것은 좋지 않다.

04 ④
홀(계단실)형 아파트 평면
- 계단실, 엘리베이터 홀에서 마주보는 두 세대가 바로 연결되는 형식이다.
- 단위주거의 두 벽면이 외벽에 면하기 때문에 채광, 통풍에 유리하다.
- 출입이 편리하고 독립성이 크며, 통로면적이 절약되어 유효면적이 커진다.
- 건축비가 높고 엘리베이터 이용률이 낮다.

05 ①
강당의 면적 산출에서 고정 의자식과 이동 의자식의 구분을 달리 하지 않는다.

06 ③
플랫 슬래브
외부 보만 있고 내부엔 보가 없이 바닥판을 구성하여 하중을 기둥에 직접 전달하는 구조. 기둥 상부의 주두와 받침판으로 슬래브를 지탱한다.

07 ①
스킵 하우스(Skip House)
층별 바닥 높이가 반층씩 올라가는 형태의 주택
※ 연립주택(Row House)의 형식
㉠ 타운 하우스(Town House) : 2~3층의 주택을 나란히 지어 벽을 공유하는 주택형식
㉡ 파티오 하우스(Patio House) : 가운데 중정을 두고 둘러싼 형태의 주택
㉢ 테라스 하우스(Terrace House) : 각 세대가 테라스를 가지며 경사지를 이용하여 아랫집의 지붕을 윗집의 테라스로 쓰는 주택형식

08 ②
야간에는 눈에 입사하는 광속을 작게 한다.

09 ③
잔향시간 $T = K\dfrac{V}{A}$
 K : 비례상수(0.161)
 V : 실의 용적
 A : 흡음력($\bar{a}$[평균흡음률]×S[실내표면적])
용적이 5000m³인 극장의 잔향시간이 1.6초일 때 흡음력 A는 $5000 \times \dfrac{0.161}{1.6} = 503.12$이므로 약

500m²이다. 따라서 잔향시간이 1초가 되려면 흡음력은 $5000 \times \frac{0.161}{1} = 805$m²이므로 추가로 필요한 흡음력은 약 300m²이다.

10 ③
① 복합 배열형 : 평면의 크기, 형태, 상품에 따라 아래의 방법들을 적절히 혼합하는 형식
② 굴절 배열형 : 진열대와 고객동선이 굴절 또는 곡선으로 구성되는 형태. 대면판매와 측면판매방식이 조합된 형식이다. 안경점, 문방구점 등 주로 소형 상품일 때 적용된다.
③ 직렬 배열형 : 진열대가 직선으로 구성되어 간단하고 경제적인 형식이다. 고객의 흐름이 빠르며 부문별 상품진열이 용이하고 대량판매형식에 적합하다. 고객이 직접 선택하기에 용이한 침구, 가전제품, 식기, 서적 등 비교적 상품의 크기가 큰 측면판매업종에서 많이 볼 수 있다. 매장이 단조롭고 인기상품 코너에서는 고객이 몰려 혼잡해질 수 있다.
④ 환상 배열형 : 평면의 중앙에 쇼케이스, 진열스테이지 등이 직선이나 곡선에 의한 고리모양 부분을 설치하는 형식으로 포장이나 계산을 배열된 진열대 안에서 행하는 형태. 수예품, 민예품과 같은 업종에 많이 적용된다.

11 ②
구조적으로 가장 튼튼한 것은 영식 쌓기이다.

12 ③
부지면적은 주차공간, 조경면적 등을 감안하여 건축면적보다 충분한 여유가 있는 부지가 좋다. 또한 법적 건폐율의 기준을 감안하여, 건축면적보다는 최소 20~30% 이상 넓은 부지가 좋다.

13 ③

잔향시간 $T = K\frac{V}{A}$

K : 비례상수(0.161)
V : 실의 용적
A : 흡음력($\bar{a}$[평균흡음률]×S[실내표면적])

14 ③
• 벽량 = $\frac{\text{내력벽 길이}}{\text{바닥면적}}$
• X방향 벽량 = $\frac{6m + 7m}{40m^2} = 32.5$cm/m²

15 ④
분산병렬형 배치
• 일종의 핑거 플랜으로 일조 및 통풍 등의 교실환경이 균등해진다.
• 각 동 사이에 정원, 놀이시설 등을 둘 수 있다.
• 구조계획이 간단하고 화재나 재난 발생 시 피난에 유리하다.
• 넓은 부지가 필요하며, 복도면적이 길어질 수 있다.

16 ②
치장줄눈 깊이는 6mm를 표준으로 한다.

17 ②
폐가식(closed access) 출납 시스템
㉠ 열람자가 책의 목록을 확인 후 기록을 제출하여 대출받는 형식
㉡ 서고와 열람실이 분리되어 있다.
㉢ 희소가치가 있는 책 또는 고서(古書)를 위한 독립서고 등에 용이하다.
㉣ 도서의 유지관리가 용이하고 감시가 필요 없다.
㉤ 책 내용을 충분히 확인할 수 없고 대출절차가 복잡하여 업무량이 증가한다.

18 ④
① 실외의 풍속이 많을수록 환기량이 많아진다.

② 실내외의 온도차가 많을수록 자연환기량이 많아진다.
③ 열전도율이 낮은 목조주택이 콘크리트조 주택보다 환기량이 많다.

19 ①
엘리베이터는 주 출입구 반대편에 설치하여 고객동선을 길어지도록 유도한다.

20 ③
판매상품의 종류에 따라서는 동종의 경쟁업체가 모여 있어서 다수의 고객을 유도할 수 있는 부지가 적합한 경우도 있다.

21 ①
연기시험은 배수 및 통기 배관의 시험에 해당된다.

22 ④
급수배관이 부식되면 수질이 나빠지고 강도 저하에 따른 배관 파손으로 누수가 될 수 있으며 마찰손실 또한 증대된다.
- 배관 부식의 원인 : 관의 재질, 유체온도, 화학적 성질, 금속이온화, 이종금속접촉, 전식, 용존산소
- 부식 방지대책 : 동일한 배관재료 선정, 약제로 용존산소 제거, 방식제 사용, 급수의 물리화학적 처리 등

23 ①
순환펌프의 순환수량
$$W = \frac{Q}{C \cdot \Delta t} [\text{L/min}]$$
$$= \frac{4000 \text{J/s} \times 60 \text{min}}{4.2 \text{kJ/kg} \cdot \text{K} \times (65-55)}$$
$$= \frac{240 \text{kJ/min}}{42 \text{kJ/kg}} = 5.7 \text{L/min}$$

Q : 배관의 열손실 C : 물의 비열
Δt : 급탕관과 환탕관의 온도차

24 ③
생화학적 산소요구량
(BOD : Biochemical Oxygen Demand)
호기성 미생물이 일정 기간 동안 물 속 유기물을 분해할 때 사용하는 산소의 양을 말한다. 물의 오염된 정도를 표시하는 지표로 사용된다. 일반적으로 BOD로 부르며, 생물분해가 가능한 유기물질의 강도를 뜻한다. 하천·해역 등의 자연수역에 도시폐수나 공장폐수가 방류되면 그 중 산화되기 쉬운 유기물질이 있어 수질이 오염된다. 이러한 유기물질은 수중의 호기성 세균에 의해 산화되며, 이에 소요되는 용존산소의 양을 mg/L 또는 ppm으로 나타낸 것이 생화학적 산소요구량이다. 수질 규제 항목 중 가장 일반적으로 쓰인다.
- BOD 제거율
$$= \frac{\text{유입수 BOD} - \text{유출수 BOD}}{\text{유입수 BOD}} \times 100 (\%)$$

25 ②
봉수의 파괴 원인
㉠ 자기사이펀 작용 : 배수가 관 속을 가득 채워서 흐를 때 트랩 내 봉수가 모두 배수관 쪽으로 흡인되어 배출하는 현상으로 S트랩에서 특히 많이 발생한다.
㉡ 유인사이펀 작용 : 상층 배수입관에서 다량의 물이 일시에 낙하할 때 상층 기구의 봉수가 함께 딸려가는 현상
㉢ 분출작용 : 수평지관 또는 수지관 내를 일시에 다량의 배수가 흘러내리는 경우 그 물덩어리가 일종의 피스톤 작용을 일으켜 공기의 압력에 의해 배수관 저층부의 기구에서 역으로 실내 쪽으로 역류시키는 현상을 말한다.
㉣ 모세관 현상 : 트랩의 오버플로관 부분에 머리카락, 걸레의 실 등이 걸려 아래로 늘어뜨려져 있으면 모세관 작용으로 봉수가 서서히 흘러내려 말라버리는 현상이다. 모세관 현상은 모세관의 지름이 충분히 작을

때 액체의 표면장력(또는 응집력)과 액체와 고체 사이의 흡착력에 의해 발생한다. 불순물을 정기적으로 제거하여 이를 방지한다.
- ⑩ 증발 현상 : 위생기구를 장시간 사용하지 않아서 봉수가 증발하는 것을 말한다. 장기간 건물을 비우거나 청소를 오랫동안 하지 않은 곳에서 주로 발생한다. 기름을 조금 떨어뜨려 놓으면 방지된다.
- ⑪ 운동량에 의한 관성 : 위생기구의 물을 갑자기 배수하는 경우 또는 강풍 등의 원인으로 배관 중에 급격한 압력변화가 일어났을 때 봉수가 배출되는 현상이다. 격자쇠를 설치하여 이를 방지한다.

26 ①
② SPPH : 고압배관용 탄소강관
③ SPLT : 저온배관용 강관
④ SPHT : 고온배관용 탄소강관
※ 기타 : SPPW(수도용 강관)

27 ④
유속을 먼저 구한 후 마찰손실수두를 구한다.
- 관내평균 유속

$$v = \frac{Q}{A} = \frac{Q}{\frac{\pi d^2}{4}} = \frac{\frac{0.2}{60}}{\frac{3.14 \times 0.05^2}{4}} = 1.7\text{m/s}$$

Q : 유량[m³/s] A : 단면적[m²]
d : 배관 내경[m]

∴ 마찰손실수두

$$H_f = \lambda \cdot \frac{l}{d} \cdot \frac{v^2}{2g}$$

$$= 0.04 \times \frac{30}{0.05} \times \frac{1.7^2}{2 \times 9.8} = 3.54\text{m}$$

λ : 관 마찰계수
l : 직관 길이[m]
d : 배관 내경[m]
g : 중력가속도[9.8m/sec²]

28 ②
먹는 물의 수질기준 및 검사 등에 관한 규칙 중 일부(환경부령)
㉠ 미생물에 관한 기준
  ⓐ 일반세균 : 1mL 중 100CFU(Colony Forming Unit)를 넘지 않을 것
  ⓑ 대장균군 : 100mL(샘물·먹는 샘물 등에서는 250mL)에서 검출되지 않을 것
㉡ 건강상 유해영향 무기물
  ⓐ 납 : 0.01mg/L를 넘지 않을 것
  ⓑ 불소 : 1.5mg/L(샘물·먹는 샘물 및 염지하수·먹는 염지하수의 경우에는 2.0mg/L)를 넘지 않을 것
  ⓒ 수은 : 0.001mg/L를 넘지 않을 것
㉢ 건강상 유해영향 유기물
  ⓐ 페놀 : 0.005mg/L를 넘지 않을 것
  ⓑ 벤젠 : 0.01mg/L를 넘지 않을 것
  ⓒ 에틸벤젠 : 0.3mg/L를 넘지 않을 것
㉣ 심미적 영향물질에 관한 기준
  ⓐ 경도(硬度) : 1000mg/L(수돗물 300mg/L, 먹는 염지하수 및 먹는 해양심층수 1200mg/L)를 넘지 않을 것
  ⓑ 소독으로 인한 냄새와 맛 이외의 냄새와 맛이 있어서는 아니 될 것
  ⓒ 동 : 1mg/L를 넘지 않을 것
  ⓓ 수소이온 농도 : pH 5.8 이상 pH 8.5 이하이어야 할 것(샘물, 먹는 샘물 및 먹는 물 공동시설의 물의 경우 pH 4.5 이상 pH 9.5 이하)
  ⓔ 아연 : 3mg/L를 넘지 않을 것

29 ④
콘크리트 벽이나 바닥을 관통하는 배관 교체의 용이성과 배관의 신축에 대비하기 위해 미리 슬리브를 묻어두고 배관한다.

30 ④
급탕량(Q)
$Q = A \times k \times n \times q$
$= 800\text{m}^2 \times 0.2\text{인}/\text{m}^2 \times 1 \times 10\text{L/d}$

$= 1600L/d = 1.6m^3/d$

A : 건물 연면적
k : 연면적 대비 유효면적비율[%]
n : 유효면적당 인원[인/m²]
q : 1인당 하루 사용수량[L/d]

31 ③

- 가열량(Q)

$$Q = m \cdot c \cdot \Delta t = 200 \times 4.2 \times (60-10)$$
$$= 42000kJ/h = 11.67kJ/s$$

m : 질량[kg]
c : 물의 비열[kJ/kg℃]
Δt : 물의 온도차[℃]

- 온수기 용량 = $\dfrac{가열량}{효율}$

$$= \dfrac{11.67}{0.95} = 12.3kJ/s = 12.3kW$$

32 ②

온도변화에 따른 배관의 팽창길이는 배관의 선팽창계수에 비례한다.

- 강관 신축량

$$\Delta \ell [mm] = 1000 \times \alpha \times L \times \Delta t$$
$$= 1000 \times 0.171 \times 10^{-4} \times 100 \times (60-20)$$
$$= 68.4mm$$

α : 관의 선팽창계수
L : 온도변화 전 관의 길이[m]
Δt : 온도변화[℃]

33 ④

배관 신축이음쇠의 종류
① 스위블형 : 2개 이상의 엘보우를 사용하고 나사회전을 이용하여 신축을 흡수한다.
② 슬리브형 : 온도 변화에 따라 생기는 관의 신축을 슬리브의 미끄럼으로 흡수한다. 저압 증기배관 및 온수배관의 신축이음쇠로 쓰인다.
③ 벨로스형 : 온도 변화에 의한 신축을 벨로스의 변형으로 흡수한다.
④ 신축곡관(루프형) : 관의 구부림과 관 자체 가요성을 이용하여 신축을 흡수한다. 신축을 흡수하는 1개의 길이는 길지만 고장이 적어서 고압 옥외 배관에 많이 쓰인다.

34 ④

기구의 최소필요압력(단위 : kPa)
㉠ 세정밸브, 자동밸브, 샤워기 : 70
㉡ 일반 수전(보통밸브) : 30
㉢ 흡출식 대변기 : 100

35 ②

배수 배출량
= 기구의 배수부하단위(fuD) × 동시사용률
 × 1fuD의 배수량
= (1×8+3) × 0.55 × 28.5L/min
= 172.425L/min

36 ②

체크 밸브
유체를 일정 방향으로 흐르게 하고, 역류를 방지하기 위한 밸브
㉠ 풋형 : 펌프 흡입관 선단의 여과기와 체크 밸브를 조합한 것. 개방식 배관의 펌프 흡입관 선단에 부착하여, 펌프 운전 중은 물론이며 정지 시에도 흡입관 내부를 만수상태로 유지시킨다.
㉡ 리프트형 : 글로브 밸브와 같은 밸브 시트의 구조로써 유체 압력에 의해 밸브가 수직으로 올라가도록 되어 있다.
㉢ 스윙형 : 시트의 고정핀을 축으로 회전하여 개폐된다. 유수에 대한 마찰저항이 적으며 수평 및 수직배관 모두에 쓰인다.

37 ②

펌프의 흡입양정은 대기압과 관로손실, 유체 온도에 따라 달라진다. 이론적으로는 표준대기압에서 10.33m에 이르지만 배관의 마찰손실이나 수온에 의한 포화증기압 등의 영향으로 5~7m 내외까지 낮아진다.

38 ③
중규모 이상 건물에 유량선도방법이 이용되고, 관 균등표에 의한 방법이 소규모 건물에 이용된다.

39 ②
온도변화에 따른 배관의 팽창길이는 배관의 길이에 가장 큰 영향을 받는다.

40 ①
청소구(clean out) 설치
각종 오물찌꺼기가 쌓일 수 있는 곳에 배수 흐름과 반대 또는 직각방향으로 열 수 있도록 설치한다.
- 수평지관 상단부, 긴 배관의 중간부분
- 배관이 45° 이상 구부러진 곳
- 가옥배수관과 부지 하수관의 접속부
- 각종 트랩 및 배관 상 필요한 곳
- 수평관 관경이 100mm 이하일 경우 직선거리 15m 이내, 관경 100mm 이상일 경우 직선거리 30m 이내마다 설치한다.

41 ③
- 전수두=위치압력수두+관내압력수두+속도수두
- 속도수두=$\dfrac{v^2}{2g}$

  v : 관내유속
  g : 중력가속도(9.8m/sec^2)

∴ 전수두=$10+30+\dfrac{2^2}{2\times 9.8}=40.2\text{m}$

42 ③
전열교환기
배기되는 공기와 유입되는 외기의 교환에서 배기가 가진 열량을 회수하거나, 외기가 지닌 열량을 제거하여 공조기에 공급하는 열교환장치를 뜻한다.
- 공기와 공기 간의 열교환기로서 현열, 잠열 교환이 모두 가능하다.
- 윗부분(외기 급기)과 아랫부분(배기)로 나뉘어져 각각 덕트에 접속된다.
- 전열교환으로 공조기 용량을 줄일 수 있어, 공기방식의 중앙공조시스템이나 공장 등 대규모 공간의 에너지회수용으로 쓰인다.

43 ①
- 제1영역 : 기류 중심부분 속도가 취출구에서의 속도와 동일한 구간
- 제2영역 : 천이구역이라고도 한다. 기류 중심부분의 속도가 취출구로부터 거리의 제곱근에 반비례하는 구간이다. 아스펙트비(덕트 흡출구의 종횡비)가 큰 취출구일수록 길어진다.
- 제3영역 : 기류속도가 취출거리에 반비례하는 구간
- 제4영역 : 혼합된 공기(1차 공기+2차 공기)가 주위로 확산되는 영역이다. 취출기류의 속도가 급격히 감소되어 주위 공기를 유인하는 힘이 없어진다.

44 ②
가습기의 구분
- 증기식 : 분무식, 전극식, 전열식, 적외선식
- 수분무식 : 초음파식, 분무식, 원심식
- 증발식 : 회전식, 모세관식, 적하식

45 ②
공조기 코일의 설치 목적에 따른 분류
- 예열 코일 : 혹한기에 외기를 예열하여 가습 효율을 높인다.
- 예냉 코일 : 냉방 시 외기를 예냉하여 냉각 코일의 용량을 줄인다.
- 가열 코일 : 난방 시 급기를 가열시킨다.
- 냉각 코일 : 냉방 시 급기를 냉각, 감습한다.

46 ④
팽창관의 도중에 밸브를 설치해서는 안 된다.

47 ③
배관재료별 용도

구분	급수	급탕	오배수	통기	가스	냉온수	냉각수	증기
스테인리스관	○	○				○		
동관	○	○				○		
강관 백관	△	△	○	○	○	○	○	
강관 흑관								○
주철관			○					
PVC	○		○	○				

48 ③
냉방부하의 종류와 발생 요인

구분	부하 발생 요인		현열	잠열
실내취득 열량	벽체로부터의 취득열량		○	
	극간풍에 의한 취득열량		○	○
	인체의 발생열량		○	○
	기구로부터의 발생열량		○	○
	유리로부터의 취득열량	직달일사에 의한 열량	○	
		전도대류에 의한 열량	○	
장치로부터 취득열량	송풍기에 의한 취득열량		○	
	덕트로부터의 취득열량		○	
조명부하	조명에 의한 취득열량		○	
외기부하	외기 도입에 의한 취득열량		○	○

49 ①
공기조화설비 배관에서 압력계는 펌프 출구에 설치한다.

50 ④
먼지 농도(%)=100(%)-포집 효율(%)
㉠ 포집 효율 70% 필터를 통과한 공기의 먼지 농도=30%
㉡ 포집 효율 90% 필터를 통과한 공기의 먼지 농도=10%
∴ ㉠의 먼지 농도÷㉡의 먼지 농도=3

51 ④

덕트의 전압(P_t)=정압(P_s)+동압(P_v)이며

- 동압=$\dfrac{v^2}{2}p$

  v : 관내유속(m/s)
  p : 공기의 밀도(1.2kg/m³)

∴ 전압(P_t)=$200+\dfrac{20^2}{2}\times 1.2=440\mathrm{Pa}$

52 ③
틈새바람 계산방식
㉠ 환기횟수법 : 환기횟수에 실용적을 곱한다.
㉡ 창문면적법 : 창문 1m²당 풍량에 면적을 곱한다.
㉢ 틈새길이법 : 틈새길이 1m당 풍량에 총 틈새길이를 곱한다.

53 ②
- 가열량=$G\times C\times \Delta t$
  $=2000\times 1.01\times 25.5=51510[\mathrm{kJ/h}]$
  G : 공기량 C : 비열
  Δt : 가열 또는 냉각 후 온도차
- 증기량(가습량)=$\dfrac{\text{가열량}}{\text{증발잠열}}$
  $=\dfrac{51510}{2229.52}=23.1\mathrm{kg/h}$

54 ①
원형덕트는 같은 풍량을 송풍할 경우 덕트의 마찰손실이 가장 적어 고속덕트용에 적합하다.

55 ③
난방도일(heating degree day)
일별 또는 월별 실외기온과 실내기온과의 차이에서 산출된 일수로, 평균기온이 18℃ 이하인 날의 온도와 18℃와의 온도차의 종합을 난방도일이라고 한다. 일사량의 다소 이외에도 풍속 또한 가옥과 그 주변 환경과의 열교환율에 영향을 미친다. 같은 도일이라 할지라도 맑은 날과 구름이 낀 날 또는 바람이 강할 때와 정온 상태일 때는 연료소비량에 있어 차이가 나타난

다. 그러나 난방부하에 가장 영향력이 큰 기상요소는 기온이므로 일반적으로 기온만을 지표로 하여 난방도일을 산출하는 경향이 뚜렷하다. 추위 정도와 연료소비량의 추정이 가능하며 이 값은 지역마다 다르다.

56 ④
- 환기량 $Q = nV = 3 \times 3000 = 9000\,m^3/h$
  n : 환기횟수 V : 실용적
- 공기의 밀도가 $1.2\,kg/m^3$이므로 무게로 환산하면
  $\therefore\ 1.2\,kg/m^3 \times 9000\,m^3/h = 10800\,kg/h$

57 ②
조명기구 취득열량
$= 30\,W/m^2 \times 200\,m^2 \times 1.25 = 7500\,W$

58 ③
엘리미네이터
공조설비에서 공기 중의 물방울을 제거하는 장치. 수분무의 경우 가습효율이 낮고 물방울이 흩어지므로 엘리미네이터를 설치해야 한다.

59 ③
공기 중 가열량과 물의 열량은 같으므로
$G\Delta h = mC\Delta t$
  G : 공기량[kg/h] m : 수량[kg/h]
  C : 물의 비열[kJ/kg·K]
  Δh : 출구공기와 입구공기 엔탈피 차[kJ/kg]
  Δt : 출구공기와 입구공기 온도차[℃]
$20000 \times (26.8 - 23.9) = 15600 \times 4.19 \times (t - 9.3)$
$t - 9.3 = 0.8873$
$\therefore\ t = 10.187 ≒ 10.2\,℃$

60 ①
빙축열 시스템
저렴한 심야전력을 이용하여 전기에너지를 얼음 등으로 저장했다가 얼음의 용해열(335kJ/kg)을 주간의 냉방으로 이용하는 시스템. 전력 불균형을 해소하고 적은 비용으로 냉방을 이용할 수 있다. 초기 투자 비용은 크지만 냉동기 및 열원설비의 용량을 줄일 수 있고, 축열로 안정적인 열공급이 가능하다.

61 ①
논리회로의 종류

회로	특징	논리식
AND (직렬, 논리곱)	2개의 입력신호가 동시에 작동할 때만 출력신호 1이 되는 회로	X=A·B
OR (병렬, 논리합)	2개의 입력신호 중 하나만 작동해도 출력신호 1이 되는 회로	X=A+B
NOT (부정)	출력신호가 입력신호의 반대로 작동되는 회로	X=Ā
NAND	AND와 NOT를 조합시킨 회로	X=Ā·B̄ =A+B

62 ④
기자력
㉠ 자기장을 만드는 힘
㉡ 기자력[AT]=N×I
  (N : 권수, I : 전류)
$\therefore\ 40 \times 10 = 400\,[AT]$

63 ④
$f = \dfrac{3\omega}{2\pi} = \dfrac{3 \times 314}{2\pi} = 150\,Hz$
$\therefore\ f = 150\,Hz$

64 ①
- 동력 간선 : 공조기, 급배수펌프, 엘리베이터 등에 전력을 공급하는 간선
- 전등 간선 : 조명, 콘센트, 각종 소형 기구에 전력을 공급하는 간선
- 특수용 간선 : 의료기기, OA 기기 등 중요 기기에 높은 신뢰도를 주기 위해 설치하는 간선

65 ④
- 콘덴서만의 회로 : 전류가 전압보다 90° 앞선다.
- 코일만의 회로 : 전압이 전류보다 90° 앞선다.

66 ①
형광등은 백열등이나 할로겐에 비해 램프의 휘도가 낮다.

67 ③
- 단상 변압기의 병렬운전조건 : %임피던스 강하, 권선비, 극성이 같을 것. 내부저항과 누설 리액턴스비가 같을 것
- 3상 변압기의 병렬운전조건 : 상회전 방향, %임피던스 강하, 권선비, 극성이 같을 것. 위상각이 일치될 것

68 ②
$R_1 + R_2 + R_3 = 10\,\Omega$ 이므로
$$I = \frac{V}{R} = \frac{110}{10} = 11[A]$$
$\therefore\ V_2 = I \times R_2 = 11 \times 3 = 33[V]$

69 ④
① 자시계의 설치 높이는 하단부가 2.0m 이상으로 한다.
② 탁상형 모시계는 소규모 모시계로 자시계 회로수가 3회 이하인 경우 사용한다.
③ 모시계와 자시계를 연결하는 배선의 전압강하는 10% 이하가 되도록 한다.

70 ②
코일 축적 에너지(W)
$$W = \frac{LI^2}{2}[J] = \frac{3 \times 10^2}{2} = 150[J]$$
(L : 자체 인덕턴스[H], I : 전류[A])

71 ④
병렬 연결 콘덴서의 합성정전용량은 $C_1 + C_2$ 이므로 30+20=50μF

72 ②
$1000[AT/m] = \dfrac{100[N]}{x[Wb]}$ 이므로 $x = 0.1[Wb]$

73 ③
가동코일형 계기(moving coil type meter)
영구자석이 만드는 자기장 속에 가동코일을 놓고, 이 코일에 흐르는 전류와 자기장의 작용에 의해 생기는 토크(torque)로 지침을 움직이는 전기계기이다. 직류에 사용되며 등분 눈금을 사용한다.

74 ④
농형 유도전동기
- 농형 회전자를 가진 교류형 전동기. 구조와 취급이 간단하고 기계적으로 견고하다.
- 운전이 쉽고 속도제어가 가능하며, 가격이 저렴하다.
- 슬립 링이 없어서 불꽃이 나올 염려가 없다.
- 기동전류가 커서 전동기 전선을 과열시키거나 전원전압의 변동을 일으킬 수 있다.

※ 속도제어방법 : VVVF(가변전압 가변주파수) 방식, 전압제어법, 극수변환법

75 ④
R형 수신기는 방재설비에 해당한다.

76 ①
연기감지기
㉠ 감지 방식
ⓐ 이온화식 : 감지기 안으로 유입된 연기 입자에 의한 이온전류의 변화를 이용
ⓑ 광전식 : 연기 입자에 의한 광전소자의 입사광량 변화를 이용
㉡ 설치 장소
ⓐ 평상시 연기 발생이 없으며 열감지가 어려운 높이 20m 이내의 장소

ⓑ 벽 또는 보로부터 0.6m 이상 떨어진 곳
ⓒ 천장 또는 반자가 낮은 실내 또는 좁은 실내에 있어서는 출입구의 가까운 부분에 설치할 것
ⓓ 천장 또는 반자 부근에 배기구가 있는 경우에는 그 부근에 설치할 것
ⓔ 복도 및 통로는 보행거리 30m마다, 계단 및 경사로는 수직거리 15m마다 1개 이상으로 할 것
ⓕ 에스컬레이터 경사로, 엘리베이터 승강로(권상기실이 있는 경우에는 권상기실)

77 ②

EL 램프(electroluminescent lamp)
황화아연을 주로로 하는 형광체에 높은 전계를 걸 때 발하는 빛을 광원으로 하는 램프. 효율이 나쁘므로 일반 조명에는 사용되지 않으나, 박형으로 만들 수 있어서 각종 표시등, 표지등의 광원으로서 사용된다.

※ 발광 원리에 따른 광원의 분류
- 백열 발광 : 백열등, 할로겐등
- 루미네선스 방전 발광 : 형광등, 나트륨 램프, 수은 램프, 크세논 램프
- 전계 발광 : EL 램프, 발광 다이오드

78 ④

스프링클러 설비의 주요 장치
- 반사판(deflector) : 스프링클러 헤드의 방수구에서 유출되는 물을 세분시키는 장치
- 프레임(Frame) : 나사 부분과 반사판을 연결하는 이음쇠
- 유수검지장치 : 본체 내 유수현상을 자동으로 검지하여 신호나 경보를 발하는 장치
- 일제개방밸브 : 개방형 스프링클러 헤드를 사용하는 일제 살수식 스프링클러 설비에 설치하는 밸브. 화재발생 시 자동 또는 수동식 기동장치에 따라 밸브가 개방된다.
- 감열체(감열부) : 내부에 유리구가 들어 있으며 평상 시 방수구를 막고 있다가, 화재

시 일정 온도가 되면 파괴 또는 용해되어 방수구가 열림으로써 스프링클러가 작동된다. 개방형 스프링클러는 감열부가 없다.

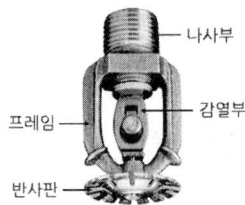

79 ①

인터록(interlock)
기기의 보호와 운전자의 안전을 위해, 진행 중인 동작이나 상태가 종료될 때까지 다음 과정으로 넘어가지 않게 하는 것을 말한다. 보일러에서는 착화가 되지 않거나 물이 부족할 때 인터록이 걸린다.

80 ③

시퀀스 제어 방식

	유접점 방식	무접점 방식
수명	짧다.	반영구적
스위칭 속도	늦고 한계가 있다. (ms 단위)	빠르다. (μs 단위)
환경조건	진동 및 충격에 약하다.	진동 및 충격에 강하다.
소비전력	많다.	적다.
외형	큰 편이다.	작다.
서지	전기적 노이즈에 안정적	노이즈에 취약해 안정대책 필요
입·출력 수	독립된 다수의 출력을 동시에 얻음	다수의 입력·소수의 출력 용이

81 ①

외기에 직접 면하고 1층 또는 지상으로 연결된 출입문은 방풍구조로 하여야 한다. 다만, 다음 각 호에 해당하는 경우에는 그러하지 않을 수 있다.
㉠ 바닥면적 300㎡ 이하의 개별 점포의 출입문
㉡ 주택의 출입문(단, 기숙사는 제외)
㉢ 사람의 통행을 주목적으로 하지 않는 출입문

㉣ 너비 1.2m 이하의 출입문

82 ②
요양병원은 의료시설에 해당한다.

83 ③
소방시설의 분류
- 소화설비 : 소화기, 옥내소화전, 옥외소화전, 스프링클러, 물분무 등 설비(가스계 소화설비)
- 경보설비 : 자동화재탐지설비, 자동화재속보설비, 비상방송설비, 비상경보설비, 누전경보기
- 피난구조설비 : 유도등, 비상조명등, 피난사다리, 공기호흡기, 완강기, 인명구조기구
- 소화용수설비 : 상수도소화용수설비, 소화수조
- 소화활동설비 : 제연설비, 연결송수관설비, 연결살수설비, 무선통신보조설비, 비상콘센트설비

84 ③
초고층 건축물에는 피난층 또는 지상으로 통하는 직통계단과 직접 연결되는 피난안전구역(건축물의 피난·안전을 위하여 건축물 중간층에 설치하는 대피공간)을 지상층으로부터 최대 30개 층마다 1개소 이상 설치하여야 한다.

85 ①
5층 이상인 층이 제2종 근린생활시설 중 공연장·종교집회장·인터넷컴퓨터게임시설제공업소(해당 용도로 쓰는 바닥면적의 합계가 각각 300m² 이상인 경우만 해당), 문화 및 집회시설(전시장 및 동·식물원은 제외), 종교시설, 판매시설, 위락시설 중 주점영업 또는 장례시설의 용도로 쓰는 경우에는 피난 용도로 쓸 수 있는 광장을 옥상에 설치하여야 한다.

86 ③
건축물을 건축하거나 대수선하려는 자는 특별자치시장·특별자치도지사 또는 시장·군수·구청장의 허가를 받아야 한다. 다만 다음에 해당하는 건축물을 특별시나 광역시에 건축하려면 특별시장이나 광역시장의 허가를 받아야 한다.
㉠ 21층 이상 또는 연면적 합계가 10만m² 이상인 건축물
㉡ 연면적의 10분의 3 이상을 증축하여 층수가 21층 이상으로 되거나 연면적의 합계가 10만m² 이상으로 되는 경우
㉢ 예외 : 공장, 창고, 특별시 또는 광역시의 건축조례로 정하는 바에 따라 해당 지방건축위원회의 심의사항으로 할 수 있는 건축물 중 초고층 건축물을 제외한 것

87 ④
① 의료시설 : 병원(종합병원, 병원, 치과병원, 한방병원, 정신병원 및 요양병원), 격리병원(전염병원, 마약진료소 등)
   ※ 한의원은 제1종 근린생활시설에 해당된다.
② 공동주택 : 아파트, 연립주택, 다세대주택, 기숙사
   ※ 공관은 단독주택에 해당된다.
③ 단독주택 : 단독주택, 다중주택, 다가구주택, 공관
   ※ 다세대주택은 공동주택에 해당된다.

88 ④
특별피난계단 및 비상용 승강기 승강장에 설치하는 배연설비의 구조

구분	구조 및 재료
배연구 구조	• 연기감지기, 열감지기에 의해 자동으로 열 수 있는 구조(수동개폐 가능한 구조) • 평상 시 닫힌 상태를 유지하고, 열린 경우에 배연에 의한 기류로 인하여 닫히지 않을 것 • 배연구 및 배연풍도는 불연재료로 하고, 화재가 발생한 경우 원활하게 배연시킬 수 있는 규모로서 외기 또는 평상시에 사용하지 아니하는 굴뚝에 연결할 것

구분	구조 및 재료
배연기	• 배연구가 외기에 접하지 않는 경우에는 배연기를 설치할 것 • 배연기에는 예비전원을 설치할 것 • 배연구의 열림에 따라 자동적으로 작동하고, 충분한 공기배출 또는 가압능력이 있을 것

※ 공기유입방식을 급기가압방식 또는 급·배기방식으로 하는 경우 소방관계법령의 규정에 적합하게 할 것

89 ③

건축법령에서 정의하는 리모델링이란 건축물의 노후화를 억제하거나 기능 향상 등을 위하여 대수선하거나 일부 증축 또는 개축하는 행위를 말한다.

90 ④

상업지역 및 주거지역에서 도로(막다른 도로로서 그 길이가 10m 미만인 경우를 제외)에 접한 대지의 건축물에 설치하는 냉방시설 및 환기시설의 배기구는 도로면으로부터 2m 이상의 높이에 설치하거나 배기장치의 열기가 보행자에게 직접 닿지 아니하도록 설치하여야 한다.

91 ②

피뢰설비

낙뢰에 대한 피해를 줄이고 뇌격 전류를 신속히 땅으로 방류하는 설비

㉠ 20m 이상의 건축물은 반드시 피뢰침을 설치하도록 규정한다.
㉡ 일반 건물의 돌침 및 수평도체의 보호각은 60° 이하, 위험물 관계 건축물은 45° 이하로 한다.

92 ②

제연설비 설치 대상

㉠ 문화 및 집회시설, 종교시설, 운동시설 중 무대부의 바닥면적이 200m² 이상인 경우에는 해당 무대부

㉡ 문화 및 집회시설 중 영화상영관으로서 수용인원 100명 이상인 경우에는 해당 영화상영관
㉢ 지하층이나 무창층에 설치된 근린생활시설, 판매시설, 운수시설, 숙박시설, 위락시설, 의료시설, 노유자 시설 또는 창고시설(물류터미널 한정)로서 해당 용도로 사용되는 바닥면적의 합계가 1천m² 이상인 경우 해당 부분
㉣ 운수시설 중 시외버스정류장, 철도 및 도시철도 시설, 공항시설 및 항만시설의 대기실 또는 휴게시설로서 지하층 또는 무창층의 바닥면적이 1천m² 이상인 경우에는 모든 층
㉤ 지하가(터널 제외)로서 연면적 1천m² 이상인 것
㉥ 지하가 중 예상 교통량, 경사도 등 터널의 특성을 고려하여 행정안전부령으로 정하는 터널
㉦ 특정소방대상물(갓복도형 아파트 등은 제외)에 부설된 특별피난계단, 비상용 승강기의 승강장 또는 피난용 승강기의 승강장

93 ③

11층 이상인 건축물로서 11층 이상인 층의 바닥면적의 합계가 10000m² 이상인 건축물의 옥상에는 헬리포트를 설치하거나 헬리콥터를 통하여 인명 등을 구조할 수 있는 공간을 확보하여야 한다.(단, 평지붕일 경우)

94 ②

• 6층 이상 거실바닥면적의 합계 : 10000m²
• 승용승강기의 최소 설치대수

$$2 + \frac{10000m^2 - 3000m^2}{2000m^2} = 5.5 ≒ 6대$$

95 ③

회전문의 설치 기준

㉠ 계단이나 에스컬레이터로부터 2m 이상의 거리를 둘 것

ⓒ 회전문과 문틀 사이 및 바닥 사이는 다음 항목에서 정하는 간격을 확보하고 틈 사이를 고무와 고무펠트의 조합체 등을 사용하여 신체나 물건 등에 손상이 없도록 할 것
• 회전문과 문틀 사이는 5cm 이상
• 회전문과 바닥 사이는 3cm 이하
ⓒ 출입에 지장이 없도록 일정한 방향으로 회전하는 구조로 할 것
ⓒ 회전문의 중심축에서 회전문과 문틀 사이의 간격을 포함한 회전문날개 끝부분까지의 길이는 140cm 이상이 되도록 할 것
ⓒ 회전문의 회전속도는 분당회전수가 8회를 넘지 아니하도록 할 것
ⓒ 자동회전문은 충격이 가하여지거나 사용자가 위험한 위치에 있는 경우에는 전자감지장치 등을 사용하여 정지하는 구조로 할 것

96 ④

방화구획의 설치 기준

규모	구획 기준	비고
10층 이하의 층	바닥면적 1000m²(3000m²) 이내마다 구획	수평 기준
매 층마다 구획	다만, 지하 1층에서 지상으로 직접 연결하는 경사로 부위는 제외	수직 기준
11층 이상의 층	실내 마감이 불연재료인 경우	바닥면적 500m² (1500m²) 이내마다	( ) 안은 스프링클러 등 자동식 소화설비를 설치한 경우
	실내 마감이 불연재료가 아닌 경우	바닥면적 200m² (600m²) 이내마다	

97 ③

공동주택의 측벽이라 함은 발코니가 설치된 벽체를 제외한 각 세대 거실의 측면부 벽체 중 3m를 초과하여 외기에 직접 면한 벽을 말한다.

98 ②

평균 열관류율

지붕(천창 등 투명 외피 부위 제외), 바닥, 외벽(창 및 문을 포함) 등의 열관류율 계산에 있어 세부 부위별로 열관류율 값이 다를 경우 이를 면적으로 가중 평균하여 나타낸 것을 말한다. 이때 평균 열관류율은 중심선 치수를 기준으로 계산한다.

99 ②

건축물의 에너지절약설계기준 제5조 용어의 정의
• 예비인증 : 건축물의 완공 전에 설계도서 등으로 인증기관에서 건축물에너지 효율등급 인증, 제로에너지 건축물 인증, 녹색건축인증을 받는 것을 말한다.
• 본인증 : 신청건물의 완공 후에 최종설계도서 및 현장 확인을 거쳐 최종적으로 인증기관에서 건축물에너지 효율등급 인증, 제로에너지건축물 인증, 녹색건축인증을 받는 것을 말한다.

100 ④

건축물의 냉방설비에 대한 설치 및 설계기준에서 정의된 "심야시간"이라 함은 23:00부터 다음 날 09:00까지를 말한다. 다만, 한국전력공사에서 규정하는 심야시간이 변경될 경우는 그에 따라 상기 시간이 변경된다.

CBT 복원문제 해설 및 정답

01 ④

오픈 플랜형 스쿨
- 기존의 학습형태에서 벗어나서 교실을 학년제 형태로 개방하는 형식
- 2인 이상의 교사가 협력하여 수업하고, 다수의 학급을 일괄적으로 담당한다.
- 교실은 개방적이고 대형화 되며, 칸막이·칠판·스크린 등을 이동이 가능한 것으로 사용한다.
- 인공조명과 공조설비가 요구된다.

[참고]
① 배터리(battery)형 교실 : 클라스터 시스템의 일종. 하나의 벽을 공유하는 두 개의 교실을 맞물려 놓고 각각의 복도에서만 진입하는 형태
② 중복도형은 조도 분포가 불균일해진다.
③ 편복도형은 복도를 공유하는 교실 간의 차음성이 나쁘다.

02 ④

맨사드 지붕(mansard roof)
꼭대기에서는 경사가 완만하고, 밑부분에서는 가파른 꺾임지붕. 경사를 완급 2단으로 하여 다락방이 두어진다.

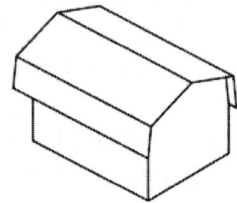

03 ④

드라이 에어리어
지하층의 채광, 환기, 방습 등을 위해 설치하는 공간. 건물 주위를 파내려가서 한쪽에 옹벽을 설치한다.

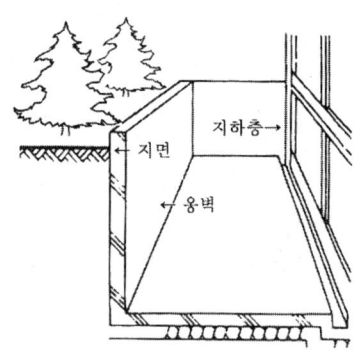

04 ④

가사노동의 동선은 되도록 짧게 하고, 남쪽이나 남동쪽에 배치하는 것이 바람직하다.

05 ④

코어(core) 계획
건물의 설비 부분이나 특수한 부분을 핵 모양으로 집중시킨 부분
- 설비를 집중배치하기 때문에 배관배선이 절약되고, 설비를 중심으로 사람의 움직임이 집약되므로 동선이 절약되고 면적 효율이 높은 평면 구성이 가능해지는 이점이 있다.
- 세포나 과실의 핵과 같이 건물의 중심부에 설비를 집중시키고 이것을 내진벽으로 둘러싸서 건물 전체를 견고하게 한다.
- 사무소 건축에서는 보일러설비·화장실 외에 기계실이나 배관 등의 공간과 엘리베이터·계단 등을 모아서 배치하며, 가급적 건물 중심부에 위치하는 것이 구조상 유리하다.
- 엘리베이터 홀은 출입구에 너무 근접하지 않는 것이 좋다.

06 ②
에너지 효율을 높이기 위해서는 창문 방향을 남쪽으로 하는 것이 유리하다.

07 ④
연약지반 대책
- 건물을 경량화하고 강성을 높인다.
- 건물 길이를 짧게 하고, 중량 분배를 고르게 한다.
- 이웃 건물과 충분한 거리를 둔다.
- 지하실을 설치한다.
- 마찰 말뚝을 사용하고 경질지반에 기초를 지지한다.
- 한 건물의 기초는 동일한 것으로 한다.

08 ④
철근콘크리트 슬래브의 주근은 단변 방향의 인장 철근을 뜻한다.

09 ④
암소음(background noise, ambient noise)
임의의 장소에서 특정한 소리를 대상으로 고려할 경우, 대상음이 없을 때 그 장소의 소음을 대상음에 대한 암소음이라 한다. 대상음 이외의 소리는 모두 암소음으로 간주할 수 있다.

10 ①
클로크 룸
방문고객의 물품을 보관해주는 곳. 관리부분에 해당한다.
※ 기능별 호텔의 각 실 분류
㉠ 숙박부분 : 객실 및 부속욕실과 화장실, 트렁크실, 린넨실, 보이실
㉡ 관리부분 : 프런트 오피스, 클로크 룸, 지배인실, 사무실, 전화교환실
㉢ 공용부분 : 현관, 로비, 라운지, 식당, 오락실, 연회장, 그릴, 카페
㉣ 조리부분 : 주방, 팬트리, 배선실, 식품 창고
㉤ 설비부분 : 기계실, 보일러실, 세탁실

11 ②
모듈러 코디네이션
(M.C : modular coordination)
건축의 재료부품에서 설계 및 시공에 이르기까지 건축 생산 전반에 걸쳐 치수상의 유기적 연계성을 만들어내는 것을 말한다. 설계와 시공을 연결해주는 치수시스템으로 건축 외에 실내나 가구 분야까지 확장, 적용될 수 있다.
㉠ 장점 : 호환성, 비용 절감, 공기단축, 표준화
㉡ 단점 : 획일적인 형태와 디자인, 개성 상실

12 ④
계절마다 태양의 일출 및 일몰 방위각과 고도가 변하므로 일영의 방향 또한 변화한다.

13 ①
① 반자돌림대 : 목재 등으로 하며 벽과 반자가 맞닿는 곳에 마무리와 장식을 겸하기 위한 부재
② 달대받이 : 인서트에 고정하여 달대를 설치한다. 90cm 간격으로 설치
③ 달대 : 달대받이와 반자틀을 연결하는 부재. 간격은 120cm 정도로 한다.
④ 반자틀 : 반자널을 고정하는 부재. 45cm 간격으로 반자틀받이에 고정한다.

14 ③
A. 달대받이 : 인서트에 고정하여 달대를 설치한다. 90cm 간격으로 설치한다.
B. 달대 : 달대받이와 반자틀을 연결한다. 간격은 120cm 정도로 한다.
C. 반자틀 : 반자널을 고정하는 부재. 45cm 간격으로 반자틀받이에 고정한다.
D. 반자널 : 흡음 및 단열성이 있는 재료를 사용한다.

15 ④
허니컴보(honeycomb beam)
웨브에 6각형 구멍을 뚫어 용접한 보를 뜻한

다. 뚫린 구멍으로 덕트 및 배관을 통과시킬 수 있으므로 천장 높이를 줄일 수 있고 보의 하중도 가벼워진다. 보의 춤은 다소 높아지는데, 이로 인해 단면 2차 모멘트가 증가하므로 힘을 더 받을 수 있다.

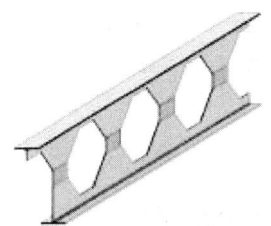

16 ④
경량형강
- 단면적 대비 단면 성능계수를 높인 형강이다.
- 경량구조를 위해 단면이 작고 얇은 강판을 냉간 성형하여 만든 강재이다.
- 접합에 불리하며, 처짐과 국부좌굴에 취약하다.
- 소규모 구조, 실내 구조용으로 한다.

17 ④
입원환자의 보호자 출입구는 병동부에 위치한다.

18 ①
상점 부지의 선정 조건
㉠ 교통이 편리하고 사람의 통행이 빈번한 번화가가 좋다.
㉡ 가급적 2면 이상의 도로에 면한 곳이 좋다.
㉢ 대지가 불규칙하고 구석진 곳은 피하며, 전면도로가 너무 넓은 곳도 좋지 않다.

19 ②
열교 현상
- 구조상 일부 벽이 얇아지거나 재료가 다른 열관류 저항이 작은 부분이 생기면 결로하기 쉬운데, 이러한 부분을 열교(heat bridge)라 한다.
- 열교 현상은 구조체 전체의 단열성을 저하시

킨다.
- 단열구조의 지지부재, 중공벽의 연결철물 통과 부위, 벽체와 바닥·지붕과의 접합부, 창틀 등에서 발생하기 쉽다.
- 내단열 시공은 열교 현상으로 인한 결로현상이 발생하며, 외단열은 열교 현상이 감소한다.
※ 방지대책
㉠ 접합 부위의 단열재가 연속되도록 시공한다.
㉡ 열전도율이 큰 구조재일 경우 가급적 외단열 시공한다.

20 ①
사무소의 수직교통량 중 피크타임(peak time)은 출근 시간에 발생한다.

21 ②
- 가열량(Q)
$Q = m \cdot c \cdot \Delta t = 240 \times 4.2 \times (70-70)$
$= 60480 \text{kJ/h}$
m : 질량[kg]
c : 물의 비열[kJ/kg℃]
Δt : 물의 온도차[℃]
- 가스 용량 = $\dfrac{\text{가열량}}{\text{가스발열량} \times \text{효율}}$
$= \dfrac{60480}{42000 \times 0.8} = 1.8 \text{m}^3/\text{h}$

22 ④
BOD 부하량(kg/day)
= BOD 농도 × 오폐수의 양
= $200 \text{ppm} \times 3000 \text{m}^3/\text{day} = 600 \text{kg/day}$
※ $1 \text{ppm} = 1 \text{mg/L} = 1 \text{g/m}^3$

23 ④
- 스위블형 : 2개 이상의 엘보우를 사용하고 나사회전을 이용하여 신축을 흡수한다. 신축이 심한 배관에는 누설 위험이 커서 고온, 고압의 옥외 배관에는 적합하지 않다.
- 신축곡관(루프형) : 관의 구부림과 자체 가요

성을 이용하여 신축을 흡수한다. 신축을 흡수하는 1개의 길이는 길지만 고장이 적어서 대구경 배관이나 고압 옥외 배관에 많이 쓰인다.

24 ②

회전수를 50% 줄이면, 유량 50%, 양정 75%, 동력은 87.5% 감소한다.
※ 펌프의 상사법칙
㉠ 펌프 회전수의 변화
  ⓐ 유량은 회전수 변화에 비례한다.
  ⓑ 양정은 회전수 변화의 제곱에 비례한다.
  ⓒ 동력은 회전수 변화의 세제곱에 비례한다.
㉡ 펌프 크기의 변화
  ⓐ 유량은 크기비의 세제곱에 비례한다.
  ⓑ 양정은 크기비의 제곱에 비례한다.
  ⓒ 동력은 크기비의 다섯 제곱에 비례한다.

25 ①

옥내소화전설비의 수원은 그 저수량이 옥내소화전의 설치 개수가 가장 많은 층의 설치 개수(5개 이상 설치된 경우에는 5개)에 $2.6m^3$(호스릴 옥내소화전설비를 포함)를 곱한 양 이상이 되도록 하여야 한다.
∴ $2.6m^3 \times 5 = 13m^3$

26 ④

생물막법(bio membrane)
접촉제, 회전판 또는 자갈 등의 표면에 오수를 접촉시켜 표면에 막의 상태로 부착하여 번식하는 박테리아에 의해 오수 중 유기물을 흡착·분해시키는 방식이다. 생물막의 표면에는 호기성 박테리아가 번식하고, 심부에는 혐기성 박테리아가 번식한다. 세부 방식에는 접촉폭기방식, 회전원판접촉방식, 살수여상방식이 있다. 사용되는 접촉제는 비표면적이 크고, 생물막 부착이 쉬워야 하며 막히지 않아야 한다.

27 ④

수도본관 최저필요압력

$P_0 \geq P + P_f + \dfrac{H}{100}$

$= 0.1 + 0.02 + \dfrac{4}{100} = 0.16MPa = 160kPa$

P : 수전 필요압력[MPa]
P_f : 관 마찰손실수두[MPa]
H : 수전 높이[m]
※ 1MPa=1000kPa
※ 높이 1m 수전의 압력=0.01MPa=10kPa

28 ②

급수의 오염 원인
- 크로스 커넥션에 의한 역류
- 수도꼭지 등으로부터 토수한 물이 역사이펀 작용에 의해 다시 역류하는 경우
- 저수탱크에 먼지, 벌레 등 오염물질이 혼입되는 경우
- 배관의 부식

29 ④

펌프의 축동력(Ls)=$\dfrac{WQH}{6120E}$[kW]

Q : 양수량[m^3/min]
H : 전양정[m]
E : 효율
W : 물 $1m^3$의 중량

∴ Ls=$\dfrac{1000 \times 15/60 \times 33}{6120 \times 0.45} = 2.995... \fallingdotseq 3kW$

30 ①

- 온수탱크 상단 : 진공방지밸브, 오버플로우관 설치
- 온수탱크 하부 : 배수밸브 설치

31 ③

서징(Surging) 현상
맥동현상이라고도 한다. 펌프나 송풍기 등이 특정범위에서 운전 중 압력이 주기적으로 변동하여 운전상태가 매우 불안정하게 되는 현상을 뜻한다. 유체의 유량변화에 의해 관로나 수조

등의 압력, 수위가 주기적으로 변동하여 펌프 입구 및 출구에 설치된 진공계·압력계의 지침이 흔들리는 현상이 발생한다. 이로 인해 흡입 및 토출 배관의 주기적 진동과 수음을 수반하는데, 토출량 조절 밸브 위치가 수조 혹은 공기 체류 장소보다 하류에 있을 때 주로 발생한다.

32 ②
캐비테이션(cavatation)
펌프에 유입된 물속 기포가 압력을 받아 붕괴되며 발생하는 충격파로 인해 임펠러나 케이싱 등을 파손시키는 현상을 뜻한다. 비정상적인 소음과 진동이 발생하며 펌프의 유량, 양정, 효율 또한 저하된다. 이를 방지하기 위해서는 펌프의 유효흡입양정(NPSH, Net Positive Suction Head)을 낮추고, 흡입구의 압력을 흡입구의 포화증기압 이상으로 유지시킨다.

33 ②
배관의 막힘이나 모세관 현상의 원인인 이물질 제거 등을 위해서 금속제 이음을 봉수부에 사용할 수 있다.

34 ④
마찰손실수두

$$H_f = \lambda \cdot \frac{l}{d} \cdot \frac{v^2}{2g}$$

$$= 0.02 \times \frac{20}{0.04} \times \frac{2^2}{2 \times 9.8} = 2.04 \text{mAq}$$

λ : 관 마찰계수
l : 직관 길이[m]
d : 배관 내경[m]
g : 중력가속도[9.8m/sec²]

35 ①
LPG(액화석유가스)
- 주성분 : 프로판, 부탄
- 발열량이 높은 연료이며, 액화하면 부피가 줄어들어서 수송 및 저장이 용이하다.
- 공기보다 무거워 용기에 담아서 사용한다.
- 원래 무색·무취이나 질식 및 화재 위험성 및 환각의 위험성 때문에 식별할 수 있는 냄새를 화학적으로 첨가한다.
- 밀폐된 공간에서의 사용이 위험하고, 인체의 흡입에도 유해하다.

36 ①
설비의 보수나 청소 작업 시에 단수가 되지 않도록 2개 이상의 칸막이나 탱크를 설치한다.

37 ②
기구배수단위(fixture unit rating)
세면기(30mm 트랩) 배수량의 배수단위(28.5 L/분)를 1로 하고, 이것과 비교해서, 다른 위생 기구의 배수단위를 정한 것을 말한다. 기구배수 관경 계산에 이용된다.

트랩 관경(mm)	32	40	50	65	70	100
부하 단위	1	2	3	4	5	6

38 ①
속도수두(H_v)

$$H_v = \frac{v^2}{2g} = \frac{2^2}{2 \times 9.8} = 0.204 \text{m}$$

v : 유속 g : 중력가속도(9.8m/sec²)

39 ③
강관 이음쇠
- 배관 굴곡부(방향 전환) : 엘보우, 벤드
- 직선배관의 접합(동일 관경) : 소켓, 플랜지, 유니언
- 분기관 연결 : T, 크로스, Y
- 관경이 다른 배관의 접합 : 리듀서, 부싱, 이경 소켓, 이경 엘보, 이경 T
- 배관 말단부 : 플러그, 캡

※ 니플 : 짧은 관의 양끝에 수나사를 절삭해 넣은 이음매

40 ③

스프링클러 설비 배관
㉠ 주배관 : 각 층을 수직으로 관통하는 배관
㉡ 교차배관 : 직접 또는 주배관을 통해 가지배관에 급수하는 배관
㉢ 가지배관 : 스프링클러 헤드가 설치되어 있는 배관
㉣ 급수배관 : 수원이나 옥외송수구로부터 급수하는 배관
㉤ 신축배관 : 가지배관과 스프링클러 헤드를 연결하는 배관. 구부릴 수 있도록 유연성을 가져야 한다.

41 ④

국부저항의 상당길이
- 국부저항과 동일한 크기의 저항이 생기는 직선덕트의 저항
- 배관의 지름이 커질수록 상당길이는 길어진다.
- 45° 표준 엘보보다 90° 표준 엘보의 상당길이가 길다.
- 밸브류의 경우 개폐도가 작을수록 상당길이가 길어진다.
- 앵글 밸브는 유체의 방향이 90° 전환되므로, 동일 지름 및 전개일 경우 게이트 밸브보다 상당길이가 길다.

42 ③

㉠ 현열부하 $H = 6.2\text{kW} \times 3600 = 22320\text{kJ/h}$
㉡ 송풍량
$$Q = \frac{H}{C \times \gamma \times \Delta t}$$
$$= \frac{22320}{1.01 \times 1.2 \times 9} = 2046.2 \text{m}^3/\text{h}$$
C : 공기의 정압비열[1.01kJ/kg·K]
γ : 공기의 비중량[1.2kg/m³]
Δt : 취출온도차

43 ①

냉각수 펌프의 수두는 흡입측보다 토출측이 커야 한다.

44 ①

순환수량
$$Q_w = \frac{H_{cr}}{60 C \Delta t}[\text{L/min}]$$
$$= \frac{2520000}{60 \times 4.2 \times (12-7)} = 2000\text{L/min}$$
H_{cr} : 냉동기용량 C : 비열
Δt : 냉각기 출입구 온도차
※ 1kW=1kJ/s=3600kJ/h이므로,
700kW=2520000kJ/h

45 ②

다공판형 취출구
- 강판 등에 여러 개의 작은 구멍(개공률 10% 정도)을 뚫은 다공판을 사용하는 취출방식
- 확산성능이 높아서 도달거리가 짧고 드래프트 방지에 효과적이다.
- 공간높이가 낮은 천장 등에 사용하며 소음이 다소 커서 최근에는 사용빈도가 줄어들고 있다.

46 ②

여과 효율
$$\eta = \frac{\text{통과 전 농도} - \text{통과 후 농도}}{\text{통과 전 농도}} \times 100\%$$
$$= \frac{0.5 - 0.14}{0.5} \times 100\% = 72\%$$

47 ②

- 실내 CO_2 발생량
 =재실인원×1인당 CO_2 발생량
 = 500인 × 0.02m³/h = 10m³/h
- 환기량
$$Q = \frac{K}{C - C_o} = \frac{10}{0.001 - 0.0005} = 20000 \text{m}^3/\text{h}$$
Q : 필요환기량
C : 실내허용 CO_2 농도
C_o : 외기의 CO_2 농도

K : 실내 CO_2 발생량

※ 1ppm=0.000001m^3
※ 0.05%=0.0005m^3/m^3

48 ④

유리창의 차폐계수는 두께 3mm 보통유리를 1로 한 것으로, 단열처리가 된 제품일수록 차폐계수가 낮아진다. 즉, 일사취득열량은 유리창의 차폐계수에 비례한다.

49 ④

습공기의 엔탈피

$i = C_{pa} \cdot t + (\gamma_0 + C_{pw} \cdot t) \cdot x$
$= 1.01 \times 20 + (2501 + 1.85 \times 20) \times 0.015$
$= 58.27 kJ/kg'$

C_{pa} : 건공기 정압비열 t : 건구온도
γ_0 : 포화수 증발잠열 x : 절대습도
C_{pw} : 수증기 정압비열

∴ 습공기 6kg의 엔탈피
$58.27 \times 6 = 349.62 kJ$

50 ④

냉방부하의 기기 용량 결정 요인

요인		기기별 용량 결정 범위		
실내 부하	실내취득 열량	↑ 송풍기 용량 및 송풍량 ↓	↑ 냉각코일 용량 ↓	↑ 냉동기 용량 ↓
	기기로부 터의 취득열량			
재열부하				
외기부하				
냉수펌프 및 배관부하				

51 ①

덕트 설계과정에서 가장 먼저 이루어져야 할 것은 부하계산을 기초로 구획된 각 실의 송풍량 결정이다.

52 ①

빌딩 건축의 외부 존(perimeter zone)은 벽체에 의한 부하 증가로 송풍량이 많아진다.
※ 계산풍량보다 많은 풍량을 사용하는 곳
㉠ 극장, 공연장 등 사람이 많이 모이는 곳
㉡ 병원 수술실, 공장 클린룸 등 공기 청정이 필요한 곳
㉢ 대형 건축물의 북쪽(난방 시)
㉣ 빌딩 건축의 내부 존

53 ③

비색법은 에어 필터의 여과기 효율 측정방법이다.

54 ③

역환수식(reverse return) 배관

열원에서 각 방열기기에 이르는 공급관과 환수관의 도달거리 합을 거의 일치시켜 배관의 마찰저항값을 유사하게 함으로써 순환온수가 균등하게 흐르도록 한 배관방법. 급탕설비의 하향식 배관, 온수난방설비 등에 적용된다. 온수의 유량분배가 균일해지지만, 배관수가 많아지므로 설비비는 높다.

55 ①

㉠ 실내 CO_2 발생량
  =(재실인원×1인당 CO_2 발생량)
   +난로 CO_2 발생량
  = (25인 × 0.018m^3/h) + 0.5m^3/h
  = 0.95m^3/h

㉡ 환기량
$Q = \dfrac{K}{C - C_0} = \dfrac{0.95}{0.005 - 0.0008} = 226.2 m^3$

Q : 필요환기량
C : 실내허용 CO_2 농도
C_0 : 외기의 CO_2 농도
K : 실내 CO_2 발생량

㉢ 환기횟수
$n = \dfrac{환기량}{실용적} = \dfrac{226.2}{10 \times 10 \times 3} = 0.75회/h$

※ 1ppm=0.000001m³, 1L=0.001m³

56 ③

단일덕트 정풍량방식
풍량 조절조차 불가능하므로 각 실의 부하변동에 따른 개별제어가 가장 곤란하다.

57 ①

송풍량은 임펠러의 회전수에 비례하므로
500rpm : 50m³/min = 750rpm : x
∴ x : 75m³/min

58 ②

지역난방은 열병합발전소나 쓰레기 처리장과 같은 시설에서 생산된 열을 배관을 통해 각 건물의 기계실까지 100℃ 이상의 중온수로 공급하여 열교환기를 통한 급탕을 하는 방식이다.
㉠ 장점
• 관리가 용이하고 열효율이 높다.
• 연료비와 인건비가 절감된다.
• 각 건물에서 위험물 취급을 하지 않으므로 화재 위험이 적다.
• 건물 내 유효면적이 증대된다.
• 설비의 고도화에 따라 도시의 대기오염 방지에 도움이 된다.
㉡ 단점
• 초기 시설비가 높고 배관에서의 열손실이 크다.
• 열원기기의 용량제어가 곤란하다.
• 고도의 숙련된 기술자가 필요하다.
• 사용요금의 분배가 어렵다.
• 도시계획상의 사전계획이 필요하다.

59 ③

• 여과장치 입구측 오염물질의 양
 : 0.3mg/m³ × 500m³/h = 150mg/h
• 여과장치에 걸러지는 오염물질의 양
 : 150mg/h × 0.75 = 112.5mg/h
• 여과장치를 통과하는 오염물질의 양
 : 150mg/h − 112.5mg/h = 37.5mg/h

60 ③

에어 필터(여과기) 효율 측정법
• 중량법 : 큰 입자를 측정하는 방법으로, 필터에 집진되는 먼지의 양을 측정한다.
• 비색법 : 작은 입자를 측정하는 방법. 필터에서 포집한 여과지를 통과시켜 광전관으로 오염도를 측정한다.
• 계수법(DOP) : 고성능 필터를 이용하는 방식으로, 0.3μm 크기의 입자를 사용하여 먼지의 수를 측정한다.

61 ③

㉠ 직렬연결 합성저항 : $R_1 + R_2$
㉡ 병렬연결 합성저항 : $\dfrac{R_1 R_2}{R_1 + R_2}$
 ⓐ 상부 회로의 합성저항
  : $12 + \dfrac{15 \times 30}{15 + 30} = 22[\Omega]$
 ⓑ 전체 회로의 합성저항
  : $\dfrac{22 \times 22}{22 + 22} = 11[\Omega]$

62 ②

직류전동기
• 복권, 분권, 직권전동기 등이 해당된다.
• 속도 조절이 간단하여, 고도의 속도 조절이 요구되는 엘리베이터, 전차 등에 사용한다.

63 ③

제어동작에 의한 분류
㉠ 연속동작 : 비례제어(P), 미분동작(D), 적분동작(I), 비례적분제어(PI), 비례미분(PD), 비례적분미분제어(PID)
㉡ 불연속동작 : 2위치 동작(ON/OFF), 다위치 동작
※ 정치동작(제어)은 목표값에 의한 분류에 해당된다.

64 ④
보상식 감지기
- 차동식과 정온식의 기능을 혼합한 감지기
- 둘 중 하나만 작동하여도 작동신호를 발신한다.

65 ③
① 루버 조명 : 천장면에 루버를 설치하고 그 속에 광원을 배치하는 방법. 루버의 재질은 반사가 되는 금속, 플라스틱 등을 사용한다.
② 광천장 조명 : 천장에 조명기구를 설치하고 그 밑에 창호지나 반투명 아크릴과 같은 확산성 재료를 이용해서 마감 처리하여 마치 넓은 천장 표면 자체가 조명인 것처럼 연출한다.
③ 코니스 조명 : 천장 또는 천장 가까이에 장착되고 옆면을 가려 빛은 아래를 향해서만 떨어진다. 재질감 있는 벽면의 드라마틱한 특성을 강조해 주거나 재미있는 조명 효과를 준다.
④ 다운 라이트 조명 : 조명기구를 천장에 매입하여 빛이 수직으로 하향 직사된다.

66 ④
DDC(직접 디지털 제어) 방식
전기, 공기조화, 열원, 반송 등 건물의 각종 설비를 고성능의 디지털 방식으로 통합 제어하는 방식
※ DDC 방식의 장점
- 가격이 저렴하고, 에너지 절약이 가능하다.
- 폭 넓은 응용과 기능의 통합이 가능하다.
- 에너지 절약 제어가 가능하며, 정밀도와 신뢰도가 높은 제어방식이다.
- DDC의 자가진단 기능으로 신뢰성이 높고, 기능의 분산화가 가능하다.

67 ②
승합 전자동 방식
승객 스스로 운전하는 전자동 방식. 승강장 및 엘리베이터 내 버튼으로 기동 및 정지를 이루며, 누른 순서에 상관없이 각 호출에 응하여 자동으로 정지한다.
※ 요운전원 방식
㉠ 카 스위치 방식 : 운전원이 스타트 핸들을 조작하여 시동 및 정지한다.
㉡ 레코드 컨트롤 방식 : 운전원이 조작반의 목적층 단추를 누르며 순서대로 정지한다. 시동은 운전원의 스타트 핸들 조작으로 이루어지며, 중간층에서의 반전이 불가능하다.
㉢ 시그널 컨트롤 방식 : 시동은 스타트 핸들 조작으로 이루어지며, 정지는 목적층 신호와 승강장 호출신호에 의해 자동 정지한다. 반전은 호출신호에 의해 어느 층에서도 가능하다.

68 ①
자동화재탐지설비 수신기
감지기나 발신기로부터 화재발생 신호를 받아 경보음과 동시에 화재발생 장소를 램프로 표시한다.
※ 종류
㉠ P형 1급 수신기 : 상용전원 및 비상전원 간의 전환 등이 가능하며 회로수에 제한이 없다. 4층 이상에 사용한다.
㉡ P형 2급 수신기 : 5회선 이하, 4층 미만 건물에 사용한다.
㉢ R형 수신기 : 고유의 신호를 수신하는 장치로, 숫자 등의 기록에 의해 표시되며 회선수가 매우 많은 동일구내의 다수동이나 초고층 빌딩 등에 사용된다.
㉣ 기타 : M형, GP, GR형

69 ④
전력 $P = IV$이므로
전류 $I = \dfrac{P}{V} = \dfrac{100}{220} = 0.45\text{A}$

70 ③

할로겐 램프(halogen lamp)
진공상태의 유리구 안에 할로겐 물질을 주입하여 텅스텐의 증발을 더욱 억제한 램프. 일반 백열전구에 비해 수명이 2~3배 길며, 백열전구에서 종종 나타나는 유리구 내벽의 흑화현상이 발생하지 않아 광속 저하가 7% 정도로 낮다. 연색성이 좋아서 자연광처럼 색을 선명하게 재현시킬 수 있고, 백열전구에 비해 1/20 정도로 크기가 작고 가벼워 자동차 헤드라이트용이나 비행장의 활주로·무대 조명·백화점·미술관·상점 등의 스포트라이트용과 인테리어 조명의 광원으로 많이 사용된다. 휘도는 매우 높은 편이다.

71 ②
① 쿨롱의 법칙 : 전하를 가진 두 물체 사이에 작용하는 힘의 크기는 두 전하의 곱에 비례하고 거리의 제곱에 반비례한다.
② 렌츠의 법칙 : 유도기전력과 유도전류는 자기장의 변화를 상쇄하려는 방향으로 발생한다는 전자기법칙이다.
③ 플레밍의 왼손법칙 : 전동기 원리에 적용
④ 플레밍의 오른손법칙 : 발전기 원리에 적용

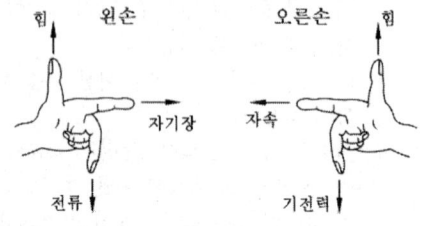

72 ④
① A/m : 자기장의 단위
② V/m : 전계의 단위
③ F/m : 유전율의 단위
④ H/m : 투자율의 단위. 자기력선 내의 밀도와 자계의 비

73 ②
전력 $P = VI\cos\theta$
$= 220[V] \times 6[A] \times \dfrac{\sqrt{3}}{2} = 1143[W]$

74 ②
① 저항 : 전류가 흐르는 것을 막는 작용. 1Ω은 1V의 전압을 가했을 때 1A의 전류가 흐르는 도체의 저항이 된다.
② 콘덴서 : 유전체를 사이에 두고 양면에 금속판 또는 금속박을 둔 것으로, 정전용량을 가진 회로 부품을 말한다. 이 정전용량을 C(패럿)라 하고, 그 유전율 ε, 전극의 면적 A, 전극 간 거리를 d라 하면 C는 $\dfrac{\varepsilon A}{d}$에 비례한다. 유전체로서는 마이카, 유리, 자기, 절연유, 종이, 공기 등이 쓰인다. 송배전선의 역률 개선, 동조회로 또는 필터회로, 결합회로, 이상전압 진행파의 준도 경감, 고주파 진동의 흡수, 접촉자의 불꽃 방지, 직류 고압발생장치, 충격전압 발생장치 등에 쓰인다.
③ 컨덕턴스 : 전기저항의 역수로, 전기를 전도하는 능력을 말한다. 단위는 mho(모), 또는 S(지멘스)가 쓰인다.
④ 인덕턴스 : 회로에 흐르는 전류의 변화에 의해 전자기유도로 생기는 역기전력의 비율을 나타내는 양으로, 단위는 H(헨리)를 쓴다. 자속 변화의 원인에 따라 자체 인덕턴스와 상호 인덕턴스로 나눈다.

75 ①
금속관 배선은 절연전선을 사용하여 과열로 인한 화재를 방지한다.

76 ②
① 펠티어 효과 : 서로 다른 두 종류의 금속의 접속점에 전류를 흘리면 전류의 방향에 따라 줄열 이외의 열의 흡수, 또는 발생현상이 생기는 현상
② 제백 효과(Seebeck effect) : 접촉하는 두 금속의 온도차에 의해 전력이 발생되는 현

상. 열전온도계 및 열반도체 감지기 등에 응용되며 최근에는 뜨거운 잔을 이용한 USB 충전에도 쓰인다.
③ 퍼킨제(푸르키네) 효과 : 어두운 곳에서 가상체에 의해 파란색이 잘 보이고, 밝은 곳에서 추상체에 의해 적색이 잘 보이다는 이론
④ 줄 효과 : 자계의 세기와 일그러짐과의 관계

77 ③
저항을 직렬연결하면 전류는 일정하다. 따라서 $I = I_1 = I_2$ 이다.

78 ③
저항과 코일의 합성 임피던스(Z)는 다음과 같다.
$$Z = \frac{R \cdot x}{\sqrt{R^2 + x^2}}$$
$$= \frac{3 \times 4}{\sqrt{3^2 + 4^2}} = \frac{12}{\sqrt{9 + 16}} = 2.4\,\Omega$$

79 ③

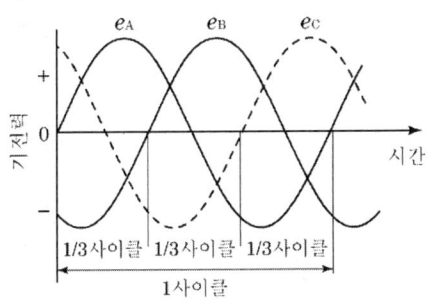

평형 3상 교류
교류 기전력에 의해 발생하는 위상이 120°씩 차이가 나는 각 주파수가 같은 3개의 정현파 교류를 뜻한다. 권선이 같은 3개의 코일을 전기각 120° 간격으로 철심에 감아 이것을 일정한 각속도로 자계 중 회전시켰을 때, 각 코일 중에 위상이 120°씩 틀리고 진폭이 같은 교류 기전력이 발생한다.

80 ③
전동기의 회전수
$$N = \frac{120 f(1-s)}{P}$$
$$= \frac{120 \times 60 \times (1-0.02)}{4} = 1764[\text{rpm}]$$
N : 회전수 f : 주파수
s : 슬립 P : 극수

81 ①
다음에 해당하는 욕실 또는 조리장의 바닥과 그 바닥으로부터 높이 1m까지의 안쪽 벽 마감은 내수재료로 해야 한다.
㉠ 제1종 근린생활시설 중 목욕장의 욕실과 휴게음식점의 조리장
㉡ 제2종 근린생활시설 중 일반음식점 및 휴게음식점의 조리장과 숙박시설의 욕실

82 ②
외기에 직접 면하고 1층 또는 지상으로 연결된 출입문은 방풍구조로 하여야 한다. 다만, 다음 각 호에 해당하는 경우에는 그러하지 않을 수 있다.
㉠ 바닥면적 300m² 이하의 개별 점포의 출입문
㉡ 주택의 출입문(단, 기숙사는 제외)
㉢ 사람의 통행을 주목적으로 하지 않는 출입문
㉣ 너비 1.2m 이하의 출입문

83 ①
다음에 해당하는 주택 또는 건축물을 신축 또는 리모델링하는 경우, 시간당 0.5회 이상의 환기가 이루어질 수 있도록 자연환기설비 또는 기계환기설비를 설치하여야 한다.
㉠ 30세대 이상의 공동주택
㉡ 주택을 주택 외의 시설과 동일 건축물로 건축하는 경우로서 주택이 30세대 이상인 건축물

84 ②
방염성능기준 이상의 실내장식물 등을 설치하여야 하는 특정소방대상물
㉠ 근린생활시설 중 체력단련장, 숙박시설, 방송통신시설 중 방송국 및 촬영소

ⓒ 건축물의 옥내에 있는 시설로서 문화 및 집회시설, 종교시설, 운동시설(수영장은 제외)
ⓓ 의료시설 중 종합병원, 요양병원 및 정신의료기관, 노유자시설 및 숙박이 가능한 수련시설
ⓔ 다중이용업의 영업장, 교육연구시설 중 합숙소
ⓕ ㉠~㉣에 해당하지 않는 것으로서 11층 이상인 것(아파트는 제외)

85 ④

에너지절약설계기준에 따른 기계부분의 의무사항 중 설계용 외기조건

난방 및 냉방설비의 용량계산을 위한 외기조건은 각 지역별로 위험률 2.5%(냉방기 및 난방기를 분리한 온도출현 분포를 사용할 경우) 또는 1%(연간 총시간에 대한 온도출현 분포를 사용할 경우)로 하거나 별표7에서 정한 외기온·습도를 사용한다.

86 ①

교육연구시설 중 학교의 교실 간 경계벽은 다음 중 하나에 해당하는 구조로 한다.

벽체의 구조	기준 두께
철근콘크리트조, 철골철근콘크리트조	10cm 이상
무근콘크리트조, 석조	10cm 이상 (시멘트 모르타르, 회반죽 또는 석고 플라스터 바름두께 포함)
콘크리트블록조, 벽돌조	19cm 이상
각 항목 외에 국토교통부장관이 정하여 고시하는 기준에 따라 국토교통부장관이 지정하는 자 또는 한국건설기술연구원장이 실시하는 품질시험에서 그 성능이 확인된 것	

87 ①

녹색건축 인증 기준 중 기존 주거용 건축물 인증 심사기준

전문분야	인증 항목	구분	배점	일반주택	공동주택
토지이용 및 교통	일조권 간섭방지대책의 타당성	평가항목	2		●
	대중교통의 근접성		2	●	●
	자전거주차장 및 자전거도로의 적합성		2	●	●
	자전거이용 활성화를 위한 유지관리		3	●	●
	생활편의시설의 접근성		2	●	●
에너지 및 환경 오염	에너지 성능	평가항목	8	●	●
	탄소포인트제 참여		6	●	●
	조명에너지 절약		1	●	●
	신·재생에너지 이용		3	●	●
	저탄소 에너지원 기술의 적용		1	●	●
재료 및 자원	녹색제품 구매지침 운영	평가항목	2	●	●
	재활용가능자원의 관리		2	●	●
	재활용가능자원의 보관시설 설치		2	●	●
물순환 관리	물 사용량 모니터링	평가항목	2	●	●
	물절약 관리지침 운영		3	●	●
유지관리	운영·유지관리 문서 및 매뉴얼 보유	평가항목	2	●	●
	사용자 매뉴얼 보유		2	●	●
	건축물 보수지침 운영		2	●	●
생태환경	생태면적률	평가항목	8	●	●
	생태환경 관리		4	●	●
	비오톱 조성		4	●	●
실내환경	자연 환기성능 확보	평가항목	3	●	●
	자동온도조절장치 설치 수준		2	●	●
	교통소음(도로, 철도)에 대한 실내·외 소음도		2	●	●
	거주자 만족도 조사		4	●	●
ID 혁신적인 설계	토지이용 및 교통	대안적 교통 관련 시설의 설치	가산항목	1	●	●
	실내환경	단위세대의 환기성능 확보		1	●	●

88 ②

방화구조의 기준

구조부분	방화구조 조건
철망 모르타르 바르기	바름두께 2cm 이상
석고판 위에 시멘트 모르타르 또는 회반죽을 바른 것	두께의 합이 2.5cm 이상
시멘트 모르타르 위에 타일을 붙인 것	
심벽에 흙으로 맞벽치기한 것	두께 무관
한국산업규격이 정하는 바에 따라 시험결과 방화 2급 이상에 해당되는 것	

89 ②

방송 공동수신설비의 설치 대상
㉠ 공동주택
㉡ 바닥면적합계 5000㎡ 이상 업무시설이나 숙박시설의 용도로 쓰는 건축물

90 ④

비상방송설비를 설치하야야 하는 특정소방대상물(위험물 저장 및 처리 시설 중 가스시설, 사람이 거주하지 않는 동물 및 식물 관련 시설, 지하가 중 터널, 축사 및 지하구는 제외)
㉠ 연면적 3500㎡ 이상인 것은 모든 층
㉡ 층수가 11층 이상인 것은 모든 층
㉢ 지하층의 층수가 3층 이상인 것은 모든 층

91 ③

건축허가 등을 할 때 소방본부장 또는 소방서장의 동의를 받아야 하는 건축물 등의 범위
㉠ 연면적 400㎡ 이상인 건축물(단, 아래의 시설은 해당 기준 이상)
　ⓐ 학교시설사업 촉진법에 따라 건축하는 학교시설 : 100㎡
　ⓑ 노유자시설 및 수련시설 : 200㎡
　ⓒ 정신보건법에 따른 정신의료기관 : 300㎡ (입원실이 없는 정신건강의학과 의원은 제외)
　ⓓ 장애인 의료재활시설 : 300㎡
㉡ 차고·주차장 또는 주차용도로 사용되는 시설로 다음 중에 해당되는 것
　ⓐ 차고·주차장으로 사용되는 층 중 바닥면적 200㎡ 이상 층이 있는 시설
　ⓑ 승강기 등 기계장치에 의한 주차시설로 자동차 20대 이상 주차 가능 시설
㉢ 항공기 격납고, 관망탑, 항공관제탑, 방송용 송·수신탑
㉣ 지하층 또는 무창층이 있는 건축물로 바닥면적 150㎡ 이상(공연장의 경우 100㎡)인 층이 있는 것
㉤ 위험물 저장 및 처리 시설, 지하구
㉥ ㉠항에 해당되지 않는 노유자시설 중 다음에 해당하는 것
　ⓐ 노인 관련 시설
　ⓑ 아동복지시설(아동상담소, 아동전용시설 및 지역아동센터 제외)
　ⓒ 장애인 거주시설
　ⓓ 정신질환자 관련 시설(24시간 주거를 제공하지 않는 것은 제외)
　ⓔ 노숙인자활시설, 노숙인재활시설 및 노숙인요양시설
　ⓕ 결핵환자나 한센인이 24시간 생활하는 노유자시설

92 ②

객석유도등을 설치하여야 하는 특정소방대상물
㉠ 유흥주점영업시설
㉡ 문화 및 집회시설
㉢ 종교시설
㉣ 운동시설
※ 전시장은 문화 및 집회시설에 해당한다.

93 ④

무창층의 개구부
㉠ 크기는 지름 50cm 이상의 원이 내접할 수 있는 크기일 것
㉡ 해당 층의 바닥면으로부터 개구부 밑부분까

지의 높이가 1.2m 이내일 것
ⓒ 도로 또는 차량이 진입할 수 있는 빈터를 향할 것
ⓔ 화재 시 건축물로부터 쉽게 피난할 수 있도록 창살이나 그 밖의 장애물이 설치되지 아니할 것
ⓜ 내부 또는 외부에서 쉽게 부수거나 열 수 있을 것

94 ④
공동주택의 리모델링에 대비한 특례에서, 리모델링이 쉬운 구조란 다음 요건에 적합한 것을 말한다.
㉠ 각 세대는 인접한 세대와 수직 또는 수평 방향으로 통합하거나 분할할 수 있을 것
㉡ 구조체에서 건축설비, 내부 마감재료 및 외부 마감재료를 분리할 수 있을 것
㉢ 개별 세대 안에서 구획된 실(室)의 크기, 개수 또는 위치 등을 변경할 수 있을 것

95 ②

건축물의 용도	6층 이상 거실바닥면적의 합계(sm^2)		
	3000m² 이하	3000m² 초과	대수산정 방식
• 문화 및 집회시설(공연장, 집회장, 관람장) • 판매시설 • 의료시설	2대	2대에 3000m² 초과하는 매 2000m² 이내마다 1대를 더한 대수	$2 + \dfrac{s - 3000m^2}{2000m^2}$

- 6층 이상 거실면적의 합계
  $1000 \times 5 = 5000m^2$
- 승용승강기의 최소 설치대수(의료시설)
  $2 + \dfrac{5000m^2 - 3000m^2}{2000m^2} = 3$대

96 ③
주거용 건축물 급수관의 지름

가구 또는 세대수	1	2·3	4·5	6~8	9~16	17 이상
급수관 지름의 최소 기준 (mm)	15	20	25	32	40	50

※ 비고
① 가구 또는 세대의 구분이 불분명한 건축물에 있어서는 주거에 쓰이는 바닥면적의 합계에 따라 다음과 같이 가구수를 산정한다.
 ㉠ 바닥면적 85m² 이하 : 1가구
 ㉡ 바닥면적 85m² 초과 150m² 이하 : 3가구
 ㉢ 바닥면적 150m² 초과 300m² 이하 : 5가구
 ㉣ 바닥면적 300m² 초과 500m² 이하
   : 16가구
 ㉤ 바닥면적 500m² 초과 : 17가구
② 가압설비 등을 설치하여 급수되는 각 기구에서의 압력이 1cm당 0.7kg 이상인 경우에는 위 표의 기준을 적용하지 아니 할 수 있다.

97 ①
바깥쪽으로의 출구
다음에 해당하는 건축물에는 관람석 또는 집회실로부터의 출구를 안여닫이로 해서는 안 된다.
㉠ 제2종 근린생활시설 중 공연장·종교집회장 (해당 용도 바닥면적의 합계가 각각 300m² 이상인 경우)
㉡ 문화 및 집회시설(전시장 및 동·식물원 제외)
㉢ 종교시설, 위락시설, 장례식장

98 ③
다가구주택은 단독주택에 속한다.

99 ①
스프링클러설비를 설치하여야 하는 특정소방대상물 중 문화 및 집회시설(동·식물원 제외), 종교시설(주요구조부가 목조인 것 제외),

운동시설(물놀이형 시설 제외)로서 다음의 어느 하나에 해당하는 경우에는 모든 층에 스프링클러설비를 설치해야 한다.
㉠ 수용인원이 100명 이상인 것
㉡ 영화상영관 용도로 쓰이는 층의 바닥면적이 지하층 또는 무창층인 경우 500㎡ 이상, 그 밖의 층은 1000㎡ 이상인 것
㉢ 무대부가 지하층·무창층 또는 4층 이상의 층에 있는 경우에는 무대부의 면적이 300㎡ 이상인 것
㉣ 무대부가 ㉢ 외의 층에 있는 경우에는 무대부의 면적이 500㎡ 이상인 것

100 ①
냉동냉장시설·항온항습시설(온도와 습도를 일정하게 유지시키는 특수설비가 설치되어 있는 시설) 또는 특수청정시설(세균 또는 먼지 등을 제거하는 특수설비가 설치되어 있는 시설)로서 당해 용도에 사용되는 바닥면적의 합계가 500㎡ 이상인 건축물에 건축설비를 설치하는 경우 관계전문기술자의 협력을 받아야 한다.

2024년 1회 건축설비기사 과년도 해설 및 정답

01 ③

모듈러 코디네이션 (M.C : modular coordination)
건축의 재료부품에서 설계 시공에 이르기까지 건축 생산 전반에 쓰이는 재료를 규격화하는 것. 치수상의 유기적 연계성을 만들어내며 설계와 시공을 연결해주는 치수시스템으로 건축 외에 실내나 가구분야에까지 확장, 적용될 수 있다.

㉠ 장점
 ⓐ 설계 작업이 간소화된다.
 ⓑ 대량생산의 용이, 생산비용이 절감된다.
 ⓒ 현장작업의 단순화로 공기가 단축된다.
 ⓓ 제품의 표준화 및 규격화로 인해 호환성이 증대된다.

㉡ 단점
 ⓐ 건축물이나 디자인의 개성 및 창의성이 결여되기 쉽다.
 ⓑ 동일 형태가 집단을 이루는 경향이 있다.

02 ②

기계환기 방식

구분	설치 방법	용도
제1종 환기 (병용식)	급기팬+배기팬	병원, 극장, 변전실
제2종 환기 (압입식)	급기팬+자연배기	수술실, 무균실, 반도체 공장
제3종 환기 (흡출식)	자연급기+배기팬	화장실, 욕실, 주방, 흡연실

• 제1종(병용식) : 설비비, 운전비가 비싸지만 실내외의 압력을 자유로이 조정할 수 있어 가장 좋은 방식이다.
• 제2종(압입식) : 실내 압력이 정압(+)이 된다. 다른 실에서의 공기 침입이 없어야 하는 곳에 사용한다.
• 제3종(흡출식) : 실내 압력이 부압(-)이 된다. 실내의 냄새나 유해 물질을 다른 실로 흘려보내지 않는다.

03 ④

오피스 랜드스케이프(office landscape)
• 오픈 오피스의 단점을 보완한 개방 사무 공간의 형식
• 직급 서열 등에 의한 획일적 배치에서 벗어나 업무의 흐름이나 방식에 따라 유기적인 공간 구성을 하는 방법이다.
• 전통적 계획의 기하학적인 양상과 모듈에 대한 개념을 없애 버렸다.
• 작업의 흐름, 단체 활동, 직위표시 등은 부단히 변화하므로 이 요구조건에 맞게 또는 제한받지 않도록 한다.
• 칸막이벽과 각종 설비를 줄일 수 없어 공사비용이 절감되고, 코어와 사무실이 직접 연결되어 공간이 절약된다.
• 산만하고 인위적인 분위기를 정리하기 위해 식물을 사무공간에 도입한다.
• 직원개인의 독립성을 존중하는 자유로운 가구 배치로 사회심리학적 인간관계에 기반을 둔 체제를 형성함으로써 사무작업환경의 인간화를 꾀할 수 있다.
• 개실형 사무공간에 비해서는 소음 발생이 쉽고 독립성이 결여된다.

04 ①

트러스 구조의 각 절점은 핀 접합으로 하여, 부재를 삼각형으로 구성한다.

05 ②

병실의 출입문은 침대 통과가 가능하도록 최소

너비 1.15m 이상으로 한다. 또한 열리는 형태는 밖여닫이나 미닫이로 하며 문턱이 없어야 한다.

06 ④
- 시티 호텔(city hotel) : 도심에 세워지는 호텔의 총칭. 입지에 따라 다운타운 호텔, 서버번(suburban) 호텔, 터미널 호텔, 스테이션 호텔 등으로 분류된다.
- 리조트 호텔(resort hotel) : 호텔 유형의 일종. 피서·피한·여행을 목적으로 하는 관광객 및 휴양객에게 많이 이용되는 호텔. 휴양지와 관광지에 건설되며 규모나 형식이 다양하다. 위치나 유형에 따라서 해변호텔, 산장호텔, 온천호텔, 스포츠호텔, 클럽 하우스 등으로 분류된다.

※ 산장 호텔은 리조트 호텔에 속한다.

07 ④
아파트 평면 형식의 분류
㉠ 홀(계단실)형
  ⓐ 계단실, 엘리베이터 홀에서 마주보는 두 세대가 바로 연결되는 형식이다.
  ⓑ 단위주거의 두 벽면이 외벽에 면하기 때문에 채광, 통풍에 유리하다.
  ⓒ 출입이 편리하고 독립성이 크며 통로면적이 절약되지만 엘리베이터 이용률이 낮다.
㉡ 갓복도(편복도)형
  ⓐ 건물 한쪽에 접한 긴 복도에 단위주거가 면하는 형식이다.
  ⓑ 엘리베이터 1대당 이용 단위주거 수가 많아서 고층화에 유리하다.
  ⓒ 단위주거의 독립성이 좋지 않다.
  ⓓ 복도가 개방되어 있어 채광, 통풍 등이 어느 정도는 수월하다(계단실형에 비해서는 떨어진다).
㉢ 중복도형
  ⓐ 건물의 중앙에 있는 복도 양쪽에 단위주거가 배치되어 고밀도화에 좋은 형식이다.
  ⓑ 단위주거의 평면상 배치계획이 어렵고 채광, 통풍 등의 실내환경이 불균등하다.
  ⓒ 각 세대의 독립성도 나쁘며 화재 시 방연 및 대피도 까다롭다.
  ⓓ 주로 도시형 1인 주택 및 독신자 아파트에 적용된다.
㉣ 집중형
  ⓐ 중앙에 엘리베이터와 계단홀을 배치하고 주위에 많은 단위주거를 집중 배치한 형식이다.
  ⓑ 단위주거의 조건에 따라 일조 조건이 나빠지므로 평면계획에 특별한 고려가 필요하다.

08 ②
리빙 키친(LK)
주방과 거실이 같은 공간에 있는 형태로 소규모 주택에 많이 적용된다. 작업 동선이 짧아서 가사노동이 경감된다.

09 ②
바닥충격음의 저감방법
㉠ 건축 뼈대로 전달되는 소음 방지를 위해 뼈대와 소음원을 분리시킨다.
㉡ 프리 엑세스 플로어와 같이 뜬바닥 구조를 활용한다.
㉢ 탄성이 있는 바닥마감재를 쓰고 슬래브의 중량을 증가시킨다.
㉣ 천장을 이중으로 시공한다.

10 ②
조명설계 순서
소요조도 결정→광원(전구) 종류 결정→조명방식 및 기구 선정→광속 계산 및 전등개수 결정→배치

11 ①
공칭치수=제품치수+줄눈두께

12 ①
② 박공지붕, ③ 모임지붕, ④ 방형지붕

13 ①
파사드 구성의 광고 요소
구매를 충동시키는 구매심리 5단계(AIDMA)
㉠ 주의를 끌 것 : Attention
㉡ 고객의 흥미를 끌 것 : Interest
㉢ 구매 욕구를 일으킬 것 : Desire
㉣ 구매의사를 기억하게 할 것 : Memory
㉤ 구매결정을 유발할 것 : Action

14 ①
화란식(네덜란드식) 쌓기
- 영식과 같이 길이와 마구리를 한 켜씩 번갈아 쌓는다.
- 길이켜의 끝이나 모서리에 칠오토막을 사용한다.
- 시공이 용이하고, 모서리가 견고한 방식으로 우리나라에서 많이 사용한다.

15 ③
철골철근콘크리트 구조
(steel framed reinforced concrete structure)
㉠ SRC 또는 합성 구조라고도 한다. 철골 뼈대 주위에 철근을 배치하고 콘크리트를 타설한 부재를 주요 구조부로 구성한 구조. 강구조와 철근 콘크리트 구조가 협력하여 작용하는 것으로 본다.
㉡ 장점
ⓐ RC 구조는 콘크리트의 전단파괴나 압축파괴로 인해 취성파괴가 생기지만 철골의 존재에 의하여 인성이 보충된다.
ⓑ 동일 단면 속에 많은 양의 강재를 무리 없이 거둬들일 수 있다. 초고층 건축물의 하층부 기둥부재에는 축방향력이 크게 작용하며, 이것을 RC 구조로 할 경우 기둥의 단면을 지나치게 크게 해야 하지만 SRC 구조로는 단면을 크게 하지 않고 내력과 변형 능력에 여유를 갖게 할 수 있다.
ⓒ 시공 시 철골만으로 큰 연직하중을 지지하도록 설계할 수 있다. 수평하중은 양쪽이 같이 부담한다.
ⓓ 내화 피복제인 콘크리트가 구조재도 겸하므로 경제적인 방식이다.
ⓔ 강성이 커서 작용외력에 의한 변형이 적다.
ⓕ 철골의 좌굴이 콘크리트에 의해 방지된다. 국부좌굴, 현재나 래티스의 휨 좌굴, 보의 횡 좌굴이 방지되며 구조의 세부설계가 적절할 경우 변형 능력이 큰 구조체를 구성할 수 있다.
ⓖ 구조물에 발생하는 진동을 감쇠시킬 수 있다.
ⓗ 거푸집을 사용하여 다양한 형태의 구조물을 만들 수 있다.
㉢ 단점
ⓐ 철골과 철근이 공존하므로 콘크리트 타설이 다소 난해하다.
ⓑ 철골의 단가가 높아 건설비가 높게 된다.
ⓒ 시공이 복잡한 편이며 콘크리트에 의해 자중이 커진다.

16 ④
병원의 건축형식
㉠ 분관식
- 평면이 분산되는 형식으로, 3층 이하 건물에 적용된다.
- 외래부, 병동부, 진료부를 각각의 병동으로 하고 복도로 연결한다.
- 병실의 일조 및 통풍이 좋지만 넓은 부지가 필요하고 동선이 길어진다.
㉡ 집중식
- 외래부, 부속진료시설, 병동이 한 건물에 집약되고 병동은 고층에 두어 환자를 엘리베이터로 운송한다.
- 좁은 부지로도 가능해서 도시에 적합하다.
- 병실 환경 조건이 불균일해진다.

ⓒ 다익형
- 분관식과 유사하지만 중앙설비를 중심으로 증축을 고려하여 배치된 형식이다.
- 각 부문 간 연계성을 유지하고, 자유로운 계획을 할 수 있다.
- 변화 및 증축에 유리하다.

※ 클러스터형은 학교 교실 배치유형의 일종이다.

17 ①

열람실은 대학 도서관의 기능별 규모 배분에서 가장 큰 면적이 할당되도록 설계한다.

18 ④

릴랙세이션(relaxation)

PC 강재에 높은 장력을 가한 상태 그대로 장기간 양끝을 고정해 두면, 점차 소성 변형하여 인장 응력이 감소해 가는 현상. 강재의 릴랙세이션이 낮을수록 좋으며, 우수한 PC 강재의 릴랙세이션에 의한 인장응력 감소량은 5% 내외이다.

19 ③

왕대공 지붕틀의 각 부 명칭

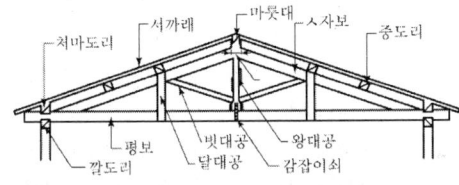

20 ③

국제적으로 같은 척도조정을 사용함으로써 건축구성재의 국제 교역을 가능하게 한다.

21 ①

동관
- 내식성이 크고 가공성 및 전연성이 좋으며, 열전도율이 높아서 열교환기, 냉난방용, 급수관, 급탕관 등에 널리 사용된다.
- 두께별로 K > L > M으로 구분된다.

22 ④

구배가 증가하면 유속이 증가하고, 유수깊이가 감소하여 트랩의 봉수파괴에 영향을 미친다.

23 ②

스프링클러설비의 수원 저수량 산정

폐쇄형 스프링클러헤드의 경우, 다음 표의 기준 개수에 $1.6m^3$를 곱한 양 이상이 되도록 한다.

설치 장소			기준 개수
지하층 제외 10층 이하인 특정소방 대상물	공장	특수가연물을 저장·취급하는 것	30
		그 외	20
	근린생활시설, 판매시설, 운수시설, 복합건축물	판매시설 또는 복합건축물 (판매시설이 설치되는 것)	30
		그 외	20
	그 외	헤드 부착 높이 8m 이상인 것	20
		헤드 부착 높이 8m 미만인 것	10
지하층 제외 11층 이상인 특정소방대상물·지하가·지하역사			30

※ 하나의 소방대상물이 2 이상의 '기준 개수'에 해당되는 경우, 많은 것을 기준으로 한다. 단, 각 기준에 해당하는 수원을 별도 설치하는 경우는 그렇지 않다.

∴ 30개 × $1.6m^3$ = $48m^3$

24 ①

마찰저항선도에 의한 급수관경 결정 순서

관 재료 결정 → 급수부하단위에 의한 동시사용유수량 계산 → 관로 상당길이에 의한 허용 마찰손실수두 계산 → 마찰저항선도에 의한 관경 결정

25 ②

배수관의 유속은 최소 0.6m/s, 권장 1.2m/s, 한계 1.5m/s 정도이다.

26 ③

BOD 제거율

$= \dfrac{\text{유입수 BOD} - \text{유출수 BOD}}{\text{유입수 BOD}} \times 100(\%)$

$= \dfrac{1000 - 400}{1000} \times 100(\%) = 60\%$

27 ③

플랜지와 유니언은 동일 직경의 직선배관 접합에 이용되며, 배관 교체 및 수리 등의 목적으로도 사용한다.

28 ②

혼합수 온도

$t = \dfrac{150L \times 60℃ + 70L \times 10℃}{220kg} = 44℃$

29 ③

간접 배수계통 통기관은 일반배수 계통의 통기 수직관에 접속하지 않는다.

30 ③

수직높이 1m=0.01MPa이므로
0.01+0.02+0.07=0.1MPa

31 ④

팽창관

- 온수배관에 이상 압력 발생 시, 해당 압력을 흡수하기 위해 증기나 공기를 배출하는 장치
- 팽창관 도중에는 밸브류를 달아서는 안 되며, 배수는 간접배수로 한다.
- 팽창관은 급탕관에서 수직으로 연장시켜 팽창탱크나 고가수조로 통하게 한다.

32 ③

펌프의 양정은 최상층에 설치된 노즐 선단의 압력이 0.35MPa 이상이 되도록 한다.

33 ④

결합 통기관

㉠ 배수수직관 내 압력변화 방지 및 완화를 위해 배수수직관과 통기수직관을 접속하는 통기관
㉡ 주로 고층건물에서 5개 층마다 설치하여 배수 수직주관의 통기를 촉진한다.
㉢ 관경은 최소 50mm 이상, 통기수직관과 동일 관경 이상으로 한다.

34 ③

온수 팽창량

$\Delta_v = \left(\dfrac{1}{\rho_2} - \dfrac{1}{\rho_1}\right) \times V$

$= \left(\dfrac{1}{0.983} - \dfrac{1}{1}\right) \times (2+1) = 0.052 \text{m}^3$

ρ_1 : 급수 밀도(kg/L)
ρ_2 : 온수 밀도(kg/L)
V : 장치 내 전수량(m³)

35 ③

스프링클러설비 배관

㉠ 주배관 : 각 층을 수직으로 관통하는 배관
㉡ 교차배관 : 직접 또는 주배관을 통해 가지배관에 급수하는 배관
㉢ 가지배관 : 스프링클러헤드가 설치되어 있는 배관
㉣ 급수배관 : 수원이나 옥외송수구로부터 급수하는 배관
㉤ 신축배관 : 가지배관과 스프링클러헤드를 연결하는 배관. 구부릴 수 있도록 유연성을 가져야 한다.

36 ①

급수설비의 조닝 목적

저층부에 과다하게 가해질 수 있는 급수압에 의한 수격작용을 방지함으로써, 소음 및 진동을 감쇠하고 기구 부속품의 파손을 막는다.

37 ③

수격작용(water hammer)
관내 유속의 급격한 변화로 인해 상승한 압력이 배관 내에 충격과 마찰을 일으키는 현상
㉠ 발생 요인
- 유속이 빠를수록, 관경이 작을수록, 굴곡개소가 많을수록 잘 발생한다.
- 밸브 수전을 급히 잠글 때, 플러시밸브나 콕을 사용할 때 발생할 수 있다.
- 20m 이상의 고양정일 경우 수격작용의 우려가 크다.

㉡ 방지대책
- 가능한 한도 내에서 관경은 크게, 유속은 느리게 한다.
- 폐수전의 폐쇄시간을 느리게 한다.
- 기구류 가까이에 에어챔버를 설치한다.
- 굴곡 배관을 억제하고 되도록 직선배관이 되도록 한다.
- 감수압이 0.4MPa을 초과하는 계통에는 감압밸브를 설치하고, 발생 요인이 되는 밸브 근처에 수격작용 방지기를 설치한다.

38 ③
진공 방지기(Vaccum Breaker)
물을 쓰는 기기에서 토수한 물 또는 사용한 물이 역사이펀 작용으로 상수 급수계통에 역류하는 현상을 방지하기 위해 급수관 내에 부압이 발생할 때 자동적으로 공기를 흡인하도록 하는 구조를 가진 기구이다.

39 ③
급수량
$Q = A \times k \times n \times q$
$= 2000\text{m}^2 \times 0.6 \times 0.2\text{인}/\text{m}^2 \times 120\text{L/d}$
$= 28800/\text{Ld} = 28.8\text{m}^3/\text{d}$

A : 건물 연면적
k : 연면적 대비 유효면적비율[%]
n : 유효면적당 인원[인/m^2]
q : 1인당 하루 사용수량[L/d]

40 ③
급탕설비의 안전장치
- 팽창관 : 급탕계통 내 체적팽창을 도피시키고 배관 내에 분리된 공기나 증기를 배출하는 관
- 팽창탱크 : 물을 가열할 때 팽창한 수량을 흡수하는 탱크
- 안전밸브 : 장치 내 압력이 일정 수준을 초과할 때 내부 온수를 방출시켜 압력을 낮추는 밸브

※ (스팀) 사일렌서는 소음을 줄여주는 기구이다.

41 ②
공기의 성분 중 가장 많은 부분을 차지하는 것은 질소(약 78%)이다.

42 ③
에어필터(여과기)의 효율 측정법
- 중량법 : 큰 입자를 측정하는 방법으로, 필터에 집진되는 먼지의 양을 측정한다.
- 비색법 : 작은 입자를 측정하는 방법. 필터에서 포집한 여과지를 통과시켜 광전관으로 오염도를 측정한다.
- 계수법(DOP) : 고성능 필터를 이용하는 방법. 0.3μm 크기의 입자를 사용하여 먼지의 수를 측정한다.

43 ②
건물병증후군(SBS : Sick Building Syndrome)
각종 건자재에서 배출되는 휘발성 유기화합물(VOCs), 포름알데히드(HCHO), 라돈 등 각종 오염물질들이 실내에 영향을 주어 아토피성 피부염, 두통, 폐암 등 질환의 원인이 되고 있다.
- 라돈 : 폐에 축적된 방사선으로 폐 손상, 폐암의 원인이 된다.
- 휘발성 유기화합물 : 아토피 피부염이나 비염, 천식, 심할 경우 눈·코·목에서 염증·두통·신경마비 등이 우려된다.
- 포름알데히드 : 가구·단열재·페인트·벽지

· 타일 등에서 검출되고 있다.
※ 피톤치드(phytoncide) : 식물로부터 방산되어 주위의 미생물 등을 죽여 항균 및 진정작용을 띠는 천연물질의 총칭

44 ④

환기량

$$Q = \frac{K}{C - C_0}$$

Q : 필요환기량
C : 실내허용 CO_2 농도
C_0 : 외기의 CO_2 농도
K : 실내 CO_2 발생량

㉠ 실내 CO_2 발생량
  = (재실인원×1인당 CO_2 발생량)
    + 가스난로 CO_2 발생량)
  = (25인×0.018m³/h) + 0.5m³/h = 0.95m³/h

㉡ 환기량
  $Q = \frac{K}{C - C_0} = \frac{0.95}{0.001 - 0.0005} = 1900 m^3$

㉢ 환기횟수
  $n = \frac{환기량}{실용적} = \frac{1900}{10 \times 10 \times 3} = 6.33회/h$

※ 1ppm = 0.000001m³

45 ①

공조설비의 환기덕트는 다른 설비배관계통과 독립적으로 설치해야 한다.

46 ③

축열시스템은 간헐운전이 용이하다.

47 ③

냉방부하의 기기 용량 결정 요인

요인		기기별 용량 결정범위
실내부하	실내취득열량	↑ 송풍기 용량 및 송풍량 ↑ 냉각코일 용량 ↓ 냉동기 용량 ↓
	기기로부터의 취득열량	
	재열부하	
외기부하		
냉수펌프 및 배관부하		

48 ①

① 숏 서킷 : 취출구와 흡입구가 근접해 있어서 취출공기가 곧바로 흡입구로 유입되는 현상
② (콜드) 드래프트 : 겨울철에 실내로 저온 기류가 유입되거나 유리나 벽면에서 냉각된 냉풍이 하강하는 현상. 인체 주위의 공기 속도가 크면 콜드 드래프트가 발생하는 원인이 된다.
③ 에어 커튼 : 출입구 위에서 공기를 아래로 수직 분사하여 공기막을 만드는 설비. 실내공기와 외기의 접촉을 막기에 출입구를 상시 개방하고 영업하는 상점에 많이 쓰인다.
④ 리턴 에어 : 전공기방식 공조설비에서 에너지절약을 위해 급기용 외에 별도로 송풍기를 설치하여 유입시키는 외기. 주로 중간기의 냉방에 이용된다.

49 ③

· 전수두
  = 위치압력수두 + 관내압력수두 + 속도수두
· 속도수두 = $\frac{v^2}{2g}$
  v : 관내유속
  g : 중력가속도(9.8m/sec²)

∴ 전수두 = $10 + 30 + \frac{2.5^2}{2 \times 9.8} = 40.32m$

50 ②

순환수량

$$Q_w = \frac{Hcr}{60C\Delta t}[l/\min]$$
$$= \frac{1389600}{60 \times 4.2 \times (12-6)} = 919[l/\min]$$
$$= 0.919 \text{m}^3/\min \times 60\min = 55.14\text{m}^3/\text{h}$$

Hcr : 냉동기용량
C : 비열
Δt : 출입구 온도차

※ 1kW=1kJ/s=3600kJ/h이므로
386kW=1389600kJ/h이다.

51 ④

공기를 냉각 또는 가열하여도 절대습도는 변하지 않는다.

52 ②

㉠ 캄 라인(calm line)형 취출구
- 종횡비가 큰 취출구로 안에 든 디플렉터가 정류작용을 하는데, 흡인용일 때는 이를 제거한다.
- 외부 존과 내부 존에 모두 적용되며, 출입구 부근의 에어 커튼용으로도 적합하다.

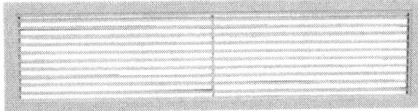

㉡ 노즐(nozzle)형 취출구
- 구조가 간단하고 도달거리가 긴 취출구로 소음발생이 적다.
- 극장, 로비, 스튜디오 등에서 사용된다.

㉢ 아네모스탯(annemostat)형 취출구
- 다수의 뿔형 날개를 층상으로 포개고, 그 틈새로 공기를 취출하는 형식
- 1차 공기에 의한 2차 공기의 유인성능이 좋고 풍속의 조절범위가 넓다.
- 취출풍속과 확산반경이 크고 도달거리가 짧기 때문에 천장 취출구로 많이 사용된다.

㉣ 라이트 트로퍼(light troffer)형 취출구
- 양 취출구 가운데에 형광등을 갖춘 형태

53 ①

원형 덕트에서 장방형 덕트로의 환산식

$$d = 1.3\left[\frac{(a \cdot b)^5}{(a+b)^2}\right]^{\frac{1}{8}}$$

d : 원형 덕트의 직경 또는 환산직경
a : 장방형 덕트의 장변길이
b : 장방형 덕트의 단변길이

54 ①

㉠ 바이패스 팩터(BF) : 냉각 코일이나 가열 코일과 접촉하지 않고 그대로 통과하는 공기의 비율
㉡ 콘택트 팩터(CF) : 코일과 완전히 접촉하는 공기의 비율
※ BF=1-CF이므로 CF+BF=1

55 ③

가습방식의 구분
- 수분무식 : 초음파식, 분무식, 원심식
- 증기식 : 분무식, 전극식, 전열식, 적외선식
- 증발식 : 회전식, 모세관식, 적하식

56 ④

성적계수(COP : coefficient of performance)
냉장고, 냉동기, 에어컨, 열펌프 등 온도를 낮추거나 올리는 기구의 효율을 나타내는 척도를 말한다. 성능계수는 투입된 일의 양 대비 뽑아내거나 공급한 열량의 비로 정의된다. 열펌프와 같이 온도를 올리는 기구는 난방성능계수(COP_h)라 하고, 냉동기와 같이 온도를 낮추는 기구는 냉방성능계수(COP_c)라고 한다. 열펌프의 COP_h는 냉동기의 COP_c보다 1만큼 크다.

57 ②

압축식 냉동기의 구성 요소
㉠ 압축기 : 증발기에서 유입된 저온·저압의 냉매가스를 응축·액화하기 쉽도록 압축하고 난 후 응축기로 보낸다.

ⓒ 응축기 : 고온·고압의 냉매액을 공기 또는 물에 접촉하여 응축·액화시킨다.
ⓓ 팽창밸브 : 고온·고압의 냉매액을 증발기에서 증발하기 쉽도록 저온·저압으로 팽창시킨다.
ⓔ 증발기 : 팽창밸브를 통과한 저온·저압의 냉매가 실내공기로부터 열을 흡수하여 증발함으로써 냉동이 이루어진다.

58 ①
역환수식(reverse return) 배관
열원에서 각 방열기기에 이르는 공급관과 환수관의 도달거리의 합을 거의 일치시켜 배관의 마찰저항값을 유사하게 해 순환온수가 균등하게 흐르도록 한 배관방법. 급탕설비의 하향식 배관, 온수난방설비 등에 적용된다. 온수의 유량분배가 균일해지지만, 배관수가 많아지므로 설비비는 높다.

59 ④
전공기방식
- 공기조화기로 냉·온풍을 만들어 덕트를 통해 송풍하는 방식이다.
- 단일덕트방식(정풍량, 변풍량), 이중덕트방식, 멀티존 유닛방식 등이 있다.
- 실내공기오염이 적고 외기냉방이 가능하다.
- 단위 유닛을 별도로 사용하지 않으므로 실내 유효면적이 넓고, 수배관으로 인한 누수나 동파의 우려가 없다.
- 큰 규모의 덕트 스페이스 및 공조실이 필요하다.

60 ③
- 여과장치에서 입구측 오염물질의 양
 $= 0.3\text{mg/m}^3 \times 500\text{m}^3/\text{h} = 150\text{mg/h}$
- 여과장치에 걸러지는 오염물질의 양
 $= 150\text{mg/h} \times 0.75 = 112.5\text{mg/h}$
- 여과장치를 통과하는 오염물질의 양
 $= 150\text{mg/h} - 112.5\text{mg/h} = 37.5\text{mg/h}$

61 ③
시퀀스 제어 방식

	유접점 방식	무접점 방식
수명	짧다.	반영구적
스위칭 속도	늦고 한계가 있다. (ms 단위)	빠르다. (μs 단위)
환경조건	진동 및 충격에 약하다.	진동 및 충격에 강하다.
소비전력	많다.	적다.
외형	큰 편이다.	작다.
서지	전기적 노이즈에 안정적	노이즈에 취약해 안정대책 필요
입·출력 수	독립된 다수의 출력을 동시에 얻음	다수의 입력·소수의 출력 용이

62 ②
피뢰방식
ⓐ 돌침(보통보호)방식 : 건축물 상부에 돌침을 설치하여 근접 뇌격을 흡인하여 돌침과 대지 사이의 인하도체를 통해 외격전류를 안전하게 대지로 방류하는 방식. 수평투영면적이 적은 건물, 위험물 저장소 등에 적합하다.
ⓑ 케이지(완전보호)방식 : 피보호물을 적당한 간격으로 그물눈을 가진 도체로 완전히 보호하는 방식으로, 건물과 내부 사용자에게 위해를 주지 않도록 하는 방식. 고지대 관측소, 휴게소, 천연기념물의 나무 등에 적용된다.
ⓒ 수직도체(증강보호)방식 : 철근콘크리트조 건축물 등의 경우 건물 모서리 부분에 낙뢰하여 콘크리트 파편에 의해 보행자에게 2차적 재해가 발생할 우려가 있기에 건물 모서리나 뾰족한 형태를 한 부분 위쪽에 수평도체식 피뢰설비를 하여 보호능력을 증강시킨 방식이다. 수평투영면적이 비교적 큰 건축물에 적용하며, 완전보호를 목적으로 하지 않고 비수뢰부의 뇌격확률을 최소화하여 2차적 재해를 방지한다는 개념에서 도입된 것이므로 위험물 저장소 등에는 적용하지 못한다.

63 ④

병렬저항 : $\dfrac{1}{20}+\dfrac{1}{20}+\dfrac{1}{20}+\dfrac{1}{20}=5[\Omega]$

∴ 전력 $P=\dfrac{V^2}{R}=\dfrac{220^2}{5}=9680[W]$

64 ②

형광등의 점등 시 점등관이 떨어질 때 안정기가 높은 전압을 유지하여 형광 방전관의 방전을 도와주며, 점등 후에는 저항 역할도 하고 과전류가 흐르는 것을 방지한다.

65 ②

기자력[AT]

자기장을 만드는 힘을 의미한다. 자기장을 만들기 위해서 일부 혹은 전부가 자성체로 구성된 자기회로를 둘러싸고, 도선을 N회 감아서 I[A]의 전류를 흐르게 하면 기자력[AT]이 발생한다.

66 ③

소비전력은 전압의 제곱에 비례한다.

67 ④

자동제어장치의 구성 요소

㉠ 검출부 : 제어량 변화를 검출한 후, 설정값과 비교할 수 있는 신호로 변환하여 조절부로 보낸다.

㉡ 조절부 : 검출부에서 받은 신호를 설정값과 비교하여 편차에 해당되는 신호를 만들고, 이 신호를 다시 조작신호로 바꾸어 조작부로 보낸다.

㉢ 조작부 : 조절부에서 받은 신호에 의해 밸브와 댐퍼 등을 조작한다.

㉣ 가공지선(간이보호)방식 : 돌침보다 간단한 방식으로 뇌해가 많은 지방의 높이 20m 이하 건물에 자주적인 피뢰설비를 실시한다.

68 ③

농형 유도전동기

- 농형 회전자를 가진 교류형 전동기로, 구조와 취급이 간단하고 기계적으로 견고하다.
- 운전이 쉽고 속도제어가 가능하며, 가격이 저렴하다.
- 슬립링이 없기 때문에 불꽃이 나올 염려가 없다.
- 기동전류가 커서 전동기 전선을 과열시키거나 전원전압의 변동을 일으킬 수 있다.

69 ③

전시샤프트는 배선거리 및 전압강하 등을 감안하여 시설 위치의 중앙에 위치하도록 한다.

70 ④

합성수지관(경질비닐관) 배선공사

- 관 자체가 절연체이므로 감전 위험이 적고 시공이 용이하다.
- 옥내의 점검할 수 없는 은폐 장소에도 사용이 가능하며, 화학공장, 연구실 배선 등에 적합하다.
- 열적 영향이나 기계적 외상을 받을 수 있다.

71 ②

직렬회로는 논리곱으로 표현한다(AND 회로).

72 ③

영상변류기

(ZCT : Zero-Phase Current Transformer)

비교적 낮은 송전전류의 접지보호를 위하여 사용하는 변류기. 대전류 회로의 지락사고 시 각 상의 불평형 전류를 검출하여 이에 비례하는 미소전류를 2차측으로 전하는 기능을 한다. 중성점 접지 등에서 접지계전기의 오동작을 막고, 누전차단기에서 검출기구로 사용된다.

73 ②

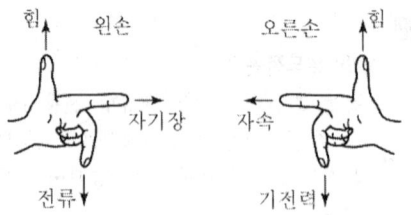

- 플레밍의 왼손법칙 : 전류가 흐르는 도선에 대해 자기장이 미치는 힘의 작용방향을 정하는 법칙(전동기 원리)
- 플레밍의 오른손 법칙 : 도체운동에 의한 유도기전력 혹은 유도전류의 방향을 결정하는 법칙(발전기 원리)
- 앙페르의 오른나사법칙 : 전선에 오른나사가 진행하는 방향으로 전류가 흐르면, 자력선은 오른나사가 회전하는 방향으로 만들어진다.

74 ②

지문 내용에서 보일러는 제어대상, 온도는 제어량, 목표값은 300℃, 조작량은 중유이다.

75 ②

접지저감제는 전도체인 것으로 한다.

76 ②

엔탈피 제어

에너지절약 제어방식의 일종으로, 실내 냉방 시에는 냉동기 및 냉온수기 등의 열원장비를 가동하지 않고 외부 공기 댐퍼를 개방하여 차가운 외기로 실내를 냉방한다. 보통 환절기나 하절기 아침 시간과 같이 실내온도보다 외기온도가 낮을 때 사용한다. 이용시간에 따라 출입인원의 변화가 큰 백화점·쇼핑몰 등에 사용하면 효과적이다.

※ 부하재설정 제어 : 외기온도 변화에 따라 급기온도를 재설정하여 냉방 혹은 난방장치를 가동하는 방식

77 ①

3상 4선식(Δ-Y) 결선에서 Y결선의 선간전압은 상전압의 $\sqrt{3}$ 배이다.

∴ 상전압 = $\dfrac{220}{\sqrt{3}}$ = 127[V]

78 ④

1[A]의 정의

1초당 6.24×10^{18}개의 자유전자의 이동

79 ②

납축전지가 방전되면 양, 음극 모두 회백색의 $PbSO_4$가 된다. 충전 시에는 양극판은 적갈색의 PbO_2, 음극판은 Pb가 되며, 수용액은 묽은 황산이 된다.

80 ②

알칼리 축전지

전해액으로 알칼리용액을 사용하는 축전지. 양극에 수산화니켈을 사용하고 음극에 철을 사용한 에디슨전지와, 음극에 카드뮴을 사용한 융그너전지가 있다. 납축전지에 비해 진동에 강하고 자기방전이 적으며 열악한 주위 환경에서도 오래 사용할 수 있다. 반면 납축전지보다 기전력이 작고, 암페어 시효율(방전한 전기량과 충전한 전기량의 비)이 납축전지는 90%인 것에 비해 융그너식 85% 정도, 에디슨식 80% 정도로 다소 떨어진다. 또한 가격도 비싸다는 단점도 있다. 공칭전압은 1.2[V/셀]이며 과방전 및 과전류에 대해 강하며 부식성 가스도 발생하지 않는다.

81 ②

건축물에 설치하는 굴뚝의 기준

㉠ 굴뚝의 옥상 돌출부는 지붕면으로부터의 수직거리를 1m 이상으로 할 것. 다만, 용마루·계단탑·옥탑 등이 있는 건축물에 있어서 굴뚝 주위에 연기의 배출을 방해하는 장애물이 있는 경우 굴뚝의 상단을 용마루·계단탑·옥탑 등보다 높게 하여야 한다.

㉡ 굴뚝의 상단으로부터 수평거리 1m 이내에 다른 건축물이 있는 경우, 그 건축물의 처

마보다 1m 이상 높게 할 것
ⓒ 금속제 굴뚝으로서 건축물의 지붕 속·반자 위 및 가장 아랫바닥 밑에 있는 굴뚝의 부분은 금속 외의 불연재료로 덮을 것
ⓔ 금속제 굴뚝은 목재 기타 가연재료로부터 15cm 이상 떨어져서 설치할 것. 다만, 두께 10cm 이상인 금속 외의 불연재료로 덮은 경우는 제외한다.

82 ②
피뢰설비는 한국산업표준이 정하는 피뢰레벨 등급에 적합한 피뢰설비일 것. 다만, 위험물저장 및 처리시설에 설치하는 피뢰설비는 한국산업표준이 정하는 피뢰 시스템 레벨 Ⅱ 이상이어야 한다.

83 ②

바닥의 내화구조 기준

구조 형식	기준 두께
철근콘크리트조·철골철근콘크리트조	10cm 이상
철재로 보강된 콘크리트블록조·벽돌조·석조로서 철재에 덮은 콘크리트 블록 등의 두께	5cm 이상
철재의 양면을 철망모르타르 혹은 콘크리트로 덮은 것	5cm 이상

84 ②

건축법상 의료시설에 속하는 것
㉠ 병원(종합병원, 병원, 치과병원, 한방병원, 정신병원 및 요양병원을 말한다)
㉡ 격리병원(전염병원, 마약진료소, 그 밖에 이와 비슷한 것을 말한다)

85 ①
다음 항목 중 어느 하나에 해당하는 건축물은 미리 특별자치시장·특별자치도지사 또는 시장·군수·구청장에게 국토교통부령으로 정하는 바에 따라 신고를 하면 건축허가를 받은 것으로 본다.
㉠ 바닥면적의 합계가 85m² 이내의 증축·개축 또는 재축. 다만, 3층 이상 건축물인 경우에는 증축·개축 또는 재축하려는 부분의 바닥면적의 합계가 건축물 연면적의 1/10 이내인 경우로 한정한다.
㉡ 관리지역, 농림지역 또는 자연환경보전지역에서 연면적 200m² 미만이고 3층 미만인 건축물의 건축. 다만, 다음 각 목의 어느 하나에 해당하는 구역에서의 건축은 제외한다.
 ⓐ 지구단위계획구역
 ⓑ 방재지구 등 재해취약지역으로서 대통령령으로 정하는 구역
㉢ 연면적이 200m² 미만이고 3층 미만인 건축물의 대수선
㉣ 주요구조부의 해체가 없는 등 대통령령으로 정하는 대수선
㉤ 그 밖에 소규모 건축물로서 대통령령으로 정하는 건축물의 건축

86 ③
공동주택의 리모델링에 대비한 특례에서, 리모델링이 쉬운 구조란 다음 요건에 적합한 것을 말한다.
㉠ 각 세대는 인접한 세대와 수직 또는 수평 방향으로 통합하거나 분할할 수 있을 것
㉡ 구조체에서 건축설비, 내부 마감재료 및 외부 마감재료를 분리할 수 있을 것
㉢ 개별 세대 안에서 구획된 실(室)의 크기, 개수 또는 위치 등을 변경할 수 있을 것

87 ④
비상경보설비 설치대상(위험물 저장 및 처리시설 중 가스시설 또는 지하구 제외)
㉠ 연면적 400m²(지하가 중 터널 또는 사람이 거주하지 않거나 벽이 없는 축사 제외) 이상이거나 지하층 또는 무창층의 바닥면적이 150m²(공연장의 경우 100m²) 이상인 것
㉡ 지하가 중 터널로서 길이가 500m 이상인 것
㉢ 50명 이상의 근로자가 작업하는 옥내 작업장

88 ①

아파트 대피공간의 설치 기준
㉠ 대피공간은 바깥의 공기와 접할 것
㉡ 대피공간은 실내의 다른 부분과 방화구획으로 구획될 것
㉢ 대피공간의 바닥면적은 인접 세대와 공동으로 설치 시 3m² 이상, 각 세대별 설치 시 2m² 이상일 것
㉣ 국토교통부장관이 정하는 기준에 적합할 것
㉤ 대피공간으로 통하는 출입문은 60분+방화문으로 설치할 것
㉥ 단, 인접 세대와의 경계벽이 파괴하기 쉬운 경량구조인 경우, 경계벽에 피난구를 설치한 경우, 발코니의 바닥에 규정에 맞는 하향식 피난구를 설치한 경우 또는 대피공간에 준하는 시설을 설치한 경우는 제외한다.

89 ②
허가 및 신고대상의 용도변경 분류

분류	세부항목
1. 자동차관련 시설군	가. 자동차 관련시설
2. 산업 등의 시설군	가. 운수시설　나. 창고시설　다. 공장 라. 위험물저장 및 처리시설 마. 자원순환 관련 시설 바. 묘지 관련 시설　사. 장례시설
3. 전기통신시설군	가. 방송통신시설　나. 발전시설
4. 문화 및 집회시설군	가. 문화 및 집회시설　나. 종교시설 다. 위락시설　　　라. 관광휴게시설
5. 영업시설군	가. 판매시설　나. 운동시설　다. 숙박시설 라. 제2종 근린생활시설 중 다중생활시설
6. 교육 및 복지시설군	가. 의료시설　나. 교육연구시설 다. 노유자시설 라. 수련시설　마. 야영장 시설
7. 근린생활시설군	가. 제1종 근린생활시설 나. 제2종 근린생활시설(다중생활시설 제외)
8. 주거업무시설군	가. 단독주택　나. 공동주택 다. 업무시설　라. 교정 및 군사시설
9. 그 밖의 시설군	가. 동물 및 식물 관련 시설

※ 허가대상 : 하위 → 상위시설 용도 변경
※ 신고대상 : 상위 → 하위시설 용도 변경
※ 기재변경 : 동일 시설군 내에서의 용도변경

90 ①
6층 이상인 건축물로서 다음에 해당하는 용도로 쓰는 건축물에는 기준에 맞게 배연설비를 설치하여야 한다(단, 피난층은 예외).
㉠ 제2종 근린생활시설 중 공연장, 종교집회장, 인터넷컴퓨터게임시설제공업소 및 다중생활시설(공연장, 종교집회장 및 인터넷컴퓨터게임시설제공업소는 해당 용도 바닥면적의 합계가 각각 300m² 이상인 경우만 해당)
㉡ 문화 및 집회시설, 종교시설, 판매시설, 운수시설
㉢ 의료시설(요양병원 및 정신병원은 제외)
㉣ 교육연구시설 중 연구소, 노유자시설 중 아동관련시설, 노인복지시설(노인요양시설은 제외)
㉤ 수련시설 중 유스호스텔, 운동시설
㉥ 업무시설, 숙박시설, 위락시설, 관광휴게시설, 장례시설
※ 다음 건축물은 층수 상관없이 설치한다.
• 의료시설 중 요양병원 및 정신병원
• 노유자시설 중 노인요양시설·장애인 거주시설 및 장애인 의료재활시설

91 ②
지능형 건축물의 인증을 위하여 인증기관을 지정하는 것은 국토교통부장관이다.

92 ②
거실의 용도에 따른 조도 기준

거실의 용도 구분	조도 구분	바닥 위 85cm의 수평면의 조도(럭스)
1. 거주	• 독서·식사·조리	150
	• 기타	70
2. 집무	• 설계·제도·계산	700
	• 일반사무	300
	• 기타	150
3. 작업	• 검사·시험·정밀검사·수술	700
	• 일반작업·제조·판매	300
	• 포장·세척	150
	• 기타	70

거실의 용도 구분	조도 구분	바닥 위 85cm의 수평면의 조도(럭스)
4. 집회	• 회의 • 집회 • 공연·관람	300 150 70
5. 오락	• 오락 일반 • 기타	150 30
기타 명시되지 아니한 것		1란 내지 5란에 유사한 기준을 적용함

93 ②

공동주택의 분류

㉠ 아파트 : 주택으로 쓰는 층수가 5개 층 이상인 주택

㉡ 연립주택 : 주택으로 쓰는 1개 동의 바닥면적 합계가 660m² 를 초과하고, 층수가 4개 층 이하인 주택

㉢ 다세대주택 : 주택으로 쓰는 1개 동의 바닥면적 합계가 660m² 이하이고, 층수가 4개 층 이하인 주택(2개 이상의 동을 지하주차장으로 연결하는 경우에는 각각의 동으로 본다)

㉣ 기숙사 : 다음 중 하나에 해당하는 건축물로서 공간의 구성과 규모 등에 관하여 국토교통부장관이 정하여 고시하는 기준에 적합한 것(단, 구분 소유된 개별실은 제외)

  ⓐ 일반 기숙사 : 학교 또는 공장 등의 학생 또는 종업원 등을 위하여 쓰는 것으로서 해당 기숙사의 공동취사시설 이용 세대 수가 전체의 50% 이상인 것(교육기본법에 따른 학생복지주택 포함)

  ⓑ 임대형 기숙사 : 공공주택사업자 또는 임대사업자가 임대사업에 사용하는 것으로서 임대 목적으로 제공하는 실이 20실 이상이고 해당 기숙사의 공동취사시설 이용 세대 수가 전체 세대 수의 50퍼센트 이상인 것

94 ②

난방 및 냉방설비의 용량계산을 위한 설계기준 실내온도는 난방의 경우 20℃, 냉방의 경우 28℃를 기준으로 하되(목욕장 및 수영장은 제외) 각 건축물 용도 및 개별 실의 특성에 따라 별표8에서 제시된 범위를 참고하여 설비의 용량이 과다해지지 않도록 한다.

95 ②

• 6층 이상 거실면적의 합계
  $= 1500 \times 4 = 6000 m^2$

• 승용승강기의 최소 설치대수
  $= 2 + \dfrac{6000m^2 - 3000m^2}{2000m^2} = 3.5 ≒ 4대$

96 ④

• 대수분할운전 : 기기를 여러 대 설치하여 부하상태에 따라 최적 운전상태를 유지할 수 있도록 기기를 조합하여 운전하는 방식

• 비례제어운전 : 기기의 출력값과 목표값의 편차에 비례하여 입력량을 조절하여 최적운전상태를 유지할 수 있도록 운전하는 방식

97 ②

연면적 10000m² 이상인 건축물(창고시설 제외) 또는 에너지를 대량으로 소비하는 건축물로서 아래에 해당하는 건축물에 급수·배수(配水)·배수(排水)·환기·난방·소화·배연·오물처리 설비 및 승강기 설비를 설치하는 경우 건축기계설비기술사 또는 공조냉동기계기술사의 협력을 받아야 한다.

기준	해당용도 바닥면적
아파트 및 연립주택	무관
냉동냉장시설·항온항습시설 또는 특수청정시설로서 당해 용도에 사용되는 건축물	500m² 이상
목욕장, 물놀이형 시설 및 수영장(실내에 설치된 경우로 한정)	500m² 이상

기준	해당용도 바닥면적
기숙사, 의료시설, 유스호스텔, 숙박시설	2000m² 이상
판매시설, 연구소, 업무시설 문화 및 집회시설(동·식물원 제외), 종교시설, 교육연구시설(연구소 제외), 장례식장	3000m² 이상

98 ①

무창층의 개구부

㉠ 크기는 지름 50cm 이상의 원이 내접할 수 있는 크기일 것

㉡ 해당 층의 바닥면으로부터 개구부 밑부분까지의 높이가 1.2m 이내일 것

㉢ 도로 또는 차량이 진입할 수 있는 빈터를 향할 것

㉣ 화재 시 건축물로부터 쉽게 피난할 수 있도록 창살이나 그 밖의 장애물이 설치되지 아니할 것

㉤ 내부 또는 외부에서 쉽게 부수거나 열 수 있을 것

99 ③

건축물의 에너지절약설계기준에 따른 "야간단열장치"라 함은 창의 야간 열손실을 방지할 목적으로 설치하는 단열셔터, 단열덧문으로서 총 열관류저항(열관류율의 역수)이 $0.4m^2 \cdot K/W$ 이상인 것을 말한다.

100 ①

회전문의 설치 기준

㉠ 계단이나 에스컬레이터로부터 2m 이상의 거리를 둘 것

㉡ 회전문과 문틀사이 및 바닥사이는 다음 항목에서 정하는 간격을 확보하고 틈 사이를 고무와 고무펠트의 조합체 등을 사용하여 신체나 물건 등에 손상이 없도록 할 것

• 회전문과 문틀 사이는 5cm 이상

• 회전문과 바닥 사이는 3cm 이하

㉢ 출입에 지장이 없도록 일정한 방향으로 회전하는 구조로 할 것

㉣ 회전문의 중심축에서 회전문과 문틀 사이의 간격을 포함한 회전문 날개 끝부분까지의 길이는 140cm 이상이 되도록 할 것

㉤ 회전문의 회전속도는 분당회전수가 8회를 넘지 아니하도록 할 것

㉥ 자동회전문은 충격이 가하여지거나 사용자가 위험한 위치에 있는 경우에는 전자감지장치 등을 사용하여 정지하는 구조로 할 것

건축설비기사 과년도 해설 및 정답

2024년 2회

01 ③

공기막구조

막의 내·외부 기압차를 이용하여 막 표면에 인장 혹은 압축력을 가하여 지지되는 구조. 시공성이 용이하고 공기가 단축되며 경제적인 막구조를 만들어 낼 수 있다. 막 재료가 내화에 취약할 수 있으므로 이에 대한 고려가 필요하다.

02 ①

블록의 구분

구분	기건비중	압축강도	흡수율	비고
A종 블록	1.7 미만	4MPa 이상	-	경량골재를 사용한 경량 블록
B종 블록	1.9 미만	6MPa 이상	-	
C종 블록	-	8MPa 이상	10% 이하 (방수블록)	보통골재 사용

03 ②

환기량이 많아지면 여름철에는 냉기를, 겨울철에는 온기를 잃게 된다. 따라서 에너지절약 측면에서는 환기량이 적을수록 좋다.

04 ①

교실과 복도의 접촉면이 큰 평면일수록 소음을 막는데 불리하다.

05 ③

계단에 대체되는 경사로의 경사도는 1 : 8을 넘지 않아야 한다. 따라서 층고 4m인 경우 계단 대체 경사로의 수평거리는 최소 4×8=32m가 필요하다.

06 ①

절충식 지붕틀

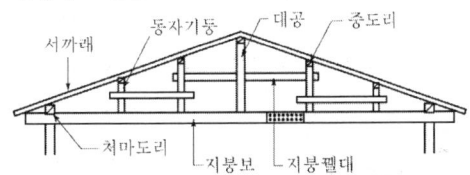

처마도리 위에 지붕보를 걸쳐대고 그 위에 동자기둥과 대공을 세우면서, 중도리와 마루대를 걸쳐대어 서까래를 받게 한 지붕틀. 공작이 간단하며 간사이가 작거나(6m 이내) 간벽이 많은 건물에 사용한다.

※ ㅅ자보는 왕대공 지붕틀에서 사용된다.

07 ④

① 컬럼 밴드 : 띠철근기둥의 거푸집이 벌어지지 않게 테두리에 감아주는 철물
② 세퍼레이터 : 간격을 유지하기 위해 거푸집 사이에 넣어 오므려지지 않게 하는 철물
③ 폼타이 : 강재 거푸집의 조임 기구로 세퍼레이터의 역할도 겸한다.
④ 스페이서 : 철근 콘크리트의 기둥·보 등의 철근에 대한 콘크리트의 피복두께를 정확하게 유지하기 위한 받침

08 ①

싱글 오피스(개실 시스템)

· 복도를 중심으로 작은 공간의 실로 구획되는 유형
· 1~2인용 세포형 오피스와 여러 명을 위한 집단형 오피스로 구분된다.
· 업무의 독립성과 쾌적한 환경이 보장되며 소음차단에 유리하다.
· 공사비가 높고 공간의 깊이에 변화를 줄 수

없어 효율성이 낮으며 융통성이 떨어진다.

09 ③

띠철근
- 기둥의 전단력에 의해 발생하는 좌굴을 방지한다.
- 주근 위치를 고정시키는 역할을 하며, 기둥 양단부에 많이 배근한다.
- 철근은 6mm 이상(보통 $\phi 9$, D10)을 사용한다.

10 ④

멀리온(mullion)
창틀 또는 문틀로 둘러싸인 공간을 다시 세로로 세분하는 중간선틀. 창 면적이 클 때 강풍 또는 여닫을 때의 진동으로 유리가 파손될 우려가 있으므로, 이것을 보강하고 외관을 꾸미기 위하여 가로나 세로로 댄다.

11 ②

커머셜 호텔(commercial hotel)
상업적, 업무적인 목적의 체류자를 위한 호텔. 도심 내에 위치하며, 주차장·연회장·레스토랑·카페를 갖추고 있다.
※ 발코니는 크게 고려할 필요가 없다.

12 ③

글레어(현휘, 눈부심)를 방지하기 위한 방법
- 휘도가 낮은 광원(형광램프)을 사용하거나, 플라스틱 커버가 되어 있는 조명기구를 선정한다.
- 시선을 중심으로 해서 30도 범위 내의 글레어 존에는 광원을 설치하지 않는다.
- 광원 주위를 밝게 한다.

13 ①

사무소의 수직교통량 피크 타임(peak time)은 출근 시간에 발생한다.

14 ②

건축물에 작용하는 하중은 기둥·보·바닥·벽과 같은 구조체 자체의 중량에 따른 고정하중, 바람·눈·지진 등의 외력에 의한 하중, 활하중의 3가지로 구분한다. 활하중의 경우 사람에 의한 하중은 장소나 때에 따라 변화하지만 물건과 같이 취급한다.

15 ①

표면결로 방지대책
- 실내측 벽의 표면풍속을 크게 한다.
- 실내 수증기 발생을 억제한다.
- 환기를 자주 시킨다.
- 실내측 표면온도를 노점온도 이상으로 상승시킨다.

16 ④

폐가식 출납(close access) 시스템
- 열람자가 책의 목록을 확인한 후 기록을 제출하여 대출받는 형식
- 서고와 열람실이 분리되어 있다.
- 희소가치가 있는 책 또는 고서(古書)를 위한 독립서고 등에 용이하다.
- 도서의 유지관리가 용이하고 감시가 필요 없다.
- 책 내용을 충분히 확인할 수 없고 대출절차가 복잡하여 업무량이 증가한다.

17 ②

**모듈러 코디네이션
(Modular coordination, 척도 조정)**
모듈을 적용하여 건축 전반에 사용되는 재료를 규격화시키는 것이다.
㉠ 장점
- 설계가 단순해지고, 대량생산이 가능해진다.
- 비용이 절감되고 공기가 단축된다.
- 재료의 취급과 수송이 편리해진다.
- 국제적으로 같은 척도조정을 사용함으로써 건축구성재의 국제 교역을 가능하게 한다.

ⓒ 단점
- 창의성이 사라지고 단순화, 획일화되는 경향이 있다.
- 동일 형태가 집단을 이루는 경향이 생긴다.

18 ②

잎이 넓은 활엽수를 사용하면 여름철의 일사량을 차단할 수 있고, 겨울철엔 낙엽이 져서 일사량을 증가시킬 수 있다.

19 ④

반자틀받이는 4.5cm 각재를 90cm 간격으로 달대에 고정시킨다.

20 ④

흡음률이 0이 되려면 실내 모든 마감을 100% 반사재로 처리해야 한다.

21 ②

강관 신축량

$\Delta \ell = 1000 \times \alpha \times L \times \Delta t$
$= 1000 \times 400 \times (1.1 \times 10^{-5}) \times (60 - 0)$
$= 264mm = 0.264m$

α : 관의 선팽창계수
L : 온도 변화 전 관의 길이[m]
Δt : 온도 변화[℃]

22 ④

전양정
=(실양정+관내마찰손실수두+스프링클러 헤드 방수압력)×(1+안전율)
=(60+15+10)×1.15=97.75≒98m
※ 최저 헤드 방수압력=0.1MPa=10mAq
※ 1Pa=0.1mmAq

23 ④

마찰손실수두

$H_f = \lambda \cdot \dfrac{\ell}{d} \cdot \dfrac{\rho v^2}{2g}$

$= 0.03 \times \dfrac{50}{0.025} \times \dfrac{1000 \times 2^2}{2} = 120000Pa = 120kPa$

λ : 관 마찰계수
ℓ : 직관 길이[m]
d : 배관 내경[m]
ρ : 물의 밀도[1000kg/m³]
v : 관내 유속[m/s]

24 ①

배수관 및 통기관의 관경 결정 요소

옥내 배수관 관경, 배수관의 구배, 통기관 길이, 기구배수부하단위, 빗물 배수관 관경, 빗물 및 가옥 배수 합류관 관경

25 ④

왕복식 펌프
- 실린더 내부의 피스톤, 플런저, 버킷 등을 왕복운동시켜 흡입 송출하는 펌프
- 구조가 간단하고 취급이 용이한 반면, 수량 조절이 어려운 단점이 있다.
- 양수량이 적고 양정이 낮은 곳에 쓰인다.
- 플런저(고압용), 피스톤(공장 급수용), 워싱턴(보일러 급수용) 펌프가 있다.

26 ②

옥외소화전설비의 법정 기준
- 호스접결구는 지면으로부터 높이가 0.5m 이상 1m 이하의 위치에 설치하고 특정소방대상물의 각 부분으로부터 하나의 호스접결구까지의 수평거리가 40m 이하가 되도록 설치하여야 한다.
- 호스는 구경 65mm의 것으로 한다.
- 해당 특정소방대상물에 설치된 옥외소화전(2개 이상 설치된 경우에는 2개의 옥외소화전)을 동시에 사용할 경우 각 옥외소화전의 노즐선단에서의 방수압력이 0.25MPa 이상이고, 방수량이 350L/min 이상이 되는 성능의 것으로 할 것. 이 경우 하나의 옥외소화전을 사용하는 노즐선단에서의 방수압력이 0.7MPa을

초과할 경우에는 호스접결구의 인입측에 감압장치를 설치하여야 한다.
- 옥외소화전설비의 수원은 그 저수량이 옥외소화전의 설치개수(옥외소화전이 2개 이상 설치된 경우에는 2개)에 7m³를 곱한 양 이상이 되도록 하여야 한다.

27 ③

급수배관계통에서 강관과 동관을 직접 접속할 경우 강관의 부식이 촉진된다.

28 ①

유효봉수의 깊이는 50~100mm가 적당하다. 이보다 깊으면 유수 저항이 커져서 통수 능력이 감소되며, 통수 능력이 감소되면 트랩 내의 세척력이 나빠져서 침전물이 쌓이게 된다.

29 ④

청소구(clean out)의 설치 위치
- 각종 오물찌꺼기가 쌓일 수 있는 곳에 배수 흐름과 반대 또는 직각방향으로 열 수 있도록 설치한다.
- 수평지관 상단부, 긴 배관의 중간부분
- 배관이 45° 이상 구부러진 곳
- 가옥배수관과 부지 하수관의 접속부
- 각종 트랩 및 배관상 필요한 곳
- 수평관 관경이 100mm 이하일 경우 직선거리 15m 이내마다, 관경 100mm 이상일 경우 직선거리 30m 이내마다 설치한다.

30 ②

환탕관(반탕관)의 관경은 급탕관의 관경보다 한 치수 작은 것으로 한다.

31 ②

유량은 펌프의 회전수 변화에 비례하므로, 똑같이 20% 증가한다.

32 ③

크로스 커넥션

수돗물에 이물질이 혼입되어 오염되는 현상을 말한다. 이를 방지하기 위해서는 배관 계통별로 색깔로 구분하여 오접합을 방지하며 통수시험에 의해 체크한다.

33 ②

캐비테이션(cavitation, 공동현상)

펌프에 유입된 물속 기포가 압력을 받아 붕괴되며 발생하는 충격파로 인해 임펠러나 케이싱 등을 파손시키는 현상. 비정상적인 소음과 진동이 발생하며 펌프의 유량, 양정, 효율이 저하된다. 이를 방지하기 위해서는 펌프의 유효흡입양정(NPSH : Net Positive Suction Head)을 낮추고, 흡입구의 압력을 흡입구의 포화증기압 이상으로 유지시킨다.

※ 방지대책
㉠ 유체온도를 낮추고, 필요 이상 양정을 두지 않는다.
㉡ 흡입양정과 흡입손실을 줄인다.
㉢ 2대 이상 펌프를 사용하고, 규정회전수 이내에서 운전한다.

34 ③

웨버 지수(WI)

가스의 연소성을 판단하는 수치. 클수록 단위 중량당 발열량이 높다.

$$WI = \frac{H_g}{\sqrt{S}}$$

H_g : 가스 발열량[kJ/Nm³]
S : 가스 비중

35 ④
- SS값 : 물속에 현탁되어 있는 모든 불용성 물질 또는 입자를 말하며, 값이 클수록 탁도가 크다(단위 ppm).
- COD값 : 유기물 등의 오염물질을 산화제로 산화·분해시켜 정화하는 데 소비되는 산소

량을 말하며, 값이 클수록 오염도가 크다.
- BOD값 : 호기성 미생물이 일정 기간 동안 물 속 유기물을 분해할 때 사용하는 산소의 양으로, 값이 클수록 오염도가 크다.
- BOD 제거율
$$= \frac{유입수\ BOD - 유출수\ BOD}{유입수\ BOD} \times 100(\%)$$

※ BOD값이 클수록 정화조의 성능이 높다는 뜻이다.

36 ③
디스크 트랩은 증기 트랩의 일종이다.

37 ①
가스계량기와 각종 전기장치 간의 설치 위치

대상	이격거리
전기계량기 및 전기개폐기	60cm 이상
전기점멸기 및 전기접속기, 단열조치가 안 된 굴뚝	30cm 이상
절연조치가 안 된 전선	15cm 이상

38 ③
유속
$$v = \frac{Q}{A} = \frac{Q}{\frac{\pi d^2}{4}} = \frac{\frac{2.4}{60}}{\frac{3.14 \times 0.1^2}{4}} = 5.1 \text{m/s}$$

Q : 유량[m³/s]
A : 단면적[m²]
d : 배관 직경[m]

※ 제시된 유량은 분당 기준이므로 60초로 나눈다.

39 ④
급수배관의 관경 결정방법
㉠ 관 균등표에 의한 결정
  ⓐ 관 균등표 : 동일 마찰 손실일 경우 굵은 관의 유량이 가는 관 유량의 몇 배인지, 즉, 가는 관의 몇 개가 굵은 관 하나와 동일한 지를 나타내는 표이다.
  ⓑ 관 균등표에 의한 관경 결정
    • 각 기구의 접속관경을 균등표에서 구한다.
    • 각 접속관경을 균등표를 이용해 15mm 관 상당 개수로 환산한다.
    • 급수기구 말단부터 각 구간마다 15mm 관 상당 개수를 누계한 후, 각각에 기구 동시사용률을 곱해서 기구수를 구한다.
㉡ 마찰저항선도(유량선도)에 의한 결정
  ⓐ 동시사용 유수량 계산
  ⓑ 허용마찰손실수두 계산
㉢ 기구 연결관 관경에 의한 결정

40 ④
소벤트 시스템
통기관을 따로 두지 않고, 하나의 배수수직관으로 배수 및 통기를 겸하는 방식. 공기혼합과 공기분리용 두 가지의 이음쇠가 사용된다.

※ 섹스티아 시스템 : 섹스티아 이음쇠와 밴드관을 사용하여 유수에 선회력을 줌으로써, 공기코어를 유지시켜 하나의 관으로 배수와 통기를 겸한다. 신정통기관만 사용하여 계통이 간단해지고, 배수관경을 작게 할 수 있으며, 소음이 줄어든다.

41 ①
리프트 피팅(Lift fitting)
진공환수식 증기난방에서 환수관에 응축수를 끌어올리기 위해 사용하는 방식. 환수관을 부득이하게 방열기보다 높은 곳에 배관해야 하거나 환수주관보다 높은 위치에 진공펌프를 설치해야 할 때 적용한다. 저압인 경우 1단에 1.5m 이내, 고압인 경우 증기관과 환수관 압력차 1kg/cm²(0.1MPa)마다 5m 정도 끌어올린다.

42 ①
냉방부하의 종류와 발생 요인

구분	부하 발생 요인		현열	잠열
실내취득열량	벽체로부터의 취득열량		○	
	극간풍에 의한 취득열량		○	○
	인체의 발생열량		○	○
	기구로부터의 발생열량		○	○
	유리로부터의 취득열량	직달일사에 의한 열량	○	
		전도대류에 의한 열량	○	
장치로부터의 취득열량	송풍기에 의한 취득열량		○	
	덕트로부터의 취득열량		○	
조명부하	조명에 의한 취득열량		○	
외기부하	외기 도입에 의한 취득열량		○	○

43 ④

체크밸브

유체를 일정 방향으로 흐르게 하고, 역류를 방지하기 위한 밸브

㉠ 풋형 : 펌프 흡입관 선단의 여과기와 체크밸브를 조합한 것. 개방식 배관의 펌프 흡입관 선단에 부착하여, 펌프 운전 중은 물론이며 정지 시에도 흡입관 내부를 만수상태로 유지시킨다.

㉡ 리프트형 : 글로브밸브와 같은 밸브 시트의 구조로써 유체 압력에 의해 밸브가 수직으로 올라가도록 되어있다.

㉢ 스윙형 : 시트의 고정핀을 축으로 회전하여 개폐된다. 유수에 대한 마찰저항이 적으며 수평 및 수직배관 모두에 쓰인다.

44 ④

습공기 선도의 구성 요소

건구온도, 습구온도, 노점온도, 절대습도, 상대습도, 수증기 분압, 엔탈피, 비체적, 현열비 등

※ 엔트로피 : 자연물질이 변형되어 다시 원래의 상태로 환원될 수 없게 되는 현상(종이를 태워 재가 되면 다시 종이로 되돌릴 수 없다.)

45 ②

냉각탑

응축기에서 냉각수가 빼앗은 열량을 냉각시키는 부분을 말한다.

㉠ 냉각방식

ⓐ 공랭식 : 실외기라 불리우며, 소용량에 사용된다.

ⓑ 수냉식은 물의 흐름방향에 따라 다음과 같이 분류된다.

• 향류식 : 공기를 아래에서 위로 흐르게 한다. 분무식과 충진식(흡입식, 압입식)이 있다.

• 직교류식 : 공기를 수류와 직각으로 흐르게 한다. 편측, 양측 흡입식이 있다.

㉡ 개방상태별 분류

ⓐ 개방식 : 냉각수가 냉각탑 내에서 대기에 노출되는 방식. 공기조화에서 가장 많이 쓰인다.

ⓑ 밀폐식 : 냉각수 배관이 밀폐된 방식. 폐회로 수열원 열펌프 방식과 같이 냉각수 배관이 길고, 건축물 내에 널리 분포되어 있는 경우에 사용한다. 공기와 유체가 직접 접촉하지 않으므로 대기오염이 심한 지역에 적합하다.

46 ③

펌프의 축동력은 회전수의 세제곱에 비례하므로

축동력 $L = 10 \times \left(\dfrac{1200}{1000}\right)^3 = 17.28\text{kW}$

※ 펌프의 상사법칙

㉠ 펌프 회전수의 변화

ⓐ 유량은 회전수 변화에 비례한다.

ⓑ 양정은 회전수 변화의 제곱에 비례한다.

ⓒ 동력은 회전수 변화의 세제곱에 비례한다.

㉡ 펌프 크기의 변화

ⓐ 유량은 크기비의 세제곱에 비례한다.

ⓑ 양정은 크기비의 제곱에 비례한다.

ⓒ 동력은 크기비의 다섯 제곱에 비례한다.

47 ②

풍량제어방식의 동력절감률

회전수제어 > 흡입베인제어 > 흡입댐퍼제어 > 토출댐퍼제어

48 ④

유효온도(ET : Effective Temperature)
- 기온, 실내 기류, 상대습도를 조합한 감각지표로서 실효온도 또는 체감온도라고도 한다.
- 1923년 미국에서 Hougton과 Yaglou에 의해 처음 창안되어 공기조화(덕트식 냉난방) 시의 평가에 널리 사용되었다.
- 온도, 상대습도, 기류의 3요소를 조합하여 실내 온열의 감각을 기온의 척도로 나타낸 것으로 습도 100%, 기류 $v=0$m/sec인 때의 온도이다.

49 ②

정유량 방식

(constant water volume supply system)

배관계의 수량을 항상 일정량 순환시키며 열원의 출구온도를 일정하게 하고, 부하 변동에 따라 공기조화기의 자동 3방 밸브로 코일에 흐르는 수량을 비례적으로 제어하며, 나머지 수량을 바이패스시키는 방식. 3방 밸브 제어방식이라고도 한다.

※ 변유량 방식 : 부하 변동에 따라 필요량만 2차측에 보내고 나머지는 1차측에서 순환시키는 방식. 불필요한 동력을 절감하므로 에너지절약 방식으로 채택되고 있다.

50 ①

여름철 실내의 냉장고 안은 온도가 실내공기보다 낮으므로, 노점온도에 가까워져서 상대습도는 높고 절대습도는 낮다.

51 ④
- 정압 : 공기 흐름이 없고 덕트 한 쪽 끝이 대기에 개방되어 있을 때의 압력. 덕트 단면적을 확대시킬수록 정압은 증가한다.
- 동압 : 공기 흐름이 있을 때 흐름 방향의 속도에 의해 생기는 압력. 덕트 단면적을 확대시킬수록 풍속과 함께 감소한다.
- 전압 : 정압과 동압의 합. 항상 일정하다.

52 ①

변풍량 방식

토출공기온도는 일정하고 송풍량을 조절하여 각 실 부하에 대응하는 방식. 실내부하가 감소되면 실내공기의 오염이 심해진다.

53 ①

냉각탑

응축기에서 냉각수가 빼앗은 열량을 냉각 순환시켜 대기 중에 방출하는 부분

54 ④

순환수의 가습

공기세정기는 분무수를 냉각 또는 가열시켜 순환 사용하므로, 공기온도와 수온의 차이로 인해 열전달과 증발작용이 일어나 냉각되는 평형상태의 수온이 된다. 이러한 것을 단열가습이라 하는데 수온은 입구공기의 습구온도와 같아지며, 습구온도 선상을 변화하여 냉각 및 가습이 일어난다. 이때 엔탈피는 증발된 물의 엔탈피가 증가하므로 조금의 변화는 있지만, 실제로는 변화가 없는 것으로 간주한다.

55 ②

패널형 복사난방

규격화된 복사난방용 패널을 천장 등에 부착하는 방식. 쾌적감이 좋고 바닥이용률은 높지만, 실의 형태 변경은 어렵다.

56 ②

벽체의 열관류량은 실내측 표면의 열전달량과

일치하므로 다음과 같이 계산한다.
㉠ 벽체의 열관류량 $Q = K \cdot A \cdot (t_1 - t_0)$
　　K : 열관류율(W/m²·K)
　　A : 벽체 면적(m²)
　　t_1 : 실내 온도(℃)
　　t_0 : 외기 온도(℃)
㉡ 실내측 전달열량 $Q = a \cdot A \cdot (t_1 - t_2)$
　　a : 열전달률(W/m·K)
　　A : 벽체와 공기의 접촉면적(m²)
　　t_1 : 실내 온도(℃)
　　t_2 : 실내측 벽체 표면 온도(℃)
㉢ 두 계산식의 Q는 일치하므로
　　$Q = 3 \times 1\{20 - (-10)\} = 9 \times 1 \times (20 - t_2)$
　　$\therefore t_2 = 10℃$

57 ③
팽창탱크
온수난방 시 체적팽창에 대한 여유를 만들기 위해 설치하는 탱크
㉠ 개방식 팽창탱크
　• 일반 온수난방에 쓰인다. 온수 팽창량의 2~2.5배
　• 방열기보다 높게 설치한다.
　• 배관 최고부에서 팽창탱크까지의 높이는 1m 이상으로 한다.
㉡ 밀폐식 팽창탱크
　• 고온수 난방에 쓰인다.
　• 안전밸브를 달아서 보일러 내부가 제한 압력 이상이 되면 자동으로 밸브를 열어 과잉수를 배출한다.

58 ①
v를 유속, d를 펌프의 흡입구경이라 할 때
• 펌프의 유량 $Q = A \times v$
• 관의 단면적 $A = \dfrac{\pi d^2}{4}$
$\therefore$ 관경 $d = \sqrt{\dfrac{4Q}{\pi v}}$ 이므로, 가장 큰 영향을 끼치는 것은 유량이다.

59 ③
환기 방식

구분	설치방법	용도
제1종 환기 (병용식)	급기팬+배기팬	병원, 극장, 변전실
제2종 환기 (압입식)	급기팬+자연배기	클린룸, 무균실, 반도체 공장
제3종 환기 (흡출식)	자연급기+배기팬	화장실, 욕실, 주방, 흡연실

• 제1종(병용식) : 설비비, 운전비가 비싸지만 실내외의 압력을 조정할 수 있어 가장 좋은 방식이다.
• 제2종(압입식) : 실내 압력이 정압(+)이 된다. 다른 실에서의 공기 침입이 없어야 하는 곳에 사용한다.
• 제3종(흡출식) : 실내 압력이 부압(-)이 된다. 실내의 냄새나 유해물질을 다른 실로 흘려보내지 않는다.

60 ③
현열부하
$q_s = \gamma Q C \Delta t$ [kJ/h]
$= 1.2 \times 50인 \times 80\text{m}^3/\text{h} \times 1.01 \times (32 - 26)$
$= 29088$ [kJ/h] $= 8080$ [W]
　γ : 공기 밀도
　Q : 공기 체적량[m³/h]
　C : 공기의 정압비열
　Δt : 실내외 온도차
※ $1W = 1J/s = 3.6kJ/h$

61 ③
3상 4선식(Δ-Y) 결선
• 3상 교류를 네 줄의 전선으로 배전하는 방식
• Y결선의 선간전압은 상전압의 $\sqrt{3}$ 배이다. (절연 용이)
• 제3고조파에 의한 유도장애 방지 가능

62 ④
DDC(Direct Digital Controller) 방식

전기, 공기조화, 열원, 반송 등 건물의 각종 설비를 고성능의 디지털 방식으로 통합 제어하는 방식. 유지보수가 간단하고 에너지절약제어가 가능하며, 정밀도와 신뢰도가 높은 제어방식이다.

63 ①
- 옥내배선의 전선 굵기 결정 요소
  : 기계적 강도, 허용전류, 전압강하
- 송전선로의 전선 굵기 결정 요소
  : 경제허용전류, 전압강하, 연속 및 단시간 허용전류, 순시 허용전류, 코로나손

64 ①
평균전력=합성 최대사용전력×부하율이므로
평균전력=1500[kW]×0.7=1050[kW]

65 ④

조명기구 배치
㉠ 광원 간격(S)
  S≤1.5H 이하 : 작업면과 광원 간 거리
㉡ 벽면과 광원 간격
  ⓐ $S \leq \frac{H}{2}$ 이하 : 벽 가까이에서 작업을 하지 않는 경우
  ⓑ $S \leq \frac{H}{3}$ 이하 : 벽 가까이에서 작업을 하는 경우
※ H는 통상 바닥 위 85cm로 본다.

66 ③
- 역률($\cos\theta$)이 0.8일 때 무효율은
  $\sin\theta = \sqrt{1-\cos^2\theta}$ 이므로
  $\sin^2\theta = 1-\cos^2\theta = 1-0.8^2 = 0.36$
  ∴ 무효율 $\sin\theta = 0.6$
- 피상전력 $= \frac{유효전력}{역률} = \frac{100}{0.8} = 125$kVah
- 무효전력 = 피상전력×무효율×$\frac{20분}{60분}$
  $= 125 \times 0.6 \times \frac{20}{60} = 25$[kVarh]

67 ②
소비전력 P = IV×역률 = 2×220×0.5 = 220[W]

68 ②

축전지의 충전방식
㉠ 급속충전 : 보통 충전전류의 2~3배의 전류로 충전하는 방식
㉡ 균등충전 : 각 축전지의 전위차를 보정하기 위해 1~3개월마다 10~12시간씩 1회 충전하는 방식
㉢ 부동충전 : 축전지의 자기방전을 보충하면서 동시에 상용부하에 대한 전력공급은 충전기가 부담한다. 충전기가 부담하기 어려운 일시적 대전류부하는 축전지로 하여금 부담하게 하는 방식
㉣ 보통충전 : 필요 시마다 표준시간율로 소정의 충전을 하는 방식
㉤ 세류충전 : 항상 자기방전량만을 충전하는 부동충전 방식의 일종

69 ②

조명률에 영향을 미치는 요소
광원에서 발하는 빛이 얼마나 작업면에 도달하는지를 나타내는 비율. 실내마감의 반사율이 높을수록, 실지수가 클수록 조명률도 높아진다.
㉠ 광원 : 조명의 종류와 색온도에 따라
㉡ 조명 배치 : 조명의 위치와 방향
㉢ 표면의 재질 : 벽, 바닥, 가구 등의 표면 재질의 반사하는 정도에 따라
㉣ 조명의 각도
㉤ 방의 크기 및 형태
㉥ 인테리어 요소
㉦ 환경광 : 자연광이나 주변 조명 등 외부의 빛에 따라

70 ②

전기력선(electric line of force)
전기장 내에서 단위 양전하가 이동하면서 그리는 직선이나 곡선으로, 곡선 위의 모든 점에서

의 접선방향이 그 점에서의 전기장 방향이다. 전기력선의 밀도는 전기장의 세기와 비례하고, 전기력선의 방향은 양전하에서 음전하로 향한다.

※ 전기력선의 기본 성질
㉠ 두 전기력선은 서로 교차하지 않는다.
㉡ 전기력선의 방향은 양전하에서 나와 음전하로 들어간다.
㉢ 전기력선은 도체의 표면에 수직으로 출입하며, 도체 내부에는 전기력선이 없다.

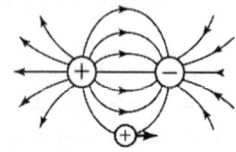

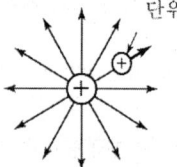 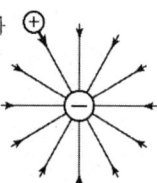

71 ④

보호용 계전기

기기 또는 전로에 고장이 발생할 때 손상을 최소화하고 고장 발생 구간을 빠르게 차단하여 사고의 파급을 방지하기 위해 사용한다.
종류로는 과전류 계전기, 과전압 계전기, 부족전압 계전기, 지락 계전기 등이 있다.

72 ④

계기용 변류기(CT : Current Transformer)

전류의 크기를 바꾸기 위하여 사용하는 장치. 고압회로의 전류를 안전하게 측정하거나, 대전류를 저전류로 변성할 경우에 쓰인다.

73 ④

안테나 설비

㉠ 구성 : 혼합기, 분배기, 증폭기
㉡ 설치 시 주의사항
  ⓐ 안테나는 건물 미관을 해치지 않도록 주의하여 피뢰침 보호각 내에 설치한다.
  ⓑ 풍속 40m/s에 견딜 수 있게 고정하며, 강전류선으로부터 3m 이상 이격 설치한다.
  ⓒ 정합기는 바닥에서 30cm 높이에 설치한다.
  ⓓ 공동주택, 병원, 사무실 등은 공청안테나를 설치해야 한다.

74 ③

1[A]의 전류가 1초간 흘렀을 때 1쿨롱(C)이라 한다. 1[C]의 전하량은 전류[A]×시간[초]이며, 1[C]의 전기량이 되기 위해서는 6.24×10^{18}의 전자가 필요하다.

75 ①

절연저항 기준
• 150V 이하 : 0.1[MΩ]
• 150V 초과 300V 이하 : 0.2[MΩ]
• 300V 초과 400V 미만 : 0.3[MΩ]

76 ②

표시된 식에서 220[V]는 최대전압이다.

77 ②

논리회로의 게이트 기호

AND 회로	OR 회로
A, B → Y	A, B → Y
NOT 회로	NOR 회로
A, B → Y	A, B → Y

78 ③

직렬 리액터
• 전압 또는 전류파형의 왜곡을 방지하고 기본파 이상의 고조파를 억제하기 위해 사용한다.
• 고조파 전압에 의한 변압기의 이상소음을 감소시킨다.
• 고조파 전류에 의한 계전기류의 오동작을 방

지한다.

79 ③

유도기전력 $\varepsilon = -L\dfrac{\Delta I}{\Delta t}$

(L : 인덕턴스, ΔI : 전류, Δt : 시간)

∴ $\varepsilon = -0.3\text{H}\dfrac{3\text{A}}{0.01\text{s}} = -0.3 \times 300 = -90[\text{V}]$

※ 부호는 전류가 증가할 때 기전력이 반대방향으로 유도된다.

80 ①

㉠ 저압개폐기가 필요한 곳
　ⓐ 부하전류 단속이 요구되는 개소
　ⓑ 인입구 기타 고장, 점검, 측정, 수리 등 개로가 필요한 개소
　ⓒ 퓨즈 전원측
㉡ 저압개폐기 설치를 생략해도 되는 곳
　ⓐ 저압 분기회로용 개폐기로서 중성선 또는 접지선
　ⓑ 특고압 가공전선로 다중접지를 한 중성선
　ⓒ 제어회로 등에 조작용 개폐기를 시설한 경우

81 ③

대지의 측량이나 건축물의 건축 과정에서 부득이하게 발생하는 오차는 다음과 같이 허용한다.
㉠ 대지관련
　ⓐ 건축선의 후퇴거리, 인접대지 경계선 및 인접건축물과의 거리 : 3% 이내
　ⓑ 건폐율 : 0.5% 이내(건축면적 5m²를 초과할 수 없다.)
　ⓒ 용적률 : 1% 이내(연면적 30m²를 초과할 수 없다.)
㉡ 건축물관련
　ⓐ 건축물 높이 : 2% 이내(1m를 초과할 수 없다.)
　ⓑ 평면 길이 : 2% 이내(전체 길이는 1m를 초과할 수 없고, 벽으로 구획된 각 실은 10cm를 초과할 수 없다.)
　ⓒ 출구 너비, 반자높이 : 2% 이내
　ⓓ 벽체 두께, 바닥판 두께 : 3% 이내
※ 60m × 0.02 = 1.2m이지만, 1m를 초과할 수 없으므로 최대 오차는 1m가 된다.

82 ④

판매시설의 경우 연면적 1000m²일 때 자동화재탐지설비를 설치해야 한다.

83 ①

한의원은 제1종 근린생활시설에 해당된다.
※ 동물병원은 해당 용도로 쓰는 바닥면적의 합계가 300제곱미터 미만일 때 제1종 근린시설에 해당된다.

84 ①

다중이용건축물
불특정한 다수의 사람들이 이용하는 건축물로서 다음 항목 중 어느 하나에 해당하는 건축물을 말한다.
㉠ 다음의 어느 하나에 해당하는 용도로 쓰는 바닥면적의 합계가 5000m² 이상인 건축물
　ⓐ 문화 및 집회시설(동물원 및 식물원 제외)
　ⓑ 종교시설
　ⓒ 판매시설
　ⓓ 운수시설 중 여객용 시설
　ⓔ 의료시설 중 종합병원
　ⓕ 숙박시설 중 관광숙박시설
㉡ 16층 이상인 건축물

85 ③

소방본부장 또는 소방서장은 특정소방대상물이 증축되는 경우 기존 부분을 포함한 특정소방대상물의 전체에 대하여 증축 당시의 소방시설의 설치에 관한 대통령령 또는 화재안전기준을 적용해야 한다. 단, 다음에 해당하는 경우 기존 부분에 대해서는 증축 당시의 기준을 적용하지 않는다.
㉠ 기존 부분과 증축 부분이 내화구조로 된 바

닥과 벽으로 구획된 경우
ⓛ 기존 부분과 증축 부분이 갑종 방화문(방화셔터 포함)으로 구획되어 있는 경우
ⓒ 자동차 생산공장 등 화재 위험이 낮은 특정소방대상물 내부에 연면적 33m² 이하의 직원 휴게실을 증축하는 경우
ⓔ 자동차 생산공장 등 화재 위험이 낮은 특정소방대상물에 캐노피(3면 이상에 벽이 없는 구조)를 설치하는 경우

86 ③

비상용 승강기 승강장의 구조
㉠ 승강장의 창문 및 출입구 등 기타 개구부를 제외한 부분은 당해 건축물의 다른 부분과 내화구조의 바닥 및 벽으로 구획할 것. 단, 공동주택의 경우에는 승강장과 특별피난계단의 부속실과의 겸용부분을 특별피난계단의 계단실과 별도로 구획하는 때에는 승강장을 특별피난계단의 부속실과 겸용할 수 있다.
㉡ 승강장은 각 층의 내부와 연결될 수 있도록 하되, 그 출입구(승강로 출입구 제외)에는 60분+ 방화문 또는 60분 방화문을 설치하되 피난층은 제외 가능하다.
㉢ 노대 또는 외부를 향하여 열 수 있는 창문이나 배연설비를 설치할 것
㉣ 벽 및 반자가 실내에 접하는 부분의 마감재료 및 마감을 위한 바탕재료는 불연재료로 할 것
㉤ 채광이 되는 창문이 있거나 예비전원에 의한 조명설비를 할 것
㉥ 승강장의 바닥면적은 비상용 승강기 1대당 6m² 이상으로 할 것. 단, 옥외에 승강장을 설치하는 경우는 제외한다.
㉦ 피난층이 있는 승강장의 출입구(승강장이 없는 경우 승강로의 출입구)로부터 도로 또는 공지(공원·광장 기타 이와 유사한 것으로서 피난·소화를 위한 당해 대지에의 출입에 지장이 없는 것)에 이르는 거리가 30m 이하일 것
㉧ 승강장 출입구 부근의 잘 보이는 곳에 비상용 승강기 표지를 할 것

87 ①
신축 또는 리모델링하는 다음 각 호의 어느 하나에 해당하는 주택 또는 건축물은 시간당 0.5회 이상의 환기가 이루어질 수 있도록 자연환기설비 또는 기계환기설비를 설치해야 한다.
㉠ 30세대 이상의 공동주택
㉡ 주택을 주택 외의 시설과 동일건축물로 건축하는 경우로서 주택이 30세대 이상인 건축물

88 ③

건축물의 지하층에 설치하는 비상탈출구의 기준 (주택 제외)

비상탈출구	설치 기준
비상탈출구의 크기	유효너비 0.75m×유효높이 1.5m 이상
비상탈출구의 방향	피난방향으로 열리도록 하고 실내에서 항상 열 수 있는 구조로 하며, 내부 및 외부에는 비상탈출구의 표시 설치
비상탈출구의 설치 위치	출입구로부터 3m 이상 떨어진 곳에 설치
사다리의 설치	지하층의 바닥으로부터 비상탈출구의 아랫부분까지의 높이가 1.2m 이상이 되는 경우에는 벽체에 발판의 너비가 20cm 이상인 사다리 설치
피난통로의 유효너비	피난층 또는 지상으로 통하는 복도나 직통계단까지 이르는 피난통로의 유효너비는 75cm 이상
비상탈출구의 통로마감	피난통로에 실내에 접하는 부분의 마감과 그 바탕은 불연재료로 할 것
비상탈출구의 진입부분 피난통로의 처리	통행에 지장이 있는 물건을 방치하거나 시설물 설치 금지
비상탈출구의 유도등	비상탈출구의 유도등과 피난통로의 비상조명등의 설치는 소방법령에 따른다.

89 ②

중간기 등에 외기도입에 의하여 냉방부하를 감소시키는 경우에는 실내공기질을 저하시키지 않는 범위 내에서 이코노마이저 시스템 등 외기냉방시스템을 적용한다. 다만, 외기냉방시스템의 적용이 건축물의 총에너지비용을 감소시킬 수 없는 경우에는 그러하지 아니한다.

90 ③

공연장 개별관람석의 출구 설치 기준

㉠ 대상 : 문화 및 집회시설 중 공연장 (바닥면적 300㎡ 이상인 것에 한함)

㉡ 설치 기준
 ⓐ 관람석별로 2개소 이상 설치
 ⓑ 각 출구의 유효너비는 1.5㎡ 이상
 ⓒ 개별관람석 출구의 유효너비 합계는 관람석 바닥면적 100㎡마다 0.6m 비율로 산정한 너비 이상

∴ $1500㎡ \times \dfrac{0.6m}{100㎡} = 9m$ 이상. 각 출구의 유효너비가 2m이므로 5개 이상 설치해야 한다.

91 ②

5층 이상 또는 지하 2층 이하인 층에 설치하는 직통계단은 피난계단 또는 특별피난계단으로 설치해야 한다. 단, 주요구조부가 내화구조 또는 불연재료로 되어 있는 경우로서 다음에 해당하는 경우는 제외한다.

㉠ 5층 이상인 층의 바닥면적의 합계가 200㎡ 이하인 경우

㉡ 5층 이상인 층의 바닥면적 200㎡ 이내마다 방화구획이 되어 있는 경우

92 ③

다중이용업소의 수용인원 산정방법

㉠ 숙박시설이 있는 특정소방대상물
 ⓐ 침대가 있는 시설 : 해당 특정소방물의 종사자 수+침대 수(2인용 침대는 2개로 산정한다.)
 ⓑ 침대가 없는 시설 : 해당 특정소방대상물의 종사자 수+숙박시설 바닥면적 합계를 3㎡로 나누어 얻은 수

㉡ ㉠외의 특정소방대상물
 ⓐ 강의실·교무실·상담실·실습실·휴게실 용도로 쓰이는 특정소방대상물 : 해당 용도로 사용하는 바닥면적의 합계를 1.9㎡로 나누어 얻은 수
 ⓑ 강당, 문화 및 집회시설, 운동시설, 종교시설 : 해당 용도로 사용하는 바닥면적 합계를 4.6㎡로 나누어 얻은 수(관람석이 있는 경우 고정식 의자를 설치한 부분은 그 부분의 의자 수로 하고, 긴 의자의 경우에는 의자의 정면너비를 0.45m로 나누어 얻은 수로 한다.)
 ⓒ 그 밖의 특정소방대상물 : 해당 용도로 사용하는 바닥면적의 합계를 3㎡로 나누어 얻은 수

※ 바닥면적 산정 시 복도, 계단 및 화장실의 바닥면적을 포함하지 않는다.
※ 계산 결과 소수점 이하의 수는 반올림한다.

93 ④

난방 및 냉방설비의 용량계산을 위한 외기조건

• 냉방기 및 난방기를 분리한 온도출현분포를 사용할 경우 : 위험률 2.5%
• 연간 총시간에 대한 온도출현 분포를 사용할 경우 : 위험률 1%
• 위의 두 가지 경우 외에 별표에서 정한 외기온·습도를 사용할 수 있다.

94 ③

연면적의 합계가 5000㎡ 이상인 건축공사의 공사감리자는 필요하다고 인정하면 공사시공자에게 상세시공도면을 작성하도록 요청할 수 있다.

95 ③

방화구조의 기준

구조부분	방화구조 조건
철망 모르타르 바르기	바름두께 2cm 이상
석고판 위에 시멘트 모르타르 또는 회반죽을 바른 것	두께의 합이 2.5cm 이상
시멘트 모르타르 위에 타일을 붙인 것	
심벽에 흙으로 맞벽치기한 것	두께 무관
한국산업규격이 정하는 바에 따라 시험결과 방화 2급 이상에 해당되는 것	

96 ③

축냉식 전기냉방설비

심야시간에 전기를 이용하여 축냉재(물, 얼음 또는 포접화합물과 공융염 등의 상변화 물질)에 냉열을 저장하였다가 이를 심야시간 이외의 시간에 냉방에 이용하는 설비

㉠ 빙축열식 냉방설비 : 심야시간에 얼음을 제조하여 축냉조에 저장하였다가, 그 밖의 시간에 이를 녹여 냉방에 이용하는 냉방설비를 말한다.

㉡ 수축열식 냉방설비 : 심야시간에 물을 냉각시켜 축열조에 저장하였다가, 그 밖의 시간에 이를 냉방에 이용하는 냉방설비를 말한다.

㉢ 잠열축열식 냉방설비 : 포접화합물이나 공융염 등의 상변화 물질을 심야시간에 냉각시켜 동결한 후, 그 밖의 시간에 이를 녹여 냉방에 이용하는 냉방설비를 말한다.

97 ③

건축물을 건축하거나 대수선하려는 자는 특별자치시장·특별자치도지사 또는 시장·군수·구청장의 허가를 받아야 한다. 다만, 21층 이상의 건축물 등 대통령령으로 정하는 용도 및 규모의 건축물을 특별시나 광역시에 건축하려면 특별시장이나 광역시장의 허가를 받아야 한다.

98 ②

- 60분+ 방화문 : 연기 및 불꽃 차단 60분 이상, 열 차단 30분 이상
- 60분 방화문 : 연기 및 불꽃 차단 60분 이상
- 30분 방화문 : 연기 및 불꽃 차단 30분 이상 60분 미만

99 ④

5층 이상인 층이 제2종 근린생활시설 중 공연장·종교집회장·인터넷컴퓨터게임시설제공업소(해당용도 바닥면적 합계가 각각 300㎡ 이상인 경우), 문화 및 집회시설(전시장 및 동·식물원 제외), 종교시설, 판매시설, 위락시설 중 주점영업 또는 장례식장의 용도로 쓰는 경우에는 피난 용도로 쓸 수 있는 광장을 옥상에 설치하여야 한다.

100 ③

축냉식 전기냉방설비의 설계기준 중 열교환기 규정

㉠ 열교환기는 시간당 최대냉방열량을 처리할 수 있는 용량 이상으로 설치하여야 한다.

㉡ 보온을 철저히 하여 열손실과 결로를 방지하여야 하며, 점검을 위한 부분은 해체와 조립이 용이하도록 한다.

2024년 3회 건축설비기사 과년도 해설 및 정답

01 ④
벽돌구조는 구성 재료인 벽돌을 아래에서 위로 쌓아서 올리는 조적식 구조이므로, 압축력에는 견고한 편이지만 인장력과 강풍, 지진 등 수평 방향에서 작용하는 하중에 취약하며 균열 발생의 우려가 있다.

02 ②

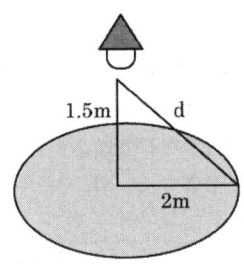

램프에서 탁자 모서리 끝부분까지의 거리를 d라고 하면

$d^2 = 2^2 + 1.5^2 = 6.25$ ∴ $d = 2.5$m

$\cos\theta = \dfrac{2}{d} = \dfrac{2}{2.5} = 0.8$

조도 $E = \dfrac{I}{d^2}\cos\theta = \dfrac{2000\text{cd}}{6.25} \times 0.8 = 256\text{lx}$

03 ①
- 가구식 구조 : 목구조, 철골구조
- 조적식 구조 : 벽돌구조, 돌구조, 블록구조
- 일체식 구조 : 철근콘크리트구조, 철골철근콘크리트구조

04 ①
칵테일 파티 효과(cocktail party effect)
파티와 같이 분주한 곳에서 여러 사람들이 모여 시끄럽게 이야기하고 있음에도 자신이 관심 갖는 사람의 이야기만 골라 들을 수 있는 현상을 말한다. 특정 채널(목소리, 한쪽 귀, 언어 등)에 선택적인지 혹은 이야기 내용에도 선택적일 수 있는지와 관련하여 언급된다. 소음 속에서도 한 화자에게만 주의하고 유사한 공간 위치에서 들려오는 다른 대화를 선택적으로 걸러내는 능력을 묘사하기도 한다.

05 ④
①, ② 층고를 낮춤으로써 동일 부지에 더 많은 층을 올릴 수 있다.
③ 천장이 낮을수록 열손실이 줄어들어 공조에 유리하다.

06 ③
외래진료부의 운영방식
- ㉠ 오픈 시스템 : 종합병원에 등록된 근접한 곳에 위치한 일반 개업의사가 자기 환자를 종합병원 진찰실에서 예약된 시간 및 장소에서 볼 수 있고 입원시킬 수 있는 방식
- ㉡ 클로즈드 시스템 : 대규모의 각종 과를 필요로 하는 우리나라 종합병원의 대표적 외래 진료 방식
  - ⓐ 부속 진료시설을 인접하게 하여 이용이 편리하게 한다.
  - ⓑ 환자의 이용이 편리하도록 1층 또는 2층 이하에 둔다.
  - ⓒ 내과계통은 진료에 시간이 소요되므로 소진료실을 여러 개 설치한다.
  - ⓓ 실내환경에 대한 배려로서 환자의 심리고통을 덜어줄 수 있는 환경심리적 요인을 반영시킨다.

07 ②
필로티 형식

건축물을 지지하는 기초 말뚝 또는 기둥을 가리키며, 현대건축에서 2층 이상의 건물 전체 또는 일부를 벽면 없이 기둥만으로 떠받치고 지상층을 개방시킨 구조의 건축물이나 공법을 통칭한다.

08 ①
타운 하우스(Town House)
2~3층의 주택을 나란히 지어 벽을 공유하는 주택형식. 단독주택을 여러 채 이상 붙인 개념으로, 정원과 담을 이웃과 공유한다. 층간소음이나 화장실 배수 소음 등의 문제가 적고, 공동으로 야외식탁·수영장 등의 레저시설을 설치해 입주민 커뮤니티 형성이 용이하다. 프라이버시를 보호함과 동시에 방범·방재 등 관리의 효율성을 높인 주거 형태이다.

09 ①
다수의 볼트로 이음부를 체결한 목재로 만든 부재는 장스팬의 지붕으로 이용하기에 부적합하다. 가급적 트러스 형태로 조립하거나, 집성재를 통한 아치 형태의 지붕을 설치하는 것이 바람직하다.

10 ①
주택 각 부분의 면적 구성 비율(연면적 대비)
- 거실 : 25~33%
- 주방 : 8~10%
- 통로 : 10% 이하(소형일수록 통로를 최소화하거나 따로 두지 않는다.)
- 현관 : 7% 이하

11 ②
벽돌구조의 개구부 및 주위 구조
㉠ 개구부의 너비 합계(대린벽으로 구획된 벽에서는) 그 벽길이의 1/2 이하로 해야 한다.
㉡ 개구부와 바로 위 개구부와의 수직거리는 60cm 이상이어야 한다.
㉢ 개구부 상호 간 또는 벽 중심과 개구부와의 수평거리는 그 벽두께의 2배 이상이어야 한다.
㉣ 문골 너비가 1.8m 이상일 때는 철근콘크리트 윗인방을 설치하고 인방은 양쪽 벽에 20cm 이상 물린다.
㉤ 벽돌벽 홈파기
 ⓐ 배관·배선 등을 위해 층높이의 4/3 이상 연속되는 세로홈을 팔 때, 홈 깊이는 벽두께의 1/3 이하로 한다.
 ⓑ 가로홈은 길이 3m 이하, 깊이는 벽두께의 1/3 이하로 한다.

12 ④
최상층의 레스토랑 설치 방안은 엘리베이터 계획에 중요한 영향을 미치므로, 설계 초기 단계부터 한다.

13 ④
매장판매형식
㉠ 대면판매 : 쇼케이스를 가운데 두고 점원이

고객을 마주보며 판매하는 형식. 상품 설명이 용이하고 점원위치를 고정하기에 용이하다. 진열면적이 작은 고가, 소형 상품 매장에 적합하며 쇼케이스가 넓어지면 상점 분위기가 부드럽지 못하게 된다.
ⓒ 측면판매 : 점원과 고객이 진열상품을 같은 방향으로 보며 판매하는 형식. 상품을 쉽게 만질 수 있어서 충동적 구매 및 선택이 용이하다. 진열 면적이 넓은 상점에 적합하며 점원의 위치 고정이 어렵고 상품의 설명 및 포장은 다소 불편하다.

14 ①
자연 조건이 비슷한 나라들이 서로 다른 건축형태를 갖는 것은, 기후나 풍토적 요소가 유사하더라도 문화적 요소에서 차이를 보이기 때문이다. 각 국의 고유·문화요소는 건축형태의 특징으로 반영되기 마련이다.

15 ③
① 독립 기초 : 기둥 하나를 독립된 기초판 한 개로 지지하는 것
② 복합 기초 : 2개 이상의 기둥을 기초판 한 개로 지지하는 것. 간격이 좁거나 해서 기초판을 별개로 설치할 수 없을 때 적용된다.
③ 온통 기초 : 지하실 바닥 전체를 기초판으로 한 것으로 연약지반에 주로 쓰인다.
④ 연속 기초 : 조적조 구조 등에서 막힌 줄눈 쌓기로 인해 상부하중의 분산이 이루어져 바닥에서 넓은 부위로 하중을 견뎌내기 위해 벽체 하부를 연속된 기초판으로 구성한 것으로 줄기초라고도 한다.

16 ②
E형 교실
- U+V형과 V형의 중간 개념 교실. 일반교실의 수가 학급 수보다 적다.
- 교실 이용률을 높일 수 있어 경제적이다.
- 학생의 이동이 비교적 많아 동선 및 소유물 처리를 충분히 고려한다.
- 동선에 혼란이 올 수 있고, 학생들의 안정감이 다소 낮아질 수 있다.

17 ③
③은 분산병렬형에 대한 설명이다.
※ 분산병렬형 배치
ⓐ 일종의 핑거 플랜으로 일조 및 통풍 등의 교실환경이 균등해진다.
ⓑ 각 동 사이에 정원이나 놀이시설 등을 둘 수 있다.
ⓒ 구조계획이 간단하고 화재나 재난 발생 시 피난에 유리하다.
ⓓ 넓은 부지가 필요하며, 복도면적이 길어질 수 있다.

18 ④
ⓐ 외단열(건물 외측에 단열)
- 연속난방이 요구되는 곳에 적합하다.
- 내부결로의 위험이 적고, 일체화 시공으로 열교현상이 잘 발생하지 않는다.
- 타임 랙이 길고, 열에너지 효율상 유리하다.
ⓑ 내단열(건물 내측에 단열)
- 강당, 집회장 등 간헐난방을 하는 곳에 적합하다.
- 내부결로 발생의 우려가 크며, 고온 측에 방습층을 설치해야 한다.
- 열교현상에 의한 국부적 열손실이 발생한다.
- 타임 랙이 짧고 열에너지 효율이 낮다.
※ 타임 랙(Time-lag) : 열용량이 0인 벽체 내에서 발생하는 열류의 피크에 대하여 주어진 구조체에서 일어나는 피크의 지연시간. 타임 랙이 크면 천천히 데워지고 천천히 식는다.

19 ④
① 건폐율=(건축면적÷대지면적)×100(%)
② 용적률=(연면적÷대지면적)×100(%)

③ 호수밀도
=(실제호수÷토지면적[ha])×100(%)
④ 인구밀도
=(주거인구÷토지면적[ha])

20 ④
가새
- 풍하중과 같은 수평력(횡력) 보강재로 압축력 또는 인장력의 작용에 대해 저항한다.
- 기둥이나 보의 대칭이 되게 설치하며(좌우대칭 구조) 기둥이나 보의 중간에 설치해서는 안 된다.
- 인장응력과 압축응력을 받을 수 있도록 X, V 자형으로 배치한다.
- 설치 각도는 45°가 유리하다.
- 상부보다 하부에 많이 배치한다.

21 ④
관재료에 따른 접합의 종류
㉠ 주철관 접합 : 소켓, 빅토릭, 타이톤, 플랜지, 메커니컬
㉡ 강관 : 플랜지, 나사, 용접
㉢ 콘크리트관 : 기볼트, 모르타르, 심플렉스
※ 스위블 이음은 신축이음쇠의 일종이다.

22 ②
열손실과 마찰손실을 줄이려면 관의 길이는 가능한 한 짧게 한다.

23 ②
급수량
$Q = A \times k \times n \times q$
$= 5000m^2 \times 0.6 \times 0.2인/m^2 \times 100L/d$
$= 60000L/d = 60m^3/d$
A : 건물 연면적
k : 연면적 대비 유효면적비율[%]
n : 유효면적당 인원[인/m^2]
q : 1인당 하루 급수량[L/d]

24 ④
체크 밸브
유체를 일정 방향으로 흐르게 하고, 역류를 방지하기 위한 밸브
㉠ 풋형 : 펌프 흡입관 선단의 여과기와 체크 밸브를 조합한 것. 개방식 배관의 펌프 흡입관 선단에 부착하여, 펌프 운전 중은 물론이며 정지 시에도 흡입관 내부를 만수상태로 유지시킨다.
㉡ 리프트형 : 글로브 밸브와 같은 밸브 시트의 구조로써 유체 압력에 의해 밸브가 수직으로 올라가도록 되어 있다. 구조상 수평배관에만 쓰인다.
㉢ 스윙형 : 시트의 고정핀을 축으로 회전하여 개폐된다. 유수에 대한 마찰저항이 적으며 수평 및 수직배관 모두에 쓰인다.

25 ③
오수 처리공법의 분류
㉠ 호기성 생물학적 처리공법
  ⓐ 활성오니법 : 표준활성오니방식, 장기폭기방식, 접촉안정방식
  ⓑ 생물막법(고정 미생물 방식) : 접촉산화방식, 살수여상방식, 회전원판 접촉방식
㉡ 물리적 처리공법 : 임호프탱크법

26 ②
유효흡입수두
(NPSH : Net Positive Suction Head)
펌프 캐비테이션을 검토할 때 쓰이는 수치. 펌프 흡입구에서 물의 압력과 그 수온에 해당하는 포화증기압과의 차를 수두로 나타낸 것이다.
$NPSH = H_{ap} \pm H_s - H_f - H_{vp}$
$= 10.33 - 2.5 - 2.37 - 0.5 = 4.96[m]$
H_{ap} : 흡수면에 작용하는 압력수두(표준대기압 10.33m)
H_s : 흡입 실양정. 펌프가 수면보다 높으면 (−), 낮으면 (+)

H_f : 흡입관 내 마찰손실수두[m]

H_{vp} : 온도에 따른 물의 포화증기압 압력수두[m]

※ 1kPa≒0.1mAq

27 ③

각 종의 음료용 저수탱크 등의 간접배수관의 배수구 공간은 최소 150mm로 한다.

28 ③

동관의 특징
- 열과 전기의 전도율이 크다.
- 전성·연성이 커서 가공이 쉽다.
- 내식성이 좋고 수명이 길다. 단, 암모니아·증류수·극연수에는 부식된다.
- 상온의 공기에서는 안정적이지만 탄산가스를 포함한 공기에 접촉하면 푸른 녹이 생긴다.

29 ②

유량 $Q=Av$이므로, 유속 $v=\dfrac{Q}{A}$

관경이 d[m]일 때, 관의 단면적 $A[\text{m}^2]=\dfrac{\pi d^2}{4}$

$\therefore v=\dfrac{Q}{\dfrac{\pi d^2}{4}}=\dfrac{\dfrac{2.4}{60}}{\dfrac{3.14\times 0.02^2}{4}}=1.27\text{m/s}$

30 ②

회전수를 50% 줄이면, 유량 50%, 양정 75%, 축동력은 87.5% 감소한다.

※ 펌프의 상사법칙

㉠ 펌프 회전수의 변화
  ⓐ 유량은 회전수 변화에 비례한다.
  ⓑ 양정은 회전수 변화의 제곱에 비례한다.
  ⓒ 동력은 회전수 변화의 세제곱에 비례한다.

㉡ 펌프 크기의 변화
  ⓐ 유량은 크기비의 세제곱에 비례한다.
  ⓑ 양정은 크기비의 제곱에 비례한다.
  ⓒ 동력은 크기비의 다섯 제곱에 비례한다.

31 ③

강관 이음쇠
- 배관 굴곡부(방향 전환) : 엘보우, 벤드
- 직선배관의 접합(동일 관경) : 소켓, 플랜지, 니플, 유니언
- 분기관 연결 : T, 크로스, Y
- 관경이 다른 배관 접합 : 리듀서, 부싱, 이경 소켓, 이경 엘보, 이경 T
- 배관 말단부 : 플러그, 캡

32 ②

- 송풍기 전압
  P_T=공조기 저항+덕트의 필요 전압
  $=30+11=41\text{mmAq}$

- 동압
  $P_v=\dfrac{v^2}{2}\rho=\dfrac{6^2}{2}\times 1.2=21.6\text{Pa}=2.16\text{mmAq}$

  v : 토출구 풍속
  ρ : 공기의 밀도[1.2kg/m³]

∴ 송풍기 정압
  $P_s=41-2.16=38.84\text{mmAq}≒39\text{mmAq}$

33 ①

- 마찰손실수두
  =배관길이×마찰손실수두(mAq/m)
  =60m×0.03mAq/m=1.8m
- 전양정=실양정+마찰손실수두
  =18m+1.8m=19.8m

∴ 양수펌프의 전양정은 약 20m이다.

34 ③

부패탱크 정화조의 구성 순서

오물 유입→부패조→여과조→산화조→소독조→방류

35 ④

급수관과 배수관은 교차매설을 하지 않는 것이 좋지만, 부득이하게 교차될 때는 배수관의 윗부분에 급수관을 매설한다.

36 ④

고가수조식 급수방식(옥상탱크 방식)
- 양수펌프로 고가 탱크까지 양수하여 낙차에 의한 수압으로 각 층에 수급하는 방식이다.
- 안정적인 수압으로 급수할 수 있고 배관 부속품의 파손이 적다.
- 저수량이 확보되므로 단수 후에도 일정시간 동안 급수가 가능하다.
- 대규모 급수설비에 적합하다.
- 저수조 안에서 물이 오염될 가능성이 있어 저수시간이 길어지면 수질이 나빠지기 쉽다.
- 설비비, 경상비가 높고 구조설계가 까다롭다.

37 ②

폭기(aeration)
정수과정에서 물속 철분·암모니아·황화수소·탄화가스 등을 제거하기 위한 처리과정. 유기물이 많은 하수처리에 이용되는 활성슬러지법에서는 미리 고형물을 제거한 하수에 활성슬러지를 첨가해서 폭기조로 흘려보낸다. 이때 미생물에 의한 유기질의 분해가 왕성하게 행하여지게 하기 위해서는 충분한 산소의 보급이 중요하다. 하수와 공기를 잘 접촉시켜 산소를 보급하고 슬러지 중의 호기성균에 충분하게 유기질의 분해를 행하게 하는 것이 폭기조이다. 초기에는 기계적 교반을 하는 방식을 많이 사용하였으나, 현재는 하수 중의 작은 기포로 된 공기를 불어 넣는 방식이 주로 이용되고 있다.
※ 물 처리 과정 : 채수→침전→기폭→여과→살균→급수

38 ②

LPG(액화석유가스)
- 주성분은 프로판과 부탄으로, 프로판은 도시가스가 공급되지 않는 가정이나 음식점에서 주로 사용하며 부탄은 자동차 및 휴대용으로 많이 사용한다.
- 발열량이 높고 액화하면 부피가 줄어들어서 수송 및 저장이 용이하다.
- 공기보다 무거워 용기에 담아서 사용하며, 원래 무색·무취이나 질식 및 화재 위험성 및 환각의 위험성 때문에 식별할 수 있는 냄새를 화학적으로 첨가한다.
- 밀폐된 공간에서의 사용이 위험하고, 인체의 흡입에도 유해하다.

39 ③

①은 증발작용, ②는 유인 사이펀, ④는 자기 사이펀에 대한 설명이다.

40 ②

옥외소화전설비의 법정 기준
- 호스접결구는 지면으로부터 높이가 0.5m 이상 1m 이하의 위치에 설치하고 특정소방대상물의 각 부분으로부터 하나의 호스접결구까지의 수평거리가 40m 이하가 되도록 설치하여야 한다.
- 호스는 구경 65mm의 것으로 한다.
- 해당 특정소방대상물에 설치된 옥외소화전(2개 이상 설치된 경우에는 2개의 옥외소화전)을 동시에 사용할 경우 각 옥외소화전의 노즐선단에서의 방수압력이 0.25MPa 이상이고, 방수량이 350L/min 이상이 되는 성능의 것으로 할 것. 이 경우 하나의 옥외소화전을 사용하는 노즐선단에서의 방수압력이 0.7MPa을 초과할 경우에는 호스접결구의 인입측에 감압장치를 설치하여야 한다.
- 옥외소화전설비의 수원은 그 저수량이 옥외소화전의 설치개수(옥외소화전이 2개 이상 설치된 경우에는 2개)에 7m^3를 곱한 양 이상이 되도록 하여야 한다.
- 옥외소화전이 10개 이하로 설치된 때에는 옥외소화전마다 5m 이내의 장소에 1개 이상의 소화전함을 설치하여야 한다.

41 ③

엔탈피
0℃의 건조공기와 0℃의 물을 기준으로 하여

측정한 습공기가 갖는 전열량(현열량+잠열량). 공기의 온도나 습도가 증가하면 엔탈피도 함께 증가한다.

42 ②

TAC(Technical Advisory Committee)
미 냉동공조협회 기술자문위원회에서 제안한 것으로, 냉난방 설계온도 산정 시 설계온도 초과 시간을 %로 나타낸다. TAC온도란 설계 시 외기온도 결정 때 사용하는 것으로, 국토교통부 고시자료를 바탕으로 각 지역별로 적용된다. TAC온도 위험률 5%는 위험률 2.5%보다 설계 외기기준을 벗어나는 시간이 2배라는 뜻이다. 위험률을 높게 잡을수록 장치용량은 작아진다.

43 ③
- 정압 : 공기 흐름이 없고 덕트 한 쪽 끝이 대기에 개방되어 있을 때의 압력. 덕트 단면적을 확대시킬수록 정압은 증가한다.
- 동압 : 공기 흐름이 있을 때 흐름 방향의 속도에 의해 생기는 압력. 덕트 단면적을 확대시킬수록 풍속과 함께 감소한다.
- 전압 : 정압과 동압의 합. 항상 일정하다.

44 ③

방열기의 표준방열량

열매	표준방열량 [W/m²]	표준상태 열매[℃]	실내[℃]
증기	756	102	18.5
온수	523	80	

45 ①
물질평형식 $GX_1 + L = GX_2$
장치로 유입되는 물질(수분)의 양은 장치로부터 나가는 총 물질(수분)의 양과 같다.
∴ $L = G(X_2 - X_1)$

46 ①

보일러의 효율 η(%)
보일러의 출력에 대한 연료소비량의 비율
$\eta = \dfrac{q}{G \cdot h} \times 100\%$
q : 보일러 발생열량[kJ/h]
G : 연료의 소비량[kJ/h]
h : 연료의 저위발열량[kJ/kg]

47 ①
㉠ 환기량
$Q = nV = 2 \times (7 \times 6 \times 3.5) = 294\,\mathrm{m^3/h}$
(n : 환기횟수, V : 실용적)
㉡ 잠열부하
$q_L = \gamma \cdot Q \cdot L \cdot \Delta x$
$= 1.2 \times 294 \times 2501 \times 0.007 = 6176.47[\mathrm{kJ/h}]$
γ : 공기의 밀도 Q : 환기량
L : 증발잠열 Δx : 절대습도차

48 ④

증기 트랩
방열기 환수부 또는 증기배관의 말단에 부착하여 증기관 내에 생긴 응축수를 보일러로 환수시키는 장치이다.
※ 트랩의 종류
- 버킷 트랩 : 응축수의 부력을 이용하는 기계식 트랩. 고압증기의 관말 트랩이나 증기를 사용하는 세탁기, 탕비기 등에 쓰인다.
- 플로트 트랩 : 저압증기용 기기 부속 트랩으로 다량의 응축수를 처리하기 위해 사용한다.
- 벨로즈 트랩 : 증기와 응축수 사이의 온도차를 이용하는 온도조절식 트랩. 관내 응축수 배출을 위해 사용한다.
- 기타 : 방열기 트랩, 충격증기트랩

49 ④

밸브의 종류
① 앵글 밸브 : 유체의 흐름방향을 90° 전환시키는 밸브

② 체크 밸브 : 유체를 일정 방향으로 흐르게 하고, 역류를 방지하기 위한 밸브
③ 글로브 밸브 : 유량 조절용 밸브. 밸브를 완전히 열면 단면적 변화가 커서 마찰저항이 크다.
④ 슬루스(게이트) 밸브 : 밸브를 완전히 열면 유체 흐름의 단면적 변화가 없기 때문에 마찰 저항이 적어서 흐름의 단속용으로 사용되는 밸브. 유량 조절용으로는 사용이 곤란하다.

50 ③

- 유리로부터의 취득열량=일사에 의한 취득열량(Q_{gr})+관류에 의한 취득열량(Q_{gt})
- 일사에 의한 취득열량

  $Q_{gr} = I \times A \times k$

  $= 200W/m^2 \times 5m^2 \times 1 = 1000W$

  I : 유리를 통해 투과 및 흡수되는 표준 일사취득열량

  A : 유리창의 면적

  k : 차폐계수

- 관류에 의한 취득열량

  $Q_{gt} = Q_t \times A$

  $= 40W/m^2 \times 5m^2 = 200W$

  Q_t : 유리로부터의 관류열량

  A : 유리창의 면적

∴ 유리로부터의 취득열량
  =1000W+200W=1200W

51 ③

손실열량(현열부하)

$H = \gamma QC\Delta t [kJ/h]$

$= 1.2 \times (10 \times 7 \times 3) \times 1.01 \times 30 = 7635.6 [kJ/h]$

γ : 공기 밀도
Q : 공기체적량[m^3/h]
C : 공기의 정압비열
Δt : 실내외 온도차

52 ②

노통연관식 보일러(공조 및 급탕 겸용)

- 노통과 연관을 함께 갖춘 원통 보일러로 부하 변동에 대한 안정성이 좋고, 수면이 넓어 급수용량 조절이 쉽다.
- 용수처리가 비교적 쉬우며 현장공사가 거의 필요 없다.
- 예열이 오래 걸리며 주철제에 비해 고가이다.
- 사용압력 1.0MPa 정도로 비교적 규모가 큰 건물에 쓰인다.

53 ④

이중덕트방식

㉠ 온·냉풍을 각각 별개의 덕트로 보내고 각 실의 분출구에 설치된 혼합박스로 조절하여 배출하는 방식이다.
㉡ 실별 조절이 가능하므로 온도 변화에 대응이 빠르고 냉난방이 동시에 가능하여 계절마다 전환이 필요하지 않다.
㉢ 설비, 운전비가 비싸며 에너지 소비가 매우 큰 방식이다.
㉣ 혼합상자에서 소음과 진동이 생기며 단일덕트식보다 공간을 더 크게 차지한다.
㉤ 고층 건물, 연면적이 큰 건축물에 적합하다.
㉥ 이중덕트방식, 단일덕트방식, 멀티존 유닛방식은 전공기 방식에 속한다.

54 ①

빙축열 시스템

저렴한 심야전력을 이용하여 전기에너지를 얼음 등으로 저장했다가, 얼음의 용해열(335kJ/kg)을 주간의 냉방으로 이용하는 시스템

- 전력 불균형을 해소하고 적은 비용으로 냉방을 이용할 수 있다.
- 초기 투자비용이 크고 축열조 설치를 위한 별도의 기계실 공간이 필요하다.
- 냉동기 및 열원설비의 용량을 줄일 수 있으며 축열로 안정적인 열공급이 가능하다.

55 ①

② 앵글 밸브, ③ 글로브 밸브, ④ 게이트 밸브

56 ③

냉방부하 계산에서는 인체부하를 현열과 잠열 모두 고려한다. 실내공기와 인체 간 온도차에 의한 현열량과 호흡 및 땀에 의한 잠열량이 온도와 습도를 올리는 요인이 되기 때문이다. 그러나 난방부하 계산에서는 간헐적이고 부하의 경감요인이 되므로 무시한다.

57 ②

코일의 정면면적

$A = \dfrac{Q}{v}$

$= \dfrac{30000[\text{m}^3/\text{h}] \div 3600[\text{s}]}{2.5\text{m/s}} = 3.33\text{m}^2$

※ 시간당 풍량이므로 초당 풍속을 환산하기 위해 3600초를 나눈다.

58 ③

풍량조절 댐퍼의 종류

- 단익(버터플라이) 댐퍼 : 소형 덕트용 댐퍼
- 다익 댐퍼 : 2개 이상의 날개를 가진 댐퍼. 대형 덕트에 사용하며 평행 익형과 대향 익형이 있다.
- 슬라이드 댐퍼 : 전체 개폐가 되는 댐퍼
- 클로스 댐퍼 : 기류의 발생 소음을 줄이고 방향을 조절하는 댐퍼
- 스플릿 댐퍼 : 덕트 분기부에 설치하는 댐퍼. 구조가 간단하고 메인 덕트의 압력강하가 적지만, 정밀한 풍량조절은 불가능하다.

59 ②

① 인체부하는 냉방부하에서도 고려한다.
③ 실내온도가 높아지면 호흡과 땀으로 인해 잠열 발생이 증가한다.
④ 인체부하는 작업상태에 따라 달라진다.

60 ②

① 습공기를 가열하면 비체적은 증가한다.
③, ④ 습공기를 가열해도 절대습도의 변화는 없다.
※ 비체적 : 건공기 1kg과 수증기 $x$kg을 포함한 습공기 $(1+x)$kg의 체적

61 ④

스폿 네트워크(spot-network) 수전방식
전력회사의 변전소에서 2회선 이상의 배전선로를 가설하고, 한 회선에 고장이 발생할 경우 해당 회선의 변전소측 차단기와 변압기 2차측 네트워크 차단기를 트립시켜서 고장 회선을 분리시키고 나머지 회선으로 전원을 무정전 공급하는 방식
㉠ 초기 비용이 비싸지만, 정전이 없어 공급 신뢰도가 매우 높다.
㉡ 전압 변동률이 감소하고 부하 증가에 대한 적응성이 높다.
㉢ 대규모 시설, 고층 빌딩처럼 부하밀도가 높은 곳에 적합하다.

62 ①

자기장의 세기

$\dfrac{I}{2\pi r} = \dfrac{1[\text{A}]}{2 \times \pi \times 1[\text{m}]} = \dfrac{1}{2\pi}[\text{AT/m}]$

63 ④

시퀀스 제어
㉠ 정해진 순서에 따라 제어의 각 단계를 차례로 진행해 가는 제어를 말한다.
㉡ 회로가 일방통행으로 되어 있어서, 제어 신호가 제어계를 전부 순환하지 않고 한 방향으로만 전달한다.
㉢ 세탁기, 엘리베이터, 자동판매기, 신호등, 공조기 경보시스템 등에 쓰인다.

64 ②

단로기(Disconnecting Switch)
송전선이나 변전소 등에서 차단기를 연 무부하

상태에서 주 회로의 접속을 변경하기 위해 회로를 개폐하는 장치. 기기를 점검 및 수리할 때 회로 분리를 위해 사용하며 보통의 부하 전류는 개폐하지 않는다. 차단기와는 달리 극히 적은 전류로 개폐할 수 있으면 되므로 구조가 간단하다.

65 ①

전력[P]=5[A]×220[V]=1100[Wh]

66 ③

- 전자유도현상 : 변압기, 전자석, 발전기, 솔레노이드 밸브
- 정전유도현상 : 정전기, 전기집진기, 낙뢰

67 ①

㉠ 전체 회로의 임피던스
$Z=\sqrt{R^2+X^2}=\sqrt{10^2+10^2}=14.14$

㉡ 역률=$\dfrac{R}{Z}=\dfrac{10}{14.14}=0.707$

㉢ 0.707=cos(역률각)이므로 역률각=약 45°

68 ①

공조설비 자동제어 검출소자

㉠ 압력검출소자 : 다이어프램, 벨로즈, 브르돈관
㉡ 습도검출소자 : 나일론 리본, 모발

69 ③

나트륨등은 효율이 높지만 연색성은 매우 나쁘다. 실내조명보다는 가로등, 터널, 항만 등의 조명에 적합하며 안개가 많이 발생하는 곳에서도 유용하게 쓰인다.

70 ①

- 허용전류 : 전선의 단면적에 맞게 안전하게 흘릴 수 있는 전류의 한도를 뜻한다. 전선에 전류가 흐르면 저항으로 인해 발열하므로, 전선 재료가 약해지거나 피복이 상할 수 있으므로 허용전류를 지켜야 한다.
- 부하전류 : 변압기나 전동기에 부하를 걸었을 경우에 흐르는 전류로, 부하가 커지면 전류도 커진다.
- 피상전류 : 전류계로 측정한 전류

71 ③

직렬 리액터

- 전압 또는 전류파형의 왜곡을 방지하고 기본파 이상의 고조파를 억제하기 위해 사용한다.
- 고조파 전압에 의한 변압기의 이상소음을 감소시킨다.
- 고조파 전류에 의한 계전기류의 오동작을 방지한다.
- 계통의 과전압을 억제한다.

72 ④

절연저항

전선피복과 같이 전류가 누설되지 않도록 하는 절연물 자체의 저항을 뜻한다.

※ 절연저항 기준
㉠ 150V 이하 : 0.1[MΩ]
㉡ 150V 초과 300V 이하 : 0.2[MΩ]
㉢ 300V 초과 400V 미만 : 0.3[MΩ]

73 ③

변압기는 정지기(靜止器)이므로 전자유도현상에 의해 2차 측에 유기되는 전압의 주파수가 1차 측 주파수와 같다. 따라서 변압기의 입출력은 주파수와 관계없이 권선비로 산출한다.

74 ②

유도전동기에 전전압을 가하여 기동하면 기동전류로 인해 전압강하가 발생하여, 기동 불능이 되거나 인접한 전력설비에 나쁜 영향을 끼친다. 그러므로 전동기 1차 전압을 감압하거나 기동전류를 제한해야 하지만, 기동전류는 단자전압에 비례하고 기동토크는 전압의 제곱에 비례하므로 전동기 부하에 따라 기동토크가 부족

한 상태가 될 수 있다. 따라서 단권변압기로 기동 초기 전압을 낮추어 기동하거나, 기동 시에는 Y결선으로 하고 가속된 후 Δ결선으로 전압을 가한다.

75 ②

계단통로유도등은 바닥으로부터 높이 1m 이하에 설치하여야 한다.

76 ①

전력손실은 전압의 제곱에 반비례하므로, 배전전압을 2배로 하면 배전선로의 전력손실은 $\frac{1}{4}$로 감소한다.

77 ②

자동화재탐지설비 P형 수신기 감지기 회로의 전로저항은 50Ω 이하가 되도록 하며, 수신기의 각 회로별 종단에 설치되는 감지기에 접속되는 배선의 전압은 감지기 정격전압의 80% 이상이어야 한다.

78 ③

- 수용률 = $\frac{\text{최대수용전력[kW]}}{\text{총부하설비용량[kW]}}$ 이므로

  $0.8 = \frac{600[\text{kW}]}{\text{총부하설비용량[kW]}}$

  ∴ 부하설비용량 = 750[kW]

79 ③

모듀트럴 모터(modutrol motor)

조절기 전위차계로부터 저항값 변화에 따라 회전하고 밸브나 댐퍼를 조작하는 장치. 공조배관에서 냉·온수 유량 등을 제어하고, 단상 콘덴서 모터에서는 감속하고 토크를 증대하며 밸브를 개폐시킨다. 포텐셔 미터를 사용하여 비례제어하는 방식과 ON-OFF 제어방식이 있다. 공조기·열교환기의 공기·증기·냉온수 제어에 사용된다.

80 ①

대전(electrification, 帶電)

보통물질은 전기적으로 중성상태, 즉 +전하량과 -전하량이 같은 상태에 있는데, 외부의 힘에 의해 전하량의 평형이 깨지면 물체는 - 혹은 +전기를 띠게 된다. 이렇게 전기를 띠는 현상을 대전이라 하고 대전된 물체를 대전체라 한다. 전자가 이탈된 물체는 전체적으로 +전기를 띠게 되어 +로 대전되었다고 하고, 전자를 얻어서 -전기를 띤 물체는 -로 대전되었다고 한다. 정전기의 대전현상은 물체를 마찰하거나 분리하는 경우에 발생한다.

81 ④

승용승강기 설치대상

층수가 6층 이상으로서 연면적 2000㎡ 이상인 건축물. 단, 6층인 건축물로서 각 층 거실 바닥면적 300㎡ 이내마다 1개소 이상 직통계단을 설치한 경우는 예외로 할 수 있다.

82 ②

노유자시설 및 수련시설의 경우 연면적 200㎡ 이상인 경우, 건축허가 시 미리 소방본부장 또는 소방서장의 동의를 받아야 한다.

83 ④

건축물의 경사지붕 아래에 설치하는 대피공간에 관한 기준

㉠ 대피공간의 면적은 지붕 수평투영면적의 1/10 이상일 것

㉡ 특별피난계단 또는 피난계단과 연결되도록 할 것

㉢ 출입구·창문을 제외한 부분은 해당 건축물의 다른 부분과 내화구조의 바닥 및 벽으로 구획할 것

㉣ 출입구는 유효 너비 0.9미터 이상으로 하고, 그 출입구에는 60+ 방화문 또는 60분방화문을 설치할 것

ⓜ 내부 마감재료는 불연재료로 하며 예비전원으로 작동하는 조명설비를 설치할 것
ⓗ 관리사무소 등과 긴급 연락이 가능한 통신시설을 설치할 것

84 ③

에너지절약설계기준에 따른 방습층의 정의
습한 공기가 구조체에 침투하여 결로발생의 위험이 높아지는 것을 방지하기 위해 설치하는 투습도가 24시간당 30g/m² 이하 또는 투습계수 0.28g/m²·h·mmHg 이하의 투습저항을 가진 층을 말한다. 다만, 단열재 또는 단열재의 내측에 사용되는 마감재가 방습층으로서 요구되는 성능을 가지는 경우에는 그 재료를 방습층으로 볼 수 있다.

85 ②

다중이용업소의 수용인원 산정방법
㉠ 숙박시설이 있는 특정소방대상물
  ⓐ 침대가 있는 시설 : 해당 특정소방대상물의 종사자 수+침대 수(2인용 침대는 2개로 산정한다.)
  ⓑ 침대가 없는 시설 : 해당 특정소방대상물의 종사자 수+숙박시설 바닥면적 합계를 3m²로 나누어 얻은 수
㉡ ㉠ 외의 특정소방대상물
  ⓐ 강의실·교무실·상담실·실습실·휴게실 용도로 쓰이는 특정소방대상물 : 해당 용도로 사용하는 바닥면적의 합계를 1.9m²로 나누어 얻은 수
  ⓑ 강당, 문화 및 집회시설, 운동시설, 종교시설 : 해당 용도로 사용하는 바닥면적의 합계를 4.6m²로 나누어 얻은 수(관람석이 있는 경우 고정식 의자를 설치한 부분은 그 부분의 의자 수로 하고, 긴 의자의 경우에는 의자의 정면너비를 0.45m로 나누어 얻은 수로 한다.)
  ⓒ 그 밖의 특정소방대상물 : 해당 용도로 사용하는 바닥면적의 합계를 3m²로 나누

어 얻은 수
※ 바닥면적의 산정 시 복도, 계단 및 화장실의 바닥면적을 포함하지 않는다.
※ 계산 결과 소수점 이하의 수는 반올림한다.

86 ②

공동주택과 오피스텔의 난방설비를 개별난방 방식으로 하는 경우에는 다음의 기준에 적합하여야 한다.

구분	구조 및 재료
보일러실 위치	• 거실 이외의 장소에 설치 • 보일러실과 거실 사이는 내화구조의 벽으로 구획(출입구 제외)
보일러실 환기	• 보일러실 윗부분에 0.5m² 이상의 환기창 설치 • 윗부분과 아랫부분에 지름 10cm 이상의 공기흡입구 및 배기구 설치(항상 개방) • 단, 전기보일러인 경우는 해당되지 않는다.
기름 저장소	• 기름보일러의 기름저장소는 보일러실 외의 장소에 설치
오피스텔 난방구획	• 난방구획을 방화구획으로 구획
보일러실 연도	• 내화구조로서 공동연도로 설치할 것
보일러실과 거실 사이 출입구	• 출입구가 닫힌 경우 가스가 거실에 들어갈 수 없는 구조일 것
가스 보일러	• 중앙집중공급방식으로 공급하는 경우에는 위 규정에도 불구하고 가스관계법령이 정하는 기준에 따른다. (단, 오피스텔 난방구획에 대한 규정은 동일하게 지킬 것)

87 ①

6층 이상인 건축물로서 주거용 건축물의 거실에는 배연설비를 하여야 한다. 다만, 피난층인 경우에는 그러하지 아니하다.
※ 주거용 건축물 : 사람들이 거주하기 위해 설계된 건축물로, 일반적으로 주택, 아파트, 다세대주택, 연립주택 등을 포함한다.

88 ②

계단을 대체하여 설치하는 경사로의 경사도는 1 : 8을 넘지 아니하고, 표면을 거친 면으로 하거나 미끄러지지 아니하는 재료로 마감해야 한다.

89 ②
간이스프링클러설비의 설치 면제
스프링클러설비, 물분무소화설비 또는 미분무소화설비를 기준에 적합하게 설치한 경우 그 설비의 유효범위에서 설치가 면제된다.

90 ②
판매시설의 용도에 쓰이는 피난층에 설치하는 건축물의 바깥쪽으로의 출구의 유효 너비의 합계는 해당 용도에 쓰이는 바닥면적이 최대인 층에 있어서의 해당 용도의 바닥면적 $100m^2$마다 $0.6m$의 비율로 산정한 너비 이상으로 하여야 한다.
$$\therefore\ 1000m^2 \times \frac{0.6m}{100m^2} = 6m$$

91 ③
건축물의 설비기준 등에 관한 규칙 제20조(피뢰설비)
낙뢰의 우려가 있는 건축물, 높이 20m 이상의 건축물 또는 영 제118조제1항에 따른 공작물로서 높이 20m 이상의 공작물에는 피뢰설비를 설치해야 한다.

92 ①
환기·난방 또는 냉방시설의 풍도가 방화구획을 관통할 경우 그 관통부분 또는 이에 근접한 부분에 다음 기준에 적합한 댐퍼를 설치한다(단, 반도체공장건축물로서 방화구획을 관통하는 풍도의 주위에 스프링클러헤드를 설치하는 경우 제외).
- 철재로서 철판의 두께가 1.5mm 이상인 것
- 화재 발생 시 연기 발생·온도 상승에 의하여 자동적으로 닫힐 것
- 닫힌 경우에는 방화에 지장이 있는 틈이 생기지 아니할 것
- 산업표준화법에 의한 한국산업규격상 방화댐퍼의 방연시험 방법에 적합한 것

93 ②
발코니
건축물의 내부와 외부를 연결하는 완충공간으로서 전망이나 휴식 등의 목적으로 건축물 외벽에 접하여 부가적으로 설치되는 공간

94 ③
소방시설의 분류
- 소화설비 : 소화기, 옥내소화전, 옥외소화전, 스프링클러, 물분무 등 설비(가스계 소화설비)
- 경보설비 : 자동화재탐지설비, 자동화재속보설비, 비상방송설비, 비상경보설비, 누전경보기
- 피난설비 : 유도표지, 비상조명등, 피난사다리, 공기호흡기, 완강기
- 소화용수설비 : 상수도소화용수설비, 소화수조

95 ②
복도 유효 너비의 규정

구분	양 옆에 거실이 있는 복도	기타
유치원·초등학교·중학교·고등학교	2.4m 이상	1.8m 이상
공동주택·오피스텔	1.8m 이상	1.2m 이상
당해 층 거실바닥면적 합계 $200m^2$ 이상	1.5m 이상 (의료시설 1.8m 이상)	1.2m 이상

96 ②
평균 열관류율
지붕(천창 등 투명 외피 부위 제외), 바닥, 외벽(창 및 문을 포함) 등의 열관류율 계산에 있어 세부 부위별로 열관류율값이 다를 경우 이를 면적으로 가중 평균하여 나타낸 것을 말한다. 이때 평균 열관류율은 중심선 치수를 기준

으로 계산한다.

97 ③

같은 건축물 안에 공동주택과 위락시설을 설치하는 경우에는 다음 사항을 준수해야 한다.
㉠ 각 출입구 간의 보행거리가 30m 이상이 되도록 설치할 것
㉡ 각 시설은 내화구조로 된 바닥 및 벽으로 구획하여 서로 차단할 것
㉢ 각 시설은 서로 이웃하지 아니하도록 배치할 것
㉣ 건축물의 주요구조부를 내화구조로 할 것
㉤ 거실의 벽 및 반자가 실내에 면하는 부분의 마감은 불연재료·준불연재료 또는 난연재료로 하고, 그 거실로부터 지상으로 통하는 주된 복도·계단 그밖에 통로의 벽 및 반자가 실내에 면하는 부분의 마감은 불연재료 또는 준불연재료로 할 것

98 ①

건축허가신청에 필요한 설계도서 중 배치도에 표시하여야 할 사항
㉠ 축척 및 방위
㉡ 대지에 접한 도로의 길이 및 너비
㉢ 대지의 종·횡단면도
㉣ 건축선 및 대지경계선으로부터 건축물까지의 거리
㉤ 주차동선 및 옥외주차계획
㉥ 공개공지 및 조경계획

99 ②

상수도소화용수설비를 설치해야 하는 특정소방대상물
㉠ 연면적 5000m² 이상인 것(위험물 저장 및 처리시설 중 가스시설, 지하가 중 터널 또는 지하구의 경우 제외)
㉡ 가스시설로서 지상에 노출된 탱크의 저장용량의 합계가 100톤 이상인 것
㉢ 자원순환 관련 시설 중 폐기물재활용시설 및 폐기물처분시설
※ 상수도소화용수설비를 설치해야 하는 특정소방대상물의 대지경계선으로부터 180m 이내에 지름 75mm 이상인 상수도용 배수관이 설치되지 않은 지역의 경우에는 화재안전기준에 따른 소화수조 또는 저수조를 설치해야 한다.

100 ①

축냉식 전기냉방설비
심야시간에 전기를 이용하여 축냉재(물, 얼음 또는 포접화합물과 공융염 등의 상변화물질)에 냉열을 저장하였다가 이를 심야시간 이외의 시간에 냉방에 이용하는 설비
㉠ 빙축열식 냉방설비 : 심야시간에 얼음을 제조하여 축열조에 저장하였다가, 그 밖의 시간에 이를 녹여 냉방에 이용하는 냉방설비를 말한다.
㉡ 수축열식 냉방설비 : 심야시간에 물을 냉각시켜 축열조에 저장하였다가, 그 밖의 시간에 이를 냉방에 이용하는 냉방설비를 말한다.
㉢ 잠열축열식 냉방설비 : 포접화합물이나 공융염 등의 상변화물질을 심야시간에 냉각시켜 동결한 후, 그 밖의 시간에 이를 녹여 냉방에 이용하는 냉방설비를 말한다.

건축설비기사 필기 과년도 문제해설

초판	1쇄 발행	2018년 4월 15일	7판	1쇄 발행	2024년 1월 5일
2판	1쇄 발행	2019년 1월 5일	8판	1쇄 발행	2025년 1월 5일
3판	1쇄 발행	2020년 1월 5일			
4판	1쇄 발행	2021년 1월 5일			
5판	1쇄 발행	2022년 1월 5일			
6판	1쇄 발행	2023년 1월 5일			

지은이 이 상 화
펴낸이 김 주 성
펴낸곳 도서출판 엔플북스
주 소 경기도 구리시 체육관로 113번길 45. 114-204(교문동, 두산)
전 화 (031)554-9334
F A X (031)554-9335

등 록 2009. 6. 16   제398-2009-000006호

정가 34,000원
ISBN 978 - 89 - 6813 - 419 - 7   13540

※ 파손된 책은 교환하여 드립니다.
   본 도서의 내용 문의 및 궁금한 점은 저희 카페에 오셔서 글을 남겨주시면 성의껏 답변해 드리겠습니다.
   http://cafe.daum.net/enplebooks